# TABLE OF CONTENTS

| | |
|---|---|
| **Foreword** | ii |
| **How the Book Is Built: An Overview** | iv |
| **Quick Start** | v |
| **How To Use the Book: The Details** | vi |
| **Unit Price Section** | 1 |
| **Assemblies Section** | 247 |
| **Reference Section** | 310 |
|     Reference Numbers | 312 |
|     Crew Listings | 367 |
|     Historical Cost Indexes | 387 |
|     City Cost Indexes | 388 |
|     Abbreviations | 397 |
| **Index** | 400 |
| **Other Means Publications and Reference Works** | Yellow Pages |
| **Installing Contractor's Overhead & Profit** | Inside Back Cover |

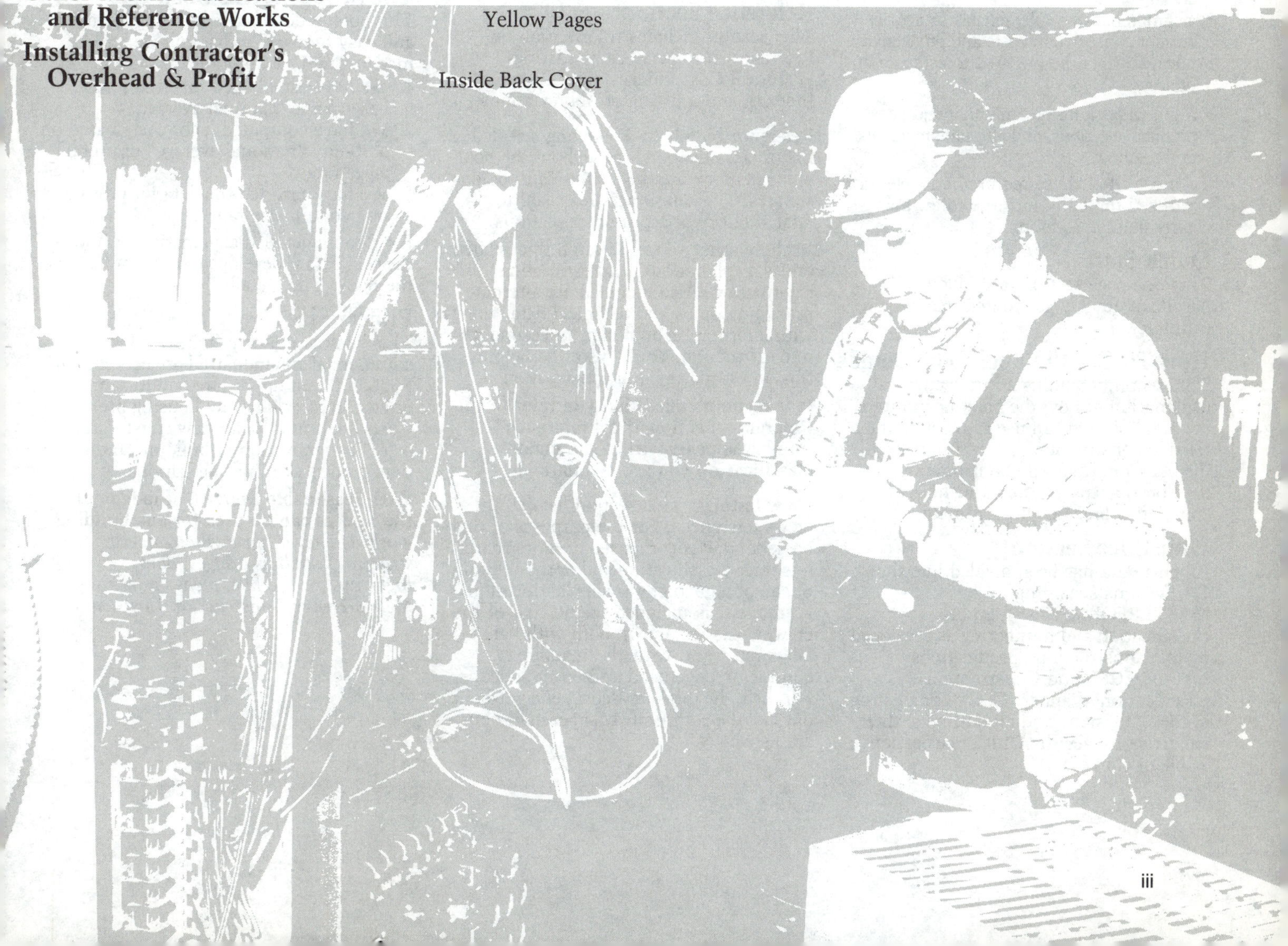

# HOW THE BOOK IS BUILT: AN OVERVIEW

## A Powerful Construction Tool

You have in your hands one of the most powerful construction tools available today. A successful project is built on the foundation of an accurate and dependable estimate. This book will enable you to construct just such an estimate.

For the casual user the book is designed to be:

- quickly and easily understood so you can get right to your estimate
- filled with valuable information so you can understand the necessary factors that go into the cost estimate

For the regular user, the book is designed to be:

- a handy desk reference that can be quickly referred to for key costs
- a comprehensive, fully reliable source of current construction costs and productivity rates, so you'll be prepared to estimate any project
- a source book for preliminary project cost, product selections, and alternate materials and methods

To meet all of these requirements we have organized the book into the following clearly defined sections.

## Quick Start

This one-page section (see following page) can quickly get you started on your estimate.

## How To Use the Book: The Details

This section contains an in-depth explanation of how the book is arranged ... and how you can use it to determine a reliable construction cost estimate. It includes information about how we develop our cost figures and how to completely prepare your estimate.

## Unit Price Section

All cost data has been divided into the 16 divisions according to the MASTERFORMAT system of classification and numbering as developed by the Construction Specifications Institute (CSI) and Construction Specifications Canada (CSC). For a listing of these divisions and an outline of their subdivisions, see the Unit Price Section Table of Contents.

### Division 17: Quick Project Estimates

In addition to the 16 Unit Price Divisions there is a S.F. (Square Foot) and C.F. (Cubic Foot) Cost Division, Division 17. It contains costs for 59 different building types. You can refer to this section to make a rough—and very quick—estimate for the overall cost of a project or its major components.

## Assemblies Section

The cost data in this section has been organized in an "Assemblies" format. These assemblies are the functional elements of a building and are arranged according to the 12 divisions of the Uniformat classification system. For a complete explanation of a typical "Assemblies" page, see "How To Use the Assemblies Cost Tables."

## Reference Section

This section includes information on Reference Numbers, Crew Listings, Historical Cost Indexes, City Cost Indexes, and a listing of Abbreviations.

**Reference Numbers:** Following selected major classifications throughout the book are "reference numbers" shown in bold squares. These numbers refer you to related information in other sections.

In these other sections, you'll find related tables, explanations, and estimating information. Also included are alternate pricing methods and technical data, along with information on design and economy in construction. You'll also find helpful tips on estimating and construction.

**It is recommended that you refer to the Reference Section if a "reference" number appears within the major classification you are estimating.**

**Crew Listings:** This section lists all the crews referenced. For the purposes of this book, a crew is composed of more than one trade classification and/or the addition of equipment to any trade classification. Equipment is included in the cost of the crew. Costs are shown both with bare labor rates and with the installing contractor's overhead and profit added. For each, the total crew cost per eight-hour day and the composite cost per man-hour are listed.

**Historical Cost Indexes:** These indexes provide you with data to adjust construction costs over time. If you know costs for a past project, you can use these indexes to estimate the cost to construct the same project today.

**City Cost Indexes:** Obviously, costs vary depending on the regional economy. You can adjust the "national average" costs in this book to 162 major cities throughout the U.S. and Canada by using the data in this section.

**Abbreviations:** A listing of the abbreviations and the terms they represent, is included.

## Index

A comprehensive listing of all terms and subjects in this book to help you find what you need quickly.

## The Scope of This Book

This book is designed to be comprehensive and easy to use. To that end we have made certain assumptions:

1. We have established material prices based on a "national average."
2. We have computed labor costs based on a 30-city "national average" of union wage rates.
3. We have targeted the data for projects of a certain size range.

For a more detailed explanation of how the cost data is developed, see "How To Use the Book: The Details."

## Project Size

This book is aimed primarily at commercial and industrial projects costing $500,000 and up, or large multi-family or custom single-family housing projects. Costs are primarily for new construction or major renovation of buildings rather than repairs or minor alterations.

**With reasonable exercise of judgment the figures can be used for any building work.** *However, for civil engineering structures such as bridges, dams, highways, or the like, please refer to* **Means Heavy Construction Cost Data.**

# MEANS ELECTRICAL COST DATA

**17th Annual Edition**

# 1994

*79.95 60P*

**Senior Editor**
John H. Chiang, PE

**Contributing Editors**
Howard M. Chandler
Kevin Foley
Patricia L. Jackson, PE
Alan E. Lew
Robert W. Mewis
Melville J. Mossman, PE
John J. Moylan
Jeannene D. Murphy
Michael J. Regan
Albert J. Sauerbier
Kornelis Smit
David J. Tringale
Phillip R. Waier, PE
Rory Woolsey

**Manager, Editorial Operations**
Roger J. Grant

**Senior Vice President**
Hugh T. Sharp

**President and CEO**
Perry B. Sells

**Production Manager**
Helen A. Marcella

**Technical Coordinators**
Joan C. Marshman
Marion E. Schofield

**Technical Support**
Wayne D. Anderson
Thomas J. Dion
Gary L. Hoitt
Susan D. Penner
Kathryn S. Rodriguez

In keeping with the general policy of R.S. Means Company, Inc., its authors, editors, and engineers apply diligence and judgment in locating and using reliable sources for the information published. However, no guarantee or warranty can be given, and all responsibility and liability for loss or damage are hereby disclaimed by the authors, editors, engineers and publisher of this publication with respect to the accuracy, correctness, value and sufficiency of the data, methods and other information contained herein as applied for any particular purpose or use.

The prices for the plumbing, mechanical and electrical materials in this publication are based in part on information supplied by the **Trade Service Corporation**.

No part of this publication may be reproduced, stored in a retrieval system, or transmitted in any form or by any means without prior written permission of R.S. Means Company, Inc.

**First Printing**

**Editorial Advisory Board**

Charles Buddenhagen, PE
Executive Director
Division of Facilities
Georgetown University

Robert Cox
Assistant Professor
School of Construction
University of Florida

Brian D. Dunfield
V.P. & Director-Retired
Stone & Webster

Roy F. Gilley III, AIA
Principal
Gilley Hinkel Architects

Kenneth K. Humphreys, PhD, PE, CCE
Executive Director-Retired
AACE International

Martin F. Joyce
Vice President, Utility Division
Bond Brothers, Inc.

Kenneth T. Risberg, PE
Technical Staff Member
A.T.&T.

Don Wong
Engineering & Permitting Manager
Whalen & Co., Inc./Smart SMR

# FOREWORD

## Our Mission

Since 1942, R.S. Means Company, Inc. has been actively engaged in construction cost publishing and consulting throughout North America.

Today, over fifty years after the company began, our primary objective remains the same: to provide you, the construction industry professional, with the most current and comprehensive construction cost data possible.

Whether you are a contractor, an owner, an architect, an engineer, a facilities manager, or anyone else who needs a quick construction cost estimate, you'll find this publication to be a highly useful and necessary tool.

Today, with the constant flow of new construction methods and materials, it's difficult to find the time to look at and evaluate all the different construction cost possibilities. In addition, because labor and material costs keep changing, yesterday's cost information is not a reliable basis for today's estimate or budget.

That's why so many construction professionals turn to R.S. Means. We keep track of the costs for you along with a wide range of other key information, from city cost indexes ... to productivity rates ... to crew composition ... to contractor's overhead and profit rates.

R.S. Means performs these functions by analyzing all facets of the industry. Data is collected and organized into a format that makes the cost information instantly accessible to you. From the preliminary budget to the detailed unit price estimate, you'll find that the data in this book is useful for all phases of construction cost determination.

## The Staff, the Organization, and Our Services

When you purchase one of R.S. Means' publications, you are in effect hiring the services of a full-time staff of construction and engineering professionals.

A thoroughly experienced and highly qualified staff of professionals at R.S. Means works daily at collecting, analyzing, and disseminating comprehensive cost information for your needs. These staff members have years of practical construction experience and engineering training prior to joining the firm. As a result, you can count on them not only for the cost figures, but also for additional background reference information that will help you create a realistic estimate.

The Means organization is always prepared to assist you and help in the solution of construction problems through the services of its four major divisions: Construction and Cost Data Publishing, Electronic Products and Services, Consulting Services, and Educational Services.

Besides a full array of construction cost estimating books, Means also publishes a number of other reference works for the construction industry. Subjects include building automation, HVAC, roofing, plumbing, fire protection, hazardous materials and hazardous waste, business, project, and facilities management and many more.

In addition, you can access all of our construction cost data through your computer. For instance, MeansData™ for Spreadsheets is an electronic tool that lets you access over 40,000 lines of Means construction cost data right at your PC.

What's more, you can increase your knowledge and improve your construction estimating and management performance with a Means Construction Seminar or In-House Training Program. These two-day seminar programs offer unparalleled opportunities for everyone in your organization to get updated on a wide variety of construction related issues.

In short, R.S. Means can put the tools in your hands for constructing accurate and dependable construction estimates and budgets in a variety of ways.

## Robert Snow Means Established a Tradition of Quality That Continues Today

Robert Snow Means took years to build up his company. He worked hard and always made certain that he delivered a quality product.

Today, at R.S. Means, we do more than talk about the quality of our data and the usefulness of our books. We stand behind all of our work, from historical cost indexes to construction techniques to current costs.

If you have any questions about our products or services, please call us toll-free at 1-800-448-8182. Our customer service representatives will be happy to assist you ... as they would have over fifty years ago.

# QUICK START

If you feel you are ready to use this book and don't think you need the detailed instructions that begin on the following page, this Quick Start section is for you. These steps will allow you to get started estimating in a matter of minutes.

**1** First, decide whether you require a Unit Price or Assemblies type estimate. Unit price estimating requires a breakdown of the work to individual items. Assemblies estimates combine individual items or components into building systems.

*If you need to estimate each line item separately, follow the instructions for* **Unit Prices.**

*If you can use an estimate for the entire assembly or system, follow the instructions for* **Assemblies.**

**2** Find each cost data section you need in the Table of Contents (either for Unit Prices or Assemblies).

**Unit Prices:** The cost data for Unit Prices has been divided into 16 divisions according to the CSI MASTERFORMAT.

**Assemblies:** The cost data for Assemblies has been divided into 12 divisions according to the Uniformat.

**3** Turn to the indicated section and locate the line item or assemblies table you need for your estimate. Portions of a sample page layout from both the Unit Price Listings and the Assemblies Cost Tables appear below.

**Unit Prices:** If there is a reference number listed at the beginning of the section, it refers to additional information you may find useful. See the referenced section for additional information.

- Note the crew code designation. You'll find full descriptions of crews in the Crew Listings including man-hour and equipment costs.

**Assemblies:** The Assemblies (*not* shown in full here) are generally separated into three parts: 1) an illustration of the system to be estimated; 2) the components and related costs of a typical system; and 3) the costs for similar systems with dimensional and/or size variations. The Assemblies Section also contains reference numbers for additional useful information.

**4** Determine the total number of units your job will require.

**Unit Prices:** Note the unit of measure for the material you're using is listed under "Unit."

- **Bare Costs:** These figures show unit costs for materials and installation. Labor and equipment costs are calculated according to crew costs and average daily output. Bare costs do not contain allowances for overhead, profit or taxes.

- "Man-hours" allows you to calculate the total man-hours to complete that task. Just multiply the quantity of work by this figure for an estimate of activity duration.

**Assemblies:** Note the unit of measure for the assembly or system you're estimating is listed in the Assemblies table.

**5** Then multiply the total units by . . .

**Unit Prices:** "Total Incl. O&P" which stands for the total cost including the installing contractor's overhead and profit. (See the "How To Use the Unit Price Pages" for a complete explanation.)

**Assemblies:** The "Total" in the right-hand column, which is the total cost including the installing contractor's overhead and profit. (See the "How To Use the Assemblies Cost Tables" section for a complete explanation.)

Material and equipment cost figures include a 10% markup. For labor markups, see the inside back cover of this book. If the work is to be subcontracted, add the general contractor's markup, typically 10%.

**6** The price you calculate will be an estimate for either an individual item of work or a completed assembly or *system*.

**7** Compile a list of all items or assemblies included in the total project. Summarize cost information, and add project overhead.

For a more complete explanation of the way costs are derived, please see the following sections.

*Editors' Note: We urge you to spend time reading and understanding all of the supporting material and to take into consideration the reference material such as City Cost Indexes and the "reference numbers."*

## Unit Price Pages

| | | | DAILY | MAN- | | | 1994 BARE COSTS | | | TOTAL |
|---|---|---|---|---|---|---|---|---|---|---|
| 167 | | **Electric Utilities** | | | | | | | | |
| 167 100 | | **Electric Utilities** | CREW | OUTPUT | HOURS | UNIT | MAT. | LABOR | EQUIP. | TOTAL | INCL O&P |
| 110 | 0010 | ELECTRIC & TELEPHONE SITE WORK Not including excavation, | | | | | | | | | | 110 |
| | 0200 | backfill and cast in place concrete | R167-110 | | | | | | | | |
| | 0600 | 2' x 2' x 3' deep | R-3 | 2.40 | 8.333 | Ea. | 278 | 227 | 43 | 548 | 700 |
| | 0800 | 3' x 3' x 3' deep | | 1.90 | 10.526 | | 360 | 287 | 54.50 | 701.50 | 890 |
| | 1800 | 6' x 10' x 7' deep | | .80 | 25 | | 1,900 | 680 | 130 | 2,710 | 3,275 |
| | 2000 | Poles, wood, creosoted, see also division 166-115, 20' high | | 3.10 | 6.452 | | 265 | 176 | 33.50 | 474.50 | 595 |

## Assemblies Pages

**LIGHTING & POWER**    **A9.2-710**    **Motor Installation**

System 9.2-710 installed cost of motor wiring as per Table R160-030 using 50' of rigid conduit and copper wire. Cost and setting of motor not included.

| System Components | | | COST EACH | | |
|---|---|---|---|---|---|
| | QUANTITY | UNIT | MAT. | INST. | TOTAL |
| SYSTEM 9.2-710-0200 | | | | | |
| MOTOR INSTALLATION, SINGLE PHASE, 115V, TO AND INCLUDING 1/3 HP MOTOR SIZE | | | | | |
| Wire 600V type THWN-THHN, copper solid #12 | 1.250 | C.L.F. | 8.38 | 37.50 | 45.88 |
| Steel intermediate conduit, (IMC) 1/2" diam | 50.000 | L.F. | 55.50 | 165.50 | 221 |
| Magnetic FVNR, 115V, 1/3 HP, size 00 starter | 1.000 | Ea. | 130 | 82.50 | 212.50 |
| Safety switch, fused, heavy duty, 240V 2P 30 amp | 1.000 | Ea. | 66 | 94.50 | 160.50 |
| Safety switch, non fused, heavy duty, 600V, 3 phase, 30 A | 1.000 | Ea. | 71.50 | 103 | 174.50 |
| Flexible metallic conduit, Greenfield 1/2" diam | 1.500 | L.F. | .50 | 2.48 | 2.98 |
| Connectors for flexible metallic conduit Greenfield 1/2" diam | 1.000 | Ea. | 1.05 | 4.13 | 5.18 |
| Coupling for Greenfield to conduit 1/2" diam flexible metallic conduit | 1.000 | Ea. | .76 | 6.60 | 7.36 |
| Fuse cartridge nonrenewable, 250V 30 amp | 1.000 | Ea. | .84 | 6.60 | 7.44 |
| | | TOTAL | 334.53 | 502.81 | 837.34 |

| 9.2-710 | Motor Installation | | COST EACH | | |
|---|---|---|---|---|---|
| | | | MAT. | INST. | TOTAL |
| 0200 | Motor installation, single phase, 115V, to and including 1/3 HP motor size | | 335 | 505 | 840 |
| 0240 | To and incl. 1 HP motor size | | 350 | 505 | 855 |
| 0280 | To and incl. 2 HP motor size | | 380 | 535 | 915 |
| 0320 | To and incl. 3 HP motor size | | 445 | | |
| 0360 | 230V | | | | |

v

# HOW TO USE THE BOOK: THE DETAILS

## What's Behind the Numbers? The Development of Cost Data

The staff at R.S. Means continuously monitors developments in the construction industry in order to ensure reliable, thorough and up-to-date cost information.

While *overall* construction costs may vary relative to general economic conditions, price fluctuations within the industry are dependent upon many factors. Individual price variations may, in fact, be opposite to overall economic trends. Therefore, costs are continually monitored and complete updates are published yearly. Also, new items are frequently added in response to changes in materials and methods.

## Costs — $ (U.S.)

All costs represent U.S. national averages and are given in U.S. dollars. The Means City Cost Indexes can be used to adjust costs to a particular location. The City Cost Indexes for Canada can be used to adjust U.S. national averages to local costs in Canadian dollars.

### Material Costs

The R.S. Means staff contacts manufacturers, dealers, distributors, and contractors all across the U.S. and Canada to determine national average material costs. If you have access to current material costs for your specific location, you may wish to make adjustments to reflect differences from the national average. Material costs do not include sales tax.

### Labor Costs

Labor costs are based on the average of wage rates from 30 major U.S. cities. Rates are determined from labor union agreements or prevailing wages for construction trades for the current year. Rates along with overhead and profit markups are listed on the inside back cover of this book.

- If wage rates in your area vary from those used in this book, or if rate increases are expected within a given year, labor costs should be adjusted accordingly.

Labor costs reflect productivity based on actual working conditions. These figures include time spent during a normal workday on tasks other than actual installation, such as material receiving and handling, mobilization, site movement, breaks, and cleanup.

Productivity data is developed over an extended period so as not to be influenced by abnormal variations and reflects a typical average.

### Equipment Costs

Equipment costs include not only rental costs, but also operating costs such as fuel, oil, and routine maintenance. Equipment and rental rates are obtained from industry sources throughout North America — contractors, suppliers, dealers, manufacturers, and distributors.

**Crew Equipment Cost** – The power equipment required for each crew is included in the crew cost. The daily cost for crew equipment is based on dividing the weekly bare rental rate by 5 (number of working days per week), and then adding the hourly operating cost times 8 (hours per day). This "Crew Equipment Cost" is listed in Subdivision 016.

## Factors Affecting Costs

Costs can vary depending upon a number of variables. Here's how we have handled the main factors affecting costs.

**Quality** – The prices for materials and the workmanship upon which productivity is based represent sound construction work. They are also in line with U.S. government specifications.

**Overtime** – We have made no allowance for overtime. If you anticipate premium time or work beyond normal working hours, be sure to make an appropriate adjustment to your labor costs.

**Productivity** – The productivity, daily output, and man-hour figures for each line item are based on working an eight-hour day in daylight hours in moderate temperatures. For work that extends beyond normal work hours or is performed under adverse conditions, productivity may decrease. (See the section in "How To Use the Unit Price Pages" for more on productivity.)

**Size of Project** – The size, scope of work, and type of construction project will have a significant impact on cost. Economies of scale can reduce costs for large projects. Unit costs can often run higher for small projects. Costs in this book are intended for the size and type of project as previously described in "How the Book Is Built: An Overview." Costs for projects of a significantly different size or type should be adjusted accordingly.

**Location** – Material prices in this book are for metropolitan areas. However, in dense urban areas, traffic and site storage limitations may increase costs. Beyond a 20-mile radius of large cities, extra trucking or transportation charges may also increase the material costs slightly. On the other hand, lower wage rates may be in effect. Be sure to consider both these factors when preparing an estimate, particularly if the job site is located in a central city or remote rural location.

In addition, highly specialized subcontract items may require travel and per diem expenses for mechanics.

**Other factors** –
- season of year
- contractor management
- weather conditions
- local union restrictions
- building code requirements
- availability of:
  - adequate energy
  - skilled labor
  - building materials
- owner's special requirements/restrictions
- safety requirements
- environmental considerations

**Unpredictable Factors** – General business conditions influence "in-place" costs of all items. Substitute materials and construction methods may have to be employed. These may affect the installed cost and/or life cycle costs. Such factors may be difficult to evaluate and cannot necessarily be predicted on the basis of the job's location in a particular section of the country. Thus, where these factors apply, you may find significant, but unavoidable cost variations for which you will have to apply a measure of judgment to your estimate.

## Rounding of Costs

In general, all unit prices in excess of $5.00 have been rounded to make them easier to use and still maintain adequate precision of the results. The rounding rules we have chosen are in the following table.

| Prices from ... | Rounded to the nearest ... |
|---|---|
| $.01 to $5.00 | $.01 |
| $5.01 to $20.00 | $.05 |
| $20.01 to $100.00 | $.50 |
| $100.01 to $300.00 | $1.00 |
| $300.01 to $1,000.00 | $5.00 |
| $1,000.01 to $10,000.00 | $25.00 |
| $10,000.01 to $50,000.00 | $100.00 |
| $50,000.01 and above | $500.00 |

## Estimating Labor Man-Hours

The man-hours expressed in this publication are based on Average Installation time, using an efficiency level of approximately 60-65% (see item 7 below).

The book uses this National Efficiency Average to establish a consistent benchmark.

For bid situations, adjustments to this efficiency level should be the responsibility of the contractor bidding the project.

The unit man-hour is divided in the following manner. A typical day for a crew might be:

| | | |
|---|---|---|
| 1. Study Plans | 3% | 14.4 min. |
| 2. Material Procurement | 3% | 14.4 min. |
| 3. Receiving and Storing | 3% | 14.4 min |
| 4. Mobilization | 5% | 24.0 min. |
| 5. Site Movement | 5% | 24.0 min. |
| 6. Layout and Marking | 8% | 38.4 min. |
| 7. Actual Installation | 64% | 307.2 min. |
| 8. Cleanup | 3% | 14.4 min. |
| 9. Breaks, Non-Productive | 6% | 28.8 min. |
| | 100% | 480.0 min. |

If any of the percentages expressed in this breakdown do not apply to the particular work or project situation, then that percentage or a portion of it may be deducted from or added to labor hours.

| Major Sections of this Book | CSI Format | | Assemblies Format | |
|---|---|---|---|---|
| | Division | Description | Division | Description |
| Electrical with Related Items | 1 | General Requirements | * 1 | Foundations |
| | 2 | Site Work | * 2 | Substructures |
| | 3 | Concrete | * 3 | Superstructures |
| | * 4 | Masonry | * 4 | Exterior Closure |
| | 5 | Metals | * 5 | Roofing |
| | 6 | Wood & Plastics | * 6 | Interior Construction |
| | * 7 | Thermal & Moisture Protection | * 7 | Conveying |
| | * 8 | Doors and Windows | | |
| | * 9 | Finishes | | |
| *These divisions do not appear in this publication. For expanded listings of related publications, see advertising pages at back of book. | 10 | Specialties | 10 | General Conditions & Profit |
| | 11 | Equipment | *11 | Special Construction |
| | *12 | Furnishings | *12 | Site Work |
| | 13 | Special Construction | | |
| | *14 | Conveying Systems | | |
| | 15 | Mechanical | 8 | Mechanical |
| Electrical | 16 | Electrical | 9 | Electrical |
| Cost Modifications | 17 Appendix | Square Foot City Cost Index | 14 | Square Foot Costs |

## Organization of the Book

**Format Division Numbers**—Note that the approximate relation between the CSI format numbers and the Assemblies format are given above. Not all the divisions appear in the book.

## Overhead, Profit & Contingencies

**General**—Prices given in this book are of two kinds: (1) BARE COSTS and (2) TOTAL INCLUDING INSTALLING CONTRACTOR'S OVERHEAD & PROFIT.

**General Conditions**—Cost data in this book is presented in two ways: Bare Costs and Total Cost including O&P (Overhead and Profit). General Conditions, when applicable, should also be added to the Total Cost including O&P. The costs for General Conditions are listed in Division 1 of the Unit Price Section and the Reference Section of this book. General Conditions for the *Installing Contractor* may range from 0% to 10% of the Total Cost including O&P. For the *General* or *Prime Contractor*, costs for General Conditions may range from 5% to 15% of the Total Cost including O&P, with a figure of 10% as the most typical allowance.

**Overhead and Profit**—Total Cost including O&P for the *Installing Contractor* is shown in the last column on both the Unit Price and the Assemblies pages of this book. This figure is the sum of the bare material cost plus 10% for profit, the base labor cost plus overhead and profit, and the bare equipment cost plus 10% for profit. Details for the calculation of Overhead and Profit on labor are shown on the inside back cover and in the Reference Section of this book. (See the "How To Use the Unit Price Pages" for an example of this calculation.)

**Subcontractors**—Usually a considerable portion of all large jobs is subcontracted. In fact the percentage done by subs is constantly increasing and may run over 90%. Since the workmen employed by these companies do nothing else but install their particular product, they soon become experts in that line. The result is, installation by these firms is accomplished so efficiently that the total in-place cost, even with the subcontractor's overhead and profit, is no more and often less than if the principal contractor had handled the installation himself. Also, the quality of the work may be higher.

**Contingencies**—The allowance for contingencies generally is to provide for indefinable construction difficulties. On alterations or repair jobs, 20% is none too much. If drawings are final and only field contingencies are being considered, 2% or 3% is probably sufficient and often nothing need be added. As far as the contract is concerned, future changes in plans will be covered by extras. The contractor should allow for inflationary price trends and possible material shortages during the course of the job. If drawings are not complete or approved, or a budget cost wanted, it is wise to add 5% to 10%. Contingencies, then, are a matter of judgment. Additional allowances are shown in the Unit Price Section 010 for contingencies and job conditions and Reference Section R011-010 for factors to convert prices for repair and remodeling jobs.

## Final Checklist

Estimating can be a straightforward process provided you remember the basics. Here's a checklist of some of the items you should remember to do before completing your estimate.

Did you remember to . . .

- factor in the City Cost Index for your locale
- take into consideration which items have been marked up and by how much
- make up the entire estimate sufficiently for your purposes
- read the background information on techniques and technical matters that could impact your project time span and cost
- include all components of your project in the final estimate
- double check your figures to be sure of your accuracy
- call R.S. Means if you have any questions about your estimate or the data you've found in our publications.

Remember, R.S. Means stands behind its publications. If you have any questions about your estimate . . .about the costs you've used from our books . . .or even about the technical aspects of the job that may affect your estimate, feel free to call the R.S. Means editors at 1-617-585-7880.

# UNIT PRICE SECTION

## Table of Contents

| Div. No. | | Page |
|---|---|---|
| | **General Requirements** | |
| 010 | Overhead and Miscellaneous Data | 4 |
| 013 | Submittals | 6 |
| 015 | Construction Facilities and Temporary Controls | 6 |
| 016 | Materials & Equipment | 9 |
| 017 | Contract Closeout | 13 |
| 018 | Maintenance | 13 |
| | **Site Work** | |
| 020 | Subsurface Investigation and Demolition | 14 |
| 021 | Site Preparation and Excavation Support | 18 |
| 022 | Earthwork | 19 |
| 026 | Piped Utilities | 20 |
| 027 | Sewerage and Drainage | 21 |
| | **Concrete** | |
| 031 | Concrete Formwork | 22 |
| 033 | Cast-In-Place Concrete | 23 |
| | **Metals** | |
| 050 | Metal Materials, Coatings and Fastenings | 24 |
| 051 | Structural Metal Framing | 26 |
| | **Wood and Plastics** | |
| 060 | Fasteners and Adhesives | 27 |
| 061 | Rough Carpentry | 28 |
| | **Thermal & Moisture Protection** | |
| 079 | Joint Sealers | 28 |

| Div. No. | | Page |
|---|---|---|
| | **Specialties** | |
| 102 | Louvers, Corner Protection and Access Flooring | 28 |
| 108 | Toilet and Bath Accessories and Scales | 29 |
| | **Equipment** | |
| 110 | Equipment | 29 |
| 111 | Mercantile, Commercial and Detention Equipment | 30 |
| 114 | Food Service, Residential, Darkroom, Athletic Equipment | 31 |
| 116 | Laboratory, Planetarium, Observatory Equipment | 32 |
| 117 | Medical Equipment | 33 |
| | **Special Construction** | |
| 130 | Special Construction | 33 |
| 131 | Pre-Eng. Structures, Aquatic Facilities and Ice Rinks | 36 |
| 133 | Utility Control Systems | 37 |
| | **Mechanical** | |
| 151 | Pipe and Fittings | 37 |
| 152 | Plumbing Fixtures | 38 |
| 153 | Plumbing Appliances | 39 |

| Div. No. | | Page |
|---|---|---|
| 154 | Fire Protection | 40 |
| 155 | Heating | 40 |
| 157 | Air Conditioning and Ventilation | 44 |
| | **Electrical** | |
| 160 | Raceways | 50 |
| 161 | Conductors and Grounding | 113 |
| 162 | Boxes and Wiring Devices | 131 |
| 163 | Motors, Starters, Boards and Switches | 144 |
| 164 | Transformers and Bus Ducts | 177 |
| 165 | Power Systems & Capacitors | 202 |
| 166 | Lighting | 204 |
| 167 | Electric Utilities | 216 |
| 168 | Special Systems | 220 |
| 169 | Power Transmission and Distribution | 233 |
| | **Square Foot** | |
| 017 | S.F., C.F. & % of Total Costs | 238 |

# HOW TO USE THE UNIT PRICE PAGES

*The following is a detailed explanation of a sample entry in the Unit Price Section. Next to each bold number below is the item being described with appropriate component of the sample entry following in parenthesis. Some prices are listed as bare costs, others as costs that include overhead and profit of the installing contractor. In most cases, if the work is to be subcontracted, the general contractor will need to add an additional markup (R.S. Means suggests using 10%) to the figures in the column "Total Incl. O&P."*

## 1 Division Number/Title (167/Electric Utilities)

Use the Unit Price Section Table of Contents to locate specific items. The sections are classified according to the CSI MASTERFORMAT.

## 2 Line Numbers (167 110 2600)

Each unit price line item has been assigned a unique 10-digit code based on the 5-digit CSI MASTERFORMAT classification.

```
MASTERFORMAT Mediumscope
MASTERFORMAT Division
         ┌──┴──┐
         167  100
         167  110  2600
              │    │
     Means Subdivision
     Means Major Classification
     Means Individual Line Number
```

## 3 Description (Poles, Wood, Creosoted, 30' High)

Each line item is described in detail. Sub-items and additional sizes are indented beneath the appropriate line items. The first line or two after the main item (in boldface) may contain descriptive information that pertains to all line items beneath this boldface listing.

## 4 Reference Number Information ( R167-110 )

You'll see reference numbers shown in bold squares at the beginning of some major classifications. These refer to related items in the Reference Section.

The relation may be: (1) an estimating procedure that should be read before estimating, (2) an alternate pricing method, or (3) technical information.

The "R" designates the Reference Section. The numbers refer to the MASTERFORMAT classification system.

**It is strongly recommended that you review all reference numbers that appear within the major classification you are estimating.**

Example: The square number above is directing you to refer to the reference number R167-110. This particular reference number shows how the Cubic Yardage of concrete for 100 L.F. of trench was formulated.

## 167 | Electric Utilities

| 167 100 | Electric Utilities | CREW | DAILY OUTPUT | MAN-HOURS | UNIT | MAT. | LABOR | EQUIP. | TOTAL | TOTAL INCL O&P |
|---|---|---|---|---|---|---|---|---|---|---|
| 110 0010 | **ELECTRIC & TELEPHONE SITE WORK** Not including excavation, R167-110 | | | | | | | | | |
| 0200 | backfill and cast in place concrete | | | | | | | | | |
| 0600 | 2' x 2' x 3' deep | R-3 | 2. | .333 | Ea. | 278 | | 43 | 548 | 700 |
| 0800 | 3' x 3' x 3' deep | | | .526 | | 360 | | 54.50 | 701.50 | 890 |
| 1800 | 6' x 10' x 7' deep | | | | | 1,900 | 68 | 30 | 2,710 | 3,275 |
| 2000 | Poles, wood, creosoted, see also division 166-116 20' high | | 3.10 | .452 | | 265 | 176 | 33.50 | 474.50 | 595 |
| 2400 | 25' high | | 2.90 | 6.897 | | 330 | 188 | 35.50 | 553.50 | 690 |
| 2600 | 30' high | | 2.60 | 7.692 | | 385 | 210 | 40 | 635 | 785 |
| 2800 | 35' high | | 2.40 | 8.333 | | 450 | 227 | 43 | 700 | 865 |
| 3000 | 40' high | | 2.30 | 8.696 | | 590 | 237 | 45 | 872 | 1,050 |
| 3200 | 45' high | | 1.70 | 11.76 | | 625 | 320 | 61 | 1,006 | 1,250 |
| 3400 | Cross arms with hardware & insulators | | | | | | | | | |
| 3600 | 4' long | | 2.50 | 3.200 | | 94 | 88 | | 182 | 235 |
| 3800 | 5' long | | 2.40 | 3.333 | | 113 | 91.50 | | | |

## 5 Crew (R-3)

The "Crew" column designates the typical trade or crew used to install the item. If an installation can be accomplished by one trade and requires no power equipment, that trade and the number of workers are listed (for example, "2 Elec"). If an installation requires a composite crew, a crew code designation is listed (for example, "R-3"). You'll find full details on all composite crews in the Crew Listings.

- For a complete list of all trades utilized in this book and their abbreviations, see the inside back cover.

### CREWS

| Crew No. | Bare Costs | | Incl. Subs O & P | | Cost Per Man-Hour | |
|---|---|---|---|---|---|---|
| Crew R-3 | Hr. | Daily | Hr. | Daily | Bare Costs | Incl. O&P |
| 1 Electrician Foreman | $28.00 | $224.00 | $42.10 | $336.80 | $27.28 | $41.17 |
| 1 Electrician | 27.50 | 220.00 | 41.35 | 330.80 | | |
| .5 Equip. Oper. (crane) | 25.40 | 101.60 | 38.95 | 155.80 | | |
| .5 S.P. Crane, 5 Ton | | 103.60 | | 113.95 | 5.18 | 5.70 |
| 20 M.H., Daily Totals | | $649.20 | | $937.35 | $32.46 | $46.87 |

## 6 Productivity: Daily Output (2.60)/ Man-Hours (7.692)

The "Daily Output" represents the typical number of units the designated crew will install in a normal 8-hour day. To find out the number of days the given crew would require to complete the installation, divide your quantity by the daily output. For example:

| Quantity | ÷ | Daily Output | = | Duration |
|---|---|---|---|---|
| 10 Ea. | ÷ | 2.60 Ea./Crew Day | = | 3.85 Crew Days |

The "Man-Hours" figure represents the number of man-hours required to install one unit of work. To find out the number of man-hours required for your particular task, multiply the quantity of the item times the number of man-hours shown. For example:

| Quantity | x | Productivity Rate | = | Duration |
|---|---|---|---|---|
| 10 Ea. | x | 7.692 Man-Hours/Ea. | = | 76.92 Man-Hours |

## 7 Unit (Ea.)

The abbreviated designation indicates the unit of measure upon which the price, production, and crew are based (Ea. = Each). For a complete listing of abbreviations refer to the Abbreviations Listing in the Reference Section of this book.

## 8 Bare Costs:

### Mat. (Bare Material Cost) (385)

This figure for the unit material cost for the line item is the "bare" material cost with no overhead and profit allowances included. *Costs shown reflect national average material prices for January of the current year and include delivery to the job site. No sales taxes are included.*

### Labor (210)

The unit labor cost is derived by multiplying bare man-hour costs for Crew R-3 by man-hour units. In this case, the bare man-hour cost is found in the Crew Section under R-3. (If a trade is listed, the hourly labor cost—the wage rate—is found on the inside back cover.)

| Man-Hour Cost Crew R-3 | x | Man-Hour Units | = | Labor |
|---|---|---|---|---|
| $27.28 | x | 7.692 | = | $210 |

### Equip. (Equipment) (40)

Equipment costs for each crew are listed in the description of each crew. The unit equipment cost is derived by multiplying the bare equipment hourly cost by the man-hour units.

| Equipment Cost Crew R-3 | x | Man-Hour Units | = | Equip. |
|---|---|---|---|---|
| $5.18 | x | 7.692 | = | $40 |

### Total (635)

The total of the bare costs is the arithmetic total of the three previous columns: mat., labor, and equip.

| Material | + | Labor | + | Equip. | = | Total |
|---|---|---|---|---|---|---|
| $385 | + | $210 | + | $40 | = | $635 |

## 9 Total Costs Including O&P

The figure in this column is the sum of three components: the bare material cost plus 10% for profit; the bare labor cost plus overhead and profit (per the labor rate table on the inside back cover or, if a crew is listed, from the crew listings); and the bare equipment cost plus 10% for profit.

| Material is Bare Material cost + 10% = $385 + $38.50 | = | $424 |
|---|---|---|
| Labor for Crew R-3 = Man-Hour Cost ($41.17) x Man-Hour Units (7.692) | = | $317 |
| Equip. is Bare Equip. Cost + 10% = $40 + $4 | = | $ 44 |
| Total | = | $785 |

# 010 | Overhead and Miscellaneous Data

## 010 000 | Overhead

| | | | CREW | DAILY OUTPUT | MAN-HOURS | UNIT | 1994 BARE COSTS MAT. | LABOR | EQUIP. | TOTAL | TOTAL INCL O&P | |
|---|---|---|---|---|---|---|---|---|---|---|---|---|
| 008 | 0011 | **BOND PERFORMANCE** See 010-068 | | | | | | | | | | 008 |
| 012 | 0011 | **CONSTRUCTION COST INDEX** For 162 major U.S. and | | | | | | | | | | 012 |
| | 0020 | Canadian cities, total cost, min. (Columbia, SC) | | | | % | | | | | 77.60% | |
| | 0050 | Average | | | | | | | | | 100% | |
| | 0100 | Maximum (New York, NY) | | | | | | | | | 132.60% | |
| 020 | 0010 | **CONTINGENCIES** Allowance to add at conceptual stage | | | | Project | | | | | 15% | 020 |
| | 0050 | Schematic stage | | | | | | | | | 10% | |
| | 0100 | Preliminary working drawing stage | | | | | | | | | 7% | |
| | 0150 | Final working drawing stage | | | | | | | | | 2% | |
| 022 | 0010 | **CONTRACTOR EQUIPMENT** See division 016 | R016-410 | | | | | | | | | 022 |
| 024 | 0010 | **CREWS** For building construction, see How To Use This Book | | | | | | | | | | 024 |
| 028 | 0010 | **ENGINEERING FEES** Educational planning consultant, minimum | | | | Project | | | | | .50% | 028 |
| | 0100 | Maximum | | | | " | | | | | 2.50% | |
| | 0200 | Electrical, minimum | | | | Contrct | | | | | 4.10% | |
| | 0300 | Maximum | | | | | | | | | 10.10% | |
| | 0400 | Elevator & conveying systems, minimum | | | | | | | | | 2.50% | |
| | 0500 | Maximum | | | | | | | | | 5% | |
| | 0600 | Food service & kitchen equipment, minimum | | | | | | | | | 8% | |
| | 0700 | Maximum | | | | | | | | | 12% | |
| | 1000 | Mechanical (plumbing & HVAC), minimum | | | | | | | | | 4.10% | |
| | 1100 | Maximum | | | | | | | | | 10.10% | |
| 032 | 0010 | **FACTORS** To be added to construction costs for particular job | | | | | | | | | | 032 |
| | 0200 | | | | | | | | | | | |
| | 0500 | Cut & patch to match existing construction, add, minimum | | | | Costs | 2% | 3% | | | | |
| | 0550 | Maximum | | | | | 5% | 9% | | | | |
| | 0800 | Dust protection, add, minimum | | | | | 1% | 2% | | | | |
| | 0850 | Maximum | | | | | 4% | 11% | | | | |
| | 1100 | Equipment usage curtailment, add, minimum | | | | | 1% | 1% | | | | |
| | 1150 | Maximum | | | | | 3% | 10% | | | | |
| | 1400 | Material handling & storage limitation, add, minimum | | | | | 1% | 1% | | | | |
| | 1450 | Maximum | | | | | 6% | 7% | | | | |
| | 1700 | Protection of existing work, add, minimum | | | | | 2% | 2% | | | | |
| | 1750 | Maximum | | | | | 5% | 7% | | | | |
| | 2000 | Shift work requirements, add, minimum | | | | | | 5% | | | | |
| | 2050 | Maximum | | | | | | 30% | | | | |
| | 2300 | Temporary shoring and bracing, add, minimum | | | | | 2% | 5% | | | | |
| | 2350 | Maximum | | | | | 5% | 12% | | | | |
| 034 | 0010 | **FIELD OFFICE EXPENSE** | | | | | | | | | | 034 |
| | 0100 | Office equipment rental, average | | | | Month | 140 | | | 140 | 154 | |
| | 0120 | Office supplies, average | | | | " | 250 | | | 250 | 275 | |
| | 0125 | Office trailer rental, see division 015-904 | | | | | | | | | | |
| | 0140 | Telephone bill; avg. bill/month incl. long dist. | | | | Month | 235 | | | 235 | 259 | |
| | 0160 | Field office lights & HVAC | | | | " | 78 | | | 78 | 86 | |
| 038 | 0011 | **HISTORICAL COST INDEXES** Back to 1943 | | | | | | | | | | 038 |
| 040 | 0010 | **INSURANCE** Builders risk, standard, minimum | R010-040 | | | Job | | | | | .22% | 040 |
| | 0050 | Maximum | | | | | | | | | .59% | |
| | 0200 | All-risk type, minimum | R010-060 | | | | | | | | .25% | |
| | 0250 | Maximum | | | | | | | | | .62% | |
| | 0400 | Contractor's equipment floater, minimum | | | | Value | | | | | .50% | |
| | 0450 | Maximum | | | | " | | | | | 1.50% | |
| | 0600 | Public liability, average | | | | Job | | | | | 1.55% | |
| | 0800 | Workers' compensation & employer's liability, average | | | | | | | | | | |

**1 GENERAL REQUIREMENTS**

See the **Reference Section** for reference number information, Crew Listings and City Cost Indexes

# 010 | Overhead and Miscellaneous Data

| 010 000 | Overhead | CREW | DAILY OUTPUT | MAN-HOURS | UNIT | 1994 BARE COSTS MAT. | LABOR | EQUIP. | TOTAL | TOTAL INCL O&P | |
|---|---|---|---|---|---|---|---|---|---|---|---|
| 040 | 0850 | by trade, carpentry, general | | | | Payroll | | 20.58% | | | | 040 |
| | 1000 | Electrical | | | | | | 7.62% | | | | |
| | 1150 | Insulation | | | | | | 18.09% | | | | |
| | 1450 | Plumbing | | | | | | 9.57% | | | | |
| | 1550 | Sheet metal work (HVAC) | | | | | | 13.21% | | | | |
| 042 | 0010 | **JOB CONDITIONS** Modifications to total | | | | | | | | | | 042 |
| | 0020 | project cost summaries | | | | | | | | | | |
| | 0100 | Economic conditions, favorable, deduct | | | | Project | | | | | 2% | |
| | 0200 | Unfavorable, add | | | | | | | | | 5% | |
| | 0300 | Hoisting conditions, favorable, deduct | | | | | | | | | 2% | |
| | 0400 | Unfavorable, add | | | | | | | | | 5% | |
| | 0700 | Labor availability, surplus, deduct | | | | | | | | | 1% | |
| | 0800 | Shortage, add | | | | | | | | | 10% | |
| | 0900 | Material storage area, available, deduct | | | | | | | | | 1% | |
| | 1000 | Not available, add | | | | | | | | | 2% | |
| | 1100 | Subcontractor availability, surplus, deduct | | | | | | | | | 5% | |
| | 1200 | Shortage, add | | | | | | | | | 12% | |
| | 1300 | Work space, available, deduct | | | | | | | | | 2% | |
| | 1400 | Not available, add | | | | | | | | | 5% | |
| 046 | 0011 | **LABOR INDEX** For 162 major U.S. and Canadian cities | | | | | | | | | | 046 |
| | 0020 | Minimum (Columbia, SC) | | | | % | | 58.90% | | | | |
| | 0050 | Average | | | | | | 100% | | | | |
| | 0100 | Maximum (New York, NY) | | | | | | 154% | | | | |
| 052 | 0010 | **MARK-UP** For General Contractors for change | R010-070 | | | | | | | | | 052 |
| | 0100 | of scope of job as bid | | | | | | | | | | |
| | 0200 | Extra work, by subcontractors, add | | | | % | | | | | 10% | |
| | 0250 | By General Contractor, add | | | | | | | | | 15% | |
| | 0400 | Omitted work, by subcontractors, deduct | | | | | | | | | 5% | |
| | 0450 | By General Contractor, deduct | | | | | | | | | 7.50% | |
| | 0600 | Overtime work, by subcontractors, add | | | | | | | | | 15% | |
| | 0650 | By General Contractor, add | | | | | | | | | 10% | |
| | 1000 | Installing contractors, on his own labor, minimum | | | | | | 46.70% | | | | |
| | 1100 | Maximum | | | | | | 85.50% | | | | |
| 054 | 0011 | **MATERIAL INDEX** For 162 major U.S. and Canadian cities | | | | | | | | | | 054 |
| | 0020 | Minimum (Huntsville, AL) | | | | % | 92% | | | | | |
| | 0040 | Average | | | | | 100% | | | | | |
| | 0060 | Maximum (Anchorage, AK) | | | | | 135.20% | | | | | |
| 058 | 0010 | **OVERHEAD** As percent of direct costs, minimum | R010-070 | | | % | | | | | 5% | 058 |
| | 0050 | Average | | | | | | | | | 12% | |
| | 0100 | Maximum | | | | | | | | | 30% | |
| 062 | 0010 | **OVERHEAD & PROFIT** Allowance to add to items in this | R010-070 | | | | | | | | | 062 |
| | 0020 | book that do not include Subs O&P, average | | | | % | | | | | 25% | |
| | 0100 | Allowance to add to items in this book that | | | | | | | | | | |
| | 0110 | do include Subs O&P, minimum | | | | % | | | | | 5% | |
| | 0150 | Average | | | | | | | | | 10% | |
| | 0200 | Maximum | | | | | | | | | 15% | |
| | 0300 | Typical, by size of project, under $100,000 | | | | | | | | | 30% | |
| | 0350 | $500,000 project | | | | | | | | | 25% | |
| | 0400 | $2,000,000 project | | | | | | | | | 20% | |
| | 0450 | Over $10,000,000 project | | | | | | | | | 15% | |
| 064 | 0010 | **OVERTIME** For early completion of projects or where | R010-110 | | | | | | | | | 064 |
| | 0020 | labor shortages exist, add to usual labor, up to | | | | Costs | | 100% | | | | |
| 068 | 0010 | **PERFORMANCE BOND** For buildings, minimum | R010-080 | | | Job | | | | | .60% | 068 |
| | 0100 | Maximum | | | | | | | | | 2.50% | |

**GENERAL REQUIREMENTS 1**

# 010 | Overhead and Miscellaneous Data

## 010 000 | Overhead

| | | | CREW | DAILY OUTPUT | MAN-HOURS | UNIT | 1994 BARE COSTS MAT. | LABOR | EQUIP. | TOTAL | TOTAL INCL O&P | |
|---|---|---|---|---|---|---|---|---|---|---|---|---|
| 070 | 0010 | **PERMITS** Rule of thumb, most cities, minimum | | | | Job | | | | | .50% | 070 |
| | 0100 | Maximum | | | | " | | | | | 2% | |
| 082 | 0010 | **SMALL TOOLS** As % of contractor's work, minimum | | | | Total | | | | | .50% | 082 |
| | 0100 | Maximum | | | | " | | | | | 2% | |
| 086 | 0010 | **TAXES** Sales tax, State, County & City, average | R010 -090 | | | % | 4.69% | | | | | 086 |
| | 0050 | Maximum | | | | | 7.25% | | | | | |
| | 0300 | Unemployment, MA, combined Federal and State, minimum | R010 -100 | | | | | 3% | | | | |
| | 0350 | Average | | | | | | 7.30% | | | | |
| | 0400 | Maximum | | | | ↓ | | 8.90% | | | | |

# 013 | Submittals

## 013 800 | Construction Photos

| | | | CREW | DAILY OUTPUT | MAN-HOURS | UNIT | 1994 BARE COSTS MAT. | LABOR | EQUIP. | TOTAL | TOTAL INCL O&P | |
|---|---|---|---|---|---|---|---|---|---|---|---|---|
| 804 | 0010 | **PHOTOGRAPHS** 8" x 10", 4 shots, 2 prints ea., std. mounting | | | | Set | 94.50 | | | 94.50 | 104 | 804 |
| | 0100 | Hinged linen mounts | | | | | 108 | | | 108 | 119 | |
| | 0200 | 8" x 10", 4 shots, 2 prints each, in color | | | | | 190 | | | 190 | 209 | |
| | 0300 | For I.D. slugs, add to all above | | | | | 2.55 | | | 2.55 | 2.80 | |
| | 1500 | Time lapse equipment, camera and projector, buy | | | | | 3,675 | | | 3,675 | 4,050 | |
| | 1550 | Rent per month | | | | ↓ | 520 | | | 520 | 570 | |
| | 1700 | Cameraman and film, including processing, B.&W. | | | | Day | 550 | | | 550 | 605 | |
| | 1720 | Color | | | | " | 620 | | | 620 | 680 | |

# 015 | Construction Facilities and Temporary Controls

## 015 100 | Temporary Utilities

| | | | CREW | DAILY OUTPUT | MAN-HOURS | UNIT | 1994 BARE COSTS MAT. | LABOR | EQUIP. | TOTAL | TOTAL INCL O&P | |
|---|---|---|---|---|---|---|---|---|---|---|---|---|
| 104 | 0010 | **TEMPORARY UTILITIES** | | | | | | | | | | 104 |
| | 0100 | Heat, incl. fuel and operation, per week, 12 hrs. per day | 1 Skwk | 8.75 | .914 | CSF Flr | 18.85 | 22.50 | | 41.35 | 56.50 | |
| | 0200 | 24 hrs. per day | " | 4.50 | 1.778 | | 25 | 44 | | 69 | 97 | |
| | 0350 | Lighting, incl. service lamps, wiring & outlets, minimum | 1 Elec | 34 | .235 | | 2.49 | 6.45 | | 8.94 | 12.50 | |
| | 0360 | Maximum | " | 17 | .471 | | 5.75 | 12.95 | | 18.70 | 26 | |
| | 0400 | Power for temporary lighting only, per month, minimum/month | | | | | | | | 1.07 | 1.18 | |
| | 0450 | Maximum/month | | | | | | | | 2.73 | 3 | |
| | 0600 | Power for job duration incl. elevator, etc., minimum | | | | | | | | 47 | 51.70 | |
| | 0650 | Maximum | | | | ↓ | | | | 110 | 121 | |
| | 1000 | Toilet, portable, see division 016-420-6410 | | | | | | | | | | |

## 015 200 | Temporary Construction

| | | | CREW | DAILY OUTPUT | MAN-HOURS | UNIT | 1994 BARE COSTS MAT. | LABOR | EQUIP. | TOTAL | TOTAL INCL O&P | |
|---|---|---|---|---|---|---|---|---|---|---|---|---|
| 204 | 0010 | **PROTECTION** Stair tread, 2" x 12" planks, 1 use | 1 Carp | 75 | .107 | Tread | 2.88 | 2.54 | | 5.42 | 7.20 | 204 |
| | 0100 | Exterior plywood, 1/2" thick, 1 use | | 65 | .123 | | 1.11 | 2.93 | | 4.04 | 5.85 | |
| | 0200 | 3/4" thick, 1 use | ↓ | 60 | .133 | ↓ | 1.68 | 3.17 | | 4.85 | 6.90 | |
| 208 | 0010 | **TEMPORARY CONSTRUCTION** See also division 015-300 | | | | | | | | | | 208 |

# 015 | Construction Facilities and Temporary Controls

## 015 250 | Construction Aids

| | | | CREW | DAILY OUTPUT | MAN-HOURS | UNIT | MAT. | LABOR | EQUIP. | TOTAL | TOTAL INCL O&P | |
|---|---|---|---|---|---|---|---|---|---|---|---|---|
| | 0010 | SCAFFOLD Steel tubular, regular, buy | | | | | | | | | | 254 |
| | 0090 | Building exterior, 1 to 5 stories | 3 Carp | 16.80 | 1.429 | C.S.F. | 23.50 | 34 | | 57.50 | 79.50 | |
| | 0200 | 6 to 12 stories | 4 Carp | 15 | 2.133 | | 23.50 | 51 | | 74.50 | 106 | |
| | 0310 | 13 to 20 stories | 5 Carp | 16.75 | 2.388 | | 23.50 | 57 | | 80.50 | 116 | |
| | 0460 | Building interior walls, (area) up to 16' high | 3 Carp | 22.70 | 1.057 | | 23.50 | 25 | | 48.50 | 65.50 | |
| | 0560 | 16' to 40' high | | 18.70 | 1.283 | | 23.50 | 30.50 | | 54 | 74 | |
| | 0800 | Building interior floor area, up to 30' high | | 90 | .267 | C.C.F. | 13.35 | 6.35 | | 19.70 | 24.50 | |
| | 0900 | Over 30' high | 4 Carp | 100 | .320 | " | 13.35 | 7.60 | | 20.95 | 26.50 | |
| 255 | 0011 | SCAFFOLDING SPECIALTIES | | | | | | | | | | 255 |
| | 0050 | | | | | | | | | | | |
| | 1500 | Sidewalk bridge using tubular steel | | | | | | | | | | |
| | 1510 | scaffold frames, including planking | 3 Carp | 45 | .533 | L.F. | 3.50 | 12.70 | | 16.20 | 24 | |
| | 1600 | For 2 uses per month, deduct from all above | | | | | 50% | | | | | |
| | 1700 | For 1 use every 2 months, add to all above | | | | | 100% | | | | | |
| | 1900 | Catwalks, 32" wide, no guardrails, 6' span, buy | | | | Ea. | 115 | | | 115 | 127 | |
| | 2000 | 10' span, buy | | | | | 180 | | | 180 | 198 | |
| | 3720 | Putlog, standard, 8' span, with hangers, buy | | | | | 85 | | | 85 | 93.50 | |
| | 3750 | 12' span, buy | | | | | 125 | | | 125 | 138 | |
| | 3760 | Trussed type, 14' span, buy | | | | | 195 | | | 195 | 215 | |
| | 3790 | 20' span, buy | | | | | 230 | | | 230 | 253 | |
| | 3795 | Rent per month | | | | | 32 | | | 32 | 35 | |
| | 3800 | Rolling ladders with handrails, 30" wide, buy, 2 step | | | | | 155 | | | 155 | 171 | |
| | 4000 | 7 step | | | | | 335 | | | 335 | 370 | |
| | 4050 | 10 step | | | | | 465 | | | 465 | 510 | |
| | 4100 | Rolling towers, buy, 5' wide, 7' long, 9' high | | | | | 1,050 | | | 1,050 | 1,150 | |
| | 4200 | For 5' high added sections, add | | | | | 180 | | | 180 | 198 | |
| | 4300 | Complete incl. wheels, railings, etc. | | | | | | | | | | |
| | 4400 | up to 20' high, rent per month | | | | Ea. | 110 | | | 110 | 121 | |
| 256 | 0010 | SWING STAGING For masonry, 5' wide to 7' long, hand operated | | | | | | | | | | 256 |
| | 0020 | cable type, with 150' cables, buy | | | | Ea. | 3,800 | | | 3,800 | 4,175 | |
| | 0030 | Rent per week | | | | " | 150 | | | 150 | 165 | |

## 015 300 | Barriers & Enclosures

| | | | CREW | DAILY OUTPUT | MAN-HOURS | UNIT | MAT. | LABOR | EQUIP. | TOTAL | TOTAL INCL O&P | |
|---|---|---|---|---|---|---|---|---|---|---|---|---|
| 302 | 0010 | BARRICADES 5' high, 3 rail @ 2" x 8", fixed | 2 Carp | 30 | .533 | L.F. | 10.30 | 12.70 | | 23 | 31.50 | 302 |
| | 0150 | Movable | | 20 | .800 | | 11.20 | 19.05 | | 30.25 | 42.50 | |
| | 1000 | Guardrail, wooden, 3' high, 1" x 6", on 2" x 4" posts | | 200 | .080 | | 1.60 | 1.90 | | 3.50 | 4.78 | |
| | 1100 | 2" x 6", on 4" x 4" posts | | 165 | .097 | | 2.66 | 2.31 | | 4.97 | 6.60 | |
| | 1200 | Portable metal with base pads, buy | | | | | 12.65 | | | 12.65 | 13.90 | |
| | 1250 | Typical installation, assume 10 reuses | 2 Carp | 600 | .027 | | 1.50 | .63 | | 2.13 | 2.66 | |
| 304 | 0010 | FENCING Chain link, 5' high | 2 Clab | 100 | .160 | L.F. | 4.95 | 3.04 | | 7.99 | 10.25 | 304 |
| | 0100 | 6' high | | 75 | .213 | | 6.25 | 4.05 | | 10.30 | 13.30 | |
| | 0200 | Rented chain link, 6' high, to 500' | | 100 | .160 | | 2.02 | 3.04 | | 5.06 | 7.05 | |
| | 0250 | Over 1000' (up to 12 mo.) | | 110 | .145 | | 1.69 | 2.76 | | 4.45 | 6.25 | |
| | 0350 | Plywood, painted, 2" x 4" frame, 4' high | A-4 | 135 | .178 | | 4.10 | 4.14 | | 8.24 | 11 | |
| | 0400 | 4" x 4" frame, 8' high | " | 110 | .218 | | 6.95 | 5.10 | | 12.05 | 15.60 | |
| | 0500 | Wire mesh on 4" x 4" posts, 4' high | 2 Carp | 100 | .160 | | 4.48 | 3.81 | | 8.29 | 11 | |
| | 0550 | 8' high | " | 80 | .200 | | 6.70 | 4.76 | | 11.46 | 14.90 | |
| 306 | 0010 | WINTER PROTECTION Reinforced plastic on wood | | | | | | | | | | 306 |
| | 0100 | framing to close openings | 2 Clab | 750 | .021 | S.F. | .31 | .41 | | .72 | .98 | |
| | 0200 | Tarpaulins hung over scaffolding, 8 uses, not incl. scaffolding | | 1,500 | .011 | | .16 | .20 | | .36 | .50 | |
| | 0300 | Prefab fiberglass panels, steel frame, 8 uses | | 1,200 | .013 | | .58 | .25 | | .83 | 1.04 | |

## 015 500 | Access Roads

| | | | CREW | DAILY OUTPUT | MAN-HOURS | UNIT | MAT. | LABOR | EQUIP. | TOTAL | TOTAL INCL O&P | |
|---|---|---|---|---|---|---|---|---|---|---|---|---|
| 552 | 0010 | ROADS AND SIDEWALKS Temporary | | | | | | | | | | 552 |
| | 0050 | Roads, gravel fill, no surfacing, 4" gravel depth | B-14 | 715 | .067 | S.Y. | 1.09 | 1.35 | .28 | 2.72 | 3.63 | |

# 015 | Construction Facilities and Temporary Controls

## 015 500 | Access Roads

| | | | CREW | DAILY OUTPUT | MAN-HOURS | UNIT | 1994 BARE COSTS MAT. | LABOR | EQUIP. | TOTAL | TOTAL INCL O&P | |
|---|---|---|---|---|---|---|---|---|---|---|---|---|
| 552 | 0100 | 8" gravel depth | B-14 | 615 | .078 | S.Y. | 2.18 | 1.57 | .32 | 4.07 | 5.25 | 552 |
| | 1000 | Ramp, 3/4" plywood on 2" x 6" joists, 16" O.C. | 2 Carp | 300 | .053 | S.F. | 1.28 | 1.27 | | 2.55 | 3.42 | |
| | 1100 | On 2" x 10" joists, 16" O.C. | " | 275 | .058 | | 1.57 | 1.38 | | 2.95 | 3.92 | |
| | 2200 | Sidewalks, 2" x 12" planks, 2 uses | 1 Carp | 350 | .023 | | .48 | .54 | | 1.02 | 1.39 | |
| | 2300 | Exterior plywood, 2 uses, 1/2" thick | | 750 | .011 | | .24 | .25 | | .49 | .66 | |
| | 2400 | 5/8" thick | | 650 | .012 | | .30 | .29 | | .59 | .79 | |
| | 2500 | 3/4" thick | ▼ | 600 | .013 | ▼ | .35 | .32 | | .67 | .89 | |

## 015 800 | Project Signs

| | | | CREW | DAILY OUTPUT | MAN-HOURS | UNIT | MAT. | LABOR | EQUIP. | TOTAL | TOTAL INCL O&P | |
|---|---|---|---|---|---|---|---|---|---|---|---|---|
| 804 | 0010 | SIGNS Hi-intensity reflectorized, no posts, buy | | | | S.F. | 11 | | | 11 | 12.10 | 804 |

## 015 900 | Field Offices & Sheds

| | | | CREW | DAILY OUTPUT | MAN-HOURS | UNIT | MAT. | LABOR | EQUIP. | TOTAL | TOTAL INCL O&P | |
|---|---|---|---|---|---|---|---|---|---|---|---|---|
| 904 | 0010 | OFFICE Trailer, furnished, no hookups, 20' x 8', buy | 2 Skwk | 1 | 16 | Ea. | 4,100 | 395 | | 4,495 | 5,125 | 904 |
| | 0250 | Rent per month | | | | | 120 | | | 120 | 132 | |
| | 0300 | 32' x 8', buy | 2 Skwk | .70 | 22.857 | | 6,600 | 565 | | 7,165 | 8,150 | |
| | 0350 | Rent per month | | | | | 155 | | | 155 | 171 | |
| | 0400 | 50' x 10', buy | 2 Skwk | .60 | 26.667 | | 12,500 | 655 | | 13,155 | 14,900 | |
| | 0450 | Rent per month | | | | | 260 | | | 260 | 286 | |
| | 0500 | 50' x 12', buy | 2 Skwk | .50 | 32 | | 13,000 | 790 | | 13,790 | 15,600 | |
| | 0550 | Rent per month | | | | | 410 | | | 410 | 450 | |
| | 0700 | For air conditioning, rent per month, add | | | | ▼ | 43 | | | 43 | 47.50 | |
| | 0800 | For delivery, add per mile | | | | Mile | 1.50 | | | 1.50 | 1.65 | |
| | 1000 | Portable buildings, prefab, on skids, economy, 8' x 8' | 2 Carp | 265 | .060 | S.F. | 75 | 1.44 | | 76.44 | 85 | |
| | 1100 | Deluxe, 8' x 12' | " | 150 | .107 | " | 83 | 2.54 | | 85.54 | 95.50 | |
| | 1200 | Storage vans, trailer mounted, 16' x 8', buy | 2 Skwk | 1.80 | 8.889 | Ea. | 2,700 | 219 | | 2,919 | 3,325 | |
| | 1250 | Rent per month | | | | | 85 | | | 85 | 93.50 | |
| | 1300 | 28' x 10', buy | 2 Skwk | 1.40 | 11.429 | | 3,200 | 282 | | 3,482 | 3,975 | |
| | 1350 | Rent per month | | | | ▼ | 93 | | | 93 | 102 | |

# 016 | Material and Equipment

## 016 400 | Equipment Rental

| | | | UNIT | HOURLY OPER. COST | RENT PER DAY | RENT PER WEEK | RENT PER MONTH | CREW EQUIPMENT COST |
|---|---|---|---|---|---|---|---|---|
| 408 | 0010 | **EARTHWORK EQUIPMENT RENTAL** Without operators | R016 -410 | | | | | |
| | 0075 | Auger, truck mounted, vertical drilling, to 25' depth | | Ea. | 43.35 | 2,100 | 6,320 | 19,000 | 1,611 |
| | 0100 | Backhoe, diesel hydraulic, crawler mounted, 1/2 C.Y. cap. | | | 10.45 | 390 | 1,175 | 3,525 | 318.60 |
| | 0120 | 5/8 C.Y. capacity | | | 14.55 | 435 | 1,310 | 3,925 | 378.40 |
| | 0140 | 3/4 C.Y. capacity | | | 16 | 505 | 1,520 | 4,550 | 432 |
| | 0150 | 1 C.Y. capacity | | | 20.70 | 605 | 1,815 | 5,450 | 528.60 |
| | 0200 | 1-1/2 C.Y. capacity | | | 24.55 | 810 | 2,425 | 7,275 | 681.40 |
| | 0300 | 2 C.Y. capacity | | | 41.25 | 1,000 | 3,025 | 9,075 | 935 |
| | 0320 | 2-1/2 C.Y. capacity | | | 55.90 | 2,025 | 6,110 | 18,300 | 1,669 |
| | 0340 | 3-1/2 C.Y. capacity | | | 74 | 2,500 | 7,525 | 22,600 | 2,097 |
| | 0350 | Gradall type, truck mounted, 3 ton @ 15' radius, 5/8 C.Y. | | | 24.55 | 680 | 2,040 | 6,125 | 604.40 |
| | 0370 | 1 C.Y. capacity | | | 27.05 | 1,025 | 3,080 | 9,250 | 832.40 |
| | 0400 | Backhoe-loader, wheel type, 40 to 45 H.P., 5/8 C.Y. capacity | | | 6.80 | 213 | 640 | 1,925 | 182.40 |
| | 0450 | 45 H.P. to 60 H.P., 3/4 C.Y. capacity | | | 7.95 | 227 | 680 | 2,050 | 199.60 |
| | 0460 | 80 H.P., 1-1/4 C.Y. capacity | | | 11.95 | 297 | 890 | 2,675 | 273.60 |
| | 0470 | 112 H.P., 1-3/4 C.Y. loader, 1/2 C.Y. backhoe | | | 14.30 | 325 | 970 | 2,900 | 308.40 |
| | 0750 | Bucket, clamshell, general purpose, 3/8 C.Y. | | | .75 | 51.50 | 155 | 465 | 37 |
| | 0800 | 1/2 C.Y. | | | .95 | 56.50 | 170 | 510 | 41.60 |
| | 0850 | 3/4 C.Y. | | | 1 | 70 | 210 | 630 | 50 |
| | 0900 | 1 C.Y. | | | 1.30 | 85 | 255 | 765 | 61.40 |
| | 0950 | 1-1/2 C.Y. | | | 1.55 | 112 | 335 | 1,000 | 79.40 |
| | 1000 | 2 C.Y. | | | 1.75 | 123 | 370 | 1,100 | 88 |
| | 1200 | Compactor, roller, 2 drum, 2000 lb., operator walking | | | 1.70 | 113 | 340 | 1,025 | 81.60 |
| | 1250 | Rammer compactor, gas, 1000 lb. blow | | | .37 | 36.50 | 110 | 330 | 24.95 |
| | 1300 | Vibratory plate, gas, 13" plate, 1000 lb. blow | | | .47 | 29.50 | 89 | 267 | 21.55 |
| | 1350 | 24" plate, 5000 lb. blow | | | 1.70 | 53.50 | 160 | 480 | 45.60 |
| | 3710 | Screening plant 110 hp. w/ 5' x 10' screen | | | 15 | 395 | 1,200 | 3,600 | 360 |
| | 3720 | 5' x 16' screen | | | 16 | 465 | 1,400 | 4,200 | 408 |
| | 4900 | Trencher, chain, boom type, gas, operator walking, 12 H.P. | | | 1.80 | 112 | 335 | 1,000 | 81.40 |
| | 4910 | Operator riding, 40 H.P. | | | 5.90 | 233 | 700 | 2,100 | 187.20 |
| | 5000 | Wheel type, diesel, 4' deep, 12" wide | | | 12.80 | 450 | 1,350 | 4,050 | 372.40 |
| | 5100 | Diesel 6' deep, 20" wide | | | 14.35 | 675 | 2,025 | 6,075 | 519.80 |
| | 5150 | Ladder type, diesel, 5' deep, 8" wide | | | 8.70 | 315 | 950 | 2,850 | 259.60 |
| | 5200 | Diesel, 8' deep, 16" wide | | | 16.40 | 550 | 1,645 | 4,925 | 460.20 |
| | 5250 | Truck, dump, tandem, 12 ton payload | | | 16.50 | 320 | 965 | 2,900 | 325 |
| | 5300 | Three axle dump, 16 ton payload | | | 18.45 | 420 | 1,255 | 3,775 | 398.60 |
| | 5350 | Dump trailer only, rear dump, 16-1/2 C.Y. | | | 3.20 | 153 | 460 | 1,375 | 117.60 |
| | 5400 | 20 C.Y. | | | 3.20 | 155 | 465 | 1,400 | 118.60 |
| | 5450 | Flatbed, single axle, 1-1/2 ton rating | | | 10.40 | 125 | 375 | 1,125 | 158.20 |
| | 5500 | 3 ton rating | | | 10.45 | 128 | 385 | 1,150 | 160.60 |
| | 5550 | Off highway rear dump, 25 ton capacity | | | 18.30 | 750 | 2,250 | 6,750 | 596.40 |
| | 5600 | 35 ton capacity | | | 29.50 | 1,150 | 3,480 | 10,400 | 932 |
| 420 | 0010 | **GENERAL EQUIPMENT RENTAL** | R016 -410 | Ea. | | | | | |
| | 0150 | Aerial lift, scissor type, to 15' high, 1000 lb. cap., electric | | | 1.08 | 83.50 | 250 | 750 | 58.65 |
| | 0160 | To 25' high, 2000 lb. capacity | | | 1.60 | 130 | 390 | 1,175 | 90.80 |
| | 0170 | Telescoping boom to 40' high, 750 lb. capacity, gas | | | 6.05 | 365 | 1,100 | 3,300 | 268.40 |
| | 0180 | 2000 lb. capacity | | | 7.80 | 465 | 1,400 | 4,200 | 342.40 |
| | 0190 | To 60' high, 750 lb. capacity | | | 8.20 | 550 | 1,650 | 4,950 | 395.60 |
| | 0200 | Air compressor, portable, gas engine, 60 C.F.M. | | | 4.95 | 50 | 150 | 450 | 69.60 |
| | 0300 | 160 C.F.M. | | | 6.60 | 66.50 | 200 | 600 | 92.80 |
| | 0400 | Diesel engine, rotary screw, 250 C.F.M. | | | 5.30 | 105 | 315 | 945 | 105.40 |
| | 0500 | 365 C.F.M. | | | 9.10 | 183 | 550 | 1,650 | 182.80 |
| | 0600 | 600 C.F.M. | | | 15.75 | 232 | 695 | 2,075 | 265 |
| | 0700 | 750 C.F.M. | | | 17.15 | 235 | 705 | 2,125 | 278.20 |
| | 0800 | For silenced models, small sizes, add | | | 3% | 5% | 5% | 5% | |
| | 0900 | Large sizes, add | | | 4% | 7% | 7% | 7% | |
| | 0920 | Air tools and accessories | | | | | | | |
| | 0930 | Breaker, pavement, 60 lb. | | Ea. | .10 | 23.50 | 70 | 210 | 14.80 |

**GENERAL REQUIREMENTS 1**

# 016 | Material and Equipment

## 016 400 | Equipment Rental

| | | | UNIT | HOURLY OPER. COST | RENT PER DAY | RENT PER WEEK | RENT PER MONTH | CREW EQUIPMENT COST | |
|---|---|---|---|---|---|---|---|---|---|
| 420 | 0940 | 80 lb. | Ea. | .13 | 24 | 72 | 216 | 15.45 | 420 |
| | 0980 | Dust control per drill | | .17 | 9.15 | 27.50 | 82.50 | 6.85 | |
| | 1000 | Hose, air with couplings, 50' long, 3/4" diameter | | .42 | 2.72 | 8.15 | 24.50 | 5 | |
| | 1100 | 1" diameter | | 1.08 | 3.75 | 11.25 | 34 | 10.90 | |
| | 1200 | 1-1/2" diameter | | .05 | 10 | 30 | 90 | 6.40 | |
| | 1300 | 2" diameter | | .13 | 15 | 45 | 135 | 10.05 | |
| | 1400 | 2-1/2" diameter | | .14 | 16 | 48 | 144 | 10.70 | |
| | 1410 | 3" diameter | | .10 | 23.50 | 70 | 210 | 14.80 | |
| | 1530 | Sheeting driver for 60 lb. breaker | | .10 | 7.50 | 22.50 | 67.50 | 5.30 | |
| | 1540 | For 90 lb. breaker | | .10 | 15 | 45 | 135 | 9.80 | |
| | 1560 | Tamper, single, 35 lb. | | .10 | 21.50 | 65 | 195 | 13.80 | |
| | 1570 | Triple, 140 lb. | | 1.75 | 37.50 | 112 | 335 | 36.40 | |
| | 1580 | Wrenches, impact, air powered, up to 3/4" bolt | | .16 | 17 | 51 | 153 | 11.50 | |
| | 1590 | Up to 1-1/4" bolt | | .35 | 40 | 120 | 360 | 26.80 | |
| | 2100 | Generator, electric, gas engine, 1.5 KW to 3 KW | | 1.05 | 28 | 84 | 252 | 25.20 | |
| | 2200 | 5 KW | | 1.35 | 44.50 | 134 | 400 | 37.60 | |
| | 2300 | 10 KW | | 2.25 | 115 | 345 | 1,025 | 87 | |
| | 2400 | 25 KW | | 6.60 | 130 | 390 | 1,175 | 130.80 | |
| | 2500 | Diesel engine, 20 KW | | 3.95 | 78.50 | 235 | 705 | 78.60 | |
| | 2600 | 50 KW | | 6.05 | 93.50 | 280 | 840 | 104.40 | |
| | 2700 | 100 KW | | 11.70 | 142 | 425 | 1,275 | 178.60 | |
| | 2800 | 250 KW | | 27.95 | 240 | 720 | 2,150 | 367.60 | |
| | 2900 | Heaters, space, oil or electric, 50 MBH | | .10 | 23.50 | 70 | 210 | 14.80 | |
| | 3000 | 100 MBH | | .07 | 17.65 | 53 | 159 | 11.15 | |
| | 3100 | 300 MBH | | .12 | 43.50 | 130 | 390 | 26.95 | |
| | 3150 | 500 MBH | | .19 | 58.50 | 176 | 530 | 36.70 | |
| | 3200 | Hose, water, suction with coupling, 20' long, 2" diameter | | .05 | 6.65 | 20 | 60 | 4.40 | |
| | 3210 | 3" diameter | | .05 | 11.65 | 35 | 105 | 7.40 | |
| | 3220 | 4" diameter | | .05 | 18.35 | 55 | 165 | 11.40 | |
| | 3230 | 6" diameter | | .05 | 31.50 | 95 | 285 | 19.40 | |
| | 3240 | 8" diameter | | .06 | 50.50 | 151 | 455 | 30.70 | |
| | 3250 | Discharge hose with coupling, 50' long, 2" diameter | | .05 | 5 | 15 | 45 | 3.40 | |
| | 3260 | 3" diameter | | .05 | 6.65 | 20 | 60 | 4.40 | |
| | 3270 | 4" diameter | | .05 | 10 | 30 | 90 | 6.40 | |
| | 3280 | 6" diameter | | .05 | 25 | 75 | 225 | 15.40 | |
| | 3290 | 8" diameter | | .06 | 27.50 | 83 | 249 | 17.10 | |
| | 3300 | Ladders, extension type, 16' to 36' long | | | 8.15 | 24.50 | 73.50 | 4.90 | |
| | 3400 | 40' to 60' long | | | 20.50 | 61 | 183 | 12.20 | |
| | 3410 | Level, laser type, for pipe laying, self leveling | | | 102 | 305 | 915 | 61 | |
| | 3430 | Manual leveling | | | 80 | 240 | 720 | 48 | |
| | 3440 | Rotary beacon with rod and sensor | | | 102 | 305 | 915 | 61 | |
| | 3460 | Builders level with tripod and rod | | | 24 | 72 | 216 | 14.40 | |
| | 3500 | Light towers, towable, with diesel generator, 2000 watt | | 1.52 | 108 | 325 | 975 | 77.15 | |
| | 3600 | 4000 watt | | 1.84 | 124 | 372 | 1,125 | 89.10 | |
| | 4100 | Pump, centrifugal gas pump, 1-1/2", 4 MGPH | | .39 | 19.35 | 58 | 174 | 14.70 | |
| | 4200 | 2", 8 MGPH | | .39 | 21 | 63 | 189 | 15.70 | |
| | 4300 | 3", 15 MGPH | | 1.10 | 36.50 | 110 | 330 | 30.80 | |
| | 4400 | 6", 90 MGPH | | 9.15 | 138 | 415 | 1,250 | 156.20 | |
| | 4500 | Submersible electric pump, 1-1/4", 55 GPM | | .29 | 30.50 | 92 | 276 | 20.70 | |
| | 4600 | 1-1/2", 83 GPM | | .29 | 34 | 102 | 305 | 22.70 | |
| | 4700 | 2", 120 GPM | | .29 | 35.50 | 107 | 320 | 23.70 | |
| | 4800 | 3", 300 GPM | | .58 | 44.50 | 133 | 400 | 31.25 | |
| | 4900 | 4", 560 GPM | | 1.05 | 61.50 | 184 | 550 | 45.20 | |
| | 5000 | 6", 1590 GPM | | 4.90 | 170 | 510 | 1,525 | 141.20 | |
| | 5100 | Diaphragm pump, gas, single, 1-1/2" diameter | | .45 | 16.35 | 49 | 147 | 13.40 | |
| | 5200 | 2" diameter | | .50 | 26.50 | 80 | 240 | 20 | |
| | 5300 | 3" diameter | | .64 | 32 | 96 | 288 | 24.30 | |
| | 5400 | Double, 4" diameter | | 1.55 | 71.50 | 215 | 645 | 55.40 | |

# 016 | Material and Equipment

## 016 400 | Equipment Rental

| | | UNIT | HOURLY OPER. COST | RENT PER DAY | RENT PER WEEK | RENT PER MONTH | CREW EQUIPMENT COST |
|---|---|---|---|---|---|---|---|
| 5500 | Trash pump, self-priming, gas, 2" diameter | Ea. | 1 | 27.50 | 82 | 246 | 24.40 |
| 5600 | Diesel, 4" diameter | | 1.60 | 83.50 | 250 | 750 | 62.80 |
| 5650 | Diesel, 6" diameter | | 4.35 | 143 | 428 | 1,275 | 120.40 |
| 5700 | Salamanders, L.P. gas fired, 100,000 B.T.U. | | .63 | 12.35 | 37 | 111 | 12.45 |
| 5800 | Saw, chain, gas engine, 18" long | | .40 | 31.50 | 95 | 285 | 22.20 |
| 5900 | 36" long | | 1.05 | 63.50 | 190 | 570 | 46.40 |
| 5950 | 60" long | | 1.05 | 59 | 177 | 530 | 43.80 |
| 6000 | Masonry, table mounted, 14" diameter, 5 H.P. | | 1.65 | 41.50 | 125 | 375 | 38.20 |
| 6100 | Circular, hand held, electric, 7" diameter | | .15 | 13.35 | 40 | 120 | 9.20 |
| 6200 | 12" diameter | | .25 | 28.50 | 85 | 255 | 19 |
| 6410 | Toilet, portable chemical | | | 8.65 | 26 | 78 | 5.20 |
| 6420 | Recycle flush type | | | 10.65 | 32 | 96 | 6.40 |
| 6430 | Toilet, fresh water flush, garden hose, | | | 17.35 | 52 | 156 | 10.40 |
| 6440 | Hoisted, non-flush, for high rise | | | 9 | 27 | 81 | 5.40 |
| 6450 | Toilet, trailers, minimum | | | 20.50 | 62 | 186 | 12.40 |
| 6460 | Maximum | | | 83.50 | 250 | 750 | 50 |
| 6470 | Trailer, office, see division 015-904 | | | | | | |
| 6500 | Trailers, platform, flush deck, 2 axle, 25 ton capacity | Ea. | 1.25 | 132 | 395 | 1,175 | 89 |
| 6600 | 40 ton capacity | | 1.60 | 213 | 640 | 1,925 | 140.80 |
| 6810 | Trailer, cable reel for H.V. line work | | 2.95 | 185 | 555 | 1,675 | 134.60 |
| 6820 | Cable tensioning rig | | 6.05 | 355 | 1,070 | 3,200 | 262.40 |
| 6830 | Cable pulling rig | | 41.30 | 2,075 | 6,190 | 18,600 | 1,568 |
| 7010 | Tram car for H.V. line work | | 13.60 | 83.50 | 250 | 750 | 158.80 |
| 7020 | Transit with tripod | | | 28 | 84 | 252 | 16.80 |
| 7100 | Truck, pickup, 3/4 ton, 2 wheel drive | | 9.90 | 63.50 | 190 | 570 | 117.20 |
| 7200 | 4 wheel drive | | 11.05 | 61.50 | 185 | 555 | 125.40 |
| 7250 | Crew carrier, 9 passenger | | 15.45 | 85 | 255 | 765 | 174.60 |
| 7290 | Tool van, 24,000 G.V.W. | | 18.10 | 287 | 860 | 2,575 | 316.80 |
| 7300 | Tractor, 4 x 2, 30 ton capacity, 195 H.P. | | 9.90 | 355 | 1,070 | 3,200 | 293.20 |
| 7410 | 250 H.P. | | 13.65 | 380 | 1,145 | 3,425 | 338.20 |
| 7620 | Vacuum truck, hazardous material, 2500 gallon | | 12.50 | 275 | 850 | 2,550 | 270 |
| 7625 | 5,000 gallon | | 13.50 | 325 | 950 | 2,850 | 298 |
| 7640 | Tractor, with A frame, boom and winch, 225 H.P. | | 19.45 | 197 | 590 | 1,775 | 273.60 |
| 7700 | Welder, electric, 200 amp | | .86 | 20.50 | 61 | 183 | 19.10 |
| 7800 | 300 amp | | 1.90 | 60 | 180 | 540 | 51.20 |
| 7900 | Gas engine, 200 amp | | 4.35 | 40 | 120 | 360 | 58.80 |
| 8000 | 300 amp | | 4.70 | 63.50 | 190 | 570 | 75.60 |
| 8100 | Wheelbarrow, any size | | | 6.85 | 20.50 | 61.50 | 4.10 |
| 0010 | **LIFTING & HOISTING EQUIPMENT RENTAL** | R016 -410 | | | | | |
| 0100 | without operators | | | | | | |
| 0200 | Crane, climbing, 106' jib, 6000 lb. capacity, 410 FPM | Ea. | 24.25 | 1,150 | 3,425 | 10,300 | 879 |
| 0300 | 101' jib, 10,250 lb. capacity, 270 FPM | " | 32.15 | 1,475 | 4,400 | 13,200 | 1,137 |
| 0400 | Tower, static, 130' high, 106' jib, | | | | | | |
| 0500 | 6200 lb. capacity at 400 FPM | Ea. | 51.20 | 1,350 | 4,040 | 12,100 | 1,218 |
| 0600 | Crawler, cable, 1/2 C.Y., 15 tons at 12' radius | | 17.30 | 450 | 1,355 | 4,075 | 409.40 |
| 0700 | 3/4 C.Y., 20 tons at 12' radius | | 17.90 | 490 | 1,465 | 4,400 | 436.20 |
| 0800 | 1 C.Y., 25 tons at 12' radius | | 19.25 | 530 | 1,590 | 4,775 | 472 |
| 0900 | 1-1/2 C.Y., 40 tons at 12' radius | | 27.85 | 815 | 2,450 | 7,350 | 712.80 |
| 1000 | 2 C.Y., 50 tons at 12' radius | | 32.50 | 940 | 2,820 | 8,450 | 824 |
| 1100 | 3 C.Y., 75 tons at 12' radius | | 39.80 | 805 | 2,410 | 7,225 | 800.40 |
| 1600 | Truck mounted, cable operated, 6 x 4, 20 tons at 10' radius | | 12.35 | 655 | 1,960 | 5,875 | 490.80 |
| 1700 | 25 tons at 10' radius | | 18.95 | 1,050 | 3,175 | 9,525 | 786.60 |
| 1800 | 8 x 4, 30 tons at 10' radius | | 25.90 | 605 | 1,820 | 5,450 | 571.20 |
| 1900 | 40 tons at 12' radius | | 27.15 | 740 | 2,215 | 6,650 | 660.20 |
| 2000 | 8 x 4, 60 tons at 15' radius | | 41.10 | 885 | 2,660 | 7,975 | 860.80 |
| 2100 | 90 tons at 15' radius | | 44.55 | 1,025 | 3,065 | 9,200 | 969.40 |
| 2200 | 115 tons at 15' radius | | 46.40 | 1,850 | 5,550 | 16,700 | 1,481 |
| 2300 | 150 tons at 18' radius | | 69.35 | 1,550 | 4,635 | 13,900 | 1,482 |

**GENERAL REQUIREMENTS 1**

# 016 | Material and Equipment

## 016 400 | Equipment Rental

| | | | UNIT | HOURLY OPER. COST | RENT PER DAY | RENT PER WEEK | RENT PER MONTH | CREW EQUIPMENT COST |
|---|---|---|---|---|---|---|---|---|
| 460 | 2400 | Truck mounted, hydraulic, 12 ton capacity | Ea. | 20.75 | 400 | 1,200 | 3,600 | 406 |
| | 2500 | 25 ton capacity | | 21.35 | 535 | 1,605 | 4,825 | 491.80 |
| | 2550 | 33 ton capacity | | 22.10 | 805 | 2,410 | 7,225 | 658.80 |
| | 2600 | 55 ton capacity | | 31.05 | 800 | 2,405 | 7,225 | 729.40 |
| | 2700 | 80 ton capacity | | 33.95 | 1,200 | 3,585 | 10,800 | 988.60 |
| | 2800 | Self-propelled, 4 x 4, with telescoping boom, 5 ton | | 7.90 | 240 | 720 | 2,150 | 207.20 |
| | 2900 | 12-1/2 ton capacity | | 14.90 | 555 | 1,670 | 5,000 | 453.20 |
| | 3000 | 15 ton capacity | | 16.75 | 450 | 1,350 | 4,050 | 404 |
| | 3100 | 25 ton capacity | | 19.10 | 665 | 2,000 | 6,000 | 552.80 |
| | 3200 | Derricks, guy, 20 ton capacity, 60' boom, 75' mast | | 8.40 | 270 | 810 | 2,425 | 229.20 |
| | 3300 | 100' boom, 115' mast | | 15.40 | 485 | 1,450 | 4,350 | 413.20 |
| | 3400 | Stiffleg, 20 ton capacity, 70' boom, 37' mast | | 10.50 | 350 | 1,050 | 3,150 | 294 |
| | 3500 | 100' boom, 47' mast | | 16.65 | 595 | 1,785 | 5,350 | 490.20 |
| | 3600 | Hoists, chain type, overhead, manual, 3/4 ton | | .06 | 5 | 15 | 45 | 3.50 |
| | 3900 | 10 ton | | .25 | 23.50 | 70 | 210 | 16 |
| | 4000 | Hoist and tower, 5000 lb. cap., portable electric, 40' high | | 3.79 | 157 | 470 | 1,400 | 124.30 |
| | 4100 | For each added 10' section, add | | | 7.35 | 22 | 66 | 4.40 |
| | 4200 | Hoist and single tubular tower, 5000 lb. electric, 100' high | | 5.12 | 215 | 645 | 1,925 | 169.95 |
| | 4300 | For each added 6'-6" section, add | | .61 | 18 | 54 | 162 | 15.70 |
| | 4400 | Hoist and double tubular tower, 5000 lb., 100' high | | 5.40 | 233 | 700 | 2,100 | 183.20 |
| | 4500 | For each added 6'-6" section, add | | .06 | 11.35 | 34 | 102 | 7.30 |
| | 4550 | Hoist and tower, mast type, 6000 lb., 100' high | | 5 | 253 | 760 | 2,275 | 192 |
| | 4570 | For each added 10' section, add | | .12 | 8.55 | 25.70 | 77 | 6.10 |
| | 4600 | Hoist and tower, personnel, electric, 2000 lb., 100' @ 125 FPM | | 9.42 | 635 | 1,900 | 5,700 | 455.35 |
| | 4700 | 3000 lb., 100' @ 200 FPM | | 10.10 | 690 | 2,070 | 6,200 | 494.80 |
| | 4800 | 3000 lb., 150' @ 300 FPM | | 10.80 | 745 | 2,230 | 6,700 | 532.40 |
| | 4900 | 4000 lb., 100' @ 300 FPM | | 11.50 | 795 | 2,390 | 7,175 | 570 |
| | 5000 | 6000 lb., 100' @ 275 FPM | | 12.20 | 850 | 2,550 | 7,650 | 607.60 |
| | 5100 | For added heights up to 500', add | L.F. | | 1.10 | 3.30 | 9.90 | .65 |
| | 5200 | Jacks, hydraulic, 20 ton | Ea. | .13 | 2.10 | 6.30 | 18.90 | 2.30 |
| | 5500 | 100 ton | " | .15 | 18.35 | 55 | 165 | 12.20 |
| | 6000 | Jacks, hydraulic, climbing with 50' jackrods | | | | | | |
| | 6010 | and control consoles, minimum 3 mo. rental | | | | | | |
| | 6100 | 30 ton capacity | Ea. | .05 | 96.50 | 290 | 870 | 58.40 |
| | 6150 | For each added 10' jackrod section, add | | | 2.03 | 6.10 | 18.30 | 1.20 |
| | 6300 | 50 ton capacity | | | 157 | 470 | 1,400 | 94 |
| | 6350 | For each added 10' jackrod section, add | | | 3.05 | 9.15 | 27.50 | 1.85 |
| | 6500 | 125 ton capacity | | | 450 | 1,350 | 4,050 | 270 |
| | 6550 | For each added 10' jackrod section, add | | | 22 | 66 | 198 | 13.20 |

See the **Reference Section** for reference number information, Crew Listings and City Cost Indexes

# 017 | Contract Closeout

| 017 100 | Final Cleaning | CREW | DAILY OUTPUT | MAN-HOURS | UNIT | 1994 BARE COSTS | | | | TOTAL INCL O&P |
|---|---|---|---|---|---|---|---|---|---|---|
| | | | | | | MAT. | LABOR | EQUIP. | TOTAL | |
| 0010 | CLEANING UP After job completion, allow | | | | Job | | | | | .30% |
| 0050 | Cleanup of floor area, continuous, per day | A-5 | 12 | 1.500 | M.S.F. | 1.62 | 28.50 | 3.30 | 33.42 | 50.50 |
| 0100 | Final | " | 11.50 | 1.565 | " | 1.72 | 30 | 3.44 | 35.16 | 52.50 |

# 018 | Maintenance

| 018 000 | Facilities Maintenance | CREW | DAILY OUTPUT | MAN-HOURS | UNIT | 1994 BARE COSTS | | | | TOTAL INCL O&P |
|---|---|---|---|---|---|---|---|---|---|---|
| | | | | | | MAT. | LABOR | EQUIP. | TOTAL | |
| 0010 | ELECTRICAL FACILITIES MAINTENANCE | | | | | | | | | |
| 0700 | Cathodic protection systems | | | | | | | | | |
| 0720 | Check and adjust reading on rectifier | 1 Elec | 20 | .400 | Ea. | | 11 | | 11 | 16.55 |
| 0730 | Check pipe to soil potential | | 20 | .400 | | | 11 | | 11 | 16.55 |
| 0740 | Replace lead connection | | 4 | 2 | | | 55 | | 55 | 82.50 |
| 0800 | Control device, install | | 5.70 | 1.404 | | | 38.50 | | 38.50 | 58 |
| 0810 | Disassemble, clean and reinstall | | 7 | 1.143 | | | 31.50 | | 31.50 | 47.50 |
| 0820 | Replace | | 10.70 | .748 | | | 20.50 | | 20.50 | 31 |
| 0830 | Trouble shoot | ↓ | 10 | .800 | ↓ | | 22 | | 22 | 33 |
| 0900 | Demolition, for electrical demolition see Division 020-708 | | | | | | | | | |
| 1000 | Distribution systems and equipment install or repair a breaker | | | | | | | | | |
| 1010 | In power panels up to 200 amps | 1 Elec | 7 | 1.143 | Ea. | | 31.50 | | 31.50 | 47.50 |
| 1020 | Over 200 amps | | 2 | 4 | | | 110 | | 110 | 165 |
| 1030 | Reset breaker or replace fuse | | 20 | .400 | | | 11 | | 11 | 16.55 |
| 1100 | Megger test MCC (each stack) | | 4 | 2 | | | 55 | | 55 | 82.50 |
| 1110 | MCC vacuum and clean (each stack) | | 5.30 | 1.509 | | | 41.50 | | 41.50 | 62.50 |
| 2500 | Lighting equipment, replace road lamp | | 3 | 2.667 | | 685 | 73.50 | | 758.50 | 865 |
| 2510 | Fluorescent fixture | | 7 | 1.143 | | 55 | 31.50 | | 86.50 | 108 |
| 2515 | Relamp (fluor.) facility area ea. tube | | 60 | .133 | | 4.30 | 3.67 | | 7.97 | 10.25 |
| 2518 | Fluorescent fixture, clean (area) | | 44 | .182 | | | 5 | | 5 | 7.50 |
| 2520 | Incandescent fixture | | 11 | .727 | | 43 | 20 | | 63 | 77.50 |
| 2530 | Lamp (incadescent or fluorescent) | | 60 | .133 | | 4.30 | 3.67 | | 7.97 | 10.25 |
| 2535 | Replace cord in socket lamp | | 13 | .615 | | 1.85 | 16.90 | | 18.75 | 27.50 |
| 2540 | Ballast | | 6 | 1.333 | | 10.20 | 36.50 | | 46.70 | 66 |
| 2541 | Starter | | 30 | .267 | | .87 | 7.35 | | 8.22 | 12 |
| 2545 | Replace other lighting parts | | 11 | .727 | | 11.25 | 20 | | 31.25 | 42.50 |
| 2550 | Switch | | 11 | .727 | | 4.60 | 20 | | 24.60 | 35 |
| 2555 | Receptacle | | 11 | .727 | | 4.55 | 20 | | 24.55 | 35 |
| 2560 | Floodlight | | 4 | 2 | | 255 | 55 | | 310 | 365 |
| 2570 | Christmas lighting, indoor, per string | | 16 | .500 | | | 13.75 | | 13.75 | 20.50 |
| 2580 | Outdoor | | 13 | .615 | | | 16.90 | | 16.90 | 25.50 |
| 2590 | Test battery operated emergency lights | | 40 | .200 | | | 5.50 | | 5.50 | 8.25 |
| 2600 | Repair/replace component in communication system | | 6 | 1.333 | | 47 | 36.50 | | 83.50 | 107 |
| 2700 | Repair misc. appliances (incl. clocks, vent fan, blower, etc.) | | 6 | 1.333 | | | 36.50 | | 36.50 | 55 |
| 2710 | Reset clocks & timers | | 50 | .160 | | | 4.40 | | 4.40 | 6.60 |
| 2720 | Adjust time delay relays | | 16 | .500 | | | 13.75 | | 13.75 | 20.50 |
| 2730 | Test specific gravity of lead-acid batteries | ↓ | 80 | .100 | ↓ | | 2.75 | | 2.75 | 4.13 |
| 3000 | Motors and generators | | | | | | | | | |
| 3020 | Disassemble, clean and reinstall motor, up to 1/4 HP | 1 Elec | 4 | 2 | Ea. | | 55 | | 55 | 82.50 |
| 3030 | Up to 3/4 HP | | 3 | 2.667 | | | 73.50 | | 73.50 | 110 |
| 3040 | Up to 10 HP | | 2 | 4 | | | 110 | | 110 | 165 |
| 3050 | Replace part, up to 1/4 HP | ↓ | 6 | 1.333 | | | 36.50 | | 36.50 | 55 |

# 018 | Maintenance

## 018 000 | Facilities Maintenance

| | | | CREW | DAILY OUTPUT | MAN-HOURS | UNIT | 1994 BARE COSTS MAT. | LABOR | EQUIP. | TOTAL | TOTAL INCL O&P | |
|---|---|---|---|---|---|---|---|---|---|---|---|---|
| 160 | 3060 | Up to 3/4 HP | 1 Elec | 4 | 2 | Ea. | | 55 | | 55 | 82.50 | 160 |
| | 3070 | Up to 10 HP | | 3 | 2.667 | | | 73.50 | | 73.50 | 110 | |
| | 3080 | Megger test motor windings | | 5.33 | 1.501 | | | 41.50 | | 41.50 | 62 | |
| | 3082 | Motor vibration check | | 16 | .500 | | | 13.75 | | 13.75 | 20.50 | |
| | 3084 | Oil motor bearings | | 25 | .320 | | | 8.80 | | 8.80 | 13.25 | |
| | 3086 | Run test emergency generator for 30 minutes | | 11 | .727 | | | 20 | | 20 | 30 | |
| | 3090 | Rewind motor, up to 1/4 HP | | 3 | 2.667 | | | 73.50 | | 73.50 | 110 | |
| | 3100 | Up to 3/4 HP | | 2 | 4 | | | 110 | | 110 | 165 | |
| | 3110 | Up to 10 HP | | 1.50 | 5.333 | | | 147 | | 147 | 221 | |
| | 3150 | Generator, repair or replace part | | 4 | 2 | | | 55 | | 55 | 82.50 | |
| | 3160 | Repair DC generator | | 2 | 4 | | | 110 | | 110 | 165 | |
| | 4000 | Stub pole, install or remove | | 3 | 2.667 | | | 73.50 | | 73.50 | 110 | |
| | 4500 | Transformer maintenance up to 15KVA | ↓ | 2.70 | 2.963 | ↓ | | 81.50 | | 81.50 | 123 | |

# 020 | Subsurface Investigation and Demolition

## 020 120 | Std Penetration Tests

| | | | CREW | DAILY OUTPUT | MAN-HOURS | UNIT | 1994 BARE COSTS MAT. | LABOR | EQUIP. | TOTAL | TOTAL INCL O&P | |
|---|---|---|---|---|---|---|---|---|---|---|---|---|
| 125 | 0010 | **DRILLING, CORE** Reinforced concrete slab, up to 6" thick slab | | | | | | | | | | 125 |
| | 0020 | Including layout and set up | | | | | | | | | | |
| | 0100 | 1" diameter core | B-89A | 48 | .333 | Ea. | 2.07 | 7.30 | 1.11 | 10.48 | 15.05 | |
| | 0150 | Each added inch thick, add | | 400 | .040 | | .36 | .87 | .13 | 1.36 | 1.94 | |
| | 0300 | 3" diameter core | | 40 | .400 | | 4.75 | 8.75 | 1.33 | 14.83 | 20.50 | |
| | 0350 | Each added inch thick, add | | 267 | .060 | | .79 | 1.31 | .20 | 2.30 | 3.17 | |
| | 0500 | 4" diameter core | | 37 | .432 | | 6.35 | 9.45 | 1.44 | 17.24 | 23.50 | |
| | 0550 | Each added inch thick, add | | 242 | .066 | | 1.06 | 1.44 | .22 | 2.72 | 3.70 | |
| | 0700 | 6" diameter core | | 29 | .552 | | 7.75 | 12.05 | 1.84 | 21.64 | 29.50 | |
| | 0750 | Each added inch thick, add | | 200 | .080 | | 1.28 | 1.75 | .27 | 3.30 | 4.47 | |
| | 0900 | 8" diameter core | | 21 | .762 | | 10.60 | 16.65 | 2.54 | 29.79 | 41 | |
| | 0950 | Each added inch thick, add | | 133 | .120 | | 1.77 | 2.63 | .40 | 4.80 | 6.55 | |
| | 1100 | 10" diameter core | | 19 | .842 | | 14.30 | 18.40 | 2.80 | 35.50 | 48 | |
| | 1150 | Each added inch thick, add | | 114 | .140 | | 2.38 | 3.06 | .47 | 5.91 | 8 | |
| | 1300 | 12" diameter core | | 16 | 1 | | 17.25 | 22 | 3.33 | 42.58 | 57 | |
| | 1350 | Each added inch thick, add | | 96 | .167 | | 2.88 | 3.64 | .56 | 7.08 | 9.55 | |
| | 1500 | 14" diameter core | | 13.80 | 1.159 | | 21 | 25.50 | 3.86 | 50.36 | 67 | |
| | 1550 | Each added inch thick, add | | 80 | .200 | | 3.56 | 4.37 | .67 | 8.60 | 11.60 | |
| | 1700 | 18" diameter core | | 6.80 | 2.353 | | 27 | 51.50 | 7.85 | 86.35 | 120 | |
| | 1750 | Each added inch thick, add | ↓ | 40 | .400 | ↓ | 4.77 | 8.75 | 1.33 | 14.85 | 20.50 | |
| | 1760 | For horizontal holes, add to above | | | | | | | | 30% | 30% | |
| | 1770 | Prestressed hollow core plank, 6" thick | | | | | | | | | | |
| | 1780 | 1" diameter core | B-89A | 65 | .246 | Ea. | 1.38 | 5.35 | .82 | 7.55 | 10.90 | |
| | 1790 | Each added inch thick, add | | 432 | .037 | | .22 | .81 | .12 | 1.15 | 1.66 | |
| | 1800 | 3" diameter core | | 66 | .242 | | 3.13 | 5.30 | .81 | 9.24 | 12.75 | |
| | 1810 | Each added inch thick, add | | 296 | .054 | | .53 | 1.18 | .18 | 1.89 | 2.65 | |
| | 1820 | 4" diameter core | | 63 | .254 | | 4.17 | 5.55 | .85 | 10.57 | 14.30 | |
| | 1830 | Each added inch thick, add | | 271 | .059 | | .70 | 1.29 | .20 | 2.19 | 3.03 | |
| | 1840 | 6" diameter core | | 52 | .308 | | 5.05 | 6.70 | 1.02 | 12.77 | 17.35 | |
| | 1850 | Each added inch thick, add | | 222 | .072 | | .84 | 1.57 | .24 | 2.65 | 3.68 | |
| | 1860 | 8" diameter core | | 37 | .432 | | 6.90 | 9.45 | 1.44 | 17.79 | 24 | |
| | 1870 | Each added inch thick, add | ↓ | 147 | .109 | ↓ | 1.14 | 2.38 | .36 | 3.88 | 5.40 | |

See the Reference Section for reference number information, Crew Listings and City Cost Indexes

# 020 | Subsurface Investigation and Demolition

## 020 120 | Std Penetration Tests

| | | | CREW | DAILY OUTPUT | MAN-HOURS | UNIT | 1994 BARE COSTS | | | | TOTAL INCL O&P | |
|---|---|---|---|---|---|---|---|---|---|---|---|---|
| | | | | | | | MAT. | LABOR | EQUIP. | TOTAL | | |
| 125 | 1880 | 10" diameter core | B-89A | 32 | .500 | Ea. | 9.30 | 10.90 | 1.67 | 21.87 | 29.50 | 125 |
| | 1890 | Each added inch thick, add | | 124 | .129 | | 1.14 | 2.82 | .43 | 4.39 | 6.20 | |
| | 1900 | 12" diameter core | | 28 | .571 | | 11.30 | 12.45 | 1.90 | 25.65 | 34.50 | |
| | 1910 | Each added inch thick, add | | 107 | .150 | | 1.88 | 3.26 | .50 | 5.64 | 7.80 | |
| | 1950 | Minimum charge for above, 3" diameter core | | 7.45 | 2.148 | Total | | 47 | 7.15 | 54.15 | 82.50 | |
| | 2000 | 4" diameter core | | 7.15 | 2.238 | | | 49 | 7.45 | 56.45 | 85.50 | |
| | 2050 | 6" diameter core | | 6.40 | 2.500 | | | 54.50 | 8.30 | 62.80 | 95.50 | |
| | 2100 | 8" diameter core | | 5.80 | 2.759 | | | 60 | 9.20 | 69.20 | 106 | |
| | 2150 | 10" diameter core | | 5 | 3.200 | | | 70 | 10.65 | 80.65 | 123 | |
| | 2200 | 12" diameter core | | 4.10 | 3.902 | | | 85 | 13 | 98 | 149 | |
| | 2250 | 14" diameter core | | 3.55 | 4.507 | | | 98.50 | 15 | 113.50 | 173 | |
| | 2300 | 18" diameter core | | 3.30 | 4.848 | | | 106 | 16.15 | 122.15 | 186 | |

## 020 550 | Site Demolition

| | | | CREW | DAILY OUTPUT | MAN-HOURS | UNIT | MAT. | LABOR | EQUIP. | TOTAL | TOTAL INCL O&P | |
|---|---|---|---|---|---|---|---|---|---|---|---|---|
| 554 | 0010 | SITE DEMOLITION No hauling, abandon catch basin or manhole | B-6 | 7 | 3.429 | Ea. | | 70 | 28.50 | 98.50 | 142 | 554 |
| | 0020 | Remove existing catch basin or manhole | | 4 | 6 | | | 123 | 50 | 173 | 247 | |
| | 0030 | Catch basin or manhole frames and covers stored | | 13 | 1.846 | | | 38 | 15.35 | 53.35 | 76 | |
| | 0040 | Remove and reset | | 7 | 3.429 | | | 70 | 28.50 | 98.50 | 142 | |
| | 1710 | Pavement removal, bituminous, 3" thick | B-38 | 690 | .058 | S.Y. | | 1.24 | 1.79 | 3.03 | 3.90 | |
| | 1750 | 4" to 6" thick | | 420 | .095 | | | 2.03 | 2.94 | 4.97 | 6.40 | |
| | 1800 | Bituminous driveways | | 680 | .059 | | | 1.26 | 1.82 | 3.08 | 3.96 | |
| | 1900 | Concrete to 6" thick, mesh reinforced | | 255 | .157 | | | 3.35 | 4.85 | 8.20 | 10.60 | |
| | 2000 | Rod reinforced | | 200 | .200 | | | 4.27 | 6.20 | 10.47 | 13.45 | |
| | 2100 | Concrete 7" to 24" thick, plain | | 13.10 | 3.053 | C.Y. | | 65 | 94.50 | 159.50 | 206 | |
| | 2200 | Reinforced | | 9.50 | 4.211 | " | | 90 | 130 | 220 | 283 | |
| | 2300 | With hand held air equipment, bituminous | B-39 | 1,900 | .025 | S.F. | | .51 | .08 | .59 | .89 | |
| | 2320 | Concrete to 6" thick, no reinforcing | | 1,200 | .040 | | | .80 | .12 | .92 | 1.40 | |
| | 2340 | Mesh reinforced | | 830 | .058 | | | 1.16 | .18 | 1.34 | 2.03 | |
| | 2360 | Rod reinforced | | 765 | .063 | | | 1.26 | .19 | 1.45 | 2.19 | |
| | 4000 | Sidewalk removal, bituminous, 2-1/2" thick | B-6 | 325 | .074 | S.Y. | | 1.51 | .61 | 2.12 | 3.05 | |
| | 4050 | Brick, set in mortar | | 185 | .130 | | | 2.66 | 1.08 | 3.74 | 5.35 | |
| | 4100 | Concrete, plain | | 160 | .150 | | | 3.07 | 1.25 | 4.32 | 6.15 | |
| | 4200 | Mesh reinforced | | 150 | .160 | | | 3.28 | 1.33 | 4.61 | 6.55 | |

## 020 600 | Building Demolition

| | | | CREW | DAILY OUTPUT | MAN-HOURS | UNIT | MAT. | LABOR | EQUIP. | TOTAL | TOTAL INCL O&P | |
|---|---|---|---|---|---|---|---|---|---|---|---|---|
| 612 | 0010 | DUMP CHARGES Typical urban city, fees only | | | | | | | | | | 612 |
| | 0100 | Building construction materials | | | | C.Y. | | | | | 35 | |
| | 0200 | Demolition lumber, trees, brush | | | | | | | | | 37 | |
| | 0300 | Rubbish only | | | | | | | | | 30 | |
| | 0500 | Reclamation station, usual charge | | | | Ton | | | | | 65 | |

## 020 700 | Selective Demolition

| | | | CREW | DAILY OUTPUT | MAN-HOURS | UNIT | MAT. | LABOR | EQUIP. | TOTAL | TOTAL INCL O&P | |
|---|---|---|---|---|---|---|---|---|---|---|---|---|
| 708 | 0010 | ELECTRICAL DEMOLITION | | | | | | | | | | 708 |
| | 0020 | Conduit to 15' high, including fittings & hangers | | | | | | | | | | |
| | 0100 | Rigid galvanized steel, 1/2" to 1" diameter | 1 Elec | 242 | .033 | L.F. | | .91 | | .91 | 1.37 | |
| | 0120 | 1-1/4" to 2" | | 200 | .040 | | | 1.10 | | 1.10 | 1.65 | |
| | 0140 | 2" to 4" | | 151 | .053 | | | 1.46 | | 1.46 | 2.19 | |
| | 0160 | 4" to 6" | | 57 | .140 | | | 3.86 | | 3.86 | 5.80 | |
| | 0200 | Electric metallic tubing (EMT) 1/2" to 1" | | 394 | .020 | | | .56 | | .56 | .84 | |
| | 0220 | 1-1/4" to 1-1/2" | | 326 | .025 | | | .67 | | .67 | 1.01 | |
| | 0240 | 2" to 3" | | 236 | .034 | | | .93 | | .93 | 1.40 | |
| | 0260 | 3-1/2" to 4" | | 95 | .084 | | | 2.32 | | 2.32 | 3.48 | |
| | 0270 | Armored cable, (BX) avg. 50' runs | | | | | | | | | | |
| | 0280 | #14, 2 wire | 1 Elec | 690 | .012 | L.F. | | .32 | | .32 | .48 | |

## 020 | Subsurface Investigation and Demolition

### 020 700 | Selective Demolition

| | | CREW | DAILY OUTPUT | MAN-HOURS | UNIT | MAT. | LABOR | EQUIP. | TOTAL | TOTAL INCL O&P | |
|---|---|---|---|---|---|---|---|---|---|---|---|
| 708 | 0290 | #14, 3 wire | 1 Elec | 571 | .014 | L.F. | | .39 | | .39 | .58 | 708 |
| | 0300 | #12, 2 wire | | 605 | .013 | | | .36 | | .36 | .55 | |
| | 0310 | #12, 3 wire | | 514 | .016 | | | .43 | | .43 | .64 | |
| | 0320 | #10, 2 wire | | 514 | .016 | | | .43 | | .43 | .64 | |
| | 0330 | #10, 3 wire | | 425 | .019 | | | .52 | | .52 | .78 | |
| | 0340 | #8, 3 wire | ↓ | 342 | .023 | ↓ | | .64 | | .64 | .97 | |
| | 0350 | Non metallic sheathed cable (Romex) | | | | | | | | | | |
| | 0360 | #14, 2 wire | 1 Elec | 720 | .011 | L.F. | | .31 | | .31 | .46 | |
| | 0370 | #14, 3 wire | | 657 | .012 | | | .33 | | .33 | .50 | |
| | 0380 | #12, 2 wire | | 629 | .013 | | | .35 | | .35 | .53 | |
| | 0390 | #10, 3 wire | ↓ | 450 | .018 | ↓ | | .49 | | .49 | .74 | |
| | 0400 | Wiremold raceway, including fittings & hangers | | | | | | | | | | |
| | 0420 | No. 3000 | 1 Elec | 250 | .032 | L.F. | | .88 | | .88 | 1.32 | |
| | 0440 | No. 4000 | | 217 | .037 | | | 1.01 | | 1.01 | 1.52 | |
| | 0460 | No. 6000 | ↓ | 166 | .048 | ↓ | | 1.33 | | 1.33 | 1.99 | |
| | 0500 | Channels, steel, including fittings & hangers | | | | | | | | | | |
| | 0520 | 3/4" x 1-1/2" | 1 Elec | 308 | .026 | L.F. | | .71 | | .71 | 1.07 | |
| | 0540 | 1-1/2" x 1-1/2" | | 269 | .030 | | | .82 | | .82 | 1.23 | |
| | 0560 | 1-1/2" x 1-7/8" | ↓ | 229 | .035 | ↓ | | .96 | | .96 | 1.44 | |
| | 0600 | Copper bus duct, indoor, 3 ph, incl. removal of | | | | | | | | | | |
| | 0610 | hangers & supports | | | | | | | | | | |
| | 0620 | 225 amp | 1 Elec | 67 | .119 | L.F. | | 3.28 | | 3.28 | 4.94 | |
| | 0640 | 400 amp | | 53 | .151 | | | 4.15 | | 4.15 | 6.25 | |
| | 0660 | 600 amp | | 43 | .186 | | | 5.10 | | 5.10 | 7.70 | |
| | 0680 | 1000 amp | | 30 | .267 | | | 7.35 | | 7.35 | 11.05 | |
| | 0700 | 1600 amp | | 20 | .400 | | | 11 | | 11 | 16.55 | |
| | 0720 | 3000 amp | ↓ | 10 | .800 | ↓ | | 22 | | 22 | 33 | |
| | 0800 | Plug-in switches, 600V 3 ph, incl. disconnecting | | | | | | | | | | |
| | 0820 | wire, pipe terminations, 30 amp | 1 Elec | 15.50 | .516 | Ea. | | 14.20 | | 14.20 | 21.50 | |
| | 0840 | 60 amp | | 13.90 | .576 | | | 15.85 | | 15.85 | 24 | |
| | 0850 | 100 amp | | 10.40 | .769 | | | 21 | | 21 | 32 | |
| | 0860 | 200 amp | | 6.20 | 1.290 | | | 35.50 | | 35.50 | 53.50 | |
| | 0880 | 400 amp | | 2.70 | 2.963 | | | 81.50 | | 81.50 | 123 | |
| | 0900 | 600 amp | | 1.70 | 4.706 | | | 129 | | 129 | 195 | |
| | 0920 | 800 amp | | 1.30 | 6.154 | | | 169 | | 169 | 254 | |
| | 0940 | 1200 amp | | 1 | 8 | | | 220 | | 220 | 330 | |
| | 0960 | 1600 amp | ↓ | .85 | 9.412 | ↓ | | 259 | | 259 | 390 | |
| | 1000 | Safety switches, 250 or 600V, incl. disconnection | | | | | | | | | | |
| | 1050 | of wire & pipe terminations | | | | | | | | | | |
| | 1100 | 30 amp | 1 Elec | 12.30 | .650 | Ea. | | 17.90 | | 17.90 | 27 | |
| | 1120 | 60 amp | | 8.80 | .909 | | | 25 | | 25 | 37.50 | |
| | 1140 | 100 amp | | 7.30 | 1.096 | | | 30 | | 30 | 45.50 | |
| | 1160 | 200 amp | | 5 | 1.600 | | | 44 | | 44 | 66 | |
| | 1180 | 400 amp | | 3.40 | 2.353 | | | 64.50 | | 64.50 | 97.50 | |
| | 1200 | 600 amp | ↓ | 2.30 | 3.478 | ↓ | | 95.50 | | 95.50 | 144 | |
| | 1210 | Panel boards, incl. removal of all breakers, | | | | | | | | | | |
| | 1220 | pipe terminations & wire connections | | | | | | | | | | |
| | 1230 | 3 wire, 120/240V, 100A, to 20 circuits | 1 Elec | 2.60 | 3.077 | Ea. | | 84.50 | | 84.50 | 127 | |
| | 1240 | 200 amps, to 42 circuits | | 1.30 | 6.154 | | | 169 | | 169 | 254 | |
| | 1250 | 400 amps, to 42 circuits | | 1.10 | 7.273 | | | 200 | | 200 | 300 | |
| | 1260 | 4 wire, 120/208V, 125A, to 20 circuits | | 2.40 | 3.333 | | | 91.50 | | 91.50 | 138 | |
| | 1270 | 200 amps, to 42 circuits | | 1.20 | 6.667 | | | 183 | | 183 | 276 | |
| | 1280 | 400 amps, to 42 circuits | ↓ | .96 | 8.333 | ↓ | | 229 | | 229 | 345 | |
| | 1300 | Transformer, dry type, 1 ph, incl. removal of | | | | | | | | | | |
| | 1320 | supports, wire & pipe terminations | | | | | | | | | | |
| | 1340 | 1 KVA | 1 Elec | 7.70 | 1.039 | Ea. | | 28.50 | | 28.50 | 43 | |

## 020 | Subsurface Investigation and Demolition

### 020 700 | Selective Demolition

| | | CREW | DAILY OUTPUT | MAN-HOURS | UNIT | 1994 BARE COSTS MAT. | LABOR | EQUIP. | TOTAL | TOTAL INCL O&P |
|---|---|---|---|---|---|---|---|---|---|---|
| 1360 | 5 KVA | 1 Elec | 4.70 | 1.702 | Ea. | | 47 | | 47 | 70.50 |
| 1380 | 10 KVA | | 3.60 | 2.222 | | | 61 | | 61 | 92 |
| 1400 | 37.5 KVA | | 1.50 | 5.333 | | | 147 | | 147 | 221 |
| 1420 | 75 KVA | ↓ | 1.25 | 6.400 | ↓ | | 176 | | 176 | 265 |
| 1440 | 3 Phase to 600V, primary | | | | | | | | | |
| 1460 | 3 KVA | 1 Elec | 3.85 | 2.078 | Ea. | | 57 | | 57 | 86 |
| 1480 | 15 KVA | | 2.10 | 3.810 | | | 105 | | 105 | 158 |
| 1500 | 30 KVA | | 1.74 | 4.598 | | | 126 | | 126 | 190 |
| 1510 | 45 KVA | | 1.53 | 5.229 | | | 144 | | 144 | 216 |
| 1520 | 75 KVA | | 1.35 | 5.926 | | | 163 | | 163 | 245 |
| 1530 | 112.5 KVA | | 1.16 | 6.897 | | | 190 | | 190 | 285 |
| 1540 | 150 KVA | | 1.09 | 7.339 | | | 202 | | 202 | 305 |
| 1550 | 300 KVA | | .71 | 11.268 | | | 310 | | 310 | 465 |
| 1560 | 500 KVA | | .58 | 13.793 | | | 380 | | 380 | 570 |
| 1570 | 750 KVA | ↓ | .45 | 17.778 | ↓ | | 490 | | 490 | 735 |
| 1600 | Pull boxes & cabinets, sheet metal, incl. removal | | | | | | | | | |
| 1620 | of supports and pipe terminations | | | | | | | | | |
| 1640 | 6" x 6" x 4" | 1 Elec | 31.10 | .257 | Ea. | | 7.05 | | 7.05 | 10.65 |
| 1660 | 12" x 12" x 4" | | 23.30 | .343 | | | 9.45 | | 9.45 | 14.20 |
| 1680 | 24" x 24" x 6" | | 12.30 | .650 | | | 17.90 | | 17.90 | 27 |
| 1700 | 36" x 36" x 8" | | 7.70 | 1.039 | | | 28.50 | | 28.50 | 43 |
| 1720 | Junction boxes, 4" sq. & oct. | | 80 | .100 | | | 2.75 | | 2.75 | 4.13 |
| 1740 | Handy box | | 107 | .075 | | | 2.06 | | 2.06 | 3.09 |
| 1760 | Switch box | | 107 | .075 | | | 2.06 | | 2.06 | 3.09 |
| 1780 | Receptacle & switch plates | | 257 | .031 | | | .86 | | .86 | 1.29 |
| 1790 | Receptacles & switches, 15 to 30 amp | ↓ | 135 | .059 | ↓ | | 1.63 | | 1.63 | 2.45 |
| 1800 | Wire, THW-THWN-THHN, removed from | | | | | | | | | |
| 1810 | in place conduit, to 15' high | | | | | | | | | |
| 1830 | #14 | 1 Elec | 65 | .123 | C.L.F. | | 3.38 | | 3.38 | 5.10 |
| 1840 | #12 | | 55 | .145 | | | 4 | | 4 | 6 |
| 1850 | #10 | | 45.50 | .176 | | | 4.84 | | 4.84 | 7.25 |
| 1860 | #8 | | 40.40 | .198 | | | 5.45 | | 5.45 | 8.20 |
| 1870 | #6 | | 32.60 | .245 | | | 6.75 | | 6.75 | 10.15 |
| 1880 | #4 | | 26.50 | .302 | | | 8.30 | | 8.30 | 12.50 |
| 1890 | #3 | | 25 | .320 | | | 8.80 | | 8.80 | 13.25 |
| 1900 | #2 | | 22.30 | .359 | | | 9.85 | | 9.85 | 14.85 |
| 1910 | 1/0 | | 16.60 | .482 | | | 13.25 | | 13.25 | 19.95 |
| 1920 | 2/0 | | 14.60 | .548 | | | 15.05 | | 15.05 | 22.50 |
| 1930 | 3/0 | | 12.50 | .640 | | | 17.60 | | 17.60 | 26.50 |
| 1940 | 4/0 | | 11 | .727 | | | 20 | | 20 | 30 |
| 1950 | 250 MCM | | 10 | .800 | | | 22 | | 22 | 33 |
| 1960 | 300 MCM | | 9.50 | .842 | | | 23 | | 23 | 35 |
| 1970 | 350 MCM | | 9 | .889 | | | 24.50 | | 24.50 | 37 |
| 1980 | 400 MCM | | 8.50 | .941 | | | 26 | | 26 | 39 |
| 1990 | 500 MCM | ↓ | 8.10 | .988 | ↓ | | 27 | | 27 | 41 |
| 2000 | Interior fluorescent fixtures, incl. supports | | | | | | | | | |
| 2010 | & whips, to 15' high | | | | | | | | | |
| 2100 | Recessed drop-in 2' x 2', 2 lamp | 2 Elec | 35 | .457 | Ea. | | 12.55 | | 12.55 | 18.90 |
| 2120 | 2' x 4', 2 lamp | | 33 | .485 | | | 13.35 | | 13.35 | 20 |
| 2140 | 2' x 4', 4 lamp | | 30 | .533 | | | 14.65 | | 14.65 | 22 |
| 2160 | 4' x 4', 4 lamp | ↓ | 20 | .800 | ↓ | | 22 | | 22 | 33 |
| 2180 | Surface mount, acrylic lens & hinged frame | | | | | | | | | |
| 2200 | 1' x 4', 2 lamp | 2 Elec | 44 | .364 | Ea. | | 10 | | 10 | 15.05 |
| 2220 | 2' x 2', 2 lamp | | 44 | .364 | | | 10 | | 10 | 15.05 |
| 2260 | 2' x 4', 4 lamp | | 33 | .485 | | | 13.35 | | 13.35 | 20 |
| 2280 | 4' x 4', 4 lamp | ↓ | 23 | .696 | ↓ | | 19.15 | | 19.15 | 29 |

# 020 | Subsurface Investigation and Demolition

## 020 700 | Selective Demolition

| | | Description | CREW | DAILY OUTPUT | MAN-HOURS | UNIT | 1994 BARE COSTS MAT. | LABOR | EQUIP. | TOTAL | TOTAL INCL O&P | |
|---|---|---|---|---|---|---|---|---|---|---|---|---|
| 708 | 2300 | Strip fixtures, surface mount | | | | | | | | | | 708 |
| | 2320 | 4' long, 1 lamp | 2 Elec | 53 | .302 | Ea. | | 8.30 | | 8.30 | 12.50 | |
| | 2340 | 4' long, 2 lamp | | 50 | .320 | | | 8.80 | | 8.80 | 13.25 | |
| | 2360 | 8' long, 1 lamp | | 42 | .381 | | | 10.50 | | 10.50 | 15.75 | |
| | 2380 | 8' long, 2 lamp | ↓ | 40 | .400 | ↓ | | 11 | | 11 | 16.55 | |
| | 2400 | Pendant mount, industrial, incl. removal | | | | | | | | | | |
| | 2410 | of chain or rod hangers, to 15' high | | | | | | | | | | |
| | 2420 | 4' long, 2 lamp | 2 Elec | 35 | .457 | Ea. | | 12.55 | | 12.55 | 18.90 | |
| | 2440 | 8' long, 2 lamp | " | 27 | .593 | " | | 16.30 | | 16.30 | 24.50 | |
| | 2460 | Interior incandescent, surface, ceiling | | | | | | | | | | |
| | 2470 | or wall mount, to 12' high | | | | | | | | | | |
| | 2480 | Metal cylinder type, 75 Watt | 2 Elec | 62 | .258 | Ea. | | 7.10 | | 7.10 | 10.65 | |
| | 2500 | 150 Watt | " | 62 | .258 | " | | 7.10 | | 7.10 | 10.65 | |
| | 2520 | Metal halide, high bay | | | | | | | | | | |
| | 2540 | 400 Watt | 2 Elec | 15 | 1.067 | Ea. | | 29.50 | | 29.50 | 44 | |
| | 2560 | 1000 Watt | | 12 | 1.333 | | | 36.50 | | 36.50 | 55 | |
| | 2580 | 150 Watt, low bay | ↓ | 20 | .800 | ↓ | | 22 | | 22 | 33 | |
| | 2600 | Exterior fixtures, incandescent, wall mount | | | | | | | | | | |
| | 2620 | 100 Watt | 2 Elec | 50 | .320 | Ea. | | 8.80 | | 8.80 | 13.25 | |
| | 2640 | Quartz, 500 Watt | | 33 | .485 | | | 13.35 | | 13.35 | 20 | |
| | 2660 | 1500 Watt | ↓ | 27 | .593 | ↓ | | 16.30 | | 16.30 | 24.50 | |
| | 2680 | Wall pack, mercury vapor | | | | | | | | | | |
| | 2700 | 175 Watt | 2 Elec | 25 | .640 | Ea. | | 17.60 | | 17.60 | 26.50 | |
| | 2720 | 250 Watt | " | 25 | .640 | " | | 17.60 | | 17.60 | 26.50 | |
| | 2740 | Minimum labor/equipment charge | 1 Elec | 4 | 2 | Job | | 55 | | 55 | 82.50 | |
| 730 | 0010 | TORCH CUTTING Steel, 1" thick plate | A-1A | 32 | .250 | L.F. | | 4.75 | 1.02 | 5.77 | 8.65 | 730 |
| | 0040 | 1" diameter bar | " | 210 | .038 | Ea. | | .72 | .16 | .88 | 1.32 | |
| | 1000 | Oxygen lance cutting, reinforced concrete walls | | | | | | | | | | |
| | 1040 | 12" to 16" thick walls | A-1A | 10 | .800 | L.F. | | 15.20 | 3.26 | 18.46 | 27.50 | |
| | 1080 | 24" thick walls | " | 6 | 1.333 | " | | 25.50 | 5.45 | 30.95 | 46 | |

## 020 800 | Haz. Mat'l Abatement

| | | Description | CREW | DAILY OUTPUT | MAN-HOURS | UNIT | MAT. | LABOR | EQUIP. | TOTAL | TOTAL INCL O&P | |
|---|---|---|---|---|---|---|---|---|---|---|---|---|
| 850 | 0010 | WASTE PACKAGING, HANDLING, & DISPOSAL | | | | | | | | | | 850 |
| | 0100 | Collect and bag bulk material, 3 C.F. bags, by hand | A-9 | 400 | .160 | Ea. | .65 | 4.31 | .53 | 5.49 | 8.25 | |
| | 0200 | Large production vacuum loader | A-12 | 880 | .073 | | .65 | 1.96 | .75 | 3.36 | 4.69 | |
| | 1000 | Double bag and decontaminate | A-9 | 960 | .067 | | .65 | 1.80 | .22 | 2.67 | 3.84 | |
| | 2000 | Containerize bagged material, per bag | " | 800 | .080 | | 2.15 | 2.16 | .26 | 4.57 | 6.15 | |
| | 3000 | Cart bags 50' to dumpster | 2 Asbe | 400 | .040 | ↓ | | 1.08 | | 1.08 | 1.73 | |
| | 5000 | Disposal charges, not including haul, minimum | | | | C.Y. | | | | | 40 | |
| | 5020 | Maximum | | | | " | | | | | 150 | |
| | 9000 | For type C (supplied air) respirator equipment, add | | | | % | | | | | 10% | |

# 021 | Site Preparation and Excavation Support

## 021 400 | Dewatering

| | | Description | CREW | DAILY OUTPUT | MAN-HOURS | UNIT | MAT. | LABOR | EQUIP. | TOTAL | TOTAL INCL O&P | |
|---|---|---|---|---|---|---|---|---|---|---|---|---|
| 404 | 0010 | DEWATERING Excavate drainage trench, 2' wide, 2' deep | B-11C | 90 | .178 | C.Y. | | 3.85 | 2.22 | 6.07 | 8.45 | 404 |
| | 0100 | 2' wide, 3' deep, with backhoe loader | " | 135 | .119 | ↓ | | 2.57 | 1.48 | 4.05 | 5.65 | |

## 021 | Site Preparation and Excavation Support

### 021 400 | Dewatering

| | | | CREW | DAILY OUTPUT | MAN-HOURS | UNIT | MAT. | LABOR | EQUIP. | TOTAL | TOTAL INCL O&P | |
|---|---|---|---|---|---|---|---|---|---|---|---|---|
| 404 | 0200 | Excavate sump pits by hand, light soil | 1 Clab | 7.10 | 1.127 | C.Y. | | 21.50 | | 21.50 | 34 | 404 |
| | 0300 | Heavy soil | " | 3.50 | 2.286 | ↓ | | 43.50 | | 43.50 | 69 | |
| | 0500 | Pumping 8 hr., attended 2 hrs. per day, including 20 L.F. | | | | | | | | | | |
| | 0550 | of suction hose & 100 L.F. discharge hose | | | | | | | | | | |
| | 0600 | 2" diaphragm pump used for 8 hours | B-10H | 4 | 3 | Day | | 67.50 | 7.80 | 75.30 | 114 | |
| | 0650 | 4" diaphragm pump used for 8 hours | B-10I | 4 | 3 | | | 67.50 | 19.90 | 87.40 | 127 | |
| | 0800 | 8 hrs. attended, 2" diaphragm pump | B-10H | 1 | 12 | | | 271 | 31 | 302 | 455 | |
| | 0900 | 3" centrifugal pump | B-10J | 1 | 12 | | | 271 | 47 | 318 | 470 | |
| | 1000 | 4" diaphragm pump | B-10I | 1 | 12 | | | 271 | 79.50 | 350.50 | 510 | |
| | 1100 | 6" centrifugal pump | B-10K | 1 | 12 | ↓ | | 271 | 206 | 477 | 645 | |

## 022 | Earthwork

### 022 200 | Excav./Backfill/Compact.

| | | | CREW | DAILY OUTPUT | MAN-HOURS | UNIT | MAT. | LABOR | EQUIP. | TOTAL | TOTAL INCL O&P | |
|---|---|---|---|---|---|---|---|---|---|---|---|---|
| 204 | 0010 | **BACKFILL** By hand, no compaction, light soil | 1 Clab | 14 | .571 | C.Y. | | 10.85 | | 10.85 | 17.20 | 204 |
| | 0100 | Heavy soil | | 11 | .727 | | | 13.80 | | 13.80 | 22 | |
| | 0300 | Compaction in 6" layers, hand tamp, add to above | ↓ | 20.60 | .388 | | | 7.40 | | 7.40 | 11.70 | |
| | 0400 | Roller compaction operator walking, add | B-10A | 100 | .120 | | | 2.71 | .82 | 3.53 | 5.10 | |
| | 0500 | Air tamp, add | B-9 | 190 | .211 | | | 4.08 | .78 | 4.86 | 7.30 | |
| | 0600 | Vibrating plate, add | A-1 | 60 | .133 | | | 2.53 | .97 | 3.50 | 5.10 | |
| | 0800 | Compaction in 12" layers, hand tamp, add to above | 1 Clab | 34 | .235 | | | 4.47 | | 4.47 | 7.10 | |
| | 0900 | Roller compaction operator walking, add | B-10A | 150 | .080 | | | 1.81 | .54 | 2.35 | 3.39 | |
| | 1000 | Air tamp, add | B-9 | 285 | .140 | | | 2.72 | .52 | 3.24 | 4.88 | |
| | 1100 | Vibrating plate, add | A-1 | 90 | .089 | | | 1.69 | .65 | 2.34 | 3.39 | |
| | 1300 | Dozer backfilling, bulk, up to 300' haul, no compaction | B-10B | 1,200 | .010 | | | .23 | .68 | .91 | 1.10 | |
| | 1400 | Air tamped | B-11B | 240 | .067 | | | 1.45 | 4.29 | 5.74 | 6.95 | |
| | 1600 | Compacting backfill, 6" to 12" lifts, vibrating roller | B-10C | 800 | .015 | | | .34 | 1.15 | 1.49 | 1.78 | |
| | 1700 | Sheepsfoot roller | B-10D | 750 | .016 | | | .36 | 1.24 | 1.60 | 1.92 | |
| | 1900 | Dozer backfilling, trench, up to 300' haul, no compaction | B-10B | 900 | .013 | | | .30 | .91 | 1.21 | 1.47 | |
| | 2000 | Air tamped | B-11B | 235 | .068 | | | 1.48 | 4.38 | 5.86 | 7.10 | |
| | 2200 | Compacting backfill, 6" to 12" lifts, vibrating roller | B-10C | 700 | .017 | | | .39 | 1.31 | 1.70 | 2.04 | |
| | 2300 | Sheepsfoot roller | B-10D | 650 | .018 | ↓ | | .42 | 1.43 | 1.85 | 2.21 | |
| 258 | 0010 | **EXCAVATING, UTILITY TRENCH** Common earth | | | | | | | | | | 258 |
| | 0050 | Trenching with chain trencher, 12 H.P., operator walking | | | | | | | | | | |
| | 0100 | 4" wide trench, 12" deep | B-53 | 800 | .010 | L.F. | | .23 | .10 | .33 | .47 | |
| | 0150 | 18" deep | | 750 | .011 | | | .25 | .11 | .36 | .50 | |
| | 0200 | 24" deep | | 700 | .011 | | | .27 | .12 | .39 | .54 | |
| | 0300 | 6" wide trench, 12" deep | | 650 | .012 | | | .29 | .13 | .42 | .58 | |
| | 0350 | 18" deep | | 600 | .013 | | | .31 | .14 | .45 | .63 | |
| | 0400 | 24" deep | | 550 | .015 | | | .34 | .15 | .49 | .68 | |
| | 0450 | 36" deep | | 450 | .018 | | | .42 | .18 | .60 | .84 | |
| | 0600 | 8" wide trench, 12" deep | | 475 | .017 | | | .39 | .17 | .56 | .79 | |
| | 0650 | 18" deep | | 400 | .020 | | | .47 | .20 | .67 | .94 | |
| | 0700 | 24" deep | | 350 | .023 | | | .53 | .23 | .76 | 1.08 | |
| | 0750 | 36" deep | ↓ | 300 | .027 | ↓ | | .62 | .27 | .89 | 1.26 | |
| | 1000 | Backfill by hand including compaction, add | | | | | | | | | | |
| | 1050 | 4" wide trench, 12" deep | A-1 | 800 | .010 | L.F. | | .19 | .07 | .26 | .38 | |
| | 1100 | 18" deep | | 530 | .015 | | | .29 | .11 | .40 | .57 | |
| | 1150 | 24" deep | | 400 | .020 | | | .38 | .15 | .53 | .76 | |
| | 1300 | 6" wide trench, 12" deep | | 540 | .015 | | | .28 | .11 | .39 | .57 | |

For expanded coverage of these items see **Means Heavy Construction Cost Data 1994**

# 022 | Earthwork

## 022 200 | Excav./Backfill/Compact.

| | | | CREW | DAILY OUTPUT | MAN-HOURS | UNIT | MAT. | LABOR | EQUIP. | TOTAL | TOTAL INCL O&P | |
|---|---|---|---|---|---|---|---|---|---|---|---|---|
| 258 | 1350 | 18" deep | A-1 | 405 | .020 | L.F. | | .38 | .14 | .52 | .75 | 258 |
| | 1400 | 24" deep | | 270 | .030 | | | .56 | .22 | .78 | 1.13 | |
| | 1450 | 36" deep | | 180 | .044 | | | .84 | .32 | 1.16 | 1.70 | |
| | 1600 | 8" wide trench, 12" deep | | 400 | .020 | | | .38 | .15 | .53 | .76 | |
| | 1650 | 18" deep | | 265 | .030 | | | .57 | .22 | .79 | 1.15 | |
| | 1700 | 24" deep | | 200 | .040 | | | .76 | .29 | 1.05 | 1.52 | |
| | 1750 | 36" deep | ▼ | 135 | .059 | ▼ | | 1.13 | .43 | 1.56 | 2.26 | |
| | 2000 | Chain trencher, 40 H.P. operator riding | | | | | | | | | | |
| | 2050 | 6" wide trench and backfill, 12" deep | B-54 | 1,200 | .007 | L.F. | | .16 | .16 | .32 | .41 | |
| | 2100 | 18" deep | | 1,000 | .008 | | | .19 | .19 | .38 | .50 | |
| | 2150 | 24" deep | | 975 | .008 | | | .19 | .19 | .38 | .50 | |
| | 2200 | 36" deep | | 900 | .009 | | | .21 | .21 | .42 | .55 | |
| | 2250 | 48" deep | | 750 | .011 | | | .25 | .25 | .50 | .65 | |
| | 2300 | 60" deep | | 650 | .012 | | | .29 | .29 | .58 | .76 | |
| | 2400 | 8" wide trench and backfill, 12" deep | | 1,000 | .008 | | | .19 | .19 | .38 | .50 | |
| | 2450 | 18" deep | | 950 | .008 | | | .20 | .20 | .40 | .52 | |
| | 2500 | 24" deep | | 900 | .009 | | | .21 | .21 | .42 | .55 | |
| | 2550 | 36" deep | | 800 | .010 | | | .23 | .23 | .46 | .62 | |
| | 2600 | 48" deep | | 650 | .012 | | | .29 | .29 | .58 | .76 | |
| | 2700 | 12" wide trench and backfill, 12" deep | | 975 | .008 | | | .19 | .19 | .38 | .50 | |
| | 2750 | 18" deep | | 860 | .009 | | | .22 | .22 | .44 | .57 | |
| | 2800 | 24" deep | | 800 | .010 | | | .23 | .23 | .46 | .62 | |
| | 2850 | 36" deep | | 725 | .011 | | | .26 | .26 | .52 | .68 | |
| | 3000 | 16" wide trench and backfill, 12" deep | | 835 | .010 | | | .22 | .22 | .44 | .59 | |
| | 3050 | 18" deep | | 750 | .011 | | | .25 | .25 | .50 | .65 | |
| | 3100 | 24" deep | ▼ | 700 | .011 | ▼ | | .27 | .27 | .54 | .70 | |
| | 3200 | Compaction with vibratory plate, add | | | | | | | | 50% | 50% | |
| 266 | 0010 | HAULING Earth 6 C.Y. dump truck, 1/4 mile round trip, 5.0 loads/hr. | B-34A | 240 | .033 | C.Y. | | .66 | 1.35 | 2.01 | 2.50 | 266 |
| | 0030 | 1/2 mile round trip, 4.1 loads/hr. | | 197 | .041 | | | .80 | 1.65 | 2.45 | 3.04 | |
| | 0040 | 1 mile round trip, 3.3 loads/hr. | | 160 | .050 | | | .99 | 2.03 | 3.02 | 3.75 | |
| | 0100 | 2 mile round trip, 2.6 loads/hr. | | 125 | .064 | | | 1.26 | 2.60 | 3.86 | 4.80 | |
| | 0150 | 3 mile round trip, 2.1 loads/hr. | | 100 | .080 | | | 1.58 | 3.25 | 4.83 | 6 | |
| | 0200 | 4 mile round trip, 1.8 loads/hr. | ▼ | 85 | .094 | | | 1.85 | 3.82 | 5.67 | 7.05 | |
| | 0300 | 12 C.Y. dump truck, 1 mile round trip, 2.7 loads/hr. | B-34B | 260 | .031 | | | .61 | 1.53 | 2.14 | 2.62 | |
| | 0400 | 2 mile round trip, 2.2 loads/hr. | | 210 | .038 | | | .75 | 1.90 | 2.65 | 3.25 | |
| | 0450 | 3 mile round trip, 1.9 loads/hr. | | 180 | .044 | | | .88 | 2.21 | 3.09 | 3.79 | |
| | 0500 | 4 mile round trip, 1.6 loads/hr. | ▼ | 150 | .053 | | | 1.05 | 2.66 | 3.71 | 4.54 | |
| | 1300 | Hauling in medium traffic, add | | | | | | | | 20% | 20% | |
| | 1400 | Heavy traffic, add | | | | | | | | 30% | 30% | |
| | 1600 | Grading at dump, or embankment if required, by dozer | B-10B | 1,000 | .012 | ▼ | | .27 | .82 | 1.09 | 1.32 | |
| | 1800 | Spotter at fill or cut, if required | 1 Clab | 8 | 1 | Hr. | | 19 | | 19 | 30 | |

Reference: R016-410

# 026 | Piped Utilities

## 026 010 | Piped Utilities

| | | | CREW | DAILY OUTPUT | MAN-HOURS | UNIT | MAT. | LABOR | EQUIP. | TOTAL | TOTAL INCL O&P | |
|---|---|---|---|---|---|---|---|---|---|---|---|---|
| 011 | 0010 | ELECTRICAL UTILITIES, see division 167 | | | | | | | | | | 011 |
| 012 | 0010 | BEDDING For pipe and conduit, not incl. compaction | | | | | | | | | | 012 |
| | 0050 | Crushed or screened bank run gravel | B-6 | 150 | .160 | C.Y. | 12.55 | 3.28 | 1.33 | 17.16 | 20.50 | |

# 026 | Piped Utilities

## 026 010 | Piped Utilities

| | | | CREW | DAILY OUTPUT | MAN-HOURS | UNIT | 1994 BARE COSTS | | | | TOTAL INCL O&P | |
|---|---|---|---|---|---|---|---|---|---|---|---|---|
| | | | | | | | MAT. | LABOR | EQUIP. | TOTAL | | |
| 012 | 0100 | Crushed stone 3/4" to 1/2" | B-6 | 150 | .160 | C.Y. | 13 | 3.28 | 1.33 | 17.61 | 21 | 012 |
| | 0200 | Sand, dead or bank, | ↓ | 150 | .160 | | 3.75 | 3.28 | 1.33 | 8.36 | 10.70 | |
| | 0500 | Compacting bedding in trench | A-1 | 90 | .089 | ↓ | | 1.69 | .65 | 2.34 | 3.39 | |
| 014 | 0010 | **EXCAVATION AND BACKFILL** See division 022-204 & 254 | | | | | | | | | | 014 |
| | 0100 | Hand excavate and trim for pipe bells after trench excavation | | | | | | | | | | |
| | 0200 | 8" pipe | 1 Clab | 155 | .052 | L.F. | | .98 | | .98 | 1.55 | |
| | 0300 | 18" pipe | " | 130 | .062 | " | | 1.17 | | 1.17 | 1.85 | |

## 026 050 | Manholes & Cleanouts

| | | | CREW | DAILY OUTPUT | MAN-HOURS | UNIT | MAT. | LABOR | EQUIP. | TOTAL | TOTAL INCL O&P | |
|---|---|---|---|---|---|---|---|---|---|---|---|---|
| 054 | 0010 | **UTILITY VAULTS** Precast concrete, 6" thick | | | | | | | | | | 054 |
| | 0050 | 5' x 10' x 6' high, I.D. | B-13 | 2 | 28 | Ea. | 1,600 | 575 | 246 | 2,421 | 2,950 | |
| | 0100 | 6' x 10' x 6' high, I.D. | | 2 | 28 | | 1,675 | 575 | 246 | 2,496 | 3,000 | |
| | 0150 | 5' x 12' x 6' high, I.D. | | 2 | 28 | | 1,775 | 575 | 246 | 2,596 | 3,125 | |
| | 0200 | 6' x 12' x 6' high, I.D. | | 1.80 | 31.111 | | 1,975 | 635 | 273 | 2,883 | 3,475 | |
| | 0250 | 6' x 13' x 6' high, I.D. | | 1.50 | 37.333 | | 2,600 | 765 | 330 | 3,695 | 4,400 | |
| | 0300 | 8' x 14' x 7' high, I.D. | ↓ | 1 | 56 | ↓ | 2,800 | 1,150 | 490 | 4,440 | 5,450 | |
| | 0350 | Hand hole, precast concrete, 1-1/2" thick | | | | | | | | | | |
| | 0400 | 1'-0" x 2'-0" x 1'-9", I.D., light duty | B-1 | 4 | 6 | Ea. | 275 | 118 | | 393 | 490 | |
| | 0450 | 4'-6" x 3'-2" x 2'-0", O.D., heavy duty | B-6 | 3 | 8 | " | 525 | 164 | 66.50 | 755.50 | 910 | |

# 027 | Sewerage and Drainage

## 027 150 | Sewage Systems

| | | | CREW | DAILY OUTPUT | MAN-HOURS | UNIT | 1994 BARE COSTS | | | | TOTAL INCL O&P | |
|---|---|---|---|---|---|---|---|---|---|---|---|---|
| | | | | | | | MAT. | LABOR | EQUIP. | TOTAL | | |
| 152 | 0010 | **CATCH BASINS OR MANHOLES** not including footing, excavation, | | | | | | | | | | 152 |
| | 0020 | Frame and cover | | | | | | | | | | |
| | 0050 | Brick, 4' inside diameter, 4' deep | D-1 | 1 | 16 | Ea. | 405 | 350 | | 755 | 995 | |
| | 0100 | 6' deep | | .70 | 22.857 | | 565 | 505 | | 1,070 | 1,400 | |
| | 0150 | 8' deep | | .50 | 32 | ↓ | 705 | 705 | | 1,410 | 1,875 | |
| | 0200 | For depths over 8', add | | 4 | 4 | V.L.F. | 90 | 88 | | 178 | 236 | |
| | 0400 | Concrete blocks (radial), 4' I.D., 4' deep | | 1.50 | 10.667 | Ea. | 262 | 235 | | 497 | 655 | |
| | 0500 | 6' deep | | 1 | 16 | | 340 | 350 | | 690 | 925 | |
| | 0600 | 8' deep | | .70 | 22.857 | | 445 | 505 | | 950 | 1,275 | |
| | 0700 | For depths over 8', add | ↓ | 5.50 | 2.909 | V.L.F. | 64.50 | 64 | | 128.50 | 171 | |
| | 0800 | Concrete, cast in place, 4' x 4', 8" thick, 4' deep | B-6 | 2 | 12 | Ea. | 330 | 246 | 100 | 676 | 855 | |
| | 0900 | 6' deep | | 1.50 | 16 | | 445 | 330 | 133 | 908 | 1,150 | |
| | 1000 | 8' deep | | 1 | 24 | ↓ | 575 | 490 | 200 | 1,265 | 1,625 | |
| | 1100 | For depths over 8', add | | 8 | 3 | V.L.F. | 76.50 | 61.50 | 25 | 163 | 208 | |
| | 1110 | Precast, 4' I.D., 4' deep | | 4.10 | 5.854 | Ea. | 263 | 120 | 48.50 | 431.50 | 530 | |
| | 1120 | 6' deep | | 3 | 8 | | 370 | 164 | 66.50 | 600.50 | 735 | |
| | 1130 | 8' deep | | 2 | 12 | | 460 | 246 | 100 | 806 | 1,000 | |
| | 1140 | For depths over 8', add | | 16 | 1.500 | V.L.F. | 64.50 | 30.50 | 12.50 | 107.50 | 132 | |
| | 1150 | 5' I.D., 4' deep | | 3 | 8 | Ea. | 395 | 164 | 66.50 | 625.50 | 765 | |
| | 1160 | 6' deep | | 2 | 12 | | 535 | 246 | 100 | 881 | 1,075 | |
| | 1170 | 8' deep | | 1.50 | 16 | ↓ | 675 | 330 | 133 | 1,138 | 1,400 | |
| | 1180 | For depths over 8', add | | 12 | 2 | V.L.F. | 87.50 | 41 | 16.65 | 145.15 | 179 | |
| | 1190 | 6' I.D., 4' deep | | 2 | 12 | Ea. | 650 | 246 | 100 | 996 | 1,200 | |
| | 1200 | 6' deep | | 1.50 | 16 | | 840 | 330 | 133 | 1,303 | 1,575 | |
| | 1210 | 8' deep | | 1 | 24 | | 1,025 | 490 | 200 | 1,715 | 2,150 | |
| | 1220 | For depths over 8', add | ↓ | 8 | 3 | V.L.F. | 136 | 61.50 | 25 | 222.50 | 273 | |

For expanded coverage of these items see *Means Heavy Construction Cost Data 1994*

# 027 | Sewerage and Drainage

## 027 150 | Sewage Systems

| | | | CREW | DAILY OUTPUT | MAN-HOURS | UNIT | 1994 BARE COSTS MAT. | LABOR | EQUIP. | TOTAL | TOTAL INCL O&P | |
|---|---|---|---|---|---|---|---|---|---|---|---|---|
| 152 | 1250 | Slab tops, precast, 8" thick | | | | | | | | | | 152 |
| | 1300 | 4' diameter manhole | B-6 | 8 | 3 | Ea. | 95.50 | 61.50 | 25 | 182 | 229 | |
| | 1400 | 5' diameter manhole | | 7.50 | 3.200 | | 107 | 65.50 | 26.50 | 199 | 251 | |
| | 1500 | 6' diameter manhole | | 7 | 3.429 | | 183 | 70 | 28.50 | 281.50 | 345 | |
| | 1600 | Frames and covers, C.I., 24" square, 500 lb. | | 7.80 | 3.077 | | 176 | 63 | 25.50 | 264.50 | 320 | |
| | 1700 | 26" D shape, 600 lb. | | 7 | 3.429 | | 198 | 70 | 28.50 | 296.50 | 360 | |
| | 1800 | Light traffic, 18" diameter, 100 lb. | | 10 | 2.400 | | 72.50 | 49 | 19.95 | 141.45 | 179 | |
| | 1900 | 24" diameter, 300 lb. | | 8.70 | 2.759 | | 140 | 56.50 | 23 | 219.50 | 268 | |
| | 2000 | 36" diameter, 900 lb. | | 5.80 | 4.138 | | 355 | 84.50 | 34.50 | 474 | 565 | |
| | 2100 | Heavy traffic, 24" diameter, 400 lb. | | 7.80 | 3.077 | | 175 | 63 | 25.50 | 263.50 | 320 | |
| | 2200 | 36" diameter, 1150 lb. | | 3 | 8 | | 485 | 164 | 66.50 | 715.50 | 865 | |
| | 2300 | Mass. State standard, 26" diameter, 475 lb. | | 7 | 3.429 | | 194 | 70 | 28.50 | 292.50 | 355 | |
| | 2400 | 30" diameter, 620 lb. | | 7 | 3.429 | | 245 | 70 | 28.50 | 343.50 | 410 | |
| | 2500 | Watertight, 24" diameter, 350 lb. | | 7.80 | 3.077 | | 286 | 63 | 25.50 | 374.50 | 440 | |
| | 2600 | 26" diameter, 500 lb. | | 7 | 3.429 | | 340 | 70 | 28.50 | 438.50 | 515 | |
| | 2700 | 32" diameter, 575 lb. | ↓ | 6 | 4 | ↓ | 365 | 82 | 33.50 | 480.50 | 565 | |
| | 2800 | 3 piece cover & frame, 10" deep, | | | | | | | | | | |
| | 2900 | 1200 lbs., for heavy equipment | B-6 | 3 | 8 | Ea. | 480 | 164 | 66.50 | 710.50 | 855 | |
| | 3000 | Raised for paving 1-1/4" to 2" high, | | | | | | | | | | |
| | 3100 | 4 piece expansion ring | | | | | | | | | | |
| | 3200 | 20" to 26" diameter | 1 Clab | 3 | 2.667 | Ea. | 94 | 50.50 | | 144.50 | 184 | |
| | 3300 | 30" to 36" diameter | " | 3 | 2.667 | " | 129 | 50.50 | | 179.50 | 222 | |
| | 3320 | Frames and covers, existing, raised for paving 2", including | | | | | | | | | | |
| | 3340 | row of brick, concrete collar, up to 12" wide frame | B-9 | 18 | 2.222 | Ea. | 28.50 | 43 | 8.20 | 79.70 | 109 | |
| | 3360 | 20" to 26" wide frame | | 11 | 3.636 | | 34.50 | 70.50 | 13.45 | 118.45 | 165 | |
| | 3380 | 30" to 36" wide frame | ↓ | 9 | 4.444 | | 50 | 86 | 16.45 | 152.45 | 210 | |
| | 3400 | Inverts, single channel brick | D-1 | 3 | 5.333 | | 53 | 117 | | 170 | 242 | |
| | 3500 | Concrete | | 5 | 3.200 | | 41 | 70.50 | | 111.50 | 155 | |
| | 3600 | Triple channel, brick | | 2 | 8 | | 76.50 | 176 | | 252.50 | 360 | |
| | 3700 | Concrete | ↓ | 3 | 5.333 | | 46.50 | 117 | | 163.50 | 234 | |
| | 3800 | Steps, heavyweight cast iron, 7" x 9" | 1 Bric | 40 | .200 | | 7.15 | 4.91 | | 12.06 | 15.50 | |
| | 3900 | 8" x 9" | | 40 | .200 | | 10.50 | 4.91 | | 15.41 | 19.20 | |
| | 4000 | Standard sizes, galvanized steel | | 40 | .200 | | 10.60 | 4.91 | | 15.51 | 19.30 | |
| | 4100 | Aluminum | ↓ | 40 | .200 | ↓ | 11.75 | 4.91 | | 16.66 | 20.50 | |

# 031 | Concrete Formwork

## 031 100 | Struct C.I.P. Formwork

| | | | CREW | DAILY OUTPUT | MAN-HOURS | UNIT | 1994 BARE COSTS MAT. | LABOR | EQUIP. | TOTAL | TOTAL INCL O&P | |
|---|---|---|---|---|---|---|---|---|---|---|---|---|
| 126 | 0010 | **ACCESSORIES, SLEEVES AND CHASES** | | | | | | | | | | 126 |
| | 0100 | Plastic type, 1 use, 9" long, 2" diameter | 1 Carp | 100 | .080 | Ea. | 1.08 | 1.90 | | 2.98 | 4.21 | |
| | 0150 | 4" diameter | | 90 | .089 | | 1.80 | 2.12 | | 3.92 | 5.35 | |
| | 0200 | 6" diameter | | 75 | .107 | | 2.21 | 2.54 | | 4.75 | 6.45 | |
| | 0250 | 12" diameter | | 60 | .133 | | 4.74 | 3.17 | | 7.91 | 10.25 | |
| | 5000 | Sheet metal, 2" diameter | | 100 | .080 | | .72 | 1.90 | | 2.62 | 3.81 | |
| | 5100 | 4" diameter | | 90 | .089 | | 1.24 | 2.12 | | 3.36 | 4.71 | |
| | 5150 | 6" diameter | | 75 | .107 | | 1.75 | 2.54 | | 4.29 | 5.95 | |
| | 5200 | 12" diameter | | 60 | .133 | | 2.16 | 3.17 | | 5.33 | 7.45 | |
| | 6000 | Steel pipe, 2" diameter | | 100 | .080 | | 2.78 | 1.90 | | 4.68 | 6.10 | |
| | 6100 | 4" diameter | | 90 | .089 | | 6.65 | 2.12 | | 8.77 | 10.65 | |
| | 6150 | 6" diameter | ↓ | 75 | .107 | ↓ | 19.05 | 2.54 | | 21.59 | 25 | |

# 031 | Concrete Formwork

## 031 100 | Struct C.I.P. Formwork

| | | | CREW | DAILY OUTPUT | MAN-HOURS | UNIT | 1994 BARE COSTS | | | | TOTAL INCL O&P | |
|---|---|---|---|---|---|---|---|---|---|---|---|---|
| | | | | | | | MAT. | LABOR | EQUIP. | TOTAL | | |
| 126 | 6200 | 12" diameter | 1 Carp | 60 | .133 | Ea. | 45.50 | 3.17 | | 48.67 | 55 | 126 |
| 154 | 0010 | FORMS IN PLACE, EQUIPMENT FOUNDATIONS 1 use | C-2 | 160 | .300 | SFCA | 1.96 | 7 | .23 | 9.19 | 13.50 | 154 |
| | 0050 | 2 use | | 190 | .253 | | 1.07 | 5.90 | .19 | 7.16 | 10.75 | |
| | 0100 | 3 use | | 200 | .240 | | .86 | 5.60 | .18 | 6.64 | 10 | |
| | 0150 | 4 use | | 205 | .234 | | .69 | 5.45 | .18 | 6.32 | 9.60 | |

# 033 | Cast-In-Place Concrete

## 033 100 | Structural Concrete

| | | | CREW | DAILY OUTPUT | MAN-HOURS | UNIT | 1994 BARE COSTS | | | | TOTAL INCL O&P | |
|---|---|---|---|---|---|---|---|---|---|---|---|---|
| | | | | | | | MAT. | LABOR | EQUIP. | TOTAL | | |
| 126 | 0010 | CONCRETE, READY MIX Regular weight, 2000 psi | | | | C.Y. | 45.50 | | | 45.50 | 50 | 126 |
| | 0100 | 2500 psi | | | | | 47 | | | 47 | 51.50 | |
| | 0150 | 3000 psi | | | | | 50 | | | 50 | 55 | |
| | 0200 | 3500 psi | | | | | 49.50 | | | 49.50 | 54.50 | |
| 130 | 0010 | CONCRETE IN PLACE Including forms (4 uses), reinforcing | | | | | | | | | | 130 |
| | 0050 | steel, including finishing unless otherwise indicated | | | | | | | | | | |
| | 0060 | Lines without crews include forming, reinforcing, placing and finishing | | | | | | | | | | |
| | 3900 | Footings, strip, 18" x 9", plain | | | 2.795 | C.Y. | 64.50 | 62 | 2.75 | 129.25 | 172 | |
| | 3950 | 36" x 12", reinforced | | | 1.828 | | 68 | 41 | 1.67 | 110.67 | 142 | |
| | 4000 | Foundation mat, under 10 C.Y. | | | 2.729 | | 97.50 | 65 | 1.70 | 164.20 | 215 | |
| | 4050 | Over 20 C.Y. | | | 1.836 | | 86 | 44.50 | .98 | 131.48 | 168 | |
| | 4650 | Slab on grade, not including finish, 4" thick | | | 1.319 | | 60 | 30 | 1.11 | 91.11 | 117 | |
| | 4700 | 6" thick | | | .876 | | 57.50 | 20 | .73 | 78.23 | 97 | |
| 168 | 0010 | PATCHING CONCRETE | | | | | | | | | | 168 |
| | 0100 | Floors, 1/4" thick, small areas, regular grout | 1 Cefi | 170 | .047 | S.F. | .84 | 1.09 | | 1.93 | 2.56 | |
| | 0150 | Epoxy grout | " | 100 | .080 | " | 3.60 | 1.86 | | 5.46 | 6.75 | |
| | 2000 | Walls, including chipping, cleaning and epoxy grout | | | | | | | | | | |
| | 2100 | Minimum | 1 Cefi | 65 | .123 | S.F. | .14 | 2.86 | | 3 | 4.44 | |
| | 2150 | Average | | 50 | .160 | | .25 | 3.72 | | 3.97 | 5.90 | |
| | 2200 | Maximum | | 40 | .200 | | .40 | 4.65 | | 5.05 | 7.40 | |
| 172 | 0011 | PLACING CONCRETE and vibrating, including labor & equipment | | | | | | | | | | 172 |
| | 1901 | Footings, continuous, shallow, direct chute | C-6 | 120 | .400 | C.Y. | | 8 | .56 | 8.56 | 13.15 | |
| | 1951 | Pumped | C-20 | 100 | .640 | | | 13.10 | 6.25 | 19.35 | 27.50 | |
| | 2001 | With crane and bucket | C-7 | 90 | .711 | | | 14.55 | 9.05 | 23.60 | 33 | |
| | 2100 | Deep continuous footings, direct chute | C-6 | 155 | .310 | | | 6.20 | .44 | 6.64 | 10.25 | |
| | 2150 | Pumped | C-20 | 120 | .533 | | | 10.90 | 5.20 | 16.10 | 23 | |
| | 2200 | With crane and bucket | C-7 | 110 | .582 | | | 11.90 | 7.40 | 19.30 | 27 | |
| | 2900 | Foundation mats, over 20 C.Y., direct chute | C-6 | 350 | .137 | | | 2.75 | .19 | 2.94 | 4.52 | |
| | 2950 | Pumped | C-20 | 325 | .197 | | | 4.03 | 1.92 | 5.95 | 8.40 | |
| | 3000 | With crane and bucket | C-7 | 300 | .213 | | | 4.36 | 2.72 | 7.08 | 9.80 | |

## 033 450 | Concrete Finishing

| | | | CREW | DAILY OUTPUT | MAN-HOURS | UNIT | MAT. | LABOR | EQUIP. | TOTAL | TOTAL INCL O&P | |
|---|---|---|---|---|---|---|---|---|---|---|---|---|
| 454 | 0011 | FINISHING FLOORS Monolithic, screed finish | 1 Cefi | 900 | .009 | S.F. | | .21 | | .21 | .31 | 454 |
| | 0101 | Float finish | C-9 | 725 | .011 | | | .26 | .05 | .31 | .44 | |
| | 0151 | Broom finish | " | 675 | .012 | | | .28 | .06 | .34 | .47 | |

For expanded coverage of these items see *Means Concrete and Masonry Cost Data 1994*

## 050 | Metal Materials, Coatings and Fastenings

### 050 500 | Metal Fastening

| | | CREW | DAILY OUTPUT | MAN-HOURS | UNIT | 1994 BARE COSTS | | | | TOTAL INCL O&P |
|---|---|---|---|---|---|---|---|---|---|---|
| | | | | | | MAT. | LABOR | EQUIP. | TOTAL | |
| 0010 | **BOLTS & HEX NUTS** Steel, A307 | | | | | | | | | |
| 0100 | 1/4" diameter, 1/2" long | | | | Ea. | .04 | | | .04 | .04 |
| 0200 | 1" long | | | | | .05 | | | .05 | .05 |
| 0300 | 2" long | | | | | .06 | | | .06 | .07 |
| 0400 | 3" long | | | | | .10 | | | .10 | .11 |
| 0500 | 4" long | | | | | .16 | | | .16 | .17 |
| 0600 | 3/8" diameter, 1" long | | | | | .10 | | | .10 | .11 |
| 0700 | 2" long | | | | | .13 | | | .13 | .14 |
| 0800 | 3" long | | | | | .16 | | | .16 | .18 |
| 0900 | 4" long | | | | | .24 | | | .24 | .26 |
| 1000 | 5" long | | | | | .33 | | | .33 | .37 |
| 1100 | 1/2" diameter, 1-1/2" long | | | | | .19 | | | .19 | .21 |
| 1200 | 2" long | | | | | .23 | | | .23 | .25 |
| 1300 | 4" long | | | | | .38 | | | .38 | .41 |
| 1400 | 6" long | | | | | .57 | | | .57 | .63 |
| 1500 | 8" long | | | | | .66 | | | .66 | .72 |
| 1600 | 5/8" diameter, 1-1/2" long | | | | | .38 | | | .38 | .41 |
| 1700 | 2" long | | | | | .42 | | | .42 | .46 |
| 1800 | 4" long | | | | | .64 | | | .64 | .70 |
| 1900 | 6" long | | | | | .87 | | | .87 | .95 |
| 2000 | 8" long | | | | | 1.12 | | | 1.12 | 1.23 |
| 2100 | 10" long | | | | | 1.28 | | | 1.28 | 1.41 |
| 2200 | 3/4" diameter, 2" long | | | | | .64 | | | .64 | .70 |
| 2300 | 4" long | | | | | .94 | | | .94 | 1.03 |
| 2400 | 6" long | | | | | 1.24 | | | 1.24 | 1.36 |
| 2500 | 8" long | | | | | 1.52 | | | 1.52 | 1.67 |
| 2600 | 10" long | | | | | 1.90 | | | 1.90 | 2.09 |
| 2700 | 12" long | | | | | 2.20 | | | 2.20 | 2.42 |
| 2800 | 1" diameter, 3" long | | | | | 2.12 | | | 2.12 | 2.33 |
| 2900 | 6" long | | | | | 2.56 | | | 2.56 | 2.82 |
| 3000 | 12" long | | | | | 2.82 | | | 2.82 | 3.10 |
| 3100 | For galvanized, add | | | | | 20% | | | | |
| 3200 | For stainless, add | | | | | 150% | | | | |
| 0010 | **DRILLING** And layout for anchors, per | | | | | | | | | |
| 0050 | inch of depth, concrete or brick walls | | | | | | | | | |
| 0100 | 1/4" diameter | 1 Carp | 75 | .107 | Ea. | .08 | 2.54 | | 2.62 | 4.11 |
| 0200 | 3/8" diameter | | 63 | .127 | | .10 | 3.02 | | 3.12 | 4.90 |
| 0300 | 1/2" diameter | | 50 | .160 | | .12 | 3.81 | | 3.93 | 6.20 |
| 0400 | 5/8" diameter | | 48 | .167 | | .18 | 3.97 | | 4.15 | 6.50 |
| 0500 | 3/4" diameter | | 45 | .178 | | .22 | 4.23 | | 4.45 | 6.95 |
| 0600 | 7/8" diameter | | 43 | .186 | | .30 | 4.43 | | 4.73 | 7.35 |
| 0700 | 1" diameter | | 40 | .200 | | .38 | 4.76 | | 5.14 | 7.95 |
| 0800 | 1-1/4" diameter | | 38 | .211 | | .66 | 5 | | 5.66 | 8.70 |
| 0900 | 1-1/2" diameter | | 35 | .229 | | 1.04 | 5.45 | | 6.49 | 9.75 |
| 1000 | For ceiling installations add | | | | | | 40% | | | |
| 1100 | Drilling & layout for drywall or plaster walls | | | | | | | | | |
| 1200 | Holes, 1/4" diameter | 1 Carp | 150 | .053 | Ea. | .04 | 1.27 | | 1.31 | 2.05 |
| 1300 | 3/8" diameter | | 140 | .057 | | .05 | 1.36 | | 1.41 | 2.21 |
| 1400 | 1/2" diameter | | 130 | .062 | | .06 | 1.46 | | 1.52 | 2.39 |
| 1500 | 3/4" diameter | | 120 | .067 | | .11 | 1.59 | | 1.70 | 2.63 |
| 1600 | 1" diameter | | 110 | .073 | | .19 | 1.73 | | 1.92 | 2.95 |
| 1700 | 1-1/4" diameter | | 100 | .080 | | .33 | 1.90 | | 2.23 | 3.38 |
| 1800 | 1-1/2" diameter | | 90 | .089 | | .52 | 2.12 | | 2.64 | 3.92 |
| 1900 | For ceiling installations add | | | | | | 40% | | | |

See the **Reference Section** for reference number information, Crew Listings and City Cost Indexes

## 050 | Metal Materials, Coatings and Fastenings

### 050 500 | Metal Fastening

| | | CREW | DAILY OUTPUT | MAN-HOURS | UNIT | MAT. | LABOR | EQUIP. | TOTAL | TOTAL INCL O&P |
|---|---|---|---|---|---|---|---|---|---|---|
| 0010 | **EXPANSION ANCHORS & shields** | | | | | | | | | |
| 0100 | Bolt anchors for concrete, brick or stone, no layout and drilling | | | | | | | | | |
| 0200 | Expansion shields, zinc, 1/4" diameter, 1" long, single | 1 Carp | 90 | .089 | Ea. | .65 | 2.12 | | 2.77 | 4.06 |
| 0300 | 1-3/8" long, double | | 85 | .094 | | .72 | 2.24 | | 2.96 | 4.34 |
| 0400 | 3/8" diameter, 2" long, single | | 85 | .094 | | 1.08 | 2.24 | | 3.32 | 4.74 |
| 0500 | 2" long, double | | 80 | .100 | | 1.33 | 2.38 | | 3.71 | 5.25 |
| 0600 | 1/2" diameter, 2-1/2" long, single | | 80 | .100 | | 1.78 | 2.38 | | 4.16 | 5.75 |
| 0700 | 2-1/2" long, double | | 75 | .107 | | 1.72 | 2.54 | | 4.26 | 5.90 |
| 0800 | 5/8" diameter, 2-5/8" long, single | | 75 | .107 | | 2.55 | 2.54 | | 5.09 | 6.80 |
| 0900 | 3" long, double | | 70 | .114 | | 2.55 | 2.72 | | 5.27 | 7.10 |
| 1000 | 3/4" diameter, 2-3/4" long, single | | 70 | .114 | | 3.79 | 2.72 | | 6.51 | 8.50 |
| 1100 | 4" long, double | | 65 | .123 | | 5.05 | 2.93 | | 7.98 | 10.20 |
| 1200 | 7/8" diameter, 5-1/2" long, double | | 65 | .123 | | 16.70 | 2.93 | | 19.63 | 23 |
| 1300 | 1" diameter, 6" long, double | | 60 | .133 | | 19.45 | 3.17 | | 22.62 | 26.50 |
| 1500 | Self drilling, steel, 1/4" diameter bolt | | 26 | .308 | | .85 | 7.30 | | 8.15 | 12.55 |
| 1600 | 3/8" diameter bolt | | 23 | .348 | | 1.20 | 8.30 | | 9.50 | 14.40 |
| 1700 | 1/2" diameter bolt | | 20 | .400 | | 1.79 | 9.50 | | 11.29 | 17.05 |
| 1800 | 5/8" diameter bolt | | 18 | .444 | | 3.23 | 10.60 | | 13.83 | 20.50 |
| 1900 | 3/4" diameter bolt | | 16 | .500 | | 5.65 | 11.90 | | 17.55 | 25 |
| 2000 | 7/8" diameter bolt | | 14 | .571 | | 8.50 | 13.60 | | 22.10 | 31 |
| 2100 | Hollow wall anchors for gypsum board, | | | | | | | | | |
| 2200 | plaster, tile or wall board | | | | | | | | | |
| 2300 | 1/8" diameter, short | | | | Ea. | .19 | | | .19 | .21 |
| 2400 | Long | | | | | .20 | | | .20 | .22 |
| 2500 | 3/16" diameter, short | | | | | .43 | | | .43 | .47 |
| 2600 | Long | | | | | .46 | | | .46 | .51 |
| 2700 | 1/4" diameter, short | | | | | .54 | | | .54 | .59 |
| 2800 | Long | | | | | .62 | | | .62 | .68 |
| 3000 | Toggle bolts, bright steel, 1/8" diameter, 2" long | 1 Carp | 85 | .094 | | .23 | 2.24 | | 2.47 | 3.80 |
| 3100 | 4" long | | 80 | .100 | | .40 | 2.38 | | 2.78 | 4.21 |
| 3400 | 1/4" diameter, 3" long | | 75 | .107 | | .32 | 2.54 | | 2.86 | 4.37 |
| 3500 | 6" long | | 70 | .114 | | .48 | 2.72 | | 3.20 | 4.84 |
| 3600 | 3/8" diameter, 3" long | | 70 | .114 | | .71 | 2.72 | | 3.43 | 5.10 |
| 3700 | 6" long | | 60 | .133 | | 1.04 | 3.17 | | 4.21 | 6.20 |
| 3800 | 1/2" diameter, 4" long | | 60 | .133 | | 2.23 | 3.17 | | 5.40 | 7.50 |
| 3900 | 6" long | | 50 | .160 | | 2.98 | 3.81 | | 6.79 | 9.35 |
| 4000 | Nailing anchors | | | | | | | | | |
| 4100 | Nylon anchor standard nail, 1/4" diameter, 1" long | | | | C | 12.15 | | | 12.15 | 13.35 |
| 4200 | 1-1/2" long | | | | | 15.70 | | | 15.70 | 17.25 |
| 4300 | 2" long | | | | | 26 | | | 26 | 28.50 |
| 4400 | Zamac anchor stainless nail, 1/4" diameter, 1" long | | | | | 18.75 | | | 18.75 | 20.50 |
| 4500 | 1-1/2" long | | | | | 22.50 | | | 22.50 | 24.50 |
| 4600 | 2" long | | | | | 31.50 | | | 31.50 | 35 |
| 5000 | Screw anchors for concrete, masonry, | | | | | | | | | |
| 5100 | stone & tile, no layout or drilling included | | | | | | | | | |
| 5200 | Jute fiber, #6, #8, & #10, 1" long | | | | Ea. | .12 | | | .12 | .13 |
| 5400 | #14, 2" long | | | | | .27 | | | .27 | .30 |
| 5500 | #16, 2" long | | | | | .31 | | | .31 | .34 |
| 5600 | #20, 2" long | | | | | .42 | | | .42 | .46 |
| 5700 | Lag screw shields, 1/4" diameter, short | | | | | .32 | | | .32 | .35 |
| 5900 | 3/8" diameter, short | | | | | .55 | | | .55 | .61 |
| 6100 | 1/2" diameter, short | | | | | .82 | | | .82 | .90 |
| 6300 | 3/4" diameter, short | | | | | 1.76 | | | 1.76 | 1.94 |
| 6600 | Lead, #6 & #8, 3/4" long | | | | | .12 | | | .12 | .13 |
| 6700 | #10 - #14, 1-1/2" long | | | | | .18 | | | .18 | .20 |
| 6800 | #16 & #18, 1-1/2" long | | | | | .25 | | | .25 | .28 |

For expanded coverage of these items see *Means Building Construction Cost Data 1994*

## 050 | Metal Materials, Coatings and Fastenings

### 050 500 | Metal Fastening

| | | | | | | DAILY | MAN- | | 1994 BARE COSTS | | | | TOTAL | |
|---|---|---|---|---|---|---|---|---|---|---|---|---|---|---|
| | | | | | CREW | OUTPUT | HOURS | UNIT | MAT. | LABOR | EQUIP. | TOTAL | INCL O&P | |
| 520 | 6900 | | Plastic, #6 & #8, 3/4" long | | | | | Ea. | .03 | | | .03 | .03 | 520 |
| | 7100 | | #10 & #12, 1" long | | | | | | .04 | | | .04 | .04 | |
| | 8000 | | Wedge anchors, not including layout or drilling | | | | | | | | | | | |
| | 8050 | | Carbon steel, 1/4" diameter, 1-3/4" long | | 1 Carp | 150 | .053 | Ea. | .34 | 1.27 | | 1.61 | 2.38 | |
| | 8200 | | 5" long | | | 145 | .055 | | .89 | 1.31 | | 2.20 | 3.06 | |
| | 8250 | | 1/2" diameter, 2-3/4" long | | | 140 | .057 | | .91 | 1.36 | | 2.27 | 3.15 | |
| | 8300 | | 7" long | | | 130 | .062 | | 1.58 | 1.46 | | 3.04 | 4.06 | |
| | 8350 | | 5/8" diameter, 3-1/2" long | | | 130 | .062 | | 1.73 | 1.46 | | 3.19 | 4.22 | |
| | 8400 | | 8-1/2" long | | | 115 | .070 | | 2.80 | 1.66 | | 4.46 | 5.70 | |
| | 8450 | | 3/4" diameter, 4-1/4" long | | | 115 | .070 | | 2.30 | 1.66 | | 3.96 | 5.15 | |
| | 8500 | | 10" long | | | 100 | .080 | | 5.15 | 1.90 | | 7.05 | 8.65 | |
| | 8550 | | 1" diameter, 6" long | | | 100 | .080 | | 7.70 | 1.90 | | 9.60 | 11.45 | |
| | 8600 | | 12" long | | | 80 | .100 | | 10.75 | 2.38 | | 13.13 | 15.55 | |
| 530 | 0010 | | LAG SCREWS Steel, 1/4" diameter, 2" long | | 1 Carp | 140 | .057 | Ea. | .05 | 1.36 | | 1.41 | 2.21 | 530 |
| | 0100 | | 3/8" diameter, 3" long | | | 105 | .076 | | .13 | 1.81 | | 1.94 | 3.01 | |
| | 0200 | | 1/2" diameter, 3" long | | | 95 | .084 | | .24 | 2 | | 2.24 | 3.43 | |
| | 0300 | | 5/8" diameter, 3" long | | | 85 | .094 | | .39 | 2.24 | | 2.63 | 3.98 | |
| 535 | 0010 | | MACHINE SCREWS Steel, #8 x 1" long, round head | | | | | C | .93 | | | .93 | 1.02 | 535 |
| | 0110 | | #8 x 2" long | | | | | | 1.84 | | | 1.84 | 2.02 | |
| | 0200 | | #10 x 1" long | | | | | | 1.12 | | | 1.12 | 1.23 | |
| | 0300 | | #10 x 2" long | | | | | | 1.89 | | | 1.89 | 2.08 | |
| 540 | 0010 | | MACHINERY ANCHORS Standard, flush mounted, | | | | | | | | | | | 540 |
| | 0020 | | incl. stud w/fiber plug, nut & washer, anchor & anchor bolt | | | | | | | | | | | |
| | 0200 | | Material only, 1/2" diameter stud & bolt | | | | | Ea. | 20.50 | | | 20.50 | 22.50 | |
| | 0300 | | 5/8" diameter | | | | | | 23 | | | 23 | 25 | |
| | 0500 | | 3/4" diameter | | | | | | 25 | | | 25 | 27.50 | |
| | 0600 | | 7/8" diameter | | | | | | 29 | | | 29 | 31.50 | |
| | 0800 | | 1" diameter | | | | | | 32 | | | 32 | 35 | |
| | 0900 | | 1-1/4" diameter | | | | | | 40.50 | | | 40.50 | 44.50 | |
| 545 | 0010 | | RIVETS 1/2" grip length | | | | | | | | | | | 545 |
| | 0100 | | Aluminum rivet & mandrel, 1/8" diameter | | | | | C | 2.95 | | | 2.95 | 3.25 | |
| 550 | 0010 | | STUDS .22 caliber stud driver, minimum | | | | | Ea. | 225 | | | 225 | 248 | 550 |
| | 0100 | | Maximum | | | | | " | 385 | | | 385 | 425 | |
| | 0300 | | Powder charges for above, low velocity | | | | | C | 20 | | | 20 | 22 | |
| | 0400 | | Standard velocity | | | | | | 22 | | | 22 | 24 | |
| | 0600 | | Drive pins & studs, 1/4" & 3/8" diam., to 3" long, minimum | | | | | | 27 | | | 27 | 29.50 | |
| | 0700 | | Maximum | | | | | | 80 | | | 80 | 88 | |
| | 0800 | | Pneumatic stud driver for 1/8" diameter studs | | | | | Ea. | 850 | | | 850 | 935 | |
| | 0900 | | Drive pins for above, 1/2" to 3/4" long | | | | | M | 38 | | | 38 | 42 | |

## 051 | Structural Metal Framing

### 051 100 | Bracing

| | | | | | DAILY | MAN- | | 1994 BARE COSTS | | | | TOTAL | |
|---|---|---|---|---|---|---|---|---|---|---|---|---|---|
| | | | | CREW | OUTPUT | HOURS | UNIT | MAT. | LABOR | EQUIP. | TOTAL | INCL O&P | |
| 110 | 0010 | PIPE SUPPORT Framing, under 10#/L.F. | | E-4 | 3,900 | .008 | Lb. | .74 | .22 | .02 | .98 | 1.24 | 110 |
| | 0200 | 10.1 to 15#/L.F. | | | 4,300 | .007 | | .64 | .20 | .02 | .86 | 1.09 | |
| | 0400 | 15.1 to 20#/L.F. | | | 4,800 | .007 | | .54 | .18 | .02 | .74 | .94 | |
| | 0600 | Over 20#/L.F. | | | 5,400 | .006 | | .50 | .16 | .01 | .67 | .86 | |

# 060 | Fasteners and Adhesives

## 060 500 | Fasteners & Adhesives

| | | | CREW | DAILY OUTPUT | MAN-HOURS | UNIT | 1994 BARE COSTS MAT. | LABOR | EQUIP. | TOTAL | TOTAL INCL O&P | |
|---|---|---|---|---|---|---|---|---|---|---|---|---|
| 504 | 0010 | NAILS Prices of material only, copper, plain | | | | Lb. | 4 | | | 4 | 4.40 | 504 |
| | 0400 | Stainless steel, plain | | | | | 5 | | | 5 | 5.50 | |
| | 0600 | Common, 3d to 60d, plain | | | | | .60 | | | .60 | .66 | |
| | 0700 | Galvanized | | | | | .90 | | | .90 | .99 | |
| | 0800 | Aluminum | | | | | 4.40 | | | 4.40 | 4.84 | |
| | 1000 | Annular or spiral thread, 4d to 60d, plain | | | | | 1 | | | 1 | 1.10 | |
| | 1200 | Galvanized | | | | | 1.10 | | | 1.10 | 1.21 | |
| | 1400 | Drywall nails, plain | | | | | 1 | | | 1 | 1.10 | |
| | 1600 | Galvanized | | | | | 1.20 | | | 1.20 | 1.32 | |
| | 1800 | Finish nails, 4d to 10d, plain | | | | | .90 | | | .90 | .99 | |
| | 2000 | Galvanized | | | | | 1 | | | 1 | 1.10 | |
| | 2100 | Aluminum | | | | | 4.40 | | | 4.40 | 4.84 | |
| | 2300 | Flooring nails, hardened steel, 2d to 10d, plain | | | | | 1 | | | 1 | 1.10 | |
| | 2400 | Galvanized | | | | | 1.10 | | | 1.10 | 1.21 | |
| | 2500 | Gypsum lath nails, 1-1/8", 13 ga. flathead, blued | | | | | 1.40 | | | 1.40 | 1.54 | |
| | 2600 | Masonry nails, hardened steel, 3/4" to 3" long, plain | | | | | 1 | | | 1 | 1.10 | |
| | 2700 | Galvanized | | | | | 1.15 | | | 1.15 | 1.27 | |
| | 5000 | Add to prices above for cement coating | | | | | .05 | | | .05 | .06 | |
| | 5200 | Zinc or tin plating | | | | | .10 | | | .10 | .11 | |
| 508 | 0010 | SHEET METAL SCREWS Steel, standard, #8 x 3/4", plain | | | | C | 2.60 | | | 2.60 | 2.86 | 508 |
| | 0100 | Galvanized | | | | | 3.20 | | | 3.20 | 3.52 | |
| | 0300 | #10 x 1", plain | | | | | 3.50 | | | 3.50 | 3.85 | |
| | 0400 | Galvanized | | | | | 4.10 | | | 4.10 | 4.51 | |
| | 0600 | With washers, #14 x 1", plain | | | | | 10.45 | | | 10.45 | 11.50 | |
| | 0700 | Galvanized | | | | | 11.60 | | | 11.60 | 12.75 | |
| | 0900 | #14 x 2", plain | | | | | 15.20 | | | 15.20 | 16.70 | |
| | 1000 | Galvanized | | | | | 17.10 | | | 17.10 | 18.80 | |
| | 1500 | Self-drilling, with washers, (pinch point) #8 x 3/4", plain | | | | | 4.50 | | | 4.50 | 4.95 | |
| | 1600 | Galvanized | | | | | 6.05 | | | 6.05 | 6.65 | |
| | 1800 | #10 x 3/4", plain | | | | | 6 | | | 6 | 6.60 | |
| | 1900 | Galvanized | | | | | 6.85 | | | 6.85 | 7.55 | |
| | 3000 | Stainless steel w/aluminum or neoprene washers, #14 x 1", plain | | | | | 15.20 | | | 15.20 | 16.70 | |
| | 3100 | #14 x 2", plain | | | | | 22.50 | | | 22.50 | 25 | |
| 516 | 0010 | WOOD SCREWS #8, 1" long, steel | | | | C | 3.05 | | | 3.05 | 3.35 | 516 |
| | 0100 | Brass | | | | | 14.70 | | | 14.70 | 16.15 | |
| | 0200 | #8, 2" long, steel | | | | | 5.75 | | | 5.75 | 6.35 | |
| | 0300 | Brass | | | | | 28.50 | | | 28.50 | 31.50 | |
| | 0400 | #10, 1" long, steel | | | | | 3.70 | | | 3.70 | 4.07 | |
| | 0500 | Brass | | | | | 19.75 | | | 19.75 | 21.50 | |
| | 0600 | #10, 2" long, steel | | | | | 6.60 | | | 6.60 | 7.25 | |
| | 0700 | Brass | | | | | 35 | | | 35 | 38.50 | |
| | 0800 | #10, 3" long, steel | | | | | 12.10 | | | 12.10 | 13.30 | |
| | 1000 | #12, 2" long, steel | | | | | 8.90 | | | 8.90 | 9.80 | |
| | 1100 | Brass | | | | | 44 | | | 44 | 48.50 | |
| | 1500 | #12, 3" long, steel | | | | | 14 | | | 14 | 15.40 | |
| | 2000 | #12, 4" long, steel | | | | | 25 | | | 25 | 27.50 | |

For expanded coverage of these items see *Means Interior Cost Data 1994*

# 061 | Rough Carpentry

## 061 150 | Sheathing

| | | | DAILY | MAN- | | 1994 BARE COSTS | | | | TOTAL |
|---|---|---|---|---|---|---|---|---|---|---|
| | | CREW | OUTPUT | HOURS | UNIT | MAT. | LABOR | EQUIP. | TOTAL | INCL O&P |
| 154 | 0010 | **SHEATHING** Plywood on roof, CDX | | | | | | | | | 154 |
| | 0030 | 5/16" thick | F-2 | 1,600 | .010 | S.F. | .28 | .24 | .01 | .53 | .70 |
| | 0050 | 3/8" thick | | 1,525 | .010 | | .30 | .25 | .01 | .56 | .74 |
| | 0100 | 1/2" thick | | 1,400 | .011 | | .37 | .27 | .01 | .65 | .85 |
| | 0200 | 5/8" thick | | 1,300 | .012 | | .43 | .29 | .01 | .73 | .95 |
| | 0300 | 3/4" thick | | 1,200 | .013 | | .56 | .32 | .02 | .90 | 1.14 |
| | 0500 | Plywood on walls with exterior CDX, 3/8" thick | | 1,200 | .013 | | .30 | .32 | .02 | .64 | .85 |
| | 0600 | 1/2" thick | | 1,125 | .014 | | .37 | .34 | .02 | .73 | .97 |
| | 0700 | 5/8" thick | | 1,050 | .015 | | .43 | .36 | .02 | .81 | 1.06 |
| | 0800 | 3/4" thick | ↓ | 975 | .016 | ↓ | .56 | .39 | .02 | .97 | 1.26 |

# 079 | Joint Sealers

## 079 204 | Sealants & Caulkings

| | | | DAILY | MAN- | | 1994 BARE COSTS | | | | TOTAL |
|---|---|---|---|---|---|---|---|---|---|---|
| | | CREW | OUTPUT | HOURS | UNIT | MAT. | LABOR | EQUIP. | TOTAL | INCL O&P |
| 204 | 0010 | **CAULKING AND SEALANTS** | | | | | | | | | 204 |
| | 3200 | Polyurethane, 1 or 2 component, bulk | | | | Gal. | 41 | | | 41 | 45 |
| | 3300 | Cartridges | | | | " | 44.50 | | | 44.50 | 49 |
| | 3500 | 1 or 2 component, in place, 1/4" x 1/4", 308 L.F./gal. | 1 Bric | 150 | .053 | L.F. | .13 | 1.31 | | 1.44 | 2.18 |
| | 3600 | 1/2" x 1/4", 154 L.F./gal. | | 145 | .055 | | .26 | 1.35 | | 1.61 | 2.40 |
| | 3800 | 3/4" x 3/8", 68 L.F./gal. | | 130 | .062 | | .59 | 1.51 | | 2.10 | 3.01 |
| | 3900 | 1" x 1/2", 38 L.F./gal. | ↓ | 110 | .073 | ↓ | 1.05 | 1.79 | | 2.84 | 3.94 |

# 102 | Louvers, Corner Protection and Access Flooring

## 102 700 | Access Flooring

| | | | DAILY | MAN- | | 1994 BARE COSTS | | | | TOTAL |
|---|---|---|---|---|---|---|---|---|---|---|
| | | CREW | OUTPUT | HOURS | UNIT | MAT. | LABOR | EQUIP. | TOTAL | INCL O&P |
| 705 | 0010 | **PEDESTAL ACCESS FLOORS** Computer room application, metal | | | | | | | | | 705 |
| | 0020 | Particle board or steel panels, no covering, under 6,000 S.F. | 2 Carp | 1,000 | .016 | S.F. | 6.50 | .38 | | 6.88 | 7.75 |
| | 0300 | Metal covered, over 6,000 S.F. | | 1,100 | .015 | | 5.50 | .35 | | 5.85 | 6.60 |
| | 0400 | Aluminum, 24" panels | ↓ | 500 | .032 | | 20 | .76 | | 20.76 | 23 |
| | 0600 | For carpet covering, add | | | | | 4 | | | 4 | 4.40 |
| | 0700 | For vinyl floor covering, add | | | | | 2 | | | 2 | 2.20 |
| | 0900 | For high pressure laminate covering, add | | | | | 3 | | | 3 | 3.30 |
| | 0910 | For snap on stringer system, add | 2 Carp | 1,000 | .016 | ↓ | 1 | .38 | | 1.38 | 1.70 |
| | 0950 | Office applications, to 8" high, steel panels, | | | | | | | | | |
| | 0960 | no covering, over 6,000 S.F. | 2 Carp | 400 | .040 | S.F. | 6 | .95 | | 6.95 | 8.10 |
| | 1000 | Machine cutouts after initial installation | 1 Carp | 10 | .800 | Ea. | 30 | 19.05 | | 49.05 | 63 |
| | 1050 | | | | | | | | | | |
| | 1100 | Air conditioning grilles, 4" x 12" | 1 Carp | 17 | .471 | Ea. | 50 | 11.20 | | 61.20 | 73 |
| | 1150 | 4" x 18" | " | 14 | .571 | " | 60 | 13.60 | | 73.60 | 87.50 |
| | 1200 | Approach ramps, minimum | 2 Carp | 85 | .188 | S.F. | 15 | 4.48 | | 19.48 | 23.50 |
| | 1300 | Maximum | " | 60 | .267 | " | 25 | 6.35 | | 31.35 | 37.50 |
| | 1500 | Handrail, 2 rail aluminum | 1 Carp | 15 | .533 | L.F. | 40 | 12.70 | | 52.70 | 64 |

# 108 | Toilet and Bath Accessories and Scales

## 108 200 | Bath Accessories

| | | | CREW | DAILY OUTPUT | MAN-HOURS | UNIT | 1994 BARE COSTS MAT. | LABOR | EQUIP. | TOTAL | TOTAL INCL O&P | |
|---|---|---|---|---|---|---|---|---|---|---|---|---|
| 208 | 0010 | **MEDICINE CABINETS** With mirror, st. st. frame, 16" x 22", unlighted | 1 Carp | 14 | .571 | Ea. | 56.50 | 13.60 | | 70.10 | 83.50 | 208 |
| | 0100 | Wood frame | | 14 | .571 | | 80 | 13.60 | | 93.60 | 110 | |
| | 0300 | Sliding mirror doors, 20" x 16" x 4-3/4", unlighted | | 7 | 1.143 | | 74.50 | 27 | | 101.50 | 125 | |
| | 0400 | 24" x 19" x 8-1/2", lighted | | 5 | 1.600 | | 124 | 38 | | 162 | 198 | |
| | 0600 | Triple door, 30" x 32", unlighted, plywood body | | 7 | 1.143 | | 190 | 27 | | 217 | 252 | |
| | 0700 | Steel body | | 7 | 1.143 | | 252 | 27 | | 279 | 320 | |
| | 0900 | Oak door, wood body, beveled mirror, single door | | 7 | 1.143 | | 107 | 27 | | 134 | 161 | |
| | 1000 | Double door | | 6 | 1.333 | | 266 | 31.50 | | 297.50 | 345 | |
| | 1200 | Hotel cabinets, stainless, with lower shelf, unlighted | | 10 | .800 | | 154 | 19.05 | | 173.05 | 199 | |
| | 1300 | Lighted | | 5 | 1.600 | | 231 | 38 | | 269 | 315 | |

# 110 | Equipment

## 110 600 | Theater/Stage Equip

| | | | CREW | DAILY OUTPUT | MAN-HOURS | UNIT | 1994 BARE COSTS MAT. | LABOR | EQUIP. | TOTAL | TOTAL INCL O&P | |
|---|---|---|---|---|---|---|---|---|---|---|---|---|
| 601 | 0010 | **STAGE EQUIPMENT** Control boards with dimmers & breakers | | | | | | | | | | 601 |
| | 0050 | Minimum | 1 Elec | 1 | 8 | Ea. | 2,000 | 220 | | 2,220 | 2,525 | |
| | 0100 | Average | | .50 | 16 | | 7,000 | 440 | | 7,440 | 8,350 | |
| | 0150 | Maximum | | .20 | 40 | | 30,000 | 1,100 | | 31,100 | 34,700 | |
| | 2000 | Lights, border, quartz, reflector, vented, | | | | | | | | | | |
| | 2100 | colored or white | 1 Elec | 20 | .400 | L.F. | 115 | 11 | | 126 | 144 | |
| | 2500 | Spotlight, follow spot, with transformer, 2,100 watt | " | 4 | 2 | Ea. | 1,100 | 55 | | 1,155 | 1,275 | |
| | 2600 | For no transformer, deduct | | | | | 400 | | | 400 | 440 | |
| | 3000 | Stationary spot, fresnel quartz, 6" lens | 1 Elec | 4 | 2 | | 95 | 55 | | 150 | 188 | |
| | 3100 | 8" lens | | 4 | 2 | | 150 | 55 | | 205 | 248 | |
| | 3500 | Ellipsoidal quartz, 1,000W, 6" lens | | 4 | 2 | | 200 | 55 | | 255 | 305 | |
| | 3600 | 12" lens | | 4 | 2 | | 350 | 55 | | 405 | 470 | |
| | 4000 | Strobe light, 1 to 15 flashes per second, quartz | | 3 | 2.667 | | 450 | 73.50 | | 523.50 | 605 | |
| | 4500 | Color wheel, portable, five hole, motorized | | 4 | 2 | | 85 | 55 | | 140 | 176 | |
| 604 | 0010 | **MOVIE EQUIPMENT** Changeover, minimum | | | | Ea. | 345 | | | 345 | 380 | 604 |
| | 0100 | Maximum | | | | | 650 | | | 650 | 715 | |
| | 0800 | Lamphouses, incl. rectifiers, xenon, 1,000 watt | 1 Elec | 2 | 4 | | 5,600 | 110 | | 5,710 | 6,325 | |
| | 0900 | 1,600 watt | | 2 | 4 | | 6,300 | 110 | | 6,410 | 7,100 | |
| | 1000 | 2,000 watt | | 1.50 | 5.333 | | 6,500 | 147 | | 6,647 | 7,375 | |
| | 1100 | 4,000 watt | | 1.50 | 5.333 | | 9,200 | 147 | | 9,347 | 10,300 | |
| | 3700 | Sound systems, incl. amplifier, mono, minimum | | .90 | 8.889 | | 1,800 | 244 | | 2,044 | 2,350 | |
| | 3800 | Dolby/Super Sound, maximum | | .40 | 20 | | 13,000 | 550 | | 13,550 | 15,100 | |
| | 4100 | Dual system, 2 channel, front surround, minimum | | .70 | 11.429 | | 3,000 | 315 | | 3,315 | 3,775 | |
| | 4200 | Dolby/Super Sound, 4 channel, maximum | | .40 | 20 | | 12,000 | 550 | | 12,550 | 14,000 | |
| | 5300 | Speakers, recessed behind screen, minimum | | 2 | 4 | | 1,300 | 110 | | 1,410 | 1,600 | |
| | 5400 | Maximum | | 1 | 8 | | 2,225 | 220 | | 2,445 | 2,775 | |
| | 7000 | For automation, varying sophistication, minimum | | 1 | 8 | System | 1,275 | 220 | | 1,495 | 1,725 | |
| | 7100 | Maximum | 2 Elec | .30 | 53.333 | " | 4,000 | 1,475 | | 5,475 | 6,600 | |

# 111 | Mercantile, Commercial and Detention Equipment

## 111 100 | Laundry/Dry Cleaning

| | | | CREW | DAILY OUTPUT | MAN-HOURS | UNIT | MAT. | LABOR | EQUIP. | TOTAL | TOTAL INCL O&P | |
|---|---|---|---|---|---|---|---|---|---|---|---|---|
| 101 | 0010 | LAUNDRY EQUIPMENT Not incl. rough-in. Dryers, gas fired | | | | | | | | | | 101 |
| | 2000 | Dry cleaners, electric, 20 lb. capacity | L-1 | .20 | 80 | Ea. | 27,000 | 2,225 | | 29,225 | 33,000 | |
| | 2050 | 25 lb. capacity | | .17 | 94.118 | | 33,500 | 2,625 | | 36,125 | 40,900 | |
| | 2100 | 30 lb. capacity | | .15 | 106 | | 36,900 | 2,975 | | 39,875 | 45,100 | |
| | 2150 | 60 lb. capacity | | .09 | 177 | | 58,000 | 4,950 | | 62,950 | 71,000 | |
| | 3500 | Folders, blankets & sheets, minimum | 1 Elec | .17 | 47.059 | | 18,800 | 1,300 | | 20,100 | 22,600 | |
| | 3700 | King size with automatic stacker | | .10 | 80 | | 38,000 | 2,200 | | 40,200 | 45,100 | |
| | 3800 | For conveyor delivery, add | | .45 | 17.778 | | 5,000 | 490 | | 5,490 | 6,225 | |
| | 4500 | Ironers, institutional, 110", single roll | | .20 | 40 | | 16,500 | 1,100 | | 17,600 | 19,900 | |
| | 5000 | Washers, residential, 4 cycle, average | 1 Plum | 3 | 2.667 | | 560 | 75.50 | | 635.50 | 730 | |
| | 5300 | Commercial, coin operated, average | " | 3 | 2.667 | | 870 | 75.50 | | 945.50 | 1,075 | |
| | 6000 | Combination washer/extractor, 20 lb. capacity | L-6 | 1.50 | 8 | | 2,900 | 224 | | 3,124 | 3,550 | |
| | 6100 | 30 lb. capacity | | .80 | 15 | | 7,450 | 420 | | 7,870 | 8,850 | |
| | 6200 | 50 lb. capacity | | .68 | 17.647 | | 7,950 | 495 | | 8,445 | 9,500 | |
| | 6300 | 75 lb. capacity | | .30 | 40 | | 14,900 | 1,125 | | 16,025 | 18,100 | |
| | 6350 | 125 lb. capacity | | .16 | 75 | | 19,000 | 2,100 | | 21,100 | 24,100 | |

## 111 500 | Parking Control Equip

| | | | CREW | DAILY OUTPUT | MAN-HOURS | UNIT | MAT. | LABOR | EQUIP. | TOTAL | TOTAL INCL O&P | |
|---|---|---|---|---|---|---|---|---|---|---|---|---|
| 501 | 0010 | PARKING EQUIPMENT Traffic, detectors, magnetic | 2 Elec | 2.70 | 5.926 | Ea. | 400 | 163 | | 563 | 685 | 501 |
| | 0200 | Single treadle | | 2.40 | 6.667 | | 1,850 | 183 | | 2,033 | 2,325 | |
| | 0500 | Automatic gates, 8' arm, one way | | 1.10 | 14.545 | | 2,500 | 400 | | 2,900 | 3,350 | |
| | 0650 | Two way | | 1.10 | 14.545 | | 2,600 | 400 | | 3,000 | 3,450 | |
| | 3500 | Ticket printer and dispenser, standard | | 1.40 | 11.429 | | 5,000 | 315 | | 5,315 | 5,975 | |
| | 3700 | Rate computing | | 1.40 | 11.429 | | 5,500 | 315 | | 5,815 | 6,525 | |
| | 4000 | Card control station, single period | | 4.10 | 3.902 | | 600 | 107 | | 707 | 820 | |
| | 4200 | 4 period | | 4.10 | 3.902 | | 635 | 107 | | 742 | 860 | |
| | 4500 | Key station on pedestal | | 4.10 | 3.902 | | 315 | 107 | | 422 | 505 | |
| | 4750 | Coin station, multiple coins | | 4.10 | 3.902 | | 3,250 | 107 | | 3,357 | 3,725 | |

## 111 700 | Waste Handling Equip

| | | | CREW | DAILY OUTPUT | MAN-HOURS | UNIT | MAT. | LABOR | EQUIP. | TOTAL | TOTAL INCL O&P | |
|---|---|---|---|---|---|---|---|---|---|---|---|---|
| 701 | 0010 | WASTE HANDLING Compactors, 115 volt, 250#/hr., chute fed | L-4 | 1 | 24 | Ea. | 7,475 | 545 | | 8,020 | 9,075 | 701 |
| | 1000 | Heavy duty industrial compactor, 0.5 C.Y. capacity | | 1 | 24 | | 4,550 | 545 | | 5,095 | 5,850 | |
| | 1050 | 1.0 C.Y. capacity | | 1 | 24 | | 7,550 | 545 | | 8,095 | 9,150 | |
| | 1100 | 2.5 C.Y. capacity | | .50 | 48 | | 13,300 | 1,075 | | 14,375 | 16,400 | |
| | 1150 | 5.0 C.Y. capacity | | .50 | 48 | | 21,600 | 1,075 | | 22,675 | 25,500 | |
| | 1200 | Combination shredder/compactor (5,000 lbs./hr.) | | .50 | 48 | | 25,200 | 1,075 | | 26,275 | 29,500 | |
| | 1400 | For handling hazardous waste materials, 55 gallon drum packer, std. | | | | | 11,700 | | | 11,700 | 12,900 | |
| | 1410 | 55 gallon drum packer w/HEPA filter | | | | | 14,900 | | | 14,900 | 16,400 | |
| | 1420 | 55 gallon drum packer w/charcoal & HEPA filter | | | | | 19,000 | | | 19,000 | 20,900 | |
| | 1430 | All of the above made explosion proof, add | | | | | 9,075 | | | 9,075 | 10,000 | |
| | 1500 | Crematory, not including building, 1 place | Q-3 | .20 | 160 | | 42,400 | 4,325 | | 46,725 | 53,000 | |
| | 1750 | 2 place | " | .10 | 320 | | 60,500 | 8,650 | | 69,150 | 79,500 | |
| | 3750 | Incinerator, electric, 100 lb. per hr., minimum | L-9 | .75 | 48 | | 13,100 | 1,050 | | 14,150 | 16,100 | |
| | 3850 | Maximum | | .70 | 51.429 | | 26,200 | 1,125 | | 27,325 | 30,700 | |
| | 4000 | 400 lb. per hr., minimum | | .60 | 60 | | 25,200 | 1,300 | | 26,500 | 30,000 | |
| | 4100 | Maximum | | .50 | 72 | | 60,500 | 1,575 | | 62,075 | 69,000 | |
| | 4250 | 1,000 lb. per hr., minimum | | .25 | 144 | | 68,500 | 3,125 | | 71,625 | 80,500 | |
| | 4350 | Maximum | | .20 | 180 | | 141,500 | 3,900 | | 145,400 | 162,000 | |
| | 5800 | Shredder, industrial, minimum | | | | | 15,100 | | | 15,100 | 16,700 | |
| | 5850 | Maximum | | | | | 81,000 | | | 81,000 | 89,000 | |
| | 5900 | Baler, industrial, minimum | | | | | 6,050 | | | 6,050 | 6,650 | |
| | 5950 | Maximum | | | | | 353,500 | | | 353,500 | 388,500 | |

# 114 | Food Service, Residential, Darkroom, Athletic Equipment

| | 114 000 | Food Service Equipment | CREW | DAILY OUTPUT | MAN-HOURS | UNIT | MAT. | LABOR | EQUIP. | TOTAL | TOTAL INCL O&P | |
|---|---|---|---|---|---|---|---|---|---|---|---|---|
| 002 | 0010 | **APPLIANCES** Cooking range, 30" free standing, 1 oven, minimum | 2 Clab | 10 | 1.600 | Ea. | 250 | 30.50 | | 280.50 | 325 | 002 |
| | 0050 | Maximum | | 4 | 4 | | 1,200 | 76 | | 1,276 | 1,450 | |
| | 0700 | Free-standing, 1 oven, 21" wide range | | 10 | 1.600 | | 300 | 30.50 | | 330.50 | 380 | |
| | 0750 | 24 wide | | 4 | 4 | | 410 | 76 | | 486 | 570 | |
| | 0900 | Counter top cook tops, 4 burner, standard, minimum | 1 Elec | 6 | 1.333 | | 220 | 36.50 | | 256.50 | 297 | |
| | 0950 | Maximum | | 3 | 2.667 | | 500 | 73.50 | | 573.50 | 660 | |
| | 1050 | As above, but with grille and griddle attachment, minimum | | 6 | 1.333 | | 320 | 36.50 | | 356.50 | 405 | |
| | 1100 | Maximum | | 3 | 2.667 | | 530 | 73.50 | | 603.50 | 695 | |
| | 1200 | Induction cooktop, 30" wide | | 3 | 2.667 | | 780 | 73.50 | | 853.50 | 970 | |
| | 1250 | Microwave oven, minimum | | 4 | 2 | | 80 | 55 | | 135 | 171 | |
| | 1300 | Maximum | | 2 | 4 | | 1,525 | 110 | | 1,635 | 1,850 | |
| | 1500 | Combination range, refrigerator and sink, 30" wide, minimum | L-1 | 2 | 8 | | 520 | 223 | | 743 | 910 | |
| | 1550 | Maximum | | 1 | 16 | | 1,175 | 445 | | 1,620 | 1,975 | |
| | 1570 | 60" wide, average | | 1.40 | 11.429 | | 1,875 | 320 | | 2,195 | 2,550 | |
| | 1590 | 72" wide, average | | 1.20 | 13.333 | | 2,100 | 370 | | 2,470 | 2,875 | |
| | 1600 | Office model, 48" wide | | 2 | 8 | | 1,575 | 223 | | 1,798 | 2,075 | |
| | 1620 | Refrigerator and sink only | | 2.40 | 6.667 | | 1,625 | 186 | | 1,811 | 2,075 | |
| | 1640 | Combination range, refrigerator, sink, microwave | | | | | | | | | | |
| | 1660 | oven and ice maker | L-1 | .80 | 20 | Ea. | 3,175 | 560 | | 3,735 | 4,350 | |
| | 2450 | Dehumidifier, portable, automatic, 15 pint | | | | | 175 | | | 175 | 193 | |
| | 2550 | 40 pint | | | | | 270 | | | 270 | 297 | |
| | 2750 | Dishwasher, built-in, 2 cycles, minimum | L-1 | 4 | 4 | | 230 | 112 | | 342 | 420 | |
| | 2800 | Maximum | | 2 | 8 | | 390 | 223 | | 613 | 770 | |
| | 2950 | 4 or more cycles, minimum | | 4 | 4 | | 300 | 112 | | 412 | 500 | |
| | 3000 | Maximum | | 2 | 8 | | 700 | 223 | | 923 | 1,100 | |
| | 3300 | Garbage disposer, sink type, minimum | | 10 | 1.600 | | 39 | 44.50 | | 83.50 | 111 | |
| | 3350 | Maximum | | 10 | 1.600 | | 205 | 44.50 | | 249.50 | 294 | |
| | 3550 | Heater, electric, built-in, 1250 watt, ceiling type, minimum | 1 Elec | 4 | 2 | | 45 | 55 | | 100 | 132 | |
| | 3600 | Maximum | | 3 | 2.667 | | 100 | 73.50 | | 173.50 | 220 | |
| | 3700 | Wall type, minimum | | 4 | 2 | | 40 | 55 | | 95 | 127 | |
| | 3750 | Maximum | | 3 | 2.667 | | 90 | 73.50 | | 163.50 | 209 | |
| | 3900 | 1500 watt wall type, with blower | | 4 | 2 | | 90 | 55 | | 145 | 182 | |
| | 3950 | 3000 watt | | 3 | 2.667 | | 130 | 73.50 | | 203.50 | 253 | |
| | 4150 | Hood for range, 2 speed, vented, 30" wide, minimum | L-3 | 5 | 3.200 | | 40 | 82 | | 122 | 172 | |
| | 4200 | Maximum | | 3 | 5.333 | | 260 | 137 | | 397 | 500 | |
| | 4300 | 42" wide, minimum | | 5 | 3.200 | | 155 | 82 | | 237 | 299 | |
| | 4350 | Maximum | | 3 | 5.333 | | 300 | 137 | | 437 | 545 | |
| | 4500 | For ventless hood, 2 speed, add | | | | | 12 | | | 12 | 13.20 | |
| | 4650 | For vented 1 speed, deduct from maximum | | | | | 25 | | | 25 | 27.50 | |
| | 4850 | Humidifier, portable, 8 gallons per day | | | | | 90 | | | 90 | 99 | |
| | 5000 | 15 gallons per day | | | | | 160 | | | 160 | 176 | |
| | 6900 | Water heater, electric, glass lined, 30 gallon, minimum | L-1 | 5 | 3.200 | | 135 | 89.50 | | 224.50 | 284 | |
| | 6950 | Maximum | | 3 | 5.333 | | 315 | 149 | | 464 | 570 | |
| | 7100 | 80 gallon, minimum | | 2 | 8 | | 225 | 223 | | 448 | 590 | |
| | 7150 | Maximum | | 1 | 16 | | 535 | 445 | | 980 | 1,275 | |
| 004 | 0010 | **KITCHEN EQUIPMENT** Bake oven gas, one section | Q-1 | 8 | 2 | Ea. | 3,400 | 51 | | 3,451 | 3,825 | 004 |
| | 1300 | Broiler, without oven, standard | " | 8 | 2 | | 2,475 | 51 | | 2,526 | 2,800 | |
| | 1550 | Infra-red | L-7 | 4 | 7 | | 3,450 | 161 | | 3,611 | 4,050 | |
| | 1850 | Coffee urns, twin 6 gallon urns | | | | | 4,000 | | | 4,000 | 4,400 | |
| | 2350 | Cooler, reach-in, beverage, 6' long | Q-1 | 6 | 2.667 | | 2,200 | 68 | | 2,268 | 2,525 | |
| | 2700 | Dishwasher, commercial, rack type | | | | | | | | | | |
| | 2720 | 10 to 12 racks per hour | Q-1 | 3.20 | 5 | Ea. | 2,000 | 127 | | 2,127 | 2,400 | |
| | 2750 | Semi-automatic 38 to 50 racks per hour | " | 1.30 | 12.308 | | 4,200 | 315 | | 4,515 | 5,100 | |
| | 3300 | Food warmer, counter, 1.2 KW | | | | | 600 | | | 600 | 660 | |
| | 3550 | 1.6 KW | | | | | 740 | | | 740 | 815 | |

## 114 | Food Service, Residential, Darkroom, Athletic Equipment

### 114 000 | Food Service Equipment

| | | | CREW | DAILY OUTPUT | MAN-HOURS | UNIT | 1994 BARE COSTS | | | | TOTAL INCL O&P | |
|---|---|---|---|---|---|---|---|---|---|---|---|---|
| | | | | | | | MAT. | LABOR | EQUIP. | TOTAL | | |
| 004 | 3800 | Food mixers, 20 quarts | L-7 | 7 | 4 | Ea. | 2,750 | 92 | | 2,842 | 3,175 | 004 |
| | 4000 | 60 quarts | | 5 | 5.600 | | 9,200 | 129 | | 9,329 | 10,300 | |
| | 6350 | Kettles, steam-jacketed, 20 gallons | | 7 | 4 | | 4,475 | 92 | | 4,567 | 5,075 | |
| | 6600 | 60 gallons | | 6 | 4.667 | | 5,725 | 107 | | 5,832 | 6,475 | |
| | 8550 | With glass doors, 68 C.F. | Q-1 | 4 | 4 | | 5,075 | 102 | | 5,177 | 5,725 | |
| | 8850 | Steamer, electric 27 KW | L-7 | 7 | 4 | | 5,300 | 92 | | 5,392 | 5,975 | |
| | 9100 | Electric, 10 KW or gas 100,000 BTU | " | 5 | 5.600 | | 2,800 | 129 | | 2,929 | 3,275 | |
| | 9150 | Toaster, conveyor type, 16-22 slices per minute | | | | | 1,550 | | | 1,550 | 1,725 | |
| | 9200 | For deluxe models of above equipment, add | | | | | 75% | | | | | |
| | 9400 | Rule of thumb: Equipment cost based | | | | | | | | | | |
| | 9410 | on kitchen work area | | | | | | | | | | |
| | 9420 | Office buildings, minimum | L-7 | 77 | .364 | S.F. | 41 | 8.35 | | 49.35 | 58 | |
| | 9450 | Maximum | | 58 | .483 | | 69 | 11.10 | | 80.10 | 93.50 | |
| | 9550 | Public eating facilities, minimum | | 77 | .364 | | 54 | 8.35 | | 62.35 | 72.50 | |
| | 9600 | Maximum | | 46 | .609 | | 87 | 14 | | 101 | 118 | |
| | 9750 | Hospitals, minimum | | 58 | .483 | | 55 | 11.10 | | 66.10 | 78 | |
| | 9800 | Maximum | | 39 | .718 | | 92 | 16.50 | | 108.50 | 127 | |

### 114 800 | Athletic/Recreational

| | | | CREW | DAILY OUTPUT | MAN-HOURS | UNIT | MAT. | LABOR | EQUIP. | TOTAL | INCL O&P | |
|---|---|---|---|---|---|---|---|---|---|---|---|---|
| 805 | 0010 | SCHOOL EQUIPMENT For exterior equipment see division 028 | | | | | | | | | | 805 |
| | 0020 | | | | | | | | | | | |
| | 7000 | Scoreboards, baseball, minimum | R-3 | 1.30 | 15.385 | Ea. | 1,975 | 420 | 79.50 | 2,474.50 | 2,900 | |
| | 7200 | Maximum | | .05 | 400 | | 16,000 | 10,900 | 2,075 | 28,975 | 36,400 | |
| | 7300 | Football, minimum | | .86 | 23.256 | | 4,900 | 635 | 120 | 5,655 | 6,500 | |
| | 7400 | Maximum | | .20 | 100 | | 50,000 | 2,725 | 520 | 53,245 | 59,500 | |
| | 7500 | Basketball (one side), minimum | | 2.07 | 9.662 | | 2,025 | 264 | 50 | 2,339 | 2,675 | |
| | 7600 | Maximum | | .30 | 66.667 | | 16,000 | 1,825 | 345 | 18,170 | 20,700 | |
| | 7700 | Hockey-basketball (four sides), minimum | | .25 | 80 | | 7,300 | 2,175 | 415 | 9,890 | 11,800 | |
| | 7800 | Maximum | | .15 | 133 | | 25,000 | 3,625 | 690 | 29,315 | 33,800 | |

## 116 | Laboratory, Planetarium, Observatory Equipment

### 116 000 | Laboratory Equipment

| | | | CREW | DAILY OUTPUT | MAN-HOURS | UNIT | 1994 BARE COSTS | | | | TOTAL INCL O&P | |
|---|---|---|---|---|---|---|---|---|---|---|---|---|
| | | | | | | | MAT. | LABOR | EQUIP. | TOTAL | | |
| 001 | 0010 | LABORATORY EQUIPMENT Cabinets, base, door units, metal | 2 Carp | 18 | .889 | L.F. | 87 | 21 | | 108 | 129 | 001 |
| | 2550 | Glassware washer, distilled water rinse, minimum | L-1 | 1.80 | 8.889 | Ea. | 3,975 | 248 | | 4,223 | 4,750 | |
| | 2600 | Maximum | " | 1 | 16 | " | 16,300 | 445 | | 16,745 | 18,600 | |
| | 4200 | Alternate pricing method: as percent of lab furniture | | | | | | | | | | |
| | 4400 | Installation, not incl. plumbing & duct work | | | | % Furn. | | | | | 22% | |
| | 4800 | Plumbing, final connections, simple system | | | | | | | | | 10% | |
| | 5000 | Moderately complex system | | | | | | | | | 15% | |
| | 5200 | Complex system | | | | | | | | | 20% | |
| | 5400 | Electrical, simple system | | | | | | | | | 10% | |
| | 5600 | Moderately complex system | | | | | | | | | 20% | |
| | 5800 | Complex system | | | | | | | | | 35% | |
| | 6000 | Safety equipment, eye wash, hand held | | | | Ea. | 285 | | | 285 | 315 | |
| | 6200 | Deluge shower | | | | " | 155 | | | 155 | 171 | |
| | 6300 | Rule of thumb: lab furniture including installation & connection | | | | | | | | | | |
| | 6320 | High school | | | | S.F. | | | | | 23 | |
| | 6340 | College | | | | | | | | | 34 | |

## 116 | Laboratory, Planetarium, Observatory Equipment

| 116 000 | Laboratory Equipment | CREW | DAILY OUTPUT | MAN-HOURS | UNIT | 1994 BARE COSTS MAT. | LABOR | EQUIP. | TOTAL | TOTAL INCL O&P | |
|---|---|---|---|---|---|---|---|---|---|---|---|
| 001 6360 | Clinical, health care | | | | S.F. | | | | | 29 | 001 |
| 6380 | Industrial | | | | | | | | | 47 | |

## 117 | Medical Equipment

| 117 000 | Medical Equipment | CREW | DAILY OUTPUT | MAN-HOURS | UNIT | 1994 BARE COSTS MAT. | LABOR | EQUIP. | TOTAL | TOTAL INCL O&P | |
|---|---|---|---|---|---|---|---|---|---|---|---|
| 001 0010 | MEDICAL EQUIPMENT Autopsy table, standard | 1 Plum | 1 | 8 | Ea. | 5,500 | 226 | | 5,726 | 6,400 | 001 |
| 6200 | Steam generators, electric 10 KW to 180 KW | | | | | | | | | | |
| 6250 | Minimum | 1 Elec | 3 | 2.667 | Ea. | 3,500 | 73.50 | | 3,573.50 | 3,950 | |
| 6300 | Maximum | " | .70 | 11.429 | | 18,000 | 315 | | 18,315 | 20,300 | |
| 6700 | Surgical lights, doctor's office, single arm | 2 Elec | .90 | 17.778 | | 1,500 | 490 | | 1,990 | 2,375 | |
| 6750 | Dual arm | " | .30 | 53.333 | | 3,500 | 1,475 | | 4,975 | 6,050 | |

## 130 | Special Construction

| 130 250 | Integrated Ceilings | CREW | DAILY OUTPUT | MAN-HOURS | UNIT | 1994 BARE COSTS MAT. | LABOR | EQUIP. | TOTAL | TOTAL INCL O&P | |
|---|---|---|---|---|---|---|---|---|---|---|---|
| 251 0010 | INTEGRATED CEILINGS Lighting, ventilating & acoustical | | | | | | | | | | 251 |
| 0100 | Luminaire, incl. connections, 5' x 5' modules, 50% lighted | L-3 | 90 | .178 | S.F. | 3.36 | 4.55 | | 7.91 | 10.80 | |
| 0200 | 100% lighted | " | 50 | .320 | | 5 | 8.20 | | 13.20 | 18.25 | |
| 0400 | For ventilating capacity with perforations, add | | | | | | | | | .27 | |
| 0600 | For supply air diffuser, add | | | | Ea. | | | | | 64 | |
| 0700 | Dimensionaire, 2' x 4' board system, see also div. 095-106 | L-3 | 50 | .320 | L.F. | 7.80 | 8.20 | | 16 | 21.50 | |
| 0900 | Tile system | 1 Carp | 250 | .032 | S.F. | 2.04 | .76 | | 2.80 | 3.45 | |
| 1000 | For air bar suspension, add, minimum | | | | | | | | | .58 | |
| 1100 | Maximum | | | | | | | | | .99 | |
| 1200 | For vaulted coffer, including fixture, stock, add | | | | Ea. | 76 | | | 76 | 83.50 | |
| 1300 | Custom, add, minimum | | | | | | | | | 133 | |
| 1400 | Average | | | | | | | | | 345 | |
| 1500 | Maximum | | | | | | | | | 575 | |
| 1800 | Radiant hot water system with finished acoustic ceiling, | | | | | | | | | | |
| 1810 | not including supply piping. Heating only (gross S.F.) | | | | | | | | | | |
| 2100 | Elementary schools, minimum | | | | S.F. | | | | | 5.05 | |
| 2200 | Maximum | | | | | | | | | 6.35 | |
| 2400 | High schools and colleges, minimum | | | | | | | | | 4.50 | |
| 2500 | Maximum | | | | | | | | | 6.35 | |
| 2700 | Libraries, minimum | | | | | | | | | 4.55 | |
| 2800 | Maximum | | | | | | | | | 5.45 | |
| 3000 | Hospitals, minimum | | | | | | | | | 6.20 | |
| 3100 | Maximum | | | | | | | | | 7.75 | |
| 3300 | Office buildings, minimum | | | | | | | | | 4.40 | |
| 3400 | Maximum | | | | | | | | | 5.85 | |
| 3600 | For combined heating and cooling, add, minimum | | | | | 30% | 30% | | | | |
| 3700 | Maximum | | | | | 40% | 40% | | | | |
| 4000 | Radiant electric ceiling board, strapped between joists | 1 Elec | 250 | .032 | | 1.66 | .88 | | 2.54 | 3.15 | |

# 130 | Special Construction

## 130 250 | Integrated Ceilings

| | | | CREW | DAILY OUTPUT | MAN-HOURS | UNIT | 1994 BARE COSTS MAT. | LABOR | EQUIP. | TOTAL | TOTAL INCL O&P | |
|---|---|---|---|---|---|---|---|---|---|---|---|---|
| 251 | 4100 | 2' x 4' heating panel for grid system, manila finish | 1 Elec | 25 | .320 | Ea. | 38.50 | 8.80 | | 47.30 | 56 | 251 |
| | 4200 | Textured epoxy finish | | 22 | .364 | | 39.50 | 10 | | 49.50 | 58.50 | |
| | 4300 | Vinyl finish | | 19 | .421 | | 42 | 11.60 | | 53.60 | 63.50 | |
| | 4400 | Hair cell, ABS plastic finish | | 13 | .615 | | 70.50 | 16.90 | | 87.40 | 103 | |
| | 4500 | 2' x 4' alternate blank panel, for use with above | | | | | | | | | | |
| | 4600 | Manila finish | 1 Elec | 50 | .160 | Ea. | 9.25 | 4.40 | | 13.65 | 16.80 | |
| | 4700 | Textured epoxy finish | | 45 | .178 | | 20.50 | 4.89 | | 25.39 | 30 | |
| | 4800 | Vinyl finish | | 40 | .200 | | 22.50 | 5.50 | | 28 | 33.50 | |
| | 4900 | Hair cell, ABS plastic finish | | 25 | .320 | | 61 | 8.80 | | 69.80 | 80.50 | |

## 130 360 | Clean Rooms

| | | | CREW | DAILY OUTPUT | MAN-HOURS | UNIT | MAT. | LABOR | EQUIP. | TOTAL | TOTAL INCL O&P | |
|---|---|---|---|---|---|---|---|---|---|---|---|---|
| 361 | 0010 | CLEAN ROOM Ceiling systems, including grid, blank panels, | | | | | | | | | | 361 |
| | 0020 | HEPA filters, tear drop lights, | | | | | | | | | | |
| | 0100 | Pressurized plenum type, silicone seal, | | | | | | | | | | |
| | 0120 | Class 10,000 (30% HEPA) | | | | S.F. | | | | | 35 | |
| | 0200 | Class 100 (80% HEPA) | | | | | | | | | 60 | |
| | 0300 | 100% HEPA | | | | | | | | | 75 | |
| | 0500 | Channel seal, class 100 | | | | | | | | | 80 | |
| | 0600 | Class 10 | | | | | | | | | 100 | |
| | 1000 | Hooded filter type, class 100 | | | | | | | | | 40 | |
| | 2800 | Ceiling grid support, slotted channel struts 4'-0" O.C., ea. way | | | | | | | | | 6.50 | |
| | 3000 | Ceiling panel, vinyl coated foil on mineral substrate | | | | | | | | | | |
| | 3020 | Sealed, non-perforated | | | | S.F. | | | | | 1.40 | |
| | 4000 | Ceiling panel seal, silicone sealant, 150 L.F./gal. | 1 Carp | 150 | .053 | L.F. | .22 | 1.27 | | 1.49 | 2.25 | |
| | 4100 | Two sided adhesive tape | " | 240 | .033 | " | .10 | .79 | | .89 | 1.37 | |
| | 4200 | Clips, one per panel | | | | Ea. | .85 | | | .85 | .94 | |
| | 6000 | HEPA filter, 2'x4', 99.97% eff., 3" dp beveled frame (silicone seal) | | | | | 300 | | | 300 | 330 | |
| | 6040 | 6" deep skirted frame (channel seal) | | | | | 360 | | | 360 | 395 | |
| | 6100 | 99.99% efficient, 3" deep beveled frame (silicone seal) | | | | | 310 | | | 310 | 340 | |
| | 6140 | 6" deep skirted frame (channel seal) | | | | | 360 | | | 360 | 395 | |
| | 6200 | 99.999% efficient, 3" deep beveled frame (silicone seal) | | | | | 330 | | | 330 | 365 | |
| | 6240 | 6" deep skirted frame (channel seal) | | | | | 370 | | | 370 | 405 | |
| | 7000 | Wall panel systems, including channel strut framing | | | | | | | | | | |
| | 7020 | Polyester coated aluminum, particle board | | | | S.F. | | | | | 20 | |
| | 7100 | Porcelain coated aluminum, particle board | | | | | | | | | 35 | |
| | 7400 | Wall panel support, slotted channel struts, to 12' high | | | | | | | | | 18 | |

## 130 520 | Saunas

| | | | CREW | DAILY OUTPUT | MAN-HOURS | UNIT | MAT. | LABOR | EQUIP. | TOTAL | TOTAL INCL O&P | |
|---|---|---|---|---|---|---|---|---|---|---|---|---|
| 521 | 0010 | SAUNA Prefabricated, incl. heater & controls, 7' high, 6' x 4' | L-7 | 2.20 | 12.727 | Ea. | 2,925 | 292 | | 3,217 | 3,675 | 521 |
| | 0400 | 6' x 5' | | 2 | 14 | | 3,100 | 320 | | 3,420 | 3,900 | |
| | 0600 | 6' x 6' | | 1.80 | 15.556 | | 3,400 | 355 | | 3,755 | 4,300 | |
| | 0800 | 6' x 9' | | 1.60 | 17.500 | | 4,300 | 400 | | 4,700 | 5,350 | |
| | 1000 | 8' x 12' | | 1.10 | 25.455 | | 5,750 | 585 | | 6,335 | 7,250 | |
| | 1200 | 8' x 8' | | 1.40 | 20 | | 4,500 | 460 | | 4,960 | 5,675 | |
| | 1400 | 8' x 10' | | 1.20 | 23.333 | | 5,350 | 535 | | 5,885 | 6,725 | |
| | 1600 | 10' x 12' | | 1 | 28 | | 6,300 | 645 | | 6,945 | 7,925 | |
| | 2500 | Heaters only (incl. above), wall mounted, to 200 C.F. | | | | | 440 | | | 440 | 485 | |
| | 2750 | To 300 C.F. | | | | | 480 | | | 480 | 530 | |
| | 3000 | Floor standing, to 720 C.F., 10,000 watts | 1 Elec | 3 | 2.667 | | 895 | 73.50 | | 968.50 | 1,100 | |
| | 3250 | To 1,000 C.F., 12,500 watts | " | 3 | 2.667 | | 925 | 73.50 | | 998.50 | 1,125 | |

## 130 540 | Steam Baths

| | | | CREW | DAILY OUTPUT | MAN-HOURS | UNIT | MAT. | LABOR | EQUIP. | TOTAL | TOTAL INCL O&P | |
|---|---|---|---|---|---|---|---|---|---|---|---|---|
| 541 | 0010 | STEAM BATH Heater, timer & head, single, to 140 C.F. | 1 Plum | 1.20 | 6.667 | Ea. | 790 | 189 | | 979 | 1,150 | 541 |
| | 0500 | To 300 C.F. | | 1.10 | 7.273 | | 900 | 206 | | 1,106 | 1,300 | |

# 130 | Special Construction

## 130 540 | Steam Baths

| | | | CREW | DAILY OUTPUT | MAN-HOURS | UNIT | 1994 BARE COSTS MAT. | LABOR | EQUIP. | TOTAL | TOTAL INCL O&P | |
|---|---|---|---|---|---|---|---|---|---|---|---|---|
| 541 | 1000 | Commercial size, to 800 C.F. | 1 Plum | .90 | 8.889 | Ea. | 2,200 | 252 | | 2,452 | 2,800 | 541 |
| | 1500 | To 2500 C.F. | ↓ | .80 | 10 | | 4,150 | 283 | | 4,433 | 5,000 | |
| | 2000 | Multiple baths, motels, apartment, 2 baths | Q-1 | 1.30 | 12.308 | | 2,200 | 315 | | 2,515 | 2,900 | |
| | 2500 | 4 baths | " | .70 | 22.857 | ↓ | 2,600 | 580 | | 3,180 | 3,750 | |

## 130 910 | Radiation Protection

| | | | CREW | DAILY OUTPUT | MAN-HOURS | UNIT | MAT. | LABOR | EQUIP. | TOTAL | TOTAL INCL O&P | |
|---|---|---|---|---|---|---|---|---|---|---|---|---|
| 911 | 0010 | **SHIELDING LEAD** | | | | | | | | | | 911 |
| | 0100 | Laminated lead in wood doors, 1/16" thick, no hardware | | | | S.F. | 20 | | | 20 | 22 | |
| | 0200 | Lead lined door frame, not incl. hardware, | | | | | | | | | | |
| | 0210 | 1/16" thick lead, butt prepared for hardware | 1 Lath | 2.40 | 3.333 | Ea. | 300 | 79 | | 379 | 450 | |
| | 0300 | Lead sheets, 1/16" thick | 2 Lath | 135 | .119 | S.F. | 4.50 | 2.81 | | 7.31 | 9.20 | |
| | 0400 | 1/8" thick | | 120 | .133 | " | 9 | 3.16 | | 12.16 | 14.65 | |
| | 0600 | Lead glass, 1/4" thick, 12" x 16" | | 13 | 1.231 | Ea. | 167 | 29 | | 196 | 228 | |
| | 0700 | 24" x 36" | | 8 | 2 | | 600 | 47.50 | | 647.50 | 730 | |
| | 0800 | 36" x 60" | | 2 | 8 | | 2,050 | 190 | | 2,240 | 2,525 | |
| | 0850 | Window frame with 1/16" lead and voice passage, 36" x 60" | | 2 | 8 | | 350 | 190 | | 540 | 670 | |
| | 0870 | 24" x 36" frame | | 8 | 2 | ↓ | 250 | 47.50 | | 297.50 | 345 | |
| | 0900 | Lead gypsum board, 5/8" thick with 1/16" lead | | 160 | .100 | S.F. | 4 | 2.37 | | 6.37 | 8 | |
| | 0910 | 1/8" lead | | 140 | .114 | | 8 | 2.71 | | 10.71 | 12.90 | |
| | 0930 | 1/32" lead | ↓ | 200 | .080 | | 2 | 1.90 | | 3.90 | 5.05 | |
| | 0950 | Lead headed nails (average 1 lb. per sheet) | | | | Lb. | 5 | | | 5 | 5.50 | |
| | 1000 | Butt joints in 1/8" lead or thicker, 2" batten strip x 7' long | 2 Lath | 240 | .067 | Ea. | 7.50 | 1.58 | | 9.08 | 10.65 | |
| | 1200 | X-ray protection, average radiography or fluoroscopy | | | | | | | | | | |
| | 1210 | room, up to 300 S.F. floor, 1/16" lead, minimum | 2 Lath | .25 | 64 | Total | 3,000 | 1,525 | | 4,525 | 5,600 | |
| | 1500 | Maximum, 7'-0" walls | " | .15 | 106 | " | 4,000 | 2,525 | | 6,525 | 8,225 | |
| | 1600 | Deep therapy X-ray room, 250 KV capacity, | | | | | | | | | | |
| | 1800 | up to 300 S.F. floor, 1/4" lead, minimum | 2 Lath | .08 | 200 | Total | 8,500 | 4,750 | | 13,250 | 16,500 | |
| | 1900 | Maximum, 7'-0" walls | " | .06 | 266 | " | 11,500 | 6,325 | | 17,825 | 22,300 | |
| | 2000 | X-ray viewing panels, clear lead plastic | | | | | | | | | | |
| | 2010 | 7 mm thick, 0.3 mm LE, 2.3 lbs/S.F. | H-3 | 139 | .115 | S.F. | 82 | 2.44 | | 84.44 | 94 | |
| | 2020 | 12 mm thick, 0.5 mm LE, 3.9 lbs/S.F. | | 82 | .195 | | 110 | 4.14 | | 114.14 | 127 | |
| | 2030 | 18 mm thick, 0.8mm LE, 5.9 lbs/S.F. | | 54 | .296 | | 121 | 6.30 | | 127.30 | 143 | |
| | 2040 | 22 mm thick, 1.0 mm LE, 7.2 lbs/S.F. | | 44 | .364 | | 124 | 7.70 | | 131.70 | 148 | |
| | 2050 | 35 mm thick, 1.5 mm LE, 11.5 lbs/S.F. | | 28 | .571 | | 139 | 12.10 | | 151.10 | 172 | |
| | 2060 | 46 mm thick, 2.0 mm LE, 15.0 lbs/S.F. | ↓ | 21 | .762 | ↓ | 183 | 16.15 | | 199.15 | 226 | |
| | 2090 | For panels 12 S.F. to 48 S.F., add crating charge | | | | Ea. | | | | | 50 | |
| | 4000 | X-ray barriers, modular, panels mounted within framework for | | | | | | | | | | |
| | 4002 | attaching to floor, wall or ceiling, upper portion is clear lead | | | | | | | | | | |
| | 4005 | plastic window panels 48"H, lower portion is opaque leaded | | | | | | | | | | |
| | 4008 | steel panels 36"H, structural supports not incl. | | | | | | | | | | |
| | 4010 | 1-section barrier, 36"W x 84"H overall | | | | | | | | | | |
| | 4020 | 0.5 mm LE panels | H-3 | 6.40 | 2.500 | Ea. | 1,950 | 53 | | 2,003 | 2,225 | |
| | 4030 | 0.8 mm LE panels | | 6.40 | 2.500 | | 2,075 | 53 | | 2,128 | 2,350 | |
| | 4040 | 1.0 mm LE panels | | 5.33 | 3.002 | | 2,125 | 63.50 | | 2,188.50 | 2,425 | |
| | 4050 | 1.5 mm LE panels | ↓ | 5.33 | 3.002 | | 2,275 | 63.50 | | 2,338.50 | 2,600 | |
| | 4060 | 2-section barrier, 72"W x 84"H overall | | | | | | | | | | |
| | 4070 | 0.5 mm LE panels | H-3 | 4 | 4 | Ea. | 4,225 | 85 | | 4,310 | 4,775 | |
| | 4080 | 0.8 mm LE panels | | 4 | 4 | | 4,400 | 85 | | 4,485 | 4,975 | |
| | 4090 | 1.0 mm LE panels | | 3.56 | 4.494 | | 4,525 | 95.50 | | 4,620.50 | 5,150 | |
| | 5000 | 1.5 mm LE panels | ↓ | 3.20 | 5 | ↓ | 4,875 | 106 | | 4,981 | 5,525 | |
| | 5010 | 3-section barrier, 108"W x 84"H overall | | | | | | | | | | |
| | 5020 | 0.5 mm LE panels | H-3 | 3.20 | 5 | Ea. | 6,450 | 106 | | 6,556 | 7,275 | |
| | 5030 | 0.8 mm LE panels | | 3.20 | 5 | | 6,775 | 106 | | 6,881 | 7,625 | |
| | 5040 | 1.0 mm LE panels | | 2.67 | 5.993 | | 6,900 | 127 | | 7,027 | 7,800 | |
| | 5050 | 1.5 mm LE panels | ↓ | 2.46 | 6.504 | ↓ | 7,400 | 138 | | 7,538 | 8,375 | |
| | 7000 | X-ray barriers, mobile, mounted within framework w/casters on | | | | | | | | | | |

# 130 | Special Construction

## 130 910 | Radiation Protection

| | | | DAILY | MAN- | | 1994 BARE COSTS | | | | TOTAL | |
|---|---|---|---|---|---|---|---|---|---|---|---|
| | | CREW | OUTPUT | HOURS | UNIT | MAT. | LABOR | EQUIP. | TOTAL | INCL O&P | |
| 911 | 7005 | bottom, clear lead plastic window panels on upper portion, | | | | | | | | | 911 |
| | 7010 | opaque on lower, 30"W x 75"H overall, incl. framework | | | | | | | | | |
| | 7020 | 24"H upper w/0.5 mm LE, 48"H lower w/0.8 mm LE | 1 Carp | 16 | .500 | Ea. | 1,375 | 11.90 | | 1,386.90 | 1,550 |
| | 7030 | 48"W x 75"H overall, incl. framework | | | | | | | | | |
| | 7040 | 36"H upper w/0.5 mm LE, 36"H lower w/0.8 mm LE | 1 Carp | 16 | .500 | Ea. | 2,450 | 11.90 | | 2,461.90 | 2,725 |
| | 7050 | 36"H upper w/1.0 mm LE, 36"H lower w/1.5 mm LE | " | 16 | .500 | " | 2,950 | 11.90 | | 2,961.90 | 3,275 |
| | 7060 | 72"W x 75"H overall, incl. framework | | | | | | | | | |
| | 7070 | 36"H upper w/0.5 mm LE, 36"H lower w/0.8 mm LE | 1 Carp | 16 | .500 | Ea. | 2,900 | 11.90 | | 2,911.90 | 3,200 |
| | 7080 | 36"H upper w/1.0 mm LE, 36"H lower w/1.5 mm LE | " | 16 | .500 | " | 3,675 | 11.90 | | 3,686.90 | 4,075 |
| 912 | 0010 | SHIELDING, RADIO FREQUENCY | | | | | | | | | 912 |
| | 0020 | Prefabricated or screen-type copper or steel, minimum | 2 Carp | 180 | .089 | SF Surf | 23 | 2.12 | | 25.12 | 29 |
| | 0100 | Average | ↓ | 155 | .103 | ↓ | 25 | 2.46 | | 27.46 | 31.50 |
| | 0150 | Maximum | | 145 | .110 | | 30 | 2.63 | | 32.63 | 37 |

# 131 | Pre-Eng. Structures, Aquatic Facilities and Ice Rinks

## 131 520 | Swimming Pools

| | | | DAILY | MAN- | | 1994 BARE COSTS | | | | TOTAL | |
|---|---|---|---|---|---|---|---|---|---|---|---|
| | | CREW | OUTPUT | HOURS | UNIT | MAT. | LABOR | EQUIP. | TOTAL | INCL O&P | |
| 523 | 0010 | SWIMMING POOL EQUIPMENT Diving stand, stainless steel, 3 meter | 2 Carp | .40 | 40 | Ea. | 4,000 | 950 | | 4,950 | 5,900 | 523 |
| | 2100 | Lights, underwater, 12 volt, with transformer, 300 watt | 1 Elec | .40 | 20 | | 220 | 550 | | 770 | 1,075 | |
| | 2200 | 110 volt, 500 watt, standard | | .40 | 20 | | 78 | 550 | | 628 | 910 | |
| | 2400 | Low water cutoff type | ↓ | .40 | 20 | ↓ | 78 | 550 | | 628 | 910 | |
| | 2800 | Heaters, see division 155-150 | | | | | | | | | | |
| 525 | 0010 | SWIMMING POOLS Residential in-ground, vinyl lined, concrete sides | | | | | | | | | | 525 |
| | 0020 | Sides including equipment, sand bottom | B-52 | 300 | .187 | SF Surf | 10.05 | 4.14 | 1.31 | 15.50 | 19.05 | |
| | 0100 | Metal or polystyrene sides | B-14 | 410 | .117 | | 8.40 | 2.35 | .49 | 11.24 | 13.50 | |
| | 0200 | Add for vermiculite bottom | | | | ↓ | .65 | | | .65 | .71 | |
| | 0500 | Gunite bottom and sides, white plaster finish | | | | | | | | | | |
| | 0600 | 12' x 30' pool | B-52 | 145 | .386 | SF Surf | 14 | 8.55 | 2.71 | 25.26 | 32 | |
| | 0720 | 16' x 32' pool | | 155 | .361 | | 8.25 | 8 | 2.53 | 18.78 | 24.50 | |
| | 0750 | 20' x 40' pool | ↓ | 250 | .224 | ↓ | 8 | 4.97 | 1.57 | 14.54 | 18.40 | |
| | 0810 | Concrete bottom and sides, tile finish | | | | | | | | | | |
| | 0820 | 12' x 30' pool | B-52 | 80 | .700 | SF Surf | 16.80 | 15.55 | 4.91 | 37.26 | 48.50 | |
| | 0830 | 16' x 32' pool | | 95 | .589 | | 13.90 | 13.05 | 4.13 | 31.08 | 40.50 | |
| | 0840 | 20' x 40' pool | ↓ | 130 | .431 | | 11.05 | 9.55 | 3.02 | 23.62 | 30.50 | |
| | 1100 | Motel, gunite with plaster finish, incl. medium | | | | | | | | | | |
| | 1150 | capacity filtration & chlorination | B-52 | 115 | .487 | SF Surf | 17.50 | 10.80 | 3.41 | 31.71 | 40 | |
| | 1200 | Municipal, gunite with plaster finish, incl. high | | | | | | | | | | |
| | 1250 | capacity filtration & chlorination | B-52 | 100 | .560 | SF Surf | 20 | 12.40 | 3.93 | 36.33 | 46 | |
| | 1350 | Add for formed gutters | | | | L.F. | 46 | | | 46 | 50.50 | |
| | 1360 | Add for stainless steel gutters | | | | " | 125 | | | 125 | 138 | |
| | 1700 | Filtration and deck equipment only, as % of total | | | | Total | | | | 20% | 20% | |
| | 1800 | Deck equipment, rule of thumb, 20' x 40' pool | | | | SF Pool | | | | | 1.30 | |
| | 1900 | 5000 S.F. pool | | | | " | | | | | 1.90 | |

# 133 | Utility Control Systems

## 133 300 | Power Control Systems

| | | | CREW | DAILY OUTPUT | MAN-HOURS | UNIT | 1994 BARE COSTS ||||  TOTAL INCL O&P |
|---|---|---|---|---|---|---|---|---|---|---|---|
| | | | | | | | MAT. | LABOR | EQUIP. | TOTAL | |
| 311 | 0010 | RADIO TOWERS Guyed, 50'h, 40 lb. sec., 70MPH basic wind spd. | 2 Sswk | 1 | 16 | Ea. | 1,425 | 425 | | 1,850 | 2,350 |
| | 0100 | Wind load 90 MPH basic wind speed | " | 1 | 16 | | 1,425 | 425 | | 1,850 | 2,350 |
| | 0300 | 190' high, 40 lb. section, wind load 70 MPH basic wind speed | K-2 | .33 | 72.727 | | 3,850 | 1,800 | 485 | 6,135 | 7,925 |
| | 0400 | 200' high, 70 lb. section, wind load 90 MPH basic wind speed | | .33 | 72.727 | | 7,750 | 1,800 | 485 | 10,035 | 12,200 |
| | 0600 | 300' high, 70 lb. section, wind load 70 MPH basic wind speed | | .20 | 120 | | 10,900 | 2,975 | 805 | 14,680 | 18,100 |
| | 0700 | 270' high, 90 lb. section, wind load 90 MPH basic wind speed | | .20 | 120 | | 12,700 | 2,975 | 805 | 16,480 | 20,000 |
| | 0800 | 400' high, 100 lb. section, wind load 70 MPH basic wind speed | | .14 | 171 | | 18,500 | 4,250 | 1,150 | 23,900 | 29,100 |
| | 0900 | Self-supporting, 60' high, wind load 70 MPH basic wind speed | | .80 | 30 | | 2,975 | 745 | 201 | 3,921 | 4,800 |
| | 1000 | 120' high, wind load 70MPH basic wind speed | | .40 | 60 | | 7,200 | 1,500 | 400 | 9,100 | 11,000 |
| | 1200 | 190' high, wind load 90 MPH basic wind speed | | .20 | 120 | | 17,600 | 2,975 | 805 | 21,380 | 25,500 |
| | 2000 | For states west of Rocky Mountains, add for shipping | | | | | 10% | | | | |

# 151 | Pipe and Fittings

## 151 900 | Pipe Supports/Hangers

| | | | CREW | DAILY OUTPUT | MAN-HOURS | UNIT | 1994 BARE COSTS |||| TOTAL INCL O&P |
|---|---|---|---|---|---|---|---|---|---|---|---|
| | | | | | | | MAT. | LABOR | EQUIP. | TOTAL | |
| 901 | 0010 | PIPE HANGERS AND SUPPORTS | | | | | | | | | |
| | 0050 | Brackets | | | | | | | | | |
| | 0060 | Beam side or wall, malleable iron | | | | | | | | | |
| | 0070 | 3/8" threaded rod size | 1 Plum | 48 | .167 | Ea. | 1.28 | 4.72 | | 6 | 8.60 |
| | 0080 | 1/2" threaded rod size | | 48 | .167 | | 1.42 | 4.72 | | 6.14 | 8.75 |
| | 0090 | 5/8" threaded rod size | | 48 | .167 | | 3.15 | 4.72 | | 7.87 | 10.65 |
| | 0100 | 3/4" threaded rod size | | 48 | .167 | | 4.80 | 4.72 | | 9.52 | 12.50 |
| | 0110 | 7/8" threaded rod size | | 48 | .167 | | 6.15 | 4.72 | | 10.87 | 13.95 |
| | 0120 | For concrete installation, add | | | | | | 30% | | | |
| | 0150 | Wall, welded steel | | | | | | | | | |
| | 0160 | 0 size, 12" wide, 18" deep | 1 Plum | 34 | .235 | Ea. | 95 | 6.65 | | 101.65 | 115 |
| | 0170 | 1 size, 18" wide 24" deep | | 34 | .235 | | 110 | 6.65 | | 116.65 | 131 |
| | 0180 | 2 size, 24" wide, 30" deep | | 34 | .235 | | 145 | 6.65 | | 151.65 | 170 |
| | 0300 | Clamps | | | | | | | | | |
| | 0310 | C-clamp, for mounting on steel beam flange, w/locknut | | | | | | | | | |
| | 0320 | 3/8" threaded rod size | 1 Plum | 160 | .050 | Ea. | 1.73 | 1.41 | | 3.14 | 4.06 |
| | 0330 | 1/2" threaded rod size | | 160 | .050 | | 2.20 | 1.41 | | 3.61 | 4.58 |
| | 0340 | 5/8" threaded rod size | | 160 | .050 | | 3.35 | 1.41 | | 4.76 | 5.85 |
| | 0350 | 3/4" threaded rod size | | 160 | .050 | | 4.55 | 1.41 | | 5.96 | 7.15 |
| | 0750 | Riser or extension pipe, carbon steel | | | | | | | | | |
| | 0760 | 3/4" pipe size | 1 Plum | 48 | .167 | Ea. | 2.61 | 4.72 | | 7.33 | 10.05 |
| | 0770 | 1" pipe size | | 47 | .170 | | 2.63 | 4.82 | | 7.45 | 10.25 |
| | 0780 | 1-1/4" pipe size | | 46 | .174 | | 3.31 | 4.92 | | 8.23 | 11.15 |
| | 0790 | 1-1/2" pipe size | | 45 | .178 | | 3.56 | 5.05 | | 8.61 | 11.55 |
| | 0800 | 2" pipe size | | 43 | .186 | | 3.62 | 5.25 | | 8.87 | 12.05 |
| | 0810 | 2-1/2" pipe size | | 41 | .195 | | 3.80 | 5.50 | | 9.30 | 12.60 |
| | 0820 | 3" pipe size | | 40 | .200 | | 4.05 | 5.65 | | 9.70 | 13.10 |
| | 0830 | 3-1/2" pipe size | | 39 | .205 | | 5 | 5.80 | | 10.80 | 14.35 |
| | 0840 | 4" pipe size | | 38 | .211 | | 5.10 | 5.95 | | 11.05 | 14.70 |
| | 0850 | 5" pipe size | | 37 | .216 | | 7.45 | 6.10 | | 13.55 | 17.55 |
| | 0860 | 6" pipe size | | 36 | .222 | | 8.60 | 6.30 | | 14.90 | 19.05 |
| | 1150 | Insert, concrete | | | | | | | | | |
| | 1160 | Wedge type, carbon steel body, malleable iron nut | | | | | | | | | |
| | 1170 | 1/4" threaded rod size | 1 Plum | 96 | .083 | Ea. | 2.88 | 2.36 | | 5.24 | 6.75 |

For expanded coverage of these items see *Means Mechanical or Plumbing Cost Data 1994*

## 151 | Pipe and Fittings

### 151 900 | Pipe Supports/Hangers

| | | | CREW | DAILY OUTPUT | MAN-HOURS | UNIT | 1994 BARE COSTS | | | | TOTAL INCL O&P | |
|---|---|---|---|---|---|---|---|---|---|---|---|---|
| | | | | | | | MAT. | LABOR | EQUIP. | TOTAL | | |
| 901 | 1180 | 3/8" threaded rod size | 1 Plum | 96 | .083 | Ea. | 2.99 | 2.36 | | 5.35 | 6.90 | 901 |
| | 1190 | 1/2" threaded rod size | | 96 | .083 | | 2.99 | 2.36 | | 5.35 | 6.90 | |
| | 1200 | 5/8" threaded rod size | | 96 | .083 | | 3.15 | 2.36 | | 5.51 | 7.05 | |
| | 1210 | 3/4" threaded rod size | | 96 | .083 | | 3.33 | 2.36 | | 5.69 | 7.25 | |
| | 1220 | 7/8" threaded rod size | ▼ | 96 | .083 | | 3.89 | 2.36 | | 6.25 | 7.90 | |
| | 1230 | For galvanized, add | | | | ▼ | .88 | | | .88 | .97 | |
| | 2650 | Rods, carbon steel | | | | | | | | | | |
| | 2660 | Continuous thread | | | | | | | | | | |
| | 2670 | 1/4" thread size | 1 Plum | 144 | .056 | L.F. | .30 | 1.57 | | 1.87 | 2.73 | |
| | 2680 | 3/8" thread size | | 144 | .056 | | .47 | 1.57 | | 2.04 | 2.92 | |
| | 2690 | 1/2" thread size | | 144 | .056 | | .91 | 1.57 | | 2.48 | 3.40 | |
| | 2700 | 5/8" thread size | | 144 | .056 | | 1.43 | 1.57 | | 3 | 3.97 | |
| | 2710 | 3/4" thread size | | 144 | .056 | | 2.33 | 1.57 | | 3.90 | 4.96 | |
| | 2720 | 7/8" thread size | ▼ | 144 | .056 | | 3.09 | 1.57 | | 4.66 | 5.80 | |
| | 2730 | For galvanized add | | | | ▼ | 40% | | | | | |
| | 2750 | Both ends machine threaded 18" length | | | | | | | | | | |
| | 2760 | 3/8" thread size | 1 Plum | 240 | .033 | Ea. | 3.15 | .94 | | 4.09 | 4.91 | |
| | 2770 | 1/2" thread size | | 240 | .033 | | 5.05 | .94 | | 5.99 | 7 | |
| | 2780 | 5/8" thread size | | 240 | .033 | | 7.30 | .94 | | 8.24 | 9.45 | |
| | 2790 | 3/4" thread size | | 240 | .033 | | 10.75 | .94 | | 11.69 | 13.25 | |
| | 2800 | 7/8" thread size | | 240 | .033 | | 13.60 | .94 | | 14.54 | 16.40 | |
| | 2810 | 1" thread size | ▼ | 240 | .033 | | 15 | .94 | | 15.94 | 17.95 | |
| | 4400 | U-bolt, carbon steel | | | | | | | | | | |
| | 4410 | Standard, with nuts | | | | | | | | | | |
| | 4420 | 1/2" pipe size | 1 Plum | 160 | .050 | Ea. | .55 | 1.41 | | 1.96 | 2.77 | |
| | 4430 | 3/4" pipe size | | 158 | .051 | | .58 | 1.43 | | 2.01 | 2.82 | |
| | 4450 | 1" pipe size | | 152 | .053 | | .60 | 1.49 | | 2.09 | 2.93 | |
| | 4460 | 1-1/4" pipe size | | 148 | .054 | | .68 | 1.53 | | 2.21 | 3.08 | |
| | 4470 | 1-1/2" pipe size | | 143 | .056 | | .70 | 1.58 | | 2.28 | 3.18 | |
| | 4480 | 2" pipe size | | 139 | .058 | | .71 | 1.63 | | 2.34 | 3.26 | |
| | 4490 | 2-1/2" pipe size | | 134 | .060 | | 1.17 | 1.69 | | 2.86 | 3.87 | |
| | 4500 | 3" pipe size | | 128 | .063 | | 1.24 | 1.77 | | 3.01 | 4.06 | |
| | 4510 | 3-1/2" pipe size | | 122 | .066 | | 1.29 | 1.86 | | 3.15 | 4.25 | |
| | 4520 | 4" pipe size | | 117 | .068 | | 1.30 | 1.94 | | 3.24 | 4.38 | |
| | 4530 | 5" pipe size | | 114 | .070 | | 1.44 | 1.99 | | 3.43 | 4.61 | |
| | 4540 | 6" pipe size | ▼ | 111 | .072 | | 2.47 | 2.04 | | 4.51 | 5.85 | |
| | 4580 | For plastic coating on 1/2" thru 6" size add | | | | ▼ | 150% | | | | | |

## 152 | Plumbing Fixtures

### 152 100 | Fixtures

| | | | CREW | DAILY OUTPUT | MAN-HOURS | UNIT | 1994 BARE COSTS | | | | TOTAL INCL O&P | |
|---|---|---|---|---|---|---|---|---|---|---|---|---|
| | | | | | | | MAT. | LABOR | EQUIP. | TOTAL | | |
| 120 | 0010 | **HOT WATER DISPENSERS** | | | | | | | | | | 120 |
| | 0160 | Commercial, 100 cup, 11.3 amp | 1 Plum | 14 | .571 | Ea. | 257 | 16.15 | | 273.15 | 305 | |
| | 3180 | Household, 60 cup | " | 14 | .571 | " | 155 | 16.15 | | 171.15 | 195 | |

# 153 | Plumbing Appliances

## 153 100 | Water Appliances

| | | CREW | DAILY OUTPUT | MAN-HOURS | UNIT | MAT. | LABOR | EQUIP. | TOTAL | TOTAL INCL O&P |
|---|---|---|---|---|---|---|---|---|---|---|
| 110 0010 | **WATER HEATERS** | | | | | | | | | 110 |
| 1000 | Residential, electric, glass lined tank, 10 gal., single element | 1 Plum | 2.30 | 3.478 | Ea. | 158 | 98.50 | | 256.50 | 325 |
| 1040 | 20 gallon, single element | | 2.20 | 3.636 | | 189 | 103 | | 292 | 365 |
| 1060 | 30 gallon, double element | | 2.20 | 3.636 | | 223 | 103 | | 326 | 405 |
| 1080 | 40 gallon, double element | | 2 | 4 | | 237 | 113 | | 350 | 435 |
| 1100 | 52 gallon, double element | | 2 | 4 | | 261 | 113 | | 374 | 460 |
| 1120 | 66 gallon, double element | | 1.80 | 4.444 | | 370 | 126 | | 496 | 595 |
| 1140 | 80 gallon, double element | | 1.60 | 5 | | 420 | 142 | | 562 | 675 |
| 1180 | 120 gallon, double element | | 1.40 | 5.714 | | 600 | 162 | | 762 | 905 |
| 2000 | Gas fired, glass lined tank, vent not incl., 20 gallon | | 2.10 | 3.810 | | 222 | 108 | | 330 | 410 |
| 2040 | 30 gallon | | 2 | 4 | | 230 | 113 | | 343 | 425 |
| 2060 | 40 gallon | | 1.90 | 4.211 | | 245 | 119 | | 364 | 450 |
| 2080 | 50 gallon | | 1.80 | 4.444 | | 380 | 126 | | 506 | 610 |
| 2100 | 75 gallon | | 1.50 | 5.333 | | 530 | 151 | | 681 | 815 |
| 2120 | 100 gallon | | 1.30 | 6.154 | | 865 | 174 | | 1,039 | 1,225 |
| 3000 | Oil fired, glass lined tank, vent not included, 30 gallon | | 2 | 4 | | 710 | 113 | | 823 | 955 |
| 3040 | 50 gallon | | 1.80 | 4.444 | | 975 | 126 | | 1,101 | 1,275 |
| 3060 | 70 gallon | | 1.50 | 5.333 | | 1,150 | 151 | | 1,301 | 1,475 |
| 3080 | 85 gallon | | 1.40 | 5.714 | | 1,675 | 162 | | 1,837 | 2,075 |
| 4000 | Commercial, 100° rise. NOTE: for each size tank, a range of | | | | | | | | | |
| 4010 | heaters between the ones shown are available | | | | | | | | | |
| 4020 | Electric | | | | | | | | | |
| 4100 | 5 gal., 3 KW, 12 GPH | 1 Plum | 2 | 4 | Ea. | 1,425 | 113 | | 1,538 | 1,725 |
| 4120 | 10 gal., 6 KW, 25 GPH | | 2 | 4 | | 1,575 | 113 | | 1,688 | 1,900 |
| 4140 | 50 gal., 9 KW, 37 GPH | | 1.80 | 4.444 | | 2,025 | 126 | | 2,151 | 2,425 |
| 4160 | 50 gal., 36 KW, 148 GPH | | 1.80 | 4.444 | | 3,100 | 126 | | 3,226 | 3,625 |
| 4180 | 80 gal., 12 KW, 49 GPH | | 1.50 | 5.333 | | 2,575 | 151 | | 2,726 | 3,050 |
| 4200 | 80 gal., 36 KW, 148 GPH | | 1.50 | 5.333 | | 3,575 | 151 | | 3,726 | 4,150 |
| 4220 | 100 gal., 36 KW, 148 GPH | | 1.20 | 6.667 | | 3,700 | 189 | | 3,889 | 4,375 |
| 4240 | 120 gal., 36 KW, 148 GPH | | 1.20 | 6.667 | | 3,875 | 189 | | 4,064 | 4,550 |
| 4260 | 150 gal., 15 KW, 61 GPH | | 1 | 8 | | 9,275 | 226 | | 9,501 | 10,500 |
| 4280 | 150 gal., 120 KW, 490 GPH | | 1 | 8 | | 14,100 | 226 | | 14,326 | 15,800 |
| 4300 | 200 gal., 15 KW, 61 GPH | Q-1 | 1.70 | 9.412 | | 10,100 | 240 | | 10,340 | 11,500 |
| 4320 | 200 gal., 120 KW, 490 GPH | | 1.70 | 9.412 | | 14,800 | 240 | | 15,040 | 16,700 |
| 4340 | 250 gal., 15 KW, 61 GPH | | 1.50 | 10.667 | | 10,400 | 272 | | 10,672 | 11,900 |
| 4360 | 250 gal., 150 KW, 615 GPH | | 1.50 | 10.667 | | 16,400 | 272 | | 16,672 | 18,400 |
| 4380 | 300 gal., 30 KW, 123 GPH | | 1.30 | 12.308 | | 11,500 | 315 | | 11,815 | 13,200 |
| 4400 | 300 gal., 180 KW, 738 GPH | | 1.30 | 12.308 | | 17,900 | 315 | | 18,215 | 20,200 |
| 4420 | 350 gal., 30 KW, 123 GPH | | 1.10 | 14.545 | | 12,400 | 370 | | 12,770 | 14,200 |
| 4440 | 350 gal., 180 KW, 738 GPH | | 1.10 | 14.545 | | 18,400 | 370 | | 18,770 | 20,800 |
| 4460 | 400 gal., 30 KW, 123 GPH | | 1 | 16 | | 14,000 | 410 | | 14,410 | 16,000 |
| 4480 | 400 gal., 210 KW, 860 GPH | | 1 | 16 | | 21,800 | 410 | | 22,210 | 24,600 |
| 4500 | 500 gal., 30 KW, 123 GPH | | .80 | 20 | | 16,100 | 510 | | 16,610 | 18,500 |
| 4520 | 500 gal., 240 KW, 984 GPH | | .80 | 20 | | 25,800 | 510 | | 26,310 | 29,100 |
| 4540 | 600 gal., 30 KW, 123 GPH | Q-2 | 1.20 | 20 | | 18,600 | 530 | | 19,130 | 21,300 |
| 4560 | 600 gal., 300 KW, 1230 GPH | | 1.20 | 20 | | 30,300 | 530 | | 30,830 | 34,100 |
| 4580 | 700 gal., 30 KW, 123 GPH | | 1 | 24 | | 19,500 | 635 | | 20,135 | 22,500 |
| 4600 | 700 gal., 300 KW, 1230 GPH | | 1 | 24 | | 31,400 | 635 | | 32,035 | 35,500 |
| 4620 | 800 gal., 60 KW, 245 GPH | | .90 | 26.667 | | 21,400 | 705 | | 22,105 | 24,700 |
| 4640 | 800 gal., 300 KW, 1230 GPH | | .90 | 26.667 | | 32,300 | 705 | | 33,005 | 36,700 |
| 4660 | 1000 gal., 60 KW, 245 GPH | | .70 | 34.286 | | 23,400 | 905 | | 24,305 | 27,100 |
| 4680 | 1000 gal., 480 KW, 1970 GPH | | .70 | 34.286 | | 42,000 | 905 | | 42,905 | 47,600 |
| 4700 | 1250 gal., 60 KW, 245 GPH | | .60 | 40 | | 26,400 | 1,050 | | 27,450 | 30,700 |
| 4720 | 1250 gal., 480 KW, 1970 GPH | | .60 | 40 | | 43,300 | 1,050 | | 44,350 | 49,200 |
| 4740 | 1500 gal., 60 KW, 245 GPH | | .50 | 48 | | 35,100 | 1,275 | | 36,375 | 40,500 |
| 4760 | 1500 gal., 480 KW, 1970 GPH | | .50 | 48 | | 50,000 | 1,275 | | 51,275 | 57,000 |

For expanded coverage of these items see *Means Mechanical or Plumbing Cost Data 1994*

## 153 | Plumbing Appliances

### 153 100 | Water Appliances

| | | | CREW | DAILY OUTPUT | MAN-HOURS | UNIT | 1994 BARE COSTS MAT. | LABOR | EQUIP. | TOTAL | TOTAL INCL O&P | |
|---|---|---|---|---|---|---|---|---|---|---|---|---|
| 110 | 5400 | Modulating step control, 2-5 steps | 1 Elec | 5.30 | 1.509 | Ea. | 1,000 | 41.50 | | 1,041.50 | 1,175 | 110 |
| | 5440 | 6-10 steps | | 3.20 | 2.500 | | 1,300 | 69 | | 1,369 | 1,525 | |
| | 5460 | 11-15 steps | | 2.70 | 2.963 | | 1,600 | 81.50 | | 1,681.50 | 1,875 | |
| | 5480 | 16-20 steps | ↓ | 1.60 | 5 | ↓ | 1,875 | 138 | | 2,013 | 2,275 | |

## 154 | Fire Protection

### 154 100 | Fire Systems

| | | | CREW | DAILY OUTPUT | MAN-HOURS | UNIT | 1994 BARE COSTS MAT. | LABOR | EQUIP. | TOTAL | TOTAL INCL O&P | |
|---|---|---|---|---|---|---|---|---|---|---|---|---|
| 101 | 0010 | **AUTOMATIC FIRE SUPPRESSION SYSTEMS** | | | | | | | | | | 101 |
| | 0040 | For detectors and control stations, see division 168-120 | | | | | | | | | | |
| | 0100 | Control panel, single zone with batteries (2 zones det., 1 suppr.) | 1 Elec | 1 | 8 | Ea. | 1,050 | 220 | | 1,270 | 1,475 | |
| | 0150 | Multizone (4) with batteries (8 zones det., 4 suppr.) | " | .50 | 16 | | 3,150 | 440 | | 3,590 | 4,125 | |
| | 1000 | Dispersion nozzle, CO2, 3" x 5" | 1 Plum | 18 | .444 | | 45 | 12.60 | | 57.60 | 68.50 | |
| | 1100 | FM200, 1-1/2" | " | 14 | .571 | | 75 | 16.15 | | 91.15 | 107 | |
| | 2000 | Extinguisher, CO2 system, high pressure, 75 lb. cylinder | Q-1 | 6 | 2.667 | | 780 | 68 | | 848 | 965 | |
| | 2100 | 100 lb. cylinder | " | 5 | 3.200 | | 960 | 81.50 | | 1,041.50 | 1,175 | |
| | 2400 | FM200 system, filled, with mounting bracket | | | | | | | | | | |
| | 2460 | 26 lb. container | Q-1 | 8 | 2 | Ea. | 1,450 | 51 | | 1,501 | 1,675 | |
| | 2480 | 44 lb. container | | 7 | 2.286 | | 1,900 | 58 | | 1,958 | 2,200 | |
| | 2500 | 63 lb. container | | 6 | 2.667 | | 2,300 | 68 | | 2,368 | 2,625 | |
| | 2520 | 101 lb. container | | 5 | 3.200 | | 3,400 | 81.50 | | 3,481.50 | 3,875 | |
| | 2540 | 196 lb. container | ↓ | 4 | 4 | | 5,600 | 102 | | 5,702 | 6,300 | |
| | 3000 | Electro/mechanical release | L-1 | 4 | 4 | | 185 | 112 | | 297 | 375 | |
| | 3400 | Manual pull station | 1 Plum | 6 | 1.333 | | 45 | 37.50 | | 82.50 | 107 | |
| | 4000 | Pneumatic damper release | " | 8 | 1 | ↓ | 85 | 28.50 | | 113.50 | 137 | |
| | 6000 | Average FM200 system, minimum | | | | C.F. | 1.65 | | | 1.65 | 1.82 | |
| | 6020 | Maximum | | | | " | 3.45 | | | 3.45 | 3.80 | |

## 155 | Heating

### 155 100 | Boilers

| | | | CREW | DAILY OUTPUT | MAN-HOURS | UNIT | 1994 BARE COSTS MAT. | LABOR | EQUIP. | TOTAL | TOTAL INCL O&P | |
|---|---|---|---|---|---|---|---|---|---|---|---|---|
| 105 | 0010 | **BOILERS, GENERAL** Prices do not include flue piping, elec. wiring, | | | | | | | | | | 105 |
| | 0020 | gas or oil piping, boiler base, pad, or tankless unless noted | | | | | | | | | | |
| | 0100 | Boiler H.P.: 10 KW = 34 lbs/steam/hr = 33,475 BTU/hr. | | | | | | | | | | |
| | 0120 | | | | | | | | | | | |
| | 0150 | To convert SFR to BTU rating: Hot water, 150 x SFR; | | | | | | | | | | |
| | 0160 | Forced hot water, 180 x SFR; steam, 240 x SFR | | | | | | | | | | |
| 110 | 0010 | **BOILERS, ELECTRIC, ASME** Standard controls and trim | | | | | | | | | | 110 |
| | 1000 | Steam, 6 KW, 20.5 MBH | Q-19 | 1.20 | 20 | Ea. | 3,525 | 525 | | 4,050 | 4,675 | |
| | 1020 | 9 KW, 30.7 MBH | | 1.20 | 20 | | 3,525 | 525 | | 4,050 | 4,675 | |
| | 1040 | 12 KW, 40.9 MBH | | 1.20 | 20 | | 3,525 | 525 | | 4,050 | 4,700 | |
| | 1060 | 18 KW, 61.4 MBH | | 1.20 | 20 | | 3,575 | 525 | | 4,100 | 4,725 | |
| | 1080 | 24 KW, 81.8 MBH | ↓ | 1.10 | 21.818 | | 3,775 | 570 | | 4,345 | 5,025 | |

## 155 | Heating

### 155 100 | Boilers

| | | CREW | DAILY OUTPUT | MAN-HOURS | UNIT | 1994 BARE COSTS | | | | TOTAL INCL O&P | |
|---|---|---|---|---|---|---|---|---|---|---|---|
| | | | | | | MAT. | LABOR | EQUIP. | TOTAL | | |
| 110 | 1100 | 30 KW, 102 MBH | Q-19 | 1.10 | 21.818 | Ea. | 3,775 | 570 | | 4,345 | 5,050 | 110 |
| | 1120 | 36 KW, 123 MBH | | 1.10 | 21.818 | | 4,000 | 570 | | 4,570 | 5,275 | |
| | 1140 | 45 KW, 153 MBH | | 1 | 24 | | 4,000 | 630 | | 4,630 | 5,375 | |
| | 1160 | 60 KW, 205 MBH | | 1 | 24 | | 5,050 | 630 | | 5,680 | 6,500 | |
| | 1180 | 75 KW, 256 MBH | | .90 | 26.667 | | 5,275 | 695 | | 5,970 | 6,850 | |
| | 1200 | 105 KW, 358 MBH | | .80 | 30 | | 8,100 | 785 | | 8,885 | 10,100 | |
| | 1220 | 120 KW, 409 MBH | | .75 | 32 | | 8,325 | 835 | | 9,160 | 10,400 | |
| | 1240 | 150 KW, 512 MBH | | .65 | 36.923 | | 9,575 | 965 | | 10,540 | 12,000 | |
| | 1260 | 180 KW, 614 MBH | | .60 | 40 | | 10,000 | 1,050 | | 11,050 | 12,600 | |
| | 1280 | 210 KW, 716 MBH | | .55 | 43.636 | | 11,100 | 1,150 | | 12,250 | 13,900 | |
| | 1300 | 240 KW, 819 MBH | | .45 | 53.333 | | 16,700 | 1,400 | | 18,100 | 20,400 | |
| | 1320 | 300 KW, 1023 MBH | | .40 | 60 | | 18,000 | 1,575 | | 19,575 | 22,200 | |
| | 1340 | 360 KW, 1228 MBH | | .35 | 68.571 | | 19,400 | 1,800 | | 21,200 | 24,000 | |
| | 1360 | 420 KW, 1433 MBH | | .30 | 80 | | 22,700 | 2,100 | | 24,800 | 28,100 | |
| | 1380 | 510 KW, 1740 MBH | Q-21 | .36 | 88.889 | | 22,900 | 2,375 | | 25,275 | 28,800 | |
| | 1400 | 600 KW, 2047 MBH | | .34 | 94.118 | | 23,700 | 2,500 | | 26,200 | 29,900 | |
| | 1420 | 720 KW, 2456 MBH | | .32 | 100 | | 24,800 | 2,675 | | 27,475 | 31,400 | |
| | 1440 | 810 KW, 2764 MBH | | .30 | 106 | | 26,100 | 2,850 | | 28,950 | 33,000 | |
| | 1460 | 900 KW, 3070 MBH | | .28 | 114 | | 28,000 | 3,050 | | 31,050 | 35,400 | |
| | 1480 | 1,080 KW, 3685 MBH | | .25 | 128 | | 31,100 | 3,425 | | 34,525 | 39,400 | |
| | 1500 | 1260 KW, 4300 MBH | | .22 | 145 | | 35,300 | 3,875 | | 39,175 | 44,700 | |
| | 1520 | 1620 KW, 5527 MBH | | .20 | 160 | | 46,500 | 4,275 | | 50,775 | 57,500 | |
| | 1540 | 1800 KW, 6141 MBH | | .19 | 168 | | 48,600 | 4,500 | | 53,100 | 60,500 | |
| | 1560 | 2070 KW, 7063 MBH | | .18 | 177 | | 56,000 | 4,750 | | 60,750 | 68,500 | |
| | 1580 | 2250 KW, 7677 MBH | | .17 | 188 | | 58,000 | 5,025 | | 63,025 | 71,000 | |
| | 1600 | 2,340 KW, 7984 MBH | | .16 | 200 | | 59,000 | 5,350 | | 64,350 | 73,000 | |
| | 1620 | 2430 KW, 8291 MBH | | .14 | 228 | | 60,500 | 6,100 | | 66,600 | 76,000 | |
| | 1640 | 2520 KW, 8598 MBH | | .12 | 266 | | 62,500 | 7,125 | | 69,625 | 80,000 | |
| | 2000 | Hot water, 12 KW, 41 MBH | Q-19 | 1.30 | 18.462 | | 2,900 | 485 | | 3,385 | 3,925 | |
| | 2020 | 15 KW, 52 MBH | | 1.30 | 18.462 | | 2,925 | 485 | | 3,410 | 3,925 | |
| | 2040 | 24 KW, 82 MBH | | 1.20 | 20 | | 3,100 | 525 | | 3,625 | 4,225 | |
| | 2060 | 30 KW, 103 MBH | | 1.20 | 20 | | 3,175 | 525 | | 3,700 | 4,300 | |
| | 2070 | 36 KW, 123 MBH | | 1.20 | 20 | | 3,375 | 525 | | 3,900 | 4,500 | |
| | 2080 | 45 KW, 154 MBH | | 1.10 | 21.818 | | 3,400 | 570 | | 3,970 | 4,625 | |
| | 2100 | 60 KW, 205 MBH | | 1.10 | 21.818 | | 4,050 | 570 | | 4,620 | 5,325 | |
| | 2120 | 90 KW, 308 MBH | | 1 | 24 | | 4,725 | 630 | | 5,355 | 6,150 | |
| | 2140 | 120 KW, 410 MBH | | .90 | 26.667 | | 5,150 | 695 | | 5,845 | 6,725 | |
| | 2160 | 150 KW, 510 MBH | | .75 | 32 | | 7,325 | 835 | | 8,160 | 9,325 | |
| | 2180 | 180 KW, 615 MBH | | .65 | 36.923 | | 7,825 | 965 | | 8,790 | 10,100 | |
| | 2200 | 210 KW, 716 MBH | | .60 | 40 | | 8,575 | 1,050 | | 9,625 | 11,000 | |
| | 2220 | 240 KW, 820 MBH | | .55 | 43.636 | | 9,100 | 1,150 | | 10,250 | 11,700 | |
| | 2240 | 270 KW, 922 MBH | | .50 | 48 | | 11,000 | 1,250 | | 12,250 | 14,000 | |
| | 2260 | 300 KW, 1024 MBH | | .45 | 53.333 | | 11,700 | 1,400 | | 13,100 | 14,900 | |
| | 2280 | 360 KW, 1228 MBH | | .40 | 60 | | 12,500 | 1,575 | | 14,075 | 16,100 | |
| | 2300 | 420 KW, 1432 MBH | | .35 | 68.571 | | 14,400 | 1,800 | | 16,200 | 18,600 | |
| | 2320 | 480 KW, 1636 MBH | Q-21 | .46 | 69.565 | | 15,700 | 1,850 | | 17,550 | 20,100 | |
| | 2340 | 510 KW, 1739 MBH | | .44 | 72.727 | | 16,200 | 1,950 | | 18,150 | 20,800 | |
| | 2360 | 570 KW, 1944 MBH | | .43 | 74.419 | | 17,200 | 1,975 | | 19,175 | 21,900 | |
| | 2380 | 630 KW, 2148 MBH | | .42 | 76.190 | | 19,200 | 2,025 | | 21,225 | 24,200 | |
| | 2400 | 690 KW, 2353 MBH | | .40 | 80 | | 20,100 | 2,125 | | 22,225 | 25,400 | |
| | 2420 | 720 KW, 2452 MBH | | .39 | 82.051 | | 20,300 | 2,200 | | 22,500 | 25,700 | |
| | 2440 | 810 KW, 2764 MBH | | .38 | 84.211 | | 23,300 | 2,250 | | 25,550 | 29,000 | |
| | 2460 | 900 KW, 3071 MBH | | .37 | 86.486 | | 24,800 | 2,300 | | 27,100 | 30,700 | |
| | 2480 | 1020 KW, 3480 MBH | | .36 | 88.889 | | 26,300 | 2,375 | | 28,675 | 32,600 | |
| | 2500 | 1,200 KW, 4095 MBH | | .34 | 94.118 | | 28,800 | 2,500 | | 31,300 | 35,400 | |
| | 2520 | 1320 KW, 4505 MBH | | .33 | 96.970 | | 33,100 | 2,600 | | 35,700 | 40,400 | |

For expanded coverage of these items see *Means Mechanical or Plumbing Cost Data 1994*

# 155 | Heating

## 155 100 | Boilers

| | | | CREW | DAILY OUTPUT | MAN-HOURS | UNIT | MAT. | LABOR | EQUIP. | TOTAL | TOTAL INCL O&P | |
|---|---|---|---|---|---|---|---|---|---|---|---|---|
| 110 | 2540 | 1440 KW, 4915 MBH | Q-21 | .32 | 100 | Ea. | 35,000 | 2,675 | | 37,675 | 42,600 | 110 |
| | 2560 | 1560 KW, 5323 MBH | | .31 | 103 | | 36,900 | 2,750 | | 39,650 | 44,800 | |
| | 2580 | 1680 KW, 5733 MBH | | .30 | 106 | | 38,300 | 2,850 | | 41,150 | 46,500 | |
| | 2600 | 1800 KW, 6143 MBH | | .29 | 110 | | 40,000 | 2,950 | | 42,950 | 48,500 | |
| | 2620 | 1980 KW, 6757 MBH | | .28 | 114 | | 43,500 | 3,050 | | 46,550 | 52,500 | |
| | 2640 | 2100 KW, 7167 MBH | | .27 | 118 | | 45,100 | 3,175 | | 48,275 | 54,500 | |
| | 2660 | 2220 KW, 7576 MBH | | .26 | 123 | | 47,000 | 3,275 | | 50,275 | 56,500 | |
| | 2680 | 2,400 KW, 8191 MBH | | .25 | 128 | | 49,000 | 3,425 | | 52,425 | 59,000 | |
| | 2700 | 2610 KW, 8905 MBH | | .24 | 133 | | 51,500 | 3,550 | | 55,050 | 62,500 | |
| | 2720 | 2790 KW, 9519 MBH | | .23 | 139 | | 54,000 | 3,725 | | 57,725 | 65,000 | |
| | 2740 | 2970 KW, 10133 MBH | | .21 | 152 | | 55,500 | 4,075 | | 59,575 | 67,000 | |
| | 2760 | 3150 KW, 10748 MBH | | .19 | 168 | | 56,500 | 4,500 | | 61,000 | 69,500 | |
| | 2780 | 3240 KW, 11055 MBH | | .18 | 177 | | 58,000 | 4,750 | | 62,750 | 70,500 | |
| | 2800 | 3420 KW, 11669 MBH | | .17 | 188 | | 59,500 | 5,025 | | 64,525 | 72,500 | |
| | 2820 | 3,600 KW, 12,283 MBH | | .16 | 200 | | 61,500 | 5,350 | | 66,850 | 76,000 | |
| 150 | 0010 | **SWIMMING POOL HEATERS** Not including wiring, external | | | | | | | | | | 150 |
| | 0020 | piping, base or pad, | | | | | | | | | | |
| | 2000 | Electric, 12 KW, 4,800 gallon pool | Q-19 | 3 | 8 | Ea. | 1,300 | 209 | | 1,509 | 1,775 | |
| | 2020 | 18 KW, 7,200 gallon pool | | 2.80 | 8.571 | | 1,350 | 224 | | 1,574 | 1,825 | |
| | 2040 | 24 KW, 9,600 gallon pool | | 2.40 | 10 | | 1,425 | 262 | | 1,687 | 1,975 | |
| | 2060 | 30 KW, 12,000 gallon pool | | 2 | 12 | | 1,500 | 315 | | 1,815 | 2,125 | |
| | 2080 | 36 KW, 14,400 gallon pool | | 1.60 | 15 | | 1,650 | 390 | | 2,040 | 2,400 | |
| | 2100 | 54 KW, 24,000 gallon pool | | 1.20 | 20 | | 1,950 | 525 | | 2,475 | 2,950 | |
| | 9000 | To select pool heater: 12 BTUH x S.F. pool area | | | | | | | | | | |
| | 9010 | X temperature differential = required output | | | | | | | | | | |
| | 9050 | For electric, KW = gallons x 2.5 divided by 1000 | | | | | | | | | | |
| | 9100 | For family home type pool, double the | | | | | | | | | | |
| | 9110 | Rated gallon capacity = 1/2°F rise per hour | | | | | | | | | | |

## 155 400 | Warm Air Systems

| | | | CREW | DAILY OUTPUT | MAN-HOURS | UNIT | MAT. | LABOR | EQUIP. | TOTAL | TOTAL INCL O&P | |
|---|---|---|---|---|---|---|---|---|---|---|---|---|
| 408 | 0010 | **DUCT HEATERS** Electric, 480 V, 3 ph | | | | | | | | | | 408 |
| | 0020 | Finned tubular insert, 500°F | | | | | | | | | | |
| | 0100 | 8" wide x 6" high, 4.0KW | Q-20 | 16 | 1.250 | Ea. | 440 | 31.50 | | 471.50 | 535 | |
| | 0120 | 12" high, 8.0KW | | 15 | 1.333 | | 675 | 33.50 | | 708.50 | 790 | |
| | 0140 | 18" high, 12.0KW | | 14 | 1.429 | | 990 | 36 | | 1,026 | 1,150 | |
| | 0160 | 24" high, 16.0KW | | 13 | 1.538 | | 1,275 | 39 | | 1,314 | 1,450 | |
| | 0180 | 30" high, 20.0KW | | 12 | 1.667 | | 1,550 | 42 | | 1,592 | 1,775 | |
| | 0300 | 12" wide x 6" high, 6.7KW | | 15 | 1.333 | | 455 | 33.50 | | 488.50 | 550 | |
| | 0320 | 12" high, 13.3 KW | | 14 | 1.429 | | 730 | 36 | | 766 | 860 | |
| | 0340 | 18" high, 20.0KW | | 13 | 1.538 | | 1,025 | 39 | | 1,064 | 1,175 | |
| | 0360 | 24" high, 26.7KW | | 12 | 1.667 | | 1,325 | 42 | | 1,367 | 1,525 | |
| | 0380 | 30" high, 33.3KW | | 11 | 1.818 | | 1,600 | 46 | | 1,646 | 1,850 | |
| | 0500 | 18" wide x 6" high, 13.3KW | | 14 | 1.429 | | 485 | 36 | | 521 | 585 | |
| | 0520 | 12" high, 26.7KW | | 13 | 1.538 | | 835 | 39 | | 874 | 980 | |
| | 0540 | 18" high, 40.0KW | | 12 | 1.667 | | 1,100 | 42 | | 1,142 | 1,300 | |
| | 0560 | 24" high, 53.3 KW | | 11 | 1.818 | | 1,475 | 46 | | 1,521 | 1,700 | |
| | 0580 | 30" high, 66.7 KW | | 10 | 2 | | 1,850 | 50.50 | | 1,900.50 | 2,100 | |
| | 0700 | 24" wide x 6" high, 17.8KW | | 13 | 1.538 | | 545 | 39 | | 584 | 655 | |
| | 0720 | 12" high, 35.6KW | | 12 | 1.667 | | 905 | 42 | | 947 | 1,050 | |
| | 0740 | 18" high, 53.3 KW | | 11 | 1.818 | | 1,275 | 46 | | 1,321 | 1,475 | |
| | 0760 | 24" high, 71.1KW | | 10 | 2 | | 1,650 | 50.50 | | 1,700.50 | 1,875 | |
| | 0780 | 30" high, 88.9KW | | 9 | 2.222 | | 2,000 | 56 | | 2,056 | 2,275 | |
| | 0900 | 30" wide x 6" high, 22.2KW | | 12 | 1.667 | | 565 | 42 | | 607 | 685 | |
| | 0920 | 12" high, 44.4KW | | 11 | 1.818 | | 955 | 46 | | 1,001 | 1,125 | |

# 155 | Heating

## 155 400 | Warm Air Systems

| | | CREW | DAILY OUTPUT | MAN-HOURS | UNIT | 1994 BARE COSTS MAT. | LABOR | EQUIP. | TOTAL | TOTAL INCL O&P | |
|---|---|---|---|---|---|---|---|---|---|---|---|
| 408 | 0940 | 18" high, 66.7KW | Q-20 | 10 | 2 | Ea. | 1,350 | 50.50 | | 1,400.50 | 1,550 | 408 |
| | 0960 | 24" high, 88.9KW | | 9 | 2.222 | | 1,725 | 56 | | 1,781 | 1,975 | |
| | 0980 | 30" high, 111.0KW | ↓ | 8 | 2.500 | ↓ | 2,125 | 63 | | 2,188 | 2,450 | |
| | 1400 | Note decreased KW available for | | | | | | | | | | |
| | 1410 | each duct size at same cost | | | | | | | | | | |
| | 1420 | See line 5000 for modifications and accessories | | | | | | | | | | |
| | 2000 | Finned tubular flange with insulated | | | | | | | | | | |
| | 2020 | terminal box, 500°F | | | | | | | | | | |
| | 2100 | 12" wide x 36" high, 54KW | Q-20 | 10 | 2 | Ea. | 2,100 | 50.50 | | 2,150.50 | 2,375 | |
| | 2120 | 40" high, 60KW | | 9 | 2.222 | | 2,400 | 56 | | 2,456 | 2,725 | |
| | 2200 | 24" wide x 36" high, 118.8KW | | 9 | 2.222 | | 2,325 | 56 | | 2,381 | 2,625 | |
| | 2220 | 40" high, 132KW | | 8 | 2.500 | | 2,675 | 63 | | 2,738 | 3,025 | |
| | 2400 | 36" wide x 8" high, 40KW | | 11 | 1.818 | | 1,075 | 46 | | 1,121 | 1,250 | |
| | 2420 | 16" high, 80KW | | 10 | 2 | | 1,425 | 50.50 | | 1,475.50 | 1,650 | |
| | 2440 | 24" high, 120KW | | 9 | 2.222 | | 1,850 | 56 | | 1,906 | 2,125 | |
| | 2460 | 32" high, 160KW | | 8 | 2.500 | | 2,500 | 63 | | 2,563 | 2,850 | |
| | 2480 | 36" high, 180KW | | 7 | 2.857 | | 2,950 | 72 | | 3,022 | 3,325 | |
| | 2500 | 40" high, 200KW | | 6 | 3.333 | | 3,250 | 84 | | 3,334 | 3,700 | |
| | 2600 | 40" wide x 8" high, 45KW | | 11 | 1.818 | | 1,100 | 46 | | 1,146 | 1,300 | |
| | 2620 | 16" high, 90KW | | 10 | 2 | | 1,525 | 50.50 | | 1,575.50 | 1,750 | |
| | 2640 | 24" high, 135KW | | 9 | 2.222 | | 1,950 | 56 | | 2,006 | 2,225 | |
| | 2660 | 32" high, 180KW | | 8 | 2.500 | | 2,600 | 63 | | 2,663 | 2,950 | |
| | 2680 | 36" high, 202.5KW | | 7 | 2.857 | | 2,975 | 72 | | 3,047 | 3,375 | |
| | 2700 | 40" high, 225KW | | 6 | 3.333 | | 3,400 | 84 | | 3,484 | 3,850 | |
| | 2800 | 48" wide x 8" high, 54.8KW | | 10 | 2 | | 1,175 | 50.50 | | 1,225.50 | 1,350 | |
| | 2820 | 16" high, 109.8KW | | 9 | 2.222 | | 1,625 | 56 | | 1,681 | 1,850 | |
| | 2840 | 24" high, 164.4KW | | 8 | 2.500 | | 2,050 | 63 | | 2,113 | 2,375 | |
| | 2860 | 32" high, 219.2KW | | 7 | 2.857 | | 2,750 | 72 | | 2,822 | 3,125 | |
| | 2880 | 36" high, 246.6KW | | 6 | 3.333 | | 3,150 | 84 | | 3,234 | 3,600 | |
| | 2900 | 40" high, 274KW | | 5 | 4 | | 3,575 | 101 | | 3,676 | 4,075 | |
| | 3000 | 56" wide x 8" high, 64KW | | 9 | 2.222 | | 1,325 | 56 | | 1,381 | 1,525 | |
| | 3020 | 16" high, 128KW | | 8 | 2.500 | | 1,850 | 63 | | 1,913 | 2,125 | |
| | 3040 | 24" high, 192KW | | 7 | 2.857 | | 2,225 | 72 | | 2,297 | 2,550 | |
| | 3060 | 32" high, 256KW | | 6 | 3.333 | | 3,125 | 84 | | 3,209 | 3,550 | |
| | 3080 | 36" high, 288KW | | 5 | 4 | | 3,575 | 101 | | 3,676 | 4,075 | |
| | 3100 | 40" high, 320KW | | 4 | 5 | | 3,950 | 126 | | 4,076 | 4,550 | |
| | 3200 | 64" wide x 8" high, 74KW | | 8 | 2.500 | | 1,375 | 63 | | 1,438 | 1,600 | |
| | 3220 | 16" high, 148KW | | 7 | 2.857 | | 1,900 | 72 | | 1,972 | 2,175 | |
| | 3240 | 24" high, 222KW | | 6 | 3.333 | | 2,400 | 84 | | 2,484 | 2,775 | |
| | 3260 | 32" high, 296KW | | 5 | 4 | | 3,225 | 101 | | 3,326 | 3,700 | |
| | 3280 | 36" high, 333KW | | 4 | 5 | | 3,850 | 126 | | 3,976 | 4,425 | |
| | 3300 | 40" high, 370KW | ↓ | 3 | 6.667 | ↓ | 4,250 | 168 | | 4,418 | 4,925 | |
| | 3800 | Note decreased KW available for | | | | | | | | | | |
| | 3820 | Each duct size at same cost | | | | | | | | | | |
| | 5000 | Duct heater modifications and accessories | | | | | | | | | | |
| | 5120 | T.C.O. limit auto or manual reset | Q-20 | 42 | .476 | Ea. | 70 | 12 | | 82 | 95.50 | |
| | 5140 | Thermostat | | 28 | .714 | | 284 | 18 | | 302 | 340 | |
| | 5160 | Overheat thermocouple (removable) | | 7 | 2.857 | | 440 | 72 | | 512 | 595 | |
| | 5180 | Fan interlock relay | | 18 | 1.111 | | 101 | 28 | | 129 | 155 | |
| | 5200 | Air flow switch | | 20 | 1 | | 88 | 25 | | 113 | 136 | |
| | 5220 | Split terminal box cover | ↓ | 100 | .200 | ↓ | 29.50 | 5.05 | | 34.55 | 40.50 | |
| | 8000 | To obtain BTU multiply KW by 3413 | | | | | | | | | | |
| 420 | 0010 | **FURNACES** Hot air heating, blowers, standard controls | | | | | | | | | | 420 |
| | 0021 | | | | | | | | | | | |
| | 1000 | Electric, UL listed, | | | | | | | | | | |
| | 1020 | 10.2 MBH | Q-20 | 5 | 4 | Ea. | 286 | 101 | | 387 | 470 | |

For expanded coverage of these items see *Means Mechanical or Plumbing Cost Data 1994*

# 155 | Heating

## 155 400 | Warm Air Systems

| | | | CREW | DAILY OUTPUT | MAN-HOURS | UNIT | MAT. | LABOR | EQUIP. | TOTAL | TOTAL INCL O&P | |
|---|---|---|---|---|---|---|---|---|---|---|---|---|
| 420 | 1040 | 17.1 MBH | Q-20 | 4.80 | 4.167 | Ea. | 300 | 105 | | 405 | 490 | 420 |
| | 1060 | 27.3 MBH | | 4.60 | 4.348 | | 345 | 110 | | 455 | 550 | |
| | 1100 | 34.1 MBH | | 4.40 | 4.545 | | 370 | 115 | | 485 | 580 | |
| | 1120 | 51.6 MBH | | 4.20 | 4.762 | | 460 | 120 | | 580 | 690 | |
| | 1140 | 68.3 MBH | | 4 | 5 | | 555 | 126 | | 681 | 805 | |
| | 1160 | 85.3 MBH | | 3.80 | 5.263 | | 605 | 133 | | 738 | 870 | |
| 451 | 0010 | **INFRA-RED UNIT** | | | | | | | | | | 451 |
| | 2000 | Electric, single or three phase | | | | | | | | | | |
| | 2050 | 6 KW, 20,478 BTU | 1 Elec | 3 | 2.667 | Ea. | 335 | 73.50 | | 408.50 | 475 | |
| | 2100 | 13.5 KW, 40,956 BTU | | 2.50 | 3.200 | | 520 | 88 | | 608 | 705 | |
| | 2150 | 24 KW, 81,912 BTU | | 2 | 4 | | 1,050 | 110 | | 1,160 | 1,350 | |

# 157 | Air Conditioning and Ventilation

## 157 200 | System Components

| | | | CREW | DAILY OUTPUT | MAN-HOURS | UNIT | MAT. | LABOR | EQUIP. | TOTAL | TOTAL INCL O&P | |
|---|---|---|---|---|---|---|---|---|---|---|---|---|
| 290 | 0010 | **FANS** | | | | | | | | | | 290 |
| | 0020 | Air conditioning and process air handling | | | | | | | | | | |
| | 0030 | Axial flow, compact, low sound, 2.5" S.P. | | | | | | | | | | |
| | 0050 | 3,800 CFM, 5 HP | Q-20 | 3.40 | 5.882 | Ea. | 3,100 | 148 | | 3,248 | 3,625 | |
| | 0080 | 6,400 CFM, 5 HP | | 2.80 | 7.143 | | 3,450 | 180 | | 3,630 | 4,075 | |
| | 0100 | 10,500 CFM, 7-1/2 HP | | 2.40 | 8.333 | | 4,300 | 210 | | 4,510 | 5,050 | |
| | 0120 | 15,600 CFM, 10 HP | | 1.60 | 12.500 | | 5,425 | 315 | | 5,740 | 6,450 | |
| | 0140 | 23,000 CFM, 15 HP | | .70 | 28.571 | | 8,325 | 720 | | 9,045 | 10,300 | |
| | 0160 | 28,000 CFM, 20 HP | | .40 | 50 | | 9,275 | 1,250 | | 10,525 | 12,200 | |
| | 0200 | In-line centrifugal, supply/exhaust booster, | | | | | | | | | | |
| | 0220 | aluminum wheel/hub, disconnect switch, 1/4" S.P. | | | | | | | | | | |
| | 0240 | 500 CFM, 10" diameter connection | Q-20 | 3 | 6.667 | Ea. | 510 | 168 | | 678 | 820 | |
| | 0260 | 1,380 CFM, 12" diameter connection | | 2 | 10 | | 740 | 252 | | 992 | 1,200 | |
| | 0280 | 1,520 CFM, 16" diameter connection | | 2 | 10 | | 795 | 252 | | 1,047 | 1,275 | |
| | 0300 | 2,560 CFM, 18" diameter connection | | 1 | 20 | | 1,050 | 505 | | 1,555 | 1,950 | |
| | 0320 | 3,480 CFM, 20" diameter connection | | .80 | 25 | | 1,275 | 630 | | 1,905 | 2,375 | |
| | 1500 | Vaneaxial, low pressure, 2000 CFM, 1/2 HP | | 3.60 | 5.556 | | 1,950 | 140 | | 2,090 | 2,375 | |
| | 1520 | 4,000 CFM, 1 HP | | 3.20 | 6.250 | | 2,000 | 158 | | 2,158 | 2,450 | |
| | 1540 | 8,000 CFM, 2 HP | | 2.80 | 7.143 | | 2,350 | 180 | | 2,530 | 2,850 | |
| | 1560 | 16,000 CFM, 5 HP | | 2.40 | 8.333 | | 3,100 | 210 | | 3,310 | 3,725 | |
| | 2000 | Blowers, direct drive with motor, complete | | | | | | | | | | |
| | 2020 | 1030 CFM @ .5" S.P., 1/6 HP | Q-20 | 18 | 1.111 | Ea. | 174 | 28 | | 202 | 236 | |
| | 2040 | 1150 CFM @ .5" S.P., 1/6 HP | | 18 | 1.111 | | 174 | 28 | | 202 | 236 | |
| | 2060 | 1640 CFM @ 1.0" S.P., 1/3 HP | | 18 | 1.111 | | 210 | 28 | | 238 | 275 | |
| | 2080 | 1720 CFM @ 1.0" S.P., 1/3 HP | | 18 | 1.111 | | 210 | 28 | | 238 | 275 | |
| | 2090 | 4 speed | | | | | | | | | | |
| | 2100 | 600 to 1160 CFM @ .5" S.P., 1/5 HP | Q-20 | 16 | 1.250 | Ea. | 232 | 31.50 | | 263.50 | 305 | |
| | 2120 | 740 to 1700 CFM @ 1.0" S.P., 1/3 HP | " | 14 | 1.429 | " | 310 | 36 | | 346 | 395 | |
| | 2500 | Ceiling fan, right angle, extra quiet, 0.10" S.P. | | | | | | | | | | |
| | 2520 | 95 CFM | Q-20 | 20 | 1 | Ea. | 121 | 25 | | 146 | 172 | |
| | 2540 | 210 CFM | | 19 | 1.053 | | 132 | 26.50 | | 158.50 | 187 | |
| | 2560 | 385 CFM | | 18 | 1.111 | | 161 | 28 | | 189 | 221 | |
| | 2580 | 885 CFM | | 16 | 1.250 | | 320 | 31.50 | | 351.50 | 400 | |
| | 2600 | 1,650 CFM | | 13 | 1.538 | | 450 | 39 | | 489 | 555 | |

## 157 | Air Conditioning and Ventilation

### 157 200 | System Components

| | | CREW | DAILY OUTPUT | MAN-HOURS | UNIT | 1994 BARE COSTS | | | | TOTAL INCL O&P |
|---|---|---|---|---|---|---|---|---|---|---|
| | | | | | | MAT. | LABOR | EQUIP. | TOTAL | |
| 2620 | 2,960 CFM | Q-20 | 11 | 1.818 | Ea. | 605 | 46 | | 651 | 735 |
| 2680 | For speed control switch, add | 1 Elec | 16 | .500 | ↓ | 44 | 13.75 | | 57.75 | 69 |
| 3000 | Paddle blade air circulator, 3 speed switch | | | | | | | | | |
| 3020 | 42", 5,000 CFM high, 3000 CFM low | Q-20 | 6 | 3.333 | Ea. | 68.50 | 84 | | 152.50 | 206 |
| 3040 | 52", 6,500 CFM high, 4000 CFM low | " | 4 | 5 | " | 73 | 126 | | 199 | 276 |
| 3100 | For antique white motor, same cost | | | | | | | | | |
| 3200 | For brass plated motor, same cost | | | | | | | | | |
| 3300 | For light adaptor kit, add | | | | Ea. | 24.50 | | | 24.50 | 27 |
| 3500 | Centrifugal, airfoil, motor and drive, complete | | | | | | | | | |
| 3520 | 1000 CFM, 1/2 HP | Q-20 | 2.50 | 8 | Ea. | 1,075 | 202 | | 1,277 | 1,475 |
| 3540 | 2,000 CFM, 1 HP | | 2 | 10 | | 1,150 | 252 | | 1,402 | 1,675 |
| 3560 | 4,000 CFM, 3 HP | | 1.80 | 11.111 | | 1,475 | 280 | | 1,755 | 2,050 |
| 3580 | 8,000 CFM, 7-1/2 HP | | 1.40 | 14.286 | | 2,175 | 360 | | 2,535 | 2,950 |
| 3600 | 12,000 CFM, 10 HP | ↓ | 1 | 20 | ↓ | 3,200 | 505 | | 3,705 | 4,300 |
| 4500 | Corrosive fume resistant, plastic | | | | | | | | | |
| 4600 | roof ventilators, centrifugal, V belt drive, motor | | | | | | | | | |
| 4620 | 1/4" S.P., 250 CFM, 1/4 HP | Q-20 | 6 | 3.333 | Ea. | 1,925 | 84 | | 2,009 | 2,225 |
| 4640 | 895 CFM, 1/3 HP | | 5 | 4 | | 2,075 | 101 | | 2,176 | 2,450 |
| 4660 | 1630 CFM, 1/2 HP | | 4 | 5 | | 2,450 | 126 | | 2,576 | 2,900 |
| 4680 | 2240 CFM, 1 HP | | 3 | 6.667 | | 2,575 | 168 | | 2,743 | 3,075 |
| 4700 | 3810 CFM, 2 HP | | 2 | 10 | | 2,850 | 252 | | 3,102 | 3,525 |
| 4720 | 11760 CFM, 5 HP | | 1 | 20 | | 4,800 | 505 | | 5,305 | 6,050 |
| 4740 | 18810 CFM, 10 HP | ↓ | .70 | 28.571 | ↓ | 7,025 | 720 | | 7,745 | 8,850 |
| 4800 | For intermediate capacity, motors may be varied | | | | | | | | | |
| 4810 | For explosion proof motor, add | | | | Ea. | 15% | | | | |
| 5000 | Utility set, centrifugal, V belt drive, motor | | | | | | | | | |
| 5020 | 1/4" S.P., 1200 CFM, 1/4 HP | Q-20 | 6 | 3.333 | Ea. | 1,925 | 84 | | 2,009 | 2,225 |
| 5040 | 1520 CFM, 1/3 HP | | 5 | 4 | | 1,950 | 101 | | 2,051 | 2,300 |
| 5060 | 1850 CFM, 1/2 HP | | 4 | 5 | | 1,950 | 126 | | 2,076 | 2,350 |
| 5080 | 2180 CFM, 3/4 HP | | 3 | 6.667 | | 1,950 | 168 | | 2,118 | 2,400 |
| 5100 | 1/2" S.P., 3600 CFM, 1 HP | | 2 | 10 | | 2,650 | 252 | | 2,902 | 3,300 |
| 5120 | 4250 CFM, 1-1/2 HP | | 1.60 | 12.500 | | 2,650 | 315 | | 2,965 | 3,400 |
| 5140 | 4800 CFM, 2 HP | | 1.40 | 14.286 | | 2,650 | 360 | | 3,010 | 3,475 |
| 5160 | 6920 CFM, 5 HP | | 1.30 | 15.385 | | 2,700 | 390 | | 3,090 | 3,575 |
| 5180 | 7700 CFM, 7-1/2 HP | ↓ | 1.20 | 16.667 | ↓ | 2,725 | 420 | | 3,145 | 3,650 |
| 5200 | For explosion proof motor, add | | | | | 15% | | | | |
| 5500 | Industrial exhauster, for air which may contain granular material | | | | | | | | | |
| 5520 | 1000 CFM, 1-1/2 HP | Q-20 | 2.50 | 8 | Ea. | 2,475 | 202 | | 2,677 | 3,025 |
| 5540 | 2000 CFM, 3 HP | | 2 | 10 | | 3,000 | 252 | | 3,252 | 3,700 |
| 5560 | 4000 CFM, 7-1/2 HP | | 1.80 | 11.111 | | 4,825 | 280 | | 5,105 | 5,725 |
| 5580 | 8000 CFM, 15 HP | | 1.40 | 14.286 | | 7,550 | 360 | | 7,910 | 8,850 |
| 5600 | 12,000 CFM, 30 HP | ↓ | 1 | 20 | ↓ | 10,500 | 505 | | 11,005 | 12,300 |
| 6000 | Propeller exhaust, wall shutter, 1/4" S.P. | | | | | | | | | |
| 6020 | Direct drive, two speed | | | | | | | | | |
| 6100 | 375 CFM, 1/10 HP | Q-20 | 10 | 2 | Ea. | 178 | 50.50 | | 228.50 | 274 |
| 6120 | 730 CFM, 1/7 HP | | 9 | 2.222 | | 219 | 56 | | 275 | 330 |
| 6140 | 1000 CFM, 1/8 HP | | 8 | 2.500 | | 281 | 63 | | 344 | 410 |
| 6160 | 1890 CFM, 1/4 HP | | 7 | 2.857 | | 294 | 72 | | 366 | 435 |
| 6180 | 3275 CFM, 1/2 HP | | 6 | 3.333 | | 340 | 84 | | 424 | 500 |
| 6200 | 4720 CFM, 1 HP | ↓ | 5 | 4 | ↓ | 550 | 101 | | 651 | 760 |
| 6300 | V-belt drive, 3 phase | | | | | | | | | |
| 6320 | 6175 CFM, 3/4 HP | Q-20 | 5 | 4 | Ea. | 465 | 101 | | 566 | 670 |
| 6340 | 7500 CFM, 3/4 HP | | 5 | 4 | | 545 | 101 | | 646 | 755 |
| 6360 | 10,100 CFM, 1 HP | | 4.50 | 4.444 | | 765 | 112 | | 877 | 1,025 |
| 6380 | 14,300 CFM, 1-1/2 HP | | 4 | 5 | | 855 | 126 | | 981 | 1,125 |
| 6400 | 19,800 CFM, 2 HP | | 3 | 6.667 | | 1,100 | 168 | | 1,268 | 1,475 |

For expanded coverage of these items see **Means Mechanical or Plumbing Cost Data 1994**

## 157 | Air Conditioning and Ventilation

### 157 200 | System Components

| | | | DAILY OUTPUT | MAN-HOURS | UNIT | 1994 BARE COSTS MAT. | LABOR | EQUIP. | TOTAL | TOTAL INCL O&P | |
|---|---|---|---|---|---|---|---|---|---|---|---|
| 290 | 6420 | 26,250 CFM, 3 HP | Q-20 | 2.60 | 7.692 | Ea. | 1,325 | 194 | | 1,519 | 1,775 | 290 |
| | 6440 | 38,500 CFM, 5 HP | | 2.20 | 9.091 | | 1,575 | 229 | | 1,804 | 2,075 | |
| | 6460 | 46,000 CFM, 7-1/2 HP | | 2 | 10 | | 1,700 | 252 | | 1,952 | 2,250 | |
| | 6480 | 51,500 CFM, 10 HP | | 1.80 | 11.111 | | 1,750 | 280 | | 2,030 | 2,350 | |
| | 6650 | Residential, bath exhaust, grille, back draft damper | | | | | | | | | | |
| | 6660 | 50 CFM | Q-20 | 24 | .833 | Ea. | 15.70 | 21 | | 36.70 | 50 | |
| | 6670 | 110 CFM | | 22 | .909 | | 52.50 | 23 | | 75.50 | 93.50 | |
| | 6680 | Light combination, squirrel cage, 100 watt, 70 CFM | | 24 | .833 | | 59 | 21 | | 80 | 97.50 | |
| | 6700 | Light/heater combination, ceiling mounted | | | | | | | | | | |
| | 6710 | 70 CFM, 1450 watt | Q-20 | 24 | .833 | Ea. | 83.50 | 21 | | 104.50 | 125 | |
| | 6800 | Heater combination, recessed, 70 CFM | | 24 | .833 | | 37 | 21 | | 58 | 73.50 | |
| | 6820 | With 2 infrared bulbs | | 23 | .870 | | 50.50 | 22 | | 72.50 | 89.50 | |
| | 6900 | Kitchen exhaust, grille, complete, 160 CFM | | 22 | .909 | | 60.50 | 23 | | 83.50 | 102 | |
| | 6920 | 270 CFM | | 18 | 1.111 | | 92.50 | 28 | | 120.50 | 146 | |
| | 7000 | Roof exhauster, centrifugal, aluminum housing, 12" galvanized | | | | | | | | | | |
| | 7020 | curb, bird screen, back draft damper, 1/4" S.P. | | | | | | | | | | |
| | 7100 | Direct drive, 320 CFM, 11" sq. damper | Q-20 | 7 | 2.857 | Ea. | 232 | 72 | | 304 | 365 | |
| | 7120 | 600 CFM, 11" sq. damper | | 6 | 3.333 | | 255 | 84 | | 339 | 410 | |
| | 7140 | 815 CFM, 13" sq. damper | | 5 | 4 | | 365 | 101 | | 466 | 555 | |
| | 7160 | 1450 CFM, 13" sq. damper | | 4.20 | 4.762 | | 375 | 120 | | 495 | 600 | |
| | 7180 | 2050 CFM, 16" sq. damper | | 4 | 5 | | 420 | 126 | | 546 | 655 | |
| | 7200 | V-belt drive, 1650 CFM, 12" sq. damper | | 6 | 3.333 | | 700 | 84 | | 784 | 900 | |
| | 7220 | 2750 CFM, 21" sq. damper | | 5 | 4 | | 790 | 101 | | 891 | 1,025 | |
| | 7240 | 4910 CFM, 23" sq. damper | | 4 | 5 | | 1,175 | 126 | | 1,301 | 1,500 | |
| | 7260 | 8525 CFM, 28" sq. damper | | 3 | 6.667 | | 1,475 | 168 | | 1,643 | 1,875 | |
| | 7280 | 13,760 CFM, 35" sq. damper | | 2 | 10 | | 1,950 | 252 | | 2,202 | 2,550 | |
| | 7300 | 20,325 CFM, 43" sq. damper | | 1 | 20 | | 2,875 | 505 | | 3,380 | 3,925 | |
| | 7320 | For 2 speed winding, add | | | | | 15% | | | | | |
| | 7340 | For explosionproof motor, add | | | | | 270 | | | 270 | 297 | |
| | 7360 | For belt drive, top discharge, add | | | | | 15% | | | | | |
| | 7500 | Utility set, steel construction, pedestal, 1/4" S.P. | | | | | | | | | | |
| | 7520 | Direct drive, 150 CFM, 1/8 HP | Q-20 | 6.40 | 3.125 | Ea. | 515 | 79 | | 594 | 685 | |
| | 7540 | 485 CFM, 1/6 HP | | 5.80 | 3.448 | | 645 | 87 | | 732 | 845 | |
| | 7560 | 1950 CFM, 1/2 HP | | 4.80 | 4.167 | | 760 | 105 | | 865 | 995 | |
| | 7580 | 2410 CFM, 3/4 HP | | 4.40 | 4.545 | | 1,400 | 115 | | 1,515 | 1,725 | |
| | 7600 | 3328 CFM, 1-1/2 HP | | 3 | 6.667 | | 1,550 | 168 | | 1,718 | 1,975 | |
| | 7680 | V-belt drive, drive cover, 3 phase | | | | | | | | | | |
| | 7700 | 800 CFM, 1/4 HP | Q-20 | 6 | 3.333 | Ea. | 465 | 84 | | 549 | 640 | |
| | 7720 | 1,300 CFM, 1/3 HP | | 5 | 4 | | 495 | 101 | | 596 | 700 | |
| | 7740 | 2,000 CFM, 1 HP | | 4.60 | 4.348 | | 510 | 110 | | 620 | 730 | |
| | 7760 | 2,900 CFM, 3/4 HP | | 4.20 | 4.762 | | 750 | 120 | | 870 | 1,000 | |
| | 7780 | 3600 CFM, 3/4 HP | | 4 | 5 | | 850 | 126 | | 976 | 1,125 | |
| | 7800 | 4800 CFM, 1 HP | | 3.50 | 5.714 | | 1,050 | 144 | | 1,194 | 1,375 | |
| | 7820 | 6700 CFM, 1-1/2 HP | | 3 | 6.667 | | 1,125 | 168 | | 1,293 | 1,500 | |
| | 7840 | 11,000 CFM, 3 HP | | 2 | 10 | | 2,050 | 252 | | 2,302 | 2,650 | |
| | 7860 | 13,000 CFM, 3 HP | | 1.60 | 12.500 | | 2,075 | 315 | | 2,390 | 2,775 | |
| | 7880 | 15,000 CFM, 5 HP | | 1 | 20 | | 2,150 | 505 | | 2,655 | 3,150 | |
| | 7900 | 17,000 CFM, 7-1/2 HP | | .80 | 25 | | 2,300 | 630 | | 2,930 | 3,525 | |
| | 7920 | 20,000 CFM, 7-1/2 HP | | .80 | 25 | | 2,750 | 630 | | 3,380 | 4,000 | |
| | 8000 | Ventilation, residential | | | | | | | | | | |
| | 8020 | Attic, roof type | | | | | | | | | | |
| | 8030 | Aluminum dome, damper & curb | | | | | | | | | | |
| | 8040 | 6" diameter, 300 CFM | 1 Elec | 16 | .500 | Ea. | 194 | 13.75 | | 207.75 | 234 | |
| | 8050 | 7" diameter, 450 CFM | | 15 | .533 | | 212 | 14.65 | | 226.65 | 255 | |
| | 8060 | 9" diameter, 900 CFM | | 14 | .571 | | 340 | 15.70 | | 355.70 | 400 | |
| | 8080 | 12" diameter, 1000 CFM (gravity) | | 10 | .800 | | 212 | 22 | | 234 | 266 | |

# 157 | Air Conditioning and Ventilation

## 157 200 | System Components

| | | | CREW | DAILY OUTPUT | MAN-HOURS | UNIT | MAT. | LABOR | EQUIP. | TOTAL | TOTAL INCL O&P | |
|---|---|---|---|---|---|---|---|---|---|---|---|---|
| 290 | 8090 | 16" diameter, 1500 CFM (gravity) | 1 Elec | 9 | .889 | Ea. | 272 | 24.50 | | 296.50 | 335 | 290 |
| | 8100 | 20" diameter, 2500 CFM (gravity) | | 8 | 1 | | 345 | 27.50 | | 372.50 | 420 | |
| | 8110 | 26" diameter, 4000 CFM (gravity) | | 7 | 1.143 | | 420 | 31.50 | | 451.50 | 515 | |
| | 8120 | 32" diameter, 6500 CFM (gravity) | | 6 | 1.333 | | 585 | 36.50 | | 621.50 | 695 | |
| | 8130 | 38" diameter, 8000 CFM (gravity) | | 5 | 1.600 | | 825 | 44 | | 869 | 975 | |
| | 8140 | 50" diameter, 13,000 CFM (gravity) | | 4 | 2 | | 1,300 | 55 | | 1,355 | 1,525 | |
| | 8160 | Plastic, ABS dome | | | | | | | | | | |
| | 8180 | 1050 CFM | 1 Elec | 14 | .571 | Ea. | 72.50 | 15.70 | | 88.20 | 104 | |
| | 8200 | 1600 CFM | " | 12 | .667 | " | 109 | 18.35 | | 127.35 | 148 | |
| | 8240 | Attic, wall type, with shutter, one speed | | | | | | | | | | |
| | 8250 | 12" diameter, 1000 CFM | 1 Elec | 14 | .571 | Ea. | 115 | 15.70 | | 130.70 | 151 | |
| | 8260 | 14" diameter, 1500 CFM | | 12 | .667 | | 140 | 18.35 | | 158.35 | 182 | |
| | 8270 | 16" diameter, 2000 CFM | | 9 | .889 | | 210 | 24.50 | | 234.50 | 268 | |
| | 8290 | Whole house, wall type, with shutter, one speed | | | | | | | | | | |
| | 8300 | 30" diameter, 4800 CFM | 1 Elec | 7 | 1.143 | Ea. | 360 | 31.50 | | 391.50 | 445 | |
| | 8310 | 36" diameter, 7000 CFM | | 6 | 1.333 | | 395 | 36.50 | | 431.50 | 490 | |
| | 8320 | 42" diameter, 10,000 CFM | | 5 | 1.600 | | 480 | 44 | | 524 | 595 | |
| | 8330 | 48" diameter, 16,000 CFM | | 4 | 2 | | 630 | 55 | | 685 | 780 | |
| | 8340 | For two speed, add | | | | | 45 | | | 45 | 49.50 | |
| | 8350 | Whole house, lay-down type, with shutter, one speed | | | | | | | | | | |
| | 8360 | 30" diameter, 4500 CFM | 1 Elec | 8 | 1 | Ea. | 395 | 27.50 | | 422.50 | 475 | |
| | 8370 | 36" diameter, 6500 CFM | | 7 | 1.143 | | 430 | 31.50 | | 461.50 | 525 | |
| | 8380 | 42" diameter, 9000 CFM | | 6 | 1.333 | | 510 | 36.50 | | 546.50 | 615 | |
| | 8390 | 48" diameter, 12,000 CFM | | 5 | 1.600 | | 670 | 44 | | 714 | 800 | |
| | 8440 | For two speed, add | | | | | 11 | | | 11 | 12.10 | |
| | 8450 | For 12 hour timer switch, add | 1 Elec | 32 | .250 | | 20 | 6.90 | | 26.90 | 32.50 | |
| | 8500 | Wall exhausters, centrifugal, auto damper, 1/8" S.P. | | | | | | | | | | |
| | 8520 | Direct drive, 610 CFM, 1/20 HP | Q-20 | 14 | 1.429 | Ea. | 174 | 36 | | 210 | 247 | |
| | 8540 | 796 CFM, 1/12 HP | | 13 | 1.538 | | 180 | 39 | | 219 | 258 | |
| | 8560 | 822 CFM, 1/6 HP | | 12 | 1.667 | | 284 | 42 | | 326 | 375 | |
| | 8580 | 1,320 CFM, 1/4 HP | | 12 | 1.667 | | 287 | 42 | | 329 | 380 | |
| | 8600 | 1756 CFM, 1/4 HP | | 11 | 1.818 | | 335 | 46 | | 381 | 440 | |
| | 8620 | 1983 CFM, 1/4 HP | | 10 | 2 | | 400 | 50.50 | | 450.50 | 520 | |
| | 8640 | 2900 CFM, 1/2 HP | | 9 | 2.222 | | 485 | 56 | | 541 | 620 | |
| | 8660 | 3307 CFM, 3/4 HP | | 8 | 2.500 | | 535 | 63 | | 598 | 685 | |
| | 9500 | V-belt drive, 3 phase | | | | | | | | | | |
| | 9520 | 2,800 CFM, 1/4 HP | Q-20 | 9 | 2.222 | Ea. | 790 | 56 | | 846 | 955 | |
| | 9540 | 3,740 CFM, 1/2 HP | | 8 | 2.500 | | 820 | 63 | | 883 | 1,000 | |
| | 9560 | 4400 CFM, 3/4 HP | | 7 | 2.857 | | 830 | 72 | | 902 | 1,025 | |
| | 9580 | 5700 CFM, 1-1/2 HP | | 6 | 3.333 | | 840 | 84 | | 924 | 1,050 | |

## 157 400 | Accessories

| | | | CREW | DAILY OUTPUT | MAN-HOURS | UNIT | MAT. | LABOR | EQUIP. | TOTAL | TOTAL INCL O&P | |
|---|---|---|---|---|---|---|---|---|---|---|---|---|
| 420 | 0010 | **CONTROL COMPONENTS** | | | | | | | | | | 420 |
| | 0700 | Controller, receiver | | | | | | | | | | |
| | 0850 | Electric, single snap switch | 1 Elec | 4 | 2 | Ea. | 239 | 55 | | 294 | 345 | |
| | 0860 | Dual snap switches | " | 3 | 2.667 | " | 315 | 73.50 | | 388.50 | 460 | |
| | 3590 | Sensor, electric operated | | | | | | | | | | |
| | 3620 | Humidity | 1 Elec | 8 | 1 | Ea. | 39.50 | 27.50 | | 67 | 84.50 | |
| | 3650 | Pressure | | 8 | 1 | | 485 | 27.50 | | 512.50 | 575 | |
| | 3680 | Temperature | | 10 | .800 | | 80.50 | 22 | | 102.50 | 122 | |
| | 5000 | Thermostats | | | | | | | | | | |
| | 5200 | 24 hour, automatic, clock | 1 Shee | 8 | 1 | Ea. | 87 | 27.50 | | 114.50 | 138 | |
| | 5220 | Electric, 2 wire | 1 Elec | 13 | .615 | | 11.60 | 16.90 | | 28.50 | 38.50 | |
| | 5230 | 3 wire | | 10 | .800 | | 14.05 | 22 | | 36.05 | 48.50 | |
| | 5420 | Electric operated, humidity | | 8 | 1 | | 38.50 | 27.50 | | 66 | 83.50 | |
| | 5430 | DPST | | 8 | 1 | | 46.50 | 27.50 | | 74 | 93 | |

For expanded coverage of these items see *Means Mechanical or Plumbing Cost Data 1994*

## 157 | Air Conditioning and Ventilation

### 157 400 | Accessories

| | | | CREW | DAILY OUTPUT | MAN-HOURS | UNIT | 1994 BARE COSTS MAT. | LABOR | EQUIP. | TOTAL | TOTAL INCL O&P | |
|---|---|---|---|---|---|---|---|---|---|---|---|---|
| 420 | 7090 | Valves, motor controlled, including actuator | | | | | | | | | | 420 |
| | 7100 | Electric motor actuated | | | | | | | | | | |
| | 7200 | Brass, two way, screwed | | | | | | | | | | |
| | 7210 | 1/2" pipe size | L-6 | 36 | .333 | Ea. | 195 | 9.35 | | 204.35 | 229 | |
| | 7220 | 3/4" pipe size | | 30 | .400 | | 213 | 11.20 | | 224.20 | 252 | |
| | 7230 | 1" pipe size | | 28 | .429 | | 229 | 12 | | 241 | 270 | |
| | 7240 | 1-1/2" pipe size | | 19 | .632 | | 310 | 17.70 | | 327.70 | 370 | |
| | 7250 | 2" pipe size | | 16 | .750 | | 410 | 21 | | 431 | 485 | |
| | 7350 | Brass, three way, screwed | | | | | | | | | | |
| | 7360 | 1/2" pipe size | L-6 | 33 | .364 | Ea. | 202 | 10.20 | | 212.20 | 237 | |
| | 7370 | 3/4" pipe size | | 27 | .444 | | 235 | 12.45 | | 247.45 | 278 | |
| | 7380 | 1" pipe size | | 25.50 | .471 | | 258 | 13.20 | | 271.20 | 305 | |
| | 7390 | 1-1/2" pipe size | | 17 | .706 | | 340 | 19.80 | | 359.80 | 405 | |
| | 7400 | 2" pipe size | | 14 | .857 | | 525 | 24 | | 549 | 610 | |
| | 7550 | Iron body, two way, flanged | | | | | | | | | | |
| | 7560 | 2-1/2" pipe size | L-6 | 4 | 3 | Ea. | 590 | 84 | | 674 | 780 | |
| | 7570 | 3" pipe size | | 3 | 4 | | 690 | 112 | | 802 | 930 | |
| | 7580 | 4" pipe size | | 2 | 6 | | 975 | 168 | | 1,143 | 1,325 | |
| | 7590 | 6" pipe size | | 1.50 | 8 | | 2,100 | 224 | | 2,324 | 2,650 | |
| | 7850 | Iron body, three way, flanged | | | | | | | | | | |
| | 7860 | 2-1/2" pipe size | L-6 | 3 | 4 | Ea. | 1,200 | 112 | | 1,312 | 1,500 | |
| | 7870 | 3" pipe size | | 2.50 | 4.800 | | 1,275 | 135 | | 1,410 | 1,625 | |
| | 7880 | 4" pipe size | | 2 | 6 | | 1,725 | 168 | | 1,893 | 2,150 | |
| | 7890 | 6" pipe size | | 1.50 | 8 | | 3,050 | 224 | | 3,274 | 3,700 | |
| 422 | 0010 | CONTROL COMPONENTS / DDC SYSTEMS (Sub's quote incl. M & L) | | | | | | | | | | 422 |
| | 0100 | Analog inputs | | | | | | | | | | |
| | 0110 | Sensors (avg. 150' run in conduit) | | | | | | | | | | |
| | 0120 | Duct temperature | | | | Ea. | | | | | 340 | |
| | 0130 | Space temperature | | | | | | | | | 610 | |
| | 0140 | Duct humidity, +/- 3% | | | | | | | | | 640 | |
| | 0150 | Space humidity, +/- 2% | | | | | | | | | 980 | |
| | 0160 | Duct static pressure | | | | | | | | | 520 | |
| | 0170 | C.F.M./Transducer | | | | | | | | | 700 | |
| | 0172 | Water temp. (see 156-210 for well tap add) | | | | | | | | | 600 | |
| | 0174 | Water flow (see 156-210 for circuit sensor add) | | | | | | | | | 2,200 | |
| | 0176 | Water pressure differential (see 156-210 for tap add) | | | | | | | | | 900 | |
| | 0177 | Steam flow (see 156-210 for circuit sensor add) | | | | | | | | | 2,200 | |
| | 0178 | Steam pressure (see 156-210 for tap add) | | | | | | | | | 940 | |
| | 0180 | K.W./Transducer | | | | | | | | | 1,250 | |
| | 0182 | K.W.H. totalization (not incl. elec. meter pulse xmtr.) | | | | | | | | | 575 | |
| | 0190 | Space static pressure | | | | | | | | | 1,000 | |
| | 1000 | Analog outputs (avg. 50' run in conduit) | | | | | | | | | | |
| | 1010 | P/I Transducer | | | | Ea. | | | | | 580 | |
| | 1020 | Analog output, matl. in MUX | | | | | | | | | 280 | |
| | 1030 | Pneumatic (not incl. control device) | | | | | | | | | 590 | |
| | 1040 | Electric (not incl control device) | | | | | | | | | 350 | |
| | 2000 | Status (Alarms) | | | | | | | | | | |
| | 2100 | Digital inputs | | | | | | | | | | |
| | 2110 | Freeze | | | | Ea. | | | | | 400 | |
| | 2120 | Fire | | | | | | | | | 360 | |
| | 2130 | Differential pressure, (air) | | | | | | | | | 550 | |
| | 2140 | Differential pressure, (water) | | | | | | | | | 780 | |
| | 2150 | Current sensor | | | | | | | | | 400 | |
| | 2160 | Duct high temperature thermostat | | | | | | | | | 525 | |
| | 2170 | Duct smoke detector | | | | | | | | | 650 | |
| | 2200 | Digital output | | | | | | | | | | |

See the **Reference Section** for reference number information, Crew Listings and City Cost Indexes

# 157 | Air Conditioning and Ventilation

## 157 400 | Accessories

| | | | DAILY | MAN- | | 1994 BARE COSTS | | | | TOTAL | |
|---|---|---|---|---|---|---|---|---|---|---|---|
| | | CREW | OUTPUT | HOURS | UNIT | MAT. | LABOR | EQUIP. | TOTAL | INCL O&P | |
| 422 | 2210 | Start/stop | | | | Ea. | | | | | 320 | 422 |
| | 2220 | On/off (maintained contact) | | | | " | | | | | 550 | |
| | 3000 | Controller M.U.X. panel, incl. function boards | | | | | | | | | | |
| | 3100 | 48 point | | | | Ea. | | | | | 4,850 | |
| | 3110 | 128 point | | | | " | | | | | 6,650 | |
| | 3200 | D.D.C. controller (avg. 50' run in conduit) | | | | | | | | | | |
| | 3210 | Mechanical room | | | | | | | | | | |
| | 3214 | 16 point controller (incl. 120v/1ph power supply) | | | | Ea. | | | | | 3,000 | |
| | 3229 | 32 point controller (incl. 120v/1ph power supply) | | | | " | | | | | 5,000 | |
| | 3230 | Includes software programming and checkout | | | | | | | | | | |
| | 3260 | Space | | | | | | | | | | |
| | 3266 | V.A.V. terminal box (incl. space temp. sensor) | | | | Ea. | | | | | 775 | |
| | 3280 | Host computer (avg. 50' run in conduit) | | | | | | | | | | |
| | 3281 | Package complete with 386 PC, keyboard | | | | | | | | | | |
| | 3282 | printer, color CRT, modem, basic software | | | | Ea. | | | | | 15,000 | |
| | 4000 | Front end costs | | | | | | | | | | |
| | 4100 | Computer (P.C.)/software program | | | | Ea. | | | | | 6,000 | |
| | 4200 | Color graphics software | | | | | | | | | | 3,600 | |
| | 4300 | Color graphics slides | | | | | | | | | | 450 | |
| | 4350 | Additional dot matrix printer | | | | ↓ | | | | | 900 | |
| | 4400 | Communications trunk cable | | | | L.F. | | | | | 3.50 | |
| | 4500 | Engineering labor, (not incl. dftg.) | | | | Point | | | | | 76 | |
| | 4600 | Calibration labor | | | | | | | | | | 76 | |
| | 4700 | Start-up, checkout labor | | | | ↓ | | | | | 115 | |
| | 4800 | Drafting labor, as req'd | | | | | | | | | | | |
| | 5000 | Communications bus (data transmission cable) | | | | | | | | | | | |
| | 5010 | #18 twisted shielded pair in conduit | | | | C.L.F. | | | | | 850 | |
| | 8000 | Applications software | | | | | | | | | | | |
| | 8050 | Basic maintenance manager software (not incl. data base entry) | | | | Ea. | | | | | 1,800 | |
| | 8100 | Time program | | | | Point | | | | | 6.30 | |
| | 8120 | Duty cycle | | | | | | | | | | 12.55 | |
| | 8140 | Optimum start/stop | | | | | | | | | | 38 | |
| | 8160 | Demand limiting | | | | | | | | | | 18.80 | |
| | 8180 | Enthalpy program | | | | ↓ | | | | | 38 | |
| | 8200 | Boiler optimization | | | | Ea. | | | | | 1,125 | |
| | 8220 | Chiller optimization | | | | " | | | | | 1,500 | |
| | 8240 | Custom applications | | | | | | | | | | | |
| | 8260 | Cost varies with complexity | | | | | | | | | | | |
| 425 | 0010 | **CONTROL SYSTEMS, PNEUMATIC** (Sub's quote incl. mat. & labor) | | | | | | | | | | 425 |
| | 0020 | | | | | | | | | | | |
| | 0100 | Heating and Ventilating, split system | | | | | | | | | | | |
| | 0200 | Mixed air control, economizer cycle, panel readout, tubing | | | | | | | | | | | |
| | 0220 | Up to 10 tons | | | | Ea. | | | | | 4,033 | |
| | 0240 | For 10 to 20 tons, add | | | | ↓ | | | | | 8% | |
| | 0260 | For over 20 tons, add | | | | | | | | | | 17% | |
| | 0270 | Enthalpy cycle, up to 10 tons | | | | | | | | | | 4,890 | |
| | 0280 | For 10 to 20 tons, add | | | | | | | | | | 8% | |
| | 0290 | For over 20 tons, add | | | | ↓ | | | | | 17% | |
| | 0300 | Heating coil, hot water, 3 way valve, | | | | | | | | | | | |
| | 0320 | freezestat, limit control on discharge, readout | | | | Ea. | | | | | 2,885 | |
| | 0500 | Cooling coil, chilled water, room | | | | | | | | | | | |
| | 0520 | thermostat, 3 way valve | | | | Ea. | | | | | 1,222 | |
| | 0600 | Cooling tower, fan cycle, damper control, | | | | | | | | | | | |
| | 0620 | condenser, water readout in/out at panel | | | | Ea. | | | | | 5,040 | |
| | 1000 | Unit ventilator, day/night operation, | | | | | | | | | | | |
| | 1100 | freezestat, ASHRAE, cycle 2 | | | | Ea. | | | | | 2,985 | |

For expanded coverage of these items see *Means Mechanical or Plumbing Cost Data 1994*

## 157 | Air Conditioning and Ventilation

| 157 400 | Accessories | CREW | DAILY OUTPUT | MAN-HOURS | UNIT | 1994 BARE COSTS MAT. | LABOR | EQUIP. | TOTAL | TOTAL INCL O&P |
|---|---|---|---|---|---|---|---|---|---|---|
| 2000 | Compensated hot water from boiler, valve control, | | | | | | | | | |
| 2100 | readout and reset at panel, up to 60 GPM | | | | Ea. | | | | | 5,333 |
| 2120 | For 120 GPM, add | | | | | | | | | 7% |
| 2140 | For 240 GPM, add | | | | | | | | | 12% |
| 3000 | Boiler room combustion air, damper, controls | | | | | | | | | 2,417 |
| 3500 | Fan coil, heating and cooling valves, 4 pipe system | | | | | | | | | 1,156 |
| 3900 | Multizone control (one per zone), includes thermostat, damper | | | | | | | | | |
| 3910 | motor and reset of discharge temperature | | | | Ea. | | | | | 2,788 |
| 4000 | Pneumatic thermostat, controlling room radiator valve | | | | | | | | | 504 |
| 4040 | Program energy saving optimizer | | | | | | | | | 5,007 |
| 4080 | Reheat coil | | | | | | | | | 943 |
| 4500 | Air supply for pneumatic control system | | | | | | | | | |
| 4600 | Tank mounted duplex compressor, starter, alternator, | | | | | | | | | |
| 4620 | piping, dryer, PRV station and filter | | | | | | | | | |
| 4630 | 1/2 HP | | | | Ea. | | | | | 7,719 |
| 4640 | 3/4 HP | | | | | | | | | 8,113 |
| 4650 | 1 HP | | | | | | | | | 8,818 |
| 4660 | 1-1/2 HP | | | | | | | | | 9,379 |
| 4680 | 3 HP | | | | | | | | | 12,223 |
| 4690 | 5 HP | | | | | | | | | 20,497 |
| 4800 | Main air supply, includes 3/8" copper main and labor | | | | C.L.F. | | | | | 589 |
| 4810 | If poly tubing used, deduct | | | | | | | | | 30% |
| 7000 | Static pressure control for air handling unit, includes pressure | | | | | | | | | |
| 7010 | sensor, receiver controller, readout and damper motors | | | | Ea. | | | | | 6,555 |
| 7020 | If return air fan requires control, add | | | | | | | | | 70% |
| 8600 | VAV boxes, incl. thermostat, damper motor, reheat coil & tubing | | | | | | | | | 1,252 |
| 8610 | If no reheat coil, deduct | | | | | | | | | 167 |

## 160 | Raceways

| 160 100 | Cable Trays | CREW | DAILY OUTPUT | MAN-HOURS | UNIT | 1994 BARE COSTS MAT. | LABOR | EQUIP. | TOTAL | TOTAL INCL O&P |
|---|---|---|---|---|---|---|---|---|---|---|
| 0010 | CABLE TRAY Ladder Type w/ftngs & supports, 4" dp., to 15' elev. | | | | | | | | | |
| 0100 | For higher elevations, see 160-130-9900 | | | | | | | | | |
| 0160 | Galv. steel tray | | | | | | | | | |
| 0170 | 4" rung spacing, 6" wide | 1 Elec | 49 | .163 | L.F. | 6.65 | 4.49 | | 11.14 | 14.05 |
| 0180 | 9" wide | | 46 | .174 | | 7.30 | 4.78 | | 12.08 | 15.25 |
| 0200 | 12" wide | | 43 | .186 | | 8 | 5.10 | | 13.10 | 16.50 |
| 0400 | 18" wide | | 41 | .195 | | 9.35 | 5.35 | | 14.70 | 18.35 |
| 0600 | 24" wide | | 39 | .205 | | 10.75 | 5.65 | | 16.40 | 20.50 |
| 0650 | 30" wide | | 34 | .235 | | 13.60 | 6.45 | | 20.05 | 24.50 |
| 0700 | 36" wide | | 30 | .267 | | 15.05 | 7.35 | | 22.40 | 27.50 |
| 0800 | 6" rung spacing, 6" wide | | 50 | .160 | | 6.10 | 4.40 | | 10.50 | 13.30 |
| 0850 | 9" wide | | 47 | .170 | | 6.65 | 4.68 | | 11.33 | 14.35 |
| 0860 | 12" wide | | 44 | .182 | | 7.10 | 5 | | 12.10 | 15.30 |
| 0870 | 18" wide | | 42 | .190 | | 8 | 5.25 | | 13.25 | 16.70 |
| 0880 | 24" wide | | 40 | .200 | | 8.95 | 5.50 | | 14.45 | 18.10 |
| 0890 | 30" wide | | 35 | .229 | | 10.70 | 6.30 | | 17 | 21 |
| 0900 | 36" wide | | 32 | .250 | | 11.65 | 6.90 | | 18.55 | 23 |
| 0910 | 9" rung spacing, 6" wide | | 51 | .157 | | 5.60 | 4.31 | | 9.91 | 12.65 |

## 160 | Raceways

### 160 100 | Cable Trays

| | | CREW | DAILY OUTPUT | MAN-HOURS | UNIT | 1994 BARE COSTS | | | | TOTAL INCL O&P |
|---|---|---|---|---|---|---|---|---|---|---|
| | | | | | | MAT. | LABOR | EQUIP. | TOTAL | |
| 0920 | 9" wide | 1 Elec | 49 | .163 | L.F. | 6.05 | 4.49 | | 10.54 | 13.40 |
| 0930 | 12" wide | | 47 | .170 | | 6.40 | 4.68 | | 11.08 | 14.10 |
| 0940 | 18" wide | | 45 | .178 | | 7 | 4.89 | | 11.89 | 15.05 |
| 0950 | 24" wide | | 43 | .186 | | 7.55 | 5.10 | | 12.65 | 16 |
| 0960 | 30" wide | | 40 | .200 | | 8.85 | 5.50 | | 14.35 | 18 |
| 0970 | 36" wide | | 37 | .216 | | 9.45 | 5.95 | | 15.40 | 19.35 |
| 0980 | 12" rung spacing, 6" wide | | 53 | .151 | | 5.55 | 4.15 | | 9.70 | 12.35 |
| 0990 | 9" wide | | 52 | .154 | | 5.80 | 4.23 | | 10.03 | 12.75 |
| 1000 | 12" wide | | 50 | .160 | | 6.05 | 4.40 | | 10.45 | 13.25 |
| 1010 | 18" wide | | 48 | .167 | | 6.50 | 4.58 | | 11.08 | 14.05 |
| 1020 | 24" wide | | 47 | .170 | | 7 | 4.68 | | 11.68 | 14.75 |
| 1030 | 30" wide | | 44 | .182 | | 7.90 | 5 | | 12.90 | 16.20 |
| 1040 | 36" wide | | 42 | .190 | | 8.35 | 5.25 | | 13.60 | 17.10 |
| 1041 | 18" rung spacing, 6" wide | | 54 | .148 | | 5.50 | 4.07 | | 9.57 | 12.20 |
| 1042 | 9" wide | | 53 | .151 | | 5.65 | 4.15 | | 9.80 | 12.45 |
| 1043 | 12" wide | | 51 | .157 | | 6 | 4.31 | | 10.31 | 13.10 |
| 1044 | 18" wide | | 49 | .163 | | 6.30 | 4.49 | | 10.79 | 13.70 |
| 1045 | 24" wide | | 48 | .167 | | 6.50 | 4.58 | | 11.08 | 14.05 |
| 1046 | 30" wide | | 45 | .178 | | 6.80 | 4.89 | | 11.69 | 14.85 |
| 1047 | 36" wide | | 43 | .186 | | 7.05 | 5.10 | | 12.15 | 15.45 |
| 1050 | Elbows, horiz. 9" rung spacing 90° 12" radius, 6" wide | | 4.80 | 1.667 | Ea. | 24 | 46 | | 70 | 95.50 |
| 1060 | 9" wide | | 4.20 | 1.905 | | 26 | 52.50 | | 78.50 | 108 |
| 1070 | 12" wide | | 3.80 | 2.105 | | 29 | 58 | | 87 | 119 |
| 1080 | 18" wide | | 3.10 | 2.581 | | 37 | 71 | | 108 | 148 |
| 1090 | 24" wide | | 2.70 | 2.963 | | 42 | 81.50 | | 123.50 | 169 |
| 1100 | 30" wide | | 2.40 | 3.333 | | 55 | 91.50 | | 146.50 | 199 |
| 1110 | 36" wide | | 2.10 | 3.810 | | 65 | 105 | | 170 | 230 |
| 1120 | 90° 24" radius, 6" wide | | 4.60 | 1.739 | | 39 | 48 | | 87 | 115 |
| 1130 | 9" wide | | 4 | 2 | | 42 | 55 | | 97 | 129 |
| 1140 | 12" wide | | 3.60 | 2.222 | | 44 | 61 | | 105 | 141 |
| 1150 | 18" wide | | 2.90 | 2.759 | | 53 | 76 | | 129 | 173 |
| 1160 | 24" wide | | 2.50 | 3.200 | | 58 | 88 | | 146 | 196 |
| 1170 | 30" wide | | 2.20 | 3.636 | | 74 | 100 | | 174 | 232 |
| 1180 | 36" wide | | 1.90 | 4.211 | | 79 | 116 | | 195 | 261 |
| 1190 | 90° 36" radius, 6" wide | | 4.40 | 1.818 | | 56 | 50 | | 106 | 137 |
| 1200 | 9" wide | | 3.80 | 2.105 | | 59 | 58 | | 117 | 152 |
| 1210 | 12" wide | | 3.40 | 2.353 | | 62 | 64.50 | | 126.50 | 166 |
| 1220 | 18" wide | | 2.70 | 2.963 | | 71 | 81.50 | | 152.50 | 201 |
| 1230 | 24" wide | | 2.30 | 3.478 | | 77 | 95.50 | | 172.50 | 229 |
| 1240 | 30" wide | | 2 | 4 | | 94 | 110 | | 204 | 268 |
| 1250 | 36" wide | | 1.70 | 4.706 | | 103 | 129 | | 232 | 310 |
| 1260 | 45° 12" radius, 6" wide | | 6.60 | 1.212 | | 18.65 | 33.50 | | 52.15 | 70.50 |
| 1270 | 9" wide | | 5.50 | 1.455 | | 19.60 | 40 | | 59.60 | 81.50 |
| 1280 | 12" wide | | 4.80 | 1.667 | | 20.50 | 46 | | 66.50 | 91.50 |
| 1290 | 18" wide | | 3.80 | 2.105 | | 22 | 58 | | 80 | 111 |
| 1300 | 24" wide | | 3.10 | 2.581 | | 28 | 71 | | 99 | 138 |
| 1310 | 30" wide | | 2.70 | 2.963 | | 35 | 81.50 | | 116.50 | 162 |
| 1320 | 36" wide | | 2.30 | 3.478 | | 37 | 95.50 | | 132.50 | 185 |
| 1330 | 45° 24" radius, 6" wide | | 6.40 | 1.250 | | 24 | 34.50 | | 58.50 | 78 |
| 1340 | 9" wide | | 5.30 | 1.509 | | 25.50 | 41.50 | | 67 | 90.50 |
| 1350 | 12" wide | | 4.60 | 1.739 | | 29 | 48 | | 77 | 104 |
| 1360 | 18" wide | | 3.60 | 2.222 | | 30 | 61 | | 91 | 125 |
| 1370 | 24" wide | | 2.90 | 2.759 | | 35 | 76 | | 111 | 153 |
| 1380 | 30" wide | | 2.50 | 3.200 | | 43 | 88 | | 131 | 180 |
| 1390 | 36" wide | | 2.10 | 3.810 | | 49 | 105 | | 154 | 212 |
| 1400 | 45° 36" radius, 6" wide | | 6.20 | 1.290 | | 34 | 35.50 | | 69.50 | 91 |

## 160 | Raceways

### 160 100 | Cable Trays

| | | CREW | DAILY OUTPUT | MAN-HOURS | UNIT | 1994 BARE COSTS MAT. | LABOR | EQUIP. | TOTAL | TOTAL INCL O&P | |
|---|---|---|---|---|---|---|---|---|---|---|---|
| 105 | 1410 | 9" wide | 1 Elec | 5.10 | 1.569 | Ea. | 36 | 43 | | 79 | 105 | 105 |
| | 1420 | 12" wide | | 4.40 | 1.818 | | 37 | 50 | | 87 | 116 | |
| | 1430 | 18" wide | | 3.40 | 2.353 | | 40 | 64.50 | | 104.50 | 142 | |
| | 1440 | 24" wide | | 2.70 | 2.963 | | 43 | 81.50 | | 124.50 | 171 | |
| | 1450 | 30" wide | | 2.30 | 3.478 | | 55 | 95.50 | | 150.50 | 205 | |
| | 1460 | 36" wide | | 1.90 | 4.211 | | 61 | 116 | | 177 | 241 | |
| | 1470 | Elbows horizontal, 4" rung spacing, use 9" rung x 1.50 | | | | | | | | | | |
| | 1480 | 6" rung spacing use 9" rung x 1.20 | | | | | | | | | | |
| | 1490 | 12" rung spacing use 9" rung x .93 | | | | | | | | | | |
| | 1500 | Elbows vert. 90° 9" rung spacing, 12" radius, 6" wide | 1 Elec | 4.80 | 1.667 | Ea. | 33.50 | 46 | | 79.50 | 106 | |
| | 1510 | 9" wide | | 4.20 | 1.905 | | 34.50 | 52.50 | | 87 | 117 | |
| | 1520 | 12" wide | | 3.80 | 2.105 | | 35 | 58 | | 93 | 126 | |
| | 1530 | 18" wide | | 3.10 | 2.581 | | 37 | 71 | | 108 | 148 | |
| | 1540 | 24" wide | | 2.70 | 2.963 | | 39 | 81.50 | | 120.50 | 166 | |
| | 1550 | 30" wide | | 2.40 | 3.333 | | 42 | 91.50 | | 133.50 | 184 | |
| | 1560 | 36" wide | | 2.10 | 3.810 | | 44 | 105 | | 149 | 207 | |
| | 1570 | 24" radius, 6" wide | | 4.60 | 1.739 | | 49 | 48 | | 97 | 126 | |
| | 1580 | 9" wide | | 4 | 2 | | 50 | 55 | | 105 | 138 | |
| | 1590 | 12" wide | | 3.60 | 2.222 | | 51 | 61 | | 112 | 148 | |
| | 1600 | 18" wide | | 2.90 | 2.759 | | 55 | 76 | | 131 | 175 | |
| | 1610 | 24" wide | | 2.50 | 3.200 | | 57 | 88 | | 145 | 195 | |
| | 1620 | 30" wide | | 2.20 | 3.636 | | 65 | 100 | | 165 | 222 | |
| | 1630 | 36" wide | | 1.90 | 4.211 | | 67 | 116 | | 183 | 248 | |
| | 1640 | 36" radius, 6" wide | | 4.40 | 1.818 | | 65 | 50 | | 115 | 147 | |
| | 1650 | 9" wide | | 3.80 | 2.105 | | 66.50 | 58 | | 124.50 | 160 | |
| | 1660 | 12" wide | | 3.40 | 2.353 | | 68 | 64.50 | | 132.50 | 173 | |
| | 1670 | 18" wide | | 2.70 | 2.963 | | 74 | 81.50 | | 155.50 | 205 | |
| | 1680 | 24" wide | | 2.30 | 3.478 | | 75 | 95.50 | | 170.50 | 227 | |
| | 1690 | 30" wide | | 2 | 4 | | 85 | 110 | | 195 | 259 | |
| | 1700 | 36" wide | | 1.70 | 4.706 | | 89 | 129 | | 218 | 293 | |
| | 1710 | Elbows vertical, 4" rung spacing, use 9" rung x 1.25 | | | | | | | | | | |
| | 1720 | 6" rung spacing, use 9" rung x 1.15 | | | | | | | | | | |
| | 1730 | 12" rung spacing, use 9" rung x .90 | | | | | | | | | | |
| | 1740 | Tee horizontal, 9" rung spacing, 12" radius, 6" wide | 1 Elec | 2.50 | 3.200 | Ea. | 53 | 88 | | 141 | 191 | |
| | 1750 | 9" wide | | 2.30 | 3.478 | | 56 | 95.50 | | 151.50 | 206 | |
| | 1760 | 12" wide | | 2.20 | 3.636 | | 60 | 100 | | 160 | 216 | |
| | 1770 | 18" wide | | 2 | 4 | | 68 | 110 | | 178 | 240 | |
| | 1780 | 24" wide | | 1.80 | 4.444 | | 80 | 122 | | 202 | 272 | |
| | 1790 | 30" wide | | 1.70 | 4.706 | | 96 | 129 | | 225 | 300 | |
| | 1800 | 36" wide | | 1.50 | 5.333 | | 111 | 147 | | 258 | 345 | |
| | 1810 | 24" radius, 6" wide | | 2.30 | 3.478 | | 96 | 95.50 | | 191.50 | 250 | |
| | 1820 | 9" wide | | 2.10 | 3.810 | | 102 | 105 | | 207 | 270 | |
| | 1830 | 12" wide | | 2 | 4 | | 107 | 110 | | 217 | 283 | |
| | 1840 | 18" wide | | 1.80 | 4.444 | | 117 | 122 | | 239 | 315 | |
| | 1850 | 24" wide | | 1.60 | 5 | | 127 | 138 | | 265 | 345 | |
| | 1860 | 30" wide | | 1.50 | 5.333 | | 148 | 147 | | 295 | 385 | |
| | 1870 | 36" wide | | 1.30 | 6.154 | | 163 | 169 | | 332 | 435 | |
| | 1880 | 36" radius, 6" wide | | 2.10 | 3.810 | | 137 | 105 | | 242 | 310 | |
| | 1890 | 9" wide | | 1.90 | 4.211 | | 143 | 116 | | 259 | 330 | |
| | 1900 | 12" wide | | 1.80 | 4.444 | | 151 | 122 | | 273 | 350 | |
| | 1910 | 18" wide | | 1.60 | 5 | | 163 | 138 | | 301 | 385 | |
| | 1920 | 24" wide | | 1.40 | 5.714 | | 184 | 157 | | 341 | 440 | |
| | 1930 | 30" wide | | 1.30 | 6.154 | | 200 | 169 | | 369 | 475 | |
| | 1940 | 36" wide | | 1.10 | 7.273 | | 216 | 200 | | 416 | 540 | |
| | 1980 | Tee vertical, 9" rung spacing 12" radius, 6" wide | | 2.70 | 2.963 | | 107 | 81.50 | | 188.50 | 241 | |
| | 1990 | 9" wide | | 2.60 | 3.077 | | 108 | 84.50 | | 192.50 | 246 | |

## 160 | Raceways

### 160 100 | Cable Trays

| | | | CREW | DAILY OUTPUT | MAN-HOURS | UNIT | 1994 BARE COSTS | | | | TOTAL INCL O&P |
|---|---|---|---|---|---|---|---|---|---|---|---|
| | | | | | | | MAT. | LABOR | EQUIP. | TOTAL | |
| 105 | 2000 | 12" wide | 1 Elec | 2.50 | 3.200 | Ea. | 109 | 88 | | 197 | 252 |
| | 2010 | 18" wide | | 2.30 | 3.478 | | 111 | 95.50 | | 206.50 | 266 |
| | 2020 | 24" wide | | 2.20 | 3.636 | | 113 | 100 | | 213 | 274 |
| | 2030 | 30" wide | | 2 | 4 | | 121 | 110 | | 231 | 298 |
| | 2040 | 36" wide | | 1.80 | 4.444 | | 124 | 122 | | 246 | 320 |
| | 2050 | 24" radius, 6" wide | | 2.50 | 3.200 | | 216 | 88 | | 304 | 370 |
| | 2060 | 9" wide | | 2.40 | 3.333 | | 219 | 91.50 | | 310.50 | 380 |
| | 2070 | 12" wide | | 2.30 | 3.478 | | 227 | 95.50 | | 322.50 | 395 |
| | 2080 | 18" wide | | 2.10 | 3.810 | | 232 | 105 | | 337 | 415 |
| | 2090 | 24" wide | | 2 | 4 | | 238 | 110 | | 348 | 425 |
| | 2100 | 30" wide | | 1.80 | 4.444 | | 256 | 122 | | 378 | 465 |
| | 2110 | 36" wide | | 1.60 | 5 | | 267 | 138 | | 405 | 500 |
| | 2120 | 36" radius, 6" wide | | 2.30 | 3.478 | | 360 | 95.50 | | 455.50 | 540 |
| | 2130 | 9" wide | | 2.20 | 3.636 | | 365 | 100 | | 465 | 550 |
| | 2140 | 12" wide | | 2.10 | 3.810 | | 370 | 105 | | 475 | 565 |
| | 2150 | 18" wide | | 1.90 | 4.211 | | 375 | 116 | | 491 | 590 |
| | 2160 | 24" wide | | 1.80 | 4.444 | | 385 | 122 | | 507 | 610 |
| | 2170 | 30" wide | | 1.60 | 5 | | 395 | 138 | | 533 | 640 |
| | 2180 | 36" wide | | 1.40 | 5.714 | | 400 | 157 | | 557 | 675 |
| | 2190 | Tee, 4" rung spacing, use 9" rung x 1.30 | | | | | | | | | |
| | 2200 | 6" rung spacing, use 9" rung x 1.20 | | | | | | | | | |
| | 2210 | 12" rung spacing, use 9" rung x .90 | | | | | | | | | |
| | 2220 | Cross horizontal 9" rung spacing, 12" radius, 6" wide | 1 Elec | 2 | 4 | Ea. | 73 | 110 | | 183 | 246 |
| | 2230 | 9" wide | | 1.90 | 4.211 | | 77 | 116 | | 193 | 259 |
| | 2240 | 12" wide | | 1.80 | 4.444 | | 84 | 122 | | 206 | 277 |
| | 2250 | 18" wide | | 1.70 | 4.706 | | 92 | 129 | | 221 | 296 |
| | 2260 | 24" wide | | 1.50 | 5.333 | | 102 | 147 | | 249 | 335 |
| | 2270 | 30" wide | | 1.40 | 5.714 | | 123 | 157 | | 280 | 370 |
| | 2280 | 36" wide | | 1.30 | 6.154 | | 138 | 169 | | 307 | 405 |
| | 2290 | 24" radius, 6" wide | | 1.80 | 4.444 | | 143 | 122 | | 265 | 340 |
| | 2300 | 9" wide | | 1.70 | 4.706 | | 148 | 129 | | 277 | 360 |
| | 2310 | 12" wide | | 1.60 | 5 | | 157 | 138 | | 295 | 380 |
| | 2320 | 18" wide | | 1.50 | 5.333 | | 164 | 147 | | 311 | 400 |
| | 2330 | 24" wide | | 1.30 | 6.154 | | 184 | 169 | | 353 | 455 |
| | 2340 | 30" wide | | 1.20 | 6.667 | | 200 | 183 | | 383 | 495 |
| | 2350 | 36" wide | | 1.10 | 7.273 | | 216 | 200 | | 416 | 540 |
| | 2360 | 36" radius, 6" wide | | 1.60 | 5 | | 200 | 138 | | 338 | 425 |
| | 2370 | 9" wide | | 1.50 | 5.333 | | 206 | 147 | | 353 | 450 |
| | 2380 | 12" wide | | 1.40 | 5.714 | | 217 | 157 | | 374 | 475 |
| | 2390 | 18" wide | | 1.30 | 6.154 | | 241 | 169 | | 410 | 520 |
| | 2400 | 24" wide | | 1.10 | 7.273 | | 266 | 200 | | 466 | 595 |
| | 2410 | 30" wide | | 1 | 8 | | 284 | 220 | | 504 | 640 |
| | 2420 | 36" wide | | .90 | 8.889 | | 305 | 244 | | 549 | 705 |
| | 2430 | Cross horizontal, 4" rung spacing, use 9" rung x 1.30 | | | | | | | | | |
| | 2440 | 6" rung spacing, use 9" rung x 1.20 | | | | | | | | | |
| | 2450 | 12" rung spacing, use 9" rung x .90 | | | | | | | | | |
| | 2460 | Reducer, 9" to 6" wide | 1 Elec | 6.50 | 1.231 | Ea. | 47.50 | 34 | | 81.50 | 104 |
| | 2470 | 12" to 9" wide tray | | 6 | 1.333 | | 48 | 36.50 | | 84.50 | 108 |
| | 2480 | 18" to 12" wide tray | | 5.20 | 1.538 | | 49 | 42.50 | | 91.50 | 118 |
| | 2490 | 24" to 18" wide tray | | 4.50 | 1.778 | | 51 | 49 | | 100 | 130 |
| | 2500 | 30" to 24" wide tray | | 4 | 2 | | 53 | 55 | | 108 | 141 |
| | 2510 | 36" to 30" wide tray | | 3.50 | 2.286 | | 55 | 63 | | 118 | 155 |
| | 2511 | Reducer, 18" to 6" wide tray | | 5.20 | 1.538 | | 49 | 42.50 | | 91.50 | 118 |
| | 2512 | 24" to 12" wide tray | | 4.50 | 1.778 | | 50 | 49 | | 99 | 129 |
| | 2513 | 30" to 18" wide tray | | 4 | 2 | | 55 | 55 | | 110 | 143 |
| | 2514 | 30" to 12" wide tray | | 4 | 2 | | 53 | 55 | | 108 | 141 |

## 160 | Raceways

### 160 100 | Cable Trays

| | | CREW | DAILY OUTPUT | MAN-HOURS | UNIT | 1994 BARE COSTS MAT. | LABOR | EQUIP. | TOTAL | TOTAL INCL O&P | |
|---|---|---|---|---|---|---|---|---|---|---|---|
| 2515 | 36" to 24" wide tray | 1 Elec | 3.50 | 2.286 | Ea. | 56 | 63 | | 119 | 156 | 105 |
| 2516 | 36" to 18" wide tray | | 3.50 | 2.286 | | 56 | 63 | | 119 | 156 | |
| 2517 | 36" to 12" wide tray | | 3.50 | 2.286 | | 56 | 63 | | 119 | 156 | |
| 2520 | Dropout or end plate, 6" wide | | 16 | .500 | | 4 | 13.75 | | 17.75 | 25 | |
| 2530 | 9" wide | | 14 | .571 | | 4.65 | 15.70 | | 20.35 | 28.50 | |
| 2540 | 12" wide | | 13 | .615 | | 5.15 | 16.90 | | 22.05 | 31 | |
| 2550 | 18" wide | | 11 | .727 | | 6.05 | 20 | | 26.05 | 36.50 | |
| 2560 | 24" wide | | 10 | .800 | | 7.30 | 22 | | 29.30 | 41 | |
| 2570 | 30" wide | | 9 | .889 | | 8 | 24.50 | | 32.50 | 46 | |
| 2580 | 36" wide | | 8 | 1 | | 9.15 | 27.50 | | 36.65 | 51.50 | |
| 2590 | Tray connector | | 24 | .333 | ↓ | 7.10 | 9.15 | | 16.25 | 21.50 | |
| 3200 | Aluminum tray, 4" deep, 6" rung spacing, 6" wide | | 67 | .119 | L.F. | 9.65 | 3.28 | | 12.93 | 15.55 | |
| 3210 | 9" wide | | 64 | .125 | | 10.25 | 3.44 | | 13.69 | 16.45 | |
| 3220 | 12" wide | | 62 | .129 | | 10.80 | 3.55 | | 14.35 | 17.25 | |
| 3230 | 18" wide | | 57 | .140 | | 12 | 3.86 | | 15.86 | 19 | |
| 3240 | 24" wide | | 53 | .151 | | 13.35 | 4.15 | | 17.50 | 21 | |
| 3250 | 30" wide | | 50 | .160 | | 14.65 | 4.40 | | 19.05 | 22.50 | |
| 3260 | 36" wide | | 47 | .170 | | 15.85 | 4.68 | | 20.53 | 24.50 | |
| 3270 | 9" rung spacing, 6" wide | | 70 | .114 | | 8.45 | 3.14 | | 11.59 | 14.05 | |
| 3280 | 9" wide | | 67 | .119 | | 8.80 | 3.28 | | 12.08 | 14.65 | |
| 3290 | 12" wide | | 65 | .123 | | 9.10 | 3.38 | | 12.48 | 15.10 | |
| 3300 | 18" wide | | 61 | .131 | | 10 | 3.61 | | 13.61 | 16.40 | |
| 3310 | 24" wide | | 58 | .138 | | 10.65 | 3.79 | | 14.44 | 17.40 | |
| 3320 | 30" wide | | 54 | .148 | | 11.60 | 4.07 | | 15.67 | 18.90 | |
| 3330 | 36" wide | | 50 | .160 | | 12.55 | 4.40 | | 16.95 | 20.50 | |
| 3340 | 12" rung spacing, 6" wide | | 73 | .110 | | 8.25 | 3.01 | | 11.26 | 13.60 | |
| 3350 | 9" wide | | 70 | .114 | | 8.35 | 3.14 | | 11.49 | 13.95 | |
| 3360 | 12" wide | | 67 | .119 | | 8.65 | 3.28 | | 11.93 | 14.45 | |
| 3370 | 18" wide | | 64 | .125 | | 9.10 | 3.44 | | 12.54 | 15.15 | |
| 3380 | 24" wide | | 62 | .129 | | 9.70 | 3.55 | | 13.25 | 16 | |
| 3390 | 30" wide | | 57 | .140 | | 10.30 | 3.86 | | 14.16 | 17.15 | |
| 3400 | 36" wide | | 53 | .151 | | 10.85 | 4.15 | | 15 | 18.20 | |
| 3401 | 18" rung spacing, 6" wide | | 75 | .107 | | 8.20 | 2.93 | | 11.13 | 13.40 | |
| 3402 | 9" wide tray | | 72 | .111 | | 8.30 | 3.06 | | 11.36 | 13.75 | |
| 3403 | 12" wide tray | | 70 | .114 | | 8.60 | 3.14 | | 11.74 | 14.20 | |
| 3404 | 18" wide tray | | 67 | .119 | | 9.05 | 3.28 | | 12.33 | 14.90 | |
| 3405 | 24" wide tray | | 65 | .123 | | 9.30 | 3.38 | | 12.68 | 15.35 | |
| 3406 | 30" wide tray | | 60 | .133 | | 9.65 | 3.67 | | 13.32 | 16.10 | |
| 3407 | 36" wide tray | | 55 | .145 | ↓ | 10.10 | 4 | | 14.10 | 17.10 | |
| 3410 | Elbows horiz. 9" rung spacing, 90° 12" radius, 6" wide | | 4.80 | 1.667 | Ea. | 32.50 | 46 | | 78.50 | 105 | |
| 3420 | 9" wide | | 4.20 | 1.905 | | 33.50 | 52.50 | | 86 | 116 | |
| 3430 | 12" wide | | 3.80 | 2.105 | | 39 | 58 | | 97 | 130 | |
| 3440 | 18" wide | | 3.10 | 2.581 | | 45 | 71 | | 116 | 157 | |
| 3450 | 24" wide | | 2.70 | 2.963 | | 55 | 81.50 | | 136.50 | 184 | |
| 3460 | 30" wide | | 2.40 | 3.333 | | 58 | 91.50 | | 149.50 | 202 | |
| 3470 | 36" wide | | 2.10 | 3.810 | | 72 | 105 | | 177 | 237 | |
| 3480 | 24" radius, 6" wide | | 4.60 | 1.739 | | 46 | 48 | | 94 | 123 | |
| 3490 | 9" wide | | 4 | 2 | | 51 | 55 | | 106 | 139 | |
| 3500 | 12" wide | | 3.60 | 2.222 | | 54 | 61 | | 115 | 152 | |
| 3510 | 18" wide | | 2.90 | 2.759 | | 63 | 76 | | 139 | 184 | |
| 3520 | 24" wide | | 2.50 | 3.200 | | 73 | 88 | | 161 | 213 | |
| 3530 | 30" wide | | 2.20 | 3.636 | | 81 | 100 | | 181 | 239 | |
| 3540 | 36" wide | | 1.90 | 4.211 | | 94 | 116 | | 210 | 277 | |
| 3550 | 90°, 36" radius, 6" wide | | 4.40 | 1.818 | | 63 | 50 | | 113 | 145 | |
| 3560 | 9" wide | | 3.80 | 2.105 | | 65 | 58 | | 123 | 159 | |
| 3570 | 12" wide | | 3.40 | 2.353 | | 73 | 64.50 | | 137.50 | 178 | |

## 160 | Raceways

### 160 100 | Cable Trays

| | | Crew | Daily Output | Man-Hours | Unit | 1994 Bare Costs Mat. | Labor | Equip. | Total | Total Incl O&P | |
|---|---|---|---|---|---|---|---|---|---|---|---|
| 3580 | 18" wide | 1 Elec | 2.70 | 2.963 | Ea. | 81 | 81.50 | | 162.50 | 212 | 105 |
| 3590 | 24" wide | | 2.30 | 3.478 | | 93 | 95.50 | | 188.50 | 246 | |
| 3600 | 30" wide | | 2 | 4 | | 102 | 110 | | 212 | 277 | |
| 3610 | 36" wide | | 1.70 | 4.706 | | 117 | 129 | | 246 | 325 | |
| 3620 | 45° 12" radius, 6" wide | | 6.60 | 1.212 | | 21.50 | 33.50 | | 55 | 73.50 | |
| 3630 | 9" wide | | 5.50 | 1.455 | | 22 | 40 | | 62 | 84 | |
| 3640 | 12" wide | | 4.80 | 1.667 | | 23 | 46 | | 69 | 94.50 | |
| 3650 | 18" wide | | 3.80 | 2.105 | | 27 | 58 | | 85 | 117 | |
| 3660 | 24" wide | | 3.10 | 2.581 | | 33.50 | 71 | | 104.50 | 144 | |
| 3670 | 30" wide | | 2.70 | 2.963 | | 38 | 81.50 | | 119.50 | 165 | |
| 3680 | 36" wide | | 2.30 | 3.478 | | 40 | 95.50 | | 135.50 | 188 | |
| 3690 | 45° 24" radius, 6" wide | | 6.40 | 1.250 | | 29 | 34.50 | | 63.50 | 83.50 | |
| 3700 | 9" wide | | 5.30 | 1.509 | | 32.50 | 41.50 | | 74 | 98.50 | |
| 3710 | 12" wide | | 4.60 | 1.739 | | 33.50 | 48 | | 81.50 | 109 | |
| 3720 | 18" wide | | 3.60 | 2.222 | | 35 | 61 | | 96 | 131 | |
| 3730 | 24" wide | | 2.90 | 2.759 | | 41 | 76 | | 117 | 159 | |
| 3740 | 30" wide | | 2.50 | 3.200 | | 50 | 88 | | 138 | 187 | |
| 3750 | 36" wide | | 2.10 | 3.810 | | 52 | 105 | | 157 | 215 | |
| 3760 | 45° 36" radius, 6" wide | | 6.20 | 1.290 | | 38 | 35.50 | | 73.50 | 95.50 | |
| 3770 | 9" wide | | 5.10 | 1.569 | | 39 | 43 | | 82 | 108 | |
| 3780 | 12" wide | | 4.40 | 1.818 | | 40 | 50 | | 90 | 119 | |
| 3790 | 18" wide | | 3.40 | 2.353 | | 45 | 64.50 | | 109.50 | 147 | |
| 3800 | 24" wide | | 2.70 | 2.963 | | 54 | 81.50 | | 135.50 | 183 | |
| 3810 | 30" wide | | 2.30 | 3.478 | | 57 | 95.50 | | 152.50 | 207 | |
| 3820 | 36" wide | | 1.90 | 4.211 | | 64 | 116 | | 180 | 245 | |
| 3830 | Elbows horizontal, 4" rung spacing, use 9" rung x 1.50 | | | | | | | | | | |
| 3840 | 6" rung spacing, use 9" rung x 1.20 | | | | | | | | | | |
| 3850 | 12" rung spacing, use 9" rung x .93 | | | | | | | | | | |
| 3860 | Elbows vertical 9" rung spacing 90°, 12" radius, 6" wide | 1 Elec | 4.80 | 1.667 | Ea. | 46 | 46 | | 92 | 120 | |
| 3870 | 9" wide | | 4.20 | 1.905 | | 48 | 52.50 | | 100.50 | 132 | |
| 3880 | 12" wide | | 3.80 | 2.105 | | 49 | 58 | | 107 | 141 | |
| 3890 | 18" wide | | 3.10 | 2.581 | | 51 | 71 | | 122 | 163 | |
| 3900 | 24" wide | | 2.70 | 2.963 | | 53 | 81.50 | | 134.50 | 182 | |
| 3910 | 30" wide | | 2.40 | 3.333 | | 55 | 91.50 | | 146.50 | 199 | |
| 3920 | 36" wide | | 2.10 | 3.810 | | 56 | 105 | | 161 | 220 | |
| 3930 | 24" radius, 6" wide | | 4.60 | 1.739 | | 66 | 48 | | 114 | 145 | |
| 3940 | 9" wide | | 4 | 2 | | 67 | 55 | | 122 | 156 | |
| 3950 | 12" wide | | 3.60 | 2.222 | | 68 | 61 | | 129 | 167 | |
| 3960 | 18" wide | | 2.90 | 2.759 | | 72 | 76 | | 148 | 193 | |
| 3970 | 24" wide | | 2.50 | 3.200 | | 75 | 88 | | 163 | 215 | |
| 3980 | 30" wide | | 2.20 | 3.636 | | 77 | 100 | | 177 | 235 | |
| 3990 | 36" wide | | 1.90 | 4.211 | | 81 | 116 | | 197 | 263 | |
| 4000 | 36" radius, 6" wide | | 4.40 | 1.818 | | 82 | 50 | | 132 | 165 | |
| 4010 | 9" wide | | 3.80 | 2.105 | | 84 | 58 | | 142 | 180 | |
| 4020 | 12" wide | | 3.40 | 2.353 | | 89 | 64.50 | | 153.50 | 196 | |
| 4030 | 18" wide | | 2.70 | 2.963 | | 93 | 81.50 | | 174.50 | 225 | |
| 4040 | 24" wide | | 2.30 | 3.478 | | 97 | 95.50 | | 192.50 | 251 | |
| 4050 | 30" wide | | 2 | 4 | | 103 | 110 | | 213 | 278 | |
| 4060 | 36" wide | | 1.70 | 4.706 | | 107 | 129 | | 236 | 315 | |
| 4070 | Elbows vertical, 4" rung spacing, use 9" rung x 1.25 | | | | | | | | | | |
| 4080 | 6" rung spacing, use 9" rung x 1.15 | | | | | | | | | | |
| 4090 | 12" rung spacing, use 9" rung x .90 | | | | | | | | | | |
| 4100 | Tee horizontal 9" rung spacing, 12" radius, 6" wide | 1 Elec | 2.50 | 3.200 | Ea. | 55 | 88 | | 143 | 193 | |
| 4110 | 9" wide | | 2.30 | 3.478 | | 57 | 95.50 | | 152.50 | 207 | |
| 4120 | 12" wide | | 2.20 | 3.636 | | 58 | 100 | | 158 | 214 | |
| 4130 | 18" wide | | 2.10 | 3.810 | | 71 | 105 | | 176 | 236 | |

## 160 | Raceways

### 160 100 | Cable Trays

| | | | CREW | DAILY OUTPUT | MAN-HOURS | UNIT | MAT. | LABOR | EQUIP. | TOTAL | TOTAL INCL O&P | |
|---|---|---|---|---|---|---|---|---|---|---|---|---|
| 105 | 4140 | 24" wide | 1 Elec | 2 | 4 | Ea. | 78 | 110 | | 188 | 251 | 105 |
| | 4150 | 30" wide | | 1.80 | 4.444 | | 90 | 122 | | 212 | 283 | |
| | 4160 | 36" wide | | 1.70 | 4.706 | | 107 | 129 | | 236 | 315 | |
| | 4170 | 24" radius, 6" wide | | 2.30 | 3.478 | | 93 | 95.50 | | 188.50 | 246 | |
| | 4180 | 9" wide | | 2.10 | 3.810 | | 99 | 105 | | 204 | 267 | |
| | 4190 | 12" wide | | 2 | 4 | | 104 | 110 | | 214 | 279 | |
| | 4200 | 18" wide | | 1.90 | 4.211 | | 118 | 116 | | 234 | 305 | |
| | 4210 | 24" wide | | 1.80 | 4.444 | | 125 | 122 | | 247 | 320 | |
| | 4220 | 30" wide | | 1.60 | 5 | | 140 | 138 | | 278 | 360 | |
| | 4230 | 36" wide | | 1.50 | 5.333 | | 206 | 147 | | 353 | 450 | |
| | 4240 | 36" radius, 6" wide | | 2.10 | 3.810 | | 134 | 105 | | 239 | 305 | |
| | 4250 | 9" wide | | 1.90 | 4.211 | | 138 | 116 | | 254 | 325 | |
| | 4260 | 12" wide | | 1.80 | 4.444 | | 150 | 122 | | 272 | 350 | |
| | 4270 | 18" wide | | 1.70 | 4.706 | | 159 | 129 | | 288 | 370 | |
| | 4280 | 24" wide | | 1.60 | 5 | | 175 | 138 | | 313 | 400 | |
| | 4290 | 30" wide | | 1.40 | 5.714 | | 222 | 157 | | 379 | 480 | |
| | 4300 | 36" wide | | 1.30 | 6.154 | | 246 | 169 | | 415 | 525 | |
| | 4310 | Tee vertical 9" rung spacing, 12" radius, 6" wide | | 2.70 | 2.963 | | 130 | 81.50 | | 211.50 | 266 | |
| | 4320 | 9" wide | | 2.60 | 3.077 | | 134 | 84.50 | | 218.50 | 274 | |
| | 4330 | 12" wide | | 2.50 | 3.200 | | 135 | 88 | | 223 | 281 | |
| | 4340 | 18" wide | | 2.30 | 3.478 | | 138 | 95.50 | | 233.50 | 296 | |
| | 4350 | 24" wide | | 2.20 | 3.636 | | 148 | 100 | | 248 | 315 | |
| | 4360 | 30" wide | | 2.10 | 3.810 | | 152 | 105 | | 257 | 325 | |
| | 4370 | 36" wide | | 2 | 4 | | 157 | 110 | | 267 | 340 | |
| | 4380 | 24" radius, 6" wide | | 2.50 | 3.200 | | 273 | 88 | | 361 | 430 | |
| | 4390 | 9" wide | | 2.40 | 3.333 | | 279 | 91.50 | | 370.50 | 445 | |
| | 4400 | 12" wide | | 2.30 | 3.478 | | 281 | 95.50 | | 376.50 | 455 | |
| | 4410 | 18" wide | | 2.10 | 3.810 | | 284 | 105 | | 389 | 470 | |
| | 4420 | 24" wide | | 2 | 4 | | 287 | 110 | | 397 | 480 | |
| | 4430 | 30" wide | | 1.90 | 4.211 | | 293 | 116 | | 409 | 495 | |
| | 4440 | 36" wide | | 1.80 | 4.444 | | 305 | 122 | | 427 | 520 | |
| | 4450 | 36" radius, 6" wide | | 2.30 | 3.478 | | 485 | 95.50 | | 580.50 | 680 | |
| | 4460 | 9" wide | | 2.20 | 3.636 | | 495 | 100 | | 595 | 695 | |
| | 4470 | 12" wide | | 2.10 | 3.810 | | 510 | 105 | | 615 | 720 | |
| | 4480 | 18" wide | | 1.90 | 4.211 | | 515 | 116 | | 631 | 740 | |
| | 4490 | 24" wide | | 1.80 | 4.444 | | 530 | 122 | | 652 | 770 | |
| | 4500 | 30" wide | | 1.70 | 4.706 | | 535 | 129 | | 664 | 785 | |
| | 4510 | 36" wide | | 1.60 | 5 | | 545 | 138 | | 683 | 805 | |
| | 4520 | Tees, 4" rung spacing, use 9" rung x 1.30 | | | | | | | | | | |
| | 4530 | 6" rung spacing, use 9" rung x 1.20 | | | | | | | | | | |
| | 4540 | 12" rung spacing, use 9" rung x .90 | | | | | | | | | | |
| | 4550 | Cross horizontal 9" rung spacing, 12" radius, 6" wide | 1 Elec | 2.20 | 3.636 | Ea. | 67 | 100 | | 167 | 224 | |
| | 4560 | 9" wide | | 2.10 | 3.810 | | 75 | 105 | | 180 | 241 | |
| | 4570 | 12" wide | | 2 | 4 | | 76 | 110 | | 186 | 249 | |
| | 4580 | 18" wide | | 1.80 | 4.444 | | 90 | 122 | | 212 | 283 | |
| | 4590 | 24" wide | | 1.70 | 4.706 | | 94 | 129 | | 223 | 298 | |
| | 4600 | 30" wide | | 1.50 | 5.333 | | 110 | 147 | | 257 | 340 | |
| | 4610 | 36" wide | | 1.40 | 5.714 | | 139 | 157 | | 296 | 390 | |
| | 4620 | 24" radius, 6" wide | | 2 | 4 | | 121 | 110 | | 231 | 298 | |
| | 4630 | 9" wide | | 1.90 | 4.211 | | 130 | 116 | | 246 | 315 | |
| | 4640 | 12" wide | | 1.80 | 4.444 | | 135 | 122 | | 257 | 335 | |
| | 4650 | 18" wide | | 1.60 | 5 | | 156 | 138 | | 294 | 380 | |
| | 4660 | 24" wide | | 1.50 | 5.333 | | 170 | 147 | | 317 | 410 | |
| | 4670 | 30" wide | | 1.30 | 6.154 | | 198 | 169 | | 367 | 470 | |
| | 4680 | 36" wide | | 1.20 | 6.667 | | 222 | 183 | | 405 | 520 | |
| | 4690 | 36" radius, 6" wide | | 1.80 | 4.444 | | 179 | 122 | | 301 | 380 | |

# 160 | Raceways

## 160 100 | Cable Trays

| | | CREW | DAILY OUTPUT | MAN-HOURS | UNIT | 1994 BARE COSTS | | | | TOTAL INCL O&P |
|---|---|---|---|---|---|---|---|---|---|---|
| | | | | | | MAT. | LABOR | EQUIP. | TOTAL | |
| 4700 | 9" wide | 1 Elec | 1.70 | 4.706 | Ea. | 186 | 129 | | 315 | 400 |
| 4710 | 12" wide | | 1.60 | 5 | | 197 | 138 | | 335 | 425 |
| 4720 | 18" wide | | 1.40 | 5.714 | | 211 | 157 | | 368 | 470 |
| 4730 | 24" wide | | 1.30 | 6.154 | | 260 | 169 | | 429 | 540 |
| 4740 | 30" wide | | 1.10 | 7.273 | | 284 | 200 | | 484 | 610 |
| 4750 | 36" wide | | 1 | 8 | | 315 | 220 | | 535 | 675 |
| 4760 | Cross horizontal, 4" rung spacing, use 9" rung x 1.30 | | | | | | | | | |
| 4770 | 6" rung spacing, use 9" rung x 1.20 | | | | | | | | | |
| 4780 | 12" rung spacing, use 9" rung x .90 | | | | | | | | | |
| 4790 | Reducer, 9" to 6" wide | 1 Elec | 8 | 1 | Ea. | 50 | 27.50 | | 77.50 | 96.50 |
| 4800 | 12" to 9" wide tray | | 7 | 1.143 | | 51 | 31.50 | | 82.50 | 104 |
| 4810 | 18" to 12" wide tray | | 6.20 | 1.290 | | 52 | 35.50 | | 87.50 | 111 |
| 4820 | 24" to 18" wide tray | | 5.30 | 1.509 | | 55 | 41.50 | | 96.50 | 123 |
| 4830 | 30" to 24" wide tray | | 4.60 | 1.739 | | 57 | 48 | | 105 | 135 |
| 4840 | 36" to 30" wide tray | | 4 | 2 | | 59 | 55 | | 114 | 148 |
| 4841 | Reducer, 18" to 6" wide tray | | 6.20 | 1.290 | | 52 | 35.50 | | 87.50 | 111 |
| 4842 | 24" to 12" wide tray | | 5.30 | 1.509 | | 53 | 41.50 | | 94.50 | 121 |
| 4843 | 30" to 18" wide tray | | 4.60 | 1.739 | | 56 | 48 | | 104 | 134 |
| 4844 | 30" to 12" wide tray | | 4.60 | 1.739 | | 56 | 48 | | 104 | 134 |
| 4845 | 36" to 24" wide tray | | 4 | 2 | | 59 | 55 | | 114 | 148 |
| 4846 | 36" to 18" wide tray | | 4 | 2 | | 59 | 55 | | 114 | 148 |
| 4847 | 36" to 12" wide tray | | 4 | 2 | | 59 | 55 | | 114 | 148 |
| 4850 | Dropout or end plate, 6" wide | | 16 | .500 | | 4.90 | 13.75 | | 18.65 | 26 |
| 4860 | 9" wide tray | | 14 | .571 | | 5.25 | 15.70 | | 20.95 | 29.50 |
| 4870 | 12" wide tray | | 13 | .615 | | 5.65 | 16.90 | | 22.55 | 31.50 |
| 4880 | 18" wide tray | | 11 | .727 | | 7.65 | 20 | | 27.65 | 38.50 |
| 4890 | 24" wide tray | | 10 | .800 | | 8.95 | 22 | | 30.95 | 43 |
| 4900 | 30" wide tray | | 9 | .889 | | 10.65 | 24.50 | | 35.15 | 48.50 |
| 4910 | 36" wide tray | | 8 | 1 | | 11.90 | 27.50 | | 39.40 | 54.50 |
| 4920 | Tray connector | | 24 | .333 | | 6.90 | 9.15 | | 16.05 | 21.50 |
| 8000 | Elbow 36" radius horiz., 60°, 6" wide tray | | 5.30 | 1.509 | | 58 | 41.50 | | 99.50 | 127 |
| 8010 | 9" wide tray | | 4.50 | 1.778 | | 63 | 49 | | 112 | 143 |
| 8020 | 12" wide tray | | 3.90 | 2.051 | | 65 | 56.50 | | 121.50 | 157 |
| 8030 | 18" wide tray | | 3.10 | 2.581 | | 70 | 71 | | 141 | 184 |
| 8040 | 24" wide tray | | 2.50 | 3.200 | | 81 | 88 | | 169 | 221 |
| 8050 | 30" wide tray | | 2.20 | 3.636 | | 84 | 100 | | 184 | 243 |
| 8060 | 30°, 6" wide tray | | 7 | 1.143 | | 45 | 31.50 | | 76.50 | 97 |
| 8070 | 9" wide tray | | 5.70 | 1.404 | | 48 | 38.50 | | 86.50 | 111 |
| 8080 | 12" wide tray | | 4.90 | 1.633 | | 49 | 45 | | 94 | 122 |
| 8090 | 18" wide tray | | 3.70 | 2.162 | | 52 | 59.50 | | 111.50 | 147 |
| 8100 | 24" wide tray | | 2.90 | 2.759 | | 62 | 76 | | 138 | 182 |
| 8110 | 30" wide tray | | 2.40 | 3.333 | | 64 | 91.50 | | 155.50 | 209 |
| 8120 | Adjustable, 6" wide tray | | 6.20 | 1.290 | | 59 | 35.50 | | 94.50 | 119 |
| 8130 | 9" wide tray | | 5.10 | 1.569 | | 63 | 43 | | 106 | 135 |
| 8140 | 12" wide tray | | 4.40 | 1.818 | | 64 | 50 | | 114 | 146 |
| 8150 | 18" wide tray | | 3.40 | 2.353 | | 70 | 64.50 | | 134.50 | 175 |
| 8160 | 24" wide tray | | 2.70 | 2.963 | | 75 | 81.50 | | 156.50 | 206 |
| 8170 | 30" wide tray | | 2.30 | 3.478 | | 83 | 95.50 | | 178.50 | 236 |
| 8180 | Wye 36" radius horiz., 45°, 6" wide tray | | 2.30 | 3.478 | | 104 | 95.50 | | 199.50 | 258 |
| 8190 | 9" wide tray | | 2.20 | 3.636 | | 111 | 100 | | 211 | 272 |
| 8200 | 12" wide tray | | 2.10 | 3.810 | | 124 | 105 | | 229 | 294 |
| 8210 | 18" wide tray | | 1.90 | 4.211 | | 149 | 116 | | 265 | 340 |
| 8220 | 24" wide tray | | 1.80 | 4.444 | | 172 | 122 | | 294 | 375 |
| 8230 | 30" wide tray | | 1.70 | 4.706 | | 220 | 129 | | 349 | 435 |
| 8240 | Elbow 36" radius vert. in/outside, 60°, 6" wide tray | | 5.30 | 1.509 | | 65 | 41.50 | | 106.50 | 134 |
| 8250 | 9" wide tray | | 4.50 | 1.778 | | 67 | 49 | | 116 | 147 |

## 160 | Raceways

### 160 100 | Cable Trays

| | | | Crew | Daily Output | Man-Hours | Unit | 1994 Bare Costs Mat. | Labor | Equip. | Total | Total Incl O&P | |
|---|---|---|---|---|---|---|---|---|---|---|---|---|
| 105 | 8260 | 12" wide tray | 1 Elec | 3.90 | 2.051 | Ea. | 68 | 56.50 | | 124.50 | 160 | 105 |
| | 8270 | 18" wide tray | | 3.10 | 2.581 | | 71 | 71 | | 142 | 185 | |
| | 8280 | 24" wide tray | | 2.50 | 3.200 | | 76 | 88 | | 164 | 216 | |
| | 8290 | 30" wide tray | | 2.20 | 3.636 | | 80 | 100 | | 180 | 238 | |
| | 8300 | 45°, 6" wide tray | | 6.20 | 1.290 | | 58 | 35.50 | | 93.50 | 118 | |
| | 8310 | 9" wide tray | | 5.10 | 1.569 | | 62 | 43 | | 105 | 133 | |
| | 8320 | 12" wide tray | | 4.40 | 1.818 | | 63 | 50 | | 113 | 145 | |
| | 8330 | 18" wide tray | | 3.40 | 2.353 | | 65 | 64.50 | | 129.50 | 169 | |
| | 8340 | 24" wide tray | | 2.70 | 2.963 | | 68 | 81.50 | | 149.50 | 198 | |
| | 8350 | 30" wide tray | | 2.30 | 3.478 | | 70 | 95.50 | | 165.50 | 221 | |
| | 8360 | 30°, 6" wide tray | | 7 | 1.143 | | 52 | 31.50 | | 83.50 | 105 | |
| | 8370 | 9" wide tray | | 5.70 | 1.404 | | 53 | 38.50 | | 91.50 | 117 | |
| | 8380 | 12" wide tray | | 4.90 | 1.633 | | 56 | 45 | | 101 | 129 | |
| | 8390 | 18" wide tray | | 3.70 | 2.162 | | 57 | 59.50 | | 116.50 | 152 | |
| | 8400 | 24" wide tray | | 2.90 | 2.759 | | 58 | 76 | | 134 | 178 | |
| | 8410 | 30" wide tray | | 2.40 | 3.333 | | 62 | 91.50 | | 153.50 | 206 | |
| | 8660 | Adjustable, 6" wide tray | | 6.20 | 1.290 | | 59 | 35.50 | | 94.50 | 119 | |
| | 8670 | 9" wide tray | | 5.10 | 1.569 | | 63 | 43 | | 106 | 135 | |
| | 8680 | 12" wide tray | | 4.40 | 1.818 | | 64 | 50 | | 114 | 146 | |
| | 8690 | 18" wide tray | | 3.40 | 2.353 | | 70 | 64.50 | | 134.50 | 175 | |
| | 8700 | 24" wide tray | | 2.70 | 2.963 | | 75 | 81.50 | | 156.50 | 206 | |
| | 8710 | 30" wide tray | | 2.30 | 3.478 | | 82 | 95.50 | | 177.50 | 234 | |
| | 8720 | Cross, vertical, 6" wide tray | | 1.80 | 4.444 | | 385 | 122 | | 507 | 610 | |
| | 8730 | 9" wide tray | | 1.70 | 4.706 | | 390 | 129 | | 519 | 625 | |
| | 8740 | 12" wide tray | | 1.60 | 5 | | 395 | 138 | | 533 | 640 | |
| | 8750 | 18" wide tray | | 1.40 | 5.714 | | 410 | 157 | | 567 | 685 | |
| | 8760 | 24" wide tray | | 1.30 | 6.154 | | 430 | 169 | | 599 | 730 | |
| | 8770 | 30" wide tray | | 1.10 | 7.273 | | 455 | 200 | | 655 | 800 | |
| | 9200 | Splice plate | | 48 | .167 | Pr. | 8.30 | 4.58 | | 12.88 | 16.05 | |
| | 9210 | Expansion joint | | 48 | .167 | | 10 | 4.58 | | 14.58 | 17.90 | |
| | 9220 | Horizontal hinged | | 48 | .167 | | 8.30 | 4.58 | | 12.88 | 16.05 | |
| | 9230 | Vertical hinged | | 48 | .167 | | 10 | 4.58 | | 14.58 | 17.90 | |
| | 9240 | Ladder hanger, vertical | | 28 | .286 | Ea. | 2.20 | 7.85 | | 10.05 | 14.20 | |
| | 9250 | Ladder to channel connector | | 24 | .333 | | 27 | 9.15 | | 36.15 | 43.50 | |
| | 9260 | Ladder to box connector 30" wide | | 19 | .421 | | 27 | 11.60 | | 38.60 | 47 | |
| | 9270 | 24" wide | | 20 | .400 | | 27 | 11 | | 38 | 46 | |
| | 9280 | 18" wide | | 21 | .381 | | 26 | 10.50 | | 36.50 | 44.50 | |
| | 9290 | 12" wide | | 22 | .364 | | 24 | 10 | | 34 | 41.50 | |
| | 9300 | 9" wide | | 23 | .348 | | 22 | 9.55 | | 31.55 | 38.50 | |
| | 9310 | 6" wide | | 24 | .333 | | 22 | 9.15 | | 31.15 | 38 | |
| | 9320 | Ladder floor flange | | 24 | .333 | | 17.30 | 9.15 | | 26.45 | 33 | |
| | 9330 | Cable roller for tray 30" wide | | 10 | .800 | | 150 | 22 | | 172 | 198 | |
| | 9340 | 24" wide | | 11 | .727 | | 127 | 20 | | 147 | 170 | |
| | 9350 | 18" wide | | 12 | .667 | | 122 | 18.35 | | 140.35 | 162 | |
| | 9360 | 12" wide | | 13 | .615 | | 96 | 16.90 | | 112.90 | 132 | |
| | 9370 | 9" wide | | 14 | .571 | | 84 | 15.70 | | 99.70 | 116 | |
| | 9380 | 6" wide | | 15 | .533 | | 68 | 14.65 | | 82.65 | 97 | |
| | 9390 | Pulley, single wheel | | 12 | .667 | | 173 | 18.35 | | 191.35 | 218 | |
| | 9400 | Triple wheel | | 10 | .800 | | 345 | 22 | | 367 | 415 | |
| | 9440 | Nylon cable tie, 14" long | | 80 | .100 | | .32 | 2.75 | | 3.07 | 4.48 | |
| | 9450 | Ladder, hold down clamp | | 60 | .133 | | 4.85 | 3.67 | | 8.52 | 10.85 | |
| | 9460 | Cable clamp | | 60 | .133 | | 5 | 3.67 | | 8.67 | 11 | |
| | 9470 | Wall bracket, 30" wide tray | | 19 | .421 | | 26 | 11.60 | | 37.60 | 46 | |
| | 9480 | 24" wide tray | | 20 | .400 | | 21 | 11 | | 32 | 39.50 | |
| | 9490 | 18" wide tray | | 21 | .381 | | 18.80 | 10.50 | | 29.30 | 36.50 | |
| | 9500 | 12" wide tray | | 22 | .364 | | 17.90 | 10 | | 27.90 | 35 | |

# 160 | Raceways

## 160 100 | Cable Trays

| | | | CREW | DAILY OUTPUT | MAN-HOURS | UNIT | MAT. | LABOR | EQUIP. | TOTAL | TOTAL INCL O&P | |
|---|---|---|---|---|---|---|---|---|---|---|---|---|
| 105 | 9510 | 9" wide tray | 1 Elec | 23 | .348 | Ea. | 15.55 | 9.55 | | 25.10 | 31.50 | 105 |
| | 9520 | 6" wide tray | | 24 | .333 | | 15.25 | 9.15 | | 24.40 | 30.50 | |
| 110 | 0010 | **CABLE TRAY SOLID BOTTOM** w/ftngs & supports, 3" dp, to 15' high | | | | | | | | | | 110 |
| | 0200 | For higher elevations, see 160-130-9900 | | | | | | | | | | |
| | 0220 | Galvanized steel, tray, 6" wide | 1 Elec | 60 | .133 | L.F. | 5.40 | 3.67 | | 9.07 | 11.45 | |
| | 0240 | 12" wide | | 50 | .160 | | 6.90 | 4.40 | | 11.30 | 14.20 | |
| | 0260 | 18" wide | | 35 | .229 | | 8.45 | 6.30 | | 14.75 | 18.75 | |
| | 0280 | 24" wide | | 30 | .267 | | 9.90 | 7.35 | | 17.25 | 22 | |
| | 0300 | 30" wide | | 25 | .320 | | 11.80 | 8.80 | | 20.60 | 26.50 | |
| | 0320 | 36" wide | | 22 | .364 | | 16.80 | 10 | | 26.80 | 33.50 | |
| | 0340 | Elbow horizontal 90°, 12" radius, 6" wide | | 4.80 | 1.667 | Ea. | 41 | 46 | | 87 | 114 | |
| | 0360 | 12" wide | | 3.40 | 2.353 | | 46 | 64.50 | | 110.50 | 148 | |
| | 0370 | 18" wide | | 2.70 | 2.963 | | 52 | 81.50 | | 133.50 | 180 | |
| | 0380 | 24" wide | | 2.20 | 3.636 | | 64 | 100 | | 164 | 221 | |
| | 0390 | 30" wide | | 1.90 | 4.211 | | 77 | 116 | | 193 | 259 | |
| | 0400 | 36" wide | | 1.70 | 4.706 | | 87 | 129 | | 216 | 291 | |
| | 0420 | 24" radius, 6" wide | | 4.60 | 1.739 | | 58 | 48 | | 106 | 136 | |
| | 0440 | 12" wide | | 3.20 | 2.500 | | 67 | 69 | | 136 | 177 | |
| | 0450 | 18" wide | | 2.50 | 3.200 | | 79 | 88 | | 167 | 219 | |
| | 0460 | 24" wide | | 2 | 4 | | 91 | 110 | | 201 | 265 | |
| | 0470 | 30" wide | | 1.70 | 4.706 | | 106 | 129 | | 235 | 310 | |
| | 0480 | 36" wide | | 1.50 | 5.333 | | 121 | 147 | | 268 | 355 | |
| | 0500 | 36" radius, 6" wide | | 4.40 | 1.818 | | 84 | 50 | | 134 | 168 | |
| | 0520 | 12" wide | | 3 | 2.667 | | 97 | 73.50 | | 170.50 | 217 | |
| | 0530 | 18" wide | | 2.30 | 3.478 | | 119 | 95.50 | | 214.50 | 275 | |
| | 0540 | 24" wide | | 1.80 | 4.444 | | 127 | 122 | | 249 | 325 | |
| | 0550 | 30" wide | | 1.50 | 5.333 | | 151 | 147 | | 298 | 385 | |
| | 0560 | 36" wide | | 1.30 | 6.154 | | 169 | 169 | | 338 | 440 | |
| | 0580 | Elbow vertical 90°, 12" radius, 6" wide | | 4.80 | 1.667 | | 50 | 46 | | 96 | 124 | |
| | 0600 | 12" wide | | 3.40 | 2.353 | | 52 | 64.50 | | 116.50 | 155 | |
| | 0610 | 18" wide | | 2.70 | 2.963 | | 53 | 81.50 | | 134.50 | 182 | |
| | 0620 | 24" wide | | 2.20 | 3.636 | | 62 | 100 | | 162 | 218 | |
| | 0630 | 30" wide | | 1.90 | 4.211 | | 66 | 116 | | 182 | 247 | |
| | 0640 | 36" wide | | 1.70 | 4.706 | | 68 | 129 | | 197 | 270 | |
| | 0670 | 24" radius, 6" wide | | 4.60 | 1.739 | | 70 | 48 | | 118 | 149 | |
| | 0690 | 12" wide | | 3.20 | 2.500 | | 77 | 69 | | 146 | 188 | |
| | 0700 | 18" wide | | 2.50 | 3.200 | | 83 | 88 | | 171 | 224 | |
| | 0710 | 24" wide | | 2 | 4 | | 90 | 110 | | 200 | 264 | |
| | 0720 | 30" wide | | 1.70 | 4.706 | | 95 | 129 | | 224 | 300 | |
| | 0730 | 36" wide | | 1.50 | 5.333 | | 104 | 147 | | 251 | 335 | |
| | 0750 | 36" radius, 6" wide | | 4.40 | 1.818 | | 95 | 50 | | 145 | 180 | |
| | 0770 | 12" wide | | 3.30 | 2.424 | | 106 | 66.50 | | 172.50 | 217 | |
| | 0780 | 18" wide | | 2.30 | 3.478 | | 117 | 95.50 | | 212.50 | 273 | |
| | 0790 | 24" wide | | 1.80 | 4.444 | | 127 | 122 | | 249 | 325 | |
| | 0800 | 30" wide | | 1.50 | 5.333 | | 139 | 147 | | 286 | 375 | |
| | 0810 | 36" wide | | 1.30 | 6.154 | | 151 | 169 | | 320 | 420 | |
| | 0840 | Tee horizontal, 12" radius, 6" wide | | 2.50 | 3.200 | | 62 | 88 | | 150 | 200 | |
| | 0860 | 12" wide | | 2 | 4 | | 67 | 110 | | 177 | 239 | |
| | 0870 | 18" wide | | 1.70 | 4.706 | | 79 | 129 | | 208 | 282 | |
| | 0880 | 24" wide | | 1.40 | 5.714 | | 89 | 157 | | 246 | 335 | |
| | 0890 | 30" wide | | 1.30 | 6.154 | | 102 | 169 | | 271 | 365 | |
| | 0900 | 36" wide | | 1.10 | 7.273 | | 117 | 200 | | 317 | 430 | |
| | 0940 | 24" radius, 6" wide | | 2.30 | 3.478 | | 97 | 95.50 | | 192.50 | 251 | |
| | 0960 | 12" wide | | 1.80 | 4.444 | | 113 | 122 | | 235 | 310 | |
| | 0970 | 18" wide | | 1.50 | 5.333 | | 124 | 147 | | 271 | 355 | |
| | 0980 | 24" wide | | 1.20 | 6.667 | | 169 | 183 | | 352 | 460 | |

## 160 | Raceways

### 160 100 | Cable Trays

| | | CREW | DAILY OUTPUT | MAN-HOURS | UNIT | 1994 BARE COSTS | | | | TOTAL INCL O&P |
|---|---|---|---|---|---|---|---|---|---|---|
| | | | | | | MAT. | LABOR | EQUIP. | TOTAL | |
| 0990 | 30" wide | 1 Elec | 1.10 | 7.273 | Ea. | 184 | 200 | | 384 | 500 |
| 1000 | 36" wide | | .90 | 8.889 | | 200 | 244 | | 444 | 590 |
| 1020 | 36" radius, 6" wide | | 2.10 | 3.810 | | 151 | 105 | | 256 | 325 |
| 1040 | 12" wide | | 1.60 | 5 | | 169 | 138 | | 307 | 395 |
| 1050 | 18" wide | | 1.30 | 6.154 | | 184 | 169 | | 353 | 455 |
| 1060 | 24" wide | | 1.10 | 7.273 | | 238 | 200 | | 438 | 560 |
| 1070 | 30" wide | | 1 | 8 | | 261 | 220 | | 481 | 615 |
| 1080 | 36" wide | | .80 | 10 | | 267 | 275 | | 542 | 710 |
| 1100 | Tee vertical, 12" radius, 6" wide | | 2.50 | 3.200 | | 102 | 88 | | 190 | 244 |
| 1120 | 12" wide | | 2 | 4 | | 106 | 110 | | 216 | 282 |
| 1130 | 18" wide | | 1.80 | 4.444 | | 108 | 122 | | 230 | 305 |
| 1140 | 24" wide | | 1.70 | 4.706 | | 119 | 129 | | 248 | 325 |
| 1150 | 30" wide | | 1.50 | 5.333 | | 126 | 147 | | 273 | 360 |
| 1160 | 36" wide | | 1.30 | 6.154 | | 131 | 169 | | 300 | 400 |
| 1180 | 24" radius, 6" wide | | 2.30 | 3.478 | | 151 | 95.50 | | 246.50 | 310 |
| 1200 | 12" wide | | 1.80 | 4.444 | | 159 | 122 | | 281 | 360 |
| 1210 | 18" wide | | 1.60 | 5 | | 169 | 138 | | 307 | 395 |
| 1220 | 24" wide | | 1.50 | 5.333 | | 174 | 147 | | 321 | 410 |
| 1230 | 30" wide | | 1.30 | 6.154 | | 191 | 169 | | 360 | 465 |
| 1240 | 36" wide | | 1.10 | 7.273 | | 200 | 200 | | 400 | 520 |
| 1260 | 36" radius, 6" wide | | 2.10 | 3.810 | | 238 | 105 | | 343 | 420 |
| 1280 | 12" wide | | 1.60 | 5 | | 244 | 138 | | 382 | 475 |
| 1290 | 18" wide | | 1.40 | 5.714 | | 261 | 157 | | 418 | 525 |
| 1300 | 24" wide | | 1.30 | 6.154 | | 267 | 169 | | 436 | 550 |
| 1310 | 30" wide | | 1.10 | 7.273 | | 310 | 200 | | 510 | 640 |
| 1320 | 36" wide | | 1 | 8 | | 325 | 220 | | 545 | 690 |
| 1340 | Cross horizontal, 12" radius, 6" wide | | 2 | 4 | | 75 | 110 | | 185 | 248 |
| 1360 | 12" wide | | 1.70 | 4.706 | | 84 | 129 | | 213 | 288 |
| 1370 | 18" wide | | 1.40 | 5.714 | | 95 | 157 | | 252 | 340 |
| 1380 | 24" wide | | 1.20 | 6.667 | | 106 | 183 | | 289 | 395 |
| 1390 | 30" wide | | 1 | 8 | | 119 | 220 | | 339 | 460 |
| 1400 | 36" wide | | .90 | 8.889 | | 130 | 244 | | 374 | 515 |
| 1420 | 24" radius, 6" wide | | 1.80 | 4.444 | | 136 | 122 | | 258 | 335 |
| 1440 | 12" wide | | 1.50 | 5.333 | | 151 | 147 | | 298 | 385 |
| 1450 | 18" wide | | 1.20 | 6.667 | | 169 | 183 | | 352 | 460 |
| 1460 | 24" wide | | 1 | 8 | | 215 | 220 | | 435 | 565 |
| 1470 | 30" wide | | .90 | 8.889 | | 238 | 244 | | 482 | 630 |
| 1480 | 36" wide | | .80 | 10 | | 252 | 275 | | 527 | 690 |
| 1500 | 36" radius, 6" wide | | 1.60 | 5 | | 223 | 138 | | 361 | 450 |
| 1520 | 12" wide | | 1.30 | 6.154 | | 244 | 169 | | 413 | 520 |
| 1530 | 18" wide | | 1 | 8 | | 267 | 220 | | 487 | 625 |
| 1540 | 24" wide | | .90 | 8.889 | | 315 | 244 | | 559 | 715 |
| 1550 | 30" wide | | .80 | 10 | | 340 | 275 | | 615 | 790 |
| 1560 | 36" wide | | .70 | 11.429 | | 365 | 315 | | 680 | 875 |
| 1580 | Drop out or end plate, 6" wide | | 16 | .500 | | 9.30 | 13.75 | | 23.05 | 31 |
| 1600 | 12" wide | | 13 | .615 | | 11.60 | 16.90 | | 28.50 | 38.50 |
| 1610 | 18" wide | | 11 | .727 | | 12.40 | 20 | | 32.40 | 43.50 |
| 1620 | 24" wide | | 10 | .800 | | 14.60 | 22 | | 36.60 | 49 |
| 1630 | 30" wide | | 9 | .889 | | 16.40 | 24.50 | | 40.90 | 55 |
| 1640 | 36" wide | | 8 | 1 | | 17.55 | 27.50 | | 45.05 | 61 |
| 1660 | Reducer, 12" to 6" wide | | 6 | 1.333 | | 49 | 36.50 | | 85.50 | 109 |
| 1680 | 18" to 12" wide | | 5.30 | 1.509 | | 50 | 41.50 | | 91.50 | 118 |
| 1700 | 18" to 6" wide | | 5.30 | 1.509 | | 50 | 41.50 | | 91.50 | 118 |
| 1720 | 24" to 18" wide | | 4.60 | 1.739 | | 52 | 48 | | 100 | 129 |
| 1740 | 24" to 12" wide | | 4.60 | 1.739 | | 52 | 48 | | 100 | 129 |
| 1760 | 30" to 24" wide | | 4 | 2 | | 56 | 55 | | 111 | 144 |

# 160 | Raceways

## 160 100 | Cable Trays

| | | | CREW | DAILY OUTPUT | MAN-HOURS | UNIT | 1994 BARE COSTS | | | | TOTAL INCL O&P |
|---|---|---|---|---|---|---|---|---|---|---|---|
| | | | | | | | MAT. | LABOR | EQUIP. | TOTAL | |
| 110 | 1780 | 30" to 18" wide | 1 Elec | 4 | 2 | Ea. | 56 | 55 | | 111 | 144 |
| | 1800 | 30" to 12" wide | | 4 | 2 | | 56 | 55 | | 111 | 144 |
| | 1820 | 36" to 30" wide | | 3.60 | 2.222 | | 58 | 61 | | 119 | 156 |
| | 1840 | 36" to 24" wide | | 3.60 | 2.222 | | 58 | 61 | | 119 | 156 |
| | 1860 | 36" to 18" wide | | 3.60 | 2.222 | | 58 | 61 | | 119 | 156 |
| | 1880 | 36" to 12" wide | | 3.60 | 2.222 | | 58 | 61 | | 119 | 156 |
| | 2000 | Aluminum tray, 6" wide | | 75 | .107 | L.F. | 7.45 | 2.93 | | 10.38 | 12.60 |
| | 2020 | 12" wide | | 65 | .123 | | 9.85 | 3.38 | | 13.23 | 15.95 |
| | 2030 | 18" wide | | 50 | .160 | | 12.25 | 4.40 | | 16.65 | 20 |
| | 2040 | 24" wide | | 45 | .178 | | 14.75 | 4.89 | | 19.64 | 23.50 |
| | 2050 | 30" wide | | 35 | .229 | | 17.35 | 6.30 | | 23.65 | 28.50 |
| | 2060 | 36" wide | | 32 | .250 | | 22 | 6.90 | | 28.90 | 34.50 |
| | 2080 | Elbow horizontal 90°, 12" radius, 6" wide | | 4.80 | 1.667 | Ea. | 57 | 46 | | 103 | 132 |
| | 2100 | 12" wide | | 3.80 | 2.105 | | 65 | 58 | | 123 | 159 |
| | 2110 | 18" wide | | 3.40 | 2.353 | | 79 | 64.50 | | 143.50 | 185 |
| | 2120 | 24" wide | | 2.90 | 2.759 | | 91 | 76 | | 167 | 214 |
| | 2130 | 30" wide | | 2.50 | 3.200 | | 110 | 88 | | 198 | 253 |
| | 2140 | 36" wide | | 2.20 | 3.636 | | 124 | 100 | | 224 | 286 |
| | 2160 | 24" radius, 6" wide | | 4.60 | 1.739 | | 82 | 48 | | 130 | 162 |
| | 2180 | 12" wide | | 3.60 | 2.222 | | 98 | 61 | | 159 | 200 |
| | 2190 | 18" wide | | 3.20 | 2.500 | | 110 | 69 | | 179 | 224 |
| | 2200 | 24" wide | | 2.70 | 2.963 | | 137 | 81.50 | | 218.50 | 274 |
| | 2210 | 30" wide | | 2.30 | 3.478 | | 157 | 95.50 | | 252.50 | 315 |
| | 2220 | 36" wide | | 2 | 4 | | 180 | 110 | | 290 | 365 |
| | 2240 | 36" radius, 6" wide | | 4.40 | 1.818 | | 122 | 50 | | 172 | 209 |
| | 2260 | 12" wide | | 3.40 | 2.353 | | 145 | 64.50 | | 209.50 | 258 |
| | 2270 | 18" wide | | 3 | 2.667 | | 172 | 73.50 | | 245.50 | 299 |
| | 2280 | 24" wide | | 2.50 | 3.200 | | 186 | 88 | | 274 | 335 |
| | 2290 | 30" wide | | 2.10 | 3.810 | | 210 | 105 | | 315 | 390 |
| | 2300 | 36" wide | | 1.80 | 4.444 | | 246 | 122 | | 368 | 455 |
| | 2320 | Elbow vertical 90°, 12" radius, 6" wide | | 4.80 | 1.667 | | 68 | 46 | | 114 | 144 |
| | 2340 | 12" wide | | 3.80 | 2.105 | | 71 | 58 | | 129 | 165 |
| | 2350 | 18" wide | | 3.40 | 2.353 | | 79 | 64.50 | | 143.50 | 185 |
| | 2360 | 24" wide | | 2.90 | 2.759 | | 84 | 76 | | 160 | 207 |
| | 2370 | 30" wide | | 2.50 | 3.200 | | 89 | 88 | | 177 | 230 |
| | 2380 | 36" wide | | 2.20 | 3.636 | | 93 | 100 | | 193 | 252 |
| | 2400 | 24" radius, 6" wide | | 4.60 | 1.739 | | 98 | 48 | | 146 | 180 |
| | 2420 | 12" wide | | 3.60 | 2.222 | | 105 | 61 | | 166 | 208 |
| | 2430 | 18" wide | | 3.20 | 2.500 | | 113 | 69 | | 182 | 227 |
| | 2440 | 24" wide | | 2.70 | 2.963 | | 123 | 81.50 | | 204.50 | 258 |
| | 2450 | 30" wide | | 2.30 | 3.478 | | 130 | 95.50 | | 225.50 | 287 |
| | 2460 | 36" wide | | 2 | 4 | | 144 | 110 | | 254 | 325 |
| | 2480 | 36" radius, 6" wide | | 4.40 | 1.818 | | 127 | 50 | | 177 | 215 |
| | 2500 | 12" wide | | 3.40 | 2.353 | | 144 | 64.50 | | 208.50 | 256 |
| | 2510 | 18" wide | | 3 | 2.667 | | 157 | 73.50 | | 230.50 | 283 |
| | 2520 | 24" wide | | 2.50 | 3.200 | | 163 | 88 | | 251 | 310 |
| | 2530 | 30" wide | | 2.10 | 3.810 | | 180 | 105 | | 285 | 355 |
| | 2540 | 36" wide | | 1.80 | 4.444 | | 188 | 122 | | 310 | 390 |
| | 2560 | Tee horizontal, 12" radius, 6" wide | | 2.50 | 3.200 | | 89 | 88 | | 177 | 230 |
| | 2580 | 12" wide | | 2.20 | 3.636 | | 105 | 100 | | 205 | 266 |
| | 2590 | 18" wide | | 2 | 4 | | 122 | 110 | | 232 | 299 |
| | 2600 | 24" wide | | 1.80 | 4.444 | | 136 | 122 | | 258 | 335 |
| | 2610 | 30" wide | | 1.50 | 5.333 | | 157 | 147 | | 304 | 395 |
| | 2620 | 36" wide | | 1.20 | 6.667 | | 180 | 183 | | 363 | 475 |
| | 2640 | 24" radius, 6" wide | | 2.30 | 3.478 | | 146 | 95.50 | | 241.50 | 305 |
| | 2660 | 12" wide | | 2 | 4 | | 166 | 110 | | 276 | 350 |

## 160 | Raceways

### 160 100 | Cable Trays

| | | CREW | DAILY OUTPUT | MAN-HOURS | UNIT | 1994 BARE COSTS | | | | TOTAL INCL O&P | |
|---|---|---|---|---|---|---|---|---|---|---|---|
| | | | | | | MAT. | LABOR | EQUIP. | TOTAL | | |
| 110 | 2670 | 18" wide | 1 Elec | 1.80 | 4.444 | Ea. | 188 | 122 | | 310 | 390 | 110 |
| | 2680 | 24" wide | | 1.50 | 5.333 | | 230 | 147 | | 377 | 475 | |
| | 2690 | 30" wide | | 1.20 | 6.667 | | 260 | 183 | | 443 | 560 | |
| | 2700 | 36" wide | | 1.10 | 7.273 | | 290 | 200 | | 490 | 620 | |
| | 2720 | 36" radius, 6" wide | | 2.10 | 3.810 | | 240 | 105 | | 345 | 420 | |
| | 2740 | 12" wide | | 1.80 | 4.444 | | 259 | 122 | | 381 | 470 | |
| | 2750 | 18" wide | | 1.60 | 5 | | 300 | 138 | | 438 | 535 | |
| | 2760 | 24" wide | | 1.30 | 6.154 | | 350 | 169 | | 519 | 640 | |
| | 2770 | 30" wide | | 1 | 8 | | 395 | 220 | | 615 | 765 | |
| | 2780 | 36" wide | | .90 | 8.889 | | 455 | 244 | | 699 | 870 | |
| | 2800 | Tee vertical, 12" radius, 6" wide | | 2.50 | 3.200 | | 127 | 88 | | 215 | 272 | |
| | 2820 | 12" wide | | 2.20 | 3.636 | | 130 | 100 | | 230 | 293 | |
| | 2830 | 18" wide | | 2.10 | 3.810 | | 136 | 105 | | 241 | 310 | |
| | 2840 | 24" wide | | 2 | 4 | | 144 | 110 | | 254 | 325 | |
| | 2850 | 30" wide | | 1.80 | 4.444 | | 157 | 122 | | 279 | 355 | |
| | 2860 | 36" wide | | 1.50 | 5.333 | | 166 | 147 | | 313 | 405 | |
| | 2880 | 24" radius, 6" wide | | 2.30 | 3.478 | | 188 | 95.50 | | 283.50 | 350 | |
| | 2900 | 12" wide | | 2 | 4 | | 198 | 110 | | 308 | 385 | |
| | 2910 | 18" wide | | 1.90 | 4.211 | | 212 | 116 | | 328 | 405 | |
| | 2920 | 24" wide | | 1.80 | 4.444 | | 232 | 122 | | 354 | 440 | |
| | 2930 | 30" wide | | 1.60 | 5 | | 252 | 138 | | 390 | 485 | |
| | 2940 | 36" wide | | 1.30 | 6.154 | | 267 | 169 | | 436 | 550 | |
| | 2960 | 36" radius, 6" wide | | 2.10 | 3.810 | | 291 | 105 | | 396 | 480 | |
| | 2980 | 12" wide | | 1.70 | 4.706 | | 305 | 129 | | 434 | 530 | |
| | 2990 | 18" wide | | 1.70 | 4.706 | | 320 | 129 | | 449 | 545 | |
| | 3000 | 24" wide | | 1.60 | 5 | | 330 | 138 | | 468 | 570 | |
| | 3010 | 30" wide | | 1.40 | 5.714 | | 375 | 157 | | 532 | 650 | |
| | 3020 | 36" wide | | 1.10 | 7.273 | | 410 | 200 | | 610 | 750 | |
| | 3040 | Cross horizontal, 12" radius, 6" wide | | 2.20 | 3.636 | | 113 | 100 | | 213 | 274 | |
| | 3060 | 12" wide | | 2 | 4 | | 127 | 110 | | 237 | 305 | |
| | 3070 | 18" wide | | 1.70 | 4.706 | | 145 | 129 | | 274 | 355 | |
| | 3080 | 24" wide | | 1.40 | 5.714 | | 166 | 157 | | 323 | 420 | |
| | 3090 | 30" wide | | 1.30 | 6.154 | | 188 | 169 | | 357 | 460 | |
| | 3100 | 36" wide | | 1.10 | 7.273 | | 210 | 200 | | 410 | 530 | |
| | 3120 | 24" radius, 6" wide | | 2 | 4 | | 198 | 110 | | 308 | 385 | |
| | 3140 | 12" wide | | 1.80 | 4.444 | | 230 | 122 | | 352 | 435 | |
| | 3150 | 18" wide | | 1.50 | 5.333 | | 250 | 147 | | 397 | 495 | |
| | 3160 | 24" wide | | 1.20 | 6.667 | | 300 | 183 | | 483 | 605 | |
| | 3170 | 30" wide | | 1.10 | 7.273 | | 330 | 200 | | 530 | 665 | |
| | 3180 | 36" wide | | .90 | 8.889 | | 355 | 244 | | 599 | 760 | |
| | 3200 | 36" radius, 6" wide | | 1.80 | 4.444 | | 355 | 122 | | 477 | 575 | |
| | 3220 | 12" wide | | 1.60 | 5 | | 375 | 138 | | 513 | 620 | |
| | 3230 | 18" wide | | 1.30 | 6.154 | | 415 | 169 | | 584 | 710 | |
| | 3240 | 24" wide | | 1 | 8 | | 455 | 220 | | 675 | 830 | |
| | 3250 | 30" wide | | .90 | 8.889 | | 495 | 244 | | 739 | 915 | |
| | 3260 | 36" wide | | .80 | 10 | | 580 | 275 | | 855 | 1,050 | |
| | 3280 | Dropout, or end plate, 6" wide | | 16 | .500 | | 11.55 | 13.75 | | 25.30 | 33 | |
| | 3300 | 12" wide | | 13 | .615 | | 13.05 | 16.90 | | 29.95 | 40 | |
| | 3310 | 18" wide | | 11 | .727 | | 15.60 | 20 | | 35.60 | 47 | |
| | 3320 | 24" wide | | 10 | .800 | | 17.15 | 22 | | 39.15 | 52 | |
| | 3330 | 30" wide | | 9 | .889 | | 19.85 | 24.50 | | 44.35 | 59 | |
| | 3340 | 36" wide | | 8 | 1 | | 23 | 27.50 | | 50.50 | 67 | |
| | 3380 | Reducer, 12" to 6" wide | | 7 | 1.143 | | 62 | 31.50 | | 93.50 | 116 | |
| | 3400 | 18" to 12" wide | | 6 | 1.333 | | 65 | 36.50 | | 101.50 | 127 | |
| | 3420 | 18" to 6" wide | | 6 | 1.333 | | 65 | 36.50 | | 101.50 | 127 | |
| | 3440 | 24" to 18" wide | | 5.30 | 1.509 | | 68 | 41.50 | | 109.50 | 138 | |

# 160 | Raceways

## 160 100 | Cable Trays

| | | | | DAILY | MAN- | | 1994 BARE COSTS | | | | TOTAL | |
|---|---|---|---|---|---|---|---|---|---|---|---|---|
| | | | CREW | OUTPUT | HOURS | UNIT | MAT. | LABOR | EQUIP. | TOTAL | INCL O&P | |
| 110 | 3460 | 24" to 12" wide | 1 Elec | 5.30 | 1.509 | Ea. | 68 | 41.50 | | 109.50 | 138 | 110 |
| | 3480 | 30" to 24" wide | | 4.60 | 1.739 | | 75 | 48 | | 123 | 155 | |
| | 3500 | 30" to 18" wide | | 4.60 | 1.739 | | 75 | 48 | | 123 | 155 | |
| | 3520 | 30" to 12" wide | | 4.60 | 1.739 | | 75 | 48 | | 123 | 155 | |
| | 3540 | 36" to 30" wide | | 4 | 2 | | 78 | 55 | | 133 | 169 | |
| | 3560 | 36" to 24" wide | | 4 | 2 | | 79 | 55 | | 134 | 170 | |
| | 3580 | 36" to 18" wide | | 4 | 2 | | 79 | 55 | | 134 | 170 | |
| | 3600 | 36" to 12" wide | | 4 | 2 | | 81 | 55 | | 136 | 172 | |
| 120 | 0010 | **CABLE TRAY TROUGH** vented, w/fttngs & supports, 6" dp, to 15' hi | | | | | | | | | | 120 |
| | 0020 | For higher elevations, see 160-130-9900 | | | | | | | | | | |
| | 0200 | Galvanized steel, tray, 6" wide | 1 Elec | 45 | .178 | L.F. | 7.15 | 4.89 | | 12.04 | 15.20 | |
| | 0240 | 12" wide | | 40 | .200 | | 8.75 | 5.50 | | 14.25 | 17.90 | |
| | 0260 | 18" wide | | 35 | .229 | | 10.50 | 6.30 | | 16.80 | 21 | |
| | 0280 | 24" wide | | 30 | .267 | | 12.05 | 7.35 | | 19.40 | 24.50 | |
| | 0300 | 30" wide | | 25 | .320 | | 17.25 | 8.80 | | 26.05 | 32.50 | |
| | 0320 | 36" wide | | 20 | .400 | | 19.35 | 11 | | 30.35 | 38 | |
| | 0340 | Elbow horizontal 90°, 12" radius, 6" wide | | 3.80 | 2.105 | Ea. | 43 | 58 | | 101 | 135 | |
| | 0360 | 12" wide | | 2.80 | 2.857 | | 51 | 78.50 | | 129.50 | 174 | |
| | 0370 | 18" wide | | 2.20 | 3.636 | | 58 | 100 | | 158 | 214 | |
| | 0380 | 24" wide | | 1.80 | 4.444 | | 72 | 122 | | 194 | 263 | |
| | 0390 | 30" wide | | 1.60 | 5 | | 81 | 138 | | 219 | 296 | |
| | 0400 | 36" wide | | 1.40 | 5.714 | | 94 | 157 | | 251 | 340 | |
| | 0420 | 24" radius, 6" wide | | 3.60 | 2.222 | | 63 | 61 | | 124 | 162 | |
| | 0440 | 12" wide | | 2.60 | 3.077 | | 73 | 84.50 | | 157.50 | 208 | |
| | 0450 | 18" wide | | 2 | 4 | | 87 | 110 | | 197 | 261 | |
| | 0460 | 24" wide | | 1.60 | 5 | | 99 | 138 | | 237 | 315 | |
| | 0470 | 30" wide | | 1.40 | 5.714 | | 114 | 157 | | 271 | 360 | |
| | 0480 | 36" wide | | 1.20 | 6.667 | | 127 | 183 | | 310 | 415 | |
| | 0500 | 36" radius, 6" wide | | 3.40 | 2.353 | | 94 | 64.50 | | 158.50 | 201 | |
| | 0520 | 12" wide | | 2.40 | 3.333 | | 107 | 91.50 | | 198.50 | 256 | |
| | 0530 | 18" wide | | 1.80 | 4.444 | | 129 | 122 | | 251 | 325 | |
| | 0540 | 24" wide | | 1.40 | 5.714 | | 136 | 157 | | 293 | 385 | |
| | 0550 | 30" wide | | 1.20 | 6.667 | | 153 | 183 | | 336 | 445 | |
| | 0560 | 36" wide | | 1 | 8 | | 170 | 220 | | 390 | 515 | |
| | 0580 | Elbow vertical 90°, 12" radius, 6" wide | | 3.80 | 2.105 | | 55 | 58 | | 113 | 148 | |
| | 0600 | 12" wide | | 2.80 | 2.857 | | 62 | 78.50 | | 140.50 | 186 | |
| | 0610 | 18" wide | | 2.20 | 3.636 | | 63 | 100 | | 163 | 220 | |
| | 0620 | 24" wide | | 1.80 | 4.444 | | 70 | 122 | | 192 | 261 | |
| | 0630 | 30" wide | | 1.60 | 5 | | 73 | 138 | | 211 | 288 | |
| | 0640 | 36" wide | | 1.40 | 5.714 | | 77 | 157 | | 234 | 320 | |
| | 0660 | 24" radius, 6" wide | | 3.60 | 2.222 | | 78 | 61 | | 139 | 178 | |
| | 0680 | 12" wide | | 2.60 | 3.077 | | 84 | 84.50 | | 168.50 | 220 | |
| | 0690 | 18" wide | | 2 | 4 | | 92 | 110 | | 202 | 266 | |
| | 0700 | 24" wide | | 1.60 | 5 | | 96 | 138 | | 234 | 315 | |
| | 0710 | 30" wide | | 1.40 | 5.714 | | 107 | 157 | | 264 | 355 | |
| | 0720 | 36" wide | | 1.20 | 6.667 | | 112 | 183 | | 295 | 400 | |
| | 0740 | 36" radius, 6" wide | | 3.40 | 2.353 | | 106 | 64.50 | | 170.50 | 215 | |
| | 0760 | 12" wide | | 2.40 | 3.333 | | 113 | 91.50 | | 204.50 | 262 | |
| | 0770 | 18" wide | | 1.80 | 4.444 | | 125 | 122 | | 247 | 320 | |
| | 0780 | 24" wide | | 1.40 | 5.714 | | 134 | 157 | | 291 | 385 | |
| | 0790 | 30" wide | | 1.20 | 6.667 | | 138 | 183 | | 321 | 430 | |
| | 0800 | 36" wide | | 1 | 8 | | 153 | 220 | | 373 | 500 | |
| | 0820 | Tee horizontal, 12" radius, 6" wide | | 2 | 4 | | 64 | 110 | | 174 | 236 | |
| | 0840 | 12" wide | | 1.60 | 5 | | 72 | 138 | | 210 | 286 | |
| | 0850 | 18" wide | | 1.40 | 5.714 | | 81 | 157 | | 238 | 325 | |
| | 0860 | 24" wide | | 1.20 | 6.667 | | 94 | 183 | | 277 | 380 | |

## 160 | Raceways

### 160 100 | Cable Trays

| | | CREW | DAILY OUTPUT | MAN-HOURS | UNIT | 1994 BARE COSTS | | | | TOTAL INCL O&P |
|---|---|---|---|---|---|---|---|---|---|---|
| | | | | | | MAT. | LABOR | EQUIP. | TOTAL | |
| 0870 | 30" wide | 1 Elec | 1.10 | 7.273 | Ea. | 107 | 200 | | 307 | 420 |
| 0880 | 36" wide | | 1 | 8 | | 119 | 220 | | 339 | 460 |
| 0900 | 24" radius, 6" wide | | 1.80 | 4.444 | | 106 | 122 | | 228 | 300 |
| 0920 | 12" wide | | 1.40 | 5.714 | | 117 | 157 | | 274 | 365 |
| 0930 | 18" wide | | 1.20 | 6.667 | | 130 | 183 | | 313 | 420 |
| 0940 | 24" wide | | 1 | 8 | | 168 | 220 | | 388 | 515 |
| 0950 | 30" wide | | .90 | 8.889 | | 183 | 244 | | 427 | 570 |
| 0960 | 36" wide | | .80 | 10 | | 204 | 275 | | 479 | 640 |
| 0980 | 36" radius, 6" wide | | 1.60 | 5 | | 153 | 138 | | 291 | 375 |
| 1000 | 12" wide | | 1.20 | 6.667 | | 175 | 183 | | 358 | 470 |
| 1010 | 18" wide | | 1 | 8 | | 190 | 220 | | 410 | 540 |
| 1020 | 24" wide | | .80 | 10 | | 230 | 275 | | 505 | 670 |
| 1030 | 30" wide | | .70 | 11.429 | | 244 | 315 | | 559 | 745 |
| 1040 | 36" wide | | .60 | 13.333 | | 284 | 365 | | 649 | 860 |
| 1060 | Tee vertical, 12" radius, 6" wide | | 2 | 4 | | 107 | 110 | | 217 | 283 |
| 1080 | 12" wide | | 1.60 | 5 | | 108 | 138 | | 246 | 325 |
| 1090 | 18" wide | | 1.50 | 5.333 | | 111 | 147 | | 258 | 345 |
| 1100 | 24" wide | | 1.40 | 5.714 | | 119 | 157 | | 276 | 365 |
| 1110 | 30" wide | | 1.30 | 6.154 | | 124 | 169 | | 293 | 390 |
| 1120 | 36" wide | | 1.10 | 7.273 | | 127 | 200 | | 327 | 440 |
| 1140 | 24" radius, 6" wide | | 1.80 | 4.444 | | 144 | 122 | | 266 | 340 |
| 1160 | 12" wide | | 1.40 | 5.714 | | 151 | 157 | | 308 | 400 |
| 1170 | 18" wide | | 1.30 | 6.154 | | 159 | 169 | | 328 | 430 |
| 1180 | 24" wide | | 1.20 | 6.667 | | 170 | 183 | | 353 | 465 |
| 1190 | 30" wide | | 1.10 | 7.273 | | 179 | 200 | | 379 | 495 |
| 1200 | 36" wide | | .90 | 8.889 | | 194 | 244 | | 438 | 585 |
| 1220 | 36" radius, 6" wide | | 1.60 | 5 | | 230 | 138 | | 368 | 460 |
| 1240 | 12" wide | | 1.20 | 6.667 | | 235 | 183 | | 418 | 535 |
| 1250 | 18" wide | | 1.10 | 7.273 | | 244 | 200 | | 444 | 570 |
| 1260 | 24" wide | | 1 | 8 | | 256 | 220 | | 476 | 610 |
| 1270 | 30" wide | | .90 | 8.889 | | 300 | 244 | | 544 | 700 |
| 1280 | 36" wide | | .70 | 11.429 | | 305 | 315 | | 620 | 810 |
| 1300 | Cross horizontal, 12" radius, 6" wide | | 1.60 | 5 | | 81 | 138 | | 219 | 296 |
| 1320 | 12" wide | | 1.40 | 5.714 | | 89 | 157 | | 246 | 335 |
| 1330 | 18" wide | | 1.20 | 6.667 | | 99 | 183 | | 282 | 385 |
| 1340 | 24" wide | | 1 | 8 | | 104 | 220 | | 324 | 445 |
| 1350 | 30" wide | | .90 | 8.889 | | 117 | 244 | | 361 | 500 |
| 1360 | 36" wide | | .80 | 10 | | 131 | 275 | | 406 | 560 |
| 1380 | 24" radius, 6" wide | | 1.40 | 5.714 | | 138 | 157 | | 295 | 390 |
| 1400 | 12" wide | | 1.20 | 6.667 | | 144 | 183 | | 327 | 435 |
| 1410 | 18" wide | | 1 | 8 | | 159 | 220 | | 379 | 505 |
| 1420 | 24" wide | | .80 | 10 | | 201 | 275 | | 476 | 635 |
| 1430 | 30" wide | | .70 | 11.429 | | 222 | 315 | | 537 | 720 |
| 1440 | 36" wide | | .60 | 13.333 | | 238 | 365 | | 603 | 810 |
| 1460 | 36" radius, 6" wide | | 1.20 | 6.667 | | 238 | 183 | | 421 | 540 |
| 1480 | 12" wide | | 1 | 8 | | 244 | 220 | | 464 | 600 |
| 1490 | 18" wide | | .80 | 10 | | 249 | 275 | | 524 | 690 |
| 1500 | 24" wide | | .60 | 13.333 | | 300 | 365 | | 665 | 880 |
| 1510 | 30" wide | | .50 | 16 | | 325 | 440 | | 765 | 1,025 |
| 1520 | 36" wide | | .40 | 20 | | 355 | 550 | | 905 | 1,225 |
| 1540 | Dropout or end plate, 6" wide | | 13 | .615 | | 10.55 | 16.90 | | 27.45 | 37 |
| 1560 | 12" wide | | 11 | .727 | | 12.90 | 20 | | 32.90 | 44 |
| 1580 | 18" wide | | 10 | .800 | | 14.20 | 22 | | 36.20 | 48.50 |
| 1600 | 24" wide | | 9 | .889 | | 16.25 | 24.50 | | 40.75 | 55 |
| 1620 | 30" wide | | 8 | 1 | | 17.45 | 27.50 | | 44.95 | 60.50 |
| 1640 | 36" wide | | 6.70 | 1.194 | | 19.10 | 33 | | 52.10 | 70.50 |

# 160 | Raceways

## 160 100 | Cable Trays

| | | | CREW | DAILY OUTPUT | MAN-HOURS | UNIT | 1994 BARE COSTS | | | | TOTAL INCL O&P |
|---|---|---|---|---|---|---|---|---|---|---|---|
| | | | | | | | MAT. | LABOR | EQUIP. | TOTAL | |
| 120 | 1660 | Reducer, 12" to 6" wide | 1 Elec | 4.70 | 1.702 | Ea. | 51 | 47 | | 98 | 127 |
| | 1680 | 18" to 12" wide | | 4.20 | 1.905 | | 53 | 52.50 | | 105.50 | 138 |
| | 1700 | 18" to 6" wide | | 4.20 | 1.905 | | 53 | 52.50 | | 105.50 | 138 |
| | 1720 | 24" to 18" wide | | 3.60 | 2.222 | | 56 | 61 | | 117 | 154 |
| | 1740 | 24" to 12" wide | | 3.60 | 2.222 | | 56 | 61 | | 117 | 154 |
| | 1760 | 30" to 24" wide | | 3.20 | 2.500 | | 58 | 69 | | 127 | 167 |
| | 1780 | 30" to 18" wide | | 3.20 | 2.500 | | 58 | 69 | | 127 | 167 |
| | 1800 | 30" to 12" wide | | 3.20 | 2.500 | | 58 | 69 | | 127 | 167 |
| | 1820 | 36" to 30" wide | | 2.90 | 2.759 | | 63 | 76 | | 139 | 184 |
| | 1840 | 36" to 24" wide | | 2.90 | 2.759 | | 63 | 76 | | 139 | 184 |
| | 1860 | 36" to 18" wide | | 2.90 | 2.759 | | 64 | 76 | | 140 | 185 |
| | 1880 | 36" to 12" wide | | 2.90 | 2.759 | | 64 | 76 | | 140 | 185 |
| | 2000 | Aluminum, tray, vented, 6" wide | | 60 | .133 | L.F. | 9.75 | 3.67 | | 13.42 | 16.25 |
| | 2010 | 9" wide | | 55 | .145 | | 11.40 | 4 | | 15.40 | 18.55 |
| | 2020 | 12" wide | | 50 | .160 | | 12.35 | 4.40 | | 16.75 | 20 |
| | 2030 | 18" wide | | 45 | .178 | | 14.90 | 4.89 | | 19.79 | 24 |
| | 2040 | 24" wide | | 40 | .200 | | 17.45 | 5.50 | | 22.95 | 27.50 |
| | 2050 | 30" wide | | 35 | .229 | | 23 | 6.30 | | 29.30 | 35 |
| | 2060 | 36" wide | | 30 | .267 | | 25 | 7.35 | | 32.35 | 38.50 |
| | 2080 | Elbow horiz. 90°, 12" radius, 6" wide | | 3.80 | 2.105 | Ea. | 62 | 58 | | 120 | 155 |
| | 2090 | 9" wide | | 3.50 | 2.286 | | 67 | 63 | | 130 | 168 |
| | 2100 | 12" wide | | 3.10 | 2.581 | | 72 | 71 | | 143 | 186 |
| | 2110 | 18" wide | | 2.80 | 2.857 | | 84 | 78.50 | | 162.50 | 211 |
| | 2120 | 24" wide | | 2.30 | 3.478 | | 98 | 95.50 | | 193.50 | 252 |
| | 2130 | 30" wide | | 2 | 4 | | 120 | 110 | | 230 | 297 |
| | 2140 | 36" wide | | 1.80 | 4.444 | | 130 | 122 | | 252 | 325 |
| | 2160 | 24" radius, 6" wide | | 3.60 | 2.222 | | 90 | 61 | | 151 | 191 |
| | 2180 | 12" wide | | 2.90 | 2.759 | | 105 | 76 | | 181 | 230 |
| | 2190 | 18" wide | | 2.60 | 3.077 | | 122 | 84.50 | | 206.50 | 261 |
| | 2200 | 24" wide | | 2.10 | 3.810 | | 139 | 105 | | 244 | 310 |
| | 2210 | 30" wide | | 1.80 | 4.444 | | 158 | 122 | | 280 | 360 |
| | 2220 | 36" wide | | 1.60 | 5 | | 170 | 138 | | 308 | 395 |
| | 2240 | 36" radius, 6" wide | | 3.40 | 2.353 | | 126 | 64.50 | | 190.50 | 237 |
| | 2260 | 12" wide | | 2.70 | 2.963 | | 144 | 81.50 | | 225.50 | 281 |
| | 2270 | 18" wide | | 2.40 | 3.333 | | 164 | 91.50 | | 255.50 | 320 |
| | 2280 | 24" wide | | 1.90 | 4.211 | | 179 | 116 | | 295 | 370 |
| | 2290 | 30" wide | | 1.70 | 4.706 | | 213 | 129 | | 342 | 430 |
| | 2300 | 36" wide | | 1.40 | 5.714 | | 232 | 157 | | 389 | 490 |
| | 2320 | Elbow vertical 90°, 12" radius, 6" wide | | 3.80 | 2.105 | | 76 | 58 | | 134 | 171 |
| | 2330 | 9" wide | | 3.50 | 2.286 | | 80 | 63 | | 143 | 183 |
| | 2340 | 12" wide | | 3.10 | 2.581 | | 81 | 71 | | 152 | 196 |
| | 2350 | 18" wide | | 2.80 | 2.857 | | 84 | 78.50 | | 162.50 | 211 |
| | 2360 | 24" wide | | 2.30 | 3.478 | | 93 | 95.50 | | 188.50 | 246 |
| | 2370 | 30" wide | | 2 | 4 | | 98 | 110 | | 208 | 273 |
| | 2380 | 36" wide | | 1.80 | 4.444 | | 99 | 122 | | 221 | 293 |
| | 2400 | 24" radius, 6" wide | | 3.60 | 2.222 | | 102 | 61 | | 163 | 204 |
| | 2420 | 12" wide | | 2.90 | 2.759 | | 110 | 76 | | 186 | 235 |
| | 2430 | 18" wide | | 2.60 | 3.077 | | 121 | 84.50 | | 205.50 | 260 |
| | 2440 | 24" wide | | 2.10 | 3.810 | | 123 | 105 | | 228 | 293 |
| | 2450 | 30" wide | | 1.80 | 4.444 | | 129 | 122 | | 251 | 325 |
| | 2460 | 36" wide | | 1.60 | 5 | | 136 | 138 | | 274 | 355 |
| | 2480 | 36" radius, 6" wide | | 3.40 | 2.353 | | 126 | 64.50 | | 190.50 | 237 |
| | 2500 | 12" wide | | 2.70 | 2.963 | | 136 | 81.50 | | 217.50 | 273 |
| | 2510 | 18" wide | | 2.40 | 3.333 | | 151 | 91.50 | | 242.50 | 305 |
| | 2520 | 24" wide | | 1.90 | 4.211 | | 164 | 116 | | 280 | 355 |
| | 2530 | 30" wide | | 1.70 | 4.706 | | 180 | 129 | | 309 | 395 |

## 160 | Raceways

### 160 100 | Cable Trays

| | | CREW | DAILY OUTPUT | MAN-HOURS | UNIT | 1994 BARE COSTS MAT. | LABOR | EQUIP. | TOTAL | TOTAL INCL O&P | |
|---|---|---|---|---|---|---|---|---|---|---|---|
| 2540 | 36" wide | 1 Elec | 1.40 | 5.714 | Ea. | 186 | 157 | | 343 | 440 | 120 |
| 2560 | Tee horizontal, 12" radius, 6" wide | | 2 | 4 | | 95 | 110 | | 205 | 270 | |
| 2570 | 9" wide | | 1.90 | 4.211 | | 98 | 116 | | 214 | 282 | |
| 2580 | 12" wide | | 1.80 | 4.444 | | 105 | 122 | | 227 | 300 | |
| 2590 | 18" wide | | 1.60 | 5 | | 123 | 138 | | 261 | 340 | |
| 2600 | 24" wide | | 1.40 | 5.714 | | 141 | 157 | | 298 | 390 | |
| 2610 | 30" wide | | 1.20 | 6.667 | | 150 | 183 | | 333 | 440 | |
| 2620 | 36" wide | | 1.10 | 7.273 | | 170 | 200 | | 370 | 485 | |
| 2640 | 24" radius, 6" wide | | 1.80 | 4.444 | | 144 | 122 | | 266 | 340 | |
| 2660 | 12" wide | | 1.60 | 5 | | 165 | 138 | | 303 | 390 | |
| 2670 | 18" wide | | 1.40 | 5.714 | | 180 | 157 | | 337 | 435 | |
| 2680 | 24" wide | | 1.20 | 6.667 | | 227 | 183 | | 410 | 525 | |
| 2690 | 30" wide | | 1 | 8 | | 244 | 220 | | 464 | 600 | |
| 2700 | 36" wide | | .90 | 8.889 | | 279 | 244 | | 523 | 675 | |
| 2720 | 36" radius, 6" wide | | 1.60 | 5 | | 232 | 138 | | 370 | 460 | |
| 2740 | 12" wide | | 1.40 | 5.714 | | 267 | 157 | | 424 | 530 | |
| 2750 | 18" wide | | 1.20 | 6.667 | | 300 | 183 | | 483 | 605 | |
| 2760 | 24" wide | | 1 | 8 | | 350 | 220 | | 570 | 715 | |
| 2770 | 30" wide | | .80 | 10 | | 375 | 275 | | 650 | 830 | |
| 2780 | 36" wide | | .70 | 11.429 | | 430 | 315 | | 745 | 950 | |
| 2800 | Tee vertical, 12" radius, 6" wide | | 2 | 4 | | 129 | 110 | | 239 | 305 | |
| 2810 | 9" wide | | 1.90 | 4.211 | | 130 | 116 | | 246 | 315 | |
| 2820 | 12" wide | | 1.80 | 4.444 | | 140 | 122 | | 262 | 340 | |
| 2830 | 18" wide | | 1.70 | 4.706 | | 141 | 129 | | 270 | 350 | |
| 2840 | 24" wide | | 1.60 | 5 | | 144 | 138 | | 282 | 365 | |
| 2850 | 30" wide | | 1.50 | 5.333 | | 150 | 147 | | 297 | 385 | |
| 2860 | 36" wide | | 1.30 | 6.154 | | 157 | 169 | | 326 | 425 | |
| 2880 | 24" radius, 6" wide | | 1.80 | 4.444 | | 183 | 122 | | 305 | 385 | |
| 2900 | 12" wide | | 1.60 | 5 | | 198 | 138 | | 336 | 425 | |
| 2910 | 18" wide | | 1.50 | 5.333 | | 213 | 147 | | 360 | 455 | |
| 2920 | 24" wide | | 1.40 | 5.714 | | 227 | 157 | | 384 | 485 | |
| 2930 | 30" wide | | 1.30 | 6.154 | | 244 | 169 | | 413 | 520 | |
| 2940 | 36" wide | | 1.10 | 7.273 | | 249 | 200 | | 449 | 575 | |
| 2960 | 36" radius, 6" wide | | 1.60 | 5 | | 279 | 138 | | 417 | 510 | |
| 2980 | 12" wide | | 1.40 | 5.714 | | 300 | 157 | | 457 | 565 | |
| 2990 | 18" wide | | 1.30 | 6.154 | | 310 | 169 | | 479 | 595 | |
| 3000 | 24" wide | | 1.20 | 6.667 | | 330 | 183 | | 513 | 640 | |
| 3010 | 30" wide | | 1.10 | 7.273 | | 360 | 200 | | 560 | 695 | |
| 3020 | 36" wide | | .90 | 8.889 | | 380 | 244 | | 624 | 790 | |
| 3040 | Cross horizontal, 12" radius, 6" wide | | 1.80 | 4.444 | | 118 | 122 | | 240 | 315 | |
| 3050 | 9" wide | | 1.70 | 4.706 | | 125 | 129 | | 254 | 335 | |
| 3060 | 12" wide | | 1.60 | 5 | | 129 | 138 | | 267 | 350 | |
| 3070 | 18" wide | | 1.40 | 5.714 | | 136 | 157 | | 293 | 385 | |
| 3080 | 24" wide | | 1.20 | 6.667 | | 151 | 183 | | 334 | 440 | |
| 3090 | 30" wide | | 1.10 | 7.273 | | 183 | 200 | | 383 | 500 | |
| 3100 | 36" wide | | .90 | 8.889 | | 220 | 244 | | 464 | 610 | |
| 3120 | 24" radius, 6" wide | | 1.60 | 5 | | 213 | 138 | | 351 | 440 | |
| 3140 | 12" wide | | 1.40 | 5.714 | | 232 | 157 | | 389 | 490 | |
| 3150 | 18" wide | | 1.20 | 6.667 | | 249 | 183 | | 432 | 550 | |
| 3160 | 24" wide | | 1 | 8 | | 284 | 220 | | 504 | 640 | |
| 3170 | 30" wide | | .90 | 8.889 | | 310 | 244 | | 554 | 710 | |
| 3180 | 36" wide | | .70 | 11.429 | | 350 | 315 | | 665 | 860 | |
| 3200 | 36" radius, 6" wide | | 1.40 | 5.714 | | 350 | 157 | | 507 | 620 | |
| 3220 | 12" wide | | 1.20 | 6.667 | | 380 | 183 | | 563 | 695 | |
| 3230 | 18" wide | | 1 | 8 | | 410 | 220 | | 630 | 780 | |
| 3240 | 24" wide | | .80 | 10 | | 480 | 275 | | 755 | 945 | |

## 160 | Raceways

### 160 100 | Cable Trays

| | | | CREW | DAILY OUTPUT | MAN-HOURS | UNIT | 1994 BARE COSTS | | | | TOTAL INCL O&P |
|---|---|---|---|---|---|---|---|---|---|---|---|
| | | | | | | | MAT. | LABOR | EQUIP. | TOTAL | |
| 120 | 3250 | 30" wide | 1 Elec | .70 | 11.429 | Ea. | 515 | 315 | | 830 | 1,050 |
| | 3260 | 36" wide | | .60 | 13.333 | | 605 | 365 | | 970 | 1,225 |
| | 3280 | Dropout, or end plate, 6" wide | | 13 | .615 | | 11.90 | 16.90 | | 28.80 | 38.50 |
| | 3300 | 12" wide | | 11 | .727 | | 14.10 | 20 | | 34.10 | 45.50 |
| | 3310 | 18" wide | | 10 | .800 | | 16.95 | 22 | | 38.95 | 51.50 |
| | 3320 | 24" wide | | 9 | .889 | | 20.50 | 24.50 | | 45 | 59.50 |
| | 3330 | 30" wide | | 8 | 1 | | 22 | 27.50 | | 49.50 | 65.50 |
| | 3340 | 36" wide | | 7 | 1.143 | | 25 | 31.50 | | 56.50 | 75 |
| | 3370 | Reducer, 9" to 6" wide | | 6 | 1.333 | | 64 | 36.50 | | 100.50 | 126 |
| | 3380 | 12" to 6" wide | | 5.70 | 1.404 | | 67 | 38.50 | | 105.50 | 132 |
| | 3390 | 12" to 9" wide | | 5.70 | 1.404 | | 67 | 38.50 | | 105.50 | 132 |
| | 3400 | 18" to 12" wide | | 4.80 | 1.667 | | 72 | 46 | | 118 | 148 |
| | 3420 | 18" to 6" wide | | 4.80 | 1.667 | | 72 | 46 | | 118 | 148 |
| | 3430 | 18" to 9" wide | | 4.80 | 1.667 | | 72 | 46 | | 118 | 148 |
| | 3440 | 24" to 18" wide | | 4.20 | 1.905 | | 77 | 52.50 | | 129.50 | 164 |
| | 3460 | 24" to 12" wide | | 4.20 | 1.905 | | 77 | 52.50 | | 129.50 | 164 |
| | 3470 | 24" to 9" wide | | 4.20 | 1.905 | | 78 | 52.50 | | 130.50 | 165 |
| | 3480 | 30" to 24" wide | | 3.60 | 2.222 | | 79 | 61 | | 140 | 179 |
| | 3490 | 24" to 6" wide | | 4.20 | 1.905 | | 78 | 52.50 | | 130.50 | 165 |
| | 3500 | 30" to 18" wide | | 3.60 | 2.222 | | 79 | 61 | | 140 | 179 |
| | 3520 | 30" to 12" wide | | 3.60 | 2.222 | | 81 | 61 | | 142 | 181 |
| | 3540 | 36" to 30" wide | | 3.20 | 2.500 | | 82 | 69 | | 151 | 193 |
| | 3560 | 36" to 24" wide | | 3.20 | 2.500 | | 82 | 69 | | 151 | 193 |
| | 3580 | 36" to 18" wide | | 3.20 | 2.500 | | 82 | 69 | | 151 | 193 |
| | 3600 | 36" to 12" wide | | 3.20 | 2.500 | | 82 | 69 | | 151 | 193 |
| | 3610 | Elbow horizontal 60°, 12" radius, 6" wide | | 3.90 | 2.051 | | 50 | 56.50 | | 106.50 | 140 |
| | 3620 | 9" wide | | 3.60 | 2.222 | | 55 | 61 | | 116 | 153 |
| | 3630 | 12" wide | | 3.20 | 2.500 | | 60 | 69 | | 129 | 169 |
| | 3640 | 18" wide | | 2.90 | 2.759 | | 65 | 76 | | 141 | 186 |
| | 3650 | 24" wide | | 2.40 | 3.333 | | 79 | 91.50 | | 170.50 | 225 |
| | 3680 | Elbow horizontal 45°, 12" radius, 6" wide | | 4 | 2 | | 44 | 55 | | 99 | 131 |
| | 3690 | 9" wide | | 3.70 | 2.162 | | 46 | 59.50 | | 105.50 | 140 |
| | 3700 | 12" wide | | 3.30 | 2.424 | | 48 | 66.50 | | 114.50 | 153 |
| | 3710 | 18" wide | | 3 | 2.667 | | 55 | 73.50 | | 128.50 | 171 |
| | 3720 | 24" wide | | 2.50 | 3.200 | | 63 | 88 | | 151 | 202 |
| | 3750 | Elbow horizontal, 30° 12" radius, 6" wide | | 4.10 | 1.951 | | 38 | 53.50 | | 91.50 | 123 |
| | 3760 | 9" wide | | 3.80 | 2.105 | | 40 | 58 | | 98 | 131 |
| | 3770 | 12' wide | | 3.40 | 2.353 | | 43 | 64.50 | | 107.50 | 145 |
| | 3780 | 18" wide | | 3.10 | 2.581 | | 46 | 71 | | 117 | 158 |
| | 3790 | 24" wide | | 2.60 | 3.077 | | 50 | 84.50 | | 134.50 | 182 |
| | 3820 | Elbow vertical 60° in/outside, 12" radius, 6" wide | | 3.90 | 2.051 | | 62 | 56.50 | | 118.50 | 153 |
| | 3830 | 9" wide | | 3.60 | 2.222 | | 63 | 61 | | 124 | 162 |
| | 3840 | 12" wide | | 3.20 | 2.500 | | 64 | 69 | | 133 | 174 |
| | 3850 | 18" wide | | 2.90 | 2.759 | | 67 | 76 | | 143 | 188 |
| | 3860 | 24" wide | | 2.40 | 3.333 | | 70 | 91.50 | | 161.50 | 215 |
| | 3890 | Elbow vertical 45° in/outside, 12" radius, 6" wide | | 4 | 2 | | 50 | 55 | | 105 | 138 |
| | 3900 | 9" wide | | 3.70 | 2.162 | | 53 | 59.50 | | 112.50 | 148 |
| | 3910 | 12" wide | | 3.30 | 2.424 | | 55 | 66.50 | | 121.50 | 161 |
| | 3920 | 18" wide | | 3 | 2.667 | | 56 | 73.50 | | 129.50 | 172 |
| | 3930 | 24" wide | | 2.50 | 3.200 | | 62 | 88 | | 150 | 200 |
| | 3960 | Elbow vertical 30° in/outside, 12" radius, 6" wide | | 4.10 | 1.951 | | 44 | 53.50 | | 97.50 | 129 |
| | 3970 | 9" wide | | 3.80 | 2.105 | | 46 | 58 | | 104 | 138 |
| | 3980 | 12" wide | | 3.40 | 2.353 | | 47 | 64.50 | | 111.50 | 149 |
| | 3990 | 18" wide | | 3.10 | 2.581 | | 48 | 71 | | 119 | 160 |
| | 4000 | 24" wide | | 2.60 | 3.077 | | 49 | 84.50 | | 133.50 | 181 |
| | 4250 | Reducer, left or right hand, 24" to 18" wide | | 4.20 | 1.905 | | 67 | 52.50 | | 119.50 | 153 |

## 160 | Raceways

### 160 100 | Cable Trays

| | | | DAILY | MAN- | | \multicolumn{4}{c}{1994 BARE COSTS} | TOTAL |
|---|---|---|---|---|---|---|---|---|---|---|
| | | CREW | OUTPUT | HOURS | UNIT | MAT. | LABOR | EQUIP. | TOTAL | INCL O&P |
| 120 | 4260 | 24" to 12" wide | 1 Elec | 4.20 | 1.905 | Ea. | 67 | 52.50 | | 119.50 | 153 |
| | 4270 | 24" to 9" wide | | 4.20 | 1.905 | | 67 | 52.50 | | 119.50 | 153 |
| | 4280 | 24" to 6" wide | | 4.20 | 1.905 | | 68 | 52.50 | | 120.50 | 154 |
| | 4290 | 18" to 12" wide | | 4.80 | 1.667 | | 63 | 46 | | 109 | 139 |
| | 4300 | 18" to 9" wide | | 4.80 | 1.667 | | 63 | 46 | | 109 | 139 |
| | 4310 | 18" to 6" wide | | 4.80 | 1.667 | | 63 | 46 | | 109 | 139 |
| | 4320 | 12" to 9" wide | | 5.70 | 1.404 | | 60 | 38.50 | | 98.50 | 124 |
| | 4330 | 12" to 6" wide | | 5.70 | 1.404 | | 60 | 38.50 | | 98.50 | 124 |
| | 4340 | 9" to 6" wide | | 6 | 1.333 | | 58 | 36.50 | | 94.50 | 119 |
| | 4350 | Splice plate | | 48 | .167 | | 4.55 | 4.58 | | 9.13 | 11.90 |
| | 4360 | Splice plate, expansion joint | | 48 | .167 | | 5.20 | 4.58 | | 9.78 | 12.60 |
| | 4370 | Splice plate, hinged, horizontal | | 48 | .167 | | 4 | 4.58 | | 8.58 | 11.30 |
| | 4380 | Vertical | | 48 | .167 | | 5.70 | 4.58 | | 10.28 | 13.15 |
| | 4390 | Trough, hanger, vertical | | 28 | .286 | | 18.60 | 7.85 | | 26.45 | 32.50 |
| | 4400 | Box connector, 24" wide | | 20 | .400 | | 25 | 11 | | 36 | 44 |
| | 4410 | 18" wide | | 21 | .381 | | 21.50 | 10.50 | | 32 | 39.50 |
| | 4420 | 12" wide | | 22 | .364 | | 20 | 10 | | 30 | 37 |
| | 4430 | 9" wide | | 23 | .348 | | 19.10 | 9.55 | | 28.65 | 35.50 |
| | 4440 | 6" wide | | 24 | .333 | | 18.50 | 9.15 | | 27.65 | 34.50 |
| | 4450 | Floor flange | | 24 | .333 | | 19.55 | 9.15 | | 28.70 | 35.50 |
| | 4460 | Hold down clamp | | 60 | .133 | | 1.95 | 3.67 | | 5.62 | 7.65 |
| | 4520 | Wall bracket, 24" wide tray | | 20 | .400 | | 18.15 | 11 | | 29.15 | 36.50 |
| | 4530 | 18" wide tray | | 21 | .381 | | 17.45 | 10.50 | | 27.95 | 35 |
| | 4540 | 12" wide tray | | 22 | .364 | | 9.30 | 10 | | 19.30 | 25.50 |
| | 4550 | 9" wide tray | | 23 | .348 | | 8.25 | 9.55 | | 17.80 | 23.50 |
| | 4560 | 6" wide tray | | 24 | .333 | | 7.55 | 9.15 | | 16.70 | 22 |
| | 5000 | Cable channel aluminum, vented, 1-1/4" deep, 4" wide, straight | | 80 | .100 | L.F. | 5.95 | 2.75 | | 8.70 | 10.70 |
| | 5010 | Elbow horizontal, 36" radius, 90° | | 5 | 1.600 | Ea. | 117 | 44 | | 161 | 195 |
| | 5020 | 60° | | 5.50 | 1.455 | | 89 | 40 | | 129 | 158 |
| | 5030 | 45° | | 6 | 1.333 | | 73 | 36.50 | | 109.50 | 136 |
| | 5040 | 30° | | 6.50 | 1.231 | | 63 | 34 | | 97 | 121 |
| | 5050 | Adjustable | | 6 | 1.333 | | 60 | 36.50 | | 96.50 | 121 |
| | 5060 | Elbow vertical, 36" radius, 90° | | 5 | 1.600 | | 124 | 44 | | 168 | 202 |
| | 5070 | 60° | | 5.50 | 1.455 | | 98 | 40 | | 138 | 168 |
| | 5080 | 45° | | 6 | 1.333 | | 81 | 36.50 | | 117.50 | 144 |
| | 5090 | 30° | | 6.50 | 1.231 | | 71 | 34 | | 105 | 129 |
| | 5100 | Adjustable | | 6 | 1.333 | | 60 | 36.50 | | 96.50 | 121 |
| | 5110 | Splice plate, hinged, horizontal | | 48 | .167 | | 4.40 | 4.58 | | 8.98 | 11.75 |
| | 5120 | Splice plate, hinged, vertical | | 48 | .167 | | 6.25 | 4.58 | | 10.83 | 13.80 |
| | 5130 | Hanger, vertical | | 28 | .286 | | 7 | 7.85 | | 14.85 | 19.50 |
| | 5140 | Single | | 28 | .286 | | 10.60 | 7.85 | | 18.45 | 23.50 |
| | 5150 | Double | | 20 | .400 | | 10.80 | 11 | | 21.80 | 28.50 |
| | 5160 | Channel to box connector | | 24 | .333 | | 14.20 | 9.15 | | 23.35 | 29.50 |
| | 5170 | Hold down clip | | 80 | .100 | | 1.85 | 2.75 | | 4.60 | 6.15 |
| | 5180 | Wall bracket, single | | 28 | .286 | | 6.05 | 7.85 | | 13.90 | 18.45 |
| | 5190 | Double | | 20 | .400 | | 7.75 | 11 | | 18.75 | 25 |
| | 5200 | Cable roller | | 16 | .500 | | 79 | 13.75 | | 92.75 | 108 |
| | 5210 | Splice plate | | 48 | .167 | | 2.85 | 4.58 | | 7.43 | 10.05 |
| 130 | 0010 | **CABLE TRAY, COVERS AND DIVIDERS** To 15' high | R160 -100 | | | | | | | | |
| | 0011 | FOR HIGHER ELEVATIONS, SEE 160-130-9900 | | | | | | | | | |
| | 0100 | Covers, ventilated galv. steel, straight, 6" wide tray size | 1 Elec | 260 | .031 | L.F. | 2.60 | .85 | | 3.45 | 4.13 |
| | 0200 | 9" wide tray size | | 230 | .035 | | 3.25 | .96 | | 4.21 | 5 |
| | 0300 | 12" wide tray size | | 200 | .040 | | 3.80 | 1.10 | | 4.90 | 5.85 |
| | 0400 | 18" wide tray size | | 150 | .053 | | 5.20 | 1.47 | | 6.67 | 7.90 |
| | 0500 | 24" wide tray size | | 110 | .073 | | 6.40 | 2 | | 8.40 | 10.05 |
| | 0600 | 30" wide tray size | | 90 | .089 | | 7.70 | 2.44 | | 10.14 | 12.15 |

## 160 | Raceways

### 160 100 | Cable Trays

| | | CREW | DAILY OUTPUT | MAN-HOURS | UNIT | 1994 BARE COSTS | | | | TOTAL INCL O&P |
|---|---|---|---|---|---|---|---|---|---|---|
| | | | | | | MAT. | LABOR | EQUIP. | TOTAL | |
| 130 0700 | 36" wide tray size | 1 Elec | 80 | .100 | L.F. | 8.90 | 2.75 | | 11.65 | 13.95 | 130
| 1000 | Elbow horizontal 90°, 12" radius, 6" wide tray size | | 75 | .107 | Ea. | 18.50 | 2.93 | | 21.43 | 25 |
| 1020 | 9" wide tray size | | 64 | .125 | | 20.50 | 3.44 | | 23.94 | 27.50 |
| 1040 | 12" wide tray size | | 54 | .148 | | 21.50 | 4.07 | | 25.57 | 29.50 |
| 1060 | 18" wide tray size | | 42 | .190 | | 30 | 5.25 | | 35.25 | 41 |
| 1080 | 24" wide tray size | | 33 | .242 | | 36 | 6.65 | | 42.65 | 49.50 |
| 1100 | 30" wide tray size | | 30 | .267 | | 46 | 7.35 | | 53.35 | 61.50 |
| 1120 | 36" wide tray size | | 25 | .320 | | 55 | 8.80 | | 63.80 | 74 |
| 1160 | 24" radius, 6" wide tray size | | 68 | .118 | | 31 | 3.24 | | 34.24 | 39 |
| 1180 | 9" wide tray size | | 58 | .138 | | 32 | 3.79 | | 35.79 | 40.50 |
| 1200 | 12" wide tray size | | 48 | .167 | | 35 | 4.58 | | 39.58 | 45.50 |
| 1220 | 18" wide tray size | | 38 | .211 | | 44 | 5.80 | | 49.80 | 57 |
| 1240 | 24" wide tray size | | 30 | .267 | | 53 | 7.35 | | 60.35 | 69.50 |
| 1260 | 30" wide tray size | | 26 | .308 | | 68 | 8.45 | | 76.45 | 87.50 |
| 1280 | 36" wide tray size | | 22 | .364 | | 81 | 10 | | 91 | 104 |
| 1320 | 36" radius, 6" wide tray size | | 60 | .133 | | 46 | 3.67 | | 49.67 | 56 |
| 1340 | 9" wide tray size | | 52 | .154 | | 50 | 4.23 | | 54.23 | 61.50 |
| 1360 | 12" wide tray size | | 42 | .190 | | 53 | 5.25 | | 58.25 | 66.50 |
| 1380 | 18" wide tray size | | 36 | .222 | | 68 | 6.10 | | 74.10 | 84 |
| 1400 | 24" wide tray size | | 26 | .308 | | 81 | 8.45 | | 89.45 | 102 |
| 1420 | 30" wide tray size | | 23 | .348 | | 97 | 9.55 | | 106.55 | 121 |
| 1440 | 36" wide tray size | | 20 | .400 | | 113 | 11 | | 124 | 141 |
| 1480 | Elbow horizontal 45°, 12" radius, 6" wide tray size | | 75 | .107 | | 13.30 | 2.93 | | 16.23 | 19.05 |
| 1500 | 9" wide tray size | | 64 | .125 | | 15.95 | 3.44 | | 19.39 | 22.50 |
| 1520 | 12" wide tray size | | 54 | .148 | | 17.35 | 4.07 | | 21.42 | 25.50 |
| 1540 | 18" wide tray size | | 44 | .182 | | 21 | 5 | | 26 | 30.50 |
| 1560 | 24" wide tray size | | 38 | .211 | | 25 | 5.80 | | 30.80 | 36 |
| 1580 | 30" wide tray size | | 33 | .242 | | 29 | 6.65 | | 35.65 | 42 |
| 1600 | 36" wide tray size | | 30 | .267 | | 33 | 7.35 | | 40.35 | 47.50 |
| 1640 | 24" radius, 6" wide tray size | | 68 | .118 | | 19.35 | 3.24 | | 22.59 | 26.50 |
| 1660 | 9" wide tray size | | 58 | .138 | | 21.50 | 3.79 | | 25.29 | 29 |
| 1680 | 12" wide tray size | | 48 | .167 | | 25 | 4.58 | | 29.58 | 34.50 |
| 1700 | 18" wide tray size | | 40 | .200 | | 28 | 5.50 | | 33.50 | 39.50 |
| 1720 | 24" wide tray size | | 35 | .229 | | 33 | 6.30 | | 39.30 | 46 |
| 1740 | 30" wide tray size | | 30 | .267 | | 41 | 7.35 | | 48.35 | 56 |
| 1760 | 36" wide tray size | | 26 | .308 | | 46 | 8.45 | | 54.45 | 63 |
| 1800 | 36" radius, 6" wide tray size | | 60 | .133 | | 28 | 3.67 | | 31.67 | 36.50 |
| 1820 | 9" wide tray size | | 52 | .154 | | 32 | 4.23 | | 36.23 | 41.50 |
| 1840 | 12" wide tray size | | 42 | .190 | | 35 | 5.25 | | 40.25 | 46.50 |
| 1860 | 18" wide tray size | | 38 | .211 | | 40 | 5.80 | | 45.80 | 52.50 |
| 1880 | 24" wide tray size | | 31 | .258 | | 49 | 7.10 | | 56.10 | 64.50 |
| 1900 | 30" wide tray size | | 26 | .308 | | 53 | 8.45 | | 61.45 | 71 |
| 1920 | 36" wide tray size | | 24 | .333 | | 64 | 9.15 | | 73.15 | 84.50 |
| 1960 | Elbow vertical 90°, 12" radius, 6" wide tray size | | 75 | .107 | | 15.55 | 2.93 | | 18.48 | 21.50 |
| 1980 | 9" wide tray size | | 64 | .125 | | 16 | 3.44 | | 19.44 | 23 |
| 2000 | 12" wide tray size | | 54 | .148 | | 17.30 | 4.07 | | 21.37 | 25 |
| 2020 | 18" wide tray size | | 44 | .182 | | 19.60 | 5 | | 24.60 | 29 |
| 2040 | 24" wide tray size | | 34 | .235 | | 20 | 6.45 | | 26.45 | 32 |
| 2060 | 30" wide tray size | | 30 | .267 | | 22 | 7.35 | | 29.35 | 35 |
| 2080 | 36" wide tray size | | 25 | .320 | | 28 | 8.80 | | 36.80 | 44.50 |
| 2120 | 24" radius, 6" wide tray size | | 68 | .118 | | 19.35 | 3.24 | | 22.59 | 26.50 |
| 2140 | 9" wide tray size | | 58 | .138 | | 21 | 3.79 | | 24.79 | 28.50 |
| 2160 | 12" wide tray size | | 48 | .167 | | 22 | 4.58 | | 26.58 | 31 |
| 2180 | 18" wide tray size | | 40 | .200 | | 29 | 5.50 | | 34.50 | 40.50 |
| 2200 | 24" wide tray size | | 31 | .258 | | 33 | 7.10 | | 40.10 | 47 |
| 2220 | 30" wide tray size | | 26 | .308 | | 37 | 8.45 | | 45.45 | 53 |

## 160 | Raceways

### 160 100 | Cable Trays

| | | CREW | DAILY OUTPUT | MAN-HOURS | UNIT | 1994 BARE COSTS | | | | TOTAL INCL O&P | |
|---|---|---|---|---|---|---|---|---|---|---|---|
| | | | | | | MAT. | LABOR | EQUIP. | TOTAL | | |
| 130 2240 | 36" wide tray size | 1 Elec | 22 | .364 | Ea. | 42 | 10 | | 52 | 61 | 130 |
| 2280 | 36" radius, 6" wide tray size | | 60 | .133 | | 21.50 | 3.67 | | 25.17 | 29 | |
| 2300 | 9" wide tray size | | 52 | .154 | | 28 | 4.23 | | 32.23 | 37.50 | |
| 2320 | 12" wide tray size | | 42 | .190 | | 32 | 5.25 | | 37.25 | 43 | |
| 2340 | 18" wide tray size | | 38 | .211 | | 40 | 5.80 | | 45.80 | 52.50 | |
| 2350 | 24" wide tray size | | 27 | .296 | | 45 | 8.15 | | 53.15 | 62 | |
| 2360 | 30" wide tray size | | 23 | .348 | | 53 | 9.55 | | 62.55 | 73 | |
| 2370 | 36" wide tray size | | 20 | .400 | | 63 | 11 | | 74 | 86 | |
| 2400 | Tee horizontal, 12" radius, 6" wide tray size | | 46 | .174 | | 28 | 4.78 | | 32.78 | 38 | |
| 2410 | 9" wide tray size | | 40 | .200 | | 29 | 5.50 | | 34.50 | 40.50 | |
| 2420 | 12" wide tray size | | 34 | .235 | | 33 | 6.45 | | 39.45 | 46.50 | |
| 2430 | 18" wide tray size | | 30 | .267 | | 40 | 7.35 | | 47.35 | 55 | |
| 2440 | 24" wide tray size | | 26 | .308 | | 50 | 8.45 | | 58.45 | 67.50 | |
| 2460 | 30" wide tray size | | 18 | .444 | | 59 | 12.20 | | 71.20 | 83.50 | |
| 2470 | 36" wide tray size | | 15 | .533 | | 71 | 14.65 | | 85.65 | 100 | |
| 2500 | 24" radius, 6" wide tray size | | 44 | .182 | | 45 | 5 | | 50 | 57 | |
| 2510 | 9" wide tray size | | 38 | .211 | | 51 | 5.80 | | 56.80 | 64.50 | |
| 2520 | 12" wide tray size | | 32 | .250 | | 53 | 6.90 | | 59.90 | 69 | |
| 2530 | 18" wide tray size | | 28 | .286 | | 67 | 7.85 | | 74.85 | 85.50 | |
| 2540 | 24" wide tray size | | 24 | .333 | | 104 | 9.15 | | 113.15 | 128 | |
| 2560 | 30" wide tray size | | 16 | .500 | | 119 | 13.75 | | 132.75 | 152 | |
| 2570 | 36" wide tray size | | 13 | .615 | | 130 | 16.90 | | 146.90 | 169 | |
| 2600 | 36" radius, 6" wide tray size | | 42 | .190 | | 80 | 5.25 | | 85.25 | 96 | |
| 2610 | 9" wide tray size | | 36 | .222 | | 82 | 6.10 | | 88.10 | 99 | |
| 2620 | 12" wide tray size | | 30 | .267 | | 91 | 7.35 | | 98.35 | 111 | |
| 2630 | 18" wide tray size | | 26 | .308 | | 106 | 8.45 | | 114.45 | 130 | |
| 2640 | 24" wide tray size | | 22 | .364 | | 141 | 10 | | 151 | 170 | |
| 2660 | 30" wide tray size | | 14 | .571 | | 153 | 15.70 | | 168.70 | 192 | |
| 2670 | 36" wide tray size | | 11 | .727 | | 174 | 20 | | 194 | 221 | |
| 2700 | Cross horizontal, 12" radius, 6" wide tray size | | 34 | .235 | | 42 | 6.45 | | 48.45 | 56 | |
| 2710 | 9" wide tray size | | 32 | .250 | | 45 | 6.90 | | 51.90 | 60 | |
| 2720 | 12" wide tray size | | 30 | .267 | | 50 | 7.35 | | 57.35 | 66 | |
| 2730 | 18" wide tray size | | 26 | .308 | | 59 | 8.45 | | 67.45 | 77.50 | |
| 2740 | 24" wide tray size | | 18 | .444 | | 72 | 12.20 | | 84.20 | 97.50 | |
| 2760 | 30" wide tray size | | 15 | .533 | | 82 | 14.65 | | 96.65 | 112 | |
| 2770 | 36" wide tray size | | 14 | .571 | | 96 | 15.70 | | 111.70 | 130 | |
| 2800 | 24" radius, 6" wide tray size | | 32 | .250 | | 80 | 6.90 | | 86.90 | 98.50 | |
| 2810 | 9" wide tray size | | 30 | .267 | | 87 | 7.35 | | 94.35 | 107 | |
| 2820 | 12" wide tray size | | 28 | .286 | | 94 | 7.85 | | 101.85 | 115 | |
| 2830 | 18" wide tray size | | 24 | .333 | | 112 | 9.15 | | 121.15 | 137 | |
| 2840 | 24" wide tray size | | 16 | .500 | | 137 | 13.75 | | 150.75 | 172 | |
| 2860 | 30" wide tray size | | 13 | .615 | | 154 | 16.90 | | 170.90 | 195 | |
| 2870 | 36" wide tray size | | 12 | .667 | | 174 | 18.35 | | 192.35 | 219 | |
| 2900 | 36" radius, 6" wide tray size | | 30 | .267 | | 134 | 7.35 | | 141.35 | 158 | |
| 2910 | 9" wide tray size | | 28 | .286 | | 140 | 7.85 | | 147.85 | 166 | |
| 2920 | 12" wide tray size | | 26 | .308 | | 146 | 8.45 | | 154.45 | 174 | |
| 2930 | 18" wide tray size | | 22 | .364 | | 168 | 10 | | 178 | 200 | |
| 2940 | 24" wide tray size | | 14 | .571 | | 215 | 15.70 | | 230.70 | 261 | |
| 2960 | 30" wide tray size | | 11 | .727 | | 232 | 20 | | 252 | 285 | |
| 2970 | 36" wide tray size | | 10 | .800 | | 249 | 22 | | 271 | 305 | |
| 3000 | Reducer, 9" to 6" wide tray size | | 64 | .125 | | 19.50 | 3.44 | | 22.94 | 26.50 | |
| 3010 | 12" to 6" wide tray size | | 54 | .148 | | 20.50 | 4.07 | | 24.57 | 28.50 | |
| 3020 | 12" to 9" wide tray size | | 54 | .148 | | 20.50 | 4.07 | | 24.57 | 28.50 | |
| 3030 | 18" to 12" wide tray size | | 44 | .182 | | 22 | 5 | | 27 | 31.50 | |
| 3050 | 18" to 6" wide tray size | | 44 | .182 | | 22 | 5 | | 27 | 31.50 | |
| 3060 | 24" to 18" wide tray size | | 40 | .200 | | 31 | 5.50 | | 36.50 | 42.50 | |

## 160 | Raceways

### 160 100 | Cable Trays

| | | | | | | | 1994 Bare Costs | | | Total | |
|---|---|---|---|---|---|---|---|---|---|---|---|
| | | | Crew | Daily Output | Man-Hours | Unit | Mat. | Labor | Equip. | Total | Incl O&P |
| 130 | 3070 | 24" to 12" wide tray size | 1 Elec | 40 | .200 | Ea. | 28 | 5.50 | | 33.50 | 39.50 | 130 |
| | 3090 | 30" to 24" wide tray size | | 35 | .229 | | 33 | 6.30 | | 39.30 | 46 |
| | 3100 | 30" to 18" wide tray size | | 35 | .229 | | 33 | 6.30 | | 39.30 | 46 |
| | 3110 | 30" to 12" wide tray size | | 35 | .229 | | 28 | 6.30 | | 34.30 | 40.50 |
| | 3140 | 36" to 30" wide tray size | | 32 | .250 | | 35 | 6.90 | | 41.90 | 49 |
| | 3150 | 36" to 24" wide tray size | | 32 | .250 | | 35 | 6.90 | | 41.90 | 49 |
| | 3160 | 36" to 18" wide tray size | | 32 | .250 | | 35 | 6.90 | | 41.90 | 49 |
| | 3170 | 36" to 12" wide tray size | | 32 | .250 | | 35 | 6.90 | | 41.90 | 49 |
| | 3250 | Covers, aluminum, straight, 6" wide tray size | | 260 | .031 | L.F. | 2.60 | .85 | | 3.45 | 4.13 |
| | 3270 | 9" wide tray size | | 230 | .035 | | 3.20 | .96 | | 4.16 | 4.96 |
| | 3290 | 12" wide tray size | | 200 | .040 | | 3.80 | 1.10 | | 4.90 | 5.85 |
| | 3310 | 18" wide tray size | | 160 | .050 | | 5.05 | 1.38 | | 6.43 | 7.60 |
| | 3330 | 24" wide tray size | | 130 | .062 | | 6.35 | 1.69 | | 8.04 | 9.55 |
| | 3350 | 30" wide tray size | | 100 | .080 | | 6.95 | 2.20 | | 9.15 | 10.95 |
| | 3370 | 36" wide tray size | | 90 | .089 | | 7.40 | 2.44 | | 9.84 | 11.85 |
| | 3400 | Elbow horizontal 90°, 12" radius, 6" wide tray size | | 75 | .107 | Ea. | 19.50 | 2.93 | | 22.43 | 26 |
| | 3410 | 9" wide tray size | | 64 | .125 | | 20.50 | 3.44 | | 23.94 | 27.50 |
| | 3420 | 12" wide tray size | | 54 | .148 | | 22 | 4.07 | | 26.07 | 30 |
| | 3430 | 18" wide tray size | | 44 | .182 | | 28 | 5 | | 33 | 38.50 |
| | 3440 | 24" wide tray size | | 35 | .229 | | 36 | 6.30 | | 42.30 | 49 |
| | 3460 | 30" wide tray size | | 32 | .250 | | 44 | 6.90 | | 50.90 | 59 |
| | 3470 | 36" wide tray size | | 27 | .296 | | 53 | 8.15 | | 61.15 | 71 |
| | 3500 | 24" radius, 6" wide tray size | | 68 | .118 | | 27 | 3.24 | | 30.24 | 34.50 |
| | 3510 | 9" wide tray size | | 58 | .138 | | 33 | 3.79 | | 36.79 | 42 |
| | 3520 | 12" wide tray size | | 48 | .167 | | 36 | 4.58 | | 40.58 | 46.50 |
| | 3530 | 18" wide tray size | | 40 | .200 | | 43 | 5.50 | | 48.50 | 56 |
| | 3540 | 24" wide tray size | | 32 | .250 | | 53 | 6.90 | | 59.90 | 69 |
| | 3560 | 30" wide tray size | | 28 | .286 | | 65 | 7.85 | | 72.85 | 83.50 |
| | 3570 | 36" wide tray size | | 24 | .333 | | 79 | 9.15 | | 88.15 | 101 |
| | 3600 | 36" radius, 6" wide tray size | | 60 | .133 | | 46 | 3.67 | | 49.67 | 56 |
| | 3610 | 9" wide tray size | | 52 | .154 | | 50 | 4.23 | | 54.23 | 61.50 |
| | 3620 | 12" wide tray size | | 42 | .190 | | 56 | 5.25 | | 61.25 | 69.50 |
| | 3630 | 18" wide tray size | | 38 | .211 | | 67 | 5.80 | | 72.80 | 82 |
| | 3640 | 24" wide tray size | | 28 | .286 | | 81 | 7.85 | | 88.85 | 101 |
| | 3660 | 30" wide tray size | | 25 | .320 | | 95 | 8.80 | | 103.80 | 118 |
| | 3670 | 36" wide tray size | | 22 | .364 | | 110 | 10 | | 120 | 136 |
| | 3700 | Elbow horizontal 45°, 12" radius, 6" wide tray size | | 75 | .107 | | 14.15 | 2.93 | | 17.08 | 19.95 |
| | 3710 | 9" wide tray size | | 64 | .125 | | 14.75 | 3.44 | | 18.19 | 21.50 |
| | 3720 | 12" wide tray size | | 54 | .148 | | 16.45 | 4.07 | | 20.52 | 24.50 |
| | 3730 | 18" wide tray size | | 44 | .182 | | 18.90 | 5 | | 23.90 | 28.50 |
| | 3740 | 24" wide tray size | | 40 | .200 | | 21.50 | 5.50 | | 27 | 32 |
| | 3760 | 30" wide tray size | | 35 | .229 | | 27 | 6.30 | | 33.30 | 39 |
| | 3770 | 36" wide tray size | | 32 | .250 | | 32 | 6.90 | | 38.90 | 45.50 |
| | 3800 | 24" radius, 6" wide tray size | | 68 | .118 | | 16.60 | 3.24 | | 19.84 | 23 |
| | 3810 | 9" wide tray size | | 58 | .138 | | 21 | 3.79 | | 24.79 | 28.50 |
| | 3820 | 12" wide tray size | | 48 | .167 | | 22 | 4.58 | | 26.58 | 31 |
| | 3830 | 18" wide tray size | | 40 | .200 | | 27 | 5.50 | | 32.50 | 38 |
| | 3840 | 24" wide tray size | | 36 | .222 | | 33 | 6.10 | | 39.10 | 45.50 |
| | 3860 | 30" wide tray size | | 32 | .250 | | 38 | 6.90 | | 44.90 | 52.50 |
| | 3870 | 36" wide tray size | | 28 | .286 | | 44 | 7.85 | | 51.85 | 60.50 |
| | 3900 | 36" radius, 6" wide tray size | | 60 | .133 | | 28 | 3.67 | | 31.67 | 36.50 |
| | 3910 | 9" wide tray size | | 52 | .154 | | 31 | 4.23 | | 35.23 | 40.50 |
| | 3920 | 12" wide tray size | | 42 | .190 | | 33 | 5.25 | | 38.25 | 44.50 |
| | 3930 | 18" wide tray size | | 38 | .211 | | 40 | 5.80 | | 45.80 | 52.50 |
| | 3940 | 24" wide tray size | | 32 | .250 | | 48 | 6.90 | | 54.90 | 63.50 |
| | 3960 | 30" wide tray size | | 28 | .286 | | 55 | 7.85 | | 62.85 | 72.50 |

## 160 | Raceways

### 160 100 | Cable Trays

| | | | CREW | DAILY OUTPUT | MAN-HOURS | UNIT | 1994 BARE COSTS | | | | TOTAL INCL O&P | |
|---|---|---|---|---|---|---|---|---|---|---|---|---|
| | | | | | | | MAT. | LABOR | EQUIP. | TOTAL | | |
| 130 | 3970 | 36" wide tray size | 1 Elec | 25 | .320 | Ea. | 62 | 8.80 | | 70.80 | 81.50 | 130 |
| | 4000 | Elbow vertical 90°, 12" radius, 6" wide tray size | | 75 | .107 | | 16.50 | 2.93 | | 19.43 | 22.50 | |
| | 4010 | 9" wide tray size | | 64 | .125 | | 16.60 | 3.44 | | 20.04 | 23.50 | |
| | 4020 | 12" wide tray size | | 54 | .148 | | 18.05 | 4.07 | | 22.12 | 26 | |
| | 4030 | 18" wide tray size | | 44 | .182 | | 20.50 | 5 | | 25.50 | 30 | |
| | 4040 | 24" wide tray size | | 35 | .229 | | 21.50 | 6.30 | | 27.80 | 33 | |
| | 4060 | 30" wide tray size | | 32 | .250 | | 21.50 | 6.90 | | 28.40 | 34 | |
| | 4070 | 36" wide tray size | | 27 | .296 | | 27 | 8.15 | | 35.15 | 42 | |
| | 4100 | 24" radius, 6" wide tray size | | 68 | .118 | | 18.90 | 3.24 | | 22.14 | 26 | |
| | 4110 | 9" wide tray size | | 58 | .138 | | 21 | 3.79 | | 24.79 | 28.50 | |
| | 4120 | 12" wide tray size | | 48 | .167 | | 23 | 4.58 | | 27.58 | 32.50 | |
| | 4130 | 18" wide tray size | | 40 | .200 | | 27 | 5.50 | | 32.50 | 38 | |
| | 4140 | 24" wide tray size | | 32 | .250 | | 29 | 6.90 | | 35.90 | 42.50 | |
| | 4160 | 30" wide tray size | | 28 | .286 | | 38 | 7.85 | | 45.85 | 54 | |
| | 4170 | 36" wide tray size | | 24 | .333 | | 41 | 9.15 | | 50.15 | 59 | |
| | 4200 | 36" radius, 6" wide tray size | | 60 | .133 | | 21.50 | 3.67 | | 25.17 | 29 | |
| | 4210 | 9" wide tray size | | 52 | .154 | | 27 | 4.23 | | 31.23 | 36 | |
| | 4220 | 12" wide tray size | | 42 | .190 | | 31 | 5.25 | | 36.25 | 42 | |
| | 4230 | 18" wide tray size | | 38 | .211 | | 38 | 5.80 | | 43.80 | 50.50 | |
| | 4240 | 24" wide tray size | | 28 | .286 | | 45 | 7.85 | | 52.85 | 61.50 | |
| | 4260 | 30" wide tray size | | 25 | .320 | | 56 | 8.80 | | 64.80 | 75 | |
| | 4270 | 36" wide tray size | | 22 | .364 | | 60 | 10 | | 70 | 81 | |
| | 4300 | Tee horizontal, 12" radius, 6" wide tray size | | 54 | .148 | | 27 | 4.07 | | 31.07 | 35.50 | |
| | 4310 | 9" wide tray size | | 44 | .182 | | 28 | 5 | | 33 | 38.50 | |
| | 4320 | 12" wide tray size | | 40 | .200 | | 32 | 5.50 | | 37.50 | 43.50 | |
| | 4330 | 18" wide tray size | | 34 | .235 | | 38 | 6.45 | | 44.45 | 52 | |
| | 4340 | 24" wide tray size | | 28 | .286 | | 48 | 7.85 | | 55.85 | 65 | |
| | 4360 | 30" wide tray size | | 22 | .364 | | 56 | 10 | | 66 | 76.50 | |
| | 4370 | 36" wide tray size | | 18 | .444 | | 68 | 12.20 | | 80.20 | 93.50 | |
| | 4400 | 24" radius, 6" wide tray size | | 48 | .167 | | 44 | 4.58 | | 48.58 | 55.50 | |
| | 4410 | 9" wide tray size | | 40 | .200 | | 49 | 5.50 | | 54.50 | 62.50 | |
| | 4420 | 12" wide tray size | | 36 | .222 | | 55 | 6.10 | | 61.10 | 69.50 | |
| | 4430 | 18" wide tray size | | 30 | .267 | | 64 | 7.35 | | 71.35 | 81.50 | |
| | 4440 | 24" wide tray size | | 24 | .333 | | 102 | 9.15 | | 111.15 | 126 | |
| | 4460 | 30" wide tray size | | 20 | .400 | | 113 | 11 | | 124 | 141 | |
| | 4470 | 36" wide tray size | | 16 | .500 | | 125 | 13.75 | | 138.75 | 159 | |
| | 4500 | 36" radius, 6" wide tray size | | 44 | .182 | | 79 | 5 | | 84 | 94.50 | |
| | 4510 | 9" wide tray size | | 36 | .222 | | 81 | 6.10 | | 87.10 | 98 | |
| | 4520 | 12" wide tray size | | 32 | .250 | | 90 | 6.90 | | 96.90 | 109 | |
| | 4530 | 18" wide tray size | | 28 | .286 | | 102 | 7.85 | | 109.85 | 124 | |
| | 4540 | 24" wide tray size | | 22 | .364 | | 130 | 10 | | 140 | 158 | |
| | 4560 | 30" wide tray size | | 18 | .444 | | 145 | 12.20 | | 157.20 | 178 | |
| | 4570 | 36" wide tray size | | 14 | .571 | | 165 | 15.70 | | 180.70 | 206 | |
| | 4600 | Cross horizontal, 12" radius, 6" wide tray size | | 40 | .200 | | 41 | 5.50 | | 46.50 | 53.50 | |
| | 4610 | 9" wide tray size | | 36 | .222 | | 44 | 6.10 | | 50.10 | 57.50 | |
| | 4620 | 12" wide tray size | | 32 | .250 | | 49 | 6.90 | | 55.90 | 64.50 | |
| | 4630 | 18" wide tray size | | 28 | .286 | | 59 | 7.85 | | 66.85 | 77 | |
| | 4640 | 24" wide tray size | | 24 | .333 | | 68 | 9.15 | | 77.15 | 89 | |
| | 4660 | 30" wide tray size | | 20 | .400 | | 80 | 11 | | 91 | 105 | |
| | 4670 | 36" wide tray size | | 16 | .500 | | 94 | 13.75 | | 107.75 | 124 | |
| | 4700 | 24" radius, 6" wide tray size | | 36 | .222 | | 80 | 6.10 | | 86.10 | 97 | |
| | 4710 | 9" wide tray size | | 32 | .250 | | 86 | 6.90 | | 92.90 | 105 | |
| | 4720 | 12" wide tray size | | 28 | .286 | | 94 | 7.85 | | 101.85 | 115 | |
| | 4730 | 18" wide tray size | | 24 | .333 | | 108 | 9.15 | | 117.15 | 133 | |
| | 4740 | 24" wide tray size | | 20 | .400 | | 130 | 11 | | 141 | 160 | |
| | 4760 | 30" wide tray size | | 16 | .500 | | 151 | 13.75 | | 164.75 | 187 | |

## 160 | Raceways

### 160 100 | Cable Trays

| | | CREW | DAILY OUTPUT | MAN-HOURS | UNIT | 1994 BARE COSTS MAT. | LABOR | EQUIP. | TOTAL | TOTAL INCL O&P |
|---|---|---|---|---|---|---|---|---|---|---|
| 4770 | 36" wide tray size | 1 Elec | 12 | .667 | Ea. | 165 | 18.35 | | 183.35 | 210 |
| 4800 | 36" radius, 6" wide tray size | | 32 | .250 | | 130 | 6.90 | | 136.90 | 153 |
| 4810 | 9" wide tray size | | 28 | .286 | | 136 | 7.85 | | 143.85 | 162 |
| 4820 | 12" wide tray size | | 25 | .320 | | 145 | 8.80 | | 153.80 | 173 |
| 4830 | 18" wide tray size | | 22 | .364 | | 165 | 10 | | 175 | 197 |
| 4840 | 24" wide tray size | | 18 | .444 | | 198 | 12.20 | | 210.20 | 236 |
| 4860 | 30" wide tray size | | 14 | .571 | | 227 | 15.70 | | 242.70 | 274 |
| 4870 | 36" wide tray size | | 11 | .727 | | 249 | 20 | | 269 | 305 |
| 4900 | Reducer, 9" to 6" wide tray size | | 64 | .125 | | 20.50 | 3.44 | | 23.94 | 27.50 |
| 4910 | 12" to 6" wide tray size | | 54 | .148 | | 21.50 | 4.07 | | 25.57 | 29.50 |
| 4920 | 12" to 9" wide tray size | | 54 | .148 | | 21.50 | 4.07 | | 25.57 | 29.50 |
| 4930 | 18" to 12" wide tray size | | 44 | .182 | | 24 | 5 | | 29 | 34 |
| 4950 | 18" to 6" wide tray size | | 44 | .182 | | 24 | 5 | | 29 | 34 |
| 4960 | 24" to 18" wide tray size | | 40 | .200 | | 31 | 5.50 | | 36.50 | 42.50 |
| 4970 | 24" to 12" wide tray size | | 40 | .200 | | 27 | 5.50 | | 32.50 | 38 |
| 4990 | 30" to 24" wide tray size | | 35 | .229 | | 32 | 6.30 | | 38.30 | 44.50 |
| 5000 | 30" to 18" wide tray size | | 35 | .229 | | 32 | 6.30 | | 38.30 | 44.50 |
| 5010 | 30" to 12" wide tray size | | 35 | .229 | | 32 | 6.30 | | 38.30 | 44.50 |
| 5040 | 36" to 30" wide tray size | | 32 | .250 | | 35 | 6.90 | | 41.90 | 49 |
| 5050 | 36" to 24" wide tray size | | 32 | .250 | | 35 | 6.90 | | 41.90 | *49 |
| 5060 | 36" to 18" wide tray size | | 32 | .250 | | 35 | 6.90 | | 41.90 | 49 |
| 5070 | 36" to 12" wide tray size | | 32 | .250 | | 35 | 6.90 | | 41.90 | 49 |
| 5710 | Tray cover hold down clamp | | 60 | .133 | | 5.55 | 3.67 | | 9.22 | 11.60 |
| 8000 | Divider strip, straight, galvanized, 3" deep | | 200 | .040 | L.F. | 2.25 | 1.10 | | 3.35 | 4.13 |
| 8020 | 4" deep | | 180 | .044 | | 2.80 | 1.22 | | 4.02 | 4.92 |
| 8040 | 6" deep | | 160 | .050 | | 3.65 | 1.38 | | 5.03 | 6.10 |
| 8060 | Aluminum, straight, 3" deep | | 210 | .038 | | 2.25 | 1.05 | | 3.30 | 4.06 |
| 8080 | 4" deep | | 190 | .042 | | 2.80 | 1.16 | | 3.96 | 4.82 |
| 8100 | 6" deep | | 170 | .047 | | 3.60 | 1.29 | | 4.89 | 5.90 |
| 8110 | Divider strip vertical fitting 3" deep | | | | | | | | | |
| 8120 | 12" radius, galvanized, 30° | 1 Elec | 28 | .286 | Ea. | 11.10 | 7.85 | | 18.95 | 24 |
| 8140 | 45° | | 27 | .296 | | 14 | 8.15 | | 22.15 | 27.50 |
| 8160 | 60° | | 26 | .308 | | 14.80 | 8.45 | | 23.25 | 29 |
| 8180 | 90° | | 25 | .320 | | 18.50 | 8.80 | | 27.30 | 34 |
| 8200 | Aluminum, 30° | | 29 | .276 | | 9.45 | 7.60 | | 17.05 | 22 |
| 8220 | 45° | | 28 | .286 | | 11.10 | 7.85 | | 18.95 | 24 |
| 8240 | 60° | | 27 | .296 | | 13.05 | 8.15 | | 21.20 | 26.50 |
| 8260 | 90° | | 26 | .308 | | 16.30 | 8.45 | | 24.75 | 30.50 |
| 8280 | 24" radius, galvanized, 30° | | 25 | .320 | | 16.60 | 8.80 | | 25.40 | 31.50 |
| 8300 | 45° | | 24 | .333 | | 19.10 | 9.15 | | 28.25 | 35 |
| 8320 | 60° | | 23 | .348 | | 24 | 9.55 | | 33.55 | 41 |
| 8340 | 90° | | 22 | .364 | | 33 | 10 | | 43 | 51.50 |
| 8360 | Aluminum, 30° | | 26 | .308 | | 15 | 8.45 | | 23.45 | 29 |
| 8380 | 45° | | 25 | .320 | | 18.30 | 8.80 | | 27.10 | 33.50 |
| 8400 | 60° | | 24 | .333 | | 23 | 9.15 | | 32.15 | 39.50 |
| 8420 | 90° | | 23 | .348 | | 31 | 9.55 | | 40.55 | 48.50 |
| 8440 | 36" radius, galvanized, 30° | | 22 | .364 | | 23 | 10 | | 33 | 40.50 |
| 8460 | 45° | | 21 | .381 | | 27 | 10.50 | | 37.50 | 45.50 |
| 8480 | 60° | | 20 | .400 | | 31 | 11 | | 42 | 50.50 |
| 8500 | 90° | | 19 | .421 | | 43 | 11.60 | | 54.60 | 65 |
| 8520 | Aluminum, 30° | | 23 | .348 | | 24 | 9.55 | | 33.55 | 41 |
| 8540 | 45° | | 22 | .364 | | 31 | 10 | | 41 | 49 |
| 8560 | 60° | | 21 | .381 | | 40 | 10.50 | | 50.50 | 60 |
| 8570 | 90° | | 20 | .400 | | 53 | 11 | | 64 | 75 |
| 8590 | Divider strip vertical fitting 4" deep | | | | | | | | | |
| 8600 | 12" radius, galvanized, 30° | 1 Elec | 27 | .296 | Ea. | 14.20 | 8.15 | | 22.35 | 28 |

## 160 | Raceways

### 160 100 | Cable Trays

| | | CREW | DAILY OUTPUT | MAN-HOURS | UNIT | 1994 BARE COSTS MAT. | LABOR | EQUIP. | TOTAL | TOTAL INCL O&P | |
|---|---|---|---|---|---|---|---|---|---|---|---|
| 8610 | 45° | 1 Elec | 26 | .308 | Ea. | 16.45 | 8.45 | | 24.90 | 31 | 130 |
| 8620 | 60° | | 25 | .320 | | 18.60 | 8.80 | | 27.40 | 34 | |
| 8630 | 90° | | 24 | .333 | | 23 | 9.15 | | 32.15 | 39.50 | |
| 8640 | Aluminum, 30° | | 28 | .286 | | 13.30 | 7.85 | | 21.15 | 26.50 | |
| 8650 | 45° | | 27 | .296 | | 15.45 | 8.15 | | 23.60 | 29.50 | |
| 8660 | 60° | | 26 | .308 | | 17.60 | 8.45 | | 26.05 | 32 | |
| 8670 | 90° | | 25 | .320 | | 21 | 8.80 | | 29.80 | 36.50 | |
| 8680 | 24" radius, galvanized, 30° | | 24 | .333 | | 23 | 9.15 | | 32.15 | 39.50 | |
| 8690 | 45° | | 23 | .348 | | 28 | 9.55 | | 37.55 | 45.50 | |
| 8700 | 60° | | 22 | .364 | | 32 | 10 | | 42 | 50 | |
| 8710 | 90° | | 21 | .381 | | 43 | 10.50 | | 53.50 | 63.50 | |
| 8720 | Aluminum, 30° | | 25 | .320 | | 21 | 8.80 | | 29.80 | 36.50 | |
| 8730 | 45° | | 24 | .333 | | 26 | 9.15 | | 35.15 | 42.50 | |
| 8740 | 60° | | 23 | .348 | | 30 | 9.55 | | 39.55 | 47.50 | |
| 8750 | 90° | | 22 | .364 | | 41 | 10 | | 51 | 60 | |
| 8760 | 36" radius, galvanized, 30° | | 23 | .348 | | 27 | 9.55 | | 36.55 | 44 | |
| 8770 | 45° | | 22 | .364 | | 30 | 10 | | 40 | 48 | |
| 8780 | 60° | | 21 | .381 | | 38 | 10.50 | | 48.50 | 58 | |
| 8790 | 90° | | 20 | .400 | | 52 | 11 | | 63 | 73.50 | |
| 8800 | Aluminum, 30° | | 24 | .333 | | 32 | 9.15 | | 41.15 | 49 | |
| 8810 | 45° | | 23 | .348 | | 41 | 9.55 | | 50.55 | 59.50 | |
| 8820 | 60° | | 22 | .364 | | 51 | 10 | | 61 | 71 | |
| 8830 | 90° | | 21 | .381 | | 65 | 10.50 | | 75.50 | 87.50 | |
| 8840 | Divider strip vertical fitting 6" deep | | | | | | | | | | |
| 8850 | 12" radius, galvanized, 30° | 1 Elec | 24 | .333 | Ea. | 15.60 | 9.15 | | 24.75 | 31 | |
| 8860 | 45° | | 23 | .348 | | 17.35 | 9.55 | | 26.90 | 33.50 | |
| 8870 | 60° | | 22 | .364 | | 20 | 10 | | 30 | 37 | |
| 8880 | 90° | | 21 | .381 | | 25 | 10.50 | | 35.50 | 43.50 | |
| 8890 | Aluminum, 30° | | 25 | .320 | | 14.80 | 8.80 | | 23.60 | 29.50 | |
| 8900 | 45° | | 24 | .333 | | 17.30 | 9.15 | | 26.45 | 33 | |
| 8910 | 60° | | 23 | .348 | | 18.15 | 9.55 | | 27.70 | 34.50 | |
| 8920 | 90° | | 22 | .364 | | 22 | 10 | | 32 | 39 | |
| 8930 | 24" radius, galvanized, 30° | | 23 | .348 | | 23 | 9.55 | | 32.55 | 40 | |
| 8940 | 45° | | 22 | .364 | | 28 | 10 | | 38 | 46 | |
| 8950 | 60° | | 21 | .381 | | 33 | 10.50 | | 43.50 | 52.50 | |
| 8960 | 90° | | 20 | .400 | | 45 | 11 | | 56 | 66 | |
| 8970 | Aluminum, 30° | | 24 | .333 | | 22 | 9.15 | | 31.15 | 38 | |
| 8980 | 45° | | 23 | .348 | | 29 | 9.55 | | 38.55 | 46.50 | |
| 8990 | 60° | | 22 | .364 | | 32 | 10 | | 42 | 50 | |
| 9000 | 90° | | 21 | .381 | | 44 | 10.50 | | 54.50 | 64.50 | |
| 9010 | 36" radius, galvanized, 30° | | 22 | .364 | | 27 | 10 | | 37 | 44.50 | |
| 9020 | 45° | | 21 | .381 | | 33 | 10.50 | | 43.50 | 52.50 | |
| 9030 | 60° | | 20 | .400 | | 43 | 11 | | 54 | 64 | |
| 9040 | 90° | | 19 | .421 | | 55 | 11.60 | | 66.60 | 78 | |
| 9050 | Aluminum, 30° | | 23 | .348 | | 33 | 9.55 | | 42.55 | 51 | |
| 9060 | 45° | | 22 | .364 | | 44 | 10 | | 54 | 63.50 | |
| 9070 | 60° | | 21 | .381 | | 52 | 10.50 | | 62.50 | 73 | |
| 9080 | 90° | | 20 | .400 | | 62 | 11 | | 73 | 84.50 | |
| 9120 | Divider strip, horizontal fitting, galvanized, 3" deep | | 33 | .242 | | 15.80 | 6.65 | | 22.45 | 27.50 | |
| 9130 | 4" deep | | 30 | .267 | | 17.50 | 7.35 | | 24.85 | 30.50 | |
| 9140 | 6" deep | | 27 | .296 | | 23 | 8.15 | | 31.15 | 38 | |
| 9150 | Aluminum, 3" deep | | 35 | .229 | | 15 | 6.30 | | 21.30 | 26 | |
| 9160 | 4" deep | | 32 | .250 | | 16.50 | 6.90 | | 23.40 | 28.50 | |
| 9170 | 6" deep | | 29 | .276 | | 21.50 | 7.60 | | 29.10 | 35 | |
| 9300 | Divider strip protector | | 300 | .027 | L.F. | 1.50 | .73 | | 2.23 | 2.75 | |
| 9310 | Fastener, ladder tray | | | | Ea. | .29 | | | .29 | .32 | |

# 160 | Raceways

## 160 100 | Cable Trays

| | | | CREW | DAILY OUTPUT | MAN-HOURS | UNIT | 1994 BARE COSTS MAT. | LABOR | EQUIP. | TOTAL | TOTAL INCL O&P | |
|---|---|---|---|---|---|---|---|---|---|---|---|---|
| 130 | 9320 | Trough or solid bottom tray | | | | Ea. | .19 | | | .19 | .21 | 130 |
| | 9899 | | | | | | | | | | | |
| | 9900 | Add to labor for higher elevated installation | | | | | | | | | | |
| | 9910 | 15' to 20' high add | | | | | | 10% | | | | |
| | 9920 | 20' to 25' high add | | | | | | 20% | | | | |
| | 9930 | 25' to 30' high add | | | | | | 25% | | | | |
| | 9940 | 30' to 35' high add | | | | | | 30% | | | | |
| | 9960 | Over 40' high add | | | | | | 40% | | | | |
| 150 | 0010 | WIREWAY to 15' high | R160-150 | | | | | | | | | 150 |
| | 0020 | For higher elevations, see 160-130-9900 | | | | | | | | | | |
| | 0100 | Screw cover, with fittings and supports, 2-1/2" x 2-1/2" | 1 Elec | 45 | .178 | L.F. | 6.70 | 4.89 | | 11.59 | 14.70 | |
| | 0200 | 4" x 4" | | 40 | .200 | | 7.55 | 5.50 | | 13.05 | 16.55 | |
| | 0400 | 6" x 6" | | 30 | .267 | | 12.45 | 7.35 | | 19.80 | 25 | |
| | 0600 | 8" x 8" | | 20 | .400 | | 17.75 | 11 | | 28.75 | 36 | |
| | 0620 | 10" x 10" | | 15 | .533 | | 28.50 | 14.65 | | 43.15 | 53.50 | |
| | 0640 | 12" x 12" | | 10 | .800 | | 39.50 | 22 | | 61.50 | 76.50 | |
| | 0800 | Elbows, 90°, 2-1/2" | | 24 | .333 | Ea. | 18.95 | 9.15 | | 28.10 | 35 | |
| | 1000 | 4" | | 20 | .400 | | 22 | 11 | | 33 | 40.50 | |
| | 1200 | 6" | | 18 | .444 | | 24 | 12.20 | | 36.20 | 45 | |
| | 1400 | 8" | | 16 | .500 | | 39 | 13.75 | | 52.75 | 63.50 | |
| | 1420 | 10" | | 12 | .667 | | 43.50 | 18.35 | | 61.85 | 75.50 | |
| | 1440 | 12" | | 10 | .800 | | 71 | 22 | | 93 | 111 | |
| | 1500 | Elbows, 45°, 2-1/2" | | 24 | .333 | | 18.95 | 9.15 | | 28.10 | 35 | |
| | 1510 | 4" | | 20 | .400 | | 23.50 | 11 | | 34.50 | 42.50 | |
| | 1520 | 6" | | 18 | .444 | | 24 | 12.20 | | 36.20 | 45 | |
| | 1530 | 8" | | 16 | .500 | | 39 | 13.75 | | 52.75 | 63.50 | |
| | 1540 | 10" | | 12 | .667 | | 44 | 18.35 | | 62.35 | 76 | |
| | 1550 | 12" | | 10 | .800 | | 105 | 22 | | 127 | 149 | |
| | 1600 | "T" box, 2-1/2" | | 18 | .444 | | 22.50 | 12.20 | | 34.70 | 43.50 | |
| | 1800 | 4" | | 16 | .500 | | 26 | 13.75 | | 39.75 | 49 | |
| | 2000 | 6" | | 14 | .571 | | 29.50 | 15.70 | | 45.20 | 56 | |
| | 2200 | 8" | | 12 | .667 | | 55 | 18.35 | | 73.35 | 88 | |
| | 2220 | 10" | | 10 | .800 | | 56 | 22 | | 78 | 94.50 | |
| | 2240 | 12" | | 8 | 1 | | 109 | 27.50 | | 136.50 | 162 | |
| | 2300 | Cross, 2-1/2" | | 16 | .500 | | 24 | 13.75 | | 37.75 | 47 | |
| | 2310 | 4" | | 14 | .571 | | 29.50 | 15.70 | | 45.20 | 56 | |
| | 2320 | 6" | | 12 | .667 | | 36.50 | 18.35 | | 54.85 | 67.50 | |
| | 2400 | Panel adapter, 2-1/2" | | 24 | .333 | | 8.10 | 9.15 | | 17.25 | 22.50 | |
| | 2600 | 4" | | 20 | .400 | | 9.50 | 11 | | 20.50 | 27 | |
| | 2800 | 6" | | 18 | .444 | | 12.50 | 12.20 | | 24.70 | 32 | |
| | 3000 | 8" | | 16 | .500 | | 17 | 13.75 | | 30.75 | 39 | |
| | 3020 | 10" | | 14 | .571 | | 18 | 15.70 | | 33.70 | 43.50 | |
| | 3040 | 12" | | 12 | .667 | | 40 | 18.35 | | 58.35 | 71.50 | |
| | 3200 | Reducer, 4" to 2-1/2" | | 24 | .333 | | 12.70 | 9.15 | | 21.85 | 28 | |
| | 3400 | 6" to 4" | | 20 | .400 | | 24 | 11 | | 35 | 43 | |
| | 3600 | 8" to 6" | | 18 | .444 | | 29 | 12.20 | | 41.20 | 50.50 | |
| | 3620 | 10" to 8" | | 16 | .500 | | 35 | 13.75 | | 48.75 | 59 | |
| | 3640 | 12" to 10" | | 14 | .571 | | 41 | 15.70 | | 56.70 | 68.50 | |
| | 3780 | End cap, 2-1/2" | | 24 | .333 | | 2.70 | 9.15 | | 11.85 | 16.75 | |
| | 3800 | 4" | | 20 | .400 | | 3.35 | 11 | | 14.35 | 20 | |
| | 4000 | 6" | | 18 | .444 | | 4.05 | 12.20 | | 16.25 | 23 | |
| | 4200 | 8" | | 16 | .500 | | 5.45 | 13.75 | | 19.20 | 26.50 | |
| | 4220 | 10" | | 14 | .571 | | 7.55 | 15.70 | | 23.25 | 32 | |
| | 4240 | 12" | | 12 | .667 | | 12.20 | 18.35 | | 30.55 | 41 | |
| | 4300 | U-connector, 2-1/2" | | 200 | .040 | | 2.70 | 1.10 | | 3.80 | 4.62 | |
| | 4320 | 4" | | 200 | .040 | | 3.35 | 1.10 | | 4.45 | 5.35 | |

## 160 | Raceways

### 160 100 | Cable Trays

| | | | CREW | DAILY OUTPUT | MAN-HOURS | UNIT | 1994 BARE COSTS MAT. | LABOR | EQUIP. | TOTAL | TOTAL INCL O&P | |
|---|---|---|---|---|---|---|---|---|---|---|---|---|
| 150 | 4340 | 6" | 1 Elec | 180 | .044 | Ea. | 4.05 | 1.22 | | 5.27 | 6.30 | 150 |
| | 4360 | 8" | | 170 | .047 | | 6.75 | 1.29 | | 8.04 | 9.40 | |
| | 4380 | 10" | | 150 | .053 | | 8 | 1.47 | | 9.47 | 11 | |
| | 4400 | 12" | | 130 | .062 | | 16 | 1.69 | | 17.69 | 20 | |
| | 4420 | Hanger, 2-1/2" | | 100 | .080 | | 4.75 | 2.20 | | 6.95 | 8.50 | |
| | 4430 | 4" | | 100 | .080 | | 6.05 | 2.20 | | 8.25 | 9.95 | |
| | 4440 | 6" | | 80 | .100 | | 10.80 | 2.75 | | 13.55 | 16.05 | |
| | 4450 | 8" | | 65 | .123 | | 14.25 | 3.38 | | 17.63 | 21 | |
| | 4460 | 10" | | 50 | .160 | | 16.20 | 4.40 | | 20.60 | 24.50 | |
| | 4470 | 12" | | 40 | .200 | | 41 | 5.50 | | 46.50 | 53.50 | |
| | 4500 | Hinged cover, with fittings and supports, 2-1/2" x 2-1/2" | | 60 | .133 | L.F. | 6.50 | 3.67 | | 10.17 | 12.65 | |
| | 4520 | 4" x 4" | | 45 | .178 | | 7.30 | 4.89 | | 12.19 | 15.40 | |
| | 4540 | 6" x 6" | | 40 | .200 | | 12.40 | 5.50 | | 17.90 | 22 | |
| | 4560 | 8" x 8" | | 30 | .267 | | 18.65 | 7.35 | | 26 | 31.50 | |
| | 4580 | 10" x 10" | | 25 | .320 | | 28.50 | 8.80 | | 37.30 | 45 | |
| | 4600 | 12" x 12" | | 12 | .667 | | 39.50 | 18.35 | | 57.85 | 71 | |
| | 4700 | Elbows 90°, hinged cover, 2-1/2" x 2-1/2" | | 32 | .250 | Ea. | 18.95 | 6.90 | | 25.85 | 31.50 | |
| | 4720 | 4" | | 27 | .296 | | 22 | 8.15 | | 30.15 | 36.50 | |
| | 4730 | 6" | | 23 | .348 | | 24 | 9.55 | | 33.55 | 41 | |
| | 4740 | 8" | | 18 | .444 | | 39 | 12.20 | | 51.20 | 61.50 | |
| | 4750 | 10" | | 14 | .571 | | 44 | 15.70 | | 59.70 | 72 | |
| | 4760 | 12" | | 12 | .667 | | 71 | 18.35 | | 89.35 | 106 | |
| | 4800 | Tee box, hinged cover, 2-1/2" | | 23 | .348 | | 22.50 | 9.55 | | 32.05 | 39.50 | |
| | 4810 | 4" | | 20 | .400 | | 26 | 11 | | 37 | 45 | |
| | 4820 | 6" | | 18 | .444 | | 29.50 | 12.20 | | 41.70 | 51 | |
| | 4830 | 8" | | 16 | .500 | | 55 | 13.75 | | 68.75 | 81 | |
| | 4840 | 10" | | 12 | .667 | | 56 | 18.35 | | 74.35 | 89 | |
| | 4860 | 12" | | 10 | .800 | | 109 | 22 | | 131 | 153 | |
| | 4880 | Cross box, hinged cover, 2-1/2" x 2-1/2" | | 18 | .444 | | 24 | 12.20 | | 36.20 | 45 | |
| | 4900 | 4" | | 16 | .500 | | 29.50 | 13.75 | | 43.25 | 53 | |
| | 4920 | 6" | | 13 | .615 | | 36.50 | 16.90 | | 53.40 | 65.50 | |
| | 4940 | 8" | | 11 | .727 | | 68 | 20 | | 88 | 105 | |
| | 4960 | 10" | | 10 | .800 | | 115 | 22 | | 137 | 160 | |
| | 4980 | 12" | | 9 | .889 | | 125 | 24.50 | | 149.50 | 175 | |
| | 5000 | Flanged, oil tite w/screw cover, 2-1/2" x 2-1/2" | | 40 | .200 | L.F. | 14.50 | 5.50 | | 20 | 24 | |
| | 5020 | 4" x 4" | | 35 | .229 | | 16.55 | 6.30 | | 22.85 | 27.50 | |
| | 5040 | 6" x 6" | | 30 | .267 | | 26 | 7.35 | | 33.35 | 39.50 | |
| | 5060 | 8" x 8" | | 25 | .320 | | 37 | 8.80 | | 45.80 | 54 | |
| | 5120 | Elbows 90°, flanged, 2-1/2" | | 23 | .348 | Ea. | 32 | 9.55 | | 41.55 | 49.50 | |
| | 5140 | 4" | | 20 | .400 | | 40 | 11 | | 51 | 60.50 | |
| | 5160 | 6" | | 18 | .444 | | 48.50 | 12.20 | | 60.70 | 72 | |
| | 5180 | 8" | | 15 | .533 | | 76 | 14.65 | | 90.65 | 106 | |
| | 5240 | Tee box, flanged, 2-1/2" | | 18 | .444 | | 42.50 | 12.20 | | 54.70 | 65.50 | |
| | 5260 | 4" | | 16 | .500 | | 47 | 13.75 | | 60.75 | 72 | |
| | 5280 | 6" | | 15 | .533 | | 65.50 | 14.65 | | 80.15 | 94 | |
| | 5300 | 8" | | 13 | .615 | | 98.50 | 16.90 | | 115.40 | 134 | |
| | 5360 | Cross box, flanged, 2-1/2" | | 15 | .533 | | 53 | 14.65 | | 67.65 | 80.50 | |
| | 5380 | 4" | | 13 | .615 | | 66.50 | 16.90 | | 83.40 | 98.50 | |
| | 5400 | 6" | | 12 | .667 | | 86 | 18.35 | | 104.35 | 122 | |
| | 5420 | 8" | | 10 | .800 | | 107 | 22 | | 129 | 151 | |
| | 5480 | Flange gasket, 2-1/2" | | 160 | .050 | | 1.55 | 1.38 | | 2.93 | 3.77 | |
| | 5500 | 4" | | 80 | .100 | | 2.05 | 2.75 | | 4.80 | 6.40 | |
| | 5520 | 6" | | 53 | .151 | | 2.70 | 4.15 | | 6.85 | 9.20 | |
| | 5530 | 8" | | 40 | .200 | | 3.85 | 5.50 | | 9.35 | 12.50 | |

## 160 | Raceways

### 160 200 | Conduits

| | | CREW | DAILY OUTPUT | MAN-HOURS | UNIT | 1994 BARE COSTS MAT. | LABOR | EQUIP. | TOTAL | TOTAL INCL O&P |
|---|---|---|---|---|---|---|---|---|---|---|
| 0010 | **CONDUIT** To 15' high, includes 2 terminations, 2 elbows and | | | | | | | | | |
| 0020 | 11 beam clamps per 100 L.F. | | | | | | | | | |
| 0300 | Aluminum, 1/2" diameter | 1 Elec | 100 | .080 | L.F. | .95 | 2.20 | | 3.15 | 4.36 |
| 0500 | 3/4" diameter | | 90 | .089 | | 1.30 | 2.44 | | 3.74 | 5.10 |
| 0700 | 1" diameter | | 80 | .100 | | 1.80 | 2.75 | | 4.55 | 6.10 |
| 1000 | 1-1/4" diameter | | 70 | .114 | | 2.30 | 3.14 | | 5.44 | 7.25 |
| 1030 | 1-1/2" diameter | | 65 | .123 | | 2.80 | 3.38 | | 6.18 | 8.20 |
| 1050 | 2" diameter | | 60 | .133 | | 3.85 | 3.67 | | 7.52 | 9.75 |
| 1070 | 2-1/2" diameter | | 50 | .160 | | 6.20 | 4.40 | | 10.60 | 13.40 |
| 1100 | 3" diameter | | 45 | .178 | | 8.25 | 4.89 | | 13.14 | 16.40 |
| 1130 | 3-1/2" diameter | | 40 | .200 | | 10.20 | 5.50 | | 15.70 | 19.45 |
| 1140 | 4" diameter | | 35 | .229 | | 12.10 | 6.30 | | 18.40 | 23 |
| 1150 | 5" diameter | | 25 | .320 | | 19.50 | 8.80 | | 28.30 | 35 |
| 1160 | 6" diameter | | 20 | .400 | | 27 | 11 | | 38 | 46 |
| 1170 | Elbows, 1/2" diameter | | 40 | .200 | Ea. | 2.65 | 5.50 | | 8.15 | 11.15 |
| 1200 | 3/4" diameter | | 32 | .250 | | 3.60 | 6.90 | | 10.50 | 14.30 |
| 1230 | 1" diameter | | 28 | .286 | | 5 | 7.85 | | 12.85 | 17.30 |
| 1250 | 1-1/4" diameter | | 24 | .333 | | 8 | 9.15 | | 17.15 | 22.50 |
| 1270 | 1-1/2" diameter | | 20 | .400 | | 10.60 | 11 | | 21.60 | 28 |
| 1300 | 2" diameter | | 16 | .500 | | 15.60 | 13.75 | | 29.35 | 37.50 |
| 1330 | 2-1/2" diameter | | 12 | .667 | | 26.50 | 18.35 | | 44.85 | 56.50 |
| 1350 | 3" diameter | | 8 | 1 | | 41 | 27.50 | | 68.50 | 86.50 |
| 1370 | 3-1/2" diameter | | 6 | 1.333 | | 64 | 36.50 | | 100.50 | 126 |
| 1400 | 4" diameter | | 5 | 1.600 | | 75 | 44 | | 119 | 149 |
| 1410 | 5" diameter | | 4 | 2 | | 205 | 55 | | 260 | 310 |
| 1420 | 6" diameter | | 2.50 | 3.200 | | 284 | 88 | | 372 | 440 |
| 1430 | Couplings, 1/2" diameter | | | | | .85 | | | .85 | .94 |
| 1450 | 3/4" diameter | | | | | 1.30 | | | 1.30 | 1.43 |
| 1470 | 1" diameter | | | | | 1.70 | | | 1.70 | 1.87 |
| 1500 | 1-1/4" diameter | | | | | 2.10 | | | 2.10 | 2.31 |
| 1530 | 1-1/2" diameter | | | | | 2.40 | | | 2.40 | 2.64 |
| 1550 | 2" diameter | | | | | 3.40 | | | 3.40 | 3.74 |
| 1570 | 2-1/2" diameter | | | | | 7.65 | | | 7.65 | 8.40 |
| 1600 | 3" diameter | | | | | 10 | | | 10 | 11 |
| 1630 | 3-1/2" diameter | | | | | 13.70 | | | 13.70 | 15.05 |
| 1650 | 4" diameter | | | | | 16.50 | | | 16.50 | 18.15 |
| 1670 | 5" diameter | | | | | 42 | | | 42 | 46 |
| 1690 | 6" diameter | | | | | 65 | | | 65 | 71.50 |
| 1750 | Rigid galvanized steel, 1/2" diameter | 1 Elec | 90 | .089 | L.F. | 1.25 | 2.44 | | 3.69 | 5.05 |
| 1770 | 3/4" diameter | | 80 | .100 | | 1.55 | 2.75 | | 4.30 | 5.85 |
| 1800 | 1" diameter | | 65 | .123 | | 2.10 | 3.38 | | 5.48 | 7.40 |
| 1830 | 1-1/4" diameter | | 60 | .133 | | 2.65 | 3.67 | | 6.32 | 8.40 |
| 1850 | 1-1/2" diameter | | 55 | .145 | | 3.20 | 4 | | 7.20 | 9.50 |
| 1870 | 2" diameter | | 45 | .178 | | 4.25 | 4.89 | | 9.14 | 12.05 |
| 1900 | 2-1/2" diameter | | 35 | .229 | | 7.10 | 6.30 | | 13.40 | 17.25 |
| 1930 | 3" diameter | | 25 | .320 | | 9.20 | 8.80 | | 18 | 23.50 |
| 1950 | 3-1/2" diameter | | 22 | .364 | | 11.60 | 10 | | 21.60 | 28 |
| 1970 | 4" diameter | | 20 | .400 | | 13.60 | 11 | | 24.60 | 31.50 |
| 1980 | 5" diameter | | 15 | .533 | | 28.50 | 14.65 | | 43.15 | 53.50 |
| 1990 | 6" diameter | | 10 | .800 | | 40 | 22 | | 62 | 77 |
| 2000 | Elbows, 1/2" diameter | | 32 | .250 | Ea. | 3.15 | 6.90 | | 10.05 | 13.80 |
| 2030 | 3/4" diameter | | 28 | .286 | | 3.35 | 7.85 | | 11.20 | 15.50 |
| 2050 | 1" diameter | | 24 | .333 | | 4.60 | 9.15 | | 13.75 | 18.85 |
| 2070 | 1-1/4" diameter | | 18 | .444 | | 6.65 | 12.20 | | 18.85 | 25.50 |
| 2100 | 1-1/2" diameter | | 16 | .500 | | 8.30 | 13.75 | | 22.05 | 29.50 |
| 2130 | 2" diameter | | 12 | .667 | | 14.40 | 18.35 | | 32.75 | 43.50 |

## 160 | Raceways

### 160 200 | Conduits

| | | CREW | DAILY OUTPUT | MAN-HOURS | UNIT | 1994 BARE COSTS | | | | TOTAL INCL O&P |
|---|---|---|---|---|---|---|---|---|---|---|
| | | | | | | MAT. | LABOR | EQUIP. | TOTAL | |
| 2150 | 2-1/2" diameter | 1 Elec | 8 | 1 | Ea. | 26.50 | 27.50 | | 54 | 70.50 |
| 2170 | 3" diameter | | 6 | 1.333 | | 39 | 36.50 | | 75.50 | 98 |
| 2200 | 3-1/2" diameter | | 4.20 | 1.905 | | 69 | 52.50 | | 121.50 | 155 |
| 2220 | 4" diameter | | 4 | 2 | | 81 | 55 | | 136 | 172 |
| 2230 | 5" diameter | | 3.50 | 2.286 | | 190 | 63 | | 253 | 305 |
| 2240 | 6" diameter | | 2 | 4 | | 275 | 110 | | 385 | 470 |
| 2250 | Couplings, 1/2" diameter | | | | | 1.05 | | | 1.05 | 1.15 |
| 2270 | 3/4" diameter | | | | | 1.30 | | | 1.30 | 1.43 |
| 2300 | 1" diameter | | | | | 1.80 | | | 1.80 | 1.98 |
| 2330 | 1-1/4" diameter | | | | | 2.20 | | | 2.20 | 2.42 |
| 2350 | 1-1/2" diameter | | | | | 2.85 | | | 2.85 | 3.14 |
| 2370 | 2" diameter | | | | | 3.75 | | | 3.75 | 4.13 |
| 2400 | 2-1/2" diameter | | | | | 8.35 | | | 8.35 | 9.20 |
| 2430 | 3" diameter | | | | | 11.35 | | | 11.35 | 12.50 |
| 2450 | 3-1/2" diameter | | | | | 15.20 | | | 15.20 | 16.70 |
| 2470 | 4" diameter | | | | | 15.90 | | | 15.90 | 17.50 |
| 2480 | 5" diameter | | | | | 36 | | | 36 | 39.50 |
| 2490 | 6" diameter | | | | | 47 | | | 47 | 51.50 |
| 2500 | Steel, intermediate conduit (IMC), 1/2" diameter | 1 Elec | 100 | .080 | L.F. | 1.01 | 2.20 | | 3.21 | 4.42 |
| 2530 | 3/4" diameter | | 90 | .089 | | 1.22 | 2.44 | | 3.66 | 5 |
| 2550 | 1" diameter | | 70 | .114 | | 1.65 | 3.14 | | 4.79 | 6.55 |
| 2570 | 1-1/4" diameter | | 65 | .123 | | 2.10 | 3.38 | | 5.48 | 7.40 |
| 2600 | 1-1/2" diameter | | 60 | .133 | | 2.65 | 3.67 | | 6.32 | 8.40 |
| 2630 | 2" diameter | | 50 | .160 | | 3.25 | 4.40 | | 7.65 | 10.20 |
| 2650 | 2-1/2" diameter | | 40 | .200 | | 5.60 | 5.50 | | 11.10 | 14.40 |
| 2670 | 3" diameter | | 30 | .267 | | 7.45 | 7.35 | | 14.80 | 19.25 |
| 2700 | 3-1/2" diameter | | 27 | .296 | | 10.10 | 8.15 | | 18.25 | 23.50 |
| 2730 | 4" diameter | | 25 | .320 | | 12 | 8.80 | | 20.80 | 26.50 |
| 2750 | Elbows, 1/2" diameter | | 32 | .250 | Ea. | 2.65 | 6.90 | | 9.55 | 13.25 |
| 2770 | 3/4" diameter | | 28 | .286 | | 3.25 | 7.85 | | 11.10 | 15.40 |
| 2800 | 1" diameter | | 24 | .333 | | 4.50 | 9.15 | | 13.65 | 18.75 |
| 2830 | 1-1/4" diameter | | 18 | .444 | | 6.45 | 12.20 | | 18.65 | 25.50 |
| 2850 | 1-1/2" diameter | | 16 | .500 | | 8.10 | 13.75 | | 21.85 | 29.50 |
| 2870 | 2" diameter | | 12 | .667 | | 12.30 | 18.35 | | 30.65 | 41 |
| 2900 | 2-1/2" diameter | | 8 | 1 | | 23 | 27.50 | | 50.50 | 67 |
| 2930 | 3" diameter | | 6 | 1.333 | | 35 | 36.50 | | 71.50 | 93.50 |
| 2950 | 3-1/2" diameter | | 4.20 | 1.905 | | 55 | 52.50 | | 107.50 | 140 |
| 2970 | 4" diameter | | 4 | 2 | | 65 | 55 | | 120 | 154 |
| 3000 | Couplings, 1/2" diameter | | | | | 1.05 | | | 1.05 | 1.15 |
| 3030 | 3/4" diameter | | | | | 1.30 | | | 1.30 | 1.43 |
| 3050 | 1" diameter | | | | | 1.80 | | | 1.80 | 1.98 |
| 3070 | 1-1/4" diameter | | | | | 2.20 | | | 2.20 | 2.42 |
| 3100 | 1-1/2" diameter | | | | | 2.85 | | | 2.85 | 3.14 |
| 3130 | 2" diameter | | | | | 3.75 | | | 3.75 | 4.13 |
| 3150 | 2-1/2" diameter | | | | | 8.35 | | | 8.35 | 9.20 |
| 3170 | 3" diameter | | | | | 11.40 | | | 11.40 | 12.55 |
| 3200 | 3-1/2" diameter | | | | | 15.25 | | | 15.25 | 16.75 |
| 3230 | 4" diameter | | | | | 16 | | | 16 | 17.60 |
| 4100 | Rigid steel, plastic coated, 40 mil. thick | | | | | | | | | |
| 4130 | 1/2" diameter | 1 Elec | 80 | .100 | L.F. | 2.85 | 2.75 | | 5.60 | 7.25 |
| 4150 | 3/4" diameter | | 70 | .114 | | 3.15 | 3.14 | | 6.29 | 8.20 |
| 4170 | 1" diameter | | 55 | .145 | | 4.10 | 4 | | 8.10 | 10.50 |
| 4200 | 1-1/4" diameter | | 50 | .160 | | 5.25 | 4.40 | | 9.65 | 12.40 |
| 4230 | 1-1/2" diameter | | 45 | .178 | | 6.05 | 4.89 | | 10.94 | 14 |
| 4250 | 2" diameter | | 35 | .229 | | 8.10 | 6.30 | | 14.40 | 18.35 |
| 4270 | 2-1/2" diameter | | 25 | .320 | | 11.75 | 8.80 | | 20.55 | 26 |

# 160 | Raceways

## 160 200 | Conduits

| | | CREW | DAILY OUTPUT | MAN-HOURS | UNIT | 1994 BARE COSTS MAT. | LABOR | EQUIP. | TOTAL | TOTAL INCL O&P |
|---|---|---|---|---|---|---|---|---|---|---|
| 4300 | 3" diameter | 1 Elec | 22 | .364 | L.F. | 15.45 | 10 | | 25.45 | 32 |
| 4330 | 3-1/2" diameter | | 20 | .400 | | 17.30 | 11 | | 28.30 | 35.50 |
| 4350 | 4" diameter | | 18 | .444 | | 22.50 | 12.20 | | 34.70 | 43.50 |
| 4370 | 5" diameter | | 15 | .533 | | 39 | 14.65 | | 53.65 | 65 |
| 4400 | Elbows, 1/2" diameter | | 28 | .286 | Ea. | 7.35 | 7.85 | | 15.20 | 19.90 |
| 4430 | 3/4" diameter | | 24 | .333 | | 8.15 | 9.15 | | 17.30 | 23 |
| 4450 | 1" diameter | | 18 | .444 | | 9.35 | 12.20 | | 21.55 | 28.50 |
| 4470 | 1-1/4" diameter | | 16 | .500 | | 11.55 | 13.75 | | 25.30 | 33 |
| 4500 | 1-1/2" diameter | | 12 | .667 | | 14.20 | 18.35 | | 32.55 | 43 |
| 4530 | 2" diameter | | 8 | 1 | | 19.75 | 27.50 | | 47.25 | 63 |
| 4550 | 2-1/2" diameter | | 6 | 1.333 | | 38 | 36.50 | | 74.50 | 97 |
| 4570 | 3" diameter | | 4.20 | 1.905 | | 61 | 52.50 | | 113.50 | 146 |
| 4600 | 3-1/2" diameter | | 4 | 2 | | 78 | 55 | | 133 | 169 |
| 4630 | 4" diameter | | 3.80 | 2.105 | | 82 | 58 | | 140 | 177 |
| 4650 | 5" diameter | | 3.50 | 2.286 | | 198 | 63 | | 261 | 315 |
| 4680 | Couplings, 1/2" diameter | | | | | 2.15 | | | 2.15 | 2.37 |
| 4700 | 3/4" diameter | | | | | 2.25 | | | 2.25 | 2.48 |
| 4730 | 1" diameter | | | | | 2.95 | | | 2.95 | 3.25 |
| 4750 | 1-1/4" diameter | | | | | 3.40 | | | 3.40 | 3.74 |
| 4770 | 1-1/2" diameter | | | | | 4.05 | | | 4.05 | 4.46 |
| 4800 | 2" diameter | | | | | 5.95 | | | 5.95 | 6.55 |
| 4830 | 2-1/2" diameter | | | | | 14.65 | | | 14.65 | 16.10 |
| 4850 | 3" diameter | | | | | 17.85 | | | 17.85 | 19.65 |
| 4870 | 3-1/2" diameter | | | | | 23 | | | 23 | 25.50 |
| 4900 | 4" diameter | | | | | 28 | | | 28 | 31 |
| 4950 | 5" diameter | | | | | 87 | | | 87 | 95.50 |
| 5000 | Electric metallic tubing (EMT), 1/2" diameter | 1 Elec | 170 | .047 | L.F. | .38 | 1.29 | | 1.67 | 2.37 |
| 5020 | 3/4" diameter | | 130 | .062 | | .54 | 1.69 | | 2.23 | 3.13 |
| 5040 | 1" diameter | | 115 | .070 | | .79 | 1.91 | | 2.70 | 3.75 |
| 5060 | 1-1/4" diameter | | 100 | .080 | | 1.16 | 2.20 | | 3.36 | 4.59 |
| 5080 | 1-1/2" diameter | | 90 | .089 | | 1.39 | 2.44 | | 3.83 | 5.20 |
| 5100 | 2" diameter | | 80 | .100 | | 1.85 | 2.75 | | 4.60 | 6.15 |
| 5120 | 2-1/2" diameter | | 60 | .133 | | 4.10 | 3.67 | | 7.77 | 10 |
| 5140 | 3" diameater | | 50 | .160 | | 5.15 | 4.40 | | 9.55 | 12.25 |
| 5160 | 3-1/2" diameter | | 45 | .178 | | 6.95 | 4.89 | | 11.84 | 15 |
| 5180 | 4" diameter | | 40 | .200 | | 8.15 | 5.50 | | 13.65 | 17.20 |
| 5200 | Field bends, 45° to 90°, 1/2" diameter | | 89 | .090 | Ea. | | 2.47 | | 2.47 | 3.72 |
| 5220 | 3/4" diameter | | 80 | .100 | | | 2.75 | | 2.75 | 4.13 |
| 5240 | 1" diameter | | 73 | .110 | | | 3.01 | | 3.01 | 4.53 |
| 5260 | 1-1/4" diameter | | 38 | .211 | | | 5.80 | | 5.80 | 8.70 |
| 5280 | 1-1/2" diameter | | 36 | .222 | | | 6.10 | | 6.10 | 9.20 |
| 5300 | 2" diameter | | 26 | .308 | | | 8.45 | | 8.45 | 12.70 |
| 5320 | Offsets, 1/2" diameter | | 65 | .123 | | | 3.38 | | 3.38 | 5.10 |
| 5340 | 3/4" diameter | | 62 | .129 | | | 3.55 | | 3.55 | 5.35 |
| 5360 | 1" diameter | | 53 | .151 | | | 4.15 | | 4.15 | 6.25 |
| 5380 | 1-1/4" diameter | | 30 | .267 | | | 7.35 | | 7.35 | 11.05 |
| 5400 | 1-1/2" diameter | | 28 | .286 | | | 7.85 | | 7.85 | 11.80 |
| 5420 | 2" diameter | | 20 | .400 | | | 11 | | 11 | 16.55 |
| 5700 | Elbows, 1" diameter | | 40 | .200 | | 2.60 | 5.50 | | 8.10 | 11.10 |
| 5720 | 1-1/4" diameter | | 32 | .250 | | 3.55 | 6.90 | | 10.45 | 14.25 |
| 5740 | 1-1/2" diameter | | 24 | .333 | | 4.50 | 9.15 | | 13.65 | 18.75 |
| 5760 | 2" diameter | | 20 | .400 | | 7.15 | 11 | | 18.15 | 24.50 |
| 5780 | 2-1/2" diameter | | 12 | .667 | | 19.80 | 18.35 | | 38.15 | 49.50 |
| 5800 | 3" diameter | | 9 | .889 | | 29.50 | 24.50 | | 54 | 69.50 |
| 5820 | 3-1/2" diameter | | 7 | 1.143 | | 39.50 | 31.50 | | 71 | 91 |
| 5840 | 4" diameter | | 6 | 1.333 | | 46.50 | 36.50 | | 83 | 106 |

## 160 | Raceways

### 160 200 | Conduits

| | | CREW | DAILY OUTPUT | MAN-HOURS | UNIT | 1994 BARE COSTS MAT. | LABOR | EQUIP. | TOTAL | TOTAL INCL O&P |
|---|---|---|---|---|---|---|---|---|---|---|
| 5900 | Slipfit elbows, 1 end, 2-1/2" diameter | 1 Elec | 13 | .615 | Ea. | 19.65 | 16.90 | | 36.55 | 47 |
| 5920 | 3" diameter | | 10 | .800 | | 27 | 22 | | 49 | 62.50 |
| 5940 | 3-1/2" diameter | | 8 | 1 | | 37.50 | 27.50 | | 65 | 83 |
| 5960 | 4" diameter | | 7 | 1.143 | | 44 | 31.50 | | 75.50 | 96 |
| 6000 | Slipfit elbows, 2 end, 2-1/2" diameter | | 14 | .571 | | 20 | 15.70 | | 35.70 | 45.50 |
| 6020 | 3" diameter | | 11 | .727 | | 28 | 20 | | 48 | 61 |
| 6040 | 3-1/2" diameter | | 9 | .889 | | 38.50 | 24.50 | | 63 | 79.50 |
| 6060 | 4" diameter | | 8 | 1 | | 44 | 27.50 | | 71.50 | 90 |
| 6080 | Available 30° - 45° - 90° | | | | | | | | | |
| 6200 | Couplings, set screw, steel, 1/2" diameter | | | | Ea. | .58 | | | .58 | .64 |
| 6220 | 3/4" diameter | | | | | .90 | | | .90 | .99 |
| 6240 | 1" diameter | | | | | 1.45 | | | 1.45 | 1.60 |
| 6260 | 1-1/4" diameter | | | | | 3 | | | 3 | 3.30 |
| 6280 | 1-1/2" diameter | | | | | 4.25 | | | 4.25 | 4.68 |
| 6300 | 2" diameter | | | | | 5.65 | | | 5.65 | 6.20 |
| 6320 | 2-1/2" diameter | | | | | 14.25 | | | 14.25 | 15.70 |
| 6340 | 3" diameter | | | | | 16.30 | | | 16.30 | 17.95 |
| 6360 | 3-1/2" diameter | | | | | 18.75 | | | 18.75 | 20.50 |
| 6380 | 4" diameter | | | | | 21.50 | | | 21.50 | 23.50 |
| 6500 | Box connectors, set screw, steel, 1/2" diameter | 1 Elec | 120 | .067 | | .44 | 1.83 | | 2.27 | 3.24 |
| 6520 | 3/4" diameter | | 110 | .073 | | .75 | 2 | | 2.75 | 3.84 |
| 6540 | 1" diameter | | 90 | .089 | | 1.25 | 2.44 | | 3.69 | 5.05 |
| 6560 | 1-1/4" diameter | | 70 | .114 | | 2.55 | 3.14 | | 5.69 | 7.55 |
| 6580 | 1-1/2" diameter | | 60 | .133 | | 3.75 | 3.67 | | 7.42 | 9.65 |
| 6600 | 2" diameter | | 50 | .160 | | 5.25 | 4.40 | | 9.65 | 12.40 |
| 6620 | 2-1/2" diameter | | 36 | .222 | | 16.50 | 6.10 | | 22.60 | 27.50 |
| 6640 | 3" diameter | | 27 | .296 | | 20 | 8.15 | | 28.15 | 34.50 |
| 6680 | 3-1/2" diameter | | 21 | .381 | | 26.50 | 10.50 | | 37 | 45 |
| 6700 | 4" diameter | | 16 | .500 | | 30 | 13.75 | | 43.75 | 53.50 |
| 6740 | Insulated box connectors, set screw, steel, 1/2" diameter | | 120 | .067 | | .63 | 1.83 | | 2.46 | 3.45 |
| 6760 | 3/4" diameter | | 110 | .073 | | 1.05 | 2 | | 3.05 | 4.16 |
| 6780 | 1" diameter | | 90 | .089 | | 1.70 | 2.44 | | 4.14 | 5.55 |
| 6800 | 1-1/4" diameter | | 70 | .114 | | 3.05 | 3.14 | | 6.19 | 8.10 |
| 6820 | 1-1/2" diameter | | 60 | .133 | | 4.40 | 3.67 | | 8.07 | 10.35 |
| 6840 | 2" diameter | | 50 | .160 | | 6.50 | 4.40 | | 10.90 | 13.75 |
| 6860 | 2-1/2" diameter | | 36 | .222 | | 28.50 | 6.10 | | 34.60 | 40.50 |
| 6880 | 3" diameter | | 27 | .296 | | 34 | 8.15 | | 42.15 | 50 |
| 6900 | 3-1/2" diameter | | 21 | .381 | | 45 | 10.50 | | 55.50 | 65.50 |
| 6920 | 4" diameter | | 16 | .500 | | 50 | 13.75 | | 63.75 | 75.50 |
| 7000 | EMT to conduit adapters, 1/2" diameter (compression) | | 70 | .114 | | 1.80 | 3.14 | | 4.94 | 6.70 |
| 7020 | 3/4" diameter | | 60 | .133 | | 2.65 | 3.67 | | 6.32 | 8.40 |
| 7040 | 1" diameter | | 50 | .160 | | 4 | 4.40 | | 8.40 | 11 |
| 7060 | 1-1/4" diameter | | 40 | .200 | | 6.60 | 5.50 | | 12.10 | 15.50 |
| 7080 | 1-1/2" diameter | | 30 | .267 | | 8.10 | 7.35 | | 15.45 | 19.95 |
| 7100 | 2" diameter | | 25 | .320 | | 11.65 | 8.80 | | 20.45 | 26 |
| 7200 | EMT to Greenfield adapters, 1/2" to 3/8" diameter (compression) | | 90 | .089 | | 1.50 | 2.44 | | 3.94 | 5.35 |
| 7220 | 1/2" diameter | | 90 | .089 | | 2.75 | 2.44 | | 5.19 | 6.70 |
| 7240 | 3/4" diameter | | 80 | .100 | | 3.60 | 2.75 | | 6.35 | 8.10 |
| 7260 | 1" diameter | | 70 | .114 | | 9.40 | 3.14 | | 12.54 | 15.10 |
| 7270 | 1-1/4" diameter | | 60 | .133 | | 11.15 | 3.67 | | 14.82 | 17.75 |
| 7280 | 1-1/2" diameter | | 50 | .160 | | 12.65 | 4.40 | | 17.05 | 20.50 |
| 7290 | 2" diameter | | 40 | .200 | | 18.45 | 5.50 | | 23.95 | 29 |
| 7400 | EMT,LB, LR or LL fittings with covers, 1/2" diameter, set screw | | 24 | .333 | | 5.75 | 9.15 | | 14.90 | 20 |
| 7420 | 3/4" diameter | | 20 | .400 | | 7 | 11 | | 18 | 24.50 |
| 7440 | 1" diameter | | 16 | .500 | | 10.30 | 13.75 | | 24.05 | 32 |
| 7450 | 1-1/4" diameter | | 13 | .615 | | 14.85 | 16.90 | | 31.75 | 42 |

# 160 | Raceways

## 160 200 | Conduits

| | | CREW | DAILY OUTPUT | MAN-HOURS | UNIT | 1994 BARE COSTS MAT. | LABOR | EQUIP. | TOTAL | TOTAL INCL O&P | |
|---|---|---|---|---|---|---|---|---|---|---|---|
| 7460 | 1-1/2" diameter | 1 Elec | 11 | .727 | Ea. | 18.50 | 20 | | 38.50 | 50.50 | 205 |
| 7470 | 2" diameter | | 9 | .889 | | 31 | 24.50 | | 55.50 | 71 | |
| 7600 | EMT, "T" fittings with covers, 1/2" diameter, set screw | | 16 | .500 | | 6.95 | 13.75 | | 20.70 | 28 | |
| 7620 | 3/4" diameter | | 15 | .533 | | 9 | 14.65 | | 23.65 | 32 | |
| 7640 | 1" diameter | | 12 | .667 | | 12.15 | 18.35 | | 30.50 | 41 | |
| 7650 | 1-1/4" diameter | | 11 | .727 | | 20 | 20 | | 40 | 52 | |
| 7660 | 1-1/2" diameter | | 10 | .800 | | 27 | 22 | | 49 | 62.50 | |
| 7670 | 2" diameter | | 8 | 1 | | 43.50 | 27.50 | | 71 | 89.50 | |
| 8000 | EMT, expansion fittings, no jumper, 1/2" diameter | | 24 | .333 | | 26 | 9.15 | | 35.15 | 42.50 | |
| 8020 | 3/4" diameter | | 20 | .400 | | 32 | 11 | | 43 | 51.50 | |
| 8040 | 1" diameter | | 16 | .500 | | 41 | 13.75 | | 54.75 | 65.50 | |
| 8060 | 1-1/4" diameter | | 13 | .615 | | 50 | 16.90 | | 66.90 | 80.50 | |
| 8080 | 1-1/2" diameter | | 11 | .727 | | 68 | 20 | | 88 | 105 | |
| 8100 | 2" diameter | | 9 | .889 | | 100 | 24.50 | | 124.50 | 147 | |
| 8110 | 2-1/2" diameter | | 7 | 1.143 | | 154 | 31.50 | | 185.50 | 217 | |
| 8120 | 3" diameter | | 6 | 1.333 | | 190 | 36.50 | | 226.50 | 264 | |
| 8140 | 4" diameter | | 5 | 1.600 | | 330 | 44 | | 374 | 430 | |
| 8200 | Split adapter, 1/2" diameter | | 110 | .073 | | .95 | 2 | | 2.95 | 4.06 | |
| 8210 | 3/4" diameter | | 90 | .089 | | 1.34 | 2.44 | | 3.78 | 5.15 | |
| 8220 | 1" diameter | | 70 | .114 | | 2.20 | 3.14 | | 5.34 | 7.15 | |
| 8230 | 1-1/4" diameter | | 60 | .133 | | 3.40 | 3.67 | | 7.07 | 9.25 | |
| 8240 | 1-1/2" diameter | | 50 | .160 | | 5.20 | 4.40 | | 9.60 | 12.30 | |
| 8250 | 2" diameter | | 36 | .222 | | 15 | 6.10 | | 21.10 | 25.50 | |
| 8300 | 1 hole clips, 1/2" diameter | | 500 | .016 | | .17 | .44 | | .61 | .85 | |
| 8320 | 3/4" diameter | | 470 | .017 | | .23 | .47 | | .70 | .95 | |
| 8340 | 1" diameter | | 444 | .018 | | .38 | .50 | | .88 | 1.17 | |
| 8360 | 1-1/4" diameter | | 400 | .020 | | .50 | .55 | | 1.05 | 1.38 | |
| 8380 | 1-1/2" diameter | | 355 | .023 | | .79 | .62 | | 1.41 | 1.80 | |
| 8400 | 2" diameter | | 320 | .025 | | 1.25 | .69 | | 1.94 | 2.41 | |
| 8420 | 2-1/2" diameter | | 266 | .030 | | 2.25 | .83 | | 3.08 | 3.72 | |
| 8440 | 3" diameter | | 160 | .050 | | 2.50 | 1.38 | | 3.88 | 4.82 | |
| 8460 | 3-1/2" diameter | | 133 | .060 | | 3.25 | 1.65 | | 4.90 | 6.05 | |
| 8480 | 4" diameter | | 100 | .080 | | 5 | 2.20 | | 7.20 | 8.80 | |
| 8500 | Clamp back spacers, 1/2" diameter | | 500 | .016 | | .46 | .44 | | .90 | 1.17 | |
| 8510 | 3/4" diameter | | 470 | .017 | | .55 | .47 | | 1.02 | 1.31 | |
| 8520 | 1" diameter | | 444 | .018 | | .88 | .50 | | 1.38 | 1.72 | |
| 8530 | 1-1/4" diameter | | 400 | .020 | | 1.35 | .55 | | 1.90 | 2.32 | |
| 8540 | 1-1/2" diameter | | 355 | .023 | | 1.70 | .62 | | 2.32 | 2.80 | |
| 8550 | 2" diameter | | 320 | .025 | | 2.80 | .69 | | 3.49 | 4.11 | |
| 8560 | 2-1/2" diameter | | 266 | .030 | | 5.10 | .83 | | 5.93 | 6.85 | |
| 8570 | 3" diameter | | 160 | .050 | | 8 | 1.38 | | 9.38 | 10.85 | |
| 8580 | 3-1/2" diameter | | 133 | .060 | | 11 | 1.65 | | 12.65 | 14.60 | |
| 8590 | 4" diameter | | 100 | .080 | | 24 | 2.20 | | 26.20 | 30 | |
| 8600 | Offset connectors, 1/2" diameter | | 40 | .200 | | 1.90 | 5.50 | | 7.40 | 10.35 | |
| 8610 | 3/4" diameter | | 32 | .250 | | 2.75 | 6.90 | | 9.65 | 13.40 | |
| 8620 | 1" diameter | | 24 | .333 | | 4.15 | 9.15 | | 13.30 | 18.35 | |
| 8650 | 90° pulling elbows, female, 1/2" diameter, with gasket | | 24 | .333 | | 2.70 | 9.15 | | 11.85 | 16.75 | |
| 8660 | 3/4" diameter | | 20 | .400 | | 4.40 | 11 | | 15.40 | 21.50 | |
| 8700 | Couplings, compression, 1/2" diameter, steel | | | | | 1.30 | | | 1.30 | 1.43 | |
| 8710 | 3/4" diameter | | | | | 1.80 | | | 1.80 | 1.98 | |
| 8720 | 1" diameter | | | | | 3.10 | | | 3.10 | 3.41 | |
| 8730 | 1-1/4" diameter | | | | | 5.65 | | | 5.65 | 6.20 | |
| 8740 | 1-1/2" diameter | | | | | 8.20 | | | 8.20 | 9 | |
| 8750 | 2" diameter | | | | | 11.30 | | | 11.30 | 12.45 | |
| 8760 | 2-1/2" diameter | | | | | 47 | | | 47 | 51.50 | |
| 8770 | 3" diameter | | | | | 59 | | | 59 | 65 | |

## 160 | Raceways

### 160 200 | Conduits

| | | CREW | DAILY OUTPUT | MAN-HOURS | UNIT | 1994 BARE COSTS MAT. | LABOR | EQUIP. | TOTAL | TOTAL INCL O&P | |
|---|---|---|---|---|---|---|---|---|---|---|---|
| 8780 | 3-1/2" diameter | | | | Ea. | 95.50 | | | 95.50 | 105 | 205 |
| 8790 | 4" diameter | | | | | 97 | | | 97 | 107 | |
| 8800 | Box connectors, compression, 1/2" diam., steel | 1 Elec | 120 | .067 | | 1.20 | 1.83 | | 3.03 | 4.08 | |
| 8810 | 3/4" diameter | | 110 | .073 | | 1.65 | 2 | | 3.65 | 4.83 | |
| 8820 | 1" diameter | | 90 | .089 | | 2.95 | 2.44 | | 5.39 | 6.95 | |
| 8830 | 1-1/4" diameter | | 70 | .114 | | 5.70 | 3.14 | | 8.84 | 11 | |
| 8840 | 1-1/2" diameter | | 60 | .133 | | 8.40 | 3.67 | | 12.07 | 14.75 | |
| 8850 | 2" diameter | | 50 | .160 | | 12.50 | 4.40 | | 16.90 | 20.50 | |
| 8860 | 2-1/2" diameter | | 36 | .222 | | 43 | 6.10 | | 49.10 | 56.50 | |
| 8870 | 3" diameter | | 27 | .296 | | 57 | 8.15 | | 65.15 | 75 | |
| 8880 | 3-1/2" diameter | | 21 | .381 | | 83 | 10.50 | | 93.50 | 107 | |
| 8890 | 4" diameter | | 16 | .500 | | 85 | 13.75 | | 98.75 | 114 | |
| 8900 | Box connectors, insulated compression, 1/2" diam., steel | | 120 | .067 | | 1.25 | 1.83 | | 3.08 | 4.14 | |
| 8910 | 3/4" diameter | | 110 | .073 | | 1.75 | 2 | | 3.75 | 4.94 | |
| 8920 | 1" diameter | | 90 | .089 | | 3 | 2.44 | | 5.44 | 7 | |
| 8930 | 1-1/4" diameter | | 70 | .114 | | 6.20 | 3.14 | | 9.34 | 11.55 | |
| 8940 | 1-1/2" diameter | | 60 | .133 | | 9 | 3.67 | | 12.67 | 15.40 | |
| 8950 | 2" diameter | | 50 | .160 | | 13 | 4.40 | | 17.40 | 21 | |
| 8960 | 2-1/2" diameter | | 36 | .222 | | 50 | 6.10 | | 56.10 | 64 | |
| 8970 | 3" diameter | | 27 | .296 | | 65 | 8.15 | | 73.15 | 84 | |
| 8980 | 3-1/2" diameter | | 21 | .381 | | 90 | 10.50 | | 100.50 | 115 | |
| 8990 | 4" diameter | | 16 | .500 | | 96 | 13.75 | | 109.75 | 127 | |
| 9100 | PVC, #40, 1/2" diameter | | 190 | .042 | L.F. | .48 | 1.16 | | 1.64 | 2.27 | |
| 9110 | 3/4" diameter | | 145 | .055 | | .60 | 1.52 | | 2.12 | 2.94 | |
| 9120 | 1" diameter | | 125 | .064 | | .86 | 1.76 | | 2.62 | 3.60 | |
| 9130 | 1-1/4" diameter | | 110 | .073 | | 1.16 | 2 | | 3.16 | 4.29 | |
| 9140 | 1-1/2" diameter | | 100 | .080 | | 1.36 | 2.20 | | 3.56 | 4.81 | |
| 9150 | 2" diameter | | 90 | .089 | | 1.81 | 2.44 | | 4.25 | 5.65 | |
| 9160 | 2-1/2" diameter | | 65 | .123 | | 2.85 | 3.38 | | 6.23 | 8.25 | |
| 9170 | 3" diameter | | 55 | .145 | | 3.35 | 4 | | 7.35 | 9.70 | |
| 9180 | 3-1/2" diameter | | 50 | .160 | | 4.25 | 4.40 | | 8.65 | 11.30 | |
| 9190 | 4" diameter | | 45 | .178 | | 4.75 | 4.89 | | 9.64 | 12.55 | |
| 9200 | 5" diameter | | 35 | .229 | | 6.80 | 6.30 | | 13.10 | 16.95 | |
| 9210 | 6" diameter | | 30 | .267 | | 9.20 | 7.35 | | 16.55 | 21 | |
| 9220 | Elbows, 1/2" diameter | | 50 | .160 | Ea. | .75 | 4.40 | | 5.15 | 7.45 | |
| 9230 | 3/4" diameter | | 42 | .190 | | .83 | 5.25 | | 6.08 | 8.80 | |
| 9240 | 1" diameter | | 35 | .229 | | 1.30 | 6.30 | | 7.60 | 10.90 | |
| 9250 | 1-1/4" diameter | | 28 | .286 | | 1.85 | 7.85 | | 9.70 | 13.85 | |
| 9260 | 1-1/2" diameter | | 20 | .400 | | 2.50 | 11 | | 13.50 | 19.30 | |
| 9270 | 2" diameter | | 16 | .500 | | 3.60 | 13.75 | | 17.35 | 24.50 | |
| 9280 | 2-1/2" diameter | | 11 | .727 | | 6.55 | 20 | | 26.55 | 37 | |
| 9290 | 3" diameter | | 9 | .889 | | 11.50 | 24.50 | | 36 | 49.50 | |
| 9300 | 3-1/2" diameter | | 7 | 1.143 | | 15.85 | 31.50 | | 47.35 | 65 | |
| 9310 | 4" diameter | | 6 | 1.333 | | 19.85 | 36.50 | | 56.35 | 77 | |
| 9320 | 5" diameter | | 4 | 2 | | 35 | 55 | | 90 | 121 | |
| 9330 | 6" diameter | | 3 | 2.667 | | 59 | 73.50 | | 132.50 | 175 | |
| 9340 | Field bends, 45° & 90°, 1/2" diameter | | 45 | .178 | | | 4.89 | | 4.89 | 7.35 | |
| 9350 | 3/4" diameter | | 40 | .200 | | | 5.50 | | 5.50 | 8.25 | |
| 9360 | 1" diameter | | 35 | .229 | | | 6.30 | | 6.30 | 9.45 | |
| 9370 | 1-1/4" diameter | | 32 | .250 | | | 6.90 | | 6.90 | 10.35 | |
| 9380 | 1-1/2" diameter | | 27 | .296 | | | 8.15 | | 8.15 | 12.25 | |
| 9390 | 2" diameter | | 20 | .400 | | | 11 | | 11 | 16.55 | |
| 9400 | 2-1/2" diameter | | 16 | .500 | | | 13.75 | | 13.75 | 20.50 | |
| 9410 | 3" diameter | | 13 | .615 | | | 16.90 | | 16.90 | 25.50 | |
| 9420 | 3-1/2" diameter | | 12 | .667 | | | 18.35 | | 18.35 | 27.50 | |
| 9430 | 4" diameter | | 10 | .800 | | | 22 | | 22 | 33 | |

See the Reference Section for reference number information, Crew Listings and City Cost Indexes

## 160 | Raceways

### 160 200 | Conduits

| | | CREW | DAILY OUTPUT | MAN-HOURS | UNIT | 1994 BARE COSTS MAT. | LABOR | EQUIP. | TOTAL | TOTAL INCL O&P | |
|---|---|---|---|---|---|---|---|---|---|---|---|
| 205 | 9440 | 5" diameter | 1 Elec | 9 | .889 | Ea. | | 24.50 | | 24.50 | 37 | 205 |
| | 9450 | 6" diameter | | 8 | 1 | | | 27.50 | | 27.50 | 41.50 | |
| | 9460 | PVC adapters, 1/2" diameter | | 80 | .100 | | .29 | 2.75 | | 3.04 | 4.45 | |
| | 9470 | 3/4" diameter | | 64 | .125 | | .53 | 3.44 | | 3.97 | 5.75 | |
| | 9480 | 1" diameter | | 53 | .151 | | .70 | 4.15 | | 4.85 | 7 | |
| | 9490 | 1-1/4" diameter | | 46 | .174 | | .85 | 4.78 | | 5.63 | 8.15 | |
| | 9500 | 1-1/2" diameter | | 40 | .200 | | 1.04 | 5.50 | | 6.54 | 9.40 | |
| | 9510 | 2" diameter | | 32 | .250 | | 1.50 | 6.90 | | 8.40 | 12 | |
| | 9520 | 2-1/2" diameter | | 23 | .348 | | 2.55 | 9.55 | | 12.10 | 17.20 | |
| | 9530 | 3" diameter | | 18 | .444 | | 3.75 | 12.20 | | 15.95 | 22.50 | |
| | 9540 | 3-1/2" diameter | | 13 | .615 | | 4.85 | 16.90 | | 21.75 | 31 | |
| | 9550 | 4" diameter | | 11 | .727 | | 6.35 | 20 | | 26.35 | 37 | |
| | 9560 | 5" diameter | | 8 | 1 | | 13.80 | 27.50 | | 41.30 | 56.50 | |
| | 9570 | 6" diameter | | 6 | 1.333 | | 16 | 36.50 | | 52.50 | 72.50 | |
| | 9580 | PVC-LB, LR or LL fittings & covers | | | | | | | | | | |
| | 9590 | 1/2" diameter | 1 Elec | 20 | .400 | Ea. | 1.95 | 11 | | 12.95 | 18.70 | |
| | 9600 | 3/4" diameter | | 16 | .500 | | 2.75 | 13.75 | | 16.50 | 23.50 | |
| | 9610 | 1" diameter | | 12 | .667 | | 3.05 | 18.35 | | 21.40 | 31 | |
| | 9620 | 1-1/4" diameter | | 9 | .889 | | 4.35 | 24.50 | | 28.85 | 42 | |
| | 9630 | 1-1/2" diameter | | 7 | 1.143 | | 5.10 | 31.50 | | 36.60 | 53 | |
| | 9640 | 2" diameter | | 6 | 1.333 | | 9 | 36.50 | | 45.50 | 65 | |
| | 9650 | 2-1/2" diameter | | 6 | 1.333 | | 34.50 | 36.50 | | 71 | 93 | |
| | 9660 | 3" diameter | | 5 | 1.600 | | 36 | 44 | | 80 | 106 | |
| | 9670 | 3-1/2" diameter | | 4 | 2 | | 37 | 55 | | 92 | 123 | |
| | 9680 | 4" diameter | | 3 | 2.667 | | 39 | 73.50 | | 112.50 | 153 | |
| | 9690 | PVC-tee fitting & cover | | | | | | | | | | |
| | 9700 | 1/2" | 1 Elec | 14 | .571 | Ea. | 2.50 | 15.70 | | 18.20 | 26.50 | |
| | 9710 | 3/4" | | 13 | .615 | | 3.10 | 16.90 | | 20 | 29 | |
| | 9720 | 1" | | 10 | .800 | | 3.10 | 22 | | 25.10 | 36.50 | |
| | 9730 | 1-1/4" | | 9 | .889 | | 5.05 | 24.50 | | 29.55 | 42.50 | |
| | 9740 | 1-1/2" | | 8 | 1 | | 6.70 | 27.50 | | 34.20 | 49 | |
| | 9750 | 2" | | 7 | 1.143 | | 9.75 | 31.50 | | 41.25 | 58.50 | |
| | 9760 | PVC-reducers, 3/4" x 1/2" diameter | | | | | .51 | | | .51 | .56 | |
| | 9770 | 1" x 1/2" diameter | | | | | 1.15 | | | 1.15 | 1.27 | |
| | 9780 | 1" x 3/4" diameter | | | | | 1.21 | | | 1.21 | 1.33 | |
| | 9790 | 1-1/4" x 3/4" diameter | | | | | 1.55 | | | 1.55 | 1.70 | |
| | 9800 | 1-1/4" x 1" diameter | | | | | 1.55 | | | 1.55 | 1.70 | |
| | 9810 | 1-1/2" x 1-1/4" diameter | | | | | 1.60 | | | 1.60 | 1.76 | |
| | 9820 | 2" x 1-1/4" diameter | | | | | 1.95 | | | 1.95 | 2.15 | |
| | 9830 | 2-1/2" x 2" diameter | | | | | 6.25 | | | 6.25 | 6.90 | |
| | 9840 | 3" x 2" diameter | | | | | 7.75 | | | 7.75 | 8.55 | |
| | 9850 | 4" x 3" diameter | | | | | 8.60 | | | 8.60 | 9.45 | |
| | 9860 | Cement, quart | | | | | 8 | | | 8 | 8.80 | |
| | 9870 | Gallon | | | | | 30 | | | 30 | 33 | |
| | 9880 | Heat bender, to 6" diameter | | | | | 795 | | | 795 | 875 | |
| | 9900 | Add to labor for higher elevated installation | | | | | | | | | | |
| | 9910 | 15' to 20' high, add | | | | | | 10% | | | | |
| | 9920 | 20' to 25' high, add | | | | | | 20% | | | | |
| | 9930 | 25' to 30' high, add | | | | | | 25% | | | | |
| | 9940 | 30' to 35' high, add | | | | | | 30% | | | | |
| | 9950 | 35' to 40' high, add | | | | | | 35% | | | | |
| | 9960 | Over 40' high, add | | | | | | 40% | | | | |
| | 9980 | Allow. for cond. ftngs., 5% min.-20% max. | | | | | | | | | | |
| 210 | 0010 | **CONDUIT** To 15' high, includes couplings only | | | | | | | | | | 210 |
| | 0200 | Electric metallic tubing, 1/2"diameter | 1 Elec | 435 | .018 | L.F. | .29 | .51 | | .80 | 1.08 | |

## 160 | Raceways

### 160 200 | Conduits

| | | | CREW | DAILY OUTPUT | MAN-HOURS | UNIT | 1994 BARE COSTS MAT. | LABOR | EQUIP. | TOTAL | TOTAL INCL O&P | |
|---|---|---|---|---|---|---|---|---|---|---|---|---|
| 210 | 0220 | 3/4" diameter | 1 Elec | 253 | .032 | L.F. | .41 | .87 | | 1.28 | 1.76 | 210 |
| | 0240 | 1" diameter | | 207 | .039 | | .61 | 1.06 | | 1.67 | 2.27 | |
| | 0260 | 1-1/4" diameter | | 173 | .046 | | .94 | 1.27 | | 2.21 | 2.94 | |
| | 0280 | 1-1/2" diameter | | 153 | .052 | | 1.12 | 1.44 | | 2.56 | 3.39 | |
| | 0300 | 2" diameter | | 130 | .062 | | 1.48 | 1.69 | | 3.17 | 4.17 | |
| | 0320 | 2-1/2" diameter | | 92 | .087 | | 3.27 | 2.39 | | 5.66 | 7.20 | |
| | 0340 | 3" diameter | | 74 | .108 | | 4.09 | 2.97 | | 7.06 | 8.95 | |
| | 0360 | 3-1/2" diameter | | 67 | .119 | | 5.50 | 3.28 | | 8.78 | 11 | |
| | 0380 | 4" diameter | | 57 | .140 | | 6.35 | 3.86 | | 10.21 | 12.75 | |
| | 0500 | Steel rigid galvanized, 1/2" diameter | | 146 | .055 | | .93 | 1.51 | | 2.44 | 3.29 | |
| | 0520 | 3/4" diameter | | 125 | .064 | | 1.18 | 1.76 | | 2.94 | 3.95 | |
| | 0540 | 1" diameter | | 93 | .086 | | 1.69 | 2.37 | | 4.06 | 5.40 | |
| | 0560 | 1-1/4" diameter | | 88 | .091 | | 2.13 | 2.50 | | 4.63 | 6.10 | |
| | 0580 | 1-1/2" diameter | | 80 | .100 | | 2.63 | 2.75 | | 5.38 | 7.05 | |
| | 0600 | 2" diameter | | 65 | .123 | | 3.54 | 3.38 | | 6.92 | 9 | |
| | 0620 | 2-1/2" diameter | | 48 | .167 | | 6.10 | 4.58 | | 10.68 | 13.60 | |
| | 0640 | 3" diameter | | 32 | .250 | | 7.90 | 6.90 | | 14.80 | 19 | |
| | 0660 | 3-1/2" diameter | | 30 | .267 | | 9.50 | 7.35 | | 16.85 | 21.50 | |
| | 0680 | 4" diameter | | 26 | .308 | | 11.20 | 8.45 | | 19.65 | 25 | |
| | 0700 | 5" diameter | | 25 | .320 | | 22.50 | 8.80 | | 31.30 | 38.50 | |
| | 0720 | 6" diameter | | 24 | .333 | | 31.50 | 9.15 | | 40.65 | 49 | |
| 220 | 0010 | **CONDUIT NIPPLES** With locknuts and bushings | | | | | | | | | | 220 |
| | 0100 | Aluminum, 1/2" diameter, close | 1 Elec | 36 | .222 | Ea. | 1.80 | 6.10 | | 7.90 | 11.20 | |
| | 0120 | 1-1/2" long | | 36 | .222 | | 1.85 | 6.10 | | 7.95 | 11.25 | |
| | 0140 | 2" long | | 36 | .222 | | 1.90 | 6.10 | | 8 | 11.30 | |
| | 0160 | 2-1/2" long | | 36 | .222 | | 2.10 | 6.10 | | 8.20 | 11.50 | |
| | 0180 | 3" long | | 36 | .222 | | 2.20 | 6.10 | | 8.30 | 11.60 | |
| | 0200 | 3-1/2" long | | 36 | .222 | | 2.30 | 6.10 | | 8.40 | 11.75 | |
| | 0220 | 4" long | | 36 | .222 | | 2.40 | 6.10 | | 8.50 | 11.85 | |
| | 0240 | 5" long | | 36 | .222 | | 2.65 | 6.10 | | 8.75 | 12.10 | |
| | 0260 | 6" long | | 36 | .222 | | 2.75 | 6.10 | | 8.85 | 12.25 | |
| | 0280 | 8" long | | 36 | .222 | | 3.35 | 6.10 | | 9.45 | 12.90 | |
| | 0300 | 10" long | | 36 | .222 | | 3.90 | 6.10 | | 10 | 13.50 | |
| | 0320 | 12" long | | 36 | .222 | | 4.40 | 6.10 | | 10.50 | 14.05 | |
| | 0340 | 3/4" diameter, close | | 32 | .250 | | 2.55 | 6.90 | | 9.45 | 13.15 | |
| | 0360 | 1-1/2" long | | 32 | .250 | | 2.60 | 6.90 | | 9.50 | 13.20 | |
| | 0380 | 2" long | | 32 | .250 | | 2.65 | 6.90 | | 9.55 | 13.25 | |
| | 0400 | 2-1/2" long | | 32 | .250 | | 2.75 | 6.90 | | 9.65 | 13.40 | |
| | 0420 | 3" long | | 32 | .250 | | 2.90 | 6.90 | | 9.80 | 13.55 | |
| | 0440 | 3-1/2" long | | 32 | .250 | | 2.95 | 6.90 | | 9.85 | 13.60 | |
| | 0460 | 4" long | | 32 | .250 | | 3.05 | 6.90 | | 9.95 | 13.70 | |
| | 0480 | 5" long | | 32 | .250 | | 3.40 | 6.90 | | 10.30 | 14.10 | |
| | 0500 | 6" long | | 32 | .250 | | 3.70 | 6.90 | | 10.60 | 14.40 | |
| | 0520 | 8" long | | 32 | .250 | | 4.40 | 6.90 | | 11.30 | 15.20 | |
| | 0540 | 10" long | | 32 | .250 | | 4.85 | 6.90 | | 11.75 | 15.70 | |
| | 0560 | 12" long | | 32 | .250 | | 5.65 | 6.90 | | 12.55 | 16.55 | |
| | 0580 | 1" diameter, close | | 27 | .296 | | 3.80 | 8.15 | | 11.95 | 16.45 | |
| | 0600 | 2" long | | 27 | .296 | | 3.95 | 8.15 | | 12.10 | 16.60 | |
| | 0620 | 2-1/2" long | | 27 | .296 | | 4.15 | 8.15 | | 12.30 | 16.80 | |
| | 0640 | 3" long | | 27 | .296 | | 4.25 | 8.15 | | 12.40 | 16.95 | |
| | 0660 | 3-1/2" long | | 27 | .296 | | 4.55 | 8.15 | | 12.70 | 17.25 | |
| | 0680 | 4" long | | 27 | .296 | | 4.75 | 8.15 | | 12.90 | 17.45 | |
| | 0700 | 5" long | | 27 | .296 | | 5.25 | 8.15 | | 13.40 | 18.05 | |
| | 0720 | 6" long | | 27 | .296 | | 5.70 | 8.15 | | 13.85 | 18.50 | |
| | 0740 | 8" long | | 27 | .296 | | 6.70 | 8.15 | | 14.85 | 19.60 | |

## 160 | Raceways

### 160 200 | Conduits

| | | CREW | DAILY OUTPUT | MAN-HOURS | UNIT | 1994 BARE COSTS | | | | TOTAL INCL O&P | |
|---|---|---|---|---|---|---|---|---|---|---|---|
| | | | | | | MAT. | LABOR | EQUIP. | TOTAL | | |
| 220 0760 | 10" long | 1 Elec | 27 | .296 | Ea. | 7.65 | 8.15 | | 15.80 | 20.50 | 220 |
| 0780 | 12" long | | 27 | .296 | | 8.60 | 8.15 | | 16.75 | 21.50 | |
| 0800 | 1-1/4" diameter, close | | 23 | .348 | | 5.30 | 9.55 | | 14.85 | 20.50 | |
| 0820 | 2" long | | 23 | .348 | | 5.35 | 9.55 | | 14.90 | 20.50 | |
| 0840 | 2-1/2" long | | 23 | .348 | | 5.55 | 9.55 | | 15.10 | 20.50 | |
| 0860 | 3" long | | 23 | .348 | | 5.90 | 9.55 | | 15.45 | 21 | |
| 0880 | 3-1/2" long | | 23 | .348 | | 6.25 | 9.55 | | 15.80 | 21.50 | |
| 0900 | 4" long | | 23 | .348 | | 6.60 | 9.55 | | 16.15 | 21.50 | |
| 0920 | 5" long | | 23 | .348 | | 7.20 | 9.55 | | 16.75 | 22.50 | |
| 0940 | 6" long | | 23 | .348 | | 7.85 | 9.55 | | 17.40 | 23 | |
| 0960 | 8" long | | 23 | .348 | | 9.10 | 9.55 | | 18.65 | 24.50 | |
| 0980 | 10" long | | 23 | .348 | | 10.45 | 9.55 | | 20 | 26 | |
| 1000 | 12" long | | 23 | .348 | | 11.70 | 9.55 | | 21.25 | 27.50 | |
| 1020 | 1-1/2" diameter, close | | 20 | .400 | | 7.30 | 11 | | 18.30 | 24.50 | |
| 1040 | 2" long | | 20 | .400 | | 7.40 | 11 | | 18.40 | 24.50 | |
| 1060 | 2-1/2" long | | 20 | .400 | | 7.55 | 11 | | 18.55 | 25 | |
| 1080 | 3" long | | 20 | .400 | | 7.95 | 11 | | 18.95 | 25.50 | |
| 1100 | 3-1/2" long | | 20 | .400 | | 8.85 | 11 | | 19.85 | 26.50 | |
| 1120 | 4" long | | 20 | .400 | | 8.90 | 11 | | 19.90 | 26.50 | |
| 1140 | 5" long | | 20 | .400 | | 9.45 | 11 | | 20.45 | 27 | |
| 1160 | 6" long | | 20 | .400 | | 10.20 | 11 | | 21.20 | 28 | |
| 1180 | 8" long | | 20 | .400 | | 11.80 | 11 | | 22.80 | 29.50 | |
| 1200 | 10" long | | 20 | .400 | | 13.40 | 11 | | 24.40 | 31.50 | |
| 1220 | 12" long | | 20 | .400 | | 14.90 | 11 | | 25.90 | 33 | |
| 1240 | 2" diameter, close | | 18 | .444 | | 10.40 | 12.20 | | 22.60 | 30 | |
| 1260 | 2-1/2" long | | 18 | .444 | | 10.65 | 12.20 | | 22.85 | 30 | |
| 1280 | 3" long | | 18 | .444 | | 11.10 | 12.20 | | 23.30 | 30.50 | |
| 1300 | 3-1/2" long | | 18 | .444 | | 11.75 | 12.20 | | 23.95 | 31.50 | |
| 1320 | 4" long | | 18 | .444 | | 12.05 | 12.20 | | 24.25 | 31.50 | |
| 1340 | 5" long | | 18 | .444 | | 13.05 | 12.20 | | 25.25 | 33 | |
| 1360 | 6" long | | 18 | .444 | | 14.50 | 12.20 | | 26.70 | 34.50 | |
| 1380 | 8" long | | 18 | .444 | | 16.50 | 12.20 | | 28.70 | 36.50 | |
| 1400 | 10" long | | 18 | .444 | | 19 | 12.20 | | 31.20 | 39.50 | |
| 1420 | 12" long | | 18 | .444 | | 21 | 12.20 | | 33.20 | 41.50 | |
| 1440 | 2-1/2" diameter, close | | 15 | .533 | | 22 | 14.65 | | 36.65 | 46 | |
| 1460 | 3" long | | 15 | .533 | | 22.50 | 14.65 | | 37.15 | 47 | |
| 1480 | 3-1/2" long | | 15 | .533 | | 23 | 14.65 | | 37.65 | 47.50 | |
| 1500 | 4" long | | 15 | .533 | | 23.50 | 14.65 | | 38.15 | 48 | |
| 1520 | 5" long | | 15 | .533 | | 25 | 14.65 | | 39.65 | 49.50 | |
| 1540 | 6" long | | 15 | .533 | | 26 | 14.65 | | 40.65 | 50.50 | |
| 1560 | 8" long | | 15 | .533 | | 28.50 | 14.65 | | 43.15 | 53.50 | |
| 1580 | 10" long | | 15 | .533 | | 31.50 | 14.65 | | 46.15 | 56.50 | |
| 1600 | 12" long | | 15 | .533 | | 34.50 | 14.65 | | 49.15 | 60 | |
| 1620 | 3" diameter, close | | 12 | .667 | | 26 | 18.35 | | 44.35 | 56 | |
| 1640 | 3" long | | 12 | .667 | | 27 | 18.35 | | 45.35 | 57 | |
| 1660 | 3-1/2" long | | 12 | .667 | | 28.50 | 18.35 | | 46.85 | 59 | |
| 1680 | 4" long | | 12 | .667 | | 29.50 | 18.35 | | 47.85 | 60 | |
| 1700 | 5" long | | 12 | .667 | | 30.50 | 18.35 | | 48.85 | 61 | |
| 1720 | 6" long | | 12 | .667 | | 32.50 | 18.35 | | 50.85 | 63.50 | |
| 1740 | 8" long | | 12 | .667 | | 36 | 18.35 | | 54.35 | 67 | |
| 1760 | 10" long | | 12 | .667 | | 40 | 18.35 | | 58.35 | 71.50 | |
| 1780 | 12" long | | 12 | .667 | | 44 | 18.35 | | 62.35 | 76 | |
| 1800 | 3-1/2" diameter, close | | 11 | .727 | | 48 | 20 | | 68 | 83 | |
| 1820 | 4" long | | 11 | .727 | | 51 | 20 | | 71 | 86 | |
| 1840 | 5" long | | 11 | .727 | | 53 | 20 | | 73 | 88.50 | |
| 1860 | 6" long | | 11 | .727 | | 55 | 20 | | 75 | 90.50 | |

## 160 | Raceways

### 160 200 | Conduits

| | | | CREW | DAILY OUTPUT | MAN-HOURS | UNIT | 1994 BARE COSTS MAT. | LABOR | EQUIP. | TOTAL | TOTAL INCL O&P | |
|---|---|---|---|---|---|---|---|---|---|---|---|---|
| 220 | 1880 | 8" long | 1 Elec | 11 | .727 | Ea. | 59.50 | 20 | | 79.50 | 95.50 | 220 |
| | 1900 | 10" long | | 11 | .727 | | 64 | 20 | | 84 | 101 | |
| | 1920 | 12" long | | 11 | .727 | | 68.50 | 20 | | 88.50 | 106 | |
| | 1940 | 4" diameter, close | | 9 | .889 | | 59.50 | 24.50 | | 84 | 103 | |
| | 1960 | 4" long | | 9 | .889 | | 62.50 | 24.50 | | 87 | 106 | |
| | 1980 | 5" long | | 9 | .889 | | 65 | 24.50 | | 89.50 | 109 | |
| | 2000 | 6" long | | 9 | .889 | | 67.50 | 24.50 | | 92 | 112 | |
| | 2020 | 8" long | | 9 | .889 | | 73 | 24.50 | | 97.50 | 118 | |
| | 2040 | 10" long | | 9 | .889 | | 78.50 | 24.50 | | 103 | 124 | |
| | 2060 | 12" long | | 9 | .889 | | 84 | 24.50 | | 108.50 | 130 | |
| | 2080 | 5" diameter, close | | 7 | 1.143 | | 121 | 31.50 | | 152.50 | 181 | |
| | 2100 | 5" long | | 7 | 1.143 | | 129 | 31.50 | | 160.50 | 190 | |
| | 2120 | 6" long | | 7 | 1.143 | | 132 | 31.50 | | 163.50 | 193 | |
| | 2140 | 8" long | | 7 | 1.143 | | 139 | 31.50 | | 170.50 | 201 | |
| | 2160 | 10" long | | 7 | 1.143 | | 147 | 31.50 | | 178.50 | 210 | |
| | 2180 | 12" long | | 7 | 1.143 | | 155 | 31.50 | | 186.50 | 219 | |
| | 2200 | 6" diameter, close | | 6 | 1.333 | | 188 | 36.50 | | 224.50 | 262 | |
| | 2220 | 5" long | | 6 | 1.333 | | 195 | 36.50 | | 231.50 | 270 | |
| | 2240 | 6" long | | 6 | 1.333 | | 200 | 36.50 | | 236.50 | 275 | |
| | 2260 | 8" long | | 6 | 1.333 | | 210 | 36.50 | | 246.50 | 286 | |
| | 2280 | 10" long | | 6 | 1.333 | | 220 | 36.50 | | 256.50 | 297 | |
| | 2300 | 12" long | | 6 | 1.333 | | 230 | 36.50 | | 266.50 | 310 | |
| | 2320 | Rigid galvanized steel, 1/2" diameter, close | | 32 | .250 | | 1.30 | 6.90 | | 8.20 | 11.80 | |
| | 2340 | 1-1/2" long | | 32 | .250 | | 1.40 | 6.90 | | 8.30 | 11.90 | |
| | 2360 | 2" long | | 32 | .250 | | 1.50 | 6.90 | | 8.40 | 12 | |
| | 2380 | 2-1/2" long | | 32 | .250 | | 1.60 | 6.90 | | 8.50 | 12.10 | |
| | 2400 | 3" long | | 32 | .250 | | 1.65 | 6.90 | | 8.55 | 12.15 | |
| | 2420 | 3-1/2" long | | 32 | .250 | | 1.75 | 6.90 | | 8.65 | 12.30 | |
| | 2440 | 4" long | | 32 | .250 | | 1.90 | 6.90 | | 8.80 | 12.45 | |
| | 2460 | 5" long | | 32 | .250 | | 2 | 6.90 | | 8.90 | 12.55 | |
| | 2480 | 6" long | | 32 | .250 | | 2.20 | 6.90 | | 9.10 | 12.75 | |
| | 2500 | 8" long | | 32 | .250 | | 3.30 | 6.90 | | 10.20 | 14 | |
| | 2520 | 10" long | | 32 | .250 | | 3.65 | 6.90 | | 10.55 | 14.35 | |
| | 2540 | 12" long | | 32 | .250 | | 4.10 | 6.90 | | 11 | 14.85 | |
| | 2560 | 3/4" diameter, close | | 27 | .296 | | 1.90 | 8.15 | | 10.05 | 14.35 | |
| | 2580 | 2" long | | 27 | .296 | | 2.05 | 8.15 | | 10.20 | 14.50 | |
| | 2600 | 2-1/2" long | | 27 | .296 | | 2.10 | 8.15 | | 10.25 | 14.55 | |
| | 2620 | 3" long | | 27 | .296 | | 2.15 | 8.15 | | 10.30 | 14.60 | |
| | 2640 | 3-1/2" long | | 27 | .296 | | 2.30 | 8.15 | | 10.45 | 14.80 | |
| | 2660 | 4" long | | 27 | .296 | | 2.40 | 8.15 | | 10.55 | 14.90 | |
| | 2680 | 5" long | | 27 | .296 | | 2.60 | 8.15 | | 10.75 | 15.10 | |
| | 2700 | 6" long | | 27 | .296 | | 2.75 | 8.15 | | 10.90 | 15.30 | |
| | 2720 | 8" long | | 27 | .296 | | 3.75 | 8.15 | | 11.90 | 16.40 | |
| | 2740 | 10" long | | 27 | .296 | | 4.35 | 8.15 | | 12.50 | 17.05 | |
| | 2760 | 12" long | | 27 | .296 | | 4.75 | 8.15 | | 12.90 | 17.45 | |
| | 2780 | 1" diameter, close | | 23 | .348 | | 3 | 9.55 | | 12.55 | 17.70 | |
| | 2800 | 2" long | | 23 | .348 | | 3.20 | 9.55 | | 12.75 | 17.90 | |
| | 2820 | 2-1/2" long | | 23 | .348 | | 3.30 | 9.55 | | 12.85 | 18.05 | |
| | 2840 | 3" long | | 23 | .348 | | 3.40 | 9.55 | | 12.95 | 18.15 | |
| | 2860 | 3-1/2" long | | 23 | .348 | | 3.55 | 9.55 | | 13.10 | 18.30 | |
| | 2880 | 4" long | | 23 | .348 | | 3.65 | 9.55 | | 13.20 | 18.40 | |
| | 2900 | 5" long | | 23 | .348 | | 3.85 | 9.55 | | 13.40 | 18.65 | |
| | 2920 | 6" long | | 23 | .348 | | 4.10 | 9.55 | | 13.65 | 18.90 | |
| | 2940 | 8" long | | 23 | .348 | | 5.50 | 9.55 | | 15.05 | 20.50 | |
| | 2960 | 10" long | | 23 | .348 | | 6.25 | 9.55 | | 15.80 | 21.50 | |
| | 2980 | 12" long | | 23 | .348 | | 6.85 | 9.55 | | 16.40 | 22 | |

See the **Reference Section** for reference number information, Crew Listings and City Cost Indexes

## 160 | Raceways

| | | | | | | 1994 BARE COSTS | | | | TOTAL | |
|---|---|---|---|---|---|---|---|---|---|---|---|
| | **160 200 &#124; Conduits** | | CREW | DAILY OUTPUT | MAN-HOURS | UNIT | MAT. | LABOR | EQUIP. | TOTAL | INCL O&P |
| 220 | 3000 | 1-1/4" diameter, close | 1 Elec | 20 | .400 | Ea. | 3.85 | 11 | | 14.85 | 21 | 220 |
| | 3020 | 2" long | | 20 | .400 | | 4 | 11 | | 15 | 21 |
| | 3040 | 3" long | | 20 | .400 | | 4.25 | 11 | | 15.25 | 21 |
| | 3060 | 3-1/2" long | | 20 | .400 | | 4.40 | 11 | | 15.40 | 21.50 |
| | 3080 | 4" long | | 20 | .400 | | 4.55 | 11 | | 15.55 | 21.50 |
| | 3100 | 5" long | | 20 | .400 | | 5.10 | 11 | | 16.10 | 22 |
| | 3120 | 6" long | | 20 | .400 | | 5.40 | 11 | | 16.40 | 22.50 |
| | 3140 | 8" long | | 20 | .400 | | 6.90 | 11 | | 17.90 | 24 |
| | 3160 | 10" long | | 20 | .400 | | 8.10 | 11 | | 19.10 | 25.50 |
| | 3180 | 12" long | | 20 | .400 | | 9.10 | 11 | | 20.10 | 26.50 |
| | 3200 | 1-1/2" diameter, close | | 18 | .444 | | 5.25 | 12.20 | | 17.45 | 24 |
| | 3220 | 2" long | | 18 | .444 | | 5.40 | 12.20 | | 17.60 | 24.50 |
| | 3240 | 2-1/2" long | | 18 | .444 | | 5.65 | 12.20 | | 17.85 | 24.50 |
| | 3260 | 3" long | | 18 | .444 | | 5.85 | 12.20 | | 18.05 | 25 |
| | 3280 | 3-1/2" long | | 18 | .444 | | 6.15 | 12.20 | | 18.35 | 25 |
| | 3300 | 4" long | | 18 | .444 | | 6.45 | 12.20 | | 18.65 | 25.50 |
| | 3320 | 5" long | | 18 | .444 | | 6.85 | 12.20 | | 19.05 | 26 |
| | 3340 | 6" long | | 18 | .444 | | 7.70 | 12.20 | | 19.90 | 27 |
| | 3360 | 8" long | | 18 | .444 | | 9.30 | 12.20 | | 21.50 | 28.50 |
| | 3380 | 10" long | | 18 | .444 | | 10.45 | 12.20 | | 22.65 | 30 |
| | 3400 | 12" long | | 18 | .444 | | 10.95 | 12.20 | | 23.15 | 30.50 |
| | 3420 | 2" diameter, close | | 16 | .500 | | 7.50 | 13.75 | | 21.25 | 29 |
| | 3440 | 2-1/2" long | | 16 | .500 | | 7.85 | 13.75 | | 21.60 | 29 |
| | 3460 | 3" long | | 16 | .500 | | 8.35 | 13.75 | | 22.10 | 29.50 |
| | 3480 | 3-1/2" long | | 16 | .500 | | 8.65 | 13.75 | | 22.40 | 30 |
| | 3500 | 4" long | | 16 | .500 | | 9.10 | 13.75 | | 22.85 | 30.50 |
| | 3520 | 5" long | | 16 | .500 | | 9.80 | 13.75 | | 23.55 | 31.50 |
| | 3540 | 6" long | | 16 | .500 | | 10.45 | 13.75 | | 24.20 | 32 |
| | 3560 | 8" long | | 16 | .500 | | 12.50 | 13.75 | | 26.25 | 34.50 |
| | 3580 | 10" long | | 16 | .500 | | 13.95 | 13.75 | | 27.70 | 36 |
| | 3600 | 12" long | | 16 | .500 | | 15.15 | 13.75 | | 28.90 | 37 |
| | 3620 | 2-1/2" diameter, close | | 13 | .615 | | 17.90 | 16.90 | | 34.80 | 45 |
| | 3640 | 3" long | | 13 | .615 | | 18.25 | 16.90 | | 35.15 | 45.50 |
| | 3660 | 3-1/2" long | | 13 | .615 | | 19.45 | 16.90 | | 36.35 | 47 |
| | 3680 | 4" long | | 13 | .615 | | 19.85 | 16.90 | | 36.75 | 47.50 |
| | 3700 | 5" long | | 13 | .615 | | 22 | 16.90 | | 38.90 | 49.50 |
| | 3720 | 6" long | | 13 | .615 | | 23.50 | 16.90 | | 40.40 | 51.50 |
| | 3740 | 8" long | | 13 | .615 | | 27 | 16.90 | | 43.90 | 55 |
| | 3760 | 10" long | | 13 | .615 | | 28.50 | 16.90 | | 45.40 | 57 |
| | 3780 | 12" long | | 13 | .615 | | 31 | 16.90 | | 47.90 | 59.50 |
| | 3800 | 3" diameter, close | | 12 | .667 | | 23.50 | 18.35 | | 41.85 | 53.50 |
| | 3820 | 3" long | | 12 | .667 | | 24 | 18.35 | | 42.35 | 54 |
| | 3900 | 3-1/2" long | | 12 | .667 | | 24.50 | 18.35 | | 42.85 | 54.50 |
| | 3920 | 4" long | | 12 | .667 | | 25 | 18.35 | | 43.35 | 55 |
| | 3940 | 5" long | | 12 | .667 | | 27 | 18.35 | | 45.35 | 57 |
| | 3960 | 6" long | | 12 | .667 | | 28 | 18.35 | | 46.35 | 58.50 |
| | 3980 | 8" long | | 12 | .667 | | 30.50 | 18.35 | | 48.85 | 61 |
| | 4000 | 10" long | | 12 | .667 | | 34.50 | 18.35 | | 52.85 | 65.50 |
| | 4020 | 12" long | | 12 | .667 | | 38.50 | 18.35 | | 56.85 | 70 |
| | 4040 | 3-1/2" diameter, close | | 10 | .800 | | 40 | 22 | | 62 | 77 |
| | 4060 | 4" long | | 10 | .800 | | 41.50 | 22 | | 63.50 | 78.50 |
| | 4080 | 5" long | | 10 | .800 | | 42.50 | 22 | | 64.50 | 80 |
| | 4100 | 6" long | | 10 | .800 | | 44 | 22 | | 66 | 81.50 |
| | 4120 | 8" long | | 10 | .800 | | 47.50 | 22 | | 69.50 | 85.50 |
| | 4140 | 10" long | | 10 | .800 | | 49.50 | 22 | | 71.50 | 87.50 |
| | 4160 | 12" long | | 10 | .800 | | 53.50 | 22 | | 75.50 | 92 |

ELECTRICAL 16

## 160 | Raceways

### 160 200 | Conduits

| | | CREW | DAILY OUTPUT | MAN-HOURS | UNIT | 1994 BARE COSTS MAT. | LABOR | EQUIP. | TOTAL | TOTAL INCL O&P | |
|---|---|---|---|---|---|---|---|---|---|---|---|
| 220 | 4180 | 4" diameter, close | 1 Elec | 8 | 1 | Ea. | 46 | 27.50 | | 73.50 | 92 | 220 |
| | 4200 | 4" long | | 8 | 1 | | 48 | 27.50 | | 75.50 | 94.50 | |
| | 4220 | 5" long | | 8 | 1 | | 49.50 | 27.50 | | 77 | 96 | |
| | 4240 | 6" long | | 8 | 1 | | 51.50 | 27.50 | | 79 | 98 | |
| | 4260 | 8" long | | 8 | 1 | | 54.50 | 27.50 | | 82 | 102 | |
| | 4280 | 10" long | | 8 | 1 | | 61 | 27.50 | | 88.50 | 109 | |
| | 4300 | 12" long | | 8 | 1 | | 64 | 27.50 | | 91.50 | 112 | |
| | 4320 | 5" diameter, close | | 6 | 1.333 | | 95 | 36.50 | | 131.50 | 160 | |
| | 4340 | 5" long | | 6 | 1.333 | | 101 | 36.50 | | 137.50 | 166 | |
| | 4360 | 6" long | | 6 | 1.333 | | 105 | 36.50 | | 141.50 | 171 | |
| | 4380 | 8" long | | 6 | 1.333 | | 108 | 36.50 | | 144.50 | 174 | |
| | 4400 | 10" long | | 6 | 1.333 | | 114 | 36.50 | | 150.50 | 180 | |
| | 4420 | 12" long | | 6 | 1.333 | | 121 | 36.50 | | 157.50 | 188 | |
| | 4440 | 6" diameter, close | | 5 | 1.600 | | 152 | 44 | | 196 | 233 | |
| | 4460 | 5" long | | 5 | 1.600 | | 158 | 44 | | 202 | 240 | |
| | 4480 | 6" long | | 5 | 1.600 | | 162 | 44 | | 206 | 244 | |
| | 4500 | 8" long | | 5 | 1.600 | | 169 | 44 | | 213 | 252 | |
| | 4520 | 10" long | | 5 | 1.600 | | 177 | 44 | | 221 | 261 | |
| | 4540 | 12" long | | 5 | 1.600 | | 184 | 44 | | 228 | 268 | |
| | 4560 | Plastic coated, 40 mil thick, 1/2" diameter, 2" long | | 32 | .250 | | 6.50 | 6.90 | | 13.40 | 17.50 | |
| | 4580 | 2-1/2" long | | 32 | .250 | | 7.35 | 6.90 | | 14.25 | 18.45 | |
| | 4600 | 3" long | | 32 | .250 | | 7.40 | 6.90 | | 14.30 | 18.50 | |
| | 4680 | 3-1/2" long | | 32 | .250 | | 8.25 | 6.90 | | 15.15 | 19.40 | |
| | 4700 | 4" long | | 32 | .250 | | 8.40 | 6.90 | | 15.30 | 19.60 | |
| | 4720 | 5" long | | 32 | .250 | | 8.45 | 6.90 | | 15.35 | 19.65 | |
| | 4740 | 6" long | | 32 | .250 | | 8.70 | 6.90 | | 15.60 | 19.90 | |
| | 4760 | 8" long | | 32 | .250 | | 9.05 | 6.90 | | 15.95 | 20.50 | |
| | 4780 | 10" long | | 32 | .250 | | 9.30 | 6.90 | | 16.20 | 20.50 | |
| | 4800 | 12" long | | 32 | .250 | | 9.75 | 6.90 | | 16.65 | 21 | |
| | 4820 | 3/4" diameter, 2" long | | 26 | .308 | | 6.65 | 8.45 | | 15.10 | 20 | |
| | 4840 | 2-1/2" long | | 26 | .308 | | 8.50 | 8.45 | | 16.95 | 22 | |
| | 4860 | 3" long | | 26 | .308 | | 8.70 | 8.45 | | 17.15 | 22.50 | |
| | 4880 | 3-1/2" long | | 26 | .308 | | 9.40 | 8.45 | | 17.85 | 23 | |
| | 4900 | 4" long | | 26 | .308 | | 9.70 | 8.45 | | 18.15 | 23.50 | |
| | 4920 | 5" long | | 26 | .308 | | 9.85 | 8.45 | | 18.30 | 23.50 | |
| | 4940 | 6" long | | 26 | .308 | | 10 | 8.45 | | 18.45 | 23.50 | |
| | 4960 | 8" long | | 26 | .308 | | 10.30 | 8.45 | | 18.75 | 24 | |
| | 4980 | 10" long | | 26 | .308 | | 10.65 | 8.45 | | 19.10 | 24.50 | |
| | 5000 | 12" long | | 26 | .308 | | 11.10 | 8.45 | | 19.55 | 25 | |
| | 5020 | 1" diameter, 2" long | | 22 | .364 | | 8.50 | 10 | | 18.50 | 24.50 | |
| | 5040 | 2-1/2" long | | 22 | .364 | | 9.55 | 10 | | 19.55 | 25.50 | |
| | 5060 | 3" long | | 22 | .364 | | 9.75 | 10 | | 19.75 | 26 | |
| | 5080 | 3-1/2" long | | 22 | .364 | | 10.55 | 10 | | 20.55 | 26.50 | |
| | 5100 | 4" long | | 22 | .364 | | 10.65 | 10 | | 20.65 | 27 | |
| | 5120 | 5" long | | 22 | .364 | | 10.90 | 10 | | 20.90 | 27 | |
| | 5140 | 6" long | | 22 | .364 | | 11.10 | 10 | | 21.10 | 27.50 | |
| | 5160 | 8" long | | 22 | .364 | | 11.60 | 10 | | 21.60 | 28 | |
| | 5180 | 10" long | | 22 | .364 | | 12.70 | 10 | | 22.70 | 29 | |
| | 5200 | 12" long | | 22 | .364 | | 13.80 | 10 | | 23.80 | 30.50 | |
| | 5220 | 1-1/4" diameter, 2" long | | 18 | .444 | | 11.10 | 12.20 | | 23.30 | 30.50 | |
| | 5240 | 2-1/2" long | | 18 | .444 | | 12 | 12.20 | | 24.20 | 31.50 | |
| | 5260 | 3" long | | 18 | .444 | | 12.30 | 12.20 | | 24.50 | 32 | |
| | 5280 | 3-1/2" long | | 18 | .444 | | 12.75 | 12.20 | | 24.95 | 32.50 | |
| | 5300 | 4" long | | 18 | .444 | | 13.25 | 12.20 | | 25.45 | 33 | |
| | 5320 | 5" long | | 18 | .444 | | 13.45 | 12.20 | | 25.65 | 33 | |
| | 5340 | 6" long | | 18 | .444 | | 14 | 12.20 | | 26.20 | 34 | |

## 160 | Raceways
### 160 200 | Conduits

| | | CREW | DAILY OUTPUT | MAN-HOURS | UNIT | 1994 BARE COSTS MAT. | LABOR | EQUIP. | TOTAL | TOTAL INCL O&P | |
|---|---|---|---|---|---|---|---|---|---|---|---|
| 5360 | 8" long | 1 Elec | 18 | .444 | Ea. | 14.10 | 12.20 | | 26.30 | 34 | 220 |
| 5380 | 10" long | | 18 | .444 | | 15.75 | 12.20 | | 27.95 | 36 | |
| 5400 | 12" long | | 18 | .444 | | 18.40 | 12.20 | | 30.60 | 38.50 | |
| 5420 | 1-1/2" diameter, 2" long | | 16 | .500 | | 12.70 | 13.75 | | 26.45 | 34.50 | |
| 5440 | 2-1/2" long | | 16 | .500 | | 13.60 | 13.75 | | 27.35 | 35.50 | |
| 5460 | 3" long | | 16 | .500 | | 13.80 | 13.75 | | 27.55 | 35.50 | |
| 5480 | 3-1/2" long | | 16 | .500 | | 14.25 | 13.75 | | 28 | 36 | |
| 5500 | 4" long | | 16 | .500 | | 14.90 | 13.75 | | 28.65 | 37 | |
| 5520 | 5" long | | 16 | .500 | | 15.15 | 13.75 | | 28.90 | 37 | |
| 5540 | 6" long | | 16 | .500 | | 17.20 | 13.75 | | 30.95 | 39.50 | |
| 5560 | 8" long | | 16 | .500 | | 18.35 | 13.75 | | 32.10 | 40.50 | |
| 5580 | 10" long | | 16 | .500 | | 21.50 | 13.75 | | 35.25 | 44 | |
| 5600 | 12" long | | 16 | .500 | | 25 | 13.75 | | 38.75 | 48 | |
| 5620 | 2" diameter, 2-1/2" long | | 14 | .571 | | 17.75 | 15.70 | | 33.45 | 43 | |
| 5640 | 3" long | | 14 | .571 | | 18.15 | 15.70 | | 33.85 | 43.50 | |
| 5660 | 3-1/2" long | | 14 | .571 | | 19.20 | 15.70 | | 34.90 | 44.50 | |
| 5680 | 4" long | | 14 | .571 | | 20.50 | 15.70 | | 36.20 | 46 | |
| 5700 | 5" long | | 14 | .571 | | 21 | 15.70 | | 36.70 | 46.50 | |
| 5720 | 6" long | | 14 | .571 | | 22 | 15.70 | | 37.70 | 47.50 | |
| 5740 | 8" long | | 14 | .571 | | 24.50 | 15.70 | | 40.20 | 50.50 | |
| 5760 | 10" long | | 14 | .571 | | 28.50 | 15.70 | | 44.20 | 55 | |
| 5780 | 12" long | | 14 | .571 | | 32.50 | 15.70 | | 48.20 | 59.50 | |
| 5800 | 2-1/2" diameter, 3-1/2" long | | 12 | .667 | | 34 | 18.35 | | 52.35 | 65 | |
| 5820 | 4" long | | 12 | .667 | | 35 | 18.35 | | 53.35 | 66 | |
| 5840 | 5" long | | 12 | .667 | | 40 | 18.35 | | 58.35 | 71.50 | |
| 5860 | 6" long | | 12 | .667 | | 41 | 18.35 | | 59.35 | 72.50 | |
| 5880 | 8" long | | 12 | .667 | | 47 | 18.35 | | 65.35 | 79 | |
| 5900 | 10" long | | 12 | .667 | | 51 | 18.35 | | 69.35 | 83.50 | |
| 5920 | 12" long | | 12 | .667 | | 57 | 18.35 | | 75.35 | 90 | |
| 5940 | 3" diameter, 3-1/2" long | | 11 | .727 | | 40 | 20 | | 60 | 74 | |
| 5960 | 4" long | | 11 | .727 | | 41 | 20 | | 61 | 75 | |
| 5980 | 5" long | | 11 | .727 | | 44 | 20 | | 64 | 78.50 | |
| 6000 | 6" long | | 11 | .727 | | 49 | 20 | | 69 | 84 | |
| 6020 | 8" long | | 11 | .727 | | 53 | 20 | | 73 | 88.50 | |
| 6040 | 10" long | | 11 | .727 | | 63 | 20 | | 83 | 99.50 | |
| 6060 | 12" long | | 11 | .727 | | 72 | 20 | | 92 | 109 | |
| 6080 | 3-1/2" diameter, 4" long | | 9 | .889 | | 54 | 24.50 | | 78.50 | 96.50 | |
| 6100 | 5" long | | 9 | .889 | | 56 | 24.50 | | 80.50 | 98.50 | |
| 6120 | 6" long | | 9 | .889 | | 60 | 24.50 | | 84.50 | 103 | |
| 6140 | 8" long | | 9 | .889 | | 69 | 24.50 | | 93.50 | 113 | |
| 6160 | 10" long | | 9 | .889 | | 76 | 24.50 | | 100.50 | 121 | |
| 6180 | 12" long | | 9 | .889 | | 83 | 24.50 | | 107.50 | 129 | |
| 6200 | 4" diameter, 4" long | | 7.50 | 1.067 | | 65 | 29.50 | | 94.50 | 116 | |
| 6220 | 5" long | | 7.50 | 1.067 | | 66 | 29.50 | | 95.50 | 117 | |
| 6240 | 6" long | | 7.50 | 1.067 | | 71 | 29.50 | | 100.50 | 122 | |
| 6260 | 8" long | | 7.50 | 1.067 | | 77 | 29.50 | | 106.50 | 129 | |
| 6280 | 10" long | | 7.50 | 1.067 | | 93 | 29.50 | | 122.50 | 146 | |
| 6300 | 12" long | | 7.50 | 1.067 | | 98 | 29.50 | | 127.50 | 152 | |
| 6320 | 5" diameter, 5" long | | 5.50 | 1.455 | | 135 | 40 | | 175 | 209 | |
| 6340 | 6" long | | 5.50 | 1.455 | | 142 | 40 | | 182 | 216 | |
| 6360 | 8" long | | 5.50 | 1.455 | | 148 | 40 | | 188 | 223 | |
| 6380 | 10" long | | 5.50 | 1.455 | | 156 | 40 | | 196 | 232 | |
| 6400 | 12" long | | 5.50 | 1.455 | | 162 | 40 | | 202 | 238 | |
| 6420 | 6" diameter, 5" long | | 4.50 | 1.778 | | 194 | 49 | | 243 | 287 | |
| 6440 | 6" long | | 4.50 | 1.778 | | 206 | 49 | | 255 | 300 | |
| 6460 | 8" long | | 4.50 | 1.778 | | 211 | 49 | | 260 | 305 | |

## 160 | Raceways

### 160 200 | Conduits

| | | | CREW | DAILY OUTPUT | MAN-HOURS | UNIT | 1994 BARE COSTS | | | | TOTAL INCL O&P | |
|---|---|---|---|---|---|---|---|---|---|---|---|---|
| | | | | | | | MAT. | LABOR | EQUIP. | TOTAL | | |
| 220 | 6480 | 10" long | 1 Elec | 4.50 | 1.778 | Ea. | 228 | 49 | | 277 | 325 | 220 |
| | 6500 | 12" long | ↓ | 4.50 | 1.778 | ↓ | 238 | 49 | | 287 | 335 | |
| 230 | 0010 | **CONDUIT IN CONCRETE SLAB** Including terminations, | R160 -230 | | | | | | | | | 230 |
| | 0020 | fittings and supports | | | | | | | | | | |
| | 3230 | PVC, schedule 40, 1/2" diameter | 1 Elec | 270 | .030 | L.F. | .34 | .81 | | 1.15 | 1.60 | |
| | 3250 | 3/4" diameter | | 230 | .035 | | .37 | .96 | | 1.33 | 1.85 | |
| | 3270 | 1" diameter | | 200 | .040 | | .49 | 1.10 | | 1.59 | 2.19 | |
| | 3300 | 1-1/4" diameter | | 170 | .047 | | .66 | 1.29 | | 1.95 | 2.68 | |
| | 3330 | 1-1/2" diameter | | 140 | .057 | | .83 | 1.57 | | 2.40 | 3.27 | |
| | 3350 | 2" diameter | | 120 | .067 | | 1.08 | 1.83 | | 2.91 | 3.95 | |
| | 3370 | 2-1/2" diameter | | 90 | .089 | | 1.78 | 2.44 | | 4.22 | 5.65 | |
| | 3400 | 3" diameter | | 80 | .100 | | 2.45 | 2.75 | | 5.20 | 6.85 | |
| | 3430 | 3-1/2" diameter | | 60 | .133 | | 3.05 | 3.67 | | 6.72 | 8.85 | |
| | 3440 | 4" diameter | | 50 | .160 | | 3.62 | 4.40 | | 8.02 | 10.60 | |
| | 3450 | 5" diameter | | 40 | .200 | | 5.35 | 5.50 | | 10.85 | 14.15 | |
| | 3460 | 6" diameter | | 30 | .267 | ↓ | 6.80 | 7.35 | | 14.15 | 18.55 | |
| | 3530 | Sweeps, 1" diameter, 30" radius | | 32 | .250 | Ea. | 5.65 | 6.90 | | 12.55 | 16.55 | |
| | 3550 | 1-1/4" diameter | | 24 | .333 | | 7.40 | 9.15 | | 16.55 | 22 | |
| | 3570 | 1-1/2" diameter | | 21 | .381 | | 8.20 | 10.50 | | 18.70 | 25 | |
| | 3600 | 2" diameter | | 18 | .444 | | 10.70 | 12.20 | | 22.90 | 30 | |
| | 3630 | 2-1/2" diameter | | 14 | .571 | | 14.45 | 15.70 | | 30.15 | 39.50 | |
| | 3650 | 3" diameter | | 10 | .800 | | 20.50 | 22 | | 42.50 | 55.50 | |
| | 3670 | 3-1/2" diameter | | 8 | 1 | | 22.50 | 27.50 | | 50 | 66.50 | |
| | 3700 | 4" diameter | | 7 | 1.143 | | 31 | 31.50 | | 62.50 | 81.50 | |
| | 3710 | 5" diameter | ↓ | 6 | 1.333 | | 46 | 36.50 | | 82.50 | 106 | |
| | 3730 | Couplings, 1/2" diameter | | | | | .24 | | | .24 | .26 | |
| | 3750 | 3/4" diameter | | | | | .29 | | | .29 | .32 | |
| | 3770 | 1" diameter | | | | | .46 | | | .46 | .51 | |
| | 3800 | 1-1/4" diameter | | | | | .61 | | | .61 | .67 | |
| | 3830 | 1-1/2" diameter | | | | | .81 | | | .81 | .89 | |
| | 3850 | 2" diameter | | | | | 1.12 | | | 1.12 | 1.23 | |
| | 3870 | 2-1/2" diameter | | | | | 2 | | | 2 | 2.20 | |
| | 3900 | 3" diameter | | | | | 3.15 | | | 3.15 | 3.47 | |
| | 3930 | 3-1/2" diameter | | | | | 3.60 | | | 3.60 | 3.96 | |
| | 3950 | 4" diameter | | | | | 4.90 | | | 4.90 | 5.40 | |
| | 3960 | 5" diameter | | | | | 12.15 | | | 12.15 | 13.35 | |
| | 3970 | 6" diameter | | | | | 15.55 | | | 15.55 | 17.10 | |
| | 4030 | End bells 1" diameter, PVC | 1 Elec | 60 | .133 | | 1.63 | 3.67 | | 5.30 | 7.30 | |
| | 4050 | 1-1/4" diameter | | 53 | .151 | | 1.96 | 4.15 | | 6.11 | 8.40 | |
| | 4100 | 1-1/2" diameter | | 48 | .167 | | 1.96 | 4.58 | | 6.54 | 9.05 | |
| | 4150 | 2" diameter | | 34 | .235 | | 3.05 | 6.45 | | 9.50 | 13.10 | |
| | 4170 | 2-1/2" diameter | | 27 | .296 | | 3.20 | 8.15 | | 11.35 | 15.75 | |
| | 4200 | 3" diameter | | 20 | .400 | | 3.60 | 11 | | 14.60 | 20.50 | |
| | 4250 | 3-1/2" diameter | | 16 | .500 | | 3.85 | 13.75 | | 17.60 | 24.50 | |
| | 4300 | 4" diameter | | 14 | .571 | | 4.30 | 15.70 | | 20 | 28 | |
| | 4310 | 5" diameter | | 12 | .667 | | 6.55 | 18.35 | | 24.90 | 34.50 | |
| | 4320 | 6" diameter | | 9 | .889 | ↓ | 7.20 | 24.50 | | 31.70 | 45 | |
| | 4350 | Rigid galvanized steel, 1/2" diameter | | 200 | .040 | L.F. | 1.15 | 1.10 | | 2.25 | 2.92 | |
| | 4400 | 3/4" diameter | | 170 | .047 | | 1.40 | 1.29 | | 2.69 | 3.49 | |
| | 4450 | 1" diameter | | 130 | .062 | | 2 | 1.69 | | 3.69 | 4.74 | |
| | 4500 | 1-1/4" diameter | | 110 | .073 | | 2.50 | 2 | | 4.50 | 5.75 | |
| | 4600 | 1-1/2" diameter | | 100 | .080 | | 3.05 | 2.20 | | 5.25 | 6.65 | |
| | 4800 | 2" diameter | ↓ | 90 | .089 | ↓ | 4 | 2.44 | | 6.44 | 8.10 | |
| 240 | 0010 | **CONDUIT IN TRENCH** Includes terminations and fittings | R160 -240 | | | | | | | | | 240 |
| | 0020 | Does not include excavation or backfill, see div. 022-200 | | | | | | | | | | |

# 160 | Raceways

## 160 200 | Conduits

| | | | CREW | DAILY OUTPUT | MAN-HOURS | UNIT | MAT. | LABOR | EQUIP. | TOTAL | TOTAL INCL O&P | |
|---|---|---|---|---|---|---|---|---|---|---|---|---|
| 240 | 0200 | Rigid galvanized steel, 2" diameter | 1 Elec | 150 | .053 | L.F. | 3.90 | 1.47 | | 5.37 | 6.50 | 240 |
| | 0400 | 2-1/2" diameter | | 100 | .080 | | 6.70 | 2.20 | | 8.90 | 10.65 | |
| | 0600 | 3" diameter | | 80 | .100 | | 8.60 | 2.75 | | 11.35 | 13.60 | |
| | 0800 | 3-1/2" diameter | | 70 | .114 | | 10.85 | 3.14 | | 13.99 | 16.70 | |
| | 1000 | 4" diameter | | 50 | .160 | | 13.20 | 4.40 | | 17.60 | 21 | |
| | 1200 | 5" diameter | | 40 | .200 | | 27 | 5.50 | | 32.50 | 38 | |
| | 1400 | 6" diameter | | 30 | .267 | | 38.50 | 7.35 | | 45.85 | 53.50 | |
| 250 | 0010 | **CONDUIT FITTINGS FOR RGS** | | | | | | | | | | 250 |
| | 0050 | Standard, locknuts, 1/2" diameter | | | | Ea. | .13 | | | .13 | .14 | |
| | 0100 | 3/4" diameter | | | | | .21 | | | .21 | .23 | |
| | 0300 | 1" diameter | | | | | .35 | | | .35 | .39 | |
| | 0500 | 1-1/4" diameter | | | | | .47 | | | .47 | .52 | |
| | 0700 | 1-1/2" diameter | | | | | .71 | | | .71 | .78 | |
| | 1000 | 2" diameter | | | | | 1.03 | | | 1.03 | 1.13 | |
| | 1030 | 2-1/2" diameter | | | | | 2.55 | | | 2.55 | 2.80 | |
| | 1050 | 3" diameter | | | | | 3.25 | | | 3.25 | 3.58 | |
| | 1070 | 3-1/2" diameter | | | | | 5.70 | | | 5.70 | 6.25 | |
| | 1100 | 4" diameter | | | | | 7.10 | | | 7.10 | 7.80 | |
| | 1110 | 5" diameter | | | | | 15.25 | | | 15.25 | 16.75 | |
| | 1120 | 6" diameter | | | | | 26 | | | 26 | 28.50 | |
| | 1130 | Bushings, plastic, 1/2" diameter | 1 Elec | 40 | .200 | | .14 | 5.50 | | 5.64 | 8.40 | |
| | 1150 | 3/4" diameter | | 32 | .250 | | .20 | 6.90 | | 7.10 | 10.55 | |
| | 1170 | 1" diameter | | 28 | .286 | | .35 | 7.85 | | 8.20 | 12.20 | |
| | 1200 | 1-1/4" diameter | | 24 | .333 | | .49 | 9.15 | | 9.64 | 14.35 | |
| | 1230 | 1-1/2" diameter | | 18 | .444 | | .67 | 12.20 | | 12.87 | 19.15 | |
| | 1250 | 2" diameter | | 15 | .533 | | 1.20 | 14.65 | | 15.85 | 23.50 | |
| | 1270 | 2-1/2" diameter | | 13 | .615 | | 2.55 | 16.90 | | 19.45 | 28.50 | |
| | 1300 | 3" diameter | | 12 | .667 | | 2.95 | 18.35 | | 21.30 | 31 | |
| | 1330 | 3-1/2" diameter | | 11 | .727 | | 3.65 | 20 | | 23.65 | 34 | |
| | 1350 | 4" diameter | | 9 | .889 | | 4.45 | 24.50 | | 28.95 | 42 | |
| | 1360 | 5" diameter | | 7 | 1.143 | | 9.60 | 31.50 | | 41.10 | 58 | |
| | 1370 | 6" diameter | | 5 | 1.600 | | 18.30 | 44 | | 62.30 | 86 | |
| | 1390 | Steel, 1/2" diameter | | 40 | .200 | | .25 | 5.50 | | 5.75 | 8.55 | |
| | 1400 | 3/4" diameter | | 32 | .250 | | .34 | 6.90 | | 7.24 | 10.70 | |
| | 1430 | 1" diameter | | 28 | .286 | | .54 | 7.85 | | 8.39 | 12.40 | |
| | 1450 | Steel insulated, 1-1/4" diameter | | 24 | .333 | | 2.95 | 9.15 | | 12.10 | 17.05 | |
| | 1470 | 1-1/2" diameter | | 18 | .444 | | 3.75 | 12.20 | | 15.95 | 22.50 | |
| | 1500 | 2" diameter | | 15 | .533 | | 5.20 | 14.65 | | 19.85 | 27.50 | |
| | 1530 | 2-1/2" diameter | | 13 | .615 | | 9.75 | 16.90 | | 26.65 | 36.50 | |
| | 1550 | 3" diameter | | 12 | .667 | | 13.40 | 18.35 | | 31.75 | 42.50 | |
| | 1570 | 3-1/2" diameter | | 11 | .727 | | 17.35 | 20 | | 37.35 | 49 | |
| | 1600 | 4" diameter | | 9 | .889 | | 22 | 24.50 | | 46.50 | 61 | |
| | 1610 | 5" diameter | | 7 | 1.143 | | 48 | 31.50 | | 79.50 | 101 | |
| | 1620 | 6" diameter | | 5 | 1.600 | | 75 | 44 | | 119 | 149 | |
| | 1630 | Sealing locknuts, 1/2" diameter | | 40 | .200 | | .71 | 5.50 | | 6.21 | 9.05 | |
| | 1650 | 3/4" diameter | | 32 | .250 | | .83 | 6.90 | | 7.73 | 11.25 | |
| | 1670 | 1" diameter | | 28 | .286 | | 1.27 | 7.85 | | 9.12 | 13.20 | |
| | 1700 | 1-1/4" diameter | | 24 | .333 | | 2 | 9.15 | | 11.15 | 16 | |
| | 1730 | 1-1/2" diameter | | 18 | .444 | | 2.50 | 12.20 | | 14.70 | 21 | |
| | 1750 | 2" diameter | | 15 | .533 | | 3.25 | 14.65 | | 17.90 | 25.50 | |
| | 1760 | Grounding bushing, insulated, 1/2" diameter | | 32 | .250 | | 2.70 | 6.90 | | 9.60 | 13.30 | |
| | 1770 | 3/4" diameter | | 28 | .286 | | 3.45 | 7.85 | | 11.30 | 15.60 | |
| | 1780 | 1" diameter | | 20 | .400 | | 3.90 | 11 | | 14.90 | 21 | |
| | 1800 | 1-1/4" diameter | | 18 | .444 | | 4.90 | 12.20 | | 17.10 | 24 | |
| | 1830 | 1-1/2" diameter | | 16 | .500 | | 5.45 | 13.75 | | 19.20 | 26.50 | |

## 160 | Raceways

### 160 200 | Conduits

| | | | CREW | DAILY OUTPUT | MAN-HOURS | UNIT | 1994 BARE COSTS MAT. | LABOR | EQUIP. | TOTAL | TOTAL INCL O&P | |
|---|---|---|---|---|---|---|---|---|---|---|---|---|
| 250 | 1850 | 2" diameter | 1 Elec | 13 | .615 | Ea. | 7.10 | 16.90 | | 24 | 33.50 | 250 |
| | 1870 | 2-1/2" diameter | | 12 | .667 | | 11.70 | 18.35 | | 30.05 | 40.50 | |
| | 1900 | 3" diameter | | 11 | .727 | | 15.60 | 20 | | 35.60 | 47 | |
| | 1930 | 3-1/2" diameter | | 9 | .889 | | 19 | 24.50 | | 43.50 | 58 | |
| | 1950 | 4" diameter | | 8 | 1 | | 23.50 | 27.50 | | 51 | 67.50 | |
| | 1960 | 5" diameter | | 6 | 1.333 | | 46 | 36.50 | | 82.50 | 106 | |
| | 1970 | 6" diameter | | 4 | 2 | | 68 | 55 | | 123 | 158 | |
| | 1990 | Coupling, with set screw, 1/2" diameter | | 50 | .160 | | 1.95 | 4.40 | | 6.35 | 8.75 | |
| | 2000 | 3/4" diameter | | 40 | .200 | | 2.85 | 5.50 | | 8.35 | 11.40 | |
| | 2030 | 1" diameter | | 35 | .229 | | 4.65 | 6.30 | | 10.95 | 14.55 | |
| | 2050 | 1-1/4" diameter | | 28 | .286 | | 7.10 | 7.85 | | 14.95 | 19.60 | |
| | 2070 | 1-1/2" diameter | | 23 | .348 | | 9.15 | 9.55 | | 18.70 | 24.50 | |
| | 2090 | 2" diameter | | 20 | .400 | | 21 | 11 | | 32 | 39.50 | |
| | 2100 | 2-1/2" diameter | | 18 | .444 | | 42 | 12.20 | | 54.20 | 64.50 | |
| | 2110 | 3" diameter | | 15 | .533 | | 50 | 14.65 | | 64.65 | 77 | |
| | 2120 | 3-1/2" diameter | | 12 | .667 | | 73 | 18.35 | | 91.35 | 108 | |
| | 2130 | 4" diameter | | 10 | .800 | | 94 | 22 | | 116 | 136 | |
| | 2140 | 5" diameter | | 9 | .889 | | 183 | 24.50 | | 207.50 | 238 | |
| | 2150 | 6" diameter | | 8 | 1 | | 225 | 27.50 | | 252.50 | 290 | |
| | 2160 | Box connector with set screw, plain, 1/2" diameter | | 70 | .114 | | 1.50 | 3.14 | | 4.64 | 6.40 | |
| | 2170 | 3/4" diameter | | 60 | .133 | | 2.10 | 3.67 | | 5.77 | 7.80 | |
| | 2180 | 1" diameter | | 50 | .160 | | 3.60 | 4.40 | | 8 | 10.55 | |
| | 2190 | Insulated, 1-1/4" diameter | | 40 | .200 | | 6.45 | 5.50 | | 11.95 | 15.35 | |
| | 2200 | 1-1/2" diameter | | 30 | .267 | | 9 | 7.35 | | 16.35 | 21 | |
| | 2210 | 2" diameter | | 20 | .400 | | 17.50 | 11 | | 28.50 | 36 | |
| | 2220 | 2-1/2" diameter | | 18 | .444 | | 46 | 12.20 | | 58.20 | 69 | |
| | 2230 | 3" diameter | | 15 | .533 | | 54.50 | 14.65 | | 69.15 | 82 | |
| | 2240 | 3-1/2" diameter | | 12 | .667 | | 77 | 18.35 | | 95.35 | 112 | |
| | 2250 | 4" diameter | | 10 | .800 | | 94 | 22 | | 116 | 136 | |
| | 2260 | 5" diameter | | 9 | .889 | | 190 | 24.50 | | 214.50 | 246 | |
| | 2270 | 6" diameter | | 8 | 1 | | 230 | 27.50 | | 257.50 | 295 | |
| | 2280 | LB, LR or LL fittings & covers, 1/2" diameter | | 16 | .500 | | 5.75 | 13.75 | | 19.50 | 27 | |
| | 2290 | 3/4" diameter | | 13 | .615 | | 6.95 | 16.90 | | 23.85 | 33 | |
| | 2300 | 1" diameter | | 11 | .727 | | 10.20 | 20 | | 30.20 | 41 | |
| | 2330 | 1-1/4" diameter | | 8 | 1 | | 16.45 | 27.50 | | 43.95 | 59.50 | |
| | 2350 | 1-1/2" diameter | | 6 | 1.333 | | 20.50 | 36.50 | | 57 | 77.50 | |
| | 2370 | 2" diameter | | 5 | 1.600 | | 34.50 | 44 | | 78.50 | 104 | |
| | 2380 | 2-1/2" diameter | | 4 | 2 | | 69 | 55 | | 124 | 159 | |
| | 2390 | 3" diameter | | 3.50 | 2.286 | | 90 | 63 | | 153 | 194 | |
| | 2400 | 3-1/2" diameter | | 3 | 2.667 | | 144 | 73.50 | | 217.50 | 268 | |
| | 2410 | 4" diameter | | 2.50 | 3.200 | | 162 | 88 | | 250 | 310 | |
| | 2420 | T fittings, with cover, 1/2" diameter | | 12 | .667 | | 6.85 | 18.35 | | 25.20 | 35 | |
| | 2430 | 3/4" diameter | | 11 | .727 | | 8.25 | 20 | | 28.25 | 39 | |
| | 2440 | 1" diameter | | 9 | .889 | | 12.20 | 24.50 | | 36.70 | 50.50 | |
| | 2450 | 1-1/4" diameter | | 6 | 1.333 | | 17.25 | 36.50 | | 53.75 | 74 | |
| | 2470 | 1-1/2" diameter | | 5 | 1.600 | | 22 | 44 | | 66 | 90 | |
| | 2500 | 2" diameter | | 4 | 2 | | 35 | 55 | | 90 | 121 | |
| | 2510 | 2-1/2" diameter | | 3.50 | 2.286 | | 73 | 63 | | 136 | 175 | |
| | 2520 | 3" diameter | | 3 | 2.667 | | 93 | 73.50 | | 166.50 | 212 | |
| | 2530 | 3-1/2" diameter | | 2.50 | 3.200 | | 168 | 88 | | 256 | 315 | |
| | 2540 | 4" diameter | | 2 | 4 | | 185 | 110 | | 295 | 370 | |
| | 2550 | Nipples chase, plain, 1/2" diameter | | 40 | .200 | | .35 | 5.50 | | 5.85 | 8.65 | |
| | 2560 | 3/4" diameter | | 32 | .250 | | .50 | 6.90 | | 7.40 | 10.90 | |
| | 2570 | 1" diameter | | 28 | .286 | | 1.05 | 7.85 | | 8.90 | 12.95 | |
| | 2600 | Insulated, 1-1/4" diameter | | 24 | .333 | | 3.80 | 9.15 | | 12.95 | 18 | |
| | 2630 | 1-1/2" diameter | | 18 | .444 | | 5 | 12.20 | | 17.20 | 24 | |

## 160 | Raceways

### 160 200 | Conduits

| | | CREW | DAILY OUTPUT | MAN-HOURS | UNIT | 1994 BARE COSTS MAT. | LABOR | EQUIP. | TOTAL | TOTAL INCL O&P | |
|---|---|---|---|---|---|---|---|---|---|---|---|
| 250 | 2650 | 2" diameter | 1 Elec | 15 | .533 | Ea. | 7.65 | 14.65 | | 22.30 | 30.50 | 250 |
| | 2660 | 2-1/2" diameter | | 12 | .667 | | 19.65 | 18.35 | | 38 | 49 | |
| | 2670 | 3" diameter | | 10 | .800 | | 21.50 | 22 | | 43.50 | 56.50 | |
| | 2680 | 3-1/2" diameter | | 9 | .889 | | 30 | 24.50 | | 54.50 | 70 | |
| | 2690 | 4" diameter | | 8 | 1 | | 46 | 27.50 | | 73.50 | 92 | |
| | 2700 | 5" diameter | | 7 | 1.143 | | 135 | 31.50 | | 166.50 | 197 | |
| | 2710 | 6" diameter | | 6 | 1.333 | | 210 | 36.50 | | 246.50 | 286 | |
| | 2720 | Nipples offset, plain, 1/2" diameter | | 40 | .200 | | 2.15 | 5.50 | | 7.65 | 10.60 | |
| | 2730 | 3/4" diameter | | 32 | .250 | | 2.45 | 6.90 | | 9.35 | 13.05 | |
| | 2740 | 1" diameter | | 24 | .333 | | 2.95 | 9.15 | | 12.10 | 17.05 | |
| | 2750 | Insulated, 1-1/4" diameter | | 20 | .400 | | 14.50 | 11 | | 25.50 | 32.50 | |
| | 2760 | 1-1/2" diameter | | 18 | .444 | | 17.80 | 12.20 | | 30 | 38 | |
| | 2770 | 2" diameter | | 16 | .500 | | 28 | 13.75 | | 41.75 | 51.50 | |
| | 2780 | 3" diameter | | 14 | .571 | | 58 | 15.70 | | 73.70 | 87.50 | |
| | 2850 | Coupling, expansion, 1/2" diameter | | 12 | .667 | | 25 | 18.35 | | 43.35 | 55 | |
| | 2880 | 3/4" diameter | | 10 | .800 | | 28 | 22 | | 50 | 64 | |
| | 2900 | 1" diameter | | 8 | 1 | | 34 | 27.50 | | 61.50 | 79 | |
| | 2920 | 1-1/4" diameter | | 6.40 | 1.250 | | 45.50 | 34.50 | | 80 | 102 | |
| | 2940 | 1-1/2" diameter | | 5.30 | 1.509 | | 63 | 41.50 | | 104.50 | 132 | |
| | 2960 | 2" diameter | | 4.60 | 1.739 | | 93 | 48 | | 141 | 174 | |
| | 2980 | 2-1/2" diameter | | 3.60 | 2.222 | | 148 | 61 | | 209 | 255 | |
| | 3000 | 3" diameter | | 3 | 2.667 | | 182 | 73.50 | | 255.50 | 310 | |
| | 3020 | 3-1/2" diameter | | 2.80 | 2.857 | | 225 | 78.50 | | 303.50 | 365 | |
| | 3040 | 4" diameter | | 2.40 | 3.333 | | 250 | 91.50 | | 341.50 | 415 | |
| | 3060 | 5" diameter | | 2 | 4 | | 425 | 110 | | 535 | 635 | |
| | 3080 | 6" diameter | | 1.80 | 4.444 | | 770 | 122 | | 892 | 1,025 | |
| | 3100 | Expansion deflection, 1/2" diameter | | 12 | .667 | | 83 | 18.35 | | 101.35 | 119 | |
| | 3120 | 3/4" diameter | | 12 | .667 | | 88 | 18.35 | | 106.35 | 125 | |
| | 3140 | 1" diameter | | 10 | .800 | | 101 | 22 | | 123 | 144 | |
| | 3160 | 1-1/4" diameter | | 6.40 | 1.250 | | 116 | 34.50 | | 150.50 | 180 | |
| | 3180 | 1-1/2" diameter | | 5.30 | 1.509 | | 132 | 41.50 | | 173.50 | 208 | |
| | 3200 | 2" diameter | | 4.60 | 1.739 | | 169 | 48 | | 217 | 258 | |
| | 3220 | 2-1/2" diameter | | 3.60 | 2.222 | | 225 | 61 | | 286 | 340 | |
| | 3240 | 3" diameter | | 3 | 2.667 | | 285 | 73.50 | | 358.50 | 425 | |
| | 3260 | 3-1/2" diameter | | 2.80 | 2.857 | | 340 | 78.50 | | 418.50 | 495 | |
| | 3280 | 4" diameter | | 2.40 | 3.333 | | 395 | 91.50 | | 486.50 | 575 | |
| | 3300 | 5" diameter | | 2 | 4 | | 615 | 110 | | 725 | 840 | |
| | 3320 | 6" diameter | | 1.80 | 4.444 | | 1,025 | 122 | | 1,147 | 1,300 | |
| | 3340 | Ericson, 1/2" diameter | | 16 | .500 | | 2.10 | 13.75 | | 15.85 | 23 | |
| | 3360 | 3/4" diameter | | 14 | .571 | | 2.70 | 15.70 | | 18.40 | 26.50 | |
| | 3380 | 1" diameter | | 11 | .727 | | 5.20 | 20 | | 25.20 | 35.50 | |
| | 3400 | 1-1/4" diameter | | 8 | 1 | | 9.90 | 27.50 | | 37.40 | 52.50 | |
| | 3420 | 1-1/2" diameter | | 7 | 1.143 | | 12.40 | 31.50 | | 43.90 | 61 | |
| | 3440 | 2" diameter | | 5 | 1.600 | | 25 | 44 | | 69 | 93.50 | |
| | 3460 | 2-1/2" diameter | | 4 | 2 | | 54 | 55 | | 109 | 142 | |
| | 3480 | 3" diameter | | 3.50 | 2.286 | | 80 | 63 | | 143 | 183 | |
| | 3500 | 3-1/2" diameter | | 3 | 2.667 | | 128 | 73.50 | | 201.50 | 251 | |
| | 3520 | 4" diameter | | 2.70 | 2.963 | | 153 | 81.50 | | 234.50 | 291 | |
| | 3540 | 5" diameter | | 2.50 | 3.200 | | 310 | 88 | | 398 | 470 | |
| | 3560 | 6" diameter | | 2.30 | 3.478 | | 415 | 95.50 | | 510.50 | 600 | |
| | 3580 | Split, 1/2" diameter | | 32 | .250 | | 2.05 | 6.90 | | 8.95 | 12.60 | |
| | 3600 | 3/4" diameter | | 27 | .296 | | 2.60 | 8.15 | | 10.75 | 15.10 | |
| | 3620 | 1" diameter | | 20 | .400 | | 3.80 | 11 | | 14.80 | 20.50 | |
| | 3640 | 1-1/4" diameter | | 16 | .500 | | 7.15 | 13.75 | | 20.90 | 28.50 | |
| | 3660 | 1-1/2" diameter | | 14 | .571 | | 9 | 15.70 | | 24.70 | 33.50 | |
| | 3680 | 2" diameter | | 12 | .667 | | 18 | 18.35 | | 36.35 | 47.50 | |

## 160 | Raceways

### 160 200 | Conduits

| | | Crew | Daily Output | Man-Hours | Unit | 1994 Bare Costs Mat. | Labor | Equip. | Total | Total Incl O&P | |
|---|---|---|---|---|---|---|---|---|---|---|---|
| 250 | 3700 | 2-1/2" diameter | 1 Elec | 10 | .800 | Ea. | 41 | 22 | | 63 | 78 | 250 |
| | 3720 | 3" diameter | | 9 | .889 | | 63 | 24.50 | | 87.50 | 107 | |
| | 3740 | 3-1/2" diameter | | 8 | 1 | | 100 | 27.50 | | 127.50 | 152 | |
| | 3760 | 4" diameter | | 7 | 1.143 | | 120 | 31.50 | | 151.50 | 180 | |
| | 3780 | 5" diameter | | 6 | 1.333 | | 195 | 36.50 | | 231.50 | 270 | |
| | 3800 | 6" diameter | | 5 | 1.600 | | 260 | 44 | | 304 | 350 | |
| | 4600 | Reducing bushings, 3/4" to 1/2" diameter | | 54 | .148 | | .63 | 4.07 | | 4.70 | 6.85 | |
| | 4620 | 1" to 3/4" diameter | | 46 | .174 | | .97 | 4.78 | | 5.75 | 8.25 | |
| | 4640 | 1-1/4" to 1" diameter | | 40 | .200 | | 2.10 | 5.50 | | 7.60 | 10.55 | |
| | 4660 | 1-1/2" to 1-1/4" diameter | | 36 | .222 | | 2.60 | 6.10 | | 8.70 | 12.05 | |
| | 4680 | 2" to 1-1/2" diameter | | 32 | .250 | | 5.80 | 6.90 | | 12.70 | 16.75 | |
| | 4740 | 2-1/2" to 2" diameter | | 30 | .267 | | 9.05 | 7.35 | | 16.40 | 21 | |
| | 4760 | 3" to 2-1/2" diameter | | 28 | .286 | | 10.75 | 7.85 | | 18.60 | 23.50 | |
| | 4800 | Through-wall seal, 1/2" diameter | | 8 | 1 | | 100 | 27.50 | | 127.50 | 152 | |
| | 4820 | 3/4" diameter | | 7.50 | 1.067 | | 100 | 29.50 | | 129.50 | 154 | |
| | 4840 | 1" diameter | | 6.50 | 1.231 | | 100 | 34 | | 134 | 161 | |
| | 4860 | 1-1/4" diameter | | 5.50 | 1.455 | | 150 | 40 | | 190 | 225 | |
| | 4880 | 1-1/2" diameter | | 5 | 1.600 | | 150 | 44 | | 194 | 231 | |
| | 4900 | 2" diameter | | 4.20 | 1.905 | | 160 | 52.50 | | 212.50 | 255 | |
| | 4920 | 2-1/2" diameter | | 3.50 | 2.286 | | 185 | 63 | | 248 | 299 | |
| | 4940 | 3" diameter | | 3 | 2.667 | | 185 | 73.50 | | 258.50 | 315 | |
| | 4960 | 3-1/2" diameter | | 2.50 | 3.200 | | 290 | 88 | | 378 | 450 | |
| | 4980 | 4" diameter | | 2 | 4 | | 315 | 110 | | 425 | 510 | |
| | 5000 | 5" diameter | | 1.50 | 5.333 | | 435 | 147 | | 582 | 700 | |
| | 5020 | 6" diameter | | 1 | 8 | | 435 | 220 | | 655 | 810 | |
| | 5100 | Cable supports, 2 or more wires | | | | | | | | | | |
| | 5120 | 1-1/2" diameter | 1 Elec | 8 | 1 | Ea. | 38 | 27.50 | | 65.50 | 83.50 | |
| | 5140 | 2" diameter | | 6 | 1.333 | | 54 | 36.50 | | 90.50 | 115 | |
| | 5160 | 2-1/2" diameter | | 4 | 2 | | 62 | 55 | | 117 | 151 | |
| | 5180 | 3" diameter | | 3.50 | 2.286 | | 81 | 63 | | 144 | 184 | |
| | 5200 | 3-1/2" diameter | | 2.60 | 3.077 | | 109 | 84.50 | | 193.50 | 247 | |
| | 5220 | 4" diameter | | 2 | 4 | | 135 | 110 | | 245 | 315 | |
| | 5240 | 5" diameter | | 1.50 | 5.333 | | 255 | 147 | | 402 | 500 | |
| | 5260 | 6" diameter | | 1 | 8 | | 425 | 220 | | 645 | 800 | |
| | 5280 | Service entrance cap, 1/2" diameter | | 16 | .500 | | 5.15 | 13.75 | | 18.90 | 26 | |
| | 5300 | 3/4" diameter | | 13 | .615 | | 5.95 | 16.90 | | 22.85 | 32 | |
| | 5320 | 1" diameter | | 10 | .800 | | 7.40 | 22 | | 29.40 | 41 | |
| | 5340 | 1-1/4" diameter | | 8 | 1 | | 9.40 | 27.50 | | 36.90 | 52 | |
| | 5360 | 1-1/2" diameter | | 6.50 | 1.231 | | 14.15 | 34 | | 48.15 | 66.50 | |
| | 5380 | 2" diameter | | 5.50 | 1.455 | | 25.50 | 40 | | 65.50 | 88 | |
| | 5400 | 2-1/2" diameter | | 4 | 2 | | 85 | 55 | | 140 | 176 | |
| | 5420 | 3" diameter | | 3.40 | 2.353 | | 124 | 64.50 | | 188.50 | 234 | |
| | 5440 | 3-1/2" diameter | | 3 | 2.667 | | 164 | 73.50 | | 237.50 | 290 | |
| | 5460 | 4" diameter | | 2.70 | 2.963 | | 205 | 81.50 | | 286.50 | 350 | |
| | 5600 | Fire stop fittings, to 3/4" diameter | | 24 | .333 | | 61 | 9.15 | | 70.15 | 81 | |
| | 5610 | 1" diameter | | 22 | .364 | | 74 | 10 | | 84 | 96.50 | |
| | 5620 | 1-1/2" diameter | | 20 | .400 | | 93 | 11 | | 104 | 119 | |
| | 5640 | 2" diameter | | 16 | .500 | | 146 | 13.75 | | 159.75 | 182 | |
| | 5660 | 3" diameter | | 12 | .667 | | 181 | 18.35 | | 199.35 | 227 | |
| | 5680 | 4" diameter | | 10 | .800 | | 238 | 22 | | 260 | 295 | |
| | 5700 | 6" diameter | | 8 | 1 | | 420 | 27.50 | | 447.50 | 500 | |
| | 5750 | 90° pull elbows steel, female, 1/2" diameter | | 16 | .500 | | 4.15 | 13.75 | | 17.90 | 25 | |
| | 5760 | 3/4" diameter | | 13 | .615 | | 4.80 | 16.90 | | 21.70 | 31 | |
| | 5780 | 1" diameter | | 11 | .727 | | 8.10 | 20 | | 28.10 | 39 | |
| | 5800 | 1-1/4" diameter | | 8 | 1 | | 11.30 | 27.50 | | 38.80 | 54 | |
| | 5820 | 1-1/2" diameter | | 6 | 1.333 | | 19 | 36.50 | | 55.50 | 76 | |

## 160 | Raceways

### 160 200 | Conduits

| | | CREW | DAILY OUTPUT | MAN-HOURS | UNIT | 1994 BARE COSTS MAT. | LABOR | EQUIP. | TOTAL | TOTAL INCL O&P |
|---|---|---|---|---|---|---|---|---|---|---|
| 5840 | 2" diameter | 1 Elec | 5 | 1.600 | Ea. | 30 | 44 | | 74 | 99 |
| 6000 | Explosion proof, flexible coupling | | | | | | | | | |
| 6010 | 1/2" diameter, 4" long | 1 Elec | 12 | .667 | Ea. | 60.50 | 18.35 | | 78.85 | 94 |
| 6020 | 6" long | | 12 | .667 | | 66.50 | 18.35 | | 84.85 | 101 |
| 6050 | 12" long | | 12 | .667 | | 83 | 18.35 | | 101.35 | 119 |
| 6070 | 18" long | | 12 | .667 | | 104 | 18.35 | | 122.35 | 142 |
| 6090 | 24" long | | 12 | .667 | | 120 | 18.35 | | 138.35 | 160 |
| 6110 | 30" long | | 12 | .667 | | 143 | 18.35 | | 161.35 | 185 |
| 6130 | 36" long | | 12 | .667 | | 155 | 18.35 | | 173.35 | 199 |
| 6140 | 3/4" diameter, 4" long | | 10 | .800 | | 73 | 22 | | 95 | 114 |
| 6150 | 6" long | | 10 | .800 | | 82 | 22 | | 104 | 123 |
| 6180 | 12" long | | 10 | .800 | | 107 | 22 | | 129 | 151 |
| 6200 | 18" long | | 10 | .800 | | 130 | 22 | | 152 | 176 |
| 6220 | 24" long | | 10 | .800 | | 162 | 22 | | 184 | 211 |
| 6240 | 30" long | | 10 | .800 | | 185 | 22 | | 207 | 237 |
| 6260 | 36" long | | 10 | .800 | | 210 | 22 | | 232 | 264 |
| 6270 | 1" diameter, 6" long | | 8 | 1 | | 145 | 27.50 | | 172.50 | 202 |
| 6300 | 12" long | | 8 | 1 | | 185 | 27.50 | | 212.50 | 246 |
| 6320 | 18" long | | 8 | 1 | | 220 | 27.50 | | 247.50 | 284 |
| 6340 | 24" long | | 8 | 1 | | 255 | 27.50 | | 282.50 | 325 |
| 6360 | 30" long | | 8 | 1 | | 305 | 27.50 | | 332.50 | 375 |
| 6380 | 36" long | | 8 | 1 | | 340 | 27.50 | | 367.50 | 415 |
| 6390 | 1-1/4" diameter, 12" long | | 6.40 | 1.250 | | 275 | 34.50 | | 309.50 | 355 |
| 6410 | 18" long | | 6.40 | 1.250 | | 335 | 34.50 | | 369.50 | 420 |
| 6430 | 24" long | | 6.40 | 1.250 | | 370 | 34.50 | | 404.50 | 455 |
| 6450 | 30" long | | 6.40 | 1.250 | | 420 | 34.50 | | 454.50 | 510 |
| 6470 | 36" long | | 6.40 | 1.250 | | 475 | 34.50 | | 509.50 | 575 |
| 6480 | 1-1/2" diameter, 12" long | | 5.30 | 1.509 | | 375 | 41.50 | | 416.50 | 480 |
| 6500 | 18" long | | 5.30 | 1.509 | | 435 | 41.50 | | 476.50 | 545 |
| 6520 | 24" long | | 5.30 | 1.509 | | 500 | 41.50 | | 541.50 | 615 |
| 6540 | 30" long | | 5.30 | 1.509 | | 555 | 41.50 | | 596.50 | 675 |
| 6560 | 36" long | | 5.30 | 1.509 | | 625 | 41.50 | | 666.50 | 755 |
| 6570 | 2" diameter, 12" long | | 4.60 | 1.739 | | 505 | 48 | | 553 | 625 |
| 6590 | 18" long | | 4.60 | 1.739 | | 585 | 48 | | 633 | 715 |
| 6610 | 24" long | | 4.60 | 1.739 | | 630 | 48 | | 678 | 765 |
| 6630 | 30" long | | 4.60 | 1.739 | | 720 | 48 | | 768 | 860 |
| 6650 | 36" long | | 4.60 | 1.739 | | 800 | 48 | | 848 | 950 |
| 7000 | Close up plug, 1/2" diameter, explosion proof | | 40 | .200 | | 1.20 | 5.50 | | 6.70 | 9.55 |
| 7010 | 3/4" diameter | | 32 | .250 | | 1.35 | 6.90 | | 8.25 | 11.85 |
| 7020 | 1" diameter | | 28 | .286 | | 1.65 | 7.85 | | 9.50 | 13.60 |
| 7030 | 1-1/4" diameter | | 24 | .333 | | 1.75 | 9.15 | | 10.90 | 15.75 |
| 7040 | 1-1/2" diameter | | 18 | .444 | | 2.55 | 12.20 | | 14.75 | 21 |
| 7050 | 2" diameter | | 15 | .533 | | 4.30 | 14.65 | | 18.95 | 26.50 |
| 7060 | 2-1/2" diameter | | 13 | .615 | | 6.90 | 16.90 | | 23.80 | 33 |
| 7070 | 3" diameter | | 12 | .667 | | 10.05 | 18.35 | | 28.40 | 38.50 |
| 7080 | 3-1/2" diameter | | 11 | .727 | | 11.60 | 20 | | 31.60 | 43 |
| 7090 | 4" diameter | | 9 | .889 | | 14.85 | 24.50 | | 39.35 | 53.50 |
| 7091 | Elbow female, 45°, 1/2" | | 16 | .500 | | 5 | 13.75 | | 18.75 | 26 |
| 7092 | 3/4" | | 13 | .615 | | 5.40 | 16.90 | | 22.30 | 31.50 |
| 7093 | 1" | | 11 | .727 | | 7.55 | 20 | | 27.55 | 38.50 |
| 7094 | 1-1/4" | | 8 | 1 | | 10.70 | 27.50 | | 38.20 | 53.50 |
| 7095 | 1-1/2" | | 6 | 1.333 | | 11.45 | 36.50 | | 47.95 | 67.50 |
| 7096 | 2" | | 5 | 1.600 | | 14.20 | 44 | | 58.20 | 81.50 |
| 7097 | 2-1/2" | | 4.50 | 1.778 | | 39 | 49 | | 88 | 117 |
| 7098 | 3" | | 4.20 | 1.905 | | 42 | 52.50 | | 94.50 | 125 |
| 7099 | 3-1/2" | | 4 | 2 | | 63 | 55 | | 118 | 152 |

## 160 | Raceways

### 160 200 | Conduits

| | | | | | | 1994 BARE COSTS | | | | TOTAL |
|---|---|---|---|---|---|---|---|---|---|---|
| | | CREW | DAILY OUTPUT | MAN-HOURS | UNIT | MAT. | LABOR | EQUIP. | TOTAL | INCL O&P |
| 7100 | 4" | 1 Elec | 3.80 | 2.105 | Ea. | 77 | 58 | | 135 | 172 |
| 7101 | 90°, 1/2" | | 16 | .500 | | 4.85 | 13.75 | | 18.60 | 26 |
| 7102 | 3/4" | | 13 | .615 | | 5.35 | 16.90 | | 22.25 | 31.50 |
| 7103 | 1" | | 11 | .727 | | 7.15 | 20 | | 27.15 | 38 |
| 7104 | 1-1/4" | | 8 | 1 | | 11.40 | 27.50 | | 38.90 | 54 |
| 7105 | 1-1/2" | | 6 | 1.333 | | 18 | 36.50 | | 54.50 | 75 |
| 7106 | 2" | | 5 | 1.600 | | 30 | 44 | | 74 | 99 |
| 7107 | 2-1/2" | | 4.50 | 1.778 | | 54 | 49 | | 103 | 133 |
| 7110 | Elbows 90°, long male & female, 1/2" diameter, explosion proof | | 16 | .500 | | 6.05 | 13.75 | | 19.80 | 27 |
| 7120 | 3/4" diameter | | 13 | .615 | | 6.25 | 16.90 | | 23.15 | 32.50 |
| 7130 | 1" diameter | | 11 | .727 | | 8.80 | 20 | | 28.80 | 39.50 |
| 7140 | 1-1/4" diameter | | 8 | 1 | | 13.50 | 27.50 | | 41 | 56.50 |
| 7150 | 1-1/2" diameter | | 6 | 1.333 | | 20.50 | 36.50 | | 57 | 77.50 |
| 7160 | 2" diameter | | 5 | 1.600 | | 30.50 | 44 | | 74.50 | 99.50 |
| 7170 | Capped elbow, 1/2" diameter, explosion proof | | 11 | .727 | | 7.30 | 20 | | 27.30 | 38 |
| 7180 | 3/4" diameter | | 8 | 1 | | 8.10 | 27.50 | | 35.60 | 50.50 |
| 7190 | 1" diameter | | 6 | 1.333 | | 10.80 | 36.50 | | 47.30 | 67 |
| 7200 | 1-1/4" diameter | | 5 | 1.600 | | 22 | 44 | | 66 | 90 |
| 7210 | Pulling elbow, 1/2" diameter, explosion proof | | 11 | .727 | | 33 | 20 | | 53 | 66.50 |
| 7220 | 3/4" diameter | | 8 | 1 | | 36 | 27.50 | | 63.50 | 81 |
| 7230 | 1" diameter | | 6 | 1.333 | | 94 | 36.50 | | 130.50 | 158 |
| 7240 | 1-1/4" diameter | | 5 | 1.600 | | 97 | 44 | | 141 | 173 |
| 7250 | 1-1/2" diameter | | 5 | 1.600 | | 142 | 44 | | 186 | 222 |
| 7260 | 2" diameter | | 4 | 2 | | 146 | 55 | | 201 | 244 |
| 7270 | 2-1/2" diameter | | 3.50 | 2.286 | | 305 | 63 | | 368 | 430 |
| 7280 | 3" diameter | | 3 | 2.667 | | 310 | 73.50 | | 383.50 | 450 |
| 7290 | 3-1/2" diameter | | 2.50 | 3.200 | | 560 | 88 | | 648 | 745 |
| 7300 | 4" diameter | | 2.20 | 3.636 | | 565 | 100 | | 665 | 770 |
| 7310 | LB conduit body, 1/2" diameter | | 11 | .727 | | 21 | 20 | | 41 | 53 |
| 7320 | 3/4" diameter | | 8 | 1 | | 23.50 | 27.50 | | 51 | 67.50 |
| 7330 | T conduit body, 1/2" diameter | | 9 | .889 | | 21.50 | 24.50 | | 46 | 60.50 |
| 7340 | 3/4" diameter | | 6 | 1.333 | | 26 | 36.50 | | 62.50 | 83.50 |
| 7350 | Explosionproof, round box w/cover, 3 threaded hubs, 1/2" | | 8 | 1 | | 21 | 27.50 | | 48.50 | 64.50 |
| 7351 | 3/4" | | 8 | 1 | | 23.50 | 27.50 | | 51 | 67.50 |
| 7352 | 1" | | 7.50 | 1.067 | | 28.50 | 29.50 | | 58 | 75.50 |
| 7353 | 1-1/4" | | 7 | 1.143 | | 48 | 31.50 | | 79.50 | 101 |
| 7354 | 1-1/2" | | 7 | 1.143 | | 98 | 31.50 | | 129.50 | 156 |
| 7355 | 2" | | 6 | 1.333 | | 101 | 36.50 | | 137.50 | 166 |
| 7356 | Round box w/cover & mtng flange, 3 threaded hubs, 1/2" | | 8 | 1 | | 33 | 27.50 | | 60.50 | 78 |
| 7357 | 3/4" | | 8 | 1 | | 34 | 27.50 | | 61.50 | 79 |
| 7358 | 4 threaded hubs, 1" | | 7 | 1.143 | | 39 | 31.50 | | 70.50 | 90.50 |
| 7400 | Unions, 1/2" diameter | | 20 | .400 | | 4.85 | 11 | | 15.85 | 22 |
| 7410 | 3/4" - 1/2" diameter | | 16 | .500 | | 6.50 | 13.75 | | 20.25 | 27.50 |
| 7420 | 3/4" diameter | | 16 | .500 | | 6.25 | 13.75 | | 20 | 27.50 |
| 7430 | 1" diameter | | 14 | .571 | | 12 | 15.70 | | 27.70 | 36.50 |
| 7440 | 1-1/4" diameter | | 12 | .667 | | 17.65 | 18.35 | | 36 | 47 |
| 7450 | 1-1/2" diameter | | 10 | .800 | | 22.50 | 22 | | 44.50 | 58 |
| 7460 | 2" diameter | | 8.50 | .941 | | 29 | 26 | | 55 | 71 |
| 7480 | 2-1/2" diameter | | 8 | 1 | | 43 | 27.50 | | 70.50 | 89 |
| 7490 | 3" diameter | | 7 | 1.143 | | 60 | 31.50 | | 91.50 | 114 |
| 7500 | 3-1/2" diameter | | 6 | 1.333 | | 93 | 36.50 | | 129.50 | 157 |
| 7510 | 4" diameter | | 5 | 1.600 | | 106 | 44 | | 150 | 183 |
| 7680 | Reducer, 3/4" to 1/2" | | 54 | .148 | | 1.14 | 4.07 | | 5.21 | 7.40 |
| 7690 | 1" to 1/2" | | 46 | .174 | | 1.18 | 4.78 | | 5.96 | 8.50 |
| 7700 | 1" to 3/4" | | 46 | .174 | | 1.22 | 4.78 | | 6 | 8.55 |
| 7710 | 1 1/4" to 3/4" | | 40 | .200 | | 2.35 | 5.50 | | 7.85 | 10.85 |

## 160 | Raceways

### 160 200 | Conduits

| | | CREW | DAILY OUTPUT | MAN-HOURS | UNIT | 1994 BARE COSTS ||||TOTAL INCL O&P |
|---|---|---|---|---|---|---|---|---|---|---|
| | | | | | | MAT. | LABOR | EQUIP. | TOTAL | |
| 7720 | 1 1/4" to 1" | 1 Elec | 40 | .200 | Ea. | 2.35 | 5.50 | | 7.85 | 10.85 |
| 7730 | 1 1/2" to 1" | | 36 | .222 | | 3.05 | 6.10 | | 9.15 | 12.55 |
| 7740 | 1 1/2" to 1-1/4" | | 36 | .222 | | 3.10 | 6.10 | | 9.20 | 12.60 |
| 7750 | 2" to 3/4" | | 32 | .250 | | 6.10 | 6.90 | | 13 | 17.05 |
| 7760 | 2" to 1-1/4" | | 32 | .250 | | 6.10 | 6.90 | | 13 | 17.05 |
| 7770 | 2" to 1-1/2" | | 32 | .250 | | 6.10 | 6.90 | | 13 | 17.05 |
| 7780 | 2-1/2" to 1-1/2" | | 30 | .267 | | 8.30 | 7.35 | | 15.65 | 20 |
| 7790 | 3" to 2" | | 30 | .267 | | 11 | 7.35 | | 18.35 | 23 |
| 7800 | 3-1/2" to 2-1/2" | | 28 | .286 | | 19.25 | 7.85 | | 27.10 | 33 |
| 7810 | 4" to 3" | | 28 | .286 | | 21 | 7.85 | | 28.85 | 35 |
| 7820 | Sealing fitting, vertical/horizontal, 1/2" | | 12 | .667 | | 8.80 | 18.35 | | 27.15 | 37 |
| 7830 | 3/4" | | 10 | .800 | | 10.20 | 22 | | 32.20 | 44 |
| 7840 | 1" | | 8 | 1 | | 13.25 | 27.50 | | 40.75 | 56 |
| 7850 | 1-1/4" | | 7 | 1.143 | | 15.80 | 31.50 | | 47.30 | 65 |
| 7860 | 1-1/2" | | 6 | 1.333 | | 24 | 36.50 | | 60.50 | 81.50 |
| 7870 | 2" | | 5 | 1.600 | | 31 | 44 | | 75 | 100 |
| 7880 | 2-1/2" | | 4.50 | 1.778 | | 47 | 49 | | 96 | 125 |
| 7890 | 3" | | 4 | 2 | | 59 | 55 | | 114 | 148 |
| 7900 | 3-1/2" | | 3.50 | 2.286 | | 162 | 63 | | 225 | 273 |
| 7910 | 4" | | 3 | 2.667 | | 240 | 73.50 | | 313.50 | 375 |
| 7920 | Sealing hubs, 1" by 1-1/2" | | 12 | .667 | | 7.15 | 18.35 | | 25.50 | 35.50 |
| 7930 | 1-1/4" by 2" | | 10 | .800 | | 9.20 | 22 | | 31.20 | 43 |
| 7940 | 1-1/2" by 2" | | 9 | .889 | | 21.50 | 24.50 | | 46 | 60.50 |
| 7950 | 2" by 2-1/2" | | 8 | 1 | | 29.50 | 27.50 | | 57 | 74 |
| 7960 | 3" by 4" | | 7 | 1.143 | | 50.50 | 31.50 | | 82 | 103 |
| 7970 | 4" by 5" | | 6 | 1.333 | | 100 | 36.50 | | 136.50 | 165 |
| 7980 | Drain, 1/2" | | 32 | .250 | | 17.50 | 6.90 | | 24.40 | 29.50 |
| 7990 | Breather, 1/2" | | 32 | .250 | | 17.50 | 6.90 | | 24.40 | 29.50 |
| 8000 | Plastic coated 40 mil thick | | | | | | | | | |
| 8010 | LB, LR or LL conduit body w/cover, 1/2" diameter | 1 Elec | 13 | .615 | Ea. | 24 | 16.90 | | 40.90 | 52 |
| 8020 | 3/4" diameter | | 11 | .727 | | 26 | 20 | | 46 | 58.50 |
| 8030 | 1" diameter | | 8 | 1 | | 35 | 27.50 | | 62.50 | 80 |
| 8040 | 1-1/4" diameter | | 6 | 1.333 | | 51 | 36.50 | | 87.50 | 111 |
| 8050 | 1-1/2" diameter | | 5 | 1.600 | | 62 | 44 | | 106 | 134 |
| 8060 | 2" diameter | | 4.50 | 1.778 | | 91 | 49 | | 140 | 174 |
| 8070 | 2-1/2" diameter | | 4 | 2 | | 161 | 55 | | 216 | 260 |
| 8080 | 3" diameter | | 3.50 | 2.286 | | 203 | 63 | | 266 | 320 |
| 8090 | 3-1/2" diameter | | 3 | 2.667 | | 292 | 73.50 | | 365.50 | 430 |
| 8100 | 4" diameter | | 2.50 | 3.200 | | 330 | 88 | | 418 | 495 |
| 8150 | T conduit body with cover, 1/2" diameter | | 11 | .727 | | 27 | 20 | | 47 | 59.50 |
| 8160 | 3/4" diameter | | 9 | .889 | | 31 | 24.50 | | 55.50 | 71 |
| 8170 | 1" diameter | | 6 | 1.333 | | 41 | 36.50 | | 77.50 | 100 |
| 8180 | 1-1/4" diameter | | 5 | 1.600 | | 57 | 44 | | 101 | 129 |
| 8190 | 1-1/2" diameter | | 4.50 | 1.778 | | 71 | 49 | | 120 | 152 |
| 8200 | 2" diameter | | 4 | 2 | | 103 | 55 | | 158 | 196 |
| 8210 | 2-1/2" diameter | | 3.50 | 2.286 | | 168 | 63 | | 231 | 280 |
| 8220 | 3" diameter | | 3 | 2.667 | | 224 | 73.50 | | 297.50 | 355 |
| 8230 | 3-1/2" diameter | | 2.50 | 3.200 | | 325 | 88 | | 413 | 490 |
| 8240 | 4" diameter | | 2 | 4 | | 350 | 110 | | 460 | 550 |
| 8300 | FS conduit body, 1 gang, 3/4" diameter | | 11 | .727 | | 11 | 20 | | 31 | 42 |
| 8310 | 1" diameter | | 10 | .800 | | 14.25 | 22 | | 36.25 | 48.50 |
| 8350 | 2 gang, 3/4" diameter | | 9 | .889 | | 20.50 | 24.50 | | 45 | 59.50 |
| 8360 | 1" diameter | | 8 | 1 | | 23.50 | 27.50 | | 51 | 67.50 |
| 8400 | Duplex receptacle cover | | 64 | .125 | | 16.10 | 3.44 | | 19.54 | 23 |
| 8410 | Switch cover | | 64 | .125 | | 20.50 | 3.44 | | 23.94 | 27.50 |
| 8420 | Switch, vaportight cover | | 53 | .151 | | 61 | 4.15 | | 65.15 | 73.50 |

# 160 | Raceways

## 160 200 | Conduits

| | | | CREW | DAILY OUTPUT | MAN-HOURS | UNIT | 1994 BARE COSTS | | | | TOTAL INCL O&P |
|---|---|---|---|---|---|---|---|---|---|---|---|
| | | | | | | | MAT. | LABOR | EQUIP. | TOTAL | |
| 250 | 8430 | Blank, cover | 1 Elec | 64 | .125 | Ea. | 11.65 | 3.44 | | 15.09 | 17.95 | 250
| | 8520 | FSC conduit body, 1 gang, 3/4" diameter | | 10 | .800 | | 13 | 22 | | 35 | 47.50 |
| | 8530 | 1" diameter | | 9 | .889 | | 18.50 | 24.50 | | 43 | 57.50 |
| | 8550 | 2 gang, 3/4" diameter | | 8 | 1 | | 21.50 | 27.50 | | 49 | 65 |
| | 8560 | 1" diameter | | 7 | 1.143 | | 27 | 31.50 | | 58.50 | 77 |
| | 8590 | Conduit hubs, 1/2" diameter | | 18 | .444 | | 18 | 12.20 | | 30.20 | 38 |
| | 8600 | 3/4" diameter | | 16 | .500 | | 20.50 | 13.75 | | 34.25 | 43 |
| | 8610 | 1" diameter | | 14 | .571 | | 26 | 15.70 | | 41.70 | 52 |
| | 8620 | 1-1/4" diameter | | 12 | .667 | | 30 | 18.35 | | 48.35 | 60.50 |
| | 8630 | 1-1/2" diameter | | 10 | .800 | | 34 | 22 | | 56 | 70.50 |
| | 8640 | 2" diameter | | 8.80 | .909 | | 49 | 25 | | 74 | 91.50 |
| | 8650 | 2-1/2" diameter | | 8.50 | .941 | | 76 | 26 | | 102 | 123 |
| | 8660 | 3" diameter | | 8 | 1 | | 104 | 27.50 | | 131.50 | 156 |
| | 8670 | 3-1/2" diameter | | 7.50 | 1.067 | | 135 | 29.50 | | 164.50 | 193 |
| | 8680 | 4" diameter | | 7 | 1.143 | | 165 | 31.50 | | 196.50 | 230 |
| | 8690 | 5" diameter | | 6 | 1.333 | | 200 | 36.50 | | 236.50 | 275 |
| | 8700 | Plastic coated 40 mil thick | | | | | | | | | |
| | 8710 | Pipe strap, stamped 1 hole, 1/2" diameter | 1 Elec | 470 | .017 | Ea. | 2.70 | .47 | | 3.17 | 3.67 |
| | 8720 | 3/4" diameter | | 440 | .018 | | 2.85 | .50 | | 3.35 | 3.89 |
| | 8730 | 1" diameter | | 400 | .020 | | 4.40 | .55 | | 4.95 | 5.65 |
| | 8740 | 1-1/4" diameter | | 355 | .023 | | 5.60 | .62 | | 6.22 | 7.10 |
| | 8750 | 1-1/2" diameter | | 320 | .025 | | 6.75 | .69 | | 7.44 | 8.50 |
| | 8760 | 2" diameter | | 266 | .030 | | 7.80 | .83 | | 8.63 | 9.85 |
| | 8770 | 2-1/2" diameter | | 200 | .040 | | 9.30 | 1.10 | | 10.40 | 11.90 |
| | 8780 | 3" diameter | | 133 | .060 | | 12.05 | 1.65 | | 13.70 | 15.75 |
| | 8790 | 3-1/2" diameter | | 110 | .073 | | 13.40 | 2 | | 15.40 | 17.75 |
| | 8800 | 4" diameter | | 90 | .089 | | 18.25 | 2.44 | | 20.69 | 23.50 |
| | 8810 | 5" diameter | | 70 | .114 | | 86 | 3.14 | | 89.14 | 99 |
| | 8840 | Clamp back spacers, 3/4" diameter | | 440 | .018 | | 6.30 | .50 | | 6.80 | 7.70 |
| | 8850 | 1" diameter | | 400 | .020 | | 8.20 | .55 | | 8.75 | 9.85 |
| | 8860 | 1-1/4" diameter | | 355 | .023 | | 9.70 | .62 | | 10.32 | 11.60 |
| | 8870 | 1-1/2" diameter | | 320 | .025 | | 13.40 | .69 | | 14.09 | 15.80 |
| | 8880 | 2" diameter | | 266 | .030 | | 21.50 | .83 | | 22.33 | 24.50 |
| | 8900 | 3" diameter | | 133 | .060 | | 46 | 1.65 | | 47.65 | 53 |
| | 8920 | 4" diameter | | 90 | .089 | | 83 | 2.44 | | 85.44 | 95 |
| | 8950 | Touch-up plastic coating, spray, 13 oz. | | | | | 12.60 | | | 12.60 | 13.85 |
| | 8960 | Sealing fittings, 1/2" diameter | 1 Elec | 11 | .727 | | 29 | 20 | | 49 | 62 |
| | 8970 | 3/4" diameter | | 9 | .889 | | 29.50 | 24.50 | | 54 | 69.50 |
| | 8980 | 1" diameter | | 7.50 | 1.067 | | 37 | 29.50 | | 66.50 | 84.50 |
| | 8990 | 1-1/4" diameter | | 6.50 | 1.231 | | 43 | 34 | | 77 | 98.50 |
| | 9000 | 1-1/2" diameter | | 5.50 | 1.455 | | 59 | 40 | | 99 | 125 |
| | 9010 | 2" diameter | | 4.80 | 1.667 | | 72 | 46 | | 118 | 148 |
| | 9020 | 2-1/2" diameter | | 4 | 2 | | 112 | 55 | | 167 | 206 |
| | 9030 | 3" diameter | | 3.50 | 2.286 | | 140 | 63 | | 203 | 249 |
| | 9040 | 3-1/2" diameter | | 3 | 2.667 | | 345 | 73.50 | | 418.50 | 490 |
| | 9050 | 4" diameter | | 2.50 | 3.200 | | 530 | 88 | | 618 | 715 |
| | 9060 | 5" diameter | | 1.70 | 4.706 | | 695 | 129 | | 824 | 960 |
| | 9070 | Unions, 1/2" diameter | | 18 | .444 | | 24.50 | 12.20 | | 36.70 | 45.50 |
| | 9080 | 3/4" diameter | | 15 | .533 | | 25 | 14.65 | | 39.65 | 49.50 |
| | 9090 | 1" diameter | | 13 | .615 | | 33.50 | 16.90 | | 50.40 | 62.50 |
| | 9100 | 1-1/4" diameter | | 11 | .727 | | 54.50 | 20 | | 74.50 | 90 |
| | 9110 | 1-1/2" diameter | | 9.50 | .842 | | 66 | 23 | | 89 | 108 |
| | 9120 | 2" diameter | | 8 | 1 | | 87 | 27.50 | | 114.50 | 137 |
| | 9130 | 2-1/2" diameter | | 7.50 | 1.067 | | 119 | 29.50 | | 148.50 | 175 |
| | 9140 | 3" diameter | | 6.80 | 1.176 | | 164 | 32.50 | | 196.50 | 229 |
| | 9150 | 3-1/2" diameter | | 5.80 | 1.379 | | 203 | 38 | | 241 | 280 |

See the Reference Section for reference number information, Crew Listings and City Cost Indexes

## 160 | Raceways

### 160 200 | Conduits

| | | | CREW | DAILY OUTPUT | MAN-HOURS | UNIT | MAT. | 1994 BARE COSTS LABOR | EQUIP. | TOTAL | TOTAL INCL O&P | |
|---|---|---|---|---|---|---|---|---|---|---|---|---|
| 250 | 9160 | 4" diameter | 1 Elec | 4.80 | 1.667 | Ea. | 260 | 46 | | 306 | 355 | 250 |
| | 9170 | 5" diameter | ↓ | 4 | 2 | ↓ | 490 | 55 | | 545 | 625 | |
| 260 | 0010 | **CUTTING AND DRILLING** | | | | | | | | | | 260 |
| | 0100 | Hole drilling to 10' high, concrete wall | | | | | | | | | | |
| | 0110 | 8" thick, 1/2" pipe size | 1 Elec | 12 | .667 | Ea. | | 18.35 | | 18.35 | 27.50 | |
| | 0120 | 3/4" pipe size | | 12 | .667 | | | 18.35 | | 18.35 | 27.50 | |
| | 0130 | 1" pipe size | | 9.50 | .842 | | | 23 | | 23 | 35 | |
| | 0140 | 1-1/4" pipe size | | 9.50 | .842 | | | 23 | | 23 | 35 | |
| | 0150 | 1-1/2" pipe size | | 9.50 | .842 | | | 23 | | 23 | 35 | |
| | 0160 | 2" pipe size | | 4.40 | 1.818 | | | 50 | | 50 | 75 | |
| | 0170 | 2-1/2" pipe size | | 4.40 | 1.818 | | | 50 | | 50 | 75 | |
| | 0180 | 3" pipe size | | 4.40 | 1.818 | | | 50 | | 50 | 75 | |
| | 0190 | 3-1/2" pipe size | | 3.30 | 2.424 | | | 66.50 | | 66.50 | 100 | |
| | 0200 | 4" pipe size | | 3.30 | 2.424 | | | 66.50 | | 66.50 | 100 | |
| | 0500 | 12" thick, 1/2" pipe size | | 9.40 | .851 | | | 23.50 | | 23.50 | 35 | |
| | 0520 | 3/4" pipe size | | 9.40 | .851 | | | 23.50 | | 23.50 | 35 | |
| | 0540 | 1" pipe size | | 7.30 | 1.096 | | | 30 | | 30 | 45.50 | |
| | 0560 | 1-1/4" pipe size | | 7.30 | 1.096 | | | 30 | | 30 | 45.50 | |
| | 0570 | 1-1/2" pipe size | | 7.30 | 1.096 | | | 30 | | 30 | 45.50 | |
| | 0580 | 2" pipe size | | 3.60 | 2.222 | | | 61 | | 61 | 92 | |
| | 0590 | 2-1/2" pipe size | | 3.60 | 2.222 | | | 61 | | 61 | 92 | |
| | 0600 | 3" pipe size | | 3.60 | 2.222 | | | 61 | | 61 | 92 | |
| | 0610 | 3-1/2" pipe size | | 2.80 | 2.857 | | | 78.50 | | 78.50 | 118 | |
| | 0630 | 4" pipe size | | 2.50 | 3.200 | | | 88 | | 88 | 132 | |
| | 0650 | 16" thick, 1/2" pipe size | | 7.60 | 1.053 | | | 29 | | 29 | 43.50 | |
| | 0670 | 3/4" pipe size | | 7 | 1.143 | | | 31.50 | | 31.50 | 47.50 | |
| | 0690 | 1" pipe size | | 6 | 1.333 | | | 36.50 | | 36.50 | 55 | |
| | 0710 | 1-1/4" pipe size | | 5.50 | 1.455 | | | 40 | | 40 | 60 | |
| | 0730 | 1-1/2" pipe size | | 5.50 | 1.455 | | | 40 | | 40 | 60 | |
| | 0750 | 2" pipe size | | 3 | 2.667 | | | 73.50 | | 73.50 | 110 | |
| | 0770 | 2-1/2" pipe size | | 2.70 | 2.963 | | | 81.50 | | 81.50 | 123 | |
| | 0790 | 3" pipe size | | 2.50 | 3.200 | | | 88 | | 88 | 132 | |
| | 0810 | 3-1/2" pipe size | | 2.30 | 3.478 | | | 95.50 | | 95.50 | 144 | |
| | 0830 | 4" pipe size | | 2 | 4 | | | 110 | | 110 | 165 | |
| | 0850 | 20" thick, 1/2" pipe size | | 6.40 | 1.250 | | | 34.50 | | 34.50 | 51.50 | |
| | 0870 | 3/4" pipe size | | 6 | 1.333 | | | 36.50 | | 36.50 | 55 | |
| | 0890 | 1" pipe size | | 5 | 1.600 | | | 44 | | 44 | 66 | |
| | 0910 | 1-1/4" pipe size | | 4.80 | 1.667 | | | 46 | | 46 | 69 | |
| | 0930 | 1-1/2" pipe size | | 4.60 | 1.739 | | | 48 | | 48 | 72 | |
| | 0950 | 2" pipe size | | 2.70 | 2.963 | | | 81.50 | | 81.50 | 123 | |
| | 0970 | 2-1/2" pipe size | | 2.40 | 3.333 | | | 91.50 | | 91.50 | 138 | |
| | 0990 | 3" pipe size | | 2.20 | 3.636 | | | 100 | | 100 | 150 | |
| | 1010 | 3-1/2" pipe size | | 2 | 4 | | | 110 | | 110 | 165 | |
| | 1030 | 4" pipe size | | 1.70 | 4.706 | | | 129 | | 129 | 195 | |
| | 1050 | 24" thick, 1/2" pipe size | | 5.50 | 1.455 | | | 40 | | 40 | 60 | |
| | 1070 | 3/4" pipe size | | 5.10 | 1.569 | | | 43 | | 43 | 65 | |
| | 1090 | 1" pipe size | | 4.30 | 1.860 | | | 51 | | 51 | 77 | |
| | 1110 | 1-1/4" pipe size | | 4 | 2 | | | 55 | | 55 | 82.50 | |
| | 1130 | 1-1/2" pipe size | | 4 | 2 | | | 55 | | 55 | 82.50 | |
| | 1150 | 2" pipe size | | 2.40 | 3.333 | | | 91.50 | | 91.50 | 138 | |
| | 1170 | 2-1/2" pipe size | | 2.20 | 3.636 | | | 100 | | 100 | 150 | |
| | 1190 | 3" pipe size | | 2 | 4 | | | 110 | | 110 | 165 | |
| | 1210 | 3-1/2" pipe size | | 1.80 | 4.444 | | | 122 | | 122 | 184 | |
| | 1230 | 4" pipe size | | 1.50 | 5.333 | | | 147 | | 147 | 221 | |
| | 1500 | Brick wall, 8" thick, 1/2" pipe size | | 18 | .444 | | | 12.20 | | 12.20 | 18.40 | |
| | 1520 | 3/4" pipe size | | 18 | .444 | ↓ | | 12.20 | | 12.20 | 18.40 | |

## 160 | Raceways

### 160 200 | Conduits

| | | CREW | DAILY OUTPUT | MAN-HOURS | UNIT | 1994 BARE COSTS MAT. | LABOR | EQUIP. | TOTAL | TOTAL INCL O&P | |
|---|---|---|---|---|---|---|---|---|---|---|---|
| 260 | 1540 | 1" pipe size | 1 Elec | 13.30 | .602 | Ea. | | 16.55 | | 16.55 | 25 | 260 |
| | 1560 | 1-1/4" pipe size | | 13.30 | .602 | | | 16.55 | | 16.55 | 25 | |
| | 1580 | 1-1/2" pipe size | | 13.30 | .602 | | | 16.55 | | 16.55 | 25 | |
| | 1600 | 2" pipe size | | 5.70 | 1.404 | | | 38.50 | | 38.50 | 58 | |
| | 1620 | 2-1/2" pipe size | | 5.70 | 1.404 | | | 38.50 | | 38.50 | 58 | |
| | 1640 | 3" pipe size | | 5.70 | 1.404 | | | 38.50 | | 38.50 | 58 | |
| | 1660 | 3-1/2" pipe size | | 4.40 | 1.818 | | | 50 | | 50 | 75 | |
| | 1680 | 4" pipe size | | 4 | 2 | | | 55 | | 55 | 82.50 | |
| | 1700 | 12" thick, 1/2" pipe size | | 14.50 | .552 | | | 15.15 | | 15.15 | 23 | |
| | 1720 | 3/4" pipe size | | 14.50 | .552 | | | 15.15 | | 15.15 | 23 | |
| | 1740 | 1" pipe size | | 11 | .727 | | | 20 | | 20 | 30 | |
| | 1760 | 1-1/4" pipe size | | 11 | .727 | | | 20 | | 20 | 30 | |
| | 1780 | 1-1/2" pipe size | | 11 | .727 | | | 20 | | 20 | 30 | |
| | 1800 | 2" pipe size | | 5 | 1.600 | | | 44 | | 44 | 66 | |
| | 1820 | 2-1/2" pipe size | | 5 | 1.600 | | | 44 | | 44 | 66 | |
| | 1840 | 3" pipe size | | 5 | 1.600 | | | 44 | | 44 | 66 | |
| | 1860 | 3-1/2" pipe size | | 3.80 | 2.105 | | | 58 | | 58 | 87 | |
| | 1880 | 4" pipe size | | 3.30 | 2.424 | | | 66.50 | | 66.50 | 100 | |
| | 1900 | 16" thick, 1/2" pipe size | | 12.30 | .650 | | | 17.90 | | 17.90 | 27 | |
| | 1920 | 3/4" pipe size | | 12.30 | .650 | | | 17.90 | | 17.90 | 27 | |
| | 1940 | 1" pipe size | | 9.30 | .860 | | | 23.50 | | 23.50 | 35.50 | |
| | 1960 | 1-1/4" pipe size | | 9.30 | .860 | | | 23.50 | | 23.50 | 35.50 | |
| | 1980 | 1-1/2" pipe size | | 9.30 | .860 | | | 23.50 | | 23.50 | 35.50 | |
| | 2000 | 2" pipe size | | 4.40 | 1.818 | | | 50 | | 50 | 75 | |
| | 2010 | 2-1/2" pipe size | | 4.40 | 1.818 | | | 50 | | 50 | 75 | |
| | 2030 | 3" pipe size | | 4.40 | 1.818 | | | 50 | | 50 | 75 | |
| | 2050 | 3-1/2" pipe size | | 3.30 | 2.424 | | | 66.50 | | 66.50 | 100 | |
| | 2070 | 4" pipe size | | 3 | 2.667 | | | 73.50 | | 73.50 | 110 | |
| | 2090 | 20" thick, 1/2" pipe size | | 10.70 | .748 | | | 20.50 | | 20.50 | 31 | |
| | 2110 | 3/4" pipe size | | 10.70 | .748 | | | 20.50 | | 20.50 | 31 | |
| | 2130 | 1" pipe size | | 8 | 1 | | | 27.50 | | 27.50 | 41.50 | |
| | 2150 | 1-1/4" pipe size | | 8 | 1 | | | 27.50 | | 27.50 | 41.50 | |
| | 2170 | 1-1/2" pipe size | | 8 | 1 | | | 27.50 | | 27.50 | 41.50 | |
| | 2190 | 2" pipe size | | 4 | 2 | | | 55 | | 55 | 82.50 | |
| | 2210 | 2-1/2" pipe size | | 4 | 2 | | | 55 | | 55 | 82.50 | |
| | 2230 | 3" pipe size | | 4 | 2 | | | 55 | | 55 | 82.50 | |
| | 2250 | 3-1/2" pipe size | | 3 | 2.667 | | | 73.50 | | 73.50 | 110 | |
| | 2270 | 4" pipe size | | 2.70 | 2.963 | | | 81.50 | | 81.50 | 123 | |
| | 2290 | 24" thick, 1/2" pipe size | | 9.40 | .851 | | | 23.50 | | 23.50 | 35 | |
| | 2310 | 3/4" pipe size | | 9.40 | .851 | | | 23.50 | | 23.50 | 35 | |
| | 2330 | 1" pipe size | | 7.10 | 1.127 | | | 31 | | 31 | 46.50 | |
| | 2350 | 1-1/4" pipe size | | 7.10 | 1.127 | | | 31 | | 31 | 46.50 | |
| | 2370 | 1-1/2" pipe size | | 7.10 | 1.127 | | | 31 | | 31 | 46.50 | |
| | 2390 | 2" pipe size | | 3.60 | 2.222 | | | 61 | | 61 | 92 | |
| | 2410 | 2-1/2" pipe size | | 3.60 | 2.222 | | | 61 | | 61 | 92 | |
| | 2430 | 3" pipe size | | 3.60 | 2.222 | | | 61 | | 61 | 92 | |
| | 2450 | 3-1/2" pipe size | | 2.80 | 2.857 | | | 78.50 | | 78.50 | 118 | |
| | 2470 | 4" pipe size | | 2.50 | 3.200 | | | 88 | | 88 | 132 | |
| | 3000 | Knockouts to 8' high, metal boxes & enclosures | | | | | | | | | | |
| | 3020 | With hole saw, 1/2" pipe size | 1 Elec | 53 | .151 | Ea. | | 4.15 | | 4.15 | 6.25 | |
| | 3040 | 3/4" pipe size | | 47 | .170 | | | 4.68 | | 4.68 | 7.05 | |
| | 3050 | 1" pipe size | | 40 | .200 | | | 5.50 | | 5.50 | 8.25 | |
| | 3060 | 1-1/4" pipe size | | 36 | .222 | | | 6.10 | | 6.10 | 9.20 | |
| | 3070 | 1-1/2" pipe size | | 32 | .250 | | | 6.90 | | 6.90 | 10.35 | |
| | 3080 | 2" pipe size | | 27 | .296 | | | 8.15 | | 8.15 | 12.25 | |
| | 3090 | 2-1/2" pipe size | | 20 | .400 | | | 11 | | 11 | 16.55 | |

## 160 | Raceways

### 160 200 | Conduits

| | | | CREW | DAILY OUTPUT | MAN-HOURS | UNIT | 1994 BARE COSTS MAT. | LABOR | EQUIP. | TOTAL | TOTAL INCL O&P | |
|---|---|---|---|---|---|---|---|---|---|---|---|---|
| 260 | 4010 | 3" pipe size | 1 Elec | 16 | .500 | Ea. | | 13.75 | | 13.75 | 20.50 | 260 |
| | 4030 | 3-1/2" pipe size | | 13 | .615 | | | 16.90 | | 16.90 | 25.50 | |
| | 4050 | 4" pipe size | | 11 | .727 | | | 20 | | 20 | 30 | |
| | 4070 | With hand punch set, 1/2" pipe size | | 40 | .200 | | | 5.50 | | 5.50 | 8.25 | |
| | 4090 | 3/4" pipe size | | 32 | .250 | | | 6.90 | | 6.90 | 10.35 | |
| | 4110 | 1" pipe size | | 30 | .267 | | | 7.35 | | 7.35 | 11.05 | |
| | 4130 | 1-1/4" pipe size | | 28 | .286 | | | 7.85 | | 7.85 | 11.80 | |
| | 4150 | 1-1/2" pipe size | | 26 | .308 | | | 8.45 | | 8.45 | 12.70 | |
| | 4170 | 2" pipe size | | 20 | .400 | | | 11 | | 11 | 16.55 | |
| | 4190 | 2-1/2" pipe size | | 17 | .471 | | | 12.95 | | 12.95 | 19.45 | |
| | 4200 | 3" pipe size | | 15 | .533 | | | 14.65 | | 14.65 | 22 | |
| | 4220 | 3-1/2" pipe size | | 12 | .667 | | | 18.35 | | 18.35 | 27.50 | |
| | 4240 | 4" pipe size | | 10 | .800 | | | 22 | | 22 | 33 | |
| | 4260 | With hydraulic punch, 1/2" pipe size | | 44 | .182 | | | 5 | | 5 | 7.50 | |
| | 4280 | 3/4" pipe size | | 38 | .211 | | | 5.80 | | 5.80 | 8.70 | |
| | 4300 | 1" pipe size | | 38 | .211 | | | 5.80 | | 5.80 | 8.70 | |
| | 4320 | 1-1/4" pipe size | | 38 | .211 | | | 5.80 | | 5.80 | 8.70 | |
| | 4340 | 1-1/2" pipe size | | 38 | .211 | | | 5.80 | | 5.80 | 8.70 | |
| | 4360 | 2" pipe size | | 32 | .250 | | | 6.90 | | 6.90 | 10.35 | |
| | 4380 | 2-1/2" pipe size | | 27 | .296 | | | 8.15 | | 8.15 | 12.25 | |
| | 4400 | 3" pipe size | | 23 | .348 | | | 9.55 | | 9.55 | 14.40 | |
| | 4420 | 3-1/2" pipe size | | 20 | .400 | | | 11 | | 11 | 16.55 | |
| | 4440 | 4" pipe size | ▼ | 18 | .444 | ▼ | | 12.20 | | 12.20 | 18.40 | |
| 270 | 0010 | **FLEXIBLE METALLIC CONDUIT** | | | | | | | | | | 270 |
| | 0050 | Greenfield, 3/8" diameter | 1 Elec | 200 | .040 | L.F. | .21 | 1.10 | | 1.31 | 1.88 | |
| | 0100 | 1/2" diameter | | 200 | .040 | | .30 | 1.10 | | 1.40 | 1.98 | |
| | 0200 | 3/4" diameter | | 160 | .050 | | .38 | 1.38 | | 1.76 | 2.49 | |
| | 0250 | 1" diameter | | 100 | .080 | | .79 | 2.20 | | 2.99 | 4.18 | |
| | 0300 | 1-1/4" diameter | | 70 | .114 | | 1 | 3.14 | | 4.14 | 5.85 | |
| | 0350 | 1-1/2" diameter | | 50 | .160 | | 1.30 | 4.40 | | 5.70 | 8.05 | |
| | 0370 | 2" diameter | | 40 | .200 | | 1.74 | 5.50 | | 7.24 | 10.15 | |
| | 0380 | 2-1/2" diameter | | 30 | .267 | | 2.05 | 7.35 | | 9.40 | 13.30 | |
| | 0390 | 3" diameter | | 25 | .320 | | 2.55 | 8.80 | | 11.35 | 16.05 | |
| | 0400 | 3-1/2" diameter | | 20 | .400 | | 3.95 | 11 | | 14.95 | 21 | |
| | 0410 | 4" diameter | | 15 | .533 | ▼ | 5.60 | 14.65 | | 20.25 | 28 | |
| | 0420 | Connectors, plain, 3/8" diameter | | 100 | .080 | Ea. | .61 | 2.20 | | 2.81 | 3.98 | |
| | 0430 | 1/2" diameter | | 80 | .100 | | .95 | 2.75 | | 3.70 | 5.20 | |
| | 0440 | 3/4" diameter | | 70 | .114 | | 1.05 | 3.14 | | 4.19 | 5.90 | |
| | 0450 | 1" diameter | | 50 | .160 | | 2.50 | 4.40 | | 6.90 | 9.35 | |
| | 0490 | Insulated, 1" diameter | | 40 | .200 | | 3.85 | 5.50 | | 9.35 | 12.50 | |
| | 0500 | 1-1/4" diameter | | 40 | .200 | | 6.25 | 5.50 | | 11.75 | 15.15 | |
| | 0550 | 1-1/2" diameter | | 32 | .250 | | 8.45 | 6.90 | | 15.35 | 19.65 | |
| | 0600 | 2" diameter | | 23 | .348 | | 12.30 | 9.55 | | 21.85 | 28 | |
| | 0610 | 2-1/2" diameter | | 20 | .400 | | 24 | 11 | | 35 | 43 | |
| | 0620 | 3" diameter | | 17 | .471 | | 31 | 12.95 | | 43.95 | 53.50 | |
| | 0630 | 3-1/2" diameter | | 13 | .615 | | 115 | 16.90 | | 131.90 | 153 | |
| | 0640 | 4" diameter | | 10 | .800 | | 145 | 22 | | 167 | 193 | |
| | 0650 | Connectors 90°, plain, 3/8" diameter | | 80 | .100 | | 1.25 | 2.75 | | 4 | 5.50 | |
| | 0660 | 1/2" diameter | | 60 | .133 | | 2.15 | 3.67 | | 5.82 | 7.85 | |
| | 0700 | 3/4" diameter | | 50 | .160 | | 3.35 | 4.40 | | 7.75 | 10.30 | |
| | 0750 | 1" diameter | | 40 | .200 | | 5.80 | 5.50 | | 11.30 | 14.65 | |
| | 0790 | Insulated, 1" diameter | | 40 | .200 | | 6.55 | 5.50 | | 12.05 | 15.45 | |
| | 0800 | 1-1/4" diameter | | 30 | .267 | | 13.35 | 7.35 | | 20.70 | 26 | |
| | 0850 | 1-1/2" diameter | | 23 | .348 | | 24 | 9.55 | | 33.55 | 41 | |
| | 0900 | 2" diameter | ▼ | 18 | .444 | ▼ | 31 | 12.20 | | 43.20 | 52.50 | |

# 160 | Raceways

## 160 200 | Conduits

| | | CREW | DAILY OUTPUT | MAN-HOURS | UNIT | 1994 BARE COSTS MAT. | LABOR | EQUIP. | TOTAL | TOTAL INCL O&P | |
|---|---|---|---|---|---|---|---|---|---|---|---|
| 270 | 0910 | 2-1/2" diameter | 1 Elec | 16 | .500 | Ea. | 82 | 13.75 | | 95.75 | 111 | 270 |
| | 0920 | 3" diameter | | 14 | .571 | | 104 | 15.70 | | 119.70 | 138 | |
| | 0930 | 3-1/2" diameter | | 11 | .727 | | 300 | 20 | | 320 | 360 | |
| | 0940 | 4" diameter | | 8 | 1 | | 450 | 27.50 | | 477.50 | 535 | |
| | 0960 | Couplings, to conduit, 1/2" diameter | | 50 | .160 | | .69 | 4.40 | | 5.09 | 7.35 | |
| | 0970 | 3/4" diameter | | 40 | .200 | | 1.12 | 5.50 | | 6.62 | 9.50 | |
| | 0980 | 1" diameter | | 35 | .229 | | 1.38 | 6.30 | | 7.68 | 10.95 | |
| | 0990 | 1-1/4" diameter | | 28 | .286 | | 3.45 | 7.85 | | 11.30 | 15.60 | |
| | 1000 | 1-1/2" diameter | | 23 | .348 | | 4.10 | 9.55 | | 13.65 | 18.90 | |
| | 1010 | 2" diameter | | 20 | .400 | | 8.40 | 11 | | 19.40 | 26 | |
| | 1020 | 2-1/2" diameter | | 18 | .444 | | 13.75 | 12.20 | | 25.95 | 33.50 | |
| | 1030 | 3" diameter | | 15 | .533 | | 34.50 | 14.65 | | 49.15 | 60 | |
| | 1070 | Sealtite, 3/8" diameter | | 140 | .057 | L.F. | 1.45 | 1.57 | | 3.02 | 3.96 | |
| | 1080 | 1/2" diameter | | 140 | .057 | | 1.60 | 1.57 | | 3.17 | 4.12 | |
| | 1090 | 3/4" diameter | | 100 | .080 | | 2.20 | 2.20 | | 4.40 | 5.75 | |
| | 1100 | 1" diameter | | 70 | .114 | | 3.40 | 3.14 | | 6.54 | 8.45 | |
| | 1200 | 1-1/4" diameter | | 50 | .160 | | 4.75 | 4.40 | | 9.15 | 11.80 | |
| | 1300 | 1-1/2" diameter | | 40 | .200 | | 5.95 | 5.50 | | 11.45 | 14.80 | |
| | 1400 | 2" diameter | | 30 | .267 | | 7.40 | 7.35 | | 14.75 | 19.20 | |
| | 1410 | 2-1/2" diameter | | 27 | .296 | | 14 | 8.15 | | 22.15 | 27.50 | |
| | 1420 | 3" diameter | | 25 | .320 | | 19 | 8.80 | | 27.80 | 34.50 | |
| | 1440 | 4" diameter | | 15 | .533 | | 27 | 14.65 | | 41.65 | 51.50 | |
| | 1490 | Connectors, plain, 3/8" diameter | | 70 | .114 | Ea. | 2.15 | 3.14 | | 5.29 | 7.10 | |
| | 1500 | 1/2" diameter | | 70 | .114 | | 2.15 | 3.14 | | 5.29 | 7.10 | |
| | 1700 | 3/4" diameter | | 50 | .160 | | 3.10 | 4.40 | | 7.50 | 10 | |
| | 1900 | 1" diameter | | 40 | .200 | | 4.75 | 5.50 | | 10.25 | 13.45 | |
| | 1910 | Insulated, 1" diameter | | 40 | .200 | | 5.75 | 5.50 | | 11.25 | 14.60 | |
| | 2000 | 1-1/4" diameter | | 32 | .250 | | 9 | 6.90 | | 15.90 | 20.50 | |
| | 2100 | 1-1/2" diameter | | 27 | .296 | | 12.90 | 8.15 | | 21.05 | 26.50 | |
| | 2200 | 2" diameter | | 20 | .400 | | 24 | 11 | | 35 | 43 | |
| | 2210 | 2-1/2" diameter | | 15 | .533 | | 126 | 14.65 | | 140.65 | 161 | |
| | 2220 | 3" diameter | | 12 | .667 | | 139 | 18.35 | | 157.35 | 181 | |
| | 2240 | 4" diameter | | 8 | 1 | | 166 | 27.50 | | 193.50 | 225 | |
| | 2290 | Connectors, 90°, 3/8" diameter | | 70 | .114 | | 3.50 | 3.14 | | 6.64 | 8.60 | |
| | 2300 | 1/2" diameter | | 70 | .114 | | 3.50 | 3.14 | | 6.64 | 8.60 | |
| | 2400 | 3/4" diameter | | 50 | .160 | | 5.40 | 4.40 | | 9.80 | 12.55 | |
| | 2600 | 1" diameter | | 40 | .200 | | 10.80 | 5.50 | | 16.30 | 20 | |
| | 2790 | Insulated, 1" diameter | | 40 | .200 | | 12.50 | 5.50 | | 18 | 22 | |
| | 2800 | 1-1/4" diameter | | 32 | .250 | | 17.50 | 6.90 | | 24.40 | 29.50 | |
| | 3000 | 1-1/2" diameter | | 27 | .296 | | 22 | 8.15 | | 30.15 | 36.50 | |
| | 3100 | 2" diameter | | 20 | .400 | | 32.50 | 11 | | 43.50 | 52.50 | |
| | 3110 | 2-1/2" diameter | | 14 | .571 | | 152 | 15.70 | | 167.70 | 191 | |
| | 3120 | 3" diameter | | 11 | .727 | | 180 | 20 | | 200 | 228 | |
| | 3140 | 4" diameter | | 7 | 1.143 | | 245 | 31.50 | | 276.50 | 320 | |
| | 4300 | Coupling sealtite to rigid, 1/2" diameter | | 20 | .400 | | 2.75 | 11 | | 13.75 | 19.60 | |
| | 4500 | 3/4" diameter | | 18 | .444 | | 4 | 12.20 | | 16.20 | 23 | |
| | 4800 | 1" diameter | | 14 | .571 | | 5.30 | 15.70 | | 21 | 29.50 | |
| | 4900 | 1-1/4" diameter | | 12 | .667 | | 9.30 | 18.35 | | 27.65 | 38 | |
| | 5000 | 1-1/2" diameter | | 11 | .727 | | 17 | 20 | | 37 | 48.50 | |
| | 5100 | 2" diameter | | 10 | .800 | | 23 | 22 | | 45 | 58.50 | |
| | 5110 | 2-1/2" diameter | | 9.50 | .842 | | 106 | 23 | | 129 | 152 | |
| | 5120 | 3" diameter | | 9 | .889 | | 118 | 24.50 | | 142.50 | 167 | |
| | 5130 | 3-1/2" diameter | | 9 | .889 | | 158 | 24.50 | | 182.50 | 211 | |
| | 5140 | 4" diameter | | 8.50 | .941 | | 163 | 26 | | 189 | 218 | |
| 272 | 0010 | **Electrical Nonmetallic Tubing (ENT)** | | | | | | | | | | 272 |
| | 0050 | Flexible, 1/2" diameter | 1 Elec | 270 | .030 | L.F. | .19 | .81 | | 1 | 1.44 | |

# 160 | Raceways

## 160 200 | Conduits

| | | | CREW | DAILY OUTPUT | MAN-HOURS | UNIT | 1994 BARE COSTS MAT. | LABOR | EQUIP. | TOTAL | TOTAL INCL O&P | |
|---|---|---|---|---|---|---|---|---|---|---|---|---|
| 272 | 0100 | 3/4" diameter | 1 Elec | 230 | .035 | L.F. | .29 | .96 | | 1.25 | 1.76 | 272 |
| | 0200 | 1" diameter | | 145 | .055 | | .46 | 1.52 | | 1.98 | 2.79 | |
| | 0300 | Connectors, to outlet box, 1/2" diameter | | 230 | .035 | Ea. | .23 | .96 | | 1.19 | 1.69 | |
| | 0310 | 3/4" diameter | | 210 | .038 | | .42 | 1.05 | | 1.47 | 2.04 | |
| | 0320 | 1" diameter | | 200 | .040 | | .54 | 1.10 | | 1.64 | 2.24 | |
| | 0400 | Couplings, to conduit, 1/2" diameter | | 145 | .055 | | .20 | 1.52 | | 1.72 | 2.50 | |
| | 0410 | 3/4" diameter | | 130 | .062 | | .36 | 1.69 | | 2.05 | 2.94 | |
| | 0420 | 1" diameter | | 125 | .064 | | .39 | 1.76 | | 2.15 | 3.08 | |
| 275 | 0010 | **MOTOR CONNECTIONS** | | | | | | | | | | 275 |
| | 0020 | Flexible conduit and fittings, 115 volt, 1 phase, up to 1 HP motor | 1 Elec | 8 | 1 | Ea. | 3.40 | 27.50 | | 30.90 | 45 | |
| | 0050 | 2 HP motor | R160 -275 | 6.50 | 1.231 | | 3.40 | 34 | | 37.40 | 54.50 | |
| | 0100 | 3 HP motor | | 5.50 | 1.455 | | 5.50 | 40 | | 45.50 | 66 | |
| | 0120 | 230 volt, 10 HP motor, 3 phase | | 4.20 | 1.905 | | 6.50 | 52.50 | | 59 | 86 | |
| | 0150 | 15 HP motor | | 3.30 | 2.424 | | 11.20 | 66.50 | | 77.70 | 112 | |
| | 0200 | 25 HP motor | | 2.70 | 2.963 | | 12.10 | 81.50 | | 93.60 | 136 | |
| | 0400 | 50 HP motor | | 2.20 | 3.636 | | 34 | 100 | | 134 | 188 | |
| | 0600 | 100 HP motor | | 1.50 | 5.333 | | 84 | 147 | | 231 | 315 | |
| | 1500 | 460 volt, 5 HP motor, 3 phase | | 8 | 1 | | 3.65 | 27.50 | | 31.15 | 45.50 | |
| | 1520 | 10 HP motor | | 8 | 1 | | 3.65 | 27.50 | | 31.15 | 45.50 | |
| | 1530 | 25 HP motor | | 6 | 1.333 | | 5.80 | 36.50 | | 42.30 | 61.50 | |
| | 1540 | 30 HP motor | | 6 | 1.333 | | 5.80 | 36.50 | | 42.30 | 61.50 | |
| | 1550 | 40 HP motor | | 5 | 1.600 | | 11 | 44 | | 55 | 78 | |
| | 1560 | 50 HP motor | | 5 | 1.600 | | 11.95 | 44 | | 55.95 | 79 | |
| | 1570 | 60 HP motor | | 3.80 | 2.105 | | 13.10 | 58 | | 71.10 | 101 | |
| | 1580 | 75 HP motor | | 3.50 | 2.286 | | 22 | 63 | | 85 | 119 | |
| | 1590 | 100 HP motor | | 2.50 | 3.200 | | 31 | 88 | | 119 | 166 | |
| | 1600 | 125 HP motor | | 2 | 4 | | 31 | 110 | | 141 | 199 | |
| | 1610 | 150 HP motor | | 1.80 | 4.444 | | 48 | 122 | | 170 | 237 | |
| | 1620 | 200 HP motor | | 1.50 | 5.333 | | 81 | 147 | | 228 | 310 | |
| | 2005 | 460 Volt, 5 HP motor, 3 Phase, w/sealtite | | 8 | 1 | | 7.95 | 27.50 | | 35.45 | 50.50 | |
| | 2010 | 10 HP motor | | 8 | 1 | | 7.95 | 27.50 | | 35.45 | 50.50 | |
| | 2015 | 25 HP motor | | 6 | 1.333 | | 12.90 | 36.50 | | 49.40 | 69 | |
| | 2020 | 30 HP motor | | 6 | 1.333 | | 12.90 | 36.50 | | 49.40 | 69 | |
| | 2025 | 40 HP motor | | 5 | 1.600 | | 21 | 44 | | 65 | 89 | |
| | 2030 | 50 HP motor | | 5 | 1.600 | | 21.50 | 44 | | 65.50 | 89.50 | |
| | 2035 | 60 HP motor | | 3.80 | 2.105 | | 33 | 58 | | 91 | 124 | |
| | 2040 | 75 HP motor | | 3.50 | 2.286 | | 38 | 63 | | 101 | 137 | |
| | 2045 | 100 HP motor | | 2.50 | 3.200 | | 49 | 88 | | 137 | 186 | |
| | 2055 | 150 HP motor | | 1.80 | 4.444 | | 88 | 122 | | 210 | 281 | |
| | 2060 | 200 HP motor | | 1.50 | 5.333 | | 285 | 147 | | 432 | 535 | |
| 290 | 0010 | **WIREMOLD RACEWAY** | | | | | | | | | | 290 |
| | 0090 | Surface, metal, straight section | | | | | | | | | | |
| | 0100 | No. 500 | 1 Elec | 100 | .080 | L.F. | .55 | 2.20 | | 2.75 | 3.92 | |
| | 0110 | No. 700 | | 100 | .080 | | .63 | 2.20 | | 2.83 | 4 | |
| | 0400 | No. 1500, small pancake | | 90 | .089 | | 1.03 | 2.44 | | 3.47 | 4.81 | |
| | 0600 | No. 2000, base & cover | | 90 | .089 | | 1.05 | 2.44 | | 3.49 | 4.83 | |
| | 0610 | Receptacle, 6" O.C. | | 40 | .200 | | 5.90 | 5.50 | | 11.40 | 14.75 | |
| | 0620 | 12" O.C. | | 44 | .182 | | 3.95 | 5 | | 8.95 | 11.85 | |
| | 0630 | 18" O.C. | | 46 | .174 | | 3.10 | 4.78 | | 7.88 | 10.60 | |
| | 0650 | 30" O.C. | | 50 | .160 | | 2.85 | 4.40 | | 7.25 | 9.75 | |
| | 0660 | 60" O.C. | | 50 | .160 | | 2.45 | 4.40 | | 6.85 | 9.30 | |
| | 0670 | No. 2200, base & cover, blank | | 80 | .100 | | 1.80 | 2.75 | | 4.55 | 6.10 | |
| | 0700 | Receptacle, 18" O.C. | | 36 | .222 | | 4.05 | 6.10 | | 10.15 | 13.65 | |
| | 0720 | 30" O.C. | | 40 | .200 | | 3.60 | 5.50 | | 9.10 | 12.20 | |
| | 0730 | 60" O.C. | | 40 | .200 | | 3.25 | 5.50 | | 8.75 | 11.85 | |
| | 0800 | No. 3000, base & cover | | 75 | .107 | | 2.10 | 2.93 | | 5.03 | 6.70 | |

# 160 | Raceways

| 160 200 | Conduits | CREW | DAILY OUTPUT | MAN-HOURS | UNIT | 1994 BARE COSTS MAT. | LABOR | EQUIP. | TOTAL | TOTAL INCL O&P | |
|---|---|---|---|---|---|---|---|---|---|---|---|
| 0810 | Receptacle, 6" O.C. | 1 Elec | 60 | .133 | L.F. | 19.50 | 3.67 | | 23.17 | 27 | 290 |
| 0820 | 12" O.C. | | 62 | .129 | | 11 | 3.55 | | 14.55 | 17.45 | |
| 0830 | 18" O.C. | | 64 | .125 | | 8.80 | 3.44 | | 12.24 | 14.85 | |
| 0840 | 24" O.C. | | 66 | .121 | | 6.65 | 3.33 | | 9.98 | 12.30 | |
| 0850 | 30" O.C. | | 68 | .118 | | 5.90 | 3.24 | | 9.14 | 11.35 | |
| 0860 | 60" O.C. | | 70 | .114 | | 4.30 | 3.14 | | 7.44 | 9.45 | |
| 1000 | No. 4000, base & cover | | 65 | .123 | | 3.65 | 3.38 | | 7.03 | 9.10 | |
| 1010 | Receptacle, 6" O.C. | | 50 | .160 | | 27.50 | 4.40 | | 31.90 | 37 | |
| 1020 | 12" O.C. | | 52 | .154 | | 16.30 | 4.23 | | 20.53 | 24.50 | |
| 1030 | 18" O.C. | | 54 | .148 | | 13.55 | 4.07 | | 17.62 | 21 | |
| 1040 | 24" O.C. | | 56 | .143 | | 11.05 | 3.93 | | 14.98 | 18.05 | |
| 1050 | 30" O.C. | | 58 | .138 | | 9.80 | 3.79 | | 13.59 | 16.50 | |
| 1060 | 60" O.C. | | 60 | .133 | | 7.65 | 3.67 | | 11.32 | 13.90 | |
| 1200 | No. 6000, base & cover | | 50 | .160 | | 5.65 | 4.40 | | 10.05 | 12.80 | |
| 1210 | Receptacle, 6" O.C. | | 35 | .229 | | 33 | 6.30 | | 39.30 | 46 | |
| 1220 | 12" O.C. | | 37 | .216 | | 21 | 5.95 | | 26.95 | 32 | |
| 1230 | 18" O.C. | | 39 | .205 | | 17.85 | 5.65 | | 23.50 | 28 | |
| 1240 | 24" O.C. | | 41 | .195 | | 14.55 | 5.35 | | 19.90 | 24 | |
| 1250 | 30" O.C. | | 43 | .186 | | 13.95 | 5.10 | | 19.05 | 23 | |
| 1260 | 60" O.C. | | 45 | .178 | | 10.70 | 4.89 | | 15.59 | 19.10 | |
| 2400 | Fittings, elbows, No. 500 | | 40 | .200 | Ea. | .95 | 5.50 | | 6.45 | 9.30 | |
| 2800 | Elbow cover, No. 2000 | | 40 | .200 | | 1.90 | 5.50 | | 7.40 | 10.35 | |
| 3000 | Switch box, No. 500 | | 16 | .500 | | 8.35 | 13.75 | | 22.10 | 29.50 | |
| 3400 | Telephone outlet, No. 1500 | | 16 | .500 | | 6.95 | 13.75 | | 20.70 | 28 | |
| 3600 | Junction box, No. 1500 | | 16 | .500 | | 4.85 | 13.75 | | 18.60 | 26 | |
| 3800 | Plugmold wired sections, No. 2000 | | | | | | | | | | |
| 4000 | 1 circuit, 6 outlets, 3 ft. long | 1 Elec | 8 | 1 | Ea. | 19.10 | 27.50 | | 46.60 | 62.50 | |
| 4100 | 2 circuits, 8 outlets, 6 ft. long | | 5.30 | 1.509 | | 26 | 41.50 | | 67.50 | 91 | |
| 4200 | Tele-power poles, aluminum, 4 outlets | | 2.70 | 2.963 | | 125 | 81.50 | | 206.50 | 261 | |
| 4300 | Overhead distribution systems, 125 volt | | | | | | | | | | |
| 4800 | 2010A entrance end fitting | 1 Elec | 20 | .400 | Ea. | 2.40 | 11 | | 13.40 | 19.20 | |
| 5000 | 2010B blank end fitting | | 40 | .200 | | .40 | 5.50 | | 5.90 | 8.70 | |
| 5200 | G2003 supporting clip | | 40 | .200 | | 1.90 | 5.50 | | 7.40 | 10.35 | |
| 5800 | G3010A entrance end fitting | | 20 | .400 | | 3.75 | 11 | | 14.75 | 20.50 | |
| 6000 | G3010B blank end fitting | | 40 | .200 | | 1.30 | 5.50 | | 6.80 | 9.70 | |
| 6020 | G3017 NE internal elbow | | 20 | .400 | | 5.85 | 11 | | 16.85 | 23 | |
| 6030 | G3018 AE external elbow | | 20 | .400 | | 7.95 | 11 | | 18.95 | 25.50 | |
| 6040 | G3007 C device bracket | | 53 | .151 | | 2.05 | 4.15 | | 6.20 | 8.50 | |
| 6400 | G3008A hanger clamp | | 32 | .250 | | 2.85 | 6.90 | | 9.75 | 13.50 | |
| 7000 | G4000B base | | 90 | .089 | L.F. | 2.30 | 2.44 | | 4.74 | 6.20 | |
| 7200 | G4000D divider | | 100 | .080 | " | .43 | 2.20 | | 2.63 | 3.78 | |
| 7400 | G4010D entrance end fitting | | 16 | .500 | Ea. | 11.15 | 13.75 | | 24.90 | 33 | |
| 7600 | G4010B blank end fitting | | 40 | .200 | | 3.30 | 5.50 | | 8.80 | 11.90 | |
| 7610 | G4046 B recp. & tele. cover | | 53 | .151 | | 5.65 | 4.15 | | 9.80 | 12.45 | |
| 7620 | G4018 external elbow | | 16 | .500 | | 17.50 | 13.75 | | 31.25 | 40 | |
| 7630 | G4001 coupling | | 53 | .151 | | 2.70 | 4.15 | | 6.85 | 9.20 | |
| 7640 | G4001 D divider clip & coup. | | 80 | .100 | | .56 | 2.75 | | 3.31 | 4.75 | |
| 7650 | G4086 A panel connector | | 16 | .500 | | 11.10 | 13.75 | | 24.85 | 32.50 | |
| 7800 | G4074 take off connector | | 16 | .500 | | 30 | 13.75 | | 43.75 | 53.50 | |
| 8000 | G6074 take off connector | | 16 | .500 | | 33.50 | 13.75 | | 47.25 | 57.50 | |
| 8100 | G4046H take off fitting | | 16 | .500 | | 3.50 | 13.75 | | 17.25 | 24.50 | |
| 8200 | G6008A hanger clamp | | 32 | .250 | | 6.70 | 6.90 | | 13.60 | 17.70 | |
| 8230 | G6001 coupling | | | | | 3.55 | | | 3.55 | 3.91 | |
| 8240 | G6007 C-1 device bracket | 1 Elec | 53 | .151 | | 4.40 | 4.15 | | 8.55 | 11.10 | |
| 8250 | G6007 C-2 device bracket | | 40 | .200 | | 5.15 | 5.50 | | 10.65 | 13.90 | |
| 8260 | G6010 B blank end fitting | | 40 | .200 | | 4.35 | 5.50 | | 9.85 | 13.05 | |

# 160 | Raceways

## 160 200 | Conduits

| | | | CREW | DAILY OUTPUT | MAN-HOURS | UNIT | 1994 BARE COSTS MAT. | LABOR | EQUIP. | TOTAL | TOTAL INCL O&P | |
|---|---|---|---|---|---|---|---|---|---|---|---|---|
| 290 | 8270 | G6017 TX combination elbow | 1 Elec | 14 | .571 | Ea. | 16.90 | 15.70 | | 32.60 | 42 | 290 |
| | 8300 | G6086 panel connector | ↓ | 16 | .500 | ↓ | 7.45 | 13.75 | | 21.20 | 28.50 | |
| | 8450 | | | | | | | | | | | |
| | 8500 | Chan-L-Wire system installed in 1-5/8" x 1-5/8" strut. Strut | | | | | | | | | | |
| | 8600 | not incl., 30 amp, 4 wire, 3 phase | 1 Elec | 200 | .040 | L.F. | 2.40 | 1.10 | | 3.50 | 4.29 | |
| | 8700 | Junction box | | 8 | 1 | Ea. | 16.20 | 27.50 | | 43.70 | 59.50 | |
| | 8800 | Insulating end cap | | 40 | .200 | | 4.35 | 5.50 | | 9.85 | 13.05 | |
| | 8900 | Strut splice plate | | 40 | .200 | | 5.60 | 5.50 | | 11.10 | 14.40 | |
| | 9000 | Tap | | 40 | .200 | | 11.30 | 5.50 | | 16.80 | 20.50 | |
| | 9100 | Fixture hanger | | 60 | .133 | | 4.90 | 3.67 | | 8.57 | 10.90 | |
| | 9200 | Pulling tool | ↓ | | | ↓ | 43 | | | 43 | 47.50 | |

## 160 300 | Conduit Support

| | | | CREW | DAILY OUTPUT | MAN-HOURS | UNIT | MAT. | LABOR | EQUIP. | TOTAL | INCL O&P | |
|---|---|---|---|---|---|---|---|---|---|---|---|---|
| 310 | 0010 | **FASTENERS** see division 050-500 and 151-900 | | | | | | | | | | 310 |
| 320 | 0010 | **HANGERS** Steel R160-200 | | | | | | | | | | 320 |
| | 0030 | Conduit supports | | | | | | | | | | |
| | 0050 | Strap w/2 holes, rigid steel conduit | | | | | | | | | | |
| | 0100 | 1/2" diameter | 1 Elec | 470 | .017 | Ea. | .11 | .47 | | .58 | .82 | |
| | 0150 | 3/4" diameter | | 440 | .018 | | .12 | .50 | | .62 | .88 | |
| | 0200 | 1" diameter | | 400 | .020 | | .20 | .55 | | .75 | 1.05 | |
| | 0300 | 1-1/4" diameter | | 355 | .023 | | .30 | .62 | | .92 | 1.26 | |
| | 0350 | 1-1/2" diameter | | 320 | .025 | | .36 | .69 | | 1.05 | 1.43 | |
| | 0400 | 2" diameter | | 266 | .030 | | .49 | .83 | | 1.32 | 1.78 | |
| | 0500 | 2-1/2" diameter | | 160 | .050 | | .89 | 1.38 | | 2.27 | 3.05 | |
| | 0550 | 3" diameter | | 133 | .060 | | 1.18 | 1.65 | | 2.83 | 3.79 | |
| | 0600 | 3-1/2" diameter | | 100 | .080 | | 1.50 | 2.20 | | 3.70 | 4.96 | |
| | 0650 | 4" diameter | | 80 | .100 | | 1.70 | 2.75 | | 4.45 | 6 | |
| | 0700 | EMT, 1/2" diameter | | 470 | .017 | | .08 | .47 | | .55 | .79 | |
| | 0800 | 3/4" diameter | | 440 | .018 | | .12 | .50 | | .62 | .88 | |
| | 0850 | 1" diameter | | 400 | .020 | | .18 | .55 | | .73 | 1.03 | |
| | 0900 | 1-1/4" diameter | | 355 | .023 | | .25 | .62 | | .87 | 1.21 | |
| | 0950 | 1-1/2" diameter | | 320 | .025 | | .30 | .69 | | .99 | 1.36 | |
| | 1000 | 2" diameter | | 266 | .030 | | .37 | .83 | | 1.20 | 1.65 | |
| | 1100 | 2-1/2" diameter | | 160 | .050 | | .74 | 1.38 | | 2.12 | 2.88 | |
| | 1150 | 3" diameter | | 133 | .060 | | .92 | 1.65 | | 2.57 | 3.50 | |
| | 1200 | 3-1/2" diameter | | 100 | .080 | | 1.15 | 2.20 | | 3.35 | 4.58 | |
| | 1250 | 4" diameter | | 80 | .100 | | 1.30 | 2.75 | | 4.05 | 5.55 | |
| | 1400 | Hanger, with bolt, 1/2" diameter | | 200 | .040 | | .33 | 1.10 | | 1.43 | 2.01 | |
| | 1450 | 3/4" diameter | | 190 | .042 | | .37 | 1.16 | | 1.53 | 2.15 | |
| | 1500 | 1" diameter | | 176 | .045 | | .50 | 1.25 | | 1.75 | 2.43 | |
| | 1550 | 1-1/4" diameter | | 160 | .050 | | .63 | 1.38 | | 2.01 | 2.76 | |
| | 1600 | 1-1/2" diameter | | 140 | .057 | | .80 | 1.57 | | 2.37 | 3.24 | |
| | 1650 | 2" diameter | | 130 | .062 | | .91 | 1.69 | | 2.60 | 3.54 | |
| | 1700 | 2-1/2" diameter | | 100 | .080 | | 1.04 | 2.20 | | 3.24 | 4.45 | |
| | 1750 | 3" diameter | | 64 | .125 | | 1.25 | 3.44 | | 4.69 | 6.55 | |
| | 1800 | 3-1/2" diameter | | 50 | .160 | | 1.45 | 4.40 | | 5.85 | 8.20 | |
| | 1850 | 4" diameter | | 40 | .200 | | 3.30 | 5.50 | | 8.80 | 11.90 | |
| | 1900 | Riser clamps, conduit, 1/2" diameter | | 40 | .200 | | 7.85 | 5.50 | | 13.35 | 16.90 | |
| | 1950 | 3/4" diameter | | 36 | .222 | | 8.40 | 6.10 | | 14.50 | 18.45 | |
| | 2000 | 1" diameter | | 30 | .267 | | 8.95 | 7.35 | | 16.30 | 21 | |
| | 2100 | 1-1/4" diameter | | 27 | .296 | | 9.50 | 8.15 | | 17.65 | 22.50 | |
| | 2150 | 1-1/2" diameter | | 27 | .296 | | 10.25 | 8.15 | | 18.40 | 23.50 | |
| | 2200 | 2" diameter | | 20 | .400 | | 10.50 | 11 | | 21.50 | 28 | |
| | 2250 | 2-1/2" diameter | ↓ | 20 | .400 | | 11 | 11 | | 22 | 28.50 | |

## 160 | Raceways

### 160 300 | Conduit Support

| | | CREW | DAILY OUTPUT | MAN-HOURS | UNIT | 1994 BARE COSTS MAT. | LABOR | EQUIP. | TOTAL | TOTAL INCL O&P | |
|---|---|---|---|---|---|---|---|---|---|---|---|
| 2300 | 3" diameter | 1 Elec | 18 | .444 | Ea. | 11.75 | 12.20 | | 23.95 | 31.50 | 320 |
| 2350 | 3-1/2" diameter | | 18 | .444 | | 12.80 | 12.20 | | 25 | 32.50 | |
| 2400 | 4" diameter | | 14 | .571 | | 14.60 | 15.70 | | 30.30 | 39.50 | |
| 2500 | Threaded rod, painted, 1/4" diameter | | 260 | .031 | L.F. | .44 | .85 | | 1.29 | 1.75 | |
| 2600 | 3/8" diameter | | 200 | .040 | | .77 | 1.10 | | 1.87 | 2.50 | |
| 2700 | 1/2" diameter | | 140 | .057 | | 1.37 | 1.57 | | 2.94 | 3.87 | |
| 2800 | 5/8" diameter | | 100 | .080 | | 2.03 | 2.20 | | 4.23 | 5.55 | |
| 2900 | 3/4" diameter | | 60 | .133 | | 3.35 | 3.67 | | 7.02 | 9.20 | |
| 2940 | Couplings painted, 1/4" diameter | | | | C | 79 | | | 79 | 87 | |
| 2960 | 3/8" diameter | | | | | 110 | | | 110 | 121 | |
| 2970 | 1/2" diameter | | | | | 165 | | | 165 | 182 | |
| 2980 | 5/8" diameter | | | | | 255 | | | 255 | 281 | |
| 2990 | 3/4" diameter | | | | | 385 | | | 385 | 425 | |
| 3000 | Nuts, galvanized, 1/4" diameter | | | | | 5.15 | | | 5.15 | 5.65 | |
| 3050 | 3/8" diameter | | | | | 9.60 | | | 9.60 | 10.55 | |
| 3100 | 1/2" diameter | | | | | 21 | | | 21 | 23 | |
| 3150 | 5/8" diameter | | | | | 54 | | | 54 | 59.50 | |
| 3200 | 3/4" diameter | | | | | 62 | | | 62 | 68 | |
| 3250 | Washers, galvanized, 1/4" diameter | | | | | 3.40 | | | 3.40 | 3.74 | |
| 3300 | 3/8" diameter | | | | | 7.10 | | | 7.10 | 7.80 | |
| 3350 | 1/2" diameter | | | | | 12 | | | 12 | 13.20 | |
| 3400 | 5/8" diameter | | | | | 27 | | | 27 | 29.50 | |
| 3450 | 3/4" diameter | | | | | 39 | | | 39 | 43 | |
| 3500 | Lock washers, galvanized, 1/4" diameter | | | | | 2.90 | | | 2.90 | 3.19 | |
| 3550 | 3/8" diameter | | | | | 5.95 | | | 5.95 | 6.55 | |
| 3600 | 1/2" diameter | | | | | 8.60 | | | 8.60 | 9.45 | |
| 3650 | 5/8" diameter | | | | | 16 | | | 16 | 17.60 | |
| 3700 | 3/4" diameter | | | | | 25 | | | 25 | 27.50 | |
| 3800 | Channels, steel, 3/4" x 1-1/2" | 1 Elec | 80 | .100 | L.F. | 1.85 | 2.75 | | 4.60 | 6.15 | |
| 3900 | 1-1/2" x 1-1/2" | | 70 | .114 | | 2.75 | 3.14 | | 5.89 | 7.75 | |
| 4000 | 1-7/8" x 1-1/2" | | 60 | .133 | | 3.70 | 3.67 | | 7.37 | 9.55 | |
| 4100 | 3" x 1-1/2" | | 50 | .160 | | 5.30 | 4.40 | | 9.70 | 12.45 | |
| 4200 | Spring nuts, long, 1/4" | | 120 | .067 | Ea. | .70 | 1.83 | | 2.53 | 3.53 | |
| 4250 | 3/8" | | 100 | .080 | | .81 | 2.20 | | 3.01 | 4.20 | |
| 4300 | 1/2" | | 80 | .100 | | .81 | 2.75 | | 3.56 | 5 | |
| 4350 | Spring nuts, short, 1/4" | | 120 | .067 | | .75 | 1.83 | | 2.58 | 3.59 | |
| 4400 | 3/8" | | 100 | .080 | | .83 | 2.20 | | 3.03 | 4.22 | |
| 4450 | 1/2" | | 80 | .100 | | .97 | 2.75 | | 3.72 | 5.20 | |
| 4500 | Closure strip | | 200 | .040 | L.F. | 1.30 | 1.10 | | 2.40 | 3.08 | |
| 4550 | End cap | | 60 | .133 | Ea. | .57 | 3.67 | | 4.24 | 6.15 | |
| 4600 | End connector 3/4" conduit | | 40 | .200 | | 1.80 | 5.50 | | 7.30 | 10.25 | |
| 4650 | Junction box, 1 channel | | 16 | .500 | | 15 | 13.75 | | 28.75 | 37 | |
| 4700 | 2 channel | | 14 | .571 | | 18 | 15.70 | | 33.70 | 43.50 | |
| 4750 | 3 channel | | 12 | .667 | | 20 | 18.35 | | 38.35 | 49.50 | |
| 4800 | 4 channel | | 10 | .800 | | 22 | 22 | | 44 | 57 | |
| 4850 | Spliceplate | | 40 | .200 | | 5.50 | 5.50 | | 11 | 14.30 | |
| 4900 | Continuous concrete insert, 1-1/2" deep, 1' long | | 16 | .500 | | 7.95 | 13.75 | | 21.70 | 29.50 | |
| 4950 | 2' long | | 14 | .571 | | 10.40 | 15.70 | | 26.10 | 35 | |
| 5000 | 3' long | | 12 | .667 | | 12.90 | 18.35 | | 31.25 | 41.50 | |
| 5050 | 4' long | | 10 | .800 | | 15.20 | 22 | | 37.20 | 49.50 | |
| 5100 | 6' long | | 8 | 1 | | 22.50 | 27.50 | | 50 | 66 | |
| 5150 | 3/4" deep, 1' long | | 16 | .500 | | 7.35 | 13.75 | | 21.10 | 28.50 | |
| 5200 | 2' long | | 14 | .571 | | 9.20 | 15.70 | | 24.90 | 33.50 | |
| 5250 | 3' long | | 12 | .667 | | 11 | 18.35 | | 29.35 | 39.50 | |
| 5300 | 4' long | | 10 | .800 | | 12.75 | 22 | | 34.75 | 47 | |
| 5350 | 6' long | | 8 | 1 | | 19.10 | 27.50 | | 46.60 | 62.50 | |

## 160 | Raceways

### 160 300 | Conduit Support

| | | CREW | DAILY OUTPUT | MAN-HOURS | UNIT | 1994 BARE COSTS | | | | TOTAL INCL O&P |
|---|---|---|---|---|---|---|---|---|---|---|
| | | | | | | MAT. | LABOR | EQUIP. | TOTAL | |
| 5400 | 90° angle fitting 2-1/8" x 2-1/8" | 1 Elec | 60 | .133 | Ea. | 1.45 | 3.67 | | 5.12 | 7.10 |
| 5450 | Supports, suspension rod type, small | | 60 | .133 | | 4.70 | 3.67 | | 8.37 | 10.65 |
| 5500 | Large | | 40 | .200 | | 5.60 | 5.50 | | 11.10 | 14.40 |
| 5550 | Beam clamp, small | | 60 | .133 | | 3.60 | 3.67 | | 7.27 | 9.45 |
| 5600 | Large | | 40 | .200 | | 3.95 | 5.50 | | 9.45 | 12.60 |
| 5650 | U-support, small | | 60 | .133 | | 4 | 3.67 | | 7.67 | 9.90 |
| 5700 | Large | | 40 | .200 | | 5.05 | 5.50 | | 10.55 | 13.80 |
| 5750 | Concrete insert, cast, for up to 1/2" threaded rod | | 16 | .500 | | 2.35 | 13.75 | | 16.10 | 23 |
| 5800 | Beam clamp, 1/4" clamp, 1/4" threaded drop rod | | 32 | .250 | | 1.65 | 6.90 | | 8.55 | 12.15 |
| 5900 | 3/8" clamp, 3/8" threaded drop rod | | 32 | .250 | | 2.90 | 6.90 | | 9.80 | 13.55 |
| 6000 | Strap, rigid conduit, 1/2" diameter | | 540 | .015 | | .75 | .41 | | 1.16 | 1.44 |
| 6050 | 3/4" diameter | | 440 | .018 | | .84 | .50 | | 1.34 | 1.67 |
| 6100 | 1" diameter | | 420 | .019 | | .91 | .52 | | 1.43 | 1.79 |
| 6150 | 1-1/4" diameter | | 400 | .020 | | 1.05 | .55 | | 1.60 | 1.98 |
| 6200 | 1-1/2" diameter | | 400 | .020 | | 1.16 | .55 | | 1.71 | 2.11 |
| 6250 | 2" diameter | | 267 | .030 | | 1.28 | .82 | | 2.10 | 2.65 |
| 6300 | 2-1/2" diameter | | 267 | .030 | | 1.55 | .82 | | 2.37 | 2.94 |
| 6350 | 3" diameter | | 160 | .050 | | 1.70 | 1.38 | | 3.08 | 3.94 |
| 6400 | 3-1/2" diameter | | 133 | .060 | | 2.10 | 1.65 | | 3.75 | 4.80 |
| 6450 | 4" diameter | | 100 | .080 | | 2.35 | 2.20 | | 4.55 | 5.90 |
| 6500 | 5" diameter | | 80 | .100 | | 3.05 | 2.75 | | 5.80 | 7.50 |
| 6550 | 6" diameter | | 60 | .133 | | 4.10 | 3.67 | | 7.77 | 10 |
| 6600 | EMT, 1/2" diameter | | 540 | .015 | | .75 | .41 | | 1.16 | 1.44 |
| 6650 | 3/4" diameter | | 440 | .018 | | .84 | .50 | | 1.34 | 1.67 |
| 6700 | 1" diameter | | 420 | .019 | | .92 | .52 | | 1.44 | 1.80 |
| 6750 | 1-1/4" diameter | | 400 | .020 | | 1.01 | .55 | | 1.56 | 1.94 |
| 6800 | 1-1/2" diameter | | 400 | .020 | | 1.15 | .55 | | 1.70 | 2.10 |
| 6850 | 2" diameter | | 267 | .030 | | 1.25 | .82 | | 2.07 | 2.62 |
| 6900 | 2-1/2" diameter | | 267 | .030 | | 1.85 | .82 | | 2.67 | 3.28 |
| 6950 | 3" diameter | | 160 | .050 | | 2 | 1.38 | | 3.38 | 4.27 |
| 6970 | 3-1/2" diameter | | 133 | .060 | | 2.15 | 1.65 | | 3.80 | 4.86 |
| 6990 | 4" diameter | | 100 | .080 | | 2.60 | 2.20 | | 4.80 | 6.15 |
| 7000 | Clip, 1 hole for rigid conduit, 1/2" diameter | | 500 | .016 | | .28 | .44 | | .72 | .97 |
| 7050 | 3/4" diameter | | 470 | .017 | | .41 | .47 | | .88 | 1.15 |
| 7100 | 1" diameter | | 440 | .018 | | .61 | .50 | | 1.11 | 1.42 |
| 7150 | 1-1/4" diameter | | 400 | .020 | | 1.20 | .55 | | 1.75 | 2.15 |
| 7200 | 1-1/2" diameter | | 355 | .023 | | 1.40 | .62 | | 2.02 | 2.47 |
| 7250 | 2" diameter | | 320 | .025 | | 2.60 | .69 | | 3.29 | 3.89 |
| 7300 | 2-1/2" diameter | | 266 | .030 | | 5.50 | .83 | | 6.33 | 7.30 |
| 7350 | 3" diameter | | 160 | .050 | | 7.80 | 1.38 | | 9.18 | 10.65 |
| 7400 | 3-1/2" diameter | | 133 | .060 | | 11.10 | 1.65 | | 12.75 | 14.70 |
| 7450 | 4" diameter | | 100 | .080 | | 25.50 | 2.20 | | 27.70 | 31.50 |
| 7500 | 5" diameter | | 80 | .100 | | 87 | 2.75 | | 89.75 | 99.50 |
| 7550 | 6" diameter | | 60 | .133 | | 94 | 3.67 | | 97.67 | 109 |
| 7820 | Conduit hangers, with bolt & 12" rod, 1/2" diameter | | 150 | .053 | | 1.25 | 1.47 | | 2.72 | 3.59 |
| 7830 | 3/4" diameter | | 145 | .055 | | 1.30 | 1.52 | | 2.82 | 3.71 |
| 7840 | 1" diameter | | 135 | .059 | | 1.35 | 1.63 | | 2.98 | 3.94 |
| 7850 | 1-1/4" diameter | | 120 | .067 | | 1.47 | 1.83 | | 3.30 | 4.38 |
| 7860 | 1-1/2" diameter | | 110 | .073 | | 1.63 | 2 | | 3.63 | 4.80 |
| 7870 | 2" diameter | | 100 | .080 | | 1.70 | 2.20 | | 3.90 | 5.20 |
| 7880 | 2-1/2" diameter | | 80 | .100 | | 2.50 | 2.75 | | 5.25 | 6.90 |
| 7890 | 3" diameter | | 60 | .133 | | 2.65 | 3.67 | | 6.32 | 8.40 |
| 7900 | 3-1/2" diameter | | 45 | .178 | | 2.85 | 4.89 | | 7.74 | 10.50 |
| 7910 | 4" diameter | | 35 | .229 | | 5.90 | 6.30 | | 12.20 | 15.95 |
| 7920 | 5" diameter | | 30 | .267 | | 6.45 | 7.35 | | 13.80 | 18.15 |
| 7930 | 6" diameter | | 25 | .320 | | 14.30 | 8.80 | | 23.10 | 29 |

## 160 | Raceways

### 160 300 | Conduit Support

| | | | CREW | DAILY OUTPUT | MAN-HOURS | UNIT | MAT. | LABOR | EQUIP. | TOTAL | TOTAL INCL O&P | |
|---|---|---|---|---|---|---|---|---|---|---|---|---|
| 320 | 7950 | Jay clamp, 1/2" diameter | 1 Elec | 32 | .250 | Ea. | 1.55 | 6.90 | | 8.45 | 12.05 | 320 |
| | 7960 | 3/4" diameter | | 32 | .250 | | 1.85 | 6.90 | | 8.75 | 12.40 | |
| | 7970 | 1" diameter | | 32 | .250 | | 2.30 | 6.90 | | 9.20 | 12.90 | |
| | 7980 | 1-1/4" diameter | | 30 | .267 | | 3.05 | 7.35 | | 10.40 | 14.40 | |
| | 7990 | 1-1/2" diameter | | 30 | .267 | | 3.85 | 7.35 | | 11.20 | 15.30 | |
| | 8000 | 2" diameter | | 30 | .267 | | 5.75 | 7.35 | | 13.10 | 17.40 | |
| | 8010 | 2-1/2" diameter | | 28 | .286 | | 8 | 7.85 | | 15.85 | 20.50 | |
| | 8020 | 3" diameter | | 28 | .286 | | 11 | 7.85 | | 18.85 | 24 | |
| | 8030 | 3-1/2" diameter | | 25 | .320 | | 14.05 | 8.80 | | 22.85 | 28.50 | |
| | 8040 | 4" diameter | | 25 | .320 | | 25 | 8.80 | | 33.80 | 41 | |
| | 8050 | 5" diameter | | 20 | .400 | | 63 | 11 | | 74 | 86 | |
| | 8060 | 6" diameter | | 16 | .500 | | 117 | 13.75 | | 130.75 | 150 | |
| | 8070 | Channels, 3/4" x 1-1/2" w/12" rods for 1/2" to 1" conduit | | 30 | .267 | | 4.20 | 7.35 | | 11.55 | 15.65 | |
| | 8080 | 1-1/2" x 1-1/2" w/12" rods for 1-1/4" to 2" conduit | | 28 | .286 | | 5 | 7.85 | | 12.85 | 17.30 | |
| | 8090 | 1-1/2" x 1-1/2" w/12" rods for 2-1/2" to 4" conduit | | 26 | .308 | | 5.95 | 8.45 | | 14.40 | 19.25 | |
| | 8100 | 1-1/2" x 1-7/8" w/12" rods for 5" to 6" conduit | | 24 | .333 | | 11.20 | 9.15 | | 20.35 | 26 | |
| | 8110 | Beam clamp, conduit, plastic coated steel, 1/2" diameter | | 30 | .267 | | 9.65 | 7.35 | | 17 | 21.50 | |
| | 8120 | 3/4" diameter | | 30 | .267 | | 10.40 | 7.35 | | 17.75 | 22.50 | |
| | 8130 | 1" diameter | | 30 | .267 | | 10.60 | 7.35 | | 17.95 | 22.50 | |
| | 8140 | 1-1/4" diameter | | 28 | .286 | | 14.35 | 7.85 | | 22.20 | 27.50 | |
| | 8150 | 1-1/2" diameter | | 28 | .286 | | 17.20 | 7.85 | | 25.05 | 30.50 | |
| | 8160 | 2" diameter | | 28 | .286 | | 23 | 7.85 | | 30.85 | 37.50 | |
| | 8170 | 2-1/2" diameter | | 26 | .308 | | 25 | 8.45 | | 33.45 | 40 | |
| | 8180 | 3" diameter | | 26 | .308 | | 29 | 8.45 | | 37.45 | 44.50 | |
| | 8190 | 3-1/2" diameter | | 23 | .348 | | 32 | 9.55 | | 41.55 | 49.50 | |
| | 8200 | 4" diameter | | 23 | .348 | | 32 | 9.55 | | 41.55 | 49.50 | |
| | 8210 | 5" diameter | | 18 | .444 | | 98 | 12.20 | | 110.20 | 126 | |
| | 8220 | Channels, plastic coated | | | | | | | | | | |
| | 8250 | 3/4" x 1-1/2", w/12" rods for 1/2" to 1" conduit | 1 Elec | 28 | .286 | Ea. | 14.85 | 7.85 | | 22.70 | 28 | |
| | 8260 | 1-1/2" x 1-1/2", w/12" rods for 1-1/4" to 2" conduit | | 26 | .308 | | 16.65 | 8.45 | | 25.10 | 31 | |
| | 8270 | 1-1/2" x 1-1/2", w/12" rods for 2-1/2" to 3-1/2" cond. | | 24 | .333 | | 18.25 | 9.15 | | 27.40 | 34 | |
| | 8280 | 1-1/2" x 1-7/8", w/12" rods for 4" to 5" conduit | | 22 | .364 | | 30.50 | 10 | | 40.50 | 48.50 | |
| | 8290 | 1-1/2" x 1-7/8", w/12" rods for 6" conduit | | 20 | .400 | | 33 | 11 | | 44 | 53 | |
| | 8320 | Conduit hangers, plastic coated steel, with bolt & 12" rod, 1/2" diam. | | 140 | .057 | | 8.50 | 1.57 | | 10.07 | 11.70 | |
| | 8330 | 3/4" diameter | | 135 | .059 | | 8.75 | 1.63 | | 10.38 | 12.10 | |
| | 8340 | 1" diameter | | 125 | .064 | | 9 | 1.76 | | 10.76 | 12.55 | |
| | 8350 | 1-1/4" diameter | | 110 | .073 | | 9.50 | 2 | | 11.50 | 13.45 | |
| | 8360 | 1-1/2" diameter | | 100 | .080 | | 10.70 | 2.20 | | 12.90 | 15.05 | |
| | 8370 | 2" diameter | | 90 | .089 | | 11.70 | 2.44 | | 14.14 | 16.55 | |
| | 8380 | 2-1/2" diameter | | 70 | .114 | | 14 | 3.14 | | 17.14 | 20 | |
| | 8390 | 3" diameter | | 50 | .160 | | 16.90 | 4.40 | | 21.30 | 25 | |
| | 8400 | 3-1/2" diameter | | 35 | .229 | | 17.90 | 6.30 | | 24.20 | 29 | |
| | 8410 | 4" diameter | | 25 | .320 | | 25 | 8.80 | | 33.80 | 41 | |
| | 8420 | 5" diameter | | 20 | .400 | | 27.50 | 11 | | 38.50 | 47 | |
| | 9000 | Parallel type, conduit beam clamp, 1/2" | | 32 | .250 | | 2.25 | 6.90 | | 9.15 | 12.85 | |
| | 9010 | 3/4" | | 32 | .250 | | 2.50 | 6.90 | | 9.40 | 13.10 | |
| | 9020 | 1" | | 32 | .250 | | 2.65 | 6.90 | | 9.55 | 13.25 | |
| | 9030 | 1-1/4" | | 30 | .267 | | 3.45 | 7.35 | | 10.80 | 14.85 | |
| | 9040 | 1-1/2" | | 30 | .267 | | 3.90 | 7.35 | | 11.25 | 15.35 | |
| | 9050 | 2" | | 30 | .267 | | 5 | 7.35 | | 12.35 | 16.55 | |
| | 9060 | 2-1/2" | | 28 | .286 | | 6.10 | 7.85 | | 13.95 | 18.50 | |
| | 9070 | 3" | | 28 | .286 | | 8 | 7.85 | | 15.85 | 20.50 | |
| | 9090 | 4" | | 25 | .320 | | 10 | 8.80 | | 18.80 | 24.50 | |
| | 9110 | Right angle, conduit beam clamp, 1/2" | | 32 | .250 | | 1.55 | 6.90 | | 8.45 | 12.05 | |
| | 9120 | 3/4" | | 32 | .250 | | 1.60 | 6.90 | | 8.50 | 12.10 | |
| | 9130 | 1" | | 32 | .250 | | 1.75 | 6.90 | | 8.65 | 12.30 | |

# 160 | Raceways

## 160 300 | Conduit Support

| | | | CREW | DAILY OUTPUT | MAN-HOURS | UNIT | MAT. | LABOR | EQUIP. | TOTAL | TOTAL INCL O&P | |
|---|---|---|---|---|---|---|---|---|---|---|---|---|
| 320 | 9140 | 1-1/4" | 1 Elec | 30 | .267 | Ea. | 2.15 | 7.35 | | 9.50 | 13.40 | 320 |
| | 9150 | 1-1/2" | | 30 | .267 | | 2.40 | 7.35 | | 9.75 | 13.70 | |
| | 9160 | 2" | | 30 | .267 | | 3.45 | 7.35 | | 10.80 | 14.85 | |
| | 9170 | 2-1/2" | | 28 | .286 | | 4.30 | 7.85 | | 12.15 | 16.55 | |
| | 9180 | 3" | | 28 | .286 | | 4.90 | 7.85 | | 12.75 | 17.20 | |
| | 9190 | 3-1/2" | | 25 | .320 | | 6.30 | 8.80 | | 15.10 | 20 | |
| | 9200 | 4" | | 25 | .320 | | 6.70 | 8.80 | | 15.50 | 20.50 | |
| | 9230 | Adjustable, conduit hanger, 1/2" | | 32 | .250 | | 1.55 | 6.90 | | 8.45 | 12.05 | |
| | 9240 | 3/4" | | 32 | .250 | | 1.65 | 6.90 | | 8.55 | 12.15 | |
| | 9250 | 1" | | 32 | .250 | | 1.85 | 6.90 | | 8.75 | 12.40 | |
| | 9260 | 1-1/4" | | 30 | .267 | | 1.95 | 7.35 | | 9.30 | 13.20 | |
| | 9270 | 1-1/2" | | 30 | .267 | | 2.10 | 7.35 | | 9.45 | 13.35 | |
| | 9280 | 2" | | 30 | .267 | | 2.30 | 7.35 | | 9.65 | 13.60 | |
| | 9290 | 2-1/2" | | 28 | .286 | | 3.65 | 7.85 | | 11.50 | 15.80 | |
| | 9300 | 3" | | 28 | .286 | | 4.05 | 7.85 | | 11.90 | 16.25 | |
| | 9310 | 3-1/2" | | 25 | .320 | | 4.45 | 8.80 | | 13.25 | 18.15 | |
| | 9320 | 4" | | 25 | .320 | | 7.20 | 8.80 | | 16 | 21 | |
| | 9330 | 5" | | 20 | .400 | | 8.70 | 11 | | 19.70 | 26 | |
| | 9340 | 6" | | 16 | .500 | | 11.25 | 13.75 | | 25 | 33 | |
| | 9350 | Combination conduit hanger, 3/8" | | 32 | .250 | | 3.60 | 6.90 | | 10.50 | 14.30 | |
| | 9360 | Adjustable flange 3/8" | | 32 | .250 | | 4.20 | 6.90 | | 11.10 | 14.95 | |

## 160 500 | Ducts

| | | | CREW | DAILY OUTPUT | MAN-HOURS | UNIT | MAT. | LABOR | EQUIP. | TOTAL | TOTAL INCL O&P | |
|---|---|---|---|---|---|---|---|---|---|---|---|---|
| 540 | 0010 | **TRENCH DUCT** Steel with cover | | | | | | | | | | 540 |
| | 0020 | Standard adjustable, depths to 4" | | | | | | | | | | |
| | 0100 | Straight, single compartment, 9" wide | 1 Elec | 20 | .400 | L.F. | 53 | 11 | | 64 | 75 | |
| | 0200 | 12" wide | | 16 | .500 | | 60 | 13.75 | | 73.75 | 86.50 | |
| | 0400 | 18" wide | | 13 | .615 | | 81 | 16.90 | | 97.90 | 115 | |
| | 0600 | 24" wide | | 11 | .727 | | 104 | 20 | | 124 | 144 | |
| | 0700 | 27" wide | | 10.50 | .762 | | 112 | 21 | | 133 | 155 | |
| | 0800 | 30" wide | | 10 | .800 | | 125 | 22 | | 147 | 171 | |
| | 1000 | 36" wide | | 8 | 1 | | 150 | 27.50 | | 177.50 | 207 | |
| | 1020 | Two compartment, 9" wide | | 19 | .421 | | 60 | 11.60 | | 71.60 | 83.50 | |
| | 1030 | 12" wide | | 15 | .533 | | 68 | 14.65 | | 82.65 | 97 | |
| | 1040 | 18" wide | | 12 | .667 | | 86 | 18.35 | | 104.35 | 122 | |
| | 1050 | 24" wide | | 10 | .800 | | 111 | 22 | | 133 | 155 | |
| | 1060 | 30" wide | | 9 | .889 | | 135 | 24.50 | | 159.50 | 186 | |
| | 1070 | 36" wide | | 7 | 1.143 | | 157 | 31.50 | | 188.50 | 221 | |
| | 1090 | Three compartment, 9" wide | | 18 | .444 | | 68 | 12.20 | | 80.20 | 93.50 | |
| | 1100 | 12" wide | | 14 | .571 | | 77 | 15.70 | | 92.70 | 108 | |
| | 1110 | 18" wide | | 11 | .727 | | 96 | 20 | | 116 | 136 | |
| | 1120 | 24" wide | | 9 | .889 | | 120 | 24.50 | | 144.50 | 169 | |
| | 1130 | 30" wide | | 8 | 1 | | 146 | 27.50 | | 173.50 | 203 | |
| | 1140 | 36" wide | | 6 | 1.333 | | 170 | 36.50 | | 206.50 | 242 | |
| | 1200 | Horizontal elbow, 9" wide | | 2.70 | 2.963 | Ea. | 198 | 81.50 | | 279.50 | 340 | |
| | 1400 | 12" wide | | 2.30 | 3.478 | | 228 | 95.50 | | 323.50 | 395 | |
| | 1600 | 18" wide | | 2 | 4 | | 293 | 110 | | 403 | 485 | |
| | 1800 | 24" wide | | 1.60 | 5 | | 410 | 138 | | 548 | 655 | |
| | 1900 | 27" wide | | 1.50 | 5.333 | | 465 | 147 | | 612 | 730 | |
| | 2000 | 30" wide | | 1.30 | 6.154 | | 550 | 169 | | 719 | 860 | |
| | 2200 | 36" wide | | 1.20 | 6.667 | | 715 | 183 | | 898 | 1,050 | |
| | 2220 | Two compartment, 9" wide | | 1.90 | 4.211 | | 315 | 116 | | 431 | 520 | |
| | 2230 | 12" wide | | 1.50 | 5.333 | | 350 | 147 | | 497 | 605 | |
| | 2240 | 18" wide | | 1.20 | 6.667 | | 425 | 183 | | 608 | 745 | |
| | 2250 | 24" wide | | 1 | 8 | | 540 | 220 | | 760 | 925 | |

## 160 | Raceways

### 160 500 | Ducts

| | | | CREW | DAILY OUTPUT | MAN-HOURS | UNIT | 1994 BARE COSTS MAT. | LABOR | EQUIP. | TOTAL | TOTAL INCL O&P | |
|---|---|---|---|---|---|---|---|---|---|---|---|---|
| 540 | 2260 | 30" wide | 1 Elec | .90 | 8.889 | Ea. | 720 | 244 | | 964 | 1,150 | 540 |
| | 2270 | 36" wide | | .80 | 10 | | 875 | 275 | | 1,150 | 1,375 | |
| | 2290 | Three compartment, 9" wide | | 1.80 | 4.444 | | 330 | 122 | | 452 | 550 | |
| | 2300 | 12" wide | | 1.40 | 5.714 | | 375 | 157 | | 532 | 650 | |
| | 2310 | 18" wide | | 1.10 | 7.273 | | 455 | 200 | | 655 | 800 | |
| | 2320 | 24" wide | | .90 | 8.889 | | 575 | 244 | | 819 | 1,000 | |
| | 2330 | 30" wide | | .80 | 10 | | 750 | 275 | | 1,025 | 1,250 | |
| | 2350 | 36" wide | | .70 | 11.429 | | 925 | 315 | | 1,240 | 1,500 | |
| | 2400 | Vertical elbow, 9" wide | | 2.70 | 2.963 | | 68 | 81.50 | | 149.50 | 198 | |
| | 2600 | 12" wide | | 2.30 | 3.478 | | 75 | 95.50 | | 170.50 | 227 | |
| | 2800 | 18" wide | | 2 | 4 | | 86 | 110 | | 196 | 260 | |
| | 3000 | 24" wide | | 1.60 | 5 | | 106 | 138 | | 244 | 325 | |
| | 3100 | 27" wide | | 1.50 | 5.333 | | 112 | 147 | | 259 | 345 | |
| | 3200 | 30" wide | | 1.30 | 6.154 | | 118 | 169 | | 287 | 385 | |
| | 3400 | 36" wide | | 1.20 | 6.667 | | 130 | 183 | | 313 | 420 | |
| | 3600 | Cross, 9" wide | | 2 | 4 | | 320 | 110 | | 430 | 515 | |
| | 3800 | 12" wide | | 1.60 | 5 | | 340 | 138 | | 478 | 580 | |
| | 4000 | 18" wide | | 1.30 | 6.154 | | 410 | 169 | | 579 | 705 | |
| | 4200 | 24" wide | | 1.10 | 7.273 | | 520 | 200 | | 720 | 870 | |
| | 4300 | 27" wide | | 1.10 | 7.273 | | 610 | 200 | | 810 | 970 | |
| | 4400 | 30" wide | | 1 | 8 | | 680 | 220 | | 900 | 1,075 | |
| | 4600 | 36" wide | | .90 | 8.889 | | 845 | 244 | | 1,089 | 1,300 | |
| | 4620 | Two compartment, 9" wide | | 1.90 | 4.211 | | 335 | 116 | | 451 | 545 | |
| | 4630 | 12" wide | | 1.50 | 5.333 | | 355 | 147 | | 502 | 610 | |
| | 4640 | 18" wide | | 1.20 | 6.667 | | 430 | 183 | | 613 | 750 | |
| | 4650 | 24" wide | | 1 | 8 | | 550 | 220 | | 770 | 935 | |
| | 4660 | 30" wide | | .90 | 8.889 | | 720 | 244 | | 964 | 1,150 | |
| | 4670 | 36" wide | | .80 | 10 | | 875 | 275 | | 1,150 | 1,375 | |
| | 4690 | Three compartment, 9" wide | | 1.80 | 4.444 | | 340 | 122 | | 462 | 560 | |
| | 4700 | 12" wide | | 1.40 | 5.714 | | 395 | 157 | | 552 | 670 | |
| | 4710 | 18" wide | | 1.10 | 7.273 | | 465 | 200 | | 665 | 810 | |
| | 4720 | 24" wide | | .90 | 8.889 | | 580 | 244 | | 824 | 1,000 | |
| | 4730 | 30" wide | | .80 | 10 | | 760 | 275 | | 1,035 | 1,250 | |
| | 4740 | 36" wide | | .70 | 11.429 | | 930 | 315 | | 1,245 | 1,500 | |
| | 4800 | End closure, 9" wide | | 7.20 | 1.111 | | 19.50 | 30.50 | | 50 | 67.50 | |
| | 5000 | 12" wide | | 6 | 1.333 | | 23 | 36.50 | | 59.50 | 80.50 | |
| | 5200 | 18" wide | | 5 | 1.600 | | 35 | 44 | | 79 | 105 | |
| | 5400 | 24" wide | | 4 | 2 | | 46 | 55 | | 101 | 133 | |
| | 5500 | 27" wide | | 3.50 | 2.286 | | 54 | 63 | | 117 | 154 | |
| | 5600 | 30" wide | | 3.30 | 2.424 | | 57.50 | 66.50 | | 124 | 164 | |
| | 5800 | 36" wide | | 2.90 | 2.759 | | 69 | 76 | | 145 | 190 | |
| | 6000 | Tees, 9" wide | | 2 | 4 | | 198 | 110 | | 308 | 385 | |
| | 6200 | 12" wide | | 1.80 | 4.444 | | 228 | 122 | | 350 | 435 | |
| | 6400 | 18" wide | | 1.60 | 5 | | 293 | 138 | | 431 | 525 | |
| | 6600 | 24" wide | | 1.50 | 5.333 | | 410 | 147 | | 557 | 670 | |
| | 6700 | 27" wide | | 1.40 | 5.714 | | 465 | 157 | | 622 | 745 | |
| | 6800 | 30" wide | | 1.30 | 6.154 | | 550 | 169 | | 719 | 860 | |
| | 7000 | 36" wide | | 1 | 8 | | 715 | 220 | | 935 | 1,125 | |
| | 7020 | Two compartment, 9" wide | | 1.90 | 4.211 | | 228 | 116 | | 344 | 425 | |
| | 7030 | 12" wide | | 1.70 | 4.706 | | 247 | 129 | | 376 | 465 | |
| | 7040 | 18" wide | | 1.50 | 5.333 | | 325 | 147 | | 472 | 580 | |
| | 7050 | 24" wide | | 1.40 | 5.714 | | 440 | 157 | | 597 | 720 | |
| | 7060 | 30" wide | | 1.20 | 6.667 | | 600 | 183 | | 783 | 935 | |
| | 7070 | 36" wide | | .95 | 8.421 | | 755 | 232 | | 987 | 1,175 | |
| | 7090 | Three compartment, 9" wide | | 1.80 | 4.444 | | 260 | 122 | | 382 | 470 | |
| | 7100 | 12" wide | | 1.60 | 5 | | 275 | 138 | | 413 | 510 | |

## 160 | Raceways

### 160 500 | Ducts

| | | CREW | DAILY OUTPUT | MAN-HOURS | UNIT | MAT. | LABOR | EQUIP. | TOTAL | TOTAL INCL O&P | |
|---|---|---|---|---|---|---|---|---|---|---|---|
| 540 | 7110 | 18" wide | 1 Elec | 1.40 | 5.714 | Ea. | 345 | 157 | | 502 | 615 | 540 |
| | 7120 | 24" wide | | 1.30 | 6.154 | | 480 | 169 | | 649 | 785 | |
| | 7130 | 30" wide | | 1.10 | 7.273 | | 625 | 200 | | 825 | 990 | |
| | 7140 | 36" wide | | .90 | 8.889 | | 800 | 244 | | 1,044 | 1,250 | |
| | 7200 | Riser, and cabinet connector, 9" wide | | 2.70 | 2.963 | | 86 | 81.50 | | 167.50 | 218 | |
| | 7400 | 12" wide | | 2.30 | 3.478 | | 100 | 95.50 | | 195.50 | 254 | |
| | 7600 | 18" wide | | 2 | 4 | | 123 | 110 | | 233 | 300 | |
| | 7800 | 24" wide | | 1.60 | 5 | | 148 | 138 | | 286 | 370 | |
| | 7900 | 27" wide | | 1.50 | 5.333 | | 154 | 147 | | 301 | 390 | |
| | 8000 | 30" wide | | 1.30 | 6.154 | | 172 | 169 | | 341 | 445 | |
| | 8200 | 36" wide | | 1 | 8 | | 200 | 220 | | 420 | 550 | |
| | 8400 | Insert assembly, cell to conduit adapter, 1-1/4" | | 16 | .500 | | 30 | 13.75 | | 43.75 | 53.50 | |
| | 8500 | Adjustable partition | | 320 | .025 | L.F. | 10.50 | .69 | | 11.19 | 12.60 | |
| | 8600 | Depth of duct over 4", per 1", add | | | | | 4.50 | | | 4.50 | 4.95 | |
| | 8700 | Support post | 1 Elec | 240 | .033 | | 10 | .92 | | 10.92 | 12.40 | |
| | 8800 | Cover double tile trim, 2 sides | | | | | 15.75 | | | 15.75 | 17.35 | |
| | 8900 | 4 sides | | | | | 47.50 | | | 47.50 | 52.50 | |
| | 9160 | Trench duct 3-1/2"x 4-1/2", add | | | | | 4.20 | | | 4.20 | 4.62 | |
| | 9170 | Trench duct 4" x 5", add | | | | | 4.20 | | | 4.20 | 4.62 | |
| | 9200 | For carpet trim, add | | | | | 15 | | | 15 | 16.50 | |
| | 9210 | For double carpet trim, add | | | | | 45 | | | 45 | 49.50 | |
| 560 | 0010 | **UNDERFLOOR DUCT** | | | | | | | | | | 560 |
| | 0020 | | R160 -560 | | | | | | | | | |
| | 0100 | Duct, 1-3/8" x 3-1/8" blank, standard | 1 Elec | 80 | .100 | L.F. | 4.55 | 2.75 | | 7.30 | 9.15 | |
| | 0200 | 1-3/8" x 7-1/4" blank, super duct | | 60 | .133 | | 8.30 | 3.67 | | 11.97 | 14.65 | |
| | 0400 | 7/8" or 1-3/8" insert type, 24" O.C., 1-3/8" x 3-1/8", std. | | 70 | .114 | | 4.90 | 3.14 | | 8.04 | 10.15 | |
| | 0600 | 1-3/8" x 7-1/4", super duct | | 50 | .160 | | 8.60 | 4.40 | | 13 | 16.05 | |
| | 0800 | Junction box, single duct, 1 level, 3-1/8" | | 4 | 2 | Ea. | 112 | 55 | | 167 | 206 | |
| | 0820 | 3-1/8" x 7-1/4" | | 4 | 2 | | 112 | 55 | | 167 | 206 | |
| | 0840 | 2 level, 3-1/8" upper & lower | | 3.20 | 2.500 | | 130 | 69 | | 199 | 246 | |
| | 0860 | 3-1/8" upper, 7-1/4" lower | | 2.70 | 2.963 | | 130 | 81.50 | | 211.50 | 266 | |
| | 0880 | Carpet pan for above | | 80 | .100 | | 42 | 2.75 | | 44.75 | 50 | |
| | 0900 | Terrazzo pan for above | | 67 | .119 | | 153 | 3.28 | | 156.28 | 173 | |
| | 1000 | Junction box, single duct, 1 level, 7-1/4" | | 2.70 | 2.963 | | 153 | 81.50 | | 234.50 | 291 | |
| | 1020 | 2 level, 7-1/4" upper & lower | | 2.70 | 2.963 | | 175 | 81.50 | | 256.50 | 315 | |
| | 1040 | 2 duct, two 3-1/8" upper & lower | | 3.20 | 2.500 | | 248 | 69 | | 317 | 375 | |
| | 1200 | 1 level, 2 duct, 3-1/8" | | 3.20 | 2.500 | | 168 | 69 | | 237 | 288 | |
| | 1220 | Carpet pan for above boxes | | 80 | .100 | | 48 | 2.75 | | 50.75 | 57 | |
| | 1240 | Terrazzo pan for above boxes | | 67 | .119 | | 188 | 3.28 | | 191.28 | 212 | |
| | 1260 | Junction box, 1 level, two 3-1/8" x one 3-1/8" + one 7-1/4" | | 2.30 | 3.478 | | 263 | 95.50 | | 358.50 | 435 | |
| | 1280 | 2 level, two 3-1/8" upper, one 3-1/8" + one 7-1/4" lower | | 2 | 4 | | 295 | 110 | | 405 | 490 | |
| | 1300 | Carpet pan for above boxes | | 80 | .100 | | 57 | 2.75 | | 59.75 | 66.50 | |
| | 1320 | Terrazzo pan for above boxes | | 67 | .119 | | 207 | 3.28 | | 210.28 | 233 | |
| | 1400 | Junction box, 1 level, 2 duct, 7-1/4" | | 2.30 | 3.478 | | 375 | 95.50 | | 470.50 | 560 | |
| | 1420 | Two 3-1/8" + one 7-1/4" | | 2 | 4 | | 375 | 110 | | 485 | 580 | |
| | 1440 | Carpet pan for above | | 80 | .100 | | 66 | 2.75 | | 68.75 | 76.50 | |
| | 1460 | Terrazzo pan for above | | 67 | .119 | | 305 | 3.28 | | 308.28 | 340 | |
| | 1580 | Junction box, 1 level, one 3-1/8" + one 7-1/4" x same | | 2.30 | 3.478 | | 276 | 95.50 | | 371.50 | 450 | |
| | 1600 | Triple duct, 3-1/8" | | 2.30 | 3.478 | | 320 | 95.50 | | 415.50 | 495 | |
| | 1700 | Junction box, 1 level, one 3-1/8" + two 7-1/4" | | 2 | 4 | | 415 | 110 | | 525 | 620 | |
| | 1720 | Carpet pan for above | | 80 | .100 | | 76 | 2.75 | | 78.75 | 87.50 | |
| | 1740 | Terrazzo pan for above | | 67 | .119 | | 365 | 3.28 | | 368.28 | 405 | |
| | 1800 | Insert to conduit adapter, 3/4" & 1" | | 32 | .250 | | 6.35 | 6.90 | | 13.25 | 17.35 | |
| | 2000 | Support, single cell | | 27 | .296 | | 8.05 | 8.15 | | 16.20 | 21 | |
| | 2200 | Super duct | | 16 | .500 | | 8.45 | 13.75 | | 22.20 | 30 | |

## 160 | Raceways

### 160 500 | Ducts

| | | | CREW | DAILY OUTPUT | MAN-HOURS | UNIT | MAT. | LABOR | EQUIP. | TOTAL | TOTAL INCL O&P | |
|---|---|---|---|---|---|---|---|---|---|---|---|---|
| 560 | 2400 | Double cell | 1 Elec | 16 | .500 | Ea. | 8.45 | 13.75 | | 22.20 | 30 | 560 |
| | 2600 | Triple cell | | 11 | .727 | | 13.20 | 20 | | 33.20 | 44.50 | |
| | 2800 | Vertical elbow, standard duct | | 10 | .800 | | 18 | 22 | | 40 | 53 | |
| | 3000 | Super duct | | 8 | 1 | | 34 | 27.50 | | 61.50 | 79 | |
| | 3200 | Cabinet connector, standard duct | | 32 | .250 | | 7 | 6.90 | | 13.90 | 18.05 | |
| | 3400 | Super duct | | 27 | .296 | | 13.70 | 8.15 | | 21.85 | 27.50 | |
| | 3600 | Conduit adapter, 1" to 1-1/4" | | 32 | .250 | | 9.55 | 6.90 | | 16.45 | 21 | |
| | 3800 | 2" to 1-1/4" | | 27 | .296 | | 12.75 | 8.15 | | 20.90 | 26.50 | |
| | 4000 | Outlet, low tension (tele, computer, etc.) | | 8 | 1 | | 27.50 | 27.50 | | 55 | 72 | |
| | 4200 | High tension, receptacle (120 volt) | | 8 | 1 | | 34 | 27.50 | | 61.50 | 79 | |
| | 4300 | End closure, standard duct | | 160 | .050 | | 1.20 | 1.38 | | 2.58 | 3.39 | |
| | 4310 | Super duct | | 160 | .050 | | 2.25 | 1.38 | | 3.63 | 4.55 | |
| | 4350 | Elbow, horiz., standard duct | | 26 | .308 | | 37 | 8.45 | | 45.45 | 53 | |
| | 4360 | Super duct | | 26 | .308 | | 72 | 8.45 | | 80.45 | 91.50 | |
| | 4380 | Elbow, offset, standard duct | | 26 | .308 | | 19 | 8.45 | | 27.45 | 33.50 | |
| | 4390 | Super duct | | 26 | .308 | | 36 | 8.45 | | 44.45 | 52 | |
| | 4400 | Marker screw assembly for inserts | | 50 | .160 | | 2.35 | 4.40 | | 6.75 | 9.20 | |
| | 4410 | Y take off, standard duct | | 26 | .308 | | 16.50 | 8.45 | | 24.95 | 31 | |
| | 4420 | Super duct | | 26 | .308 | | 35 | 8.45 | | 43.45 | 51 | |
| | 4430 | Box opening plug, standard duct | | 160 | .050 | | 1.20 | 1.38 | | 2.58 | 3.39 | |
| | 4440 | Super duct | | 160 | .050 | | 2.35 | 1.38 | | 3.73 | 4.65 | |
| | 4450 | Sleeve coupling, standard duct | | 160 | .050 | | 3.80 | 1.38 | | 5.18 | 6.25 | |
| | 4460 | Super duct | | 160 | .050 | | 7.45 | 1.38 | | 8.83 | 10.25 | |
| | 4470 | Conduit adapter, standard duct, 3/4" | | 32 | .250 | | 9.55 | 6.90 | | 16.45 | 21 | |
| | 4480 | 1" or 1-1/4" | | 32 | .250 | | 9.55 | 6.90 | | 16.45 | 21 | |
| | 4500 | 1-1/2" | | 32 | .250 | | 12.75 | 6.90 | | 19.65 | 24.50 | |
| 580 | 0010 | **WIRING DUCT** Plastic | | | | | | | | | | 580 |
| | 1250 | PVC, snap-in slots, adhesive backed | | | | | | | | | | |
| | 1270 | 1-1/2"W x 2"H | 1 Elec | 60 | .133 | L.F. | 3.60 | 3.67 | | 7.27 | 9.45 | |
| | 1280 | 1-1/2"W x 3"H | | 60 | .133 | | 4.40 | 3.67 | | 8.07 | 10.35 | |
| | 1290 | 1-1/2"W x 4"H | | 60 | .133 | | 5.20 | 3.67 | | 8.87 | 11.20 | |
| | 1300 | 2"W x 1"H | | 60 | .133 | | 3.40 | 3.67 | | 7.07 | 9.25 | |
| | 1310 | 2"W x 1-1/2"H | | 60 | .133 | | 3.60 | 3.67 | | 7.27 | 9.45 | |
| | 1320 | 2"W x 2"H | | 60 | .133 | | 3.80 | 3.67 | | 7.47 | 9.70 | |
| | 1330 | 2"W x 2-1/2"H | | 60 | .133 | | 4.40 | 3.67 | | 8.07 | 10.35 | |
| | 1340 | 2"W x 3"H | | 60 | .133 | | 4.75 | 3.67 | | 8.42 | 10.70 | |
| | 1350 | 2"W x 4"H | | 60 | .133 | | 5.40 | 3.67 | | 9.07 | 11.45 | |
| | 1360 | 2-1/2"W x 3"H | | 60 | .133 | | 4.90 | 3.67 | | 8.57 | 10.90 | |
| | 1370 | 3"W x 1"H | | 55 | .145 | | 3.75 | 4 | | 7.75 | 10.15 | |
| | 1380 | 3"W x 1-1/4"H | | 55 | .145 | | 4.25 | 4 | | 8.25 | 10.70 | |
| | 1390 | 3"W x 2"H | | 55 | .145 | | 4.35 | 4 | | 8.35 | 10.80 | |
| | 1400 | 3"W x 3"H | | 55 | .145 | | 5.45 | 4 | | 9.45 | 12 | |
| | 1410 | 3"W x 4"H | | 55 | .145 | | 6.45 | 4 | | 10.45 | 13.10 | |
| | 1420 | 3"W x 5"H | | 55 | .145 | | 8.05 | 4 | | 12.05 | 14.85 | |
| | 1430 | 4"W x 1-1/2"H | | 50 | .160 | | 4.45 | 4.40 | | 8.85 | 11.50 | |
| | 1440 | 4"W x 2"H | | 50 | .160 | | 4.90 | 4.40 | | 9.30 | 12 | |
| | 1450 | 4"W x 3"H | | 50 | .160 | | 5.70 | 4.40 | | 10.10 | 12.85 | |
| | 1460 | 4"W x 4"H | | 50 | .160 | | 7.10 | 4.40 | | 11.50 | 14.40 | |
| | 1470 | 4"W x 5"H | | 50 | .160 | | 9.40 | 4.40 | | 13.80 | 16.95 | |
| | 1550 | Cover, 1-1/2"W | | 100 | .080 | | .80 | 2.20 | | 3 | 4.19 | |
| | 1560 | 2"W | | 100 | .080 | | .98 | 2.20 | | 3.18 | 4.39 | |
| | 1570 | 2-1/2"W | | 100 | .080 | | 1.17 | 2.20 | | 3.37 | 4.60 | |
| | 1580 | 3"W | | 100 | .080 | | 1.40 | 2.20 | | 3.60 | 4.85 | |
| | 1590 | 4"W | | 100 | .080 | | 1.60 | 2.20 | | 3.80 | 5.05 | |

See the **Reference Section** for reference number information, Crew Listings and City Cost Indexes

## 161 | Conductors and Grounding

### 161 100 | Conductors

| | | | CREW | DAILY OUTPUT | MAN-HOURS | UNIT | 1994 BARE COSTS MAT. | LABOR | EQUIP. | TOTAL | TOTAL INCL O&P |
|---|---|---|---|---|---|---|---|---|---|---|---|
| 0010 | **ARMORED CABLE** | R161-105 | | | | | | | | | |
| 0050 | 600 volt, copper (BX), #14, 2 wire | | 1 Elec | 2.40 | 3.333 | C.L.F. | 30 | 91.50 | | 121.50 | 171 |
| 0100 | 3 wire | | | 2.20 | 3.636 | | 38 | 100 | | 138 | 192 |
| 0120 | 4 wire | | | 2 | 4 | | 52 | 110 | | 162 | 222 |
| 0150 | #12, 2 wire | | | 2.30 | 3.478 | | 33 | 95.50 | | 128.50 | 181 |
| 0200 | 3 wire | | | 2 | 4 | | 45.50 | 110 | | 155.50 | 215 |
| 0220 | 4 wire | | | 1.80 | 4.444 | | 64 | 122 | | 186 | 255 |
| 0240 | #12, 19 wire, stranded | | | 1.10 | 7.273 | | 400 | 200 | | 600 | 740 |
| 0250 | #10, 2 wire | | | 2 | 4 | | 56 | 110 | | 166 | 227 |
| 0300 | 3 wire | | | 1.60 | 5 | | 71 | 138 | | 209 | 285 |
| 0320 | 4 wire | | | 1.40 | 5.714 | | 107 | 157 | | 264 | 355 |
| 0350 | #8, 3 wire | | | 1.30 | 6.154 | | 115 | 169 | | 284 | 380 |
| 0370 | 4 wire | | | 1.10 | 7.273 | | 175 | 200 | | 375 | 495 |
| 0380 | #6, 2 wire, stranded | | | 1.30 | 6.154 | | 130 | 169 | | 299 | 395 |
| 0400 | 3 conductor with PVC jacket, in cable tray, #6 | | | 3.10 | 2.581 | | 207 | 71 | | 278 | 335 |
| 0450 | #4 | | | 2.70 | 2.963 | | 270 | 81.50 | | 351.50 | 420 |
| 0500 | #2 | | | 2.30 | 3.478 | | 360 | 95.50 | | 455.50 | 540 |
| 0550 | #1 | | | 2 | 4 | | 490 | 110 | | 600 | 705 |
| 0600 | 1/0 | | | 1.80 | 4.444 | | 570 | 122 | | 692 | 810 |
| 0650 | 2/0 | | | 1.70 | 4.706 | | 695 | 129 | | 824 | 960 |
| 0700 | 3/0 | | | 1.60 | 5 | | 815 | 138 | | 953 | 1,100 |
| 0750 | 4/0 | | | 1.50 | 5.333 | | 940 | 147 | | 1,087 | 1,250 |
| 0800 | 250 MCM(kcmil) | | | 1.20 | 6.667 | | 1,050 | 183 | | 1,233 | 1,450 |
| 0850 | 350 MCM | | | 1.10 | 7.273 | | 1,400 | 200 | | 1,600 | 1,825 |
| 0900 | 500 MCM | | | 1 | 8 | | 1,825 | 220 | | 2,045 | 2,350 |
| 0910 | 4 conductor with PVC jacket, in cable tray, #6 | | | 2.70 | 2.963 | | 265 | 81.50 | | 346.50 | 415 |
| 0920 | #4 | | | 2.30 | 3.478 | | 340 | 95.50 | | 435.50 | 520 |
| 0930 | #2 | | | 2 | 4 | | 425 | 110 | | 535 | 635 |
| 0940 | #1 | | | 1.80 | 4.444 | | 615 | 122 | | 737 | 860 |
| 0950 | 1/0 | | | 1.70 | 4.706 | | 710 | 129 | | 839 | 975 |
| 0960 | 2/0 | | | 1.60 | 5 | | 800 | 138 | | 938 | 1,075 |
| 0970 | 3/0 | | | 1.50 | 5.333 | | 965 | 147 | | 1,112 | 1,275 |
| 0980 | 4/0 | | | 1.20 | 6.667 | | 1,225 | 183 | | 1,408 | 1,625 |
| 0990 | 250 MCM | | | 1.10 | 7.273 | | 1,450 | 200 | | 1,650 | 1,900 |
| 1000 | 350 MCM | | | 1 | 8 | | 1,725 | 220 | | 1,945 | 2,225 |
| 1010 | 500 MCM | | | .90 | 8.889 | | 2,375 | 244 | | 2,619 | 2,975 |
| 1050 | 5 KV, copper, 3 conductor with PVC jacket, | | | | | | | | | | |
| 1060 | non-shielded, in cable tray, #4 | | 1 Elec | 190 | .042 | L.F. | 4.10 | 1.16 | | 5.26 | 6.25 |
| 1100 | #2 | | | 180 | .044 | | 5.30 | 1.22 | | 6.52 | 7.70 |
| 1200 | #1 | | | 150 | .053 | | 6.80 | 1.47 | | 8.27 | 9.70 |
| 1400 | 1/0 | | | 145 | .055 | | 7.80 | 1.52 | | 9.32 | 10.90 |
| 1600 | 2/0 | | | 130 | .062 | | 9.10 | 1.69 | | 10.79 | 12.55 |
| 2000 | 4/0 | | | 120 | .067 | | 12.10 | 1.83 | | 13.93 | 16.05 |
| 2100 | 250 MCM | | | 110 | .073 | | 16.55 | 2 | | 18.55 | 21 |
| 2150 | 350 MCM | | | 105 | .076 | | 20.50 | 2.10 | | 22.60 | 25.50 |
| 2200 | 500 MCM | | | 90 | .089 | | 25 | 2.44 | | 27.44 | 31 |
| 2400 | 15 KV, copper, 3 conductor with PVC jacket, | | | | | | | | | | |
| 2500 | grounded neutral, in cable tray, #2 | | 1 Elec | 150 | .053 | L.F. | 9.15 | 1.47 | | 10.62 | 12.25 |
| 2600 | #1 | | | 140 | .057 | | 9.80 | 1.57 | | 11.37 | 13.15 |
| 2800 | 1/0 | | | 130 | .062 | | 12.05 | 1.69 | | 13.74 | 15.80 |
| 2900 | 2/0 | | | 110 | .073 | | 14.50 | 2 | | 16.50 | 18.95 |
| 3000 | 4/0 | | | 95 | .084 | | 16.60 | 2.32 | | 18.92 | 21.50 |
| 3100 | 250 MCM | | | 90 | .089 | | 18.35 | 2.44 | | 20.79 | 23.50 |
| 3150 | 350 MCM | | | 80 | .100 | | 21.50 | 2.75 | | 24.25 | 27.50 |
| 3200 | 500 MCM | | | 70 | .114 | | 29 | 3.14 | | 32.14 | 36.50 |
| 3400 | 15 KV, copper, 3 conductor with PVC jacket, | | | | | | | | | | |

## 161 | Conductors and Grounding

### 161 100 | Conductors

| | | | CREW | DAILY OUTPUT | MAN-HOURS | UNIT | 1994 BARE COSTS ||||  TOTAL INCL O&P | |
|---|---|---|---|---|---|---|---|---|---|---|---|---|
| | | | | | | | MAT. | LABOR | EQUIP. | TOTAL | | |
| 3450 | ungrounded neutral, in cable tray, #2 | | 1 Elec | 130 | .062 | L.F. | 9.65 | 1.69 | | 11.34 | 13.15 | 105 |
| 3500 | #1 | | | 115 | .070 | | 10.65 | 1.91 | | 12.56 | 14.60 | |
| 3600 | 1/0 | | | 100 | .080 | | 12.30 | 2.20 | | 14.50 | 16.85 | |
| 3700 | 2/0 | | | 95 | .084 | | 15.10 | 2.32 | | 17.42 | 20 | |
| 3800 | 4/0 | | | 80 | .100 | | 18.20 | 2.75 | | 20.95 | 24 | |
| 4000 | 250 MCM | | | 70 | .114 | | 21 | 3.14 | | 24.14 | 27.50 | |
| 4050 | 350 MCM | | | 65 | .123 | | 28 | 3.38 | | 31.38 | 36 | |
| 4100 | 500 MCM | | | 60 | .133 | | 34 | 3.67 | | 37.67 | 43 | |
| 4200 | 600 volt, aluminum, 3 conductor in cable tray with PVC jacket | | | | | | | | | | | |
| 4300 | #2 | | 1 Elec | 270 | .030 | L.F. | 2.35 | .81 | | 3.16 | 3.81 | |
| 4400 | #1 | | | 230 | .035 | | 2.60 | .96 | | 3.56 | 4.30 | |
| 4500 | #1/0 | | | 200 | .040 | | 3.25 | 1.10 | | 4.35 | 5.25 | |
| 4600 | #2/0 | | | 180 | .044 | | 3.30 | 1.22 | | 4.52 | 5.45 | |
| 4700 | #3/0 | | | 170 | .047 | | 3.85 | 1.29 | | 5.14 | 6.20 | |
| 4800 | #4/0 | | | 160 | .050 | | 4.65 | 1.38 | | 6.03 | 7.15 | |
| 4900 | 250 MCM | | | 150 | .053 | | 5.60 | 1.47 | | 7.07 | 8.35 | |
| 5000 | 350 MCM | | | 120 | .067 | | 6.70 | 1.83 | | 8.53 | 10.10 | |
| 5200 | 500 MCM | | | 110 | .073 | | 8.25 | 2 | | 10.25 | 12.05 | |
| 5300 | 750 MCM | | | 95 | .084 | | 10.65 | 2.32 | | 12.97 | 15.20 | |
| 5400 | 600 volt, aluminum, 4 conductor in cable tray with PVC jacket | | | | | | | | | | | |
| 5410 | #2 | | 1 Elec | 260 | .031 | L.F. | 2.65 | .85 | | 3.50 | 4.19 | |
| 5430 | #1 | | | 220 | .036 | | 3.30 | 1 | | 4.30 | 5.15 | |
| 5450 | 1/0 | | | 190 | .042 | | 3.85 | 1.16 | | 5.01 | 5.95 | |
| 5470 | 2/0 | | | 170 | .047 | | 3.90 | 1.29 | | 5.19 | 6.25 | |
| 5480 | 3/0 | | | 160 | .050 | | 4.55 | 1.38 | | 5.93 | 7.05 | |
| 5500 | 4/0 | | | 150 | .053 | | 5.40 | 1.47 | | 6.87 | 8.15 | |
| 5520 | 250 MCM | | | 140 | .057 | | 5.85 | 1.57 | | 7.42 | 8.80 | |
| 5540 | 350 MCM | | | 110 | .073 | | 7.55 | 2 | | 9.55 | 11.30 | |
| 5560 | 500 MCM | | | 100 | .080 | | 9.40 | 2.20 | | 11.60 | 13.65 | |
| 5580 | 750 MCM | | | 90 | .089 | | 12.95 | 2.44 | | 15.39 | 17.95 | |
| 5600 | 5 KV, aluminum, unshielded in cable tray, #2 with PVC jacket | | | 190 | .042 | | 3.30 | 1.16 | | 4.46 | 5.35 | |
| 5700 | #1 with PVC jacket | | | 180 | .044 | | 3.65 | 1.22 | | 4.87 | 5.85 | |
| 5800 | 1/0 with PVC jacket | | | 150 | .053 | | 3.75 | 1.47 | | 5.22 | 6.35 | |
| 6000 | 2/0 with PVC jacket | | | 145 | .055 | | 3.80 | 1.52 | | 5.32 | 6.45 | |
| 6200 | 3/0 with PVC jacket | | | 130 | .062 | | 4.55 | 1.69 | | 6.24 | 7.55 | |
| 6300 | 4/0 with PVC jacket | | | 120 | .067 | | 5.40 | 1.83 | | 7.23 | 8.70 | |
| 6400 | 250 MCM with PVC jacket | | | 110 | .073 | | 5.90 | 2 | | 7.90 | 9.50 | |
| 6500 | 350 MCM with PVC jacket | | | 105 | .076 | | 6.95 | 2.10 | | 9.05 | 10.80 | |
| 6600 | 500 MCM with PVC jacket | | | 100 | .080 | | 8.20 | 2.20 | | 10.40 | 12.30 | |
| 6800 | 750 MCM with PVC jacket | | | 90 | .089 | | 10.20 | 2.44 | | 12.64 | 14.90 | |
| 7000 | 15 KV, aluminum, shielded grounded, #1 with PVC jacket | | | 150 | .053 | | 7.65 | 1.47 | | 9.12 | 10.60 | |
| 7200 | 1/0 with PVC jacket | | | 140 | .057 | | 8.30 | 1.57 | | 9.87 | 11.50 | |
| 7300 | 2/0 with PVC jacket | | | 130 | .062 | | 8.40 | 1.69 | | 10.09 | 11.80 | |
| 7400 | 3/0 with PVC jacket | | | 120 | .067 | | 9.45 | 1.83 | | 11.28 | 13.15 | |
| 7500 | 4/0 with PVC jacket | | | 110 | .073 | | 9.70 | 2 | | 11.70 | 13.65 | |
| 7600 | 250 MCM with PVC jacket | | | 100 | .080 | | 10.60 | 2.20 | | 12.80 | 14.95 | |
| 7700 | 350 MCM with PVC jacket | | | 90 | .089 | | 12.45 | 2.44 | | 14.89 | 17.40 | |
| 7800 | 500 MCM with PVC jacket | | | 80 | .100 | | 14.95 | 2.75 | | 17.70 | 20.50 | |
| 8000 | 750 MCM with PVC jacket | | | 68 | .118 | | 17.75 | 3.24 | | 20.99 | 24.50 | |
| 8200 | 15 KV, aluminum, shielded-ungrounded, #1 with PVC jacket | | | 125 | .064 | | 9.35 | 1.76 | | 11.11 | 12.95 | |
| 8300 | 1/0 with PVC jacket | | | 115 | .070 | | 9.70 | 1.91 | | 11.61 | 13.55 | |
| 8400 | 2/0 with PVC jacket | | | 105 | .076 | | 10.60 | 2.10 | | 12.70 | 14.80 | |
| 8500 | 3/0 with PVC jacket | | | 100 | .080 | | 10.85 | 2.20 | | 13.05 | 15.25 | |
| 8600 | 4/0 with PVC jacket | | | 95 | .084 | | 11.75 | 2.32 | | 14.07 | 16.45 | |
| 8700 | 250 MCM with PVC jacket | | | 90 | .089 | | 12.60 | 2.44 | | 15.04 | 17.55 | |
| 8800 | 350 MCM with PVC jacket | | | 80 | .100 | | 14.35 | 2.75 | | 17.10 | 19.95 | |

## 161 | Conductors and Grounding

### 161 100 | Conductors

| | | | CREW | DAILY OUTPUT | MAN-HOURS | UNIT | 1994 BARE COSTS MAT. | LABOR | EQUIP. | TOTAL | TOTAL INCL O&P | |
|---|---|---|---|---|---|---|---|---|---|---|---|---|
| 105 | 8900 | 500 MCM with PVC jacket | 1 Elec | 70 | .114 | L.F. | 17.45 | 3.14 | | 20.59 | 24 | 105 |
| | 8950 | 750 MCM with PVC jacket | | 58 | .138 | | 21.50 | 3.79 | | 25.29 | 29 | |
| | 9010 | 600 volt, copper (MC) steel clad, #14, 2 wire | | 2.40 | 3.333 | C.L.F. | 38.50 | 91.50 | | 130 | 181 | |
| | 9020 | 3 wire | | 2.20 | 3.636 | | 50 | 100 | | 150 | 205 | |
| | 9030 | 4 wire | | 2 | 4 | | 68.50 | 110 | | 178.50 | 241 | |
| | 9040 | #12, 2 wire | | 2.30 | 3.478 | | 41.50 | 95.50 | | 137 | 190 | |
| | 9050 | 3 wire | | 2 | 4 | | 61 | 110 | | 171 | 232 | |
| | 9060 | 4 wire | | 1.80 | 4.444 | | 80 | 122 | | 202 | 272 | |
| | 9070 | #10, 2 wire | | 2 | 4 | | 69.50 | 110 | | 179.50 | 242 | |
| | 9080 | 3 wire | | 1.60 | 5 | | 105 | 138 | | 243 | 325 | |
| | 9090 | 4 wire | | 1.40 | 5.714 | | 161 | 157 | | 318 | 415 | |
| | 9091 | For Health Care Facilities cable, add, minimum | | | | | 5% | | | | | |
| | 9092 | Maximum | | | | | 20% | | | | | |
| | 9100 | #8, 2 wire, stranded | 1 Elec | 1.80 | 4.444 | C.L.F. | 132 | 122 | | 254 | 330 | |
| | 9110 | 3 wire, stranded | | 1.30 | 6.154 | | 189 | 169 | | 358 | 460 | |
| | 9120 | 4 wire, stranded | | 1.10 | 7.273 | | 246 | 200 | | 446 | 570 | |
| | 9130 | #6, 2 wire, stranded | | 1.30 | 6.154 | | 207 | 169 | | 376 | 480 | |
| | 9200 | 600 volt, copper (MC) Alum. clad, #14, 2 wire | | 2.65 | 3.019 | | 39 | 83 | | 122 | 168 | |
| | 9210 | 3 wire | | 2.45 | 3.265 | | 51 | 90 | | 141 | 191 | |
| | 9220 | 4 wire | | 2.20 | 3.636 | | 70 | 100 | | 170 | 227 | |
| | 9230 | #12, 2 wire | | 2.55 | 3.137 | | 42 | 86.50 | | 128.50 | 176 | |
| | 9240 | 3 wire | | 2.20 | 3.636 | | 62 | 100 | | 162 | 218 | |
| | 9250 | 4 wire | | 2 | 4 | | 80 | 110 | | 190 | 253 | |
| | 9260 | #10, 2 wire | | 2.20 | 3.636 | | 71 | 100 | | 171 | 228 | |
| | 9270 | 3 wire | | 1.80 | 4.444 | | 106 | 122 | | 228 | 300 | |
| | 9280 | 4 wire | | 1.55 | 5.161 | | 163 | 142 | | 305 | 390 | |
| 135 | 0010 | **CONTROL CABLE** | | | | | | | | | | 135 |
| | 0020 | 600 volt, copper, #14 THWN wire with PVC jacket, 2 wires | 1 Elec | 9 | .889 | C.L.F. | 16 | 24.50 | | 40.50 | 54.50 | |
| | 0030 | 3 wires | | 8 | 1 | | 23 | 27.50 | | 50.50 | 67 | |
| | 0100 | 4 wires | | 7 | 1.143 | | 26 | 31.50 | | 57.50 | 76 | |
| | 0150 | 5 wires | | 6.50 | 1.231 | | 36 | 34 | | 70 | 90.50 | |
| | 0200 | 6 wires | | 6 | 1.333 | | 42.50 | 36.50 | | 79 | 102 | |
| | 0300 | 8 wires | | 5.30 | 1.509 | | 49 | 41.50 | | 90.50 | 117 | |
| | 0400 | 10 wires | | 4.80 | 1.667 | | 59 | 46 | | 105 | 134 | |
| | 0500 | 12 wires | | 4.30 | 1.860 | | 87 | 51 | | 138 | 173 | |
| | 0600 | 14 wires | | 3.80 | 2.105 | | 95 | 58 | | 153 | 192 | |
| | 0700 | 16 wires | | 3.50 | 2.286 | | 110 | 63 | | 173 | 216 | |
| | 0800 | 18 wires | | 3.30 | 2.424 | | 120 | 66.50 | | 186.50 | 232 | |
| | 0810 | 19 wires | | 3.10 | 2.581 | | 125 | 71 | | 196 | 245 | |
| | 0900 | 20 wires | | 3 | 2.667 | | 135 | 73.50 | | 208.50 | 259 | |
| | 1000 | 22 wires | | 2.80 | 2.857 | | 142 | 78.50 | | 220.50 | 274 | |
| 137 | 0010 | **FIBER OPTICS** | | | | | | | | | | 137 |
| | 0020 | Fiber optics cable only. Added costs depend on the type of fiber | | | | | | | | | | |
| | 0030 | special connectors, optical modems, and networking parts. | | | | | | | | | | |
| | 0040 | Specialized tools & techniques cause installation costs to vary. | | | | | | | | | | |
| | 0070 | Cable, minimum, bulk simplex | 1 Elec | 8 | 1 | C.L.F. | 32 | 27.50 | | 59.50 | 76.50 | |
| | 0080 | Cable, maximum, bulk plenum quad | " | 2.29 | 3.493 | " | 770 | 96 | | 866 | 990 | |
| | 0150 | Fiber optic jumper | | | | Ea. | 55.50 | | | 55.50 | 61 | |
| | 0200 | Fiber optic pigtail | | | | | 30 | | | 30 | 33 | |
| | 0300 | Fiber optic connector | 1 Elec | 24 | .333 | | 20 | 9.15 | | 29.15 | 36 | |
| | 0350 | Fiber optic finger splice | | 32 | .250 | | 32 | 6.90 | | 38.90 | 45.50 | |
| | 0400 | Transceiver (low cost bi-directional) | | 8 | 1 | | 290 | 27.50 | | 317.50 | 360 | |
| | 0450 | Multi-channel rack enclosure (10 modules) | | 2 | 4 | | 420 | 110 | | 530 | 625 | |
| | 0500 | Fiber optic patch panel (12 ports) | | 6 | 1.333 | | 180 | 36.50 | | 216.50 | 253 | |

## 161 | Conductors and Grounding

### 161 100 | Conductors

| | | | CREW | DAILY OUTPUT | MAN-HOURS | UNIT | 1994 BARE COSTS MAT. | LABOR | EQUIP. | TOTAL | TOTAL INCL O&P |
|---|---|---|---|---|---|---|---|---|---|---|---|
| 140 | 0010 | **MINERAL INSULATED CABLE** 600 volt | | | | | | | | | | 140 |
| | 0100 | 1 conductor, #12 | 1 Elec | 1.60 | 5 | C.L.F. | 236 | 138 | | 374 | 465 |
| | 0200 | #10 | | 1.60 | 5 | | 247 | 138 | | 385 | 480 |
| | 0400 | #8 | | 1.50 | 5.333 | | 279 | 147 | | 426 | 525 |
| | 0500 | #6 | | 1.40 | 5.714 | | 315 | 157 | | 472 | 580 |
| | 0600 | #4 | | 1.20 | 6.667 | | 435 | 183 | | 618 | 750 |
| | 0800 | #2 | | 1.10 | 7.273 | | 580 | 200 | | 780 | 935 |
| | 0900 | #1 | | 1.05 | 7.619 | | 660 | 210 | | 870 | 1,050 |
| | 1000 | 1/0 | | 1 | 8 | | 765 | 220 | | 985 | 1,175 |
| | 1100 | 2/0 | | .95 | 8.421 | | 910 | 232 | | 1,142 | 1,350 |
| | 1200 | 3/0 | | .90 | 8.889 | | 1,075 | 244 | | 1,319 | 1,550 |
| | 1400 | 4/0 | | .80 | 10 | | 1,225 | 275 | | 1,500 | 1,775 |
| | 1410 | 250 MCM(kcmil) | | .80 | 10 | | 1,400 | 275 | | 1,675 | 1,975 |
| | 1420 | 350 MCM | | .65 | 12.308 | | 1,575 | 340 | | 1,915 | 2,225 |
| | 1430 | 500 MCM | | .65 | 12.308 | | 1,950 | 340 | | 2,290 | 2,650 |
| | 1500 | 2 conductor, #12 | | 1.40 | 5.714 | | 375 | 157 | | 532 | 650 |
| | 1600 | #10 | | 1.20 | 6.667 | | 455 | 183 | | 638 | 775 |
| | 1800 | #8 | | 1.10 | 7.273 | | 570 | 200 | | 770 | 925 |
| | 2000 | #6 | | 1.05 | 7.619 | | 725 | 210 | | 935 | 1,125 |
| | 2100 | #4 | | 1 | 8 | | 950 | 220 | | 1,170 | 1,375 |
| | 2200 | 3 conductor, #12 | | 1.20 | 6.667 | | 440 | 183 | | 623 | 755 |
| | 2400 | #10 | | 1.10 | 7.273 | | 545 | 200 | | 745 | 900 |
| | 2600 | #8 | | 1.05 | 7.619 | | 665 | 210 | | 875 | 1,050 |
| | 2800 | #6 | | 1 | 8 | | 860 | 220 | | 1,080 | 1,275 |
| | 3000 | #4 | | .90 | 8.889 | | 1,125 | 244 | | 1,369 | 1,625 |
| | 3100 | 4 conductor, #12 | | 1.20 | 6.667 | | 505 | 183 | | 688 | 830 |
| | 3200 | #10 | | 1.10 | 7.273 | | 595 | 200 | | 795 | 955 |
| | 3400 | #8 | | 1 | 8 | | 780 | 220 | | 1,000 | 1,200 |
| | 3600 | #6 | | .90 | 8.889 | | 975 | 244 | | 1,219 | 1,450 |
| | 3620 | 7 conductor, #12 | | 1.10 | 7.273 | | 635 | 200 | | 835 | 1,000 |
| | 3640 | #10 | | 1 | 8 | | 795 | 220 | | 1,015 | 1,200 |
| | 3800 | M.I. terminations, 600 volt, 1 conductor, #12 | | 8 | 1 | Ea. | 7.65 | 27.50 | | 35.15 | 50 |
| | 4000 | #10 | | 7.60 | 1.053 | | 7.65 | 29 | | 36.65 | 52 |
| | 4100 | #8 | | 7.30 | 1.096 | | 7.65 | 30 | | 37.65 | 54 |
| | 4200 | #6 | | 6.70 | 1.194 | | 7.65 | 33 | | 40.65 | 58 |
| | 4400 | #4 | | 6.20 | 1.290 | | 11.55 | 35.50 | | 47.05 | 66 |
| | 4600 | #2 | | 5.70 | 1.404 | | 11.55 | 38.50 | | 50.05 | 70.50 |
| | 4800 | #1 | | 5.30 | 1.509 | | 11.55 | 41.50 | | 53.05 | 75 |
| | 5000 | 1/0 | | 5 | 1.600 | | 11.55 | 44 | | 55.55 | 78.50 |
| | 5100 | 2/0 | | 4.70 | 1.702 | | 11.55 | 47 | | 58.55 | 83 |
| | 5200 | 3/0 | | 4.30 | 1.860 | | 11.55 | 51 | | 62.55 | 89.50 |
| | 5400 | 4/0 | | 4 | 2 | | 25.50 | 55 | | 80.50 | 111 |
| | 5410 | 250 MCM(kcmil) | | 4 | 2 | | 25.50 | 55 | | 80.50 | 111 |
| | 5420 | 350 MCM | | 4 | 2 | | 76 | 55 | | 131 | 166 |
| | 5430 | 500 MCM | | 4 | 2 | | 76 | 55 | | 131 | 166 |
| | 5500 | 2 conductor, #12 | | 6.70 | 1.194 | | 8.50 | 33 | | 41.50 | 59 |
| | 5600 | #10 | | 6.40 | 1.250 | | 11 | 34.50 | | 45.50 | 63.50 |
| | 5800 | #8 | | 6.20 | 1.290 | | 11 | 35.50 | | 46.50 | 65.50 |
| | 6000 | #6 | | 5.70 | 1.404 | | 11 | 38.50 | | 49.50 | 70 |
| | 6200 | #4 | | 5.30 | 1.509 | | 25.50 | 41.50 | | 67 | 90.50 |
| | 6400 | 3 conductor, #12 | | 5.70 | 1.404 | | 9.60 | 38.50 | | 48.10 | 68.50 |
| | 6500 | #10 | | 5.50 | 1.455 | | 12.50 | 40 | | 52.50 | 74 |
| | 6600 | #8 | | 5.20 | 1.538 | | 12.50 | 42.50 | | 55 | 77.50 |
| | 6800 | #6 | | 4.80 | 1.667 | | 12.50 | 46 | | 58.50 | 83 |
| | 7200 | #4 | | 4.60 | 1.739 | | 26 | 48 | | 74 | 101 |
| | 7400 | 4 conductor, #12 | | 4.60 | 1.739 | | 12.80 | 48 | | 60.80 | 86 |

## 161 | Conductors and Grounding

| | | 161 100 | Conductors | CREW | DAILY OUTPUT | MAN-HOURS | UNIT | 1994 BARE COSTS MAT. | LABOR | EQUIP. | TOTAL | TOTAL INCL O&P | |
|---|---|---|---|---|---|---|---|---|---|---|---|---|---|
| 140 | 7500 | | #10 | 1 Elec | 4.40 | 1.818 | Ea. | 12.80 | 50 | | 62.80 | 89 | 140 |
| | 7600 | | #8 | | 4.20 | 1.905 | | 12.80 | 52.50 | | 65.30 | 93 | |
| | 8400 | | #6 | | 4 | 2 | | 27 | 55 | | 82 | 112 | |
| | 8500 | | 7 conductor, #12 | | 3.50 | 2.286 | | 16.25 | 63 | | 79.25 | 112 | |
| | 8600 | | #10 | | 3 | 2.667 | | 30 | 73.50 | | 103.50 | 143 | |
| | 8800 | | Crimping tool, plier type | | | | | 57 | | | 57 | 62.50 | |
| | 9000 | | Stripping tool | | | | | 85 | | | 85 | 93.50 | |
| | 9200 | | Hand vise | | | | | 37 | | | 37 | 40.50 | |
| 145 | 0010 | | NON-METALLIC SHEATHED CABLE 600 volt | | | | | | | | | | 145 |
| | 0100 | | Copper with ground wire, (Romex) | | | | | | | | | | |
| | 0150 | | #14, 2 wire | 1 Elec | 2.70 | 2.963 | C.L.F. | 15.50 | 81.50 | | 97 | 140 | |
| | 0200 | | 3 wire | | 2.40 | 3.333 | | 29 | 91.50 | | 120.50 | 170 | |
| | 0220 | | 4 wire | | 2.20 | 3.636 | | 60 | 100 | | 160 | 216 | |
| | 0250 | | #12, 2 wire | | 2.50 | 3.200 | | 24 | 88 | | 112 | 159 | |
| | 0300 | | 3 wire | | 2.20 | 3.636 | | 40 | 100 | | 140 | 194 | |
| | 0320 | | 4 wire | | 2 | 4 | | 89 | 110 | | 199 | 263 | |
| | 0350 | | #10, 2 wire | | 2.20 | 3.636 | | 41 | 100 | | 141 | 195 | |
| | 0400 | | 3 wire | | 1.80 | 4.444 | | 61 | 122 | | 183 | 251 | |
| | 0420 | | 4 wire | | 1.60 | 5 | | 118 | 138 | | 256 | 335 | |
| | 0450 | | #8, 3 wire | | 1.50 | 5.333 | | 130 | 147 | | 277 | 365 | |
| | 0480 | | 4 wire | | 1.40 | 5.714 | | 218 | 157 | | 375 | 475 | |
| | 0500 | | #6, 3 wire | | 1.40 | 5.714 | | 181 | 157 | | 338 | 435 | |
| | 0520 | | #4, 3 wire | | 1.20 | 6.667 | | 272 | 183 | | 455 | 575 | |
| | 0540 | | #2, 3 wire | | 1.10 | 7.273 | | 395 | 200 | | 595 | 735 | |
| | 0550 | | SE type SER aluminum cable, 3 RHW and | | | | | | | | | | |
| | 0600 | | 1 bare neutral, 3 #8 & 1 #8 | 1 Elec | 1.60 | 5 | C.L.F. | 68 | 138 | | 206 | 282 | |
| | 0650 | | 3 #6 & 1 #6 | | 1.40 | 5.714 | | 75 | 157 | | 232 | 320 | |
| | 0700 | | 3 #4 & 1 #6 | | 1.20 | 6.667 | | 95 | 183 | | 278 | 380 | |
| | 0750 | | 3 #2 & 1 #4 | | 1.10 | 7.273 | | 130 | 200 | | 330 | 445 | |
| | 0800 | | 3 #1/0 & 1 #2 | | 1 | 8 | | 190 | 220 | | 410 | 540 | |
| | 0850 | | 3 #2/0 & 1 #1 | | .90 | 8.889 | | 225 | 244 | | 469 | 620 | |
| | 0900 | | 3 #4/0 & 1 #2/0 | | .80 | 10 | | 295 | 275 | | 570 | 740 | |
| | 1450 | | UF underground feeder cable, copper with ground, #14-2 conductor | | 4 | 2 | | 22 | 55 | | 77 | 107 | |
| | 1500 | | #12-2 conductor | | 3.50 | 2.286 | | 30 | 63 | | 93 | 128 | |
| | 1550 | | #10-2 conductor | | 3 | 2.667 | | 45 | 73.50 | | 118.50 | 160 | |
| | 1600 | | #14-3 conductor | | 3.50 | 2.286 | | 32 | 63 | | 95 | 130 | |
| | 1650 | | #12-3 conductor | | 3 | 2.667 | | 43.50 | 73.50 | | 117 | 158 | |
| | 1700 | | #10-3 conductor | | 2.50 | 3.200 | | 65 | 88 | | 153 | 204 | |
| | 1750 | | #14-1 conductor | | 7.15 | 1.119 | | 11.50 | 31 | | 42.50 | 59 | |
| | 1800 | | #12-1 conductor | | 6.05 | 1.322 | | 14.95 | 36.50 | | 51.45 | 71 | |
| | 1850 | | #10-1 conductor | | 5.50 | 1.455 | | 21 | 40 | | 61 | 83 | |
| | 1900 | | #8-1 conductor | | 4.40 | 1.818 | | 33 | 50 | | 83 | 112 | |
| | 1950 | | #6-1 conductor | | 3.55 | 2.254 | | 43 | 62 | | 105 | 141 | |
| | 2000 | | #4-1 conductor | | 2.95 | 2.712 | | 67 | 74.50 | | 141.50 | 186 | |
| | 2100 | | #2-1 conductor | | 2.45 | 3.265 | | 94 | 90 | | 184 | 238 | |
| | 2400 | | SEU service entrance cable, copper 2 conductors, #8 + #8 neut. | | 1.50 | 5.333 | | 91 | 147 | | 238 | 320 | |
| | 2600 | | #6 + #8 neutral | | 1.30 | 6.154 | | 124 | 169 | | 293 | 390 | |
| | 2800 | | #6 + #6 neutral | | 1.30 | 6.154 | | 132 | 169 | | 301 | 400 | |
| | 3000 | | #4 + #6 neutral | | 1.10 | 7.273 | | 215 | 200 | | 415 | 535 | |
| | 3200 | | #4 + #4 neutral | | 1.10 | 7.273 | | 240 | 200 | | 440 | 565 | |
| | 3400 | | #3 + #5 neutral | | 1.05 | 7.619 | | 265 | 210 | | 475 | 605 | |
| | 3600 | | #3 + #3 neutral | | 1.05 | 7.619 | | 300 | 210 | | 510 | 645 | |
| | 3800 | | #2 + #4 neutral | | 1 | 8 | | 330 | 220 | | 550 | 695 | |
| | 4000 | | #1 + #1 neutral | | .95 | 8.421 | | 585 | 232 | | 817 | 995 | |
| | 4200 | | 1/0 + 1/0 neutral | | .90 | 8.889 | | 645 | 244 | | 889 | 1,075 | |
| | 4400 | | 2/0 + 2/0 neutral | | .85 | 9.412 | | 775 | 259 | | 1,034 | 1,250 | |

## 161 | Conductors and Grounding

| 161 100 | Conductors | CREW | DAILY OUTPUT | MAN-HOURS | UNIT | 1994 BARE COSTS MAT. | LABOR | EQUIP. | TOTAL | TOTAL INCL O&P |
|---|---|---|---|---|---|---|---|---|---|---|
| 4600 | 3/0 + 3/0 neutral | 1 Elec | .80 | 10 | C.L.F. | 970 | 275 | | 1,245 | 1,500 |
| 4800 | Aluminum 2 conductors, #8 + #8 neutral | | 1.60 | 5 | | 64 | 138 | | 202 | 278 |
| 5000 | #6 + #6 neutral | | 1.40 | 5.714 | | 71 | 157 | | 228 | 315 |
| 5100 | #4 + #6 neutral | | 1.25 | 6.400 | | 90 | 176 | | 266 | 365 |
| 5200 | #4 + #4 neutral | | 1.20 | 6.667 | | 92 | 183 | | 275 | 375 |
| 5300 | #2 + #4 neutral | | 1.15 | 6.957 | | 113 | 191 | | 304 | 410 |
| 5400 | #2 + #2 neutral | | 1.10 | 7.273 | | 121 | 200 | | 321 | 435 |
| 5450 | 1/0 + #2 neutral | | 1.05 | 7.619 | | 175 | 210 | | 385 | 510 |
| 5500 | 1/0 + 1/0 neutral | | 1 | 8 | | 182 | 220 | | 402 | 530 |
| 5550 | 2/0 + #1 neutral | | .95 | 8.421 | | 195 | 232 | | 427 | 565 |
| 5600 | 2/0 + 2/0 neutral | | .90 | 8.889 | | 205 | 244 | | 449 | 595 |
| 5800 | 3/0 + 1/0 neutral | | .85 | 9.412 | | 245 | 259 | | 504 | 660 |
| 6000 | 3/0 + 3/0 neutral | | .85 | 9.412 | | 260 | 259 | | 519 | 675 |
| 6200 | 4/0 + 2/0 neutral | | .80 | 10 | | 265 | 275 | | 540 | 705 |
| 6400 | 4/0 + 4/0 neutral | | .80 | 10 | | 290 | 275 | | 565 | 735 |
| 6500 | Service entrance cap for copper SEU | | | | | | | | | |
| 6600 | 100 amp | 1 Elec | 12 | .667 | Ea. | 5.30 | 18.35 | | 23.65 | 33.50 |
| 6700 | 150 amp | | 10 | .800 | | 11.20 | 22 | | 33.20 | 45.50 |
| 6800 | 200 amp | | 8 | 1 | | 16 | 27.50 | | 43.50 | 59 |
| 0010 | **SHIELDED CABLE** Splicing & terminations not included | | | | | | | | | |
| 0050 | Copper, CLP shielding, 5KV, #4 | 1 Elec | 2.20 | 3.636 | C.L.F. | 118 | 100 | | 218 | 280 |
| 0100 | #2 | | 2 | 4 | | 142 | 110 | | 252 | 320 |
| 0200 | #1 | | 2 | 4 | | 157 | 110 | | 267 | 340 |
| 0400 | 1/0 | | 1.90 | 4.211 | | 181 | 116 | | 297 | 375 |
| 0600 | 2/0 | | 1.80 | 4.444 | | 220 | 122 | | 342 | 425 |
| 0800 | 4/0 | | 1.60 | 5 | | 295 | 138 | | 433 | 530 |
| 1000 | 250 MCM | | 1.50 | 5.333 | | 325 | 147 | | 472 | 580 |
| 1200 | 350 MCM | | 1.30 | 6.154 | | 445 | 169 | | 614 | 745 |
| 1400 | 500 MCM | | 1.20 | 6.667 | | 565 | 183 | | 748 | 895 |
| 1600 | 15 KV, ungrounded neutral, #1 | | 2 | 4 | | 186 | 110 | | 296 | 370 |
| 1800 | 1/0 | | 1.90 | 4.211 | | 230 | 116 | | 346 | 425 |
| 2000 | 2/0 | | 1.80 | 4.444 | | 260 | 122 | | 382 | 470 |
| 2200 | 4/0 | | 1.60 | 5 | | 345 | 138 | | 483 | 585 |
| 2400 | 250 MCM | | 1.50 | 5.333 | | 360 | 147 | | 507 | 615 |
| 2600 | 350 MCM | | 1.30 | 6.154 | | 485 | 169 | | 654 | 790 |
| 2800 | 500 MCM | | 1.20 | 6.667 | | 605 | 183 | | 788 | 940 |
| 3000 | 25 KV, grounded neutral, #1/0 | | 1.80 | 4.444 | | 325 | 122 | | 447 | 545 |
| 3200 | 2/0 | | 1.70 | 4.706 | | 345 | 129 | | 474 | 575 |
| 3400 | 4/0 | | 1.50 | 5.333 | | 430 | 147 | | 577 | 695 |
| 3600 | 250 MCM | | 1.40 | 5.714 | | 540 | 157 | | 697 | 830 |
| 3800 | 350 MCM | | 1.20 | 6.667 | | 630 | 183 | | 813 | 970 |
| 3900 | 500 MCM | | 1.10 | 7.273 | | 745 | 200 | | 945 | 1,125 |
| 4000 | 35 KV, grounded neutral, #1/0 | | 1.70 | 4.706 | | 350 | 129 | | 479 | 580 |
| 4200 | 2/0 | | 1.60 | 5 | | 395 | 138 | | 533 | 640 |
| 4400 | 4/0 | | 1.40 | 5.714 | | 495 | 157 | | 652 | 780 |
| 4600 | 250 MCM | | 1.30 | 6.154 | | 585 | 169 | | 754 | 900 |
| 4800 | 350 MCM | | 1.10 | 7.273 | | 695 | 200 | | 895 | 1,075 |
| 5000 | 500 MCM | | 1 | 8 | | 820 | 220 | | 1,040 | 1,225 |
| 5050 | Aluminum, CLP shielding, 5KV, #2 | | 2.50 | 3.200 | | 125 | 88 | | 213 | 270 |
| 5070 | #1 | | 2.20 | 3.636 | | 130 | 100 | | 230 | 293 |
| 5090 | 1/0 | | 2 | 4 | | 150 | 110 | | 260 | 330 |
| 5100 | 2/0 | | 1.90 | 4.211 | | 175 | 116 | | 291 | 365 |
| 5150 | 4/0 | | 1.80 | 4.444 | | 205 | 122 | | 327 | 410 |
| 5200 | 250 MCM | | 1.60 | 5 | | 240 | 138 | | 378 | 470 |
| 5220 | 350 MCM | | 1.50 | 5.333 | | 275 | 147 | | 422 | 525 |

## 161 | Conductors and Grounding

| | 161 100 | Conductors | CREW | DAILY OUTPUT | MAN-HOURS | UNIT | 1994 BARE COSTS | | | | TOTAL INCL O&P | |
|---|---|---|---|---|---|---|---|---|---|---|---|---|
| | | | | | | | MAT. | LABOR | EQUIP. | TOTAL | | |
| 150 | 5240 | 500 MCM | 1 Elec | 1.30 | 6.154 | C.L.F. | 375 | 169 | | 544 | 670 | 150 |
| | 5260 | 750 MCM | | 1.20 | 6.667 | | 490 | 183 | | 673 | 815 | |
| | 5300 | 15 KV aluminum, CLP, #1 | | 2.20 | 3.636 | | 165 | 100 | | 265 | 330 | |
| | 5320 | 1/0 | | 2 | 4 | | 170 | 110 | | 280 | 350 | |
| | 5340 | 2/0 | | 1.90 | 4.211 | | 200 | 116 | | 316 | 395 | |
| | 5360 | 4/0 | | 1.80 | 4.444 | | 225 | 122 | | 347 | 430 | |
| | 5380 | 250 MCM | | 1.60 | 5 | | 265 | 138 | | 403 | 500 | |
| | 5400 | 350 MCM | | 1.50 | 5.333 | | 285 | 147 | | 432 | 535 | |
| | 5420 | 500 MCM | | 1.30 | 6.154 | | 420 | 169 | | 589 | 715 | |
| | 5440 | 750 MCM | | 1.20 | 6.667 | | 550 | 183 | | 733 | 880 | |
| 155 | 0010 | **SPECIAL WIRES & FITTINGS** | | | | | | | | | | 155 |
| | 0100 | Fixture TFFN 600 volt 90° stranded, #18 | 1 Elec | 13 | .615 | C.L.F. | 4.95 | 16.90 | | 21.85 | 31 | |
| | 0150 | #16 | | 13 | .615 | | 6.15 | 16.90 | | 23.05 | 32.50 | |
| | 0500 | Thermostat, no jacket, twisted, #18-2 conductor | | 8 | 1 | | 8 | 27.50 | | 35.50 | 50.50 | |
| | 0550 | #18-3 conductor | | 7 | 1.143 | | 11 | 31.50 | | 42.50 | 59.50 | |
| | 0600 | #18-4 conductor | | 6.50 | 1.231 | | 15.40 | 34 | | 49.40 | 68 | |
| | 0650 | #18-5 conductor | | 6 | 1.333 | | 18.50 | 36.50 | | 55 | 75.50 | |
| | 0700 | #18-6 conductor | | 5.50 | 1.455 | | 23 | 40 | | 63 | 85.50 | |
| | 0750 | #18-7 conductor | | 5 | 1.600 | | 25 | 44 | | 69 | 93.50 | |
| | 0800 | #18-8 conductor | | 4.80 | 1.667 | | 30 | 46 | | 76 | 102 | |
| | 0900 | TV antenna lead-in, 300 ohm, #20-2 conductor | | 7 | 1.143 | | 13.05 | 31.50 | | 44.55 | 62 | |
| | 0950 | Coaxial, feeder outlet | | 7 | 1.143 | | 14.10 | 31.50 | | 45.60 | 63 | |
| | 1000 | Coaxial, main riser | | 6 | 1.333 | | 21 | 36.50 | | 57.50 | 78 | |
| | 1100 | Sound, shielded with drain, #22-2 conductor | | 8 | 1 | | 16.85 | 27.50 | | 44.35 | 60 | |
| | 1150 | #22-3 conductor | | 7.50 | 1.067 | | 22 | 29.50 | | 51.50 | 68.50 | |
| | 1200 | #22-4 conductor | | 6.50 | 1.231 | | 23.50 | 34 | | 57.50 | 77 | |
| | 1250 | Nonshielded, #22-2 conductor | | 10 | .800 | | 10.40 | 22 | | 32.40 | 44.50 | |
| | 1300 | #22-3 conductor | | 9 | .889 | | 16.90 | 24.50 | | 41.40 | 55.50 | |
| | 1350 | #22-4 conductor | | 8 | 1 | | 23 | 27.50 | | 50.50 | 67 | |
| | 1400 | Microphone cable | | 8 | 1 | | 47 | 27.50 | | 74.50 | 93 | |
| | 1500 | Fire alarm FEP teflon 150 volt to 200° centigrade | | | | | | | | | | |
| | 1550 | #22, 1 pair | 1 Elec | 10 | .800 | C.L.F. | 56 | 22 | | 78 | 94.50 | |
| | 1600 | 2 pair | | 8 | 1 | | 93 | 27.50 | | 120.50 | 144 | |
| | 1650 | 4 pair | | 7 | 1.143 | | 143 | 31.50 | | 174.50 | 205 | |
| | 1700 | 6 pair | | 6 | 1.333 | | 186 | 36.50 | | 222.50 | 259 | |
| | 1750 | 8 pair | | 5.50 | 1.455 | | 233 | 40 | | 273 | 315 | |
| | 1800 | 10 pair | | 5 | 1.600 | | 281 | 44 | | 325 | 375 | |
| | 1850 | #18, 1 pair | | 8 | 1 | | 64 | 27.50 | | 91.50 | 112 | |
| | 1900 | 2 pair | | 6.50 | 1.231 | | 122 | 34 | | 156 | 185 | |
| | 1950 | 4 pair | | 4.80 | 1.667 | | 186 | 46 | | 232 | 273 | |
| | 2000 | 6 pair | | 4 | 2 | | 244 | 55 | | 299 | 350 | |
| | 2050 | 8 pair | | 3.50 | 2.286 | | 320 | 63 | | 383 | 445 | |
| | 2100 | 10 pair | | 3 | 2.667 | | 365 | 73.50 | | 438.50 | 510 | |
| | 2200 | Telephone twisted, PVC insulation, #22-2 conductor | | 10 | .800 | | 11.15 | 22 | | 33.15 | 45.50 | |
| | 2250 | #22-3 conductor | | 9 | .889 | | 11.80 | 24.50 | | 36.30 | 50 | |
| | 2300 | #22-4 conductor | | 8 | 1 | | 15.25 | 27.50 | | 42.75 | 58.50 | |
| | 2350 | #19-2 conductor | | 9 | .889 | | 11.80 | 24.50 | | 36.30 | 50 | |
| | 2500 | Tray cable, type TC, copper #14, 2 conductor | | 9 | .889 | | 17 | 24.50 | | 41.50 | 55.50 | |
| | 2520 | 3 conductor | | 8 | 1 | | 24.50 | 27.50 | | 52 | 68.50 | |
| | 2540 | 4 conductor | | 7 | 1.143 | | 28 | 31.50 | | 59.50 | 78.50 | |
| | 2560 | 5 conductor | | 6.50 | 1.231 | | 38 | 34 | | 72 | 93 | |
| | 2580 | 6 conductor | | 6 | 1.333 | | 45 | 36.50 | | 81.50 | 105 | |
| | 2600 | 8 conductor | | 5.30 | 1.509 | | 52 | 41.50 | | 93.50 | 120 | |
| | 2620 | 10 conductor | | 4.80 | 1.667 | | 63 | 46 | | 109 | 139 | |
| | 2640 | 300V, copper braided shield, PVC jacket | | | | | | | | | | |
| | 2650 | 2 conductor #18 stranded | 1 Elec | 7 | 1.143 | C.L.F. | 34 | 31.50 | | 65.50 | 85 | |

## 161 | Conductors and Grounding

### 161 100 | Conductors

| | | | CREW | DAILY OUTPUT | MAN-HOURS | UNIT | 1994 BARE COSTS MAT. | LABOR | EQUIP. | TOTAL | TOTAL INCL O&P | |
|---|---|---|---|---|---|---|---|---|---|---|---|---|
| 155 | 2660 | 3 conductor #18 | 1 Elec | 6 | 1.333 | C.L.F. | 54.50 | 36.50 | | 91 | 115 | 155 |
| | 3000 | Strain relief grip for cable | | | | | | | | | | |
| | 3050 | Cord, top, #12-3 | 1 Elec | 40 | .200 | Ea. | 10.50 | 5.50 | | 16 | 19.80 | |
| | 3060 | #12-4 | | 40 | .200 | | 10.50 | 5.50 | | 16 | 19.80 | |
| | 3070 | #12-5 | | 39 | .205 | | 12.85 | 5.65 | | 18.50 | 22.50 | |
| | 3100 | #10-3 | | 39 | .205 | | 12.85 | 5.65 | | 18.50 | 22.50 | |
| | 3110 | #10-4 | | 38 | .211 | | 12.85 | 5.80 | | 18.65 | 23 | |
| | 3120 | #10-5 | | 38 | .211 | | 13.90 | 5.80 | | 19.70 | 24 | |
| | 3200 | Bottom, #12-3 | | 40 | .200 | | 25 | 5.50 | | 30.50 | 36 | |
| | 3210 | #12-4 | | 40 | .200 | | 25 | 5.50 | | 30.50 | 36 | |
| | 3220 | #12-5 | | 39 | .205 | | 28 | 5.65 | | 33.65 | 39.50 | |
| | 3230 | #10-3 | | 39 | .205 | | 30 | 5.65 | | 35.65 | 41.50 | |
| | 3300 | #10-4 | | 38 | .211 | | 34 | 5.80 | | 39.80 | 46 | |
| | 3310 | #10-5 | | 38 | .211 | | 37 | 5.80 | | 42.80 | 49 | |
| | 3500 | Coaxial connectors, 50 ohm impedance quick disconnect | | | | | | | | | | |
| | 3540 | BNC plug, for RG A/U #58 cable | 1 Elec | 42 | .190 | Ea. | 3.45 | 5.25 | | 8.70 | 11.70 | |
| | 3550 | RG A/U #59 cable | | 42 | .190 | | 3.45 | 5.25 | | 8.70 | 11.70 | |
| | 3560 | RG A/U #62 cable | | 42 | .190 | | 3.45 | 5.25 | | 8.70 | 11.70 | |
| | 3600 | BNC jack, for RG A/U #58 cable | | 42 | .190 | | 3.45 | 5.25 | | 8.70 | 11.70 | |
| | 3610 | RG A/U #59 cable | | 42 | .190 | | 3.45 | 5.25 | | 8.70 | 11.70 | |
| | 3620 | RG A/U #62 cable | | 42 | .190 | | 3.45 | 5.25 | | 8.70 | 11.70 | |
| | 3660 | BNC panel jack, for RG A/U #58 cable | | 40 | .200 | | 7.25 | 5.50 | | 12.75 | 16.25 | |
| | 3670 | RG A/U #59 cable | | 40 | .200 | | 7.25 | 5.50 | | 12.75 | 16.25 | |
| | 3680 | RG A/U #62 cable | | 40 | .200 | | 7.25 | 5.50 | | 12.75 | 16.25 | |
| | 3720 | BNC bulkhead jack, for RG A/U #58 cable | | 40 | .200 | | 7.75 | 5.50 | | 13.25 | 16.80 | |
| | 3730 | RG A/U 59 cable | | 40 | .200 | | 7.75 | 5.50 | | 13.25 | 16.80 | |
| | 3740 | RG A/U 62 cable | | 40 | .200 | | 7.75 | 5.50 | | 13.25 | 16.80 | |
| | 3850 | Coaxial cable, RG A/U 58, 50 ohm | | 8 | 1 | C.L.F. | 19 | 27.50 | | 46.50 | 62.50 | |
| | 3860 | RG A/U 59, 75 ohm | | 8 | 1 | | 18 | 27.50 | | 45.50 | 61.50 | |
| | 3870 | RG A/U 62, 93 ohm | | 8 | 1 | | 18 | 27.50 | | 45.50 | 61.50 | |
| | 3950 | RG A/U 58, 50 ohm fire rated | | 8 | 1 | | 130 | 27.50 | | 157.50 | 185 | |
| | 3960 | RG A/U 59, 75 ohm fire rated | | 8 | 1 | | 130 | 27.50 | | 157.50 | 185 | |
| | 3970 | RG A/U 62, 93 ohm fire rated | | 8 | 1 | | 120 | 27.50 | | 147.50 | 174 | |
| 160 | 0010 | **UNDERCARPET** | R161 -160 | | | | | | | | | 160 |
| | 0020 | Power System | | | | | | | | | | |
| | 0100 | Cable flat, 3 conductor, #12, w/attached bottom shield | 1 Elec | 982 | .008 | L.F. | 3.35 | .22 | | 3.57 | 4.02 | |
| | 0200 | Shield, top, steel | | 1,768 | .005 | | 3.55 | .12 | | 3.67 | 4.10 | |
| | 0250 | Splice, 3 conductor | | 48 | .167 | Ea. | 10.30 | 4.58 | | 14.88 | 18.25 | |
| | 0300 | Top shield | | 96 | .083 | | .90 | 2.29 | | 3.19 | 4.44 | |
| | 0350 | Tap | | 40 | .200 | | 13.20 | 5.50 | | 18.70 | 23 | |
| | 0400 | Insulating patch, splice, tap, & end | | 48 | .167 | | 30 | 4.58 | | 34.58 | 40 | |
| | 0450 | Fold | | 230 | .035 | | | .96 | | .96 | 1.44 | |
| | 0500 | Top shield, tap & fold | | 96 | .083 | | .90 | 2.29 | | 3.19 | 4.44 | |
| | 0700 | Transition, block assembly | | 77 | .104 | | 23 | 2.86 | | 25.86 | 30 | |
| | 0750 | Receptacle frame & base | | 32 | .250 | | 24 | 6.90 | | 30.90 | 37 | |
| | 0800 | Cover receptacle | | 120 | .067 | | 2.20 | 1.83 | | 4.03 | 5.20 | |
| | 0850 | Cover blank | | 160 | .050 | | 2.60 | 1.38 | | 3.98 | 4.93 | |
| | 0860 | Receptacle, direct connected, single | | 25 | .320 | | 60 | 8.80 | | 68.80 | 79.50 | |
| | 0870 | Dual | | 16 | .500 | | 99 | 13.75 | | 112.75 | 130 | |
| | 0880 | Combination Hi & Lo, tension | | 21 | .381 | | 70 | 10.50 | | 80.50 | 93 | |
| | 0900 | Box, floor with cover | | 20 | .400 | | 60 | 11 | | 71 | 82.50 | |
| | 0920 | Floor service w/barrier | | 4 | 2 | | 170 | 55 | | 225 | 270 | |
| | 1000 | Wall, surface, with cover | | 20 | .400 | | 36 | 11 | | 47 | 56 | |
| | 1100 | Wall, flush, with cover | | 20 | .400 | | 26 | 11 | | 37 | 45 | |
| | 1200 | | | | | | | | | | | |

See the Reference Section for reference number information, Crew Listings and City Cost Indexes

## 161 | Conductors and Grounding

### 161 100 | Conductors

| | | | CREW | DAILY OUTPUT | MAN-HOURS | UNIT | 1994 BARE COSTS | | | | TOTAL INCL O&P |
|---|---|---|---|---|---|---|---|---|---|---|---|
| | | | | | | | MAT. | LABOR | EQUIP. | TOTAL | |
| 160 | 1450 | Cable, flat, 5 conductor #12, w/attached bottom shield | 1 Elec | 800 | .010 | L.F. | 5.65 | .28 | | 5.93 | 6.60 |
| | 1550 | Shield, top, steel | | 1,768 | .005 | " | 5.60 | .12 | | 5.72 | 6.35 |
| | 1600 | Splice, 5 conductor | | 48 | .167 | Ea. | 17.10 | 4.58 | | 21.68 | 25.50 |
| | 1650 | Top shield | | 96 | .083 | | .90 | 2.29 | | 3.19 | 4.44 |
| | 1700 | Tap | | 48 | .167 | | 22 | 4.58 | | 26.58 | 31 |
| | 1750 | Insulating patch, splice tap, & end | | 83 | .096 | | 30 | 2.65 | | 32.65 | 37 |
| | 1800 | Transition, block assembly | | 77 | .104 | | 32 | 2.86 | | 34.86 | 39.50 |
| | 1850 | Box, wall, flush with cover | | 20 | .400 | | 34 | 11 | | 45 | 54 |
| | 1900 | Cable, flat, 4 conductor, #12 | | 933 | .009 | L.F. | 4.60 | .24 | | 4.84 | 5.40 |
| | 1950 | 3 conductor #10 | | 982 | .008 | | 3.90 | .22 | | 4.12 | 4.63 |
| | 1960 | 4 conductor #10 | | 933 | .009 | | 5.15 | .24 | | 5.39 | 6 |
| | 1970 | 5 conductor #10 | | 884 | .009 | | 6.35 | .25 | | 6.60 | 7.35 |
| | 2500 | Telephone System | | | | | | | | | |
| | 2510 | Transition fitting wall box, surface | 1 Elec | 24 | .333 | Ea. | 20 | 9.15 | | 29.15 | 36 |
| | 2520 | Flush | | 24 | .333 | | 20 | 9.15 | | 29.15 | 36 |
| | 2530 | Flush, for PC board | | 24 | .333 | | 20 | 9.15 | | 29.15 | 36 |
| | 2540 | Floor service box | | 4 | 2 | | 170 | 55 | | 225 | 270 |
| | 2550 | Cover, surface | | | | | 9.50 | | | 9.50 | 10.45 |
| | 2560 | Flush | | | | | 9.50 | | | 9.50 | 10.45 |
| | 2570 | Flush for PC board | | | | | 9.50 | | | 9.50 | 10.45 |
| | 2700 | Floor fitting w/duplex jack & cover | 1 Elec | 21 | .381 | | 27.50 | 10.50 | | 38 | 46.50 |
| | 2720 | Low profile | | 53 | .151 | | 9.60 | 4.15 | | 13.75 | 16.80 |
| | 2740 | Miniature w/duplex jack | | 53 | .151 | | 15 | 4.15 | | 19.15 | 23 |
| | 2760 | 25 pair kit | | 21 | .381 | | 29.50 | 10.50 | | 40 | 48.50 |
| | 2780 | Low profile | | 53 | .151 | | 9.85 | 4.15 | | 14 | 17.10 |
| | 2800 | Call director kit for 5 cable | | 19 | .421 | | 47 | 11.60 | | 58.60 | 69 |
| | 2820 | 4 pair kit | | 19 | .421 | | 56 | 11.60 | | 67.60 | 79 |
| | 2840 | 3 pair kit | | 19 | .421 | | 59 | 11.60 | | 70.60 | 82.50 |
| | 2860 | Comb. 25 pair & 3 cond power | | 21 | .381 | | 47 | 10.50 | | 57.50 | 67.50 |
| | 2880 | 5 cond power | | 21 | .381 | | 53 | 10.50 | | 63.50 | 74.50 |
| | 2900 | PC board, 8-3 pair | | 161 | .050 | | 40 | 1.37 | | 41.37 | 46 |
| | 2920 | 6-4 pair | | 161 | .050 | | 40 | 1.37 | | 41.37 | 46 |
| | 2940 | 3 pair adapter | | 161 | .050 | | 40 | 1.37 | | 41.37 | 46 |
| | 2950 | Plug | | 77 | .104 | | 1.65 | 2.86 | | 4.51 | 6.10 |
| | 2960 | Couplers | | 321 | .025 | | 4.80 | .69 | | 5.49 | 6.35 |
| | 3000 | Bottom shield for 25 pr. cable | | 4,420 | .002 | L.F. | .54 | .05 | | .59 | .66 |
| | 3020 | 4 pair | | 4,420 | .002 | | .21 | .05 | | .26 | .30 |
| | 3040 | Top shield for 25 pr. cable | | 4,420 | .002 | | .54 | .05 | | .59 | .66 |
| | 3100 | Cable assembly, double-end, 50', 25 pr. | | 11.80 | .678 | Ea. | 118 | 18.65 | | 136.65 | 158 |
| | 3110 | 3 pair | | 23.60 | .339 | | 41 | 9.30 | | 50.30 | 59 |
| | 3120 | 4 pair | | 23.60 | .339 | | 46 | 9.30 | | 55.30 | 64.50 |
| | 3140 | Bulk 3 pair | | 1,473 | .005 | L.F. | .55 | .15 | | .70 | .83 |
| | 3160 | 4 pair | | 1,473 | .005 | " | .65 | .15 | | .80 | .93 |
| | 3500 | Data System | | | | | | | | | |
| | 3520 | Cable 25 conductor w/conn. 40', 75 ohm | 1 Elec | 14.50 | .552 | Ea. | 46 | 15.15 | | 61.15 | 73.50 |
| | 3530 | Single lead | | 22 | .364 | | 122 | 10 | | 132 | 149 |
| | 3540 | Dual lead | | 22 | .364 | | 156 | 10 | | 166 | 187 |
| | 3560 | Shields same for 25 cond. as 25 pair tele. | | | | | | | | | |
| | 3570 | Single & dual, none req'd. | | | | | | | | | |
| | 3590 | BNC coax connectors, Plug | 1 Elec | 40 | .200 | Ea. | 5.60 | 5.50 | | 11.10 | 14.40 |
| | 3600 | TNC coax connectors, Plug | " | 40 | .200 | " | 5.60 | 5.50 | | 11.10 | 14.40 |
| | 3700 | Cable-bulk | | | | | | | | | |
| | 3710 | Single lead | 1 Elec | 1,473 | .005 | L.F. | 2.55 | .15 | | 2.70 | 3.02 |
| | 3720 | Dual lead | " | 1,473 | .005 | " | 3.35 | .15 | | 3.50 | 3.90 |
| | 3730 | Hand tool crimp | | | | Ea. | 260 | | | 260 | 286 |
| | 3740 | Hand tool notch | | | | " | 14 | | | 14 | 15.40 |

## 161 | Conductors and Grounding

### 161 100 | Conductors

| | | | CREW | DAILY OUTPUT | MAN-HOURS | UNIT | 1994 BARE COSTS MAT. | LABOR | EQUIP. | TOTAL | TOTAL INCL O&P | |
|---|---|---|---|---|---|---|---|---|---|---|---|---|
| 160 | 3750 | Boxes & floor fitting same as telephone | | | | | | | | | | 160 |
| | 3790 | Data cable notching, 90° | 1 Elec | 97 | .082 | Ea. | | 2.27 | | 2.27 | 3.41 | |
| | 3800 | 180° | | 60 | .133 | | | 3.67 | | 3.67 | 5.50 | |
| | 8100 | Drill floor | | 160 | .050 | | 1.30 | 1.38 | | 2.68 | 3.50 | |
| | 8200 | Marking floor | | 1,600 | .005 | L.F. | | .14 | | .14 | .21 | |
| | 8300 | Tape, hold down | | 6,400 | .001 | " | .13 | .03 | | .16 | .19 | |
| | 8350 | Tape primer, 500 ft. per can | | 96 | .083 | Ea. | 18.50 | 2.29 | | 20.79 | 24 | |
| | 8400 | Tool, splicing | | | | " | 190 | | | 190 | 209 | |
| 165 | 0010 | WIRE | | | | | | | | | | 165 |
| | 0020 | 600 volt type THW, copper solid, #14 | 1 Elec | 13 | .615 | C.L.F. | 4.70 | 16.90 | | 21.60 | 30.50 | |
| | 0030 | #12 | | 11 | .727 | | 6.50 | 20 | | 26.50 | 37 | |
| | 0040 | #10 | | 10 | .800 | | 9.90 | 22 | | 31.90 | 44 | |
| | 0050 | Stranded #14 | | 13 | .615 | | 5.60 | 16.90 | | 22.50 | 31.50 | |
| | 0100 | #12 | | 11 | .727 | | 7.65 | 20 | | 27.65 | 38.50 | |
| | 0120 | #10 | | 10 | .800 | | 11.80 | 22 | | 33.80 | 46 | |
| | 0140 | #8 | | 8 | 1 | | 19.10 | 27.50 | | 46.60 | 62.50 | |
| | 0160 | #6 | | 6.50 | 1.231 | | 25.50 | 34 | | 59.50 | 79 | |
| | 0180 | #4 | | 5.30 | 1.509 | | 39.50 | 41.50 | | 81 | 106 | |
| | 0200 | #3 | | 5 | 1.600 | | 48 | 44 | | 92 | 119 | |
| | 0220 | #2 | | 4.50 | 1.778 | | 61.50 | 49 | | 110.50 | 141 | |
| | 0240 | #1 | | 4 | 2 | | 83 | 55 | | 138 | 174 | |
| | 0260 | 1/0 | | 3.30 | 2.424 | | 95 | 66.50 | | 161.50 | 205 | |
| | 0280 | 2/0 | | 2.90 | 2.759 | | 115 | 76 | | 191 | 241 | |
| | 0300 | 3/0 | | 2.50 | 3.200 | | 145 | 88 | | 233 | 292 | |
| | 0350 | 4/0 | | 2.20 | 3.636 | | 185 | 100 | | 285 | 355 | |
| | 0400 | 250 MCM(kcmil) | | 2 | 4 | | 220 | 110 | | 330 | 405 | |
| | 0420 | 300 MCM | | 1.90 | 4.211 | | 270 | 116 | | 386 | 470 | |
| | 0450 | 350 MCM | | 1.80 | 4.444 | | 300 | 122 | | 422 | 515 | |
| | 0480 | 400 MCM | | 1.70 | 4.706 | | 360 | 129 | | 489 | 590 | |
| | 0490 | 500 MCM | | 1.60 | 5 | | 420 | 138 | | 558 | 665 | |
| | 0500 | 600 MCM | | 1.30 | 6.154 | | 575 | 169 | | 744 | 890 | |
| | 0510 | 750 MCM | | 1.10 | 7.273 | | 705 | 200 | | 905 | 1,075 | |
| | 0520 | 1000 MCM | | .90 | 8.889 | | 1,075 | 244 | | 1,319 | 1,550 | |
| | 0530 | Aluminum, stranded, #8 | | 9 | .889 | | 10.80 | 24.50 | | 35.30 | 49 | |
| | 0540 | #6 | | 8 | 1 | | 13.50 | 27.50 | | 41 | 56.50 | |
| | 0560 | #4 | | 6.50 | 1.231 | | 17 | 34 | | 51 | 69.50 | |
| | 0580 | #2 | | 5.30 | 1.509 | | 23 | 41.50 | | 64.50 | 88 | |
| | 0600 | #1 | | 4.50 | 1.778 | | 34 | 49 | | 83 | 111 | |
| | 0620 | 1/0 | | 4 | 2 | | 39 | 55 | | 94 | 126 | |
| | 0640 | 2/0 | | 3.60 | 2.222 | | 46 | 61 | | 107 | 143 | |
| | 0680 | 3/0 | | 3.30 | 2.424 | | 57.50 | 66.50 | | 124 | 164 | |
| | 0700 | 4/0 | | 3.10 | 2.581 | | 64 | 71 | | 135 | 178 | |
| | 0720 | 250 MCM | | 2.90 | 2.759 | | 77 | 76 | | 153 | 199 | |
| | 0740 | 300 MCM | | 2.70 | 2.963 | | 105 | 81.50 | | 186.50 | 239 | |
| | 0760 | 350 MCM | | 2.50 | 3.200 | | 109 | 88 | | 197 | 252 | |
| | 0780 | 400 MCM | | 2.30 | 3.478 | | 125 | 95.50 | | 220.50 | 282 | |
| | 0800 | 500 MCM | | 2 | 4 | | 140 | 110 | | 250 | 320 | |
| | 0850 | 600 MCM | | 1.90 | 4.211 | | 178 | 116 | | 294 | 370 | |
| | 0880 | 700 MCM | | 1.70 | 4.706 | | 200 | 129 | | 329 | 415 | |
| | 0900 | 750 MCM | | 1.60 | 5 | | 203 | 138 | | 341 | 430 | |
| | 0920 | Type THWN-THHN, copper, solid, #14 | | 13 | .615 | | 4.25 | 16.90 | | 21.15 | 30 | |
| | 0940 | #12 | | 11 | .727 | | 6.10 | 20 | | 26.10 | 36.50 | |
| | 0960 | #10 | | 10 | .800 | | 9.80 | 22 | | 31.80 | 44 | |
| | 1000 | Stranded, #14 | | 13 | .615 | | 5 | 16.90 | | 21.90 | 31 | |
| | 1200 | #12 | | 11 | .727 | | 7.10 | 20 | | 27.10 | 38 | |
| | 1250 | #10 | | 10 | .800 | | 11.70 | 22 | | 33.70 | 46 | |

## 161 | Conductors and Grounding

| 161 100 | Conductors | CREW | DAILY OUTPUT | MAN-HOURS | UNIT | 1994 BARE COSTS ||||  TOTAL INCL O&P |
|---|---|---|---|---|---|---|---|---|---|---|
| | | | | | | MAT. | LABOR | EQUIP. | TOTAL | |
| 1300 | #8 | 1 Elec | 8 | 1 | C.L.F. | 18.90 | 27.50 | | 46.40 | 62.50 |
| 1350 | #6 | | 6.50 | 1.231 | | 25.50 | 34 | | 59.50 | 79 |
| 1400 | #4 | | 5.30 | 1.509 | | 41 | 41.50 | | 82.50 | 108 |
| 1450 | #3 | | 5 | 1.600 | | 52 | 44 | | 96 | 123 |
| 1500 | #2 | | 4.50 | 1.778 | | 68 | 49 | | 117 | 149 |
| 1550 | #1 | | 4 | 2 | | 90 | 55 | | 145 | 182 |
| 1600 | 1/0 | | 3.30 | 2.424 | | 110 | 66.50 | | 176.50 | 221 |
| 1650 | 2/0 | | 2.90 | 2.759 | | 129 | 76 | | 205 | 256 |
| 1700 | 3/0 | | 2.50 | 3.200 | | 160 | 88 | | 248 | 310 |
| 2000 | 4/0 | | 2.20 | 3.636 | | 195 | 100 | | 295 | 365 |
| 2200 | 250 MCM | | 2 | 4 | | 230 | 110 | | 340 | 420 |
| 2400 | 300 MCM | | 1.90 | 4.211 | | 275 | 116 | | 391 | 480 |
| 2600 | 350 MCM | | 1.80 | 4.444 | | 310 | 122 | | 432 | 525 |
| 2700 | 400 MCM | | 1.70 | 4.706 | | 370 | 129 | | 499 | 600 |
| 2800 | 500 MCM | | 1.60 | 5 | | 435 | 138 | | 573 | 685 |
| 2900 | 600 volt, copper type XHHW, solid, #14 | | 13 | .615 | | 7.95 | 16.90 | | 24.85 | 34.50 |
| 2920 | #12 | | 11 | .727 | | 11 | 20 | | 31 | 42 |
| 2940 | #10 | | 10 | .800 | | 14.75 | 22 | | 36.75 | 49.50 |
| 3000 | Stranded, #14 | | 13 | .615 | | 10.25 | 16.90 | | 27.15 | 37 |
| 3020 | #12 | | 11 | .727 | | 12.40 | 20 | | 32.40 | 43.50 |
| 3040 | #10 | | 10 | .800 | | 18 | 22 | | 40 | 53 |
| 3060 | #8 | | 8 | 1 | | 24.50 | 27.50 | | 52 | 68.50 |
| 3080 | #6 | | 6.50 | 1.231 | | 27.50 | 34 | | 61.50 | 81.50 |
| 3100 | #4 | | 5.30 | 1.509 | | 43 | 41.50 | | 84.50 | 110 |
| 3120 | #2 | | 4.50 | 1.778 | | 64 | 49 | | 113 | 144 |
| 3140 | #1 | | 4 | 2 | | 85 | 55 | | 140 | 176 |
| 3160 | 1/0 | | 3.30 | 2.424 | | 103 | 66.50 | | 169.50 | 213 |
| 3180 | 2/0 | | 2.90 | 2.759 | | 127 | 76 | | 203 | 254 |
| 3200 | 3/0 | | 2.50 | 3.200 | | 157 | 88 | | 245 | 305 |
| 3220 | 4/0 | | 2.20 | 3.636 | | 190 | 100 | | 290 | 360 |
| 3240 | 250 MCM | | 2 | 4 | | 235 | 110 | | 345 | 425 |
| 3260 | 300 MCM | | 1.90 | 4.211 | | 280 | 116 | | 396 | 485 |
| 3280 | 350 MCM | | 1.80 | 4.444 | | 320 | 122 | | 442 | 535 |
| 3300 | 400 MCM | | 1.70 | 4.706 | | 370 | 129 | | 499 | 600 |
| 3320 | 500 MCM | | 1.60 | 5 | | 435 | 138 | | 573 | 685 |
| 3340 | 600 MCM | | 1.30 | 6.154 | | 600 | 169 | | 769 | 915 |
| 3360 | 750 MCM | | 1.10 | 7.273 | | 740 | 200 | | 940 | 1,125 |
| 3380 | 1000 MCM | | .80 | 10 | | 1,175 | 275 | | 1,450 | 1,725 |
| 4210 | 600 volt, copper type THW-MTW, stranded, #14 | | 13 | .615 | | 7.15 | 16.90 | | 24.05 | 33.50 |
| 4220 | #12 | | 11 | .727 | | 10.15 | 20 | | 30.15 | 41 |
| 4240 | #10 | | 10 | .800 | | 14.25 | 22 | | 36.25 | 48.50 |
| 4260 | #8 | | 8 | 1 | | 23 | 27.50 | | 50.50 | 67 |
| 5000 | 600 volt, aluminum type XHHW, stranded, #8 | | 9 | .889 | | 12.50 | 24.50 | | 37 | 51 |
| 5020 | #6 | | 8 | 1 | | 13.50 | 27.50 | | 41 | 56.50 |
| 5040 | #4 | | 6.50 | 1.231 | | 17.50 | 34 | | 51.50 | 70.50 |
| 5060 | #2 | | 5.30 | 1.509 | | 23.50 | 41.50 | | 65 | 88.50 |
| 5080 | #1 | | 4.50 | 1.778 | | 35.50 | 49 | | 84.50 | 113 |
| 5100 | 1/0 | | 4 | 2 | | 39.50 | 55 | | 94.50 | 126 |
| 5120 | 2/0 | | 3.60 | 2.222 | | 47 | 61 | | 108 | 144 |
| 5140 | 3/0 | | 3.30 | 2.424 | | 58 | 66.50 | | 124.50 | 164 |
| 5160 | 4/0 | | 3.10 | 2.581 | | 65 | 71 | | 136 | 179 |
| 5180 | 250 MCM | | 2.90 | 2.759 | | 78 | 76 | | 154 | 200 |
| 5200 | 300 MCM | | 2.70 | 2.963 | | 106 | 81.50 | | 187.50 | 240 |
| 5220 | 350 MCM | | 2.50 | 3.200 | | 110 | 88 | | 198 | 253 |
| 5240 | 400 MCM | | 2.30 | 3.478 | | 125 | 95.50 | | 220.50 | 282 |
| 5260 | 500 MCM | | 2 | 4 | | 140 | 110 | | 250 | 320 |

## 161 | Conductors and Grounding

### 161 100 | Conductors

| | | CREW | DAILY OUTPUT | MAN-HOURS | UNIT | 1994 BARE COSTS | | | | TOTAL INCL O&P |
|---|---|---|---|---|---|---|---|---|---|---|
| | | | | | | MAT. | LABOR | EQUIP. | TOTAL | |
| 5280 | 600 MCM | 1 Elec | 1.90 | 4.211 | C.L.F. | 180 | 116 | | 296 | 370 |
| 5300 | 700 MCM | | 1.80 | 4.444 | | 200 | 122 | | 322 | 405 |
| 5320 | 750 MCM | | 1.70 | 4.706 | | 205 | 129 | | 334 | 420 |
| 5340 | 1000 MCM | | 1.20 | 6.667 | | 310 | 183 | | 493 | 615 |
| 5400 | 600 volt, copper type XLPE-USE, solid, #12 | | 11 | .727 | | 11.40 | 20 | | 31.40 | 42.50 |
| 5420 | #10 | | 10 | .800 | | 15 | 22 | | 37 | 49.50 |
| 5440 | Stranded, #14 | | 13 | .615 | | 11 | 16.90 | | 27.90 | 37.50 |
| 5460 | #12 | | 11 | .727 | | 12.50 | 20 | | 32.50 | 44 |
| 5480 | #10 | | 10 | .800 | | 17.30 | 22 | | 39.30 | 52 |
| 5500 | #8 | | 8 | 1 | | 25.50 | 27.50 | | 53 | 69.50 |
| 5520 | #6 | | 6.50 | 1.231 | | 30 | 34 | | 64 | 84 |
| 5540 | #4 | | 5.30 | 1.509 | | 46 | 41.50 | | 87.50 | 113 |
| 5560 | #2 | | 4.50 | 1.778 | | 66 | 49 | | 115 | 146 |
| 5580 | #1 | | 4 | 2 | | 86 | 55 | | 141 | 177 |
| 5600 | 1/0 | | 3.30 | 2.424 | | 104 | 66.50 | | 170.50 | 214 |
| 5620 | 2/0 | | 2.90 | 2.759 | | 127 | 76 | | 203 | 254 |
| 5640 | 3/0 | | 2.50 | 3.200 | | 158 | 88 | | 246 | 305 |
| 5660 | 4/0 | | 2.20 | 3.636 | | 191 | 100 | | 291 | 360 |
| 5680 | 250 MCM | | 2 | 4 | | 240 | 110 | | 350 | 430 |
| 5700 | 300 MCM | | 1.90 | 4.211 | | 285 | 116 | | 401 | 490 |
| 5720 | 350 MCM | | 1.80 | 4.444 | | 325 | 122 | | 447 | 545 |
| 5740 | 400 MCM | | 1.70 | 4.706 | | 375 | 129 | | 504 | 610 |
| 5760 | 500 MCM | | 1.60 | 5 | | 440 | 138 | | 578 | 690 |
| 5780 | 600 MCM | | 1.30 | 6.154 | | 615 | 169 | | 784 | 930 |
| 5800 | 750 MCM | | 1.10 | 7.273 | | 745 | 200 | | 945 | 1,125 |
| 5820 | 1000 MCM | | .90 | 8.889 | | 1,150 | 244 | | 1,394 | 1,650 |
| 5840 | 600 volt, type XLPE-USE aluminum, stranded, #6 | | 8 | 1 | | 15.50 | 27.50 | | 43 | 58.50 |
| 5860 | #4 | | 6.50 | 1.231 | | 19.50 | 34 | | 53.50 | 72.50 |
| 5880 | #2 | | 5.30 | 1.509 | | 25.50 | 41.50 | | 67 | 90.50 |
| 5900 | #1 | | 4.50 | 1.778 | | 36.50 | 49 | | 85.50 | 114 |
| 5920 | 1/0 | | 4 | 2 | | 42 | 55 | | 97 | 129 |
| 5940 | 2/0 | | 3.60 | 2.222 | | 49 | 61 | | 110 | 146 |
| 5960 | 3/0 | | 3.30 | 2.424 | | 61 | 66.50 | | 127.50 | 167 |
| 5980 | 4/0 | | 3.10 | 2.581 | | 69 | 71 | | 140 | 183 |
| 6000 | 250 MCM | | 2.90 | 2.759 | | 85 | 76 | | 161 | 208 |
| 6020 | 300 MCM | | 2.70 | 2.963 | | 115 | 81.50 | | 196.50 | 250 |
| 6040 | 350 MCM | | 2.50 | 3.200 | | 120 | 88 | | 208 | 264 |
| 6060 | 400 MCM | | 2.30 | 3.478 | | 135 | 95.50 | | 230.50 | 293 |
| 6080 | 500 MCM | | 2 | 4 | | 155 | 110 | | 265 | 335 |
| 6100 | 600 MCM | | 1.90 | 4.211 | | 190 | 116 | | 306 | 385 |
| 6110 | 700 MCM | | 1.80 | 4.444 | | 220 | 122 | | 342 | 425 |
| 6120 | 750 MCM | | 1.70 | 4.706 | | 225 | 129 | | 354 | 445 |

### 161 500 | Terminations

| | | CREW | DAILY OUTPUT | MAN-HOURS | UNIT | MAT. | LABOR | EQUIP. | TOTAL | TOTAL INCL O&P |
|---|---|---|---|---|---|---|---|---|---|---|
| 0010 | CABLE CONNECTORS | | | | | | | | | |
| 0100 | 600 volt, nonmetallic, #14-2 wire | 1 Elec | 160 | .050 | Ea. | .30 | 1.38 | | 1.68 | 2.40 |
| 0200 | #14-3 wire to #12-2 wire | | 133 | .060 | | .30 | 1.65 | | 1.95 | 2.82 |
| 0300 | #12-3 wire to #10-2 wire | | 114 | .070 | | .30 | 1.93 | | 2.23 | 3.23 |
| 0400 | #10-3 wire to #14-4 and #12-4 wire | | 100 | .080 | | .30 | 2.20 | | 2.50 | 3.64 |
| 0500 | #8-3 wire to #10-4 wire | | 80 | .100 | | .89 | 2.75 | | 3.64 | 5.10 |
| 0600 | #6-3 wire | | 40 | .200 | | 1.31 | 5.50 | | 6.81 | 9.70 |
| 0800 | SER aluminum, 3 #8 insulated + 1 #8 ground | | 32 | .250 | | 1.31 | 6.90 | | 8.21 | 11.80 |
| 0900 | 3 #6 + 1 #6 ground | | 24 | .333 | | 1.60 | 9.15 | | 10.75 | 15.55 |
| 1000 | 3 #4 + 1 #6 ground | | 22 | .364 | | 1.60 | 10 | | 11.60 | 16.80 |
| 1100 | 3 #2 + 1 #4 ground | | 20 | .400 | | 2.95 | 11 | | 13.95 | 19.80 |
| 1200 | 3 1/0 + 1 #2 ground | | 18 | .444 | | 6.60 | 12.20 | | 18.80 | 25.50 |

# 161 | Conductors and Grounding

## 161 500 | Terminations

| | | | CREW | DAILY OUTPUT | MAN-HOURS | UNIT | 1994 BARE COSTS | | | | TOTAL INCL O&P | |
|---|---|---|---|---|---|---|---|---|---|---|---|---|
| | | | | | | | MAT. | LABOR | EQUIP. | TOTAL | | |
| 510 | 1400 | 3 2/0 + 1 #1 ground | 1 Elec | 16 | .500 | Ea. | 8.05 | 13.75 | | 21.80 | 29.50 | 510 |
| | 1600 | 3 4/0 + 1 # 2/0 ground | | 14 | .571 | | 9.50 | 15.70 | | 25.20 | 34 | |
| | 1800 | 600 volt, armored, #14-2 wire | | 80 | .100 | | .32 | 2.75 | | 3.07 | 4.48 | |
| | 2200 | #14-4, #12-3 and #10-2 wire | | 40 | .200 | | .32 | 5.50 | | 5.82 | 8.60 | |
| | 2400 | #12-4, #10-3 and #8-2 wire | | 32 | .250 | | .38 | 6.90 | | 7.28 | 10.75 | |
| | 2600 | #8-3 and #10-4 wire | | 26 | .308 | | 1.31 | 8.45 | | 9.76 | 14.15 | |
| | 2650 | #8-4 wire | | 22 | .364 | | 2.01 | 10 | | 12.01 | 17.25 | |
| | 2700 | PVC jacket connector, #6-3 wire, #6-4 wire | | 16 | .500 | | 5.20 | 13.75 | | 18.95 | 26 | |
| | 2800 | #4-3 wire, #4-4 wire | | 16 | .500 | | 5.20 | 13.75 | | 18.95 | 26 | |
| | 2900 | #2-3 wire | | 12 | .667 | | 5.20 | 18.35 | | 23.55 | 33 | |
| | 3000 | #1-3 wire, #2-4 wire | | 12 | .667 | | 7.85 | 18.35 | | 26.20 | 36 | |
| | 3200 | 1/0-3 wire | | 11 | .727 | | 7.85 | 20 | | 27.85 | 38.50 | |
| | 3400 | 2/0-3 wire, 1/0-4 wire | | 10 | .800 | | 7.85 | 22 | | 29.85 | 41.50 | |
| | 3500 | 3/0-3 wire, 2/0-4 wire | | 9 | .889 | | 10.50 | 24.50 | | 35 | 48.50 | |
| | 3600 | 4/0-3 wire, 3/0-4 wire | | 7 | 1.143 | | 10.50 | 31.50 | | 42 | 59 | |
| | 3800 | 250 MCM-3 wire, 4/0-4 wire | | 6 | 1.333 | | 19.50 | 36.50 | | 56 | 76.50 | |
| | 4000 | 350 MCM-3 wire, 250 MCM-4 wire | | 5 | 1.600 | | 19.50 | 44 | | 63.50 | 87.50 | |
| | 4100 | 350 MCM-4 wire | | 4 | 2 | | 28 | 55 | | 83 | 114 | |
| | 4200 | 500 MCM-3 wire | | 4 | 2 | | 28 | 55 | | 83 | 114 | |
| | 4250 | 500 MCM-4 wire, 750 MCM-3 wire | | 3.50 | 2.286 | | 53 | 63 | | 116 | 153 | |
| | 4300 | 750 MCM-4 wire | | 3 | 2.667 | | 53 | 73.50 | | 126.50 | 169 | |
| | 4400 | 5 KV, armored, #4 | | 8 | 1 | | 33 | 27.50 | | 60.50 | 78 | |
| | 4600 | #2 | | 8 | 1 | | 33 | 27.50 | | 60.50 | 78 | |
| | 4800 | #1 | | 8 | 1 | | 33 | 27.50 | | 60.50 | 78 | |
| | 5000 | 1/0 | | 6.40 | 1.250 | | 41.50 | 34.50 | | 76 | 97 | |
| | 5200 | 2/0 | | 5.30 | 1.509 | | 41.50 | 41.50 | | 83 | 108 | |
| | 5500 | 4/0 | | 4 | 2 | | 55 | 55 | | 110 | 143 | |
| | 5600 | 250 MCM | | 3.60 | 2.222 | | 64 | 61 | | 125 | 163 | |
| | 5650 | 350 MCM | | 3.20 | 2.500 | | 79 | 69 | | 148 | 190 | |
| | 5700 | 500 MCM | | 2.50 | 3.200 | | 79 | 88 | | 167 | 219 | |
| | 5720 | 750 MCM | | 2.20 | 3.636 | | 115 | 100 | | 215 | 277 | |
| | 5750 | 1000 MCM | | 2 | 4 | | 157 | 110 | | 267 | 340 | |
| | 5800 | 15 KV, armored, #1 | | 4 | 2 | | 53 | 55 | | 108 | 141 | |
| | 5900 | 1/0 | | 4 | 2 | | 53 | 55 | | 108 | 141 | |
| | 6000 | 3/0 | | 3.60 | 2.222 | | 69 | 61 | | 130 | 168 | |
| | 6100 | 4/0 | | 3.40 | 2.353 | | 69 | 64.50 | | 133.50 | 174 | |
| | 6200 | 250 MCM | | 3.20 | 2.500 | | 77 | 69 | | 146 | 188 | |
| | 6300 | 350 MCM | | 2.70 | 2.963 | | 88 | 81.50 | | 169.50 | 220 | |
| | 6400 | 500 MCM | | 2 | 4 | | 88 | 110 | | 198 | 262 | |
| 520 | 0010 | **CABLE TERMINATIONS** | | | | | | | | | | 520 |
| | 0015 | Wire connectors, screw type, #22 to #14 | 1 Elec | 260 | .031 | Ea. | .05 | .85 | | .90 | 1.33 | |
| | 0020 | #18 to #12 | | 240 | .033 | | .05 | .92 | | .97 | 1.44 | |
| | 0025 | #18 to #10 | | 240 | .033 | | .08 | .92 | | 1 | 1.47 | |
| | 0030 | Screw-on connectors, insulated, #18 to #12 | | 240 | .033 | | .07 | .92 | | .99 | 1.46 | |
| | 0035 | #16 to #10 | | 230 | .035 | | .09 | .96 | | 1.05 | 1.54 | |
| | 0040 | #14 to #8 | | 210 | .038 | | .18 | 1.05 | | 1.23 | 1.78 | |
| | 0045 | #12 to #6 | | 180 | .044 | | .29 | 1.22 | | 1.51 | 2.16 | |
| | 0050 | Terminal lugs, solderless, #16 to #10 | | 50 | .160 | | .40 | 4.40 | | 4.80 | 7.05 | |
| | 0100 | #8 to #4 | | 30 | .267 | | 1.25 | 7.35 | | 8.60 | 12.45 | |
| | 0150 | #2 to #1 | | 22 | .364 | | 2.90 | 10 | | 12.90 | 18.25 | |
| | 0200 | 1/0 to 2/0 | | 16 | .500 | | 5.60 | 13.75 | | 19.35 | 26.50 | |
| | 0250 | 3/0 | | 12 | .667 | | 5.60 | 18.35 | | 23.95 | 33.50 | |
| | 0300 | 4/0 | | 11 | .727 | | 5.60 | 20 | | 25.60 | 36 | |
| | 0350 | 250 MCM | | 9 | .889 | | 5.70 | 24.50 | | 30.20 | 43.50 | |
| | 0400 | 350 MCM | | 7 | 1.143 | | 13.25 | 31.50 | | 44.75 | 62 | |

## 161 | Conductors and Grounding

### 161 500 | Terminations

| | | CREW | DAILY OUTPUT | MAN-HOURS | UNIT | MAT. | LABOR | EQUIP. | TOTAL | TOTAL INCL O&P | |
|---|---|---|---|---|---|---|---|---|---|---|---|
| 520 | 0450 | 500 MCM | 1 Elec | 6 | 1.333 | Ea. | 13.25 | 36.50 | | 49.75 | 69.50 | 520 |
| | 0500 | 600 MCM | | 5.80 | 1.379 | | 33 | 38 | | 71 | 93.50 | |
| | 0550 | 750 MCM | | 5.20 | 1.538 | | 33 | 42.50 | | 75.50 | 100 | |
| | 0600 | Split bolt connectors, tapped, #6 | | 16 | .500 | | 2.30 | 13.75 | | 16.05 | 23 | |
| | 0650 | #4 | | 14 | .571 | | 2.90 | 15.70 | | 18.60 | 26.50 | |
| | 0700 | #2 | | 12 | .667 | | 4.35 | 18.35 | | 22.70 | 32.50 | |
| | 0750 | #1 | | 11 | .727 | | 5.30 | 20 | | 25.30 | 36 | |
| | 0800 | 1/0 | | 10 | .800 | | 5.55 | 22 | | 27.55 | 39 | |
| | 0850 | 2/0 | | 9 | .889 | | 8.95 | 24.50 | | 33.45 | 47 | |
| | 0900 | 3/0 | | 7.20 | 1.111 | | 12.50 | 30.50 | | 43 | 60 | |
| | 1000 | 4/0 | | 6.40 | 1.250 | | 14 | 34.50 | | 48.50 | 67 | |
| | 1100 | 250 MCM | | 5.70 | 1.404 | | 15 | 38.50 | | 53.50 | 74.50 | |
| | 1200 | 300 MCM | | 5.30 | 1.509 | | 22 | 41.50 | | 63.50 | 86.50 | |
| | 1400 | 350 MCM | | 4.60 | 1.739 | | 28 | 48 | | 76 | 103 | |
| | 1500 | 500 MCM | | 4 | 2 | | 36 | 55 | | 91 | 122 | |
| | 1600 | Crimp 1 hole lugs, copper or aluminum, 600 volt | | | | | | | | | | |
| | 1620 | #14 | 1 Elec | 60 | .133 | Ea. | .17 | 3.67 | | 3.84 | 5.70 | |
| | 1630 | #12 | | 50 | .160 | | .24 | 4.40 | | 4.64 | 6.85 | |
| | 1640 | #10 | | 45 | .178 | | .24 | 4.89 | | 5.13 | 7.60 | |
| | 1780 | #8 | | 36 | .222 | | .78 | 6.10 | | 6.88 | 10.05 | |
| | 1800 | #6 | | 30 | .267 | | .87 | 7.35 | | 8.22 | 12 | |
| | 2000 | #4 | | 27 | .296 | | 1.12 | 8.15 | | 9.27 | 13.50 | |
| | 2200 | #2 | | 24 | .333 | | 2.15 | 9.15 | | 11.30 | 16.15 | |
| | 2400 | #1 | | 20 | .400 | | 2.25 | 11 | | 13.25 | 19.05 | |
| | 2600 | 2/0 | | 15 | .533 | | 2.80 | 14.65 | | 17.45 | 25 | |
| | 2800 | 3/0 | | 12 | .667 | | 3.35 | 18.35 | | 21.70 | 31 | |
| | 3000 | 4/0 | | 11 | .727 | | 3.80 | 20 | | 23.80 | 34 | |
| | 3200 | 250 MCM | | 9 | .889 | | 4.50 | 24.50 | | 29 | 42 | |
| | 3400 | 300 MCM | | 8 | 1 | | 5.10 | 27.50 | | 32.60 | 47 | |
| | 3500 | 350 MCM | | 7 | 1.143 | | 5.40 | 31.50 | | 36.90 | 53.50 | |
| | 3600 | 400 MCM | | 6.50 | 1.231 | | 6.30 | 34 | | 40.30 | 58 | |
| | 3800 | 500 MCM | | 6 | 1.333 | | 7.65 | 36.50 | | 44.15 | 63.50 | |
| | 4000 | 600 MCM | | 5.80 | 1.379 | | 14.10 | 38 | | 52.10 | 72.50 | |
| | 4200 | 700 MCM | | 5.50 | 1.455 | | 16 | 40 | | 56 | 77.50 | |
| | 4400 | 750 MCM | | 5.20 | 1.538 | | 16.50 | 42.50 | | 59 | 81.50 | |
| | 4500 | Crimp 2-way connectors, copper or alum., 600 volt, | | | | | | | | | | |
| | 4510 | #14 | 1 Elec | 60 | .133 | Ea. | .27 | 3.67 | | 3.94 | 5.80 | |
| | 4520 | #12 | | 50 | .160 | | .43 | 4.40 | | 4.83 | 7.05 | |
| | 4530 | #10 | | 45 | .178 | | .43 | 4.89 | | 5.32 | 7.80 | |
| | 4540 | #8 | | 27 | .296 | | 1.09 | 8.15 | | 9.24 | 13.45 | |
| | 4600 | #6 | | 25 | .320 | | 2.40 | 8.80 | | 11.20 | 15.90 | |
| | 4800 | #4 | | 23 | .348 | | 2.50 | 9.55 | | 12.05 | 17.15 | |
| | 5000 | #2 | | 20 | .400 | | 3.85 | 11 | | 14.85 | 21 | |
| | 5200 | #1 | | 16 | .500 | | 6.15 | 13.75 | | 19.90 | 27.50 | |
| | 5400 | 1/0 | | 13 | .615 | | 6.65 | 16.90 | | 23.55 | 33 | |
| | 5420 | 2/0 | | 12 | .667 | | 6.75 | 18.35 | | 25.10 | 35 | |
| | 5440 | 3/0 | | 11 | .727 | | 7.80 | 20 | | 27.80 | 38.50 | |
| | 5460 | 4/0 | | 10 | .800 | | 8.30 | 22 | | 30.30 | 42 | |
| | 5480 | 250 MCM | | 9 | .889 | | 8.70 | 24.50 | | 33.20 | 46.50 | |
| | 5500 | 300 MCM | | 8.50 | .941 | | 9.30 | 26 | | 35.30 | 49.50 | |
| | 5520 | 350 MCM | | 8 | 1 | | 9.70 | 27.50 | | 37.20 | 52 | |
| | 5540 | 400 MCM | | 7.30 | 1.096 | | 12.75 | 30 | | 42.75 | 59.50 | |
| | 5560 | 500 MCM | | 6.20 | 1.290 | | 15.90 | 35.50 | | 51.40 | 71 | |
| | 5580 | 600 MCM | | 5.50 | 1.455 | | 23 | 40 | | 63 | 85.50 | |
| | 5600 | 700 MCM | | 4.50 | 1.778 | | 24 | 49 | | 73 | 100 | |
| | 5620 | 750 MCM | | 4 | 2 | | 24 | 55 | | 79 | 109 | |

## 161 | Conductors and Grounding

### 161 500 | Terminations

| | | | CREW | DAILY OUTPUT | MAN-HOURS | UNIT | 1994 BARE COSTS MAT. | LABOR | EQUIP. | TOTAL | TOTAL INCL O&P | |
|---|---|---|---|---|---|---|---|---|---|---|---|---|
| 520 | 7000 | Compression equipment adapter, aluminum wire, #6 | 1 Elec | 30 | .267 | Ea. | 4.45 | 7.35 | | 11.80 | 15.95 | 520 |
| | 7020 | #4 | | 27 | .296 | | 4.70 | 8.15 | | 12.85 | 17.40 | |
| | 7040 | #2 | | 24 | .333 | | 4.85 | 9.15 | | 14 | 19.15 | |
| | 7060 | #1 | | 20 | .400 | | 5.55 | 11 | | 16.55 | 22.50 | |
| | 7080 | 1/0 | | 18 | .444 | | 5.85 | 12.20 | | 18.05 | 25 | |
| | 7100 | 2/0 | | 15 | .533 | | 8.80 | 14.65 | | 23.45 | 31.50 | |
| | 7140 | 4/0 | | 11 | .727 | | 10.40 | 20 | | 30.40 | 41.50 | |
| | 7160 | 250 MCM | | 9 | .889 | | 10.95 | 24.50 | | 35.45 | 49 | |
| | 7180 | 300 MCM | | 8 | 1 | | 11.90 | 27.50 | | 39.40 | 54.50 | |
| | 7200 | 350 MCM | | 7 | 1.143 | | 13 | 31.50 | | 44.50 | 62 | |
| | 7220 | 400 MCM | | 6.50 | 1.231 | | 15.70 | 34 | | 49.70 | 68.50 | |
| | 7240 | 500 MCM | | 6 | 1.333 | | 15.80 | 36.50 | | 52.30 | 72.50 | |
| | 7260 | 600 MCM | | 5.80 | 1.379 | | 22 | 38 | | 60 | 81 | |
| | 7280 | 750 MCM | | 5.20 | 1.538 | | 23 | 42.50 | | 65.50 | 89 | |
| | 8000 | Compression tool, hand | | | | | 710 | | | 710 | 780 | |
| | 8100 | Hydraulic | | | | | 1,750 | | | 1,750 | 1,925 | |
| | 8500 | Hydraulic dies | | | | | 145 | | | 145 | 160 | |
| 525 | 0010 | **CABLE TERMINATIONS**, 5 KV to 35 KV | | | | | | | | | | 525 |
| | 0100 | Indoor, insulation diameter range .525" to 1.025" | | | | | | | | | | |
| | 0300 | Padmount, 5 KV | 1 Elec | 8 | 1 | Ea. | 49 | 27.50 | | 76.50 | 95.50 | |
| | 0400 | 15 KV | | 6.40 | 1.250 | | 94 | 34.50 | | 128.50 | 155 | |
| | 0500 | 25 KV | | 6 | 1.333 | | 110 | 36.50 | | 146.50 | 176 | |
| | 0600 | 35 KV | | 5.60 | 1.429 | | 125 | 39.50 | | 164.50 | 197 | |
| | 0700 | insulation diameter range .975" to 1.570" | | | | | | | | | | |
| | 0800 | Padmount, 5 KV | 1 Elec | 8 | 1 | Ea. | 60 | 27.50 | | 87.50 | 108 | |
| | 0900 | 15 KV | | 6 | 1.333 | | 125 | 36.50 | | 161.50 | 193 | |
| | 1000 | 25 KV | | 5.60 | 1.429 | | 140 | 39.50 | | 179.50 | 213 | |
| | 1100 | 35 KV | | 5.30 | 1.509 | | 160 | 41.50 | | 201.50 | 239 | |
| | 1200 | insulation diameter range 1.540" to 1.900" | | | | | | | | | | |
| | 1300 | Padmount, 5 KV | 1 Elec | 7.40 | 1.081 | Ea. | 90 | 29.50 | | 119.50 | 144 | |
| | 1400 | 15 KV | | 5.60 | 1.429 | | 160 | 39.50 | | 199.50 | 235 | |
| | 1500 | 25 KV | | 5.30 | 1.509 | | 195 | 41.50 | | 236.50 | 278 | |
| | 1600 | 35 KV | | 5 | 1.600 | | 215 | 44 | | 259 | 305 | |
| | 1700 | Outdoor systems, #4 stranded to 1/0 stranded | | | | | | | | | | |
| | 1800 | 5 KV | 1 Elec | 7.40 | 1.081 | Ea. | 104 | 29.50 | | 133.50 | 159 | |
| | 1900 | 15KV | | 5.30 | 1.509 | | 115 | 41.50 | | 156.50 | 190 | |
| | 2000 | 25 KV | | 5 | 1.600 | | 165 | 44 | | 209 | 248 | |
| | 2100 | 35 KV | | 4.80 | 1.667 | | 165 | 46 | | 211 | 251 | |
| | 2200 | #1 solid to 4/0 stranded, 5 KV | | 6.90 | 1.159 | | 115 | 32 | | 147 | 175 | |
| | 2300 | 15 KV | | 5 | 1.600 | | 125 | 44 | | 169 | 204 | |
| | 2400 | 25 KV | | 4.80 | 1.667 | | 175 | 46 | | 221 | 262 | |
| | 2500 | 35 KV | | 4.60 | 1.739 | | 175 | 48 | | 223 | 265 | |
| | 2600 | 3/0 solid to 350 MCM stranded, 5 KV | | 6.40 | 1.250 | | 140 | 34.50 | | 174.50 | 206 | |
| | 2700 | 15 KV | | 4.80 | 1.667 | | 150 | 46 | | 196 | 234 | |
| | 2800 | 25 KV | | 4.60 | 1.739 | | 195 | 48 | | 243 | 287 | |
| | 2900 | 35 KV | | 4.40 | 1.818 | | 195 | 50 | | 245 | 290 | |
| | 3000 | 400 MCM compact to 750 MCM stranded, 5 KV | | 6 | 1.333 | | 175 | 36.50 | | 211.50 | 248 | |
| | 3100 | 15 KV | | 4.60 | 1.739 | | 190 | 48 | | 238 | 281 | |
| | 3200 | 25 KV | | 4.40 | 1.818 | | 245 | 50 | | 295 | 345 | |
| | 3300 | 35 KV | | 4.20 | 1.905 | | 245 | 52.50 | | 297.50 | 350 | |
| | 3400 | 1000 MCM, 5 KV | | 5.60 | 1.429 | | 190 | 39.50 | | 229.50 | 268 | |
| | 3500 | 15 KV | | 4.40 | 1.818 | | 195 | 50 | | 245 | 290 | |
| | 3600 | 25 KV | | 4.20 | 1.905 | | 255 | 52.50 | | 307.50 | 360 | |
| | 3700 | 35 KV | | 4 | 2 | | 255 | 55 | | 310 | 365 | |

# 161 | Conductors and Grounding

## 161 500 | Terminations

| | | CREW | DAILY OUTPUT | MAN-HOURS | UNIT | 1994 BARE COSTS MAT. | LABOR | EQUIP. | TOTAL | TOTAL INCL O&P |
|---|---|---|---|---|---|---|---|---|---|---|
| 540 0010 | CABLE SPLICING URD or similar, ideal conditions | | | | | | | | | 540 |
| 0100 | #6 stranded to #1 stranded, 5 KV | 1 Elec | 4 | 2 | Ea. | 90 | 55 | | 145 | 182 |
| 0120 | 15 KV | | 3.60 | 2.222 | | 90 | 61 | | 151 | 191 |
| 0140 | 25 KV | | 3.20 | 2.500 | | 90 | 69 | | 159 | 202 |
| 0200 | #1 stranded to 4/0 stranded, 5 KV | | 3.60 | 2.222 | | 90 | 61 | | 151 | 191 |
| 0210 | 15 KV | | 3.20 | 2.500 | | 90 | 69 | | 159 | 202 |
| 0220 | 25 KV | | 2.80 | 2.857 | | 90 | 78.50 | | 168.50 | 217 |
| 0300 | 4/0 stranded to 500 MCM stranded, 5 KV | | 3.30 | 2.424 | | 235 | 66.50 | | 301.50 | 360 |
| 0310 | 15 KV | | 2.90 | 2.759 | | 235 | 76 | | 311 | 375 |
| 0320 | 25 KV | | 2.50 | 3.200 | | 235 | 88 | | 323 | 390 |
| 0400 | 500 MCM, 5 KV | | 3.20 | 2.500 | | 235 | 69 | | 304 | 360 |
| 0410 | 15 KV | | 2.80 | 2.857 | | 235 | 78.50 | | 313.50 | 375 |
| 0420 | 25 KV | | 2.30 | 3.478 | | 235 | 95.50 | | 330.50 | 405 |
| 0500 | 600 MCM, 5 KV | | 2.90 | 2.759 | | 235 | 76 | | 311 | 375 |
| 0510 | 15 KV | | 2.40 | 3.333 | | 235 | 91.50 | | 326.50 | 395 |
| 0520 | 25 KV | | 2 | 4 | | 235 | 110 | | 345 | 425 |
| 0600 | 750 MCM, 5 KV | | 2.60 | 3.077 | | 250 | 84.50 | | 334.50 | 400 |
| 0610 | 15 KV | | 2.20 | 3.636 | | 250 | 100 | | 350 | 425 |
| 0620 | 25 KV | | 1.90 | 4.211 | | 250 | 116 | | 366 | 450 |
| 0700 | 1000 MCM, 5 KV | | 2.30 | 3.478 | | 270 | 95.50 | | 365.50 | 440 |
| 0710 | 15 KV | | 1.90 | 4.211 | | 270 | 116 | | 386 | 470 |
| 0720 | 25 KV | | 1.60 | 5 | | 270 | 138 | | 408 | 505 |

## 161 800 | Grounding

| | | CREW | DAILY OUTPUT | MAN-HOURS | UNIT | MAT. | LABOR | EQUIP. | TOTAL | TOTAL INCL O&P |
|---|---|---|---|---|---|---|---|---|---|---|
| 810 0010 | GROUNDING R161-810 | | | | | | | | | 810 |
| 0030 | Rod, copper clad, 8' long, 1/2" diameter | 1 Elec | 5.50 | 1.455 | Ea. | 11.45 | 40 | | 51.45 | 72.50 |
| 0040 | 5/8" diameter | | 5.50 | 1.455 | | 12.95 | 40 | | 52.95 | 74.50 |
| 0050 | 3/4" diameter | | 5.30 | 1.509 | | 21.50 | 41.50 | | 63 | 86 |
| 0080 | 10' long, 1/2" diameter | | 4.80 | 1.667 | | 14.15 | 46 | | 60.15 | 84.50 |
| 0090 | 5/8" diameter | | 4.60 | 1.739 | | 17.20 | 48 | | 65.20 | 91 |
| 0100 | 3/4" diameter | | 4.40 | 1.818 | | 27.50 | 50 | | 77.50 | 106 |
| 0130 | 15' long, 3/4" diameter | | 4 | 2 | | 63.50 | 55 | | 118.50 | 153 |
| 0150 | Coupling, bronze, 1/2" diameter | | | | | 5.10 | | | 5.10 | 5.60 |
| 0160 | 5/8" diameter | | | | | 6.75 | | | 6.75 | 7.45 |
| 0170 | 3/4" diameter | | | | | 10 | | | 10 | 11 |
| 0190 | Drive studs, 1/2" diameter | | | | | 3.55 | | | 3.55 | 3.91 |
| 0210 | 5/8" diameter | | | | | 3.65 | | | 3.65 | 4.02 |
| 0220 | 3/4" diameter | | | | | 3.75 | | | 3.75 | 4.13 |
| 0230 | Clamp, bronze, 1/2" diameter | 1 Elec | 32 | .250 | | 2.80 | 6.90 | | 9.70 | 13.45 |
| 0240 | 5/8" diameter | | 32 | .250 | | 3.10 | 6.90 | | 10 | 13.75 |
| 0250 | 3/4" diameter | | 32 | .250 | | 4 | 6.90 | | 10.90 | 14.75 |
| 0260 | Wire ground bare armored, #8-1 conductor | | 2 | 4 | C.L.F. | 64 | 110 | | 174 | 236 |
| 0270 | #6-1 conductor | | 1.80 | 4.444 | | 78 | 122 | | 200 | 270 |
| 0280 | #4-1 conductor | | 1.60 | 5 | | 120 | 138 | | 258 | 340 |
| 0320 | Bare copper wire, #14 solid | | 14 | .571 | | 4.10 | 15.70 | | 19.80 | 28 |
| 0330 | #12 | | 13 | .615 | | 5.95 | 16.90 | | 22.85 | 32 |
| 0340 | #10 | | 12 | .667 | | 9.50 | 18.35 | | 27.85 | 38 |
| 0350 | #8 | | 11 | .727 | | 17.65 | 20 | | 37.65 | 49.50 |
| 0360 | #6 | | 10 | .800 | | 24 | 22 | | 46 | 59.50 |
| 0370 | #4 | | 8 | 1 | | 37 | 27.50 | | 64.50 | 82 |
| 0380 | #2 | | 5 | 1.600 | | 59 | 44 | | 103 | 131 |
| 0390 | Bare copper wire #8 stranded | | 11 | .727 | | 19 | 20 | | 39 | 51 |
| 0410 | #6 | | 10 | .800 | | 24.50 | 22 | | 46.50 | 60 |
| 0450 | #4 | | 8 | 1 | | 37 | 27.50 | | 64.50 | 82 |
| 0600 | #2 | | 5 | 1.600 | | 59 | 44 | | 103 | 131 |
| 0650 | #1 | | 4.50 | 1.778 | | 77 | 49 | | 126 | 158 |

## 161 | Conductors and Grounding

### 161 800 | Grounding

| | | CREW | DAILY OUTPUT | MAN-HOURS | UNIT | MAT. | LABOR | EQUIP. | TOTAL | TOTAL INCL O&P | |
|---|---|---|---|---|---|---|---|---|---|---|---|
| 810 | 0700 | 1/0 | 1 Elec | 4 | 2 | C.L.F. | 91 | 55 | | 146 | 183 | 810 |
| | 0750 | 2/0 | | 3.60 | 2.222 | | 110 | 61 | | 171 | 213 | |
| | 0800 | 3/0 | | 3.30 | 2.424 | | 138 | 66.50 | | 204.50 | 252 | |
| | 1000 | 4/0 | | 2.85 | 2.807 | | 176 | 77 | | 253 | 310 | |
| | 1200 | 250 MCM | | 2.40 | 3.333 | | 200 | 91.50 | | 291.50 | 360 | |
| | 1210 | 300 MCM | | 2.20 | 3.636 | | 255 | 100 | | 355 | 430 | |
| | 1220 | 350 MCM | | 2 | 4 | | 280 | 110 | | 390 | 475 | |
| | 1230 | 400 MCM | | 1.90 | 4.211 | | 345 | 116 | | 461 | 555 | |
| | 1240 | 500 MCM | | 1.70 | 4.706 | | 395 | 129 | | 524 | 630 | |
| | 1250 | 600 MCM | | 1.30 | 6.154 | | 465 | 169 | | 634 | 765 | |
| | 1260 | 750 MCM | | 1.20 | 6.667 | | 585 | 183 | | 768 | 920 | |
| | 1270 | 1000 MCM | | 1 | 8 | | 870 | 220 | | 1,090 | 1,275 | |
| | 1350 | Bare aluminum, #8 stranded | | 10 | .800 | | 6.05 | 22 | | 28.05 | 39.50 | |
| | 1360 | #6 | | 9 | .889 | | 9.70 | 24.50 | | 34.20 | 47.50 | |
| | 1370 | #4 | | 8 | 1 | | 12.60 | 27.50 | | 40.10 | 55.50 | |
| | 1380 | #2 | | 6.50 | 1.231 | | 19.50 | 34 | | 53.50 | 72.50 | |
| | 1390 | #1 | | 5.30 | 1.509 | | 25 | 41.50 | | 66.50 | 90 | |
| | 1400 | 1/0 | | 4.50 | 1.778 | | 31 | 49 | | 80 | 108 | |
| | 1410 | 2/0 | | 4 | 2 | | 36 | 55 | | 91 | 122 | |
| | 1420 | 3/0 | | 3.60 | 2.222 | | 43 | 61 | | 104 | 140 | |
| | 1430 | 4/0 | | 3.30 | 2.424 | | 54 | 66.50 | | 120.50 | 160 | |
| | 1440 | 250 MCM | | 3.10 | 2.581 | | 69 | 71 | | 140 | 183 | |
| | 1450 | 300 MCM | | 2.90 | 2.759 | | 86 | 76 | | 162 | 209 | |
| | 1460 | 400 MCM | | 2.50 | 3.200 | | 103 | 88 | | 191 | 245 | |
| | 1470 | 500 MCM | | 2.30 | 3.478 | | 135 | 95.50 | | 230.50 | 293 | |
| | 1480 | 600 MCM | | 2 | 4 | | 150 | 110 | | 260 | 330 | |
| | 1490 | 700 MCM | | 1.90 | 4.211 | | 170 | 116 | | 286 | 360 | |
| | 1500 | 750 MCM | | 1.70 | 4.706 | | 185 | 129 | | 314 | 400 | |
| | 1510 | 1000 MCM | | 1.60 | 5 | | 255 | 138 | | 393 | 490 | |
| | 1800 | Water pipe ground clamps, heavy duty | | | | | | | | | | |
| | 2000 | Bronze, 1/2" to 1" diameter | 1 Elec | 8 | 1 | Ea. | 6.90 | 27.50 | | 34.40 | 49 | |
| | 2100 | 1-1/4" to 2" diameter | | 8 | 1 | | 9.85 | 27.50 | | 37.35 | 52.50 | |
| | 2200 | 2-1/2" to 3" diameter | | 6 | 1.333 | | 30 | 36.50 | | 66.50 | 88 | |
| | 2730 | Cadweld, 4/0 wire to 1" ground rod | | 7 | 1.143 | | 8.30 | 31.50 | | 39.80 | 56.50 | |
| | 2740 | 4/0 wire to building steel | | 7 | 1.143 | | 6.35 | 31.50 | | 37.85 | 54.50 | |
| | 2750 | 4/0 wire to motor frame | | 7 | 1.143 | | 6.35 | 31.50 | | 37.85 | 54.50 | |
| | 2760 | 4/0 wire to 4/0 wire | | 7 | 1.143 | | 5.20 | 31.50 | | 36.70 | 53 | |
| | 2770 | 4/0 wire to #4 wire | | 7 | 1.143 | | 5.20 | 31.50 | | 36.70 | 53 | |
| | 2780 | 4/0 wire to #8 wire | | 7 | 1.143 | | 5.20 | 31.50 | | 36.70 | 53 | |
| | 2790 | Mold, reusable, for above | | | | | 62 | | | 62 | 68 | |
| | 2800 | Brazed connections, #6 wire | 1 Elec | 12 | .667 | | 8.15 | 18.35 | | 26.50 | 36.50 | |
| | 3000 | #2 wire | | 10 | .800 | | 10.95 | 22 | | 32.95 | 45 | |
| | 3100 | 3/0 wire | | 8 | 1 | | 16.45 | 27.50 | | 43.95 | 59.50 | |
| | 3200 | 4/0 wire | | 7 | 1.143 | | 19.15 | 31.50 | | 50.65 | 68.50 | |
| | 3400 | 250 MCM wire | | 5 | 1.600 | | 22 | 44 | | 66 | 90 | |
| | 3600 | 500 MCM wire | | 4 | 2 | | 27 | 55 | | 82 | 112 | |
| | 3700 | Insulated ground wire, copper #14 | | 13 | .615 | C.L.F. | 5.60 | 16.90 | | 22.50 | 31.50 | |
| | 3710 | #12 | | 11 | .727 | | 7.65 | 20 | | 27.65 | 38.50 | |
| | 3720 | #10 | | 10 | .800 | | 11.80 | 22 | | 33.80 | 46 | |
| | 3730 | #8 | | 8 | 1 | | 19.10 | 27.50 | | 46.60 | 62.50 | |
| | 3740 | #6 | | 6.50 | 1.231 | | 25.50 | 34 | | 59.50 | 79 | |
| | 3750 | #4 | | 5.30 | 1.509 | | 39.50 | 41.50 | | 81 | 106 | |
| | 3770 | #2 | | 4.50 | 1.778 | | 61.50 | 49 | | 110.50 | 141 | |
| | 3780 | #1 | | 4 | 2 | | 83 | 55 | | 138 | 174 | |
| | 3790 | 1/0 | | 3.30 | 2.424 | | 95 | 66.50 | | 161.50 | 205 | |
| | 3800 | 2/0 | | 2.90 | 2.759 | | 115 | 76 | | 191 | 241 | |

## 161 | Conductors and Grounding

### 161 800 | Grounding

| | | CREW | DAILY OUTPUT | MAN-HOURS | UNIT | 1994 BARE COSTS | | | | TOTAL INCL O&P |
|---|---|---|---|---|---|---|---|---|---|---|
| | | | | | | MAT. | LABOR | EQUIP. | TOTAL | |
| 3810 | 3/0 | 1 Elec | 2.50 | 3.200 | C.L.F. | 145 | 88 | | 233 | 292 |
| 3820 | 4/0 | | 2.20 | 3.636 | | 185 | 100 | | 285 | 355 |
| 3830 | 250 MCM | | 2 | 4 | | 220 | 110 | | 330 | 405 |
| 3840 | 300 MCM | | 1.90 | 4.211 | | 270 | 116 | | 386 | 470 |
| 3850 | 350 MCM | | 1.80 | 4.444 | | 300 | 122 | | 422 | 515 |
| 3860 | 400 MCM | | 1.70 | 4.706 | | 360 | 129 | | 489 | 590 |
| 3870 | 500 MCM | | 1.60 | 5 | | 420 | 138 | | 558 | 665 |
| 3880 | 600 MCM | | 1.30 | 6.154 | | 575 | 169 | | 744 | 890 |
| 3890 | 750 MCM | | 1.10 | 7.273 | | 705 | 200 | | 905 | 1,075 |
| 3900 | 1000 MCM | | .90 | 8.889 | | 1,075 | 244 | | 1,319 | 1,550 |
| 3950 | Insulated ground wire, aluminum #8 | | 9 | .889 | | 10.40 | 24.50 | | 34.90 | 48.50 |
| 3960 | #6 | | 8 | 1 | | 13.10 | 27.50 | | 40.60 | 56 |
| 3970 | #4 | | 6.50 | 1.231 | | 16.75 | 34 | | 50.75 | 69.50 |
| 3980 | #2 | | 5.30 | 1.509 | | 22.50 | 41.50 | | 64 | 87.50 |
| 3990 | #1 | | 4.50 | 1.778 | | 33.50 | 49 | | 82.50 | 111 |
| 4000 | 1/0 | | 4 | 2 | | 38 | 55 | | 93 | 125 |
| 4010 | 2/0 | | 3.60 | 2.222 | | 45 | 61 | | 106 | 142 |
| 4020 | 3/0 | | 3.30 | 2.424 | | 56.50 | 66.50 | | 123 | 162 |
| 4030 | 4/0 | | 3.10 | 2.581 | | 64 | 71 | | 135 | 178 |
| 4040 | 250 MCM | | 2.90 | 2.759 | | 76 | 76 | | 152 | 198 |
| 4050 | 300 MCM | | 2.70 | 2.963 | | 103 | 81.50 | | 184.50 | 236 |
| 4060 | 350 MCM | | 2.50 | 3.200 | | 107 | 88 | | 195 | 250 |
| 4070 | 400 MCM | | 2.30 | 3.478 | | 123 | 95.50 | | 218.50 | 279 |
| 4080 | 500 MCM | | 2 | 4 | | 138 | 110 | | 248 | 315 |
| 4090 | 600 MCM | | 1.90 | 4.211 | | 173 | 116 | | 289 | 365 |
| 4100 | 700 MCM | | 1.70 | 4.706 | | 195 | 129 | | 324 | 410 |
| 4110 | 750 MCM | | 1.60 | 5 | | 200 | 138 | | 338 | 425 |
| 5000 | Copper Electrolytic ground rod system | | | | | | | | | |
| 5010 | Includes augering hole, mixing clay electrolyte, | | | | | | | | | |
| 5020 | Installing tube, and terminating ground wire | | | | | | | | | |
| 5100 | Straight Vertical type, 2" Dia. | | | | | | | | | |
| 5120 | 8.5' long, Clamp Connection | 1 Elec | 2.67 | 2.996 | Ea. | 465 | 82.50 | | 547.50 | 635 |
| 5130 | With Cadweld Connection | | 1.95 | 4.103 | | 540 | 113 | | 653 | 765 |
| 5140 | 10' long | | 2.35 | 3.404 | | 480 | 93.50 | | 573.50 | 670 |
| 5150 | With Cadweld Connection | | 1.78 | 4.494 | | 555 | 124 | | 679 | 795 |
| 5160 | 12' long | | 2.16 | 3.704 | | 560 | 102 | | 662 | 770 |
| 5170 | With Cadweld Connection | | 1.67 | 4.790 | | 635 | 132 | | 767 | 900 |
| 5180 | 20' long | | 1.74 | 4.598 | | 910 | 126 | | 1,036 | 1,200 |
| 5190 | With Cadweld Connection | | 1.40 | 5.714 | | 985 | 157 | | 1,142 | 1,300 |
| 5200 | L-Shaped, 2" Dia. | | | | | | | | | |
| 5220 | 4' Vert. x 10' Horz., Clamp Connection | 1 Elec | 5.33 | 1.501 | Ea. | 740 | 41.50 | | 781.50 | 875 |
| 5230 | With Cadweld Connection | " | 3.08 | 2.597 | " | 815 | 71.50 | | 886.50 | 1,000 |
| 5300 | Protective Box at grade level, with breather slots | | | | | | | | | |
| 5320 | Round 12" long, Plastic | 1 Elec | 32 | .250 | Ea. | 40 | 6.90 | | 46.90 | 54.50 |
| 5330 | Concrete | " | 16 | .500 | | 50 | 13.75 | | 63.75 | 75.50 |
| 5400 | Bentonite Clay, 50# bag, 1 per 10' of rod | | | | | 30 | | | 30 | 33 |

# 162 | Boxes and Wiring Devices

## 162 100 | Boxes

| | | | CREW | DAILY OUTPUT | MAN-HOURS | UNIT | MAT. | LABOR | EQUIP. | TOTAL | TOTAL INCL O&P | |
|---|---|---|---|---|---|---|---|---|---|---|---|---|
| 110 | 0010 | **OUTLET BOXES** | | | R162 -110 | | | | | | | 110 |
| | 0020 | Pressed steel, octagon, 4" | 1 Elec | 20 | .400 | Ea. | 1.20 | 11 | | 12.20 | 17.85 | |
| | 0040 | For Romex or BX | | 20 | .400 | | 1.67 | 11 | | 12.67 | 18.40 | |
| | 0050 | For Romex or BX, with bracket | | 20 | .400 | | 2.10 | 11 | | 13.10 | 18.85 | |
| | 0060 | Covers, blank | | 64 | .125 | | .51 | 3.44 | | 3.95 | 5.70 | |
| | 0100 | Extension | | 40 | .200 | | 1.65 | 5.50 | | 7.15 | 10.05 | |
| | 0150 | Square, 4" | | 20 | .400 | | 1.54 | 11 | | 12.54 | 18.25 | |
| | 0160 | For Romex or BX | | 20 | .400 | | 2.30 | 11 | | 13.30 | 19.10 | |
| | 0170 | For Romex or BX, with bracket | | 20 | .400 | | 2.75 | 11 | | 13.75 | 19.60 | |
| | 0200 | Extension | | 40 | .200 | | 1.95 | 5.50 | | 7.45 | 10.40 | |
| | 0220 | 2-1/8" deep, 1" KO | | 20 | .400 | | 2.55 | 11 | | 13.55 | 19.35 | |
| | 0250 | Covers, blank | | 64 | .125 | | .58 | 3.44 | | 4.02 | 5.80 | |
| | 0260 | Raised device | | 64 | .125 | | 1.20 | 3.44 | | 4.64 | 6.45 | |
| | 0300 | Plaster rings | | 64 | .125 | | .90 | 3.44 | | 4.34 | 6.15 | |
| | 0350 | Square, 4-11/16" | | 20 | .400 | | 3 | 11 | | 14 | 19.85 | |
| | 0370 | 2-1/8" deep, 3/4" to 1-1/4" KO | | 20 | .400 | | 3.30 | 11 | | 14.30 | 20 | |
| | 0400 | Extension | | 40 | .200 | | 3.50 | 5.50 | | 9 | 12.10 | |
| | 0450 | Covers, blank | | 53 | .151 | | 1 | 4.15 | | 5.15 | 7.35 | |
| | 0460 | Raised device | | 53 | .151 | | 2.85 | 4.15 | | 7 | 9.40 | |
| | 0500 | Plaster rings | | 53 | .151 | | 1.95 | 4.15 | | 6.10 | 8.40 | |
| | 0550 | Handy box | | 27 | .296 | | 1.27 | 8.15 | | 9.42 | 13.65 | |
| | 0560 | Covers, device | | 64 | .125 | | .46 | 3.44 | | 3.90 | 5.65 | |
| | 0600 | Extension | | 54 | .148 | | 1.67 | 4.07 | | 5.74 | 8 | |
| | 0650 | Switchbox | | 27 | .296 | | 1.45 | 8.15 | | 9.60 | 13.85 | |
| | 0660 | Romex or BX | | 27 | .296 | | 1.80 | 8.15 | | 9.95 | 14.25 | |
| | 0670 | with bracket | | 27 | .296 | | 2.75 | 8.15 | | 10.90 | 15.30 | |
| | 0680 | Partition, metal | | 27 | .296 | | 1.15 | 8.15 | | 9.30 | 13.50 | |
| | 0700 | Masonry, 1 gang, 2-1/2" deep | | 27 | .296 | | 3.70 | 8.15 | | 11.85 | 16.30 | |
| | 0710 | 3-1/2" deep | | 27 | .296 | | 3.75 | 8.15 | | 11.90 | 16.40 | |
| | 0750 | 2 gang, 2-1/2" deep | | 20 | .400 | | 4.50 | 11 | | 15.50 | 21.50 | |
| | 0760 | 3-1/2" deep | | 20 | .400 | | 4.65 | 11 | | 15.65 | 21.50 | |
| | 0800 | 3 gang, 2-1/2" deep | | 13 | .615 | | 5.45 | 16.90 | | 22.35 | 31.50 | |
| | 0850 | 4 gang, 2-1/2" deep | | 10 | .800 | | 5.80 | 22 | | 27.80 | 39.50 | |
| | 0860 | 5 gang, 2-1/2" deep | | 9 | .889 | | 7 | 24.50 | | 31.50 | 44.50 | |
| | 0870 | 6 gang, 2-1/2" deep | | 8 | 1 | | 8.25 | 27.50 | | 35.75 | 50.50 | |
| | 0880 | Masonry thru-the-wall, 1 gang, 4" block | | 16 | .500 | | 6.45 | 13.75 | | 20.20 | 27.50 | |
| | 0890 | 6" block | | 16 | .500 | | 7.50 | 13.75 | | 21.25 | 29 | |
| | 0900 | 8" block | | 16 | .500 | | 8.40 | 13.75 | | 22.15 | 30 | |
| | 0920 | 2 gang, 6" block | | 16 | .500 | | 8.25 | 13.75 | | 22 | 29.50 | |
| | 0940 | Bar hanger with 3/8" stud, for wood and masonry boxes | | 53 | .151 | | 2.35 | 4.15 | | 6.50 | 8.85 | |
| | 0950 | Concrete, set flush, 4" deep | | 20 | .400 | | 5.50 | 11 | | 16.50 | 22.50 | |
| | 1000 | Plate with 3/8" stud | | 80 | .100 | | 2.30 | 2.75 | | 5.05 | 6.65 | |
| | 1100 | Concrete, floor, 1 gang | | 5.30 | 1.509 | | 47 | 41.50 | | 88.50 | 114 | |
| | 1150 | 2 gang | | 4 | 2 | | 87 | 55 | | 142 | 178 | |
| | 1200 | 3 gang | | 2.70 | 2.963 | | 125 | 81.50 | | 206.50 | 261 | |
| | 1250 | For duplex receptacle, pedestal mounted, add | | 24 | .333 | | 35.50 | 9.15 | | 44.65 | 53 | |
| | 1270 | Flush mounted, add | | 27 | .296 | | 12.50 | 8.15 | | 20.65 | 26 | |
| | 1300 | For telephone, pedestal mounted, add | | 30 | .267 | | 35 | 7.35 | | 42.35 | 49.50 | |
| | 1350 | Carpet flange, 1 gang | | 53 | .151 | | 42 | 4.15 | | 46.15 | 52.50 | |
| | 1400 | Cast, 1 gang, FS (2" deep), 1/2" hub | | 12 | .667 | | 8.40 | 18.35 | | 26.75 | 37 | |
| | 1410 | 3/4" hub | | 12 | .667 | | 8.95 | 18.35 | | 27.30 | 37.50 | |
| | 1420 | FD (2-11/16" deep), 1/2" hub | | 12 | .667 | | 9.65 | 18.35 | | 28 | 38 | |
| | 1430 | 3/4" hub | | 12 | .667 | | 10.55 | 18.35 | | 28.90 | 39 | |
| | 1450 | 2 gang, FS, 1/2" hub | | 10 | .800 | | 15.30 | 22 | | 37.30 | 50 | |
| | 1460 | 3/4" hub | | 10 | .800 | | 15.70 | 22 | | 37.70 | 50.50 | |
| | 1470 | FD, 1/2" hub | | 10 | .800 | | 18.15 | 22 | | 40.15 | 53 | |

## 162 | Boxes and Wiring Devices

### 162 100 | Boxes

| | | | CREW | DAILY OUTPUT | MAN-HOURS | UNIT | MAT. | LABOR | EQUIP. | TOTAL | TOTAL INCL O&P | |
|---|---|---|---|---|---|---|---|---|---|---|---|---|
| 110 | 1480 | 3/4" hub | 1 Elec | 10 | .800 | Ea. | 18.50 | 22 | | 40.50 | 53.50 | 110 |
| | 1500 | 3 gang, FS, 3/4" hub | | 9 | .889 | | 23.50 | 24.50 | | 48 | 63 | |
| | 1510 | Switch cover, 1 gang, FS | | 64 | .125 | | 2.35 | 3.44 | | 5.79 | 7.75 | |
| | 1520 | 2 gang | | 53 | .151 | | 3.60 | 4.15 | | 7.75 | 10.20 | |
| | 1530 | Duplex receptacle cover, 1 gang, FS | | 64 | .125 | | 2.35 | 3.44 | | 5.79 | 7.75 | |
| | 1540 | 2 gang, FS | | 53 | .151 | | 3.65 | 4.15 | | 7.80 | 10.25 | |
| | 1550 | Weatherproof switch cover | | 64 | .125 | | 9.45 | 3.44 | | 12.89 | 15.55 | |
| | 1600 | Weatherproof receptacle cover | | 64 | .125 | | 9.45 | 3.44 | | 12.89 | 15.55 | |
| | 1750 | FSC, 1 gang, 1/2" hub | | 11 | .727 | | 9.35 | 20 | | 29.35 | 40.50 | |
| | 1760 | 3/4" hub | | 11 | .727 | | 10.45 | 20 | | 30.45 | 41.50 | |
| | 1770 | 2 gang, 1/2" hub | | 9 | .889 | | 15.95 | 24.50 | | 40.45 | 54.50 | |
| | 1780 | 3/4" hub | | 9 | .889 | | 16.80 | 24.50 | | 41.30 | 55.50 | |
| | 1790 | FDC, 1 gang, 1/2" hub | | 11 | .727 | | 11 | 20 | | 31 | 42 | |
| | 1800 | 3/4" hub | | 11 | .727 | | 11.85 | 20 | | 31.85 | 43 | |
| | 1810 | 2 gang, 1/2" hub | | 9 | .889 | | 20.50 | 24.50 | | 45 | 59.50 | |
| | 1820 | 3/4" hub | | 9 | .889 | | 21 | 24.50 | | 45.50 | 60 | |
| | 2000 | Poke-thru fitting, fire rated, for 3-3/4" floor | | 6.80 | 1.176 | | 67 | 32.50 | | 99.50 | 122 | |
| | 2040 | For 7" floor | | 6.80 | 1.176 | | 71 | 32.50 | | 103.50 | 127 | |
| | 2100 | Pedestal, 15 amp, duplex receptacle & blank plate | | 5.25 | 1.524 | | 80.50 | 42 | | 122.50 | 152 | |
| | 2120 | Duplex receptacle and telephone plate | | 5.25 | 1.524 | | 81.50 | 42 | | 123.50 | 153 | |
| | 2140 | Pedestal, 20 amp, duplex recept. & phone plate | | 5 | 1.600 | | 81.50 | 44 | | 125.50 | 156 | |
| | 2160 | Telephone plate, both sides | | 5.25 | 1.524 | | 77 | 42 | | 119 | 148 | |
| | 2200 | Abandonment plate | | 32 | .250 | | 25.50 | 6.90 | | 32.40 | 38.50 | |
| 120 | 0010 | **OUTLET BOXES, PLASTIC** | | | | | | | | | | 120 |
| | 0050 | 4" diameter, round with 2 mounting nails | 1 Elec | 25 | .320 | Ea. | 1.20 | 8.80 | | 10 | 14.55 | |
| | 0100 | Bar hanger mounted | | 25 | .320 | | 2.20 | 8.80 | | 11 | 15.65 | |
| | 0200 | 4", square with 2 mounting nails | | 25 | .320 | | 1.50 | 8.80 | | 10.30 | 14.90 | |
| | 0300 | Plaster ring | | 64 | .125 | | .48 | 3.44 | | 3.92 | 5.70 | |
| | 0400 | Switch box with 2 mounting nails, 1 gang | | 30 | .267 | | .76 | 7.35 | | 8.11 | 11.90 | |
| | 0500 | 2 gang | | 25 | .320 | | 1.55 | 8.80 | | 10.35 | 14.95 | |
| | 0600 | 3 gang | | 20 | .400 | | 2.70 | 11 | | 13.70 | 19.50 | |
| | 0700 | Old work box | | 30 | .267 | | 1.40 | 7.35 | | 8.75 | 12.60 | |
| 130 | 0010 | **PULL BOXES & CABINETS** R162-130 | | | | | | | | | | 130 |
| | 0100 | Sheet metal, pull box, NEMA 1, type SC, 6"W x 6"H x 4"D | 1 Elec | 8 | 1 | Ea. | 6.85 | 27.50 | | 34.35 | 49 | |
| | 0180 | 6"W x 8"H x 4"D | | 8 | 1 | | 8.05 | 27.50 | | 35.55 | 50.50 | |
| | 0200 | 8"W x 8"H x 4"D | | 8 | 1 | | 9.40 | 27.50 | | 36.90 | 52 | |
| | 0210 | 10"W x 10"H x 4"D | | 7 | 1.143 | | 12.40 | 31.50 | | 43.90 | 61 | |
| | 0220 | 12"W x 12"H x 4"D | | 6 | 1.333 | | 15.90 | 36.50 | | 52.40 | 72.50 | |
| | 0230 | 15"W x 15"H x 4"D | | 5.20 | 1.538 | | 22.50 | 42.50 | | 65 | 88.50 | |
| | 0240 | 18"W x 18"H x 4"D | | 4.40 | 1.818 | | 27 | 50 | | 77 | 105 | |
| | 0250 | 6"W x 6"H x 6"D | | 8 | 1 | | 8.30 | 27.50 | | 35.80 | 50.50 | |
| | 0260 | 8"W x 8"H x 6"D | | 7.50 | 1.067 | | 11.30 | 29.50 | | 40.80 | 56.50 | |
| | 0270 | 10"W x 10"H x 6"D | | 5.50 | 1.455 | | 14.70 | 40 | | 54.70 | 76 | |
| | 0300 | 10"W x 12"H x 6"D | | 5.30 | 1.509 | | 16.55 | 41.50 | | 58.05 | 80.50 | |
| | 0310 | 12"W x 12"H x 6"D | | 5.20 | 1.538 | | 18.65 | 42.50 | | 61.15 | 84 | |
| | 0320 | 15"W x 15"H x 6"D | | 4.60 | 1.739 | | 25.50 | 48 | | 73.50 | 100 | |
| | 0330 | 18"W x 18"H x 6"D | | 4.20 | 1.905 | | 33.50 | 52.50 | | 86 | 116 | |
| | 0340 | 24"W x 24"H x 6"D | | 3.20 | 2.500 | | 67 | 69 | | 136 | 177 | |
| | 0350 | 12"W x 12"H x 8"D | | 5 | 1.600 | | 27 | 44 | | 71 | 95.50 | |
| | 0360 | 15"W x 15"H x 8"D | | 4.50 | 1.778 | | 51 | 49 | | 100 | 130 | |
| | 0370 | 18"W x 18"H x 8"D | | 4 | 2 | | 72 | 55 | | 127 | 162 | |
| | 0380 | 24"W x 18"H x 6"D | | 3.70 | 2.162 | | 55 | 59.50 | | 114.50 | 150 | |
| | 0400 | 16"W x 20"H x 8"D | | 4 | 2 | | 62.50 | 55 | | 117.50 | 152 | |
| | 0500 | 20"W x 24"H x 8"D | | 3.20 | 2.500 | | 73 | 69 | | 142 | 184 | |

## 162 | Boxes and Wiring Devices

| 162 100 | Boxes | | CREW | DAILY OUTPUT | MAN-HOURS | UNIT | 1994 BARE COSTS MAT. | LABOR | EQUIP. | TOTAL | TOTAL INCL O&P |
|---|---|---|---|---|---|---|---|---|---|---|---|
| 0510 | 24"W x 24"H x 8"D | | 1 Elec | 3 | 2.667 | Ea. | 75 | 73.50 | | 148.50 | 193 |
| 0600 | 24"W x 36"H x 8"D | | | 2.70 | 2.963 | | 102 | 81.50 | | 183.50 | 235 |
| 0610 | 30"W x 30"H x 8"D | | | 2.70 | 2.963 | | 134 | 81.50 | | 215.50 | 270 |
| 0620 | 36"W x 36"H x 8"D | | | 2 | 4 | | 182 | 110 | | 292 | 365 |
| 0630 | 24"W x 24"H x 10"D | | | 2.50 | 3.200 | | 93 | 88 | | 181 | 234 |
| 0650 | Hinged cabinets, type A, 6"W x 6"H x 4"D | | | 8 | 1 | | 6.95 | 27.50 | | 34.45 | 49 |
| 0660 | 8"W x 8"H x 4"D | | | 8 | 1 | | 9.55 | 27.50 | | 37.05 | 52 |
| 0670 | 10"W x 10"H x 4"D | | | 7 | 1.143 | | 12.60 | 31.50 | | 44.10 | 61.50 |
| 0680 | 12"W x 12"H x 4"D | | | 6 | 1.333 | | 16.20 | 36.50 | | 52.70 | 73 |
| 0690 | 15"W x 15"H x 4"D | | | 5.20 | 1.538 | | 25 | 42.50 | | 67.50 | 91 |
| 0700 | 18"W x 18"H x 4"D | | | 4.40 | 1.818 | | 31 | 50 | | 81 | 109 |
| 0710 | 6"W x 6"H x 6"D | | | 8 | 1 | | 8.45 | 27.50 | | 35.95 | 51 |
| 0720 | 8"W x 8"H x 6"D | | | 7.50 | 1.067 | | 13.25 | 29.50 | | 42.75 | 58.50 |
| 0730 | 10"W x 10"H x 6"D | | | 5.50 | 1.455 | | 16.30 | 40 | | 56.30 | 78 |
| 0740 | 12"W x 12"H x 6"D | | | 5.20 | 1.538 | | 19 | 42.50 | | 61.50 | 84.50 |
| 0800 | 12"W x 16"H x 6"D | | | 4.70 | 1.702 | | 23 | 47 | | 70 | 96 |
| 0810 | 15"W x 15"H x 6"D | | | 4.60 | 1.739 | | 26 | 48 | | 74 | 101 |
| 0820 | 18"W x 18"H x 6"D | | | 4.20 | 1.905 | | 34 | 52.50 | | 86.50 | 117 |
| 1000 | 20"W x 20"H x 6"D | | | 3.60 | 2.222 | | 45.50 | 61 | | 106.50 | 142 |
| 1010 | 24"W x 24"H x 6"D | | | 3.20 | 2.500 | | 67.50 | 69 | | 136.50 | 178 |
| 1020 | 12"W x 12"H x 8"D | | | 5 | 1.600 | | 38.50 | 44 | | 82.50 | 109 |
| 1030 | 15"W x 15"H x 8"D | | | 4.50 | 1.778 | | 55 | 49 | | 104 | 134 |
| 1040 | 18"W x 18"H x 8"D | | | 4 | 2 | | 78 | 55 | | 133 | 169 |
| 1200 | 20"W x 20"H x 8"D | | | 3.20 | 2.500 | | 92 | 69 | | 161 | 204 |
| 1210 | 24"W x 24"H x 8"D | | | 3 | 2.667 | | 104 | 73.50 | | 177.50 | 224 |
| 1220 | 30"W x 30"H x 8"D | | | 2.70 | 2.963 | | 149 | 81.50 | | 230.50 | 287 |
| 1400 | 24"W x 36"H x 8"D | | | 2.70 | 2.963 | | 160 | 81.50 | | 241.50 | 299 |
| 1600 | 24"W x 42"H x 8"D | | | 2 | 4 | | 244 | 110 | | 354 | 435 |
| 1610 | 36"W x 36"H x 8"D | | | 2 | 4 | | 225 | 110 | | 335 | 415 |
| 2100 | NEMA 3R, raintight & weatherproof | | | | | | | | | | |
| 2150 | 6"L x 6"W x 6"D | | 1 Elec | 10 | .800 | Ea. | 15.35 | 22 | | 37.35 | 50 |
| 2200 | 8"L x 6"W x 6"D | | | 8 | 1 | | 16 | 27.50 | | 43.50 | 59 |
| 2250 | 10"L x 6"W x 6"D | | | 7 | 1.143 | | 22 | 31.50 | | 53.50 | 71.50 |
| 2300 | 12"L x 12"W x 6"D | | | 5 | 1.600 | | 27.50 | 44 | | 71.50 | 96.50 |
| 2350 | 16"L x 16"W x 6"D | | | 4.50 | 1.778 | | 60 | 49 | | 109 | 140 |
| 2400 | 20"L x 20"W x 6"D | | | 4 | 2 | | 74.50 | 55 | | 129.50 | 165 |
| 2450 | 24"L x 18"W x 8"D | | | 3 | 2.667 | | 75.50 | 73.50 | | 149 | 193 |
| 2500 | 24"L x 24"W x 10"D | | | 2.50 | 3.200 | | 178 | 88 | | 266 | 330 |
| 2550 | 30"L x 24"W x 12"D | | | 2 | 4 | | 209 | 110 | | 319 | 395 |
| 2600 | 36"L x 36"W x 12"D | | | 1.50 | 5.333 | | 350 | 147 | | 497 | 605 |
| 2800 | Cast iron, pull boxes for surface mounting | | | | | | | | | | |
| 3000 | NEMA 4, watertight & dust tight | | | | | | | | | | |
| 3050 | 6"L x 6"W x 6"D | | 1 Elec | 4 | 2 | Ea. | 97 | 55 | | 152 | 190 |
| 3100 | 8"L x 6"W x 6"D | | | 3.20 | 2.500 | | 132 | 69 | | 201 | 248 |
| 3150 | 10"L x 6"W x 6"D | | | 2.50 | 3.200 | | 164 | 88 | | 252 | 310 |
| 3200 | 12"L x 12"W x 6"D | | | 2 | 4 | | 277 | 110 | | 387 | 470 |
| 3250 | 16"L x 16"W x 6"D | | | 1.30 | 6.154 | | 565 | 169 | | 734 | 875 |
| 3300 | 20"L x 20"W x 6"D | | | .80 | 10 | | 1,050 | 275 | | 1,325 | 1,575 |
| 3350 | 24"L x 18"W x 8"D | | | .70 | 11.429 | | 1,125 | 315 | | 1,440 | 1,725 |
| 3400 | 24"L x 24"W x 10"D | | | .50 | 16 | | 1,700 | 440 | | 2,140 | 2,525 |
| 3450 | 30"L x 24"W x 12"D | | | .40 | 20 | | 2,350 | 550 | | 2,900 | 3,400 |
| 3500 | 36"L x 36"W x 12"D | | | .20 | 40 | | 3,650 | 1,100 | | 4,750 | 5,675 |
| 3510 | NEMA 4 clamp cover, 6"L x 6"W x 4"D | | | 4 | 2 | | 127 | 55 | | 182 | 223 |
| 3520 | 8"L x 6"W x 4"D | | | 4 | 2 | | 149 | 55 | | 204 | 247 |
| 4000 | NEMA 7, explosionproof | | | | | | | | | | |
| 4050 | 6"L x 6"W x 6"D | | 1 Elec | 2 | 4 | Ea. | 405 | 110 | | 515 | 610 |

## 162 | Boxes and Wiring Devices

### 162 100 | Boxes

| | | | CREW | DAILY OUTPUT | MAN-HOURS | UNIT | MAT. | LABOR | EQUIP. | TOTAL | TOTAL INCL O&P | |
|---|---|---|---|---|---|---|---|---|---|---|---|---|
| 130 | 4100 | 8"L x 6"W x 6"D | 1 Elec | 1.80 | 4.444 | Ea. | 410 | 122 | | 532 | 635 | 130 |
| | 4150 | 10"L x 6"W x 6"D | | 1.60 | 5 | | 480 | 138 | | 618 | 735 | |
| | 4200 | 12"L x 12"W x 6"D | | 1 | 8 | | 785 | 220 | | 1,005 | 1,200 | |
| | 4250 | 16"L x 14"W x 6"D | | .60 | 13.333 | | 1,150 | 365 | | 1,515 | 1,825 | |
| | 4300 | 18"L x 18"W x 8"D | | .50 | 16 | | 1,825 | 440 | | 2,265 | 2,650 | |
| | 4350 | 24"L x 18"W x 8"D | | .40 | 20 | | 2,125 | 550 | | 2,675 | 3,175 | |
| | 4400 | 24"L x 24"W x 10"D | | .30 | 26.667 | | 2,775 | 735 | | 3,510 | 4,150 | |
| | 4450 | 30"L x 24"W x 12"D | | .20 | 40 | | 4,350 | 1,100 | | 5,450 | 6,425 | |
| | 5000 | NEMA 9, dust tight 6"L x 6"W x 6"D | | 3.20 | 2.500 | | 90 | 69 | | 159 | 202 | |
| | 5050 | 8"L x 6"W x 6"D | | 2.70 | 2.963 | | 121 | 81.50 | | 202.50 | 256 | |
| | 5100 | 10"L x 6"W x 6"D | | 2 | 4 | | 154 | 110 | | 264 | 335 | |
| | 5150 | 12"L x 12"W x 6"D | | 1.60 | 5 | | 375 | 138 | | 513 | 620 | |
| | 5200 | 16"L x 16"W x 6"D | | 1 | 8 | | 510 | 220 | | 730 | 890 | |
| | 5250 | 18"L x 18"W x 8"D | | .70 | 11.429 | | 670 | 315 | | 985 | 1,200 | |
| | 5300 | 24"L x 18"W x 8"D | | .60 | 13.333 | | 985 | 365 | | 1,350 | 1,625 | |
| | 5350 | 24"L x 24"W x 10"D | | .40 | 20 | | 1,550 | 550 | | 2,100 | 2,525 | |
| | 5400 | 30"L x 24"W x 12"D | | .30 | 26.667 | | 2,175 | 735 | | 2,910 | 3,500 | |
| | 6000 | J.I.C. wiring boxes, NEMA 12, dust tight & drip tight | | | | | | | | | | |
| | 6050 | 6"L x 8"W x 4"D | 1 Elec | 10 | .800 | Ea. | 27 | 22 | | 49 | 62.50 | |
| | 6100 | 8"L x 10"W x 4"D | | 8 | 1 | | 34 | 27.50 | | 61.50 | 79 | |
| | 6150 | 12"L x 14"W x 6"D | | 5.30 | 1.509 | | 50 | 41.50 | | 91.50 | 118 | |
| | 6200 | 14"L x 16"W x 6"D | | 4.70 | 1.702 | | 60 | 47 | | 107 | 137 | |
| | 6250 | 16"L x 20"W x 6"D | | 4.40 | 1.818 | | 141 | 50 | | 191 | 230 | |
| | 6300 | 24"L x 30"W x 6"D | | 3.20 | 2.500 | | 208 | 69 | | 277 | 330 | |
| | 6350 | 24"L x 30"W x 8"D | | 2.90 | 2.759 | | 219 | 76 | | 295 | 355 | |
| | 6400 | 24"L x 36"W x 8"D | | 2.70 | 2.963 | | 245 | 81.50 | | 326.50 | 395 | |
| | 6450 | 24"L x 42"W x 8"D | | 2.30 | 3.478 | | 270 | 95.50 | | 365.50 | 440 | |
| | 6500 | 24"L x 48"W x 8"D | | 2 | 4 | | 290 | 110 | | 400 | 485 | |
| | 7000 | Cabinets, current transformer | | | | | | | | | | |
| | 7050 | Single door, 24"H x 24"W x 10"D | 1 Elec | 1.60 | 5 | Ea. | 88 | 138 | | 226 | 305 | |
| | 7100 | 30"H x 24"W x 10"D | | 1.30 | 6.154 | | 105 | 169 | | 274 | 370 | |
| | 7150 | 36"H x 24"W x 10"D | | 1.10 | 7.273 | | 118 | 200 | | 318 | 430 | |
| | 7200 | 30"H x 30"W x 10"D | | 1 | 8 | | 127 | 220 | | 347 | 470 | |
| | 7250 | 36"H x 30"W x 10"D | | .90 | 8.889 | | 155 | 244 | | 399 | 540 | |
| | 7300 | 36"H x 36"W x 10"D | | .80 | 10 | | 161 | 275 | | 436 | 590 | |
| | 7500 | Double door, 48"H x 36"W x 10"D | | .60 | 13.333 | | 340 | 365 | | 705 | 925 | |
| | 7550 | 24"H x 24"W x 12"D | | 1 | 8 | | 177 | 220 | | 397 | 525 | |
| | 7600 | Telephone with wood backboard | | | | | | | | | | |
| | 7620 | Single door, 12"H x 12"W x 4"D | 1 Elec | 5.30 | 1.509 | Ea. | 61 | 41.50 | | 102.50 | 130 | |
| | 7650 | 18"H x 12"W x 4"D | | 4.70 | 1.702 | | 82 | 47 | | 129 | 161 | |
| | 7700 | 24"H x 12"W x 4"D | | 4.20 | 1.905 | | 95 | 52.50 | | 147.50 | 184 | |
| | 7720 | 18"H x 18"W x 4"D | | 4.20 | 1.905 | | 107 | 52.50 | | 159.50 | 197 | |
| | 7750 | 24"H x 18"W x 4"D | | 4 | 2 | | 138 | 55 | | 193 | 235 | |
| | 7780 | 36"H x 36"W x 4"D | | 3.60 | 2.222 | | 200 | 61 | | 261 | 310 | |
| | 7800 | 24"H x 24"W x 6"D | | 3.60 | 2.222 | | 175 | 61 | | 236 | 285 | |
| | 7820 | 30"H x 24"W x 6"D | | 3.20 | 2.500 | | 225 | 69 | | 294 | 350 | |
| | 7850 | 30"H x 30"W x 6"D | | 2.70 | 2.963 | | 265 | 81.50 | | 346.50 | 415 | |
| | 7880 | 36"H x 30"W x 6"D | | 2.50 | 3.200 | | 315 | 88 | | 403 | 475 | |
| | 7900 | 48"H x 36"W x 6"D | | 2.20 | 3.636 | | 550 | 100 | | 650 | 755 | |
| | 7920 | Double door, 48"H x 36"W x 6"D | | 2 | 4 | | 570 | 110 | | 680 | 790 | |
| | 8000 | NEMA 12, double door, floor mounted | | | | | | | | | | |
| | 8020 | 54" H x 42" W x 8" D | 1 Elec | 3 | 2.667 | Ea. | 600 | 73.50 | | 673.50 | 770 | |
| | 8040 | 60" H x 48" W x 8" D | | 2.70 | 2.963 | | 815 | 81.50 | | 896.50 | 1,025 | |
| | 8060 | 60" H x 48" W x 10" D | | 2.70 | 2.963 | | 840 | 81.50 | | 921.50 | 1,050 | |
| | 8080 | 60" H x 60" W x 10" D | | 2.50 | 3.200 | | 955 | 88 | | 1,043 | 1,175 | |
| | 8100 | 72" H x 60" W x 10" D | | 2 | 4 | | 1,100 | 110 | | 1,210 | 1,375 | |

## 162 | Boxes and Wiring Devices

### 162 100 | Boxes

| | | | CREW | DAILY OUTPUT | MAN-HOURS | UNIT | 1994 BARE COSTS MAT. | LABOR | EQUIP. | TOTAL | TOTAL INCL O&P | |
|---|---|---|---|---|---|---|---|---|---|---|---|---|
| 130 | 8120 | 72" H x 72" W x 10" D | 1 Elec | 1.70 | 4.706 | Ea. | 1,250 | 129 | | 1,379 | 1,575 | 130 |
| | 8140 | 60" H x 48" W x 12" D | | 1.70 | 4.706 | | 865 | 129 | | 994 | 1,150 | |
| | 8160 | 60" H x 60" W x 12" D | | 1.60 | 5 | | 975 | 138 | | 1,113 | 1,275 | |
| | 8180 | 72" H x 60" W x 12" D | | 1.50 | 5.333 | | 1,125 | 147 | | 1,272 | 1,475 | |
| | 8200 | 72" H x 72" W x 12" D | | 1.50 | 5.333 | | 1,275 | 147 | | 1,422 | 1,625 | |
| | 8220 | 60" H x 48" W x 16" D | | 1.60 | 5 | | 900 | 138 | | 1,038 | 1,200 | |
| | 8240 | 72" H x 72" W x 16" D | | 1.30 | 6.154 | | 1,350 | 169 | | 1,519 | 1,750 | |
| | 8260 | 60" H x 48" W x 20" D | | 1.50 | 5.333 | | 950 | 147 | | 1,097 | 1,275 | |
| | 8280 | 72" H x 72" W x 20" D | | 1.10 | 7.273 | | 1,375 | 200 | | 1,575 | 1,825 | |
| | 8300 | 60" H x 48" W x 24" D | | 1.30 | 6.154 | | 990 | 169 | | 1,159 | 1,350 | |
| | 8320 | 72" H x 72" W x 24" D | | 1 | 8 | | 1,450 | 220 | | 1,670 | 1,925 | |
| | 8340 | Pushbutton enclosure, oiltight | | | | | | | | | | |
| | 8360 | 3-1/2" H x 3-1/4" W x 2-3/4" D, for 1 P.B. | 1 Elec | 12 | .667 | Ea. | 23.50 | 18.35 | | 41.85 | 53.50 | |
| | 8380 | 5-3/4" H x 3-1/4" W x 2-3/4" D, for 2 P.B. | | 11 | .727 | | 27 | 20 | | 47 | 59.50 | |
| | 8400 | 8" H x 3-1/4" W x 2-3/4" D, for 3 P.B. | | 10.50 | .762 | | 29 | 21 | | 50 | 63.50 | |
| | 8420 | 10-1/4" H x 3-1/4" W x 2-3/4" D, for 4 P.B. | | 10.50 | .762 | | 32 | 21 | | 53 | 66.50 | |
| | 8440 | 7-1/4" H x 6-1/4" W x 3" D, for 4 P.B. | | 10 | .800 | | 35 | 22 | | 57 | 71.50 | |
| | 8460 | 12-1/2" H x 3-1/4" W x 3" D, for 5 P.B. | | 9 | .889 | | 37 | 24.50 | | 61.50 | 77.50 | |
| | 8480 | 9-1/2" H x 6-1/4" W x 3" D, for 6 P.B. | | 8.50 | .941 | | 40.50 | 26 | | 66.50 | 83.50 | |
| | 8500 | 9-1/2" H x 8-1/2" W x 3" D, for 9 P.B. | | 8 | 1 | | 46 | 27.50 | | 73.50 | 92 | |
| | 8510 | 11-3/4" H x 8-1/2" W x 3" D, for 12 P.B. | | 7 | 1.143 | | 54 | 31.50 | | 85.50 | 107 | |
| | 8520 | 11-3/4" H x 10-3/4" W x 3" D, for 16 P.B. | | 6.50 | 1.231 | | 66 | 34 | | 100 | 124 | |
| | 8540 | 14" H x 10-3/4" W x 3" D, for 20 P.B. | | 5 | 1.600 | | 74 | 44 | | 118 | 148 | |
| | 8560 | 14" H x 13" W 3" D, for 25 P.B. | | 4.50 | 1.778 | | 84 | 49 | | 133 | 166 | |
| | 8580 | Sloping front pushbutton enclosures | | | | | | | | | | |
| | 8600 | 3-1/2" H x 7-3/4" W x 4-7/8" D, for 3 P.B | 1 Elec | 10 | .800 | Ea. | 40.50 | 22 | | 62.50 | 77.50 | |
| | 8620 | 7-1/4" H x 8-1/2" W x 6-3/4" D, for 6 P.B. | | 8 | 1 | | 59 | 27.50 | | 86.50 | 107 | |
| | 8640 | 9-1/2" H x 8-1/2" W x 7-7/8" D, for 9 P.B. | | 7 | 1.143 | | 70 | 31.50 | | 101.50 | 125 | |
| | 8660 | 11-1/4" H x 8-1/2" W x 9" D, for 12 P.B. | | 5 | 1.600 | | 81 | 44 | | 125 | 155 | |
| | 8680 | 11-3/4" H x 10" W x 9 D, for 16 P.B. | | 5 | 1.600 | | 89 | 44 | | 133 | 164 | |
| | 8700 | 11-3/4" H x 13" W x 9 D, for 20 P.B. | | 5 | 1.600 | | 100 | 44 | | 144 | 176 | |
| | 8720 | 14" H x 13" W x 10-1/8" D, for 25 P.B. | | 4.50 | 1.778 | | 113 | 49 | | 162 | 198 | |
| | 8740 | Pedestals, not including P.B. enclosure or base | | | | | | | | | | |
| | 8760 | Straight column 4" x 4" | 1 Elec | 4.50 | 1.778 | Ea. | 96 | 49 | | 145 | 180 | |
| | 8780 | 6" x 6" | | 4 | 2 | | 141 | 55 | | 196 | 238 | |
| | 8800 | Angled column 4" x 4" | | 4.50 | 1.778 | | 113 | 49 | | 162 | 198 | |
| | 8820 | 6" x 6" | | 4 | 2 | | 167 | 55 | | 222 | 267 | |
| | 8840 | Pedestal, base 18" x 18" | | 10 | .800 | | 58 | 22 | | 80 | 97 | |
| | 8860 | 24" x 24" | | 9 | .889 | | 130 | 24.50 | | 154.50 | 180 | |
| | 8900 | Electronic rack enclosures | | | | | | | | | | |
| | 8920 | 72" H x 25 W x 24 D | 1 Elec | 1.50 | 5.333 | Ea. | 990 | 147 | | 1,137 | 1,325 | |
| | 8940 | 72" H x 30 W x 24 D | | 1.50 | 5.333 | | 1,050 | 147 | | 1,197 | 1,375 | |
| | 8960 | 72" H x 25 W x 30 D | | 1.30 | 6.154 | | 1,075 | 169 | | 1,244 | 1,425 | |
| | 8980 | 72" H x 25 W x 36 D | | 1.20 | 6.667 | | 1,150 | 183 | | 1,333 | 1,550 | |
| | 9000 | 72" H x 30 W x 36 D | | 1.20 | 6.667 | | 1,225 | 183 | | 1,408 | 1,625 | |
| | 9020 | NEMA 12 & 4 enclosure panels | | | | | | | | | | |
| | 9040 | 12" x 24" | 1 Elec | 20 | .400 | Ea. | 15 | 11 | | 26 | 33 | |
| | 9060 | 16" x 12" | | 20 | .400 | | 10.25 | 11 | | 21.25 | 28 | |
| | 9080 | 20" x 16" | | 20 | .400 | | 15 | 11 | | 26 | 33 | |
| | 9100 | 20" x 20" | | 19 | .421 | | 18.10 | 11.60 | | 29.70 | 37.50 | |
| | 9120 | 24" x 20" | | 18 | .444 | | 24 | 12.20 | | 36.20 | 45 | |
| | 9140 | 24" x 24" | | 17 | .471 | | 28 | 12.95 | | 40.95 | 50.50 | |
| | 9160 | 30" x 20" | | 16 | .500 | | 28.50 | 13.75 | | 42.25 | 52 | |
| | 9180 | 30" x 24" | | 16 | .500 | | 34 | 13.75 | | 47.75 | 58 | |
| | 9200 | 36" x 24" | | 15 | .533 | | 41 | 14.65 | | 55.65 | 67 | |
| | 9220 | 36" x 30" | | 15 | .533 | | 52 | 14.65 | | 66.65 | 79 | |

## 162 | Boxes and Wiring Devices

### 162 100 | Boxes

| | | | CREW | DAILY OUTPUT | MAN-HOURS | UNIT | 1994 BARE COSTS MAT. | LABOR | EQUIP. | TOTAL | TOTAL INCL O&P | |
|---|---|---|---|---|---|---|---|---|---|---|---|---|
| 130 | 9240 | 42" x 24" | 1 Elec | 15 | .533 | Ea. | 45 | 14.65 | | 59.65 | 71.50 | 130 |
| | 9260 | 42" x 30" | | 14 | .571 | | 60 | 15.70 | | 75.70 | 89.50 | |
| | 9280 | 42" x 36" | | 14 | .571 | | 70 | 15.70 | | 85.70 | 101 | |
| | 9300 | 48" x 24" | | 14 | .571 | | 51 | 15.70 | | 66.70 | 79.50 | |
| | 9320 | 48" x 30" | | 14 | .571 | | 67 | 15.70 | | 82.70 | 97 | |
| | 9340 | 48" x 36" | | 13 | .615 | | 79 | 16.90 | | 95.90 | 113 | |
| | 9360 | 60" x 36" | | 12 | .667 | | 98 | 18.35 | | 116.35 | 136 | |
| | 9400 | Wiring trough steel JIC, clamp cover | | | | | | | | | | |
| | 9490 | 4" x 4", 12" long | 1 Elec | 12 | .667 | Ea. | 35 | 18.35 | | 53.35 | 66 | |
| | 9510 | 24" long | | 10 | .800 | | 45 | 22 | | 67 | 82.50 | |
| | 9530 | 36" long | | 8 | 1 | | 54 | 27.50 | | 81.50 | 101 | |
| | 9540 | 48" long | | 7 | 1.143 | | 64 | 31.50 | | 95.50 | 118 | |
| | 9550 | 60" long | | 6 | 1.333 | | 73 | 36.50 | | 109.50 | 136 | |
| | 9560 | 6" x 6", 12" long | | 11 | .727 | | 45 | 20 | | 65 | 79.50 | |
| | 9580 | 24" long | | 9 | .889 | | 60 | 24.50 | | 84.50 | 103 | |
| | 9600 | 36" long | | 7 | 1.143 | | 76 | 31.50 | | 107.50 | 131 | |
| | 9610 | 48" long | | 6 | 1.333 | | 90 | 36.50 | | 126.50 | 154 | |
| | 9620 | 60" long | | 5 | 1.600 | | 105 | 44 | | 149 | 182 | |
| 140 | 0010 | **PULL BOXES & CABINETS** Nonmetallic | | | | | | | | | | 140 |
| | 0080 | Enclosures fiberglass NEMA 4X | | | | | | | | | | |
| | 0100 | Wall mount, quick release latch door, 20"H x 16"W x 6"D | 1 Elec | 4.80 | 1.667 | Ea. | 230 | 46 | | 276 | 320 | |
| | 0110 | 20"H x 20"W x 6"D | | 4.50 | 1.778 | | 260 | 49 | | 309 | 360 | |
| | 0120 | 24"H x 20"W x 6"D | | 4.20 | 1.905 | | 280 | 52.50 | | 332.50 | 390 | |
| | 0130 | 20"H x 16"W x 8"D | | 4.50 | 1.778 | | 255 | 49 | | 304 | 355 | |
| | 0140 | 20"H x 20"W x 8"D | | 4.20 | 1.905 | | 285 | 52.50 | | 337.50 | 395 | |
| | 0150 | 24"H x 24"W x 8"D | | 3.80 | 2.105 | | 320 | 58 | | 378 | 435 | |
| | 0160 | 30"H x 24"W x 8"D | | 3.20 | 2.500 | | 355 | 69 | | 424 | 495 | |
| | 0170 | 36"H x 30"W x 8"D | | 3 | 2.667 | | 490 | 73.50 | | 563.50 | 650 | |
| | 0180 | 20"H x 16"W x 10"D | | 3.50 | 2.286 | | 285 | 63 | | 348 | 410 | |
| | 0190 | 20"H x 20"W x 10"D | | 3.20 | 2.500 | | 310 | 69 | | 379 | 445 | |
| | 0200 | 24"H x 20"W x 10"D | | 3 | 2.667 | | 330 | 73.50 | | 403.50 | 475 | |
| | 0210 | 30"H x 24"W x 10"D | | 2.80 | 2.857 | | 385 | 78.50 | | 463.50 | 545 | |
| | 0220 | 20"H x 16"W x 12"D | | 3 | 2.667 | | 315 | 73.50 | | 388.50 | 455 | |
| | 0230 | 20"H x 20"W x 12"D | | 2.80 | 2.857 | | 330 | 78.50 | | 408.50 | 485 | |
| | 0240 | 24"H x 24"W x 12"D | | 2.60 | 3.077 | | 375 | 84.50 | | 459.50 | 540 | |
| | 0250 | 30"H x 24"W x 12"D | | 2.40 | 3.333 | | 410 | 91.50 | | 501.50 | 590 | |
| | 0260 | 36"H x 30"W x 12"D | | 2.20 | 3.636 | | 545 | 100 | | 645 | 750 | |
| | 0270 | 36"H x 36"W x 12"D | | 2.10 | 3.810 | | 600 | 105 | | 705 | 820 | |
| | 0280 | 48"H x 36"W x 12"D | | 2 | 4 | | 700 | 110 | | 810 | 935 | |
| | 0290 | 60"H x 36"W x 12"D | | 1.80 | 4.444 | | 790 | 122 | | 912 | 1,050 | |
| | 0300 | 30"H x 24"W x 16"D | | 1.40 | 5.714 | | 475 | 157 | | 632 | 760 | |
| | 0310 | 48"H x 36"W x 16"D | | 1.20 | 6.667 | | 790 | 183 | | 973 | 1,150 | |
| | 0320 | 60"H x 36"W x 16"D | | 1 | 8 | | 855 | 220 | | 1,075 | 1,275 | |
| | 0480 | Freestanding, one door, 72"H x 25"W x 25"D | | .80 | 10 | | 1,675 | 275 | | 1,950 | 2,275 | |
| | 0490 | Two doors with two panels, 72"H x 49"W x 24"D | | .50 | 16 | | 3,950 | 440 | | 4,390 | 5,000 | |
| | 0500 | Floor stand kits, for NEMA 4 & 12, 20"W or more | | 24 | .333 | | 48 | 9.15 | | 57.15 | 67 | |
| | 0510 | 6"H x 10"D | | 24 | .333 | | 52 | 9.15 | | 61.15 | 71 | |
| | 0520 | 6"H x 12"D | | 24 | .333 | | 60 | 9.15 | | 69.15 | 80 | |
| | 0530 | 6"H x 18"D | | 24 | .333 | | 71 | 9.15 | | 80.15 | 92 | |
| | 0540 | 12"H x 8"D | | 22 | .364 | | 62 | 10 | | 72 | 83 | |
| | 0550 | 12"H x 10"D | | 22 | .364 | | 66 | 10 | | 76 | 87.50 | |
| | 0560 | 12"H x 12"D | | 22 | .364 | | 71 | 10 | | 81 | 93 | |
| | 0570 | 12"H x 16"D | | 22 | .364 | | 80 | 10 | | 90 | 103 | |
| | 0580 | 12"H x 18"D | | 22 | .364 | | 85 | 10 | | 95 | 109 | |
| | 0590 | 12"H x 20"D | | 22 | .364 | | 90 | 10 | | 100 | 114 | |
| | 0600 | 18"H x 8"D | | 20 | .400 | | 76 | 11 | | 87 | 100 | |

## 162 | Boxes and Wiring Devices

### 162 100 | Boxes

| | | CREW | DAILY OUTPUT | MAN-HOURS | UNIT | MAT. | LABOR | EQUIP. | TOTAL | TOTAL INCL O&P | |
|---|---|---|---|---|---|---|---|---|---|---|---|
| 140 | | | | | | | | | | | 140 |
| 0610 | 18"H x 10"D | 1 Elec | 20 | .400 | Ea. | 80 | 11 | | 91 | 105 | |
| 0620 | 18"H x 12"D | | 20 | .400 | | 85 | 11 | | 96 | 110 | |
| 0630 | 18"H x 16"D | | 20 | .400 | | 94 | 11 | | 105 | 120 | |
| 0640 | 24"H x 8"D | | 16 | .500 | | 90 | 13.75 | | 103.75 | 120 | |
| 0650 | 24"H x 10"D | | 16 | .500 | | 94 | 13.75 | | 107.75 | 124 | |
| 0660 | 24"H x 12"D | | 16 | .500 | | 100 | 13.75 | | 113.75 | 131 | |
| 0670 | 24"H x 16"D | | 16 | .500 | | 108 | 13.75 | | 121.75 | 140 | |
| 0680 | Small, screw cover, 5-1/2"H x 4"W x 4-15/16"D | | 12 | .667 | | 29 | 18.35 | | 47.35 | 59.50 | |
| 0690 | 7-1/2"H x 4"W x 4-15/16"D | | 12 | .667 | | 30 | 18.35 | | 48.35 | 60.50 | |
| 0700 | 7-1/2"H x 6"W x 5-3/16"D | | 10 | .800 | | 35 | 22 | | 57 | 71.50 | |
| 0710 | 9-1/2"H x 6"W x 5-11/16"D | | 10 | .800 | | 36 | 22 | | 58 | 72.50 | |
| 0720 | 11-1/2"H x 8"W x 6-11/16"D | | 8 | 1 | | 53 | 27.50 | | 80.50 | 100 | |
| 0730 | 13-1/2"H x 10"W x 7-3/16"D | | 7 | 1.143 | | 65 | 31.50 | | 96.50 | 119 | |
| 0740 | 15-1/2"H x 12"W x 8-3/16"D | | 6 | 1.333 | | 83 | 36.50 | | 119.50 | 147 | |
| 0750 | 17-1/2"H x 14"W x 8-11/16"D | | 5 | 1.600 | | 100 | 44 | | 144 | 176 | |
| 0760 | Screw cover with window, 6"H x 4"W x 5"D | | 12 | .667 | | 49 | 18.35 | | 67.35 | 81.50 | |
| 0770 | 8"H x 4"W x 5"D | | 11 | .727 | | 51 | 20 | | 71 | 86 | |
| 0780 | 8"H x 6"W x 5"D | | 11 | .727 | | 55 | 20 | | 75 | 90.50 | |
| 0790 | 10"H x 6"W x 6"D | | 10 | .800 | | 59 | 22 | | 81 | 98 | |
| 0800 | 12"H x 8"W x 7"D | | 8 | 1 | | 84 | 27.50 | | 111.50 | 134 | |
| 0810 | 14"H x 10"W x 7"D | | 7 | 1.143 | | 104 | 31.50 | | 135.50 | 162 | |
| 0820 | 16"H x 12"W x 8"D | | 6 | 1.333 | | 133 | 36.50 | | 169.50 | 201 | |
| 0830 | 18"H x 14"W x 9"D | | 5 | 1.600 | | 159 | 44 | | 203 | 241 | |
| 0840 | Quick-release latch cover, 5-1/2"H x 4"W x 5"D | | 12 | .667 | | 37 | 18.35 | | 55.35 | 68 | |
| 0850 | 7-1/2"H x 4"W x 5"D | | 12 | .667 | | 39 | 18.35 | | 57.35 | 70.50 | |
| 0860 | 7-1/2"H x 6"W x 5-1/4"D | | 10 | .800 | | 45 | 22 | | 67 | 82.50 | |
| 0870 | 9-1/2"H x 6"W x 5-3/4"D | | 10 | .800 | | 47 | 22 | | 69 | 84.50 | |
| 0880 | 11-1/2"H x 8"W x 6-3/4"D | | 8 | 1 | | 68 | 27.50 | | 95.50 | 117 | |
| 0890 | 13-1/2"H x 10"W x 7-1/4"D | | 7 | 1.143 | | 84 | 31.50 | | 115.50 | 140 | |
| 0900 | 15-1/2"H x 12"W x 8-1/4"D | | 6 | 1.333 | | 107 | 36.50 | | 143.50 | 173 | |
| 0910 | 17-1/2"H x 14"W x 8-3/4"D | | 5 | 1.600 | | 128 | 44 | | 172 | 207 | |
| 0920 | Pushbutton, 1 hole 5-1/2"H x 4"W x 4-15/16"D | | 12 | .667 | | 29 | 18.35 | | 47.35 | 59.50 | |
| 0930 | 2 hole 7-1/2"H x 4"W x 4-15/16"D | | 11 | .727 | | 32 | 20 | | 52 | 65 | |
| 0940 | 4 hole 7-1/2"H x 6"W x 5-3/16"D | | 10.50 | .762 | | 38 | 21 | | 59 | 73.50 | |
| 0950 | 6 hole 9-1/2"H x 6"W x 5-11/16"D | | 9 | .889 | | 47 | 24.50 | | 71.50 | 88.50 | |
| 0960 | 8 hole 11-1/2"H x 8"W x 6-11/16"D | | 8.50 | .941 | | 60 | 26 | | 86 | 105 | |
| 0970 | 12 hole 13-1/2"H x 10"W x 7-3/16"D | | 8 | 1 | | 77 | 27.50 | | 104.50 | 126 | |
| 0980 | 20 hole 15-1/2"H x 12"W x 8-3/16"D | | 5 | 1.600 | | 106 | 44 | | 150 | 183 | |
| 0990 | 30 hole 17-1/2"H x 14"W x 8-11/16"D | | 4.50 | 1.778 | | 115 | 49 | | 164 | 201 | |
| 1450 | Enclosures polyester NEMA 4X | | | | | | | | | | |
| 1460 | Small, screw cover, | | | | | | | | | | |
| 1500 | 3-15/16"H x 3-15/16"W x 3-1/16"D | 1 Elec | 12 | .667 | Ea. | 20.50 | 18.35 | | 38.85 | 50 | |
| 1510 | 5-3/16"H x 3-5/16"W x 3-1/16"D | | 12 | .667 | | 20 | 18.35 | | 38.35 | 49.50 | |
| 1520 | 5-7/8"H x 3-7/8"W x 4-3/16"D | | 12 | .667 | | 21.50 | 18.35 | | 39.85 | 51 | |
| 1530 | 5-7/8"H x 5-7/8"W x 4-3/16"D | | 12 | .667 | | 24 | 18.35 | | 42.35 | 54 | |
| 1540 | 7-5/8"H x 3-5/16"W x 3-1/16"D | | 12 | .667 | | 22 | 18.35 | | 40.35 | 51.50 | |
| 1550 | 10-3/16"H x 3-5/16"W x 3-1/16"D | | 10 | .800 | | 26 | 22 | | 48 | 61.50 | |
| 1560 | Clear cover, 3-15/16"H x 3-15/16"W x 2-7/8"D | | 12 | .667 | | 23.50 | 18.35 | | 41.85 | 53.50 | |
| 1570 | 5-3/16"H x 3-5/16"W x 2-7/8"D | | 12 | .667 | | 30 | 18.35 | | 48.35 | 60.50 | |
| 1580 | 5-7/8"H x 3-7/8"W x 4"D | | 12 | .667 | | 38 | 18.35 | | 56.35 | 69.50 | |
| 1590 | 5-7/8"H x 5-7/8"W x 4"D | | 12 | .667 | | 46 | 18.35 | | 64.35 | 78 | |
| 1600 | 7-5/8"H x 3-5/16"W x 2-7/8"D | | 12 | .667 | | 33 | 18.35 | | 51.35 | 64 | |
| 1610 | 10-3/16"H x 3-5/16"W x 2-7/8"D | | 10 | .800 | | 42 | 22 | | 64 | 79 | |
| 1620 | Pushbutton, 1 hole, 5-5/16"H x 3-5/16"W x 3-1/16"D | | 12 | .667 | | 20 | 18.35 | | 38.35 | 49.50 | |
| 1630 | 2 hole, 7-5/8"H x 3-5/16"W x 3-1/8"D | | 11 | .727 | | 22.50 | 20 | | 42.50 | 55 | |
| 1640 | 3 hole, 10-3/16"H x 3-5/16"W x 3-1/16"D | | 10.50 | .762 | | 27 | 21 | | 48 | 61 | |

## 162 | Boxes and Wiring Devices

### 162 100 | Boxes

| | | CREW | DAILY OUTPUT | MAN-HOURS | UNIT | 1994 BARE COSTS MAT. | LABOR | EQUIP. | TOTAL | TOTAL INCL O&P | |
|---|---|---|---|---|---|---|---|---|---|---|---|
| 140 | 8000 | Wireway fiberglass, straight sect. screwcover, 12"L, 4"W x 4"D | 1 Elec | 40 | .200 | Ea. | 70 | 5.50 | | 75.50 | 85.50 | 140 |
| | 8010 | 6"W x 6"D | | 30 | .267 | | 117 | 7.35 | | 124.35 | 140 | |
| | 8020 | 24"L, 4"W x 4"D | | 20 | .400 | | 90 | 11 | | 101 | 116 | |
| | 8030 | 6"W x 6"D | | 15 | .533 | | 143 | 14.65 | | 157.65 | 179 | |
| | 8040 | 36"L, 4"W x 4"D | | 13.30 | .602 | | 115 | 16.55 | | 131.55 | 152 | |
| | 8050 | 6"W x 6"D | | 10 | .800 | | 170 | 22 | | 192 | 220 | |
| | 8060 | 48"L, 4"W x 4"D | | 10 | .800 | | 137 | 22 | | 159 | 184 | |
| | 8070 | 6"W x 6"D | | 7.50 | 1.067 | | 230 | 29.50 | | 259.50 | 297 | |
| | 8080 | 60"L, 4"W x 4"D | | 8 | 1 | | 154 | 27.50 | | 181.50 | 211 | |
| | 8090 | 6"W x 6"D | | 6 | 1.333 | | 240 | 36.50 | | 276.50 | 320 | |
| | 8100 | Elbow, 90°, 4"W x 4"D | | 20 | .400 | | 77 | 11 | | 88 | 101 | |
| | 8110 | 6"W x 6"D | | 18 | .444 | | 143 | 12.20 | | 155.20 | 175 | |
| | 8120 | Elbow, 45°, 4"W x 4"D | | 20 | .400 | | 77 | 11 | | 88 | 101 | |
| | 8130 | 6"W x 6"D | | 18 | .444 | | 143 | 12.20 | | 155.20 | 175 | |
| | 8140 | Tee, 4"W x 4"D | | 16 | .500 | | 90 | 13.75 | | 103.75 | 120 | |
| | 8150 | 6"W x 6"D | | 14 | .571 | | 170 | 15.70 | | 185.70 | 211 | |
| | 8160 | Cross, 4"W x 4"D | | 14 | .571 | | 126 | 15.70 | | 141.70 | 163 | |
| | 8170 | 6"W x 6"D | | 12 | .667 | | 240 | 18.35 | | 258.35 | 292 | |
| | 8180 | Cut-off fitting, w/flange & adhesive, 4"W x 4"D | | 18 | .444 | | 55 | 12.20 | | 67.20 | 79 | |
| | 8190 | 6"W x 6"D | | 16 | .500 | | 117 | 13.75 | | 130.75 | 150 | |
| | 8200 | Flexible ftng., hvy neoprene coated nylon, 4"W x 4"D | | 20 | .400 | | 96 | 11 | | 107 | 123 | |
| | 8210 | 6"W x 6"D | | 18 | .444 | | 137 | 12.20 | | 149.20 | 169 | |
| | 8220 | Closure plate, fiberglass, 4"W x 4"D | | 20 | .400 | | 19 | 11 | | 30 | 37.50 | |
| | 8230 | 6"W x 6"D | | 18 | .444 | | 21 | 12.20 | | 33.20 | 41.50 | |
| | 8240 | Box connector, stainless steel type 304, 4"W x 4"D | | 20 | .400 | | 32 | 11 | | 43 | 51.50 | |
| | 8250 | 6"W x 6"D | | 18 | .444 | | 35 | 12.20 | | 47.20 | 57 | |
| | 8260 | Hanger, 4"W x 4"D | | 100 | .080 | | 6.90 | 2.20 | | 9.10 | 10.90 | |
| | 8270 | 6"W x 6"D | | 80 | .100 | | 9.15 | 2.75 | | 11.90 | 14.20 | |
| | 8280 | Straight tube section fiberglass, 4"W x 4"D, 12" long | | 40 | .200 | | 62 | 5.50 | | 67.50 | 76.50 | |
| | 8290 | 24" long | | 20 | .400 | | 78 | 11 | | 89 | 103 | |
| | 8300 | 36" long | | 13.30 | .602 | | 90 | 16.55 | | 106.55 | 124 | |
| | 8310 | 48" long | | 10 | .800 | | 106 | 22 | | 128 | 150 | |
| | 8320 | 60" long | | 8 | 1 | | 120 | 27.50 | | 147.50 | 174 | |
| | 8330 | 120" long | | 4 | 2 | | 175 | 55 | | 230 | 276 | |

### 162 300 | Wiring Devices

| | | CREW | DAILY OUTPUT | MAN-HOURS | UNIT | MAT. | LABOR | EQUIP. | TOTAL | TOTAL INCL O&P | |
|---|---|---|---|---|---|---|---|---|---|---|---|
| 310 | 0010 | LOW VOLTAGE SWITCHING | | | | | | | | | | 310 |
| | 3600 | Relays, 120V or 277V standard | 1 Elec | 12 | .667 | Ea. | 22.50 | 18.35 | | 40.85 | 52.50 | |
| | 3800 | Flush switch, standard | | 40 | .200 | | 7.80 | 5.50 | | 13.30 | 16.85 | |
| | 4000 | Interchangeable | | 40 | .200 | | 10.20 | 5.50 | | 15.70 | 19.45 | |
| | 4100 | Surface switch, standard | | 40 | .200 | | 3.30 | 5.50 | | 8.80 | 11.90 | |
| | 4200 | Transformer 115V to 25V | | 12 | .667 | | 80 | 18.35 | | 98.35 | 116 | |
| | 4400 | Master control, 12 circuit, manual | | 4 | 2 | | 76 | 55 | | 131 | 166 | |
| | 4500 | 25 circuit, motorized | | 4 | 2 | | 84 | 55 | | 139 | 175 | |
| | 4600 | Rectifier, silicon | | 12 | .667 | | 26 | 18.35 | | 44.35 | 56 | |
| | 4800 | Switchplates, 1 gang, 1, 2 or 3 switch, plastic | | 80 | .100 | | 2.25 | 2.75 | | 5 | 6.60 | |
| | 5000 | Stainless steel | | 80 | .100 | | 6.55 | 2.75 | | 9.30 | 11.35 | |
| | 5400 | 2 gang, 3 switch, stainless steel | | 53 | .151 | | 13.50 | 4.15 | | 17.65 | 21 | |
| | 5500 | 4 switch, plastic | | 53 | .151 | | 4.60 | 4.15 | | 8.75 | 11.30 | |
| | 5600 | 2 gang, 4 switch, stainless steel | | 53 | .151 | | 13.50 | 4.15 | | 17.65 | 21 | |
| | 5700 | 6 switch, stainless steel | | 53 | .151 | | 31 | 4.15 | | 35.15 | 40.50 | |
| | 5800 | 3 gang, 9 switch, stainless steel | | 32 | .250 | | 43 | 6.90 | | 49.90 | 58 | |
| | 5900 | Receptacle, triple, 1 return, 1 feed | | 26 | .308 | | 28 | 8.45 | | 36.45 | 43.50 | |
| | 6000 | 2 feed | | 20 | .400 | | 28 | 11 | | 39 | 47.50 | |
| | 6100 | Relay gang boxes, flush or surface, 6 gang | | 5.30 | 1.509 | | 60 | 41.50 | | 101.50 | 129 | |
| | 6200 | 12 gang | | 4.70 | 1.702 | | 63 | 47 | | 110 | 140 | |

## 162 | Boxes and Wiring Devices

### 162 300 | Wiring Devices

| | | | CREW | DAILY OUTPUT | MAN-HOURS | UNIT | MAT. | LABOR | EQUIP. | TOTAL | TOTAL INCL O&P | |
|---|---|---|---|---|---|---|---|---|---|---|---|---|
| 310 | 6400 | 18 gang | 1 Elec | 4 | 2 | Ea. | 72 | 55 | | 127 | 162 | 310 |
| | 6500 | Frame, to hold up to 6 relays | | 12 | .667 | | 36 | 18.35 | | 54.35 | 67 | |
| | 7200 | Control wire, 2 conductor | | 6.30 | 1.270 | C.L.F. | 12 | 35 | | 47 | 65.50 | |
| | 7400 | 3 conductor | | 5 | 1.600 | | 18 | 44 | | 62 | 86 | |
| | 7600 | 19 conductor | | 2.50 | 3.200 | | 150 | 88 | | 238 | 297 | |
| | 7800 | 26 conductor | | 2 | 4 | | 230 | 110 | | 340 | 420 | |
| | 8000 | Weatherproof, 3 conductor | | 5 | 1.600 | | 44 | 44 | | 88 | 115 | |
| 320 | 0010 | **WIRING DEVICES** | R162 -300 | | | | | | | | | 320 |
| | 0200 | Toggle switch, quiet type, single pole, 15 amp | 1 Elec | 40 | .200 | Ea. | 3.65 | 5.50 | | 9.15 | 12.25 | |
| | 0500 | 20 amp | | 27 | .296 | | 5.45 | 8.15 | | 13.60 | 18.25 | |
| | 0510 | 30 amp | | 23 | .348 | | 14.30 | 9.55 | | 23.85 | 30 | |
| | 0520 | Mercury, 15 amp | | 40 | .200 | | 7.25 | 5.50 | | 12.75 | 16.25 | |
| | 0530 | Lock handle, 20 amp | | 27 | .296 | | 17 | 8.15 | | 25.15 | 31 | |
| | 0540 | Security key, 20 amp | | 26 | .308 | | 40.50 | 8.45 | | 48.95 | 57 | |
| | 0600 | 3 way, 15 amp | | 23 | .348 | | 5.65 | 9.55 | | 15.20 | 20.50 | |
| | 0800 | 20 amp | | 18 | .444 | | 7.30 | 12.20 | | 19.50 | 26.50 | |
| | 0810 | 30 amp | | 9 | .889 | | 19.70 | 24.50 | | 44.20 | 58.50 | |
| | 0820 | Mercury, 15 amp | | 23 | .348 | | 11.40 | 9.55 | | 20.95 | 27 | |
| | 0830 | Lock handle, 20 amp | | 18 | .444 | | 19 | 12.20 | | 31.20 | 39.50 | |
| | 0840 | Security key, 20 amp | | 17 | .471 | | 41.50 | 12.95 | | 54.45 | 65 | |
| | 0900 | 4 way, 15 amp | | 15 | .533 | | 17 | 14.65 | | 31.65 | 40.50 | |
| | 1000 | 20 amp | | 11 | .727 | | 19.30 | 20 | | 39.30 | 51 | |
| | 1020 | Lock handle, 20 amp | | 11 | .727 | | 37.50 | 20 | | 57.50 | 71.50 | |
| | 1100 | Toggle switch, quiet type, double pole, 15 amp | | 15 | .533 | | 9 | 14.65 | | 23.65 | 32 | |
| | 1200 | 20 amp | | 11 | .727 | | 10.60 | 20 | | 30.60 | 41.50 | |
| | 1210 | 30 amp | | 9 | .889 | | 22 | 24.50 | | 46.50 | 61 | |
| | 1230 | Lock handle, 20 amp | | 11 | .727 | | 19 | 20 | | 39 | 51 | |
| | 1250 | Security key, 20 amp | | 10 | .800 | | 43 | 22 | | 65 | 80.50 | |
| | 1420 | Toggle switch quiet type, 1 pole, 2 throw center off, 15 amp | | 23 | .348 | | 35 | 9.55 | | 44.55 | 53 | |
| | 1440 | 20 amp | | 18 | .444 | | 40 | 12.20 | | 52.20 | 62.50 | |
| | 1460 | Lock handle, 20 amp | | 18 | .444 | | 45 | 12.20 | | 57.20 | 68 | |
| | 1480 | Momentary contact, 15 amp | | 23 | .348 | | 14.85 | 9.55 | | 24.40 | 31 | |
| | 1500 | 20 amp | | 18 | .444 | | 19 | 12.20 | | 31.20 | 39.50 | |
| | 1520 | Momentary contact, lock handle, 20 amp | | 18 | .444 | | 26 | 12.20 | | 38.20 | 47 | |
| | 1650 | Dimmer switch, 120 volt, incandescent, 600 watt, 1 pole | | 16 | .500 | | 9.50 | 13.75 | | 23.25 | 31 | |
| | 1700 | 600 watt, 3 way | | 12 | .667 | | 15 | 18.35 | | 33.35 | 44 | |
| | 1750 | 1000 watt, 1 pole | | 16 | .500 | | 67 | 13.75 | | 80.75 | 94 | |
| | 1800 | 1000 watt, 3 way | | 12 | .667 | | 75 | 18.35 | | 93.35 | 110 | |
| | 2000 | 1500 watt, 1 pole | | 11 | .727 | | 115 | 20 | | 135 | 157 | |
| | 2100 | 2000 watt, 1 pole | | 8 | 1 | | 155 | 27.50 | | 182.50 | 213 | |
| | 2110 | Fluorescent, 600 watt | | 15 | .533 | | 62 | 14.65 | | 76.65 | 90 | |
| | 2120 | 1000 watt | | 15 | .533 | | 99 | 14.65 | | 113.65 | 131 | |
| | 2130 | 1500 watt | | 10 | .800 | | 192 | 22 | | 214 | 244 | |
| | 2160 | Explosionproof, toggle switch, wall, single pole | | 5.30 | 1.509 | | 69 | 41.50 | | 110.50 | 139 | |
| | 2180 | Receptacle, single outlet, 20 amp | | 5.30 | 1.509 | | 145 | 41.50 | | 186.50 | 223 | |
| | 2190 | 30 amp | | 4 | 2 | | 260 | 55 | | 315 | 370 | |
| | 2290 | 60 amp | | 2.50 | 3.200 | | 345 | 88 | | 433 | 510 | |
| | 2360 | Plug, 20 amp | | 16 | .500 | | 64 | 13.75 | | 77.75 | 91 | |
| | 2370 | 30 amp | | 12 | .667 | | 125 | 18.35 | | 143.35 | 166 | |
| | 2380 | 60 amp | | 8 | 1 | | 170 | 27.50 | | 197.50 | 229 | |
| | 2410 | Furnace, thermal cutoff switch with plate | | 26 | .308 | | 10 | 8.45 | | 18.45 | 23.50 | |
| | 2460 | Receptacle, duplex, 120 volt, grounded, 15 amp | | 40 | .200 | | 2 | 5.50 | | 7.50 | 10.45 | |
| | 2470 | 20 amp | | 27 | .296 | | 5.25 | 8.15 | | 13.40 | 18.05 | |
| | 2480 | Ground fault interupting, 15 amp | | 27 | .296 | | 28 | 8.15 | | 36.15 | 43.50 | |
| | 2490 | Dryer, 30 amp | | 15 | .533 | | 9.90 | 14.65 | | 24.55 | 33 | |

## 162 | Boxes and Wiring Devices

### 162 300 | Wiring Devices

| | | | CREW | DAILY OUTPUT | MAN-HOURS | UNIT | 1994 BARE COSTS ||||  TOTAL INCL O&P |
|---|---|---|---|---|---|---|---|---|---|---|---|
| | | | | | | | MAT. | LABOR | EQUIP. | TOTAL | |
| 320 | 2500 | Range, 50 amp | 1 Elec | 11 | .727 | Ea. | 12.50 | 20 | | 32.50 | 44 |
| | 2600 | Wall plates, stainless steel, 1 gang | | 80 | .100 | | 1.85 | 2.75 | | 4.60 | 6.15 |
| | 2800 | 2 gang | | 53 | .151 | | 4.60 | 4.15 | | 8.75 | 11.30 |
| | 3000 | 3 gang | | 32 | .250 | | 7.25 | 6.90 | | 14.15 | 18.35 |
| | 3100 | 4 gang | | 27 | .296 | | 11.75 | 8.15 | | 19.90 | 25 |
| | 3110 | Brown plastic, 1 gang | | 80 | .100 | | .57 | 2.75 | | 3.32 | 4.76 |
| | 3120 | 2 gang | | 53 | .151 | | 1.26 | 4.15 | | 5.41 | 7.65 |
| | 3130 | 3 gang | | 32 | .250 | | 2.65 | 6.90 | | 9.55 | 13.25 |
| | 3140 | 4 gang | | 27 | .296 | | 5.50 | 8.15 | | 13.65 | 18.30 |
| | 3150 | Brushed brass, 1 gang | | 80 | .100 | | 3.95 | 2.75 | | 6.70 | 8.50 |
| | 3160 | Anodized aluminum, 1 gang | | 80 | .100 | | 4.70 | 2.75 | | 7.45 | 9.30 |
| | 3170 | Switch cover, weatherproof, 1 gang | | 60 | .133 | | 4.45 | 3.67 | | 8.12 | 10.40 |
| | 3180 | Vandal proof lock, 1 gang | | 60 | .133 | | 5 | 3.67 | | 8.67 | 11 |
| | 3200 | Lampholder, keyless | | 26 | .308 | | 2.65 | 8.45 | | 11.10 | 15.60 |
| | 3400 | Pullchain with receptacle | | 22 | .364 | | 7.20 | 10 | | 17.20 | 23 |
| | 3500 | Pilot light, neon with jewel | | 27 | .296 | | 10 | 8.15 | | 18.15 | 23.50 |
| | 3600 | Receptacle, 20 amp, 250 volt, NEMA 6 | | 27 | .296 | | 9.75 | 8.15 | | 17.90 | 23 |
| | 3620 | 277 volt NEMA 7 | | 27 | .296 | | 13.60 | 8.15 | | 21.75 | 27 |
| | 3640 | 125/250 volt NEMA 10 | | 27 | .296 | | 11.25 | 8.15 | | 19.40 | 24.50 |
| | 3680 | 125/250 volt NEMA 14 | | 25 | .320 | | 28 | 8.80 | | 36.80 | 44.50 |
| | 3700 | 3 pole, 250 volt NEMA 15 | | 25 | .320 | | 28 | 8.80 | | 36.80 | 44.50 |
| | 3720 | 120/208 volt NEMA 18 | | 25 | .320 | | 16.70 | 8.80 | | 25.50 | 31.50 |
| | 3740 | 30 amp, 125 volt NEMA 5 | | 15 | .533 | | 13.80 | 14.65 | | 28.45 | 37 |
| | 3760 | 250 volt NEMA 6 | | 15 | .533 | | 13.80 | 14.65 | | 28.45 | 37 |
| | 3780 | 277 volt NEMA 7 | | 15 | .533 | | 16.15 | 14.65 | | 30.80 | 40 |
| | 3820 | 125/250 volt NEMA 14 | | 14 | .571 | | 36 | 15.70 | | 51.70 | 63 |
| | 3840 | 3 pole, 250 volt NEMA 15 | | 14 | .571 | | 34.50 | 15.70 | | 50.20 | 61.50 |
| | 3880 | 50 amp, 125 volt NEMA 5 | | 11 | .727 | | 26.50 | 20 | | 46.50 | 59 |
| | 3900 | 250 volt NEMA 6 | | 11 | .727 | | 25 | 20 | | 45 | 57.50 |
| | 3920 | 277 volt NEMA 7 | | 11 | .727 | | 28.50 | 20 | | 48.50 | 61.50 |
| | 3960 | 125/250 volt NEMA 14 | | 10 | .800 | | 45 | 22 | | 67 | 82.50 |
| | 3980 | 3 pole 250 volt NEMA 15 | | 10 | .800 | | 45 | 22 | | 67 | 82.50 |
| | 4020 | 60 amp, 125/250 volt, NEMA 14 | | 8 | 1 | | 49 | 27.50 | | 76.50 | 95.50 |
| | 4040 | 3 pole, 250 volt NEMA 15 | | 8 | 1 | | 49 | 27.50 | | 76.50 | 95.50 |
| | 4060 | 120/208 volt NEMA 18 | | 8 | 1 | | 49 | 27.50 | | 76.50 | 95.50 |
| | 4100 | Receptacle locking, 20 amp, 125 volt NEMA L5 | | 27 | .296 | | 12.70 | 8.15 | | 20.85 | 26 |
| | 4120 | 250 volt NEMA L6 | | 27 | .296 | | 12.70 | 8.15 | | 20.85 | 26 |
| | 4140 | 277 volt NEMA L7 | | 27 | .296 | | 12.70 | 8.15 | | 20.85 | 26 |
| | 4150 | 3 pole, 250 volt, NEMA L11 | | 27 | .296 | | 19 | 8.15 | | 27.15 | 33.50 |
| | 4160 | 20 amp, 480 volt NEMA L8 | | 27 | .296 | | 15.80 | 8.15 | | 23.95 | 29.50 |
| | 4180 | 600 volt NEMA L9 | | 27 | .296 | | 19.40 | 8.15 | | 27.55 | 34 |
| | 4200 | 125/250 volt NEMA L10 | | 27 | .296 | | 19 | 8.15 | | 27.15 | 33.50 |
| | 4230 | 125/250 volt NEMA L14 | | 25 | .320 | | 18 | 8.80 | | 26.80 | 33 |
| | 4280 | 250 volt NEMA L15 | | 25 | .320 | | 18 | 8.80 | | 26.80 | 33 |
| | 4300 | 480 volt NEMA L16 | | 25 | .320 | | 20.50 | 8.80 | | 29.30 | 36 |
| | 4320 | 3 phase, 120/208 volt NEMA L18 | | 25 | .320 | | 24.50 | 8.80 | | 33.30 | 40.50 |
| | 4340 | 277/480 volt NEMA L19 | | 25 | .320 | | 24.50 | 8.80 | | 33.30 | 40.50 |
| | 4360 | 347/600 volt NEMA L20 | | 25 | .320 | | 24 | 8.80 | | 32.80 | 40 |
| | 4380 | 120/208 volt NEMA L21 | | 23 | .348 | | 22 | 9.55 | | 31.55 | 38.50 |
| | 4400 | 277/480 volt NEMA L22 | | 23 | .348 | | 25.50 | 9.55 | | 35.05 | 42.50 |
| | 4420 | 347/600 volt NEMA L23 | | 23 | .348 | | 25.50 | 9.55 | | 35.05 | 42.50 |
| | 4440 | 30 amp, 125 volt NEMA L5 | | 15 | .533 | | 18.50 | 14.65 | | 33.15 | 42.50 |
| | 4460 | 250 volt NEMA L6 | | 15 | .533 | | 19.50 | 14.65 | | 34.15 | 43.50 |
| | 4480 | 277 volt NEMA L7 | | 15 | .533 | | 19.50 | 14.65 | | 34.15 | 43.50 |
| | 4500 | 480 volt NEMA L8 | | 15 | .533 | | 23 | 14.65 | | 37.65 | 47.50 |
| | 4520 | 600 volt NEMA L9 | | 15 | .533 | | 23 | 14.65 | | 37.65 | 47.50 |

## 162 | Boxes and Wiring Devices

### 162 300 | Wiring Devices

| | | CREW | DAILY OUTPUT | MAN-HOURS | UNIT | 1994 BARE COSTS MAT. | LABOR | EQUIP. | TOTAL | TOTAL INCL O&P | |
|---|---|---|---|---|---|---|---|---|---|---|---|
| 4540 | 125/250 volt NEMA L10 | 1 Elec | 15 | .533 | Ea. | 25 | 14.65 | | 39.65 | 49.50 | 320 |
| 4560 | 3 phase, 250 volt NEMA L11 | | 15 | .533 | | 25 | 14.65 | | 39.65 | 49.50 | |
| 4620 | 125/250 volt NEMA L14 | | 14 | .571 | | 27.50 | 15.70 | | 43.20 | 54 | |
| 4640 | 250 volt NEMA L15 | | 14 | .571 | | 27.50 | 15.70 | | 43.20 | 54 | |
| 4660 | 480 volt NEMA L16 | | 14 | .571 | | 31.50 | 15.70 | | 47.20 | 58 | |
| 4680 | 600 volt NEMA L17 | | 14 | .571 | | 31.50 | 15.70 | | 47.20 | 58 | |
| 4700 | 120/208 NEMA L18 | | 14 | .571 | | 34 | 15.70 | | 49.70 | 61 | |
| 4720 | 277/480 NEMA L19 | | 14 | .571 | | 34 | 15.70 | | 49.70 | 61 | |
| 4740 | 347/600 NEMA L20 | | 14 | .571 | | 34 | 15.70 | | 49.70 | 61 | |
| 4760 | 120/208 NEMA L21 | | 13 | .615 | | 30 | 16.90 | | 46.90 | 58.50 | |
| 4780 | 277/480 NEMA L22 | | 13 | .615 | | 34.50 | 16.90 | | 51.40 | 63.50 | |
| 4800 | 347/600 NEMA L23 | | 13 | .615 | | 36 | 16.90 | | 52.90 | 65 | |
| 4840 | Receptacle, corrosion resistant, 15 or 20 amp, 125 volt NEMA L5 | | 27 | .296 | | 20.50 | 8.15 | | 28.65 | 35 | |
| 4860 | 250 volt NEMA L6 | | 27 | .296 | | 20.50 | 8.15 | | 28.65 | 35 | |
| 4900 | Receptacle, cover plate, phenolic plastic, NEMA 5 & 6 | | 80 | .100 | | 1.15 | 2.75 | | 3.90 | 5.40 | |
| 4910 | NEMA 7-23 | | 80 | .100 | | 2 | 2.75 | | 4.75 | 6.35 | |
| 4920 | Stainless steel, NEMA 5 & 6 | | 80 | .100 | | 2.30 | 2.75 | | 5.05 | 6.65 | |
| 4930 | NEMA 7-23 | | 80 | .100 | | 4.50 | 2.75 | | 7.25 | 9.10 | |
| 4940 | Brushed brass NEMA 5 & 6 | | 80 | .100 | | 4.40 | 2.75 | | 7.15 | 8.95 | |
| 4950 | NEMA 7-23 | | 80 | .100 | | 4.40 | 2.75 | | 7.15 | 8.95 | |
| 4960 | Anodized aluminum, NEMA 5 & 6 | | 80 | .100 | | 9.70 | 2.75 | | 12.45 | 14.80 | |
| 4970 | NEMA 7-23 | | 80 | .100 | | 9.70 | 2.75 | | 12.45 | 14.80 | |
| 4980 | Weatherproof NEMA 7-23 | | 60 | .133 | | 19.30 | 3.67 | | 22.97 | 26.50 | |
| 5100 | Plug, 20 amp, 250 volt, NEMA 6 | | 30 | .267 | | 10.40 | 7.35 | | 17.75 | 22.50 | |
| 5110 | 277 volt NEMA 7 | | 30 | .267 | | 11.50 | 7.35 | | 18.85 | 23.50 | |
| 5120 | 3 pole, 120/250 volt, NEMA 10 | | 26 | .308 | | 22 | 8.45 | | 30.45 | 36.50 | |
| 5130 | 125/250 volt NEMA 14 | | 26 | .308 | | 33 | 8.45 | | 41.45 | 49 | |
| 5140 | 250 volt NEMA 15 | | 26 | .308 | | 33 | 8.45 | | 41.45 | 49 | |
| 5150 | 120/208 volt NEMA 8 | | 26 | .308 | | 33 | 8.45 | | 41.45 | 49 | |
| 5160 | 30 amp, 125 volt NEMA 5 | | 13 | .615 | | 40 | 16.90 | | 56.90 | 69.50 | |
| 5170 | 250 volt NEMA 6 | | 13 | .615 | | 41.50 | 16.90 | | 58.40 | 71 | |
| 5180 | 277 volt NEMA 7 | | 13 | .615 | | 37 | 16.90 | | 53.90 | 66 | |
| 5190 | 125/250 volt NEMA 14 | | 13 | .615 | | 37 | 16.90 | | 53.90 | 66 | |
| 5200 | 3 pole, 250 volt NEMA 15 | | 12 | .667 | | 35 | 18.35 | | 53.35 | 66 | |
| 5210 | 50 amp, 125 volt NEMA 5 | | 9 | .889 | | 43 | 24.50 | | 67.50 | 84.50 | |
| 5220 | 250 volt NEMA 6 | | 9 | .889 | | 43 | 24.50 | | 67.50 | 84.50 | |
| 5230 | 277 volt NEMA 7 | | 9 | .889 | | 43 | 24.50 | | 67.50 | 84.50 | |
| 5240 | 125/250 volt NEMA 14 | | 9 | .889 | | 43.50 | 24.50 | | 68 | 85 | |
| 5250 | 3 pole, 250 volt NEMA 15 | | 8 | 1 | | 43.50 | 27.50 | | 71 | 89.50 | |
| 5260 | 60 amp, 125/250 volt NEMA 14 | | 7 | 1.143 | | 50 | 31.50 | | 81.50 | 103 | |
| 5270 | 3 pole, 250 volt NEMA 15 | | 7 | 1.143 | | 50 | 31.50 | | 81.50 | 103 | |
| 5280 | 120/208 volt NEMA 18 | | 7 | 1.143 | | 50.50 | 31.50 | | 82 | 103 | |
| 5300 | Plug angle, 20 amp, 250 volt NEMA 6 | | 30 | .267 | | 12.70 | 7.35 | | 20.05 | 25 | |
| 5310 | 30 amp, 125 volt NEMA 5 | | 13 | .615 | | 29 | 16.90 | | 45.90 | 57.50 | |
| 5320 | 250 volt NEMA 6 | | 13 | .615 | | 31 | 16.90 | | 47.90 | 59.50 | |
| 5330 | 277 volt NEMA 7 | | 13 | .615 | | 34 | 16.90 | | 50.90 | 63 | |
| 5340 | 125/250 volt NEMA 14 | | 13 | .615 | | 32.50 | 16.90 | | 49.40 | 61.50 | |
| 5350 | 3 pole, 250 volt NEMA 15 | | 12 | .667 | | 36 | 18.35 | | 54.35 | 67 | |
| 5360 | 50 amp, 125 volt NEMA 5 | | 9 | .889 | | 30 | 24.50 | | 54.50 | 70 | |
| 5370 | 250 volt NEMA 6 | | 9 | .889 | | 30 | 24.50 | | 54.50 | 70 | |
| 5380 | 277 volt NEMA 7 | | 9 | .889 | | 34.50 | 24.50 | | 59 | 75 | |
| 5390 | 125/250 volt NEMA 14 | | 9 | .889 | | 36 | 24.50 | | 60.50 | 76.50 | |
| 5400 | 3 pole, 250 volt NEMA 15 | | 8 | 1 | | 39.50 | 27.50 | | 67 | 85 | |
| 5410 | 60 amp, 125/250 volt NEMA 14 | | 7 | 1.143 | | 47 | 31.50 | | 78.50 | 99 | |
| 5420 | 3 pole, 250 volt NEMA 15 | | 7 | 1.143 | | 48.50 | 31.50 | | 80 | 101 | |
| 5430 | 120/208 volt NEMA 18 | | 7 | 1.143 | | 44 | 31.50 | | 75.50 | 96 | |

## 162 | Boxes and Wiring Devices

| 162 300 | Wiring Devices | CREW | DAILY OUTPUT | MAN-HOURS | UNIT | 1994 BARE COSTS | | | | TOTAL INCL O&P |
|---|---|---|---|---|---|---|---|---|---|---|
| | | | | | | MAT. | LABOR | EQUIP. | TOTAL | |
| 320 5500 | Plug, locking, 20 amp, 125 volt NEMA L5 | 1 Elec | 30 | .267 | Ea. | 10.50 | 7.35 | | 17.85 | 22.50 | 320
| 5510 | 250 volt NEMA L6 | | 30 | .267 | | 10.50 | 7.35 | | 17.85 | 22.50 |
| 5520 | 277 volt NEMA L7 | | 30 | .267 | | 10.50 | 7.35 | | 17.85 | 22.50 |
| 5530 | 480 volt NEMA L8 | | 30 | .267 | | 11.70 | 7.35 | | 19.05 | 24 |
| 5540 | 600 volt NEMA L9 | | 30 | .267 | | 13 | 7.35 | | 20.35 | 25.50 |
| 5550 | 3 pole, 125/250 volt NEMA L10 | | 26 | .308 | | 14.15 | 8.45 | | 22.60 | 28.50 |
| 5560 | 250 volt NEMA L11 | | 26 | .308 | | 14.15 | 8.45 | | 22.60 | 28.50 |
| 5570 | 480 volt NEMA L12 | | 26 | .308 | | 16.60 | 8.45 | | 25.05 | 31 |
| 5580 | 125/250 volt NEMA L14 | | 26 | .308 | | 19.45 | 8.45 | | 27.90 | 34 |
| 5590 | 250 volt NEMA L15 | | 26 | .308 | | 19.45 | 8.45 | | 27.90 | 34 |
| 5600 | 480 volt NEMA L16 | | 26 | .308 | | 21.50 | 8.45 | | 29.95 | 36.50 |
| 5610 | 4 pole, 120/208 volt NEMA L18 | | 24 | .333 | | 25.50 | 9.15 | | 34.65 | 42 |
| 5620 | 277/480 volt NEMA L19 | | 24 | .333 | | 25.50 | 9.15 | | 34.65 | 42 |
| 5630 | 347/600 volt NEMA L20 | | 24 | .333 | | 25.50 | 9.15 | | 34.65 | 42 |
| 5640 | 120/208 volt NEMA L21 | | 24 | .333 | | 20 | 9.15 | | 29.15 | 36 |
| 5650 | 277/480 volt NEMA L22 | | 24 | .333 | | 24.50 | 9.15 | | 33.65 | 41 |
| 5660 | 347/600 volt NEMA L23 | | 24 | .333 | | 24.50 | 9.15 | | 33.65 | 41 |
| 5670 | 30 amp, 125 volt NEMA L5 | | 13 | .615 | | 16.30 | 16.90 | | 33.20 | 43.50 |
| 5680 | 250 volt NEMA L6 | | 13 | .615 | | 16.30 | 16.90 | | 33.20 | 43.50 |
| 5690 | 277 volt NEMA L7 | | 13 | .615 | | 16.30 | 16.90 | | 33.20 | 43.50 |
| 5700 | 480 volt NEMA L8 | | 13 | .615 | | 18 | 16.90 | | 34.90 | 45.50 |
| 5710 | 600 volt NEMA L9 | | 13 | .615 | | 18 | 16.90 | | 34.90 | 45.50 |
| 5720 | 3 pole, 125/250 volt NEMA L10 | | 11 | .727 | | 15 | 20 | | 35 | 46.50 |
| 5730 | 250 volt NEMA L11 | | 11 | .727 | | 15 | 20 | | 35 | 46.50 |
| 5760 | 125/250 volt NEMA L14 | | 11 | .727 | | 20.50 | 20 | | 40.50 | 52.50 |
| 5770 | 250 volt NEMA L15 | | 11 | .727 | | 20.50 | 20 | | 40.50 | 52.50 |
| 5780 | 480 volt NEMA L16 | | 11 | .727 | | 23 | 20 | | 43 | 55.50 |
| 5790 | 600 volt NEMA L17 | | 11 | .727 | | 23 | 20 | | 43 | 55.50 |
| 5800 | 4 pole, 120/208 volt NEMA L18 | | 10 | .800 | | 27 | 22 | | 49 | 62.50 |
| 5810 | 120/208 volt NEMA L19 | | 10 | .800 | | 27 | 22 | | 49 | 62.50 |
| 5820 | 347/600 volt NEMA L20 | | 10 | .800 | | 27 | 22 | | 49 | 62.50 |
| 5830 | 120/208 volt NEMA L21 | | 10 | .800 | | 24 | 22 | | 46 | 59.50 |
| 5840 | 277/480 volt NEMA L22 | | 10 | .800 | | 27.50 | 22 | | 49.50 | 63.50 |
| 5850 | 347/600 volt NEMA L23 | | 10 | .800 | | 27.50 | 22 | | 49.50 | 63.50 |
| 6000 | Connector, 20 amp, 250 volt NEMA 6 | | 30 | .267 | | 17.50 | 7.35 | | 24.85 | 30.50 |
| 6010 | 277 volt NEMA 7 | | 30 | .267 | | 20 | 7.35 | | 27.35 | 33 |
| 6020 | 3 pole, 120/250 volt NEMA 10 | | 26 | .308 | | 23 | 8.45 | | 31.45 | 38 |
| 6030 | 125/250 volt NEMA 14 | | 26 | .308 | | 23 | 8.45 | | 31.45 | 38 |
| 6040 | 250 volt NEMA 15 | | 26 | .308 | | 23 | 8.45 | | 31.45 | 38 |
| 6050 | 120/208 volt NEMA 18 | | 26 | .308 | | 25 | 8.45 | | 33.45 | 40 |
| 6060 | 30 amp, 125 volt NEMA 5 | | 13 | .615 | | 40 | 16.90 | | 56.90 | 69.50 |
| 6070 | 250 volt NEMA 6 | | 13 | .615 | | 35 | 16.90 | | 51.90 | 64 |
| 6080 | 277 volt NEMA 7 | | 13 | .615 | | 40 | 16.90 | | 56.90 | 69.50 |
| 6110 | 50 amp, 125 volt NEMA 5 | | 9 | .889 | | 55 | 24.50 | | 79.50 | 97.50 |
| 6120 | 250 volt NEMA 6 | | 9 | .889 | | 55 | 24.50 | | 79.50 | 97.50 |
| 6130 | 277 volt NEMA 7 | | 9 | .889 | | 55 | 24.50 | | 79.50 | 97.50 |
| 6200 | Connector, locking, 20 amp, 125 volt NEMA L5 | | 30 | .267 | | 16.50 | 7.35 | | 23.85 | 29 |
| 6210 | 250 volt NEMA L6 | | 30 | .267 | | 16.50 | 7.35 | | 23.85 | 29 |
| 6220 | 277 volt NEMA L7 | | 30 | .267 | | 16.50 | 7.35 | | 23.85 | 29 |
| 6230 | 480 volt NEMA L8 | | 30 | .267 | | 19 | 7.35 | | 26.35 | 32 |
| 6240 | 600 volt NEMA L9 | | 30 | .267 | | 19 | 7.35 | | 26.35 | 32 |
| 6250 | 3 pole, 125/250 volt NEMA L10 | | 26 | .308 | | 22 | 8.45 | | 30.45 | 36.50 |
| 6260 | 250 volt NEMA L11 | | 26 | .308 | | 22 | 8.45 | | 30.45 | 36.50 |
| 6280 | 125/250 volt NEMA L14 | | 26 | .308 | | 22 | 8.45 | | 30.45 | 36.50 |
| 6290 | 250 volt NEMA L15 | | 26 | .308 | | 22 | 8.45 | | 30.45 | 36.50 |
| 6300 | 480 volt NEMA L16 | | 26 | .308 | | 23.50 | 8.45 | | 31.95 | 38.50 |

## 162 | Boxes and Wiring Devices

### 162 300 | Wiring Devices

| | | CREW | DAILY OUTPUT | MAN-HOURS | UNIT | 1994 BARE COSTS MAT. | LABOR | EQUIP. | TOTAL | TOTAL INCL O&P | |
|---|---|---|---|---|---|---|---|---|---|---|---|
| 6310 | 4 pole, 120/208 volt NEMA L18 | 1 Elec | 24 | .333 | Ea. | 24 | 9.15 | | 33.15 | 40.50 | 320 |
| 6320 | 277/480 volt NEMA L19 | | 24 | .333 | | 24 | 9.15 | | 33.15 | 40.50 | |
| 6330 | 347/600 volt NEMA L20 | | 24 | .333 | | 24 | 9.15 | | 33.15 | 40.50 | |
| 6340 | 120/208 volt NEMA L21 | | 24 | .333 | | 33 | 9.15 | | 42.15 | 50.50 | |
| 6350 | 277/480 volt NEMA L22 | | 24 | .333 | | 38 | 9.15 | | 47.15 | 56 | |
| 6360 | 347/600 volt NEMA L23 | | 24 | .333 | | 38 | 9.15 | | 47.15 | 56 | |
| 6370 | 30 amp, 125 volt NEMA L5 | | 13 | .615 | | 31 | 16.90 | | 47.90 | 59.50 | |
| 6380 | 250 volt NEMA L6 | | 13 | .615 | | 31 | 16.90 | | 47.90 | 59.50 | |
| 6390 | 277 volt NEMA L7 | | 13 | .615 | | 31 | 16.90 | | 47.90 | 59.50 | |
| 6400 | 480 volt NEMA L8 | | 13 | .615 | | 35.50 | 16.90 | | 52.40 | 64.50 | |
| 6410 | 600 volt NEMA L9 | | 13 | .615 | | 35.50 | 16.90 | | 52.40 | 64.50 | |
| 6420 | 3 pole, 125/250 volt NEMA L10 | | 11 | .727 | | 42 | 20 | | 62 | 76 | |
| 6430 | 250 volt NEMA L11 | | 11 | .727 | | 42 | 20 | | 62 | 76 | |
| 6460 | 125/250 volt NEMA L14 | | 11 | .727 | | 44 | 20 | | 64 | 78.50 | |
| 6470 | 250 volt NEMA L15 | | 11 | .727 | | 44 | 20 | | 64 | 78.50 | |
| 6480 | 480 volt NEMA L16 | | 11 | .727 | | 49 | 20 | | 69 | 84 | |
| 6490 | 600 volt NEMA L17 | | 11 | .727 | | 49 | 20 | | 69 | 84 | |
| 6500 | 4 pole, 120/208 volt NEMA L18 | | 10 | .800 | | 52 | 22 | | 74 | 90 | |
| 6510 | 120/208 volt NEMA L19 | | 10 | .800 | | 52 | 22 | | 74 | 90 | |
| 6520 | 347/600 volt NEMA L20 | | 10 | .800 | | 53 | 22 | | 75 | 91.50 | |
| 6530 | 120/208 volt NEMA L21 | | 10 | .800 | | 35 | 22 | | 57 | 71.50 | |
| 6540 | 277/480 volt NEMA L22 | | 10 | .800 | | 45 | 22 | | 67 | 82.50 | |
| 6550 | 347/600 volt NEMA L23 | | 10 | .800 | | 50 | 22 | | 72 | 88 | |
| 7000 | Receptacle computer, 250 volt, 15 amp, 3 pole 4 wire | | 8 | 1 | | 63 | 27.50 | | 90.50 | 111 | |
| 7010 | 20 amp, 2 pole 3 wire | | 8 | 1 | | 45 | 27.50 | | 72.50 | 91 | |
| 7020 | 30 amp, 2 pole 3 wire | | 6.50 | 1.231 | | 49 | 34 | | 83 | 105 | |
| 7030 | 30 amp, 3 pole 4 wire | | 6.50 | 1.231 | | 71 | 34 | | 105 | 129 | |
| 7040 | 60 amp, 3 pole 4 wire | | 4.50 | 1.778 | | 225 | 49 | | 274 | 320 | |
| 7050 | 100 amp, 3 pole 4 wire | | 3 | 2.667 | | 245 | 73.50 | | 318.50 | 380 | |
| 7100 | Connector computer, 250 volt, 15 amp, 3 pole 4 wire | | 27 | .296 | | 57 | 8.15 | | 65.15 | 75 | |
| 7110 | 20 amp, 2 pole 3 wire | | 27 | .296 | | 42 | 8.15 | | 50.15 | 58.50 | |
| 7120 | 30 amp, 2 pole 3 wire | | 15 | .533 | | 45 | 14.65 | | 59.65 | 71.50 | |
| 7130 | 30 amp, 3 pole 4 wire | | 15 | .533 | | 54 | 14.65 | | 68.65 | 81.50 | |
| 7140 | 60 amp, 3 pole 4 wire | | 8 | 1 | | 172 | 27.50 | | 199.50 | 231 | |
| 7150 | 100 amp, 3 pole 4 wire | | 4 | 2 | | 225 | 55 | | 280 | 330 | |
| 7200 | Plug, computer, 250 volt, 15 amp, 3 pole 4 wire | | 27 | .296 | | 49 | 8.15 | | 57.15 | 66.50 | |
| 7210 | 20 amp, 2 pole, 3 wire | | 27 | .296 | | 34.50 | 8.15 | | 42.65 | 50.50 | |
| 7220 | 30 amp, 2 pole, 3 wire | | 15 | .533 | | 37.50 | 14.65 | | 52.15 | 63.50 | |
| 7230 | 30 amp, 3 pole, 4 wire | | 15 | .533 | | 52 | 14.65 | | 66.65 | 79 | |
| 7240 | 60 amp, 3 pole, 4 wire | | 8 | 1 | | 134 | 27.50 | | 161.50 | 189 | |
| 7250 | 100 amp, 3 pole, 4 wire | | 4 | 2 | | 198 | 55 | | 253 | 300 | |
| 7300 | Connector adapter to flexible conduit, 1/2" | | 60 | .133 | | 3 | 3.67 | | 6.67 | 8.80 | |
| 7310 | 3/4" | | 50 | .160 | | 3.35 | 4.40 | | 7.75 | 10.30 | |
| 7320 | 1-1/4" | | 30 | .267 | | 4.35 | 7.35 | | 11.70 | 15.85 | |
| 7330 | 1-1/2" | ▼ | 23 | .348 | ▼ | 14 | 9.55 | | 23.55 | 30 | |

## 163 | Motors, Starters, Boards and Switches

### 163 100 | Starters & Controls

| | | | CREW | DAILY OUTPUT | MAN-HOURS | UNIT | MAT. | LABOR | EQUIP. | TOTAL | TOTAL INCL O&P | |
|---|---|---|---|---|---|---|---|---|---|---|---|---|
| 110 | 0010 | **MOTOR CONTROL CENTER** Consists of starters & structures  R163-110 | | | | | | | | | | 110 |
| | 0050 | Starters, class 1, type B, comb. MCP, FVNR, with | | | | | | | | | | |
| | 0100 | control transformer, 10 HP, size 1, 12" high | 1 Elec | 2.70 | 2.963 | Ea. | 670 | 81.50 | | 751.50 | 860 | |
| | 0200 | 25 HP, size 2, 18" high | | 2 | 4 | | 805 | 110 | | 915 | 1,050 | |
| | 0300 | 50 HP, size 3, 24" high | | 1 | 8 | | 1,350 | 220 | | 1,570 | 1,800 | |
| | 0350 | 75 HP, size 4, 24" high | | .80 | 10 | | 2,400 | 275 | | 2,675 | 3,075 | |
| | 0400 | 100 HP, size 4, 30" high | | .70 | 11.429 | | 2,400 | 315 | | 2,715 | 3,125 | |
| | 0500 | 200 HP, size 5, 48" high | | .50 | 16 | | 4,850 | 440 | | 5,290 | 5,975 | |
| | 0600 | 400 HP, size 6, 72" high | | .40 | 20 | | 8,200 | 550 | | 8,750 | 9,850 | |
| | 0610 | | | | | | | | | | | |
| | 0800 | Structures, 300 amp, 22,000 rms, takes any | | | | | | | | | | |
| | 0900 | combination of starters up to 72" high | 1 Elec | .80 | 10 | Ea. | 1,175 | 275 | | 1,450 | 1,725 | |
| | 1000 | Back to back, 72" front & 66" back | " | .60 | 13.333 | | 2,150 | 365 | | 2,515 | 2,925 | |
| | 1100 | For copper bus add per structure | | | | | 140 | | | 140 | 154 | |
| | 1200 | For NEMA 12, add per structure | | | | | 136 | | | 136 | 150 | |
| | 1300 | For 42,000 rms, add per structure | | | | | 136 | | | 136 | 150 | |
| | 1400 | For 100,000 rms, size 1 & 2, add | | | | | 112 | | | 112 | 123 | |
| | 1500 | Size 3, add | | | | | 167 | | | 167 | 184 | |
| | 1600 | Size 4, add | | | | | 360 | | | 360 | 395 | |
| | 1700 | For pilot lights, add per starter | 1 Elec | 16 | .500 | | 92 | 13.75 | | 105.75 | 122 | |
| | 1800 | For push button, add per starter | | 16 | .500 | | 59 | 13.75 | | 72.75 | 85.50 | |
| | 1900 | For auxilliary contacts, add per starter | | 16 | .500 | | 188 | 13.75 | | 201.75 | 228 | |
| 120 | 0010 | **MOTOR CONTROL CENTER COMPONENTS**  R163-110 | | | | | | | | | | 120 |
| | 0100 | Starter, size 1, FVNR, NEMA 1, type A, fusible | 1 Elec | 2.70 | 2.963 | Ea. | 485 | 81.50 | | 566.50 | 660 | |
| | 0120 | Circuit breaker | | 2.70 | 2.963 | | 535 | 81.50 | | 616.50 | 715 | |
| | 0140 | Type B, fusible | | 2.70 | 2.963 | | 545 | 81.50 | | 626.50 | 725 | |
| | 0160 | Circuit breaker | | 2.70 | 2.963 | | 600 | 81.50 | | 681.50 | 785 | |
| | 0180 | NEMA 12, type A, fusible | | 2.60 | 3.077 | | 495 | 84.50 | | 579.50 | 670 | |
| | 0200 | Circuit breaker | | 2.60 | 3.077 | | 560 | 84.50 | | 644.50 | 740 | |
| | 0220 | Type B, fusible | | 2.60 | 3.077 | | 580 | 84.50 | | 664.50 | 765 | |
| | 0240 | Circuit breaker | | 2.60 | 3.077 | | 630 | 84.50 | | 714.50 | 820 | |
| | 0300 | Starter, size 1, FVR, NEMA 1, type A, fusible | | 2 | 4 | | 700 | 110 | | 810 | 935 | |
| | 0320 | Circuit breaker | | 2 | 4 | | 745 | 110 | | 855 | 985 | |
| | 0340 | Type B, fusible | | 2 | 4 | | 780 | 110 | | 890 | 1,025 | |
| | 0360 | Circuit breaker | | 2 | 4 | | 830 | 110 | | 940 | 1,075 | |
| | 0380 | NEMA 12, type A, fusible | | 1.90 | 4.211 | | 735 | 116 | | 851 | 985 | |
| | 0400 | Circuit breaker | | 1.90 | 4.211 | | 800 | 116 | | 916 | 1,050 | |
| | 0420 | Type B, fusible | | 1.90 | 4.211 | | 825 | 116 | | 941 | 1,075 | |
| | 0440 | Circuit breaker | | 1.90 | 4.211 | | 880 | 116 | | 996 | 1,150 | |
| | 0490 | Starter size 1, 2 speed, separate winding | | | | | | | | | | |
| | 0500 | NEMA 1, type A, fusible | 1 Elec | 2.60 | 3.077 | Ea. | 865 | 84.50 | | 949.50 | 1,075 | |
| | 0520 | Circuit breaker | | 2.60 | 3.077 | | 930 | 84.50 | | 1,014.50 | 1,150 | |
| | 0540 | Type B, fusible | | 2.60 | 3.077 | | 970 | 84.50 | | 1,054.50 | 1,200 | |
| | 0560 | Circuit breaker | | 2.60 | 3.077 | | 1,025 | 84.50 | | 1,109.50 | 1,250 | |
| | 0580 | NEMA 12, type A, fusible | | 2.50 | 3.200 | | 900 | 88 | | 988 | 1,125 | |
| | 0600 | Circuit breaker | | 2.50 | 3.200 | | 970 | 88 | | 1,058 | 1,200 | |
| | 0620 | Type B, fusible | | 2.50 | 3.200 | | 1,025 | 88 | | 1,113 | 1,250 | |
| | 0640 | Circuit breaker | | 2.50 | 3.200 | | 1,075 | 88 | | 1,163 | 1,300 | |
| | 0650 | Starter size 1, 2 speed, consequent pole | | | | | | | | | | |
| | 0660 | NEMA 1, type A, fusible | 1 Elec | 2.60 | 3.077 | Ea. | 940 | 84.50 | | 1,024.50 | 1,150 | |
| | 0680 | Circuit breaker | | 2.60 | 3.077 | | 1,025 | 84.50 | | 1,109.50 | 1,250 | |
| | 0700 | Type B, fusible | | 2.60 | 3.077 | | 1,075 | 84.50 | | 1,159.50 | 1,300 | |
| | 0720 | Circuit breaker | | 2.60 | 3.077 | | 1,150 | 84.50 | | 1,234.50 | 1,400 | |
| | 0740 | NEMA 12, type A, fusible | | 2.50 | 3.200 | | 980 | 88 | | 1,068 | 1,200 | |
| | 0760 | Circuit breaker | | 2.50 | 3.200 | | 1,050 | 88 | | 1,138 | 1,275 | |
| | 0780 | Type B, fusible | | 2.50 | 3.200 | | 1,125 | 88 | | 1,213 | 1,375 | |

## 163 | Motors, Starters, Boards and Switches

| | 163 100 | Starters & Controls | CREW | DAILY OUTPUT | MAN-HOURS | UNIT | 1994 BARE COSTS ||||TOTAL INCL O&P | |
|---|---|---|---|---|---|---|---|---|---|---|---|---|
| | | | | | | | MAT. | LABOR | EQUIP. | TOTAL | | |
| 120 | 0800 | Circuit breaker | 1 Elec | 2.50 | 3.200 | Ea. | 1,200 | 88 | | 1,288 | 1,450 | 120 |
| | 0810 | Starter size 1, 2 speed, space only | | | | | | | | | | |
| | 0820 | NEMA 1, type A, fusible | 1 Elec | 16 | .500 | Ea. | 190 | 13.75 | | 203.75 | 230 | |
| | 0840 | Circuit breaker | | 16 | .500 | | 190 | 13.75 | | 203.75 | 230 | |
| | 0860 | Type B, fusible | | 16 | .500 | | 190 | 13.75 | | 203.75 | 230 | |
| | 0880 | Circuit breaker | | 16 | .500 | | 200 | 13.75 | | 213.75 | 241 | |
| | 0900 | NEMA 12, type A, fusible | | 15 | .533 | | 200 | 14.65 | | 214.65 | 242 | |
| | 0920 | Circuit breaker | | 15 | .533 | | 200 | 14.65 | | 214.65 | 242 | |
| | 0940 | Type B, fusible | | 15 | .533 | | 200 | 14.65 | | 214.65 | 242 | |
| | 0960 | Circuit breaker | | 15 | .533 | | 200 | 14.65 | | 214.65 | 242 | |
| | 1100 | Starter size 2, FVNR, NEMA 1, type A, fusible | | 2 | 4 | | 615 | 110 | | 725 | 840 | |
| | 1120 | Circuit breaker | | 2 | 4 | | 660 | 110 | | 770 | 890 | |
| | 1140 | Type B, fusible | | 2 | 4 | | 675 | 110 | | 785 | 910 | |
| | 1160 | Circuit breaker | | 2 | 4 | | 715 | 110 | | 825 | 950 | |
| | 1180 | NEMA 12, type A, fusible | | 1.90 | 4.211 | | 655 | 116 | | 771 | 895 | |
| | 1200 | Circuit breaker | | 1.90 | 4.211 | | 700 | 116 | | 816 | 945 | |
| | 1220 | Type B, fusible | | 1.90 | 4.211 | | 715 | 116 | | 831 | 960 | |
| | 1240 | Circuit breaker | | 1.90 | 4.211 | | 750 | 116 | | 866 | 1,000 | |
| | 1300 | FVR, NEMA 1, type A, fusible | | 1.60 | 5 | | 975 | 138 | | 1,113 | 1,275 | |
| | 1320 | Circuit breaker | | 1.60 | 5 | | 990 | 138 | | 1,128 | 1,300 | |
| | 1340 | Type B, fusible | | 1.60 | 5 | | 1,100 | 138 | | 1,238 | 1,400 | |
| | 1360 | Circuit breaker | | 1.60 | 5 | | 1,150 | 138 | | 1,288 | 1,475 | |
| | 1380 | NEMA type 12, type A, fusible | | 1.50 | 5.333 | | 1,025 | 147 | | 1,172 | 1,350 | |
| | 1400 | Circuit breaker | | 1.50 | 5.333 | | 1,050 | 147 | | 1,197 | 1,375 | |
| | 1420 | Type B, fusible | | 1.50 | 5.333 | | 1,150 | 147 | | 1,297 | 1,500 | |
| | 1440 | Circuit breaker | | 1.50 | 5.333 | | 1,200 | 147 | | 1,347 | 1,550 | |
| | 1490 | Starter size 2, 2 speed, separate winding | | | | | | | | | | |
| | 1500 | NEMA 1, type A, fusible | 1 Elec | 1.90 | 4.211 | Ea. | 1,125 | 116 | | 1,241 | 1,425 | |
| | 1520 | Circuit breaker | | 1.90 | 4.211 | | 1,200 | 116 | | 1,316 | 1,500 | |
| | 1540 | Type B, fusible | | 1.90 | 4.211 | | 1,250 | 116 | | 1,366 | 1,550 | |
| | 1560 | Circuit breaker | | 1.90 | 4.211 | | 1,375 | 116 | | 1,491 | 1,700 | |
| | 1570 | NEMA 12, type A, fusible | | 1.80 | 4.444 | | 1,200 | 122 | | 1,322 | 1,500 | |
| | 1580 | Circuit breaker | | 1.80 | 4.444 | | 1,275 | 122 | | 1,397 | 1,575 | |
| | 1600 | Type B, fusible | | 1.80 | 4.444 | | 1,325 | 122 | | 1,447 | 1,625 | |
| | 1620 | Circuit breaker | | 1.80 | 4.444 | | 1,475 | 122 | | 1,597 | 1,800 | |
| | 1630 | Starter size 2, 2 speed, consequent pole | | | | | | | | | | |
| | 1640 | NEMA 1, type A, fusible | 1 Elec | 1.90 | 4.211 | Ea. | 1,350 | 116 | | 1,466 | 1,650 | |
| | 1660 | Circuit breaker | | 1.90 | 4.211 | | 1,425 | 116 | | 1,541 | 1,750 | |
| | 1680 | Type B, fusible | | 1.90 | 4.211 | | 1,600 | 116 | | 1,716 | 1,925 | |
| | 1700 | Circuit breaker | | 1.90 | 4.211 | | 1,650 | 116 | | 1,766 | 2,000 | |
| | 1720 | NEMA 12, type A, fusible | | 1.80 | 4.444 | | 1,450 | 122 | | 1,572 | 1,775 | |
| | 1740 | Circuit breaker | | 1.80 | 4.444 | | 1,550 | 122 | | 1,672 | 1,875 | |
| | 1760 | Type B, fusible | | 1.80 | 4.444 | | 1,650 | 122 | | 1,772 | 2,000 | |
| | 1780 | Circuit breaker | | 1.80 | 4.444 | | 1,725 | 122 | | 1,847 | 2,075 | |
| | 1830 | Starter size 2, autotransformer | | | | | | | | | | |
| | 1840 | NEMA 1, type A, fusible | 1 Elec | 1.70 | 4.706 | Ea. | 2,150 | 129 | | 2,279 | 2,575 | |
| | 1860 | Circuit breaker | | 1.70 | 4.706 | | 2,000 | 129 | | 2,129 | 2,400 | |
| | 1880 | Type B, fusible | | 1.70 | 4.706 | | 2,175 | 129 | | 2,304 | 2,600 | |
| | 1900 | Circuit breaker | | 1.70 | 4.706 | | 2,050 | 129 | | 2,179 | 2,450 | |
| | 1920 | NEMA 12, type A, fusible | | 1.60 | 5 | | 2,275 | 138 | | 2,413 | 2,700 | |
| | 1940 | Circuit breaker | | 1.60 | 5 | | 2,125 | 138 | | 2,263 | 2,550 | |
| | 1960 | Type B, fusible | | 1.60 | 5 | | 2,300 | 138 | | 2,438 | 2,725 | |
| | 1980 | Circuit breaker | | 1.60 | 5 | | 2,175 | 138 | | 2,313 | 2,600 | |
| | 2030 | Starter size 2, space only | | | | | | | | | | |
| | 2040 | NEMA 1, type A, fusible | 1 Elec | 16 | .500 | Ea. | 190 | 13.75 | | 203.75 | 230 | |
| | 2060 | Circuit breaker | | 16 | .500 | | 190 | 13.75 | | 203.75 | 230 | |

## 163 | Motors, Starters, Boards and Switches

### 163 100 | Starters & Controls

| | | CREW | DAILY OUTPUT | MAN-HOURS | UNIT | MAT. | LABOR | EQUIP. | TOTAL | TOTAL INCL O&P | |
|---|---|---|---|---|---|---|---|---|---|---|---|
| 2080 | Type B, fusible | 1 Elec | 16 | .500 | Ea. | 190 | 13.75 | | 203.75 | 230 | 120 |
| 2100 | Circuit breaker | | 16 | .500 | | 190 | 13.75 | | 203.75 | 230 | |
| 2120 | NEMA 12, type A, fusible | | 15 | .533 | | 200 | 14.65 | | 214.65 | 242 | |
| 2140 | Circuit breaker | | 15 | .533 | | 200 | 14.65 | | 214.65 | 242 | |
| 2160 | Type B, fusible | | 15 | .533 | | 200 | 14.65 | | 214.65 | 242 | |
| 2180 | Circuit breaker | | 15 | .533 | | 200 | 14.65 | | 214.65 | 242 | |
| 2300 | Starter size 3, FVNR, NEMA 1, type A, fusible | | 1 | 8 | | 1,000 | 220 | | 1,220 | 1,425 | |
| 2320 | Circuit breaker | | 1 | 8 | | 950 | 220 | | 1,170 | 1,375 | |
| 2340 | Type B, fusible | | 1 | 8 | | 1,100 | 220 | | 1,320 | 1,525 | |
| 2360 | Circuit breaker | | 1 | 8 | | 1,075 | 220 | | 1,295 | 1,500 | |
| 2380 | NEMA 12, type A, fusible | | .95 | 8.421 | | 1,075 | 232 | | 1,307 | 1,525 | |
| 2400 | Circuit breaker | | .95 | 8.421 | | 1,025 | 232 | | 1,257 | 1,475 | |
| 2420 | Type B, fusible | | .95 | 8.421 | | 1,150 | 232 | | 1,382 | 1,625 | |
| 2440 | Circuit breaker | | .95 | 8.421 | | 1,100 | 232 | | 1,332 | 1,550 | |
| 2500 | Starter size 3, FVR, NEMA 1, type A, fusible | | .80 | 10 | | 1,900 | 275 | | 2,175 | 2,525 | |
| 2520 | Circuit breaker | | .80 | 10 | | 1,950 | 275 | | 2,225 | 2,575 | |
| 2540 | Type B, fusible | | .80 | 10 | | 1,950 | 275 | | 2,225 | 2,575 | |
| 2560 | Circuit breaker | | .80 | 10 | | 2,100 | 275 | | 2,375 | 2,725 | |
| 2580 | NEMA 12, type A, fusible | | .75 | 10.667 | | 2,100 | 293 | | 2,393 | 2,750 | |
| 2600 | Circuit breaker | | .75 | 10.667 | | 2,100 | 293 | | 2,393 | 2,750 | |
| 2620 | Type B, fusible | | .75 | 10.667 | | 2,125 | 293 | | 2,418 | 2,800 | |
| 2640 | Circuit breaker | | .75 | 10.667 | | 2,200 | 293 | | 2,493 | 2,875 | |
| 2690 | Starter size 3, 2 speed, separate winding | | | | | | | | | | |
| 2700 | NEMA 1, type A, fusible | 1 Elec | 1 | 8 | Ea. | 2,700 | 220 | | 2,920 | 3,300 | |
| 2720 | Circuit breaker | | 1 | 8 | | 2,850 | 220 | | 3,070 | 3,450 | |
| 2740 | Type B, fusible | | 1 | 8 | | 2,825 | 220 | | 3,045 | 3,425 | |
| 2760 | Circuit breaker | | 1 | 8 | | 2,900 | 220 | | 3,120 | 3,525 | |
| 2780 | NEMA 12, type A, fusible | | .95 | 8.421 | | 2,850 | 232 | | 3,082 | 3,475 | |
| 2800 | Circuit breaker | | .95 | 8.421 | | 3,050 | 232 | | 3,282 | 3,700 | |
| 2820 | Type B, fusible | | .95 | 8.421 | | 2,975 | 232 | | 3,207 | 3,625 | |
| 2840 | Circuit breaker | | .95 | 8.421 | | 3,100 | 232 | | 3,332 | 3,750 | |
| 2850 | Starter size 3, 2 speed, consequent pole | | | | | | | | | | |
| 2860 | NEMA 1, type A, fusible | 1 Elec | 1 | 8 | Ea. | 3,175 | 220 | | 3,395 | 3,825 | |
| 2880 | Circuit breaker | | 1 | 8 | | 3,275 | 220 | | 3,495 | 3,925 | |
| 2900 | Type B, fusible | | 1 | 8 | | 3,325 | 220 | | 3,545 | 3,975 | |
| 2920 | Circuit breaker | | 1 | 8 | | 3,375 | 220 | | 3,595 | 4,050 | |
| 2940 | NEMA 12, type A, fusible | | .95 | 8.421 | | 3,500 | 232 | | 3,732 | 4,200 | |
| 2960 | Circuit breaker | | .95 | 8.421 | | 3,425 | 232 | | 3,657 | 4,125 | |
| 2980 | Type B, fusible | | .95 | 8.421 | | 3,450 | 232 | | 3,682 | 4,150 | |
| 3000 | Circuit breaker | | .95 | 8.421 | | 3,475 | 232 | | 3,707 | 4,175 | |
| 3100 | Starter size 3, autotransformer, NEMA 1, type A, fusible | | .80 | 10 | | 3,200 | 275 | | 3,475 | 3,950 | |
| 3120 | Circuit breaker | | .80 | 10 | | 3,100 | 275 | | 3,375 | 3,825 | |
| 3140 | Type B, fusible | | .80 | 10 | | 3,350 | 275 | | 3,625 | 4,100 | |
| 3160 | Circuit breaker | | .80 | 10 | | 3,175 | 275 | | 3,450 | 3,925 | |
| 3180 | NEMA 12, type A, fusible | | .75 | 10.667 | | 3,375 | 293 | | 3,668 | 4,175 | |
| 3200 | Circuit breaker | | .75 | 10.667 | | 3,200 | 293 | | 3,493 | 3,975 | |
| 3220 | Type B, fusible | | .75 | 10.667 | | 3,300 | 293 | | 3,593 | 4,075 | |
| 3240 | Circuit breaker | | .75 | 10.667 | | 3,350 | 293 | | 3,643 | 4,125 | |
| 3260 | Starter size 3, space only, NEMA 1, type A, fusible | | 15 | .533 | | 640 | 14.65 | | 654.65 | 725 | |
| 3280 | Circuit breaker | | 15 | .533 | | 345 | 14.65 | | 359.65 | 400 | |
| 3300 | Type B, fusible | | 15 | .533 | | 640 | 14.65 | | 654.65 | 725 | |
| 3320 | Circuit breaker | | 15 | .533 | | 345 | 14.65 | | 359.65 | 400 | |
| 3340 | NEMA 12, type A, fusible | | 14 | .571 | | 665 | 15.70 | | 680.70 | 755 | |
| 3360 | Circuit breaker | | 14 | .571 | | 360 | 15.70 | | 375.70 | 420 | |
| 3380 | Type B, fusible | | 14 | .571 | | 665 | 15.70 | | 680.70 | 755 | |
| 3400 | Circuit breaker | | 14 | .571 | | 360 | 15.70 | | 375.70 | 420 | |

## 163 | Motors, Starters, Boards and Switches

| 163 100 | Starters & Controls | CREW | DAILY OUTPUT | MAN-HOURS | UNIT | 1994 BARE COSTS MAT. | LABOR | EQUIP. | TOTAL | TOTAL INCL O&P |
|---|---|---|---|---|---|---|---|---|---|---|
| 3500 | Starter size 4, FVNR, NEMA 1, type A, fusible | 1 Elec | .80 | 10 | Ea. | 1,600 | 275 | | 1,875 | 2,175 |
| 3520 | Circuit breaker | | .80 | 10 | | 1,750 | 275 | | 2,025 | 2,350 |
| 3540 | Type B, fusible | | .80 | 10 | | 1,825 | 275 | | 2,100 | 2,425 |
| 3560 | Circuit breaker | | .80 | 10 | | 2,000 | 275 | | 2,275 | 2,625 |
| 3580 | NEMA 12, type A, fusible | | .75 | 10.667 | | 1,750 | 293 | | 2,043 | 2,375 |
| 3600 | Circuit breaker | | .75 | 10.667 | | 1,900 | 293 | | 2,193 | 2,550 |
| 3620 | Type B, fusible | | .75 | 10.667 | | 1,950 | 293 | | 2,243 | 2,600 |
| 3640 | Circuit breaker | | .75 | 10.667 | | 2,125 | 293 | | 2,418 | 2,800 |
| 3700 | Starter size 4, FVR, NEMA 1, type A, fusible | | .60 | 13.333 | | 3,950 | 365 | | 4,315 | 4,900 |
| 3720 | Circuit breaker | | .60 | 13.333 | | 4,075 | 365 | | 4,440 | 5,025 |
| 3740 | Type B, fusible | | .60 | 13.333 | | 4,025 | 365 | | 4,390 | 4,975 |
| 3760 | Circuit breaker | | .60 | 13.333 | | 4,150 | 365 | | 4,515 | 5,125 |
| 3780 | NEMA 12, type A, fusible | | .58 | 13.793 | | 4,150 | 380 | | 4,530 | 5,150 |
| 3800 | Circuit breaker | | .58 | 13.793 | | 4,350 | 380 | | 4,730 | 5,350 |
| 3820 | Type B, fusible | | .58 | 13.793 | | 4,250 | 380 | | 4,630 | 5,250 |
| 3840 | Circuit breaker | | .58 | 13.793 | | 4,400 | 380 | | 4,780 | 5,425 |
| 3890 | Starter size 4, 2 speed, separate windings | | | | | | | | | |
| 3900 | NEMA 1, type A, fusible | 1 Elec | .80 | 10 | Ea. | 5,175 | 275 | | 5,450 | 6,125 |
| 3920 | Circuit breaker | | .80 | 10 | | 5,400 | 275 | | 5,675 | 6,375 |
| 3940 | Type B, fusible | | .80 | 10 | | 5,250 | 275 | | 5,525 | 6,200 |
| 3960 | Circuit breaker | | .80 | 10 | | 5,400 | 275 | | 5,675 | 6,375 |
| 3980 | NEMA 12, type A, fusible | | .75 | 10.667 | | 5,400 | 293 | | 5,693 | 6,400 |
| 4000 | Circuit breaker | | .75 | 10.667 | | 5,600 | 293 | | 5,893 | 6,600 |
| 4020 | Type B, fusible | | .75 | 10.667 | | 5,450 | 293 | | 5,743 | 6,450 |
| 4040 | Circuit breaker | | .75 | 10.667 | | 5,675 | 293 | | 5,968 | 6,700 |
| 4050 | Starter size 4, 2 speed, consequent pole | | | | | | | | | |
| 4060 | NEMA 1, type A, fusible | 1 Elec | .80 | 10 | Ea. | 5,900 | 275 | | 6,175 | 6,925 |
| 4080 | Circuit breaker | | .80 | 10 | | 6,000 | 275 | | 6,275 | 7,025 |
| 4100 | Type B, fusible | | .80 | 10 | | 6,000 | 275 | | 6,275 | 7,025 |
| 4120 | Circuit breaker | | .80 | 10 | | 6,200 | 275 | | 6,475 | 7,250 |
| 4140 | NEMA 12, type A, fusible | | .75 | 10.667 | | 6,275 | 293 | | 6,568 | 7,350 |
| 4160 | Circuit breaker | | .75 | 10.667 | | 6,350 | 293 | | 6,643 | 7,425 |
| 4180 | Type B, fusible | | .75 | 10.667 | | 6,350 | 293 | | 6,643 | 7,425 |
| 4200 | Circuit breaker | | .75 | 10.667 | | 6,500 | 293 | | 6,793 | 7,600 |
| 4300 | Starter size 4, autotransformer, NEMA 1, type A, fusible | | .65 | 12.308 | | 5,125 | 340 | | 5,465 | 6,150 |
| 4320 | Circuit breaker | | .65 | 12.308 | | 4,925 | 340 | | 5,265 | 5,925 |
| 4340 | Type B, fusible | | .65 | 12.308 | | 5,350 | 340 | | 5,690 | 6,375 |
| 4360 | Circuit breaker | | .65 | 12.308 | | 5,075 | 340 | | 5,415 | 6,075 |
| 4380 | NEMA 12, type A, fusible | | .62 | 12.903 | | 5,450 | 355 | | 5,805 | 6,525 |
| 4400 | Circuit breaker | | .62 | 12.903 | | 5,150 | 355 | | 5,505 | 6,200 |
| 4420 | Type B, fusible | | .62 | 12.903 | | 5,575 | 355 | | 5,930 | 6,650 |
| 4440 | Circuit breaker | | .62 | 12.903 | | 5,400 | 355 | | 5,755 | 6,475 |
| 4500 | Starter size 4, space only, NEMA 1, type A, fusible | | 14 | .571 | | 720 | 15.70 | | 735.70 | 815 |
| 4520 | Circuit breaker | | 14 | .571 | | 435 | 15.70 | | 450.70 | 505 |
| 4540 | Type B, fusible | | 14 | .571 | | 720 | 15.70 | | 735.70 | 815 |
| 4560 | Circuit breaker | | 14 | .571 | | 435 | 15.70 | | 450.70 | 505 |
| 4580 | NEMA 12, type A, fusible | | 13 | .615 | | 765 | 16.90 | | 781.90 | 865 |
| 4600 | Circuit breaker | | 13 | .615 | | 460 | 16.90 | | 476.90 | 530 |
| 4620 | Type B, fusible | | 13 | .615 | | 765 | 16.90 | | 781.90 | 865 |
| 4640 | Circuit breaker | | 13 | .615 | | 460 | 16.90 | | 476.90 | 530 |
| 4800 | Starter size 5, FVNR, NEMA 1, type A, fusible | | .50 | 16 | | 4,800 | 440 | | 5,240 | 5,925 |
| 4820 | Circuit breaker | | .50 | 16 | | 5,000 | 440 | | 5,440 | 6,150 |
| 4840 | Type B, fusible | | .50 | 16 | | 4,900 | 440 | | 5,340 | 6,050 |
| 4860 | Circuit breaker | | .50 | 16 | | 5,100 | 440 | | 5,540 | 6,250 |
| 4880 | NEMA 12, type A, fusible | | .48 | 16.667 | | 5,050 | 460 | | 5,510 | 6,250 |
| 4900 | Circuit breaker | | .48 | 16.667 | | 5,375 | 460 | | 5,835 | 6,625 |

## 163 | Motors, Starters, Boards and Switches

### 163 100 | Starters & Controls

| | | | CREW | DAILY OUTPUT | MAN-HOURS | UNIT | 1994 BARE COSTS MAT. | LABOR | EQUIP. | TOTAL | TOTAL INCL O&P | |
|---|---|---|---|---|---|---|---|---|---|---|---|---|
| 120 | 4920 | Type B, fusible | 1 Elec | .48 | 16.667 | Ea. | 5,275 | 460 | | 5,735 | 6,500 | 120 |
| | 4940 | Circuit breaker | | .48 | 16.667 | | 5,400 | 460 | | 5,860 | 6,650 | |
| | 5000 | Starter size 5, FVR, NEMA 1, type A, fusible | | .40 | 20 | | 9,025 | 550 | | 9,575 | 10,800 | |
| | 5020 | Circuit breaker | | .40 | 20 | | 9,275 | 550 | | 9,825 | 11,000 | |
| | 5040 | Type B, fusible | | .40 | 20 | | 9,150 | 550 | | 9,700 | 10,900 | |
| | 5060 | Circuit breaker | | .40 | 20 | | 9,400 | 550 | | 9,950 | 11,100 | |
| | 5080 | NEMA 12, type A, fusible | | .38 | 21.053 | | 9,550 | 580 | | 10,130 | 11,400 | |
| | 5100 | Circuit breaker | | .38 | 21.053 | | 9,900 | 580 | | 10,480 | 11,800 | |
| | 5120 | Type B, fusible | | .38 | 21.053 | | 9,775 | 580 | | 10,355 | 11,700 | |
| | 5140 | Circuit breaker | | .38 | 21.053 | | 10,100 | 580 | | 10,680 | 12,000 | |
| | 5190 | Starter size 5, 2 speed, separate windings | | | | | | | | | | |
| | 5200 | NEMA 1, type A, fusible | 1 Elec | .50 | 16 | Ea. | 10,500 | 440 | | 10,940 | 12,300 | |
| | 5220 | Circuit breaker | | .50 | 16 | | 11,100 | 440 | | 11,540 | 12,900 | |
| | 5240 | Type B, fusible | | .50 | 16 | | 10,800 | 440 | | 11,240 | 12,600 | |
| | 5260 | Circuit breaker | | .50 | 16 | | 11,100 | 440 | | 11,540 | 12,900 | |
| | 5280 | NEMA 12, type A, fusible | | .48 | 16.667 | | 10,800 | 460 | | 11,260 | 12,600 | |
| | 5300 | Circuit breaker | | .48 | 16.667 | | 11,200 | 460 | | 11,660 | 13,000 | |
| | 5320 | Type B, fusible | | .48 | 16.667 | | 11,600 | 460 | | 12,060 | 13,500 | |
| | 5340 | Circuit breaker | | .48 | 16.667 | | 11,300 | 460 | | 11,760 | 13,100 | |
| | 5400 | Starter size 5, autotransformer, NEMA 1, type A, fusible | | .35 | 22.857 | | 10,700 | 630 | | 11,330 | 12,700 | |
| | 5420 | Circuit breaker | | .35 | 22.857 | | 9,900 | 630 | | 10,530 | 11,800 | |
| | 5440 | Type B, fusible | | .35 | 22.857 | | 10,600 | 630 | | 11,230 | 12,600 | |
| | 5460 | Circuit breaker | | .35 | 22.857 | | 10,000 | 630 | | 10,630 | 11,900 | |
| | 5480 | NEMA 12, type A, fusible | | .34 | 23.529 | | 11,000 | 645 | | 11,645 | 13,100 | |
| | 5500 | Circuit breaker | | .34 | 23.529 | | 10,500 | 645 | | 11,145 | 12,600 | |
| | 5520 | Type B, fusible | | .34 | 23.529 | | 11,200 | 645 | | 11,845 | 13,300 | |
| | 5540 | Circuit breakers | | .34 | 23.529 | | 10,600 | 645 | | 11,245 | 12,700 | |
| | 5600 | Starter size 5, space only, NEMA 1, type A, fusible | | 12 | .667 | | 1,050 | 18.35 | | 1,068.35 | 1,175 | |
| | 5620 | Circuit breaker | | 12 | .667 | | 740 | 18.35 | | 758.35 | 845 | |
| | 5640 | Type B, fusible | | 12 | .667 | | 1,100 | 18.35 | | 1,118.35 | 1,225 | |
| | 5660 | Circuit breaker | | 12 | .667 | | 740 | 18.35 | | 758.35 | 845 | |
| | 5680 | NEMA 12, type A, fusible | | 11 | .727 | | 1,150 | 20 | | 1,170 | 1,300 | |
| | 5700 | Circuit breaker | | 11 | .727 | | 765 | 20 | | 785 | 870 | |
| | 5720 | Type B, fusible | | 11 | .727 | | 1,150 | 20 | | 1,170 | 1,300 | |
| | 5740 | Circuit breaker | | 11 | .727 | | 765 | 20 | | 785 | 870 | |
| | 5800 | Fuse, light contactor NEMA 1, type A, 30 amp | | 2.70 | 2.963 | | 555 | 81.50 | | 636.50 | 735 | |
| | 5820 | 60 amp | | 2 | 4 | | 690 | 110 | | 800 | 925 | |
| | 5840 | 100 amp | | 1 | 8 | | 875 | 220 | | 1,095 | 1,300 | |
| | 5860 | 200 amp | | .80 | 10 | | 1,375 | 275 | | 1,650 | 1,950 | |
| | 5880 | Type B, 30 amp | | 2.70 | 2.963 | | 640 | 81.50 | | 721.50 | 830 | |
| | 5900 | 60 amp | | 2 | 4 | | 785 | 110 | | 895 | 1,025 | |
| | 5920 | 100 amp | | 1 | 8 | | 995 | 220 | | 1,215 | 1,425 | |
| | 5940 | 200 amp | | .80 | 10 | | 1,575 | 275 | | 1,850 | 2,150 | |
| | 5960 | NEMA 12, type A, 30 amp | | 2.60 | 3.077 | | 585 | 84.50 | | 669.50 | 770 | |
| | 5980 | 60 amp | | 1.90 | 4.211 | | 725 | 116 | | 841 | 975 | |
| | 6000 | 100 amp | | .95 | 8.421 | | 925 | 232 | | 1,157 | 1,375 | |
| | 6020 | 200 amp | | .75 | 10.667 | | 1,475 | 293 | | 1,768 | 2,075 | |
| | 6040 | Type B, 30 amp | | 2.60 | 3.077 | | 675 | 84.50 | | 759.50 | 870 | |
| | 6060 | 60 amp | | 1.90 | 4.211 | | 870 | 116 | | 986 | 1,125 | |
| | 6080 | 100 amp | | .95 | 8.421 | | 1,050 | 232 | | 1,282 | 1,500 | |
| | 6100 | 200 amp | | .75 | 10.667 | | 1,675 | 293 | | 1,968 | 2,300 | |
| | 6200 | Circuit breaker, light contactor NEMA 1, type A, 30 amp | | 2.70 | 2.963 | | 625 | 81.50 | | 706.50 | 815 | |
| | 6220 | 60 amp | | 2 | 4 | | 715 | 110 | | 825 | 950 | |
| | 6240 | 100 amp | | 1 | 8 | | 810 | 220 | | 1,030 | 1,225 | |
| | 6260 | 200 amp | | .80 | 10 | | 1,450 | 275 | | 1,725 | 2,025 | |
| | 6280 | Type B, 30 amp | | 2.70 | 2.963 | | 695 | 81.50 | | 776.50 | 890 | |

## 163 | Motors, Starters, Boards and Switches

| | 163 100 | Starters & Controls | CREW | DAILY OUTPUT | MAN-HOURS | UNIT | 1994 BARE COSTS ||||  TOTAL INCL O&P | |
|---|---|---|---|---|---|---|---|---|---|---|---|---|
| | | | | | | | MAT. | LABOR | EQUIP. | TOTAL | | |
| 120 | 6300 | 60 amp | 1 Elec | 2 | 4 | Ea. | 810 | 110 | | 920 | 1,050 | 120 |
| | 6320 | 100 amp | | 1 | 8 | | 900 | 220 | | 1,120 | 1,325 | |
| | 6340 | 200 amp | | .80 | 10 | | 1,650 | 275 | | 1,925 | 2,250 | |
| | 6360 | NEMA 12, type A, 30 amp | | 2.60 | 3.077 | | 640 | 84.50 | | 724.50 | 830 | |
| | 6380 | 60 amp | | 1.90 | 4.211 | | 760 | 116 | | 876 | 1,000 | |
| | 6400 | 100 amp | | .95 | 8.421 | | 825 | 232 | | 1,057 | 1,250 | |
| | 6420 | 200 amp | | .75 | 10.667 | | 1,550 | 293 | | 1,843 | 2,150 | |
| | 6440 | Type B, 30 amp | | 2.60 | 3.077 | | 740 | 84.50 | | 824.50 | 940 | |
| | 6460 | 60 amp | | 1.90 | 4.211 | | 850 | 116 | | 966 | 1,100 | |
| | 6480 | 100 amp | | .95 | 8.421 | | 950 | 232 | | 1,182 | 1,400 | |
| | 6500 | 200 amp | | .75 | 10.667 | | 1,750 | 293 | | 2,043 | 2,375 | |
| | 6600 | Fusible switch, NEMA 1, type A, 30 amp | | 5.30 | 1.509 | | 295 | 41.50 | | 336.50 | 390 | |
| | 6620 | 60 amp | | 5 | 1.600 | | 325 | 44 | | 369 | 425 | |
| | 6640 | 100 amp | | 4 | 2 | | 465 | 55 | | 520 | 595 | |
| | 6660 | 200 amp | | 3.20 | 2.500 | | 730 | 69 | | 799 | 910 | |
| | 6680 | 400 amp | | 2.30 | 3.478 | | 1,500 | 95.50 | | 1,595.50 | 1,800 | |
| | 6700 | 600 amp | | 1.60 | 5 | | 2,375 | 138 | | 2,513 | 2,825 | |
| | 6720 | 800 amp | | 1.30 | 6.154 | | 2,850 | 169 | | 3,019 | 3,375 | |
| | 6740 | NEMA 12, type A, 30 amp | | 5.20 | 1.538 | | 315 | 42.50 | | 357.50 | 410 | |
| | 6760 | 60 amp | | 4.90 | 1.633 | | 350 | 45 | | 395 | 455 | |
| | 6780 | 100 amp | | 3.90 | 2.051 | | 495 | 56.50 | | 551.50 | 630 | |
| | 6800 | 200 amp | | 3.10 | 2.581 | | 765 | 71 | | 836 | 945 | |
| | 6820 | 400 amp | | 2.20 | 3.636 | | 1,575 | 100 | | 1,675 | 1,875 | |
| | 6840 | 600 amp | | 1.50 | 5.333 | | 2,525 | 147 | | 2,672 | 3,000 | |
| | 6860 | 800 amp | | 1.20 | 6.667 | | 3,000 | 183 | | 3,183 | 3,575 | |
| | 6900 | Circuit breaker, NEMA 1, type A, 30 amp | | 5.30 | 1.509 | | 395 | 41.50 | | 436.50 | 500 | |
| | 6920 | 60 amp | | 5 | 1.600 | | 435 | 44 | | 479 | 545 | |
| | 6940 | 100 amp | | 4 | 2 | | 435 | 55 | | 490 | 565 | |
| | 6960 | 225 amp | | 3.20 | 2.500 | | 855 | 69 | | 924 | 1,050 | |
| | 6980 | 400 amp | | 2.30 | 3.478 | | 1,575 | 95.50 | | 1,670.50 | 1,875 | |
| | 7000 | 600 amp | | 1.60 | 5 | | 2,250 | 138 | | 2,388 | 2,675 | |
| | 7020 | 800 amp | | 1.30 | 6.154 | | 2,850 | 169 | | 3,019 | 3,375 | |
| | 7040 | NEMA 12, type A, 30 amp | | 5.20 | 1.538 | | 420 | 42.50 | | 462.50 | 525 | |
| | 7060 | 60 amp | | 4.90 | 1.633 | | 460 | 45 | | 505 | 575 | |
| | 7080 | 100 amp | | 3.90 | 2.051 | | 460 | 56.50 | | 516.50 | 590 | |
| | 7100 | 225 amp | | 3.10 | 2.581 | | 905 | 71 | | 976 | 1,100 | |
| | 7120 | 400 amp | | 2.20 | 3.636 | | 1,675 | 100 | | 1,775 | 2,000 | |
| | 7140 | 600 amp | | 1.50 | 5.333 | | 2,375 | 147 | | 2,522 | 2,850 | |
| | 7160 | 800 amp | | 1.20 | 6.667 | | 2,975 | 183 | | 3,158 | 3,550 | |
| | 7300 | Incoming line, main lug only, 600 amp, alum, NEMA 1 | | .80 | 10 | | 1,125 | 275 | | 1,400 | 1,675 | |
| | 7320 | NEMA 12 | | .75 | 10.667 | | 1,175 | 293 | | 1,468 | 1,750 | |
| | 7340 | Copper, NEMA 1 | | .80 | 10 | | 1,250 | 275 | | 1,525 | 1,800 | |
| | 7360 | 800 amp, alum., NEMA 1 | | .75 | 10.667 | | 2,400 | 293 | | 2,693 | 3,100 | |
| | 7380 | NEMA 12 | | .70 | 11.429 | | 2,525 | 315 | | 2,840 | 3,250 | |
| | 7400 | Copper, NEMA 1 | | .75 | 10.667 | | 2,950 | 293 | | 3,243 | 3,700 | |
| | 7420 | 1200 amp, copper, NEMA 1 | | .70 | 11.429 | | 3,200 | 315 | | 3,515 | 4,000 | |
| | 7440 | Incoming line, fusible switch, 400 amp, alum., NEMA 1 | | .60 | 13.333 | | 2,250 | 365 | | 2,615 | 3,025 | |
| | 7460 | NEMA 12 | | .55 | 14.545 | | 2,400 | 400 | | 2,800 | 3,250 | |
| | 7480 | Copper, NEMA 1 | | .60 | 13.333 | | 2,350 | 365 | | 2,715 | 3,125 | |
| | 7500 | 600 amp, alum., NEMA 1 | | .55 | 14.545 | | 2,475 | 400 | | 2,875 | 3,325 | |
| | 7520 | NEMA 12 | | .50 | 16 | | 2,675 | 440 | | 3,115 | 3,600 | |
| | 7540 | Copper, NEMA 1 | | .55 | 14.545 | | 2,600 | 400 | | 3,000 | 3,450 | |
| | 7560 | Incoming line, circuit breaker, 225 amp, alum., NEMA 1 | | .60 | 13.333 | | 2,675 | 365 | | 3,040 | 3,500 | |
| | 7580 | NEMA 12 | | .55 | 14.545 | | 2,800 | 400 | | 3,200 | 3,675 | |
| | 7600 | Copper, NEMA 1 | | .60 | 13.333 | | 2,900 | 365 | | 3,265 | 3,750 | |
| | 7620 | 400 amp, alum., NEMA 1 | | .60 | 13.333 | | 3,125 | 365 | | 3,490 | 4,000 | |

## 163 | Motors, Starters, Boards and Switches

### 163 100 | Starters & Controls

| | | | CREW | DAILY OUTPUT | MAN-HOURS | UNIT | MAT. | LABOR | EQUIP. | TOTAL | TOTAL INCL O&P | |
|---|---|---|---|---|---|---|---|---|---|---|---|---|
| 120 | 7640 | NEMA 12 | 1 Elec | .55 | 14.545 | Ea. | 3,275 | 400 | | 3,675 | 4,200 | 120 |
| | 7660 | Copper, NEMA 1 | | .60 | 13.333 | | 3,200 | 365 | | 3,565 | 4,075 | |
| | 7680 | 600 amp, alum., NEMA 1 | | .55 | 14.545 | | 3,350 | 400 | | 3,750 | 4,275 | |
| | 7700 | NEMA 12 | | .50 | 16 | | 3,550 | 440 | | 3,990 | 4,550 | |
| | 7720 | Copper, NEMA 1 | | .55 | 14.545 | | 3,450 | 400 | | 3,850 | 4,400 | |
| | 7740 | 800 amp, copper, NEMA 1 | | .45 | 17.778 | | 3,950 | 490 | | 4,440 | 5,075 | |
| | 7760 | Incoming line, for copper bus, add | | | | | 355 | | | 355 | 390 | |
| | 7780 | For 65000 amp bus bracing, add | | | | | 365 | | | 365 | 400 | |
| | 7800 | For NEMA 3R enclosure, add | | | | | 1,900 | | | 1,900 | 2,100 | |
| | 7820 | For NEMA 12 enclosure, add | | | | | 254 | | | 254 | 279 | |
| | 7840 | For 1/4" x 1" ground bus, add | 1 Elec | 16 | .500 | | 199 | 13.75 | | 212.75 | 240 | |
| | 7860 | For 1/4" x 2" ground bus, add | | 12 | .667 | | 325 | 18.35 | | 343.35 | 390 | |
| | 7880 | Main rating basic section, alum., NEMA 1, 600 amp | | .80 | 10 | | | 275 | | 275 | 415 | |
| | 7900 | 800 amp | | .70 | 11.429 | | 155 | 315 | | 470 | 645 | |
| | 7920 | 1200 amp | | .60 | 13.333 | | 305 | 365 | | 670 | 885 | |
| | 7940 | For copper bus, add | | | | | 350 | | | 350 | 385 | |
| | 7960 | For 65000 amp bus bracing, add | | | | | 355 | | | 355 | 390 | |
| | 7980 | For NEMA 3R enclosure, add | | | | | 1,875 | | | 1,875 | 2,075 | |
| | 8000 | For NEMA 12, enclosure, add | | | | | 249 | | | 249 | 274 | |
| | 8020 | For 1/4" x 1" ground bus, add | 1 Elec | 16 | .500 | | 199 | 13.75 | | 212.75 | 240 | |
| | 8040 | For 1/4" x 2" ground bus, add | | 12 | .667 | | 320 | 18.35 | | 338.35 | 380 | |
| | 8060 | Unit devices, pilot light, standard | | 16 | .500 | | 91 | 13.75 | | 104.75 | 121 | |
| | 8080 | Pilot light, push to test | | 16 | .500 | | 103 | 13.75 | | 116.75 | 134 | |
| | 8100 | Pilot light, standard, and push button | | 12 | .667 | | 147 | 18.35 | | 165.35 | 190 | |
| | 8120 | Pilot light, push to test, and push button | | 12 | .667 | | 184 | 18.35 | | 202.35 | 230 | |
| | 8140 | Pilot light, standard, and select switch | | 12 | .667 | | 174 | 18.35 | | 192.35 | 219 | |
| | 8160 | Pilot light, push to test, and select switch | | 12 | .667 | | 200 | 18.35 | | 218.35 | 248 | |
| 130 | 0010 | **MOTOR STARTERS & CONTROLS** R163-130 | | | | | | | | | | 130 |
| | 0050 | Magnetic, FVNR, with enclosure and heaters, 480 volt | | | | | | | | | | |
| | 0080 | 2 HP, size 00 | 1 Elec | 3.50 | 2.286 | Ea. | 124 | 63 | | 187 | 231 | |
| | 0100 | 5 HP, size 0 | | 2.30 | 3.478 | | 154 | 95.50 | | 249.50 | 315 | |
| | 0200 | 10 HP, size 1 | | 1.60 | 5 | | 175 | 138 | | 313 | 400 | |
| | 0300 | 25 HP, size 2 | | 1.10 | 7.273 | | 345 | 200 | | 545 | 680 | |
| | 0400 | 50 HP, size 3 | | .90 | 8.889 | | 575 | 244 | | 819 | 1,000 | |
| | 0500 | 100 HP, size 4 | | .60 | 13.333 | | 1,300 | 365 | | 1,665 | 1,975 | |
| | 0600 | 200 HP, size 5 | | .45 | 17.778 | | 3,050 | 490 | | 3,540 | 4,075 | |
| | 0610 | 400 HP, size 6 | | .40 | 20 | | 8,600 | 550 | | 9,150 | 10,300 | |
| | 0620 | NEMA 7, 5 HP, size 0 | | 1.60 | 5 | | 640 | 138 | | 778 | 910 | |
| | 0630 | 10 HP, size 1 | | 1.10 | 7.273 | | 670 | 200 | | 870 | 1,025 | |
| | 0640 | 25 HP, size 2 | | .90 | 8.889 | | 1,075 | 244 | | 1,319 | 1,550 | |
| | 0650 | 50 HP, size 3 | | .60 | 13.333 | | 1,625 | 365 | | 1,990 | 2,350 | |
| | 0660 | 100 HP, size 4 | | .45 | 17.778 | | 2,625 | 490 | | 3,115 | 3,625 | |
| | 0670 | 200 HP, size 5 | | .25 | 32 | | 6,250 | 880 | | 7,130 | 8,200 | |
| | 0700 | Combination, with motor circuit protectors, 5 HP, size 0 | | 1.80 | 4.444 | | 540 | 122 | | 662 | 780 | |
| | 0800 | 10 HP, size 1 | | 1.30 | 6.154 | | 560 | 169 | | 729 | 870 | |
| | 0900 | 25 HP, size 2 | | 1 | 8 | | 795 | 220 | | 1,015 | 1,200 | |
| | 1000 | 50 HP, size 3 | | .66 | 12.121 | | 1,150 | 335 | | 1,485 | 1,775 | |
| | 1200 | 100 HP, size 4 | | .40 | 20 | | 2,525 | 550 | | 3,075 | 3,600 | |
| | 1220 | NEMA 7, 5 HP, size 0 | | 1.30 | 6.154 | | 1,150 | 169 | | 1,319 | 1,525 | |
| | 1230 | 10 HP, size 1 | | 1 | 8 | | 1,175 | 220 | | 1,395 | 1,625 | |
| | 1240 | 25 HP, size 2 | | .66 | 12.121 | | 1,575 | 335 | | 1,910 | 2,225 | |
| | 1250 | 50 HP, size 3 | | .40 | 20 | | 2,575 | 550 | | 3,125 | 3,650 | |
| | 1260 | 100 HP, size 4 | | .30 | 26.667 | | 4,025 | 735 | | 4,760 | 5,525 | |
| | 1270 | 200 HP, size 5 | | .20 | 40 | | 8,750 | 1,100 | | 9,850 | 11,300 | |
| | 1400 | Combination, with fused switch, 5 HP, size 0 | | 1.80 | 4.444 | | 415 | 122 | | 537 | 640 | |

150      See the **Reference Section** for reference number information, Crew Listings and City Cost Indexes

## 163 | Motors, Starters, Boards and Switches

| 163 100 | Starters & Controls | CREW | DAILY OUTPUT | MAN-HOURS | UNIT | 1994 BARE COSTS | | | | TOTAL INCL O&P | |
|---|---|---|---|---|---|---|---|---|---|---|---|
| | | | | | | MAT. | LABOR | EQUIP. | TOTAL | | |
| 130 | 1600 | 10 HP, size 1 | 1 Elec | 1.30 | 6.154 | Ea. | 435 | 169 | | 604 | 735 | 130 |
| | 1800 | 25 HP, size 2 | | 1 | 8 | | 675 | 220 | | 895 | 1,075 | |
| | 2000 | 50 HP, size 3 | | .66 | 12.121 | | 1,150 | 335 | | 1,485 | 1,775 | |
| | 2200 | 100 HP, size 4 | | .40 | 20 | | 2,175 | 550 | | 2,725 | 3,225 | |
| | 2610 | NEMA 4, with start-stop pushbutton size 1 | | 1.30 | 6.154 | | 950 | 169 | | 1,119 | 1,300 | |
| | 2620 | Size 2 | | 1 | 8 | | 1,400 | 220 | | 1,620 | 1,875 | |
| | 2630 | Size 3 | | .66 | 12.121 | | 2,350 | 335 | | 2,685 | 3,075 | |
| | 2640 | Size 4 | | .40 | 20 | | 3,675 | 550 | | 4,225 | 4,875 | |
| | 2650 | NEMA 4, FVNR, including control transformer | | | | | | | | | | |
| | 2660 | Size 1 | 1 Elec | 1.30 | 6.154 | Ea. | 1,050 | 169 | | 1,219 | 1,400 | |
| | 2670 | Size 2 | | 1 | 8 | | 1,550 | 220 | | 1,770 | 2,025 | |
| | 2680 | Size 3 | | .66 | 12.121 | | 2,575 | 335 | | 2,910 | 3,325 | |
| | 2690 | Size 4 | | .40 | 20 | | 3,950 | 550 | | 4,500 | 5,175 | |
| | 2710 | Magnetic, FVR, control circuit transformer, NEMA 1, size 1 | | 1.30 | 6.154 | | 510 | 169 | | 679 | 815 | |
| | 2720 | Size 2 | | 1 | 8 | | 930 | 220 | | 1,150 | 1,350 | |
| | 2730 | Size 3 | | .66 | 12.121 | | 1,525 | 335 | | 1,860 | 2,175 | |
| | 2740 | Size 4 | | .40 | 20 | | 3,350 | 550 | | 3,900 | 4,500 | |
| | 2760 | NEMA 4, size 1 | | 1.10 | 7.273 | | 780 | 200 | | 980 | 1,150 | |
| | 2770 | Size 2 | | .80 | 10 | | 1,375 | 275 | | 1,650 | 1,950 | |
| | 2780 | Size 3 | | .60 | 13.333 | | 2,175 | 365 | | 2,540 | 2,950 | |
| | 2790 | Size 4 | | .35 | 22.857 | | 4,500 | 630 | | 5,130 | 5,900 | |
| | 2820 | NEMA 12, size 1 | | 1.10 | 7.273 | | 585 | 200 | | 785 | 945 | |
| | 2830 | Size 2 | | .80 | 10 | | 1,050 | 275 | | 1,325 | 1,575 | |
| | 2840 | Size 3 | | .60 | 13.333 | | 1,800 | 365 | | 2,165 | 2,525 | |
| | 2850 | Size 4 | | .35 | 22.857 | | 3,775 | 630 | | 4,405 | 5,100 | |
| | 2870 | Combination FVR, fused, w/control XFMR & PB, NEMA 1, size 1 | | 1 | 8 | | 880 | 220 | | 1,100 | 1,300 | |
| | 2880 | Size 2 | | .75 | 10.667 | | 1,375 | 293 | | 1,668 | 1,975 | |
| | 2890 | Size 3 | | .55 | 14.545 | | 2,225 | 400 | | 2,625 | 3,050 | |
| | 2900 | Size 4 | | .35 | 22.857 | | 4,375 | 630 | | 5,005 | 5,775 | |
| | 2910 | NEMA 4, size 1 | | .90 | 8.889 | | 1,425 | 244 | | 1,669 | 1,950 | |
| | 2920 | Size 2 | | .70 | 11.429 | | 2,200 | 315 | | 2,515 | 2,900 | |
| | 2930 | Size 3 | | .50 | 16 | | 3,625 | 440 | | 4,065 | 4,650 | |
| | 2940 | Size 4 | | .30 | 26.667 | | 6,150 | 735 | | 6,885 | 7,850 | |
| | 2950 | NEMA 12, size 1 | | 1 | 8 | | 1,050 | 220 | | 1,270 | 1,475 | |
| | 2960 | Size 2 | | .70 | 11.429 | | 1,600 | 315 | | 1,915 | 2,225 | |
| | 2970 | Size 3 | | .50 | 16 | | 2,475 | 440 | | 2,915 | 3,375 | |
| | 2980 | Size 4 | | .30 | 26.667 | | 5,075 | 735 | | 5,810 | 6,675 | |
| | 3010 | Manual, single phase, w/pilot, 1 pole 120V NEMA 1 | | 6.40 | 1.250 | | 46 | 34.50 | | 80.50 | 102 | |
| | 3020 | NEMA 4 | | 4 | 2 | | 133 | 55 | | 188 | 229 | |
| | 3030 | 2 pole, 230V, NEMA 1 | | 6.40 | 1.250 | | 64 | 34.50 | | 98.50 | 122 | |
| | 3040 | NEMA 4 | | 4 | 2 | | 149 | 55 | | 204 | 247 | |
| | 3050 | 3 phase, 3 pole 600V, NEMA 1 | | 5.50 | 1.455 | | 149 | 40 | | 189 | 224 | |
| | 3060 | NEMA 4 | | 3.50 | 2.286 | | 315 | 63 | | 378 | 440 | |
| | 3070 | NEMA 12 | | 3.50 | 2.286 | | 178 | 63 | | 241 | 291 | |
| | 3500 | Magnetic FVNR with NEMA 12, enclosure & heaters, 480 volt | | | | | | | | | | |
| | 3600 | 5 HP, size 0 | 1 Elec | 2.20 | 3.636 | Ea. | 206 | 100 | | 306 | 375 | |
| | 3700 | 10 HP, size 1 | | 1.50 | 5.333 | | 227 | 147 | | 374 | 470 | |
| | 3800 | 25 HP, size 2 | | 1 | 8 | | 440 | 220 | | 660 | 815 | |
| | 3900 | 50 HP, size 3 | | .80 | 10 | | 685 | 275 | | 960 | 1,175 | |
| | 4000 | 100 HP, size 4 | | .50 | 16 | | 1,600 | 440 | | 2,040 | 2,400 | |
| | 4100 | 200 HP, size 5 | | .40 | 20 | | 3,925 | 550 | | 4,475 | 5,150 | |
| | 4200 | Combination, with motor circuit protectors, 5 HP, size 0 | | 1.70 | 4.706 | | 640 | 129 | | 769 | 900 | |
| | 4300 | 10 HP, size 1 | | 1.20 | 6.667 | | 665 | 183 | | 848 | 1,000 | |
| | 4400 | 25 HP, size 2 | | .90 | 8.889 | | 940 | 244 | | 1,184 | 1,400 | |
| | 4500 | 50 HP, size 3 | | .60 | 13.333 | | 1,350 | 365 | | 1,715 | 2,025 | |
| | 4600 | 100 HP, size 4 | | .37 | 21.622 | | 2,975 | 595 | | 3,570 | 4,175 | |

# 163 | Motors, Starters, Boards and Switches

## 163 100 | Starters & Controls

| | | | CREW | DAILY OUTPUT | MAN-HOURS | UNIT | MAT. | LABOR | EQUIP. | TOTAL | TOTAL INCL O&P | |
|---|---|---|---|---|---|---|---|---|---|---|---|---|
| 130 | 4700 | Combination, with fused switch, 5 HP, size 0 | 1 Elec | 1.70 | 4.706 | Ea. | 520 | 129 | | 649 | 765 | 130 |
| | 4800 | 10 HP, size 1 | | 1.20 | 6.667 | | 540 | 183 | | 723 | 870 | |
| | 4900 | 25 HP, size 2 | | .90 | 8.889 | | 820 | 244 | | 1,064 | 1,275 | |
| | 5000 | 50 HP, size 3 | | .60 | 13.333 | | 1,325 | 365 | | 1,690 | 2,000 | |
| | 5100 | 100 HP, size 4 | ▼ | .37 | 21.622 | ▼ | 2,700 | 595 | | 3,295 | 3,875 | |
| | 5200 | Factory installed controls, adders to size 0 thru 5 | | | | | | | | | | |
| | 5300 | Start-stop push button | 1 Elec | 32 | .250 | Ea. | 37 | 6.90 | | 43.90 | 51 | |
| | 5400 | Hand-off-auto-selector switch | | 32 | .250 | | 37 | 6.90 | | 43.90 | 51 | |
| | 5500 | Pilot light | | 32 | .250 | | 67 | 6.90 | | 73.90 | 84 | |
| | 5600 | Start-stop-pilot | | 32 | .250 | | 99 | 6.90 | | 105.90 | 119 | |
| | 5700 | Auxiliary contact, NO or NC | | 32 | .250 | | 47 | 6.90 | | 53.90 | 62 | |
| | 5800 | NO-NC | | 32 | .250 | | 85 | 6.90 | | 91.90 | 104 | |
| | 5810 | Magnetic FVR, NEMA 7, w/heaters, size 1 | | .66 | 12.121 | | 1,125 | 335 | | 1,460 | 1,750 | |
| | 5830 | Size 2 | | .55 | 14.545 | | 1,900 | 400 | | 2,300 | 2,700 | |
| | 5840 | Size 3 | | .35 | 22.857 | | 3,075 | 630 | | 3,705 | 4,325 | |
| | 5850 | Size 4 | | .30 | 26.667 | | 5,150 | 735 | | 5,885 | 6,775 | |
| | 5860 | Combination w/circuit breakers, heaters, control XFMR PB, size 1 | | .60 | 13.333 | | 1,675 | 365 | | 2,040 | 2,400 | |
| | 5870 | Size 2 | | .40 | 20 | | 2,475 | 550 | | 3,025 | 3,550 | |
| | 5880 | Size 3 | | .25 | 32 | | 3,950 | 880 | | 4,830 | 5,675 | |
| | 5890 | Size 4 | | .20 | 40 | | 7,250 | 1,100 | | 8,350 | 9,625 | |
| | 5900 | Manual, 240 volt, .75 HP motor | | 4 | 2 | | 94 | 55 | | 149 | 186 | |
| | 5910 | 2 HP motor | | 4 | 2 | | 94 | 55 | | 149 | 186 | |
| | 6000 | Magnetic, 240 volt, 1 or 2 pole, .75 HP motor | | 4 | 2 | | 125 | 55 | | 180 | 221 | |
| | 6020 | 2 HP motor | | 4 | 2 | | 139 | 55 | | 194 | 236 | |
| | 6040 | 5 HP motor | | 3 | 2.667 | | 207 | 73.50 | | 280.50 | 340 | |
| | 6060 | 10 HP motor | | 2.30 | 3.478 | | 435 | 95.50 | | 530.50 | 625 | |
| | 6100 | 3 pole, .75 HP motor | | 3 | 2.667 | | 125 | 73.50 | | 198.50 | 248 | |
| | 6120 | 5 HP motor | | 2.30 | 3.478 | | 160 | 95.50 | | 255.50 | 320 | |
| | 6140 | 10 HP motor | | 1.60 | 5 | | 345 | 138 | | 483 | 585 | |
| | 6160 | 15 HP motor | | 1.60 | 5 | | 345 | 138 | | 483 | 585 | |
| | 6180 | 20 HP motor | | 1.10 | 7.273 | | 575 | 200 | | 775 | 935 | |
| | 6200 | 25 HP motor | | 1.10 | 7.273 | | 575 | 200 | | 775 | 935 | |
| | 6210 | 30 HP motor | | .90 | 8.889 | | 575 | 244 | | 819 | 1,000 | |
| | 6220 | 40 HP motor | | .90 | 8.889 | | 1,300 | 244 | | 1,544 | 1,800 | |
| | 6230 | 50 HP motor | | .90 | 8.889 | | 1,300 | 244 | | 1,544 | 1,800 | |
| | 6240 | 60 HP motor | | .60 | 13.333 | | 2,975 | 365 | | 3,340 | 3,825 | |
| | 6250 | 75 HP motor | | .60 | 13.333 | | 2,975 | 365 | | 3,340 | 3,825 | |
| | 6260 | 100 HP motor | | .60 | 13.333 | | 2,975 | 365 | | 3,340 | 3,825 | |
| | 6270 | 125 HP motor | | .45 | 17.778 | | 8,475 | 490 | | 8,965 | 10,100 | |
| | 6280 | 150 HP motor | | .45 | 17.778 | | 8,475 | 490 | | 8,965 | 10,100 | |
| | 6290 | 200 HP motor | | .45 | 17.778 | | 8,475 | 490 | | 8,965 | 10,100 | |
| | 6400 | Starter & nonfused disconnect, 240 volt, 1-2 pole, .75 HP motor | | 2 | 4 | | 164 | 110 | | 274 | 345 | |
| | 6410 | 2 HP motor | | 2 | 4 | | 175 | 110 | | 285 | 360 | |
| | 6420 | 5 HP motor | | 1.80 | 4.444 | | 249 | 122 | | 371 | 460 | |
| | 6430 | 10 HP motor | | 1.40 | 5.714 | | 480 | 157 | | 637 | 765 | |
| | 6440 | 3 pole, .75 HP motor | | 1.60 | 5 | | 195 | 138 | | 333 | 420 | |
| | 6450 | 5 HP motor | | 1.40 | 5.714 | | 228 | 157 | | 385 | 485 | |
| | 6460 | 10 HP motor | | 1.10 | 7.273 | | 415 | 200 | | 615 | 755 | |
| | 6470 | 15 HP motor | | 1 | 8 | | 465 | 220 | | 685 | 840 | |
| | 6480 | 20 HP motor | | .75 | 10.667 | | 765 | 293 | | 1,058 | 1,275 | |
| | 6490 | 25 HP motor | | .75 | 10.667 | | 765 | 293 | | 1,058 | 1,275 | |
| | 6500 | 30 HP motor | | .65 | 12.308 | | 765 | 340 | | 1,105 | 1,350 | |
| | 6510 | 40 HP motor | | .62 | 12.903 | | 1,475 | 355 | | 1,830 | 2,150 | |
| | 6520 | 50 HP motor | | .56 | 14.286 | | 1,475 | 395 | | 1,870 | 2,225 | |
| | 6530 | 60 HP motor | | .45 | 17.778 | | 3,250 | 490 | | 3,740 | 4,300 | |
| | 6540 | 75 HP motor | ▼ | .38 | 21.053 | ▼ | 3,250 | 580 | | 3,830 | 4,450 | |

# 163 | Motors, Starters, Boards and Switches

| 163 100 | Starters & Controls | CREW | DAILY OUTPUT | MAN-HOURS | UNIT | 1994 BARE COSTS | | | | TOTAL INCL O&P |
|---|---|---|---|---|---|---|---|---|---|---|
| | | | | | | MAT. | LABOR | EQUIP. | TOTAL | |
| 6550 | 100 HP motor | 1 Elec | .35 | 22.857 | Ea. | 3,250 | 630 | | 3,880 | 4,525 |
| 6560 | 125 HP motor | | .30 | 26.667 | | 9,225 | 735 | | 9,960 | 11,200 |
| 6570 | 150 HP motor | | .26 | 30.769 | | 9,675 | 845 | | 10,520 | 11,900 |
| 6580 | 200 HP motor | | .25 | 32 | | 9,675 | 880 | | 10,555 | 11,900 |
| 6600 | Starter & fused disconnect, 240 volt, 1-2 pole, .75 HP motor | | 2 | 4 | | 187 | 110 | | 297 | 370 |
| 6610 | 2 HP motor | | 2 | 4 | | 197 | 110 | | 307 | 380 |
| 6620 | 5 HP motor | | 1.80 | 4.444 | | 271 | 122 | | 393 | 480 |
| 6630 | 10 HP motor | | 1.40 | 5.714 | | 550 | 157 | | 707 | 840 |
| 6640 | 3 pole, .75 HP motor | | 1.60 | 5 | | 206 | 138 | | 344 | 435 |
| 6650 | 5 HP motor | | 1.40 | 5.714 | | 237 | 157 | | 394 | 495 |
| 6660 | 10 HP motor | | 1.10 | 7.273 | | 480 | 200 | | 680 | 830 |
| 6690 | 15 HP motor | | 1 | 8 | | 780 | 220 | | 1,000 | 1,200 |
| 6700 | 20 HP motor | | .80 | 10 | | 780 | 275 | | 1,055 | 1,275 |
| 6710 | 25 HP motor | | .80 | 10 | | 780 | 275 | | 1,055 | 1,275 |
| 6720 | 30 HP motor | | .70 | 11.429 | | 780 | 315 | | 1,095 | 1,325 |
| 6730 | 40 HP motor | | .60 | 13.333 | | 1,650 | 365 | | 2,015 | 2,375 |
| 6740 | 50 HP motor | | .60 | 13.333 | | 1,650 | 365 | | 2,015 | 2,375 |
| 6750 | 60 HP motor | | .45 | 17.778 | | 3,325 | 490 | | 3,815 | 4,375 |
| 6760 | 75 HP motor | | .45 | 17.778 | | 3,775 | 490 | | 4,265 | 4,875 |
| 6770 | 100 HP motor | | .35 | 22.857 | | 3,775 | 630 | | 4,405 | 5,100 |
| 6780 | 125 HP motor | | .27 | 29.630 | | 9,275 | 815 | | 10,090 | 11,400 |
| 6790 | Combination starter & nonfusible disconnect | | | | | | | | | |
| 6800 | 240 volt, 1-2 pole, .75 HP motor | 1 Elec | 2 | 4 | Ea. | 380 | 110 | | 490 | 585 |
| 6810 | 2 HP motor | | 2 | 4 | | 380 | 110 | | 490 | 585 |
| 6820 | 5 HP motor | | 1.50 | 5.333 | | 400 | 147 | | 547 | 660 |
| 6830 | 10 HP motor | | 1.20 | 6.667 | | 640 | 183 | | 823 | 980 |
| 6840 | 3 pole, .75 HP motor | | 1.80 | 4.444 | | 390 | 122 | | 512 | 615 |
| 6850 | 5 HP motor | | 1.30 | 6.154 | | 410 | 169 | | 579 | 705 |
| 6860 | 10 HP motor | | 1 | 8 | | 650 | 220 | | 870 | 1,050 |
| 6870 | 15 HP motor | | 1 | 8 | | 650 | 220 | | 870 | 1,050 |
| 6880 | 20 HP motor | | .66 | 12.121 | | 1,075 | 335 | | 1,410 | 1,675 |
| 6890 | 25 HP motor | | .66 | 12.121 | | 1,075 | 335 | | 1,410 | 1,675 |
| 6900 | 30 HP motor | | .66 | 12.121 | | 1,075 | 335 | | 1,410 | 1,675 |
| 6910 | 40 HP motor | | .40 | 20 | | 2,075 | 550 | | 2,625 | 3,100 |
| 6920 | 50 HP motor | | .40 | 20 | | 2,075 | 550 | | 2,625 | 3,100 |
| 6930 | 60 HP motor | | .35 | 22.857 | | 4,650 | 630 | | 5,280 | 6,075 |
| 6940 | 75 HP motor | | .35 | 22.857 | | 4,650 | 630 | | 5,280 | 6,075 |
| 6950 | 100 HP motor | | .35 | 22.857 | | 4,650 | 630 | | 5,280 | 6,075 |
| 6960 | 125 HP motor | | .30 | 26.667 | | 12,100 | 735 | | 12,835 | 14,400 |
| 6970 | 150 HP motor | | .30 | 26.667 | | 12,100 | 735 | | 12,835 | 14,400 |
| 6980 | 200 HP motor | | .30 | 26.667 | | 12,100 | 735 | | 12,835 | 14,400 |
| 6990 | Combination starter and fused disconnect | | | | | | | | | |
| 7000 | 240 volt, 1-2 pole, .75 HP motor | 1 Elec | 2 | 4 | Ea. | 400 | 110 | | 510 | 605 |
| 7010 | 2 HP motor | | 2 | 4 | | 400 | 110 | | 510 | 605 |
| 7020 | 5 HP motor | | 1.50 | 5.333 | | 420 | 147 | | 567 | 680 |
| 7030 | 10 HP motor | | 1.20 | 6.667 | | 665 | 183 | | 848 | 1,000 |
| 7040 | 3 pole, .75 HP motor | | 1.80 | 4.444 | | 405 | 122 | | 527 | 630 |
| 7050 | 5 HP motor | | 1.30 | 6.154 | | 425 | 169 | | 594 | 725 |
| 7060 | 10 HP motor | | 1 | 8 | | 670 | 220 | | 890 | 1,075 |
| 7070 | 15 HP motor | | 1 | 8 | | 670 | 220 | | 890 | 1,075 |
| 7080 | 20 HP motor | | .66 | 12.121 | | 1,125 | 335 | | 1,460 | 1,750 |
| 7090 | 25 HP motor | | .66 | 12.121 | | 1,125 | 335 | | 1,460 | 1,750 |
| 7100 | 30 HP motor | | .66 | 12.121 | | 1,225 | 335 | | 1,560 | 1,850 |
| 7110 | 40 HP motor | | .40 | 20 | | 2,150 | 550 | | 2,700 | 3,200 |
| 7120 | 50 HP motor | | .40 | 20 | | 2,150 | 550 | | 2,700 | 3,200 |
| 7130 | 60 HP motor | | .40 | 20 | | 4,825 | 550 | | 5,375 | 6,125 |

## 163 | Motors, Starters, Boards and Switches

| 163 100 | Starters & Controls | CREW | DAILY OUTPUT | MAN-HOURS | UNIT | MAT. | LABOR | EQUIP. | TOTAL | TOTAL INCL O&P | |
|---|---|---|---|---|---|---|---|---|---|---|---|
| 7140 | 75 HP motor | 1 Elec | .35 | 22.857 | Ea. | 4,825 | 630 | | 5,455 | 6,250 | 130 |
| 7150 | 100 HP motor | | .35 | 22.857 | | 4,825 | 630 | | 5,455 | 6,250 | |
| 7160 | 125 HP motor | | .35 | 22.857 | | 12,700 | 630 | | 13,330 | 14,900 | |
| 7170 | 150 HP motor | | .30 | 26.667 | | 12,700 | 735 | | 13,435 | 15,100 | |
| 7180 | 200 HP motor | | .30 | 26.667 | | 12,700 | 735 | | 13,435 | 15,100 | |
| 7190 | Combination starter & circuit breaker disconnect | | | | | | | | | | |
| 7200 | 240 volt, 1-2 pole, .75 HP motor | 1 Elec | 2 | 4 | Ea. | 420 | 110 | | 530 | 625 | |
| 7210 | 2 HP motor | | 2 | 4 | | 420 | 110 | | 530 | 625 | |
| 7220 | 5 HP motor | | 1.50 | 5.333 | | 440 | 147 | | 587 | 705 | |
| 7230 | 10 HP motor | | 1.20 | 6.667 | | 670 | 183 | | 853 | 1,000 | |
| 7240 | 3 pole, .75 HP motor | | 1.80 | 4.444 | | 420 | 122 | | 542 | 645 | |
| 7250 | 5 HP motor | | 1.30 | 6.154 | | 440 | 169 | | 609 | 740 | |
| 7260 | 10 HP motor | | 1 | 8 | | 675 | 220 | | 895 | 1,075 | |
| 7270 | 15 HP motor | | 1 | 8 | | 675 | 220 | | 895 | 1,075 | |
| 7280 | 20 HP motor | | .66 | 12.121 | | 1,150 | 335 | | 1,485 | 1,775 | |
| 7290 | 25 HP motor | | .66 | 12.121 | | 1,150 | 335 | | 1,485 | 1,775 | |
| 7300 | 30 HP motor | | .66 | 12.121 | | 1,150 | 335 | | 1,485 | 1,775 | |
| 7310 | 40 HP motor | | .40 | 20 | | 2,525 | 550 | | 3,075 | 3,600 | |
| 7320 | 50 HP motor | | .40 | 20 | | 2,525 | 550 | | 3,075 | 3,600 | |
| 7330 | 60 HP motor | | .40 | 20 | | 5,875 | 550 | | 6,425 | 7,300 | |
| 7340 | 75 HP motor | | .35 | 22.857 | | 5,875 | 630 | | 6,505 | 7,425 | |
| 7350 | 100 HP motor | | .35 | 22.857 | | 5,875 | 630 | | 6,505 | 7,425 | |
| 7360 | 125 HP motor | | .35 | 22.857 | | 12,700 | 630 | | 13,330 | 14,900 | |
| 7370 | 150 HP motor | | .30 | 26.667 | | 12,700 | 735 | | 13,435 | 15,100 | |
| 7380 | 200 HP motor | | .30 | 26.667 | | 12,700 | 735 | | 13,435 | 15,100 | |
| 7400 | Magnetic FVNR with enclosure & heaters, 2 pole, | | | | | | | | | | |
| 7410 | 230 volt, 1 HP size 00 | 1 Elec | 4 | 2 | Ea. | 125 | 55 | | 180 | 221 | |
| 7420 | 2 HP, size 0 | | 4 | 2 | | 139 | 55 | | 194 | 236 | |
| 7430 | 3 HP, size 1 | | 3 | 2.667 | | 160 | 73.50 | | 233.50 | 286 | |
| 7440 | 5 HP, size 1p | | 3 | 2.667 | | 207 | 73.50 | | 280.50 | 340 | |
| 7450 | 115 volt, 1/3 HP, size 00 | | 4 | 2 | | 118 | 55 | | 173 | 213 | |
| 7460 | 1 HP, size 0 | | 4 | 2 | | 133 | 55 | | 188 | 229 | |
| 7470 | 2 HP, size 1 | | 3 | 2.667 | | 154 | 73.50 | | 227.50 | 279 | |
| 7480 | 3 HP, size 1P | | 3 | 2.667 | | 199 | 73.50 | | 272.50 | 330 | |
| 7500 | 3 pole, 480 volt, 600 HP, size 7 | | .35 | 22.857 | | 10,200 | 630 | | 10,830 | 12,100 | |
| 7590 | Magnetic FVNR with heater, NEMA 1 | | | | | | | | | | |
| 7600 | 600 volt, 3 pole, 5 HP motor | 1 Elec | 2.30 | 3.478 | Ea. | 155 | 95.50 | | 250.50 | 315 | |
| 7610 | 10 HP motor | | 1.60 | 5 | | 176 | 138 | | 314 | 400 | |
| 7620 | 25 HP motor | | 1.10 | 7.273 | | 345 | 200 | | 545 | 680 | |
| 7630 | 30 HP motor | | .90 | 8.889 | | 575 | 244 | | 819 | 1,000 | |
| 7640 | 40 HP motor | | .90 | 8.889 | | 575 | 244 | | 819 | 1,000 | |
| 7650 | 50 HP motor | | .90 | 8.889 | | 575 | 244 | | 819 | 1,000 | |
| 7660 | 60 HP motor | | .60 | 13.333 | | 1,300 | 365 | | 1,665 | 1,975 | |
| 7670 | 75 HP motor | | .60 | 13.333 | | 1,300 | 365 | | 1,665 | 1,975 | |
| 7680 | 100 HP motor | | .60 | 13.333 | | 1,300 | 365 | | 1,665 | 1,975 | |
| 7690 | 125 HP motor | | .45 | 17.778 | | 3,050 | 490 | | 3,540 | 4,075 | |
| 7700 | 150 HP motor | | .45 | 17.778 | | 3,050 | 490 | | 3,540 | 4,075 | |
| 7710 | 200 HP motor | | .45 | 17.778 | | 3,050 | 490 | | 3,540 | 4,075 | |
| 7750 | Starter & nonfused disconnect, 600 volt, 3 pole, 5 HP motor | | 1.40 | 5.714 | | 222 | 157 | | 379 | 480 | |
| 7760 | 10 HP motor | | 1.10 | 7.273 | | 243 | 200 | | 443 | 565 | |
| 7770 | 25 HP motor | | .75 | 10.667 | | 410 | 293 | | 703 | 890 | |
| 7780 | 30 HP motor | | .65 | 12.308 | | 640 | 340 | | 980 | 1,225 | |
| 7790 | 40 HP motor | | .65 | 12.308 | | 695 | 340 | | 1,035 | 1,275 | |
| 7800 | 50 HP motor | | .65 | 12.308 | | 695 | 340 | | 1,035 | 1,275 | |
| 7810 | 60 HP motor | | .46 | 17.391 | | 1,400 | 480 | | 1,880 | 2,275 | |
| 7820 | 75 HP motor | | .46 | 17.391 | | 1,400 | 480 | | 1,880 | 2,275 | |

## 163 | Motors, Starters, Boards and Switches

| 163 100 | Starters & Controls | CREW | DAILY OUTPUT | MAN-HOURS | UNIT | MAT. | LABOR | EQUIP. | TOTAL | TOTAL INCL O&P | |
|---|---|---|---|---|---|---|---|---|---|---|---|
| 7830 | 100 HP motor | 1 Elec | .42 | 19.048 | Ea. | 1,600 | 525 | | 2,125 | 2,550 | 130 |
| 7840 | 125 HP motor | | .35 | 22.857 | | 3,350 | 630 | | 3,980 | 4,625 | |
| 7850 | 150 HP motor | | .35 | 22.857 | | 3,350 | 630 | | 3,980 | 4,625 | |
| 7860 | 200 HP motor | | .30 | 26.667 | | 3,750 | 735 | | 4,485 | 5,225 | |
| 7870 | Starter & fused disconnect, 600 volt, 3 pole, 5 HP motor | | 1.40 | 5.714 | | 288 | 157 | | 445 | 550 | |
| 7880 | 10 HP motor | | 1.10 | 7.273 | | 310 | 200 | | 510 | 640 | |
| 7890 | 25 HP motor | | .75 | 10.667 | | 480 | 293 | | 773 | 970 | |
| 7900 | 30 Hp motor | | .65 | 12.308 | | 710 | 340 | | 1,050 | 1,300 | |
| 7910 | 40 HP motor | | .65 | 12.308 | | 735 | 340 | | 1,075 | 1,325 | |
| 7920 | 50 HP motor | | .65 | 12.308 | | 735 | 340 | | 1,075 | 1,325 | |
| 7930 | 60 HP motor | | .46 | 17.391 | | 1,450 | 480 | | 1,930 | 2,325 | |
| 7940 | 75 HP motor | | .46 | 17.391 | | 1,600 | 480 | | 2,080 | 2,475 | |
| 7950 | 100 HP motor | | .42 | 19.048 | | 1,725 | 525 | | 2,250 | 2,700 | |
| 7960 | 125 HP motor | | .35 | 22.857 | | 3,475 | 630 | | 4,105 | 4,775 | |
| 7970 | 150 HP motor | | .35 | 22.857 | | 3,500 | 630 | | 4,130 | 4,800 | |
| 7980 | 200 HP motor | | .30 | 26.667 | | 4,200 | 735 | | 4,935 | 5,725 | |
| 7990 | Combination starter and nonfusible disconnect | | | | | | | | | | |
| 8000 | 600 volt, 3 pole, 5 HP motor | 1 Elec | 1.80 | 4.444 | Ea. | 390 | 122 | | 512 | 615 | |
| 8010 | 10 HP motor | | 1.30 | 6.154 | | 410 | 169 | | 579 | 705 | |
| 8020 | 25 HP motor | | 1 | 8 | | 650 | 220 | | 870 | 1,050 | |
| 8030 | 30 HP motor | | .66 | 12.121 | | 1,075 | 335 | | 1,410 | 1,675 | |
| 8040 | 40 HP motor | | .66 | 12.121 | | 1,075 | 335 | | 1,410 | 1,675 | |
| 8050 | 50 HP motor | | .66 | 12.121 | | 1,075 | 335 | | 1,410 | 1,675 | |
| 8060 | 60 HP motor | | .40 | 20 | | 2,075 | 550 | | 2,625 | 3,100 | |
| 8070 | 75 HP motor | | .40 | 20 | | 2,075 | 550 | | 2,625 | 3,100 | |
| 8080 | 100 HP motor | | .40 | 20 | | 2,075 | 550 | | 2,625 | 3,100 | |
| 8090 | 125 HP motor | | .35 | 22.857 | | 4,650 | 630 | | 5,280 | 6,075 | |
| 8100 | 150 HP motor | | .35 | 22.857 | | 4,650 | 630 | | 5,280 | 6,075 | |
| 8110 | 200 HP motor | | .35 | 22.857 | | 4,650 | 630 | | 5,280 | 6,075 | |
| 8140 | Combination starter and fused disconnect | | | | | | | | | | |
| 8150 | 600 volt, 3 pole, 5 HP motor | 1 Elec | 1.80 | 4.444 | Ea. | 415 | 122 | | 537 | 640 | |
| 8160 | 10 HP motor | | 1.30 | 6.154 | | 440 | 169 | | 609 | 740 | |
| 8170 | 25 HP motor | | 1 | 8 | | 675 | 220 | | 895 | 1,075 | |
| 8180 | 30 HP motor | | .66 | 12.121 | | 1,150 | 335 | | 1,485 | 1,775 | |
| 8190 | 40 HP motor | | .66 | 12.121 | | 1,150 | 335 | | 1,485 | 1,775 | |
| 8200 | 50 HP motor | | .66 | 12.121 | | 1,150 | 335 | | 1,485 | 1,775 | |
| 8210 | 60 HP motor | | .40 | 20 | | 2,175 | 550 | | 2,725 | 3,225 | |
| 8220 | 75 HP motor | | .40 | 20 | | 2,175 | 550 | | 2,725 | 3,225 | |
| 8230 | 100 HP motor | | .40 | 20 | | 2,175 | 550 | | 2,725 | 3,225 | |
| 8240 | 125 HP motor | | .35 | 22.857 | | 4,825 | 630 | | 5,455 | 6,250 | |
| 8250 | 150 HP motor | | .35 | 22.857 | | 4,825 | 630 | | 5,455 | 6,250 | |
| 8260 | 200 HP motor | | .35 | 22.857 | | 4,825 | 630 | | 5,455 | 6,250 | |
| 8290 | Combination starter & circuit breaker disconnect | | | | | | | | | | |
| 8300 | 600 volt, 3 pole, 5 HP motor | 1 Elec | 1.80 | 4.444 | Ea. | 540 | 122 | | 662 | 780 | |
| 8310 | 10 HP motor | | 1.30 | 6.154 | | 560 | 169 | | 729 | 870 | |
| 8320 | 25 HP motor | | 1 | 8 | | 795 | 220 | | 1,015 | 1,200 | |
| 8330 | 30 HP motor | | .66 | 12.121 | | 1,150 | 335 | | 1,485 | 1,775 | |
| 8340 | 40 HP motor | | .66 | 12.121 | | 1,150 | 335 | | 1,485 | 1,775 | |
| 8350 | 50 HP motor | | .66 | 12.121 | | 1,150 | 335 | | 1,485 | 1,775 | |
| 8360 | 60 HP motor | | .40 | 20 | | 2,525 | 550 | | 3,075 | 3,600 | |
| 8370 | 75 HP motor | | .40 | 20 | | 2,525 | 550 | | 3,075 | 3,600 | |
| 8380 | 100 HP motor | | .40 | 20 | | 2,525 | 550 | | 3,075 | 3,600 | |
| 8390 | 125 HP motor | | .35 | 22.857 | | 5,875 | 630 | | 6,505 | 7,425 | |
| 8400 | 150 HP motor | | .35 | 22.857 | | 5,875 | 630 | | 6,505 | 7,425 | |
| 8410 | 200 HP motor | | .35 | 22.857 | | 5,875 | 630 | | 6,505 | 7,425 | |
| 8430 | Starter & circuit breaker disconnect | | | | | | | | | | |

# 163 | Motors, Starters, Boards and Switches

## 163 100 | Starters & Controls

| | | | CREW | DAILY OUTPUT | MAN-HOURS | UNIT | MAT. | LABOR | EQUIP. | TOTAL | TOTAL INCL O&P | |
|---|---|---|---|---|---|---|---|---|---|---|---|---|
| 130 | 8440 | 600 volt, 3 pole, 5 HP motor | 1 Elec | 1.40 | 5.714 | Ea. | 430 | 157 | | 587 | 710 | 130 |
| | 8450 | 10 HP motor | | 1.10 | 7.273 | | 455 | 200 | | 655 | 800 | |
| | 8460 | 25 HP motor | | .75 | 10.667 | | 620 | 293 | | 913 | 1,125 | |
| | 8470 | 30 HP motor | | .65 | 12.308 | | 850 | 340 | | 1,190 | 1,450 | |
| | 8480 | 40 HP motor | | .65 | 12.308 | | 900 | 340 | | 1,240 | 1,500 | |
| | 8490 | 50 HP motor | | .65 | 12.308 | | 900 | 340 | | 1,240 | 1,500 | |
| | 8500 | 60 HP motor | | .46 | 17.391 | | 2,000 | 480 | | 2,480 | 2,925 | |
| | 8510 | 75 HP motor | | .46 | 17.391 | | 2,000 | 480 | | 2,480 | 2,925 | |
| | 8520 | 100 HP motor | | .42 | 19.048 | | 2,000 | 525 | | 2,525 | 3,000 | |
| | 8530 | 125 HP motor | | .35 | 22.857 | | 3,775 | 630 | | 4,405 | 5,100 | |
| | 8540 | 150 HP motor | | .35 | 22.857 | | 3,775 | 630 | | 4,405 | 5,100 | |
| | 8550 | 200 HP motor | | .30 | 26.667 | | 4,325 | 735 | | 5,060 | 5,850 | |
| | 8900 | 240 volt, 1-2 pole, .75 HP motor | | 2 | 4 | | 200 | 110 | | 310 | 385 | |
| | 8910 | 2 HP motor | | 2 | 4 | | 215 | 110 | | 325 | 400 | |
| | 8920 | 5 HP motor | | 1.80 | 4.444 | | 277 | 122 | | 399 | 490 | |
| | 8930 | 10 HP motor | | 1.40 | 5.714 | | 480 | 157 | | 637 | 765 | |
| | 8950 | 3 pole, .75 HP motor | | 1.60 | 5 | | 241 | 138 | | 379 | 470 | |
| | 8970 | 5 HP motor | | 1.40 | 5.714 | | 272 | 157 | | 429 | 535 | |
| | 8980 | 10 HP motor | | 1.10 | 7.273 | | 460 | 200 | | 660 | 805 | |
| | 8990 | 15 HP motor | | 1 | 8 | | 490 | 220 | | 710 | 870 | |
| | 9100 | 20 HP motor | | .75 | 10.667 | | 720 | 293 | | 1,013 | 1,225 | |
| | 9110 | 25 HP motor | | .75 | 10.667 | | 720 | 293 | | 1,013 | 1,225 | |
| | 9120 | 30 HP motor | | .65 | 12.308 | | 720 | 340 | | 1,060 | 1,300 | |
| | 9130 | 40 HP motor | | .62 | 12.903 | | 2,000 | 355 | | 2,355 | 2,725 | |
| | 9140 | 50 HP motor | | .56 | 14.286 | | 2,000 | 395 | | 2,395 | 2,800 | |
| | 9150 | 60 HP motor | | .45 | 17.778 | | 3,675 | 490 | | 4,165 | 4,775 | |
| | 9160 | 75 HP motor | | .38 | 21.053 | | 4,225 | 580 | | 4,805 | 5,525 | |
| | 9170 | 100 HP motor | | .35 | 22.857 | | 4,225 | 630 | | 4,855 | 5,600 | |
| | 9180 | 125 HP motor | | .30 | 26.667 | | 10,600 | 735 | | 11,335 | 12,800 | |
| | 9190 | 150 HP motor | | .26 | 30.769 | | 10,600 | 845 | | 11,445 | 13,000 | |
| | 9200 | 200 HP motor | | .25 | 32 | | 10,600 | 880 | | 11,480 | 13,000 | |

## 163 200 | Boards

| | | | CREW | DAILY OUTPUT | MAN-HOURS | UNIT | MAT. | LABOR | EQUIP. | TOTAL | TOTAL INCL O&P | |
|---|---|---|---|---|---|---|---|---|---|---|---|---|
| 205 | 0010 | CIRCUIT BREAKERS (in enclosure) | | | | | | | | | | 205 |
| | 0100 | Enclosed (NEMA 1), 600 volt, 3 pole, 30 amp | 1 Elec | 3.20 | 2.500 | Ea. | 239 | 69 | | 308 | 365 | |
| | 0200 | 60 amp | | 2.80 | 2.857 | | 239 | 78.50 | | 317.50 | 380 | |
| | 0400 | 100 amp | | 2.30 | 3.478 | | 284 | 95.50 | | 379.50 | 455 | |
| | 0600 | 225 amp | | 1.50 | 5.333 | | 605 | 147 | | 752 | 885 | |
| | 0700 | 400 amp | | .80 | 10 | | 1,125 | 275 | | 1,400 | 1,675 | |
| | 0800 | 600 amp | | .60 | 13.333 | | 1,725 | 365 | | 2,090 | 2,450 | |
| | 1000 | 800 amp | | .47 | 17.021 | | 2,100 | 470 | | 2,570 | 3,000 | |
| | 1200 | 1000 amp | | .42 | 19.048 | | 2,675 | 525 | | 3,200 | 3,750 | |
| | 1220 | 1200 amp | | .40 | 20 | | 4,000 | 550 | | 4,550 | 5,225 | |
| | 1240 | 1600 amp | | .36 | 22.222 | | 7,350 | 610 | | 7,960 | 9,000 | |
| | 1260 | 2000 amp | | .32 | 25 | | 7,425 | 690 | | 8,115 | 9,200 | |
| | 1400 | 1200 amp with ground fault | | .40 | 20 | | 7,600 | 550 | | 8,150 | 9,175 | |
| | 1600 | 1600 amp with ground fault | | .36 | 22.222 | | 7,950 | 610 | | 8,560 | 9,675 | |
| | 1800 | 2000 amp with ground fault | | .32 | 25 | | 8,275 | 690 | | 8,965 | 10,100 | |
| | 2000 | Disconnect, 240 volt 3 pole, 5 HP motor | | 3.20 | 2.500 | | 161 | 69 | | 230 | 280 | |
| | 2020 | 10 HP motor | | 3.20 | 2.500 | | 161 | 69 | | 230 | 280 | |
| | 2040 | 15 HP motor | | 2.80 | 2.857 | | 161 | 78.50 | | 239.50 | 295 | |
| | 2060 | 20 HP motor | | 2.30 | 3.478 | | 211 | 95.50 | | 306.50 | 375 | |
| | 2080 | 25 HP motor | | 2.30 | 3.478 | | 211 | 95.50 | | 306.50 | 375 | |
| | 2100 | 30 HP motor | | 2.30 | 3.478 | | 211 | 95.50 | | 306.50 | 375 | |
| | 2120 | 40 HP motor | | 2 | 4 | | 660 | 110 | | 770 | 890 | |

# 163 | Motors, Starters, Boards and Switches

| 163 200 | Boards | CREW | DAILY OUTPUT | MAN-HOURS | UNIT | MAT. | LABOR | EQUIP. | TOTAL | TOTAL INCL O&P | |
|---|---|---|---|---|---|---|---|---|---|---|---|
| 2140 | 50 HP motor | 1 Elec | 1.50 | 5.333 | Ea. | 660 | 147 | | 807 | 945 | 205 |
| 2160 | 60 HP motor | | 1.50 | 5.333 | | 660 | 147 | | 807 | 945 | |
| 2180 | 75 HP motor | | 1 | 8 | | 1,100 | 220 | | 1,320 | 1,525 | |
| 2200 | 100 HP motor | | .80 | 10 | | 1,100 | 275 | | 1,375 | 1,625 | |
| 2220 | 125 HP motor | | .80 | 10 | | 1,100 | 275 | | 1,375 | 1,625 | |
| 2240 | 150 HP motor | | .60 | 13.333 | | 1,900 | 365 | | 2,265 | 2,650 | |
| 2260 | 200 HP motor | | .60 | 13.333 | | 1,900 | 365 | | 2,265 | 2,650 | |
| 2300 | Enclosed (NEMA 7), explosion proof, 600 volt 3 pole, 50 amp | | 2.30 | 3.478 | | 515 | 95.50 | | 610.50 | 710 | |
| 2350 | 100 amp | | 1.50 | 5.333 | | 645 | 147 | | 792 | 930 | |
| 2400 | 150 amp | | 1 | 8 | | 1,375 | 220 | | 1,595 | 1,850 | |
| 2450 | 250 amp | | .80 | 10 | | 2,725 | 275 | | 3,000 | 3,425 | |
| 2500 | 400 amp | | .60 | 13.333 | | 2,725 | 365 | | 3,090 | 3,550 | |
| 0010 | **FUSES** | | | | | | | | | | 220 |
| 0020 | Cartridge, nonrenewable | | | | | | | | | | |
| 0050 | 250 volt, 30 amp | 1 Elec | 50 | .160 | Ea. | .76 | 4.40 | | 5.16 | 7.45 | |
| 0100 | 60 amp | | 50 | .160 | | 1.13 | 4.40 | | 5.53 | 7.85 | |
| 0150 | 100 amp | | 40 | .200 | | 4.95 | 5.50 | | 10.45 | 13.70 | |
| 0200 | 200 amp | | 36 | .222 | | 12.05 | 6.10 | | 18.15 | 22.50 | |
| 0250 | 400 amp | | 30 | .267 | | 21.50 | 7.35 | | 28.85 | 34.50 | |
| 0300 | 600 amp | | 24 | .333 | | 32.50 | 9.15 | | 41.65 | 50 | |
| 0400 | 600 volt, 30 amp | | 40 | .200 | | 3.33 | 5.50 | | 8.83 | 11.90 | |
| 0450 | 60 amp | | 40 | .200 | | 4.96 | 5.50 | | 10.46 | 13.70 | |
| 0500 | 100 amp | | 36 | .222 | | 10.40 | 6.10 | | 16.50 | 20.50 | |
| 0550 | 200 amp | | 30 | .267 | | 21 | 7.35 | | 28.35 | 34 | |
| 0600 | 400 amp | | 24 | .333 | | 41.50 | 9.15 | | 50.65 | 59.50 | |
| 0650 | 600 amp | | 20 | .400 | | 59.50 | 11 | | 70.50 | 82 | |
| 0800 | Dual element, time delay, 250 volt, 30 amp | | 50 | .160 | | 2.34 | 4.40 | | 6.74 | 9.15 | |
| 0850 | 60 amp | | 50 | .160 | | 4.32 | 4.40 | | 8.72 | 11.35 | |
| 0900 | 100 amp | | 40 | .200 | | 9.70 | 5.50 | | 15.20 | 18.90 | |
| 0950 | 200 amp | | 36 | .222 | | 21.50 | 6.10 | | 27.60 | 32.50 | |
| 1000 | 400 amp | | 30 | .267 | | 38.50 | 7.35 | | 45.85 | 53.50 | |
| 1050 | 600 amp | | 24 | .333 | | 58.50 | 9.15 | | 67.65 | 78.50 | |
| 1300 | 600 volt, 15 to 30 amp | | 40 | .200 | | 5.25 | 5.50 | | 10.75 | 14.05 | |
| 1350 | 35 to 60 amp | | 40 | .200 | | 9 | 5.50 | | 14.50 | 18.15 | |
| 1400 | 70 to 100 amp | | 36 | .222 | | 18.60 | 6.10 | | 24.70 | 29.50 | |
| 1450 | 110 to 200 amp | | 30 | .267 | | 37 | 7.35 | | 44.35 | 51.50 | |
| 1500 | 225 to 400 amp | | 24 | .333 | | 74 | 9.15 | | 83.15 | 95.50 | |
| 1550 | 600 amp | | 20 | .400 | | 107 | 11 | | 118 | 135 | |
| 1800 | Class K5, high capacity, 250 volt, 30 amp | | 50 | .160 | | 5.60 | 4.40 | | 10 | 12.75 | |
| 1850 | 60 amp | | 50 | .160 | | 13.15 | 4.40 | | 17.55 | 21 | |
| 1900 | 100 amp | | 40 | .200 | | 28 | 5.50 | | 33.50 | 39.50 | |
| 1950 | 200 amp | | 36 | .222 | | 56 | 6.10 | | 62.10 | 70.50 | |
| 2000 | 400 amp | | 30 | .267 | | 111 | 7.35 | | 118.35 | 133 | |
| 2050 | 600 amp | | 24 | .333 | | 145 | 9.15 | | 154.15 | 174 | |
| 2200 | 600 volt, 30 amp | | 40 | .200 | | 7.35 | 5.50 | | 12.85 | 16.35 | |
| 2250 | 60 amp | | 40 | .200 | | 15.95 | 5.50 | | 21.45 | 26 | |
| 2300 | 100 amp | | 36 | .222 | | 34 | 6.10 | | 40.10 | 46.50 | |
| 2350 | 200 amp | | 30 | .267 | | 63 | 7.35 | | 70.35 | 80.50 | |
| 2400 | 400 amp | | 24 | .333 | | 126 | 9.15 | | 135.15 | 153 | |
| 2450 | 600 amp | | 20 | .400 | | 171 | 11 | | 182 | 205 | |
| 2700 | Class J, CLF, 250 or 600 volt, 30 amp | | 40 | .200 | | 8.60 | 5.50 | | 14.10 | 17.70 | |
| 2750 | 60 amp | | 40 | .200 | | 15.60 | 5.50 | | 21.10 | 25.50 | |
| 2800 | 100 amp | | 36 | .222 | | 36 | 6.10 | | 42.10 | 48.50 | |
| 2850 | 200 amp | | 30 | .267 | | 72 | 7.35 | | 79.35 | 90 | |
| 2900 | 400 amp | | 24 | .333 | | 141 | 9.15 | | 150.15 | 169 | |
| 2950 | 600 amp | | 20 | .400 | | 182 | 11 | | 193 | 217 | |

# 163 | Motors, Starters, Boards and Switches

## 163 200 | Boards

| | | | DAILY OUTPUT | MAN-HOURS | UNIT | \\multicolumn{4}{c}{1994 BARE COSTS} | TOTAL INCL O&P | |
|---|---|---|---|---|---|---|---|---|---|---|---|
| | | CREW | | | | MAT. | LABOR | EQUIP. | TOTAL | | |
| 220 | 3100 | Class L, 250 or 600 volt, 601 to 1200 amp | 1 Elec | 16 | .500 | Ea. | 208 | 13.75 | | 221.75 | 250 | 220 |
| | 3150 | 1500-1600 amp | | 13 | .615 | | 270 | 16.90 | | 286.90 | 325 | |
| | 3200 | 1800-2000 amp | | 10 | .800 | | 355 | 22 | | 377 | 425 | |
| | 3250 | 2500 amp | | 10 | .800 | | 470 | 22 | | 492 | 550 | |
| | 3300 | 3000 amp | | 8 | 1 | | 545 | 27.50 | | 572.50 | 640 | |
| | 3350 | 3500-4000 amp | | 8 | 1 | | 740 | 27.50 | | 767.50 | 855 | |
| | 3400 | 4500-5000 amp | | 6.70 | 1.194 | | 900 | 33 | | 933 | 1,050 | |
| | 3450 | 6000 amp | | 5.70 | 1.404 | | 1,125 | 38.50 | | 1,163.50 | 1,300 | |
| | 3600 | Plug, 120 volt, 1 to 10 amp | | 50 | .160 | | .62 | 4.40 | | 5.02 | 7.30 | |
| | 3650 | 15 to 30 amp | | 50 | .160 | | .50 | 4.40 | | 4.90 | 7.15 | |
| | 3700 | Dual element 0.3 to 14 amp | | 50 | .160 | | 2.19 | 4.40 | | 6.59 | 9 | |
| | 3750 | 15 to 30 amp | | 50 | .160 | | 1.09 | 4.40 | | 5.49 | 7.80 | |
| | 3800 | Fustat, 120 volt, 15 to 30 amp | | 50 | .160 | | 1.12 | 4.40 | | 5.52 | 7.85 | |
| | 3850 | 0.3 to 14 amp | | 50 | .160 | | 2.19 | 4.40 | | 6.59 | 9 | |
| | 3900 | Adapters .3 to 10 amp | | 50 | .160 | | 1.43 | 4.40 | | 5.83 | 8.15 | |
| | 3950 | 15 to 30 amp | | 50 | .160 | | 1.14 | 4.40 | | 5.54 | 7.85 | |
| 225 | 0010 | **FUSE CABINETS** | | | | | | | | | | 225 |
| | 0050 | 120/240 volts, 3 wire, 30 amp branches, | | | | | | | | | | |
| | 0100 | plug fuse not included | | | | | | | | | | |
| | 0200 | 4 circuits | 1 Elec | 4 | 2 | Ea. | 36 | 55 | | 91 | 122 | |
| | 0300 | 6 circuits | | 3.20 | 2.500 | | 58 | 69 | | 127 | 167 | |
| | 0400 | 8 circuits | | 2.70 | 2.963 | | 70 | 81.50 | | 151.50 | 200 | |
| | 0500 | 12 circuits | | 2 | 4 | | 95 | 110 | | 205 | 270 | |
| 230 | 0010 | **LOAD CENTERS** (residential type) | R163 -230 | | | | | | | | | 230 |
| | 0100 | 3 wire, 120/240V, 1 phase, including 1 pole plug-in breakers | | | | | | | | | | |
| | 0200 | 100 amp main lugs, indoor, 8 circuits | 1 Elec | 1.40 | 5.714 | Ea. | 81 | 157 | | 238 | 325 | |
| | 0300 | 12 circuits | | 1.20 | 6.667 | | 119 | 183 | | 302 | 405 | |
| | 0400 | Rainproof, 8 circuits | | 1.40 | 5.714 | | 92 | 157 | | 249 | 335 | |
| | 0500 | 12 circuits | | 1.20 | 6.667 | | 122 | 183 | | 305 | 410 | |
| | 0600 | 200 amp main lugs, indoor, 16 circuits | | .90 | 8.889 | | 234 | 244 | | 478 | 625 | |
| | 0700 | 20 circuits | | .75 | 10.667 | | 263 | 293 | | 556 | 730 | |
| | 0800 | 24 circuits | | .65 | 12.308 | | 293 | 340 | | 633 | 830 | |
| | 0900 | 30 circuits | | .60 | 13.333 | | 340 | 365 | | 705 | 925 | |
| | 1000 | 42 circuits | | .40 | 20 | | 505 | 550 | | 1,055 | 1,375 | |
| | 1200 | Rainproof, 16 circuits | | .90 | 8.889 | | 273 | 244 | | 517 | 670 | |
| | 1300 | 20 circuits | | .75 | 10.667 | | 300 | 293 | | 593 | 770 | |
| | 1400 | 24 circuits | | .65 | 12.308 | | 330 | 340 | | 670 | 875 | |
| | 1500 | 30 circuits | | .60 | 13.333 | | 375 | 365 | | 740 | 965 | |
| | 1600 | 42 circuits | | .40 | 20 | | 620 | 550 | | 1,170 | 1,500 | |
| | 1800 | 400 amp main lugs, indoor, 42 circuits | | .36 | 22.222 | | 795 | 610 | | 1,405 | 1,800 | |
| | 1900 | Rainproof, 42 circuit | | .36 | 22.222 | | 915 | 610 | | 1,525 | 1,925 | |
| | 2200 | Plug in breakers, 20 amp, 1 pole, 4 wire, 120/208 volts | | | | | | | | | | |
| | 2210 | 125 amp main lugs, indoor, 12 circuits | 1 Elec | 1.20 | 6.667 | Ea. | 175 | 183 | | 358 | 470 | |
| | 2300 | 18 circuits | | .80 | 10 | | 257 | 275 | | 532 | 700 | |
| | 2400 | Rainproof, 12 circuits | | 1.20 | 6.667 | | 208 | 183 | | 391 | 505 | |
| | 2500 | 18 circuits | | .80 | 10 | | 287 | 275 | | 562 | 730 | |
| | 2600 | 200 amp main lugs, indoor, 24 circuits | | .65 | 12.308 | | 350 | 340 | | 690 | 895 | |
| | 2700 | 30 circuits | | .60 | 13.333 | | 390 | 365 | | 755 | 980 | |
| | 2800 | 36 circuits | | .50 | 16 | | 500 | 440 | | 940 | 1,200 | |
| | 2900 | 42 circuits | | .40 | 20 | | 545 | 550 | | 1,095 | 1,425 | |
| | 3000 | Rainproof, 24 circuits | | .65 | 12.308 | | 385 | 340 | | 725 | 935 | |
| | 3100 | 30 circuits | | .60 | 13.333 | | 430 | 365 | | 795 | 1,025 | |
| | 3200 | 36 circuits | | .50 | 16 | | 635 | 440 | | 1,075 | 1,350 | |
| | 3300 | 42 circuits | | .40 | 20 | | 680 | 550 | | 1,230 | 1,575 | |
| | 3500 | 400 amp main lugs, indoor, 42 circuits | | .36 | 22.222 | | 825 | 610 | | 1,435 | 1,825 | |

## 163 | Motors, Starters, Boards and Switches

### 163 200 | Boards

| | | CREW | DAILY OUTPUT | MAN-HOURS | UNIT | MAT. | LABOR | EQUIP. | TOTAL | TOTAL INCL O&P | |
|---|---|---|---|---|---|---|---|---|---|---|---|
| 230 | 3600 | Rainproof, 42 circuits | 1 Elec | .36 | 22.222 | Ea. | 945 | 610 | | 1,555 | 1,975 | 230 |
| | 3700 | Plug-in breakers, 20 amp, 1 pole, 3 wire, 120/240 volts | | | | | | | | | | |
| | 3800 | 100 amp main breaker, indoor, 12 circuits | 1 Elec | 1.20 | 6.667 | Ea. | 171 | 183 | | 354 | 465 | |
| | 3900 | 18 circuits | | .80 | 10 | | 243 | 275 | | 518 | 680 | |
| | 4000 | 200 amp main breaker, indoor, 20 circuits | | .75 | 10.667 | | 345 | 293 | | 638 | 820 | |
| | 4200 | 24 circuits | | .65 | 12.308 | | 390 | 340 | | 730 | 940 | |
| | 4300 | 30 circuits | | .60 | 13.333 | | 445 | 365 | | 810 | 1,050 | |
| | 4400 | 40 circuits | | .45 | 17.778 | | 580 | 490 | | 1,070 | 1,375 | |
| | 4500 | Rainproof, 20 circuits | | .75 | 10.667 | | 355 | 293 | | 648 | 830 | |
| | 4600 | 24 circuits | | .65 | 12.308 | | 410 | 340 | | 750 | 960 | |
| | 4700 | 30 circuits | | .60 | 13.333 | | 450 | 365 | | 815 | 1,050 | |
| | 4800 | 40 circuits | | .45 | 17.778 | | 525 | 490 | | 1,015 | 1,325 | |
| | 5000 | 400 amp main breaker, indoor, 42 circuits | | .36 | 22.222 | | 1,825 | 610 | | 2,435 | 2,925 | |
| | 5100 | Rainproof, 42 circuits | | .36 | 22.222 | | 2,025 | 610 | | 2,635 | 3,150 | |
| | 5300 | Plug in breakers, 20 amp, 1 pole, 4 wire, 120/208 volts | | | | | | | | | | |
| | 5400 | 200 amp main breaker, indoor, 30 circuits | 1 Elec | .60 | 13.333 | Ea. | 725 | 365 | | 1,090 | 1,350 | |
| | 5500 | 42 circuits | | .40 | 20 | | 865 | 550 | | 1,415 | 1,775 | |
| | 5600 | Rainproof, 30 circuits | | .60 | 13.333 | | 785 | 365 | | 1,150 | 1,425 | |
| | 5700 | 42 circuits | | .40 | 20 | | 925 | 550 | | 1,475 | 1,850 | |
| 240 | 0010 | **METER CENTERS AND SOCKETS** | | | | | | | | | | 240 |
| | 0100 | Sockets, single position, 4 terminal, 100 amp | 1 Elec | 3.20 | 2.500 | Ea. | 29 | 69 | | 98 | 135 | |
| | 0200 | 150 amp | | 2.30 | 3.478 | | 34 | 95.50 | | 129.50 | 182 | |
| | 0300 | 200 amp | | 1.90 | 4.211 | | 43 | 116 | | 159 | 222 | |
| | 0400 | 20 amp | | 3.20 | 2.500 | | 51 | 69 | | 120 | 159 | |
| | 0500 | Double position, 4 terminal, 100 amp | | 2.80 | 2.857 | | 84 | 78.50 | | 162.50 | 211 | |
| | 0600 | 150 amp | | 2.10 | 3.810 | | 104 | 105 | | 209 | 272 | |
| | 0700 | 200 amp | | 1.70 | 4.706 | | 139 | 129 | | 268 | 350 | |
| | 0800 | Trans-socket, 13 terminal, 3 CT mounts, 400 amp | | 1 | 8 | | 510 | 220 | | 730 | 890 | |
| | 0900 | 800 amp | | .60 | 13.333 | | 685 | 365 | | 1,050 | 1,300 | |
| | 2000 | Meter center, main fusible switch, 1P 3W 120/240V | | | | | | | | | | |
| | 2030 | 400 amp | 1 Elec | 8 | 1 | Ea. | 650 | 27.50 | | 677.50 | 755 | |
| | 2040 | 600 amp | | .55 | 14.545 | | 1,275 | 400 | | 1,675 | 2,000 | |
| | 2050 | 800 amp | | .45 | 17.778 | | 2,100 | 490 | | 2,590 | 3,025 | |
| | 2060 | Rainproof 1P 3W 120/240V, 400 amp | | .80 | 10 | | 845 | 275 | | 1,120 | 1,350 | |
| | 2070 | 600 amp | | .55 | 14.545 | | 1,600 | 400 | | 2,000 | 2,350 | |
| | 2080 | 800 amp | | .45 | 17.778 | | 2,475 | 490 | | 2,965 | 3,450 | |
| | 2100 | 3P 4W 120/208V, 400 amp | | .80 | 10 | | 780 | 275 | | 1,055 | 1,275 | |
| | 2110 | 600 amp | | .55 | 14.545 | | 1,450 | 400 | | 1,850 | 2,200 | |
| | 2120 | 800 amp | | .45 | 17.778 | | 2,975 | 490 | | 3,465 | 4,000 | |
| | 2130 | Rainproof 3P 4W 120/208V, 400 amp | | .80 | 10 | | 960 | 275 | | 1,235 | 1,475 | |
| | 2140 | 600 amp | | .55 | 14.545 | | 1,975 | 400 | | 2,375 | 2,775 | |
| | 2150 | 800 amp | | .45 | 17.778 | | 3,575 | 490 | | 4,065 | 4,650 | |
| | 2170 | Main circuit breaker, 1P 3W 120/240V | | | | | | | | | | |
| | 2180 | 400 amp | 1 Elec | .80 | 10 | Ea. | 1,175 | 275 | | 1,450 | 1,725 | |
| | 2190 | 600 amp | | .55 | 14.545 | | 1,775 | 400 | | 2,175 | 2,550 | |
| | 2200 | 800 amp | | .45 | 17.778 | | 2,250 | 490 | | 2,740 | 3,200 | |
| | 2210 | 1000 amp | | .40 | 20 | | 3,250 | 550 | | 3,800 | 4,400 | |
| | 2220 | 1200 amp | | .38 | 21.053 | | 4,725 | 580 | | 5,305 | 6,075 | |
| | 2230 | 1600 amp | | .34 | 23.529 | | 7,100 | 645 | | 7,745 | 8,775 | |
| | 2240 | Rainproof 1P 3W 120/240V, 400 amp | | .80 | 10 | | 1,450 | 275 | | 1,725 | 2,025 | |
| | 2250 | 600 amp | | .55 | 14.545 | | 2,200 | 400 | | 2,600 | 3,025 | |
| | 2260 | 800 amp | | .45 | 17.778 | | 2,775 | 490 | | 3,265 | 3,775 | |
| | 2270 | 1000 amp | | .40 | 20 | | 3,800 | 550 | | 4,350 | 5,000 | |
| | 2280 | 1200 amp | | .38 | 21.053 | | 5,375 | 580 | | 5,955 | 6,800 | |
| | 2300 | 3P 4W 120/208V, 400 amp | | .80 | 10 | | 1,400 | 275 | | 1,675 | 1,975 | |

## 163 | Motors, Starters, Boards and Switches

### 163 200 | Boards

| | | CREW | DAILY OUTPUT | MAN-HOURS | UNIT | 1994 BARE COSTS ||||  TOTAL INCL O&P |
|---|---|---|---|---|---|---|---|---|---|---|
| | | | | | | MAT. | LABOR | EQUIP. | TOTAL | |
| 2310 | 600 amp | 1 Elec | .55 | 14.545 | Ea. | 2,175 | 400 | | 2,575 | 3,000 |
| 2320 | 800 amp | | .45 | 17.778 | | 2,900 | 490 | | 3,390 | 3,925 |
| 2330 | 1000 amp | | .40 | 20 | | 3,675 | 550 | | 4,225 | 4,875 |
| 2340 | 1200 amp | | .38 | 21.053 | | 5,150 | 580 | | 5,730 | 6,550 |
| 2350 | 1600 amp | | .34 | 23.529 | | 7,625 | 645 | | 8,270 | 9,375 |
| 2360 | Rainproof 3P 4W 120/208V, 400 amp | | .80 | 10 | | 1,675 | 275 | | 1,950 | 2,275 |
| 2370 | 600 amp | | .55 | 14.545 | | 2,625 | 400 | | 3,025 | 3,500 |
| 2380 | 800 amp | | .45 | 17.778 | | 3,425 | 490 | | 3,915 | 4,500 |
| 2390 | 1000 amp | | .38 | 21.053 | | 4,300 | 580 | | 4,880 | 5,600 |
| 2400 | 1200 amp | | .34 | 23.529 | | 6,025 | 645 | | 6,670 | 7,600 |
| 2420 | Main lugs terminal box, 1P 3W 120/240V | | | | | | | | | |
| 2430 | 800 amp | 1 Elec | .47 | 17.021 | Ea. | 222 | 470 | | 692 | 950 |
| 2440 | 1600 amp | | .36 | 22.222 | | 910 | 610 | | 1,520 | 1,925 |
| 2450 | Rainproof 1P 3W 120/240V, 225 amp | | 1.20 | 6.667 | | 211 | 183 | | 394 | 510 |
| 2460 | 800 amp | | .47 | 17.021 | | 300 | 470 | | 770 | 1,025 |
| 2470 | 1600 amp | | .36 | 22.222 | | 985 | 610 | | 1,595 | 2,000 |
| 2500 | 3P 4W 120/208V, 800 amp | | .47 | 17.021 | | 243 | 470 | | 713 | 970 |
| 2510 | 1600 amp | | .36 | 22.222 | | 990 | 610 | | 1,600 | 2,025 |
| 2520 | Rainproof 3P 4W 120/208V, 225 amp | | 1.20 | 6.667 | | 222 | 183 | | 405 | 520 |
| 2530 | 800 amp | | .47 | 17.021 | | 330 | 470 | | 800 | 1,075 |
| 2540 | 1600 amp | | .36 | 22.222 | | 1,050 | 610 | | 1,660 | 2,075 |
| 2590 | Basic meter device | | | | | | | | | |
| 2600 | 1P 3W 120/240V 4 jaw 125A sockets, 3 meter | 1 Elec | .50 | 16 | Ea. | 310 | 440 | | 750 | 1,000 |
| 2610 | 4 meter | | .45 | 17.778 | | 410 | 490 | | 900 | 1,175 |
| 2620 | 5 meter | | .40 | 20 | | 525 | 550 | | 1,075 | 1,400 |
| 2630 | 6 meter | | .30 | 26.667 | | 640 | 735 | | 1,375 | 1,800 |
| 2640 | 7 meter | | .28 | 28.571 | | 720 | 785 | | 1,505 | 1,975 |
| 2650 | 8 meter | | .26 | 30.769 | | 820 | 845 | | 1,665 | 2,175 |
| 2660 | 10 meter | | .24 | 33.333 | | 1,050 | 915 | | 1,965 | 2,525 |
| 2680 | Rainproof 1P 3W 120/240V 4 jaw 125A sockets | | | | | | | | | |
| 2690 | 3 meter | 1 Elec | .50 | 16 | Ea. | 325 | 440 | | 765 | 1,025 |
| 2700 | 4 meter | | .45 | 17.778 | | 425 | 490 | | 915 | 1,200 |
| 2710 | 6 meter | | .30 | 26.667 | | 580 | 735 | | 1,315 | 1,750 |
| 2720 | 7 meter | | .28 | 28.571 | | 750 | 785 | | 1,535 | 2,000 |
| 2730 | 8 meter | | .26 | 30.769 | | 850 | 845 | | 1,695 | 2,200 |
| 2750 | 1P 3W 120/240V 4 jaw sockets | | | | | | | | | |
| 2760 | with 125A circuit breaker, 3 meter | 1 Elec | .50 | 16 | Ea. | 615 | 440 | | 1,055 | 1,325 |
| 2770 | 4 meter | | .45 | 17.778 | | 835 | 490 | | 1,325 | 1,650 |
| 2780 | 5 meter | | .40 | 20 | | 1,025 | 550 | | 1,575 | 1,950 |
| 2790 | 6 meter | | .30 | 26.667 | | 1,200 | 735 | | 1,935 | 2,425 |
| 2800 | 7 meter | | .28 | 28.571 | | 1,425 | 785 | | 2,210 | 2,750 |
| 2810 | 8 meter | | .26 | 30.769 | | 1,600 | 845 | | 2,445 | 3,025 |
| 2820 | 10 meter | | .24 | 33.333 | | 2,125 | 915 | | 3,040 | 3,725 |
| 2830 | Rainproof 1P 3W 120/240V 4 jaw sockets | | | | | | | | | |
| 2840 | with 125A circuit breaker, 3 meter | 1 Elec | .50 | 16 | Ea. | 640 | 440 | | 1,080 | 1,375 |
| 2850 | 4 meter | | .45 | 17.778 | | 840 | 490 | | 1,330 | 1,650 |
| 2870 | 6 meter | | .30 | 26.667 | | 1,250 | 735 | | 1,985 | 2,475 |
| 2880 | 7 meter | | .28 | 28.571 | | 1,475 | 785 | | 2,260 | 2,800 |
| 2890 | 8 meter | | .26 | 30.769 | | 1,675 | 845 | | 2,520 | 3,125 |
| 2920 | 1P 3W on 3P 4W 120/208V system 5 jaw | | | | | | | | | |
| 2930 | 125A sockets, 3 meter | 1 Elec | .50 | 16 | Ea. | 330 | 440 | | 770 | 1,025 |
| 2940 | 4 meter | | .45 | 17.778 | | 450 | 490 | | 940 | 1,225 |
| 2950 | 5 meter | | .40 | 20 | | 545 | 550 | | 1,095 | 1,425 |
| 2960 | 6 meter | | .30 | 26.667 | | 645 | 735 | | 1,380 | 1,800 |
| 2970 | 7 meter | | .28 | 28.571 | | 750 | 785 | | 1,535 | 2,000 |
| 2980 | 8 meter | | .26 | 30.769 | | 865 | 845 | | 1,710 | 2,225 |

## 163 | Motors, Starters, Boards and Switches

### 163 200 | Boards

| | | CREW | DAILY OUTPUT | MAN-HOURS | UNIT | 1994 BARE COSTS MAT. | LABOR | EQUIP. | TOTAL | TOTAL INCL O&P | |
|---|---|---|---|---|---|---|---|---|---|---|---|
| 240 | 2990 | 10 meter | 1 Elec | .24 | 33.333 | Ea. | 1,075 | 915 | | 1,990 | 2,550 | 240 |
| | 3000 | Rainproof 1P 3W on 3P 4W 120/208V system | | | | | | | | | | |
| | 3020 | 5 jaw 125A sockets, 3 meter | 1 Elec | .50 | 16 | Ea. | 365 | 440 | | 805 | 1,050 | |
| | 3030 | 4 meter | | .45 | 17.778 | | 485 | 490 | | 975 | 1,275 | |
| | 3050 | 6 meter | | .30 | 26.667 | | 700 | 735 | | 1,435 | 1,875 | |
| | 3060 | 7 meter | | .28 | 28.571 | | 835 | 785 | | 1,620 | 2,100 | |
| | 3070 | 8 meter | ▼ | .26 | 30.769 | ▼ | 925 | 845 | | 1,770 | 2,300 | |
| | 3090 | 1P 3W on 3P 4W 120/208V system 5 jaw sockets | | | | | | | | | | |
| | 3100 | With 125A circuit breaker, 3 meter | 1 Elec | .50 | 16 | Ea. | 640 | 440 | | 1,080 | 1,375 | |
| | 3110 | 4 meter | | .45 | 17.778 | | 835 | 490 | | 1,325 | 1,650 | |
| | 3120 | 5 meter | | .40 | 20 | | 1,050 | 550 | | 1,600 | 1,975 | |
| | 3130 | 6 meter | | .30 | 26.667 | | 1,250 | 735 | | 1,985 | 2,475 | |
| | 3140 | 7 meter | | .28 | 28.571 | | 1,475 | 785 | | 2,260 | 2,800 | |
| | 3150 | 8 meter | | .26 | 30.769 | | 1,675 | 845 | | 2,520 | 3,125 | |
| | 3160 | 10 meter | ▼ | .24 | 33.333 | | 2,050 | 915 | | 2,965 | 3,625 | |
| | 3170 | Rainproof 1P 3W on 3P 4W 120/208V system | | | | | | | | | | |
| | 3180 | 5 jaw sockets w/125A circuit breaker, 3 meter | 1 Elec | .50 | 16 | Ea. | 670 | 440 | | 1,110 | 1,400 | |
| | 3190 | 4 meter | | .45 | 17.778 | | 880 | 490 | | 1,370 | 1,700 | |
| | 3210 | 6 meter | | .30 | 26.667 | | 1,325 | 735 | | 2,060 | 2,550 | |
| | 3220 | 7 meter | | .28 | 28.571 | | 1,550 | 785 | | 2,335 | 2,875 | |
| | 3230 | 8 meter | ▼ | .26 | 30.769 | ▼ | 1,750 | 845 | | 2,595 | 3,200 | |
| | 3250 | 1P 3W 120/240V 4 jaw sockets | | | | | | | | | | |
| | 3260 | with 200A circuit breaker, 3 meter | 1 Elec | .50 | 16 | Ea. | 975 | 440 | | 1,415 | 1,725 | |
| | 3270 | 4 meter | | .45 | 17.778 | | 1,250 | 490 | | 1,740 | 2,100 | |
| | 3290 | 6 meter | | .30 | 26.667 | | 1,850 | 735 | | 2,585 | 3,125 | |
| | 3300 | 7 meter | | .28 | 28.571 | | 2,225 | 785 | | 3,010 | 3,625 | |
| | 3310 | 8 meter | | .28 | 28.571 | | 2,500 | 785 | | 3,285 | 3,925 | |
| | 3330 | Rainproof 1P 3W 120/240V 4 jaw sockets | | | | | | | | | | |
| | 3350 | with 200A circuit breaker, 3 meter | 1 Elec | .50 | 16 | Ea. | 1,000 | 440 | | 1,440 | 1,750 | |
| | 3360 | 4 meter | | .45 | 17.778 | | 1,300 | 490 | | 1,790 | 2,150 | |
| | 3380 | 6 meter | | .30 | 26.667 | | 1,925 | 735 | | 2,660 | 3,225 | |
| | 3390 | 7 meter | | .28 | 28.571 | | 2,250 | 785 | | 3,035 | 3,650 | |
| | 3400 | 8 meter | ▼ | .26 | 30.769 | | 2,550 | 845 | | 3,395 | 4,075 | |
| | 3420 | 1P 3W on 3P 4W 120/208V 5 jaw sockets | | | | | | | | | | |
| | 3430 | with 200A circuit breaker, 3 meter | 1 Elec | .50 | 16 | Ea. | 1,000 | 440 | | 1,440 | 1,750 | |
| | 3440 | 4 meter | | .45 | 17.778 | | 1,300 | 490 | | 1,790 | 2,150 | |
| | 3460 | 6 meter | | .30 | 26.667 | | 1,925 | 735 | | 2,660 | 3,225 | |
| | 3470 | 7 meter | | .28 | 28.571 | | 2,275 | 785 | | 3,060 | 3,675 | |
| | 3480 | 8 meter | ▼ | .26 | 30.769 | | 2,600 | 845 | | 3,445 | 4,125 | |
| | 3500 | Rainproof 1P 3W on 3P 4W 120/208V 5 jaw socket | | | | | | | | | | |
| | 3510 | with 200A circuit breaker, 3 meter | 1 Elec | .50 | 16 | Ea. | 1,000 | 440 | | 1,440 | 1,750 | |
| | 3520 | 4 meter | | .45 | 17.778 | | 1,350 | 490 | | 1,840 | 2,200 | |
| | 3540 | 6 meter | | .30 | 26.667 | | 2,000 | 735 | | 2,735 | 3,300 | |
| | 3550 | 7 meter | | .28 | 28.571 | | 2,350 | 785 | | 3,135 | 3,750 | |
| | 3560 | 8 meter | ▼ | .26 | 30.769 | | 2,625 | 845 | | 3,470 | 4,175 | |
| | 3600 | Automatic circuit closing, add | | | | | 26 | | | 26 | 28.50 | |
| | 3610 | Manual circuit closing, add | | | | ▼ | 47 | | | 47 | 51.50 | |
| | 3650 | Branch meter device | | | | | | | | | | |
| | 3660 | 3P 4W 208/120 or 240/120 V 7 jaw sockets | | | | | | | | | | |
| | 3670 | with 200A circuit breaker, 2 meter | 1 Elec | .45 | 17.778 | Ea. | 2,150 | 490 | | 2,640 | 3,100 | |
| | 3680 | 3 meter | | .40 | 20 | | 3,150 | 550 | | 3,700 | 4,300 | |
| | 3690 | 4 meter | | .35 | 22.857 | | 4,200 | 630 | | 4,830 | 5,575 | |
| | 3700 | Main circuit breaker 42,000 rms, 400 amp | | .80 | 10 | | 1,400 | 275 | | 1,675 | 1,975 | |
| | 3710 | 600 amp | | .55 | 14.545 | | 2,275 | 400 | | 2,675 | 3,100 | |
| | 3720 | 800 amp | | .45 | 17.778 | | 3,025 | 490 | | 3,515 | 4,050 | |
| | 3730 | Rainproof main circ. brakr 42,000 rms, 400 amp | ▼ | .80 | 10 | ▼ | 1,725 | 275 | | 2,000 | 2,325 | |

## 163 | Motors, Starters, Boards and Switches

### 163 200 | Boards

| | | Crew | Daily Output | Man-Hours | Unit | Mat. | Labor | Equip. | Total | Total Incl O&P | |
|---|---|---|---|---|---|---|---|---|---|---|---|
| 240 | 3740 | 600 amp | 1 Elec | .55 | 14.545 | Ea. | 2,550 | 400 | | 2,950 | 3,400 | 240 |
| | 3750 | 800 amp | | .45 | 17.778 | | 3,375 | 490 | | 3,865 | 4,450 | |
| | 3760 | Main circuit breaker 65,000 rms, 400 amp | | .80 | 10 | | 2,025 | 275 | | 2,300 | 2,650 | |
| | 3770 | 600 amp | | .55 | 14.545 | | 2,625 | 400 | | 3,025 | 3,500 | |
| | 3780 | 800 amp | | .45 | 17.778 | | 3,275 | 490 | | 3,765 | 4,325 | |
| | 3790 | 1000 amp | | .40 | 20 | | 3,625 | 550 | | 4,175 | 4,825 | |
| | 3800 | 1200 amp | | .38 | 21.053 | | 5,075 | 580 | | 5,655 | 6,450 | |
| | 3810 | 1600 amp | | .34 | 23.529 | | 7,425 | 645 | | 8,070 | 9,150 | |
| | 3820 | Rainproof main circ. brakr 65,000 rms, 400 amp | | .80 | 10 | | 2,375 | 275 | | 2,650 | 3,050 | |
| | 3830 | 600 amp | | .55 | 14.545 | | 3,000 | 400 | | 3,400 | 3,900 | |
| | 3840 | 800 amp | | .45 | 17.778 | | 3,800 | 490 | | 4,290 | 4,900 | |
| | 3850 | 1000 amp | | .40 | 20 | | 4,250 | 550 | | 4,800 | 5,500 | |
| | 3860 | 1200 amp | | .38 | 21.053 | | 5,875 | 580 | | 6,455 | 7,350 | |
| | 3880 | Main circuit breaker 100,000 rms, 400 amp | | .80 | 10 | | 835 | 275 | | 1,110 | 1,325 | |
| | 3890 | 600 amp | | .55 | 14.545 | | 1,425 | 400 | | 1,825 | 2,175 | |
| | 3900 | 800 amp | | .45 | 17.778 | | 2,925 | 490 | | 3,415 | 3,950 | |
| | 3910 | Rainproof main circ. breaker 100,000 rms, 400 amp | | .80 | 10 | | 975 | 275 | | 1,250 | 1,500 | |
| | 3920 | 600 amp | | .55 | 14.545 | | 1,925 | 400 | | 2,325 | 2,725 | |
| | 3930 | 800 amp | | .45 | 17.778 | | 3,550 | 490 | | 4,040 | 4,625 | |
| | 3940 | Main lugs terminal box, 800 amp | | .47 | 17.021 | | 242 | 470 | | 712 | 970 | |
| | 3950 | 1600 amp | | .36 | 22.222 | | 970 | 610 | | 1,580 | 2,000 | |
| | 3960 | Rainproof, 800 amp | | .47 | 17.021 | | 330 | 470 | | 800 | 1,075 | |
| | 3970 | 1600 amp | | .36 | 22.222 | | 1,050 | 610 | | 1,660 | 2,075 | |
| 245 | 0010 | **PANELBOARDS** (Commercial use) | | | | | | | | | | 245 |
| | 0050 | NQOD, w/20 amp 1 pole bolt-on circuit breakers | | | | | | | | | | |
| | 0100 | 3 wire, 120/240 volts, 100 amp main lugs | | | | | | | | | | |
| | 0150 | 10 circuits | 1 Elec | 1 | 8 | Ea. | 355 | 220 | | 575 | 720 | |
| | 0200 | 14 circuits | | .88 | 9.091 | | 430 | 250 | | 680 | 850 | |
| | 0250 | 18 circuits | | .75 | 10.667 | | 465 | 293 | | 758 | 950 | |
| | 0300 | 20 circuits | | .65 | 12.308 | | 485 | 340 | | 825 | 1,050 | |
| | 0350 | 225 amp main lugs, 24 circuits | | .60 | 13.333 | | 600 | 365 | | 965 | 1,200 | |
| | 0400 | 30 circuits | | .45 | 17.778 | | 660 | 490 | | 1,150 | 1,450 | |
| | 0450 | 36 circuits | | .40 | 20 | | 775 | 550 | | 1,325 | 1,675 | |
| | 0500 | 38 circuits | | .36 | 22.222 | | 795 | 610 | | 1,405 | 1,800 | |
| | 0550 | 42 circuits | | .33 | 24.242 | | 830 | 665 | | 1,495 | 1,925 | |
| | 0600 | 4 wire, 120/208 volts, 100 amp main lugs, 12 circuits | | 1 | 8 | | 420 | 220 | | 640 | 790 | |
| | 0650 | 16 circuits | | .75 | 10.667 | | 495 | 293 | | 788 | 985 | |
| | 0700 | 20 circuits | | .65 | 12.308 | | 530 | 340 | | 870 | 1,100 | |
| | 0750 | 24 circuits | | .60 | 13.333 | | 570 | 365 | | 935 | 1,175 | |
| | 0800 | 30 circuits | | .53 | 15.094 | | 650 | 415 | | 1,065 | 1,350 | |
| | 0850 | 225 amp main lugs, 32 circuits | | .45 | 17.778 | | 755 | 490 | | 1,245 | 1,575 | |
| | 0900 | 34 circuits | | .42 | 19.048 | | 775 | 525 | | 1,300 | 1,650 | |
| | 0950 | 36 circuits | | .40 | 20 | | 795 | 550 | | 1,345 | 1,700 | |
| | 1000 | 42 circuits | | .34 | 23.529 | | 850 | 645 | | 1,495 | 1,900 | |
| | 1040 | 225 amp main lugs, NEMA 7, 12 circuits | | .50 | 16 | | 1,700 | 440 | | 2,140 | 2,525 | |
| | 1100 | 24 circuits | | .20 | 40 | | 2,550 | 1,100 | | 3,650 | 4,450 | |
| | 1200 | NEHB, w/20 amp, 1 pole bolt-on circuit breakers | | | | | | | | | | |
| | 1250 | 4 wire, 277/480 volts, 100 amp main lugs, 12 circuits | 1 Elec | .88 | 9.091 | Ea. | 790 | 250 | | 1,040 | 1,250 | |
| | 1300 | 20 circuits | | .60 | 13.333 | | 1,150 | 365 | | 1,515 | 1,825 | |
| | 1350 | 225 amp main lugs, 24 circuits | | .45 | 17.778 | | 1,400 | 490 | | 1,890 | 2,275 | |
| | 1400 | 30 circuits | | .40 | 20 | | 1,600 | 550 | | 2,150 | 2,575 | |
| | 1450 | 36 circuits | | .36 | 22.222 | | 1,850 | 610 | | 2,460 | 2,950 | |
| | 1500 | 42 circuits | | .30 | 26.667 | | 2,050 | 735 | | 2,785 | 3,350 | |
| | 1510 | 225 amp main lugs, NEMA 7, 12 circuits | | .45 | 17.778 | | 3,450 | 490 | | 3,940 | 4,525 | |
| | 1590 | 24 circuits | | .15 | 53.333 | | 6,175 | 1,475 | | 7,650 | 9,000 | |

## 163 | Motors, Starters, Boards and Switches

### 163 200 | Boards

| | | CREW | DAILY OUTPUT | MAN-HOURS | UNIT | MAT. | LABOR | EQUIP. | TOTAL | TOTAL INCL O&P |
|---|---|---|---|---|---|---|---|---|---|---|
| 1600 | NQOD panel, w/20 amp, 1 pole, circuit breakers | | | | | | | | | |
| 1650 | 3 wire, 120/240 volt with main circuit breaker | | | | | | | | | |
| 1700 | 100 amp main, 12 circuits | 1 Elec | .80 | 10 | Ea. | 530 | 275 | | 805 | 1,000 |
| 1750 | 20 circuits | | .60 | 13.333 | | 630 | 365 | | 995 | 1,250 |
| 1800 | 225 amp main, 30 circuits | | .34 | 23.529 | | 990 | 645 | | 1,635 | 2,075 |
| 1850 | 42 circuits | | .26 | 30.769 | | 1,150 | 845 | | 1,995 | 2,550 |
| 1900 | 400 amp main, 30 circuits | | .27 | 29.630 | | 1,975 | 815 | | 2,790 | 3,400 |
| 1950 | 42 circuits | | .25 | 32 | | 2,100 | 880 | | 2,980 | 3,625 |
| 2000 | 4 wire, 120/208 volts with main circuit breaker | | | | | | | | | |
| 2050 | 100 amp main, 24 circuits | 1 Elec | .47 | 17.021 | Ea. | 765 | 470 | | 1,235 | 1,550 |
| 2100 | 30 circuits | | .40 | 20 | | 850 | 550 | | 1,400 | 1,750 |
| 2200 | 225 amp main, 32 circuits | | .36 | 22.222 | | 1,275 | 610 | | 1,885 | 2,325 |
| 2250 | 42 circuits | | .28 | 28.571 | | 1,375 | 785 | | 2,160 | 2,700 |
| 2300 | 400 amp main, 42 circuits | | .24 | 33.333 | | 2,350 | 915 | | 3,265 | 3,950 |
| 2350 | 600 amp main, 42 circuits | | .20 | 40 | | 2,500 | 1,100 | | 3,600 | 4,400 |
| 2400 | NEHB, with 20 amp, 1 pole circuit breaker | | | | | | | | | |
| 2450 | 4 wire, 277/480 volts with main circuit breaker | | | | | | | | | |
| 2500 | 100 amp main, 24 circuits | 1 Elec | .42 | 19.048 | Ea. | 1,675 | 525 | | 2,200 | 2,650 |
| 2550 | 30 circuits | | .38 | 21.053 | | 1,875 | 580 | | 2,455 | 2,950 |
| 2600 | 225 amp main, 30 circuits | | .36 | 22.222 | | 2,300 | 610 | | 2,910 | 3,450 |
| 2650 | 42 circuits | | .28 | 28.571 | | 2,750 | 785 | | 3,535 | 4,200 |
| 2700 | 400 amp main, 42 circuits | | .23 | 34.783 | | 3,400 | 955 | | 4,355 | 5,200 |
| 2750 | 600 amp main, 42 circuits | | .19 | 42.105 | | 4,575 | 1,150 | | 5,725 | 6,775 |
| 2900 | Note: the following line items for additional | | | | | | | | | |
| 2910 | Circuit breakers information, also see | | | | | | | | | |
| 2920 | Division 163-250 | | | | | | | | | |
| 3010 | Main lug, no main breaker, 240 volt, 1 pole, 3 wire, 100 amp | 1 Elec | 2.30 | 3.478 | Ea. | 297 | 95.50 | | 392.50 | 470 |
| 3020 | 225 amp | | 1.20 | 6.667 | | 395 | 183 | | 578 | 710 |
| 3030 | 400 amp | | .90 | 8.889 | | 570 | 244 | | 814 | 995 |
| 3060 | 3 pole, 3 wire, 100 amp | | 2.30 | 3.478 | | 325 | 95.50 | | 420.50 | 505 |
| 3070 | 225 amp | | 1.20 | 6.667 | | 395 | 183 | | 578 | 710 |
| 3080 | 400 amp | | .90 | 8.889 | | 595 | 244 | | 839 | 1,025 |
| 3090 | 600 amp | | .80 | 10 | | 635 | 275 | | 910 | 1,125 |
| 3110 | 3 pole, 4 wire, 100 amp | | 2.30 | 3.478 | | 325 | 95.50 | | 420.50 | 505 |
| 3120 | 225 amp | | 1.20 | 6.667 | | 425 | 183 | | 608 | 745 |
| 3130 | 400 amp | | .90 | 8.889 | | 630 | 244 | | 874 | 1,075 |
| 3140 | 600 amp | | .80 | 10 | | 700 | 275 | | 975 | 1,175 |
| 3160 | 480 volt, 3 pole, 3 wire, 100 amp | | 2.30 | 3.478 | | 405 | 95.50 | | 500.50 | 590 |
| 3170 | 225 amp | | 1.20 | 6.667 | | 625 | 183 | | 808 | 965 |
| 3180 | 400 amp | | .90 | 8.889 | | 760 | 244 | | 1,004 | 1,200 |
| 3190 | 600 amp | | .80 | 10 | | 860 | 275 | | 1,135 | 1,350 |
| 3210 | 277/480 volt, 3 pole, 4 wire, 100 amp | | 2.30 | 3.478 | | 480 | 95.50 | | 575.50 | 675 |
| 3220 | 225 amp | | 1.20 | 6.667 | | 660 | 183 | | 843 | 1,000 |
| 3230 | 400 amp | | .90 | 8.889 | | 745 | 244 | | 989 | 1,200 |
| 3240 | 600 amp | | .80 | 10 | | 870 | 275 | | 1,145 | 1,375 |
| 3260 | Main circuit breaker, 240 volt, 1 pole, 3 wire, 100 amp | | 2 | 4 | | 440 | 110 | | 550 | 650 |
| 3270 | 225 amp | | 1 | 8 | | 880 | 220 | | 1,100 | 1,300 |
| 3280 | 400 amp | | .80 | 10 | | 1,700 | 275 | | 1,975 | 2,300 |
| 3310 | 3 pole, 3 wire, 100 amp | | 2 | 4 | | 515 | 110 | | 625 | 730 |
| 3320 | 225 amp | | 1 | 8 | | 990 | 220 | | 1,210 | 1,425 |
| 3330 | 400 amp | | .80 | 10 | | 1,725 | 275 | | 2,000 | 2,325 |
| 3360 | 120/208 volt, 3 pole, 4 wire, 100 amp | | 2 | 4 | | 540 | 110 | | 650 | 760 |
| 3370 | 225 amp | | 1 | 8 | | 1,025 | 220 | | 1,245 | 1,450 |
| 3380 | 400 amp | | .80 | 10 | | 1,875 | 275 | | 2,150 | 2,475 |
| 3410 | 480 volt, 3 pole, 3 wire, 100 amp | | 2 | 4 | | 650 | 110 | | 760 | 880 |
| 3420 | 225 amp | | 1 | 8 | | 1,325 | 220 | | 1,545 | 1,775 |

## 163 | Motors, Starters, Boards and Switches

### 163 200 | Boards

| | | CREW | DAILY OUTPUT | MAN-HOURS | UNIT | MAT. | LABOR | EQUIP. | TOTAL | TOTAL INCL O&P | |
|---|---|---|---|---|---|---|---|---|---|---|---|
| 245 | 3430 | 400 amp | 1 Elec | .80 | 10 | Ea. | 1,975 | 275 | | 2,250 | 2,600 | 245 |
| | 3460 | 277/480 volt, 3 pole, 4 wire, 100 amp | | 2 | 4 | | 710 | 110 | | 820 | 945 | |
| | 3470 | 225 amp | | 1 | 8 | | 1,375 | 220 | | 1,595 | 1,850 | |
| | 3480 | 400 amp | | .80 | 10 | | 2,050 | 275 | | 2,325 | 2,675 | |
| | 3510 | Main circuit breaker, HIC, 240 volt, 1 pole, 3 wire, 100 amp | | 2 | 4 | | 1,075 | 110 | | 1,185 | 1,350 | |
| | 3520 | 225 amp | | 1 | 8 | | 1,800 | 220 | | 2,020 | 2,300 | |
| | 3530 | 400 amp | | .80 | 10 | | 2,175 | 275 | | 2,450 | 2,825 | |
| | 3560 | 3 pole, 3 wire, 100 amp | | 2 | 4 | | 1,275 | 110 | | 1,385 | 1,575 | |
| | 3570 | 225 amp | | 1 | 8 | | 2,200 | 220 | | 2,420 | 2,750 | |
| | 3580 | 400 amp | | .80 | 10 | | 2,350 | 275 | | 2,625 | 3,000 | |
| | 3610 | 120/208 volt, 3 pole, 4 wire, 100 amp | | 2 | 4 | | 1,325 | 110 | | 1,435 | 1,625 | |
| | 3620 | 225 amp | | 1 | 8 | | 2,225 | 220 | | 2,445 | 2,775 | |
| | 3630 | 400 amp | | .80 | 10 | | 2,450 | 275 | | 2,725 | 3,125 | |
| | 3660 | 480 volt, 3 pole, 3 wire, 100 amp | | 2 | 4 | | 1,400 | 110 | | 1,510 | 1,725 | |
| | 3670 | 225 amp | | 1 | 8 | | 2,200 | 220 | | 2,420 | 2,750 | |
| | 3680 | 400 amp | | .80 | 10 | | 2,600 | 275 | | 2,875 | 3,275 | |
| | 3710 | 277/480 volt, 3 pole, 4 wire, 100 amp | | 2 | 4 | | 1,475 | 110 | | 1,585 | 1,800 | |
| | 3720 | 225 amp | | 1 | 8 | | 2,275 | 220 | | 2,495 | 2,825 | |
| | 3730 | 400 amp | | .80 | 10 | | 2,700 | 275 | | 2,975 | 3,400 | |
| | 3760 | Main circuit breaker, shunt trip, 100 amp | | 1.20 | 6.667 | | 700 | 183 | | 883 | 1,050 | |
| | 3770 | 225 amp | | .80 | 10 | | 1,250 | 275 | | 1,525 | 1,800 | |
| | 3780 | 400 amp | | .70 | 11.429 | | 1,925 | 315 | | 2,240 | 2,600 | |
| 250 | 0010 | **PANELBOARD & LOAD CENTER CIRCUIT BREAKERS** R163-270 | | | | | | | | | | 250 |
| | 0050 | Bolt-on, 10,000 amp I.C., 120 volt, 1 pole | | | | | | | | | | |
| | 0100 | 15 to 50 amp | 1 Elec | 10 | .800 | Ea. | 9.55 | 22 | | 31.55 | 43.50 | |
| | 0200 | 60 amp | | 8 | 1 | | 9.55 | 27.50 | | 37.05 | 52 | |
| | 0300 | 70 amp | | 8 | 1 | | 18.80 | 27.50 | | 46.30 | 62 | |
| | 0350 | 240 volt, 2 pole | | | | | | | | | | |
| | 0400 | 15 to 50 amp | 1 Elec | 8 | 1 | Ea. | 21 | 27.50 | | 48.50 | 64.50 | |
| | 0500 | 60 amp | | 7.50 | 1.067 | | 21 | 29.50 | | 50.50 | 67 | |
| | 0600 | 80 to 100 amp | | 5 | 1.600 | | 50 | 44 | | 94 | 121 | |
| | 0700 | 3 pole, 15 to 60 amp | | 6.20 | 1.290 | | 63.50 | 35.50 | | 99 | 124 | |
| | 0800 | 70 amp | | 5 | 1.600 | | 83.50 | 44 | | 127.50 | 158 | |
| | 0900 | 80 to 100 amp | | 3.60 | 2.222 | | 99 | 61 | | 160 | 201 | |
| | 1000 | 22,000 amp I.C., 240 volt, 2 pole, 70 to 225 amp | | 2.70 | 2.963 | | 249 | 81.50 | | 330.50 | 395 | |
| | 1100 | 3 pole, 70 to 225 amp | | 2.30 | 3.478 | | 400 | 95.50 | | 495.50 | 585 | |
| | 1200 | 14,000 amp I.C., 277 volts, 1 pole, 15 to 30 amp | | 8 | 1 | | 36.50 | 27.50 | | 64 | 81.50 | |
| | 1300 | 22,000 amp I.C., 480 volts, 2 pole, 70 to 225 amp | | 2.70 | 2.963 | | 450 | 81.50 | | 531.50 | 620 | |
| | 1400 | 3 pole, 70 to 225 amp | | 2.30 | 3.478 | | 570 | 95.50 | | 665.50 | 770 | |
| | 2000 | Plug-in panel or load center, 120/240 volt, to 60 amp, 1 pole | | 12 | .667 | | 7.35 | 18.35 | | 25.70 | 35.50 | |
| | 2010 | 2 pole | | 9 | .889 | | 17 | 24.50 | | 41.50 | 55.50 | |
| | 2020 | 3 pole | | 7.50 | 1.067 | | 59 | 29.50 | | 88.50 | 109 | |
| | 2030 | 100 amp, 2 pole | | 6 | 1.333 | | 47 | 36.50 | | 83.50 | 107 | |
| | 2040 | 3 pole | | 4.50 | 1.778 | | 88 | 49 | | 137 | 171 | |
| | 2050 | 150 amp, 2 pole | | 3 | 2.667 | | 103 | 73.50 | | 176.50 | 223 | |
| | 2100 | High interrupting capacity, 120/240 volt, plug-in, 30 amp, 1 pole | | 12 | .667 | | 17.50 | 18.35 | | 35.85 | 47 | |
| | 2110 | 60 amp, 2 pole | | 9 | .889 | | 35 | 24.50 | | 59.50 | 75.50 | |
| | 2120 | 3 pole | | 7.50 | 1.067 | | 90 | 29.50 | | 119.50 | 143 | |
| | 2130 | 100 amp, 2 pole | | 6 | 1.333 | | 76 | 36.50 | | 112.50 | 139 | |
| | 2140 | 3 pole | | 4.50 | 1.778 | | 127 | 49 | | 176 | 214 | |
| | 2150 | 125 amp, 2 pole | | 3 | 2.667 | | 249 | 73.50 | | 322.50 | 385 | |
| | 2200 | Bolt-on, 30 amp, 1 pole | | 10 | .800 | | 18.85 | 22 | | 40.85 | 53.50 | |
| | 2210 | 60 amp, 2 pole | | 7.50 | 1.067 | | 41 | 29.50 | | 70.50 | 89 | |
| | 2220 | 3 pole | | 6.20 | 1.290 | | 105 | 35.50 | | 140.50 | 170 | |
| | 2230 | 100 amp, 2 pole | | 5 | 1.600 | | 92 | 44 | | 136 | 167 | |
| | 2240 | 3 pole | | 3.60 | 2.222 | | 151 | 61 | | 212 | 258 | |

## 163 | Motors, Starters, Boards and Switches

### 163 200 | Boards

| | | CREW | DAILY OUTPUT | MAN-HOURS | UNIT | 1994 BARE COSTS | | | | TOTAL INCL O&P |
|---|---|---|---|---|---|---|---|---|---|---|
| | | | | | | MAT. | LABOR | EQUIP. | TOTAL | |
| 2300 | Ground fault, 240 volt, 30 amp, 1 pole | 1 Elec | 7 | 1.143 | Ea. | 58.50 | 31.50 | | 90 | 112 |
| 2310 | 2 pole | | 6 | 1.333 | | 105 | 36.50 | | 141.50 | 171 |
| 2350 | Key operated, 240 volt, 1 pole, 30 amp | | 7 | 1.143 | | 13.05 | 31.50 | | 44.55 | 62 |
| 2360 | Switched neutral, 240 volt, 30 amp, 2 pole | | 6 | 1.333 | | 28 | 36.50 | | 64.50 | 86 |
| 2370 | 3 pole | | 5.50 | 1.455 | | 41 | 40 | | 81 | 105 |
| 2400 | Shunt trip, for 240 volt breaker, 60 amp, 1 pole | | 4 | 2 | | 52.50 | 55 | | 107.50 | 141 |
| 2410 | 2 pole | | 3.50 | 2.286 | | 64 | 63 | | 127 | 165 |
| 2420 | 3 pole | | 3 | 2.667 | | 113 | 73.50 | | 186.50 | 234 |
| 2430 | 100 amp, 2 pole | | 3 | 2.667 | | 100 | 73.50 | | 173.50 | 220 |
| 2440 | 3 pole | | 2.50 | 3.200 | | 144 | 88 | | 232 | 290 |
| 2450 | 150 amp, 2 pole | | 2 | 4 | | 335 | 110 | | 445 | 535 |
| 2500 | Auxiliary switch, for 240 volt breaker, 60 amp, 1 pole | | 4 | 2 | | 40 | 55 | | 95 | 127 |
| 2510 | 2 pole | | 3.50 | 2.286 | | 52 | 63 | | 115 | 152 |
| 2520 | 3 pole | | 3 | 2.667 | | 100 | 73.50 | | 173.50 | 220 |
| 2530 | 100 amp, 2 pole | | 3 | 2.667 | | 87 | 73.50 | | 160.50 | 206 |
| 2540 | 3 pole | | 2.50 | 3.200 | | 131 | 88 | | 219 | 276 |
| 2550 | 150 amp, 2 pole | | 2 | 4 | | 310 | 110 | | 420 | 505 |
| 2600 | Panel or load center, 277/480 volt, plug-in, 30 amp, 1 pole | | 12 | .667 | | 32 | 18.35 | | 50.35 | 62.50 |
| 2610 | 60 amp, 2 pole | | 9 | .889 | | 81 | 24.50 | | 105.50 | 126 |
| 2620 | 3 pole | | 7.50 | 1.067 | | 146 | 29.50 | | 175.50 | 205 |
| 2650 | Bolt-on, 60 amp, 2 pole | | 7.50 | 1.067 | | 92 | 29.50 | | 121.50 | 145 |
| 2660 | 3 pole | | 6.20 | 1.290 | | 160 | 35.50 | | 195.50 | 230 |
| 2700 | I-line, 277/480 volt, 30 amp, 1 pole | | 8 | 1 | | 36 | 27.50 | | 63.50 | 81 |
| 2710 | 60 amp, 2 pole | | 7.50 | 1.067 | | 157 | 29.50 | | 186.50 | 217 |
| 2720 | 3 pole | | 6.20 | 1.290 | | 199 | 35.50 | | 234.50 | 273 |
| 2730 | 100 amp, 1 pole | | 7.50 | 1.067 | | 79 | 29.50 | | 108.50 | 131 |
| 2740 | 2 pole | | 5 | 1.600 | | 199 | 44 | | 243 | 285 |
| 2750 | 3 pole | | 3.50 | 2.286 | | 238 | 63 | | 301 | 355 |
| 2800 | High interrupting capacity, 277/480 volt, plug-in, 30 amp, 1 pole | | 12 | .667 | | 122 | 18.35 | | 140.35 | 162 |
| 2810 | 60 amp, 2 pole | | 9 | .889 | | 291 | 24.50 | | 315.50 | 355 |
| 2820 | 3 pole | | 7 | 1.143 | | 350 | 31.50 | | 381.50 | 435 |
| 2830 | Bolt-on, 30 amp, 1 pole | | 8 | 1 | | 123 | 27.50 | | 150.50 | 177 |
| 2840 | 60 amp, 2 pole | | 7.50 | 1.067 | | 292 | 29.50 | | 321.50 | 365 |
| 2850 | 3 pole | | 6.20 | 1.290 | | 350 | 35.50 | | 385.50 | 440 |
| 2900 | I-line, 30 amp, 1 pole | | 8 | 1 | | 122 | 27.50 | | 149.50 | 176 |
| 2910 | 60 amp, 2 pole | | 7.50 | 1.067 | | 292 | 29.50 | | 321.50 | 365 |
| 2920 | 3 pole | | 6.20 | 1.290 | | 350 | 35.50 | | 385.50 | 440 |
| 2930 | 100 amp, 1 pole | | 7.50 | 1.067 | | 134 | 29.50 | | 163.50 | 191 |
| 2940 | 2 pole | | 5 | 1.600 | | 350 | 44 | | 394 | 450 |
| 2950 | 3 pole | | 3.60 | 2.222 | | 390 | 61 | | 451 | 520 |
| 2960 | Shunt trip, 277/480V breaker, remote oper., 30 amp, 1 pole | | 4 | 2 | | 207 | 55 | | 262 | 310 |
| 2970 | 60 amp, 2 pole | | 3.50 | 2.286 | | 260 | 63 | | 323 | 380 |
| 2980 | 3 pole | | 3 | 2.667 | | 320 | 73.50 | | 393.50 | 460 |
| 2990 | 100 amp, 1 pole | | 3.50 | 2.286 | | 254 | 63 | | 317 | 375 |
| 3000 | 2 pole | | 3 | 2.667 | | 375 | 73.50 | | 448.50 | 525 |
| 3010 | 3 pole | | 2.50 | 3.200 | | 415 | 88 | | 503 | 585 |
| 3050 | Under voltage trip, 277/480 volt breaker, 30 amp, 1 pole | | 4 | 2 | | 207 | 55 | | 262 | 310 |
| 3060 | 60 amp, 2 pole | | 3.50 | 2.286 | | 260 | 63 | | 323 | 380 |
| 3070 | 3 pole | | 3 | 2.667 | | 320 | 73.50 | | 393.50 | 460 |
| 3080 | 100 amp, 1 pole | | 3.50 | 2.286 | | 254 | 63 | | 317 | 375 |
| 3090 | 2 pole | | 3 | 2.667 | | 375 | 73.50 | | 448.50 | 525 |
| 3100 | 3 pole | | 2.50 | 3.200 | | 415 | 88 | | 503 | 585 |
| 3150 | Motor operated, 277/480 volt breaker, 30 amp, 1 pole | | 4 | 2 | | 360 | 55 | | 415 | 480 |
| 3160 | 60 amp, 2 pole | | 3.50 | 2.286 | | 410 | 63 | | 473 | 545 |
| 3170 | 3 pole | | 3 | 2.667 | | 475 | 73.50 | | 548.50 | 635 |
| 3180 | 100 amp, 1 pole | | 3.50 | 2.286 | | 395 | 63 | | 458 | 530 |

# 163 | Motors, Starters, Boards and Switches

## 163 200 | Boards

| | | | CREW | DAILY OUTPUT | MAN-HOURS | UNIT | 1994 BARE COSTS MAT. | LABOR | EQUIP. | TOTAL | TOTAL INCL O&P | |
|---|---|---|---|---|---|---|---|---|---|---|---|---|
| 250 | 3190 | 2 pole | 1 Elec | 3 | 2.667 | Ea. | 500 | 73.50 | | 573.50 | 660 | 250 |
| | 3200 | 3 pole | | 2.50 | 3.200 | | 530 | 88 | | 618 | 715 | |
| | 3250 | Panelboard spacers, per pole | ↓ | 40 | .200 | ↓ | 2.86 | 5.50 | | 8.36 | 11.40 | |
| 255 | 0010 | **SUBSTATIONS**, Require switch with cable connections, transformer, | | | | | | | | | | 255 |
| | 0100 | & Low Voltage section | | | | | | | | | | |
| | 0200 | Load interrupter switch, 600 amp, 2 position | | | | | | | | | | |
| | 0300 | NEMA 1, 4.8 KV, 300 KVA & below w/CLF fuses | R-3 | .40 | 50 | Ea. | 10,100 | 1,375 | 259 | 11,734 | 13,400 | |
| | 0400 | 400 KVA & above w/CLF fuses | | .38 | 52.632 | | 12,600 | 1,425 | 273 | 14,298 | 16,400 | |
| | 0500 | Non fusible | | .41 | 48.780 | | 8,225 | 1,325 | 253 | 9,803 | 11,300 | |
| | 0600 | 13.8 KV, 300 KVA & below | | .38 | 52.632 | | 11,600 | 1,425 | 273 | 13,298 | 15,300 | |
| | 0700 | 400 KVA & above | | .36 | 55.556 | | 13,800 | 1,525 | 288 | 15,613 | 17,800 | |
| | 0800 | Non fusible | ↓ | .40 | 50 | | 8,975 | 1,375 | 259 | 10,609 | 12,200 | |
| | 0900 | Cable lugs for 2 feeders 4.8 KV or 13.8 KV | 1 Elec | 8 | 1 | | 310 | 27.50 | | 337.50 | 380 | |
| | 1000 | Pothead, one 3 conductor or three 1 conductor | | 4 | 2 | | 1,575 | 55 | | 1,630 | 1,800 | |
| | 1100 | Two 3 conductor or six 1 conductor | | 2 | 4 | | 3,100 | 110 | | 3,210 | 3,575 | |
| | 1200 | Key interlocks | ↓ | 8 | 1 | ↓ | 330 | 27.50 | | 357.50 | 405 | |
| | 1300 | Lightning arrestors, Distribution class (no charge) | | | | | | | | | | |
| | 1400 | Intermediate class or line type 4.8 KV | 1 Elec | 2.70 | 2.963 | Ea. | 1,675 | 81.50 | | 1,756.50 | 1,975 | |
| | 1500 | 13.8 KV | | 2 | 4 | | 2,225 | 110 | | 2,335 | 2,625 | |
| | 1600 | Station class, 4.8 KV | | 2.70 | 2.963 | | 2,900 | 81.50 | | 2,981.50 | 3,325 | |
| | 1700 | 13.8 KV | ↓ | 2 | 4 | | 4,975 | 110 | | 5,085 | 5,650 | |
| | 1800 | Transformers, 4800 volts to 480/277 volts, 75 KVA | R-3 | .68 | 29.412 | | 8,225 | 800 | 152 | 9,177 | 10,400 | |
| | 1900 | 112.5 KVA | | .65 | 30.769 | | 10,100 | 840 | 159 | 11,099 | 12,600 | |
| | 2000 | 150 KVA | | .57 | 35.088 | | 11,400 | 955 | 182 | 12,537 | 14,200 | |
| | 2100 | 225 KVA | | .48 | 41.667 | | 13,100 | 1,125 | 216 | 14,441 | 16,400 | |
| | 2200 | 300 KVA | | .41 | 48.780 | | 14,600 | 1,325 | 253 | 16,178 | 18,400 | |
| | 2300 | 500 KVA | | .36 | 55.556 | | 19,200 | 1,525 | 288 | 21,013 | 23,700 | |
| | 2400 | 750 KVA | | .29 | 68.966 | | 25,800 | 1,875 | 355 | 28,030 | 31,600 | |
| | 2500 | 13,800 volts to 480/277 volts, 75 KVA | | .61 | 32.787 | | 11,700 | 895 | 170 | 12,765 | 14,400 | |
| | 2600 | 112.5 KVA | | .55 | 36.364 | | 15,400 | 990 | 188 | 16,578 | 18,600 | |
| | 2700 | 150 KVA | | .49 | 40.816 | | 15,500 | 1,125 | 211 | 16,836 | 19,000 | |
| | 2800 | 225 KVA | | .41 | 48.780 | | 17,600 | 1,325 | 253 | 19,178 | 21,700 | |
| | 2900 | 300 KVA | | .37 | 54.054 | | 18,400 | 1,475 | 280 | 20,155 | 22,700 | |
| | 3000 | 500 KVA | | .31 | 64.516 | | 22,300 | 1,750 | 335 | 24,385 | 27,500 | |
| | 3100 | 750 KVA | ↓ | .26 | 76.923 | | 27,000 | 2,100 | 400 | 29,500 | 33,300 | |
| | 3200 | Forced air cooling & temperature alarm | 1 Elec | 1 | 8 | ↓ | 2,175 | 220 | | 2,395 | 2,725 | |
| | 3300 | Low voltage components | | | | | | | | | | |
| | 3400 | Maximum panel height 49-1/2", single or twin row | | | | | | | | | | |
| | 3500 | Breaker heights, FA or FH, 6" | | | | | | | | | | |
| | 3600 | KA or KH, 8" | | | | | | | | | | |
| | 3700 | LA, 11" | | | | | | | | | | |
| | 3800 | MA, 14" | | | | | | | | | | |
| | 3900 | Breakers, 2 pole, 15 to 60 amp, type FA | 1 Elec | 5.60 | 1.429 | Ea. | 187 | 39.50 | | 226.50 | 265 | |
| | 4000 | 70 to 100 amp, FA | | 4.20 | 1.905 | | 227 | 52.50 | | 279.50 | 330 | |
| | 4100 | 15 to 60 amp, FH | | 5.60 | 1.429 | | 292 | 39.50 | | 331.50 | 380 | |
| | 4200 | 70 to 100 amp, FH | | 4.20 | 1.905 | | 350 | 52.50 | | 402.50 | 465 | |
| | 4300 | 125 to 225 amp, KA | | 3.40 | 2.353 | | 525 | 64.50 | | 589.50 | 680 | |
| | 4400 | 125 to 225 amp, KH | | 3.40 | 2.353 | | 1,225 | 64.50 | | 1,289.50 | 1,450 | |
| | 4500 | 125 to 400 amp, LA | | 2.50 | 3.200 | | 970 | 88 | | 1,058 | 1,200 | |
| | 4600 | 125 to 600 amp, MA | | 1.80 | 4.444 | | 1,600 | 122 | | 1,722 | 1,925 | |
| | 4700 | 700 & 800 amp, MA | | 1.50 | 5.333 | | 2,000 | 147 | | 2,147 | 2,425 | |
| | 4800 | 3 pole, 15 to 60 amp, FA | | 5.30 | 1.509 | | 233 | 41.50 | | 274.50 | 320 | |
| | 4900 | 70 to 100 amp, FA | | 4 | 2 | | 279 | 55 | | 334 | 390 | |
| | 5000 | 15 to 60 amp, FH | | 5.30 | 1.509 | | 350 | 41.50 | | 391.50 | 450 | |
| | 5100 | 70 to 100 amp, FH | ↓ | 4 | 2 | | 390 | 55 | | 445 | 515 | |

# 163 | Motors, Starters, Boards and Switches

## 163 200 | Boards

| | | CREW | DAILY OUTPUT | MAN-HOURS | UNIT | 1994 BARE COSTS MAT. | LABOR | EQUIP. | TOTAL | TOTAL INCL O&P | |
|---|---|---|---|---|---|---|---|---|---|---|---|
| 255 | 5200 | 125 to 225 amp, KA | 1 Elec | 3.20 | 2.500 | Ea. | 650 | 69 | | 719 | 820 | 255 |
| | 5300 | 125 to 225 amp, KH | | 3.20 | 2.500 | | 1,475 | 69 | | 1,544 | 1,725 | |
| | 5400 | 125 to 400 amp, LA | | 2.30 | 3.478 | | 1,175 | 95.50 | | 1,270.50 | 1,450 | |
| | 5500 | 125 to 600 amp, MA | | 1.60 | 5 | | 1,925 | 138 | | 2,063 | 2,325 | |
| | 5600 | 700 & 800 amp, MA | | 1.30 | 6.154 | | 2,500 | 169 | | 2,669 | 3,000 | |
| 260 | 0010 | **SWITCHBOARDS** Incoming main service section, | R163 -260 | | | | | | | | | 260 |
| | 0100 | Aluminum bus bars, not including CT's or PT's | | | | | | | | | | |
| | 0200 | No main disconnect, includes CT compartment | | | | | | | | | | |
| | 0300 | 120/208 volt, 4 wire, 600 amp | 1 Elec | .50 | 16 | Ea. | 2,225 | 440 | | 2,665 | 3,100 | |
| | 0400 | 800 amp | | .44 | 18.182 | | 2,425 | 500 | | 2,925 | 3,425 | |
| | 0500 | 1000 amp | | .40 | 20 | | 2,800 | 550 | | 3,350 | 3,900 | |
| | 0600 | 1200 amp | | .36 | 22.222 | | 3,000 | 610 | | 3,610 | 4,225 | |
| | 0700 | 1600 amp | | .33 | 24.242 | | 3,275 | 665 | | 3,940 | 4,600 | |
| | 0800 | 2000 amp | | .31 | 25.806 | | 3,525 | 710 | | 4,235 | 4,950 | |
| | 1000 | 3000 amp | | .28 | 28.571 | | 4,550 | 785 | | 5,335 | 6,175 | |
| | 1200 | 277/480 volt, 4 wire, 600 amp | | .50 | 16 | | 2,250 | 440 | | 2,690 | 3,125 | |
| | 1300 | 800 amp | | .44 | 18.182 | | 2,425 | 500 | | 2,925 | 3,425 | |
| | 1400 | 1000 amp | | .40 | 20 | | 2,800 | 550 | | 3,350 | 3,900 | |
| | 1500 | 1200 amp | | .36 | 22.222 | | 3,000 | 610 | | 3,610 | 4,225 | |
| | 1600 | 1600 amp | | .33 | 24.242 | | 3,250 | 665 | | 3,915 | 4,575 | |
| | 1700 | 2000 amp | | .31 | 25.806 | | 3,525 | 710 | | 4,235 | 4,950 | |
| | 1800 | 3000 amp | | .28 | 28.571 | | 4,500 | 785 | | 5,285 | 6,125 | |
| | 1900 | 4000 amp | | .26 | 30.769 | | 5,600 | 845 | | 6,445 | 7,425 | |
| | 2000 | Fused switch & CT compartment | | | | | | | | | | |
| | 2100 | 120/208 volt, 4 wire, 400 amp | 1 Elec | .56 | 14.286 | Ea. | 3,100 | 395 | | 3,495 | 4,000 | |
| | 2200 | 600 amp | | .47 | 17.021 | | 3,600 | 470 | | 4,070 | 4,650 | |
| | 2300 | 800 amp | | .42 | 19.048 | | 4,850 | 525 | | 5,375 | 6,125 | |
| | 2400 | 1200 amp | | .34 | 23.529 | | 6,025 | 645 | | 6,670 | 7,600 | |
| | 2500 | 277/480 volt, 4 wire, 400 amp | | .57 | 14.035 | | 3,175 | 385 | | 3,560 | 4,075 | |
| | 2600 | 600 amp | | .47 | 17.021 | | 3,650 | 470 | | 4,120 | 4,725 | |
| | 2700 | 800 amp | | .42 | 19.048 | | 4,875 | 525 | | 5,400 | 6,175 | |
| | 2800 | 1200 amp | | .34 | 23.529 | | 6,100 | 645 | | 6,745 | 7,675 | |
| | 2900 | Pressure switch & CT compartment | | | | | | | | | | |
| | 3000 | 120/208 volt, 4 wire, 800 amp | 1 Elec | .40 | 20 | Ea. | 6,675 | 550 | | 7,225 | 8,175 | |
| | 3100 | 1200 amp | | .33 | 24.242 | | 7,600 | 665 | | 8,265 | 9,350 | |
| | 3200 | 1600 amp | | .31 | 25.806 | | 8,450 | 710 | | 9,160 | 10,400 | |
| | 3300 | 2000 amp | | .28 | 28.571 | | 9,875 | 785 | | 10,660 | 12,100 | |
| | 3310 | 2500 amp | | .25 | 32 | | 11,200 | 880 | | 12,080 | 13,600 | |
| | 3320 | 3000 amp | | .22 | 36.364 | | 17,000 | 1,000 | | 18,000 | 20,200 | |
| | 3330 | 4000 amp | | .20 | 40 | | 22,400 | 1,100 | | 23,500 | 26,300 | |
| | 3400 | 277/480 volt, 4 wire, 800 amp | | .40 | 20 | | 9,750 | 550 | | 10,300 | 11,500 | |
| | 3600 | 1200 amp, with ground fault | | .33 | 24.242 | | 11,400 | 665 | | 12,065 | 13,500 | |
| | 4000 | 1600 amp, with ground fault | | .31 | 25.806 | | 12,300 | 710 | | 13,010 | 14,600 | |
| | 4200 | 2000 amp, with ground fault | | .28 | 28.571 | | 14,700 | 785 | | 15,485 | 17,400 | |
| | 4400 | Circuit breaker, molded case & CT compartment | | | | | | | | | | |
| | 4600 | 3 pole, 4 wire, 600 amp | 1 Elec | .47 | 17.021 | Ea. | 4,975 | 470 | | 5,445 | 6,175 | |
| | 4800 | 800 amp | | .42 | 19.048 | | 5,325 | 525 | | 5,850 | 6,650 | |
| | 5000 | 1200 amp | | .34 | 23.529 | | 7,350 | 645 | | 7,995 | 9,050 | |
| | 5100 | Copper bus bars, not incl. CT's or PT's, add, minimum | | | | | 15% | | | | | |
| 262 | 0010 | **SWITCHBOARD** (in plant distribution) | | | | | | | | | | 262 |
| | 0100 | Main lugs only, to 600 volt, 3 pole, 3 wire, 200 amp | 1 Elec | .60 | 13.333 | Ea. | 1,425 | 365 | | 1,790 | 2,125 | |
| | 0110 | 400 amp | | .60 | 13.333 | | 1,425 | 365 | | 1,790 | 2,125 | |
| | 0120 | 600 amp | | .60 | 13.333 | | 1,550 | 365 | | 1,915 | 2,250 | |
| | 0130 | 800 amp | | .54 | 14.815 | | 1,650 | 405 | | 2,055 | 2,450 | |
| | 0140 | 1200 amp | | .46 | 17.391 | | 2,025 | 480 | | 2,505 | 2,950 | |

## 163 | Motors, Starters, Boards and Switches

### 163 200 | Boards

| | | CREW | DAILY OUTPUT | MAN-HOURS | UNIT | 1994 BARE COSTS | | | | TOTAL INCL O&P |
|---|---|---|---|---|---|---|---|---|---|---|
| | | | | | | MAT. | LABOR | EQUIP. | TOTAL | |
| 0150 | 1600 amp | 1 Elec | .43 | 18.605 | Ea. | 2,575 | 510 | | 3,085 | 3,600 |
| 0160 | 2000 amp | | .41 | 19.512 | | 2,850 | 535 | | 3,385 | 3,925 |
| 0250 | To 480 volt, 3 pole, 4 wire, 200 amp | | .60 | 13.333 | | 1,300 | 365 | | 1,665 | 1,975 |
| 0260 | 400 amp | | .60 | 13.333 | | 1,475 | 365 | | 1,840 | 2,175 |
| 0270 | 600 amp | | .60 | 13.333 | | 1,600 | 365 | | 1,965 | 2,300 |
| 0280 | 800 amp | | .54 | 14.815 | | 1,775 | 405 | | 2,180 | 2,575 |
| 0290 | 1200 amp | | .46 | 17.391 | | 2,200 | 480 | | 2,680 | 3,150 |
| 0300 | 1600 amp | | .43 | 18.605 | | 2,475 | 510 | | 2,985 | 3,500 |
| 0310 | 2000 amp | | .41 | 19.512 | | 2,925 | 535 | | 3,460 | 4,025 |
| 0400 | Main circuit breaker, to 600 volt, 3 pole, 3 wire, 200 amp | | .60 | 13.333 | | 2,750 | 365 | | 3,115 | 3,575 |
| 0410 | 400 amp | | .57 | 14.035 | | 3,000 | 385 | | 3,385 | 3,875 |
| 0420 | 600 amp | | .55 | 14.545 | | 3,550 | 400 | | 3,950 | 4,500 |
| 0430 | 800 amp | | .52 | 15.385 | | 4,075 | 425 | | 4,500 | 5,100 |
| 0440 | 1200 amp | | .44 | 18.182 | | 6,675 | 500 | | 7,175 | 8,100 |
| 0450 | 1600 amp | | .42 | 19.048 | | 7,725 | 525 | | 8,250 | 9,300 |
| 0460 | 2000 amp | | .40 | 20 | | 8,250 | 550 | | 8,800 | 9,900 |
| 0550 | 277/480 volt, 3 pole, 4 wire, 200 amp | | .60 | 13.333 | | 2,700 | 365 | | 3,065 | 3,525 |
| 0560 | 400 amp | | .57 | 14.035 | | 3,050 | 385 | | 3,435 | 3,925 |
| 0570 | 600 amp | | .55 | 14.545 | | 3,675 | 400 | | 4,075 | 4,650 |
| 0580 | 800 amp | | .52 | 15.385 | | 4,150 | 425 | | 4,575 | 5,200 |
| 0590 | 1200 amp | | .44 | 18.182 | | 6,750 | 500 | | 7,250 | 8,175 |
| 0600 | 1600 amp | | .42 | 19.048 | | 8,400 | 525 | | 8,925 | 10,000 |
| 0610 | 2000 amp | | .40 | 20 | | 8,975 | 550 | | 9,525 | 10,700 |
| 0700 | Main fusible switch w/fuse, 208/240 volt, 3 pole, 3 wire, 200 amp | | .60 | 13.333 | | 1,950 | 365 | | 2,315 | 2,700 |
| 0710 | 400 amp | | .57 | 14.035 | | 2,400 | 385 | | 2,785 | 3,225 |
| 0720 | 600 amp | | .55 | 14.545 | | 2,850 | 400 | | 3,250 | 3,725 |
| 0730 | 800 amp | | .52 | 15.385 | | 4,150 | 425 | | 4,575 | 5,200 |
| 0740 | 1200 amp | | .44 | 18.182 | | 5,200 | 500 | | 5,700 | 6,475 |
| 0800 | 120/208, 120/240 volt, 3 pole, 4 wire, 200 amp | | .60 | 13.333 | | 1,975 | 365 | | 2,340 | 2,725 |
| 0810 | 400 amp | | .57 | 14.035 | | 2,450 | 385 | | 2,835 | 3,275 |
| 0820 | 600 amp | | .55 | 14.545 | | 2,900 | 400 | | 3,300 | 3,800 |
| 0830 | 800 amp | | .52 | 15.385 | | 4,275 | 425 | | 4,700 | 5,325 |
| 0840 | 1200 amp | | .44 | 18.182 | | 5,325 | 500 | | 5,825 | 6,600 |
| 0900 | 480 or 600 volt, 3 pole, 3 wire, 200 amp | | .60 | 13.333 | | 2,400 | 365 | | 2,765 | 3,200 |
| 0910 | 400 amp | | .57 | 14.035 | | 2,675 | 385 | | 3,060 | 3,525 |
| 0920 | 600 amp | | .55 | 14.545 | | 3,050 | 400 | | 3,450 | 3,950 |
| 0930 | 800 amp | | .52 | 15.385 | | 4,175 | 425 | | 4,600 | 5,225 |
| 0940 | 1200 amp | | .44 | 18.182 | | 5,250 | 500 | | 5,750 | 6,525 |
| 1000 | 277 or 480 volt, 3 pole, 4 wire, 200 amp | | .60 | 13.333 | | 2,625 | 365 | | 2,990 | 3,450 |
| 1010 | 400 amp | | .57 | 14.035 | | 2,725 | 385 | | 3,110 | 3,575 |
| 1020 | 600 amp | | .55 | 14.545 | | 3,150 | 400 | | 3,550 | 4,075 |
| 1030 | 800 amp | | .52 | 15.385 | | 4,275 | 425 | | 4,700 | 5,325 |
| 1040 | 1200 amp | | .44 | 18.182 | | 5,325 | 500 | | 5,825 | 6,600 |
| 1120 | 1600 amp | | .38 | 21.053 | | 6,850 | 580 | | 7,430 | 8,400 |
| 1130 | 2000 amp | | .34 | 23.529 | | 8,650 | 645 | | 9,295 | 10,500 |
| 1150 | Pressure switch, bolted, 3 pole, 208/240 volt, 3 wire, 800 amp | | .48 | 16.667 | | 5,400 | 460 | | 5,860 | 6,650 |
| 1160 | 1200 amp | | .40 | 20 | | 6,275 | 550 | | 6,825 | 7,725 |
| 1170 | 1600 amp | | .38 | 21.053 | | 7,175 | 580 | | 7,755 | 8,775 |
| 1180 | 2000 amp | | .34 | 23.529 | | 8,900 | 645 | | 9,545 | 10,800 |
| 1200 | 120/208 or 120/240 volt, 3 pole, 4 wire, 800 amp | | .48 | 16.667 | | 5,875 | 460 | | 6,335 | 7,175 |
| 1210 | 1200 amp | | .40 | 20 | | 7,025 | 550 | | 7,575 | 8,550 |
| 1220 | 1600 amp | | .38 | 21.053 | | 7,975 | 580 | | 8,555 | 9,650 |
| 1230 | 2000 amp | | .34 | 23.529 | | 9,825 | 645 | | 10,470 | 11,800 |
| 1300 | 480 or 600 volt, 3 wire, 800 amp | | .48 | 16.667 | | 5,950 | 460 | | 6,410 | 7,250 |
| 1310 | 1200 amp | | .40 | 20 | | 7,175 | 550 | | 7,725 | 8,725 |
| 1320 | 1600 amp | | .38 | 21.053 | | 8,075 | 580 | | 8,655 | 9,750 |

## 163 | Motors, Starters, Boards and Switches

### 163 200 | Boards

| | | CREW | DAILY OUTPUT | MAN-HOURS | UNIT | MAT. | LABOR | EQUIP. | TOTAL | TOTAL INCL O&P |
|---|---|---|---|---|---|---|---|---|---|---|
| 1330 | 2000 amp | 1 Elec | .34 | 23.529 | Ea. | 10,100 | 645 | | 10,745 | 12,100 |
| 1400 | 277-480 volt, 4 wire, 800 amp | | .48 | 16.667 | | 6,100 | 460 | | 6,560 | 7,400 |
| 1410 | 1200 amp | | .40 | 20 | | 7,200 | 550 | | 7,750 | 8,750 |
| 1420 | 1600 amp | | .38 | 21.053 | | 8,150 | 580 | | 8,730 | 9,850 |
| 1430 | 2000 amp | | .34 | 23.529 | | 10,100 | 645 | | 10,745 | 12,100 |
| 1500 | Main ground fault protector, 1200-2000 amp | | 2.70 | 2.963 | | 3,775 | 81.50 | | 3,856.50 | 4,275 |
| 1600 | Bus way connection, 200 amp | | 2.70 | 2.963 | | 246 | 81.50 | | 327.50 | 395 |
| 1610 | 400 amp | | 2.30 | 3.478 | | 285 | 95.50 | | 380.50 | 460 |
| 1620 | 600 amp | | 2 | 4 | | 380 | 110 | | 490 | 585 |
| 1630 | 800 amp | | 1.60 | 5 | | 395 | 138 | | 533 | 640 |
| 1640 | 1200 amp | | 1.30 | 6.154 | | 525 | 169 | | 694 | 835 |
| 1650 | 1600 amp | | 1.20 | 6.667 | | 625 | 183 | | 808 | 965 |
| 1660 | 2000 amp | | 1 | 8 | | 730 | 220 | | 950 | 1,125 |
| 1700 | Shunt trip for remote operation 200 amp | | 4 | 2 | | 750 | 55 | | 805 | 910 |
| 1710 | 400 amp | | 4 | 2 | | 1,200 | 55 | | 1,255 | 1,400 |
| 1720 | 600 amp | | 4 | 2 | | 1,875 | 55 | | 1,930 | 2,150 |
| 1730 | 800 amp | | 4 | 2 | | 2,400 | 55 | | 2,455 | 2,725 |
| 1740 | 1200-2000 amp | | 4 | 2 | | 5,100 | 55 | | 5,155 | 5,675 |
| 1800 | Motor operated main breaker 200 amp | | 4 | 2 | | 1,425 | 55 | | 1,480 | 1,650 |
| 1810 | 400 amp | | 4 | 2 | | 2,025 | 55 | | 2,080 | 2,300 |
| 1820 | 600 amp | | 4 | 2 | | 2,650 | 55 | | 2,705 | 3,000 |
| 1830 | 800 amp | | 4 | 2 | | 3,125 | 55 | | 3,180 | 3,525 |
| 1840 | 1200-2000 amp | | 4 | 2 | | 5,800 | 55 | | 5,855 | 6,450 |
| 1900 | Current/potential transformer metering compartment 200-800 amp | | 2.70 | 2.963 | | 940 | 81.50 | | 1,021.50 | 1,150 |
| 1940 | 1200 amp | | 2.70 | 2.963 | | 1,175 | 81.50 | | 1,256.50 | 1,425 |
| 1950 | 1600-2000 amp | | 2.70 | 2.963 | | 1,400 | 81.50 | | 1,481.50 | 1,675 |
| 2000 | With watt meter 200-800 amp | | 2 | 4 | | 2,675 | 110 | | 2,785 | 3,125 |
| 2040 | 1200 amp | | 2 | 4 | | 3,000 | 110 | | 3,110 | 3,475 |
| 2050 | 1600-2000 amp | | 2 | 4 | | 3,250 | 110 | | 3,360 | 3,750 |
| 2100 | Split bus 60-200 amp | | 5.30 | 1.509 | | 183 | 41.50 | | 224.50 | 264 |
| 2130 | 400 amp | | 2.30 | 3.478 | | 315 | 95.50 | | 410.50 | 490 |
| 2140 | 600 amp | | 1.80 | 4.444 | | 395 | 122 | | 517 | 620 |
| 2150 | 800 amp | | 1.30 | 6.154 | | 500 | 169 | | 669 | 805 |
| 2170 | 1200 amp | | 1 | 8 | | 570 | 220 | | 790 | 955 |
| 2250 | Contactor control 60 amp | | 2 | 4 | | 1,425 | 110 | | 1,535 | 1,750 |
| 2260 | 100 amp | | 1.50 | 5.333 | | 1,600 | 147 | | 1,747 | 1,975 |
| 2270 | 200 amp | | 1 | 8 | | 2,400 | 220 | | 2,620 | 2,975 |
| 2280 | 400 amp | | .50 | 16 | | 7,300 | 440 | | 7,740 | 8,675 |
| 2290 | 600 amp | | .42 | 19.048 | | 8,175 | 525 | | 8,700 | 9,800 |
| 2300 | 800 amp | | .36 | 22.222 | | 9,725 | 610 | | 10,335 | 11,600 |
| 2500 | Modifier, two distribution sections, add | | .40 | 20 | | 1,850 | 550 | | 2,400 | 2,850 |
| 2520 | Three distribution sections, add | | .20 | 40 | | 3,650 | 1,100 | | 4,750 | 5,675 |
| 2560 | Auxiliary pull section, 20", add | | 1 | 8 | | 1,175 | 220 | | 1,395 | 1,625 |
| 2580 | 24", add | | .90 | 8.889 | | 1,350 | 244 | | 1,594 | 1,850 |
| 2600 | 30", add | | .80 | 10 | | 1,500 | 275 | | 1,775 | 2,075 |
| 2620 | 36", add | | .70 | 11.429 | | 1,625 | 315 | | 1,940 | 2,275 |
| 2640 | Dog house, 12", add | | 1.20 | 6.667 | | 350 | 183 | | 533 | 660 |
| 2660 | 18", add | | 1 | 8 | | 400 | 220 | | 620 | 770 |
| 3000 | Transition section between switchboard and transformer | | | | | | | | | |
| 3050 | or motor control center, 4 wire alum. bus, 600 amp | 1 Elec | .57 | 14.035 | Ea. | 1,500 | 385 | | 1,885 | 2,225 |
| 3100 | 800 amp | | .50 | 16 | | 1,775 | 440 | | 2,215 | 2,600 |
| 3150 | 1000 amp | | .44 | 18.182 | | 1,825 | 500 | | 2,325 | 2,750 |
| 3200 | 1200 amp | | .40 | 20 | | 2,075 | 550 | | 2,625 | 3,100 |
| 3250 | 1600 amp | | .36 | 22.222 | | 2,275 | 610 | | 2,885 | 3,425 |
| 3300 | 2000 amp | | .33 | 24.242 | | 2,550 | 665 | | 3,215 | 3,800 |
| 3350 | 2500 amp | | .31 | 25.806 | | 2,800 | 710 | | 3,510 | 4,150 |

## 163 | Motors, Starters, Boards and Switches

### 163 200 | Boards

| | | | CREW | DAILY OUTPUT | MAN-HOURS | UNIT | MAT. | LABOR | EQUIP. | TOTAL | TOTAL INCL O&P | |
|---|---|---|---|---|---|---|---|---|---|---|---|---|
| 262 | 3400 | 3000 amp | 1 Elec | .28 | 28.571 | Ea. | 3,075 | 785 | | 3,860 | 4,550 | 262 |
| | 4000 | Weatherproof construction, per vertical section | ↓ | .88 | 9.091 | ↓ | 2,400 | 250 | | 2,650 | 3,025 | |
| 264 | 0010 | **DISTRIBUTION SECTION** R163-265 | | | | | | | | | | 264 |
| | 0100 | Aluminum bus bars, not including breakers | | | | | | | | | | |
| | 0160 | Subfeed lug-rated at 60 amp | 1 Elec | .65 | 12.308 | Ea. | 930 | 340 | | 1,270 | 1,525 | |
| | 0170 | 100 amp | | .63 | 12.698 | | 1,075 | 350 | | 1,425 | 1,700 | |
| | 0180 | 200 amp | | .60 | 13.333 | | 1,200 | 365 | | 1,565 | 1,875 | |
| | 0190 | 400 amp | | .55 | 14.545 | | 1,300 | 400 | | 1,700 | 2,025 | |
| | 0200 | 120/208 or 277/480 volt, 4 wire, 600 amp | | .50 | 16 | | 1,525 | 440 | | 1,965 | 2,325 | |
| | 0300 | 800 amp | | .44 | 18.182 | | 1,650 | 500 | | 2,150 | 2,575 | |
| | 0400 | 1000 amp | | .40 | 20 | | 1,800 | 550 | | 2,350 | 2,800 | |
| | 0500 | 1200 amp | | .36 | 22.222 | | 1,950 | 610 | | 2,560 | 3,075 | |
| | 0600 | 1600 amp | | .33 | 24.242 | | 2,200 | 665 | | 2,865 | 3,425 | |
| | 0700 | 2000 amp | | .31 | 25.806 | | 2,425 | 710 | | 3,135 | 3,750 | |
| | 0800 | 2500 amp | | .30 | 26.667 | | 3,025 | 735 | | 3,760 | 4,425 | |
| | 0900 | 3000 amp | | .28 | 28.571 | | 3,450 | 785 | | 4,235 | 4,975 | |
| | 0950 | 4000 amp | ↓ | .26 | 30.769 | ↓ | 4,450 | 845 | | 5,295 | 6,175 | |
| 266 | 0010 | **FEEDER SECTION** Group mounted devices R163-270 | | | | | | | | | | 266 |
| | 0030 | Circuit breakers | | | | | | | | | | |
| | 0160 | FA frame, 15 to 60 amp, 240 volt, 1 pole | 1 Elec | 8 | 1 | Ea. | 53 | 27.50 | | 80.50 | 100 | |
| | 0170 | 2 pole | | 7 | 1.143 | | 95 | 31.50 | | 126.50 | 153 | |
| | 0180 | 3 pole | | 5.30 | 1.509 | | 138 | 41.50 | | 179.50 | 215 | |
| | 0210 | 480 volt, 1 pole | | 8 | 1 | | 72 | 27.50 | | 99.50 | 121 | |
| | 0220 | 2 pole | | 7 | 1.143 | | 156 | 31.50 | | 187.50 | 220 | |
| | 0230 | 3 pole | | 5.30 | 1.509 | | 199 | 41.50 | | 240.50 | 282 | |
| | 0260 | 600 volt, 2 pole | | 7 | 1.143 | | 186 | 31.50 | | 217.50 | 253 | |
| | 0270 | 3 pole | | 5.30 | 1.509 | | 232 | 41.50 | | 273.50 | 320 | |
| | 0280 | FA frame, 70 to 100 amp, 240 volt, 1 pole | | 7 | 1.143 | | 69 | 31.50 | | 100.50 | 124 | |
| | 0310 | 2 pole | | 5 | 1.600 | | 147 | 44 | | 191 | 228 | |
| | 0320 | 3 pole | | 4 | 2 | | 187 | 55 | | 242 | 289 | |
| | 0330 | 480 volt, 1 pole | | 7 | 1.143 | | 80 | 31.50 | | 111.50 | 136 | |
| | 0360 | 2 pole | | 5 | 1.600 | | 199 | 44 | | 243 | 285 | |
| | 0370 | 3 pole | | 4 | 2 | | 239 | 55 | | 294 | 345 | |
| | 0380 | 600 volt, 2 pole | | 5 | 1.600 | | 227 | 44 | | 271 | 315 | |
| | 0410 | 3 pole | | 4 | 2 | | 279 | 55 | | 334 | 390 | |
| | 0420 | KA frame, 70 to 225 amp | | 3.20 | 2.500 | | 645 | 69 | | 714 | 815 | |
| | 0430 | LA frame, 125 to 400 amp | | 2.30 | 3.478 | | 1,175 | 95.50 | | 1,270.50 | 1,450 | |
| | 0460 | MA frame, 450 to 600 amp | | 1.60 | 5 | | 1,925 | 138 | | 2,063 | 2,325 | |
| | 0470 | 700 to 800 amp | | 1.30 | 6.154 | | 2,400 | 169 | | 2,569 | 2,900 | |
| | 0480 | 1000 amp | | 1 | 8 | | 4,625 | 220 | | 4,845 | 5,425 | |
| | 0490 | PA frame, 1200 amp | | .80 | 10 | | 5,175 | 275 | | 5,450 | 6,125 | |
| | 0500 | Branch circuit, fusible switch, 600 volt, double 30/30 amp | | 4 | 2 | | 340 | 55 | | 395 | 460 | |
| | 0550 | 60/60 amp | | 3.20 | 2.500 | | 340 | 69 | | 409 | 480 | |
| | 0600 | 100/100 amp | | 2.70 | 2.963 | | 550 | 81.50 | | 631.50 | 730 | |
| | 0650 | Single, 30 amp | | 5.30 | 1.509 | | 180 | 41.50 | | 221.50 | 261 | |
| | 0700 | 60 amp | | 4.70 | 1.702 | | 180 | 47 | | 227 | 269 | |
| | 0750 | 100 amp | | 4 | 2 | | 280 | 55 | | 335 | 395 | |
| | 0800 | 200 amp | | 2.70 | 2.963 | | 640 | 81.50 | | 721.50 | 830 | |
| | 0850 | 400 amp | | 2.30 | 3.478 | | 1,375 | 95.50 | | 1,470.50 | 1,675 | |
| | 0900 | 600 amp | | 1.80 | 4.444 | | 1,700 | 122 | | 1,822 | 2,050 | |
| | 0950 | 800 amp | | 1.30 | 6.154 | | 2,800 | 169 | | 2,969 | 3,325 | |
| | 1000 | 1200 amp | ↓ | .80 | 10 | ↓ | 3,600 | 275 | | 3,875 | 4,375 | |
| | 1080 | Branch circuit, circuit breakers, high interrupting capacity | | | | | | | | | | |
| | 1100 | 60 amp, 240, 480 or 600 volt, 1 pole | 1 Elec | 8 | 1 | Ea. | 122 | 27.50 | | 149.50 | 176 | |
| | 1120 | 2 pole | ↓ | 7 | 1.143 | ↓ | 292 | 31.50 | | 323.50 | 370 | |

## 163 | Motors, Starters, Boards and Switches

### 163 200 | Boards

| | | CREW | DAILY OUTPUT | MAN-HOURS | UNIT | 1994 BARE COSTS MAT. | LABOR | EQUIP. | TOTAL | TOTAL INCL O&P | |
|---|---|---|---|---|---|---|---|---|---|---|---|
| 1140 | 3 pole | 1 Elec | 5.30 | 1.509 | Ea. | 345 | 41.50 | | 386.50 | 445 | 266 |
| 1150 | 100 amp, 240, 480 or 600 volt, 1 pole | | 7 | 1.143 | | 135 | 31.50 | | 166.50 | 197 | |
| 1160 | 2 pole | | 5 | 1.600 | | 350 | 44 | | 394 | 450 | |
| 1180 | 3 pole | | 4 | 2 | | 390 | 55 | | 445 | 515 | |
| 1200 | 225 amp, 240, 480 or 600 volt, 2 pole | | 3.50 | 2.286 | | 1,225 | 63 | | 1,288 | 1,450 | |
| 1220 | 3 pole | | 3.20 | 2.500 | | 1,475 | 69 | | 1,544 | 1,725 | |
| 1240 | 400 amp, 240, 480 or 600 volt, 2 pole | | 2.50 | 3.200 | | 1,575 | 88 | | 1,663 | 1,850 | |
| 1260 | 3 pole | | 2.30 | 3.478 | | 1,875 | 95.50 | | 1,970.50 | 2,225 | |
| 1280 | 600 amp, 240, 480 or 600 volt, 2 pole | | 1.80 | 4.444 | | 1,925 | 122 | | 2,047 | 2,300 | |
| 1300 | 3 pole | | 1.60 | 5 | | 2,325 | 138 | | 2,463 | 2,750 | |
| 1320 | 800 amp, 240, 480 or 600 volt, 2 pole | | 1.50 | 5.333 | | 2,350 | 147 | | 2,497 | 2,800 | |
| 1340 | 3 pole | | 1.30 | 6.154 | | 2,950 | 169 | | 3,119 | 3,500 | |
| 1360 | 1000 amp, 240, 480 or 600 volt, 2 pole | | 1.10 | 7.273 | | 4,400 | 200 | | 4,600 | 5,150 | |
| 1380 | 3 pole | | 1 | 8 | | 4,800 | 220 | | 5,020 | 5,600 | |
| 1400 | 1200 amp, 240, 480 or 600 volt, 2 pole | | .90 | 8.889 | | 4,400 | 244 | | 4,644 | 5,225 | |
| 1420 | 3 pole | | .80 | 10 | | 4,800 | 275 | | 5,075 | 5,700 | |
| 1700 | Fusible switch, 240 V, 60 amp, 2 pole | | 3.20 | 2.500 | | 195 | 69 | | 264 | 320 | |
| 1720 | 3 pole | | 3 | 2.667 | | 267 | 73.50 | | 340.50 | 405 | |
| 1740 | 100 amp, 2 pole | | 2.70 | 2.963 | | 296 | 81.50 | | 377.50 | 450 | |
| 1760 | 3 pole | | 2.50 | 3.200 | | 375 | 88 | | 463 | 545 | |
| 1780 | 200 amp, 2 pole | | 2 | 4 | | 365 | 110 | | 475 | 565 | |
| 1800 | 3 pole | | 1.90 | 4.211 | | 505 | 116 | | 621 | 730 | |
| 1820 | 400 amp, 2 pole | | 1.50 | 5.333 | | 775 | 147 | | 922 | 1,075 | |
| 1840 | 3 pole | | 1.30 | 6.154 | | 1,125 | 169 | | 1,294 | 1,500 | |
| 1860 | 600 amp, 2 pole | | 1 | 8 | | 1,250 | 220 | | 1,470 | 1,700 | |
| 1880 | 3 pole | | .90 | 8.889 | | 1,575 | 244 | | 1,819 | 2,100 | |
| 1900 | 240-600 V, 800 amp, 2 pole | | .70 | 11.429 | | 2,200 | 315 | | 2,515 | 2,900 | |
| 1920 | 3 pole | | .60 | 13.333 | | 2,850 | 365 | | 3,215 | 3,675 | |
| 2000 | 600 V, 60 amp, 2 pole | | 3.20 | 2.500 | | 292 | 69 | | 361 | 425 | |
| 2040 | 100 amp, 2 pole | | 2.70 | 2.963 | | 440 | 81.50 | | 521.50 | 610 | |
| 2080 | 200 amp, 2 pole | | 2 | 4 | | 495 | 110 | | 605 | 710 | |
| 2120 | 400 amp, 2 pole | | 1.50 | 5.333 | | 1,050 | 147 | | 1,197 | 1,375 | |
| 2160 | 600 amp, 2 pole | | 1 | 8 | | 1,350 | 220 | | 1,570 | 1,800 | |
| 2500 | Branch circuit, circuit breakers, 60 amp, 600 volt, 3 pole | | 5.30 | 1.509 | | 232 | 41.50 | | 273.50 | 320 | |
| 2520 | 240, 480 or 600 volt, 1 pole | | 8 | 1 | | 72 | 27.50 | | 99.50 | 121 | |
| 2540 | 240 volt, 2 pole | | 7 | 1.143 | | 95 | 31.50 | | 126.50 | 153 | |
| 2560 | 480 or 600 volt, 2 pole | | 7 | 1.143 | | 192 | 31.50 | | 223.50 | 259 | |
| 2580 | 240 volt, 3 pole | | 5.30 | 1.509 | | 137 | 41.50 | | 178.50 | 214 | |
| 2600 | 480 volt, 3 pole | | 5.30 | 1.509 | | 199 | 41.50 | | 240.50 | 282 | |
| 2620 | 100 amp, 600 volt, 2 pole | | 5 | 1.600 | | 227 | 44 | | 271 | 315 | |
| 2640 | 3 pole | | 4 | 2 | | 279 | 55 | | 334 | 390 | |
| 2660 | 480 volt, 2 pole | | 5 | 1.600 | | 199 | 44 | | 243 | 285 | |
| 2680 | 240 volt, 2 pole | | 5 | 1.600 | | 147 | 44 | | 191 | 228 | |
| 2700 | 3 pole | | 4 | 2 | | 181 | 55 | | 236 | 282 | |
| 2720 | 480 volt, 3 pole | | 4 | 2 | | 232 | 55 | | 287 | 340 | |
| 2740 | 225 amp, 240, 480 or 600 volt, 2 pole | | 3.50 | 2.286 | | 495 | 63 | | 558 | 640 | |
| 2760 | 3 pole | | 3.20 | 2.500 | | 605 | 69 | | 674 | 770 | |
| 2780 | 400 amp, 240, 480 or 600 volt, 2 pole | | 2.50 | 3.200 | | 895 | 88 | | 983 | 1,125 | |
| 2800 | 3 pole | | 2.30 | 3.478 | | 1,100 | 95.50 | | 1,195.50 | 1,350 | |
| 2820 | 600 amp, 240 or 480 volt, 2 pole | | 1.80 | 4.444 | | 1,450 | 122 | | 1,572 | 1,775 | |
| 2840 | 3 pole | | 1.60 | 5 | | 1,750 | 138 | | 1,888 | 2,125 | |
| 2860 | 800 amp, 240, 480 volt or 600 volt, 2 pole | | 1.50 | 5.333 | | 1,800 | 147 | | 1,947 | 2,200 | |
| 2880 | 3 pole | | 1.30 | 6.154 | | 2,250 | 169 | | 2,419 | 2,725 | |
| 2900 | 1000 amp, 240, 480 or 600 volt, 2 pole | | 1.10 | 7.273 | | 4,400 | 200 | | 4,600 | 5,150 | |
| 2920 | 480 volt, 600 volt, 3 pole | | 1 | 8 | | 4,800 | 220 | | 5,020 | 5,600 | |
| 2940 | 1200 amp, 240, 480 or 600 volt, 2 pole | | .90 | 8.889 | | 4,400 | 244 | | 4,644 | 5,225 | |

## 163 | Motors, Starters, Boards and Switches

### 163 200 | Boards

| | | | CREW | DAILY OUTPUT | MAN-HOURS | UNIT | MAT. | LABOR | EQUIP. | TOTAL | TOTAL INCL O&P | |
|---|---|---|---|---|---|---|---|---|---|---|---|---|
| 266 | 2960 | 3 pole | 1 Elec | .80 | 10 | Ea. | 4,800 | 275 | | 5,075 | 5,700 | 266 |
| | 2980 | 600 volt, 3 pole | ↓ | .80 | 10 | ↓ | 4,800 | 275 | | 5,075 | 5,700 | |
| 268 | 0010 | **SWITCHBOARD INSTRUMENTS** 3 phase, 4 wire | | | | | | | | | | 268 |
| | 0100 | AC indicating, ammeter & switch | 1 Elec | 8 | 1 | Ea. | 1,200 | 27.50 | | 1,227.50 | 1,375 | |
| | 0200 | Voltmeter & switch | | 8 | 1 | | 1,200 | 27.50 | | 1,227.50 | 1,375 | |
| | 0300 | Wattmeter | | 8 | 1 | | 1,925 | 27.50 | | 1,952.50 | 2,175 | |
| | 0400 | AC recording, ammeter | | 4 | 2 | | 5,350 | 55 | | 5,405 | 5,950 | |
| | 0500 | Voltmeter | | 4 | 2 | | 5,350 | 55 | | 5,405 | 5,950 | |
| | 0600 | Ground fault protection, zero sequence | | 2.70 | 2.963 | | 3,775 | 81.50 | | 3,856.50 | 4,275 | |
| | 0700 | Ground return path | | 2.70 | 2.963 | | 3,775 | 81.50 | | 3,856.50 | 4,275 | |
| | 0800 | 3 current transformers, 5 to 800 amp | | 2 | 4 | | 925 | 110 | | 1,035 | 1,200 | |
| | 0900 | 1000 to 1500 amp | | 1.30 | 6.154 | | 1,725 | 169 | | 1,894 | 2,150 | |
| | 1200 | 2000 to 4000 amp | | 1 | 8 | | 2,225 | 220 | | 2,445 | 2,775 | |
| | 1300 | Fused potential transformer, maximum 600 volt | ↓ | 8 | 1 | ↓ | 615 | 27.50 | | 642.50 | 715 | |

### 163 300 | Switches

| | | | CREW | DAILY OUTPUT | MAN-HOURS | UNIT | MAT. | LABOR | EQUIP. | TOTAL | TOTAL INCL O&P | |
|---|---|---|---|---|---|---|---|---|---|---|---|---|
| 310 | 0010 | **CONTACTORS, AC** Enclosed (NEMA 1) | | | | | | | | | | 310 |
| | 0050 | Lighting, 600 volt 3 pole, electrically held | | | | | | | | | | |
| | 0100 | 20 amp | 1 Elec | 4 | 2 | Ea. | 137 | 55 | | 192 | 234 | |
| | 0200 | 30 amp | | 3.60 | 2.222 | | 154 | 61 | | 215 | 261 | |
| | 0300 | 60 amp | | 3 | 2.667 | | 305 | 73.50 | | 378.50 | 445 | |
| | 0400 | 100 amp | | 2.50 | 3.200 | | 510 | 88 | | 598 | 690 | |
| | 0500 | 200 amp | | 1.40 | 5.714 | | 1,200 | 157 | | 1,357 | 1,550 | |
| | 0600 | 300 amp | | .80 | 10 | | 2,550 | 275 | | 2,825 | 3,225 | |
| | 0800 | Mechanically held, 30 amp | | 3.60 | 2.222 | | 215 | 61 | | 276 | 330 | |
| | 0900 | 60 amp | | 3 | 2.667 | | 460 | 73.50 | | 533.50 | 615 | |
| | 1000 | 75 amp | | 2.80 | 2.857 | | 655 | 78.50 | | 733.50 | 840 | |
| | 1100 | 100 amp | | 2.50 | 3.200 | | 655 | 88 | | 743 | 850 | |
| | 1200 | 150 amp | | 2 | 4 | | 1,800 | 110 | | 1,910 | 2,150 | |
| | 1300 | 200 amp | | 1.40 | 5.714 | | 1,800 | 157 | | 1,957 | 2,200 | |
| | 1500 | Magnetic with auxiliary contact, size 00, 9 amp | | 4 | 2 | | 107 | 55 | | 162 | 201 | |
| | 1600 | Size 0, 18 amp | | 4 | 2 | | 133 | 55 | | 188 | 229 | |
| | 1700 | Size 1, 27 amp | | 3.60 | 2.222 | | 154 | 61 | | 215 | 261 | |
| | 1800 | Size 2, 45 amp | | 3 | 2.667 | | 305 | 73.50 | | 378.50 | 445 | |
| | 1900 | Size 3, 90 amp | | 2.50 | 3.200 | | 510 | 88 | | 598 | 690 | |
| | 2000 | Size 4, 135 amp | | 2.30 | 3.478 | | 1,200 | 95.50 | | 1,295.50 | 1,475 | |
| | 2100 | Size 5, 270 amp | | .90 | 8.889 | | 2,550 | 244 | | 2,794 | 3,175 | |
| | 2200 | Size 6, 540 amp | | .60 | 13.333 | | 7,300 | 365 | | 7,665 | 8,575 | |
| | 2300 | Size 7, 810 amp | | .50 | 16 | | 9,825 | 440 | | 10,265 | 11,500 | |
| | 2310 | Size 8, 1215 amp | | .40 | 20 | | 15,400 | 550 | | 15,950 | 17,700 | |
| | 2500 | Magnetic, 240 volt, 1-2 pole, .75 HP motor | | 4 | 2 | | 106 | 55 | | 161 | 200 | |
| | 2520 | 2 HP motor | | 3.60 | 2.222 | | 133 | 61 | | 194 | 238 | |
| | 2540 | 5 HP motor | | 2.50 | 3.200 | | 284 | 88 | | 372 | 440 | |
| | 2560 | 10 HP motor | | 1.40 | 5.714 | | 460 | 157 | | 617 | 740 | |
| | 2600 | 240 volt or less, 3 pole, .75 HP motor | | 4 | 2 | | 107 | 55 | | 162 | 201 | |
| | 2620 | 5 HP motor | | 3.60 | 2.222 | | 155 | 61 | | 216 | 263 | |
| | 2640 | 10 HP motor | | 3.60 | 2.222 | | 305 | 61 | | 366 | 425 | |
| | 2660 | 15 HP motor | | 2.50 | 3.200 | | 305 | 88 | | 393 | 465 | |
| | 2700 | 25 HP motor | | 2.50 | 3.200 | | 510 | 88 | | 598 | 690 | |
| | 2720 | 30 HP motor | | 1.40 | 5.714 | | 510 | 157 | | 667 | 795 | |
| | 2740 | 40 HP motor | | 1.40 | 5.714 | | 1,175 | 157 | | 1,332 | 1,525 | |
| | 2760 | 50 HP motor | | .80 | 10 | | 1,175 | 275 | | 1,450 | 1,725 | |
| | 2800 | 75 HP motor | | .80 | 10 | | 2,525 | 275 | | 2,800 | 3,200 | |
| | 2820 | 100 HP motor | | .50 | 16 | | 2,525 | 440 | | 2,965 | 3,425 | |
| | 2860 | 150 HP motor | | .50 | 16 | | 7,425 | 440 | | 7,865 | 8,825 | |
| | 2880 | 200 HP motor | ↓ | .50 | 16 | | 7,425 | 440 | | 7,865 | 8,825 | |

## 163 | Motors, Starters, Boards and Switches

### 163 300 | Switches

| | | | CREW | DAILY OUTPUT | MAN-HOURS | UNIT | 1994 BARE COSTS MAT. | LABOR | EQUIP. | TOTAL | TOTAL INCL O&P | |
|---|---|---|---|---|---|---|---|---|---|---|---|---|
| 310 | 3000 | 600 volt, 3 pole, 5 HP motor | 1 Elec | 4 | 2 | Ea. | 133 | 55 | | 188 | 229 | 310 |
| | 3020 | 10 HP motor | | 3.60 | 2.222 | | 155 | 61 | | 216 | 263 | |
| | 3040 | 25 HP motor | | 3 | 2.667 | | 305 | 73.50 | | 378.50 | 450 | |
| | 3100 | 50 HP motor | | 2.50 | 3.200 | | 510 | 88 | | 598 | 690 | |
| | 3160 | 100 HP motor | | 1.40 | 5.714 | | 1,200 | 157 | | 1,357 | 1,550 | |
| | 3220 | 200 HP motor | | .80 | 10 | | 2,525 | 275 | | 2,800 | 3,200 | |
| 320 | 0010 | **CONTROL STATIONS** | | | | | | | | | | 320 |
| | 0050 | NEMA 1, heavy duty, stop/start | 1 Elec | 8 | 1 | Ea. | 49 | 27.50 | | 76.50 | 95.50 | |
| | 0100 | Stop/start, pilot light | | 6.20 | 1.290 | | 116 | 35.50 | | 151.50 | 182 | |
| | 0200 | Hand/off/automatic | | 6.20 | 1.290 | | 56 | 35.50 | | 91.50 | 115 | |
| | 0400 | Stop/start/reverse | | 5.30 | 1.509 | | 100 | 41.50 | | 141.50 | 173 | |
| | 0500 | NEMA 7, heavy duty, stop/start | | 6 | 1.333 | | 139 | 36.50 | | 175.50 | 208 | |
| | 0600 | Stop/start, pilot light | | 4 | 2 | | 300 | 55 | | 355 | 415 | |
| | 0700 | NEMA 7 or 9, 1 element | | 6 | 1.333 | | 138 | 36.50 | | 174.50 | 207 | |
| | 0800 | 2 element | | 6 | 1.333 | | 159 | 36.50 | | 195.50 | 230 | |
| | 0900 | 3 element | | 4 | 2 | | 278 | 55 | | 333 | 390 | |
| | 0910 | Selector switch, 2 position | | 6 | 1.333 | | 151 | 36.50 | | 187.50 | 221 | |
| | 0920 | 3 position | | 4 | 2 | | 267 | 55 | | 322 | 375 | |
| | 0930 | Oiltight, 1 element | | 8 | 1 | | 55 | 27.50 | | 82.50 | 102 | |
| | 0940 | 2 element | | 6.20 | 1.290 | | 72 | 35.50 | | 107.50 | 133 | |
| | 0950 | 3 element | | 5.30 | 1.509 | | 102 | 41.50 | | 143.50 | 175 | |
| | 0960 | Selector switch, 2 position | | 6.20 | 1.290 | | 61 | 35.50 | | 96.50 | 121 | |
| | 0970 | 3 position | | 5.30 | 1.509 | | 77 | 41.50 | | 118.50 | 147 | |
| 330 | 0010 | **CONTROL SWITCHES** Field installed | | | | | | | | | | 330 |
| | 6000 | Push button 600V 10A, momentary contact | | | | | | | | | | |
| | 6150 | Standard operator with colored button | 1 Elec | 34 | .235 | Ea. | 29 | 6.45 | | 35.45 | 42 | |
| | 6160 | With single block 1NO 1NC | | 18 | .444 | | 49 | 12.20 | | 61.20 | 72.50 | |
| | 6170 | With double block 2NO 2NC | | 15 | .533 | | 75 | 14.65 | | 89.65 | 105 | |
| | 6180 | Stnd operator w/mushroom button 1-9/16" diam. | | 34 | .235 | | 30 | 6.45 | | 36.45 | 43 | |
| | 6190 | Stnd operator w/mushroom button 2-1/4" diam. | | | | | | | | | | |
| | 6200 | With single block 1NO 1NC | 1 Elec | 18 | .444 | Ea. | 51 | 12.20 | | 63.20 | 74.50 | |
| | 6210 | With double block 2NO 2NC | | 15 | .533 | | 81 | 14.65 | | 95.65 | 111 | |
| | 6500 | Maintained contact, selector operator | | 34 | .235 | | 30 | 6.45 | | 36.45 | 43 | |
| | 6510 | With single block 1NO 1NC | | 18 | .444 | | 49 | 12.20 | | 61.20 | 72.50 | |
| | 6520 | With double block 2NO 2NC | | 15 | .533 | | 81 | 14.65 | | 95.65 | 111 | |
| | 6560 | Spring-return selector operator | | 34 | .235 | | 38 | 6.45 | | 44.45 | 52 | |
| | 6570 | With single block 1NO 1NC | | 18 | .444 | | 54 | 12.20 | | 66.20 | 78 | |
| | 6580 | With double block 2NO 2NC | | 15 | .533 | | 87 | 14.65 | | 101.65 | 118 | |
| | 6620 | Transformer operator w/illuminated | | | | | | | | | | |
| | 6630 | button 6V #12 lamp | 1 Elec | 32 | .250 | Ea. | 54 | 6.90 | | 60.90 | 70 | |
| | 6640 | With single block 1NO 1NC w/guard | | 16 | .500 | | 81 | 13.75 | | 94.75 | 110 | |
| | 6650 | With double block 2NO 2NC w/guard | | 13 | .615 | | 105 | 16.90 | | 121.90 | 142 | |
| | 6690 | Combination operator | | 34 | .235 | | 43 | 6.45 | | 49.45 | 57.50 | |
| | 6700 | With single block 1NO 1NC | | 18 | .444 | | 49 | 12.20 | | 61.20 | 72.50 | |
| | 6710 | With double block 2NO 2NC | | 15 | .533 | | 81 | 14.65 | | 95.65 | 111 | |
| | 9000 | Indicating light unit, full voltage | | | | | | | | | | |
| | 9010 | 110-125V front mount | 1 Elec | 32 | .250 | Ea. | 43 | 6.90 | | 49.90 | 58 | |
| | 9020 | 130V resistor type | | 32 | .250 | | 43 | 6.90 | | 49.90 | 58 | |
| | 9030 | 6V transformer type | | 32 | .250 | | 49 | 6.90 | | 55.90 | 64.50 | |
| 350 | 0010 | **RELAYS** Enclosed (NEMA 1) | | | | | | | | | | 350 |
| | 0050 | 600 volt AC, 1 pole, 12 amp | 1 Elec | 5.30 | 1.509 | Ea. | 71 | 41.50 | | 112.50 | 141 | |
| | 0100 | 2 pole, 12 amp | | 5 | 1.600 | | 94 | 44 | | 138 | 169 | |
| | 0200 | 4 pole, 10 amp | | 4.50 | 1.778 | | 111 | 49 | | 160 | 196 | |
| | 0500 | 250 volt DC, 1 pole, 15 amp | | 5.30 | 1.509 | | 109 | 41.50 | | 150.50 | 183 | |
| | 0600 | 2 pole, 10 amp | | 5 | 1.600 | | 99 | 44 | | 143 | 175 | |

## 163 | Motors, Starters, Boards and Switches

### 163 300 | Switches

| | | | CREW | DAILY OUTPUT | MAN-HOURS | UNIT | 1994 BARE COSTS MAT. | LABOR | EQUIP. | TOTAL | TOTAL INCL O&P | |
|---|---|---|---|---|---|---|---|---|---|---|---|---|
| 350 | 0700 | 4 pole, 4 amp | 1 Elec | 4.50 | 1.778 | Ea. | 111 | 49 | | 160 | 196 | 350 |
| 360 | 0010 | **SAFETY SWITCHES** R163-360 | | | | | | | | | | 360 |
| | 0100 | General duty 240 volt, 3 pole, fused, 30 amp | 1 Elec | 3.20 | 2.500 | Ea. | 45 | 69 | | 114 | 153 | |
| | 0200 | 60 amp | | 2.30 | 3.478 | | 77 | 95.50 | | 172.50 | 229 | |
| | 0300 | 100 amp | | 1.90 | 4.211 | | 135 | 116 | | 251 | 325 | |
| | 0400 | 200 amp | | 1.30 | 6.154 | | 285 | 169 | | 454 | 570 | |
| | 0500 | 400 amp | | .90 | 8.889 | | 735 | 244 | | 979 | 1,175 | |
| | 0600 | 600 amp | | .60 | 13.333 | | 1,375 | 365 | | 1,740 | 2,075 | |
| | 0610 | Non fused, 30 amp | | 3.20 | 2.500 | | 35 | 69 | | 104 | 142 | |
| | 0650 | 60 amp | | 2.30 | 3.478 | | 47 | 95.50 | | 142.50 | 196 | |
| | 0700 | 100 amp | | 1.90 | 4.211 | | 110 | 116 | | 226 | 295 | |
| | 0750 | 200 amp | | 1.30 | 6.154 | | 200 | 169 | | 369 | 475 | |
| | 0800 | 400 amp | | .90 | 8.889 | | 500 | 244 | | 744 | 920 | |
| | 0850 | 600 amp | | .60 | 13.333 | | 950 | 365 | | 1,315 | 1,600 | |
| | 1100 | Heavy duty, 600 volt, 3 pole non fused | | | | | | | | | | |
| | 1110 | 30 amp | 1 Elec | 3.20 | 2.500 | Ea. | 65 | 69 | | 134 | 175 | |
| | 1500 | 60 amp | | 2.30 | 3.478 | | 115 | 95.50 | | 210.50 | 271 | |
| | 1700 | 100 amp | | 1.90 | 4.211 | | 185 | 116 | | 301 | 380 | |
| | 1900 | 200 amp | | 1.30 | 6.154 | | 285 | 169 | | 454 | 570 | |
| | 2100 | 400 amp | | .90 | 8.889 | | 695 | 244 | | 939 | 1,125 | |
| | 2300 | 600 amp | | .60 | 13.333 | | 1,225 | 365 | | 1,590 | 1,900 | |
| | 2500 | 800 amp | | .47 | 17.021 | | 2,325 | 470 | | 2,795 | 3,250 | |
| | 2700 | 1200 amp | | .40 | 20 | | 3,125 | 550 | | 3,675 | 4,275 | |
| | 2900 | Heavy duty, 240 volt, 3 pole fused | | | | | | | | | | |
| | 2910 | 30 amp | 1 Elec | 3.20 | 2.500 | Ea. | 77 | 69 | | 146 | 188 | |
| | 3000 | 60 amp | | 2.30 | 3.478 | | 130 | 95.50 | | 225.50 | 287 | |
| | 3300 | 100 amp | | 1.90 | 4.211 | | 210 | 116 | | 326 | 405 | |
| | 3500 | 200 amp | | 1.30 | 6.154 | | 360 | 169 | | 529 | 650 | |
| | 3700 | 400 amp | | .90 | 8.889 | | 850 | 244 | | 1,094 | 1,300 | |
| | 3900 | 600 amp | | .60 | 13.333 | | 1,525 | 365 | | 1,890 | 2,225 | |
| | 4100 | 800 amp | | .47 | 17.021 | | 2,700 | 470 | | 3,170 | 3,675 | |
| | 4300 | 1200 amp | | .40 | 20 | | 3,450 | 550 | | 4,000 | 4,625 | |
| | 4340 | 2 pole fused, 30 amp | | 3.50 | 2.286 | | 60 | 63 | | 123 | 161 | |
| | 4350 | 600 volt, 3 pole, fused, 30 amp | | 3.20 | 2.500 | | 135 | 69 | | 204 | 252 | |
| | 4380 | 60 amp | | 2.30 | 3.478 | | 160 | 95.50 | | 255.50 | 320 | |
| | 4400 | 100 amp | | 1.90 | 4.211 | | 290 | 116 | | 406 | 495 | |
| | 4420 | 200 amp | | 1.30 | 6.154 | | 420 | 169 | | 589 | 715 | |
| | 4440 | 400 amp | | .90 | 8.889 | | 1,100 | 244 | | 1,344 | 1,575 | |
| | 4450 | 600 amp | | .60 | 13.333 | | 1,825 | 365 | | 2,190 | 2,550 | |
| | 4460 | 800 amp | | .47 | 17.021 | | 3,125 | 470 | | 3,595 | 4,150 | |
| | 4480 | 1200 amp | | .40 | 20 | | 4,125 | 550 | | 4,675 | 5,375 | |
| | 4500 | 240 volt 3 pole NEMA 3R (no hubs), fused | | | | | | | | | | |
| | 4510 | 30 amp | 1 Elec | 3.10 | 2.581 | Ea. | 130 | 71 | | 201 | 250 | |
| | 4700 | 60 amp | | 2.20 | 3.636 | | 205 | 100 | | 305 | 375 | |
| | 4900 | 100 amp | | 1.80 | 4.444 | | 295 | 122 | | 417 | 510 | |
| | 5100 | 200 amp | | 1.20 | 6.667 | | 430 | 183 | | 613 | 750 | |
| | 5300 | 400 amp | | .80 | 10 | | 950 | 275 | | 1,225 | 1,475 | |
| | 5500 | 600 amp | | .50 | 16 | | 1,975 | 440 | | 2,415 | 2,825 | |
| | 5510 | Heavy duty, 600 volt, 3 pole 3ph. NEMA 3R fused, 30 amp | | 3.10 | 2.581 | | 220 | 71 | | 291 | 350 | |
| | 5520 | 60 amp | | 2.20 | 3.636 | | 260 | 100 | | 360 | 435 | |
| | 5530 | 100 amp | | 1.80 | 4.444 | | 405 | 122 | | 527 | 630 | |
| | 5540 | 200 amp | | 1.20 | 6.667 | | 550 | 183 | | 733 | 880 | |
| | 5550 | 400 amp | | .80 | 10 | | 1,175 | 275 | | 1,450 | 1,725 | |
| | 5700 | 600 volt, 3 pole NEMA 3R nonfused | | | | | | | | | | |
| | 5710 | 30 amp | 1 Elec | 3.10 | 2.581 | Ea. | 120 | 71 | | 191 | 239 | |

## 163 | Motors, Starters, Boards and Switches

### 163 300 | Switches

| | | CREW | DAILY OUTPUT | MAN-HOURS | UNIT | MAT. | LABOR | EQUIP. | TOTAL | TOTAL INCL O&P |
|---|---|---|---|---|---|---|---|---|---|---|
| 5900 | 60 amp | 1 Elec | 2.20 | 3.636 | Ea. | 215 | 100 | | 315 | 385 |
| 6100 | 100 amp | | 1.80 | 4.444 | | 305 | 122 | | 427 | 520 |
| 6300 | 200 amp | | 1.20 | 6.667 | | 365 | 183 | | 548 | 675 |
| 6500 | 400 amp | | .80 | 10 | | 900 | 275 | | 1,175 | 1,400 |
| 6700 | 600 amp | | .50 | 16 | | 1,800 | 440 | | 2,240 | 2,625 |
| 6900 | 600 volt, 6 pole NEMA 3R nonfused, 30 amp | | 2.70 | 2.963 | | 780 | 81.50 | | 861.50 | 985 |
| 7100 | 60 amp | | 2 | 4 | | 900 | 110 | | 1,010 | 1,150 |
| 7300 | 100 amp | | 1.50 | 5.333 | | 1,125 | 147 | | 1,272 | 1,475 |
| 7500 | 200 amp | | 1.20 | 6.667 | | 1,325 | 183 | | 1,508 | 1,725 |
| 7600 | 600 volt, 3 pole NEMA 7 explosion proof nonfused | | | | | | | | | |
| 7610 | 30 amp | 1 Elec | 2.20 | 3.636 | Ea. | 590 | 100 | | 690 | 800 |
| 7620 | 60 amp | | 1.80 | 4.444 | | 645 | 122 | | 767 | 895 |
| 7630 | 100 amp | | 1.20 | 6.667 | | 700 | 183 | | 883 | 1,050 |
| 7640 | 200 amp | | .80 | 10 | | 1,475 | 275 | | 1,750 | 2,050 |
| 7710 | 600 volt 6 pole, NEMA 3R fused, 30 amp | | 2.70 | 2.963 | | 850 | 81.50 | | 931.50 | 1,050 |
| 7900 | 60 amp | | 2 | 4 | | 1,000 | 110 | | 1,110 | 1,275 |
| 8100 | 100 amp | | 1.50 | 5.333 | | 1,225 | 147 | | 1,372 | 1,575 |
| 8110 | 240 volt 3 pole, NEMA 12 fused, 30 amp | | 3.10 | 2.581 | | 140 | 71 | | 211 | 261 |
| 8120 | 60 amp | | 2.20 | 3.636 | | 190 | 100 | | 290 | 360 |
| 8130 | 100 amp | | 1.80 | 4.444 | | 330 | 122 | | 452 | 550 |
| 8140 | 200 amp | | 1.20 | 6.667 | | 480 | 183 | | 663 | 805 |
| 8150 | 400 amp | | .80 | 10 | | 950 | 275 | | 1,225 | 1,475 |
| 8160 | 600 amp | | .50 | 16 | | 1,650 | 440 | | 2,090 | 2,475 |
| 8180 | 600 volt 3 pole, NEMA 12 fused, 30 amp | | 3.10 | 2.581 | | 220 | 71 | | 291 | 350 |
| 8190 | 60 amp | | 2.20 | 3.636 | | 230 | 100 | | 330 | 405 |
| 8200 | 100 amp | | 1.80 | 4.444 | | 355 | 122 | | 477 | 575 |
| 8210 | 200 amp | | 1.20 | 6.667 | | 560 | 183 | | 743 | 890 |
| 8220 | 400 amp | | .80 | 10 | | 1,200 | 275 | | 1,475 | 1,750 |
| 8230 | 600 amp | | .50 | 16 | | 2,050 | 440 | | 2,490 | 2,900 |
| 8240 | 600 volt 3 pole, NEMA 12 nonfused, 30 amp | | 3.10 | 2.581 | | 150 | 71 | | 221 | 272 |
| 8250 | 60 amp | | 2.20 | 3.636 | | 190 | 100 | | 290 | 360 |
| 8260 | 100 amp | | 1.80 | 4.444 | | 265 | 122 | | 387 | 475 |
| 8270 | 200 amp | | 1.20 | 6.667 | | 365 | 183 | | 548 | 675 |
| 8280 | 400 amp | | .80 | 10 | | 900 | 275 | | 1,175 | 1,400 |
| 8290 | 600 amp | | .50 | 16 | | 1,250 | 440 | | 1,690 | 2,025 |
| 8310 | Fused heavy duty, 600 volt, 3 pole NEMA 4, 30 amp | | 3 | 2.667 | | 595 | 73.50 | | 668.50 | 765 |
| 8320 | 60 amp | | 2.20 | 3.636 | | 650 | 100 | | 750 | 865 |
| 8330 | 100 amp | | 1.80 | 4.444 | | 1,400 | 122 | | 1,522 | 1,725 |
| 8340 | 200 amp | | 1.20 | 6.667 | | 1,925 | 183 | | 2,108 | 2,400 |
| 8350 | 400 amp | | .80 | 10 | | 3,450 | 275 | | 3,725 | 4,225 |
| 8360 | Non fused, heavy duty, 600 volt 3 pole NEMA 4, 30 amp | | 3 | 2.667 | | 510 | 73.50 | | 583.50 | 670 |
| 8370 | 60 amp | | 2.20 | 3.636 | | 605 | 100 | | 705 | 815 |
| 8380 | 100 amp | | 1.80 | 4.444 | | 1,225 | 122 | | 1,347 | 1,525 |
| 8390 | 200 amp | | 1.20 | 6.667 | | 1,675 | 183 | | 1,858 | 2,125 |
| 8400 | 400 amp | | .80 | 10 | | 3,150 | 275 | | 3,425 | 3,900 |
| 8490 | Motor starters, manual, single phase, NEMA 1 | | 6.40 | 1.250 | | 32 | 34.50 | | 66.50 | 86.50 |
| 8500 | NEMA 4 | | 4 | 2 | | 95 | 55 | | 150 | 188 |
| 8700 | NEMA 7 | | 4 | 2 | | 102 | 55 | | 157 | 195 |
| 8900 | NEMA 1 with pilot | | 6.40 | 1.250 | | 46 | 34.50 | | 80.50 | 102 |
| 8920 | 3 pole, NEMA 1, 230/460 volt, 5 HP, size 0 | | 3.50 | 2.286 | | 110 | 63 | | 173 | 216 |
| 8940 | 10 HP, size 1 | | 2 | 4 | | 125 | 110 | | 235 | 305 |
| 9010 | Disc. switch, 600V 3 pole fused, 30 amp, to 10 HP motor | | 3.20 | 2.500 | | 135 | 69 | | 204 | 252 |
| 9050 | 60 amp, to 30 HP motor | | 2.30 | 3.478 | | 155 | 95.50 | | 250.50 | 315 |
| 9070 | 100 amp, to 60 HP motor | | 1.90 | 4.211 | | 290 | 116 | | 406 | 495 |
| 9100 | 200 amp, to 125 HP motor | | 1.30 | 6.154 | | 415 | 169 | | 584 | 710 |
| 9110 | 400 amp, to 200 HP motor | | .90 | 8.889 | | 1,125 | 244 | | 1,369 | 1,625 |

## 163 | Motors, Starters, Boards and Switches

### 163 300 | Switches

| | | CREW | DAILY OUTPUT | MAN-HOURS | UNIT | 1994 BARE COSTS MAT. | LABOR | EQUIP. | TOTAL | TOTAL INCL O&P | |
|---|---|---|---|---|---|---|---|---|---|---|---|
| 370 | 0010 | **TIME SWITCHES** | | | | | | | | | 370 |
| | 0100 | Single pole, single throw, 24 hour dial | 1 Elec | 4 | 2 | Ea. | 52 | 55 | | 107 | 140 |
| | 0200 | 24 hour dial with reserve power | | 3.60 | 2.222 | | 287 | 61 | | 348 | 405 |
| | 0300 | Astronomic dial | | 3.60 | 2.222 | | 93 | 61 | | 154 | 194 |
| | 0400 | Astronomic dial with reserve power | | 3.30 | 2.424 | | 310 | 66.50 | | 376.50 | 440 |
| | 0500 | 7 day calendar dial | | 3.30 | 2.424 | | 86 | 66.50 | | 152.50 | 195 |
| | 0600 | 7 day calendar dial with reserve power | | 3.20 | 2.500 | | 305 | 69 | | 374 | 440 |
| | 0700 | Photo cell 2000 watt | | 8 | 1 | | 20 | 27.50 | | 47.50 | 63.50 |
| | 1080 | Load management device, 2 loads | | 4 | 2 | | 480 | 55 | | 535 | 615 |
| | 1100 | Load management device, 8 loads | ▼ | 1 | 8 | ▼ | 1,400 | 220 | | 1,620 | 1,875 |

### 163 500 | Motors

| | | CREW | DAILY OUTPUT | MAN-HOURS | UNIT | 1994 BARE COSTS MAT. | LABOR | EQUIP. | TOTAL | TOTAL INCL O&P | |
|---|---|---|---|---|---|---|---|---|---|---|---|
| 510 | 0010 | **HANDLING** Add to normal labor cost for restricted areas | | | | | | | | | | 510 |
| | 5000 | Motors | | | | | | | | | |
| | 5100 | add to norm. labor for restricted areas, 1/2 HP, 23 pounds | 1 Elec | 4 | 2 | Ea. | | 55 | | 55 | 82.50 |
| | 5110 | 3/4 HP, 28 pounds | | 4 | 2 | | | 55 | | 55 | 82.50 |
| | 5120 | 1 HP, 33 pounds | | 4 | 2 | | | 55 | | 55 | 82.50 |
| | 5130 | 1-1/2 HP, 44 pounds | | 3.20 | 2.500 | | | 69 | | 69 | 103 |
| | 5140 | 2 HP, 56 pounds | | 3 | 2.667 | | | 73.50 | | 73.50 | 110 |
| | 5150 | 3 HP, 71 pounds | | 2.30 | 3.478 | | | 95.50 | | 95.50 | 144 |
| | 5160 | 5 HP, 82 pounds | | 1.90 | 4.211 | | | 116 | | 116 | 174 |
| | 5170 | 7-1/2, 124 pounds | | 1.50 | 5.333 | | | 147 | | 147 | 221 |
| | 5180 | 10 HP, 144 pounds | | 1.20 | 6.667 | | | 183 | | 183 | 276 |
| | 5190 | 15 HP, 185 pounds | ▼ | 1 | 8 | | | 220 | | 220 | 330 |
| | 5200 | 20 HP, 214 pounds | 2 Elec | 1.50 | 10.667 | | | 293 | | 293 | 440 |
| | 5210 | 25 HP, 266 pounds | | 1.40 | 11.429 | | | 315 | | 315 | 475 |
| | 5220 | 30 HP, 310 pounds | | 1.20 | 13.333 | | | 365 | | 365 | 550 |
| | 5230 | 40 HP, 400 pounds | | 1 | 16 | | | 440 | | 440 | 660 |
| | 5240 | 50 HP, 450 pounds | | .90 | 17.778 | | | 490 | | 490 | 735 |
| | 5250 | 75 HP, 680 pounds | ▼ | .80 | 20 | | | 550 | | 550 | 825 |
| | 5260 | 100 HP, 870 pounds | 3 Elec | 1 | 24 | | | 660 | | 660 | 990 |
| | 5270 | 125 HP, 940 pounds | | .80 | 30 | | | 825 | | 825 | 1,250 |
| | 5280 | 150 HP, 1200 pounds | | .70 | 34.286 | | | 945 | | 945 | 1,425 |
| | 5290 | 175 HP, 1300 pounds | | .60 | 40 | | | 1,100 | | 1,100 | 1,650 |
| | 5300 | 200 HP, 1400 pounds | ▼ | .50 | 48 | ▼ | | 1,325 | | 1,325 | 1,975 |
| 520 | 0010 | **MOTORS** 230/460 volts, 60 HZ | | | | | | | | | | 520 |
| | 0050 | Dripproof, Class B, 1.15 service factor | | | | | | | | | |
| | 0100 | 1800 RPM, 1 HP | 1 Elec | 4.50 | 1.778 | Ea. | 155 | 49 | | 204 | 245 |
| | 0150 | 2 HP | | 4.50 | 1.778 | | 200 | 49 | | 249 | 294 |
| | 0200 | 3 HP | | 4.50 | 1.778 | | 210 | 49 | | 259 | 305 |
| | 0250 | 5 HP | | 4.50 | 1.778 | | 240 | 49 | | 289 | 340 |
| | 0300 | 7.5 HP | | 4.20 | 1.905 | | 340 | 52.50 | | 392.50 | 455 |
| | 0350 | 10 HP | | 4 | 2 | | 415 | 55 | | 470 | 540 |
| | 0400 | 15 HP | | 3.20 | 2.500 | | 535 | 69 | | 604 | 695 |
| | 0450 | 20 HP | | 2.60 | 3.077 | | 665 | 84.50 | | 749.50 | 855 |
| | 0500 | 25 HP | | 2.50 | 3.200 | | 820 | 88 | | 908 | 1,025 |
| | 0550 | 30 HP | | 2.40 | 3.333 | | 995 | 91.50 | | 1,086.50 | 1,250 |
| | 0600 | 40 HP | | 2 | 4 | | 1,275 | 110 | | 1,385 | 1,575 |
| | 0650 | 50 HP | | 1.60 | 5 | | 1,500 | 138 | | 1,638 | 1,850 |
| | 0700 | 60 HP | | 1.40 | 5.714 | | 1,875 | 157 | | 2,032 | 2,300 |
| | 0750 | 75 HP | | 1.20 | 6.667 | | 2,300 | 183 | | 2,483 | 2,800 |
| | 0800 | 100 HP | | .90 | 8.889 | | 3,025 | 244 | | 3,269 | 3,700 |
| | 0850 | 125 HP | | .70 | 11.429 | | 3,650 | 315 | | 3,965 | 4,500 |
| | 0900 | 150 HP | | .60 | 13.333 | | 5,800 | 365 | | 6,165 | 6,925 |
| | 0950 | 200 HP | ▼ | .50 | 16 | ▼ | 7,475 | 440 | | 7,915 | 8,875 |

## 163 | Motors, Starters, Boards and Switches

| 163 500 | Motors | CREW | DAILY OUTPUT | MAN-HOURS | UNIT | 1994 BARE COSTS MAT. | LABOR | EQUIP. | TOTAL | TOTAL INCL O&P |
|---|---|---|---|---|---|---|---|---|---|---|
| 1000 | 1200 RPM, 1 HP | 1 Elec | 4.50 | 1.778 | Ea. | 210 | 49 | | 259 | 305 |
| 1050 | 2 HP | | 4.50 | 1.778 | | 245 | 49 | | 294 | 345 |
| 1100 | 3 HP | | 4.50 | 1.778 | | 305 | 49 | | 354 | 410 |
| 1150 | 5 HP | | 4.50 | 1.778 | | 405 | 49 | | 454 | 520 |
| 1200 | 3600 RPM, 2 HP | | 4.50 | 1.778 | | 205 | 49 | | 254 | 300 |
| 1250 | 3 HP | | 4.50 | 1.778 | | 230 | 49 | | 279 | 325 |
| 1300 | 5 HP | | 4.50 | 1.778 | | 260 | 49 | | 309 | 360 |
| 1350 | Totally enclosed, Class B, 1.0 service factor | | | | | | | | | |
| 1400 | 1800 RPM, 1 HP | 1 Elec | 4.50 | 1.778 | Ea. | 175 | 49 | | 224 | 267 |
| 1450 | 2 HP | | 4.50 | 1.778 | | 205 | 49 | | 254 | 300 |
| 1500 | 3 HP | | 4.50 | 1.778 | | 240 | 49 | | 289 | 340 |
| 1550 | 5 HP | | 4.50 | 1.778 | | 290 | 49 | | 339 | 395 |
| 1600 | 7.5 HP | | 4.20 | 1.905 | | 355 | 52.50 | | 407.50 | 470 |
| 1650 | 10 HP | | 4 | 2 | | 440 | 55 | | 495 | 570 |
| 1700 | 15 HP | | 3.20 | 2.500 | | 665 | 69 | | 734 | 835 |
| 1750 | 20 HP | | 2.60 | 3.077 | | 830 | 84.50 | | 914.50 | 1,050 |
| 1800 | 25 HP | | 2.50 | 3.200 | | 1,025 | 88 | | 1,113 | 1,250 |
| 1850 | 30 HP | | 2.40 | 3.333 | | 1,200 | 91.50 | | 1,291.50 | 1,475 |
| 1900 | 40 HP | | 2 | 4 | | 1,550 | 110 | | 1,660 | 1,875 |
| 1950 | 50 HP | | 1.60 | 5 | | 1,950 | 138 | | 2,088 | 2,350 |
| 2000 | 60 HP | | 1.40 | 5.714 | | 2,400 | 157 | | 2,557 | 2,875 |
| 2050 | 75 HP | | 1.20 | 6.667 | | 2,650 | 183 | | 2,833 | 3,200 |
| 2100 | 100 HP | | .90 | 8.889 | | 4,150 | 244 | | 4,394 | 4,950 |
| 2150 | 125 HP | | .70 | 11.429 | | 5,850 | 315 | | 6,165 | 6,900 |
| 2200 | 150 HP | | .60 | 13.333 | | 7,075 | 365 | | 7,440 | 8,325 |
| 2250 | 200 HP | | .50 | 16 | | 10,200 | 440 | | 10,640 | 11,900 |
| 2300 | 1200 RPM, 1 HP | | 4.50 | 1.778 | | 225 | 49 | | 274 | 320 |
| 2350 | 2 HP | | 4.50 | 1.778 | | 290 | 49 | | 339 | 395 |
| 2400 | 3 HP | | 4.50 | 1.778 | | 355 | 49 | | 404 | 465 |
| 2450 | 5 HP | | 4.50 | 1.778 | | 515 | 49 | | 564 | 640 |
| 2500 | 3600 RPM, 2 HP | | 4.50 | 1.778 | | 220 | 49 | | 269 | 315 |
| 2550 | 3 HP | | 4.50 | 1.778 | | 250 | 49 | | 299 | 350 |
| 2600 | 5 HP | | 4.50 | 1.778 | | 310 | 49 | | 359 | 415 |

## 164 | Transformers and Bus Ducts

| 164 100 | Transformers | CREW | DAILY OUTPUT | MAN-HOURS | UNIT | 1994 BARE COSTS MAT. | LABOR | EQUIP. | TOTAL | TOTAL INCL O&P |
|---|---|---|---|---|---|---|---|---|---|---|
| 0010 | **BUCK-BOOST TRANSFORMER** | | | | | | | | | |
| 0100 | Single phase, 120/240 volt primary, 12/24 volt secondary | | | | | | | | | |
| 0200 | 0.10 KVA | 1 Elec | 8 | 1 | Ea. | 45 | 27.50 | | 72.50 | 91 |
| 0400 | 0.25 KVA | | 5.70 | 1.404 | | 62 | 38.50 | | 100.50 | 126 |
| 0600 | 0.50 KVA | | 4 | 2 | | 80 | 55 | | 135 | 171 |
| 0800 | 0.75 KVA | | 3.10 | 2.581 | | 105 | 71 | | 176 | 223 |
| 1000 | 1.0 KVA | | 2 | 4 | | 130 | 110 | | 240 | 310 |
| 1200 | 1.5 KVA | | 1.80 | 4.444 | | 160 | 122 | | 282 | 360 |
| 1400 | 2.0 KVA | | 1.60 | 5 | | 205 | 138 | | 343 | 435 |
| 1600 | 3.0 KVA | | 1.40 | 5.714 | | 280 | 157 | | 437 | 545 |
| 1800 | 5.0 KVA | | 1.20 | 6.667 | | 420 | 183 | | 603 | 735 |
| 2000 | 3 phase, 240/208 volt, 15 KVA | | 1.20 | 6.667 | | 355 | 183 | | 538 | 665 |

## 164 | Transformers and Bus Ducts

### 164 100 | Transformers

| | | | CREW | DAILY OUTPUT | MAN-HOURS | UNIT | 1994 BARE COSTS MAT. | LABOR | EQUIP. | TOTAL | TOTAL INCL O&P | |
|---|---|---|---|---|---|---|---|---|---|---|---|---|
| 110 | 2200 | 30 KVA | 1 Elec | .80 | 10 | Ea. | 460 | 275 | | 735 | 920 | 110 |
| | 2400 | 45 KVA | | .70 | 11.429 | | 610 | 315 | | 925 | 1,150 | |
| | 2600 | 75 KVA | | .60 | 13.333 | | 860 | 365 | | 1,225 | 1,500 | |
| | 2800 | 112.5 KVA | | .57 | 14.035 | | 1,225 | 385 | | 1,610 | 1,925 | |
| | 3000 | 150 KVA | | .45 | 17.778 | | 1,400 | 490 | | 1,890 | 2,275 | |
| | 3200 | 225 KVA | | .40 | 20 | | 2,000 | 550 | | 2,550 | 3,025 | |
| | 3400 | 300 KVA | | .36 | 22.222 | | 2,775 | 610 | | 3,385 | 3,975 | |
| 120 | 0010 | **DRY TYPE TRANSFORMER** | | | | | | | | | | 120 |
| | 0050 | Single phase, 240/480 volt primary, 120/240 volt secondary | | | | | | | | | | |
| | 0100 | 1 KVA | 1 Elec | 2 | 4 | Ea. | 115 | 110 | | 225 | 292 | |
| | 0300 | 2 KVA | | 1.60 | 5 | | 170 | 138 | | 308 | 395 | |
| | 0500 | 3 KVA | | 1.40 | 5.714 | | 220 | 157 | | 377 | 480 | |
| | 0700 | 5 KVA | | 1.20 | 6.667 | | 295 | 183 | | 478 | 600 | |
| | 0900 | 7.5 KVA | | 1.10 | 7.273 | | 415 | 200 | | 615 | 755 | |
| | 1100 | 10 KVA | | .80 | 10 | | 515 | 275 | | 790 | 980 | |
| | 1300 | 15 KVA | 2 Elec | 1.20 | 13.333 | | 690 | 365 | | 1,055 | 1,300 | |
| | 1500 | 25 KVA | | 1 | 16 | | 900 | 440 | | 1,340 | 1,650 | |
| | 1700 | 37.5 KVA | | .80 | 20 | | 1,200 | 550 | | 1,750 | 2,150 | |
| | 1900 | 50 KVA | | .70 | 22.857 | | 1,450 | 630 | | 2,080 | 2,550 | |
| | 2100 | 75 KVA | | .65 | 24.615 | | 1,975 | 675 | | 2,650 | 3,200 | |
| | 2110 | 100 KVA | R-3 | .90 | 22.222 | | 2,550 | 605 | 115 | 3,270 | 3,850 | |
| | 2120 | 167 KVA | " | .80 | 25 | | 3,750 | 680 | 130 | 4,560 | 5,300 | |
| | 2190 | 480V primary 120/240V secondary, nonvent., 15 KVA | 2 Elec | 1.20 | 13.333 | | 960 | 365 | | 1,325 | 1,600 | |
| | 2200 | 25 KVA | | .90 | 17.778 | | 1,450 | 490 | | 1,940 | 2,325 | |
| | 2210 | 37 KVA | | .75 | 21.333 | | 2,150 | 585 | | 2,735 | 3,250 | |
| | 2220 | 50 KVA | | .65 | 24.615 | | 2,750 | 675 | | 3,425 | 4,050 | |
| | 2230 | 75 KVA | | .60 | 26.667 | | 3,350 | 735 | | 4,085 | 4,775 | |
| | 2240 | 100 KVA | | .50 | 32 | | 4,250 | 880 | | 5,130 | 6,000 | |
| | 2250 | Low operating temperature (80°C), 25 KVA | | 1 | 16 | | 1,275 | 440 | | 1,715 | 2,050 | |
| | 2260 | 37 KVA | | .80 | 20 | | 1,600 | 550 | | 2,150 | 2,575 | |
| | 2270 | 50 KVA | | .70 | 22.857 | | 2,125 | 630 | | 2,755 | 3,300 | |
| | 2280 | 75 KVA | | .65 | 24.615 | | 2,900 | 675 | | 3,575 | 4,225 | |
| | 2290 | 100 KVA | | .55 | 29.091 | | 3,250 | 800 | | 4,050 | 4,775 | |
| | 2300 | 3 phase, 240/480 volt primary 120/208 volt secondary | | | | | | | | | | |
| | 2310 | Ventilated, 3 KVA | 1 Elec | 1 | 8 | Ea. | 390 | 220 | | 610 | 760 | |
| | 2700 | 6 KVA | | .80 | 10 | | 445 | 275 | | 720 | 905 | |
| | 2900 | 9 KVA | | .70 | 11.429 | | 595 | 315 | | 910 | 1,125 | |
| | 3100 | 15 KVA | 2 Elec | 1.10 | 14.545 | | 880 | 400 | | 1,280 | 1,575 | |
| | 3300 | 30 KVA | | .90 | 17.778 | | 1,200 | 490 | | 1,690 | 2,050 | |
| | 3500 | 45 KVA | | .80 | 20 | | 1,425 | 550 | | 1,975 | 2,400 | |
| | 3700 | 75 KVA | | .70 | 22.857 | | 2,175 | 630 | | 2,805 | 3,350 | |
| | 3900 | 112.5 KVA | R-3 | .90 | 22.222 | | 2,875 | 605 | 115 | 3,595 | 4,225 | |
| | 4100 | 150 KVA | | .85 | 23.529 | | 3,775 | 640 | 122 | 4,537 | 5,250 | |
| | 4300 | 225 KVA | | .65 | 30.769 | | 5,000 | 840 | 159 | 5,999 | 6,950 | |
| | 4500 | 300 KVA | | .55 | 36.364 | | 6,425 | 990 | 188 | 7,603 | 8,775 | |
| | 4700 | 500 KVA | | .45 | 44.444 | | 10,200 | 1,200 | 230 | 11,630 | 13,300 | |
| | 4800 | 750 KVA | | .35 | 57.143 | | 16,500 | 1,550 | 296 | 18,346 | 20,900 | |
| | 4820 | 1000 KVA | | .32 | 62.500 | | 20,000 | 1,700 | 325 | 22,025 | 24,900 | |
| | 5020 | 480 volt primary 120/208 volt secondary | | | | | | | | | | |
| | 5030 | Nonventilated, 15 KVA | 2 Elec | 1.10 | 14.545 | Ea. | 895 | 400 | | 1,295 | 1,575 | |
| | 5040 | 30 KVA | | .80 | 20 | | 1,550 | 550 | | 2,100 | 2,525 | |
| | 5050 | 45 KVA | | .70 | 22.857 | | 2,375 | 630 | | 3,005 | 3,575 | |
| | 5060 | 75 KVA | | .65 | 24.615 | | 3,675 | 675 | | 4,350 | 5,075 | |
| | 5070 | 112 KVA | R-3 | .85 | 23.529 | | 4,975 | 640 | 122 | 5,737 | 6,575 | |
| | 5081 | 150 KVA | | .85 | 23.529 | | 6,400 | 640 | 122 | 7,162 | 8,150 | |

## 164 | Transformers and Bus Ducts

### 164 100 | Transformers

| | | CREW | DAILY OUTPUT | MAN-HOURS | UNIT | MAT. | LABOR | EQUIP. | TOTAL | TOTAL INCL O&P | |
|---|---|---|---|---|---|---|---|---|---|---|---|
| 120 | 5090 | 225 KVA | R-3 | .60 | 33.333 | Ea. | 9,675 | 910 | 173 | 10,758 | 12,200 | 120 |
| | 5100 | 300 KVA | | .50 | 40 | | 10,600 | 1,100 | 207 | 11,907 | 13,600 | |
| | 5200 | Low operating temperature (80°C), 30 KVA | | .90 | 22.222 | | 1,550 | 605 | 115 | 2,270 | 2,750 | |
| | 5210 | 45 KVA | | .80 | 25 | | 2,300 | 680 | 130 | 3,110 | 3,700 | |
| | 5220 | 75 KVA | | .70 | 28.571 | | 3,075 | 780 | 148 | 4,003 | 4,725 | |
| | 5230 | 112 KVA | | .90 | 22.222 | | 3,875 | 605 | 115 | 4,595 | 5,325 | |
| | 5240 | 150 KVA | | .85 | 23.529 | | 5,225 | 640 | 122 | 5,987 | 6,850 | |
| | 5250 | 225 KVA | | .65 | 30.769 | | 7,300 | 840 | 159 | 8,299 | 9,475 | |
| | 5260 | 300 KVA | | .55 | 36.364 | | 8,875 | 990 | 188 | 10,053 | 11,500 | |
| | 5270 | 500 KVA | | .45 | 44.444 | | 13,100 | 1,200 | 230 | 14,530 | 16,500 | |
| | 5380 | 3 phase, 5 KV primary 277/480 volt secondary | | | | | | | | | | |
| | 5400 | High voltage, 112 KVA | R-3 | .85 | 23.529 | Ea. | 7,350 | 640 | 122 | 8,112 | 9,175 | |
| | 5410 | 150 KVA | | .65 | 30.769 | | 9,025 | 840 | 159 | 10,024 | 11,400 | |
| | 5420 | 225 KVA | | .55 | 36.364 | | 11,400 | 990 | 188 | 12,578 | 14,200 | |
| | 5430 | 300 KVA | | .45 | 44.444 | | 13,500 | 1,200 | 230 | 14,930 | 17,000 | |
| | 5440 | 500 KVA | | .35 | 57.143 | | 17,900 | 1,550 | 296 | 19,746 | 22,400 | |
| | 5450 | 750 KVA | | .32 | 62.500 | | 23,500 | 1,700 | 325 | 25,525 | 28,800 | |
| | 5460 | 1000 KVA | | .30 | 66.667 | | 27,600 | 1,825 | 345 | 29,770 | 33,500 | |
| | 5470 | 1500 KVA | | .27 | 74.074 | | 32,200 | 2,025 | 385 | 34,610 | 38,900 | |
| | 5480 | 2000 KVA | | .25 | 80 | | 37,800 | 2,175 | 415 | 40,390 | 45,400 | |
| | 5490 | 2500 KVA | | .20 | 100 | | 43,000 | 2,725 | 520 | 46,245 | 52,000 | |
| | 5500 | 3000 KVA | | .18 | 111 | | 56,000 | 3,025 | 575 | 59,600 | 66,500 | |
| | 5590 | 15 KV primary 277/480 volt secondary | | | | | | | | | | |
| | 5600 | High voltage, 112 KVA | R-3 | .85 | 23.529 | Ea. | 8,650 | 640 | 122 | 9,412 | 10,600 | |
| | 5610 | 150 KVA | | .65 | 30.769 | | 10,700 | 840 | 159 | 11,699 | 13,300 | |
| | 5620 | 225 KVA | | .55 | 36.364 | | 13,600 | 990 | 188 | 14,778 | 16,700 | |
| | 5630 | 300 KVA | | .45 | 44.444 | | 17,100 | 1,200 | 230 | 18,530 | 20,900 | |
| | 5640 | 500 KVA | | .35 | 57.143 | | 22,100 | 1,550 | 296 | 23,946 | 27,000 | |
| | 5650 | 750 KVA | | .32 | 62.500 | | 27,700 | 1,700 | 325 | 29,725 | 33,400 | |
| | 5660 | 1000 KVA | | .30 | 66.667 | | 31,600 | 1,825 | 345 | 33,770 | 37,900 | |
| | 5670 | 1500 KVA | | .27 | 74.074 | | 36,300 | 2,025 | 385 | 38,710 | 43,400 | |
| | 5680 | 2000 KVA | | .25 | 80 | | 40,700 | 2,175 | 415 | 43,290 | 48,600 | |
| | 5690 | 2500 KVA | | .20 | 100 | | 47,000 | 2,725 | 520 | 50,245 | 56,000 | |
| | 5700 | 3000 KVA | | .18 | 111 | | 56,000 | 3,025 | 575 | 59,600 | 66,500 | |
| | 6000 | 2400V primary, 480V secondary, 300 KVA | | .45 | 44.444 | | 13,600 | 1,200 | 230 | 15,030 | 17,100 | |
| | 6010 | 500 KVA | | .35 | 57.143 | | 17,900 | 1,550 | 296 | 19,746 | 22,400 | |
| | 6020 | 750 KVA | | .32 | 62.500 | | 23,500 | 1,700 | 325 | 25,525 | 28,800 | |
| 140 | 0010 | **ISOLATING PANELS** used with isolating transformers | | | | | | | | | | 140 |
| | 0020 | For hospital applications | | | | | | | | | | |
| | 0100 | Critical care area, 8 circuit, 3 KVA | 1 Elec | .58 | 13.793 | Ea. | 3,875 | 380 | | 4,255 | 4,850 | |
| | 0200 | 5 KVA | | .54 | 14.815 | | 3,975 | 405 | | 4,380 | 5,000 | |
| | 0400 | 7.5 KVA | | .52 | 15.385 | | 4,050 | 425 | | 4,475 | 5,075 | |
| | 0600 | 10 KVA | | .44 | 18.182 | | 4,200 | 500 | | 4,700 | 5,375 | |
| | 0800 | Operating room power & lighting, 8 circuit, 3 KVA | | .58 | 13.793 | | 3,225 | 380 | | 3,605 | 4,125 | |
| | 1000 | 5 KVA | | .54 | 14.815 | | 3,300 | 405 | | 3,705 | 4,250 | |
| | 1200 | 7.5 KVA | | .52 | 15.385 | | 3,725 | 425 | | 4,150 | 4,725 | |
| | 1400 | 10 KVA | | .44 | 18.182 | | 3,875 | 500 | | 4,375 | 5,025 | |
| | 1600 | X-ray systems, 15 KVA, 90 amp | | .44 | 18.182 | | 8,275 | 500 | | 8,775 | 9,850 | |
| | 1800 | 25 KVA, 125 amp | | .36 | 22.222 | | 8,500 | 610 | | 9,110 | 10,300 | |
| 150 | 0010 | **ISOLATING TRANSFORMER** | R164 -100 | | | | | | | | | 150 |
| | 0100 | Single phase, 120/240 volt primary, 120/240 volt secondary | | | | | | | | | | |
| | 0200 | 0.50 KVA | 1 Elec | 4 | 2 | Ea. | 145 | 55 | | 200 | 243 | |
| | 0400 | 1 KVA | | 2 | 4 | | 205 | 110 | | 315 | 390 | |
| | 0600 | 2 KVA | | 1.60 | 5 | | 330 | 138 | | 468 | 570 | |
| | 0800 | 3 KVA | | 1.40 | 5.714 | | 360 | 157 | | 517 | 630 | |

## 164 | Transformers and Bus Ducts

### 164 100 | Transformers

| | | | CREW | DAILY OUTPUT | MAN-HOURS | UNIT | 1994 BARE COSTS MAT. | LABOR | EQUIP. | TOTAL | TOTAL INCL O&P | |
|---|---|---|---|---|---|---|---|---|---|---|---|---|
| 150 | 1000 | 5 KVA | 1 Elec | 1.20 | 6.667 | Ea. | 460 | 183 | | 643 | 780 | 150 |
| | 1200 | 7.5 KVA | | 1.10 | 7.273 | | 610 | 200 | | 810 | 970 | |
| | 1400 | 10 KVA | | .80 | 10 | | 760 | 275 | | 1,035 | 1,250 | |
| | 1600 | 15 KVA | | .60 | 13.333 | | 1,150 | 365 | | 1,515 | 1,800 | |
| | 1800 | 25 KVA | | .50 | 16 | | 1,350 | 440 | | 1,790 | 2,150 | |
| | 1810 | 37.5 KVA | 2 Elec | .80 | 20 | | 1,500 | 550 | | 2,050 | 2,475 | |
| | 1820 | 75 KVA | | .65 | 24.615 | | 2,300 | 675 | | 2,975 | 3,550 | |
| | 1830 | 3 phase, 120/240 primary, 120/208V secondary, 112.5 KVA | R-3 | .90 | 22.222 | | 3,250 | 605 | 115 | 3,970 | 4,625 | |
| | 1840 | 150 KVA | | .85 | 23.529 | | 4,150 | 640 | 122 | 4,912 | 5,675 | |
| | 1850 | 225 KVA | | .65 | 30.769 | | 5,575 | 840 | 159 | 6,574 | 7,575 | |
| | 1860 | 300 KVA | | .55 | 36.364 | | 7,300 | 990 | 188 | 8,478 | 9,725 | |
| | 1870 | 500 KVA | | .45 | 44.444 | | 11,200 | 1,200 | 230 | 12,630 | 14,400 | |
| | 1880 | 750 KVA | | .35 | 57.143 | | 17,300 | 1,550 | 296 | 19,146 | 21,700 | |
| 160 | 0010 | **OIL FILLED TRANSFORMER** Pad mounted, Primary delta or Y, | R164 -100 | | | | | | | | | 160 |
| | 0050 | 5 KV or 15 KV, with taps, 277/480 V secondary, 3 phase | | | | | | | | | | |
| | 0100 | 150 KVA | R-3 | .65 | 30.769 | Ea. | 8,800 | 840 | 159 | 9,799 | 11,100 | |
| | 0110 | 225 KVA | | .55 | 36.364 | | 9,500 | 990 | 188 | 10,678 | 12,200 | |
| | 0200 | 300 KVA | | .45 | 44.444 | | 10,500 | 1,200 | 230 | 11,930 | 13,700 | |
| | 0300 | 500 KVA | | .40 | 50 | | 12,700 | 1,375 | 259 | 14,334 | 16,300 | |
| | 0400 | 750 KVA | | .38 | 52.632 | | 15,800 | 1,425 | 273 | 17,498 | 19,900 | |
| | 0500 | 1000 KVA | | .26 | 76.923 | | 18,800 | 2,100 | 400 | 21,300 | 24,300 | |
| | 0600 | 1500 KVA | | .23 | 86.957 | | 22,200 | 2,375 | 450 | 25,025 | 28,500 | |
| | 0700 | 2000 KVA | | .20 | 100 | | 28,000 | 2,725 | 520 | 31,245 | 35,500 | |
| | 0710 | 2500 KVA | | .19 | 105 | | 31,000 | 2,875 | 545 | 34,420 | 39,000 | |
| | 0720 | 3000 KVA | | .17 | 117 | | 32,500 | 3,200 | 610 | 36,310 | 41,300 | |
| | 0800 | 3750 KVA | | .16 | 125 | | 37,800 | 3,400 | 650 | 41,850 | 47,500 | |
| 170 | 0010 | **TRANSFORMER, SILICON FILLED** Pad mounted | | | | | | | | | | 170 |
| | 0020 | 5 KV or 15 KV primary, 277/480 volt secondary, 3 phase | | | | | | | | | | |
| | 0050 | 225 KVA | R-3 | .55 | 36.364 | Ea. | 16,300 | 990 | 188 | 17,478 | 19,600 | |
| | 0100 | 300 KVA | | .45 | 44.444 | | 17,400 | 1,200 | 230 | 18,830 | 21,200 | |
| | 0200 | 500 KVA | | .40 | 50 | | 20,500 | 1,375 | 259 | 22,134 | 24,900 | |
| | 0250 | 750 KVA | | .38 | 52.632 | | 25,000 | 1,425 | 273 | 26,698 | 30,000 | |
| | 0300 | 1000 KVA | | .26 | 76.923 | | 29,500 | 2,100 | 400 | 32,000 | 36,100 | |
| | 0350 | 1500 KVA | | .23 | 86.957 | | 38,000 | 2,375 | 450 | 40,825 | 45,900 | |
| | 0400 | 2000 KVA | | .20 | 100 | | 46,500 | 2,725 | 520 | 49,745 | 55,500 | |
| | 0450 | 2500 KVA | | .19 | 105 | | 53,500 | 2,875 | 545 | 56,920 | 64,000 | |
| 190 | 0010 | **HANDLING** Add to normal labor cost in restricted areas | | | | | | | | | | 190 |
| | 5000 | Transformers | | | | | | | | | | |
| | 5150 | 15 KVA, approximately 200 pounds | 2 Elec | 2.70 | 5.926 | Ea. | | 163 | | 163 | 245 | |
| | 5160 | 25 KVA, approximately 300 pounds | | 2.50 | 6.400 | | | 176 | | 176 | 265 | |
| | 5170 | 37.5 KVA, approximately 400 pounds | | 2.30 | 6.957 | | | 191 | | 191 | 288 | |
| | 5180 | 50 KVA, approximately 500 pounds | | 2 | 8 | | | 220 | | 220 | 330 | |
| | 5190 | 75 KVA, approximately 600 pounds | | 1.80 | 8.889 | | | 244 | | 244 | 370 | |
| | 5200 | 100 KVA, approximately 700 pounds | | 1.60 | 10 | | | 275 | | 275 | 415 | |
| | 5210 | 112.5 KVA, approximately 800 pounds | 3 Elec | 2.20 | 10.909 | | | 300 | | 300 | 450 | |
| | 5220 | 125 KVA, approximately 900 pounds | | 2 | 12 | | | 330 | | 330 | 495 | |
| | 5230 | 150 KVA, approximately 1000 pounds | | 1.80 | 13.333 | | | 365 | | 365 | 550 | |
| | 5240 | 167 KVA, approximately 1200 pounds | | 1.60 | 15 | | | 415 | | 415 | 620 | |
| | 5250 | 200 KVA, approximately 1400 pounds | | 1.40 | 17.143 | | | 470 | | 470 | 710 | |
| | 5260 | 225 KVA, approximately 1600 pounds | | 1.30 | 18.462 | | | 510 | | 510 | 765 | |
| | 5270 | 250 KVA, approximately 1800 pounds | | 1.10 | 21.818 | | | 600 | | 600 | 900 | |
| | 5280 | 300 KVA, approximately 2000 pounds | | 1 | 24 | | | 660 | | 660 | 990 | |
| | 5290 | 500 KVA, approximately 3000 pounds | | .75 | 32 | | | 880 | | 880 | 1,325 | |
| | 5300 | 600 KVA, approximately 3500 pounds | | .67 | 35.821 | | | 985 | | 985 | 1,475 | |

# 164 | Transformers and Bus Ducts

## 164 100 | Transformers

| | | | CREW | DAILY OUTPUT | MAN-HOURS | UNIT | MAT. | LABOR | EQUIP. | TOTAL | TOTAL INCL O&P | |
|---|---|---|---|---|---|---|---|---|---|---|---|---|
| 190 | 5310 | 750 KVA, approximately 4000 pounds | 3 Elec | .60 | 40 | Ea. | 1,100 | | | 1,100 | 1,650 | 190 |
| | 5320 | 1000 KVA, approximately 5000 pounds | ↓ | .50 | 48 | ↓ | 1,325 | | | 1,325 | 1,975 | |

## 164 200 | Bus Ducts/Busways

| | | | CREW | DAILY OUTPUT | MAN-HOURS | UNIT | MAT. | LABOR | EQUIP. | TOTAL | TOTAL INCL O&P | |
|---|---|---|---|---|---|---|---|---|---|---|---|---|
| 210 | 0010 | **ALUMINUM BUS DUCT** 10 ft. long | | | | | | | | | | 210 |
| | 0050 | 3 pole 4 wire, plug-in/indoor, straight section, 225 amp | 1 Elec | 22 | .364 | L.F. | 44 | 10 | | 54 | 63.50 | |
| | 0100 | 400 amp | | 18 | .444 | | 55 | 12.20 | | 67.20 | 79 | |
| | 0150 | 600 amp | | 16 | .500 | | 74 | 13.75 | | 87.75 | 102 | |
| | 0200 | 800 amp | | 13 | .615 | | 87 | 16.90 | | 103.90 | 121 | |
| | 0250 | 1000 amp | | 12 | .667 | | 110 | 18.35 | | 128.35 | 149 | |
| | 0300 | 1350 amp | | 11 | .727 | | 160 | 20 | | 180 | 206 | |
| | 0310 | 1600 amp | | 9 | .889 | | 190 | 24.50 | | 214.50 | 246 | |
| | 0320 | 2000 amp | | 8 | 1 | | 235 | 27.50 | | 262.50 | 300 | |
| | 0330 | 2500 amp | | 7 | 1.143 | | 290 | 31.50 | | 321.50 | 370 | |
| | 0340 | 3000 amp | | 6 | 1.333 | | 335 | 36.50 | | 371.50 | 425 | |
| | 0350 | Feeder, 600 amp | | 17 | .471 | | 75 | 12.95 | | 87.95 | 102 | |
| | 0400 | 800 amp | | 14 | .571 | | 85 | 15.70 | | 100.70 | 117 | |
| | 0450 | 1000 amp | | 13 | .615 | | 110 | 16.90 | | 126.90 | 147 | |
| | 0500 | 1350 amp | | 12 | .667 | | 155 | 18.35 | | 173.35 | 199 | |
| | 0550 | 1600 amp | | 10 | .800 | | 185 | 22 | | 207 | 237 | |
| | 0600 | 2000 amp | | 9 | .889 | | 230 | 24.50 | | 254.50 | 290 | |
| | 0620 | 2500 amp | | 7 | 1.143 | | 285 | 31.50 | | 316.50 | 365 | |
| | 0630 | 3000 amp | | 6 | 1.333 | | 330 | 36.50 | | 366.50 | 420 | |
| | 0640 | 4000 amp | | 5 | 1.600 | | 440 | 44 | | 484 | 550 | |
| | 0650 | Elbow, 225 amp | | 2.20 | 3.636 | Ea. | 510 | 100 | | 610 | 710 | |
| | 0700 | 400 amp | | 1.90 | 4.211 | | 555 | 116 | | 671 | 785 | |
| | 0750 | 600 amp | | 1.70 | 4.706 | | 590 | 129 | | 719 | 845 | |
| | 0800 | 800 amp | | 1.50 | 5.333 | | 600 | 147 | | 747 | 880 | |
| | 0850 | 1000 amp | | 1.40 | 5.714 | | 655 | 157 | | 812 | 955 | |
| | 0900 | 1350 amp | | 1.30 | 6.154 | | 850 | 169 | | 1,019 | 1,200 | |
| | 0950 | 1600 amp | | 1.20 | 6.667 | | 1,050 | 183 | | 1,233 | 1,425 | |
| | 1000 | 2000 amp | | 1 | 8 | | 1,150 | 220 | | 1,370 | 1,600 | |
| | 1020 | 2500 amp | | .90 | 8.889 | | 1,400 | 244 | | 1,644 | 1,925 | |
| | 1030 | 3000 amp | | .80 | 10 | | 1,650 | 275 | | 1,925 | 2,250 | |
| | 1040 | 4000 amp | | .70 | 11.429 | | 2,300 | 315 | | 2,615 | 3,025 | |
| | 1100 | Cable tap box end, 225 amp | | 1.80 | 4.444 | | 380 | 122 | | 502 | 605 | |
| | 1150 | 400 amp | | 1.60 | 5 | | 580 | 138 | | 718 | 845 | |
| | 1200 | 600 amp | | 1.30 | 6.154 | | 830 | 169 | | 999 | 1,175 | |
| | 1250 | 800 amp | | 1.10 | 7.273 | | 835 | 200 | | 1,035 | 1,225 | |
| | 1300 | 1000 amp | | 1 | 8 | | 845 | 220 | | 1,065 | 1,250 | |
| | 1350 | 1350 amp | | .80 | 10 | | 860 | 275 | | 1,135 | 1,350 | |
| | 1400 | 1600 amp | | .70 | 11.429 | | 895 | 315 | | 1,210 | 1,450 | |
| | 1450 | 2000 amp | | .60 | 13.333 | | 965 | 365 | | 1,330 | 1,600 | |
| | 1460 | 2500 amp | | .50 | 16 | | 1,050 | 440 | | 1,490 | 1,825 | |
| | 1470 | 3000 amp | | .40 | 20 | | 1,175 | 550 | | 1,725 | 2,125 | |
| | 1480 | 4000 amp | | .30 | 26.667 | | 1,300 | 735 | | 2,035 | 2,525 | |
| | 1500 | Switchboard stub, 225 amp | | 2.90 | 2.759 | | 250 | 76 | | 326 | 390 | |
| | 1550 | 400 amp | | 2.70 | 2.963 | | 260 | 81.50 | | 341.50 | 410 | |
| | 1600 | 600 amp | | 2.30 | 3.478 | | 345 | 95.50 | | 440.50 | 525 | |
| | 1650 | 800 amp | | 2 | 4 | | 385 | 110 | | 495 | 590 | |
| | 1700 | 1000 amp | | 1.60 | 5 | | 480 | 138 | | 618 | 735 | |
| | 1750 | 1350 amp | | 1.50 | 5.333 | | 555 | 147 | | 702 | 830 | |
| | 1800 | 1600 amp | | 1.30 | 6.154 | | 660 | 169 | | 829 | 980 | |
| | 1850 | 2000 amp | | 1.20 | 6.667 | | 775 | 183 | | 958 | 1,125 | |
| | 1860 | 2500 amp | | 1.10 | 7.273 | | 945 | 200 | | 1,145 | 1,350 | |
| | 1870 | 3000 amp | ↓ | 1 | 8 | ↓ | 1,100 | 220 | | 1,320 | 1,525 | |

## 164 | Transformers and Bus Ducts

### 164 200 | Bus Ducts/Busways

| | | CREW | DAILY OUTPUT | MAN-HOURS | UNIT | 1994 BARE COSTS MAT. | LABOR | EQUIP. | TOTAL | TOTAL INCL O&P | |
|---|---|---|---|---|---|---|---|---|---|---|---|
| 210 | 1880 | 4000 amp | 1 Elec | .90 | 8.889 | Ea. | 1,400 | 244 | | 1,644 | 1,925 | 210 |
| | 1890 | Tee fittings, 225 amp | | 1.60 | 5 | | 650 | 138 | | 788 | 920 | |
| | 1900 | 400 amp | | 1.40 | 5.714 | | 720 | 157 | | 877 | 1,025 | |
| | 1950 | 600 amp | | 1.30 | 6.154 | | 830 | 169 | | 999 | 1,175 | |
| | 2000 | 800 amp | | 1.20 | 6.667 | | 875 | 183 | | 1,058 | 1,250 | |
| | 2050 | 1000 amp | | 1.10 | 7.273 | | 1,000 | 200 | | 1,200 | 1,400 | |
| | 2100 | 1350 amp | | 1 | 8 | | 1,375 | 220 | | 1,595 | 1,850 | |
| | 2150 | 1600 amp | | .80 | 10 | | 1,575 | 275 | | 1,850 | 2,150 | |
| | 2200 | 2000 amp | | .60 | 13.333 | | 2,175 | 365 | | 2,540 | 2,950 | |
| | 2220 | 2500 amp | | .50 | 16 | | 2,575 | 440 | | 3,015 | 3,475 | |
| | 2230 | 3000 amp | | .40 | 20 | | 2,900 | 550 | | 3,450 | 4,025 | |
| | 2240 | 4000 amp | | .30 | 26.667 | | 3,800 | 735 | | 4,535 | 5,275 | |
| | 2300 | Wall flange, 600 amp | | 10 | .800 | | 95 | 22 | | 117 | 138 | |
| | 2310 | 800 amp | | 8 | 1 | | 95 | 27.50 | | 122.50 | 147 | |
| | 2320 | 1000 amp | | 6.50 | 1.231 | | 95 | 34 | | 129 | 156 | |
| | 2330 | 1350 amp | | 5.40 | 1.481 | | 95 | 40.50 | | 135.50 | 167 | |
| | 2340 | 1600 amp | | 4.50 | 1.778 | | 95 | 49 | | 144 | 179 | |
| | 2350 | 2000 amp | | 4 | 2 | | 135 | 55 | | 190 | 232 | |
| | 2360 | 2500 amp | | 3.30 | 2.424 | | 135 | 66.50 | | 201.50 | 249 | |
| | 2370 | 3000 amp | | 2.70 | 2.963 | | 135 | 81.50 | | 216.50 | 272 | |
| | 2380 | 4000 amp | | 2 | 4 | | 150 | 110 | | 260 | 330 | |
| | 2390 | 5000 amp | | 1.50 | 5.333 | | 150 | 147 | | 297 | 385 | |
| | 2400 | Vapor barrier | | 4 | 2 | | 210 | 55 | | 265 | 315 | |
| | 2420 | Roof flange kit | | 2 | 4 | | 460 | 110 | | 570 | 670 | |
| | 2600 | Expansion fitting, 225 amp | | 5 | 1.600 | | 745 | 44 | | 789 | 885 | |
| | 2610 | 400 amp | | 4 | 2 | | 820 | 55 | | 875 | 985 | |
| | 2620 | 600 amp | | 3 | 2.667 | | 945 | 73.50 | | 1,018.50 | 1,150 | |
| | 2630 | 800 amp | | 2.30 | 3.478 | | 1,175 | 95.50 | | 1,270.50 | 1,450 | |
| | 2640 | 1000 amp | | 2 | 4 | | 1,375 | 110 | | 1,485 | 1,700 | |
| | 2650 | 1350 amp | | 1.80 | 4.444 | | 1,875 | 122 | | 1,997 | 2,250 | |
| | 2660 | 1600 amp | | 1.60 | 5 | | 2,250 | 138 | | 2,388 | 2,675 | |
| | 2670 | 2000 amp | | 1.40 | 5.714 | | 2,525 | 157 | | 2,682 | 3,000 | |
| | 2680 | 2500 amp | | 1.20 | 6.667 | | 2,875 | 183 | | 3,058 | 3,450 | |
| | 2690 | 3000 amp | | 1 | 8 | | 3,600 | 220 | | 3,820 | 4,275 | |
| | 2700 | 4000 amp | | .80 | 10 | | 4,425 | 275 | | 4,700 | 5,300 | |
| | 2800 | Reducer unfused, 400 amp | | 4 | 2 | | 365 | 55 | | 420 | 485 | |
| | 2810 | 600 amp | | 3 | 2.667 | | 425 | 73.50 | | 498.50 | 580 | |
| | 2820 | 800 amp | | 2.30 | 3.478 | | 510 | 95.50 | | 605.50 | 705 | |
| | 2830 | 1000 amp | | 2 | 4 | | 605 | 110 | | 715 | 830 | |
| | 2840 | 1350 amp | | 1.80 | 4.444 | | 1,150 | 122 | | 1,272 | 1,450 | |
| | 2850 | 1600 amp | | 1.60 | 5 | | 1,300 | 138 | | 1,438 | 1,625 | |
| | 2860 | 2000 amp | | 1.40 | 5.714 | | 1,700 | 157 | | 1,857 | 2,100 | |
| | 2870 | 2500 amp | | 1.20 | 6.667 | | 2,050 | 183 | | 2,233 | 2,525 | |
| | 2880 | 3000 amp | | 1 | 8 | | 2,525 | 220 | | 2,745 | 3,100 | |
| | 2890 | 4000 amp | | .80 | 10 | | 3,800 | 275 | | 4,075 | 4,600 | |
| | 2950 | Reducer fuse included, 225 amp | | 2.20 | 3.636 | | 1,650 | 100 | | 1,750 | 1,975 | |
| | 2960 | 400 amp | | 2.10 | 3.810 | | 1,900 | 105 | | 2,005 | 2,250 | |
| | 2970 | 600 amp | | 1.80 | 4.444 | | 2,375 | 122 | | 2,497 | 2,800 | |
| | 2980 | 800 amp | | 1.60 | 5 | | 4,050 | 138 | | 4,188 | 4,650 | |
| | 2990 | 1000 amp | | 1.50 | 5.333 | | 4,650 | 147 | | 4,797 | 5,350 | |
| | 3000 | 1200 amp | | 1.40 | 5.714 | | 5,500 | 157 | | 5,657 | 6,275 | |
| | 3010 | 1600 amp | | 1.10 | 7.273 | | 6,900 | 200 | | 7,100 | 7,900 | |
| | 3020 | 2000 amp | | .90 | 8.889 | | 8,200 | 244 | | 8,444 | 9,400 | |
| | 3100 | Reducer circuit breaker, 225 amp | | 2.20 | 3.636 | | 2,350 | 100 | | 2,450 | 2,725 | |
| | 3110 | 400 amp | | 2.10 | 3.810 | | 2,775 | 105 | | 2,880 | 3,200 | |
| | 3120 | 600 amp | | 1.80 | 4.444 | | 4,000 | 122 | | 4,122 | 4,575 | |

# 164 | Transformers and Bus Ducts

## 164 200 | Bus Ducts/Busways

| | | CREW | DAILY OUTPUT | MAN-HOURS | UNIT | 1994 BARE COSTS MAT. | LABOR | EQUIP. | TOTAL | TOTAL INCL O&P | |
|---|---|---|---|---|---|---|---|---|---|---|---|
| 3130 | 800 amp | 1 Elec | 1.60 | 5 | Ea. | 4,675 | 138 | | 4,813 | 5,350 | 210 |
| 3140 | 1000 amp | | 1.50 | 5.333 | | 5,450 | 147 | | 5,597 | 6,225 | |
| 3150 | 1200 amp | | 1.40 | 5.714 | | 6,750 | 157 | | 6,907 | 7,650 | |
| 3160 | 1600 amp | | 1.10 | 7.273 | | 8,000 | 200 | | 8,200 | 9,100 | |
| 3170 | 2000 amp | | .90 | 8.889 | | 9,225 | 244 | | 9,469 | 10,500 | |
| 3250 | Reducer circuit breaker, 75,000 AIC, 225 amp | | 2.20 | 3.636 | | 3,050 | 100 | | 3,150 | 3,500 | |
| 3260 | 400 amp | | 2.10 | 3.810 | | 3,550 | 105 | | 3,655 | 4,050 | |
| 3270 | 600 amp | | 1.80 | 4.444 | | 4,225 | 122 | | 4,347 | 4,825 | |
| 3280 | 800 amp | | 1.60 | 5 | | 5,075 | 138 | | 5,213 | 5,775 | |
| 3290 | 1000 amp | | 1.50 | 5.333 | | 5,900 | 147 | | 6,047 | 6,725 | |
| 3300 | 1200 amp | | 1.40 | 5.714 | | 7,300 | 157 | | 7,457 | 8,250 | |
| 3310 | 1600 amp | | 1.10 | 7.273 | | 8,850 | 200 | | 9,050 | 10,000 | |
| 3320 | 2000 amp | | .90 | 8.889 | | 10,000 | 244 | | 10,244 | 11,400 | |
| 3400 | Reducer circuit breaker CLF 225 amp | | 2.20 | 3.636 | | 3,550 | 100 | | 3,650 | 4,050 | |
| 3410 | 400 amp | | 2.10 | 3.810 | | 4,375 | 105 | | 4,480 | 4,975 | |
| 3420 | 600 amp | | 1.80 | 4.444 | | 7,175 | 122 | | 7,297 | 8,075 | |
| 3430 | 800 amp | | 1.60 | 5 | | 7,425 | 138 | | 7,563 | 8,375 | |
| 3440 | 1000 amp | | 1.50 | 5.333 | | 8,150 | 147 | | 8,297 | 9,200 | |
| 3450 | 1200 amp | | 1.40 | 5.714 | | 9,925 | 157 | | 10,082 | 11,100 | |
| 3460 | 1600 amp | | 1.10 | 7.273 | | 10,100 | 200 | | 10,300 | 11,400 | |
| 3470 | 2000 amp | | .90 | 8.889 | | 10,900 | 244 | | 11,144 | 12,300 | |
| 3550 | Ground bus added to bus duct, 225 amp | | 160 | .050 | L.F. | 12.65 | 1.38 | | 14.03 | 15.95 | |
| 3560 | 400 amp | | 160 | .050 | | 12.65 | 1.38 | | 14.03 | 15.95 | |
| 3570 | 600 amp | | 140 | .057 | | 13.20 | 1.57 | | 14.77 | 16.85 | |
| 3580 | 800 amp | | 120 | .067 | | 14.20 | 1.83 | | 16.03 | 18.35 | |
| 3590 | 1000 amp | | 100 | .080 | | 14.75 | 2.20 | | 16.95 | 19.55 | |
| 3600 | 1350 amp | | 90 | .089 | | 14.75 | 2.44 | | 17.19 | 19.95 | |
| 3610 | 1600 amp | | 80 | .100 | | 16 | 2.75 | | 18.75 | 21.50 | |
| 3620 | 2000 amp | | 80 | .100 | | 21 | 2.75 | | 23.75 | 27 | |
| 3630 | 2500 amp | | 70 | .114 | | 31 | 3.14 | | 34.14 | 38.50 | |
| 3640 | 3000 amp | | 60 | .133 | | 34 | 3.67 | | 37.67 | 43 | |
| 3650 | 4000 amp | | 50 | .160 | | 38 | 4.40 | | 42.40 | 48.50 | |
| 3810 | High short circuit, 400 amp | | 18 | .444 | | 67 | 12.20 | | 79.20 | 92 | |
| 3820 | 600 amp | | 16 | .500 | | 86 | 13.75 | | 99.75 | 115 | |
| 3830 | 800 amp | | 13 | .615 | | 100 | 16.90 | | 116.90 | 136 | |
| 3840 | 1000 amp | | 12 | .667 | | 120 | 18.35 | | 138.35 | 160 | |
| 3850 | 1350 amp | | 11 | .727 | | 170 | 20 | | 190 | 217 | |
| 3860 | 1600 amp | | 9 | .889 | | 190 | 24.50 | | 214.50 | 246 | |
| 3870 | 2000 amp | | 8 | 1 | | 250 | 27.50 | | 277.50 | 315 | |
| 3880 | 2500 amp | | 7 | 1.143 | | 300 | 31.50 | | 331.50 | 380 | |
| 3890 | 3000 amp | | 6 | 1.333 | | 355 | 36.50 | | 391.50 | 445 | |
| 3920 | Cross, 225 amp | | 2.80 | 2.857 | Ea. | 810 | 78.50 | | 888.50 | 1,000 | |
| 3930 | 400 amp | | 2.30 | 3.478 | | 900 | 95.50 | | 995.50 | 1,125 | |
| 3940 | 600 amp | | 2 | 4 | | 1,050 | 110 | | 1,160 | 1,325 | |
| 3950 | 800 amp | | 1.70 | 4.706 | | 1,125 | 129 | | 1,254 | 1,450 | |
| 3960 | 1000 amp | | 1.50 | 5.333 | | 1,325 | 147 | | 1,472 | 1,675 | |
| 3970 | 1350 amp | | 1.40 | 5.714 | | 1,875 | 157 | | 2,032 | 2,300 | |
| 3980 | 1600 amp | | 1.10 | 7.273 | | 2,125 | 200 | | 2,325 | 2,650 | |
| 3990 | 2000 amp | | .90 | 8.889 | | 2,475 | 244 | | 2,719 | 3,100 | |
| 4000 | 2500 amp | | .80 | 10 | | 2,900 | 275 | | 3,175 | 3,625 | |
| 4010 | 3000 amp | | .60 | 13.333 | | 3,250 | 365 | | 3,615 | 4,125 | |
| 4020 | 4000 amp | | .50 | 16 | | 4,250 | 440 | | 4,690 | 5,325 | |
| 4040 | Cable tap box center, 225 amp | | 1.80 | 4.444 | | 500 | 122 | | 622 | 735 | |
| 4050 | 400 amp | | 1.60 | 5 | | 715 | 138 | | 853 | 990 | |
| 4060 | 600 amp | | 1.30 | 6.154 | | 980 | 169 | | 1,149 | 1,325 | |
| 4070 | 800 amp | | 1.10 | 7.273 | | 1,025 | 200 | | 1,225 | 1,425 | |

## 164 | Transformers and Bus Ducts

### 164 200 | Bus Ducts/Busways

| | | | CREW | DAILY OUTPUT | MAN-HOURS | UNIT | 1994 BARE COSTS | | | | TOTAL INCL O&P | |
|---|---|---|---|---|---|---|---|---|---|---|---|---|
| | | | | | | | MAT. | LABOR | EQUIP. | TOTAL | | |
| 210 | 4080 | 1000 amp | 1 Elec | 1 | 8 | Ea. | 1,150 | 220 | | 1,370 | 1,600 | 210 |
| | 4090 | 1350 amp | | .80 | 10 | | 1,375 | 275 | | 1,650 | 1,950 | |
| | 4100 | 1600 amp | | .70 | 11.429 | | 1,500 | 315 | | 1,815 | 2,125 | |
| | 4110 | 2000 amp | | .60 | 13.333 | | 1,675 | 365 | | 2,040 | 2,400 | |
| | 4120 | 2500 amp | | .50 | 16 | | 1,950 | 440 | | 2,390 | 2,800 | |
| | 4130 | 3000 amp | | .40 | 20 | | 2,225 | 550 | | 2,775 | 3,275 | |
| | 4140 | 4000 amp | | .30 | 26.667 | | 2,825 | 735 | | 3,560 | 4,200 | |
| | 4500 | Weatherproof, feeder, 600 amp | | 15 | .533 | L.F. | 82 | 14.65 | | 96.65 | 112 | |
| | 4520 | 800 amp | | 12 | .667 | | 109 | 18.35 | | 127.35 | 148 | |
| | 4540 | 1000 amp | | 11 | .727 | | 125 | 20 | | 145 | 168 | |
| | 4560 | 1350 amp | | 10 | .800 | | 190 | 22 | | 212 | 242 | |
| | 4580 | 1600 amp | | 8.50 | .941 | | 225 | 26 | | 251 | 287 | |
| | 4600 | 2000 amp | | 8 | 1 | | 285 | 27.50 | | 312.50 | 355 | |
| | 4620 | 2500 amp | | 6 | 1.333 | | 335 | 36.50 | | 371.50 | 425 | |
| | 4640 | 3000 amp | | 5 | 1.600 | | 390 | 44 | | 434 | 495 | |
| | 4660 | 4000 amp | | 4 | 2 | | 530 | 55 | | 585 | 670 | |
| | 5000 | 3 pole, 3 wire, feeder, 600 amp | | 20 | .400 | | 55 | 11 | | 66 | 77 | |
| | 5010 | 800 amp | | 16 | .500 | | 73 | 13.75 | | 86.75 | 101 | |
| | 5020 | 1000 amp | | 15 | .533 | | 82 | 14.65 | | 96.65 | 112 | |
| | 5030 | 1350 amp | | 14 | .571 | | 130 | 15.70 | | 145.70 | 167 | |
| | 5040 | 1600 amp | | 12 | .667 | | 160 | 18.35 | | 178.35 | 204 | |
| | 5050 | 2000 amp | | 10 | .800 | | 190 | 22 | | 212 | 242 | |
| | 5060 | 2500 amp | | 8 | 1 | | 230 | 27.50 | | 257.50 | 295 | |
| | 5070 | 3000 amp | | 7 | 1.143 | | 265 | 31.50 | | 296.50 | 340 | |
| | 5080 | 4000 amp | | 6 | 1.333 | | 370 | 36.50 | | 406.50 | 460 | |
| | 5200 | Plug-in type, 225 amp | | 25 | .320 | | 36 | 8.80 | | 44.80 | 53 | |
| | 5210 | 400 amp | | 21 | .381 | | 44 | 10.50 | | 54.50 | 64.50 | |
| | 5220 | 600 amp | | 18 | .444 | | 54 | 12.20 | | 66.20 | 78 | |
| | 5230 | 800 amp | | 15 | .533 | | 76 | 14.65 | | 90.65 | 106 | |
| | 5240 | 1000 amp | | 14 | .571 | | 84 | 15.70 | | 99.70 | 116 | |
| | 5250 | 1350 amp | | 13 | .615 | | 130 | 16.90 | | 146.90 | 169 | |
| | 5260 | 1600 amp | | 10 | .800 | | 160 | 22 | | 182 | 209 | |
| | 5270 | 2000 amp | | 9 | .889 | | 195 | 24.50 | | 219.50 | 252 | |
| | 5280 | 2500 amp | | 8 | 1 | | 235 | 27.50 | | 262.50 | 300 | |
| | 5290 | 3000 amp | | 7 | 1.143 | | 270 | 31.50 | | 301.50 | 345 | |
| | 5300 | 4000 amp | | 6 | 1.333 | | 375 | 36.50 | | 411.50 | 470 | |
| | 5330 | High short circuit, 400 amp | | 21 | .381 | | 57 | 10.50 | | 67.50 | 78.50 | |
| | 5340 | 600 amp | | 18 | .444 | | 65 | 12.20 | | 77.20 | 90 | |
| | 5350 | 800 amp | | 15 | .533 | | 87 | 14.65 | | 101.65 | 118 | |
| | 5360 | 1000 amp | | 14 | .571 | | 97 | 15.70 | | 112.70 | 131 | |
| | 5370 | 1350 amp | | 13 | .615 | | 145 | 16.90 | | 161.90 | 186 | |
| | 5380 | 1600 amp | | 10 | .800 | | 170 | 22 | | 192 | 220 | |
| | 5390 | 2000 amp | | 9 | .889 | | 210 | 24.50 | | 234.50 | 268 | |
| | 5400 | 2500 amp | | 8 | 1 | | 260 | 27.50 | | 287.50 | 330 | |
| | 5410 | 3000 amp | | 7 | 1.143 | | 300 | 31.50 | | 331.50 | 380 | |
| | 5440 | Elbow, 225 amp | | 2.50 | 3.200 | Ea. | 420 | 88 | | 508 | 590 | |
| | 5450 | 400 amp | | 2.20 | 3.636 | | 455 | 100 | | 555 | 650 | |
| | 5460 | 600 amp | | 2 | 4 | | 490 | 110 | | 600 | 705 | |
| | 5470 | 800 amp | | 1.70 | 4.706 | | 510 | 129 | | 639 | 755 | |
| | 5480 | 1000 amp | | 1.60 | 5 | | 515 | 138 | | 653 | 770 | |
| | 5490 | 1350 amp | | 1.50 | 5.333 | | 690 | 147 | | 837 | 980 | |
| | 5500 | 1600 amp | | 1.40 | 5.714 | | 810 | 157 | | 967 | 1,125 | |
| | 5510 | 2000 amp | | 1.20 | 6.667 | | 925 | 183 | | 1,108 | 1,300 | |
| | 5520 | 2500 amp | | 1 | 8 | | 1,125 | 220 | | 1,345 | 1,575 | |
| | 5530 | 3000 amp | | .90 | 8.889 | | 1,250 | 244 | | 1,494 | 1,750 | |
| | 5540 | 4000 amp | | .80 | 10 | | 1,850 | 275 | | 2,125 | 2,450 | |

## 164 | Transformers and Bus Ducts

| 164 200 | Bus Ducts/Busways | | CREW | DAILY OUTPUT | MAN-HOURS | UNIT | 1994 BARE COSTS |||| TOTAL INCL O&P |
|---|---|---|---|---|---|---|---|---|---|---|---|
| | | | | | | | MAT. | LABOR | EQUIP. | TOTAL | |
| 5560 | Tee fittings, 225 amp | | 1 Elec | 1.80 | 4.444 | Ea. | 545 | 122 | | 667 | 785 |
| 5570 | 400 amp | | | 1.60 | 5 | | 590 | 138 | | 728 | 855 |
| 5580 | 600 amp | | | 1.50 | 5.333 | | 650 | 147 | | 797 | 935 |
| 5590 | 800 amp | | | 1.40 | 5.714 | | 750 | 157 | | 907 | 1,050 |
| 5600 | 1000 amp | | | 1.30 | 6.154 | | 795 | 169 | | 964 | 1,125 |
| 5610 | 1350 amp | | | 1.20 | 6.667 | | 1,150 | 183 | | 1,333 | 1,550 |
| 5620 | 1600 amp | | | .90 | 8.889 | | 1,275 | 244 | | 1,519 | 1,775 |
| 5630 | 2000 amp | | | .70 | 11.429 | | 1,775 | 315 | | 2,090 | 2,425 |
| 5640 | 2500 amp | | | .60 | 13.333 | | 2,125 | 365 | | 2,490 | 2,900 |
| 5650 | 3000 amp | | | .50 | 16 | | 2,300 | 440 | | 2,740 | 3,175 |
| 5660 | 4000 amp | | | .35 | 22.857 | | 3,075 | 630 | | 3,705 | 4,325 |
| 5680 | Cross, 225 amp | | | 3.20 | 2.500 | | 675 | 69 | | 744 | 850 |
| 5690 | 400 amp | | | 2.70 | 2.963 | | 745 | 81.50 | | 826.50 | 945 |
| 5700 | 600 amp | | | 2.30 | 3.478 | | 810 | 95.50 | | 905.50 | 1,025 |
| 5710 | 800 amp | | | 2 | 4 | | 975 | 110 | | 1,085 | 1,250 |
| 5720 | 1000 amp | | | 1.80 | 4.444 | | 1,050 | 122 | | 1,172 | 1,325 |
| 5730 | 1350 amp | | | 1.60 | 5 | | 1,575 | 138 | | 1,713 | 1,925 |
| 5740 | 1600 amp | | | 1.30 | 6.154 | | 1,800 | 169 | | 1,969 | 2,225 |
| 5750 | 2000 amp | | | 1.10 | 7.273 | | 2,075 | 200 | | 2,275 | 2,575 |
| 5760 | 2500 amp | | | .90 | 8.889 | | 2,400 | 244 | | 2,644 | 3,025 |
| 5770 | 3000 amp | | | .70 | 11.429 | | 2,650 | 315 | | 2,965 | 3,400 |
| 5780 | 4000 amp | | | .60 | 13.333 | | 3,550 | 365 | | 3,915 | 4,450 |
| 5800 | Expansion fitting, 225 amp | | | 5.80 | 1.379 | | 610 | 38 | | 648 | 725 |
| 5810 | 400 amp | | | 4.60 | 1.739 | | 710 | 48 | | 758 | 850 |
| 5820 | 600 amp | | | 3.50 | 2.286 | | 790 | 63 | | 853 | 965 |
| 5830 | 800 amp | | | 2.60 | 3.077 | | 1,025 | 84.50 | | 1,109.50 | 1,250 |
| 5840 | 1000 amp | | | 2.30 | 3.478 | | 1,125 | 95.50 | | 1,220.50 | 1,400 |
| 5850 | 1350 amp | | | 2.10 | 3.810 | | 1,350 | 105 | | 1,455 | 1,625 |
| 5860 | 1600 amp | | | 1.80 | 4.444 | | 1,750 | 122 | | 1,872 | 2,100 |
| 5870 | 2000 amp | | | 1.60 | 5 | | 2,000 | 138 | | 2,138 | 2,400 |
| 5880 | 2500 amp | | | 1.40 | 5.714 | | 2,250 | 157 | | 2,407 | 2,700 |
| 5890 | 3000 amp | | | 1.20 | 6.667 | | 2,700 | 183 | | 2,883 | 3,250 |
| 5900 | 4000 amp | | | .90 | 8.889 | | 3,475 | 244 | | 3,719 | 4,200 |
| 5940 | Reducer, nonfused, 400 amp | | | 4.60 | 1.739 | | 260 | 48 | | 308 | 360 |
| 5950 | 600 amp | | | 3.50 | 2.286 | | 330 | 63 | | 393 | 460 |
| 5960 | 800 amp | | | 2.60 | 3.077 | | 410 | 84.50 | | 494.50 | 575 |
| 5970 | 1000 amp | | | 2.30 | 3.478 | | 465 | 95.50 | | 560.50 | 655 |
| 5980 | 1350 amp | | | 2.10 | 3.810 | | 915 | 105 | | 1,020 | 1,150 |
| 5990 | 1600 amp | | | 1.80 | 4.444 | | 1,000 | 122 | | 1,122 | 1,275 |
| 6000 | 2000 amp | | | 1.60 | 5 | | 1,275 | 138 | | 1,413 | 1,600 |
| 6010 | 2500 amp | | | 1.40 | 5.714 | | 1,650 | 157 | | 1,807 | 2,050 |
| 6020 | 3000 amp | | | 1.10 | 7.273 | | 1,950 | 200 | | 2,150 | 2,450 |
| 6030 | 4000 amp | | | .90 | 8.889 | | 2,425 | 244 | | 2,669 | 3,050 |
| 6050 | Reducer, fuse included, 225 amp | | | 2.50 | 3.200 | | 1,525 | 88 | | 1,613 | 1,800 |
| 6060 | 400 amp | | | 2.40 | 3.333 | | 1,825 | 91.50 | | 1,916.50 | 2,150 |
| 6070 | 600 amp | | | 2.10 | 3.810 | | 2,175 | 105 | | 2,280 | 2,550 |
| 6080 | 800 amp | | | 1.80 | 4.444 | | 3,850 | 122 | | 3,972 | 4,425 |
| 6090 | 1000 amp | | | 1.70 | 4.706 | | 4,375 | 129 | | 4,504 | 5,025 |
| 6100 | 1350 amp | | | 1.60 | 5 | | 5,300 | 138 | | 5,438 | 6,025 |
| 6110 | 1600 amp | | | 1.30 | 6.154 | | 6,625 | 169 | | 6,794 | 7,550 |
| 6120 | 2000 amp | | | 1 | 8 | | 7,875 | 220 | | 8,095 | 9,000 |
| 6160 | Reducer, circuit breaker, 225 amp | | | 2.50 | 3.200 | | 2,250 | 88 | | 2,338 | 2,600 |
| 6170 | 400 amp | | | 2.40 | 3.333 | | 2,625 | 91.50 | | 2,716.50 | 3,050 |
| 6180 | 600 amp | | | 2.10 | 3.810 | | 3,950 | 105 | | 4,055 | 4,500 |
| 6190 | 800 amp | | | 1.80 | 4.444 | | 4,550 | 122 | | 4,672 | 5,175 |
| 6200 | 1000 amp | | | 1.70 | 4.706 | | 5,275 | 129 | | 5,404 | 6,000 |

## 164 | Transformers and Bus Ducts

### 164 200 | Bus Ducts/Busways

| | | | CREW | DAILY OUTPUT | MAN-HOURS | UNIT | 1994 BARE COSTS MAT. | LABOR | EQUIP. | TOTAL | TOTAL INCL O&P | |
|---|---|---|---|---|---|---|---|---|---|---|---|---|
| 210 | 6210 | 1350 amp | 1 Elec | 1.60 | 5 | Ea. | 6,475 | 138 | | 6,613 | 7,325 | 210 |
| | 6220 | 1600 amp | | 1.30 | 6.154 | | 7,800 | 169 | | 7,969 | 8,825 | |
| | 6230 | 2000 amp | | 1 | 8 | | 9,100 | 220 | | 9,320 | 10,300 | |
| | 6270 | Cable tap box center, 225 amp | | 2.10 | 3.810 | | 425 | 105 | | 530 | 630 | |
| | 6280 | 400 amp | | 1.80 | 4.444 | | 630 | 122 | | 752 | 880 | |
| | 6290 | 600 amp | | 1.50 | 5.333 | | 895 | 147 | | 1,042 | 1,200 | |
| | 6300 | 800 amp | | 1.30 | 6.154 | | 930 | 169 | | 1,099 | 1,275 | |
| | 6310 | 1000 amp | | 1.20 | 6.667 | | 995 | 183 | | 1,178 | 1,375 | |
| | 6320 | 1350 amp | | .90 | 8.889 | | 1,175 | 244 | | 1,419 | 1,675 | |
| | 6330 | 1600 amp | | .80 | 10 | | 1,325 | 275 | | 1,600 | 1,875 | |
| | 6340 | 2000 amp | | .70 | 11.429 | | 1,450 | 315 | | 1,765 | 2,075 | |
| | 6350 | 2500 amp | | .60 | 13.333 | | 1,625 | 365 | | 1,990 | 2,350 | |
| | 6360 | 3000 amp | | .50 | 16 | | 1,825 | 440 | | 2,265 | 2,650 | |
| | 6370 | 4000 amp | | .35 | 22.857 | | 2,200 | 630 | | 2,830 | 3,375 | |
| | 6390 | Cable tap box end, 225 amp | | 2.10 | 3.810 | | 315 | 105 | | 420 | 505 | |
| | 6400 | 400 amp | | 1.80 | 4.444 | | 500 | 122 | | 622 | 735 | |
| | 6410 | 600 amp | | 1.50 | 5.333 | | 710 | 147 | | 857 | 1,000 | |
| | 6420 | 800 amp | | 1.30 | 6.154 | | 715 | 169 | | 884 | 1,050 | |
| | 6430 | 1000 amp | | 1.20 | 6.667 | | 725 | 183 | | 908 | 1,075 | |
| | 6440 | 1350 amp | | .90 | 8.889 | | 770 | 244 | | 1,014 | 1,225 | |
| | 6450 | 1600 amp | | .80 | 10 | | 800 | 275 | | 1,075 | 1,300 | |
| | 6460 | 2000 amp | | .70 | 11.429 | | 850 | 315 | | 1,165 | 1,400 | |
| | 6470 | 2500 amp | | .60 | 13.333 | | 880 | 365 | | 1,245 | 1,525 | |
| | 6480 | 3000 amp | | .50 | 16 | | 925 | 440 | | 1,365 | 1,675 | |
| | 6490 | 4000 amp | | .35 | 22.857 | | 1,025 | 630 | | 1,655 | 2,075 | |
| | 7000 | Weatherproof, feeder, 600 amp | | 17 | .471 | L.F. | 78 | 12.95 | | 90.95 | 105 | |
| | 7020 | 800 amp | | 14 | .571 | | 85 | 15.70 | | 100.70 | 117 | |
| | 7040 | 1000 amp | | 13 | .615 | | 100 | 16.90 | | 116.90 | 136 | |
| | 7060 | 1350 amp | | 12 | .667 | | 155 | 18.35 | | 173.35 | 199 | |
| | 7080 | 1600 amp | | 10 | .800 | | 190 | 22 | | 212 | 242 | |
| | 7100 | 2000 amp | | 9 | .889 | | 225 | 24.50 | | 249.50 | 285 | |
| | 7120 | 2500 amp | | 7 | 1.143 | | 285 | 31.50 | | 316.50 | 365 | |
| | 7140 | 3000 amp | | 6 | 1.333 | | 320 | 36.50 | | 356.50 | 405 | |
| | 7160 | 4000 amp | | 5 | 1.600 | | 430 | 44 | | 474 | 540 | |
| 215 | 0010 | **BUS DUCT** 100 amp and less, aluminum or copper, plug-in | | | | | | | | | | 215 |
| | 0080 | Bus duct, 3 pole 3 wire, 100 amp | 1 Elec | 42 | .190 | L.F. | 11 | 5.25 | | 16.25 | 20 | |
| | 0110 | Elbow | | 4 | 2 | Ea. | 143 | 55 | | 198 | 240 | |
| | 0120 | Tee | | 2 | 4 | | 181 | 110 | | 291 | 365 | |
| | 0130 | Wall flange | | 8 | 1 | | 30 | 27.50 | | 57.50 | 74.50 | |
| | 0140 | Ground kit | | 16 | .500 | | 13 | 13.75 | | 26.75 | 35 | |
| | 0180 | 3 pole 4 wire, 100 amp | | 40 | .200 | L.F. | 14 | 5.50 | | 19.50 | 23.50 | |
| | 0200 | Cable tap box | | 3.10 | 2.581 | Ea. | 94 | 71 | | 165 | 210 | |
| | 0300 | End closure | | 16 | .500 | | 23 | 13.75 | | 36.75 | 46 | |
| | 0400 | Elbow | | 4 | 2 | | 142 | 55 | | 197 | 239 | |
| | 0500 | Tee | | 2 | 4 | | 176 | 110 | | 286 | 360 | |
| | 0600 | Hangers | | 10 | .800 | | 10 | 22 | | 32 | 44 | |
| | 0700 | Circuit breakers, 15 to 50 amp, 1 pole | | 8 | 1 | | 162 | 27.50 | | 189.50 | 220 | |
| | 0800 | 15 to 60 amp, 2 pole | | 6.70 | 1.194 | | 262 | 33 | | 295 | 340 | |
| | 0900 | 3 pole | | 5.30 | 1.509 | | 285 | 41.50 | | 326.50 | 380 | |
| | 1000 | 60 to 100 amp, 1 pole | | 6.70 | 1.194 | | 179 | 33 | | 212 | 247 | |
| | 1100 | 70 to 100 amp, 2 pole | | 5.30 | 1.509 | | 285 | 41.50 | | 326.50 | 380 | |
| | 1200 | 3 pole | | 4.50 | 1.778 | | 315 | 49 | | 364 | 420 | |
| | 1220 | Switch, nonfused | | 8 | 1 | | 44 | 27.50 | | 71.50 | 90 | |
| | 1240 | Fused, 3 fuses, 4 wire, 30 amp | | 8 | 1 | | 202 | 27.50 | | 229.50 | 264 | |
| | 1260 | 60 amp | | 5.30 | 1.509 | | 209 | 41.50 | | 250.50 | 293 | |
| | 1280 | 100 amp | | 4.50 | 1.778 | | 315 | 49 | | 364 | 420 | |

## 164 | Transformers and Bus Ducts

### 164 200 | Bus Ducts/Busways

| | | | CREW | DAILY OUTPUT | MAN-HOURS | UNIT | MAT. | LABOR | EQUIP. | TOTAL | TOTAL INCL O&P |
|---|---|---|---|---|---|---|---|---|---|---|---|
| 215 | 1300 | Plug, fusible, 3 pole 250 volt, 30 amp | 1 Elec | 5.30 | 1.509 | Ea. | 162 | 41.50 | | 203.50 | 241 |
| | 1310 | 60 amp | | 5.30 | 1.509 | | 185 | 41.50 | | 226.50 | 267 |
| | 1320 | 100 amp | | 4.50 | 1.778 | | 252 | 49 | | 301 | 350 |
| | 1330 | 3 pole 480 volt, 30 amp | | 5.30 | 1.509 | | 184 | 41.50 | | 225.50 | 265 |
| | 1340 | 60 amp | | 5.30 | 1.509 | | 190 | 41.50 | | 231.50 | 272 |
| | 1350 | 100 amp | | 4.50 | 1.778 | | 261 | 49 | | 310 | 360 |
| | 1360 | Circuit breaker, 3 pole 250 volt, 60 amp | | 5.30 | 1.509 | | 110 | 41.50 | | 151.50 | 184 |
| | 1370 | 3 pole 480 volt, 100 amp | | 4.50 | 1.778 | | 340 | 49 | | 389 | 450 |
| | 2000 | Bus duct, 2 wire, 250 volt, 30 amp | | 60 | .133 | L.F. | 2.99 | 3.67 | | 6.66 | 8.80 |
| | 2100 | 60 amp | | 50 | .160 | | 3.56 | 4.40 | | 7.96 | 10.50 |
| | 2200 | 300 volt, 30 amp | | 60 | .133 | | 3.56 | 3.67 | | 7.23 | 9.40 |
| | 2300 | 60 amp | | 50 | .160 | | 4.46 | 4.40 | | 8.86 | 11.50 |
| | 2400 | 3 wire, 250 volt, 30 amp | | 60 | .133 | | 3.96 | 3.67 | | 7.63 | 9.85 |
| | 2500 | 60 amp | | 50 | .160 | | 5.25 | 4.40 | | 9.65 | 12.40 |
| | 2600 | 480/277 volt, 30 amp | | 60 | .133 | | 5.25 | 3.67 | | 8.92 | 11.30 |
| | 2700 | 60 amp | | 50 | .160 | | 6.90 | 4.40 | | 11.30 | 14.20 |
| | 2750 | End feed, 300 volt 2 wire max. 30 amp | | 6 | 1.333 | Ea. | 17.95 | 36.50 | | 54.45 | 75 |
| | 2800 | 60 amp | | 5.50 | 1.455 | | 21.50 | 40 | | 61.50 | 83.50 |
| | 2850 | 30 amp miniature | | 6 | 1.333 | | 9.10 | 36.50 | | 45.60 | 65 |
| | 2900 | 3 wire, 30 amp | | 6 | 1.333 | | 21.50 | 36.50 | | 58 | 78.50 |
| | 2950 | 60 amp | | 5.50 | 1.455 | | 25 | 40 | | 65 | 87.50 |
| | 3000 | 30 amp miniature | | 6 | 1.333 | | 12.15 | 36.50 | | 48.65 | 68.50 |
| | 3050 | Center feed, 300 volt 2 wire, 30 amp | | 6 | 1.333 | | 25 | 36.50 | | 61.50 | 82.50 |
| | 3100 | 60 amp | | 5.50 | 1.455 | | 31 | 40 | | 71 | 94 |
| | 3150 | 3 wire, 30 amp | | 6 | 1.333 | | 33 | 36.50 | | 69.50 | 91.50 |
| | 3200 | 60 amp | | 5.50 | 1.455 | | 36 | 40 | | 76 | 99.50 |
| | 3220 | Elbow, 30 amp | | 6 | 1.333 | | 13 | 36.50 | | 49.50 | 69.50 |
| | 3240 | 60 amp | | 5.50 | 1.455 | | 25 | 40 | | 65 | 87.50 |
| | 3260 | End cap | | 40 | .200 | | 3.39 | 5.50 | | 8.89 | 12 |
| | 3280 | Strength beam, 10 ft. | | 15 | .533 | | 21 | 14.65 | | 35.65 | 45 |
| | 3300 | Hanger | | 24 | .333 | | 2.54 | 9.15 | | 11.69 | 16.60 |
| | 3320 | Tap box, nonfusible | | 6.30 | 1.270 | | 21 | 35 | | 56 | 75.50 |
| | 3340 | Fusible 30 amp, 1 fuse | | 6 | 1.333 | | 32 | 36.50 | | 68.50 | 90 |
| | 3360 | 2 fuse | | 6 | 1.333 | | 58 | 36.50 | | 94.50 | 119 |
| | 3380 | 3 fuse | | 6 | 1.333 | | 77 | 36.50 | | 113.50 | 140 |
| | 3400 | Circuit breaker handle on cover, 1 pole | | 6 | 1.333 | | 51 | 36.50 | | 87.50 | 111 |
| | 3420 | 2 pole | | 6 | 1.333 | | 64 | 36.50 | | 100.50 | 126 |
| | 3440 | 3 pole | | 6 | 1.333 | | 104 | 36.50 | | 140.50 | 169 |
| | 3460 | Circuit breaker external operhandle, 1 pole | | 6 | 1.333 | | 70 | 36.50 | | 106.50 | 132 |
| | 3480 | 2 pole | | 6 | 1.333 | | 84 | 36.50 | | 120.50 | 148 |
| | 3500 | 3 pole | | 6 | 1.333 | | 123 | 36.50 | | 159.50 | 190 |
| | 3520 | Terminal plug, only | | 16 | .500 | | 9.80 | 13.75 | | 23.55 | 31.50 |
| | 3540 | Terminal with receptacle | | 16 | .500 | | 10.50 | 13.75 | | 24.25 | 32 |
| | 3560 | Fixture plug | | 16 | .500 | | 7.90 | 13.75 | | 21.65 | 29 |
| | 4000 | Copper bus duct, lighting, 2 wire 300 volt, 20 amp | | 70 | .114 | L.F. | 3.49 | 3.14 | | 6.63 | 8.55 |
| | 4020 | 35 amp | | 60 | .133 | | 3.67 | 3.67 | | 7.34 | 9.55 |
| | 4040 | 50 amp | | 55 | .145 | | 4.16 | 4 | | 8.16 | 10.60 |
| | 4060 | 60 amp | | 50 | .160 | | 4.68 | 4.40 | | 9.08 | 11.75 |
| | 4080 | 3 wire 300 volt, 20 amp | | 70 | .114 | | 4.23 | 3.14 | | 7.37 | 9.40 |
| | 4100 | 35 amp | | 60 | .133 | | 4.67 | 3.67 | | 8.34 | 10.65 |
| | 4120 | 50 amp | | 55 | .145 | | 5.20 | 4 | | 9.20 | 11.70 |
| | 4140 | 60 amp | | 50 | .160 | | 6.75 | 4.40 | | 11.15 | 14.05 |
| | 4160 | Feeder in box, end, 1 circuit | | 6 | 1.333 | Ea. | 23.50 | 36.50 | | 60 | 81 |
| | 4180 | 2 circuit | | 5.50 | 1.455 | | 32 | 40 | | 72 | 95 |
| | 4200 | Center, 1 circuit | | 6 | 1.333 | | 35 | 36.50 | | 71.50 | 93.50 |
| | 4220 | 2 circuit | | 5.50 | 1.455 | | 42 | 40 | | 82 | 106 |

## 164 | Transformers and Bus Ducts

### 164 200 | Bus Ducts/Busways

| | | | CREW | DAILY OUTPUT | MAN-HOURS | UNIT | 1994 BARE COSTS MAT. | LABOR | EQUIP. | TOTAL | TOTAL INCL O&P | |
|---|---|---|---|---|---|---|---|---|---|---|---|---|
| 215 | 4240 | End cap | 1 Elec | 40 | .200 | Ea. | 3.56 | 5.50 | | 9.06 | 12.15 | 215 |
| | 4260 | Hanger, surface mount | ↓ | 24 | .333 | ↓ | 1.06 | 9.15 | | 10.21 | 14.95 | |
| | 4280 | Coupling | ↓ | 40 | .200 | ↓ | 6.75 | 5.50 | | 12.25 | 15.70 | |
| 220 | 0010 | **COPPER BUS DUCT** Plug-in, indoor | | | | | | | | | | 220 |
| | 0050 | 3 pole 4 wire, bus duct, straight section, 225 amp | 1 Elec | 20 | .400 | L.F. | 59 | 11 | | 70 | 81.50 | |
| | 1000 | 400 amp | | 16 | .500 | | 98 | 13.75 | | 111.75 | 129 | |
| | 1500 | 600 amp | | 13 | .615 | | 112 | 16.90 | | 128.90 | 149 | |
| | 2400 | 800 amp | | 10 | .800 | | 160 | 22 | | 182 | 209 | |
| | 2450 | 1000 amp | | 9 | .889 | | 190 | 24.50 | | 214.50 | 246 | |
| | 2500 | 1350 amp | | 8 | 1 | | 250 | 27.50 | | 277.50 | 315 | |
| | 2510 | 1600 amp | | 6 | 1.333 | | 315 | 36.50 | | 351.50 | 400 | |
| | 2520 | 2000 amp | | 5 | 1.600 | | 380 | 44 | | 424 | 485 | |
| | 2530 | 2500 amp | | 4 | 2 | | 465 | 55 | | 520 | 595 | |
| | 2540 | 3000 amp | | 3 | 2.667 | | 600 | 73.50 | | 673.50 | 770 | |
| | 2550 | Feeder, 600 amp | | 14 | .571 | | 112 | 15.70 | | 127.70 | 147 | |
| | 2600 | 800 amp | | 11 | .727 | | 160 | 20 | | 180 | 206 | |
| | 2700 | 1000 amp | | 10 | .800 | | 190 | 22 | | 212 | 242 | |
| | 2800 | 1350 amp | | 9 | .889 | | 250 | 24.50 | | 274.50 | 310 | |
| | 2900 | 1600 amp | | 7 | 1.143 | | 300 | 31.50 | | 331.50 | 380 | |
| | 3000 | 2000 amp | | 6 | 1.333 | | 375 | 36.50 | | 411.50 | 470 | |
| | 3010 | 2500 amp | | 4 | 2 | | 460 | 55 | | 515 | 590 | |
| | 3020 | 3000 amp | | 3 | 2.667 | | 595 | 73.50 | | 668.50 | 765 | |
| | 3030 | 4000 amp | | 2 | 4 | | 745 | 110 | | 855 | 985 | |
| | 3040 | 5000 amp | | 1 | 8 | ↓ | 915 | 220 | | 1,135 | 1,325 | |
| | 3100 | Elbows, 225 amp | | 2 | 4 | Ea. | 570 | 110 | | 680 | 790 | |
| | 3200 | 400 amp | | 1.80 | 4.444 | | 680 | 122 | | 802 | 935 | |
| | 3300 | 600 amp | | 1.60 | 5 | | 700 | 138 | | 838 | 975 | |
| | 3400 | 800 amp | | 1.40 | 5.714 | | 715 | 157 | | 872 | 1,025 | |
| | 3500 | 1000 amp | | 1.30 | 6.154 | | 760 | 169 | | 929 | 1,100 | |
| | 3600 | 1350 amp | | 1.20 | 6.667 | | 1,075 | 183 | | 1,258 | 1,450 | |
| | 3700 | 1600 amp | | 1.10 | 7.273 | | 1,275 | 200 | | 1,475 | 1,700 | |
| | 3800 | 2000 amp | | .90 | 8.889 | | 1,475 | 244 | | 1,719 | 2,000 | |
| | 3810 | 2500 amp | | .80 | 10 | | 1,925 | 275 | | 2,200 | 2,550 | |
| | 3820 | 3000 amp | | .70 | 11.429 | | 2,350 | 315 | | 2,665 | 3,050 | |
| | 3830 | 4000 amp | | .60 | 13.333 | | 3,325 | 365 | | 3,690 | 4,200 | |
| | 3840 | 5000 amp | | .50 | 16 | | 3,850 | 440 | | 4,290 | 4,875 | |
| | 4000 | End box, 225 amp | | 17 | .471 | | 79 | 12.95 | | 91.95 | 106 | |
| | 4100 | 400 amp | | 16 | .500 | | 79 | 13.75 | | 92.75 | 108 | |
| | 4200 | 600 amp | | 14 | .571 | | 79 | 15.70 | | 94.70 | 111 | |
| | 4300 | 800 amp | | 13 | .615 | | 79 | 16.90 | | 95.90 | 113 | |
| | 4400 | 1000 amp | | 12 | .667 | | 79 | 18.35 | | 97.35 | 115 | |
| | 4500 | 1350 amp | | 11 | .727 | | 79 | 20 | | 99 | 117 | |
| | 4600 | 1600 amp | | 10 | .800 | | 79 | 22 | | 101 | 120 | |
| | 4700 | 2000 amp | | 9 | .889 | | 110 | 24.50 | | 134.50 | 158 | |
| | 4710 | 2500 amp | | 8 | 1 | | 110 | 27.50 | | 137.50 | 163 | |
| | 4720 | 3000 amp | | 7 | 1.143 | | 110 | 31.50 | | 141.50 | 169 | |
| | 4730 | 4000 amp | | 6 | 1.333 | | 135 | 36.50 | | 171.50 | 204 | |
| | 4740 | 5000 amp | | 5 | 1.600 | | 135 | 44 | | 179 | 215 | |
| | 4800 | Cable tap box end, 225 amp | | 1.60 | 5 | | 385 | 138 | | 523 | 630 | |
| | 5000 | 400 amp | | 1.30 | 6.154 | | 600 | 169 | | 769 | 915 | |
| | 5100 | 600 amp | | 1.10 | 7.273 | | 775 | 200 | | 975 | 1,150 | |
| | 5200 | 800 amp | | 1 | 8 | | 850 | 220 | | 1,070 | 1,275 | |
| | 5300 | 1000 amp | | .80 | 10 | | 870 | 275 | | 1,145 | 1,375 | |
| | 5400 | 1350 amp | | .70 | 11.429 | | 940 | 315 | | 1,255 | 1,500 | |
| | 5500 | 1600 amp | ↓ | .60 | 13.333 | ↓ | 985 | 365 | | 1,350 | 1,625 | |

## 164 | Transformers and Bus Ducts

| | 164 200 | Bus Ducts/Busways | CREW | DAILY OUTPUT | MAN-HOURS | UNIT | 1994 BARE COSTS MAT. | LABOR | EQUIP. | TOTAL | TOTAL INCL O&P | |
|---|---|---|---|---|---|---|---|---|---|---|---|---|
| 220 | 5600 | 2000 amp | 1 Elec | .50 | 16 | Ea. | 1,100 | 440 | | 1,540 | 1,850 | 220 |
| | 5610 | 2500 amp | | .40 | 20 | | 1,225 | 550 | | 1,775 | 2,175 | |
| | 5620 | 3000 amp | | .30 | 26.667 | | 1,350 | 735 | | 2,085 | 2,600 | |
| | 5630 | 4000 amp | | .20 | 40 | | 1,525 | 1,100 | | 2,625 | 3,325 | |
| | 5640 | 5000 amp | | .10 | 80 | | 1,750 | 2,200 | | 3,950 | 5,225 | |
| | 5700 | Switchboard stub, 225 amp | | 2.70 | 2.963 | | 270 | 81.50 | | 351.50 | 420 | |
| | 5800 | 400 amp | | 2.30 | 3.478 | | 310 | 95.50 | | 405.50 | 485 | |
| | 5900 | 600 amp | | 2 | 4 | | 390 | 110 | | 500 | 595 | |
| | 6000 | 800 amp | | 1.60 | 5 | | 465 | 138 | | 603 | 715 | |
| | 6100 | 1000 amp | | 1.50 | 5.333 | | 560 | 147 | | 707 | 835 | |
| | 6200 | 1350 amp | | 1.30 | 6.154 | | 660 | 169 | | 829 | 980 | |
| | 6300 | 1600 amp | | 1.20 | 6.667 | | 785 | 183 | | 968 | 1,150 | |
| | 6400 | 2000 amp | | 1 | 8 | | 925 | 220 | | 1,145 | 1,350 | |
| | 6410 | 2500 amp | | .90 | 8.889 | | 1,125 | 244 | | 1,369 | 1,625 | |
| | 6420 | 3000 amp | | .80 | 10 | | 1,400 | 275 | | 1,675 | 1,975 | |
| | 6430 | 4000 amp | | .70 | 11.429 | | 1,725 | 315 | | 2,040 | 2,375 | |
| | 6440 | 5000 amp | | .60 | 13.333 | | 2,150 | 365 | | 2,515 | 2,925 | |
| | 6490 | Tee fittings, 225 amp | | 1.20 | 6.667 | | 735 | 183 | | 918 | 1,075 | |
| | 6500 | 400 amp | | 1 | 8 | | 915 | 220 | | 1,135 | 1,325 | |
| | 6600 | 600 amp | | .90 | 8.889 | | 975 | 244 | | 1,219 | 1,450 | |
| | 6700 | 800 amp | | .80 | 10 | | 1,200 | 275 | | 1,475 | 1,750 | |
| | 6750 | 1000 amp | | .70 | 11.429 | | 1,325 | 315 | | 1,640 | 1,925 | |
| | 6800 | 1350 amp | | .60 | 13.333 | | 1,800 | 365 | | 2,165 | 2,525 | |
| | 7000 | 1600 amp | | .50 | 16 | | 2,075 | 440 | | 2,515 | 2,925 | |
| | 7100 | 2000 amp | | .40 | 20 | | 3,150 | 550 | | 3,700 | 4,300 | |
| | 7110 | 2500 amp | | .30 | 26.667 | | 3,775 | 735 | | 4,510 | 5,275 | |
| | 7120 | 3000 amp | | .25 | 32 | | 4,650 | 880 | | 5,530 | 6,450 | |
| | 7130 | 4000 amp | | .20 | 40 | | 5,800 | 1,100 | | 6,900 | 8,025 | |
| | 7140 | 5000 amp | | .10 | 80 | | 6,925 | 2,200 | | 9,125 | 10,900 | |
| | 7200 | Plug-in switches, 600 volt, 3 pole, 30 amp | | 4 | 2 | | 195 | 55 | | 250 | 298 | |
| | 7300 | 60 amp | | 3.60 | 2.222 | | 210 | 61 | | 271 | 325 | |
| | 7400 | 100 amp | | 2.70 | 2.963 | | 300 | 81.50 | | 381.50 | 455 | |
| | 7500 | 200 amp | | 1.60 | 5 | | 535 | 138 | | 673 | 795 | |
| | 7600 | 400 amp | | .70 | 11.429 | | 1,300 | 315 | | 1,615 | 1,900 | |
| | 7700 | 600 amp | | .45 | 17.778 | | 1,825 | 490 | | 2,315 | 2,725 | |
| | 7800 | 800 amp | | .33 | 24.242 | | 3,200 | 665 | | 3,865 | 4,525 | |
| | 7900 | 1200 amp | | .25 | 32 | | 6,000 | 880 | | 6,880 | 7,925 | |
| | 7910 | 1600 amp | | .22 | 36.364 | | 6,025 | 1,000 | | 7,025 | 8,125 | |
| | 8000 | Plug-in circuit breakers, molded case, 15 to 50 amp | | 4.40 | 1.818 | | 385 | 50 | | 435 | 500 | |
| | 8100 | 70 to 100 amp | | 3.10 | 2.581 | | 425 | 71 | | 496 | 575 | |
| | 8200 | 150 to 225 amp | | 1.70 | 4.706 | | 950 | 129 | | 1,079 | 1,250 | |
| | 8300 | 250 to 400 amp | | .70 | 11.429 | | 1,925 | 315 | | 2,240 | 2,600 | |
| | 8400 | 500 to 600 amp | | .50 | 16 | | 2,825 | 440 | | 3,265 | 3,750 | |
| | 8500 | 700 to 800 amp | | .32 | 25 | | 3,400 | 690 | | 4,090 | 4,775 | |
| | 8600 | 900 to 1000 amp | | .28 | 28.571 | | 3,925 | 785 | | 4,710 | 5,500 | |
| | 8700 | 1200 amp | | .22 | 36.364 | | 6,200 | 1,000 | | 7,200 | 8,325 | |
| | 8720 | 1400 amp | | .20 | 40 | | 6,200 | 1,100 | | 7,300 | 8,475 | |
| | 8730 | 1600 amp | | .20 | 40 | | 6,225 | 1,100 | | 7,325 | 8,500 | |
| | 8750 | Circuit breakers, with current limiting fuse, 15 to 50 amp | | 4.40 | 1.818 | | 1,200 | 50 | | 1,250 | 1,400 | |
| | 8760 | 70 to 100 amp | | 3.10 | 2.581 | | 1,200 | 71 | | 1,271 | 1,425 | |
| | 8770 | 150 to 225 amp | | 1.70 | 4.706 | | 2,900 | 129 | | 3,029 | 3,400 | |
| | 8780 | 250 to 400 amp | | .70 | 11.429 | | 3,375 | 315 | | 3,690 | 4,200 | |
| | 8790 | 500 to 600 amp | | .50 | 16 | | 5,025 | 440 | | 5,465 | 6,175 | |
| | 8800 | 700 to 800 amp | | .32 | 25 | | 5,675 | 690 | | 6,365 | 7,275 | |
| | 8810 | 900 to 1000 amp | | .28 | 28.571 | | 6,350 | 785 | | 7,135 | 8,150 | |
| | 8850 | Combination starter FVNR, fusible switch, NEMA size 0, 30 amp | | 2 | 4 | | 710 | 110 | | 820 | 945 | |

## 164 | Transformers and Bus Ducts

### 164 200 | Bus Ducts/Busways

| | | CREW | DAILY OUTPUT | MAN-HOURS | UNIT | 1994 BARE COSTS MAT. | LABOR | EQUIP. | TOTAL | TOTAL INCL O&P | |
|---|---|---|---|---|---|---|---|---|---|---|---|
| 220 | 8860 NEMA size 1, 60 amp | 1 Elec | 1.80 | 4.444 | Ea. | 750 | 122 | | 872 | 1,000 | 220 |
| | 8870 NEMA size 2, 100 amp | | 1.30 | 6.154 | | 925 | 169 | | 1,094 | 1,275 | |
| | 8880 NEMA size 3, 200 amp | | 1 | 8 | | 1,500 | 220 | | 1,720 | 1,975 | |
| | 8900 Circuit breaker, NEMA size 0, 30 amp | | 2 | 4 | | 710 | 110 | | 820 | 945 | |
| | 8910 NEMA size 1, 60 amp | | 1.80 | 4.444 | | 750 | 122 | | 872 | 1,000 | |
| | 8920 NEMA size 2, 100 amp | | 1.30 | 6.154 | | 1,050 | 169 | | 1,219 | 1,400 | |
| | 8930 NEMA size 3, 200 amp | | 1 | 8 | | 1,350 | 220 | | 1,570 | 1,800 | |
| | 8950 Combination contactor, fusible switch, NEMA size 0, 30 amp | | 2 | 4 | | 670 | 110 | | 780 | 900 | |
| | 8960 NEMA size 1, 60 amp | | 1.80 | 4.444 | | 700 | 122 | | 822 | 955 | |
| | 8970 NEMA size 2, 100 amp | | 1.30 | 6.154 | | 850 | 169 | | 1,019 | 1,200 | |
| | 8980 NEMA size 3, 200 amp | | 1 | 8 | | 1,400 | 220 | | 1,620 | 1,875 | |
| | 9000 Circuit breaker, NEMA size 0, 30 amp | | 2 | 4 | | 670 | 110 | | 780 | 900 | |
| | 9010 NEMA size 1, 60 amp | | 1.80 | 4.444 | | 710 | 122 | | 832 | 965 | |
| | 9020 NEMA size 2, 100 amp | | 1.30 | 6.154 | | 960 | 169 | | 1,129 | 1,300 | |
| | 9030 NEMA size 3, 200 amp | | 1 | 8 | | 1,275 | 220 | | 1,495 | 1,725 | |
| | 9050 Control transformer for above, NEMA size 0, 30 amp | | 8 | 1 | | 120 | 27.50 | | 147.50 | 174 | |
| | 9060 NEMA size 1, 60 amp | | 8 | 1 | | 120 | 27.50 | | 147.50 | 174 | |
| | 9070 NEMA size 2, 100 amp | | 7 | 1.143 | | 170 | 31.50 | | 201.50 | 235 | |
| | 9080 NEMA size 3, 200 amp | | 7 | 1.143 | | 235 | 31.50 | | 266.50 | 305 | |
| | 9100 Comb. fusible switch & lighting control, electrically held, 30 amp | | 2 | 4 | | 675 | 110 | | 785 | 910 | |
| | 9110 60 amp | | 1.80 | 4.444 | | 860 | 122 | | 982 | 1,125 | |
| | 9120 100 amp | | 1.30 | 6.154 | | 1,150 | 169 | | 1,319 | 1,525 | |
| | 9130 200 amp | | 1 | 8 | | 2,550 | 220 | | 2,770 | 3,125 | |
| | 9150 Mechanically held, 30 amp | | 2 | 4 | | 720 | 110 | | 830 | 955 | |
| | 9160 60 amp | | 1.80 | 4.444 | | 1,000 | 122 | | 1,122 | 1,275 | |
| | 9170 100 amp | | 1.30 | 6.154 | | 1,400 | 169 | | 1,569 | 1,800 | |
| | 9180 200 amp | | 1 | 8 | | 2,900 | 220 | | 3,120 | 3,525 | |
| | 9200 Ground bus added to bus duct, 225 amp | | 160 | .050 | L.F. | 18 | 1.38 | | 19.38 | 22 | |
| | 9210 400 amp | | 120 | .067 | | 18 | 1.83 | | 19.83 | 22.50 | |
| | 9220 600 amp | | 120 | .067 | | 18 | 1.83 | | 19.83 | 22.50 | |
| | 9230 800 amp | | 80 | .100 | | 19 | 2.75 | | 21.75 | 25 | |
| | 9240 1000 amp | | 80 | .100 | | 21 | 2.75 | | 23.75 | 27 | |
| | 9250 1350 amp | | 70 | .114 | | 24 | 3.14 | | 27.14 | 31 | |
| | 9260 1600 amp | | 60 | .133 | | 33 | 3.67 | | 36.67 | 42 | |
| | 9270 2000 amp | | 55 | .145 | | 38 | 4 | | 42 | 48 | |
| | 9280 2500 amp | | 50 | .160 | | 53 | 4.40 | | 57.40 | 65 | |
| | 9290 3000 amp | | 45 | .178 | | 68 | 4.89 | | 72.89 | 82.50 | |
| | 9300 4000 amp | | 40 | .200 | | 85 | 5.50 | | 90.50 | 102 | |
| | 9310 5000 amp | | 35 | .229 | | 108 | 6.30 | | 114.30 | 128 | |
| | 9320 High short circuit bracing, add | | | | | 12 | | | 12 | 13.20 | |
| 225 | 0010 **COPPER BUS DUCT** | | | | | | | | | | 225 |
| | 0100 3 pole 4 wire, weatherproof, feeder duct, 600 amp | 1 Elec | 12 | .667 | L.F. | 137 | 18.35 | | 155.35 | 179 | |
| | 0110 800 amp | | 9 | .889 | | 197 | 24.50 | | 221.50 | 254 | |
| | 0120 1000 amp | | 8.50 | .941 | | 227 | 26 | | 253 | 289 | |
| | 0130 1350 amp | | 8 | 1 | | 305 | 27.50 | | 332.50 | 375 | |
| | 0140 1600 amp | | 6 | 1.333 | | 375 | 36.50 | | 411.50 | 470 | |
| | 0150 2000 amp | | 5 | 1.600 | | 460 | 44 | | 504 | 570 | |
| | 0160 2500 amp | | 3.50 | 2.286 | | 550 | 63 | | 613 | 700 | |
| | 0170 3000 amp | | 2.50 | 3.200 | | 715 | 88 | | 803 | 915 | |
| | 0180 4000 amp | | 1.80 | 4.444 | | 900 | 122 | | 1,022 | 1,175 | |
| | 0200 Plug-in/indoor, bus duct high short circuit, 400 amp | | 16 | .500 | | 116 | 13.75 | | 129.75 | 149 | |
| | 0210 600 amp | | 13 | .615 | | 124 | 16.90 | | 140.90 | 162 | |
| | 0220 800 amp | | 10 | .800 | | 175 | 22 | | 197 | 226 | |
| | 0230 1000 amp | | 9 | .889 | | 204 | 24.50 | | 228.50 | 261 | |
| | 0240 1350 amp | | 8 | 1 | | 269 | 27.50 | | 296.50 | 340 | |
| | 0250 1600 amp | | 6 | 1.333 | | 330 | 36.50 | | 366.50 | 420 | |

## 164 | Transformers and Bus Ducts

### 164 200 | Bus Ducts/Busways

| | | | CREW | DAILY OUTPUT | MAN-HOURS | UNIT | MAT. | LABOR | EQUIP. | TOTAL | TOTAL INCL O&P | |
|---|---|---|---|---|---|---|---|---|---|---|---|---|
| 225 | 0260 | 2000 amp | 1 Elec | 5 | 1.600 | L.F. | 395 | 44 | | 439 | 500 | 225 |
| | 0270 | 2500 amp | | 4 | 2 | | 500 | 55 | | 555 | 635 | |
| | 0280 | 3000 amp | | 3 | 2.667 | ↓ | 630 | 73.50 | | 703.50 | 805 | |
| | 0310 | Cross, 225 amp | | 1.50 | 5.333 | Ea. | 935 | 147 | | 1,082 | 1,250 | |
| | 0320 | 400 amp | | 1.40 | 5.714 | | 1,250 | 157 | | 1,407 | 1,600 | |
| | 0330 | 600 amp | | 1.30 | 6.154 | | 1,350 | 169 | | 1,519 | 1,725 | |
| | 0340 | 800 amp | | 1.10 | 7.273 | | 1,750 | 200 | | 1,950 | 2,225 | |
| | 0350 | 1000 amp | | 1 | 8 | | 1,950 | 220 | | 2,170 | 2,475 | |
| | 0360 | 1350 amp | | .90 | 8.889 | | 2,475 | 244 | | 2,719 | 3,100 | |
| | 0370 | 1600 amp | | .85 | 9.412 | | 3,050 | 259 | | 3,309 | 3,750 | |
| | 0380 | 2000 amp | | .80 | 10 | | 3,625 | 275 | | 3,900 | 4,425 | |
| | 0390 | 2500 amp | | .70 | 11.429 | | 4,325 | 315 | | 4,640 | 5,225 | |
| | 0400 | 3000 amp | | .60 | 13.333 | | 5,375 | 365 | | 5,740 | 6,475 | |
| | 0410 | 4000 amp | | .50 | 16 | | 6,675 | 440 | | 7,115 | 8,000 | |
| | 0430 | Expansion fitting, 225 amp | | 2.70 | 2.963 | | 815 | 81.50 | | 896.50 | 1,025 | |
| | 0440 | 400 amp | | 2.30 | 3.478 | | 1,000 | 95.50 | | 1,095.50 | 1,250 | |
| | 0450 | 600 amp | | 2 | 4 | | 1,150 | 110 | | 1,260 | 1,450 | |
| | 0460 | 800 amp | | 1.70 | 4.706 | | 1,475 | 129 | | 1,604 | 1,825 | |
| | 0470 | 1000 amp | | 1.50 | 5.333 | | 1,700 | 147 | | 1,847 | 2,100 | |
| | 0480 | 1350 amp | | 1.40 | 5.714 | | 2,275 | 157 | | 2,432 | 2,725 | |
| | 0490 | 1600 amp | | 1.30 | 6.154 | | 2,750 | 169 | | 2,919 | 3,275 | |
| | 0500 | 2000 amp | | 1.10 | 7.273 | | 3,125 | 200 | | 3,325 | 3,750 | |
| | 0510 | 2500 amp | | .90 | 8.889 | | 3,600 | 244 | | 3,844 | 4,325 | |
| | 0520 | 3000 amp | | .80 | 10 | | 4,675 | 275 | | 4,950 | 5,575 | |
| | 0530 | 4000 amp | | .60 | 13.333 | | 5,325 | 365 | | 5,690 | 6,400 | |
| | 0550 | Reducer nonfused, 225 amp | | 2.70 | 2.963 | | 345 | 81.50 | | 426.50 | 505 | |
| | 0560 | 400 amp | | 2.30 | 3.478 | | 520 | 95.50 | | 615.50 | 715 | |
| | 0570 | 600 amp | | 2 | 4 | | 620 | 110 | | 730 | 845 | |
| | 0580 | 800 amp | | 1.70 | 4.706 | | 795 | 129 | | 924 | 1,075 | |
| | 0590 | 1000 amp | | 1.50 | 5.333 | | 945 | 147 | | 1,092 | 1,275 | |
| | 0600 | 1350 amp | | 1.40 | 5.714 | | 1,575 | 157 | | 1,732 | 1,950 | |
| | 0610 | 1600 amp | | 1.30 | 6.154 | | 1,825 | 169 | | 1,994 | 2,250 | |
| | 0620 | 2000 amp | | 1.10 | 7.273 | | 2,400 | 200 | | 2,600 | 2,950 | |
| | 0630 | 2500 amp | | .90 | 8.889 | | 2,900 | 244 | | 3,144 | 3,575 | |
| | 0640 | 3000 amp | | .80 | 10 | | 3,575 | 275 | | 3,850 | 4,350 | |
| | 0650 | 4000 amp | | .60 | 13.333 | | 4,575 | 365 | | 4,940 | 5,575 | |
| | 0670 | Reducer fuse included, 225 amp | | 2.20 | 3.636 | | 1,650 | 100 | | 1,750 | 1,975 | |
| | 0680 | 400 amp | | 2.10 | 3.810 | | 2,075 | 105 | | 2,180 | 2,425 | |
| | 0690 | 600 amp | | 1.80 | 4.444 | | 2,400 | 122 | | 2,522 | 2,825 | |
| | 0700 | 800 amp | | 1.60 | 5 | | 4,250 | 138 | | 4,388 | 4,875 | |
| | 0710 | 1000 amp | | 1.50 | 5.333 | | 4,875 | 147 | | 5,022 | 5,600 | |
| | 0720 | 1350 amp | | 1.40 | 5.714 | | 5,825 | 157 | | 5,982 | 6,625 | |
| | 0730 | 1600 amp | | 1.10 | 7.273 | | 7,175 | 200 | | 7,375 | 8,200 | |
| | 0740 | 2000 amp | | .90 | 8.889 | | 8,600 | 244 | | 8,844 | 9,825 | |
| | 0790 | Reducer, circuit breaker, 225 amp | | 2.20 | 3.636 | | 2,375 | 100 | | 2,475 | 2,775 | |
| | 0800 | 400 amp | | 2.10 | 3.810 | | 2,775 | 105 | | 2,880 | 3,200 | |
| | 0810 | 600 amp | | 1.80 | 4.444 | | 4,150 | 122 | | 4,272 | 4,750 | |
| | 0820 | 800 amp | | 1.60 | 5 | | 4,825 | 138 | | 4,963 | 5,500 | |
| | 0830 | 1000 amp | | 1.50 | 5.333 | | 5,550 | 147 | | 5,697 | 6,325 | |
| | 0840 | 1350 amp | | 1.40 | 5.714 | | 7,025 | 157 | | 7,182 | 7,950 | |
| | 0850 | 1600 amp | | 1.10 | 7.273 | | 7,975 | 200 | | 8,175 | 9,075 | |
| | 0860 | 2000 amp | | .90 | 8.889 | | 9,225 | 244 | | 9,469 | 10,500 | |
| | 0910 | Cable tap box, center, 225 amp | | 1.60 | 5 | | 550 | 138 | | 688 | 810 | |
| | 0920 | 400 amp | | 1.30 | 6.154 | | 865 | 169 | | 1,034 | 1,200 | |
| | 0930 | 600 amp | | 1.10 | 7.273 | | 1,100 | 200 | | 1,300 | 1,525 | |
| | 0940 | 800 amp | ↓ | 1 | 8 | ↓ | 1,325 | 220 | | 1,545 | 1,775 | |

## 164 | Transformers and Bus Ducts

### 164 200 | Bus Ducts/Busways

| | | | CREW | DAILY OUTPUT | MAN-HOURS | UNIT | 1994 BARE COSTS MAT. | LABOR | EQUIP. | TOTAL | TOTAL INCL O&P | |
|---|---|---|---|---|---|---|---|---|---|---|---|---|
| 225 | 0950 | 1000 amp | 1 Elec | .80 | 10 | Ea. | 1,450 | 275 | | 1,725 | 2,025 | 225 |
| | 0960 | 1350 amp | | .70 | 11.429 | | 1,700 | 315 | | 2,015 | 2,350 | |
| | 0970 | 1600 amp | | .60 | 13.333 | | 1,900 | 365 | | 2,265 | 2,650 | |
| | 0980 | 2000 amp | | .50 | 16 | | 2,250 | 440 | | 2,690 | 3,125 | |
| | 1040 | 2500 amp | | .40 | 20 | | 2,650 | 550 | | 3,200 | 3,750 | |
| | 1060 | 3000 amp | | .30 | 26.667 | | 3,175 | 735 | | 3,910 | 4,600 | |
| | 1080 | 4000 amp | | .20 | 40 | | 3,850 | 1,100 | | 4,950 | 5,875 | |
| | 1800 | 3 pole 3 wire, feeder duct, weatherproof, 600 amp | | 14 | .571 | L.F. | 105 | 15.70 | | 120.70 | 140 | |
| | 1820 | 800 amp | | 11 | .727 | | 156 | 20 | | 176 | 202 | |
| | 1840 | 1000 amp | | 10 | .800 | | 159 | 22 | | 181 | 208 | |
| | 1860 | 1350 amp | | 9 | .889 | | 230 | 24.50 | | 254.50 | 290 | |
| | 1880 | 1600 amp | | 7 | 1.143 | | 279 | 31.50 | | 310.50 | 355 | |
| | 1900 | 2000 amp | | 6 | 1.333 | | 345 | 36.50 | | 381.50 | 435 | |
| | 1920 | 2500 amp | | 4 | 2 | | 440 | 55 | | 495 | 570 | |
| | 1940 | 3000 amp | | 3 | 2.667 | | 540 | 73.50 | | 613.50 | 705 | |
| | 1960 | 4000 amp | | 2 | 4 | | 700 | 110 | | 810 | 935 | |
| | 2000 | Feeder duct, 600 amp | | 16 | .500 | | 85 | 13.75 | | 98.75 | 114 | |
| | 2010 | 800 amp | | 13 | .615 | | 122 | 16.90 | | 138.90 | 160 | |
| | 2020 | 1000 amp | | 12 | .667 | | 135 | 18.35 | | 153.35 | 177 | |
| | 2030 | 1350 amp | | 10 | .800 | | 199 | 22 | | 221 | 252 | |
| | 2040 | 1600 amp | | 8 | 1 | | 227 | 27.50 | | 254.50 | 292 | |
| | 2050 | 2000 amp | | 7 | 1.143 | | 289 | 31.50 | | 320.50 | 370 | |
| | 2060 | 2500 amp | | 5 | 1.600 | | 365 | 44 | | 409 | 465 | |
| | 2070 | 3000 amp | | 4 | 2 | | 440 | 55 | | 495 | 570 | |
| | 2080 | 4000 amp | | 3 | 2.667 | | 580 | 73.50 | | 653.50 | 750 | |
| | 2200 | Bus duct plug-in, 225 amp | | 23 | .348 | | 44 | 9.55 | | 53.55 | 63 | |
| | 2210 | 400 amp | | 18 | .444 | | 65 | 12.20 | | 77.20 | 90 | |
| | 2220 | 600 amp | | 15 | .533 | | 85 | 14.65 | | 99.65 | 116 | |
| | 2230 | 800 amp | | 12 | .667 | | 123 | 18.35 | | 141.35 | 163 | |
| | 2240 | 1000 amp | | 10 | .800 | | 132 | 22 | | 154 | 178 | |
| | 2250 | 1350 amp | | 9 | .889 | | 200 | 24.50 | | 224.50 | 257 | |
| | 2260 | 1600 amp | | 7 | 1.143 | | 230 | 31.50 | | 261.50 | 300 | |
| | 2270 | 2000 amp | | 6 | 1.333 | | 293 | 36.50 | | 329.50 | 375 | |
| | 2280 | 2500 amp | | 5 | 1.600 | | 375 | 44 | | 419 | 480 | |
| | 2290 | 3000 amp | | 4 | 2 | | 445 | 55 | | 500 | 575 | |
| | 2330 | High short circuit, 400 amp | | 18 | .444 | | 78 | 12.20 | | 90.20 | 104 | |
| | 2340 | 600 amp | | 15 | .533 | | 98 | 14.65 | | 112.65 | 130 | |
| | 2350 | 800 amp | | 12 | .667 | | 135 | 18.35 | | 153.35 | 177 | |
| | 2360 | 1000 amp | | 10 | .800 | | 143 | 22 | | 165 | 190 | |
| | 2370 | 1350 amp | | 9 | .889 | | 215 | 24.50 | | 239.50 | 274 | |
| | 2380 | 1600 amp | | 7 | 1.143 | | 243 | 31.50 | | 274.50 | 315 | |
| | 2390 | 2000 amp | | 6 | 1.333 | | 305 | 36.50 | | 341.50 | 390 | |
| | 2400 | 2500 amp | | 5 | 1.600 | | 395 | 44 | | 439 | 500 | |
| | 2410 | 3000 amp | | 4 | 2 | | 475 | 55 | | 530 | 610 | |
| | 2440 | Elbows, 225 amp | | 2.30 | 3.478 | | 415 | 95.50 | | 510.50 | 600 | |
| | 2450 | 400 amp | | 2.10 | 3.810 | Ea. | 495 | 105 | | 600 | 705 | |
| | 2460 | 600 amp | | 1.80 | 4.444 | | 575 | 122 | | 697 | 820 | |
| | 2470 | 800 amp | | 1.60 | 5 | | 575 | 138 | | 713 | 840 | |
| | 2480 | 1000 amp | | 1.50 | 5.333 | | 585 | 147 | | 732 | 865 | |
| | 2490 | 1350 amp | | 1.40 | 5.714 | | 810 | 157 | | 967 | 1,125 | |
| | 2500 | 1600 amp | | 1.30 | 6.154 | | 995 | 169 | | 1,164 | 1,350 | |
| | 2510 | 2000 amp | | 1 | 8 | | 1,150 | 220 | | 1,370 | 1,600 | |
| | 2520 | 2500 amp | | .90 | 8.889 | | 1,550 | 244 | | 1,794 | 2,075 | |
| | 2530 | 3000 amp | | .80 | 10 | | 1,775 | 275 | | 2,050 | 2,375 | |
| | 2540 | 4000 amp | | .70 | 11.429 | | 2,575 | 315 | | 2,890 | 3,300 | |
| | 2560 | Tee fittings, 225 amp | | 1.40 | 5.714 | | 580 | 157 | | 737 | 875 | |

See the Reference Section for reference number information, Crew Listings and City Cost Indexes

## 164 | Transformers and Bus Ducts

### 164 200 | Bus Ducts/Busways

| | | CREW | DAILY OUTPUT | MAN-HOURS | UNIT | 1994 BARE COSTS MAT. | LABOR | EQUIP. | TOTAL | TOTAL INCL O&P | |
|---|---|---|---|---|---|---|---|---|---|---|---|
| 2570 | 400 amp | 1 Elec | 1.20 | 6.667 | Ea. | 695 | 183 | | 878 | 1,050 | 225 |
| 2580 | 600 amp | | 1 | 8 | | 775 | 220 | | 995 | 1,175 | |
| 2590 | 800 amp | | .90 | 8.889 | | 960 | 244 | | 1,204 | 1,425 | |
| 2600 | 1000 amp | | .80 | 10 | | 1,000 | 275 | | 1,275 | 1,525 | |
| 2610 | 1350 amp | | .70 | 11.429 | | 1,425 | 315 | | 1,740 | 2,050 | |
| 2620 | 1600 amp | | .60 | 13.333 | | 1,600 | 365 | | 1,965 | 2,300 | |
| 2630 | 2000 amp | | .50 | 16 | | 2,450 | 440 | | 2,890 | 3,350 | |
| 2640 | 2500 amp | | .35 | 22.857 | | 3,000 | 630 | | 3,630 | 4,250 | |
| 2650 | 3000 amp | | .30 | 26.667 | | 3,525 | 735 | | 4,260 | 4,975 | |
| 2660 | 4000 amp | | .25 | 32 | | 4,475 | 880 | | 5,355 | 6,250 | |
| 2680 | Cross, 225 amp | | 1.80 | 4.444 | | 655 | 122 | | 777 | 905 | |
| 2690 | 400 amp | | 1.60 | 5 | | 800 | 138 | | 938 | 1,075 | |
| 2700 | 600 amp | | 1.50 | 5.333 | | 935 | 147 | | 1,082 | 1,250 | |
| 2710 | 800 amp | | 1.30 | 6.154 | | 1,200 | 169 | | 1,369 | 1,575 | |
| 2720 | 1000 amp | | 1.20 | 6.667 | | 1,250 | 183 | | 1,433 | 1,650 | |
| 2730 | 1350 amp | | 1.10 | 7.273 | | 1,725 | 200 | | 1,925 | 2,200 | |
| 2740 | 1600 amp | | 1 | 8 | | 2,075 | 220 | | 2,295 | 2,600 | |
| 2750 | 2000 amp | | .90 | 8.889 | | 2,525 | 244 | | 2,769 | 3,150 | |
| 2760 | 2500 amp | | .80 | 10 | | 3,025 | 275 | | 3,300 | 3,750 | |
| 2770 | 3000 amp | | .70 | 11.429 | | 3,550 | 315 | | 3,865 | 4,375 | |
| 2780 | 4000 amp | | .50 | 16 | | 4,575 | 440 | | 5,015 | 5,675 | |
| 2800 | Expansion fitting, 225 amp | | 3.20 | 2.500 | | 650 | 69 | | 719 | 820 | |
| 2810 | 400 amp | | 2.70 | 2.963 | | 805 | 81.50 | | 886.50 | 1,000 | |
| 2820 | 600 amp | | 2.30 | 3.478 | | 930 | 95.50 | | 1,025.50 | 1,175 | |
| 2830 | 800 amp | | 2 | 4 | | 1,250 | 110 | | 1,360 | 1,550 | |
| 2840 | 1000 amp | | 1.80 | 4.444 | | 1,325 | 122 | | 1,447 | 1,625 | |
| 2850 | 1350 amp | | 1.60 | 5 | | 1,650 | 138 | | 1,788 | 2,025 | |
| 2860 | 1600 amp | | 1.50 | 5.333 | | 2,050 | 147 | | 2,197 | 2,475 | |
| 2870 | 2000 amp | | 1.30 | 6.154 | | 2,400 | 169 | | 2,569 | 2,900 | |
| 2880 | 2500 amp | | 1.10 | 7.273 | | 2,800 | 200 | | 3,000 | 3,375 | |
| 2890 | 3000 amp | | .90 | 8.889 | | 3,450 | 244 | | 3,694 | 4,175 | |
| 2900 | 4000 amp | | .70 | 11.429 | | 4,350 | 315 | | 4,665 | 5,250 | |
| 2920 | Reducer nonfused, 225 amp | | 3.20 | 2.500 | | 310 | 69 | | 379 | 445 | |
| 2930 | 400 amp | | 2.70 | 2.963 | | 365 | 81.50 | | 446.50 | 525 | |
| 2940 | 600 amp | | 2.30 | 3.478 | | 440 | 95.50 | | 535.50 | 630 | |
| 2950 | 800 amp | | 2 | 4 | | 605 | 110 | | 715 | 830 | |
| 2960 | 1000 amp | | 1.80 | 4.444 | | 730 | 122 | | 852 | 990 | |
| 2970 | 1350 amp | | 1.60 | 5 | | 1,175 | 138 | | 1,313 | 1,500 | |
| 2980 | 1600 amp | | 1.50 | 5.333 | | 1,400 | 147 | | 1,547 | 1,775 | |
| 2990 | 2000 amp | | 1.30 | 6.154 | | 1,775 | 169 | | 1,944 | 2,200 | |
| 3000 | 2500 amp | | 1.10 | 7.273 | | 2,600 | 200 | | 2,800 | 3,150 | |
| 3010 | 3000 amp | | .90 | 8.889 | | 3,025 | 244 | | 3,269 | 3,700 | |
| 3020 | 4000 amp | | .70 | 11.429 | | 3,400 | 315 | | 3,715 | 4,225 | |
| 3040 | Reducer fuse included, 225 amp | | 2.50 | 3.200 | | 1,550 | 88 | | 1,638 | 1,850 | |
| 3050 | 400 amp | | 2.40 | 3.333 | | 1,825 | 91.50 | | 1,916.50 | 2,175 | |
| 3060 | 600 amp | | 2.10 | 3.810 | | 2,300 | 105 | | 2,405 | 2,675 | |
| 3070 | 800 amp | | 1.80 | 4.444 | | 4,000 | 122 | | 4,122 | 4,575 | |
| 3080 | 1000 amp | | 1.70 | 4.706 | | 4,425 | 129 | | 4,554 | 5,075 | |
| 3090 | 1350 amp | | 1.60 | 5 | | 5,250 | 138 | | 5,388 | 5,975 | |
| 3100 | 1600 amp | | 1.30 | 6.154 | | 6,600 | 169 | | 6,769 | 7,500 | |
| 3110 | 2000 amp | | 1 | 8 | | 7,950 | 220 | | 8,170 | 9,075 | |
| 3160 | Reducer circuit breaker, 225 amp | | 2.50 | 3.200 | | 2,275 | 88 | | 2,363 | 2,625 | |
| 3170 | 400 amp | | 2.40 | 3.333 | | 2,775 | 91.50 | | 2,866.50 | 3,200 | |
| 3180 | 600 amp | | 2.10 | 3.810 | | 4,075 | 105 | | 4,180 | 4,625 | |
| 3190 | 800 amp | | 1.80 | 4.444 | | 4,675 | 122 | | 4,797 | 5,325 | |
| 3200 | 1000 amp | | 1.70 | 4.706 | | 5,350 | 129 | | 5,479 | 6,075 | |

## 164 | Transformers and Bus Ducts

### 164 200 | Bus Ducts/Busways

| | | | CREW | DAILY OUTPUT | MAN-HOURS | UNIT | 1994 BARE COSTS ||||TOTAL INCL O&P |
|---|---|---|---|---|---|---|---|---|---|---|---|
| | | | | | | | MAT. | LABOR | EQUIP. | TOTAL | |
| 225 | 3210 | 1350 amp | 1 Elec | 1.60 | 5 | Ea. | 6,725 | 138 | | 6,863 | 7,600 | 225 |
| | 3220 | 1600 amp | | 1.30 | 6.154 | | 8,175 | 169 | | 8,344 | 9,250 |
| | 3230 | 2000 amp | | 1 | 8 | | 8,250 | 220 | | 8,470 | 9,400 |
| | 3280 | Cable tap box center, 225 amp | | 1.80 | 4.444 | | 430 | 122 | | 552 | 660 |
| | 3290 | 400 amp | | 1.50 | 5.333 | | 680 | 147 | | 827 | 970 |
| | 3300 | 600 amp | | 1.30 | 6.154 | | 935 | 169 | | 1,104 | 1,275 |
| | 3310 | 800 amp | | 1.20 | 6.667 | | 1,100 | 183 | | 1,283 | 1,475 |
| | 3320 | 1000 amp | | .90 | 8.889 | | 1,125 | 244 | | 1,369 | 1,625 |
| | 3330 | 1350 amp | | .80 | 10 | | 1,425 | 275 | | 1,700 | 2,000 |
| | 3340 | 1600 amp | | .70 | 11.429 | | 1,525 | 315 | | 1,840 | 2,150 |
| | 3350 | 2000 amp | | .60 | 13.333 | | 2,150 | 365 | | 2,515 | 2,900 |
| | 3360 | 2500 amp | | .50 | 16 | | 2,150 | 440 | | 2,590 | 3,025 |
| | 3370 | 3000 amp | | .35 | 22.857 | | 2,425 | 630 | | 3,055 | 3,625 |
| | 3380 | 4000 amp | | .25 | 32 | | 2,975 | 880 | | 3,855 | 4,600 |
| | 3400 | Cable tap box end, 225 amp | | 1.80 | 4.444 | | 320 | 122 | | 442 | 535 |
| | 3410 | 400 amp | | 1.50 | 5.333 | | 515 | 147 | | 662 | 785 |
| | 3420 | 600 amp | | 1.30 | 6.154 | | 740 | 169 | | 909 | 1,075 |
| | 3430 | 800 amp | | 1.20 | 6.667 | | 745 | 183 | | 928 | 1,100 |
| | 3440 | 1000 amp | | .90 | 8.889 | | 755 | 244 | | 999 | 1,200 |
| | 3450 | 1350 amp | | .80 | 10 | | 760 | 275 | | 1,035 | 1,250 |
| | 3460 | 1600 amp | | .70 | 11.429 | | 805 | 315 | | 1,120 | 1,350 |
| | 3470 | 2000 amp | | .60 | 13.333 | | 890 | 365 | | 1,255 | 1,525 |
| | 3480 | 2500 amp | | .50 | 16 | | 960 | 440 | | 1,400 | 1,700 |
| | 3490 | 3000 amp | | .35 | 22.857 | | 1,075 | 630 | | 1,705 | 2,125 |
| | 3500 | 4000 amp | | .25 | 32 | | 1,200 | 880 | | 2,080 | 2,650 |
| | 4600 | Plugs, fusible, 3 pole 250 volt, 30 amp | | 4 | 2 | | 175 | 55 | | 230 | 276 |
| | 4610 | 60 amp | | 3.60 | 2.222 | | 195 | 61 | | 256 | 305 |
| | 4620 | 100 amp | | 2.70 | 2.963 | | 285 | 81.50 | | 366.50 | 440 |
| | 4630 | 200 amp | | 1.60 | 5 | | 500 | 138 | | 638 | 755 |
| | 4640 | 400 amp | | .70 | 11.429 | | 1,300 | 315 | | 1,615 | 1,900 |
| | 4650 | 600 amp | | .45 | 17.778 | | 1,950 | 490 | | 2,440 | 2,875 |
| | 4700 | 4 pole 120/208 volt, 30 amp | | 3.90 | 2.051 | | 220 | 56.50 | | 276.50 | 325 |
| | 4710 | 60 amp | | 3.50 | 2.286 | | 225 | 63 | | 288 | 345 |
| | 4720 | 100 amp | | 2.60 | 3.077 | | 325 | 84.50 | | 409.50 | 485 |
| | 4730 | 200 amp | | 1.50 | 5.333 | | 570 | 147 | | 717 | 845 |
| | 4740 | 400 amp | | .65 | 12.308 | | 1,475 | 340 | | 1,815 | 2,125 |
| | 4750 | 600 amp | | .40 | 20 | | 1,950 | 550 | | 2,500 | 2,975 |
| | 4800 | 3 pole 480 volt, 30 amp | | 4 | 2 | | 195 | 55 | | 250 | 298 |
| | 4810 | 60 amp | | 3.60 | 2.222 | | 210 | 61 | | 271 | 325 |
| | 4820 | 100 amp | | 2.70 | 2.963 | | 300 | 81.50 | | 381.50 | 455 |
| | 4830 | 200 amp | | 1.60 | 5 | | 530 | 138 | | 668 | 790 |
| | 4840 | 400 amp | | .70 | 11.429 | | 1,325 | 315 | | 1,640 | 1,925 |
| | 4850 | 600 amp | | .45 | 17.778 | | 1,875 | 490 | | 2,365 | 2,800 |
| | 4860 | 800 amp | | .33 | 24.242 | | 3,300 | 665 | | 3,965 | 4,625 |
| | 4870 | 1000 amp | | .30 | 26.667 | | 3,875 | 735 | | 4,610 | 5,375 |
| | 4880 | 1200 amp | | .25 | 32 | | 6,150 | 880 | | 7,030 | 8,100 |
| | 4890 | 1600 amp | | .22 | 36.364 | | 6,175 | 1,000 | | 7,175 | 8,300 |
| | 4900 | 4 pole 277/480 volt, 30 amp | | 3.90 | 2.051 | | 230 | 56.50 | | 286.50 | 340 |
| | 4910 | 60 amp | | 3.50 | 2.286 | | 240 | 63 | | 303 | 360 |
| | 4920 | 100 amp | | 2.60 | 3.077 | | 340 | 84.50 | | 424.50 | 500 |
| | 4930 | 200 amp | | 1.50 | 5.333 | | 590 | 147 | | 737 | 870 |
| | 4940 | 400 amp | | .65 | 12.308 | | 1,400 | 340 | | 1,740 | 2,050 |
| | 4950 | 600 amp | | .40 | 20 | | 1,975 | 550 | | 2,525 | 3,000 |
| | 5050 | 800 amp | | .30 | 26.667 | | 3,400 | 735 | | 4,135 | 4,850 |
| | 5060 | 1000 amp | | .28 | 28.571 | | 3,975 | 785 | | 4,760 | 5,550 |
| | 5070 | 1200 amp | | .24 | 33.333 | | 6,225 | 915 | | 7,140 | 8,225 |

## 164 | Transformers and Bus Ducts

| 164 200 | Bus Ducts/Busways | CREW | DAILY OUTPUT | MAN-HOURS | UNIT | 1994 BARE COSTS | | | | TOTAL INCL O&P |
|---|---|---|---|---|---|---|---|---|---|---|
| | | | | | | MAT. | LABOR | EQUIP. | TOTAL | |
| 225 5080 | 1600 amp | 1 Elec | .21 | 38.095 | Ea. | 6,250 | 1,050 | | 7,300 | 8,450 | 225
| 5150 | Fusible with starter, 3 pole 250 volt, 30 amp | | 3.50 | 2.286 | | 735 | 63 | | 798 | 905 |
| 5160 | 60 amp | | 3.20 | 2.500 | | 770 | 69 | | 839 | 950 |
| 5170 | 100 amp | | 2.50 | 3.200 | | 890 | 88 | | 978 | 1,100 |
| 5180 | 200 amp | | 1.40 | 5.714 | | 1,500 | 157 | | 1,657 | 1,875 |
| 5200 | 3 pole 480 volt, 30 amp | | 3.50 | 2.286 | | 735 | 63 | | 798 | 905 |
| 5210 | 60 amp | | 3.20 | 2.500 | | 775 | 69 | | 844 | 960 |
| 5220 | 100 amp | | 2.50 | 3.200 | | 890 | 88 | | 978 | 1,100 |
| 5230 | 200 amp | | 1.40 | 5.714 | | 1,500 | 157 | | 1,657 | 1,875 |
| 5300 | Fusible with contactor, 3 pole 250 volt, 30 amp | | 3.50 | 2.286 | | 715 | 63 | | 778 | 880 |
| 5310 | 60 amp | | 3.20 | 2.500 | | 740 | 69 | | 809 | 920 |
| 5320 | 100 amp | | 2.50 | 3.200 | | 925 | 88 | | 1,013 | 1,150 |
| 5330 | 200 amp | | 1.40 | 5.714 | | 1,425 | 157 | | 1,582 | 1,800 |
| 5400 | 3 pole 480 volt, 30 amp | | 3.50 | 2.286 | | 680 | 63 | | 743 | 845 |
| 5410 | 60 amp | | 3.20 | 2.500 | | 740 | 69 | | 809 | 920 |
| 5420 | 100 amp | | 2.50 | 3.200 | | 925 | 88 | | 1,013 | 1,150 |
| 5430 | 200 amp | | 1.40 | 5.714 | | 1,425 | 157 | | 1,582 | 1,800 |
| 5450 | Fusible with capacitor, 3 pole 250 volt, 30 amp | | 3 | 2.667 | | 1,850 | 73.50 | | 1,923.50 | 2,125 |
| 5460 | 60 amp | | 2 | 4 | | 2,750 | 110 | | 2,860 | 3,200 |
| 5500 | 3 pole 480 volt, 30 amp | | 3 | 2.667 | | 1,625 | 73.50 | | 1,698.50 | 1,900 |
| 5510 | 60 amp | | 2 | 4 | | 2,150 | 110 | | 2,260 | 2,550 |
| 5600 | Circuit breaker, 3 pole 250 volt, 60 amp | | 4.50 | 1.778 | | 275 | 49 | | 324 | 380 |
| 5610 | 100 amp | | 3.20 | 2.500 | | 325 | 69 | | 394 | 465 |
| 5650 | 4 pole 120/208 volt, 60 amp | | 4.40 | 1.818 | | 300 | 50 | | 350 | 405 |
| 5660 | 100 amp | | 3.10 | 2.581 | | 360 | 71 | | 431 | 500 |
| 5700 | 3 pole 4 wire 277/480 volt, 60 amp | | 4.30 | 1.860 | | 380 | 51 | | 431 | 495 |
| 5710 | 100 amp | | 3 | 2.667 | | 410 | 73.50 | | 483.50 | 560 |
| 5720 | 225 amp | | 1.60 | 5 | | 1,025 | 138 | | 1,163 | 1,325 |
| 5730 | 400 amp | | .60 | 13.333 | | 2,100 | 365 | | 2,465 | 2,850 |
| 5740 | 600 amp | | .48 | 16.667 | | 2,775 | 460 | | 3,235 | 3,750 |
| 5750 | 700 amp | | .30 | 26.667 | | 3,525 | 735 | | 4,260 | 4,975 |
| 5760 | 800 amp | | .30 | 26.667 | | 3,525 | 735 | | 4,260 | 4,975 |
| 5770 | 900 amp | | .27 | 29.630 | | 4,150 | 815 | | 4,965 | 5,800 |
| 5780 | 1000 amp | | .27 | 29.630 | | 4,150 | 815 | | 4,965 | 5,800 |
| 5790 | 1200 amp | | .21 | 38.095 | | 6,525 | 1,050 | | 7,575 | 8,750 |
| 5810 | Circuit breaker w/HIC fuses, 3 pole 480 volt, 60 amp | | 4.40 | 1.818 | | 500 | 50 | | 550 | 625 |
| 5820 | 100 amp | | 3.10 | 2.581 | | 525 | 71 | | 596 | 685 |
| 5830 | 225 amp | | 1.70 | 4.706 | | 1,725 | 129 | | 1,854 | 2,100 |
| 5840 | 400 amp | | .70 | 11.429 | | 2,750 | 315 | | 3,065 | 3,500 |
| 5850 | 600 amp | | .50 | 16 | | 3,225 | 440 | | 3,665 | 4,200 |
| 5860 | 700 amp | | .32 | 25 | | 3,800 | 690 | | 4,490 | 5,200 |
| 5870 | 800 amp | | .32 | 25 | | 3,800 | 690 | | 4,490 | 5,200 |
| 5880 | 900 amp | | .28 | 28.571 | | 4,325 | 785 | | 5,110 | 5,925 |
| 5890 | 1000 amp | | .28 | 28.571 | | 4,325 | 785 | | 5,110 | 5,925 |
| 5950 | 3 pole 4 wire 277/480 volt, 60 amp | | 4.30 | 1.860 | | 535 | 51 | | 586 | 665 |
| 5960 | 100 amp | | 3 | 2.667 | | 590 | 73.50 | | 663.50 | 760 |
| 5970 | 225 amp | | 1.50 | 5.333 | | 1,800 | 147 | | 1,947 | 2,200 |
| 5980 | 400 amp | | .55 | 14.545 | | 2,925 | 400 | | 3,325 | 3,825 |
| 5990 | 600 amp | | .47 | 17.021 | | 3,400 | 470 | | 3,870 | 4,450 |
| 6000 | 700 amp | | .29 | 27.586 | | 3,975 | 760 | | 4,735 | 5,525 |
| 6010 | 800 amp | | .29 | 27.586 | | 3,975 | 760 | | 4,735 | 5,525 |
| 6020 | 900 amp | | .26 | 30.769 | | 4,725 | 845 | | 5,570 | 6,475 |
| 6030 | 1000 amp | | .26 | 30.769 | | 4,725 | 845 | | 5,570 | 6,475 |
| 6040 | 1200 amp | | .20 | 40 | | 7,375 | 1,100 | | 8,475 | 9,775 |
| 6100 | Circuit breaker with starter, 3 pole 250 volt, 60 amp | | 3.20 | 2.500 | | 780 | 69 | | 849 | 965 |
| 6110 | 100 amp | | 2.50 | 3.200 | | 1,050 | 88 | | 1,138 | 1,275 |

## 164 | Transformers and Bus Ducts

### 164 200 | Bus Ducts/Busways

| | | | CREW | DAILY OUTPUT | MAN-HOURS | UNIT | MAT. | LABOR | EQUIP. | TOTAL | TOTAL INCL O&P | |
|---|---|---|---|---|---|---|---|---|---|---|---|---|
| 225 | 6120 | 225 amp | 1 Elec | 1.50 | 5.333 | Ea. | 1,375 | 147 | | 1,522 | 1,750 | 225 |
| | 6130 | 3 pole 480 volt, 60 amp | | 3.20 | 2.500 | | 780 | 69 | | 849 | 965 | |
| | 6140 | 100 amp | | 2.50 | 3.200 | | 1,050 | 88 | | 1,138 | 1,275 | |
| | 6150 | 225 amp | | 1.50 | 5.333 | | 1,375 | 147 | | 1,522 | 1,750 | |
| | 6200 | Circuit breaker with contactor, 3 pole 250 volt, 60 amp | | 3.20 | 2.500 | | 725 | 69 | | 794 | 905 | |
| | 6210 | 100 amp | | 2.50 | 3.200 | | 975 | 88 | | 1,063 | 1,200 | |
| | 6220 | 225 amp | | 1.50 | 5.333 | | 1,250 | 147 | | 1,397 | 1,600 | |
| | 6250 | 3 pole 480 volt, 60 amp | | 3.20 | 2.500 | | 735 | 69 | | 804 | 915 | |
| | 6260 | 100 amp | | 2.50 | 3.200 | | 975 | 88 | | 1,063 | 1,200 | |
| | 6270 | 225 amp | | 1.50 | 5.333 | | 1,275 | 147 | | 1,422 | 1,625 | |
| | 6300 | Circuit breaker with capacitor, 3 pole 250 volt, 60 amp | | 2 | 4 | | 2,800 | 110 | | 2,910 | 3,250 | |
| | 6310 | 3 pole 480 volt, 60 amp | | 2 | 4 | | 2,875 | 110 | | 2,985 | 3,350 | |
| | 6400 | Add control transformer with pilot light to starter | | 16 | .500 | | 195 | 13.75 | | 208.75 | 236 | |
| | 6410 | Switch, fusible, mechanically held contactor optional | | 16 | .500 | | 185 | 13.75 | | 198.75 | 225 | |
| | 6430 | Circuit breaker, mechanically held contactor optional | | 16 | .500 | | 185 | 13.75 | | 198.75 | 225 | |
| | 6450 | Ground neutralizer, 3 pole | | 16 | .500 | | 37 | 13.75 | | 50.75 | 61 | |
| 230 | 0010 | **COPPER OR ALUMINUM BUS DUCT FITTINGS** | | | | | | | | | | 230 |
| | 0100 | Flange, wall, with vapor barrier, 225 amp | 1 Elec | 3.10 | 2.581 | Ea. | 235 | 71 | | 306 | 365 | |
| | 0110 | 400 amp | | 3 | 2.667 | | 235 | 73.50 | | 308.50 | 370 | |
| | 0120 | 600 amp | | 2.90 | 2.759 | | 235 | 76 | | 311 | 375 | |
| | 0130 | 800 amp | | 2.70 | 2.963 | | 235 | 81.50 | | 316.50 | 380 | |
| | 0140 | 1000 amp | | 2.50 | 3.200 | | 235 | 88 | | 323 | 390 | |
| | 0150 | 1350 amp | | 2.30 | 3.478 | | 235 | 95.50 | | 330.50 | 405 | |
| | 0160 | 1600 amp | | 2.10 | 3.810 | | 235 | 105 | | 340 | 415 | |
| | 0170 | 2000 amp | | 2 | 4 | | 235 | 110 | | 345 | 425 | |
| | 0180 | 2500 amp | | 1.80 | 4.444 | | 235 | 122 | | 357 | 445 | |
| | 0190 | 3000 amp | | 1.60 | 5 | | 290 | 138 | | 428 | 525 | |
| | 0200 | 4000 amp | | 1.30 | 6.154 | | 290 | 169 | | 459 | 575 | |
| | 0300 | Roof, 225 amp | | 3.10 | 2.581 | | 465 | 71 | | 536 | 615 | |
| | 0310 | 400 amp | | 3 | 2.667 | | 465 | 73.50 | | 538.50 | 620 | |
| | 0320 | 600 amp | | 2.90 | 2.759 | | 465 | 76 | | 541 | 625 | |
| | 0330 | 800 amp | | 2.70 | 2.963 | | 465 | 81.50 | | 546.50 | 635 | |
| | 0340 | 1000 amp | | 2.50 | 3.200 | | 465 | 88 | | 553 | 640 | |
| | 0350 | 1350 amp | | 2.30 | 3.478 | | 465 | 95.50 | | 560.50 | 655 | |
| | 0360 | 1600 amp | | 2.10 | 3.810 | | 465 | 105 | | 570 | 670 | |
| | 0370 | 2000 amp | | 2 | 4 | | 465 | 110 | | 575 | 675 | |
| | 0380 | 2500 amp | | 1.80 | 4.444 | | 465 | 122 | | 587 | 695 | |
| | 0390 | 3000 amp | | 1.60 | 5 | | 465 | 138 | | 603 | 715 | |
| | 0400 | 4000 amp | | 1.30 | 6.154 | | 465 | 169 | | 634 | 765 | |
| | 0420 | Support, floor mounted, 225 amp | | 10 | .800 | | 85 | 22 | | 107 | 127 | |
| | 0430 | 400 amp | | 10 | .800 | | 85 | 22 | | 107 | 127 | |
| | 0440 | 600 amp | | 9 | .889 | | 85 | 24.50 | | 109.50 | 131 | |
| | 0450 | 800 amp | | 8 | 1 | | 85 | 27.50 | | 112.50 | 135 | |
| | 0460 | 1000 amp | | 6.50 | 1.231 | | 85 | 34 | | 119 | 145 | |
| | 0470 | 1350 amp | | 5.30 | 1.509 | | 85 | 41.50 | | 126.50 | 156 | |
| | 0480 | 1600 amp | | 4.60 | 1.739 | | 85 | 48 | | 133 | 166 | |
| | 0490 | 2000 amp | | 4 | 2 | | 85 | 55 | | 140 | 176 | |
| | 0500 | 2500 amp | | 3.20 | 2.500 | | 85 | 69 | | 154 | 197 | |
| | 0510 | 3000 amp | | 2.70 | 2.963 | | 120 | 81.50 | | 201.50 | 255 | |
| | 0520 | 4000 amp | | 2 | 4 | | 120 | 110 | | 230 | 297 | |
| | 0540 | Weather stop, 225 amp | | 6 | 1.333 | | 180 | 36.50 | | 216.50 | 253 | |
| | 0550 | 400 amp | | 5 | 1.600 | | 180 | 44 | | 224 | 264 | |
| | 0560 | 600 amp | | 4.50 | 1.778 | | 180 | 49 | | 229 | 272 | |
| | 0570 | 800 amp | | 4 | 2 | | 180 | 55 | | 235 | 281 | |
| | 0580 | 1000 amp | | 3.20 | 2.500 | | 180 | 69 | | 249 | 300 | |
| | 0590 | 1350 amp | | 2.70 | 2.963 | | 180 | 81.50 | | 261.50 | 320 | |

## 164 | Transformers and Bus Ducts

### 164 200 | Bus Ducts/Busways

| | | CREW | DAILY OUTPUT | MAN-HOURS | UNIT | 1994 BARE COSTS | | | | TOTAL INCL O&P | |
|---|---|---|---|---|---|---|---|---|---|---|---|
| | | | | | | MAT. | LABOR | EQUIP. | TOTAL | | |
| 0600 | 1600 amp | 1 Elec | 2.30 | 3.478 | Ea. | 180 | 95.50 | | 275.50 | 340 | 230 |
| 0610 | 2000 amp | | 2 | 4 | | 180 | 110 | | 290 | 365 | |
| 0620 | 2500 amp | | 1.60 | 5 | | 180 | 138 | | 318 | 405 | |
| 0630 | 3000 amp | | 1.30 | 6.154 | | 180 | 169 | | 349 | 450 | |
| 0640 | 4000 amp | | 1 | 8 | | 180 | 220 | | 400 | 530 | |
| 0660 | End closure, 225 amp | | 17 | .471 | | 90 | 12.95 | | 102.95 | 118 | |
| 0670 | 400 amp | | 16 | .500 | | 90 | 13.75 | | 103.75 | 120 | |
| 0680 | 600 amp | | 14 | .571 | | 90 | 15.70 | | 105.70 | 123 | |
| 0690 | 800 amp | | 13 | .615 | | 90 | 16.90 | | 106.90 | 125 | |
| 0700 | 1000 amp | | 12 | .667 | | 90 | 18.35 | | 108.35 | 127 | |
| 0710 | 1350 amp | | 11 | .727 | | 90 | 20 | | 110 | 129 | |
| 0720 | 1600 amp | | 10 | .800 | | 90 | 22 | | 112 | 132 | |
| 0730 | 2000 amp | | 9 | .889 | | 115 | 24.50 | | 139.50 | 164 | |
| 0740 | 2500 amp | | 8 | 1 | | 115 | 27.50 | | 142.50 | 169 | |
| 0750 | 3000 amp | | 7 | 1.143 | | 115 | 31.50 | | 146.50 | 175 | |
| 0760 | 4000 amp | | 6 | 1.333 | | 145 | 36.50 | | 181.50 | 215 | |
| 0780 | Switchboard stub, 3 pole 3 wire, 225 amp | | 3 | 2.667 | | 240 | 73.50 | | 313.50 | 375 | |
| 0790 | 400 amp | | 2.60 | 3.077 | | 265 | 84.50 | | 349.50 | 420 | |
| 0800 | 600 amp | | 2.30 | 3.478 | | 360 | 95.50 | | 455.50 | 540 | |
| 0810 | 800 amp | | 1.80 | 4.444 | | 405 | 122 | | 527 | 630 | |
| 0820 | 1000 amp | | 1.70 | 4.706 | | 465 | 129 | | 594 | 705 | |
| 0830 | 1350 amp | | 1.50 | 5.333 | | 590 | 147 | | 737 | 870 | |
| 0840 | 1600 amp | | 1.40 | 5.714 | | 650 | 157 | | 807 | 950 | |
| 0850 | 2000 amp | | 1.20 | 6.667 | | 790 | 183 | | 973 | 1,150 | |
| 0860 | 2500 amp | | 1 | 8 | | 965 | 220 | | 1,185 | 1,375 | |
| 0870 | 3000 amp | | .90 | 8.889 | | 1,150 | 244 | | 1,394 | 1,650 | |
| 0880 | 4000 amp | | .80 | 10 | | 1,475 | 275 | | 1,750 | 2,050 | |
| 0900 | 3 pole 4 wire, 225 amp | | 2.70 | 2.963 | | 270 | 81.50 | | 351.50 | 420 | |
| 0910 | 400 amp | | 2.30 | 3.478 | | 310 | 95.50 | | 405.50 | 485 | |
| 0920 | 600 amp | | 2 | 4 | | 390 | 110 | | 500 | 595 | |
| 0930 | 800 amp | | 1.60 | 5 | | 465 | 138 | | 603 | 715 | |
| 0940 | 1000 amp | | 1.50 | 5.333 | | 560 | 147 | | 707 | 835 | |
| 0950 | 1350 amp | | 1.30 | 6.154 | | 660 | 169 | | 829 | 980 | |
| 0960 | 1600 amp | | 1.20 | 6.667 | | 785 | 183 | | 968 | 1,150 | |
| 0970 | 2000 amp | | 1 | 8 | | 925 | 220 | | 1,145 | 1,350 | |
| 0980 | 2500 amp | | .90 | 8.889 | | 1,125 | 244 | | 1,369 | 1,625 | |
| 0990 | 3000 amp | | .80 | 10 | | 1,375 | 275 | | 1,650 | 1,950 | |
| 1000 | 4000 amp | | .70 | 11.429 | | 1,750 | 315 | | 2,065 | 2,400 | |
| 1050 | Service head, weatherproof, 3 pole 3 wire, 225 amp | | 1.50 | 5.333 | | 490 | 147 | | 637 | 760 | |
| 1060 | 400 amp | | 1.40 | 5.714 | | 775 | 157 | | 932 | 1,100 | |
| 1070 | 600 amp | | 1.30 | 6.154 | | 1,075 | 169 | | 1,244 | 1,425 | |
| 1080 | 800 amp | | 1.20 | 6.667 | | 1,250 | 183 | | 1,433 | 1,650 | |
| 1090 | 1000 amp | | 1 | 8 | | 1,275 | 220 | | 1,495 | 1,725 | |
| 1100 | 1350 amp | | .90 | 8.889 | | 1,550 | 244 | | 1,794 | 2,075 | |
| 1110 | 1600 amp | | .80 | 10 | | 1,675 | 275 | | 1,950 | 2,275 | |
| 1120 | 2000 amp | | .70 | 11.429 | | 1,925 | 315 | | 2,240 | 2,600 | |
| 1130 | 2500 amp | | .60 | 13.333 | | 2,225 | 365 | | 2,590 | 3,000 | |
| 1140 | 3000 amp | | .45 | 17.778 | | 2,500 | 490 | | 2,990 | 3,475 | |
| 1150 | 4000 amp | | .35 | 22.857 | | 3,025 | 630 | | 3,655 | 4,275 | |
| 1200 | 3 pole 4 wire, 225 amp | | 1.30 | 6.154 | | 620 | 169 | | 789 | 935 | |
| 1210 | 400 amp | | 1.20 | 6.667 | | 995 | 183 | | 1,178 | 1,375 | |
| 1220 | 600 amp | | 1.10 | 7.273 | | 1,250 | 200 | | 1,450 | 1,675 | |
| 1230 | 800 amp | | 1 | 8 | | 1,475 | 220 | | 1,695 | 1,950 | |
| 1240 | 1000 amp | | .85 | 9.412 | | 1,625 | 259 | | 1,884 | 2,200 | |
| 1250 | 1350 amp | | .75 | 10.667 | | 1,850 | 293 | | 2,143 | 2,475 | |
| 1260 | 1600 amp | | .70 | 11.429 | | 2,050 | 315 | | 2,365 | 2,725 | |

## 164 | Transformers and Bus Ducts

### 164 200 | Bus Ducts/Busways

| | | | CREW | DAILY OUTPUT | MAN-HOURS | UNIT | MAT. | LABOR | EQUIP. | TOTAL | TOTAL INCL O&P | |
|---|---|---|---|---|---|---|---|---|---|---|---|---|
| 230 | 1270 | 2000 amp | 1 Elec | .60 | 13.333 | Ea. | 2,375 | 365 | | 2,740 | 3,175 | 230 |
| | 1280 | 2500 amp | | .50 | 16 | | 2,800 | 440 | | 3,240 | 3,725 | |
| | 1290 | 3000 amp | | .40 | 20 | | 3,225 | 550 | | 3,775 | 4,375 | |
| | 1300 | 4000 amp | | .30 | 26.667 | | 3,775 | 735 | | 4,510 | 5,250 | |
| | 1350 | Flanged end, 3 pole 3 wire, 225 amp | | 3 | 2.667 | | 240 | 73.50 | | 313.50 | 375 | |
| | 1360 | 400 amp | | 2.60 | 3.077 | | 265 | 84.50 | | 349.50 | 420 | |
| | 1370 | 600 amp | | 2.30 | 3.478 | | 360 | 95.50 | | 455.50 | 540 | |
| | 1380 | 800 amp | | 1.80 | 4.444 | | 415 | 122 | | 537 | 640 | |
| | 1390 | 1000 amp | | 1.70 | 4.706 | | 465 | 129 | | 594 | 705 | |
| | 1400 | 1350 amp | | 1.50 | 5.333 | | 590 | 147 | | 737 | 870 | |
| | 1410 | 1600 amp | | 1.40 | 5.714 | | 640 | 157 | | 797 | 940 | |
| | 1420 | 2000 amp | | 1.20 | 6.667 | | 795 | 183 | | 978 | 1,150 | |
| | 1430 | 2500 amp | | 1 | 8 | | 965 | 220 | | 1,185 | 1,375 | |
| | 1440 | 3000 amp | | .90 | 8.889 | | 1,150 | 244 | | 1,394 | 1,650 | |
| | 1450 | 4000 amp | | .80 | 10 | | 1,475 | 275 | | 1,750 | 2,050 | |
| | 1500 | 3 pole 4 wire, 225 amp | | 2.70 | 2.963 | | 270 | 81.50 | | 351.50 | 420 | |
| | 1510 | 400 amp | | 2.30 | 3.478 | | 310 | 95.50 | | 405.50 | 485 | |
| | 1520 | 600 amp | | 2 | 4 | | 390 | 110 | | 500 | 595 | |
| | 1530 | 800 amp | | 1.60 | 5 | | 465 | 138 | | 603 | 715 | |
| | 1540 | 1000 amp | | 1.50 | 5.333 | | 560 | 147 | | 707 | 835 | |
| | 1550 | 1350 amp | | 1.30 | 6.154 | | 660 | 169 | | 829 | 980 | |
| | 1560 | 1600 amp | | 1.20 | 6.667 | | 785 | 183 | | 968 | 1,150 | |
| | 1570 | 2000 amp | | 1 | 8 | | 925 | 220 | | 1,145 | 1,350 | |
| | 1580 | 2500 amp | | .90 | 8.889 | | 1,125 | 244 | | 1,369 | 1,625 | |
| | 1590 | 3000 amp | | .80 | 10 | | 1,400 | 275 | | 1,675 | 1,975 | |
| | 1600 | 4000 amp | | .70 | 11.429 | | 1,725 | 315 | | 2,040 | 2,375 | |
| | 1650 | Hanger, standard, 225 amp | | 32 | .250 | | 11 | 6.90 | | 17.90 | 22.50 | |
| | 1660 | 400 amp | | 24 | .333 | | 11 | 9.15 | | 20.15 | 26 | |
| | 1670 | 600 amp | | 20 | .400 | | 11 | 11 | | 22 | 28.50 | |
| | 1680 | 800 amp | | 16 | .500 | | 11 | 13.75 | | 24.75 | 32.50 | |
| | 1690 | 1000 amp | | 12 | .667 | | 11 | 18.35 | | 29.35 | 39.50 | |
| | 1700 | 1350 amp | | 10 | .800 | | 11 | 22 | | 33 | 45 | |
| | 1710 | 1600 amp | | 10 | .800 | | 11 | 22 | | 33 | 45 | |
| | 1720 | 2000 amp | | 9 | .889 | | 11 | 24.50 | | 35.50 | 49 | |
| | 1730 | 2500 amp | | 8 | 1 | | 11 | 27.50 | | 38.50 | 53.50 | |
| | 1740 | 3000 amp | | 8 | 1 | | 11 | 27.50 | | 38.50 | 53.50 | |
| | 1750 | 4000 amp | | 8 | 1 | | 11 | 27.50 | | 38.50 | 53.50 | |
| | 1800 | Spring type, 225 amp | | 8 | 1 | | 47 | 27.50 | | 74.50 | 93 | |
| | 1810 | 400 amp | | 7 | 1.143 | | 47 | 31.50 | | 78.50 | 99 | |
| | 1820 | 600 amp | | 7 | 1.143 | | 47 | 31.50 | | 78.50 | 99 | |
| | 1830 | 800 amp | | 7 | 1.143 | | 47 | 31.50 | | 78.50 | 99 | |
| | 1840 | 1000 amp | | 7 | 1.143 | | 47 | 31.50 | | 78.50 | 99 | |
| | 1850 | 1350 amp | | 7 | 1.143 | | 47 | 31.50 | | 78.50 | 99 | |
| | 1860 | 1600 amp | | 6 | 1.333 | | 53 | 36.50 | | 89.50 | 114 | |
| | 1870 | 2000 amp | | 6 | 1.333 | | 53 | 36.50 | | 89.50 | 114 | |
| | 1880 | 2500 amp | | 6 | 1.333 | | 53 | 36.50 | | 89.50 | 114 | |
| | 1890 | 3000 amp | | 5 | 1.600 | | 53 | 44 | | 97 | 125 | |
| | 1900 | 4000 amp | | 5 | 1.600 | | 53 | 44 | | 97 | 125 | |
| 240 | 0010 | FEEDRAIL, 12 foot mounting | | | | | | | | | | 240 |
| | 0050 | Trolley busway, 3 pole | | | | | | | | | | |
| | 0100 | 300 volt 60 amp, plain, 10 ft. lengths | 1 Elec | 50 | .160 | L.F. | 17.95 | 4.40 | | 22.35 | 26.50 | |
| | 0300 | Door track | | 50 | .160 | | 20 | 4.40 | | 24.40 | 28.50 | |
| | 0500 | Curved track | | 30 | .267 | | 82 | 7.35 | | 89.35 | 101 | |
| | 0700 | Coupling | | | | Ea. | 7.35 | | | 7.35 | 8.10 | |
| | 0900 | Center feed | 1 Elec | 5.30 | 1.509 | | 29 | 41.50 | | 70.50 | 94.50 | |
| | 1100 | End feed | | 5.30 | 1.509 | | 34 | 41.50 | | 75.50 | 100 | |

# 164 | Transformers and Bus Ducts

## 164 200 | Bus Ducts/Busways

| | | | CREW | DAILY OUTPUT | MAN-HOURS | UNIT | 1994 BARE COSTS MAT. | LABOR | EQUIP. | TOTAL | TOTAL INCL O&P | |
|---|---|---|---|---|---|---|---|---|---|---|---|---|
| 240 | 1300 | Hanger set | 1 Elec | 24 | .333 | Ea. | 3.05 | 9.15 | | 12.20 | 17.15 | 240 |
| | 3000 | 600 volt 100 amp, plain, 10 ft. lengths | ▼ | 35 | .229 | L.F. | 36 | 6.30 | | 42.30 | 49 | |
| | 3300 | Door track | | 35 | .229 | " | 42 | 6.30 | | 48.30 | 55.50 | |
| | 3700 | Coupling | | | | Ea. | 36 | | | 36 | 39.50 | |
| | 4000 | End cap | 1 Elec | 40 | .200 | | 27 | 5.50 | | 32.50 | 38 | |
| | 4200 | End feed | | 4 | 2 | | 113 | 55 | | 168 | 207 | |
| | 4500 | Trolley, 600 volt, 20 amp | | 5.30 | 1.509 | | 231 | 41.50 | | 272.50 | 315 | |
| | 4700 | 30 amp | | 5.30 | 1.509 | | 226 | 41.50 | | 267.50 | 310 | |
| | 4900 | Duplex, 40 amp | | 4 | 2 | | 475 | 55 | | 530 | 610 | |
| | 5000 | 60 amp | | 4 | 2 | | 450 | 55 | | 505 | 580 | |
| | 5300 | Fusible, 20 amp | | 4 | 2 | | 500 | 55 | | 555 | 635 | |
| | 5500 | 30 amp | | 4 | 2 | | 475 | 55 | | 530 | 610 | |
| | 5900 | 300 volt, 20 amp | | 5.30 | 1.509 | | 118 | 41.50 | | 159.50 | 193 | |
| | 6000 | 30 amp | | 5.30 | 1.509 | | 180 | 41.50 | | 221.50 | 261 | |
| | 6300 | Fusible, 20 amp | | 4.70 | 1.702 | | 259 | 47 | | 306 | 355 | |
| | 6500 | 30 amp | | 4.70 | 1.702 | ▼ | 370 | 47 | | 417 | 475 | |
| | 7300 | Busway, 250 volt 50 amp, 2 wire | ▼ | 70 | .114 | L.F. | 8.20 | 3.14 | | 11.34 | 13.75 | |
| | 7330 | Coupling | | | | Ea. | 13.60 | | | 13.60 | 14.95 | |
| | 7340 | Center feed | 1 Elec | 6 | 1.333 | | 170 | 36.50 | | 206.50 | 242 | |
| | 7350 | End feed | | 6 | 1.333 | | 37 | 36.50 | | 73.50 | 95.50 | |
| | 7360 | End cap | | 40 | .200 | | 14.40 | 5.50 | | 19.90 | 24 | |
| | 7370 | Hanger set | | 24 | .333 | | 3.10 | 9.15 | | 12.25 | 17.20 | |
| | 7400 | 125/250 volt, 3 wire | | 60 | .133 | L.F. | 9.30 | 3.67 | | 12.97 | 15.75 | |
| | 7430 | Coupling | | 6 | 1.333 | Ea. | 16.70 | 36.50 | | 53.20 | 73.50 | |
| | 7440 | Center feed | | 6 | 1.333 | | 181 | 36.50 | | 217.50 | 254 | |
| | 7450 | End feed | | 6 | 1.333 | | 38.50 | 36.50 | | 75 | 97.50 | |
| | 7460 | End cap | | 40 | .200 | | 16.85 | 5.50 | | 22.35 | 27 | |
| | 7470 | Hanger set | | 24 | .333 | | 3.10 | 9.15 | | 12.25 | 17.20 | |
| | 7480 | Trolley, 250 volt, 2 pole, 20 amp | | 6 | 1.333 | | 18.40 | 36.50 | | 54.90 | 75 | |
| | 7490 | 30 amp | | 6 | 1.333 | | 18.40 | 36.50 | | 54.90 | 75 | |
| | 7500 | 125/250 volt, 3 pole, 20 amp | | 6 | 1.333 | | 24.50 | 36.50 | | 61 | 82 | |
| | 7510 | 30 amp | ▼ | 6 | 1.333 | | 24.50 | 36.50 | | 61 | 82 | |
| | 8000 | Cleaning tools, 300 volt, dust remover | | | | | 59 | | | 59 | 65 | |
| | 8100 | Bus bar cleaner | | | | | 83.50 | | | 83.50 | 92 | |
| | 8300 | 600 volt, dust remover, 60 amp | | | | | 158 | | | 158 | 174 | |
| | 8400 | 100 amp | | | | | 203 | | | 203 | 223 | |
| | 8600 | Bus bar cleaner, 60 amp | | | | | 425 | | | 425 | 470 | |
| | 8700 | 100 amp | | | | ▼ | 251 | | | 251 | 276 | |

## 164 300 | Computer Pwr. Supplies

| | | | CREW | DAILY OUTPUT | MAN-HOURS | UNIT | MAT. | LABOR | EQUIP. | TOTAL | TOTAL INCL O&P | |
|---|---|---|---|---|---|---|---|---|---|---|---|---|
| 301 | 0010 | **VOLTAGE MONITOR SYSTEMS** (test equipment) | | | | | | | | | | 301 |
| | 0100 | AC voltage monitor system, 120/240 V, one-channel | | | | Ea. | 3,000 | | | 3,000 | 3,300 | |
| | 0110 | Modem adapter | | | | | 375 | | | 375 | 415 | |
| | 0120 | Add-on detector only | | | | | 1,575 | | | 1,575 | 1,725 | |
| | 0150 | AC voltage remote monitor sys., 3 channel, 120, 230, or 480 V | | | | | 5,450 | | | 5,450 | 6,000 | |
| | 0160 | With internal modem | | | | | 5,750 | | | 5,750 | 6,325 | |
| | 0170 | Combination temperature and humidity probe | | | | | 845 | | | 845 | 930 | |
| | 0180 | Add-on detector only | | | | | 3,950 | | | 3,950 | 4,350 | |
| | 0190 | With internal modem | | | | ▼ | 4,300 | | | 4,300 | 4,725 | |
| 305 | 0010 | **AUTOMATIC VOLTAGE REGULATORS** | | | | | | | | | | 305 |
| | 0100 | Computer grade, solid state, variable trans. volt. regulator | | | | | | | | | | |
| | 0110 | Single-phase, 120 V, 8.6 KVA | 2 Elec | 1.33 | 12.030 | Ea. | 2,800 | 330 | | 3,130 | 3,575 | |
| | 0120 | 17.3 KVA | | 1.14 | 14.035 | | 4,150 | 385 | | 4,535 | 5,150 | |
| | 0130 | 208/240 V, 7.5/8.6 KVA | | 1.33 | 12.030 | | 2,800 | 330 | | 3,130 | 3,575 | |
| | 0140 | 13.5/15.6 KVA | ▼ | 1.33 | 12.030 | ▼ | 2,925 | 330 | | 3,255 | 3,725 | |

## 164 | Transformers and Bus Ducts

### 164 300 | Computer Pwr. Supplies

| | | | DAILY | MAN- | | \multicolumn{4}{c}{1994 BARE COSTS} | TOTAL | |
|---|---|---|---|---|---|---|---|---|---|---|---|
| | | CREW | OUTPUT | HOURS | UNIT | MAT. | LABOR | EQUIP. | TOTAL | INCL O&P | |
| 305 | 0150 | 27.0/31.2 KVA | 2 Elec | 1.14 | 14.035 | Ea. | 4,225 | 385 | | 4,610 | 5,225 | 305 |
| | 0210 | Two-phase, single control, 208/240 V, 15.0/17.3 KVA | | 1.14 | 14.035 | | 4,150 | 385 | | 4,535 | 5,150 | |
| | 0220 | Individual phase control, 15.0/17.3 KVA | ↓ | 1.14 | 14.035 | | 4,950 | 385 | | 5,335 | 6,025 | |
| | 0230 | 30.0/34.6 KVA | 3 Elec | 1.33 | 18.045 | | 7,125 | 495 | | 7,620 | 8,600 | |
| | 0310 | Three-phase single control, 208/240 V, 26/30 KVA | 2 Elec | 1 | 16 | | 5,000 | 440 | | 5,440 | 6,150 | |
| | 0320 | 380/480 V, 24/30 KVA | " | 1 | 16 | | 5,000 | 440 | | 5,440 | 6,150 | |
| | 0330 | 43/54 KVA | 3 Elec | 1.33 | 18.045 | | 7,550 | 495 | | 8,045 | 9,050 | |
| | 0340 | Individual phase control, 208 V, 26 KVA | " | 1.33 | 18.045 | | 7,550 | 495 | | 8,045 | 9,050 | |
| | 0350 | 52 KVA | R-3 | .91 | 21.978 | | 10,100 | 600 | 114 | 10,814 | 12,100 | |
| | 0360 | 340/480 V, 24/30 KVA | " | .91 | 21.978 | | 10,600 | 600 | 114 | 11,314 | 12,700 | |
| | 0370 | 43/54 KVA | 2 Elec | 1 | 16 | | 4,700 | 440 | | 5,140 | 5,825 | |
| | 0380 | 48/60 KVA | 3 Elec | 1.33 | 18.045 | | 7,900 | 495 | | 8,395 | 9,450 | |
| | 0390 | 86/108 KVA | R-3 | .91 | 21.978 | ↓ | 11,000 | 600 | 114 | 11,714 | 13,100 | |
| | 0500 | Standard grade, solid state, variable transformer volt. regulator | | | | | | | | | | |
| | 0510 | Single-phase, 115 V, 2.3 KVA | 1 Elec | 2 | 4 | Ea. | 1,650 | 110 | | 1,760 | 2,000 | |
| | 0520 | 4.2 KVA | | 2.29 | 3.493 | | 2,275 | 96 | | 2,371 | 2,650 | |
| | 0530 | 6.6 KVA | | 1.14 | 7.018 | | 1,975 | 193 | | 2,168 | 2,475 | |
| | 0540 | 13.0 KVA | ↓ | 1.14 | 7.018 | | 2,050 | 193 | | 2,243 | 2,550 | |
| | 0550 | 16.6 KVA | 2 Elec | 1.23 | 13.008 | | 2,550 | 360 | | 2,910 | 3,350 | |
| | 0610 | 230 V, 8.3 KVA | | 1.33 | 12.030 | | 2,350 | 330 | | 2,680 | 3,075 | |
| | 0620 | 21.4 KVA | | 1.23 | 13.008 | | 3,225 | 360 | | 3,585 | 4,100 | |
| | 0630 | 29.9 KVA | | 1.23 | 13.008 | | 3,025 | 360 | | 3,385 | 3,875 | |
| | 0710 | 460 V, 9.2 KVA | | 1.33 | 12.030 | | 3,100 | 330 | | 3,430 | 3,900 | |
| | 0720 | 20.7 KVA | ↓ | 1.23 | 13.008 | | 3,450 | 360 | | 3,810 | 4,350 | |
| | 0810 | Three-phase, 230 V, 13.1 KVA | 3 Elec | 1.41 | 17.021 | | 4,475 | 470 | | 4,945 | 5,625 | |
| | 0820 | 19.1 KVA | | 1.41 | 17.021 | | 4,575 | 470 | | 5,045 | 5,725 | |
| | 0830 | 25.1 KVA | ↓ | 1.60 | 15 | | 4,725 | 415 | | 5,140 | 5,825 | |
| | 0840 | 57.8 KVA | R-3 | .95 | 21.053 | | 6,325 | 575 | 109 | 7,009 | 7,925 | |
| | 0850 | 74.9 KVA | " | .91 | 21.978 | | 8,675 | 600 | 114 | 9,389 | 10,600 | |
| | 0910 | 460 V, 14.3 KVA | 3 Elec | 1.41 | 17.021 | | 4,975 | 470 | | 5,445 | 6,175 | |
| | 0920 | 19.1 KVA | | 1.41 | 17.021 | | 5,325 | 470 | | 5,795 | 6,550 | |
| | 0930 | 27.9 KVA | ↓ | 1.50 | 16 | | 4,750 | 440 | | 5,190 | 5,875 | |
| | 0940 | 59.8 KVA | R-3 | 1 | 20 | | 7,600 | 545 | 104 | 8,249 | 9,300 | |
| | 0950 | 79.7 KVA | | .95 | 21.053 | | 7,850 | 575 | 109 | 8,534 | 9,600 | |
| | 0960 | 118 KVA | ↓ | .95 | 21.053 | ↓ | 8,050 | 575 | 109 | 8,734 | 9,825 | |
| | 1000 | Laboratory grade, precision, electronic voltage regulator | | | | | | | | | | |
| | 1110 | Single-phase, 115 V, .5 KVA | 1 Elec | 2.29 | 3.493 | Ea. | 1,500 | 96 | | 1,596 | 1,800 | |
| | 1120 | 1.0 KVA | | 2 | 4 | | 1,600 | 110 | | 1,710 | 1,925 | |
| | 1130 | 3.0 KVA | ↓ | .80 | 10 | | 2,425 | 275 | | 2,700 | 3,100 | |
| | 1140 | 6.0 KVA | 2 Elec | 1.46 | 10.959 | | 2,800 | 300 | | 3,100 | 3,525 | |
| | 1150 | 10.0 KVA | 3 Elec | 1 | 24 | | 5,025 | 660 | | 5,685 | 6,525 | |
| | 1160 | 15.0 KVA | " | 1.50 | 16 | | 5,300 | 440 | | 5,740 | 6,475 | |
| | 1210 | 230 V, 3.0 KVA | 1 Elec | .80 | 10 | | 2,950 | 275 | | 3,225 | 3,675 | |
| | 1220 | 6.0 KVA | 2 Elec | 1.46 | 10.959 | | 3,100 | 300 | | 3,400 | 3,850 | |
| | 1230 | 10.0 KVA | 3 Elec | 1.71 | 14.035 | | 5,450 | 385 | | 5,835 | 6,575 | |
| | 1240 | 15.0 KVA | " | 1.60 | 15 | ↓ | 5,900 | 415 | | 6,315 | 7,125 | |
| 310 | 0010 | **ISOLATION TRANSFORMER** | | | | | | | | | | 310 |
| | 0100 | Computer grade | | | | | | | | | | |
| | 0110 | Single-phase, 120/240 V, .5 KVA | 1 Elec | 4 | 2 | Ea. | 415 | 55 | | 470 | 540 | |
| | 0120 | 1.0 KVA | | 2.67 | 2.996 | | 645 | 82.50 | | 727.50 | 835 | |
| | 0130 | 2.5 KVA | | 2 | 4 | | 745 | 110 | | 855 | 985 | |
| | 0140 | 5 KVA | ↓ | 1.14 | 7.018 | ↓ | 840 | 193 | | 1,033 | 1,225 | |
| 315 | 0010 | **TRANSIENT VOLTAGE SUPPRESSOR TRANSFORMER** | | | | | | | | | | 315 |
| | 0110 | Single-phase, 120 V, 1.8 KVA | 1 Elec | 4 | 2 | Ea. | 325 | 55 | | 380 | 445 | |
| | 0120 | 3.6 KVA | | 4 | 2 | | 495 | 55 | | 550 | 630 | |
| | 0130 | 7.2 KVA | ↓ | 3.20 | 2.500 | ↓ | 860 | 69 | | 929 | 1,050 | |

## 164 | Transformers and Bus Ducts

### 164 300 | Computer Pwr. Supplies

| | | CREW | DAILY OUTPUT | MAN-HOURS | UNIT | MAT. | LABOR | EQUIP. | TOTAL | TOTAL INCL O&P | |
|---|---|---|---|---|---|---|---|---|---|---|---|
| 315 | 0150 | 240 V, 3.6 KVA | 1 Elec | 4 | 2 | Ea. | 435 | 55 | | 490 | 565 | 315 |
| | 0160 | 7.2 KVA | | 4 | 2 | | 630 | 55 | | 685 | 780 | |
| | 0170 | 14.4 KVA | | 3.20 | 2.500 | | 970 | 69 | | 1,039 | 1,175 | |
| | 0210 | Plug-in unit, 120 V, 1.8 KVA | | 8 | 1 | | 360 | 27.50 | | 387.50 | 435 | |
| 320 | 0010 | **TRANSIENT SUPPRESSOR/VOLTAGE REGULATOR** (without isolation) | | | | | | | | | | 320 |
| | 0110 | Single-phase, 115 V, 1.0 KVA | 1 Elec | 2.67 | 2.996 | Ea. | 1,000 | 82.50 | | 1,082.50 | 1,225 | |
| | 0120 | 2.0 KVA | | 2.29 | 3.493 | | 1,400 | 96 | | 1,496 | 1,700 | |
| | 0130 | 4.0 KVA | | 2.13 | 3.756 | | 1,850 | 103 | | 1,953 | 2,175 | |
| | 0140 | 220 V, 1.0 KVA | | 2.67 | 2.996 | | 1,100 | 82.50 | | 1,182.50 | 1,325 | |
| | 0150 | 2.0 KVA | | 2.29 | 3.493 | | 1,500 | 96 | | 1,596 | 1,800 | |
| | 0160 | 4.0 KVA | | 2.13 | 3.756 | | 1,950 | 103 | | 2,053 | 2,300 | |
| | 0210 | Plug-in unit, 120 V, 1.0 KVA | | 8 | 1 | | 1,050 | 27.50 | | 1,077.50 | 1,200 | |
| | 0220 | 2.0 KVA | | 8 | 1 | | 1,450 | 27.50 | | 1,477.50 | 1,650 | |
| 325 | 0010 | **COMPUTER REGULATOR TRANSFORMER** | | | | | | | | | | 325 |
| | 0100 | Ferro-resonant, constant voltage, variable transformer | | | | | | | | | | |
| | 0110 | Single-phase, 240 V, .5 KVA | 1 Elec | 2.67 | 2.996 | Ea. | 440 | 82.50 | | 522.50 | 610 | |
| | 0120 | 1.0 KVA | | 2 | 4 | | 680 | 110 | | 790 | 915 | |
| | 0130 | 2.0 KVA | | 1 | 8 | | 1,125 | 220 | | 1,345 | 1,575 | |
| | 0210 | Plug-in unit 120 V, .14 KVA | | 8 | 1 | | 254 | 27.50 | | 281.50 | 320 | |
| | 0220 | .25 KVA | | 8 | 1 | | 297 | 27.50 | | 324.50 | 365 | |
| | 0230 | .5 KVA | | 8 | 1 | | 440 | 27.50 | | 467.50 | 525 | |
| | 0240 | 1.0 KVA | | 5.33 | 1.501 | | 665 | 41.50 | | 706.50 | 790 | |
| | 0250 | 2.0 KVA | | 4 | 2 | | 1,125 | 55 | | 1,180 | 1,325 | |
| 330 | 0010 | **POWER CONDITIONER TRANSFORMER** | | | | | | | | | | 330 |
| | 0100 | Electronic solid state, buck-boost, transformer, w/tap switch | | | | | | | | | | |
| | 0110 | Single-phase, 115 V, 3.0 KVA, + or - 3% accuracy | 2 Elec | 1.60 | 10 | Ea. | 2,375 | 275 | | 2,650 | 3,050 | |
| | 0120 | 208, 220, 230, or 240 V, 5.0 KVA, + or - 1.5% accuracy | 3 Elec | 1.60 | 15 | | 3,075 | 415 | | 3,490 | 4,000 | |
| | 0130 | 5.0 KVA, + or - 6% accuracy | 2 Elec | 1.14 | 14.035 | | 2,750 | 385 | | 3,135 | 3,600 | |
| | 0140 | 7.5 KVA, + or - 1.5% accuracy | 3 Elec | 1.50 | 16 | | 3,900 | 440 | | 4,340 | 4,950 | |
| | 0150 | 7.5 KVA, + or - 6% accuracy | | 1.60 | 15 | | 3,250 | 415 | | 3,665 | 4,200 | |
| | 0160 | 10.0 KVA, + or - 1.5% accuracy | | 1.33 | 18.045 | | 5,200 | 495 | | 5,695 | 6,475 | |
| | 0170 | 10.0 KVA, + or - 6% accuracy | | 1.41 | 17.021 | | 4,425 | 470 | | 4,895 | 5,575 | |
| 335 | 0010 | **UNINTERRUPTIBLE POWER SUPPLY/CONDITIONER TRANSFORMERS** | | | | | | | | | | 335 |
| | 0100 | Volt. regulating, isolating trans., w/invert. & 10 min. battery pack | | | | | | | | | | |
| | 0110 | Single-phase, 120 V, .35 KVA   R164-335 | 1 Elec | 2.29 | 3.493 | Ea. | 985 | 96 | | 1,081 | 1,225 | |
| | 0120 | .5 KVA | | 2 | 4 | | 1,075 | 110 | | 1,185 | 1,350 | |
| | 0130 | For additional 55 min. battery, add to .35 KVA | | 2.29 | 3.493 | | 440 | 96 | | 536 | 630 | |
| | 0140 | Add to .5 KVA | | 1.14 | 7.018 | | 550 | 193 | | 743 | 895 | |
| | 0150 | Single-phase, 120 V, .75 KVA | | .80 | 10 | | 1,750 | 275 | | 2,025 | 2,350 | |
| | 0160 | 1.0 KVA | | .80 | 10 | | 2,650 | 275 | | 2,925 | 3,350 | |
| | 0170 | 1.5 KVA | 2 Elec | 1.14 | 14.035 | | 3,500 | 385 | | 3,885 | 4,425 | |
| | 0180 | 2 KVA | " | .89 | 17.978 | | 4,475 | 495 | | 4,970 | 5,675 | |
| | 0190 | 3 KVA | R-3 | .63 | 31.746 | | 6,050 | 865 | 164 | 7,079 | 8,125 | |
| | 0200 | 5 KVA | | .42 | 47.619 | | 8,475 | 1,300 | 247 | 10,022 | 11,500 | |
| | 0210 | 7.5 KVA | | .33 | 60.606 | | 11,200 | 1,650 | 315 | 13,165 | 15,100 | |
| | 0220 | 10 KVA | | .28 | 71.429 | | 12,800 | 1,950 | 370 | 15,120 | 17,500 | |
| | 0230 | 15 KVA | | .22 | 90.909 | | 15,400 | 2,475 | 470 | 18,345 | 21,200 | |
| | 0500 | For options & accessories add to above, minimum | | | | | | | | | 10% | |
| | 0520 | Maximum | | | | | | | | | 35% | |
| | 0600 | For complex & special design systems to meet specific | | | | | | | | | | |
| | 0610 | requirements, obtain quote from vendor. | | | | | | | | | | |

## 165 | Power Systems and Capacitors

### 165 100 | Power Systems

| | | | | DAILY | MAN- | | 1994 BARE COSTS | | | | TOTAL |
| | | | CREW | OUTPUT | HOURS | UNIT | MAT. | LABOR | EQUIP. | TOTAL | INCL O&P |
|---|---|---|---|---|---|---|---|---|---|---|---|
| **110** | 0010 | **AUTOMATIC TRANSFER SWITCHES** | | | | R165 -110 | | | | | | **110** |
| | 0100 | Switches, enclosed 480 volt, 3 pole, 30 amp | 1 Elec | 2.30 | 3.478 | Ea. | 1,350 | 95.50 | | 1,445.50 | 1,625 |
| | 0200 | 60 amp | | 1.90 | 4.211 | | 1,950 | 116 | | 2,066 | 2,325 |
| | 0300 | 100 amp | | 1.30 | 6.154 | | 2,750 | 169 | | 2,919 | 3,275 |
| | 0400 | 150 amp | | 1.20 | 6.667 | | 3,450 | 183 | | 3,633 | 4,075 |
| | 0500 | 225 amp | | 1 | 8 | | 4,350 | 220 | | 4,570 | 5,100 |
| | 0600 | 260 amp | | 1 | 8 | | 4,575 | 220 | | 4,795 | 5,350 |
| | 0700 | 400 amp | | .80 | 10 | | 6,300 | 275 | | 6,575 | 7,350 |
| | 0800 | 600 amp | | .50 | 16 | | 8,600 | 440 | | 9,040 | 10,100 |
| | 0900 | 800 amp | | .40 | 20 | | 10,200 | 550 | | 10,750 | 12,000 |
| | 1000 | 1000 amp | | .38 | 21.053 | | 14,600 | 580 | | 15,180 | 17,000 |
| | 1100 | 1200 amp | | .35 | 22.857 | | 16,600 | 630 | | 17,230 | 19,200 |
| | 1200 | 1600 amp | | .30 | 26.667 | | 21,300 | 735 | | 22,035 | 24,500 |
| | 1300 | 2000 amp | | .25 | 32 | | 23,500 | 880 | | 24,380 | 27,200 |
| | 1600 | Accessories, time delay on engine starting | | | | | 260 | | | 260 | 286 |
| | 1700 | Adjustable time delay on retransfer | | | | | 315 | | | 315 | 345 |
| | 1800 | Three close differential relays | | | | | 545 | | | 545 | 600 |
| | 1900 | Test switch | | | | | 72 | | | 72 | 79 |
| | 2000 | Auxiliary contact when normal fails | | | | | 72 | | | 72 | 79 |
| | 2100 | Pilot light-emergency | | | | | 145 | | | 145 | 160 |
| | 2200 | Pilot light-normal | | | | | 145 | | | 145 | 160 |
| | 2300 | Auxiliary contact-closed on normal | | | | | 88 | | | 88 | 97 |
| | 2400 | Auxiliary contact-closed on emergency | | | | | 88 | | | 88 | 97 |
| | 2500 | Frequency relay | | | | | 310 | | | 310 | 340 |
| **115** | 0010 | **NON-AUTOMATIC TRANSFER SWITCHES** enclosed | | | | | | | | | | **115** |
| | 0100 | Fuses included, 480 volt 3 pole, 30 amp | 1 Elec | 2.30 | 3.478 | Ea. | 1,200 | 95.50 | | 1,295.50 | 1,475 |
| | 0150 | 60 amp | | 1.90 | 4.211 | | 1,675 | 116 | | 1,791 | 2,025 |
| | 0200 | 100 amp | | 1.30 | 6.154 | | 1,775 | 169 | | 1,944 | 2,200 |
| | 0250 | 200 amp | | 1 | 8 | | 2,925 | 220 | | 3,145 | 3,550 |
| | 0300 | 400 amp | | .80 | 10 | | 4,875 | 275 | | 5,150 | 5,800 |
| | 0350 | 600 amp | | .50 | 16 | | 7,250 | 440 | | 7,690 | 8,625 |
| | 1000 | 250 volt 3 pole, 30 amp | | 2.30 | 3.478 | | 1,075 | 95.50 | | 1,170.50 | 1,325 |
| | 1100 | 60 amp | | 1.90 | 4.211 | | 1,600 | 116 | | 1,716 | 1,925 |
| | 1150 | 100 amp | | 1.30 | 6.154 | | 1,725 | 169 | | 1,894 | 2,150 |
| | 1200 | 200 amp | | 1 | 8 | | 2,800 | 220 | | 3,020 | 3,400 |
| | 1300 | 600 amp | | .50 | 16 | | 7,125 | 440 | | 7,565 | 8,500 |
| | 1500 | Nonfused 480 volt 3 pole, 60 amp | | 1.90 | 4.211 | | 1,375 | 116 | | 1,491 | 1,700 |
| | 1600 | 100 amp | | 1.30 | 6.154 | | 1,500 | 169 | | 1,669 | 1,900 |
| | 1650 | 200 amp | | 1 | 8 | | 2,700 | 220 | | 2,920 | 3,300 |
| | 1700 | 400 amp | | .80 | 10 | | 4,700 | 275 | | 4,975 | 5,600 |
| | 1750 | 600 amp | | .50 | 16 | | 6,775 | 440 | | 7,215 | 8,100 |
| | 2000 | 250 volt 3 pole, 30 amp | | 2.30 | 3.478 | | 1,025 | 95.50 | | 1,120.50 | 1,275 |
| | 2050 | 60 amp | | 1.90 | 4.211 | | 1,400 | 116 | | 1,516 | 1,725 |
| | 2150 | 200 amp | | 1 | 8 | | 2,700 | 220 | | 2,920 | 3,300 |
| | 2200 | 400 amp | | .80 | 10 | | 4,700 | 275 | | 4,975 | 5,600 |
| | 2250 | 600 amp | | .50 | 16 | | 6,900 | 440 | | 7,340 | 8,250 |
| | 2500 | NEMA 3R, 480 volt 3 pole, 60 amp | | 1.80 | 4.444 | | 1,675 | 122 | | 1,797 | 2,025 |
| | 2550 | 100 amp | | 1.20 | 6.667 | | 1,825 | 183 | | 2,008 | 2,275 |
| | 2600 | 200 amp | | .90 | 8.889 | | 3,875 | 244 | | 4,119 | 4,650 |
| | 2650 | 400 amp | | .70 | 11.429 | | 5,150 | 315 | | 5,465 | 6,150 |
| | 2800 | 250 volt 3 pole solid neutral, 100 amp | | 1.20 | 6.667 | | 2,050 | 183 | | 2,233 | 2,525 |
| | 2850 | 200 amp | | .90 | 8.889 | | 3,125 | 244 | | 3,369 | 3,825 |
| | 2900 | 250 volt 2 pole solid neutral, 100 amp | | 1.30 | 6.154 | | 1,950 | 169 | | 2,119 | 2,400 |
| | 2950 | 200 amp | | 1 | 8 | | 2,975 | 220 | | 3,195 | 3,600 |
| **120** | 0010 | **GENERATOR SET** | | | | R165 -120 | | | | | | **120** |
| | 0020 | Gas or gasoline operated, includes battery, | | | | | | | | | | |

## 165 | Power Systems and Capacitors

### 165 100 | Power Systems

| | | | CREW | DAILY OUTPUT | MAN-HOURS | UNIT | MAT. | LABOR | EQUIP. | TOTAL | TOTAL INCL O&P |
|---|---|---|---|---|---|---|---|---|---|---|---|
| 120 | 0050 | charger, muffler & transfer switch | | | | | | | | | |
| | 0200 | 3 phase 4 wire, 277/480 volt, 7.5 KW | R-3 | .83 | 24.096 | Ea. | 5,475 | 655 | 125 | 6,255 | 7,150 |
| | 0300 | 10 KW | | .71 | 28.169 | | 7,475 | 770 | 146 | 8,391 | 9,525 |
| | 0400 | 15 KW | | .63 | 31.746 | | 8,850 | 865 | 164 | 9,879 | 11,200 |
| | 0500 | 30 KW | | .55 | 36.364 | | 12,700 | 990 | 188 | 13,878 | 15,700 |
| | 0520 | 55 KW | | .50 | 40 | | 15,400 | 1,100 | 207 | 16,707 | 18,800 |
| | 0600 | 70 KW | | .40 | 50 | | 21,000 | 1,375 | 259 | 22,634 | 25,300 |
| | 0700 | 85 KW | | .33 | 60.606 | | 24,500 | 1,650 | 315 | 26,465 | 29,800 |
| | 0800 | 115 KW | | .28 | 71.429 | | 44,900 | 1,950 | 370 | 47,220 | 53,000 |
| | 0900 | 170 KW | | .25 | 80 | | 77,500 | 2,175 | 415 | 80,090 | 89,000 |
| | 2000 | Diesel engine, including battery, charger, | | | | | | | | | |
| | 2010 | muffler, transfer switch & fuel tank, 30 KW | R-3 | .55 | 36.364 | Ea. | 14,700 | 990 | 188 | 15,878 | 17,900 |
| | 2100 | 50 KW | | .42 | 47.619 | | 18,000 | 1,300 | 247 | 19,547 | 22,000 |
| | 2200 | 75 KW | | .35 | 57.143 | | 23,500 | 1,550 | 296 | 25,346 | 28,600 |
| | 2300 | 100 KW | | .31 | 64.516 | | 26,100 | 1,750 | 335 | 28,185 | 31,700 |
| | 2400 | 125 KW | | .29 | 68.966 | | 27,800 | 1,875 | 355 | 30,030 | 33,800 |
| | 2500 | 150 KW | | .26 | 76.923 | | 32,100 | 2,100 | 400 | 34,600 | 38,900 |
| | 2600 | 175 KW | | .25 | 80 | | 33,400 | 2,175 | 415 | 35,990 | 40,500 |
| | 2700 | 200 KW | | .24 | 83.333 | | 34,700 | 2,275 | 430 | 37,405 | 42,100 |
| | 2800 | 250 KW | | .23 | 86.957 | | 38,000 | 2,375 | 450 | 40,825 | 45,900 |
| | 2900 | 300 KW | | .22 | 90.909 | | 45,600 | 2,475 | 470 | 48,545 | 54,500 |
| | 3000 | 350 KW | | .20 | 100 | | 48,800 | 2,725 | 520 | 52,045 | 58,000 |
| | 3100 | 400 KW | | .19 | 105 | | 60,000 | 2,875 | 545 | 63,420 | 71,000 |
| | 3200 | 500 KW | | .18 | 111 | | 69,500 | 3,025 | 575 | 73,100 | 81,500 |
| | 3220 | 600 KW | | .19 | 105 | | 95,000 | 2,875 | 545 | 98,420 | 109,500 |
| | 3240 | 750 KW | | .16 | 125 | | 134,000 | 3,400 | 650 | 138,050 | 153,000 |

### 165 200 | Capacitors

| | | | CREW | DAILY OUTPUT | MAN-HOURS | UNIT | MAT. | LABOR | EQUIP. | TOTAL | TOTAL INCL O&P |
|---|---|---|---|---|---|---|---|---|---|---|---|
| 210 | 0010 | CAPACITORS Indoor | | | | | | | | | |
| | 0020 | 240 volts, single & 3 phase, 0.5 KVAR | 1 Elec | 2.70 | 2.963 | Ea. | 235 | 81.50 | | 316.50 | 380 |
| | 0100 | 1.0 KVAR | | 2.70 | 2.963 | | 285 | 81.50 | | 366.50 | 440 |
| | 0150 | 2.5 KVAR | | 2 | 4 | | 340 | 110 | | 450 | 540 |
| | 0200 | 5.0 KVAR | | 1.80 | 4.444 | | 395 | 122 | | 517 | 620 |
| | 0250 | 7.5 KVAR | | 1.60 | 5 | | 460 | 138 | | 598 | 710 |
| | 0300 | 10 KVAR | | 1.50 | 5.333 | | 550 | 147 | | 697 | 825 |
| | 0350 | 15 KVAR | | 1.30 | 6.154 | | 760 | 169 | | 929 | 1,100 |
| | 0400 | 20 KVAR | | 1.10 | 7.273 | | 905 | 200 | | 1,105 | 1,300 |
| | 0450 | 25 KVAR | | 1 | 8 | | 1,050 | 220 | | 1,270 | 1,500 |
| | 1000 | 480 volts, single & 3 phase, 1 KVAR | | 2.70 | 2.963 | | 215 | 81.50 | | 296.50 | 360 |
| | 1050 | 2 KVAR | | 2.70 | 2.963 | | 250 | 81.50 | | 331.50 | 400 |
| | 1100 | 5 KVAR | | 2 | 4 | | 325 | 110 | | 435 | 525 |
| | 1150 | 7.5 KVAR | | 2 | 4 | | 355 | 110 | | 465 | 555 |
| | 1200 | 10 KVAR | | 2 | 4 | | 390 | 110 | | 500 | 595 |
| | 1250 | 15 KVAR | | 2 | 4 | | 480 | 110 | | 590 | 695 |
| | 1300 | 20 KVAR | | 1.60 | 5 | | 530 | 138 | | 668 | 790 |
| | 1350 | 30 KVAR | | 1.50 | 5.333 | | 660 | 147 | | 807 | 945 |
| | 1400 | 40 KVAR | | 1.20 | 6.667 | | 830 | 183 | | 1,013 | 1,200 |
| | 1450 | 50 KVAR | | 1.10 | 7.273 | | 960 | 200 | | 1,160 | 1,350 |
| | 2000 | 600 volts, single & 3 phase, 1 KVAR | | 2.70 | 2.963 | | 215 | 81.50 | | 296.50 | 360 |
| | 2050 | 2 KVAR | | 2.70 | 2.963 | | 250 | 81.50 | | 331.50 | 400 |
| | 2100 | 5 KVAR | | 2 | 4 | | 325 | 110 | | 435 | 525 |
| | 2150 | 7.5 KVAR | | 2 | 4 | | 355 | 110 | | 465 | 555 |
| | 2200 | 10 KVAR | | 2 | 4 | | 390 | 110 | | 500 | 595 |
| | 2250 | 15 KVAR | | 1.60 | 5 | | 480 | 138 | | 618 | 735 |
| | 2300 | 20 KVAR | | 1.60 | 5 | | 530 | 138 | | 668 | 790 |
| | 2350 | 25 KVAR | | 1.50 | 5.333 | | 600 | 147 | | 747 | 880 |

## 165 | Power Systems and Capacitors

### 165 200 | Capacitors

| | | | CREW | DAILY OUTPUT | MAN-HOURS | UNIT | 1994 BARE COSTS MAT. | LABOR | EQUIP. | TOTAL | TOTAL INCL O&P | |
|---|---|---|---|---|---|---|---|---|---|---|---|---|
| 210 | 2400 | 35 KVAR | 1 Elec | 1.40 | 5.714 | Ea. | 780 | 157 | | 937 | 1,100 | 210 |
| | 2450 | 50 KVAR | ↓ | 1.30 | 6.154 | ↓ | 960 | 169 | | 1,129 | 1,300 | |

## 166 | Lighting

### 166 100 | Lighting

| | | | CREW | DAILY OUTPUT | MAN-HOURS | UNIT | 1994 BARE COSTS MAT. | LABOR | EQUIP. | TOTAL | TOTAL INCL O&P | |
|---|---|---|---|---|---|---|---|---|---|---|---|---|
| 110 | 0010 | **EXIT AND EMERGENCY LIGHTING** | | | | | | | | | | 110 |
| | 0080 | Exit light ceiling or wall mount, incandescent, single face | 1 Elec | 8 | 1 | Ea. | 50 | 27.50 | | 77.50 | 96.50 | |
| | 0100 | Double face | | 6.70 | 1.194 | | 56 | 33 | | 89 | 111 | |
| | 0120 | Explosion proof | | 3.80 | 2.105 | | 345 | 58 | | 403 | 465 | |
| | 0150 | Fluorescent, single face | | 8 | 1 | | 135 | 27.50 | | 162.50 | 191 | |
| | 0160 | Double face | ↓ | 6.70 | 1.194 | | 150 | 33 | | 183 | 215 | |
| | 0300 | Emergency light units, battery operated | | | | | | | | | | |
| | 0350 | Twin sealed beam light, 25 watt, 6 volt each | | | | | | | | | | |
| | 0500 | Lead battery operated | 1 Elec | 4 | 2 | Ea. | 250 | 55 | | 305 | 360 | |
| | 0700 | Nickel cadmium battery operated | | 4 | 2 | | 460 | 55 | | 515 | 590 | |
| | 0780 | Additional remote mount, sealed beam, 25W 6V | | 26.70 | .300 | | 20 | 8.25 | | 28.25 | 34.50 | |
| | 0790 | Twin sealed beam light, 25W 6V each | | 26.70 | .300 | | 39 | 8.25 | | 47.25 | 55.50 | |
| | 0900 | Self-contained fluorescent lamp pack | ↓ | 10 | .800 | ↓ | 190 | 22 | | 212 | 242 | |
| 115 | 0010 | **EXTERIOR FIXTURES** With lamps | | | | | | | | | | 115 |
| | 0200 | Wall mounted, incandescent, 100 watt | 1 Elec | 8 | 1 | Ea. | 34 | 27.50 | | 61.50 | 79 | |
| | 0400 | Quartz, 500 watt | | 5.30 | 1.509 | | 87 | 41.50 | | 128.50 | 158 | |
| | 0420 | 1500 watt | | 4.20 | 1.905 | | 118 | 52.50 | | 170.50 | 209 | |
| | 0600 | Mercury vapor, 100 watt | | 5.30 | 1.509 | | 245 | 41.50 | | 286.50 | 335 | |
| | 0800 | Wall pack, mercury vapor, 175 watt | | 4 | 2 | | 250 | 55 | | 305 | 360 | |
| | 1000 | 250 watt | | 4 | 2 | | 270 | 55 | | 325 | 380 | |
| | 1100 | Low pressure sodium, 35 watt | | 4 | 2 | | 200 | 55 | | 255 | 305 | |
| | 1150 | 55 watt | | 4 | 2 | | 270 | 55 | | 325 | 380 | |
| | 1160 | High pressure sodium, 70 watt | | 4 | 2 | | 290 | 55 | | 345 | 405 | |
| | 1170 | 150 watt | | 4 | 2 | | 315 | 55 | | 370 | 430 | |
| | 1180 | Metal Halide, 175 watt | | 4 | 2 | | 245 | 55 | | 300 | 355 | |
| | 1190 | 250 watt | ↓ | 4 | 2 | ↓ | 330 | 55 | | 385 | 450 | |
| | 1200 | Floodlights with ballast and lamp, | | | | | | | | | | |
| | 1400 | pole mounted pole not included | | | | | | | | | | |
| | 1500 | Mercury vapor, 250 watt | 1 Elec | 2.40 | 3.333 | Ea. | 280 | 91.50 | | 371.50 | 450 | |
| | 1600 | 400 watt | | 2.20 | 3.636 | | 320 | 100 | | 420 | 500 | |
| | 1800 | 1000 watt | | 2 | 4 | | 490 | 110 | | 600 | 705 | |
| | 1950 | Metal halide, 175 watt | | 2.70 | 2.963 | | 300 | 81.50 | | 381.50 | 455 | |
| | 2000 | 400 watt | | 2.20 | 3.636 | | 390 | 100 | | 490 | 580 | |
| | 2200 | 1000 watt | | 2 | 4 | | 570 | 110 | | 680 | 790 | |
| | 2210 | 1500 watt | | 1.85 | 4.324 | | 605 | 119 | | 724 | 845 | |
| | 2250 | Low pressure sodium, 55 watt | | 2.70 | 2.963 | | 460 | 81.50 | | 541.50 | 630 | |
| | 2270 | 90 watt | | 2 | 4 | | 510 | 110 | | 620 | 725 | |
| | 2290 | 180 watt | | 2 | 4 | | 650 | 110 | | 760 | 880 | |
| | 2340 | High pressure sodium, 70 watt | | 2.70 | 2.963 | | 260 | 81.50 | | 341.50 | 410 | |
| | 2360 | 100 watt | | 2.70 | 2.963 | | 295 | 81.50 | | 376.50 | 450 | |
| | 2380 | 150 watt | | 2.70 | 2.963 | | 305 | 81.50 | | 386.50 | 460 | |
| | 2400 | 400 watt | | 2.20 | 3.636 | | 415 | 100 | | 515 | 605 | |
| | 2600 | 1000 watt | ↓ | 2 | 4 | ↓ | 730 | 110 | | 840 | 970 | |

## 166 | Lighting

| | | 166 100 | Lighting | CREW | DAILY OUTPUT | MAN-HOURS | UNIT | 1994 BARE COSTS MAT. | LABOR | EQUIP. | TOTAL | TOTAL INCL O&P | |
|---|---|---|---|---|---|---|---|---|---|---|---|---|---|
| 115 | 2610 | Incandescent, 300 watt | | 1 Elec | 4 | 2 | Ea. | 78 | 55 | | 133 | 169 | 115 |
| | 2620 | 500 watt | | | 4 | 2 | | 123 | 55 | | 178 | 218 | |
| | 2630 | 1000 watt | | | 3 | 2.667 | | 133 | 73.50 | | 206.50 | 256 | |
| | 2640 | 1500 watt | | | 3 | 2.667 | | 145 | 73.50 | | 218.50 | 270 | |
| | 2650 | Roadway area luminaire, low pressure sodium, 135 watt | | | 2 | 4 | | 515 | 110 | | 625 | 730 | |
| | 2700 | 180 watt | | | 2 | 4 | | 545 | 110 | | 655 | 765 | |
| | 2720 | Mercury vapor, 400 watt | | | 2.20 | 3.636 | | 565 | 100 | | 665 | 770 | |
| | 2730 | 1000 watt | | | 2 | 4 | | 630 | 110 | | 740 | 860 | |
| | 2750 | Metal halide, 400 watt | | | 2.20 | 3.636 | | 620 | 100 | | 720 | 830 | |
| | 2760 | 1000 watt | | | 2 | 4 | | 695 | 110 | | 805 | 930 | |
| | 2780 | High pressure sodium, 400 watt | | | 2.20 | 3.636 | | 725 | 100 | | 825 | 950 | |
| | 2790 | 1000 watt | | | 2 | 4 | | 845 | 110 | | 955 | 1,100 | |
| | 2800 | Light poles, anchor base, | | | | | | | | | | | |
| | 2820 | not including concrete bases | | | | | | | | | | | |
| | 2840 | Aluminum pole, 8' high | | 1 Elec | 4 | 2 | Ea. | 216 | 55 | | 271 | 320 | |
| | 2850 | 10' high | | | 4 | 2 | | 285 | 55 | | 340 | 400 | |
| | 2860 | 12' high | | | 3.80 | 2.105 | | 310 | 58 | | 368 | 425 | |
| | 2870 | 14' high | | | 3.40 | 2.353 | | 380 | 64.50 | | 444.50 | 520 | |
| | 2880 | 16' high | | | 3 | 2.667 | | 620 | 73.50 | | 693.50 | 790 | |
| | 3000 | 20' high | | R-3 | 2.90 | 6.897 | | 545 | 188 | 35.50 | 768.50 | 925 | |
| | 3200 | 30' high | | | 2.60 | 7.692 | | 1,100 | 210 | 40 | 1,350 | 1,550 | |
| | 3400 | 35' high | | | 2.30 | 8.696 | | 1,475 | 237 | 45 | 1,757 | 2,025 | |
| | 3600 | 40' high | | | 2 | 10 | | 1,650 | 273 | 52 | 1,975 | 2,300 | |
| | 3800 | Bracket arms, 1 arm | | 1 Elec | 8 | 1 | | 65 | 27.50 | | 92.50 | 113 | |
| | 4000 | 2 arms | | | 8 | 1 | | 90 | 27.50 | | 117.50 | 141 | |
| | 4200 | 3 arms | | | 5.30 | 1.509 | | 125 | 41.50 | | 166.50 | 201 | |
| | 4400 | 4 arms | | | 5.30 | 1.509 | | 165 | 41.50 | | 206.50 | 245 | |
| | 4500 | Steel pole, galvanized, 8' high | | | 3.80 | 2.105 | | 365 | 58 | | 423 | 485 | |
| | 4510 | 10' high | | | 3.70 | 2.162 | | 385 | 59.50 | | 444.50 | 515 | |
| | 4520 | 12' high | | | 3.40 | 2.353 | | 410 | 64.50 | | 474.50 | 550 | |
| | 4530 | 14' high | | | 3.10 | 2.581 | | 445 | 71 | | 516 | 595 | |
| | 4540 | 16' high | | | 2.90 | 2.759 | | 480 | 76 | | 556 | 645 | |
| | 4550 | 18' high | | | 2.70 | 2.963 | | 700 | 81.50 | | 781.50 | 895 | |
| | 4600 | 20' high | | R-3 | 2.60 | 7.692 | | 775 | 210 | 40 | 1,025 | 1,225 | |
| | 4800 | 30' high | | | 2.30 | 8.696 | | 1,075 | 237 | 45 | 1,357 | 1,575 | |
| | 5000 | 35' high | | | 2.20 | 9.091 | | 1,175 | 248 | 47 | 1,470 | 1,725 | |
| | 5200 | 40' high | | | 1.70 | 11.765 | | 1,300 | 320 | 61 | 1,681 | 2,000 | |
| | 5400 | Bracket arms, 1 arm | | 1 Elec | 8 | 1 | | 60 | 27.50 | | 87.50 | 108 | |
| | 5600 | 2 arms | | | 8 | 1 | | 125 | 27.50 | | 152.50 | 180 | |
| | 5800 | 3 arms | | | 5.30 | 1.509 | | 150 | 41.50 | | 191.50 | 228 | |
| | 6000 | 4 arms | | | 5.30 | 1.509 | | 195 | 41.50 | | 236.50 | 278 | |
| | 6100 | Fiberglass pole, 1 or 2 fixtures, 20' high | | R-3 | 4 | 5 | | 540 | 136 | 26 | 702 | 830 | |
| | 6200 | 30' high | | | 3.60 | 5.556 | | 1,150 | 152 | 29 | 1,331 | 1,525 | |
| | 6300 | 35' high | | | 3.20 | 6.250 | | 1,300 | 171 | 32.50 | 1,503.50 | 1,725 | |
| | 6400 | 40' high | | | 2.80 | 7.143 | | 1,575 | 195 | 37 | 1,807 | 2,050 | |
| | 6420 | Wood pole, 4-1/2" x 5-1/8", 8' high | | 1 Elec | 6 | 1.333 | | 125 | 36.50 | | 161.50 | 193 | |
| | 6430 | 10' high | | | 6 | 1.333 | | 180 | 36.50 | | 216.50 | 253 | |
| | 6440 | 12' high | | | 5.70 | 1.404 | | 200 | 38.50 | | 238.50 | 278 | |
| | 6450 | 15' high | | | 5 | 1.600 | | 225 | 44 | | 269 | 315 | |
| | 6460 | 20' high | | | 4 | 2 | | 240 | 55 | | 295 | 345 | |
| | 6500 | Bollard light, lamp & ballast, 42" high with polycarbonate lens | | | | | | | | | | | |
| | 6700 | Mercury vapor, 175 watt | | 1 Elec | 3 | 2.667 | Ea. | 405 | 73.50 | | 478.50 | 555 | |
| | 6800 | Metal halide, 175 watt | | | 3 | 2.667 | | 445 | 73.50 | | 518.50 | 600 | |
| | 6900 | High pressure sodium, 70 watt | | | 3 | 2.667 | | 485 | 73.50 | | 558.50 | 645 | |
| | 7000 | 100 watt | | | 3 | 2.667 | | 485 | 73.50 | | 558.50 | 645 | |
| | 7100 | 150 watt | | | 3 | 2.667 | | 490 | 73.50 | | 563.50 | 650 | |

## 166 | Lighting

| | 166 100 | Lighting | CREW | DAILY OUTPUT | MAN-HOURS | UNIT | 1994 BARE COSTS MAT. | LABOR | EQUIP. | TOTAL | TOTAL INCL O&P | |
|---|---|---|---|---|---|---|---|---|---|---|---|---|
| 115 | 7200 | Incandescent, 150 watt | 1 Elec | 3 | 2.667 | Ea. | 335 | 73.50 | | 408.50 | 480 | 115 |
| | 7300 | Transformer bases, not including concrete bases | | | | | | | | | | |
| | 7320 | Maximum pole size, steel, 40' high | 1 Elec | 2 | 4 | Ea. | 1,250 | 110 | | 1,360 | 1,550 | |
| | 7340 | Cast aluminum, 30' high | ↓ | 3 | 2.667 | ↓ | 450 | 73.50 | | 523.50 | 605 | |
| | 7350 | 40' high | ↓ | 2.50 | 3.200 | ↓ | 675 | 88 | | 763 | 875 | |
| | 7380 | Landscape recessed uplight, incl. housing, ballast, transformer | | | | | | | | | | |
| | 7390 | & reflector | | | | | | | | | | |
| | 7400 | Mercury vapor, 100 watt | 1 Elec | 5 | 1.600 | Ea. | 725 | 44 | | 769 | 865 | |
| | 7420 | Incandescent, 250 watt | | 5 | 1.600 | | 405 | 44 | | 449 | 510 | |
| | 7440 | Quartz, 250 watt | | 5 | 1.600 | | 460 | 44 | | 504 | 570 | |
| | 7460 | 500 watt | ↓ | 4 | 2 | ↓ | 495 | 55 | | 550 | 630 | |
| | 7500 | Replacement (H.I.D.) ballasts, | | | | | | | | | | |
| | 7510 | Multi-tap 120/208/240/277 volt | | | | | | | | | | |
| | 7550 | High pressure sodium, 70 watt | 1 Elec | 10 | .800 | Ea. | 130 | 22 | | 152 | 176 | |
| | 7560 | 100 watt | | 9.40 | .851 | | 135 | 23.50 | | 158.50 | 184 | |
| | 7570 | 150 watt | | 9 | .889 | | 145 | 24.50 | | 169.50 | 197 | |
| | 7580 | 250 watt | | 8.50 | .941 | | 210 | 26 | | 236 | 270 | |
| | 7590 | 400 watt | | 7 | 1.143 | | 235 | 31.50 | | 266.50 | 305 | |
| | 7600 | 1000 watt | | 6 | 1.333 | | 335 | 36.50 | | 371.50 | 425 | |
| | 7610 | Metal halide, 175 watt | | 8 | 1 | | 105 | 27.50 | | 132.50 | 158 | |
| | 7620 | 250 watt | | 8 | 1 | | 145 | 27.50 | | 172.50 | 202 | |
| | 7630 | 400 watt | | 7 | 1.143 | | 160 | 31.50 | | 191.50 | 224 | |
| | 7640 | 1000 watt | | 6 | 1.333 | | 230 | 36.50 | | 266.50 | 310 | |
| | 7650 | 1500 watt | | 5 | 1.600 | | 270 | 44 | | 314 | 365 | |
| | 7680 | Mercury vapor, 100 watt | | 9 | .889 | | 85 | 24.50 | | 109.50 | 131 | |
| | 7700 | 175 watt | | 8 | 1 | | 105 | 27.50 | | 132.50 | 158 | |
| | 7720 | 250 watt | | 8 | 1 | | 145 | 27.50 | | 172.50 | 202 | |
| | 7730 | 400 watt | | 7 | 1.143 | | 155 | 31.50 | | 186.50 | 219 | |
| | 7740 | 1000 watt | | 6 | 1.333 | | 220 | 36.50 | | 256.50 | 297 | |
| | 7800 | Walkway luminaire, square 16", mercury vapor, 175 watt | | 3 | 2.667 | | 275 | 73.50 | | 348.50 | 415 | |
| | 7810 | Metal halide 250 watt | | 2.70 | 2.963 | | 320 | 81.50 | | 401.50 | 475 | |
| | 7820 | High pressure sodium, 70 watt | | 3 | 2.667 | | 335 | 73.50 | | 408.50 | 480 | |
| | 7830 | 100 watt | | 3 | 2.667 | | 355 | 73.50 | | 428.50 | 500 | |
| | 7840 | 150 watt | | 3 | 2.667 | | 370 | 73.50 | | 443.50 | 515 | |
| | 7850 | 200 watt | | 3 | 2.667 | | 385 | 73.50 | | 458.50 | 535 | |
| | 7900 | Round 19", mercury vapor, 175 watt | | 3 | 2.667 | | 395 | 73.50 | | 468.50 | 545 | |
| | 7910 | Metal halide, 250 watt | | 2.70 | 2.963 | | 445 | 81.50 | | 526.50 | 615 | |
| | 7920 | High pressure sodium, 70 watt | | 3 | 2.667 | | 460 | 73.50 | | 533.50 | 615 | |
| | 7930 | 100 watt | | 3 | 2.667 | | 475 | 73.50 | | 548.50 | 635 | |
| | 7940 | 150 watt | | 3 | 2.667 | | 480 | 73.50 | | 553.50 | 640 | |
| | 7950 | 250 watt | | 2.70 | 2.963 | | 495 | 81.50 | | 576.50 | 670 | |
| | 8000 | Sphere 14" opal, incandescent, 200 watt | | 4 | 2 | | 200 | 55 | | 255 | 305 | |
| | 8010 | Mercury vapor, 100 watt | | 3 | 2.667 | | 290 | 73.50 | | 363.50 | 430 | |
| | 8020 | Sphere 18" opal, incandescent, 300 watt | | 3.50 | 2.286 | | 245 | 63 | | 308 | 365 | |
| | 8030 | Mercury vapor, 175 watt | | 3 | 2.667 | | 335 | 73.50 | | 408.50 | 480 | |
| | 8040 | Sphere 16" clear, high pressure sodium, 70 watt | | 3 | 2.667 | | 420 | 73.50 | | 493.50 | 570 | |
| | 8050 | 100 watt | | 3 | 2.667 | | 450 | 73.50 | | 523.50 | 605 | |
| | 8100 | Cube 16" opal, incandescent, 300 watt | | 3.50 | 2.286 | | 275 | 63 | | 338 | 400 | |
| | 8110 | Mercury vapor, 175 watt | | 3 | 2.667 | | 370 | 73.50 | | 443.50 | 515 | |
| | 8120 | High pressure sodium, 70 watt | | 3 | 2.667 | | 395 | 73.50 | | 468.50 | 545 | |
| | 8130 | 100 watt | | 3 | 2.667 | | 405 | 73.50 | | 478.50 | 555 | |
| | 8200 | Lantern, mercury vapor, 100 watt | | 3 | 2.667 | | 220 | 73.50 | | 293.50 | 350 | |
| | 8210 | 175 watt | | 3 | 2.667 | | 210 | 73.50 | | 283.50 | 340 | |
| | 8220 | 250 watt | | 2.70 | 2.963 | | 295 | 81.50 | | 376.50 | 450 | |
| | 8230 | High pressure sodium, 70 watt | | 3 | 2.667 | | 245 | 73.50 | | 318.50 | 380 | |
| | 8240 | 100 watt | ↓ | 3 | 2.667 | ↓ | 275 | 73.50 | | 348.50 | 415 | |

## 166 | Lighting

### 166 100 | Lighting

| | | | CREW | DAILY OUTPUT | MAN-HOURS | UNIT | MAT. | LABOR | EQUIP. | TOTAL | TOTAL INCL O&P | |
|---|---|---|---|---|---|---|---|---|---|---|---|---|
| 115 | 8250 | 150 watt | 1 Elec | 3 | 2.667 | Ea. | 280 | 73.50 | | 353.50 | 420 | 115 |
| | 8260 | 250 watt | | 2.70 | 2.963 | | 375 | 81.50 | | 456.50 | 540 | |
| | 8270 | Incandescent, 300 watt | | 3.50 | 2.286 | | 160 | 63 | | 223 | 271 | |
| | 8300 | Reflector 22" w/globe, mercury vapor, 100 watt | | 3 | 2.667 | | 275 | 73.50 | | 348.50 | 415 | |
| | 8310 | 175 watt | | 3 | 2.667 | | 280 | 73.50 | | 353.50 | 420 | |
| | 8320 | 250 watt | | 2.70 | 2.963 | | 365 | 81.50 | | 446.50 | 525 | |
| | 8330 | High pressure sodium, 70 watt | | 3 | 2.667 | | 335 | 73.50 | | 408.50 | 480 | |
| | 8340 | 100 watt | | 3 | 2.667 | | 340 | 73.50 | | 413.50 | 485 | |
| | 8350 | 150 watt | | 3 | 2.667 | | 345 | 73.50 | | 418.50 | 490 | |
| | 8360 | 250 watt | | 2.70 | 2.963 | | 440 | 81.50 | | 521.50 | 610 | |
| 120 | 0010 | **FIXTURE HANGERS** | | | | | | | | | | 120 |
| | 0220 | Box hub cover | 1 Elec | 32 | .250 | Ea. | 2.25 | 6.90 | | 9.15 | 12.85 | |
| | 0240 | Canopy | | 12 | .667 | | 5.10 | 18.35 | | 23.45 | 33 | |
| | 0260 | Connecting block | | 40 | .200 | | 2.45 | 5.50 | | 7.95 | 10.95 | |
| | 0280 | Cushion hanger | | 16 | .500 | | 16 | 13.75 | | 29.75 | 38 | |
| | 0300 | Box hanger, with mounting strap | | 8 | 1 | | 4.20 | 27.50 | | 31.70 | 46 | |
| | 0320 | Connecting block | | 40 | .200 | | .80 | 5.50 | | 6.30 | 9.15 | |
| | 0340 | Flexible, 1/2" diameter, 4" long | | 12 | .667 | | 7.75 | 18.35 | | 26.10 | 36 | |
| | 0360 | 6" long | | 12 | .667 | | 8.40 | 18.35 | | 26.75 | 37 | |
| | 0380 | 8" long | | 12 | .667 | | 9.35 | 18.35 | | 27.70 | 38 | |
| | 0400 | 10" long | | 12 | .667 | | 9.95 | 18.35 | | 28.30 | 38.50 | |
| | 0420 | 12" long | | 12 | .667 | | 10.80 | 18.35 | | 29.15 | 39.50 | |
| | 0440 | 15" long | | 12 | .667 | | 11.35 | 18.35 | | 29.70 | 40 | |
| | 0460 | 18" long | | 12 | .667 | | 12.95 | 18.35 | | 31.30 | 42 | |
| | 0480 | 3/4" diameter, 4" long | | 10 | .800 | | 9.40 | 22 | | 31.40 | 43.50 | |
| | 0500 | 6" long | | 10 | .800 | | 10.60 | 22 | | 32.60 | 44.50 | |
| | 0520 | 8" long | | 10 | .800 | | 11.55 | 22 | | 33.55 | 45.50 | |
| | 0540 | 10" long | | 10 | .800 | | 12.30 | 22 | | 34.30 | 46.50 | |
| | 0560 | 12" long | | 10 | .800 | | 13.45 | 22 | | 35.45 | 48 | |
| | 0580 | 15" long | | 10 | .800 | | 14.75 | 22 | | 36.75 | 49.50 | |
| | 0600 | 18" long | | 10 | .800 | | 16.50 | 22 | | 38.50 | 51 | |
| 125 | 0010 | **FIXTURE WHIPS** | | | | | | | | | | 125 |
| | 0080 | 3/8" Greenfield, 2 connectors, 6' long | | | | | | | | | | |
| | 0100 | TFFN wire, three #18 | 1 Elec | 32 | .250 | Ea. | 7.25 | 6.90 | | 14.15 | 18.35 | |
| | 0150 | Four #18 | | 28 | .286 | | 7.50 | 7.85 | | 15.35 | 20 | |
| | 0200 | Three #16 | | 32 | .250 | | 7.25 | 6.90 | | 14.15 | 18.35 | |
| | 0250 | Four #16 | | 28 | .286 | | 7.65 | 7.85 | | 15.50 | 20 | |
| | 0300 | THHN wire, three #14 | | 32 | .250 | | 8.70 | 6.90 | | 15.60 | 19.90 | |
| | 0350 | Four #14 | | 28 | .286 | | 9 | 7.85 | | 16.85 | 21.50 | |
| 127 | 0010 | **MODULAR FLEXIBLE WIRING SYSTEM** | | | | | | | | | | 127 |
| | 0050 | Standard selector cable, 3 conductor, 15' long | 1 Elec | 40 | .200 | Ea. | 39 | 5.50 | | 44.50 | 51.50 | |
| | 0100 | Conversion Module | | 16 | .500 | | 14.50 | 13.75 | | 28.25 | 36.50 | |
| | 0150 | Cable set, 3 conductor, 15' long | | 24 | .333 | | 15.50 | 9.15 | | 24.65 | 31 | |
| | 0200 | Switching assembly, 3 conductor, 10' long | | 32 | .250 | | 30 | 6.90 | | 36.90 | 43.50 | |
| 130 | 0010 | **INTERIOR LIGHTING FIXTURES** Including lamps, mounting | R166 -130 | | | | | | | | | 130 |
| | 0030 | hardware and connections | | | | | | | | | | |
| | 0100 | Fluorescent, C.W. lamps, troffer, recess mounted in grid, RS | | | | | | | | | | |
| | 0200 | Acrylic lens, 1'W x 4'L, two 40 watt | 1 Elec | 5.70 | 1.404 | Ea. | 49 | 38.50 | | 87.50 | 112 | |
| | 0210 | 1'W x 4'L, three 40 watt | | 5.40 | 1.481 | | 66 | 40.50 | | 106.50 | 134 | |
| | 0300 | 2'W x 2'L, two U40 watt | | 5.70 | 1.404 | | 58 | 38.50 | | 96.50 | 122 | |
| | 0400 | 2'W x 4'L, two 40 watt | | 5.30 | 1.509 | | 57 | 41.50 | | 98.50 | 125 | |
| | 0500 | 2'W x 4'L, three 40 watt | | 5 | 1.600 | | 67 | 44 | | 111 | 140 | |
| | 0600 | 2'W x 4'L, four 40 watt | | 4.70 | 1.702 | | 68 | 47 | | 115 | 146 | |
| | 0700 | 4'W x 4'L, four 40 watt | | 3.20 | 2.500 | | 185 | 69 | | 254 | 305 | |

## 166 | Lighting

| 166 100 | Lighting | CREW | DAILY OUTPUT | MAN-HOURS | UNIT | 1994 BARE COSTS | | | | TOTAL INCL O&P |
|---|---|---|---|---|---|---|---|---|---|---|
| | | | | | | MAT. | LABOR | EQUIP. | TOTAL | |
| 0800 | 4'W x 4'L, six 40 watt | 1 Elec | 3.10 | 2.581 | Ea. | 200 | 71 | | 271 | 325 |
| 0900 | 4'W x 4'L, eight 40 watt | ↓ | 2.90 | 2.759 | ↓ | 210 | 76 | | 286 | 345 |
| 1000 | Surface mounted, RS | | | | | | | | | |
| 1030 | Acrylic lens with hinged & latched door frame | | | | | | | | | |
| 1100 | 1'W x 4'L, two 40 watt | 1 Elec | 7 | 1.143 | Ea. | 57 | 31.50 | | 88.50 | 110 |
| 1110 | 1'W x 4'L, three 40 watt | | 6.70 | 1.194 | | 81 | 33 | | 114 | 139 |
| 1200 | 2'W x 2'L, two U40 watt | | 7 | 1.143 | | 88 | 31.50 | | 119.50 | 145 |
| 1300 | 2'W x 4'L, two 40 watt | | 6.20 | 1.290 | | 72 | 35.50 | | 107.50 | 133 |
| 1400 | 2'W x 4'L, three 40 watt | | 5.70 | 1.404 | | 90 | 38.50 | | 128.50 | 157 |
| 1500 | 2'W x 4'L, four 40 watt | | 5.30 | 1.509 | | 91 | 41.50 | | 132.50 | 163 |
| 1600 | 4'W x 4'L, four 40 watt | | 3.60 | 2.222 | | 175 | 61 | | 236 | 285 |
| 1700 | 4'W x 4'L, six 40 watt | | 3.30 | 2.424 | | 195 | 66.50 | | 261.50 | 315 |
| 1800 | 4'W x 4'L, eight 40 watt | | 3.10 | 2.581 | | 215 | 71 | | 286 | 345 |
| 1900 | 2'W x 8'L, four 40 watt | | 3.20 | 2.500 | | 165 | 69 | | 234 | 285 |
| 2000 | 2'W x 8'L, eight 40 watt | ↓ | 3.10 | 2.581 | ↓ | 175 | 71 | | 246 | 300 |
| 2010 | Acrylic wrap around lens | | | | | | | | | |
| 2020 | 6"W x 4'L, one 40 watt | 1 Elec | 8 | 1 | Ea. | 45 | 27.50 | | 72.50 | 91 |
| 2030 | 6"W x 8'L, two 40 watt | | 4 | 2 | | 69 | 55 | | 124 | 159 |
| 2040 | 11"W x 4'L, two 40 watt | | 7 | 1.143 | | 47 | 31.50 | | 78.50 | 99 |
| 2050 | 11"W x 8'L, four 40 watt | | 3.30 | 2.424 | | 82 | 66.50 | | 148.50 | 190 |
| 2060 | 16"W x 4'L, four 40 watt | | 5.30 | 1.509 | | 75 | 41.50 | | 116.50 | 145 |
| 2070 | 16"W x 8'L, eight 40 watt | | 3.20 | 2.500 | | 137 | 69 | | 206 | 254 |
| 2080 | 2'W x 2'L, two U40 watt | ↓ | 7 | 1.143 | ↓ | 110 | 31.50 | | 141.50 | 169 |
| 2100 | Strip fixture | | | | | | | | | |
| 2200 | 4' long, one 40 watt RS | 1 Elec | 8.50 | .941 | Ea. | 28 | 26 | | 54 | 70 |
| 2300 | 4' long, two 40 watt RS | | 8 | 1 | | 30 | 27.50 | | 57.50 | 74.50 |
| 2400 | 4' long, one 40 watt, SL | | 8 | 1 | | 49 | 27.50 | | 76.50 | 95.50 |
| 2500 | 4' long, two 40 watt, SL | | 7 | 1.143 | | 54 | 31.50 | | 85.50 | 107 |
| 2600 | 8' long, one 75 watt, SL | | 6.70 | 1.194 | | 48.50 | 33 | | 81.50 | 103 |
| 2700 | 8' long, two 75 watt, SL | | 6.20 | 1.290 | | 53 | 35.50 | | 88.50 | 112 |
| 2800 | 4' long, two 60 watt, HO | | 6.70 | 1.194 | | 76 | 33 | | 109 | 133 |
| 2900 | 8' long, two 110 watt, HO | | 5.30 | 1.509 | | 82 | 41.50 | | 123.50 | 153 |
| 2910 | 4' long, two 115 watt, VHO | | 6.50 | 1.231 | | 103 | 34 | | 137 | 164 |
| 2920 | 8' long, two 215 watt, VHO | ↓ | 5.20 | 1.538 | ↓ | 120 | 42.50 | | 162.50 | 196 |
| 3000 | Pendent mounted, industrial, white porcelain enamel | | | | | | | | | |
| 3100 | 4' long, two 40 watt, RS | 1 Elec | 5.70 | 1.404 | Ea. | 65 | 38.50 | | 103.50 | 130 |
| 3200 | 4' long, two 60 watt, HO | | 5 | 1.600 | | 100 | 44 | | 144 | 176 |
| 3300 | 8' long, two 75 watt, SL | | 4.40 | 1.818 | | 101 | 50 | | 151 | 186 |
| 3400 | 8' long, two 110 watt, HO | | 4 | 2 | | 120 | 55 | | 175 | 215 |
| 3410 | Acrylic finish, 4' long, two 40 watt, RS | | 5.70 | 1.404 | | 59 | 38.50 | | 97.50 | 123 |
| 3420 | 4' long, two 60 watt, HO | | 5 | 1.600 | | 96 | 44 | | 140 | 172 |
| 3430 | 4' long, two 115 watt, VHO | | 4.80 | 1.667 | | 135 | 46 | | 181 | 218 |
| 3440 | 8' long, two 75 watt, SL | | 4.40 | 1.818 | | 96 | 50 | | 146 | 181 |
| 3450 | 8' long, two 110 watt, HO | | 4 | 2 | | 110 | 55 | | 165 | 204 |
| 3460 | 8' long, two 215 watt, VHO | | 3.80 | 2.105 | | 156 | 58 | | 214 | 259 |
| 3470 | Troffer, air handling, 2'W x 4'L with four 40 watt, RS | | 4 | 2 | | 150 | 55 | | 205 | 248 |
| 3480 | 2'W x 2'L with two U40 watt RS | | 5.50 | 1.455 | | 118 | 40 | | 158 | 190 |
| 3490 | Air connector insulated, 5" diameter | | 20 | .400 | | 50.50 | 11 | | 61.50 | 72 |
| 3500 | 6" diameter | | 20 | .400 | | 51.50 | 11 | | 62.50 | 73 |
| 3510 | Troffer parabolic lay-in, 1'W x 4'L with one F40 | | 5.70 | 1.404 | | 92 | 38.50 | | 130.50 | 159 |
| 3520 | 1'W x 4'L with two F40 | | 5.30 | 1.509 | | 95 | 41.50 | | 136.50 | 168 |
| 3530 | 2'W x 4'L with three F40 | ↓ | 5 | 1.600 | ↓ | 140 | 44 | | 184 | 220 |
| 3580 | Mercury vapor, integral ballast, ceiling, recess mounted, | | | | | | | | | |
| 3590 | prismatic glass lens, floating door | | | | | | | | | |
| 3600 | 2'W x 2'L, 250 watt DX lamp | 1 Elec | 3.20 | 2.500 | Ea. | 270 | 69 | | 339 | 400 |
| 3700 | 2'W x 2'L, 400 watt DX lamp | ↓ | 2.90 | 2.759 | ↓ | 280 | 76 | | 356 | 425 |

## 166 | Lighting

| 166 100 | Lighting | CREW | DAILY OUTPUT | MAN-HOURS | UNIT | 1994 BARE COSTS MAT. | LABOR | EQUIP. | TOTAL | TOTAL INCL O&P | |
|---|---|---|---|---|---|---|---|---|---|---|---|
| 130 | | | | | | | | | | | 130 |
| 3800 | Surface mtd., prismatic lens, 2'W x 2'L, 250 watt DX lamp | 1 Elec | 2.70 | 2.963 | Ea. | 250 | 81.50 | | 331.50 | 400 | |
| 3900 | 2'W x 2'L, 400 watt DX lamp | ↓ | 2.40 | 3.333 | ↓ | 270 | 91.50 | | 361.50 | 435 | |
| 4000 | High bay, aluminum reflector | | | | | | | | | | |
| 4030 | Single unit, 400 watt DX lamp | 1 Elec | 2.30 | 3.478 | Ea. | 260 | 95.50 | | 355.50 | 430 | |
| 4100 | Single unit, 1000 watt DX lamp | | 2 | 4 | | 440 | 110 | | 550 | 650 | |
| 4200 | Twin unit, two 400 watt DX lamps | | 1.60 | 5 | | 520 | 138 | | 658 | 775 | |
| 4210 | Low bay, aluminum reflector, 250W DX lamp | ↓ | 3.20 | 2.500 | | 320 | 69 | | 389 | 455 | |
| 4220 | Metal halide, integral ballast, ceiling, recess mounted | | | | | | | | | | |
| 4230 | prismatic glass lens, floating door | | | | | | | | | | |
| 4240 | 2'W x 2'L, 250 watt | 1 Elec | 3.20 | 2.500 | Ea. | 295 | 69 | | 364 | 430 | |
| 4250 | 2'W x 2'L, 400 watt | | 2.90 | 2.759 | | 340 | 76 | | 416 | 490 | |
| 4260 | Surface mounted, 2'W x 2'L, 250 watt | | 2.70 | 2.963 | | 275 | 81.50 | | 356.50 | 430 | |
| 4270 | 400 watt | ↓ | 2.40 | 3.333 | ↓ | 320 | 91.50 | | 411.50 | 490 | |
| 4280 | High bay, aluminum reflector, | | | | | | | | | | |
| 4290 | Single unit, 400 watt | 1 Elec | 2.30 | 3.478 | Ea. | 295 | 95.50 | | 390.50 | 470 | |
| 4300 | Single unit, 1000 watt | | 2 | 4 | | 545 | 110 | | 655 | 765 | |
| 4310 | Twin unit, 400 watt | | 1.60 | 5 | | 590 | 138 | | 728 | 855 | |
| 4320 | Low bay, aluminum reflector, 250W DX lamp | | 3.20 | 2.500 | | 370 | 69 | | 439 | 510 | |
| 4330 | 400 watt lamp | ↓ | 2.50 | 3.200 | ↓ | 545 | 88 | | 633 | 730 | |
| 4340 | High pressure sodium integral ballast ceiling, recess mounted | | | | | | | | | | |
| 4350 | prismatic glass lens, floating door | | | | | | | | | | |
| 4360 | 2'W x 2'L, 150 watt lamp | 1 Elec | 3.20 | 2.500 | Ea. | 340 | 69 | | 409 | 480 | |
| 4370 | 2'W x 2'L, 400 watt lamp | | 2.90 | 2.759 | | 365 | 76 | | 441 | 515 | |
| 4380 | Surface mounted, 2'W x 2'L, 150 watt lamp | | 2.70 | 2.963 | | 335 | 81.50 | | 416.50 | 495 | |
| 4390 | 400 watt lamp | ↓ | 2.40 | 3.333 | ↓ | 360 | 91.50 | | 451.50 | 535 | |
| 4400 | High bay, aluminum reflector, | | | | | | | | | | |
| 4410 | Single unit, 400 watt lamp | 1 Elec | 2.30 | 3.478 | Ea. | 460 | 95.50 | | 555.50 | 650 | |
| 4430 | Single unit, 1000 watt lamp | | 2 | 4 | | 675 | 110 | | 785 | 910 | |
| 4440 | Low bay, aluminum reflector, 150 watt lamp | ↓ | 3.20 | 2.500 | ↓ | 350 | 69 | | 419 | 490 | |
| 4450 | Incandescent, high hat can, round alzak reflector, prewired | | | | | | | | | | |
| 4470 | 100 watt | 1 Elec | 8 | 1 | Ea. | 53 | 27.50 | | 80.50 | 100 | |
| 4480 | 150 watt | | 8 | 1 | | 55 | 27.50 | | 82.50 | 102 | |
| 4500 | 300 watt | | 6.70 | 1.194 | | 60 | 33 | | 93 | 116 | |
| 4520 | Round with reflector and baffles, 150 watt | | 8 | 1 | | 54 | 27.50 | | 81.50 | 101 | |
| 4540 | Round with concentric louver, 150 watt PAR | ↓ | 8 | 1 | ↓ | 53 | 27.50 | | 80.50 | 100 | |
| 4600 | Square glass lens with metal trim, prewired | | | | | | | | | | |
| 4630 | 100 watt | 1 Elec | 6.70 | 1.194 | Ea. | 36 | 33 | | 69 | 89 | |
| 4700 | 200 watt | | 6.70 | 1.194 | | 41 | 33 | | 74 | 94.50 | |
| 4800 | 300 watt | | 5.70 | 1.404 | | 62 | 38.50 | | 100.50 | 126 | |
| 4810 | 500 watt | | 5 | 1.600 | | 142 | 44 | | 186 | 222 | |
| 4900 | Ceiling/wall, surface mounted, metal cylinder, 75 watt | | 10 | .800 | | 37 | 22 | | 59 | 73.50 | |
| 4920 | 150 watt | | 10 | .800 | | 49 | 22 | | 71 | 87 | |
| 4930 | 300 watt | | 8 | 1 | | 154 | 27.50 | | 181.50 | 211 | |
| 5000 | 500 watt | | 6.70 | 1.194 | | 265 | 33 | | 298 | 340 | |
| 5010 | Square, 100 watt | | 8 | 1 | | 53 | 27.50 | | 80.50 | 100 | |
| 5020 | 150 watt | | 8 | 1 | | 56 | 27.50 | | 83.50 | 103 | |
| 5030 | 300 watt | | 7 | 1.143 | | 144 | 31.50 | | 175.50 | 206 | |
| 5040 | 500 watt | ↓ | 6 | 1.333 | ↓ | 215 | 36.50 | | 251.50 | 292 | |
| 5200 | Ceiling, surface mounted, opal glass drum | | | | | | | | | | |
| 5300 | 8", one 60 watt | 1 Elec | 10 | .800 | Ea. | 37 | 22 | | 59 | 73.50 | |
| 5400 | 10", two 60 watt lamps | | 8 | 1 | | 41 | 27.50 | | 68.50 | 86.50 | |
| 5500 | 12", four 60 watt lamps | | 6.70 | 1.194 | | 75 | 33 | | 108 | 132 | |
| 5510 | Pendent, round, 100 watt | | 8 | 1 | | 64 | 27.50 | | 91.50 | 112 | |
| 5520 | 150 watt | | 8 | 1 | | 67 | 27.50 | | 94.50 | 115 | |
| 5530 | 300 watt | | 6.70 | 1.194 | | 149 | 33 | | 182 | 214 | |
| 5540 | 500 watt | ↓ | 5.50 | 1.455 | | 225 | 40 | | 265 | 310 | |

## 166 | Lighting

| | | 166 100 | Lighting | CREW | DAILY OUTPUT | MAN-HOURS | UNIT | 1994 BARE COSTS | | | | TOTAL INCL O&P | |
|---|---|---|---|---|---|---|---|---|---|---|---|---|---|
| | | | | | | | | MAT. | LABOR | EQUIP. | TOTAL | | |
| 130 | 5550 | | Square, 100 watt | 1 Elec | 6.70 | 1.194 | Ea. | 123 | 33 | | 156 | 185 | 130 |
| | 5560 | | 150 watt | | 6.70 | 1.194 | | 128 | 33 | | 161 | 191 | |
| | 5570 | | 300 watt | | 5.70 | 1.404 | | 165 | 38.50 | | 203.50 | 240 | |
| | 5580 | | 500 watt | | 5 | 1.600 | | 220 | 44 | | 264 | 310 | |
| | 5600 | Wall, round, 100 watt | | | 8 | 1 | | 58 | 27.50 | | 85.50 | 106 | |
| | 5620 | | 300 watt | | 8 | 1 | | 185 | 27.50 | | 212.50 | 246 | |
| | 5630 | | 500 watt | | 6.70 | 1.194 | | 273 | 33 | | 306 | 350 | |
| | 5640 | Square, 100 watt | | | 8 | 1 | | 95 | 27.50 | | 122.50 | 147 | |
| | 5650 | | 150 watt | | 8 | 1 | | 100 | 27.50 | | 127.50 | 152 | |
| | 5660 | | 300 watt | | 7 | 1.143 | | 154 | 31.50 | | 185.50 | 217 | |
| | 5670 | | 500 watt | | 6 | 1.333 | | 225 | 36.50 | | 261.50 | 305 | |
| | 6010 | Vapor tight, incandescent, ceiling mounted, 200 watt | | | 6.20 | 1.290 | | 46 | 35.50 | | 81.50 | 104 | |
| | 6020 | | Recessed, 200 watt | | 6.70 | 1.194 | | 59 | 33 | | 92 | 115 | |
| | 6030 | | Pendent, 200 watt | | 6.70 | 1.194 | | 51 | 33 | | 84 | 106 | |
| | 6040 | | Wall, 200 watt | | 8 | 1 | | 52 | 27.50 | | 79.50 | 98.50 | |
| | 6100 | Fluorescent, surface mounted, 2 lamps, 4'L, RS, 40 watt | | | 3.20 | 2.500 | | 80 | 69 | | 149 | 191 | |
| | 6110 | Industrial, 2 lamps 4' long in tandem, 430 MA | | | 2.20 | 3.636 | | 152 | 100 | | 252 | 315 | |
| | 6130 | | 2 lamps 4' long, 800 MA | | 1.90 | 4.211 | | 110 | 116 | | 226 | 295 | |
| | 6160 | Pendent, indust, 2 lamps 4'L in tandem, 430 MA | | | 1.90 | 4.211 | | 165 | 116 | | 281 | 355 | |
| | 6170 | | 2 lamps 4' long, 430 MA | | 2.30 | 3.478 | | 88 | 95.50 | | 183.50 | 241 | |
| | 6180 | | 2 lamps 4' long, 800 MA | | 1.70 | 4.706 | | 120 | 129 | | 249 | 325 | |
| | 6200 | Mercury vapor with ballast, 175 watt | | | 3.20 | 2.500 | | 260 | 69 | | 329 | 390 | |
| | 6300 | Explosionproof | | | | | | | | | | | |
| | 6310 | Metal halide with ballast, ceiling, surface mounted, 175 watt | | 1 Elec | 2.90 | 2.759 | Ea. | 735 | 76 | | 811 | 925 | |
| | 6320 | | 250 watt | | 2.70 | 2.963 | | 850 | 81.50 | | 931.50 | 1,050 | |
| | 6330 | | 400 watt | | 2.40 | 3.333 | | 920 | 91.50 | | 1,011.50 | 1,150 | |
| | 6340 | | Ceiling, pendent mounted, 175 watt | | 2.60 | 3.077 | | 700 | 84.50 | | 784.50 | 895 | |
| | 6350 | | 250 watt | | 2.40 | 3.333 | | 820 | 91.50 | | 911.50 | 1,050 | |
| | 6360 | | 400 watt | | 2.10 | 3.810 | | 900 | 105 | | 1,005 | 1,150 | |
| | 6370 | | Wall, surface mounted, 175 watt | | 2.90 | 2.759 | | 770 | 76 | | 846 | 960 | |
| | 6380 | | 250 watt | | 2.70 | 2.963 | | 880 | 81.50 | | 961.50 | 1,100 | |
| | 6390 | | 400 watt | | 2.40 | 3.333 | | 940 | 91.50 | | 1,031.50 | 1,175 | |
| | 6400 | High pressure sodium, ceiling surface mounted, 70 watt | | | 3 | 2.667 | | 795 | 73.50 | | 868.50 | 985 | |
| | 6410 | | 100 watt | | 3 | 2.667 | | 815 | 73.50 | | 888.50 | 1,000 | |
| | 6420 | | 150 watt | | 2.70 | 2.963 | | 840 | 81.50 | | 921.50 | 1,050 | |
| | 6430 | | Pendent mounted, 70 watt | | 2.70 | 2.963 | | 750 | 81.50 | | 831.50 | 950 | |
| | 6440 | | 100 watt | | 2.70 | 2.963 | | 770 | 81.50 | | 851.50 | 970 | |
| | 6450 | | 150 watt | | 2.40 | 3.333 | | 795 | 91.50 | | 886.50 | 1,025 | |
| | 6460 | | Wall mounted, 70 watt | | 3 | 2.667 | | 825 | 73.50 | | 898.50 | 1,025 | |
| | 6470 | | 100 watt | | 3 | 2.667 | | 850 | 73.50 | | 923.50 | 1,050 | |
| | 6480 | | 150 watt | | 2.70 | 2.963 | | 860 | 81.50 | | 941.50 | 1,075 | |
| | 6510 | Incandescent, ceiling mounted, 200 watt | | | 4 | 2 | | 325 | 55 | | 380 | 445 | |
| | 6520 | | Pendent mounted, 200 watt | | 3.50 | 2.286 | | 285 | 63 | | 348 | 410 | |
| | 6530 | | Wall mounted, 200 watt | | 4 | 2 | | 355 | 55 | | 410 | 475 | |
| | 6600 | Fluorescent, RS, 4' long, ceiling mounted, two 40 watt | | | 2.70 | 2.963 | | 1,600 | 81.50 | | 1,681.50 | 1,875 | |
| | 6610 | | Three 40 watt | | 2.20 | 3.636 | | 2,325 | 100 | | 2,425 | 2,700 | |
| | 6620 | | Four 40 watt | | 1.90 | 4.211 | | 3,025 | 116 | | 3,141 | 3,500 | |
| | 6630 | | Pendent mounted, two 40 watt | | 2.30 | 3.478 | | 1,675 | 95.50 | | 1,770.50 | 2,000 | |
| | 6640 | | Three 40 watt | | 1.90 | 4.211 | | 2,450 | 116 | | 2,566 | 2,875 | |
| | 6650 | | Four 40 watt | | 1.70 | 4.706 | | 3,125 | 129 | | 3,254 | 3,625 | |
| | 6700 | Mercury vapor with ballast, surface mounted, 175 watt | | | 2.70 | 2.963 | | 610 | 81.50 | | 691.50 | 795 | |
| | 6710 | | 250 watt | | 2.70 | 2.963 | | 660 | 81.50 | | 741.50 | 850 | |
| | 6740 | | 400 watt | | 2.40 | 3.333 | | 785 | 91.50 | | 876.50 | 1,000 | |
| | 6750 | | Pendent mounted, 175 watt | | 2.40 | 3.333 | | 605 | 91.50 | | 696.50 | 805 | |
| | 6760 | | 250 watt | | 2.40 | 3.333 | | 625 | 91.50 | | 716.50 | 830 | |
| | 6770 | | 400 watt | | 2.10 | 3.810 | | 755 | 105 | | 860 | 990 | |

## 166 | Lighting

### 166 100 | Lighting

| | | | CREW | DAILY OUTPUT | MAN-HOURS | UNIT | 1994 BARE COSTS ||| | TOTAL INCL O&P | |
|---|---|---|---|---|---|---|---|---|---|---|---|---|
| | | | | | | | MAT. | LABOR | EQUIP. | TOTAL | | |
| 130 | 6780 | Wall mounted, 175 watt | 1 Elec | 2.70 | 2.963 | Ea. | 640 | 81.50 | | 721.50 | 830 | 130 |
| | 6790 | 250 watt | | 2.70 | 2.963 | | 695 | 81.50 | | 776.50 | 890 | |
| | 6820 | 400 watt | | 2.40 | 3.333 | | 825 | 91.50 | | 916.50 | 1,050 | |
| | 6850 | Vandalproof, surface mounted, fluorescent, two 40 watt | | 3.20 | 2.500 | | 114 | 69 | | 183 | 228 | |
| | 6860 | Incandescent, one 150 watt | | 8 | 1 | | 49 | 27.50 | | 76.50 | 95.50 | |
| | 6900 | Mirror light, fluorescent, RS, acrylic enclosure, two 40 watt | | 8 | 1 | | 67 | 27.50 | | 94.50 | 115 | |
| | 6910 | One 40 watt | | 8 | 1 | | 62 | 27.50 | | 89.50 | 110 | |
| | 6920 | One 20 watt | | 12 | .667 | | 55 | 18.35 | | 73.35 | 88 | |
| | 7000 | Low bay, aluminum reflector. 70 watt, high pressure sodium | | 4 | 2 | | 320 | 55 | | 375 | 435 | |
| | 7010 | 250 watt | | 3.20 | 2.500 | | 545 | 69 | | 614 | 705 | |
| | 7020 | 400 watt | | 2.50 | 3.200 | | 565 | 88 | | 653 | 750 | |
| | 7500 | Ballast replacement, by weight of ballast, to 15' high | | | | | | | | | | |
| | 7520 | Indoor fluorescent, less than 2 lbs. | 1 Elec | 10 | .800 | Ea. | | 22 | | 22 | 33 | |
| | 7540 | Two 40W, watt reducer, 2 to 5 lbs. | | 9.40 | .851 | | 20 | 23.50 | | 43.50 | 57 | |
| | 7560 | Two F96 slimline, over 5 lbs. | | 8 | 1 | | 31 | 27.50 | | 58.50 | 75.50 | |
| | 7580 | Vaportite ballast, less than 2 lbs. | | 9.40 | .851 | | | 23.50 | | 23.50 | 35 | |
| | 7600 | 2 lbs. to 5 lbs. | | 8.90 | .899 | | | 24.50 | | 24.50 | 37 | |
| | 7620 | Over 5 lbs. | | 7.60 | 1.053 | | | 29 | | 29 | 43.50 | |
| | 7630 | Electronic ballast | | 8 | 1 | | 34 | 27.50 | | 61.50 | 79 | |
| | 7640 | Dimmable ballast one lamp | | 8 | 1 | | 52 | 27.50 | | 79.50 | 98.50 | |
| | 7650 | Dimmable ballast two-lamp | | 7.60 | 1.053 | | 84 | 29 | | 113 | 136 | |
| | 7990 | Decorator | | | | | | | | | | |
| | 8000 | Pendent RLM in colors, shallow dome, 12" diam. 100 watt | 1 Elec | 8 | 1 | Ea. | 50 | 27.50 | | 77.50 | 96.50 | |
| | 8010 | Regular dome, 12" diam., 100 watt | | 8 | 1 | | 50 | 27.50 | | 77.50 | 96.50 | |
| | 8020 | 16" diam., 200 watt | | 7 | 1.143 | | 53 | 31.50 | | 84.50 | 106 | |
| | 8030 | 18" diam., 500 watt | | 6 | 1.333 | | 85 | 36.50 | | 121.50 | 149 | |
| | 8100 | Picture framing light, minimum | | 16 | .500 | | 39 | 13.75 | | 52.75 | 63.50 | |
| | 8110 | Maximum | | 16 | .500 | | 91 | 13.75 | | 104.75 | 121 | |
| | 8150 | Miniature low voltage, recessed, pinhole | | 8 | 1 | | 82 | 27.50 | | 109.50 | 132 | |
| | 8160 | Star | | 8 | 1 | | 82 | 27.50 | | 109.50 | 132 | |
| | 8170 | Adjustable cone | | 8 | 1 | | 90 | 27.50 | | 117.50 | 141 | |
| | 8180 | Eyeball | | 8 | 1 | | 90 | 27.50 | | 117.50 | 141 | |
| | 8190 | Cone | | 8 | 1 | | 90 | 27.50 | | 117.50 | 141 | |
| | 8200 | Coilex baffle | | 8 | 1 | | 90 | 27.50 | | 117.50 | 141 | |
| | 8210 | Surface mounted, adjustable cylinder | | 8 | 1 | | 90 | 27.50 | | 117.50 | 141 | |
| | 8250 | Chandeliers, incandescent | | | | | | | | | | |
| | 8260 | 24" diam. x 42" high, 6 light candle | 1 Elec | 6 | 1.333 | Ea. | 290 | 36.50 | | 326.50 | 375 | |
| | 8270 | 24" diam. x 42" high, 6 light candle w/glass shade | | 6 | 1.333 | | 330 | 36.50 | | 366.50 | 420 | |
| | 8280 | 17" diam. x 12" high, 8 light w/glass panels | | 8 | 1 | | 285 | 27.50 | | 312.50 | 355 | |
| | 8290 | 32" diam. x 48"H, 10 light bohemian lead crystal | | 4 | 2 | | 1,250 | 55 | | 1,305 | 1,450 | |
| | 8300 | 27" diam. x 29"H, 10 light bohemian lead crystal | | 4 | 2 | | 1,350 | 55 | | 1,405 | 1,550 | |
| | 8310 | 21" diam. x 9" high 6 light sculptured ice crystal | | 8 | 1 | | 560 | 27.50 | | 587.50 | 655 | |
| | 8500 | Accent lights, on floor or edge, .5W low volt incandescent | | | | | | | | | | |
| | 8520 | incl. transformer & fastenings, based on 100' lengths | | | | | | | | | | |
| | 8550 | Lights in clear tubing, 12" on center | 1 Elec | 230 | .035 | L.F. | 3.90 | .96 | | 4.86 | 5.75 | |
| | 8560 | 6" on center | | 160 | .050 | | 6.55 | 1.38 | | 7.93 | 9.25 | |
| | 8570 | 4" on center | | 130 | .062 | | 9.30 | 1.69 | | 10.99 | 12.80 | |
| | 8580 | 3" on center | | 125 | .064 | | 12.50 | 1.76 | | 14.26 | 16.40 | |
| | 8590 | 2" on center | | 100 | .080 | | 17.70 | 2.20 | | 19.90 | 23 | |
| | 8600 | Carpet, lights both sides 6" OC, in alum. extrusion | | 270 | .030 | | 9.90 | .81 | | 10.71 | 12.15 | |
| | 8610 | In bronze extrusion | | 270 | .030 | | 12.10 | .81 | | 12.91 | 14.55 | |
| | 8620 | Carpet-bare floor, lights 18" OC, in alum. extrusion | | 270 | .030 | | 6.05 | .81 | | 6.86 | 7.90 | |
| | 8630 | In bronze extrusion | | 270 | .030 | | 8.25 | .81 | | 9.06 | 10.30 | |
| | 8640 | Carpet edge-wall, lights 6" OC in alum. extrusion | | 270 | .030 | | 9.85 | .81 | | 10.66 | 12.10 | |
| | 8650 | In bronze extrusion | | 270 | .030 | | 12.10 | .81 | | 12.91 | 14.55 | |
| | 8660 | Bare floor, lights 18" OC, in aluminum extrusion | | 300 | .027 | | 8.25 | .73 | | 8.98 | 10.15 | |

## 166 | Lighting

### 166 100 | Lighting

| | | CREW | DAILY OUTPUT | MAN-HOURS | UNIT | 1994 BARE COSTS MAT. | LABOR | EQUIP. | TOTAL | TOTAL INCL O&P | |
|---|---|---|---|---|---|---|---|---|---|---|---|
| 130 | 8670 | In bronze extrusion | 1 Elec | 300 | .027 | L.F. | 11.20 | .73 | | 11.93 | 13.40 | 130 |
| | 8680 | Bare floor conduit, aluminum extrusion | | 300 | .027 | | 2.65 | .73 | | 3.38 | 4.02 | |
| | 8690 | In bronze extrusion | | 300 | .027 | ↓ | 5.20 | .73 | | 5.93 | 6.80 | |
| | 8700 | Step edge to 36", lights 6" OC, in alum. extrusion | | 100 | .080 | Ea. | 34 | 2.20 | | 36.20 | 41 | |
| | 8710 | In bronze extrusion | | 100 | .080 | | 40 | 2.20 | | 42.20 | 47.50 | |
| | 8720 | Step edge to 54", lights 6" OC, in alum. extrusion | | 100 | .080 | | 45 | 2.20 | | 47.20 | 53 | |
| | 8730 | In bronze extrusion | | 100 | .080 | | 57 | 2.20 | | 59.20 | 66 | |
| | 8740 | Step edge to 72", lights 6" OC, in alum. extrusion | | 100 | .080 | | 59 | 2.20 | | 61.20 | 68.50 | |
| | 8750 | In bronze extrusion | | 100 | .080 | | 73 | 2.20 | | 75.20 | 84 | |
| | 8760 | Connector, male | | 32 | .250 | | 1.25 | 6.90 | | 8.15 | 11.75 | |
| | 8770 | Female with pigtail | | 32 | .250 | | 2.70 | 6.90 | | 9.60 | 13.30 | |
| | 8780 | Clamps | | 400 | .020 | | .24 | .55 | | .79 | 1.09 | |
| | 8790 | Transformers, 50 watt | | 8 | 1 | | 41 | 27.50 | | 68.50 | 86.50 | |
| | 8800 | 250 watt | | 4 | 2 | | 114 | 55 | | 169 | 208 | |
| | 8810 | 1000 watt | ↓ | 2.70 | 2.963 | ↓ | 245 | 81.50 | | 326.50 | 395 | |
| 135 | 0010 | **INTERIOR LIGHTING FIXTURES** Incl. lamps, and mounting hardware | | | | | | | | | | 135 |
| | 0100 | Mercury vapor, recessed, round, 250 watt | 1 Elec | 3.20 | 2.500 | Ea. | 380 | 69 | | 449 | 525 | |
| | 0120 | 400 watt | | 2.90 | 2.759 | | 440 | 76 | | 516 | 600 | |
| | 0140 | 1000 watt | | 2.40 | 3.333 | | 665 | 91.50 | | 756.50 | 870 | |
| | 0200 | Square, 1000 watt | | 2.40 | 3.333 | | 720 | 91.50 | | 811.50 | 930 | |
| | 0220 | Surface, round, 250 watt | | 2.70 | 2.963 | | 390 | 81.50 | | 471.50 | 555 | |
| | 0240 | 400 watt | | 2.40 | 3.333 | | 645 | 91.50 | | 736.50 | 850 | |
| | 0260 | 1000 watt | | 1.80 | 4.444 | | 910 | 122 | | 1,032 | 1,175 | |
| | 0320 | Square, 1000 watt | | 1.80 | 4.444 | | 710 | 122 | | 832 | 965 | |
| | 0340 | Pendent, round, 250 watt | | 2.70 | 2.963 | | 405 | 81.50 | | 486.50 | 570 | |
| | 0360 | 400 watt | | 2.40 | 3.333 | | 670 | 91.50 | | 761.50 | 875 | |
| | 0380 | 1000 watt | | 1.80 | 4.444 | | 1,075 | 122 | | 1,197 | 1,350 | |
| | 0400 | Square, 250 watt | | 2.70 | 2.963 | | 395 | 81.50 | | 476.50 | 560 | |
| | 0420 | 400 watt | | 2.40 | 3.333 | | 590 | 91.50 | | 681.50 | 790 | |
| | 0440 | 1000 watt | | 1.80 | 4.444 | | 700 | 122 | | 822 | 955 | |
| | 0460 | Wall, round, 250 watt | | 2.70 | 2.963 | | 430 | 81.50 | | 511.50 | 600 | |
| | 0480 | 400 watt | | 2.40 | 3.333 | | 625 | 91.50 | | 716.50 | 830 | |
| | 0500 | 1000 watt | | 1.80 | 4.444 | | 795 | 122 | | 917 | 1,050 | |
| | 0520 | Square, 250 watt | | 2.70 | 2.963 | | 430 | 81.50 | | 511.50 | 600 | |
| | 0540 | 400 watt | | 2.40 | 3.333 | | 625 | 91.50 | | 716.50 | 830 | |
| | 0560 | 1000 watt | | 1.80 | 4.444 | | 800 | 122 | | 922 | 1,075 | |
| | 0700 | High pressure sodium, recessed, round, 70 watt | | 3.50 | 2.286 | | 380 | 63 | | 443 | 515 | |
| | 0720 | 100 watt | | 3.50 | 2.286 | | 400 | 63 | | 463 | 535 | |
| | 0740 | 150 watt | | 3.20 | 2.500 | | 420 | 69 | | 489 | 565 | |
| | 0760 | Square, 70 watt | | 3.60 | 2.222 | | 400 | 61 | | 461 | 530 | |
| | 0780 | 100 watt | | 3.60 | 2.222 | | 410 | 61 | | 471 | 540 | |
| | 0820 | 250 watt | | 3 | 2.667 | | 500 | 73.50 | | 573.50 | 660 | |
| | 0840 | 1000 watt | | 2.40 | 3.333 | | 900 | 91.50 | | 991.50 | 1,125 | |
| | 0860 | Surface, round, 70 watt | | 3 | 2.667 | | 410 | 73.50 | | 483.50 | 560 | |
| | 0880 | 100 watt | | 3 | 2.667 | | 420 | 73.50 | | 493.50 | 570 | |
| | 0900 | 150 watt | | 2.70 | 2.963 | | 460 | 81.50 | | 541.50 | 630 | |
| | 0920 | Square, 70 watt | | 3 | 2.667 | | 420 | 73.50 | | 493.50 | 570 | |
| | 0940 | 100 watt | | 3 | 2.667 | | 425 | 73.50 | | 498.50 | 580 | |
| | 0980 | 250 watt | | 2.50 | 3.200 | | 490 | 88 | | 578 | 670 | |
| | 1040 | Pendent, round, 70 watt | | 3 | 2.667 | | 375 | 73.50 | | 448.50 | 525 | |
| | 1060 | 100 watt | | 3 | 2.667 | | 400 | 73.50 | | 473.50 | 550 | |
| | 1080 | 150 watt | | 2.70 | 2.963 | | 470 | 81.50 | | 551.50 | 640 | |
| | 1100 | Square, 70 watt | | 3 | 2.667 | | 400 | 73.50 | | 473.50 | 550 | |
| | 1120 | 100 watt | | 3 | 2.667 | | 410 | 73.50 | | 483.50 | 560 | |
| | 1140 | 150 watt | ↓ | 2.70 | 2.963 | ↓ | 470 | 81.50 | | 551.50 | 640 | |

## 166 | Lighting

| 166 100 | Lighting | | CREW | DAILY OUTPUT | MAN-HOURS | UNIT | 1994 BARE COSTS MAT. | LABOR | EQUIP. | TOTAL | TOTAL INCL O&P |
|---|---|---|---|---|---|---|---|---|---|---|---|
| 1160 | 250 watt | | 1 Elec | 2.50 | 3.200 | Ea. | 660 | 88 | | 748 | 855 |
| 1180 | 400 watt | | | 2.40 | 3.333 | | 700 | 91.50 | | 791.50 | 910 |
| 1220 | Wall, round, 70 watt | | | 3 | 2.667 | | 470 | 73.50 | | 543.50 | 625 |
| 1240 | 100 watt | | | 3 | 2.667 | | 480 | 73.50 | | 553.50 | 640 |
| 1260 | 150 watt | | | 2.70 | 2.963 | | 510 | 81.50 | | 591.50 | 685 |
| 1300 | Square, 70 watt | | | 3 | 2.667 | | 490 | 73.50 | | 563.50 | 650 |
| 1320 | 100 watt | | | 3 | 2.667 | | 500 | 73.50 | | 573.50 | 660 |
| 1340 | 150 watt | | | 2.40 | 3.333 | | 520 | 91.50 | | 611.50 | 710 |
| 1360 | 250 watt | | | 2.50 | 3.200 | | 590 | 88 | | 678 | 780 |
| 1380 | 400 watt | | | 2.40 | 3.333 | | 740 | 91.50 | | 831.50 | 955 |
| 1400 | 1000 watt | | | 1.80 | 4.444 | | 995 | 122 | | 1,117 | 1,275 |
| 1500 | Metal halide, recessed, round, 175 watt | | | 3.40 | 2.353 | | 395 | 64.50 | | 459.50 | 535 |
| 1520 | 250 watt | | | 3.20 | 2.500 | | 420 | 69 | | 489 | 565 |
| 1540 | 400 watt | | | 2.90 | 2.759 | | 485 | 76 | | 561 | 650 |
| 1580 | Square, 175 watt | | | 3.40 | 2.353 | | 360 | 64.50 | | 424.50 | 495 |
| 1640 | Surface, round, 175 watt | | | 2.90 | 2.759 | | 435 | 76 | | 511 | 595 |
| 1660 | 250 watt | | | 2.70 | 2.963 | | 460 | 81.50 | | 541.50 | 630 |
| 1680 | 400 watt | | | 2.40 | 3.333 | | 685 | 91.50 | | 776.50 | 895 |
| 1720 | Square, 175 watt | | | 2.90 | 2.759 | | 370 | 76 | | 446 | 520 |
| 1800 | Pendent, round, 175 watt | | | 2.90 | 2.759 | | 390 | 76 | | 466 | 545 |
| 1820 | 250 watt | | | 2.70 | 2.963 | | 450 | 81.50 | | 531.50 | 620 |
| 1840 | 400 watt | | | 2.40 | 3.333 | | 735 | 91.50 | | 826.50 | 950 |
| 1880 | Square, 175 watt | | | 2.90 | 2.759 | | 390 | 76 | | 466 | 545 |
| 1900 | 250 watt | | | 2.70 | 2.963 | | 445 | 81.50 | | 526.50 | 615 |
| 1920 | 400 watt | | | 2.40 | 3.333 | | 735 | 91.50 | | 826.50 | 950 |
| 1980 | Wall, round, 175 watt | | | 2.90 | 2.759 | | 415 | 76 | | 491 | 570 |
| 2000 | 250 watt | | | 2.70 | 2.963 | | 475 | 81.50 | | 556.50 | 650 |
| 2020 | 400 watt | | | 2.40 | 3.333 | | 725 | 91.50 | | 816.50 | 940 |
| 2060 | Square, 175 watt | | | 2.90 | 2.759 | | 435 | 76 | | 511 | 595 |
| 2080 | 250 watt | | | 2.70 | 2.963 | | 475 | 81.50 | | 556.50 | 650 |
| 2100 | 400 watt | | | 2.40 | 3.333 | | 725 | 91.50 | | 816.50 | 940 |
| 2500 | Vaporproof, mercury vapor, recessed, 250 watt | | | 3.20 | 2.500 | | 345 | 69 | | 414 | 485 |
| 2520 | 400 watt | | | 2.90 | 2.759 | | 400 | 76 | | 476 | 555 |
| 2540 | 1000 watt | | | 2.40 | 3.333 | | 685 | 91.50 | | 776.50 | 895 |
| 2560 | Surface, 250 watt | | | 2.70 | 2.963 | | 380 | 81.50 | | 461.50 | 545 |
| 2580 | 400 watt | | | 2.40 | 3.333 | | 530 | 91.50 | | 621.50 | 725 |
| 2600 | 1000 watt | | | 1.80 | 4.444 | | 685 | 122 | | 807 | 940 |
| 2620 | Pendent, 250 watt | | | 2.70 | 2.963 | | 385 | 81.50 | | 466.50 | 550 |
| 2640 | 400 watt | | | 2.40 | 3.333 | | 540 | 91.50 | | 631.50 | 735 |
| 2660 | 1000 watt | | | 1.80 | 4.444 | | 685 | 122 | | 807 | 940 |
| 2680 | Wall, 250 watt | | | 2.70 | 2.963 | | 405 | 81.50 | | 486.50 | 570 |
| 2700 | 400 watt | | | 2.40 | 3.333 | | 560 | 91.50 | | 651.50 | 755 |
| 2720 | 1000 watt | | | 1.80 | 4.444 | | 735 | 122 | | 857 | 995 |
| 2800 | High pressure sodium, recessed, 70 watt | | | 3.50 | 2.286 | | 345 | 63 | | 408 | 475 |
| 2820 | 100 watt | | | 3.50 | 2.286 | | 355 | 63 | | 418 | 485 |
| 2840 | 150 watt | | | 3.20 | 2.500 | | 375 | 69 | | 444 | 520 |
| 2900 | Surface, 70 watt | | | 3 | 2.667 | | 430 | 73.50 | | 503.50 | 585 |
| 2920 | 100 watt | | | 3 | 2.667 | | 450 | 73.50 | | 523.50 | 605 |
| 2940 | 150 watt | | | 2.70 | 2.963 | | 470 | 81.50 | | 551.50 | 640 |
| 3000 | Pendent, 70 watt | | | 3 | 2.667 | | 430 | 73.50 | | 503.50 | 585 |
| 3020 | 100 watt | | | 3 | 2.667 | | 450 | 73.50 | | 523.50 | 605 |
| 3040 | 150 watt | | | 2.70 | 2.963 | | 475 | 81.50 | | 556.50 | 650 |
| 3100 | Wall, 70 watt | | | 3 | 2.667 | | 460 | 73.50 | | 533.50 | 615 |
| 3120 | 100 watt | | | 3 | 2.667 | | 475 | 73.50 | | 548.50 | 635 |
| 3140 | 150 watt | | | 2.70 | 2.963 | | 495 | 81.50 | | 576.50 | 670 |
| 3200 | Metal halide, recessed, 175 watt | | | 3.40 | 2.353 | | 345 | 64.50 | | 409.50 | 480 |

## 166 | Lighting

| | | 166 100 | Lighting | CREW | DAILY OUTPUT | MAN-HOURS | UNIT | MAT. | LABOR | EQUIP. | TOTAL | TOTAL INCL O&P | |
|---|---|---|---|---|---|---|---|---|---|---|---|---|---|
| 135 | 3220 | | 250 watt | 1 Elec | 3.20 | 2.500 | Ea. | 370 | 69 | | 439 | 510 | 135 |
| | 3240 | | 400 watt | | 2.90 | 2.759 | | 460 | 76 | | 536 | 620 | |
| | 3260 | | 1000 watt | | 2.40 | 3.333 | | 800 | 91.50 | | 891.50 | 1,025 | |
| | 3280 | | Surface, 175 watt | | 2.90 | 2.759 | | 380 | 76 | | 456 | 535 | |
| | 3300 | | 250 watt | | 2.70 | 2.963 | | 545 | 81.50 | | 626.50 | 725 | |
| | 3320 | | 400 watt | | 2.40 | 3.333 | | 625 | 91.50 | | 716.50 | 830 | |
| | 3340 | | 1000 watt | | 1.80 | 4.444 | | 1,000 | 122 | | 1,122 | 1,275 | |
| | 3360 | | Pendent, 175 watt | | 2.90 | 2.759 | | 380 | 76 | | 456 | 535 | |
| | 3380 | | 250 watt | | 2.70 | 2.963 | | 550 | 81.50 | | 631.50 | 730 | |
| | 3400 | | 400 watt | | 2.40 | 3.333 | | 635 | 91.50 | | 726.50 | 840 | |
| | 3420 | | 1000 watt | | 1.80 | 4.444 | | 1,100 | 122 | | 1,222 | 1,375 | |
| | 3440 | | Wall, 175 watt | | 2.90 | 2.759 | | 405 | 76 | | 481 | 560 | |
| | 3460 | | 250 watt | | 2.70 | 2.963 | | 570 | 81.50 | | 651.50 | 750 | |
| | 3480 | | 400 watt | | 2.40 | 3.333 | | 655 | 91.50 | | 746.50 | 860 | |
| | 3500 | | 1000 watt | | 1.80 | 4.444 | | 1,150 | 122 | | 1,272 | 1,450 | |
| | 5000 | | Indirect lighting | | | | | | | | | | |
| | 5010 | | Freestanding round, 72"H 16" diam., 175W metal halide | 1 Elec | 8 | 1 | Ea. | 520 | 27.50 | | 547.50 | 610 | |
| | 5020 | | 250 watt metal halide | | 8 | 1 | | 540 | 27.50 | | 567.50 | 635 | |
| | 5030 | | 150 watt high pressure sodium | | 8 | 1 | | 560 | 27.50 | | 587.50 | 655 | |
| | 5040 | | 250 watt high pressure sodium | | 8 | 1 | | 590 | 27.50 | | 617.50 | 690 | |
| | 5050 | | 72" H 21" diam, 400 watt metal halide | | 8 | 1 | | 565 | 27.50 | | 592.50 | 660 | |
| | 5060 | | 250 watt high pressure sodium | | 8 | 1 | | 595 | 27.50 | | 622.50 | 695 | |
| | 5070 | | 400 watt high pressure sodium | | 8 | 1 | | 605 | 27.50 | | 632.50 | 705 | |
| | 5090 | | Freestanding square w/legs, 72" high 13.5" sq., | | | | | | | | | | |
| | 5100 | | 175 watt metal halide | 1 Elec | 8 | 1 | Ea. | 495 | 27.50 | | 522.50 | 585 | |
| | 5110 | | 250 watt metal halide | | 8 | 1 | | 515 | 27.50 | | 542.50 | 605 | |
| | 5120 | | 150 watt high pressure sodium | | 8 | 1 | | 550 | 27.50 | | 577.50 | 645 | |
| | 5130 | | 250 watt high pressure sodium | | 8 | 1 | | 575 | 27.50 | | 602.50 | 675 | |
| | 5140 | | 72"H 18" sq., 400 watt metal halide | | 8 | 1 | | 540 | 27.50 | | 567.50 | 635 | |
| | 5150 | | 250 watt high pressure sodium | | 8 | 1 | | 575 | 27.50 | | 602.50 | 675 | |
| | 5160 | | 400 watt high pressure sodium | | 8 | 1 | | 600 | 27.50 | | 627.50 | 700 | |
| | 5190 | | Portable rectangle, 6" high 13.5" x 20" | | | | | | | | | | |
| | 5200 | | 175 watt metal halide | 1 Elec | 12 | .667 | Ea. | 315 | 18.35 | | 333.35 | 375 | |
| | 5210 | | 250 watt metal halide | | 12 | .667 | | 340 | 18.35 | | 358.35 | 405 | |
| | 5220 | | 150 watt high pressure sodium | | 12 | .667 | | 360 | 18.35 | | 378.35 | 425 | |
| | 5230 | | 250 watt high pressure sodium | | 12 | .667 | | 385 | 18.35 | | 403.35 | 455 | |
| | 5240 | | 8" high 18" x 24", 400 watt metal halide | | 12 | .667 | | 390 | 18.35 | | 408.35 | 460 | |
| | 5250 | | 250 watt high pressure sodium | | 12 | .667 | | 400 | 18.35 | | 418.35 | 470 | |
| | 5260 | | 400 watt high pressure sodium | | 12 | .667 | | 430 | 18.35 | | 448.35 | 505 | |
| | 5270 | | Portable square, 15" high 13.5" sq., 175 watt metal halide | | 12 | .667 | | 350 | 18.35 | | 368.35 | 415 | |
| | 5280 | | 250 watt metal halide | | 12 | .667 | | 400 | 18.35 | | 418.35 | 470 | |
| | 5290 | | 150 watt high pressure sodium | | 12 | .667 | | 385 | 18.35 | | 403.35 | 455 | |
| | 5300 | | 250 watt high pressure sodium | | 12 | .667 | | 415 | 18.35 | | 433.35 | 485 | |
| | 5400 | | Pendent, 16" round/square, 175 watt metal halide | | 3.20 | 2.500 | | 380 | 69 | | 449 | 525 | |
| | 5410 | | 250 watt metal halide | | 2.70 | 2.963 | | 395 | 81.50 | | 476.50 | 560 | |
| | 5420 | | 400 watt metal halide | | 2.40 | 3.333 | | 425 | 91.50 | | 516.50 | 610 | |
| | 5430 | | 150 watt high pressure sodium | | 3.20 | 2.500 | | 430 | 69 | | 499 | 580 | |
| | 5440 | | 250 watt high pressure sodium | | 2.70 | 2.963 | | 460 | 81.50 | | 541.50 | 630 | |
| | 5450 | | 400 watt high pressure sodium | | 2.40 | 3.333 | | 485 | 91.50 | | 576.50 | 675 | |
| 140 | 0010 | LAMPS | | | | | | | | | | | 140 |
| | 0080 | | Fluorescent, rapid start, cool white, 2' long, 20 watt | 1 Elec | 1 | 8 | C | 485 | 220 | | 705 | 865 | |
| | 0100 | | 4' long, 40 watt | | .90 | 8.889 | | 340 | 244 | | 584 | 745 | |
| | 0120 | | 3' long, 30 watt | | .90 | 8.889 | | 640 | 244 | | 884 | 1,075 | |
| | 0150 | | U-40 watt | | .80 | 10 | | 1,100 | 275 | | 1,375 | 1,625 | |
| | 0170 | | 4' long, 35 watt energy saver | | .90 | 8.889 | | 395 | 244 | | 639 | 805 | |

## 166 | Lighting

| | | 166 100 | Lighting | CREW | DAILY OUTPUT | MAN-HOURS | UNIT | 1994 BARE COSTS MAT. | LABOR | EQUIP. | TOTAL | TOTAL INCL O&P | |
|---|---|---|---|---|---|---|---|---|---|---|---|---|---|
| 140 | 0200 | | Slimline, 4' long, 40 watt | 1 Elec | .90 | 8.889 | C | 825 | 244 | | 1,069 | 1,275 | 140 |
| | 0300 | | 8' long, 75 watt | | .80 | 10 | | 740 | 275 | | 1,015 | 1,225 | |
| | 0350 | | 8' long, 60 watt energy saver | | .80 | 10 | | 765 | 275 | | 1,040 | 1,250 | |
| | 0400 | | High output, 4' long, 60 watt | | .90 | 8.889 | | 940 | 244 | | 1,184 | 1,400 | |
| | 0500 | | 8' long, 110 watt | | .80 | 10 | | 970 | 275 | | 1,245 | 1,500 | |
| | 0520 | | Very high output, 4' long, 110 watt | | .90 | 8.889 | | 1,825 | 244 | | 2,069 | 2,375 | |
| | 0550 | | 8' long, 215 watt | | .70 | 11.429 | | 1,750 | 315 | | 2,065 | 2,400 | |
| | 0554 | | Full spectrum, 4' long, 60 watt | | .90 | 8.889 | | 1,200 | 244 | | 1,444 | 1,700 | |
| | 0556 | | 6' long, 85 watt | | .90 | 8.889 | | 1,575 | 244 | | 1,819 | 2,100 | |
| | 0558 | | 8' long, 110 watt | | .80 | 10 | | 1,400 | 275 | | 1,675 | 1,975 | |
| | 0560 | | Twin tube compact lamp | | .90 | 8.889 | | 640 | 244 | | 884 | 1,075 | |
| | 0570 | | Double twin tube compact lamp | | .80 | 10 | | 1,050 | 275 | | 1,325 | 1,575 | |
| | 0600 | | Mercury vapor, mogul base, deluxe white, 100 watt | | .30 | 26.667 | | 3,450 | 735 | | 4,185 | 4,900 | |
| | 0650 | | 175 watt | | .30 | 26.667 | | 2,350 | 735 | | 3,085 | 3,675 | |
| | 0700 | | 250 watt | | .30 | 26.667 | | 4,075 | 735 | | 4,810 | 5,575 | |
| | 0800 | | 400 watt | | .30 | 26.667 | | 3,275 | 735 | | 4,010 | 4,700 | |
| | 0900 | | 1000 watt | | .20 | 40 | | 7,400 | 1,100 | | 8,500 | 9,800 | |
| | 1000 | | Metal halide, mogul base, 175 watt | | .30 | 26.667 | | 4,975 | 735 | | 5,710 | 6,575 | |
| | 1100 | | 250 watt | | .30 | 26.667 | | 5,575 | 735 | | 6,310 | 7,250 | |
| | 1200 | | 400 watt | | .30 | 26.667 | | 5,675 | 735 | | 6,410 | 7,350 | |
| | 1300 | | 1000 watt | | .20 | 40 | | 13,000 | 1,100 | | 14,100 | 16,000 | |
| | 1320 | | 1000 watt, 125,000 initial lumens | | .20 | 40 | | 13,000 | 1,100 | | 14,100 | 16,000 | |
| | 1330 | | 1500 watt | | .20 | 40 | | 14,000 | 1,100 | | 15,100 | 17,100 | |
| | 1350 | | Sodium high pressure, 70 watt | | .30 | 26.667 | | 5,350 | 735 | | 6,085 | 6,975 | |
| | 1360 | | 100 watt | | .30 | 26.667 | | 5,600 | 735 | | 6,335 | 7,250 | |
| | 1370 | | 150 watt | | .30 | 26.667 | | 5,775 | 735 | | 6,510 | 7,450 | |
| | 1380 | | 250 watt | | .30 | 26.667 | | 6,125 | 735 | | 6,860 | 7,850 | |
| | 1400 | | 400 watt | | .30 | 26.667 | | 6,825 | 735 | | 7,560 | 8,600 | |
| | 1450 | | 1000 watt | | .20 | 40 | | 16,800 | 1,100 | | 17,900 | 20,200 | |
| | 1500 | | Low pressure, 35 watt | | .30 | 26.667 | | 4,950 | 735 | | 5,685 | 6,550 | |
| | 1550 | | 55 watt | | .30 | 26.667 | | 5,475 | 735 | | 6,210 | 7,125 | |
| | 1600 | | 90 watt | | .30 | 26.667 | | 6,350 | 735 | | 7,085 | 8,075 | |
| | 1650 | | 135 watt | | .20 | 40 | | 8,125 | 1,100 | | 9,225 | 10,600 | |
| | 1700 | | 180 watt | | .20 | 40 | | 8,975 | 1,100 | | 10,075 | 11,500 | |
| | 1750 | | Quartz line, clear, 500 watt | | 1.10 | 7.273 | | 2,500 | 200 | | 2,700 | 3,050 | |
| | 1760 | | 1500 watt | | .20 | 40 | | 4,300 | 1,100 | | 5,400 | 6,375 | |
| | 1770 | | Tungsten halogen, T3, 400 watt | | 1.10 | 7.273 | | 1,800 | 200 | | 2,000 | 2,275 | |
| | 1775 | | T3, 1200 watt | | .30 | 26.667 | | 5,000 | 735 | | 5,735 | 6,600 | |
| | 1780 | | PAR 38, 90 watt | | 1.30 | 6.154 | | 970 | 169 | | 1,139 | 1,325 | |
| | 1800 | | Incandescent, interior, A21, 100 watt | | 1.60 | 5 | | 200 | 138 | | 338 | 425 | |
| | 1900 | | A21, 150 watt | | 1.60 | 5 | | 240 | 138 | | 378 | 470 | |
| | 2000 | | A23, 200 watt | | 1.60 | 5 | | 265 | 138 | | 403 | 500 | |
| | 2200 | | PS 30, 300 watt | | 1.60 | 5 | | 460 | 138 | | 598 | 710 | |
| | 2210 | | PS 35, 500 watt | | 1.60 | 5 | | 885 | 138 | | 1,023 | 1,175 | |
| | 2230 | | PS 52, 1000 watt | | 1.30 | 6.154 | | 2,150 | 169 | | 2,319 | 2,625 | |
| | 2240 | | PS 52, 1500 watt | | 1.30 | 6.154 | | 3,250 | 169 | | 3,419 | 3,825 | |
| | 2300 | | R30, 75 watt | | 1.30 | 6.154 | | 520 | 169 | | 689 | 825 | |
| | 2400 | | R40, 150 watt | | 1.30 | 6.154 | | 565 | 169 | | 734 | 875 | |
| | 2500 | | Exterior, PAR 38, 75 watt | | 1.30 | 6.154 | | 710 | 169 | | 879 | 1,025 | |
| | 2600 | | PAR 38, 150 watt | | 1.30 | 6.154 | | 690 | 169 | | 859 | 1,025 | |
| | 2700 | | PAR 46, 200 watt | | 1.10 | 7.273 | | 2,700 | 200 | | 2,900 | 3,275 | |
| | 2800 | | PAR 56, 300 watt | | 1.10 | 7.273 | | 3,050 | 200 | | 3,250 | 3,650 | |
| | 3000 | | Guards, fluorescent lamp, 4' long | | 1 | 8 | | 530 | 220 | | 750 | 915 | |
| | 3200 | | 8' long | | .90 | 8.889 | | 745 | 244 | | 989 | 1,200 | |
| 145 | 0010 | **RESIDENTIAL FIXTURES** | | | | | | | | | | | 145 |
| | 0400 | | Fluorescent, interior, surface, circline, 32 watt & 40 watt | 1 Elec | 20 | .400 | Ea. | 53 | 11 | | 64 | 75 | |

## 166 | Lighting

| 166 100 | Lighting | CREW | DAILY OUTPUT | MAN-HOURS | UNIT | 1994 BARE COSTS MAT. | LABOR | EQUIP. | TOTAL | TOTAL INCL O&P |
|---|---|---|---|---|---|---|---|---|---|---|
| 0500 | 2' x 2', two U 40 watt | 1 Elec | 8 | 1 | Ea. | 68 | 27.50 | | 95.50 | 117 |
| 0700 | Shallow under cabinet, two 20 watt | | 16 | .500 | | 51 | 13.75 | | 64.75 | 76.50 |
| 0900 | Wall mounted, 4'L, one 40 watt, with baffle | | 10 | .800 | | 48 | 22 | | 70 | 86 |
| 2000 | Incandescent, exterior lantern, wall mounted, 60 watt | | 16 | .500 | | 40.50 | 13.75 | | 54.25 | 65 |
| 2100 | Post light, 150W, with 7' post | | 4 | 2 | | 115 | 55 | | 170 | 210 |
| 2500 | Lamp holder, weatherproof with 150W PAR | | 16 | .500 | | 21 | 13.75 | | 34.75 | 43.50 |
| 2550 | With reflector and guard | | 12 | .667 | | 38 | 18.35 | | 56.35 | 69.50 |
| 2600 | Interior pendent, globe with shade, 150 watt | | 20 | .400 | | 87 | 11 | | 98 | 112 |
| 0010 | **TRACK LIGHTING** | | | | | | | | | |
| 0080 | Track, 1 circuit, 4' section | 1 Elec | 6.70 | 1.194 | Ea. | 35 | 33 | | 68 | 88 |
| 0100 | 8' section | | 5.30 | 1.509 | | 52 | 41.50 | | 93.50 | 120 |
| 0200 | 12' section | | 4.40 | 1.818 | | 87 | 50 | | 137 | 171 |
| 0300 | 3 circuits, 4' section | | 6.70 | 1.194 | | 39 | 33 | | 72 | 92.50 |
| 0400 | 8' section | | 5.30 | 1.509 | | 52 | 41.50 | | 93.50 | 120 |
| 0500 | 12' section | | 4.40 | 1.818 | | 96 | 50 | | 146 | 181 |
| 1000 | Feed kit, surface mounting | | 16 | .500 | | 13 | 13.75 | | 26.75 | 35 |
| 1100 | End cover | | 24 | .333 | | 2.10 | 9.15 | | 11.25 | 16.10 |
| 1200 | Feed kit, stem mounting, 1 circuit | | 16 | .500 | | 18 | 13.75 | | 31.75 | 40.50 |
| 1300 | 3 circuit | | 16 | .500 | | 18 | 13.75 | | 31.75 | 40.50 |
| 2000 | Electrical joiner, for continuous runs, 1 circuit | | 32 | .250 | | 7.20 | 6.90 | | 14.10 | 18.25 |
| 2100 | 3 circuit | | 32 | .250 | | 13 | 6.90 | | 19.90 | 24.50 |
| 2200 | Fixtures, spotlight, 150W PAR | | 16 | .500 | | 53 | 13.75 | | 66.75 | 79 |
| 3000 | Wall washer, 250 watt tungsten halogen | | 16 | .500 | | 118 | 13.75 | | 131.75 | 151 |
| 3100 | Low voltage, 25/50 watt, 1 circuit | | 16 | .500 | | 119 | 13.75 | | 132.75 | 152 |
| 3120 | 3 circuit | | 16 | .500 | | 126 | 13.75 | | 139.75 | 160 |
| 0010 | **ENERGY SAVING LIGHTING DEVICES** | | | | | | | | | |
| 0100 | Occupancy sensors, ceiling mounted | 1 Elec | 7 | 1.143 | Ea. | 80 | 31.50 | | 111.50 | 136 |
| 0150 | Automatic wall switches | | 24 | .333 | | 64 | 9.15 | | 73.15 | 84.50 |
| 0200 | Remote power pack | | 10 | .800 | | 30 | 22 | | 52 | 66 |
| 0250 | Photoelectric control, S.P.S.T. 120 V | | 8 | 1 | | 10.50 | 27.50 | | 38 | 53 |
| 0300 | S.P.S.T. 208 V/277 V | | 8 | 1 | | 12.65 | 27.50 | | 40.15 | 55.50 |
| 0350 | D.P.S.T. 120 V | | 6 | 1.333 | | 115 | 36.50 | | 151.50 | 182 |
| 0400 | D.P.S.T. 208 V/277 V | | 6 | 1.333 | | 120 | 36.50 | | 156.50 | 187 |
| 0450 | S.P.D.T. 208 V/277 V | | 6 | 1.333 | | 140 | 36.50 | | 176.50 | 209 |

## 167 | Electric Utilities

| 167 100 | Electric Utilities | CREW | DAILY OUTPUT | MAN-HOURS | UNIT | 1994 BARE COSTS MAT. | LABOR | EQUIP. | TOTAL | TOTAL INCL O&P |
|---|---|---|---|---|---|---|---|---|---|---|
| 0010 | **ELECTRIC & TELEPHONE SITE WORK** Not including excavation, | | | | | | | | | |
| 0200 | backfill and cast in place concrete | | | | | | | | | |
| 0250 | For bedding see div. 026 | | | | | | | | | |
| 0400 | Hand holes, precast concrete, with concrete cover | | | | | | | | | |
| 0600 | 2' x 2' x 3' deep | R-3 | 2.40 | 8.333 | Ea. | 278 | 227 | 43 | 548 | 700 |
| 0800 | 3' x 3' x 3' deep | | 1.90 | 10.526 | | 360 | 287 | 54.50 | 701.50 | 890 |
| 1000 | 4' x 4' x 4' deep | | 1.40 | 14.286 | | 850 | 390 | 74 | 1,314 | 1,600 |
| 1200 | Manholes, precast with iron racks & pulling irons, C.I. frame | | | | | | | | | |
| 1400 | and cover, 4' x 6' x 7' deep | R-3 | 1.20 | 16.667 | Ea. | 1,375 | 455 | 86.50 | 1,916.50 | 2,300 |
| 1600 | 6' x 8' x 7' deep | | 1 | 20 | | 1,700 | 545 | 104 | 2,349 | 2,800 |

# 167 | Electric Utilities

| 167 100 | Electric Utilities | CREW | DAILY OUTPUT | MAN-HOURS | UNIT | 1994 BARE COSTS | | | | TOTAL INCL O&P |
|---|---|---|---|---|---|---|---|---|---|---|
| | | | | | | MAT. | LABOR | EQUIP. | TOTAL | |
| 110 1800 | 6' x 10' x 7' deep | R-3 | .80 | 25 | Ea. | 1,900 | 680 | 130 | 2,710 | 3,275 | 110
| 2000 | Poles, wood, creosoted, see also division 166-115, 20' high | | 3.10 | 6.452 | | 265 | 176 | 33.50 | 474.50 | 595 |
| 2400 | 25' high | | 2.90 | 6.897 | | 330 | 188 | 35.50 | 553.50 | 690 |
| 2600 | 30' high | | 2.60 | 7.692 | | 385 | 210 | 40 | 635 | 785 |
| 2800 | 35' high | | 2.40 | 8.333 | | 490 | 227 | 43 | 760 | 935 |
| 3000 | 40' high | | 2.30 | 8.696 | | 590 | 237 | 45 | 872 | 1,050 |
| 3200 | 45' high | | 1.70 | 11.765 | | 625 | 320 | 61 | 1,006 | 1,250 |
| 3400 | Cross arms with hardware & insulators | | | | | | | | | |
| 3600 | 4' long | 1 Elec | 2.50 | 3.200 | Ea. | 94 | 88 | | 182 | 235 |
| 3800 | 5' long | | 2.40 | 3.333 | | 113 | 91.50 | | 204.50 | 262 |
| 4000 | 6' long | | 2.20 | 3.636 | | 131 | 100 | | 231 | 294 |
| 4200 | Underground duct, banks ready for concrete fill, min. of 7" | | | | | | | | | |
| 4400 | between conduits, ctr. to ctr.(for wire & cable see div. 161) | | | | | | | | | |
| 4580 | PVC, type EB, 1 @ 2" diameter | 1 Elec | 240 | .033 | L.F. | .40 | .92 | | 1.32 | 1.82 |
| 4600 | 2 @ 2" diameter | | 120 | .067 | | .80 | 1.83 | | 2.63 | 3.64 |
| 4800 | 4 @ 2" diameter | | 60 | .133 | | 1.60 | 3.67 | | 5.27 | 7.25 |
| 4900 | 1 @ 3" diameter | | 200 | .040 | | .56 | 1.10 | | 1.66 | 2.27 |
| 5000 | 2 @ 3" diameter | | 100 | .080 | | 1.12 | 2.20 | | 3.32 | 4.54 |
| 5200 | 4 @ 3" diameter | | 50 | .160 | | 2.24 | 4.40 | | 6.64 | 9.05 |
| 5300 | 1 @ 4" diameter | | 160 | .050 | | .90 | 1.38 | | 2.28 | 3.06 |
| 5400 | 2 @ 4" diameter | | 80 | .100 | | 1.80 | 2.75 | | 4.55 | 6.10 |
| 5600 | 4 @ 4" diameter | | 40 | .200 | | 3.60 | 5.50 | | 9.10 | 12.20 |
| 5800 | 6 @ 4" diameter | | 27 | .296 | | 5.40 | 8.15 | | 13.55 | 18.20 |
| 5810 | 1 @ 5" diameter | | 130 | .062 | | 1.39 | 1.69 | | 3.08 | 4.07 |
| 5820 | 2 @ 5" diameter | | 65 | .123 | | 2.78 | 3.38 | | 6.16 | 8.15 |
| 5840 | 4 @ 5" diameter | | 35 | .229 | | 5.55 | 6.30 | | 11.85 | 15.55 |
| 5860 | 6 @ 5" diameter | | 25 | .320 | | 8.35 | 8.80 | | 17.15 | 22.50 |
| 5870 | 1 @ 6" diameter | | 100 | .080 | | 1.95 | 2.20 | | 4.15 | 5.45 |
| 5880 | 2 @ 6" diameter | | 50 | .160 | | 3.90 | 4.40 | | 8.30 | 10.90 |
| 5900 | 4 @ 6" diameter | | 25 | .320 | | 7.80 | 8.80 | | 16.60 | 22 |
| 5920 | 6 @ 6" diameter | | 15 | .533 | | 11.70 | 14.65 | | 26.35 | 35 |
| 6200 | Rigid galvanized steel, 2 @ 2" diameter | | 90 | .089 | | 7.80 | 2.44 | | 10.24 | 12.30 |
| 6400 | 4 @ 2" diameter | | 45 | .178 | | 15.60 | 4.89 | | 20.49 | 24.50 |
| 6800 | 2 @ 3" diameter | | 50 | .160 | | 17.10 | 4.40 | | 21.50 | 25.50 |
| 7000 | 4 @ 3" diameter | | 25 | .320 | | 34 | 8.80 | | 42.80 | 51 |
| 7200 | 2 @ 4" diameter | | 35 | .229 | | 25 | 6.30 | | 31.30 | 37 |
| 7400 | 4 @ 4" diameter | | 17 | .471 | | 50 | 12.95 | | 62.95 | 74.50 |
| 7600 | 6 @ 4" diameter | | 11 | .727 | | 75 | 20 | | 95 | 113 |
| 7620 | 2 @ 5" diameter | | 30 | .267 | | 52 | 7.35 | | 59.35 | 68 |
| 7640 | 4 @ 5" diameter | | 15 | .533 | | 104 | 14.65 | | 118.65 | 136 |
| 7660 | 6 @ 5" diameter | | 9 | .889 | | 156 | 24.50 | | 180.50 | 209 |
| 7680 | 2 @ 6" diameter | | 20 | .400 | | 72 | 11 | | 83 | 95.50 |
| 7700 | 4 @ 6" diameter | | 10 | .800 | | 144 | 22 | | 166 | 191 |
| 7720 | 6 @ 6" diameter | | 7 | 1.143 | | 216 | 31.50 | | 247.50 | 286 |
| 7800 | For Cast-in-place Concrete - Add | | | | | | | | | |
| 7810 | Under 1 c.y. | C-6 | 16 | 3 | C.Y. | 80 | 60 | 4.23 | 144.23 | 187 |
| 7820 | 1 c.y. - 5 c.y. | | 19.20 | 2.500 | | 78 | 50 | 3.53 | 131.53 | 168 |
| 7830 | Over 5 c.y. | | 24 | 2 | | 76 | 40 | 2.82 | 118.82 | 150 |
| 7850 | For Reinforcing Rods - Add | | | | | | | | | |
| 7860 | #4 to #7 | 2 Rodm | 1.10 | 14.545 | Ton | 480 | 385 | | 865 | 1,200 |
| 7870 | #8 to #14 | " | 1.50 | 10.667 | " | 475 | 282 | | 757 | 1,025 |
| 8000 | Fittings, PVC type EB, elbow, 2" diameter | 1 Elec | 16 | .500 | Ea. | 4.90 | 13.75 | | 18.65 | 26 |
| 8200 | 3" diameter | | 14 | .571 | | 9.10 | 15.70 | | 24.80 | 33.50 |
| 8400 | 4" diameter | | 12 | .667 | | 13.80 | 18.35 | | 32.15 | 42.50 |
| 8420 | 5" diameter | | 10 | .800 | | 21 | 22 | | 43 | 56 |
| 8440 | 6" diameter | | 9 | .889 | | 35 | 24.50 | | 59.50 | 75.50 |

217

## 167 | Electric Utilities

### 167 100 | Electric Utilities

| | | | CREW | DAILY OUTPUT | MAN-HOURS | UNIT | 1994 BARE COSTS MAT. | LABOR | EQUIP. | TOTAL | TOTAL INCL O&P | |
|---|---|---|---|---|---|---|---|---|---|---|---|---|
| 110 | 8500 | Coupling, 2" diameter | | | | Ea. | 1.12 | | | 1.12 | 1.23 | 110 |
| | 8600 | 3" diameter | | | | | 1.35 | | | 1.35 | 1.49 | |
| | 8700 | 4" diameter | | | | | 2 | | | 2 | 2.20 | |
| | 8720 | 5" diameter | | | | | 3.90 | | | 3.90 | 4.29 | |
| | 8740 | 6" diameter | | | | | 5.95 | | | 5.95 | 6.55 | |
| | 8800 | Adapter, 2" diameter | 1 Elec | 26 | .308 | | 1.40 | 8.45 | | 9.85 | 14.25 | |
| | 9000 | 3" diameter | | 20 | .400 | | 3.80 | 11 | | 14.80 | 20.50 | |
| | 9200 | 4" diameter | | 16 | .500 | | 5.45 | 13.75 | | 19.20 | 26.50 | |
| | 9220 | 5" diameter | | 13 | .615 | | 13.80 | 16.90 | | 30.70 | 40.50 | |
| | 9240 | 6" diameter | | 10 | .800 | | 16.80 | 22 | | 38.80 | 51.50 | |
| | 9400 | End bell, 2" diameter | | 16 | .500 | | 2.95 | 13.75 | | 16.70 | 24 | |
| | 9600 | 3" diameter | | 14 | .571 | | 3.55 | 15.70 | | 19.25 | 27.50 | |
| | 9800 | 4" diameter | | 12 | .667 | | 4.20 | 18.35 | | 22.55 | 32 | |
| | 9810 | 5" diameter | | 10 | .800 | | 6.30 | 22 | | 28.30 | 40 | |
| | 9820 | 6" diameter | | 8 | 1 | | 6.95 | 27.50 | | 34.45 | 49 | |
| | 9830 | 5° angle coupling, 2" diameter | | 26 | .308 | | 1.70 | 8.45 | | 10.15 | 14.55 | |
| | 9840 | 3" diameter | | 20 | .400 | | 2.25 | 11 | | 13.25 | 19.05 | |
| | 9850 | 4" diameter | | 16 | .500 | | 3.05 | 13.75 | | 16.80 | 24 | |
| | 9860 | 5" diameter | | 13 | .615 | | 4.05 | 16.90 | | 20.95 | 30 | |
| | 9870 | 6" diameter | | 10 | .800 | | 6.10 | 22 | | 28.10 | 39.50 | |
| | 9880 | Expansion joint, 2" diameter | | 16 | .500 | | 12.25 | 13.75 | | 26 | 34 | |
| | 9890 | 3" diameter | | 18 | .444 | | 16.50 | 12.20 | | 28.70 | 36.50 | |
| | 9900 | 4" diameter | | 12 | .667 | | 31 | 18.35 | | 49.35 | 61.50 | |
| | 9910 | 5" diameter | | 10 | .800 | | 46 | 22 | | 68 | 83.50 | |
| | 9920 | 6" diameter | | 8 | 1 | | 62 | 27.50 | | 89.50 | 110 | |
| | 9930 | Heat bender, 2" diameter | | | | | 290 | | | 290 | 320 | |
| | 9940 | 6" diameter | | | | | 835 | | | 835 | 920 | |
| | 9950 | Cement, quart | | | | | 8 | | | 8 | 8.80 | |
| 120 | 0010 | **FIBRE DUCT** | | | | | | | | | | 120 |
| | 0080 | Type 1, 2" diameter | 1 Elec | 200 | .040 | L.F. | .86 | 1.10 | | 1.96 | 2.60 | |
| | 0100 | 3" diameter | | 160 | .050 | | 1.17 | 1.38 | | 2.55 | 3.36 | |
| | 0200 | 4" diameter | | 110 | .073 | | 1.27 | 2 | | 3.27 | 4.41 | |
| | 0220 | 5" diameter | | 100 | .080 | | 2.50 | 2.20 | | 4.70 | 6.05 | |
| | 0240 | 6" diameter | | 80 | .100 | | 3.65 | 2.75 | | 6.40 | 8.15 | |
| | 0300 | Fittings elbow, 2" diameter | | 12 | .667 | Ea. | 13.50 | 18.35 | | 31.85 | 42.50 | |
| | 0400 | 3" diameter | | 12 | .667 | | 14.50 | 18.35 | | 32.85 | 43.50 | |
| | 0600 | 4" diameter | | 10 | .800 | | 19.20 | 22 | | 41.20 | 54 | |
| | 0620 | 5" diameter | | 9 | .889 | | 30 | 24.50 | | 54.50 | 70 | |
| | 0640 | 6" diameter | | 8 | 1 | | 33.50 | 27.50 | | 61 | 78.50 | |
| | 0800 | Coupling, 2" diameter | | | | | 1.23 | | | 1.23 | 1.35 | |
| | 1000 | 3" diameter | | | | | 1.40 | | | 1.40 | 1.54 | |
| | 1200 | 4" diameter | | | | | 1.65 | | | 1.65 | 1.82 | |
| | 1220 | 5" diameter | | | | | 2.40 | | | 2.40 | 2.64 | |
| | 1240 | 6" diameter | | | | | 3.25 | | | 3.25 | 3.58 | |
| | 1300 | Adapter, 2" diameter | 1 Elec | 26 | .308 | | 2.80 | 8.45 | | 11.25 | 15.80 | |
| | 1400 | 3" diameter | | 20 | .400 | | 3.15 | 11 | | 14.15 | 20 | |
| | 1500 | 4" diameter | | 16 | .500 | | 3.65 | 13.75 | | 17.40 | 24.50 | |
| | 1520 | 5" diameter | | 13 | .615 | | 5.65 | 16.90 | | 22.55 | 31.50 | |
| | 1540 | 6" diameter | | 10 | .800 | | 7.30 | 22 | | 29.30 | 41 | |
| | 1600 | End bell, 2" diameter | | 13 | .615 | | 2.95 | 16.90 | | 19.85 | 29 | |
| | 1800 | 3" diameter | | 11 | .727 | | 3.35 | 20 | | 23.35 | 33.50 | |
| | 1900 | 4" diameter | | 10 | .800 | | 3.90 | 22 | | 25.90 | 37.50 | |
| | 1920 | 5" diameter | | 9 | .889 | | 5.85 | 24.50 | | 30.35 | 43.50 | |
| | 1940 | 6" diameter | | 7.50 | 1.067 | | 7.20 | 29.50 | | 36.70 | 52 | |
| | 2000 | Bends, 5°, 2" diameter | | 26 | .308 | | 1.65 | 8.45 | | 10.10 | 14.50 | |
| | 2200 | 3" diameter | | 20 | .400 | | 2.20 | 11 | | 13.20 | 18.95 | |

# 167 | Electric Utilities

## 167 100 | Electric Utilities

| | | | CREW | DAILY OUTPUT | MAN-HOURS | UNIT | 1994 BARE COSTS | | | | TOTAL INCL O&P |
|---|---|---|---|---|---|---|---|---|---|---|---|
| | | | | | | | MAT. | LABOR | EQUIP. | TOTAL | |
| 120 | 2400 | 4" diameter | 1 Elec | 16 | .500 | Ea. | 3.25 | 13.75 | | 17 | 24 |
| | 2420 | 5" diameter | | 13 | .615 | | 4.65 | 16.90 | | 21.55 | 30.50 |
| | 2440 | 6" diameter | | 10 | .800 | | 6.90 | 22 | | 28.90 | 40.50 |
| | 2500 | Expansion joint, 2" diameter | | 13 | .615 | | 10.15 | 16.90 | | 27.05 | 36.50 |
| | 2550 | 3" diameter | | 11 | .727 | | 10.75 | 20 | | 30.75 | 42 |
| | 2600 | 4" diameter | | 10 | .800 | | 11.60 | 22 | | 33.60 | 46 |
| | 2650 | 5" diameter | | 9 | .889 | | 13.60 | 24.50 | | 38.10 | 52 |
| | 2700 | 6" diameter | | 7.50 | 1.067 | | 14.90 | 29.50 | | 44.40 | 60.50 |
| | 2800 | Bends, flexible 2" diameter | | 12 | .667 | | 12.60 | 18.35 | | 30.95 | 41.50 |
| | 2850 | 3" diameter | | 12 | .667 | | 16.30 | 18.35 | | 34.65 | 45.50 |
| | 2900 | 4" diameter | | 10 | .800 | | 22 | 22 | | 44 | 57 |
| | 2950 | 5" diameter | | 9 | .889 | | 32 | 24.50 | | 56.50 | 72 |
| | 3000 | Plastic spacers, 3" diameter | | 100 | .080 | | .70 | 2.20 | | 2.90 | 4.08 |
| | 3050 | 3-1/2" diameter | | 100 | .080 | | .80 | 2.20 | | 3 | 4.19 |
| | 3100 | 4" diameter | | 100 | .080 | | .80 | 2.20 | | 3 | 4.19 |
| 130 | 0010 | **TEMPORARY POWER EQUIP (PRO-RATED PER JOB)** | | | | | | | | | |
| | 0020 | Service, overhead feed, 3 use | | | | | | | | | |
| | 0030 | 100 Amp | 1 Elec | 1.25 | 6.400 | Ea. | 500 | 176 | | 676 | 815 |
| | 0040 | 200 Amp | | 1 | 8 | | 635 | 220 | | 855 | 1,025 |
| | 0050 | 400 Amp | | .75 | 10.667 | | 1,250 | 293 | | 1,543 | 1,825 |
| | 0060 | 600 Amp | | .50 | 16 | | 1,550 | 440 | | 1,990 | 2,350 |
| | 0100 | Underground feed, 3 use | | | | | | | | | |
| | 0110 | 100 Amp | 1 Elec | 2 | 4 | Ea. | 460 | 110 | | 570 | 670 |
| | 0120 | 200 Amp | | 1.15 | 6.957 | | 605 | 191 | | 796 | 955 |
| | 0130 | 400 Amp | | 1 | 8 | | 1,175 | 220 | | 1,395 | 1,625 |
| | 0140 | 600 Amp | | .75 | 10.667 | | 1,350 | 293 | | 1,643 | 1,925 |
| | 0150 | 800 Amp | | .50 | 16 | | 2,275 | 440 | | 2,715 | 3,150 |
| | 0160 | 1000 Amp | | .35 | 22.857 | | 2,375 | 630 | | 3,005 | 3,575 |
| | 0170 | 1200 Amp | | .25 | 32 | | 2,625 | 880 | | 3,505 | 4,225 |
| | 0180 | 2000 Amp | | .20 | 40 | | 3,375 | 1,100 | | 4,475 | 5,375 |
| | 0200 | Transformers, 3 use | | | | | | | | | |
| | 0210 | 30 KVA | 1 Elec | 1 | 8 | Ea. | 400 | 220 | | 620 | 770 |
| | 0220 | 45 KVA | | .75 | 10.667 | | 475 | 293 | | 768 | 965 |
| | 0230 | 75 KVA | | .50 | 16 | | 725 | 440 | | 1,165 | 1,450 |
| | 0240 | 112.5 KVA | | .40 | 20 | | 960 | 550 | | 1,510 | 1,875 |
| | 0250 | Feeder, PVC, CU wire | | | | | | | | | |
| | 0260 | 60 Amp w/trench | 1 Elec | 96 | .083 | L.F. | 3.35 | 2.29 | | 5.64 | 7.15 |
| | 0270 | 100 Amp w/trench | | 85 | .094 | | 4.50 | 2.59 | | 7.09 | 8.85 |
| | 0280 | 200 Amp w/trench | | 59 | .136 | | 9.45 | 3.73 | | 13.18 | 16 |
| | 0290 | 400 Amp w/trench | | 42 | .190 | | 19.85 | 5.25 | | 25.10 | 30 |
| | 0300 | Feeder, PVC, aluminum wire | | | | | | | | | |
| | 0310 | 60 Amp w/trench | 1 Elec | 96 | .083 | L.F. | 3.15 | 2.29 | | 5.44 | 6.90 |
| | 0320 | 100 Amp w/trench | | 85 | .094 | | 3.60 | 2.59 | | 6.19 | 7.85 |
| | 0330 | 200 Amp w/trench | | 59 | .136 | | 7.65 | 3.73 | | 11.38 | 14 |
| | 0340 | 400 Amp w/trench | | 42 | .190 | | 13.15 | 5.25 | | 18.40 | 22.50 |
| | 0350 | Feeder, EMT, CU wire | | | | | | | | | |
| | 0360 | 60 Amp | 1 Elec | 90 | .089 | L.F. | 3.25 | 2.44 | | 5.69 | 7.25 |
| | 0370 | 100 Amp | | 80 | .100 | | 6 | 2.75 | | 8.75 | 10.75 |
| | 0380 | 200 Amp | | 60 | .133 | | 11.45 | 3.67 | | 15.12 | 18.10 |
| | 0390 | 400 Amp | | 35 | .229 | | 15.20 | 6.30 | | 21.50 | 26 |
| | 0400 | Feeder, EMT, Al wire | | | | | | | | | |
| | 0410 | 60 Amp | 1 Elec | 90 | .089 | L.F. | 2.55 | 2.44 | | 4.99 | 6.50 |
| | 0420 | 100 Amp | | 80 | .100 | | 5.20 | 2.75 | | 7.95 | 9.85 |
| | 0430 | 200 Amp | | 60 | .133 | | 9.75 | 3.67 | | 13.42 | 16.25 |
| | 0440 | 400 Amp | | 35 | .229 | | 13.30 | 6.30 | | 19.60 | 24 |

# 167 | Electric Utilities

## 167 100 | Electric Utilities

| | | | Crew | Daily Output | Man-Hours | Unit | 1994 Bare Costs Mat. | Labor | Equip. | Total | Total Incl O&P | |
|---|---|---|---|---|---|---|---|---|---|---|---|---|
| 130 | 0500 | Equipment, 3 use | | | | | | | | | | 130 |
| | 0510 | Spider box 50 Amp | 1 Elec | 8 | 1 | Ea. | 137 | 27.50 | | 164.50 | 193 | |
| | 0520 | Lighting cord 100' | ↓ | 8 | 1 | ↓ | 29 | 27.50 | | 56.50 | 73.50 | |
| | 0530 | Light stanchion | ↓ | 8 | 1 | ↓ | 60 | 27.50 | | 87.50 | 108 | |
| | 0540 | Temporary cords, 100', 3 use | | | | | | | | | | |
| | 0550 | Feeder cord, 50 Amp | 1 Elec | 16 | .500 | Ea. | 130 | 13.75 | | 143.75 | 164 | |
| | 0560 | Feeder cord, 100 Amp | | 12 | .667 | | 380 | 18.35 | | 398.35 | 450 | |
| | 0570 | Tap cord, 50 Amp | | 12 | .667 | | 365 | 18.35 | | 383.35 | 430 | |
| | 0580 | Tap cord, 100 Amp | ↓ | 6 | 1.333 | ↓ | 520 | 36.50 | | 556.50 | 625 | |
| | 0590 | Temporary cords, 50', 3 use | | | | | | | | | | |
| | 0600 | Feeder cord, 50 Amp | 1 Elec | 16 | .500 | Ea. | 76 | 13.75 | | 89.75 | 104 | |
| | 0610 | Feeder cord, 100 Amp | | 12 | .667 | | 190 | 18.35 | | 208.35 | 237 | |
| | 0620 | Tap cord, 50 Amp | | 12 | .667 | | 163 | 18.35 | | 181.35 | 207 | |
| | 0630 | Tap cord, 100 Amp | ↓ | 6 | 1.333 | ↓ | 267 | 36.50 | | 303.50 | 350 | |
| | 0700 | Connections | | | | | | | | | | |
| | 0710 | Compressor or pump | | | | | | | | | | |
| | 0720 | 30 Amp | 1 Elec | 7 | 1.143 | Ea. | 15 | 31.50 | | 46.50 | 64 | |
| | 0730 | 60 Amp | | 5.30 | 1.509 | | 34.50 | 41.50 | | 76 | 101 | |
| | 0740 | 100 Amp | ↓ | 4 | 2 | ↓ | 45 | 55 | | 100 | 132 | |
| | 0750 | Tower crane | | | | | | | | | | |
| | 0760 | 60 Amp | 1 Elec | 4.50 | 1.778 | Ea. | 34.50 | 49 | | 83.50 | 112 | |
| | 0770 | 100 Amp | " | 3 | 2.667 | " | 45 | 73.50 | | 118.50 | 160 | |
| | 0780 | Manlift | | | | | | | | | | |
| | 0790 | Single | 1 Elec | 3 | 2.667 | Ea. | 34.50 | 73.50 | | 108 | 148 | |
| | 0800 | Double | " | 2 | 4 | " | 45 | 110 | | 155 | 215 | |
| | 0810 | Welder | | | | | | | | | | |
| | 0820 | 50 Amp w/disconnect | 1 Elec | 5 | 1.600 | Ea. | 208 | 44 | | 252 | 295 | |
| | 0830 | 100 Amp w/disconnect | | 3.80 | 2.105 | | 320 | 58 | | 378 | 435 | |
| | 0840 | 200 Amp w/disconnect | | 2.50 | 3.200 | | 505 | 88 | | 593 | 685 | |
| | 0850 | 400 Amp w/disconnect | ↓ | 1 | 8 | | 1,625 | 220 | | 1,845 | 2,125 | |
| | 0860 | Office trailer | | | | | | | | | | |
| | 0870 | 60 Amp | 1 Elec | 4.50 | 1.778 | Ea. | 67.50 | 49 | | 116.50 | 148 | |
| | 0880 | 100 Amp | | 3 | 2.667 | | 90 | 73.50 | | 163.50 | 209 | |
| | 0890 | 200 Amp | ↓ | 2 | 4 | ↓ | 395 | 110 | | 505 | 600 | |
| | 0900 | Lamping, add per floor | | | | Total | | | | 580 | | |
| | 0910 | Maintenance, total temp. power cost | | | | Job | | | | 5% | | |

# 168 | Special Systems

## 168 100 | Special Systems

| | | | Crew | Daily Output | Man-Hours | Unit | 1994 Bare Costs Mat. | Labor | Equip. | Total | Total Incl O&P | |
|---|---|---|---|---|---|---|---|---|---|---|---|---|
| 105 | 0010 | **CLOCKS** | | | | | | | | | | 105 |
| | 0080 | 12" diameter, single face | 1 Elec | 8 | 1 | Ea. | 64 | 27.50 | | 91.50 | 112 | |
| | 0100 | Double face | " | 6.20 | 1.290 | " | 132 | 35.50 | | 167.50 | 199 | |
| 110 | 0010 | **CLOCK SYSTEMS** | | | | | | | | | | 110 |
| | 0100 | Time system components, master controller | 1 Elec | .33 | 24.242 | Ea. | 1,500 | 665 | | 2,165 | 2,650 | |
| | 0200 | Program bell | | 8 | 1 | | 49 | 27.50 | | 76.50 | 95.50 | |
| | 0400 | Combination clock & speaker | | 3.20 | 2.500 | | 173 | 69 | | 242 | 293 | |
| | 0600 | Frequency generator | | 2 | 4 | | 5,825 | 110 | | 5,935 | 6,575 | |
| | 0800 | Job time automatic stamp recorder, minimum | ↓ | 4 | 2 | | 410 | 55 | | 465 | 535 | |

# 168 | Special Systems

## 168 100 | Special Systems

| | | CREW | DAILY OUTPUT | MAN-HOURS | UNIT | 1994 BARE COSTS MAT. | LABOR | EQUIP. | TOTAL | TOTAL INCL O&P | |
|---|---|---|---|---|---|---|---|---|---|---|---|
| 110 | 1000 Maximum | 1 Elec | 4 | 2 | Ea. | 620 | 55 | | 675 | 765 | 110 |
| | 1200 Time stamp for correspondence, hand operated | | | | | 310 | | | 310 | 340 | |
| | 1400 Fully automatic | | | | | 455 | | | 455 | 500 | |
| | 1600 Master time clock system, clocks & bells, 20 room | 4 Elec | .20 | 160 | | 3,750 | 4,400 | | 8,150 | 10,800 | |
| | 1800 50 room | " | .08 | 400 | | 8,600 | 11,000 | | 19,600 | 26,000 | |
| | 2000 Time clock, 100 cards in & out, 1 color | 1 Elec | 3.20 | 2.500 | | 880 | 69 | | 949 | 1,075 | |
| | 2200 2 colors | | 3.20 | 2.500 | | 930 | 69 | | 999 | 1,125 | |
| | 2400 With 3 circuit program device, minimum | | 2 | 4 | | 345 | 110 | | 455 | 545 | |
| | 2600 Maximum | | 2 | 4 | | 500 | 110 | | 610 | 715 | |
| | 2800 Metal rack for 25 cards | | 7 | 1.143 | | 55 | 31.50 | | 86.50 | 108 | |
| | 3000 Watchman's tour station | | 8 | 1 | | 58 | 27.50 | | 85.50 | 106 | |
| | 3200 Annunciator with zone indication | | 1 | 8 | | 211 | 220 | | 431 | 560 | |
| | 3400 Time clock with tape | | 1 | 8 | | 560 | 220 | | 780 | 945 | |
| 112 | 0010 **CLOCK AND PROGRAM SYSTEMS** For electronic scoreboards | | | | | | | | | | 112 |
| | 0100 See division 114-805 | | | | | | | | | | |
| 115 | 0010 **DOCTORS IN-OUT REGISTER** | | | | | | | | | | 115 |
| | 0050 Register, 200 names | 4 Elec | .64 | 50 | Ea. | 8,775 | 1,375 | | 10,150 | 11,700 | |
| | 0100 Combination control and recall, 200 names | " | .64 | 50 | | 11,500 | 1,375 | | 12,875 | 14,800 | |
| | 0200 Recording register | 1 Elec | .50 | 16 | | 4,450 | 440 | | 4,890 | 5,550 | |
| | 0300 Transformers | " | 4 | 2 | | 150 | 55 | | 205 | 248 | |
| | 0400 Pocket pages | | | | | 775 | | | 775 | 855 | |
| 120 | 0010 **DETECTION SYSTEMS**, not including wires & conduits | | | | | | | | | | 120 |
| | 0100 Burglar alarm, battery operated, mechanical trigger | 1 Elec | 4 | 2 | Ea. | 227 | 55 | | 282 | 335 | |
| | 0200 Electrical trigger | | 4 | 2 | | 271 | 55 | | 326 | 380 | |
| | 0400 For outside key control, add | | 8 | 1 | | 64 | 27.50 | | 91.50 | 112 | |
| | 0600 For remote signaling circuitry, add | | 8 | 1 | | 102 | 27.50 | | 129.50 | 154 | |
| | 0800 Card reader, flush type, standard | | 2.70 | 2.963 | | 765 | 81.50 | | 846.50 | 965 | |
| | 1000 Multi-code | | 2.70 | 2.963 | | 985 | 81.50 | | 1,066.50 | 1,200 | |
| | 1200 Door switches, hinge switch | | 5.30 | 1.509 | | 48 | 41.50 | | 89.50 | 116 | |
| | 1400 Magnetic switch | | 5.30 | 1.509 | | 57 | 41.50 | | 98.50 | 125 | |
| | 1600 Exit control locks, horn alarm | | 4 | 2 | | 282 | 55 | | 337 | 395 | |
| | 1800 Flashing light alarm | | 4 | 2 | | 320 | 55 | | 375 | 435 | |
| | 2000 Indicating panels, 1 channel | | 2.70 | 2.963 | | 299 | 81.50 | | 380.50 | 455 | |
| | 2200 10 channel | | 1.60 | 5 | | 1,025 | 138 | | 1,163 | 1,325 | |
| | 2400 20 channel | | 1 | 8 | | 2,000 | 220 | | 2,220 | 2,525 | |
| | 2600 40 channel | | .57 | 14.035 | | 3,650 | 385 | | 4,035 | 4,600 | |
| | 2800 Ultrasonic motion detector, 12 volt | | 2.30 | 3.478 | | 188 | 95.50 | | 283.50 | 350 | |
| | 3000 Infrared photoelectric detector | | 2.30 | 3.478 | | 155 | 95.50 | | 250.50 | 315 | |
| | 3200 Passive infrared detector | | 2.30 | 3.478 | | 232 | 95.50 | | 327.50 | 400 | |
| | 3400 Glass break alarm switch | | 8 | 1 | | 38.50 | 27.50 | | 66 | 84 | |
| | 3420 Switchmats, 30" x 5' | | 5.30 | 1.509 | | 69.50 | 41.50 | | 111 | 139 | |
| | 3440 30" x 25' | | 4 | 2 | | 166 | 55 | | 221 | 266 | |
| | 3460 Police connect panel | | 4 | 2 | | 200 | 55 | | 255 | 305 | |
| | 3480 Telephone dialer | | 5.30 | 1.509 | | 315 | 41.50 | | 356.50 | 410 | |
| | 3500 Alarm bell | | 4 | 2 | | 63 | 55 | | 118 | 152 | |
| | 3520 Siren | | 4 | 2 | | 120 | 55 | | 175 | 215 | |
| | 3540 Microwave detector, 10' to 200' | | 2 | 4 | | 550 | 110 | | 660 | 770 | |
| | 3560 10' to 350' | | 2 | 4 | | 1,575 | 110 | | 1,685 | 1,900 | |
| | 3600 Fire, sprinkler & standpipe alarm control panel, 4 zone | | 2 | 4 | | 835 | 110 | | 945 | 1,075 | |
| | 3800 8 zone | | 1 | 8 | | 1,150 | 220 | | 1,370 | 1,600 | |
| | 4000 12 zone | | .66 | 12.121 | | 1,650 | 335 | | 1,985 | 2,325 | |
| | 4020 Alarm device | | 8 | 1 | | 114 | 27.50 | | 141.50 | 167 | |
| | 4050 Actuating device | | 8 | 1 | | 266 | 27.50 | | 293.50 | 335 | |
| | 4200 Battery and rack | | 4 | 2 | | 630 | 55 | | 685 | 780 | |
| | 4400 Automatic charger | | 8 | 1 | | 400 | 27.50 | | 427.50 | 480 | |

# 168 | Special Systems

## 168 100 | Special Systems

| | | | CREW | DAILY OUTPUT | MAN-HOURS | UNIT | MAT. | LABOR | EQUIP. | TOTAL | TOTAL INCL O&P | |
|---|---|---|---|---|---|---|---|---|---|---|---|---|
| 120 | 4600 | Signal bell | 1 Elec | 8 | 1 | Ea. | 45 | 27.50 | | 72.50 | 91 | 120 |
| | 4800 | Trouble buzzer or manual station | | 8 | 1 | | 33 | 27.50 | | 60.50 | 78 | |
| | 5000 | Detector, rate of rise | | 8 | 1 | | 31 | 27.50 | | 58.50 | 75.50 | |
| | 5100 | Fixed temperature | | 8 | 1 | | 25.50 | 27.50 | | 53 | 69.50 | |
| | 5200 | Smoke detector, ceiling type | | 6.20 | 1.290 | | 58.50 | 35.50 | | 94 | 118 | |
| | 5400 | Duct type | | 3.20 | 2.500 | | 232 | 69 | | 301 | 360 | |
| | 5600 | Light and horn | | 5.30 | 1.509 | | 96 | 41.50 | | 137.50 | 169 | |
| | 5800 | Fire alarm horn | | 6.70 | 1.194 | | 33 | 33 | | 66 | 86 | |
| | 6000 | Door holder, electro-magnetic | | 4 | 2 | | 71 | 55 | | 126 | 161 | |
| | 6200 | Combination holder and closer | | 3.20 | 2.500 | | 395 | 69 | | 464 | 540 | |
| | 6400 | Code transmitter | | 4 | 2 | | 630 | 55 | | 685 | 780 | |
| | 6600 | Drill switch | | 8 | 1 | | 79 | 27.50 | | 106.50 | 129 | |
| | 6800 | Master box | | 2.70 | 2.963 | | 1,900 | 81.50 | | 1,981.50 | 2,225 | |
| | 7000 | Break glass station | | 8 | 1 | | 45.50 | 27.50 | | 73 | 91.50 | |
| | 7800 | Remote annunciator, 8 zone lamp | | 1.80 | 4.444 | | 221 | 122 | | 343 | 425 | |
| | 8000 | 12 zone lamp | | 1.30 | 6.154 | | 282 | 169 | | 451 | 565 | |
| | 8200 | 16 zone lamp | | 1.10 | 7.273 | | 345 | 200 | | 545 | 680 | |
| 125 | 0010 | **DOORBELL SYSTEM** Incl. transformer, button & signal | | | | | | | | | | 125 |
| | 0100 | 6" bell | 1 Elec | 4 | 2 | Ea. | 51 | 55 | | 106 | 139 | |
| | 0200 | Buzzer | | 4 | 2 | | 50 | 55 | | 105 | 138 | |
| | 1000 | Door chimes, 2 notes, minimum | | 16 | .500 | | 25 | 13.75 | | 38.75 | 48 | |
| | 1020 | Maximum | | 12 | .667 | | 103 | 18.35 | | 121.35 | 141 | |
| | 1100 | Tube type, 3 tube system | | 12 | .667 | | 82 | 18.35 | | 100.35 | 118 | |
| | 1180 | 4 tube system | | 10 | .800 | | 200 | 22 | | 222 | 253 | |
| | 1900 | For transformer & button, minimum add | | 5 | 1.600 | | 24 | 44 | | 68 | 92.50 | |
| | 1960 | Maximum, add | | 4.50 | 1.778 | | 52 | 49 | | 101 | 131 | |
| | 3000 | For push button only, minimum | | 24 | .333 | | 8.90 | 9.15 | | 18.05 | 23.50 | |
| | 3100 | Maximum | | 20 | .400 | | 21.50 | 11 | | 32.50 | 40 | |
| | 3200 | Bell transformer | | 16 | .500 | | 14.50 | 13.75 | | 28.25 | 36.50 | |
| 130 | 0010 | **ELECTRIC HEATING** | | | | | | | | | | 130 |
| | 0200 | Snow melting for paved surface embedded mat heaters & controls | 1 Elec | 130 | .062 | S.F. | 5.40 | 1.69 | | 7.09 | 8.50 | |
| | 0400 | Cable heating, radiant heat plaster, no controls, in South | | 130 | .062 | | 6.55 | 1.69 | | 8.24 | 9.75 | |
| | 0600 | In North | | 90 | .089 | | 6.55 | 2.44 | | 8.99 | 10.90 | |
| | 0800 | Cable on 1/2" board not incl. controls, tract housing | | 90 | .089 | | 5.40 | 2.44 | | 7.84 | 9.65 | |
| | 1000 | Custom housing | | 80 | .100 | | 6.25 | 2.75 | | 9 | 11.05 | |
| | 1100 | Rule of thumb: Baseboard units, including control | | 4.40 | 1.818 | KW | 67.50 | 50 | | 117.50 | 150 | |
| | 1200 | Duct heaters, including controls | | 5.30 | 1.509 | " | 56 | 41.50 | | 97.50 | 124 | |
| | 1300 | Baseboard heaters, 2' long, 375 watt | | 8 | 1 | Ea. | 34 | 27.50 | | 61.50 | 79 | |
| | 1400 | 3' long, 500 watt | | 8 | 1 | | 42.50 | 27.50 | | 70 | 88.50 | |
| | 1600 | 4' long, 750 watt | | 6.70 | 1.194 | | 52 | 33 | | 85 | 107 | |
| | 1800 | 5' long, 935 watt | | 5.70 | 1.404 | | 73 | 38.50 | | 111.50 | 139 | |
| | 2000 | 6' long, 1,125 watt | | 5 | 1.600 | | 78 | 44 | | 122 | 152 | |
| | 2200 | 7' long, 1310 watt | | 4.40 | 1.818 | | 92.50 | 50 | | 142.50 | 177 | |
| | 2400 | 8' long, 1,500 watt | | 4 | 2 | | 104 | 55 | | 159 | 197 | |
| | 2600 | 9' long, 1680 watt | | 3.60 | 2.222 | | 119 | 61 | | 180 | 223 | |
| | 2800 | 10' long, 1875 watt | | 3.30 | 2.424 | | 119 | 66.50 | | 185.50 | 231 | |
| | 2950 | Wall heaters with fan, 120 to 277 volt | | | | | | | | | | |
| | 2970 | surface mounted, residential, 750 watt | 1 Elec | 7 | 1.143 | Ea. | 58 | 31.50 | | 89.50 | 112 | |
| | 2980 | 1000 watt | | 7 | 1.143 | | 74 | 31.50 | | 105.50 | 129 | |
| | 2990 | 1250 watt | | 6 | 1.333 | | 89 | 36.50 | | 125.50 | 153 | |
| | 3000 | 1,500 watt | | 5 | 1.600 | | 94.50 | 44 | | 138.50 | 170 | |
| | 3010 | 2000 watt | | 5 | 1.600 | | 99 | 44 | | 143 | 175 | |
| | 3040 | 2,250 watt | | 4 | 2 | | 147 | 55 | | 202 | 245 | |
| | 3050 | 2500 watt | | 4 | 2 | | 163 | 55 | | 218 | 262 | |
| | 3070 | 4,000 watt | | 3.50 | 2.286 | | 171 | 63 | | 234 | 283 | |

## 168 | Special Systems

### 168 100 | Special Systems

| | | | CREW | DAILY OUTPUT | MAN-HOURS | UNIT | MAT. | LABOR | EQUIP. | TOTAL | TOTAL INCL O&P | |
|---|---|---|---|---|---|---|---|---|---|---|---|---|
| 130 | 3080 | Commercial, 750 watt | 1 Elec | 7 | 1.143 | Ea. | 105 | 31.50 | | 136.50 | 164 | 130 |
| | 3090 | 1000 watt | | 7 | 1.143 | | 114 | 31.50 | | 145.50 | 173 | |
| | 3100 | 1250 watt | | 6 | 1.333 | | 120 | 36.50 | | 156.50 | 187 | |
| | 3110 | 1500 watt | | 5 | 1.600 | | 163 | 44 | | 207 | 245 | |
| | 3120 | 2000 watt | | 5 | 1.600 | | 163 | 44 | | 207 | 245 | |
| | 3130 | 2500 watt | | 4.50 | 1.778 | | 176 | 49 | | 225 | 268 | |
| | 3140 | 3000 watt | | 4 | 2 | | 215 | 55 | | 270 | 320 | |
| | 3150 | 4000 watt | | 3.50 | 2.286 | | 228 | 63 | | 291 | 345 | |
| | 3160 | Recessed, residential, 750 watt | | 6 | 1.333 | | 73 | 36.50 | | 109.50 | 136 | |
| | 3170 | 1000 watt | | 6 | 1.333 | | 82 | 36.50 | | 118.50 | 145 | |
| | 3180 | 1250 watt | | 5 | 1.600 | | 120 | 44 | | 164 | 198 | |
| | 3190 | 1500 watt | | 4 | 2 | | 120 | 55 | | 175 | 215 | |
| | 3210 | 2000 watt | | 4 | 2 | | 123 | 55 | | 178 | 218 | |
| | 3230 | 2500 watt | | 3.50 | 2.286 | | 151 | 63 | | 214 | 261 | |
| | 3240 | 3000 watt | | 3 | 2.667 | | 159 | 73.50 | | 232.50 | 285 | |
| | 3250 | 4000 watt | | 2.70 | 2.963 | | 165 | 81.50 | | 246.50 | 305 | |
| | 3260 | Commercial, 750 watt | | 6 | 1.333 | | 96 | 36.50 | | 132.50 | 161 | |
| | 3270 | 1000 watt | | 6 | 1.333 | | 100 | 36.50 | | 136.50 | 165 | |
| | 3280 | 1250 watt | | 5 | 1.600 | | 120 | 44 | | 164 | 198 | |
| | 3290 | 1500 watt | | 4 | 2 | | 124 | 55 | | 179 | 219 | |
| | 3300 | 2000 watt | | 4 | 2 | | 139 | 55 | | 194 | 236 | |
| | 3310 | 2500 watt | | 3.50 | 2.286 | | 152 | 63 | | 215 | 262 | |
| | 3320 | 3000 watt | | 3 | 2.667 | | 172 | 73.50 | | 245.50 | 299 | |
| | 3330 | 4000 watt | | 2.70 | 2.963 | | 177 | 81.50 | | 258.50 | 320 | |
| | 3600 | Thermostats, integral | | 16 | .500 | | 26.50 | 13.75 | | 40.25 | 49.50 | |
| | 3800 | Line voltage, 1 pole | | 8 | 1 | | 26.50 | 27.50 | | 54 | 70.50 | |
| | 3810 | 2 pole | | 8 | 1 | | 26.50 | 27.50 | | 54 | 70.50 | |
| | 3820 | Low voltage, 1 pole | | 8 | 1 | | 22 | 27.50 | | 49.50 | 65.50 | |
| | 4000 | Heat trace system, 400 degree | | | | | | | | | | |
| | 4020 | 115V, 2.5 watts per L.F. | 1 Elec | 530 | .015 | L.F. | 4.68 | .42 | | 5.10 | 5.75 | |
| | 4030 | 5 watts per L.F. | | 530 | .015 | | 4.68 | .42 | | 5.10 | 5.75 | |
| | 4050 | 10 watts per L.F. | | 530 | .015 | | 4.68 | .42 | | 5.10 | 5.75 | |
| | 4060 | 220V, 4 watts per L.F. | | 530 | .015 | | 4.68 | .42 | | 5.10 | 5.75 | |
| | 4080 | 480V, 8 watts per L.F. | | 530 | .015 | | 4.68 | .42 | | 5.10 | 5.75 | |
| | 4200 | Heater raceway | | | | | | | | | | |
| | 4220 | 5/8"w x 3/8" H | 1 Elec | 200 | .040 | L.F. | 3.12 | 1.10 | | 4.22 | 5.10 | |
| | 4240 | 5/8"w x 1/2" H | " | 190 | .042 | " | 4.39 | 1.16 | | 5.55 | 6.55 | |
| | 4260 | Heat transfer cement | | | | | | | | | | |
| | 4280 | 1 gallon | | | | Ea. | 41.50 | | | 41.50 | 45.50 | |
| | 4300 | 5 gallon | | | | " | 170 | | | 170 | 187 | |
| | 4320 | Snap band, clamp | | | | | | | | | | |
| | 4340 | 3/4" pipe size | 1 Elec | 470 | .017 | Ea. | | .47 | | .47 | .70 | |
| | 4360 | 1" pipe size | | 444 | .018 | | | .50 | | .50 | .75 | |
| | 4380 | 1-1/4" pipe size | | 400 | .020 | | | .55 | | .55 | .83 | |
| | 4400 | 1-1/2" pipe size | | 355 | .023 | | | .62 | | .62 | .93 | |
| | 4420 | 2" pipe size | | 320 | .025 | | | .69 | | .69 | 1.03 | |
| | 4440 | 3" pipe size | | 160 | .050 | | | 1.38 | | 1.38 | 2.07 | |
| | 4460 | 4" pipe size | | 100 | .080 | | | 2.20 | | 2.20 | 3.31 | |
| | 4480 | Single pole thermostat NEMA 4, 30 amp | | 8 | 1 | | 160 | 27.50 | | 187.50 | 218 | |
| | 4500 | NEMA 7, 30 amp | | 7 | 1.143 | | 165 | 31.50 | | 196.50 | 230 | |
| | 4520 | Double pole, NEMA 4, 30 amp | | 7 | 1.143 | | 274 | 31.50 | | 305.50 | 350 | |
| | 4540 | NEMA 7, 30 amp | | 6 | 1.333 | | 325 | 36.50 | | 361.50 | 415 | |
| | 4560 | Thermostat/contactor combination, NEMA 4 | | | | | | | | | | |
| | 4580 | 30 amp 4 pole | 1 Elec | 3.60 | 2.222 | Ea. | 480 | 61 | | 541 | 620 | |
| | 4600 | 50 amp 4 pole | | 3 | 2.667 | | 485 | 73.50 | | 558.50 | 645 | |
| | 4620 | 75 amp 3 pole | | 2.50 | 3.200 | | 575 | 88 | | 663 | 765 | |

## 168 | Special Systems

### 168 100 | Special Systems

| | | CREW | DAILY OUTPUT | MAN-HOURS | UNIT | 1994 BARE COSTS MAT. | LABOR | EQUIP. | TOTAL | TOTAL INCL O&P | |
|---|---|---|---|---|---|---|---|---|---|---|---|
| 4640 | 75 amp 4 pole | 1 Elec | 2.30 | 3.478 | Ea. | 990 | 95.50 | | 1,085.50 | 1,250 | 130 |
| 4680 | Control transformer, 50 VA | | 4 | 2 | | 67 | 55 | | 122 | 156 | |
| 4700 | 75 VA | | 3.10 | 2.581 | | 73 | 71 | | 144 | 188 | |
| 4720 | Expediter fitting | | 11 | .727 | | 16.55 | 20 | | 36.55 | 48 | |
| 5000 | Radiant heating ceiling panels, 2' x 4', 500 watt | | 16 | .500 | | 131 | 13.75 | | 144.75 | 165 | |
| 5050 | 750 watt | | 16 | .500 | | 147 | 13.75 | | 160.75 | 183 | |
| 5200 | For recessed plaster frame, add | | 32 | .250 | | 26 | 6.90 | | 32.90 | 39 | |
| 5300 | Infra-red quartz heaters, 120 volts, 1000 watts | | 6.70 | 1.194 | | 89.50 | 33 | | 122.50 | 148 | |
| 5350 | 1500 watt | | 5 | 1.600 | | 89.50 | 44 | | 133.50 | 165 | |
| 5400 | 240 volts, 1500 watt | | 5 | 1.600 | | 89.50 | 44 | | 133.50 | 165 | |
| 5450 | 2000 watt | | 4 | 2 | | 89.50 | 55 | | 144.50 | 181 | |
| 5500 | 3000 watt | | 3 | 2.667 | | 129 | 73.50 | | 202.50 | 252 | |
| 5550 | 4000 watt | | 2.60 | 3.077 | | 129 | 84.50 | | 213.50 | 269 | |
| 5570 | Modulating control | | .80 | 10 | | 55 | 275 | | 330 | 475 | |
| 5600 | Unit heaters, heavy duty, with fan & mounting bracket | | | | | | | | | | |
| 5650 | Single phase, 208-240-277 volt, 3 KW | 1 Elec | 3.20 | 2.500 | Ea. | 204 | 69 | | 273 | 325 | |
| 5700 | 4 KW | | 2.80 | 2.857 | | 215 | 78.50 | | 293.50 | 355 | |
| 5750 | 5 KW | | 2.40 | 3.333 | | 215 | 91.50 | | 306.50 | 375 | |
| 5800 | 7 KW | | 1.90 | 4.211 | | 325 | 116 | | 441 | 535 | |
| 5850 | 10 KW | | 1.30 | 6.154 | | 370 | 169 | | 539 | 660 | |
| 5900 | 13 KW | | 1 | 8 | | 485 | 220 | | 705 | 865 | |
| 5950 | 15 KW | | .90 | 8.889 | | 555 | 244 | | 799 | 980 | |
| 6000 | 480 volt, 3KW | | 3.30 | 2.424 | | 295 | 66.50 | | 361.50 | 425 | |
| 6020 | 4 KW | | 3 | 2.667 | | 315 | 73.50 | | 388.50 | 455 | |
| 6040 | 5 KW | | 2.60 | 3.077 | | 340 | 84.50 | | 424.50 | 500 | |
| 6060 | 7 KW | | 2 | 4 | | 435 | 110 | | 545 | 645 | |
| 6080 | 10 KW | | 1.40 | 5.714 | | 530 | 157 | | 687 | 820 | |
| 6100 | 13 KW | | 1.10 | 7.273 | | 545 | 200 | | 745 | 900 | |
| 6120 | 15 KW | | 1 | 8 | | 690 | 220 | | 910 | 1,100 | |
| 6140 | 20 KW | | .90 | 8.889 | | 925 | 244 | | 1,169 | 1,400 | |
| 6300 | 3 phase, 208-240 volt, 5 KW | | 2.40 | 3.333 | | 242 | 91.50 | | 333.50 | 405 | |
| 6320 | 7 KW | | 1.90 | 4.211 | | 340 | 116 | | 456 | 550 | |
| 6340 | 10 KW | | 1.30 | 6.154 | | 415 | 169 | | 584 | 710 | |
| 6360 | 15 KW | | .90 | 8.889 | | 615 | 244 | | 859 | 1,050 | |
| 6380 | 20 KW | | .70 | 11.429 | | 890 | 315 | | 1,205 | 1,450 | |
| 6400 | 25 KW | | .50 | 16 | | 1,000 | 440 | | 1,440 | 1,750 | |
| 6500 | 480 volt, 5 KW | | 2.60 | 3.077 | | 350 | 84.50 | | 434.50 | 510 | |
| 6520 | 7 KW | | 2 | 4 | | 420 | 110 | | 530 | 625 | |
| 6540 | 10 KW | | 1.40 | 5.714 | | 505 | 157 | | 662 | 790 | |
| 6560 | 13 KW | | 1.10 | 7.273 | | 545 | 200 | | 745 | 900 | |
| 6580 | 15 KW | | 1 | 8 | | 670 | 220 | | 890 | 1,075 | |
| 6600 | 20 KW | | .90 | 8.889 | | 915 | 244 | | 1,159 | 1,375 | |
| 6620 | 25 KW | | .60 | 13.333 | | 1,025 | 365 | | 1,390 | 1,675 | |
| 6630 | 30 KW | | .70 | 11.429 | | 1,125 | 315 | | 1,440 | 1,725 | |
| 6640 | 40 KW | | .60 | 13.333 | | 1,600 | 365 | | 1,965 | 2,300 | |
| 6650 | 50 KW | | .50 | 16 | | 1,950 | 440 | | 2,390 | 2,800 | |
| 6800 | Vertical discharge heaters, with fan | | | | | | | | | | |
| 6820 | Single phase, 208-240-277 volt, 10 KW | 1 Elec | 1.30 | 6.154 | Ea. | 570 | 169 | | 739 | 880 | |
| 6840 | 15 KW | | .90 | 8.889 | | 770 | 244 | | 1,014 | 1,225 | |
| 6900 | 3 phase, 208-240 volt, 10 KW | | 1.30 | 6.154 | | 570 | 169 | | 739 | 880 | |
| 6920 | 15 KW | | .90 | 8.889 | | 690 | 244 | | 934 | 1,125 | |
| 6940 | 20 KW | | .70 | 11.429 | | 990 | 315 | | 1,305 | 1,575 | |
| 6960 | 25 KW | | .50 | 16 | | 1,050 | 440 | | 1,490 | 1,800 | |
| 6980 | 30 KW | | .40 | 20 | | 1,225 | 550 | | 1,775 | 2,175 | |
| 7000 | 40 KW | | .36 | 22.222 | | 1,450 | 610 | | 2,060 | 2,525 | |
| 7020 | 50 KW | | .32 | 25 | | 1,675 | 690 | | 2,365 | 2,875 | |

See the Reference Section for reference number information, Crew Listings and City Cost Indexes

## 168 | Special Systems

### 168 100 | Special Systems

| | | CREW | DAILY OUTPUT | MAN-HOURS | UNIT | 1994 BARE COSTS MAT. | LABOR | EQUIP. | TOTAL | TOTAL INCL O&P | |
|---|---|---|---|---|---|---|---|---|---|---|---|
| 7100 | 480 volt, 10 KW | 1 Elec | 1.40 | 5.714 | Ea. | 685 | 157 | | 842 | 990 | 130 |
| 7120 | 15 KW | | 1 | 8 | | 790 | 220 | | 1,010 | 1,200 | |
| 7140 | 20 KW | | .90 | 8.889 | | 955 | 244 | | 1,199 | 1,425 | |
| 7160 | 25 KW | | .60 | 13.333 | | 1,125 | 365 | | 1,490 | 1,800 | |
| 7180 | 30 KW | | .50 | 16 | | 1,300 | 440 | | 1,740 | 2,075 | |
| 7200 | 40 KW | | .40 | 20 | | 1,550 | 550 | | 2,100 | 2,525 | |
| 7220 | 50 KW | | .35 | 22.857 | | 1,775 | 630 | | 2,405 | 2,900 | |
| 7410 | Sill height convector heaters, 5" high x 2' long, 500 watt | | 6.70 | 1.194 | | 183 | 33 | | 216 | 251 | |
| 7420 | 3' long, 750 watt | | 6.50 | 1.231 | | 196 | 34 | | 230 | 267 | |
| 7430 | 4' long, 1000 watt | | 6.20 | 1.290 | | 244 | 35.50 | | 279.50 | 320 | |
| 7440 | 5' long, 1250 watt | | 5.50 | 1.455 | | 265 | 40 | | 305 | 350 | |
| 7450 | 6' long, 1500 watt | | 4.80 | 1.667 | | 288 | 46 | | 334 | 385 | |
| 7460 | 8' long, 2000 watt | | 3.60 | 2.222 | | 365 | 61 | | 426 | 490 | |
| 7470 | 10' long, 2500 watt | | 3 | 2.667 | | 545 | 73.50 | | 618.50 | 710 | |
| 7900 | Cabinet convector heaters, 240 volt | | | | | | | | | | |
| 7920 | 2' long, 1000 watt | 1 Elec | 5.30 | 1.509 | Ea. | 295 | 41.50 | | 336.50 | 390 | |
| 7940 | 1500 watt | | 5.30 | 1.509 | | 320 | 41.50 | | 361.50 | 415 | |
| 7960 | 2000 watt | | 5.30 | 1.509 | | 355 | 41.50 | | 396.50 | 455 | |
| 7980 | 3' long, 1500 watt | | 4.60 | 1.739 | | 340 | 48 | | 388 | 445 | |
| 8000 | 2250 watt | | 4.60 | 1.739 | | 375 | 48 | | 423 | 485 | |
| 8020 | 3000 watt | | 4.60 | 1.739 | | 435 | 48 | | 483 | 550 | |
| 8040 | 4' long, 2000 watt | | 4 | 2 | | 425 | 55 | | 480 | 555 | |
| 8060 | 3000 watt | | 4 | 2 | | 445 | 55 | | 500 | 575 | |
| 8080 | 4000 watt | | 4 | 2 | | 560 | 55 | | 615 | 700 | |
| 8100 | Available also in 208 or 277 volt | | | | | | | | | | |
| 8200 | Cabinet unit heaters, 120 to 277 volt, 1 pole, | | | | | | | | | | |
| 8220 | wall mounted, 2000 watt | 1 Elec | 4.60 | 1.739 | Ea. | 940 | 48 | | 988 | 1,100 | |
| 8230 | 3000 watt | | 4.60 | 1.739 | | 960 | 48 | | 1,008 | 1,125 | |
| 8240 | 4000 watt | | 4.40 | 1.818 | | 1,025 | 50 | | 1,075 | 1,200 | |
| 8250 | 5000 watt | | 4.40 | 1.818 | | 1,050 | 50 | | 1,100 | 1,225 | |
| 8260 | 6000 watt | | 4.20 | 1.905 | | 1,075 | 52.50 | | 1,127.50 | 1,250 | |
| 8270 | 8000 watt | | 4 | 2 | | 1,100 | 55 | | 1,155 | 1,275 | |
| 8280 | 10,000 watt | | 3.80 | 2.105 | | 1,125 | 58 | | 1,183 | 1,325 | |
| 8290 | 12,000 watt | | 3.50 | 2.286 | | 1,325 | 63 | | 1,388 | 1,550 | |
| 8300 | 13,500 watt | | 2.90 | 2.759 | | 1,475 | 76 | | 1,551 | 1,750 | |
| 8310 | 16,000 watt | | 2.70 | 2.963 | | 1,675 | 81.50 | | 1,756.50 | 1,975 | |
| 8320 | 20,000 watt | | 2.30 | 3.478 | | 1,725 | 95.50 | | 1,820.50 | 2,050 | |
| 8330 | 24,000 watt | | 1.90 | 4.211 | | 1,800 | 116 | | 1,916 | 2,150 | |
| 8350 | Recessed, 2000 watt | | 4.40 | 1.818 | | 1,000 | 50 | | 1,050 | 1,175 | |
| 8370 | 3000 watt | | 4.40 | 1.818 | | 1,050 | 50 | | 1,100 | 1,225 | |
| 8380 | 4000 watt | | 4.20 | 1.905 | | 1,100 | 52.50 | | 1,152.50 | 1,275 | |
| 8390 | 5000 watt | | 4.20 | 1.905 | | 1,125 | 52.50 | | 1,177.50 | 1,325 | |
| 8400 | 6000 watt | | 4 | 2 | | 1,150 | 55 | | 1,205 | 1,350 | |
| 8410 | 8000 watt | | 3.80 | 2.105 | | 1,175 | 58 | | 1,233 | 1,375 | |
| 8420 | 10,000 watt | | 3.50 | 2.286 | | 1,225 | 63 | | 1,288 | 1,450 | |
| 8430 | 12,000 watt | | 2.90 | 2.759 | | 1,425 | 76 | | 1,501 | 1,700 | |
| 8440 | 13,500 watt | | 2.70 | 2.963 | | 1,525 | 81.50 | | 1,606.50 | 1,800 | |
| 8450 | 16,000 watt | | 2.30 | 3.478 | | 1,650 | 95.50 | | 1,745.50 | 1,975 | |
| 8460 | 20,000 watt | | 1.90 | 4.211 | | 1,700 | 116 | | 1,816 | 2,050 | |
| 8470 | 24,000 watt | | 1.60 | 5 | | 1,775 | 138 | | 1,913 | 2,150 | |
| 8490 | Ceiling mounted, 2000 watt | | 3.20 | 2.500 | | 930 | 69 | | 999 | 1,125 | |
| 8510 | 3000 watt | | 3.20 | 2.500 | | 960 | 69 | | 1,029 | 1,150 | |
| 8520 | 4000 watt | | 3 | 2.667 | | 1,000 | 73.50 | | 1,073.50 | 1,200 | |
| 8530 | 5000 watt | | 3 | 2.667 | | 1,025 | 73.50 | | 1,098.50 | 1,225 | |
| 8540 | 6000 watt | | 2.80 | 2.857 | | 1,075 | 78.50 | | 1,153.50 | 1,300 | |
| 8550 | 8000 watt | | 2.40 | 3.333 | | 1,075 | 91.50 | | 1,166.50 | 1,325 | |

## 168 | Special Systems

### 168 100 | Special Systems

| | | | CREW | DAILY OUTPUT | MAN-HOURS | UNIT | 1994 BARE COSTS MAT. | LABOR | EQUIP. | TOTAL | TOTAL INCL O&P | |
|---|---|---|---|---|---|---|---|---|---|---|---|---|
| 130 | 8560 | 10,000 watt | 1 Elec | 2.20 | 3.636 | Ea. | 1,125 | 100 | | 1,225 | 1,400 | 130 |
| | 8570 | 12,000 watt | | 2 | 4 | | 1,325 | 110 | | 1,435 | 1,625 | |
| | 8580 | 13,500 watt | | 1.50 | 5.333 | | 1,450 | 147 | | 1,597 | 1,825 | |
| | 8590 | 16,000 watt | | 1.30 | 6.154 | | 1,450 | 169 | | 1,619 | 1,850 | |
| | 8600 | 20,000 watt | | .90 | 8.889 | | 1,575 | 244 | | 1,819 | 2,100 | |
| | 8610 | 24,000 watt | | .60 | 13.333 | | 1,650 | 365 | | 2,015 | 2,375 | |
| | 8630 | 208 to 480 volt, 3 pole | | | | | | | | | | |
| | 8650 | Wall mounted, 2000 watt | 1 Elec | 4.60 | 1.739 | Ea. | 910 | 48 | | 958 | 1,075 | |
| | 8670 | 3000 watt | | 4.60 | 1.739 | | 945 | 48 | | 993 | 1,125 | |
| | 8680 | 4000 watt | | 4.40 | 1.818 | | 1,000 | 50 | | 1,050 | 1,175 | |
| | 8690 | 5000 watt | | 4.40 | 1.818 | | 1,050 | 50 | | 1,100 | 1,225 | |
| | 8700 | 6000 watt | | 4.20 | 1.905 | | 1,075 | 52.50 | | 1,127.50 | 1,250 | |
| | 8710 | 8000 watt | | 4 | 2 | | 1,100 | 55 | | 1,155 | 1,275 | |
| | 8720 | 10,000 watt | | 3.80 | 2.105 | | 1,125 | 58 | | 1,183 | 1,325 | |
| | 8730 | 12,000 watt | | 3.50 | 2.286 | | 1,225 | 63 | | 1,288 | 1,450 | |
| | 8740 | 13,500 watt | | 2.90 | 2.759 | | 1,400 | 76 | | 1,476 | 1,675 | |
| | 8750 | 16,000 watt | | 2.70 | 2.963 | | 1,575 | 81.50 | | 1,656.50 | 1,850 | |
| | 8760 | 20,000 watt | | 2.30 | 3.478 | | 1,650 | 95.50 | | 1,745.50 | 1,975 | |
| | 8770 | 24,000 watt | | 1.90 | 4.211 | | 1,750 | 116 | | 1,866 | 2,100 | |
| | 8790 | Recessed, 2000 watt | | 4.40 | 1.818 | | 990 | 50 | | 1,040 | 1,175 | |
| | 8810 | 3000 watt | | 4.40 | 1.818 | | 1,025 | 50 | | 1,075 | 1,200 | |
| | 8820 | 4000 watt | | 4.20 | 1.905 | | 1,075 | 52.50 | | 1,127.50 | 1,250 | |
| | 8830 | 5000 watt | | 4.20 | 1.905 | | 1,125 | 52.50 | | 1,177.50 | 1,325 | |
| | 8840 | 6000 watt | | 4 | 2 | | 1,150 | 55 | | 1,205 | 1,350 | |
| | 8850 | 8000 watt | | 3.80 | 2.105 | | 1,150 | 58 | | 1,208 | 1,350 | |
| | 8860 | 10,000 watt | | 3.50 | 2.286 | | 1,200 | 63 | | 1,263 | 1,425 | |
| | 8870 | 12,000 watt | | 2.90 | 2.759 | | 1,300 | 76 | | 1,376 | 1,550 | |
| | 8880 | 13,500 watt | | 2.70 | 2.963 | | 1,475 | 81.50 | | 1,556.50 | 1,750 | |
| | 8890 | 16,000 watt | | 2.30 | 3.478 | | 1,625 | 95.50 | | 1,720.50 | 1,950 | |
| | 8900 | 20,000 watt | | 1.90 | 4.211 | | 1,675 | 116 | | 1,791 | 2,025 | |
| | 8920 | 24,000 watt | | 1.60 | 5 | | 1,775 | 138 | | 1,913 | 2,150 | |
| | 8940 | Ceiling mount, 2000 watt | | 3.20 | 2.500 | | 910 | 69 | | 979 | 1,100 | |
| | 8950 | 3000 watt | | 3.20 | 2.500 | | 940 | 69 | | 1,009 | 1,125 | |
| | 8960 | 4000 watt | | 3 | 2.667 | | 1,000 | 73.50 | | 1,073.50 | 1,200 | |
| | 8970 | 5000 watt | | 3 | 2.667 | | 1,050 | 73.50 | | 1,123.50 | 1,250 | |
| | 8980 | 6000 watt | | 2.80 | 2.857 | | 1,075 | 78.50 | | 1,153.50 | 1,300 | |
| | 8990 | 8000 watt | | 2.40 | 3.333 | | 1,100 | 91.50 | | 1,191.50 | 1,350 | |
| | 9000 | 10,000 watt | | 2.20 | 3.636 | | 1,125 | 100 | | 1,225 | 1,400 | |
| | 9020 | 13,500 watt | | 1.50 | 5.333 | | 1,475 | 147 | | 1,622 | 1,850 | |
| | 9030 | 16,000 watt | | 1.30 | 6.154 | | 1,575 | 169 | | 1,744 | 1,975 | |
| | 9040 | 20,000 watt | | .90 | 8.889 | | 1,650 | 244 | | 1,894 | 2,200 | |
| | 9060 | 24,000 watt | | .60 | 13.333 | | 1,725 | 365 | | 2,090 | 2,450 | |
| 140 | 0010 | **LIGHTNING PROTECTION** | | | | | | | | | | 140 |
| | 0200 | Air terminals, copper | | | | | | | | | | |
| | 0400 | 3/8" diameter x 10" (to 75' high) | 1 Elec | 8 | 1 | Ea. | 21 | 27.50 | | 48.50 | 64.50 | |
| | 0500 | 1/2" diameter x 12" (over 75' high) | | 8 | 1 | | 25 | 27.50 | | 52.50 | 69 | |
| | 1000 | Aluminum, 1/2" diameter x 12" (to 75' high) | | 8 | 1 | | 16 | 27.50 | | 43.50 | 59 | |
| | 1100 | 5/8" diameter x 12" (over 75' high) | | 8 | 1 | | 21 | 27.50 | | 48.50 | 64.50 | |
| | 2000 | Cable, copper, 220 lb. per thousand ft. (to 75' high) | | 320 | .025 | L.F. | 1.12 | .69 | | 1.81 | 2.26 | |
| | 2100 | 375 lb. per thousand ft. (over 75' high) | | 230 | .035 | | 1.70 | .96 | | 2.66 | 3.31 | |
| | 2500 | Aluminum, 101 lb. per thousand ft. (to 75' high) | | 280 | .029 | | .28 | .79 | | 1.07 | 1.49 | |
| | 2600 | 199 lb. per thousand ft. (over 75' high) | | 240 | .033 | | .53 | .92 | | 1.45 | 1.96 | |
| | 3000 | Arrestor, 175 volt AC to ground | | 8 | 1 | Ea. | 31 | 27.50 | | 58.50 | 75.50 | |
| | 3100 | 650 volt AC to ground | | 6.70 | 1.194 | " | 77 | 33 | | 110 | 134 | |
| 145 | 0010 | **NURSE CALL SYSTEMS** | | | | | | | | | | 145 |
| | 0100 | Single bedside call station | 1 Elec | 8 | 1 | Ea. | 165 | 27.50 | | 192.50 | 224 | |

# 168 | Special Systems

## 168 100 | Special Systems

| | | CREW | DAILY OUTPUT | MAN-HOURS | UNIT | MAT. | LABOR | EQUIP. | TOTAL | TOTAL INCL O&P | |
|---|---|---|---|---|---|---|---|---|---|---|---|
| 145 | 0200 | Ceiling speaker station | 1 Elec | 8 | 1 | Ea. | 42.50 | 27.50 | | 70 | 88.50 | 145 |
| | 0400 | Emergency call station | | 8 | 1 | | 72 | 27.50 | | 99.50 | 121 | |
| | 0600 | Pillow speaker | | 8 | 1 | | 136 | 27.50 | | 163.50 | 192 | |
| | 0800 | Double bedside call station | | 4 | 2 | | 285 | 55 | | 340 | 400 | |
| | 1000 | Duty station | | 4 | 2 | | 129 | 55 | | 184 | 225 | |
| | 1200 | Standard call button | | 8 | 1 | | 51.50 | 27.50 | | 79 | 98 | |
| | 1400 | Lights, corridor, dome or zone indicator | | 8 | 1 | | 46 | 27.50 | | 73.50 | 92 | |
| | 1600 | Master control station for 20 stations | 2 Elec | .65 | 24.615 | Total | 3,525 | 675 | | 4,200 | 4,900 | |
| 150 | 0010 | **PUBLIC ADDRESS SYSTEM** | | | | | | | | | | 150 |
| | 0100 | Conventional, office | 1 Elec | 5.33 | 1.501 | Speaker | 79 | 41.50 | | 120.50 | 149 | |
| | 0200 | Industrial | " | 2.70 | 2.963 | " | 154 | 81.50 | | 235.50 | 292 | |
| | 0400 | Explosionproof system is 3 times cost of central control | | | | | | | | | | |
| | 0600 | Installation costs run about 120% of material cost | | | | | | | | | | |
| 155 | 0010 | **SOUND SYSTEM** | | | | | | | | | | 155 |
| | 0100 | Components, outlet, projector | 1 Elec | 8 | 1 | Ea. | 34.50 | 27.50 | | 62 | 79.50 | |
| | 0200 | Microphone | | 4 | 2 | | 39 | 55 | | 94 | 126 | |
| | 0400 | Speakers, ceiling or wall | | 8 | 1 | | 67 | 27.50 | | 94.50 | 115 | |
| | 0600 | Trumpets | | 4 | 2 | | 123 | 55 | | 178 | 218 | |
| | 0800 | Privacy switch | | 8 | 1 | | 48 | 27.50 | | 75.50 | 94.50 | |
| | 1000 | Monitor panel | | 4 | 2 | | 217 | 55 | | 272 | 320 | |
| | 1200 | Antenna, AM/FM | | 4 | 2 | | 123 | 55 | | 178 | 218 | |
| | 1400 | Volume control | | 8 | 1 | | 44.50 | 27.50 | | 72 | 90.50 | |
| | 1600 | Amplifier, 250 watts | | 1 | 8 | | 905 | 220 | | 1,125 | 1,325 | |
| | 1800 | Cabinets | | 1 | 8 | | 475 | 220 | | 695 | 855 | |
| | 2000 | Intercom, 25 station capacity, master station | | 1 | 8 | | 1,150 | 220 | | 1,370 | 1,600 | |
| | 2020 | 11 station capacity | | 2 | 4 | | 560 | 110 | | 670 | 780 | |
| | 2200 | Remote station | | 8 | 1 | | 89.50 | 27.50 | | 117 | 140 | |
| | 2400 | Intercom outlets | | 8 | 1 | | 53.50 | 27.50 | | 81 | 101 | |
| | 2600 | Handset | | 4 | 2 | | 172 | 55 | | 227 | 272 | |
| | 2800 | Emergency call system, 12 zones, annunciator | | 1.30 | 6.154 | | 535 | 169 | | 704 | 845 | |
| | 3000 | Bell | | 5.30 | 1.509 | | 55.50 | 41.50 | | 97 | 124 | |
| | 3200 | Light or relay | | 8 | 1 | | 28 | 27.50 | | 55.50 | 72.50 | |
| | 3400 | Transformer | | 4 | 2 | | 123 | 55 | | 178 | 218 | |
| | 3600 | House telephone, talking station | | 1.60 | 5 | | 261 | 138 | | 399 | 495 | |
| | 3800 | Press to talk, release to listen | | 5.30 | 1.509 | | 61 | 41.50 | | 102.50 | 130 | |
| | 4000 | System-on button | | | | | 37 | | | 37 | 40.50 | |
| | 4200 | Door release | 1 Elec | 4 | 2 | | 64.50 | 55 | | 119.50 | 154 | |
| | 4400 | Combination speaker and microphone | | 8 | 1 | | 110 | 27.50 | | 137.50 | 163 | |
| | 4600 | Termination box | | 3.20 | 2.500 | | 34.50 | 69 | | 103.50 | 141 | |
| | 4800 | Amplifier or power supply | | 5.30 | 1.509 | | 400 | 41.50 | | 441.50 | 505 | |
| | 5000 | Vestibule door unit | | 16 | .500 | Name | 73.50 | 13.75 | | 87.25 | 102 | |
| | 5200 | Strip cabinet | | 27 | .296 | Ea. | 140 | 8.15 | | 148.15 | 166 | |
| | 5400 | Directory | | 16 | .500 | | 65.50 | 13.75 | | 79.25 | 92.50 | |
| | 6000 | Master door, button buzzer type, 100 unit | | .27 | 29.630 | | 670 | 815 | | 1,485 | 1,950 | |
| | 6020 | 200 unit | | .15 | 53.333 | | 1,250 | 1,475 | | 2,725 | 3,575 | |
| | 6040 | 300 unit | | .10 | 80 | | 1,875 | 2,200 | | 4,075 | 5,375 | |
| | 6060 | Transformer | | 8 | 1 | | 17.85 | 27.50 | | 45.35 | 61 | |
| | 6080 | Door opener | | 5.30 | 1.509 | | 24.50 | 41.50 | | 66 | 89.50 | |
| | 6100 | Buzzer with door release and plate | | 4 | 2 | | 24.50 | 55 | | 79.50 | 110 | |
| | 6200 | Intercom type, 100 unit | | .27 | 29.630 | | 830 | 815 | | 1,645 | 2,150 | |
| | 6220 | 200 unit | | .15 | 53.333 | | 1,650 | 1,475 | | 3,125 | 4,025 | |
| | 6240 | 300 unit | | .10 | 80 | | 2,450 | 2,200 | | 4,650 | 6,000 | |
| | 6260 | Amplifier | | 2 | 4 | | 123 | 110 | | 233 | 300 | |
| | 6280 | Speaker with door release | | 4 | 2 | | 37 | 55 | | 92 | 123 | |

# 168 | Special Systems

## 168 100 | Special Systems

| | | CREW | DAILY OUTPUT | MAN-HOURS | UNIT | 1994 BARE COSTS MAT. | LABOR | EQUIP. | TOTAL | TOTAL INCL O&P |
|---|---|---|---|---|---|---|---|---|---|---|
| 0010 | **T.V. SYSTEMS** | | | | | | | | | |
| 0100 | Master TV antenna system | | | | | | | | | |
| 0200 | VHF reception & distribution, 12 outlets | 1 Elec | 6 | 1.333 | Outlet | 140 | 36.50 | | 176.50 | 209 |
| 0400 | 30 outlets | | 10 | .800 | | 92.50 | 22 | | 114.50 | 135 |
| 0600 | 100 outlets | | 13 | .615 | | 94.50 | 16.90 | | 111.40 | 130 |
| 0800 | VHF & UHF reception & distribution, 12 outlets | | 6 | 1.333 | | 139 | 36.50 | | 175.50 | 208 |
| 1000 | 30 outlets | | 10 | .800 | | 92.50 | 22 | | 114.50 | 135 |
| 1200 | 100 outlets | | 13 | .615 | | 94.50 | 16.90 | | 111.40 | 130 |
| 1400 | School and deluxe systems, 12 outlets | | 2.40 | 3.333 | | 184 | 91.50 | | 275.50 | 340 |
| 1600 | 30 outlets | | 4 | 2 | | 162 | 55 | | 217 | 261 |
| 1800 | 80 outlets | | 5.30 | 1.509 | | 156 | 41.50 | | 197.50 | 235 |
| 1900 | Amplifier | | 4 | 2 | Ea. | 445 | 55 | | 500 | 575 |
| 1910 | Antenna | | 2 | 4 | " | 128 | 110 | | 238 | 305 |
| 2000 | Closed circuit, surveillance, one station (camera & monitor) | | 1.30 | 6.154 | Total | 895 | 169 | | 1,064 | 1,250 |
| 2200 | For additional camera stations, add | | 2.70 | 2.963 | Ea. | 500 | 81.50 | | 581.50 | 675 |
| 2400 | Industrial quality, one station (camera & monitor) | | 1.30 | 6.154 | Total | 1,850 | 169 | | 2,019 | 2,275 |
| 2600 | For additional camera stations, add | | 2.70 | 2.963 | Ea. | 1,150 | 81.50 | | 1,231.50 | 1,400 |
| 2610 | For low light, add | | 2.70 | 2.963 | | 910 | 81.50 | | 991.50 | 1,125 |
| 2620 | For very low light, add | | 2.70 | 2.963 | | 7,000 | 81.50 | | 7,081.50 | 7,825 |
| 2800 | For weatherproof camera station, add | | 1.30 | 6.154 | | 695 | 169 | | 864 | 1,025 |
| 3000 | For pan and tilt, add | | 1.30 | 6.154 | | 1,800 | 169 | | 1,969 | 2,225 |
| 3200 | For zoom lens - remote control, add, minimum | | 2 | 4 | | 1,675 | 110 | | 1,785 | 2,025 |
| 3400 | Maximum | | 2 | 4 | | 6,075 | 110 | | 6,185 | 6,850 |
| 3410 | For automatic iris for low light, add | | 2 | 4 | | 1,450 | 110 | | 1,560 | 1,775 |
| 3600 | Educational T.V. studio, basic 3 camera system, black & white, | | | | | | | | | |
| 3800 | electrical & electronic equip. only, minimum | 4 Elec | .80 | 40 | Total | 8,650 | 1,100 | | 9,750 | 11,200 |
| 4000 | Maximum (full console) | | .28 | 114 | | 36,800 | 3,150 | | 39,950 | 45,200 |
| 4100 | As above, but color system, minimum | | .28 | 114 | | 48,700 | 3,150 | | 51,850 | 58,000 |
| 4120 | Maximum | | .12 | 266 | | 212,000 | 7,325 | | 219,325 | 244,000 |
| 4200 | For film chain, black & white, add | 1 Elec | 1 | 8 | Ea. | 9,875 | 220 | | 10,095 | 11,200 |
| 4250 | Color, add | | .25 | 32 | | 12,000 | 880 | | 12,880 | 14,500 |
| 4400 | For video tape recorders, add, minimum | | 1 | 8 | | 2,700 | 220 | | 2,920 | 3,300 |
| 4600 | Maximum | 4 Elec | .40 | 80 | | 17,300 | 2,200 | | 19,500 | 22,300 |
| 0010 | **RESIDENTIAL WIRING** | | | | | | | | | |
| 0020 | 20' avg. runs and #14/2 wiring incl. unless otherwise noted | | | | | | | | | |
| 1000 | Service & panel, includes 24' SE-AL cable, service eye, meter, | | | | | | | | | |
| 1010 | Socket, panel board, main bkr., ground rod, 15 or 20 amp | | | | | | | | | |
| 1020 | 1-pole circuit breakers, and misc. hardware | | | | | | | | | |
| 1100 | 100 amp, with 10 branch breakers | 1 Elec | 1.19 | 6.723 | Ea. | 305 | 185 | | 490 | 620 |
| 1110 | With PVC conduit and wire | | .92 | 8.696 | | 330 | 239 | | 569 | 725 |
| 1120 | With RGS conduit and wire | | .73 | 10.959 | | 440 | 300 | | 740 | 940 |
| 1150 | 150 amp, with 14 branch breakers | | 1.03 | 7.767 | | 505 | 214 | | 719 | 875 |
| 1170 | With PVC conduit and wire | | .82 | 9.756 | | 545 | 268 | | 813 | 1,000 |
| 1180 | With RGS conduit and wire | | .67 | 11.940 | | 665 | 330 | | 995 | 1,225 |
| 1200 | 200 amp, with 18 branch breakers | | .90 | 8.889 | | 625 | 244 | | 869 | 1,050 |
| 1220 | With PVC conduit and wire | | .73 | 10.959 | | 665 | 300 | | 965 | 1,175 |
| 1230 | With RGS conduit and wire | | .62 | 12.903 | | 890 | 355 | | 1,245 | 1,525 |
| 1800 | Lightning surge suppressor for above services, add | | 32 | .250 | | 34.50 | 6.90 | | 41.40 | 48.50 |
| 2000 | Switch devices | | | | | | | | | |
| 2100 | Single pole, 15 amp, Ivory, with a 1-gang box, cover plate, | | | | | | | | | |
| 2110 | Type NM (Romex) cable | 1 Elec | 17.10 | .468 | Ea. | 6.45 | 12.85 | | 19.30 | 26.50 |
| 2120 | Type MC (BX) cable | | 14.30 | .559 | | 12.25 | 15.40 | | 27.65 | 36.50 |
| 2130 | EMT & wire | | 5.71 | 1.401 | | 15.60 | 38.50 | | 54.10 | 75 |
| 2150 | 3-way, #14/3, type NM cable | | 14.55 | .550 | | 10.75 | 15.10 | | 25.85 | 34.50 |
| 2170 | Type MC cable | | 12.31 | .650 | | 14.50 | 17.85 | | 32.35 | 43 |

## 168 | Special Systems

| 168 100 | Special Systems | CREW | DAILY OUTPUT | MAN-HOURS | UNIT | 1994 BARE COSTS MAT. | LABOR | EQUIP. | TOTAL | TOTAL INCL O&P |
|---|---|---|---|---|---|---|---|---|---|---|
| 2180 | EMT & wire | 1 Elec | 5 | 1.600 | Ea. | 17 | 44 | | 61 | 84.50 |
| 2200 | 4-way, #14/3, type NM cable | | 14.55 | .550 | | 21 | 15.10 | | 36.10 | 45.50 |
| 2220 | Type MC cable | | 12.31 | .650 | | 25 | 17.85 | | 42.85 | 54.50 |
| 2230 | EMT & wire | | 5 | 1.600 | | 26.50 | 44 | | 70.50 | 95 |
| 2250 | S.P., 20 amp, #12/2, type NM cable | | 13.33 | .600 | | 12.05 | 16.50 | | 28.55 | 38.50 |
| 2270 | Type MC cable | | 11.43 | .700 | | 16.80 | 19.25 | | 36.05 | 47.50 |
| 2280 | EMT & wire | | 4.85 | 1.649 | | 20 | 45.50 | | 65.50 | 90 |
| 2300 | S.P. rotary dimmer, 600W, type NM cable | | 14.55 | .550 | | 14.90 | 15.10 | | 30 | 39 |
| 2320 | Type MC cable | | 12.31 | .650 | | 21 | 17.85 | | 38.85 | 50 |
| 2330 | EMT & wire | | 5 | 1.600 | | 24 | 44 | | 68 | 92.50 |
| 2350 | 3-way rotary dimmer, type NM cable | | 13.33 | .600 | | 22 | 16.50 | | 38.50 | 49 |
| 2370 | Type MC cable | | 11.43 | .700 | | 26.50 | 19.25 | | 45.75 | 58 |
| 2380 | EMT & wire | | 4.85 | 1.649 | | 29 | 45.50 | | 74.50 | 100 |
| 2400 | Interval timer wall switch, 20 amp, 1-30 min., #12/2 | | | | | | | | | |
| 2410 | Type NM cable | 1 Elec | 14.55 | .550 | Ea. | 22 | 15.10 | | 37.10 | 46.50 |
| 2420 | Type MC cable | | 12.31 | .650 | | 27.50 | 17.85 | | 45.35 | 57.50 |
| 2430 | EMT & wire | | 5 | 1.600 | | 31 | 44 | | 75 | 100 |
| 2500 | Decorator style | | | | | | | | | |
| 2510 | S.P., 15 amp, type NM cable | 1 Elec | 17.10 | .468 | Ea. | 9.10 | 12.85 | | 21.95 | 29.50 |
| 2520 | Type MC cable | | 14.30 | .559 | | 15.10 | 15.40 | | 30.50 | 39.50 |
| 2530 | EMT & wire | | 5.71 | 1.401 | | 18.45 | 38.50 | | 56.95 | 78.50 |
| 2550 | 3-way, #14/3, type NM cable | | 14.55 | .550 | | 12.70 | 15.10 | | 27.80 | 36.50 |
| 2570 | Type MC cable | | 12.31 | .650 | | 18 | 17.85 | | 35.85 | 47 |
| 2580 | EMT & wire | | 5 | 1.600 | | 20.50 | 44 | | 64.50 | 88.50 |
| 2600 | 4-way, #14/3, type NM cable | | 14.55 | .550 | | 23.50 | 15.10 | | 38.60 | 48.50 |
| 2620 | Type MC cable | | 12.31 | .650 | | 27.50 | 17.85 | | 45.35 | 57.50 |
| 2630 | EMT & wire | | 5 | 1.600 | | 30 | 44 | | 74 | 99 |
| 2650 | S.P., 20 amp, #12/2, type NM cable | | 13.33 | .600 | | 17 | 16.50 | | 33.50 | 43.50 |
| 2670 | Type MC cable | | 11.43 | .700 | | 21.50 | 19.25 | | 40.75 | 52.50 |
| 2680 | EMT & wire | | 4.85 | 1.649 | | 25 | 45.50 | | 70.50 | 95.50 |
| 2700 | S.P., slide dimmer, type NM cable | | 17.10 | .468 | | 20.50 | 12.85 | | 33.35 | 42 |
| 2720 | Type MC cable | | 14.30 | .559 | | 26.50 | 15.40 | | 41.90 | 52 |
| 2730 | EMT & wire | | 5.71 | 1.401 | | 30.50 | 38.50 | | 69 | 91.50 |
| 2750 | S.P., touch dimmer, type NM cable | | 17.10 | .468 | | 28 | 12.85 | | 40.85 | 50.50 |
| 2770 | Type MC cable | | 14.30 | .559 | | 33.50 | 15.40 | | 48.90 | 60 |
| 2780 | EMT & wire | | 5.71 | 1.401 | | 37.50 | 38.50 | | 76 | 99.50 |
| 2800 | 3-way touch dimmer, type NM cable | | 13.33 | .600 | | 39.50 | 16.50 | | 56 | 68.50 |
| 2820 | Type MC cable | | 11.43 | .700 | | 44.50 | 19.25 | | 63.75 | 78 |
| 2830 | EMT & wire | | 4.85 | 1.649 | | 46.50 | 45.50 | | 92 | 119 |
| 3000 | Combination devices | | | | | | | | | |
| 3100 | S.P. switch/15 amp recpt., Ivory, 1-gang box, plate | | | | | | | | | |
| 3110 | Type NM cable | 1 Elec | 11.43 | .700 | Ea. | 12.95 | 19.25 | | 32.20 | 43.50 |
| 3120 | Type MC cable | | 10 | .800 | | 23 | 22 | | 45 | 58.50 |
| 3130 | EMT & wire | | 4.40 | 1.818 | | 26.50 | 50 | | 76.50 | 104 |
| 3150 | S.P. switch/pilot light, type NM cable | | 11.43 | .700 | | 12.80 | 19.25 | | 32.05 | 43 |
| 3170 | Type MC cable | | 10 | .800 | | 18.10 | 22 | | 40.10 | 53 |
| 3180 | EMT & wire | | 4.43 | 1.806 | | 21.50 | 49.50 | | 71 | 98 |
| 3200 | 2-S.P. switches, 2-#14/2, type NM cables | | 10 | .800 | | 16.50 | 22 | | 38.50 | 51 |
| 3220 | Type MC cable | | 8.89 | .900 | | 25.50 | 25 | | 50.50 | 65 |
| 3230 | EMT & wire | | 4.10 | 1.951 | | 24 | 53.50 | | 77.50 | 107 |
| 3250 | 3-way switch/15 amp recpt., #14/3, type NM cable | | 10 | .800 | | 23 | 22 | | 45 | 58.50 |
| 3270 | Type MC cable | | 8.89 | .900 | | 26.50 | 25 | | 51.50 | 66 |
| 3280 | EMT & wire | | 4.10 | 1.951 | | 29.50 | 53.50 | | 83 | 113 |
| 3300 | 2-3 way switches, 2-#14/3 type NM cables | | 8.89 | .900 | | 29.50 | 25 | | 54.50 | 69.50 |
| 3320 | Type MC cable | | 8 | 1 | | 34 | 27.50 | | 61.50 | 79 |
| 3330 | EMT & wire | | 4 | 2 | | 33 | 55 | | 88 | 119 |

## 168 | Special Systems

### 168 100 | Special Systems

| | | CREW | DAILY OUTPUT | MAN-HOURS | UNIT | 1994 BARE COSTS MAT. | LABOR | EQUIP. | TOTAL | TOTAL INCL O&P | |
|---|---|---|---|---|---|---|---|---|---|---|---|
| 170 | 3350 S.P. switch/20 amp recpt., #12/2 type NM cable | 1 Elec | 10 | .800 | Ea. | 21 | 22 | | 43 | 56 | 170 |
| | 3370 Type MC cable | | 8.89 | .900 | | 26.50 | 25 | | 51.50 | 66 | |
| | 3380 EMT & wire | ↓ | 4.10 | 1.951 | ↓ | 29.50 | 53.50 | | 83 | 113 | |
| | 3400 Decorator style | | | | | | | | | | |
| | 3410 S.P. switch/15 amp recpt., type NM cable | 1 Elec | 11.43 | .700 | Ea. | 21.50 | 19.25 | | 40.75 | 52.50 | |
| | 3420 Type MC cable | | 10 | .800 | | 23 | 22 | | 45 | 58.50 | |
| | 3430 EMT & wire | | 4.40 | 1.818 | | 26.50 | 50 | | 76.50 | 104 | |
| | 3450 S.P. switch/pilot light, type NM cable | | 11.43 | .700 | | 18.40 | 19.25 | | 37.65 | 49 | |
| | 3470 Type MC cable | | 10 | .800 | | 23.50 | 22 | | 45.50 | 59 | |
| | 3480 EMT & wire | | 4.40 | 1.818 | | 28.50 | 50 | | 78.50 | 107 | |
| | 3500 2-S.P. switches, 2-#14/2 type NM cables | | 10 | .800 | | 21 | 22 | | 43 | 56 | |
| | 3520 Type MC cable | | 8.89 | .900 | | 29.50 | 25 | | 54.50 | 69.50 | |
| | 3530 EMT & wire | | 4.10 | 1.951 | | 28.50 | 53.50 | | 82 | 112 | |
| | 3550 3-way/15 amp recpt., #14/3 type NM cable | | 10 | .800 | | 27 | 22 | | 49 | 62.50 | |
| | 3570 Type MC cable | | 8.89 | .900 | | 30.50 | 25 | | 55.50 | 70.50 | |
| | 3580 EMT & wire | | 4.10 | 1.951 | | 32.50 | 53.50 | | 86 | 117 | |
| | 3650 2-3 way switches, 2-3 #14/3 type NM cables | | 8.89 | .900 | | 35.50 | 25 | | 60.50 | 76 | |
| | 3670 Type MC cable | | 8 | 1 | | 40 | 27.50 | | 67.50 | 85.50 | |
| | 3680 EMT & wire | | 4 | 2 | | 39 | 55 | | 94 | 126 | |
| | 3700 S.P. switch/20 amp recpt., #12/2 type NM cable | | 10 | .800 | | 24.50 | 22 | | 46.50 | 60 | |
| | 3720 Type MC cable | | 8.89 | .900 | | 30.50 | 25 | | 55.50 | 70.50 | |
| | 3730 EMT & wire | ↓ | 4.10 | 1.951 | ↓ | 32.50 | 53.50 | | 86 | 117 | |
| | 4000 Receptacle devices | | | | | | | | | | |
| | 4010 Duplex outlet, 15 amp recpt., Ivory, 1-gang box, plate | | | | | | | | | | |
| | 4015 Type NM cable | 1 Elec | 12.31 | .650 | Ea. | 6.50 | 17.85 | | 24.35 | 34 | |
| | 4020 Type MC cable | | 12.31 | .650 | | 11.75 | 17.85 | | 29.60 | 40 | |
| | 4030 EMT & wire | | 5.33 | 1.501 | | 15.15 | 41.50 | | 56.65 | 78.50 | |
| | 4050 With #12/2 type NM cable | | 12.31 | .650 | | 7.80 | 17.85 | | 25.65 | 35.50 | |
| | 4070 Type MC cable | | 10.67 | .750 | | 14.05 | 20.50 | | 34.55 | 46.50 | |
| | 4080 EMT & wire | | 4.71 | 1.699 | | 16.20 | 46.50 | | 62.70 | 88 | |
| | 4100 20 amp recpt., #12/2 type NM cable | | 12.31 | .650 | | 10.60 | 17.85 | | 28.45 | 38.50 | |
| | 4120 Type MC cable | | 10.67 | .750 | | 15.55 | 20.50 | | 36.05 | 48 | |
| | 4130 EMT & wire | ↓ | 4.71 | 1.699 | ↓ | 18.90 | 46.50 | | 65.40 | 91 | |
| | 4140 For GFI see line 4300 below | | | | | | | | | | |
| | 4150 Decorator style, 15 amp recpt., type NM cable | 1 Elec | 14.55 | .550 | Ea. | 8 | 15.10 | | 23.10 | 31.50 | |
| | 4170 Type MC cable | | 12.31 | .650 | | 13.10 | 17.85 | | 30.95 | 41.50 | |
| | 4180 EMT & wire | | 5.33 | 1.501 | | 16.40 | 41.50 | | 57.90 | 80 | |
| | 4200 With #12/2, type NM cable | | 12.31 | .650 | | 9.35 | 17.85 | | 27.20 | 37.50 | |
| | 4220 Type MC cable | | 10.67 | .750 | | 14.30 | 20.50 | | 34.80 | 47 | |
| | 4230 EMT & wire | | 4.71 | 1.699 | | 17.65 | 46.50 | | 64.15 | 89.50 | |
| | 4250 20 amp recpt. #12/2, type NM cable | | 12.31 | .650 | | 13.40 | 17.85 | | 31.25 | 42 | |
| | 4270 Type MC cable | | 10.67 | .750 | | 17.05 | 20.50 | | 37.55 | 50 | |
| | 4280 EMT & wire | | 4.71 | 1.699 | | 22 | 46.50 | | 68.50 | 94 | |
| | 4300 GFI, 15 amp recpt., type NM cable | | 12.31 | .650 | | 32 | 17.85 | | 49.85 | 62 | |
| | 4320 Type MC cable | | 10.67 | .750 | | 36.50 | 20.50 | | 57 | 71 | |
| | 4330 EMT & wire | | 4.71 | 1.699 | | 40 | 46.50 | | 86.50 | 114 | |
| | 4350 GFI with #12/2, type NM cable | | 10.67 | .750 | | 33 | 20.50 | | 53.50 | 67.50 | |
| | 4370 Type MC cable | | 9.20 | .870 | | 38 | 24 | | 62 | 78 | |
| | 4380 EMT & wire | | 4.21 | 1.900 | | 41.50 | 52.50 | | 94 | 124 | |
| | 4400 20 amp recpt., #12/2 type NM cable | | 10.67 | .750 | | 35.50 | 20.50 | | 56 | 70 | |
| | 4420 Type MC cable | | 9.20 | .870 | | 40 | 24 | | 64 | 80 | |
| | 4430 EMT & wire | | 4.21 | 1.900 | | 42.50 | 52.50 | | 95 | 126 | |
| | 4500 Weather-proof cover for above receptacles, add | ↓ | 32 | .250 | ↓ | 4.05 | 6.90 | | 10.95 | 14.80 | |
| | 4550 Air conditioner outlet, 20 amp-240 volt recpt. | | | | | | | | | | |
| | 4560 30' of #12/2, 2 pole circuit breaker | | | | | | | | | | |
| | 4570 Type NM cable | 1 Elec | 10 | .800 | Ea. | 29.50 | 22 | | 51.50 | 65.50 | |

## 168 | Special Systems

### 168 100 | Special Systems

| | | CREW | DAILY OUTPUT | MAN-HOURS | UNIT | 1994 BARE COSTS MAT. | LABOR | EQUIP. | TOTAL | TOTAL INCL O&P |
|---|---|---|---|---|---|---|---|---|---|---|
| 4580 | Type MC cable | 1 Elec | 9 | .889 | Ea. | 35.50 | 24.50 | | 60 | 76 |
| 4590 | EMT & wire | | 4 | 2 | | 48.50 | 55 | | 103.50 | 136 |
| 4600 | Decorator style, type NM cable | | 10 | .800 | | 31.50 | 22 | | 53.50 | 67.50 |
| 4620 | Type MC cable | | 9 | .889 | | 38 | 24.50 | | 62.50 | 79 |
| 4630 | EMT & wire | | 4 | 2 | | 49.50 | 55 | | 104.50 | 137 |
| 4650 | Dryer outlet, 30 amp-240 volt recpt., 20' of #10/3 | | | | | | | | | |
| 4660 | 2 pole circuit breaker | | | | | | | | | |
| 4670 | Type NM cable | 1 Elec | 6.41 | 1.248 | Ea. | 48.50 | 34.50 | | 83 | 105 |
| 4680 | Type MC cable | | 5.71 | 1.401 | | 49.50 | 38.50 | | 88 | 113 |
| 4690 | EMT & wire | | 3.48 | 2.299 | | 46 | 63 | | 109 | 146 |
| 4700 | Range outlet, 50 amp-240 volt recpt., 30' of #8/3 | | | | | | | | | |
| 4710 | Type NM cable | 1 Elec | 4.21 | 1.900 | Ea. | 81.50 | 52.50 | | 134 | 168 |
| 4720 | Type MC cable | | 4 | 2 | | 79 | 55 | | 134 | 170 |
| 4730 | EMT & wire | | 2.96 | 2.703 | | 66.50 | 74.50 | | 141 | 185 |
| 4750 | Central vacuum outlet | | 6.40 | 1.250 | | 60 | 34.50 | | 94.50 | 118 |
| 4770 | Type MC cable | | 5.71 | 1.401 | | 42.50 | 38.50 | | 81 | 105 |
| 4780 | EMT & wire | | 3.48 | 2.299 | | 56 | 63 | | 119 | 157 |
| 4800 | 30 amp-110 volt locking recpt., #10/2 circ. bkr. | | | | | | | | | |
| 4810 | Type NM cable | 1 Elec | 6.20 | 1.290 | Ea. | 52 | 35.50 | | 87.50 | 111 |
| 4820 | Type MC cable | | 5.40 | 1.481 | | 56 | 40.50 | | 96.50 | 123 |
| 4830 | EMT & wire | | 3.20 | 2.500 | | 51 | 69 | | 120 | 159 |
| 4900 | Low voltage outlets | | | | | | | | | |
| 4910 | Telephone recpt., 20' of 4/C phone wire | 1 Elec | 26 | .308 | Ea. | 5.95 | 8.45 | | 14.40 | 19.25 |
| 4920 | TV recpt., 20' of RG59U coax wire, F type connector | " | 16 | .500 | " | 9 | 13.75 | | 22.75 | 30.50 |
| 4950 | Door bell chime, transformer, 2 buttons, 60' of bellwire | | | | | | | | | |
| 4970 | Economy model | 1 Elec | 11.50 | .696 | Ea. | 50.50 | 19.15 | | 69.65 | 84.50 |
| 4980 | Custom model | | 11.50 | .696 | | 103 | 19.15 | | 122.15 | 142 |
| 4990 | Luxury model, 3 buttons | | 9.50 | .842 | | 220 | 23 | | 243 | 277 |
| 6000 | Lighting outlets | | | | | | | | | |
| 6050 | Wire only (for fixture), type NM cable | 1 Elec | 32 | .250 | Ea. | 3.87 | 6.90 | | 10.77 | 14.60 |
| 6070 | Type MC cable | | 24 | .333 | | 7.65 | 9.15 | | 16.80 | 22 |
| 6080 | EMT & wire | | 10 | .800 | | 10.30 | 22 | | 32.30 | 44.50 |
| 6100 | Box (4"), and wire (for fixture), type NM cable | | 25 | .320 | | 6.70 | 8.80 | | 15.50 | 20.50 |
| 6120 | Type MC cable | | 20 | .400 | | 11.85 | 11 | | 22.85 | 29.50 |
| 6130 | EMT & wire | | 11 | .727 | | 14.45 | 20 | | 34.45 | 46 |
| 6200 | Fixtures (use with lines 6050 or 6100 above) | | | | | | | | | |
| 6210 | Canopy style, economy grade | 1 Elec | 40 | .200 | Ea. | 22 | 5.50 | | 27.50 | 32.50 |
| 6220 | Custom grade | | 40 | .200 | | 40 | 5.50 | | 45.50 | 52.50 |
| 6250 | Dining room chandelier, economy grade | | 19 | .421 | | 65.50 | 11.60 | | 77.10 | 89.50 |
| 6260 | Custom grade | | 19 | .421 | | 194 | 11.60 | | 205.60 | 230 |
| 6270 | Luxury grade | | 15 | .533 | | 430 | 14.65 | | 444.65 | 495 |
| 6310 | Kitchen fixture (fluorescent), economy grade | | 30 | .267 | | 44.50 | 7.35 | | 51.85 | 60 |
| 6320 | Custom grade | | 25 | .320 | | 141 | 8.80 | | 149.80 | 168 |
| 6350 | Outdoor, wall mounted, economy grade | | 30 | .267 | | 25.50 | 7.35 | | 32.85 | 39 |
| 6360 | Custom grade | | 30 | .267 | | 88 | 7.35 | | 95.35 | 108 |
| 6370 | Luxury grade | | 25 | .320 | | 199 | 8.80 | | 207.80 | 232 |
| 6410 | Outdoor Par floodlights, 1 lamp, 150 watt | | 20 | .400 | | 16.95 | 11 | | 27.95 | 35 |
| 6420 | 2 lamp, 150 watt each | | 20 | .400 | | 28 | 11 | | 39 | 47.50 |
| 6430 | For infrared security sensor, add | | 32 | .250 | | 84 | 6.90 | | 90.90 | 103 |
| 6450 | Outdoor, quartz-halogen, 300 watt flood | | 20 | .400 | | 31 | 11 | | 42 | 50.50 |
| 6600 | Recessed downlight, round, pre-wired, 50 or 75 watt trim | | 30 | .267 | | 30 | 7.35 | | 37.35 | 44 |
| 6610 | With shower light trim | | 30 | .267 | | 36 | 7.35 | | 43.35 | 50.50 |
| 6620 | With wall washer trim | | 28 | .286 | | 45 | 7.85 | | 52.85 | 61.50 |
| 6630 | With eye-ball trim | | 28 | .286 | | 42 | 7.85 | | 49.85 | 58 |
| 6640 | For direct contact with insulation, add | | | | | 1.35 | | | 1.35 | 1.49 |
| 6700 | Porcelain lamp holder | 1 Elec | 40 | .200 | | 3.05 | 5.50 | | 8.55 | 11.60 |

## 168 | Special Systems

### 168 100 | Special Systems

| | | CREW | DAILY OUTPUT | MAN-HOURS | UNIT | 1994 BARE COSTS MAT. | LABOR | EQUIP. | TOTAL | TOTAL INCL O&P | |
|---|---|---|---|---|---|---|---|---|---|---|---|
| 170 | 6710 | With pull switch | 1 Elec | 40 | .200 | Ea. | 3.40 | 5.50 | | 8.90 | 12 | 170 |
| | 6750 | Fluorescent strip, 1-20 watt tube, wrap around diffuser, 24" | | 24 | .333 | | 45 | 9.15 | | 54.15 | 63.50 | |
| | 6760 | 1-40 watt tube, 48" | | 24 | .333 | | 63.50 | 9.15 | | 72.65 | 84 | |
| | 6770 | 2-40 watt tubes, 48" | | 20 | .400 | | 76 | 11 | | 87 | 100 | |
| | 6780 | With residential ballast | | 20 | .400 | | 78.50 | 11 | | 89.50 | 103 | |
| | 6800 | Bathroom heat lamp, 1-250 watt | | 28 | .286 | | 26.50 | 7.85 | | 34.35 | 41 | |
| | 6810 | 2-250 watt lamps | | 28 | .286 | | 44.50 | 7.85 | | 52.35 | 61 | |
| | 6820 | For timer switch, see line 2400 | | | | | | | | | | |
| | 6900 | Outdoor post lamp, incl. post, fixture, 35' of #14/2 | | | | | | | | | | |
| | 6910 | Type NMC cable | 1 Elec | 3.50 | 2.286 | Ea. | 157 | 63 | | 220 | 268 | |
| | 6920 | Photo-eye, add | | 27 | .296 | | 25 | 8.15 | | 33.15 | 40 | |
| | 6950 | Clock dial time switch, 24 hr., w/enclosure, type NM cable | | 11.43 | .700 | | 45 | 19.25 | | 64.25 | 78.50 | |
| | 6970 | Type MC cable | | 11 | .727 | | 49.50 | 20 | | 69.50 | 84.50 | |
| | 6980 | EMT & wire | | 4.85 | 1.649 | | 51.50 | 45.50 | | 97 | 125 | |
| | 7000 | Alarm systems | | | | | | | | | | |
| | 7050 | Smoke detectors, box, #14/3 type NM cable | 1 Elec | 14.55 | .550 | Ea. | 24 | 15.10 | | 39.10 | 49 | |
| | 7070 | Type MC cable | | 12.31 | .650 | | 29 | 17.85 | | 46.85 | 59 | |
| | 7080 | EMT & wire | | 5 | 1.600 | | 43 | 44 | | 87 | 114 | |
| | 7090 | For relay output to security system, add | | | | | 10.10 | | | 10.10 | 11.10 | |
| | 8000 | Residential equipment | | | | | | | | | | |
| | 8050 | Disposal hook-up, incl. switch, outlet box, 3' of flex | | | | | | | | | | |
| | 8060 | 20 amp-1 pole circ. bkr., and 25' of #12/2 | | | | | | | | | | |
| | 8070 | Type NM cable | 1 Elec | 10 | .800 | Ea. | 19.85 | 22 | | 41.85 | 55 | |
| | 8080 | Type MC cable | | 8 | 1 | | 23.50 | 27.50 | | 51 | 67.50 | |
| | 8090 | EMT & wire | | 5 | 1.600 | | 25.50 | 44 | | 69.50 | 94 | |
| | 8100 | Trash compactor or dishwasher hook-up, incl. outlet box, | | | | | | | | | | |
| | 8110 | 3' of flex, 15 amp-1 pole circ. bkr., and 25' of #14/2 | | | | | | | | | | |
| | 8120 | Type NM cable | 1 Elec | 10 | .800 | Ea. | 13.45 | 22 | | 35.45 | 48 | |
| | 8130 | Type MC cable | | 8 | 1 | | 16.50 | 27.50 | | 44 | 59.50 | |
| | 8140 | EMT & wire | | 5 | 1.600 | | 19.85 | 44 | | 63.85 | 88 | |
| | 8150 | Hot water sink dispensor hook-up, use line 8100 | | | | | | | | | | |
| | 8200 | Vent/exhaust fan hook-up, type NM cable | 1 Elec | 32 | .250 | Ea. | 3.87 | 6.90 | | 10.77 | 14.60 | |
| | 8220 | Type MC cable | | 24 | .333 | | 7.70 | 9.15 | | 16.85 | 22.50 | |
| | 8230 | EMT & wire | | 10 | .800 | | 10.30 | 22 | | 32.30 | 44.50 | |
| | 8250 | Bathroom vent fan, 50 CFM (use with above hook-up) | | | | | | | | | | |
| | 8260 | Economy model | 1 Elec | 15 | .533 | Ea. | 20.50 | 14.65 | | 35.15 | 44.50 | |
| | 8270 | Low noise model | | 15 | .533 | | 27 | 14.65 | | 41.65 | 51.50 | |
| | 8280 | Custom model | | 12 | .667 | | 97 | 18.35 | | 115.35 | 135 | |
| | 8300 | Bathroom or kitchen vent fan, 110 CFM | | | | | | | | | | |
| | 8310 | Economy model | 1 Elec | 15 | .533 | Ea. | 51.50 | 14.65 | | 66.15 | 78.50 | |
| | 8320 | Low noise model | " | 15 | .533 | " | 67 | 14.65 | | 81.65 | 95.50 | |
| | 8350 | Paddle fan, variable speed (w/o lights) | | | | | | | | | | |
| | 8360 | Economy model (AC motor) | 1 Elec | 10 | .800 | Ea. | 80 | 22 | | 102 | 121 | |
| | 8370 | Custom model (AC motor) | | 10 | .800 | | 140 | 22 | | 162 | 187 | |
| | 8380 | Luxury model (DC motor) | | 8 | 1 | | 285 | 27.50 | | 312.50 | 355 | |
| | 8390 | Remote speed switch for above, add | | 12 | .667 | | 18.35 | 18.35 | | 36.70 | 47.50 | |
| | 8500 | Whole house exhaust fan, ceiling mount, 36", variable speed | | | | | | | | | | |
| | 8510 | Remote switch, incl. shutters, 20 amp-1 pole circ. bkr. | | | | | | | | | | |
| | 8520 | 30' of #12/2 type NM cable | 1 Elec | 4 | 2 | Ea. | 415 | 55 | | 470 | 540 | |
| | 8530 | Type MC cable | | 3.50 | 2.286 | | 425 | 63 | | 488 | 565 | |
| | 8540 | EMT & wire | | 3 | 2.667 | | 445 | 73.50 | | 518.50 | 600 | |
| | 8600 | Whirlpool tub hook-up, incl. timer switch, outlet box | | | | | | | | | | |
| | 8610 | 3' of flex, 20 amp-1 pole GFI circ. bkr. | | | | | | | | | | |
| | 8620 | 30' of #12/2 type NM cable | 1 Elec | 5 | 1.600 | Ea. | 68 | 44 | | 112 | 141 | |
| | 8630 | Type MC cable | | 4.20 | 1.905 | | 71 | 52.50 | | 123.50 | 157 | |
| | 8640 | EMT & wire | | 3.40 | 2.353 | | 73 | 64.50 | | 137.50 | 178 | |

16 ELECTRICAL

## 168 | Special Systems

### 168 100 | Special Systems

| | | | CREW | DAILY OUTPUT | MAN-HOURS | UNIT | MAT. | LABOR | EQUIP. | TOTAL | TOTAL INCL O&P | |
|---|---|---|---|---|---|---|---|---|---|---|---|---|
| 170 | 8650 | Hot water heater hook-up, incl. 1-2 pole circ. bkr., box; | | | | | | | | | | 170 |
| | 8660 | 3' of flex, 20' of #10/2 type NM cable | 1 Elec | 5 | 1.600 | Ea. | 13.40 | 44 | | 57.40 | 81 | |
| | 8670 | Type MC cable | | 4.20 | 1.905 | | 16.50 | 52.50 | | 69 | 97 | |
| | 8680 | EMT & wire | ↓ | 3.40 | 2.353 | ↓ | 19.55 | 64.50 | | 84.05 | 119 | |
| | 9000 | Heating/air conditioning | | | | | | | | | | |
| | 9050 | Furnace/boiler hook-up, incl. firestat, local on-off switch | | | | | | | | | | |
| | 9060 | Emergency switch, and 40' of type NM cable | 1 Elec | 4 | 2 | Ea. | 33 | 55 | | 88 | 119 | |
| | 9070 | Type MC cable | | 3.50 | 2.286 | | 40 | 63 | | 103 | 139 | |
| | 9080 | EMT & wire | ↓ | 1.50 | 5.333 | ↓ | 44.50 | 147 | | 191.50 | 270 | |
| | 9100 | Air conditioner hook-up, incl. local 60 amp disc. switch | | | | | | | | | | |
| | 9110 | 3' Sealtite, 40 amp, 2 pole circuit breaker | | | | | | | | | | |
| | 9130 | 40' of #8/2 type NM cable | 1 Elec | 3.50 | 2.286 | Ea. | 118 | 63 | | 181 | 225 | |
| | 9140 | Type MC cable | | 3 | 2.667 | | 124 | 73.50 | | 197.50 | 246 | |
| | 9150 | EMT & wire | ↓ | 1.30 | 6.154 | | 126 | 169 | | 295 | 395 | |
| | 9200 | Heat pump hook-up, 1-40 & 1-100 amp 2 pole circ. bkr. | | | | | | | | | | |
| | 9210 | Local disconnect switch, 3' Sealtite | | | | | | | | | | |
| | 9220 | 40' of #8/2 & 30' of #3/2 | | | | | | | | | | |
| | 9230 | Type NM cable | 1 Elec | 1.30 | 6.154 | Ea. | 290 | 169 | | 459 | 575 | |
| | 9240 | Type MC cable | | 1.08 | 7.407 | | 296 | 204 | | 500 | 630 | |
| | 9250 | EMT & wire | ↓ | .94 | 8.511 | ↓ | 285 | 234 | | 519 | 665 | |
| | 9500 | Thermostat hook-up, using low voltage wire | | | | | | | | | | |
| | 9520 | Heating only | 1 Elec | 24 | .333 | Ea. | 3.87 | 9.15 | | 13.02 | 18.05 | |
| | 9530 | Heating/cooling | " | 20 | .400 | " | 4.31 | 11 | | 15.31 | 21.50 | |

## 169 | Power Transmission and Distribution

### 169 100 | Power Trans. & Dist.

| | | | CREW | DAILY OUTPUT | MAN-HOURS | UNIT | MAT. | LABOR | EQUIP. | TOTAL | TOTAL INCL O&P | |
|---|---|---|---|---|---|---|---|---|---|---|---|---|
| 110 | 0010 | LINE POLES & FIXTURES | R169-115 | | | | | | | | | 110 |
| | 0100 | Digging holes in earth, average | R-5 | 25.14 | 3.500 | Ea. | | 85 | 57 | 142 | 193 | |
| | 0105 | In rock, average | " | 4.51 | 19.512 | | | 475 | 315 | 790 | 1,075 | |
| | 0200 | Wood poles, material handling and spotting | R-7 | 6.49 | 7.396 | | | 149 | 27 | 176 | 263 | |
| | 0220 | Erect wood poles, in earth | R-5 | 6.77 | 12.999 | | 770 | 315 | 211 | 1,296 | 1,550 | |
| | 0250 | In rock | " | 5.87 | 14.991 | ↓ | 770 | 365 | 244 | 1,379 | 1,675 | |
| | 0260 | Disposal of surplus material | R-7 | 20.87 | 2.300 | Mile | | 46.50 | 8.35 | 54.85 | 81.50 | |
| | 0300 | Crossarms for wood pole structure | | | | | | | | | | |
| | 0310 | Material handling and spotting | R-7 | 14.55 | 3.299 | Ea. | | 66.50 | 12 | 78.50 | 117 | |
| | 0320 | Install crossarms | R-5 | 11 | 8 | " | 250 | 194 | 130 | 574 | 715 | |
| | 0330 | Disposal of surplus material | R-7 | 40 | 1.200 | Mile | | 24 | 4.37 | 28.37 | 43 | |
| | 0400 | Formed plate pole structure | | | | | | | | | | |
| | 0410 | Material handling and spotting | R-7 | 2.40 | 20 | Ea. | | 405 | 73 | 478 | 710 | |
| | 0420 | Erect steel plate pole | R-5 | 1.95 | 45.128 | | 4,750 | 1,100 | 735 | 6,585 | 7,700 | |
| | 0500 | Guys, anchors and hardware for pole, in earth | | 7.04 | 12.500 | | 290 | 305 | 203 | 798 | 1,000 | |
| | 0510 | In rock | ↓ | 17.96 | 4.900 | ↓ | 350 | 119 | 79.50 | 548.50 | 655 | |
| | 0900 | Foundations for line poles | | | | | | | | | | |
| | 0920 | Excavation, in earth | R-5 | 135.38 | .650 | C.Y. | | 15.80 | 10.60 | 26.40 | 35.50 | |
| | 0940 | In rock | " | 20 | 4.400 | " | | 107 | 71.50 | 178.50 | 242 | |
| | 0950 | See also Division 023 | | | | | | | | | | |
| | 0960 | Concrete foundations | R-5 | 11 | 8 | C.Y. | 64 | 194 | 130 | 388 | 510 | |
| | 0970 | See also Division 033 | | | | | | | | | | |

## 169 | Power Transmission and Distribution

| 169 100 | Power Trans. & Dist. | CREW | DAILY OUTPUT | MAN-HOURS | UNIT | 1994 BARE COSTS MAT. | LABOR | EQUIP. | TOTAL | TOTAL INCL O&P |
|---|---|---|---|---|---|---|---|---|---|---|
| 120 0010 | LINE TOWERS & FIXTURES | | | | | | | | | |
| 0100 | Excavation and backfill, earth | R-5 | 135.38 | .650 | C.Y. | | 15.80 | 10.60 | 26.40 | 35.50 |
| 0105 | Rock | | 21.46 | 4.101 | " | | 99.50 | 66.50 | 166 | 226 |
| 0200 | Steel footings (grillage) in earth | | 3.91 | 22.506 | Ton | 890 | 545 | 365 | 1,800 | 2,225 |
| 0205 | In rock | ↓ | 3.20 | 27.500 | " | 890 | 670 | 445 | 2,005 | 2,500 |
| 0290 | See also Division 023 | | | | | | | | | |
| 0300 | Rock anchors | R-5 | 5.87 | 14.991 | Ea. | 260 | 365 | 244 | 869 | 1,100 |
| 0400 | Concrete foundations | " | 12.85 | 6.848 | C.Y. | 64 | 166 | 111 | 341 | 450 |
| 0490 | See also Division 033 | | | | | | | | | |
| 0500 | Towers-material handling and spotting | R-7 | 22.56 | 2.128 | Ton | | 43 | 7.75 | 50.75 | 75.50 |
| 0540 | Steel tower erection | R-5 | 7.65 | 11.503 | | 890 | 280 | 187 | 1,357 | 1,600 |
| 0550 | Lace and box | | 1.09 | 80.734 | | 890 | 1,975 | 1,325 | 4,190 | 5,425 |
| 0560 | Painting total structure | ↓ | 1.47 | 59.864 | Ea. | 190 | 1,450 | 975 | 2,615 | 3,500 |
| 0570 | Disposal of surplus material | R-7 | 20.87 | 2.300 | Mile | | 46.50 | 8.35 | 54.85 | 81.50 |
| 0600 | Special towers-material handling and spotting | " | 12.31 | 3.899 | Ton | | 78.50 | 14.20 | 92.70 | 139 |
| 0640 | Special steel structure erection | R-6 | 6.52 | 13.497 | | 1,175 | 330 | 420 | 1,925 | 2,275 |
| 0650 | Special steel lace and box | " | 6.29 | 13.990 | ↓ | 1,175 | 340 | 435 | 1,950 | 2,300 |
| 0670 | Disposal of surplus material | R-7 | 7.87 | 6.099 | Mile | | 123 | 22 | 145 | 217 |
| 130 0010 | OVERHEAD LINE CONDUCTORS & DEVICES | R169-115 | | | | | | | | |
| 0100 | Conductors, primary circuits | | | | | | | | | |
| 0110 | Material handling and spotting | R-5 | 9.78 | 8.998 | W.mile | | 219 | 146 | 365 | 495 |
| 0120 | For river crossing, add | | 11 | 8 | | | 194 | 130 | 324 | 440 |
| 0150 | Installation only, conductors, 210 to 636 MCM | | 1.96 | 44.898 | | 4,900 | 1,100 | 730 | 6,730 | 7,875 |
| 0160 | 795 to 954 MCM | | 1.87 | 47.059 | | 7,200 | 1,150 | 765 | 9,115 | 10,500 |
| 0170 | 1000 to 1600 MCM | | 1.47 | 59.864 | | 11,800 | 1,450 | 975 | 14,225 | 16,300 |
| 0180 | Over 1600 MCM | | 1.35 | 65.185 | | 15,700 | 1,575 | 1,050 | 18,325 | 20,900 |
| 0200 | For river crossing, add, 210 to 636 MCM | | 1.24 | 70.968 | | | 1,725 | 1,150 | 2,875 | 3,900 |
| 0220 | 795 to 954 MCM | | 1.09 | 80.734 | | | 1,975 | 1,325 | 3,300 | 4,450 |
| 0230 | 1000 to 1600 MCM | | .97 | 90.722 | | | 2,200 | 1,475 | 3,675 | 4,975 |
| 0240 | Over 1600 MCM | ↓ | .87 | 101 | ↓ | | 2,450 | 1,650 | 4,100 | 5,550 |
| 0300 | Joints and dead ends | R-8 | 6 | 8 | Ea. | 700 | 197 | 48.50 | 945.50 | 1,125 |
| 0400 | Sagging | R-5 | 73.33 | 1.200 | W.mile | | 29 | 19.50 | 48.50 | 66 |
| 0500 | Clipping, per structure, 69 KV | R-10 | 9.60 | 5 | Ea. | | 131 | 68 | 199 | 272 |
| 0510 | 161 KV | | 5.33 | 9.006 | | | 235 | 122 | 357 | 490 |
| 0520 | 345 to 500 KV | ↓ | 2.53 | 18.972 | | | 495 | 257 | 752 | 1,025 |
| 0600 | Make and install jumpers, per structure, 69 KV | R-8 | 3.20 | 15 | | 185 | 370 | 91 | 646 | 865 |
| 0620 | 161 KV | | 1.20 | 40 | | 385 | 985 | 243 | 1,613 | 2,200 |
| 0640 | 345 to 500 KV | ↓ | .32 | 150 | | 640 | 3,700 | 910 | 5,250 | 7,325 |
| 0700 | Installing spacers | R-10 | 68.57 | .700 | | 38 | 18.25 | 9.50 | 65.75 | 80 |
| 0720 | For river crossings, add | " | 60 | .800 | ↓ | | 21 | 10.85 | 31.85 | 43.50 |
| 0800 | Installing pulling line (500 KV only) | R-9 | 1.45 | 44.138 | W.mile | 360 | 1,025 | 201 | 1,586 | 2,200 |
| 0810 | Disposal of surplus material | R-7 | 6.96 | 6.897 | Mile | | 139 | 25 | 164 | 245 |
| 0820 | With trailer mounted reel stands | " | 13.71 | 3.501 | " | | 70.50 | 12.75 | 83.25 | 124 |
| 0900 | Insulators and hardware, primary circuits | | | | | | | | | |
| 0920 | Material handling and spotting, 69 KV | R-7 | 480 | .100 | Ea. | | 2.02 | .36 | 2.38 | 3.55 |
| 0930 | 161 KV | | 685.71 | .070 | | | 1.41 | .25 | 1.66 | 2.48 |
| 0950 | 345 to 500 KV | ↓ | 960 | .050 | | | 1.01 | .18 | 1.19 | 1.77 |
| 1000 | Install disk insulators, 69 KV | R-5 | 880 | .100 | | 38 | 2.43 | 1.63 | 42.06 | 47.50 |
| 1020 | 161 KV | | 977.78 | .090 | | 44 | 2.19 | 1.46 | 47.65 | 53.50 |
| 1040 | 345 to 500 KV | ↓ | 1,100 | .080 | ↓ | 44 | 1.94 | 1.30 | 47.24 | 53 |
| 1060 | See Div. 169-150-7400 for pin or pedestal insulator | | | | | | | | | |
| 1100 | Install disk insulator at river crossing, add | | | | | | | | | |
| 1110 | 69 KV | R-5 | 586.67 | .150 | Ea. | | 3.65 | 2.44 | 6.09 | 8.25 |
| 1120 | 161 KV | | 880 | .100 | | | 2.43 | 1.63 | 4.06 | 5.50 |
| 1140 | 345 to 500 KV | ↓ | 880 | .100 | ↓ | | 2.43 | 1.63 | 4.06 | 5.50 |
| 1150 | Disposal of surplus material | R-7 | 41.74 | 1.150 | Mile | | 23 | 4.19 | 27.19 | 40.50 |

## 169 | Power Transmission and Distribution

| 169 100 | Power Trans. & Dist. | CREW | DAILY OUTPUT | MAN-HOURS | UNIT | 1994 BARE COSTS MAT. | LABOR | EQUIP. | TOTAL | TOTAL INCL O&P |
|---|---|---|---|---|---|---|---|---|---|---|
| 130 1300 | Overhead ground wire installation | | | | | | | | | |
| 1320 | Material handling and spotting | R-7 | 5.65 | 8.496 | W.mile | | 171 | 31 | 202 | 300 |
| 1340 | Installation of overhead ground wire | R-5 | 1.76 | 50 | | 2,125 | 1,225 | 815 | 4,165 | 5,100 |
| 1350 | At river crossing, add | ↓ | 1.17 | 75.214 | | | 1,825 | 1,225 | 3,050 | 4,125 |
| 1360 | Disposal of surplus material | ↓ | 41.74 | 2.108 | Mile | | 51.50 | 34.50 | 86 | 116 |
| 1400 | Installing conductors, underbuilt circuits | | | | | | | | | |
| 1420 | Material handling and spotting | R-7 | 5.65 | 8.496 | W.mile | | 171 | 31 | 202 | 300 |
| 1440 | Installing conductors, per wire, 210 to 636 MCM | R-5 | 1.96 | 44.898 | | 4,900 | 1,100 | 730 | 6,730 | 7,875 |
| 1450 | 795 to 954 MCM | | 1.87 | 47.059 | | 7,225 | 1,150 | 765 | 9,140 | 10,500 |
| 1460 | 1000 to 1600 MCM | | 1.47 | 59.864 | | 11,800 | 1,450 | 975 | 14,225 | 16,300 |
| 1470 | Over 1600 MCM | ↓ | 1.35 | 65.185 | ↓ | 15,700 | 1,575 | 1,050 | 18,325 | 20,900 |
| 1500 | Joints and dead ends | R-8 | 6 | 8 | Ea. | 700 | 197 | 48.50 | 945.50 | 1,125 |
| 1550 | Sagging | R-5 | 8.80 | 10 | W.mile | | 243 | 163 | 406 | 550 |
| 1600 | Clipping, per structure, 69 KV | R-10 | 9.60 | 5 | Ea. | | 131 | 68 | 199 | 272 |
| 1620 | 161 KV | | 5.33 | 9.006 | | | 235 | 122 | 357 | 490 |
| 1640 | 345 to 500 KV | ↓ | 2.53 | 18.972 | | | 495 | 257 | 752 | 1,025 |
| 1700 | Making and installing jumpers, per structure, 69 KV | R-8 | 5.87 | 8.177 | | 185 | 201 | 49.50 | 435.50 | 565 |
| 1720 | 161 KV | | .96 | 50 | | 385 | 1,225 | 305 | 1,915 | 2,625 |
| 1740 | 345 to 500 KV | ↓ | .32 | 150 | | 640 | 3,700 | 910 | 5,250 | 7,325 |
| 1800 | Installing spacers | R-10 | 96 | .500 | | 38 | 13.05 | 6.80 | 57.85 | 69 |
| 1810 | Disposal of surplus material | R-7 | 6.96 | 6.897 | Mile | | 139 | 25 | 164 | 245 |
| 2000 | Insulators and hardware for underbuilt circuits | | | | | | | | | |
| 2100 | Material handling and spotting | R-7 | 1,200 | .040 | Ea. | | .81 | .15 | .96 | 1.42 |
| 2150 | Install disk insulators, 69 KV | R-8 | 600 | .080 | | 38 | 1.97 | .49 | 40.46 | 45.50 |
| 2160 | 161 KV | | 686 | .070 | | 44 | 1.72 | .43 | 46.15 | 51.50 |
| 2170 | 345 to 500 KV | ↓ | 800 | .060 | ↓ | 44 | 1.48 | .36 | 45.84 | 51 |
| 2180 | Disposal of surplus material | R-7 | 41.74 | 1.150 | Mile | | 23 | 4.19 | 27.19 | 40.50 |
| 2300 | Sectionalizing switches, 69 KV | R-5 | 1.26 | 69.841 | Ea. | 10,300 | 1,700 | 1,125 | 13,125 | 15,200 |
| 2310 | 161 KV | | .80 | 110 | | 11,600 | 2,675 | 1,800 | 16,075 | 18,900 |
| 2500 | Protective devices | ↓ | 5.50 | 16 | ↓ | 3,350 | 390 | 260 | 4,000 | 4,550 |
| 2600 | Clearance poles, 8 poles per mile | | | | | | | | | |
| 2650 | In earth, 69 KV | R-5 | 1.16 | 75.862 | Mile | 2,775 | 1,850 | 1,225 | 5,850 | 7,200 |
| 2660 | 161 KV | " | .64 | 137 | | 4,575 | 3,350 | 2,225 | 10,150 | 12,600 |
| 2670 | 345 to 500 KV | R-6 | .48 | 183 | | 5,475 | 4,450 | 5,725 | 15,650 | 19,100 |
| 2800 | In rock, 69 KV | R-5 | .69 | 127 | | 2,775 | 3,100 | 2,075 | 7,950 | 10,100 |
| 2820 | 161 KV | " | .35 | 251 | | 4,575 | 6,100 | 4,100 | 14,775 | 18,900 |
| 2840 | 345 to 500 KV | R-6 | .24 | 366 | ↓ | 5,600 | 8,925 | 11,500 | 26,025 | 32,400 |
| 140 0010 | **TRANSMISSION LINE RIGHT OF WAY** | | | | | | | | | |
| 0100 | Clearing right of way | B-87 | 6.67 | 5.997 | Acre | | 140 | 445 | 585 | 705 |
| 0200 | Restoration & seeding | B-10D | 4 | 3 | " | 650 | 67.50 | 233 | 950.50 | 1,075 |
| 150 0010 | **SUBSTATION EQUIPMENT** | | | | | | | | | |
| 1000 | Main conversion equipment | | | | | | | | | |
| 1050 | Power transformers, 13 to 26 KV | R-11 | 1.72 | 32.558 | Mva | 11,400 | 815 | 340 | 12,555 | 14,100 |
| 1060 | 46 KV | | 3.50 | 16 | | 10,700 | 400 | 166 | 11,266 | 12,600 |
| 1070 | 69 KV | | 3.11 | 18.006 | | 9,275 | 450 | 187 | 9,912 | 11,100 |
| 1080 | 110 KV | | 3.29 | 17.021 | | 8,675 | 425 | 177 | 9,277 | 10,400 |
| 1090 | 161 KV | | 4.31 | 12.993 | | 8,050 | 325 | 135 | 8,510 | 9,500 |
| 1100 | 500 KV | | 7 | 8 | ↓ | 8,000 | 201 | 83 | 8,284 | 9,200 |
| 1200 | Grounding transformers | ↓ | 3.11 | 18.006 | Ea. | 50,500 | 450 | 187 | 51,137 | 56,500 |
| 1300 | Station capacitors | | | | | | | | | |
| 1350 | Synchronous, 13 to 26 KV | R-11 | 3.11 | 18.006 | Mvar | 3,175 | 450 | 187 | 3,812 | 4,400 |
| 1360 | 46 KV | | 3.33 | 16.817 | | 4,050 | 420 | 174 | 4,644 | 5,275 |
| 1370 | 69 KV | | 3.81 | 14.698 | | 4,000 | 370 | 152 | 4,522 | 5,125 |
| 1380 | 161 KV | ↓ | 6.51 | 8.602 | ↓ | 3,725 | 216 | 89 | 4,030 | 4,525 |

## 169 | Power Transmission and Distribution

| | | 169 100 | Power Trans. & Dist. | CREW | DAILY OUTPUT | MAN-HOURS | UNIT | 1994 BARE COSTS MAT. | LABOR | EQUIP. | TOTAL | TOTAL INCL O&P | |
|---|---|---|---|---|---|---|---|---|---|---|---|---|---|
| 150 | 1390 | | 500 KV | R-11 | 10.37 | 5.400 | Mvar | 3,250 | 135 | 56 | 3,441 | 3,850 | 150 |
| | 1450 | | Static, 13 to 26 KV | | 3.11 | 18.006 | | 2,700 | 450 | 187 | 3,337 | 3,875 | |
| | 1460 | | 46 KV | | 3.01 | 18.605 | | 3,425 | 465 | 193 | 4,083 | 4,700 | |
| | 1470 | | 69 KV | | 3.81 | 14.698 | | 3,325 | 370 | 152 | 3,847 | 4,375 | |
| | 1480 | | 161 KV | | 6.51 | 8.602 | | 3,075 | 216 | 89 | 3,380 | 3,800 | |
| | 1490 | | 500 KV | | 10.37 | 5.400 | | 2,825 | 135 | 56 | 3,016 | 3,375 | |
| | 1600 | | Voltage regulators, 13 to 26 KV | | .75 | 74.667 | Ea. | 120,000 | 1,875 | 775 | 122,650 | 135,500 | |
| | 2000 | Power circuit breakers | | | | | | | | | | | |
| | 2050 | | Oil circuit breakers, 13 to 26 KV | R-11 | 1.12 | 50 | Ea. | 27,000 | 1,250 | 520 | 28,770 | 32,200 | |
| | 2060 | | 46 KV | | .75 | 74.667 | | 39,300 | 1,875 | 775 | 41,950 | 46,900 | |
| | 2070 | | 69 KV | | .45 | 124 | | 91,500 | 3,125 | 1,300 | 95,925 | 106,500 | |
| | 2080 | | 161 KV | | .16 | 350 | | 139,500 | 8,775 | 3,625 | 151,900 | 171,000 | |
| | 2090 | | 500 KV | | .06 | 933 | | 523,000 | 23,400 | 9,675 | 556,075 | 621,500 | |
| | 2100 | | Air circuit breakers, 13 to 26 KV | | .56 | 100 | | 28,200 | 2,500 | 1,025 | 31,725 | 36,000 | |
| | 2110 | | 161 KV | | .62 | 90.323 | | 121,500 | 2,275 | 935 | 124,710 | 138,000 | |
| | 2150 | | Gas circuit breakers, 13 to 26 KV | | .56 | 100 | | 105,500 | 2,500 | 1,025 | 109,025 | 121,000 | |
| | 2160 | | 161 KV | | .08 | 700 | | 139,000 | 17,600 | 7,250 | 163,850 | 187,500 | |
| | 2170 | | 500 KV | | .04 | 1,400 | | 490,000 | 35,100 | 14,500 | 539,600 | 608,500 | |
| | 2200 | | Vacuum circuit breakers, 13 to 26 KV | | .56 | 100 | | 23,000 | 2,500 | 1,025 | 26,525 | 30,300 | |
| | 3000 | Disconnecting switches | | | | | | | | | | | |
| | 3050 | | Gang operated switches | | | | | | | | | | |
| | 3060 | | Manual operation, 13 to 26 KV | R-11 | 1.65 | 33.939 | Ea. | 3,150 | 850 | 350 | 4,350 | 5,150 | |
| | 3070 | | 46 KV | | 1.12 | 50 | | 10,800 | 1,250 | 520 | 12,570 | 14,400 | |
| | 3080 | | 69 KV | | .80 | 70 | | 12,100 | 1,750 | 725 | 14,575 | 16,800 | |
| | 3090 | | 161 KV | | .56 | 100 | | 14,600 | 2,500 | 1,025 | 18,125 | 21,100 | |
| | 3100 | | 500 KV | | .14 | 400 | | 39,700 | 10,000 | 4,150 | 53,850 | 63,500 | |
| | 3110 | | Motor operation, 161 KV | | .51 | 109 | | 21,900 | 2,750 | 1,150 | 25,800 | 29,600 | |
| | 3120 | | 500 KV | | .28 | 200 | | 60,500 | 5,025 | 2,075 | 67,600 | 76,500 | |
| | 3250 | | Circuit switches, 161 KV | | .41 | 136 | | 43,700 | 3,425 | 1,425 | 48,550 | 55,000 | |
| | 3300 | Single pole switches | | | | | | | | | | | |
| | 3350 | | Disconnecting switches, 13 to 26 KV | R-11 | 28 | 2 | Ea. | 6,075 | 50 | 20.50 | 6,145.50 | 6,775 | |
| | 3360 | | 46 KV | | 8 | 7 | | 10,300 | 176 | 72.50 | 10,548.50 | 11,600 | |
| | 3370 | | 69 KV | | 5.60 | 10 | | 11,500 | 251 | 104 | 11,855 | 13,200 | |
| | 3380 | | 161 KV | | 2.80 | 20 | | 43,700 | 500 | 207 | 44,407 | 49,100 | |
| | 3390 | | 500 KV | | .22 | 254 | | 125,000 | 6,375 | 2,650 | 134,025 | 150,000 | |
| | 3450 | | Grounding switches, 46 KV | | 5.60 | 10 | | 15,800 | 251 | 104 | 16,155 | 17,900 | |
| | 3460 | | 69 KV | | 3.73 | 15.013 | | 16,400 | 375 | 156 | 16,931 | 18,700 | |
| | 3470 | | 161 KV | | 2.24 | 25 | | 17,400 | 625 | 259 | 18,284 | 20,300 | |
| | 3480 | | 500 KV | | .62 | 90.323 | | 21,600 | 2,275 | 935 | 24,810 | 28,300 | |
| | 4000 | Instrument transformers | | | | | | | | | | | |
| | 4050 | | Current transformers, 13 to 26 KV | R-11 | 14 | 4 | Ea. | 1,500 | 100 | 41.50 | 1,641.50 | 1,850 | |
| | 4060 | | 46 KV | | 9.33 | 6.002 | | 4,350 | 151 | 62 | 4,563 | 5,075 | |
| | 4070 | | 69 KV | | 7 | 8 | | 4,500 | 201 | 83 | 4,784 | 5,350 | |
| | 4080 | | 161 KV | | 1.87 | 29.947 | | 14,600 | 750 | 310 | 15,660 | 17,600 | |
| | 4100 | | Potential transformers, 13 to 26 KV | | 11.20 | 5 | | 2,125 | 125 | 52 | 2,302 | 2,600 | |
| | 4110 | | 46 KV | | 8 | 7 | | 4,375 | 176 | 72.50 | 4,623.50 | 5,175 | |
| | 4120 | | 69 KV | | 6.22 | 9.003 | | 4,625 | 226 | 93.50 | 4,944.50 | 5,550 | |
| | 4130 | | 161 KV | | 2.24 | 25 | | 10,000 | 625 | 259 | 10,884 | 12,200 | |
| | 4140 | | 500 KV | | 1.40 | 40 | | 29,800 | 1,000 | 415 | 31,215 | 34,800 | |
| | 7000 | Conduit, conductors, and insulators | | | | | | | | | | | |
| | 7100 | | Conduit, metallic | R-11 | 560 | .100 | Lb. | 1.39 | 2.51 | 1.04 | 4.94 | 6.50 | |
| | 7110 | | Non-metallic | " | 800 | .070 | " | 1.25 | 1.76 | .73 | 3.74 | 4.85 | |
| | 7190 | | See also Division 160 | | | | | | | | | | |
| | 7200 | Wire and cable | | R-11 | 700 | .080 | Lb. | 1.88 | 2.01 | .83 | 4.72 | 6.05 | |
| | 7290 | | See also Division 161 | | | | | | | | | | |
| | 7300 | Bus | | R-11 | 590 | .095 | Lb. | 1.88 | 2.38 | .98 | 5.24 | 6.75 | |

# 169 | Power Transmission and Distribution

| 169 100 | Power Trans. & Dist. | | CREW | DAILY OUTPUT | MAN-HOURS | UNIT | 1994 BARE COSTS | | | | TOTAL INCL O&P |
|---|---|---|---|---|---|---|---|---|---|---|---|
| | | | | | | | MAT. | LABOR | EQUIP. | TOTAL | |
| 7390 | See also Division 164 | | | | | | | | | | |
| 7400 | Insulators, pedestal type | | R-11 | 112 | .500 | Ea. | | 12.55 | 5.20 | 17.75 | 25 |
| 7490 | See also Line 169-130-1000 | | | | | | | | | | |
| 7500 | Grounding systems | | R-11 | 280 | .200 | Lb. | 6.20 | 5 | 2.07 | 13.27 | 16.75 |
| 7590 | See also Division 161 | | | | | | | | | | |
| 7600 | Manholes | | R-11 | 4.15 | 13.494 | Ea. | 2,050 | 340 | 140 | 2,530 | 2,925 |
| 7690 | See also Division 025 | | | | | | | | | | |
| 7700 | Cable tray | | R-11 | 40 | 1.400 | L.F. | 9.15 | 35 | 14.50 | 58.65 | 79.50 |
| 7790 | See also Division 160 | | | | | | | | | | |
| 8000 | Protective equipment | | | | | | | | | | |
| 8050 | Lightning arrestors, 13 to 26 KV | | R-11 | 18.67 | 2.999 | Ea. | 770 | 75.50 | 31 | 876.50 | 995 |
| 8060 | 46 KV | | | 14 | 4 | | 2,100 | 100 | 41.50 | 2,241.50 | 2,500 |
| 8070 | 69 KV | | | 11.20 | 5 | | 2,675 | 125 | 52 | 2,852 | 3,200 |
| 8080 | 161 KV | | | 5.60 | 10 | | 3,675 | 251 | 104 | 4,030 | 4,550 |
| 8090 | 500 KV | | | 1.40 | 40 | | 12,500 | 1,000 | 415 | 13,915 | 15,800 |
| 8150 | Reactors and resistors, 13 to 26 KV | | | 28 | 2 | | 1,750 | 50 | 20.50 | 1,820.50 | 2,025 |
| 8160 | 46 KV | | | 4.31 | 12.993 | | 5,250 | 325 | 135 | 5,710 | 6,425 |
| 8170 | 69 KV | | | 2.80 | 20 | | 8,575 | 500 | 207 | 9,282 | 10,400 |
| 8180 | 161 KV | | | 2.24 | 25 | | 9,800 | 625 | 259 | 10,684 | 12,000 |
| 8190 | 500 KV | | | .08 | 700 | | 39,300 | 17,600 | 7,250 | 64,150 | 78,000 |
| 8250 | Fuses, 13 to 26 KV | | | 18.67 | 2.999 | | 1,000 | 75.50 | 31 | 1,106.50 | 1,250 |
| 8260 | 46 KV | | | 11.20 | 5 | | 1,125 | 125 | 52 | 1,302 | 1,500 |
| 8270 | 69 KV | | | 8 | 7 | | 1,175 | 176 | 72.50 | 1,423.50 | 1,650 |
| 8280 | 161 KV | | | 4.67 | 11.991 | | 1,500 | 300 | 124 | 1,924 | 2,250 |
| 9000 | Station service equipment | | | | | | | | | | |
| 9100 | Conversion equipment | | | | | | | | | | |
| 9110 | Station service transformers | | R-11 | 5.60 | 10 | Ea. | 46,500 | 251 | 104 | 46,855 | 51,500 |
| 9120 | Battery chargers | | | 11.20 | 5 | " | 1,875 | 125 | 52 | 2,052 | 2,325 |
| 9200 | Control batteries | | R-11 | 14 | 4 | K.A.H. | 42 | 100 | 41.50 | 183.50 | 245 |
| 9210 | | | | | | | | | | | |

# 171 | S.F., C.F. and % of Total Costs

## 171 000 | S.F. & C.F. Costs

| | | | | UNIT | UNIT COSTS | | | % OF TOTAL | | |
|---|---|---|---|---|---|---|---|---|---|---|
| | | | | | 1/4 | MEDIAN | 3/4 | 1/4 | MEDIAN | 3/4 |
| 010 | 0010 | **APARTMENTS** Low Rise (1 to 3 story) | R171 -100 | S.F. | 37.70 | 47.55 | 62.65 | | | | 010 |
| | 0020 | Total project cost | | C.F. | 3.41 | 4.48 | 5.55 | | | |
| | 0100 | Site work | R171 -200 | S.F. | 3.16 | 4.57 | 7.30 | 6.40% | 10.60% | 14% |
| | 0500 | Masonry | | | .69 | 1.79 | 3.01 | 1.40% | 4% | 6.50% |
| | 1500 | Finishes | | | 4 | 5.10 | 6.75 | 8.90% | 10.60% | 12.90% |
| | 1800 | Equipment | | | 1.25 | 1.88 | 2.76 | 2.80% | 4% | 6.30% |
| | 2720 | Plumbing | | | 2.96 | 3.87 | 4.84 | 6.70% | 9% | 10.10% |
| | 2770 | Heating, ventilating, air conditioning | | | 1.89 | 2.33 | 3.37 | 4.20% | 5.80% | 7.70% |
| | 2900 | Electrical | | | 2.19 | 2.93 | 4.04 | 5.20% | 6.70% | 8.60% |
| | 3100 | Total: Mechanical & Electrical | | | 6.60 | 8.05 | 10.45 | 15.90% | 18.30% | 22.20% |
| | 9000 | Per apartment unit, total cost | | Apt. | 29,700 | 44,200 | 66,300 | | | |
| | 9500 | Total: Mechanical & Electrical | | " | 5,450 | 8,000 | 11,400 | | | |
| 020 | 0010 | **APARTMENTS** Mid Rise (4 to 7 story) | | S.F. | 49.60 | 59.95 | 73.30 | | | | 020 |
| | 0020 | Total project costs | | C.F. | 3.92 | 5.40 | 7.45 | | | |
| | 0100 | Site work | | S.F. | 1.95 | 3.81 | 7.10 | 5.20% | 6.70% | 9.20% |
| | 0500 | Masonry | | | 3.06 | 4.28 | 6.35 | 5.20% | 7.50% | 10.50% |
| | 1500 | Finishes | | | 6.20 | 7.85 | 10 | 10.40% | 11.90% | 16.90% |
| | 1800 | Equipment | | | 1.66 | 2.26 | 3.01 | 2.80% | 3.50% | 4.50% |
| | 2500 | Conveying equipment | | | 1.14 | 1.40 | 1.68 | 2.10% | 2.20% | 2.60% |
| | 2720 | Plumbing | | | 2.96 | 4.67 | 5.10 | 6.20% | 7.40% | 8.90% |
| | 2900 | Electrical | | | 3.37 | 4.52 | 5.55 | 6.60% | 7.20% | 8.90% |
| | 3100 | Total: Mechanical & Electrical | | | 9.30 | 11.70 | 14.45 | 17.90% | 20.10% | 22.30% |
| | 9000 | Per apartment unit, total cost | | Apt. | 37,300 | 56,400 | 65,200 | | | |
| | 9500 | Total: Mechanical & Electrical | | " | 11,100 | 13,000 | 19,100 | | | |
| 030 | 0010 | **APARTMENTS** High Rise (8 to 24 story) | | S.F. | 57.05 | 69.15 | 80.80 | | | | 030 |
| | 0020 | Total project costs | | C.F. | 4.72 | 6.60 | 8 | | | |
| | 0100 | Site work | | S.F. | 1.75 | 3.36 | 4.70 | 2.50% | 4.80% | 6.10% |
| | 0500 | Masonry | | | 3.24 | 5.85 | 7.40 | 4.70% | 9.60% | 10.70% |
| | 1500 | Finishes | | | 6.20 | 7.95 | 9.05 | 9.30% | 11.70% | 13.50% |
| | 1800 | Equipment | | | 1.82 | 2.24 | 3 | 2.50% | 3.30% | 4.20% |
| | 2500 | Conveying equipment | | | 1.16 | 1.91 | 2.73 | 2.20% | 2.70% | 3.30% |
| | 2720 | Plumbing | | | 3.66 | 4.97 | 6.25 | 6.70% | 9.10% | 10.60% |
| | 2900 | Electrical | | | 3.94 | 5.05 | 6.70 | 6.40% | 7.60% | 8.80% |
| | 3100 | Total: Mechanical & Electrical | | | 11.60 | 14.25 | 17.70 | 18.20% | 22% | 24.40% |
| | 9000 | Per apartment unit, total cost | | Apt. | 52,800 | 61,900 | 68,100 | | | |
| | 9500 | Total: Mechanical & Electrical | | " | 12,900 | 14,700 | 15,900 | | | |
| 040 | 0010 | **AUDITORIUMS** | | S.F. | 57.25 | 80.80 | 106 | | | | 040 |
| | 0020 | Total project costs | | C.F. | 3.80 | 5.30 | 7.60 | | | |
| | 2720 | Plumbing | | S.F. | 3.68 | 4.90 | 6.35 | 5.80% | 7% | 8.40% |
| | 2770 | Heating, ventilating, air conditioning | | | 7.65 | 18.55 | 21.15 | 6.90% | 16% | 19.80% |
| | 2900 | Electrical | | | 4.70 | 6.65 | 8.70 | 6.70% | 8.80% | 11% |
| | 3100 | Total: Mechanical & Electrical | | | 9.75 | 12.95 | 22.55 | 14.70% | 18.50% | 23.80% |
| 050 | 0010 | **AUTOMOTIVE SALES** | | S.F. | 40.20 | 49.40 | 72.55 | | | | 050 |
| | 0020 | Total project costs | | C.F. | 2.96 | 3.37 | 4.51 | | | |
| | 2720 | Plumbing | | S.F. | 2.14 | 3.43 | 3.87 | 2.80% | 6.20% | 6.90% |
| | 2770 | Heating, ventilating, air conditioning | | | 3.09 | 4.81 | 6.91 | 6.30% | 10% | 10.30% |
| | 2900 | Electrical | | | 3.54 | 5.30 | 6.10 | 7.40% | 9.90% | 12.30% |
| | 3100 | Total: Mechanical & Electrical | | | 7.20 | 11 | 14.30 | 15.40% | 19.10% | 27% |
| 060 | 0010 | **BANKS** | | S.F. | 86.90 | 108 | 140 | | | | 060 |
| | 0020 | Total project costs | | C.F. | 6.20 | 8.35 | 11 | | | |
| | 0100 | Site work | | S.F. | 8.55 | 15.75 | 23.35 | 7% | 13.80% | 16.90% |
| | 0500 | Masonry | | | 4.44 | 7.30 | 15.95 | 3.20% | 6.10% | 11.30% |
| | 1500 | Finishes | | | 7.10 | 10 | 12.85 | 5.40% | 7.60% | 9.90% |
| | 1800 | Equipment | | | 3.98 | 7.14 | 16 | 2.80% | 7.60% | 12.50% |
| | 2720 | Plumbing | | | 2.76 | 3.95 | 5.87 | 2.80% | 3.90% | 4.90% |
| | 2770 | Heating, ventilating, air conditioning | | | 5.35 | 7.05 | 9.50 | 5% | 7.20% | 8.50% |

# 171 | S.F., C.F. and % of Total Costs

## 171 000 | S.F. & C.F. Costs

| | | | UNIT | UNIT COSTS 1/4 | MEDIAN | 3/4 | % OF TOTAL 1/4 | MEDIAN | 3/4 | |
|---|---|---|---|---|---|---|---|---|---|---|
| 060 | 2900 | Electrical | S.F. | 8.30 | 11.05 | 14.35 | 8.30% | 10.20% | 12.10% | 060 |
| | 3100 | Total: Mechanical & Electrical | ↓ | 13.75 | 18.70 | 26.51 | 13.80% | 17.30% | 22.60% | |
| | 3500 | | | | | | | | | |
| 130 | 0010 | **CHURCHES** | S.F. | 57.45 | 72.25 | 93.70 | | | | 130 |
| | 0020 | Total project costs | C.F. | 3.67 | 4.58 | 6.10 | | | | |
| | 1800 | Equipment | S.F. | .69 | 1.66 | 3.64 | 1% | 2.20% | 4.60% | |
| | 2720 | Plumbing | | 2.26 | 3.22 | 4.70 | 3.50% | 4.90% | 6.30% | |
| | 2770 | Heating, ventilating, air conditioning | | 5.30 | 6.90 | 9.80 | 7.50% | 10% | 12% | |
| | 2900 | Electrical | | 4.82 | 6.55 | 8.50 | 7.20% | 8.70% | 10.90% | |
| | 3100 | Total: Mechanical & Electrical | ↓ | 9.90 | 13.95 | 19.25 | 15.30% | 21.30% | 25.90% | |
| | 3500 | | | | | | | | | |
| 150 | 0010 | **CLUBS, COUNTRY** | S.F. | 60.60 | 71.90 | 92.85 | | | | 150 |
| | 0020 | Total project costs | C.F. | 5.03 | 6.10 | 8.55 | | | | |
| | 2720 | Plumbing | S.F. | 3.77 | 5.05 | 9.15 | 5.60% | 8.90% | 10% | |
| | 2770 | Heating, ventilating, air conditioning | | 3.49 | 7.55 | 11.80 | 6.70% | 10.50% | 12.70% | |
| | 2900 | Electrical | | 4.91 | 6.90 | 8.75 | 7% | 9.30% | 11.30% | |
| | 3100 | Total: Mechanical & Electrical | ↓ | 10.95 | 14 | 26 | 16.10% | 22.30% | 30.90% | |
| 170 | 0010 | **CLUBS, SOCIAL** Fraternal | S.F. | 49.80 | 69.90 | 91.60 | | | | 170 |
| | 0020 | Total project costs | C.F. | 3 | 4.57 | 5.60 | | | | |
| | 2720 | Plumbing | S.F. | 2.81 | 3.88 | 4.75 | 5.40% | 6.80% | 8.20% | |
| | 2770 | Heating, ventilating, air conditioning | | 4.51 | 5.45 | 7.40 | 8.70% | 10.80% | 12.50% | |
| | 2900 | Electrical | | 3.74 | 6.15 | 7.05 | 7.60% | 9.50% | 11.50% | |
| | 3100 | Total: Mechanical & Electrical | ↓ | 9.85 | 14.65 | 20.80 | 17.70% | 23% | 31.90% | |
| 180 | 0010 | **CLUBS, Y.M.C.A.** | S.F. | 57.60 | 74.40 | 96.70 | | | | 180 |
| | 0020 | Total project costs | C.F. | 2.86 | 4.85 | 6.15 | | | | |
| | 2720 | Plumbing | S.F. | 4.23 | 5.90 | 8.05 | 5.60% | 7.60% | 10.80% | |
| | 2900 | Electrical | | 4.11 | 5.85 | 7.75 | 5.60% | 8.60% | 10.50% | |
| | 3100 | Total: Mechanical & Electrical | ↓ | 10.80 | 15.30 | 23.85 | 16.20% | 21.90% | 28.50% | |
| 190 | 0010 | **COLLEGES** Classrooms & Administration | S.F. | 75.80 | 96.95 | 121 | | | | 190 |
| | 0020 | Total project costs | C.F. | 5.10 | 7.25 | 11.55 | | | | |
| | 0500 | Masonry | S.F. | 5.10 | 6.15 | 10.15 | 4% | 5.80% | 12.10% | |
| | 2720 | Plumbing | | 3.50 | 5.10 | 10.20 | 4% | 6.40% | 8.90% | |
| | 2770 | Heating, ventilating, air conditioning | | 7.70 | 11.10 | 18.15 | 8.70% | 13.10% | 14.60% | |
| | 2900 | Electrical | | 5.60 | 9.05 | 14.20 | 7.30% | 9.80% | 12% | |
| | 3100 | Total: Mechanical & Electrical | ↓ | 13 | 23.45 | 36.45 | 14.80% | 28.20% | 33.80% | |
| 210 | 0010 | **COLLEGES** Science, Engineering, Laboratories | S.F. | 103 | 124 | 145 | | | | 210 |
| | 0020 | Total project costs | C.F. | 6.40 | 8.65 | 10.35 | | | | |
| | 1800 | Equipment | S.F. | 3.94 | 12.60 | 16.15 | 3.80% | 9.70% | 14.90% | |
| | 2720 | Plumbing | | 4.76 | 6.15 | 9.35 | 5.90% | 6.90% | 8% | |
| | 2770 | Heating, ventilating, air conditioning | | 6.45 | 13.20 | 15.60 | 9.10% | 14.40% | 19.10% | |
| | 2900 | Electrical | | 9.35 | 12.20 | 16.10 | 8.10% | 9.60% | 13.20% | |
| | 3100 | Total: Mechanical & Electrical | ↓ | 28.05 | 37.35 | 55.65 | 28% | 33.90% | 38.70% | |
| | 3500 | | | | | | | | | |
| 230 | 0010 | **COLLEGES** Student Unions | S.F. | 74.90 | 104 | 123 | | | | 230 |
| | 0020 | Total project costs | C.F. | 4.18 | 5.15 | 7.05 | | | | |
| | 2720 | Plumbing | S.F. | 5.40 | 6.70 | 7.65 | 4.80% | 6.50% | 8.60% | |
| | 2770 | Heating, ventilating, air conditioning | | 11.30 | 13.20 | 19.50 | 10.90% | 14.10% | 18.30% | |
| | 2900 | Electrical | | 5.95 | 8.90 | 11.90 | 7.30% | 9.50% | 10.90% | |
| | 3100 | Total: Mechanical & Electrical | ↓ | 19.30 | 27.45 | 29.95 | 20.60% | 25.60% | 28.80% | |
| 250 | 0010 | **COMMUNITY CENTERS** | S.F. | 58.90 | 75.95 | 99 | | | | 250 |
| | 0020 | Total project costs | C.F. | 3.85 | 5.80 | 7.25 | | | | |
| | 1800 | Equipment | S.F. | 1.55 | 2.64 | 4.15 | 1.90% | 3.20% | 5.60% | |
| | 2720 | Plumbing | ↓ | 3.03 | 5.10 | 7.45 | 5.20% | 6.90% | 9.30% | |

For expanded coverage of these items see *Means Square Foot Costs 1994*

# 171 | S.F., C.F. and % of Total Costs

## 171 000 | S.F. & C.F. Costs

| | | | UNIT | UNIT COSTS 1/4 | MEDIAN | 3/4 | % OF TOTAL 1/4 | MEDIAN | 3/4 | |
|---|---|---|---|---|---|---|---|---|---|---|
| 250 | 2770 | Heating, ventilating, air conditioning | S.F. | 4.95 | 7.10 | 9.80 | 7.10% | 10.10% | 12.60% | 250 |
| | 2900 | Electrical | | 5.20 | 6.75 | 9.70 | 7.30% | 9.10% | 10.80% | |
| | 3100 | Total: Mechanical & Electrical | | 12.10 | 18.35 | 27.40 | 18.60% | 25.70% | 30.90% | |
| 280 | 0010 | **COURT HOUSES** | S.F. | 82.15 | 101 | 115 | | | | 280 |
| | 0020 | Total project costs | C.F. | 6.85 | 7.60 | 11.10 | | | | |
| | 0500 | Masonry | S.F. | 5.05 | 5.95 | 11.80 | 4.80% | 5.40% | 6.40% | |
| | 2720 | Plumbing | | 4.24 | 5.90 | 6.80 | 5.90% | 6.80% | 8.10% | |
| | 2770 | Heating, ventilating, air conditioning | | 4.30 | 12.80 | 13.65 | 7.50% | 13.50% | 15.20% | |
| | 2900 | Electrical | | 7.80 | 9.65 | 12.45 | 8.20% | 9.40% | 11.50% | |
| | 3100 | Total: Mechanical & Electrical | | 18 | 25 | 31.75 | 20.10% | 24.40% | 27.50% | |
| 300 | 0010 | **DEPARTMENT STORES** | S.F. | 33 | 44.65 | 50.95 | | | | 300 |
| | 0020 | Total project costs | C.F. | 1.70 | 1.83 | 2.73 | | | | |
| | 2720 | Plumbing | S.F. | 1.07 | 1.29 | 1.94 | 3% | 4.20% | 5.30% | |
| | 2770 | Heating, ventilating, air conditioning | | 3 | 4.62 | 6.95 | 8.30% | 12.30% | 14.80% | |
| | 2900 | Electrical | | 3.79 | 4.85 | 6.10 | 9% | 12.10% | 14.90% | |
| | 3100 | Total: Mechanical & Electrical | | 6.85 | 8.75 | 14.40 | 20.50% | 26.70% | 28.90% | |
| 310 | 0010 | **DORMITORIES** Low Rise (1 to 3 story) | S.F. | 53.95 | 71.95 | 91.15 | | | | 310 |
| | 0020 | Total project costs | C.F. | 4.03 | 6.15 | 8.40 | | | | |
| | 2720 | Plumbing | S.F. | 3.76 | 4.72 | 6.35 | 8% | 8.90% | 9.60% | |
| | 2770 | Heating, ventilating, air conditioning | | 3.97 | 4.57 | 6.35 | 4.60% | 7.60% | 9.90% | |
| | 2900 | Electrical | | 3.97 | 5.65 | 7.50 | 6.50% | 8.70% | 9.50% | |
| | 3100 | Total: Mechanical & Electrical | | 10.30 | 15.25 | 21.20 | 18.50% | 22.50% | 28.40% | |
| | 9000 | Per bed, total cost | Bed | 11,100 | 24,700 | 35,900 | | | | |
| 320 | 0010 | **DORMITORIES** Mid Rise (4 to 8 story) | S.F. | 78.40 | 92.85 | 124 | | | | 320 |
| | 0020 | Total project costs | C.F. | 8.45 | 9.30 | 11 | | | | |
| | 2900 | Electrical | S.F. | 5.55 | 8.95 | 10.30 | 7.30% | 8.90% | 10.20% | |
| | 3100 | Total: Mechanical & Electrical | | 16.45 | 22.55 | 29.30 | 18.10% | 22.20% | 30.60% | |
| | 9000 | Per bed, total cost | Bed | 10,800 | 24,700 | 47,300 | | | | |
| 340 | 0010 | **FACTORIES** | S.F. | 29.35 | 43.05 | 66.70 | | | | 340 |
| | 0020 | Total project costs | C.F. | 1.86 | 2.66 | 4.70 | | | | |
| | 0100 | Site work | S.F. | 3.25 | 6.05 | 9.90 | 6.80% | 10.60% | 18.20% | |
| | 2720 | Plumbing | | 1.77 | 2.97 | 4.92 | 4.60% | 6.40% | 8.30% | |
| | 2770 | Heating, ventilating, air conditioning | | 3.05 | 4.35 | 5.90 | 5.20% | 8.30% | 11.30% | |
| | 2900 | Electrical | | 3.56 | 5.80 | 8.70 | 8.10% | 10.50% | 14.20% | |
| | 3100 | Total: Mechanical & Electrical | | 7.30 | 11.90 | 19.30 | 17.40% | 22.80% | 30.10% | |
| 360 | 0010 | **FIRE STATIONS** | S.F. | 57.15 | 77.20 | 93.95 | | | | 360 |
| | 0020 | Total project costs | C.F. | 3.69 | 4.77 | 6.20 | | | | |
| | 0500 | Masonry | S.F. | 8.65 | 13.85 | 20.10 | 9.50% | 13% | 18.70% | |
| | 1140 | Roofing | | 1.84 | 5 | 5.65 | 1.80% | 4.40% | 5% | |
| | 1580 | Painting | | 1.51 | 1.94 | 2.17 | 1.40% | 1.60% | 2.20% | |
| | 1800 | Equipment | | 1.20 | 1.73 | 4.14 | 1.10% | 2.50% | 4.70% | |
| | 2720 | Plumbing | | 3.72 | 5.55 | 7.90 | 5.90% | 7.40% | 9.50% | |
| | 2770 | Heating, ventilating, air conditioning | | 3.15 | 5.20 | 8.15 | 4.70% | 7.40% | 9.20% | |
| | 2900 | Electrical | | 4.17 | 7.15 | 10.05 | 6.90% | 9.20% | 11.70% | |
| | 3100 | Total: Mechanical & Electrical | | 10.20 | 16.65 | 23.10 | 16.60% | 21.30% | 27.10% | |
| 370 | 0010 | **FRATERNITY HOUSES** and Sorority Houses | S.F. | 54.95 | 65.95 | 104 | | | | 370 |
| | 0020 | Total project costs | C.F. | 5.50 | 5.75 | 7.35 | | | | |
| | 2720 | Plumbing | S.F. | 4.32 | 5.10 | 9.10 | 5.10% | 8% | 10.80% | |
| | 2900 | Electrical | | 3.80 | 8.20 | 10.30 | 6.50% | 9.90% | 10.60% | |
| | 3100 | Total: Mechanical & Electrical | | 10.80 | 15.30 | 18.45 | 14.60% | 20.60% | 24% | |

# 171 | S.F., C.F. and % of Total Costs

## 171 000 | S.F. & C.F. Costs

| | | | UNIT | UNIT COSTS | | | % OF TOTAL | | |
|---|---|---|---|---|---|---|---|---|---|
| | | | | 1/4 | MEDIAN | 3/4 | 1/4 | MEDIAN | 3/4 |
| 380 | 0010 | **FUNERAL HOMES** | S.F. | 55.75 | 69.40 | 101 | | | |
| | 0020 | Total project costs | C.F. | 5.55 | 6.20 | 9.15 | | | |
| | 2720 | Plumbing | S.F. | 2.18 | 3.02 | 3.30 | 4.10% | 4.40% | 5.50% |
| | 2770 | Heating, ventilating, air conditioning | | 4.05 | 5.05 | 5.85 | 5.80% | 9.10% | 9.20% |
| | 2900 | Electrical | | 3.63 | 4.92 | 6.20 | 4.40% | 6.90% | 11% |
| | 3100 | Total: Mechanical & Electrical | | 9.90 | 12.60 | 14.80 | 12.90% | 18.80% | 20.40% |
| 390 | 0010 | **GARAGES, COMMERCIAL** (Service) | S.F. | 33.95 | 53.45 | 72.35 | | | |
| | 0020 | Total project costs | C.F. | 2.16 | 3.22 | 4.54 | | | |
| | 1800 | Equipment | S.F. | 1.91 | 4.17 | 6.85 | 3.60% | 6.40% | 8.40% |
| | 2720 | Plumbing | | 2.20 | 3.35 | 6.70 | 4.60% | 7.40% | 11% |
| | 2730 | Heating & ventilating | | 3.13 | 4.30 | 5.20 | 5.20% | 7.20% | 9.50% |
| | 2900 | Electrical | | 3.17 | 4.90 | 6.80 | 7.10% | 9.10% | 11.10% |
| | 3100 | Total: Mechanical & Electrical | | 6.15 | 12.20 | 17.50 | 15.40% | 20.30% | 26.90% |
| 400 | 0010 | **GARAGES, MUNICIPAL** (Repair) | S.F. | 45.95 | 62.45 | 90.35 | | | |
| | 0020 | Total project costs | C.F. | 3.15 | 3.80 | 5.05 | | | |
| | 0500 | Masonry | S.F. | 4.75 | 9.20 | 11.05 | 7% | 10.60% | 15.50% |
| | 1140 | Roofing | | 2.76 | 4.67 | 6.40 | 6.50% | 7.30% | 10.10% |
| | 2720 | Plumbing | | 2.27 | 4.16 | 6.80 | 4.10% | 6.90% | 8.60% |
| | 2730 | Heating & ventilating | | 2.77 | 4.43 | 7.70 | 6.10% | 7.80% | 13.40% |
| | 2900 | Electrical | | 3.49 | 5.50 | 8.05 | 6.30% | 8.30% | 10.50% |
| | 3100 | Total: Mechanical & Electrical | | 9.80 | 17.50 | 28 | 15.50% | 25.70% | 31.50% |
| 410 | 0010 | **GARAGES, PARKING** | S.F. | 19 | 26.10 | 43.65 | | | |
| | 0020 | Total project costs | C.F. | 1.70 | 2.19 | 3.59 | | | |
| | 2720 | Plumbing | S.F. | .50 | .71 | 1.04 | 2.20% | 3.20% | 3.80% |
| | 2900 | Electrical | | .80 | 1.22 | 1.96 | 4.20% | 5.40% | 7.20% |
| | 3100 | Total: Mechanical & Electrical | | 1.39 | 1.88 | 3.05 | 6.80% | 8.70% | 9.50% |
| | 3200 | | | | | | | | |
| | 9000 | Per car, total cost | Car | 7,400 | 8,400 | 12,600 | | | |
| | 9500 | Total: Mechanical & Electrical | | 555 | 635 | 805 | | | |
| 430 | 0010 | **GYMNASIUMS** | S.F. | 51.95 | 67.55 | 83.15 | | | |
| | 0020 | Total project costs | C.F. | 2.73 | 3.47 | 4.50 | | | |
| | 1800 | Equipment | S.F. | 1.15 | 2.35 | 4.78 | 2% | 3.40% | 6.70% |
| | 2720 | Plumbing | | 3.09 | 4.27 | 5.30 | 4.80% | 7.20% | 8.30% |
| | 2770 | Heating, ventilating, air conditioning | | 3.25 | 5.65 | 8.90 | 7.20% | 9.70% | 13.30% |
| | 2900 | Electrical | | 4.21 | 5.10 | 6.85 | 6.50% | 8.20% | 10.30% |
| | 3100 | Total: Mechanical & Electrical | | 7.85 | 12.65 | 18.25 | 16.10% | 19.80% | 26.30% |
| | 3500 | | | | | | | | |
| 460 | 0010 | **HOSPITALS** | S.F. | 108 | 130 | 180 | | | |
| | 0020 | Total project costs | C.F. | 8.15 | 10.25 | 13.95 | | | |
| | 1120 | Roofing | S.F. | 2.01 | 3.27 | 6.47 | 1.20% | 2% | 3% |
| | 1800 | Equipment | | 2.72 | 5.10 | 8.75 | 1.50% | 3.90% | 5.90% |
| | 2720 | Plumbing | | 9.40 | 12.20 | 16.40 | 7.20% | 9.10% | 10.70% |
| | 2770 | Heating, ventilating, air conditioning | | 10.55 | 17.60 | 24.25 | 7.90% | 13.80% | 16.70% |
| | 2900 | Electrical | | 11.30 | 15.25 | 23.10 | 9.80% | 12% | 15% |
| | 3100 | Total: Mechanical & Electrical | | 31.70 | 42.60 | 64.20 | 26.50% | 34% | 39.90% |
| | 9000 | Per bed or person, total cost | Bed | 27,000 | 54,200 | 75,300 | | | |
| | 9900 | | | | | | | | |
| 480 | 0010 | **HOUSING** For the Elderly | S.F. | 52.70 | 66.10 | 81.75 | | | |
| | 0020 | Total project costs | C.F. | 3.74 | 5.20 | 6.60 | | | |
| | 0100 | Site work | S.F. | 3.59 | 5.60 | 8.30 | 5% | 8% | 12.10% |
| | 0500 | Masonry | | 1.23 | 5.50 | 8.60 | 2.10% | 6.50% | 11.10% |
| | 1120 | Roofing | | 1.04 | 1.84 | 3.30 | 1.30% | 2.10% | 3.20% |
| | 1140 | Dampproofing | | .29 | .42 | .86 | .20% | .40% | .80% |
| | 1350 | Glass & glazing | | .50 | .68 | 1.57 | .40% | .70% | 2.20% |
| | 1530 | Drywall | | 3.19 | 3.93 | 7.35 | 3.70% | 4.10% | 4.60% |

For expanded coverage of these items see *Means Square Foot Costs 1994*

# 171 | S.F., C.F. and % of Total Costs

## 171 000 | S.F. & C.F. Costs

| | | | UNIT | UNIT COSTS | | | % OF TOTAL | | |
|---|---|---|---|---|---|---|---|---|---|
| | | | | 1/4 | MEDIAN | 3/4 | 1/4 | MEDIAN | 3/4 |
| **480** | 1540 | Floor covering | S.F. | .96 | 1.28 | 2.13 | .90% | 1.40% | 2.10% |
| | 1570 | Tile & marble | | .39 | .59 | .87 | .40% | .60% | .70% |
| | 1580 | Painting | | 1.69 | 2.36 | 2.79 | 2% | 2.60% | 3% |
| | 1800 | Equipment | | 1.25 | 1.68 | 2.74 | 1.80% | 3.20% | 4.40% |
| | 2510 | Conveying systems | | 1.26 | 1.68 | 2.29 | 1.70% | 2.20% | 2.80% |
| | 2720 | Plumbing | | 3.92 | 5.30 | 6.90 | 8.10% | 9.60% | 10.70% |
| | 2730 | Heating, ventilating, air conditioning | | 1.82 | 2.78 | 3.83 | 3.20% | 5.60% | 6.80% |
| | 2900 | Electrical | | 3.88 | 5.35 | 7.15 | 7.40% | 8.90% | 10.60% |
| | 2910 | Electrical incl. electric heat | | 3.66 | 8.50 | 10.05 | 9.60% | 11.10% | 13.30% |
| | 3100 | Total: Mechanical & Electrical | | 9.50 | 13.35 | 17.15 | 18.20% | 21.70% | 24.80% |
| | 9000 | Per rental unit, total cost | Unit | 46,600 | 55,400 | 61,600 | | | |
| | 9500 | Total: Mechanical & Electrical | " | 9,100 | 11,200 | 13,500 | | | |
| **500** | 0010 | **HOUSING** Public (Low Rise) | S.F. | 43.20 | 59.05 | 77.05 | | | |
| | 0020 | Total project costs | C.F. | 3.45 | 4.76 | 6 | | | |
| | 0100 | Site work | S.F. | 5.20 | 7.60 | 12.65 | 8% | 11.70% | 16.10% |
| | 1800 | Equipment | | 1.17 | 1.91 | 3.14 | 2.10% | 2.90% | 4.60% |
| | 2720 | Plumbing | | 2.95 | 4.14 | 5.20 | 6.80% | 9% | 11.50% |
| | 2730 | Heating, ventilating, air conditioning | | 1.57 | 3.05 | 3.26 | 4.20% | 6% | 6.40% |
| | 2900 | Electrical | | 2.63 | 3.76 | 5.40 | 5% | 6.50% | 8.10% |
| | 3100 | Total: Mechanical & Electrical | | 7.70 | 11.40 | 15.60 | 14.90% | 19.20% | 23.40% |
| | 9000 | Per apartment, total cost | Apt. | 46,600 | 51,400 | 64,600 | | | |
| | 9500 | Total: Mechanical & Electrical | " | 7,600 | 10,400 | 13,000 | | | |
| **510** | 0010 | **ICE SKATING RINKS** | S.F. | 39.15 | 68.35 | 94.62 | | | |
| | 0020 | Total project costs | C.F. | 2.73 | 2.79 | 3.22 | | | |
| | 2720 | Plumbing | S.F. | 1.38 | 2.20 | 2.64 | 3.10% | 3.20% | 6.70% |
| | 2900 | Electrical | | 3.98 | 4.39 | 6.45 | 6.70% | 9.50% | 15% |
| | 3100 | Total: Mechanical & Electrical | | 7.05 | 10.15 | 12.65 | 9.90% | 25.90% | 29.80% |
| **520** | 0010 | **JAILS** | S.F. | 112 | 139 | 180 | | | |
| | 0020 | Total project costs | C.F. | 9.40 | 12.30 | 15.10 | | | |
| | 1800 | Equipment | S.F. | 4.73 | 12.55 | 21.85 | 4% | 8.90% | 15.10% |
| | 2720 | Plumbing | | 11.10 | 14.65 | 17.80 | 7% | 9.60% | 13.30% |
| | 2770 | Heating, ventilating, air conditioning | | 8 | 13.90 | 25.70 | 6.40% | 9.40% | 17.70% |
| | 2900 | Electrical | | 11.75 | 15.40 | 19.40 | 7.90% | 10.50% | 14.20% |
| | 3100 | Total: Mechanical & Electrical | | 29.10 | 39.95 | 55.20 | 25.30% | 30.10% | 33.20% |
| **530** | 0010 | **LIBRARIES** | S.F. | 68.40 | 85.15 | 105 | | | |
| | 0020 | Total project costs | C.F. | 4.82 | 5.90 | 7.50 | | | |
| | 0500 | Masonry | S.F. | 3.80 | 6.95 | 13.35 | 4.50% | 6.70% | 10.70% |
| | 1800 | Equipment | | .97 | 2.55 | 4.20 | 1.10% | 2.80% | 4.80% |
| | 2720 | Plumbing | | 2.79 | 3.82 | 5.20 | 3.60% | 4.50% | 5.50% |
| | 2770 | Heating, ventilating, air conditioning | | 6.05 | 9.90 | 12.85 | 7.90% | 11% | 14% |
| | 2900 | Electrical | | 6.95 | 9.05 | 11.55 | 8.30% | 10.90% | 12% |
| | 3100 | Total: Mechanical & Electrical | | 14.40 | 19.35 | 28.50 | 17.40% | 22.80% | 28.10% |
| **550** | 0010 | **MEDICAL CLINICS** | S.F. | 66.50 | 82.05 | 101 | | | |
| | 0020 | Total project costs | C.F. | 5.05 | 6.65 | 8.70 | | | |
| | 1800 | Equipment | S.F. | 1.76 | 3.77 | 5.70 | 1.80% | 4.80% | 6.80% |
| | 2720 | Plumbing | | 4.60 | 6.30 | 8.50 | 6.10% | 8.40% | 9.80% |
| | 2770 | Heating, ventilating, air conditioning | | 5.55 | 7 | 10.55 | 6.60% | 9% | 11.30% |
| | 2900 | Electrical | | 5.80 | 8.05 | 10.55 | 8.10% | 10% | 11.90% |
| | 3100 | Total: Mechanical & Electrical | | 14.25 | 18.25 | 25.75 | 18.90% | 24.20% | 29.70% |
| | 3500 | | | | | | | | |
| **570** | 0010 | **MEDICAL OFFICES** | S.F. | 61.50 | 77.40 | 95.30 | | | |
| | 0020 | Total project costs | C.F. | 4.72 | 6.50 | 8.65 | | | |
| | 1800 | Equipment | S.F. | 2.09 | 4.13 | 5.90 | 3% | 5.80% | 7.20% |
| | 2720 | Plumbing | | 3.67 | 5.55 | 7.45 | 5.70% | 6.80% | 8.60% |

# 171 | S.F., C.F. and % of Total Costs

## 171 000 | S.F. & C.F. Costs

| | | | UNIT | UNIT COSTS 1/4 | UNIT COSTS MEDIAN | UNIT COSTS 3/4 | % OF TOTAL 1/4 | % OF TOTAL MEDIAN | % OF TOTAL 3/4 | |
|---|---|---|---|---|---|---|---|---|---|---|
| 570 | 2770 | Heating, ventilating, air conditioning | S.F. | 4.22 | 6.45 | 8.25 | 6.10% | 8% | 9.60% | 570 |
| | 2900 | Electrical | ↓ | 4.98 | 7.40 | 10.20 | 7.60% | 9.70% | 11.70% | |
| | 3100 | Total: Mechanical & Electrical | ↓ | 11.80 | 16.55 | 21.95 | 17% | 21.40% | 26% | |
| 590 | 0010 | **MOTELS** | S.F. | 40.60 | 58.80 | 75.65 | | | | 590 |
| | 0020 | Total project costs | C.F. | 3.48 | 4.91 | 8.05 | | | | |
| | 2720 | Plumbing | S.F. | 4.05 | 5.05 | 6.15 | 9.40% | 10.60% | 12.50% | |
| | 2770 | Heating, ventilating, air conditioning | | 2.14 | 3.68 | 5.35 | 4.90% | 5.60% | 8.20% | |
| | 2900 | Electrical | | 3.77 | 4.75 | 6.15 | 7.10% | 8.20% | 10.40% | |
| | 3100 | Total: Mechanical & Electrical | ↓ | 9.10 | 11.70 | 16.10 | 18.50% | 23.10% | 26.10% | |
| | 5000 | | | | | | | | | |
| | 9000 | Per rental unit, total cost | Unit | 20,400 | 30,500 | 39,500 | | | | |
| | 9500 | Total: Mechanical & Electrical | " | 4,025 | 5,700 | 6,150 | | | | |
| 600 | 0010 | **NURSING HOMES** | S.F. | 60.55 | 81.95 | 97.85 | | | | 600 |
| | 0020 | Total project costs | C.F. | 5 | 6.45 | 8.60 | | | | |
| | 1800 | Equipment | S.F. | 2.01 | 2.58 | 4.01 | 2.30% | 3.70% | 6% | |
| | 2720 | Plumbing | | 5.50 | 6.70 | 9.80 | 9.30% | 10.30% | 13.30% | |
| | 2770 | Heating, ventilating, air conditioning | | 5.60 | 7.80 | 10 | 9.20% | 11.40% | 11.80% | |
| | 2900 | Electrical | | 6.20 | 7.70 | 10.15 | 9.70% | 11% | 13% | |
| | 3100 | Total: Mechanical & Electrical | ↓ | 14.55 | 19.05 | 29 | 22.30% | 28.30% | 33.20% | |
| | 3200 | | | | | | | | | |
| | 9000 | Per bed or person, total cost | Bed | 24,800 | 31,800 | 39,400 | | | | |
| 610 | 0010 | **OFFICES** Low Rise (1 to 4 story) | S.F. | 50.50 | 64.10 | 85 | | | | 610 |
| | 0020 | Total project costs | C.F. | 3.69 | 5.15 | 7 | | | | |
| | 0100 | Site work | S.F. | 3.66 | 6.35 | 9.95 | 5.20% | 9.40% | 13.70% | |
| | 0500 | Masonry | | 1.70 | 4.02 | 7.60 | 2.90% | 5.70% | 8.60% | |
| | 1800 | Equipment | | .62 | 1.13 | 3.15 | 1.10% | 1.50% | 4% | |
| | 2720 | Plumbing | | 1.92 | 2.91 | 4.15 | 3.60% | 4.50% | 6% | |
| | 2770 | Heating, ventilating, air conditioning | | 4.10 | 5.75 | 8.40 | 7.20% | 10.40% | 11.90% | |
| | 2900 | Electrical | | 4.29 | 5.90 | 8.15 | 7.40% | 9.50% | 11.10% | |
| | 3100 | Total: Mechanical & Electrical | ↓ | 8.85 | 13.20 | 19.35 | 15% | 20.90% | 26.80% | |
| 620 | 0010 | **OFFICES** Mid Rise (5 to 10 story) | S.F. | 56.90 | 69.90 | 93.80 | | | | 620 |
| | 0020 | Total project costs | C.F. | 3.90 | 5.05 | 7.10 | | | | |
| | 2720 | Plumbing | S.F. | 1.72 | 2.61 | 3.76 | 2.80% | 3.60% | 4.50% | |
| | 2770 | Heating, ventilating, air conditioning | | 4.24 | 6.05 | 9.65 | 7.60% | 9.30% | 11% | |
| | 2900 | Electrical | | 3.61 | 5.15 | 7.95 | 6.50% | 8% | 10% | |
| | 3100 | Total: Mechanical & Electrical | ↓ | 10.20 | 13.10 | 21.85 | 16.70% | 20.50% | 25.70% | |
| 630 | 0010 | **OFFICES** High Rise (11 to 20 story) | S.F. | 67.40 | 86 | 106 | | | | 630 |
| | 0020 | Total project costs | C.F. | 4.31 | 6.10 | 8.70 | | | | |
| | 2900 | Electrical | S.F. | 3.36 | 4.90 | 7.55 | 5.80% | 7% | 10.50% | |
| | 3100 | Total: Mechanical & Electrical | " | 12.30 | 15.75 | 26 | 17.20% | 21.40% | 29.40% | |
| 640 | 0010 | **POLICE STATIONS** | S.F. | 84.25 | 108 | 138 | | | | 640 |
| | 0020 | Total project costs | C.F. | 6.55 | 8.05 | 10.80 | | | | |
| | 0500 | Masonry | S.F. | 9.60 | 13.75 | 16.85 | 7.80% | 10.50% | 11.30% | |
| | 1800 | Equipment | | 1.30 | 5.75 | 9.25 | 1.70% | 5.20% | 9.80% | |
| | 2720 | Plumbing | | 4.65 | 6.60 | 11.05 | 5.60% | 6.80% | 10.70% | |
| | 2770 | Heating, ventilating, air conditioning | | 7.20 | 9.55 | 13 | 7% | 10.50% | 11.90% | |
| | 2900 | Electrical | | 8.95 | 13.45 | 17 | 9.60% | 11.80% | 15.20% | |
| | 3100 | Total: Mechanical & Electrical | ↓ | 23.15 | 28.35 | 37.30 | 22.20% | 28.30% | 33.70% | |
| 650 | 0010 | **POST OFFICES** | S.F. | 66.35 | 81.35 | 107 | | | | 650 |
| | 0020 | Total project costs | C.F. | 3.78 | 4.94 | 5.85 | | | | |
| | 2720 | Plumbing | S.F. | 2.92 | 3.70 | 4.68 | 4.30% | 5.30% | 5.60% | |
| | 2770 | Heating, ventilating, air conditioning | ↓ | 4.23 | 5.65 | 8.60 | 6.60% | 8% | 10.20% | |

For expanded coverage of these items see *Means Square Foot Costs 1994*

# 171 | S.F., C.F. and % of Total Costs

## 171 000 | S.F. & C.F. Costs

| | | | UNIT | UNIT COSTS 1/4 | UNIT COSTS MEDIAN | UNIT COSTS 3/4 | % OF TOTAL 1/4 | % OF TOTAL MEDIAN | % OF TOTAL 3/4 | |
|---|---|---|---|---|---|---|---|---|---|---|
| 650 | 2900 | Electrical | S.F. | 5.35 | 7.55 | 9 | 7.30% | 9.40% | 11% | 650 |
| | 3100 | Total: Mechanical & Electrical | ↓ | 11.80 | 16.15 | 22.25 | 16.50% | 20.50% | 26.30% | |
| 660 | 0010 | **POWER PLANTS** | S.F. | 461 | 608 | 913 | | | | 660 |
| | 0020 | Total project costs | C.F. | 11 | 20.25 | 56.05 | | | | |
| | 2900 | Electrical | S.F. | 23.70 | 62 | 101 | 9.20% | 12.30% | 18.40% | |
| | 8100 | Total: Mechanical & Electrical | " | 71.50 | 154 | 346 | 28.80% | 32.50% | 52.60% | |
| 670 | 0010 | **RELIGIOUS EDUCATION** | S.F. | 51.15 | 62.20 | 75.30 | | | | 670 |
| | 0020 | Total project costs | C.F. | 2.98 | 4.27 | 6.05 | | | | |
| | 2720 | Plumbing | S.F. | 2.18 | 3.17 | 4.35 | 4.30% | 5.20% | 7.10% | |
| | 2770 | Heating, ventilating, air conditioning | | 4.93 | 5.65 | 8.05 | 7.20% | 9.70% | 11.40% | |
| | 2900 | Electrical | | 3.89 | 5.40 | 7.25 | 7.50% | 8.90% | 10.30% | |
| | 3100 | Total: Mechanical & Electrical | ↓ | 7.60 | 10.65 | 16.55 | 13.60% | 18.20% | 21.80% | |
| 690 | 0010 | **RESEARCH** Laboratories and facilities | S.F. | 73.30 | 110 | 161 | | | | 690 |
| | 0020 | Total project costs | C.F. | 5.05 | 9.25 | 12.95 | | | | |
| | 1800 | Equipment | S.F. | 2.73 | 6.10 | 14.40 | 1.20% | 4.90% | 9% | |
| | 2720 | Plumbing | | 7.45 | 10.25 | 16.10 | 6.70% | 8.50% | 13.30% | |
| | 2770 | Heating, ventilating, air conditioning | | 7.25 | 23.70 | 32.05 | 10.70% | 16.40% | 27.70% | |
| | 2900 | Electrical | | 8.90 | 14.40 | 25.25 | 9.40% | 12% | 15.80% | |
| | 3100 | Total: Mechanical & Electrical | ↓ | 18.80 | 36.80 | 66.95 | 20.30% | 32.80% | 41.90% | |
| 700 | 0010 | **RESTAURANTS** | S.F. | 74.75 | 96.80 | 125 | | | | 700 |
| | 0020 | Total project costs | C.F. | 6.45 | 8.40 | 10.60 | | | | |
| | 1800 | Equipment | S.F. | 4.50 | 12.05 | 18.85 | 6% | 13.40% | 16.60% | |
| | 2720 | Plumbing | | 6.05 | 7.50 | 10.40 | 6% | 8.20% | 9.10% | |
| | 2770 | Heating, ventilating, air conditioning | | 8.25 | 10.80 | 14.05 | 9.60% | 12.30% | 13% | |
| | 2900 | Electrical | | 8 | 9.95 | 13.40 | 8.30% | 10.60% | 12% | |
| | 3100 | Total: Mechanical & Electrical | ↓ | 17.30 | 23.45 | 30.90 | 18% | 22.30% | 31.10% | |
| | 5000 | | | | | | | | | |
| | 9000 | Per seat unit, total cost | Seat | 2,500 | 3,700 | 4,500 | | | | |
| | 9500 | Total: Mechanical & Electrical | " | 525 | 680 | 1,075 | | | | |
| 720 | 0010 | **RETAIL STORES** | S.F. | 34.25 | 47.15 | 61.90 | | | | 720 |
| | 0020 | Total project costs | C.F. | 2.37 | 3.38 | 4.68 | | | | |
| | 2720 | Plumbing | S.F. | 1.28 | 2.14 | 3.80 | 3.20% | 4.50% | 6.80% | |
| | 2770 | Heating, ventilating, air conditioning | | 2.78 | 3.82 | 5.70 | 6.70% | 8.70% | 10.20% | |
| | 2900 | Electrical | | 3.17 | 4.30 | 6.35 | 7.30% | 10% | 11.80% | |
| | 3100 | Total: Mechanical & Electrical | ↓ | 5.85 | 8.85 | 12.70 | 14.80% | 18.70% | 24% | |
| 740 | 0010 | **SCHOOLS** Elementary | S.F. | 57.15 | 69.50 | 83.30 | | | | 740 |
| | 0020 | Total project costs | C.F. | 3.85 | 4.87 | 6.25 | | | | |
| | 0500 | Masonry | S.F. | 5 | 7.80 | 10.25 | 7.10% | 9.60% | 15.20% | |
| | 1800 | Equipment | | 1.45 | 2.98 | 5.60 | 2.20% | 4.10% | 7.80% | |
| | 2720 | Plumbing | | 3.32 | 4.74 | 6.15 | 5.60% | 7.10% | 9.30% | |
| | 2730 | Heating, ventilating, air conditioning | | 4.97 | 8 | 11.10 | 8% | 10.80% | 15.10% | |
| | 2900 | Electrical | | 5.20 | 6.60 | 8.45 | 8.30% | 10% | 11.60% | |
| | 3100 | Total: Mechanical & Electrical | ↓ | 11.75 | 17.45 | 21.80 | 20% | 26% | 31.10% | |
| | 9000 | Per pupil, total cost | Ea. | 5,475 | 9,700 | 12,500 | | | | |
| | 9500 | Total: Mechanical & Electrical | " | 1,555 | 2,285 | 5,050 | | | | |
| 760 | 0010 | **SCHOOLS** Junior High & Middle | S.F. | 59.85 | 71.20 | 84.10 | | | | 760 |
| | 0020 | Total project costs | C.F. | 3.67 | 4.75 | 5.55 | | | | |
| | 0500 | Masonry | S.F. | 6.30 | 8.15 | 10.70 | 8.80% | 9.60% | 14.20% | |
| | 1800 | Equipment | | 1.87 | 3.41 | 5.55 | 2.60% | 4.70% | 8% | |
| | 2720 | Plumbing | | 3.55 | 4.28 | 5.55 | 5.40% | 6.90% | 8.10% | |
| | 2770 | Heating, ventilating, air conditioning | | 4.36 | 8.35 | 11.75 | 8.70% | 11.50% | 17.40% | |
| | 2900 | Electrical | | 5.40 | 6.85 | 8.25 | 7.60% | 9.30% | 10.60% | |
| | 3100 | Total: Mechanical & Electrical | ↓ | 13.95 | 17.15 | 24.85 | 19.60% | 26.80% | 31.90% | |
| | 9000 | Per pupil, total cost | Ea. | 7,300 | 8,400 | 10,800 | | | | |

# 171 | S.F., C.F. and % of Total Costs

| | | 171 000 | S.F. & C.F. Costs | UNIT | UNIT COSTS 1/4 | UNIT COSTS MEDIAN | UNIT COSTS 3/4 | % OF TOTAL 1/4 | % OF TOTAL MEDIAN | % OF TOTAL 3/4 | |
|---|---|---|---|---|---|---|---|---|---|---|---|
| 780 | 0010 | SCHOOLS Senior High | | S.F. | 62.40 | 71.05 | 95.30 | | | | 780 |
| | 0020 | Total project costs | | C.F. | 3.93 | 4.98 | 6.15 | | | | |
| | 1800 | Equipment | | S.F. | 1.63 | 3.78 | 5.70 | 2.30% | 3.70% | 5.40% | |
| | 2720 | Plumbing | | | 3.17 | 5.35 | 8.50 | 5% | 6.50% | 8% | |
| | 2770 | Heating, ventilating, air conditioning | | | 7.25 | 8.15 | 11.75 | 8.90% | 11.50% | 14.20% | |
| | 2900 | Electrical | | | 6.05 | 7.95 | 12.05 | 8.30% | 10% | 11.80% | |
| | 3100 | Total: Mechanical & Electrical | | | 12.85 | 20.05 | 26.30 | 16.90% | 24.30% | 29.70% | |
| | 9000 | Per pupil, total cost | | Ea. | 7,775 | 9,950 | 13,000 | | | | |
| 800 | 0010 | SCHOOLS Vocational | | S.F. | 50.10 | 68.35 | 89.70 | | | | 800 |
| | 0020 | Total project costs | | C.F. | 3.15 | 4.36 | 6 | | | | |
| | 0500 | Masonry | | S.F. | 2.94 | 6.70 | 11.20 | 4% | 6.60% | 15.90% | |
| | 1800 | Equipment | | | 1.31 | 2.17 | 4.26 | 2.30% | 3.20% | 4.60% | |
| | 2720 | Plumbing | | S.F. | 3.26 | 4.90 | 7.05 | 5.30% | 6.90% | 8.40% | |
| | 2770 | Heating, ventilating, air conditioning | | | 5.80 | 8.35 | 14 | 9.40% | 12.10% | 15.90% | |
| | 2900 | Electrical | | | 5.25 | 7.30 | 10.30 | 8.80% | 11.30% | 13.20% | |
| | 3100 | Total: Mechanical & Electrical | | | 12.10 | 18.05 | 25.20 | 20.60% | 28.30% | 34.90% | |
| | 9000 | Per pupil, total cost | | Ea. | 7,200 | 18,500 | 27,800 | | | | |
| 830 | 0010 | SPORTS ARENAS | | S.F. | 43.85 | 55.25 | 70.50 | | | | 830 |
| | 0020 | Total project costs | | C.F. | 2.38 | 4.35 | 5.50 | | | | |
| | 2720 | Plumbing | | S.F. | 2.24 | 3.85 | 6.85 | 4.30% | 6.30% | 8.50% | |
| | 2770 | Heating, ventilating, air conditioning | | | 4.66 | 6.50 | 8.45 | 5.80% | 10.20% | 13.50% | |
| | 2900 | Electrical | | | 3.62 | 6.05 | 7.45 | 7.10% | 9.70% | 12.20% | |
| | 3100 | Total: Mechanical & Electrical | | | 8 | 14.25 | 18.30 | 13.40% | 22.50% | 30.80% | |
| 850 | 0010 | SUPERMARKETS | | S.F. | 40.45 | 46.95 | 56.30 | | | | 850 |
| | 0020 | Total project costs | | C.F. | 2.23 | 2.68 | 3.87 | | | | |
| | 2720 | Plumbing | | S.F. | 2.17 | 2.85 | 3.35 | 5% | 6% | 6.90% | |
| | 2770 | Heating, ventilating, air conditioning | | | 3.33 | 3.97 | 4.85 | 8.50% | 8.50% | 9.50% | |
| | 2900 | Electrical | | | 4.72 | 5.75 | 7.05 | 10.20% | 12.40% | 13.50% | |
| | 3100 | Total: Mechanical & Electrical | | | 8.35 | 11.35 | 14 | 18.10% | 22.40% | 27.70% | |
| 860 | 0010 | SWIMMING POOLS | | S.F. | 73.10 | 87.60 | 154 | | | | 860 |
| | 0020 | Total project costs | | C.F. | 5.40 | 6.25 | 7.30 | | | | |
| | 2720 | Plumbing | | S.F. | 6.05 | 7.10 | 9.90 | 4.80% | 9.60% | 12.40% | |
| | 2900 | Electrical | | | 4.93 | 6.60 | 10 | 7.50% | 7.80% | 8.20% | |
| | 3100 | Total: Mechanical & Electrical | | | 10.85 | 19.55 | 38.30 | 17.70% | 24.90% | 31% | |
| 870 | 0010 | TELEPHONE EXCHANGES | | S.F. | 89.05 | 128 | 161 | | | | 870 |
| | 0020 | Total project costs | | C.F. | 5.55 | 8.30 | 12 | | | | |
| | 2720 | Plumbing | | S.F. | 3.09 | 5.30 | 7.80 | 3.50% | 5.70% | 6.60% | |
| | 2770 | Heating, ventilating, air conditioning | | | 7.50 | 17.20 | 21.40 | 11.70% | 16% | 18.40% | |
| | 2900 | Electrical | | | 8.15 | 14 | 25.35 | 10.70% | 13.90% | 17.80% | |
| | 3100 | Total: Mechanical & Electrical | | | 18.20 | 25.40 | 49.60 | 20.30% | 30.80% | 35% | |
| 890 | 0010 | TERMINALS Bus | | S.F. | 44.30 | 62.90 | 77.75 | | | | 890 |
| | 0020 | Total project costs | | C.F. | 2 | 3.61 | 4.44 | | | | |
| | 2720 | Plumbing | | S.F. | 1.35 | 3.03 | 4.66 | 2.30% | 7.20% | 8.80% | |
| | 2900 | Electrical | | | 2.09 | 4.75 | 8 | 7.50% | 8% | 11.80% | |
| | 3100 | Total: Mechanical & Electrical | | | 2.12 | 6.50 | 10.80 | 8.30% | 16.90% | 19.60% | |
| 910 | 0010 | THEATERS | | S.F. | 51.30 | 70.80 | 102 | | | | 910 |
| | 0020 | Total project costs | | C.F. | 2.67 | 3.81 | 6.30 | | | | |
| | 2720 | Plumbing | | S.F. | 1.70 | 1.98 | 5.95 | 2.90% | 4.60% | 6.10% | |
| | 2770 | Heating, ventilating, air conditioning | | | 4.74 | 6.40 | 7.30 | 7.30% | 11.60% | 13.30% | |
| | 2900 | Electrical | | | 4.80 | 6.45 | 12.55 | 8% | 9.30% | 12.20% | |
| | 3100 | Total: Mechanical & Electrical | | | 11.35 | 13.45 | 24.90 | 17.10% | 24.90% | 27.40% | |
| 940 | 0010 | TOWN HALLS City Halls & Municipal Buildings | | S.F. | 62.05 | 77.65 | 101 | | | | 940 |
| | 0020 | Total project costs | | C.F. | 4.22 | 6.40 | 8.35 | | | | |

For expanded coverage of these items see *Means Square Foot Costs 1994*

# 171 | S.F., C.F. and % of Total Costs

| 171 000 | S.F. & C.F. Costs | UNIT | UNIT COSTS ||| % OF TOTAL |||
|---|---|---|---|---|---|---|---|---|
| | | | 1/4 | MEDIAN | 3/4 | 1/4 | MEDIAN | 3/4 |
| 940 | 2720 | Plumbing | S.F. | 2.17 | 4.26 | 7.45 | 4.20% | 5.90% | 7.90% |
| | 2770 | Heating, ventilating, air conditioning | | 4.62 | 9.20 | 10.50 | 7% | 9% | 13.20% |
| | 2900 | Electrical | | 4.92 | 7.30 | 10.40 | 7.90% | 9.40% | 11.60% |
| | 3100 | Total: Mechanical & Electrical | | 10.30 | 17.65 | 25.15 | 15.80% | 22% | 29.90% |
| 970 | 0010 | **WAREHOUSES** And Storage Buildings | S.F. | 22.30 | 31.40 | 48.60 | | | |
| | 0020 | Total project costs | C.F. | 1.16 | 1.88 | 3.10 | | | |
| | 0100 | Site work | S.F. | 2.28 | 4.67 | 7.05 | 5.90% | 12.50% | 19.80% |
| | 0500 | Masonry | | 1.42 | 3.31 | 7 | 5% | 7.80% | 13.10% |
| | 1800 | Equipment | | .37 | .77 | 4.47 | .90% | 2.40% | 6.50% |
| | 2720 | Plumbing | | .76 | 1.30 | 2.49 | 2.80% | 4.70% | 6.40% |
| | 2730 | Heating, ventilating, air conditioning | | .86 | 2.25 | 3.24 | 2.40% | 5% | 8.30% |
| | 2900 | Electrical | | 1.36 | 2.54 | 4.18 | 4.90% | 7.20% | 10% |
| | 3100 | Total: Mechanical & Electrical | | 2.56 | 4.41 | 9.70 | 9.50% | 15.40% | 21.40% |
| 990 | 0010 | **WAREHOUSE & OFFICES** Combination | S.F. | 27.40 | 35.90 | 48.65 | | | |
| | 0020 | Total project costs | C.F. | 1.42 | 2.08 | 3.11 | | | |
| | 1800 | Equipment | S.F. | .46 | .94 | 1.49 | 1.30% | 2.30% | 3.30% |
| | 2720 | Plumbing | | 1.07 | 1.83 | 2.85 | 3.60% | 4.60% | 6.20% |
| | 2770 | Heating, ventilating, air conditioning | | 1.68 | 2.67 | 3.75 | 5% | 5.60% | 9.50% |
| | 2900 | Electrical | | 1.83 | 2.74 | 4.28 | 5.70% | 7.60% | 9.90% |
| | 3100 | Total: Mechanical & Electrical | | 3.86 | 6.10 | 9.15 | 11.70% | 16.50% | 22.10% |

# ASSEMBLIES SECTION

## Table of Contents

### Mechanical Systems

| Table No. | | Page |
|---|---|---|
| A8.1-110 | Electric Water Heaters, Residential | 250 |
| A8.1-160 | Electric Water Heaters, Commercial | 251 |
| A8.2-810 | FM200 Fire Suppression | 252 |
| A8.3-110 | Hydronic, Electric Boilers, Small | 253 |
| A8.3-120 | Hydronic, Electric Boilers, Large | 254 |

### Electric Systems

*Estimating Procedure*

| Table No. | | Page |
|---|---|---|
| A9.0-111 | Typical Overhead Service Entrance | 255 |
| A9.0-112 | Typical Commercial Electric System | 255 |
| A9.0-113 | Preliminary Procedure | 256 |
| A9.0-114 | Example | 256 |
| A9.0-1151 | Nominal Watts Per S.F. for Electric Systems | 257 |
| A9.0-1152 | HP Requirements for Elevators | 257 |
| A9.0-1153 | Watts Per Motor | 257 |
| A9.0-116 | Electrical Formulas | 258 |
| A9.0-117 | Cost per S.F. for Electric Systems | 259-260 |
| A9.0-117 | Cost per S.F. for Total Electric Systems | 261 |

### Service & Distribution

| Table No. | | Page |
|---|---|---|
| A9.1-110 | H.V. Shielded Conductor | 262 |
| A9.1-210 | Electric Service | 263 |
| A9.1-310 | Electrical Feeder | 264 |
| A9.1-410 | Switchgear | 265 |

### Lighting & Power

*General*

| Table No. | | Page |
|---|---|---|
| A9.2-201 | Illumination Levels in Footcandles | 266 |
| A9.2-202 | General Lighting Loads | 267 |
| A9.2-203 | Lighting Limits | 267 |
| A9.2-204 | Footcandle & Watts/S.F. Calculations | 268 |
| A9.2-205 | Watts/S.F. for Popular Fixture Types | 268 |
| A9.2-212 | Fluorescent Fixture (by Type) | 269 |
| A9.2-213 | Fluorescent Fixture (by Wattage) | 270 |
| A9.2-222 | Incandescent Fixture (by Type) | 271 |
| A9.2-223 | Incandescent Fixture (by Wattage) | 272 |
| A9.2-232 | H.I.D. Fixture (by Type), 8'-10' Elevation, 100 F.C. | 273 |
| A9.2-233 | H.I.D. Fixture (by Wattage) | 274 |
| A9.2-234 | H.I.D. Fixture (by Type), 16' Elevation | 275 |
| A9.2-235 | H.I.D. Fixture (by Wattage) | 276 |
| A9.2-236 | H.I.D. Fixture (by Type), 20' Elevation | 277 |
| A9.2-237 | H.I.D. Fixture (by Wattage) | 278 |
| A9.2-238 | H.I.D. Fixture (by Type), 30' Elevation | 279 |
| A9.2-239 | H.I.D. Fixture (by Wattage) | 280 |
| A9.2-241 | H.I.D. Fixture (by Type), 8'-10' Elevation, 50 F.C. | 281 |
| A9.2-242 | H.I.D. Fixture (by Wattage) | 282 |
| A9.2-243 | H.I.D. Fixture (by Type), 16' Elevation | 283 |
| A9.2-244 | H.I.D. Fixture (by Wattage) | 284 |
| A9.2-252 | Light Pole | 285 |
| A9.2-522 | Receptacle (by Wattage) | 286 |
| A9.2-524 | Receptacles | 287 |
| A9.2-525 | Receptacles & Wall Switches | 288-289 |
| A9.2-542 | Wall Switch by S.F. | 290 |
| A9.2-582 | Miscellaneous Power | 291 |
| A9.2-610 | Central A.C. Power (by Wattage) | 292 |
| A9.2-710 | Motor Installation | 293-294 |
| A9.2-720 | Motor Feeder | 295 |
| A9.2-730 | Magnetic Starter | 296 |
| A9.2-740 | Safety Switches | 297 |
| A9.2-750 | Motor Connections | 298 |
| A9.2-760 | Motor & Starter | 299-301 |

### Special

| Table No. | | Page |
|---|---|---|
| A9.4-100 | Communication & Alarm | 302 |
| A9.4-150 | Telephone | 303 |
| A9.4-310 | Generator (by KW) | 304 |
| A9.4-420 | Baseboard Radiation | 305 |
| A9.4-440 | Baseboard Radiation | 306 |
| A12.3-110 | Trenching | 307-309 |

# HOW TO USE THE ASSEMBLIES COST TABLES

*The following is a detailed explanation of a sample Assemblies Cost Table. Most Assembly Tables are separated into three parts: 1) an illustration of the system to be estimated; 2) the components and related costs of a typical system; and 3) the costs for similar systems with dimensional and/or size variations. For costs of the components that comprise these systems or "assemblies," refer to the Unit Price Section. Next to each bold number below is the item being described with the appropriate component of the sample entry following in parenthesis. In most cases, if the work is to be subcontracted, the general contractor will need to add an additional markup (R.S. Means suggests using 10%) to the "Total" figures.*

## 1 System/Line Numbers (A9.2-710-0200)

Each Assemblies Cost Line has been assigned a unique identification number based on the Uniformat classification system.

UNIFORMAT Division
**9.2 . 710 . 0200**
Means Subdivision
Means Major Classification
Means Individual Line Number

### LIGHTING & POWER — A9.2-710 — Motor Installation

System 9.2-710 installed cost of motor wiring as per Table R160-030 using 50' of rigid conduit and copper wire. Cost and setting of motor not included.

| System Components | QUANTITY | UNIT | MAT. | INST. | TOTAL |
|---|---|---|---|---|---|
| SYSTEM 9.2-710-0200 | | | | | |
| MOTOR INSTALLATION, SINGLE PHASE, 115V, TO AND INCLUDING 1/3 HP MOTOR SIZE | | | | | |
| Wire 600V type THWN-THHN, copper solid #12 | 1.250 | C.L.F. | 8.38 | 37.50 | 45.88 |
| Steel intermediate conduit, (IMC) 1/2" diam | 50.000 | L.F. | 55.50 | 165.50 | 221 |
| Magnetic FVNR, 115V, 1/3 HP, size 00 starter | 1.000 | Ea. | 130 | 82.50 | 212.50 |
| Safety switch, fused, heavy duty, 240V 2P 30 amp | 1.000 | Ea. | 66 | 94.50 | 160.50 |
| Safety switch, non fused, heavy duty, 600V, 3 phase, 30 A | 1.000 | Ea. | | 103 | |
| Flexible metallic conduit, Greenfield 1/2" diam | 1.500 | L.F. | .50 | 2.48 | |
| Connectors for flexible metallic conduit Greenfield 1/2" diam | 1.000 | Ea. | 1.05 | 4.13 | |
| Coupling for Greenfield to conduit 1/2" diam flexible metalic conduit | 1.000 | Ea. | .76 | 6.60 | |
| Fuse cartridge nonrenewable, 250V 30 amp | 1.000 | Ea. | .84 | 6.60 | 7.44 |
| TOTAL | | | 334.53 | 502.81 | 837.34 |

| 9.2-710 | Motor Installation | MAT. | INST. | TOTAL |
|---|---|---|---|---|
| 0200 | Motor installation, single phase, 115V, to and including 1/3 HP motor size | 335 | 505 | 840 |
| 0240 | To and incl. 1 HP motor size | 350 | 505 | 855 |
| 0280 | To and incl. 2 HP motor size | 380 | 535 | 915 |
| 0320 | To and incl. 3 HP motor size | 445 | 545 | 990 |
| 0360 | 230V, to and including 1 HP motor size | 345 | 510 | 855 |
| 0400 | To and incl. 2 HP motor size | 360 | 510 | 870 |
| 0440 | To and incl. 3 HP motor size | 405 | 550 | 955 |
| 0520 | Three phase, 200V, to and including 1-1/2 HP motor size | 380 | | 940 |

## 2 Illustration
At the top of most assembly pages is an illustration, a brief description, and the design criteria used to develop the cost.

## 3 System Components
The components of a typical system are listed separately to show what has been included in the development of the total system price. The table below contains prices for other similar systems with dimensional and/or size variations.

## 4 Quantity
This is the number of line item units required for one system unit. For example, we assume that it will take 50 linear feet of Steel Intermediate (IMC) Conduit for each motor to be connected to the other items listed here.

## 5 Unit of Measure for Each Item
The abbreviated designation indicates the unit of measure, as defined by industry standards, upon which the price of the component is based. For example, wire is priced by C.L.F. (100 linear feet) while conduit is priced by L.F. (linear feet) and the starter and switches are priced by each unit. For a complete listing of abbreviations, see the Reference Section.

## 6 Unit of Measure for Each System (Cost Each)
Costs shown in the three right hand columns have been adjusted by the component quantity and unit of measure for the entire system. In this example, "Cost Each." is the unit of measure for this system or "assembly."

## 7 Materials (335)
This column contains the Materials Cost of each component. These cost figures are bare costs plus 10% for profit.

## 8 Installation (505)
Installation includes labor and equipment plus the installing contractor's overhead and profit. Equipment costs are the bare rental costs plus 10% for profit. The labor overhead and profit is defined on the inside back cover of this book.

## 9 Total (840)
The figure in this column is the sum of the material and installation costs.

| Material Cost | + | Installation Cost | = | Total |
|---|---|---|---|---|
| $335.00 | + | $505.00 | = | $840.00 |

# PLUMBING  A8.1-110  Electric Water Heaters - Resi.

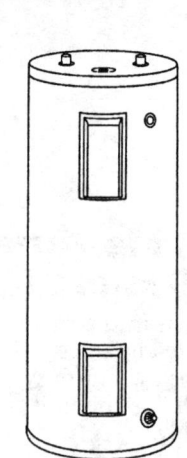

Installation includes piping and fittings within 10' of heater. Electric water heaters do not require venting.

| 1 Kilowatt hour will raise: | | | |
|---|---|---|---|
| Gallons of Water | Degrees F | Gallons of Water | Degrees F |
| 4.1 | 100° | 6.8 | 60° |
| 4.5 | 90° | 8.2 | 50° |
| 5.1 | 80° | 10.0 | 40° |
| 5.9 | 70° | | |

| System Components | QUANTITY | UNIT | COST EACH | | |
|---|---|---|---|---|---|
| | | | MAT. | INST. | TOTAL |
| SYSTEM 8.1-110-1780 ELECTRIC WATER HEATER, RESIDENTIAL, 100° F RISE 10 GALLON TANK, 7 GPH | | | | | |
| Water heater, residential electric, glass lined tank, 10 Gal | 1.000 | Ea. | 174 | 150 | 324 |
| Copper tubing, type L, solder joint, hanger 10' OC 1/2" diam | 30.000 | L.F. | 43.20 | 127.80 | 171 |
| Wrought copper 90° elbow for solder joints 1/2" diam. | 4.000 | Ea. | 1.28 | 69 | 70.28 |
| Wrought copper Tee for solder joints, 1/2" diam | 2.000 | Ea. | 1.06 | 53 | 54.06 |
| Wrought copper union for soldered joints, 1/2" diam | 2.000 | Ea. | 6.06 | 36.30 | 42.36 |
| Valve, gate, bronze, 125 lb, NRS, soldered 1/2" diam | 2.000 | Ea. | 35.10 | 28.80 | 63.90 |
| Relief valve, bronze, press & temp, self-close, 3/4" IPS | 1.000 | Ea. | 58.50 | 12.35 | 70.85 |
| Wrought copper adapter, CTS to MPT 3/4" IPS | 1.000 | Ea. | 1.15 | 16.45 | 17.60 |
| Copper tubing, type L, solder joints, 3/4" diam | 1.000 | L.F. | 2.09 | 4.54 | 6.63 |
| Wrought copper 90° elbow for solder joints 3/4" diam | 1.000 | Ea. | .69 | 18.15 | 18.84 |
| TOTAL | | | 323.13 | 516.39 | 839.52 |

| 8.1-110 | Electric Water Heaters - Residential Systems | | COST EACH | | |
|---|---|---|---|---|---|
| | | | MAT. | INST. | TOTAL |
| 1760 | Electric water heater, residential, 100° F rise | | | | |
| 1780 | 10 gallon tank, 7 GPH | | 325 | 515 | 840 |
| 1820 | 20 gallon tank, 7 GPH | R151 -100 | 390 | 555 | 945 |
| 1860 | 30 gallon tank, 7 GPH | | 465 | 580 | 1,045 |
| 1900 | 40 gallon tank, 8 GPH | | 530 | 640 | 1,170 |
| 1940 | 52 gallon tank, 10 GPH | | 560 | 645 | 1,205 |
| 1980 | 66 gallon tank, 13 GPH | | 855 | 730 | 1,585 |
| 2020 | 80 gallon tank, 16 GPH | | 915 | 765 | 1,680 |
| 2060 | 120 gallon tank, 23 GPH | | 1,350 | 900 | 2,250 |

# PLUMBING   A8.1-160   Elec. Water Htrs. - Comm.

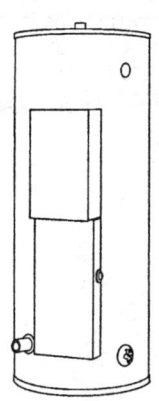

Systems below include piping and fittings within 10' of heater. Electric water heaters do not require venting.

| System Components | QUANTITY | UNIT | COST EACH MAT. | COST EACH INST. | TOTAL |
|---|---|---|---|---|---|
| SYSTEM 8.1-160-1820 ELECTRIC WATER HEATER, COMMERCIAL, 100° F RISE 50 GALLON TANK, 9 KW, 37 GPH | | | | | |
| Water heater, commercial, electric, 50 Gal, 9 KW, 37 GPH | 1.000 | Ea. | 2,225 | 192 | 2,417 |
| Copper tubing, type L, solder joint, hanger 10' OC, 3/4" diam | 34.000 | L.F. | 71.06 | 154.36 | 225.42 |
| Wrought copper 90° elbow for solder joints 3/4" diam | 5.000 | Ea. | 3.45 | 90.75 | 94.20 |
| Wrought copper Tee for solder joints, 3/4" diam | 2.000 | Ea. | 2.62 | 58 | 60.62 |
| Wrought copper union for soldered joints, 3/4" diam | 2.000 | Ea. | 7.66 | 38.40 | 46.06 |
| Valve, gate, bronze, 125 lb, NRS, soldered 3/4" diam | 2.000 | Ea. | 42 | 34.50 | 76.50 |
| Relief valve, bronze, press & temp, self-close, 3/4" IPS | 1.000 | Ea. | 58.50 | 12.35 | 70.85 |
| Wrought copper adapter, copper tubing to male, 3/4" IPS | 1.000 | Ea. | 1.15 | 16.45 | 17.60 |
| TOTAL | | | 2,411.44 | 596.81 | 3,008.25 |

| 8.1-160 | Electric Water Heaters - Commercial Systems | | MAT. | INST. | TOTAL |
|---|---|---|---|---|---|
| 1800 | Electric water heater, commercial, 100° F rise | | | | |
| 1820 | 50 gallon tank, 9 KW 37 GPH | | 2,400 | 595 | 2,995 |
| 1860 | 80 gal, 12 KW 49 GPH | R151-110 | 3,125 | 740 | 3,865 |
| 1900 | 36 KW 147 GPH | | 4,300 | 800 | 5,100 |
| 1940 | 120 gal, 36 KW 147 GPH | R151-120 | 4,625 | 860 | 5,485 |
| 1980 | 150 gal, 120 KW 490 GPH | | 15,900 | 920 | 16,820 |
| 2020 | 200 gal, 120 KW 490 GPH | | 16,700 | 945 | 17,645 |
| 2060 | 250 gal, 150 KW 615 GPH | | 18,600 | 1,100 | 19,700 |
| 2100 | 300 gal, 180 KW 738 GPH | | 20,300 | 1,175 | 21,475 |
| 2140 | 350 gal, 30 KW 123 GPH | | 14,200 | 1,250 | 15,450 |
| 2180 | 180 KW 738 GPH | | 20,800 | 1,250 | 22,050 |
| 2220 | 500 gal, 30 KW 123 GPH | | 18,300 | 1,475 | 19,775 |
| 2260 | 240 KW 984 GPH | | 28,900 | 1,475 | 30,375 |
| 2300 | 700 gal, 30 KW 123 GPH | | 22,200 | 1,700 | 23,900 |
| 2340 | 300 KW 1230 GPH | | 35,200 | 1,700 | 36,900 |
| 2380 | 1000 gal, 60 KW 245 GPH | | 26,900 | 2,350 | 29,250 |
| 2420 | 480 KW 1970 GPH | | 47,400 | 2,350 | 49,750 |
| 2460 | 1500 gal, 60 KW 245 GPH | | 39,800 | 2,900 | 42,700 |
| 2500 | 480 KW 1970 GPH | | 56,000 | 2,900 | 58,900 |

For expanded coverage of these items see *Means Mechanical or Plumbing Cost Data 1994*

# FIRE PROTECTION  A8.2-810  FM200 Fire Suppression

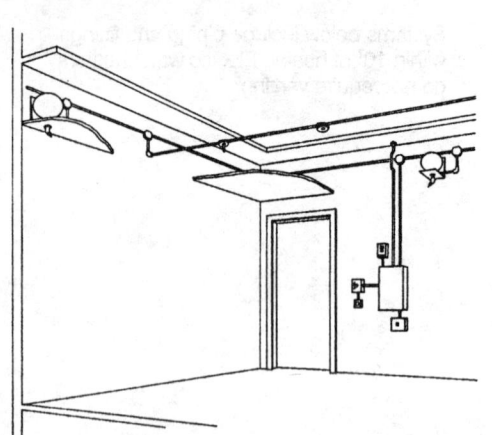

**General:** Automatic fire protection (suppression) systems other than water sprinklers may be desired for special environments, high risk areas, isolated locations or unusual hazards. Some typical applications would include:

Paint dip tanks
Securities vaults
Electronic data processing
Tape and data storage
Transformer rooms
Spray booths
Petroleum storage
High rack storage

Piping and wiring costs are dependent on the individual application and must be added to the component costs shown below.

All areas are assumed to be open.

| 8.2-810 | Unit Components | COST EACH | | |
|---|---|---|---|---|
| | | MAT. | INST. | TOTAL |
| 0020 | Detectors with brackets | | | |
| 0040 | Fixed temperature heat detector | 28 | 41.50 | 69.50 |
| 0060 | Rate of temperature rise detector | 34 | 41.50 | 75.50 |
| 0080 | Ion detector (smoke) detector | 64.50 | 53.50 | 118 |
| 0100 | | | | |
| 0200 | Extinguisher agent | | | |
| 0240 | 200 lb FM200, container | 6,150 | 155 | 6,305 |
| 0280 | 75 lb carbon dioxide cylinder | 860 | 104 | 964 |
| 0300 | | | | |
| 0320 | Dispersion nozzle | | | |
| 0340 | FM200 1-1/2" dispersion nozzle | 82.50 | 24.50 | 107 |
| 0380 | Carbon dioxide 3" x 5" dispersion nozzle | 49.50 | 19.20 | 68.70 |
| 0400 | | | | |
| 0420 | Control station | | | |
| 0440 | Single zone control station with batteries | 1,150 | 330 | 1,480 |
| 0470 | Multizone (4) control station with batteries | 3,475 | 660 | 4,135 |
| 0490 | | | | |
| 0500 | Electric mechanical release | 204 | 169 | 373 |
| 0520 | | | | |
| 0550 | Manual pull station | 49.50 | 57.50 | 107 |
| 0570 | | | | |
| 0640 | Battery standby power 10" x 10" x 17" | 695 | 82.50 | 777.50 |
| 0700 | | | | |
| 0740 | Bell signalling device | 49.50 | 41.50 | 91 |

| 8.2-810 | FM200 Systems | COST PER C.F. | | |
|---|---|---|---|---|
| | | MAT. | INST. | TOTAL |
| 0820 | Average FM200 system, minimum | | | 1.82 |
| 0840 | Maximum | | | 3.80 |

# HEATING  A8.3-110  Hydronic, Electric Boilers

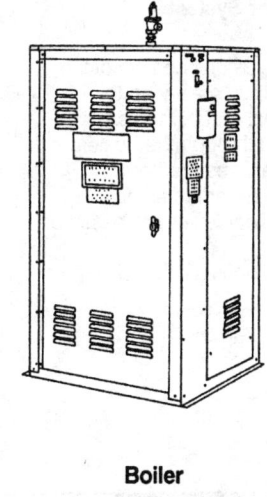
Boiler

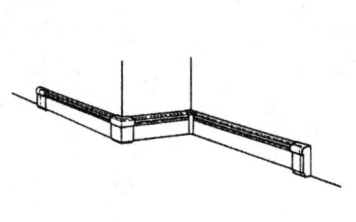
Baseboard Radiation

**Small Electric Boiler**
**System Considerations:**
1. Terminal units are fin tube baseboard radiation rated at 720 BTU/hr with 200° water temperature or 820 BTU/hr steam.
2. Primary use being for residential or smaller supplementary areas, the floor levels are based on 7-1/2' ceiling heights.
3. All distribution piping is copper for boilers through 205 MBH. All piping for larger systems is steel pipe.

| System Components | QUANTITY | UNIT | COST EACH MAT. | INST. | TOTAL |
|---|---|---|---|---|---|
| SYSTEM 8.3-110-1120 | | | | | |
| SMALL HEATING SYSTEM, HYDRONIC, ELECTRIC BOILER | | | | | |
| 1,480 S.F., 61 MBH, STEAM, 1 FLOOR | | | | | |
| Boiler, electric steam, standard controls & trim, 18 KW, 61.4 MBH | 1.000 | Ea. | 3,925 | 795 | 4,720 |
| Copper tubing type L, solder joint, hanger 10'OC, 1-1/4" diam | 160.000 | L.F. | 592 | 952 | 1,544 |
| Radiation, 3/4" copper tube w/alum fin baseboard pkg 7" high | 60.000 | L.F. | 531 | 642 | 1,173 |
| Rough in baseboard panel or fin tube with valves & traps | 10.000 | Set | 860 | 3,250 | 4,110 |
| Boiler room fittings and valves | 1.000 | System | 392.50 | 79.50 | 472 |
| Pipe covering, calcium silicate w/cover 1" wall 1-1/4" diam | 160.000 | L.F. | 265.60 | 604.80 | 870.40 |
| Low water cut-off, quick hookup, in gage glass tappings | 1.000 | Ea. | 130 | 21.50 | 151.50 |
| TOTAL | | | 6,696.10 | 6,344.80 | 13,040.90 |
| COST PER S.F. | | | 4.52 | 4.29 | 8.81 |

| 8.3-110 | Small Heating Systems, Hydronic, Electric Boilers | COST PER S.F. MAT. | INST. | TOTAL |
|---|---|---|---|---|
| 1100 | Small heating systems, hydronic, electric boilers | | | |
| 1120 | Steam, 1 floor, 1480 S.F., 61 M.B.H. | 4.52 | 4.29 | 8.81 |
| 1160 | 3,000 S.F., 123 M.B.H. | 3.04 | 3.77 | 6.81 |
| 1200 | 5,000 S.F., 205 M.B.H. | 2.57 | 3.46 | 6.03 |
| 1240 | 2 floors, 12,400 S.F., 512 M.B.H. | 2.32 | 3.43 | 5.75 |
| 1280 | 3 floors, 24,800 S.F., 1023 M.B.H. | 2.30 | 3.41 | 5.71 |
| 1320 | 34,750 S.F., 1,433 M.B.H. | 2.13 | 3.29 | 5.42 |
| 1360 | Hot water, 1 floor, 1,000 S.F., 41 M.B.H. | 6.90 | 2.37 | 9.27 |
| 1400 | 2,500 S.F., 103 M.B.H. | 4.28 | 4.28 | 8.56 |
| 1440 | 2 floors, 4,850 S.F., 205 M.B.H. | 3.94 | 5.15 | 9.09 |
| 1480 | 3 floors, 9,700 S.F., 410 M.B.H. | 3.82 | 5.35 | 9.17 |

# HEATING  A8.3-120  Hydronic, Electric Boilers

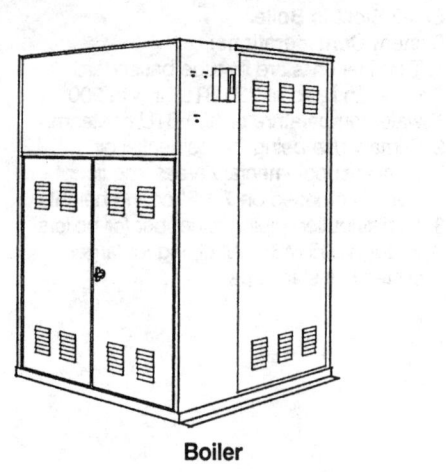
Boiler

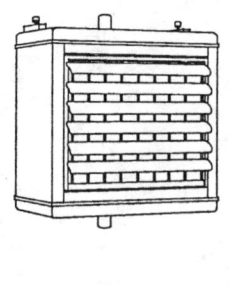
Unit Heater

**Large Electric Boiler System Considerations:**
1. Terminal units are all unit heaters of the same size. Quantities are varied to accommodate total requirements.
2. All air is circulated through the heaters a minimum of three times per hour.
3. As the capacities are adequate for commercial use, floor levels are based on 10' ceiling heights.
4. All distribution piping is black steel pipe.

| System Components | QUANTITY | UNIT | COST EACH MAT. | COST EACH INST. | COST EACH TOTAL |
|---|---|---|---|---|---|
| SYSTEM 8.3-120-1240 LARGE HEATING SYSTEM, HYDRONIC, ELECTRIC BOILER 9,280 S.F., 150 KW, 510 MBH, 1 FLOOR | | | | | |
| Boiler, electric hot water, standard controls & trim 150 KW, 510 MBH | 1.000 | Ea. | 8,050 | 1,275 | 9,325 |
| Boiler room fittings and valves | 1.000 | System | 4,025 | 637.50 | 4,662.50 |
| Expansion tank, painted steel, 60 Gal capacity ASME | 1.000 | Ea. | 1,900 | 104 | 2,004 |
| Circulating pump, CI, close cpld, 50 GPM, 2 HP, 2" pipe conn | 1.000 | Ea. | 980 | 207 | 1,187 |
| Unit heater, 1 speed propeller, horizontal, 200° EWT, 72.7 MBH | 7.000 | Ea. | 5,495 | 623 | 6,118 |
| Unit heater piping hookup with controls | 7.000 | Set | 1,932 | 5,145 | 7,077 |
| Pipe, steel, black, schedule 40, welded, 2-1/2" diam | 380.000 | L.F. | 2,261 | 5,472 | 7,733 |
| Pipe covering, calcium silicate w/cover, 1" wall, 2-1/2" diam | 380.000 | L.F. | 801.80 | 1,482 | 2,283.80 |
| TOTAL | | | 25,444.80 | 14,945.50 | 40,390.30 |
| COST PER S.F. | | | 2.74 | 1.61 | 4.35 |

| 8.3-120 | Large Heating Systems, Hydronic, Electric Boilers | COST PER S.F. MAT. | COST PER S.F. INST. | COST PER S.F. TOTAL |
|---|---|---|---|---|
| 1230 | Large heating systems, hydronic, electric boilers | | | |
| 1240 | 9,280 S.F., 150 K.W., 510 M.B.H., 1 floor | 2.74 | 1.61 | 4.35 |
| 1280 | 14,900 S.F., 240 K.W., 820 M.B.H., 2 floors | 2.87 | 2.65 | 5.52 |
| 1320 | 18,600 S.F., 300 K.W., 1,024 M.B.H., 3 floors | 3.02 | 2.89 | 5.91 |
| 1360 | 26,100 S.F., 420 K.W., 1,432 M.B.H., 4 floors | 2.89 | 2.82 | 5.71 |
| 1400 | 39,100 S.F., 630 K.W., 2,148 M.B.H., 4 floors | 2.50 | 2.37 | 4.87 |
| 1440 | 57,700 S.F., 900 K.W., 3,071 M.B.H., 5 floors | 2.48 | 2.31 | 4.79 |
| 1480 | 111,700 S.F., 1,800 K.W., 6,148 M.B.H., 6 floors | 2.21 | 1.95 | 4.16 |
| 1520 | 149,000 S.F., 2,400 K.W., 8,191 M.B.H., 8 floors | 2.12 | 2.04 | 4.16 |
| 1560 | 223,300 S.F., 3,600 K.W., 12,283 M.B.H., 14 floors | 2.13 | 2.29 | 4.42 |

# ELECTRICAL — A9.0-110 — Estimating Procedure

**Figure 9.0-111  Typical Overhead Service Entrance**

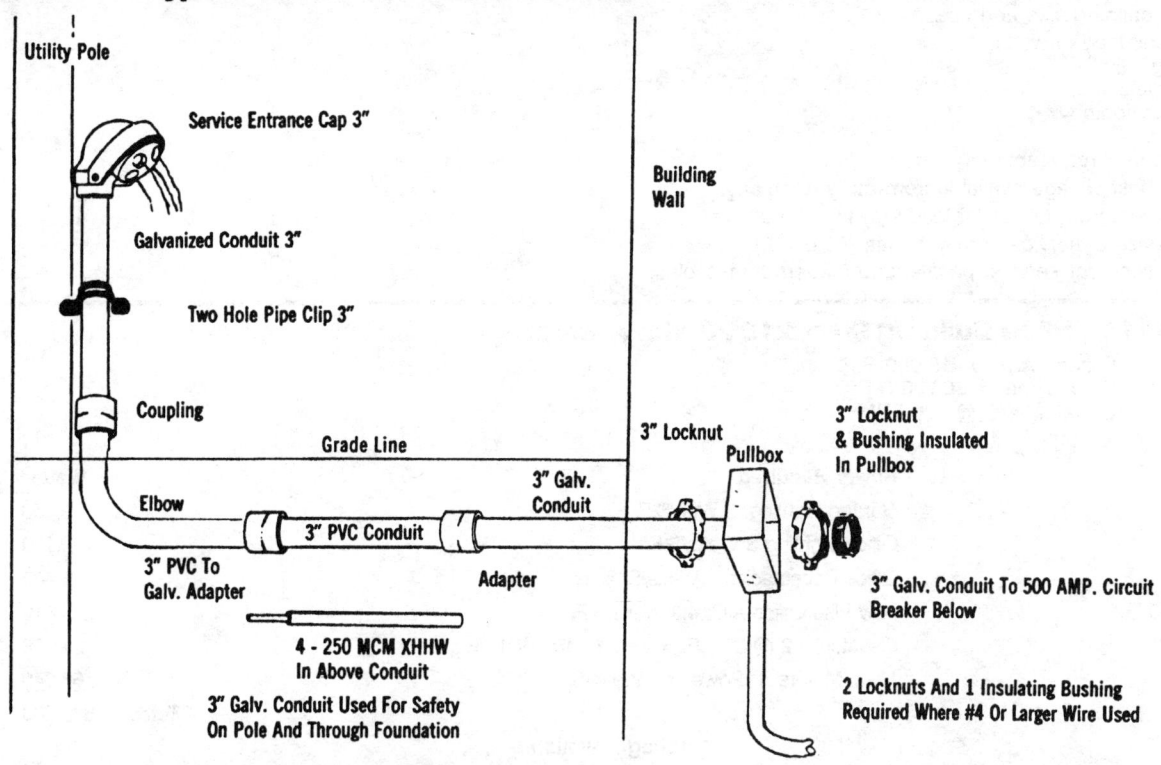

**Figure 9.0-112  Typical Commercial Electric System**

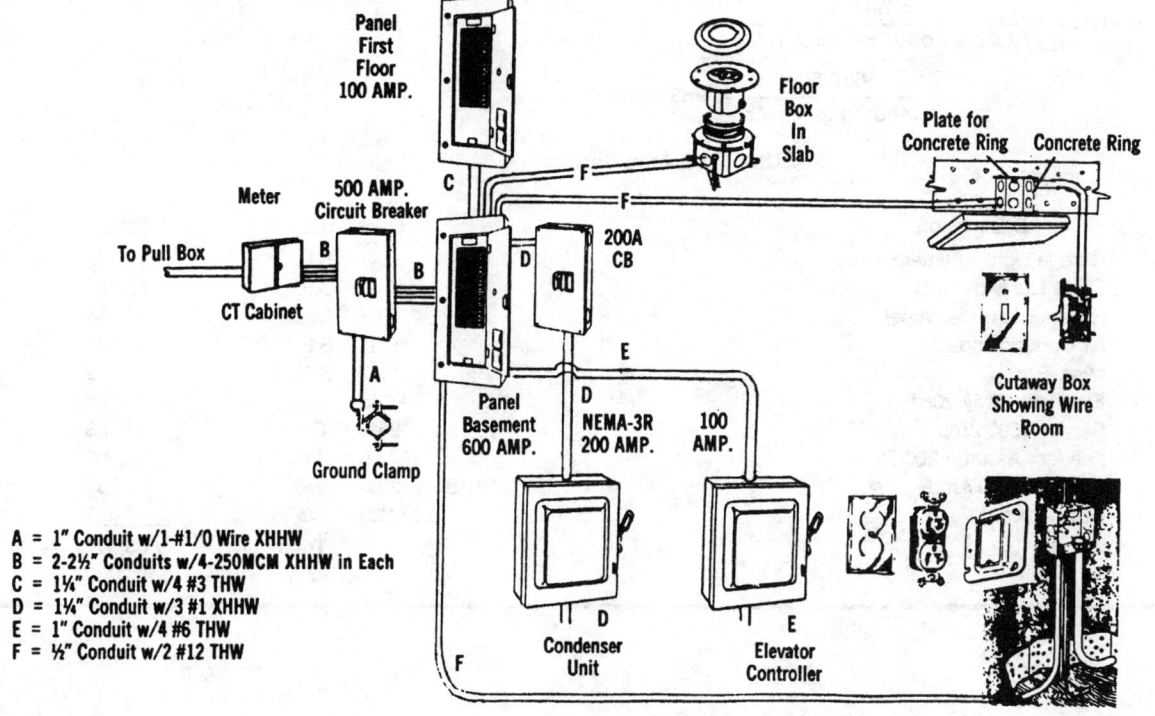

A = 1" Conduit w/1-#1/0 Wire XHHW
B = 2-2½" Conduits w/4-250MCM XHHW in Each
C = 1¼" Conduit w/4 #3 THW
D = 1¼" Conduit w/3 #1 XHHW
E = 1" Conduit w/4 #6 THW
F = ½" Conduit w/2 #12 THW

# ELECTRICAL  A9.0-110  Estimating Procedure

## Figure 9.0-113 Preliminary Procedure

1. Determine building size and use
2. Develop total load in watts
   a. Lighting
   b. Receptacle
   c. Air Conditioning
   d. Elevator
   e. Other power requirements
3. Determine best voltage available from utility company.
4. Determine cost from tables for loads (a) thru (e) above.
5. Determine size of service from formulas (A9.0-116).
6. Determine costs for service, panels, and feeders from tables.

## Figure 9.0-114 Office Building 90' x 210', 3 story, w/garage

Garage Area = 18,900 S.F.
Office Area = 56,700 S.F.
Elevator = 2 @ 125 FPM

| Tables | Power Required | Watts | |
|---|---|---:|---|
| A9.0-1151 | Garage Lighting .5 Watt/S.F. | 9,450 | |
|  | Office Lighting 3 Watts/S.F. | 170,100 | |
| A9.0-1151 | Office Receptacles 2 Watts/S.F. | 113,400 | |
| A9.0-1151, R160-061 | Low Rise Office A.C. 4.3 Watts/S.F. | 243,810 | |
| A9.0-1152, 1153 | Elevators - 2 @ 20 HP = 2 @ 17,404 Watts/Ea. | 34,808 | |
| A9.0-1151 | Misc. Motors + Power 1.2 Watts/S.F. | 68,040 | |
|  | Total | 639,608 | Watts |

**Voltage Available**
277/480V, 3 Phase, 4 Wire

**Formula**

A9.0-116

$$\text{Amperes} = \frac{\text{Watts}}{\text{Volts} \times \text{Power Factor} \times 1.73} =$$

$$\frac{639{,}608}{480V \times .8 \times 1.73} = 963 \text{ Amps}$$

**Use 1200 Amp Service**

| System | Description | Cost | Unit | Total |
|---|---|---:|---|---:|
| A9.2-213-0200 | Garage Lighting (Interpolated) | .77 | S.F. | $ 14,553 |
| A9.2-213-0280 | Office Lighting | 4.63 | S.F. | 262,521 |
| A9.2-524-0880 | Receptacle-Undercarpet | 2.02 | S.F. | 114,534 |
| A9.2-610-0280 | Air Conditioning | .31 | S.F. | 17,577 |
| A9.2-582-0320 | Misc. Pwr. | .17 | S.F. | 9,639 |
| A9.2-710-2120 | Elevators - 2 @ 20HP | 1,545 | Ea. | 3,090 |
| A9.1-210-0480 | Service-1200 Amp | 10,550 + 25% | Ea. | 13,188 |
| A9.1-310-0480 | Feeder - Assume 200 Ft. | 152.50 | Ft. | 30,500 |
| A9.1-410-0320 | Panels - 1200 Amp | 18,150 + 20% | Ea. | 21,780 |
| A9.4-100-0400 | Fire Detection | 17,625 | Ea. | 17,625 |
|  |  |  | Total | $505,007 |
|  |  |  | or | $505,000 |

# ELECTRICAL — A9.0-110 — Estimating Procedure

### Table 9.0-1151 Nominal Watts Per S.F. for Electric Systems for Various Building Types

| Type Construction | 1. Lighting | 2. Devices | 3. HVAC | 4. Misc. | 5. Elevator | Total Watts |
|---|---|---|---|---|---|---|
| Apartment, luxury high rise | 2 | 2.2 | 3 | 1 | | |
| Apartment, low rise | 2 | 2 | 3 | 1 | | |
| Auditorium | 2.5 | 1 | 3.3 | .8 | | |
| Bank, branch office | 3 | 2.1 | 5.7 | 1.4 | | |
| Bank, main office | 2.5 | 1.5 | 5.7 | 1.4 | | |
| Church | 1.8 | .8 | 3.3 | .8 | | |
| College, science building | 3 | 3 | 5.3 | 1.3 | | |
| College, library | 2.5 | .8 | 5.7 | 1.4 | | |
| College, physical education center | 2 | 1 | 4.5 | 1.1 | | |
| Department store | 2.5 | .9 | 4 | 1 | | |
| Dormitory, college | 1.5 | 1.2 | 4 | 1 | | |
| Drive-in donut shop | 3 | 4 | 6.8 | 1.7 | | |
| Garage, commercial | .5 | .5 | 0 | .5 | | |
| Hospital, general | 2 | 4.5 | 5 | 1.3 | | |
| Hospital, pediatric | 3 | 3.8 | 5 | 1.3 | | |
| Hotel, airport | 2 | 1 | 5 | 1.3 | | |
| Housing for the elderly | 2 | 1.2 | 4 | 1 | | |
| Manufacturing, food processing | 3 | 1 | 4.5 | 1.1 | | |
| Manufacturing, apparel | 2 | 1 | 4.5 | 1.1 | | |
| Manufacturing, tools | 4 | 1 | 4.5 | 1.1 | | |
| Medical clinic | 2.5 | 1.5 | 3.2 | 1 | | |
| Nursing home | 2 | 1.6 | 4 | 1 | | |
| Office building, hi rise | 3 | 2 | 4.7 | 1.2 | | |
| Office building, low rise | 3 | 2 | 4.3 | 1.2 | | |
| Radio-TV studio | 3.8 | 2.2 | 7.6 | 1.9 | | |
| Restaurant | 2.5 | 2 | 6.8 | 1.7 | | |
| Retail store | 2.5 | .9 | 5.5 | 1.4 | | |
| School, elementary | 3 | 1.9 | 5.3 | 1.3 | | |
| School, junior high | 3 | 1.5 | 5.3 | 1.3 | | |
| School, senior high | 2.3 | 1.7 | 5.3 | 1.3 | | |
| Supermarket | 3 | 1 | 4 | 1 | | |
| Telephone exchange | 1 | .6 | 4.5 | 1.1 | | |
| Theater | 2.5 | 1 | 3.3 | .8 | | |
| Town Hall | 2 | 1.9 | 5.3 | 1.3 | | |
| U.S. Post Office | 3 | 2 | 5 | 1.3 | | |
| Warehouse, grocery | 1 | .6 | 0 | .5 | | |

**Rule of Thumb:** 1 KVA = 1 HP (Single Phase)

Three Phase:

Watts = 1.73 x Volts x Current x Power Factor x Efficiency

$$\text{Horsepower} = \frac{\text{Volts} \times \text{Current} \times 1.73 \times \text{Power Factor}}{746 \text{ Watts}}$$

### Table 9.0-1152 Horsepower Requirements for Elevators with 3 Phase Motors

| Type | Maximum Travel Height in Ft. | Travel Speeds in FPM | Capacity of Cars in Lbs. | | |
|---|---|---|---|---|---|
| | | | 1200 | 1500 | 1800 |
| Hydraulic | 70 | 70 | 10 | 15 | 15 |
| | | 85 | 15 | 15 | 15 |
| | | 100 | 15 | 15 | 20 |
| | | 110 | 20 | 20 | 20 |
| | | 125 | 20 | 20 | 20 |
| | | 150 | 25 | 25 | 25 |
| | | 175 | 25 | 30 | 30 |
| | | 200 | 30 | 30 | 40 |
| Geared Traction | 300 | 200 | | | |
| | | 350 | | | |
| | | | 2000 | 2500 | 3000 |
| Hydraulic | 70 | 70 | 15 | 20 | 20 |
| | | 85 | 20 | 20 | 25 |
| | | 100 | 20 | 25 | 30 |
| | | 110 | 20 | 25 | 30 |
| | | 125 | 25 | 30 | 40 |
| | | 150 | 30 | 40 | 50 |
| | | 175 | 40 | 50 | 50 |
| | | 200 | 40 | 50 | 60 |
| Geared Traction | 300 | 200 | 10 | 10 | 15 |
| | | 350 | 15 | 15 | 23 |
| | | | 3500 | 4000 | 4500 |
| Hydraulic | 70 | 70 | 20 | 25 | 30 |
| | | 85 | 25 | 30 | 30 |
| | | 100 | 30 | 40 | 40 |
| | | 110 | 40 | 40 | 50 |
| | | 125 | 40 | 50 | 50 |
| | | 150 | 50 | 50 | 60 |
| | | 175 | 60 | | |
| | | 200 | 60 | | |
| Geared Traction | 300 | 200 | 15 | | 23 |
| | | 350 | 23 | | 35 |

The power factor of electric motors varies from 80% to 90% in larger size motors. The efficiency likewise varies from 80% on a small motor to 90% on a large motor.

### Table 9.0-1153 Watts per Motor

| 90% Power Factor & Efficiency @ 200 or 460V | | | |
|---|---|---|---|
| HP | Watts | HP | Watts |
| 10 | 9024 | 30 | 25784 |
| 15 | 13537 | 40 | 33519 |
| 20 | 17404 | 50 | 41899 |
| 25 | 21916 | 60 | 49634 |

# ELECTRICAL — A9.0-110 — Estimating Procedure

## Table 9.0-116 Electrical Formulas

### OHM'S LAW

Ohm's Law is a method of explaining the relation existing between voltage, current, and resistance in an electrical circuit. It is practically the basis of all electrical calculations. The term "electromotive force" is often used to designate pressure in volts. This formula can be expressed in various forms.

**To find the current in amperes:**

$$\text{Current} = \frac{\text{Voltage}}{\text{Resistance}} \quad \text{or} \quad \text{Amperes} = \frac{\text{Volts}}{\text{Ohms}} \quad \text{or} \quad I = \frac{E}{R}$$

The flow of current in amperes through any circuit is equal to the voltage or electromotive force divided by the resistance of that circuit.

**To find the pressure or voltage:**

$$\text{Voltage} = \text{Current} \times \text{Resistance} \quad \text{or} \quad \text{Volts} = \text{Amperes} \times \text{Ohms} \quad \text{or} \quad E = I \times R$$

The voltage required to force a current through a circuit is equal to the resistance of the circuit multiplied by the current.

**To find the resistance:**

$$\text{Resistance} = \frac{\text{Voltage}}{\text{Current}} \quad \text{or} \quad \text{Ohms} = \frac{\text{Volts}}{\text{Amperes}} \quad \text{or} \quad R = \frac{E}{I}$$

The resistance of a circuit is equal to the voltage divided by the current flowing through that circuit.

### POWER FORMULAS

One horsepower = 746 watts      One kilowatt = 1000 watts

The power factor of electric motors varies from 80% to 90% in the larger size motors.

### SINGLE-PHASE ALTERNATING CURRENT CIRCUITS

Power in Watts = Volts x Amperes x Power Factor

**To find current in amperes:**

$$\text{Current} = \frac{\text{Watts}}{\text{Volts} \times \text{Power Factor}} \quad \text{or}$$

$$\text{Amperes} = \frac{\text{Watts}}{\text{Volts} \times \text{Power Factor}} \quad \text{or} \quad I = \frac{W}{E \times PF}$$

**To find current of a motor, single phase:**

$$\text{Current} = \frac{\text{Horsepower} \times 746}{\text{Volts} \times \text{Power Factor} \times \text{Efficiency}} \quad \text{or}$$

$$I = \frac{HP \times 746}{E \times PF \times \text{Eff.}}$$

**To find horsepower of a motor, single phase:**

$$\text{Horsepower} = \frac{\text{Volts} \times \text{Current} \times \text{Power Factor} \times \text{Efficiency}}{746 \text{ Watts}}$$

$$HP = \frac{E \times I \times PF \times \text{Eff.}}{746}$$

**To find power in watts of a motor, single phase:**

Watts = Volts x Current x Power Factor x Efficiency    or

Watts = E x I x PF x Eff.

**To find single phase KVA:**

$$1 \text{ Phase KVA} = \frac{\text{Volts} \times \text{Amps}}{1000}$$

### THREE-PHASE ALTERNATING CURRENT CIRCUITS

Power in Watts = Volts x Amperes x Power Factor x 1.73

**To find current in amperes in each wire:**

$$\text{Current} = \frac{\text{Watts}}{\text{Voltage} \times \text{Power Factor} \times 1.73} \quad \text{or}$$

$$\text{Amperes} = \frac{\text{Watts}}{\text{Volts} \times \text{Power Factor} \times 1.73} \quad \text{or} \quad I = \frac{W}{E \times PF \times 1.73}$$

**To find current of a motor, 3 phase:**

$$\text{Current} = \frac{\text{Horsepower} \times 746}{\text{Volts} \times \text{Power Factor} \times \text{Efficiency} \times 1.73} \quad \text{or}$$

$$I = \frac{HP \times 746}{E \times PF \times \text{Eff.} \times 1.73}$$

**To find horsepower of a motor, 3 phase:**

$$\text{Horsepower} = \frac{\text{Volts} \times \text{Current} \times 1.73 \times \text{Power Factor}}{746 \text{ Watts}}$$

$$HP = \frac{E \times I \times 1.73 \times PF}{746}$$

**To find power in watts of a motor, 3 phase:**

Watts = Volts x Current x 1.73 x Power Factor x Efficiency    or

Watts = E x I x 1.73 x PF x Eff.

**To find 3 phase KVA:**

$$3 \text{ phase KVA} = \frac{\text{Volts} \times \text{Amps} \times 1.73}{1000} \quad \text{or}$$

$$KVA = \frac{V \times A \times 1.73}{1000}$$

---

**Power Factor (PF)** is the percentage ratio of the measured watts (effective power) to the volt-amperes (apparent watts)

$$\text{Power Factor} = \frac{\text{Watts}}{\text{Volts} \times \text{Amperes}} \times 100\%$$

# ELECTRICAL A9.0-110 Estimating Procedure

A **Conceptual Estimate** of the costs for a building, when final drawings are not available, can be quickly figured by using **Table A9.0-117 Cost Per S.F. For Electrical Systems For Various Building Types.** The following definitions apply to this table.

1. **Service And Distribution:** This system includes the incoming primary feeder from the power company, the main building transformer, metering arrangement, switchboards, distribution panel boards, stepdown transformers, power and lighting panels. Items marked (*) include the cost of the primary feeder and transformer. In all other projects the cost of the primary feeder and transformer is paid for by the local power company.
2. **Lighting:** Includes all interior fixtures for decor, illumination, exit and emergency lighting. Fixtures for exterior building lighting are included but parking area lighting is not included unless mentioned. See also Section A9.2 for detailed analysis of lighting requirements and costs.
3. **Devices:** Includes all outlet boxes, receptacles, switches for lighting control, dimmers and cover plates.
4. **Equipment Connections:** Includes all materials and equipment for making connections for Heating, Ventilating and Air Conditioning, Food Service and other motorized items requiring connections.
5. **Basic Materials:** This category includes all disconnect power switches not part of service equipment, raceways for wires, pull boxes, junction boxes, supports, fittings, grounding materials, wireways, busways and cable systems.
6. **Special Systems:** Includes installed equipment only for the particular system such as fire detection and alarm, sound, emergency generator and others as listed in the table.

**Figure 9.0-117 Cost per S.F. for Electric Systems for Various Building Types**

| Type Construction | 1. Service & Distrib. | 2. Lighting | 3. Devices | 4. Equipment Connections | 5. Basic Materials | 6. Special Systems | | |
|---|---|---|---|---|---|---|---|---|
| | | | | | | Fire Alarm & Detection | Lightning Protection | Master TV Antenna |
| Apartment, luxury high rise | $1.11 | $ .78 | $ .56 | $ .71 | $1.87 | $ .35 | | $.23 |
| Apartment, low rise | .64 | .65 | .50 | .60 | 1.09 | .29 | | |
| Auditorium | 1.41 | 3.95 | .43 | 1.05 | 2.24 | .47 | | |
| Bank, branch office | 1.67 | 4.35 | .73 | 1.06 | 2.13 | 1.32 | | |
| Bank, main office | 1.26 | 2.38 | .23 | .46 | 2.30 | .68 | | |
| Church | .85 | 2.42 | .29 | .24 | 1.09 | .68 | | |
| *College, science building | 1.59 | 3.11 | .95 | .81 | 2.48 | .58 | | |
| *College library | 1.19 | 1.76 | .20 | .50 | 1.39 | .68 | | |
| *College, physical education center | 1.87 | 2.49 | .31 | .40 | 1.07 | .38 | | |
| Department store | .62 | 1.71 | .20 | .70 | 1.85 | .29 | | |
| *Dormitory, college | .82 | 2.19 | .21 | .46 | 1.81 | .50 | | .30 |
| Drive-in donut shop | 2.35 | 6.59 | 1.07 | 1.07 | 2.95 | — | | |
| Garage, commercial | .32 | .81 | .14 | .32 | .62 | — | | |
| *Hospital, general | 4.54 | 3.39 | 1.23 | .84 | 3.68 | .42 | $.09 | |
| *Hospital, pediatric | 3.97 | 5.06 | 1.05 | 3.07 | 6.82 | .49 | | .37 |
| *Hotel, airport | 1.79 | 2.77 | .21 | .42 | 2.68 | .38 | .20 | .34 |
| Housing for the elderly | .50 | .65 | .30 | .81 | 2.30 | .49 | | .29 |
| Manufacturing, food processing | 1.13 | 3.47 | .18 | 1.55 | 2.51 | .29 | | |
| Manufacturing, apparel | .75 | 1.81 | .24 | .60 | 1.35 | .25 | | |
| Manufacturing, tools | 1.70 | 4.23 | .22 | .70 | 2.24 | .30 | | |
| Medical clinic | .68 | 1.45 | .37 | 1.10 | 1.77 | .48 | | |
| Nursing home | 1.17 | 2.75 | .37 | .31 | 2.24 | .65 | | .23 |
| Office Building | 1.59 | 3.70 | .18 | .60 | 2.35 | .34 | .17 | |
| Radio-TV studio | 1.13 | 3.83 | .56 | 1.11 | 2.77 | .45 | | |
| Restaurant | 4.22 | 3.63 | .68 | 1.72 | 3.35 | .25 | | |
| Retail Store | .88 | 1.93 | .21 | .42 | 1.04 | — | | |
| School, elementary | 1.49 | 3.42 | .43 | .42 | 2.81 | .41 | | .16 |
| School, junior high | .89 | 2.86 | .21 | .75 | 2.22 | .49 | | |
| *School, senior high | .99 | 2.24 | .39 | .99 | 2.47 | .42 | | |
| Supermarket | 1.01 | 1.94 | .27 | 1.64 | 2.15 | .19 | | |
| *Telephone Exchange | 2.47 | .81 | .14 | .70 | 1.47 | .79 | | |
| Theater | 1.95 | 2.65 | .45 | 1.43 | 2.18 | .58 | | |
| Town Hall | 1.18 | 2.10 | .45 | .52 | 2.90 | .38 | | |
| *U.S. Post Office | 3.48 | 2.69 | .46 | .78 | 2.06 | .38 | | |
| Warehouse, grocery | .65 | 1.16 | .14 | .42 | 1.54 | .23 | | |

*Includes cost of primary feeder and transformer. Cont'd. on next page.

# ELECTRICAL — A9.0-110 — Estimating Procedure

**COST ASSUMPTIONS:**

Each of the projects analyzed in Table A9.0-117 were bid within the last 10 years in the Northeastern part of the United States. Bid prices have been adjusted to Jan. 1 levels. The list of projects is by no means all-inclusive, yet by carefully examining the various systems for a particular building type, certain cost relationships will emerge. The use of Section R171 with the S.F. and C.F. electrical costs should produce a budget S.F. cost for the electrical portion of a job that is consistent with the amount of design information normally available at the conceptual estimate stage.

### Figure 9.0-117 Cost per S.F. for Electric Systems for Various Building Types (cont.)

| Type Construction | Intercom Systems | Sound Systems | Closed Circuit TV | Snow Melting | Emergency Generator | Security | Master Clock Sys. |
|---|---|---|---|---|---|---|---|
| Apartment, luxury high rise | $ .48 | | | | | | |
| Apartment, low rise | .34 | | | | | | |
| Auditorium | | $1.26 | $ .59 | | $ .92 | | |
| Bank, branch office | .65 | | 1.35 | | | $1.13 | |
| Bank, main office | .37 | | .28 | | .75 | .62 | $.25 |
| Church | .47 | | | | | | |
| *College, science building | .47 | | | | .92 | | .29 |
| *College, library | | | | | .49 | | |
| *College, physical education center | | .64 | | | | | |
| Department store | | | | | .19 | | |
| *Dormitory, college | .63 | | | | | | |
| Drive-in donut shop | | | | | | | .10 |
| Garage, commercial | | | | | | | .07 |
| Hospital, general | .49 | | .19 | | 1.29 | | |
| *Hospital, pediatric | 3.35 | .34 | .37 | | .82 | | |
| *Hotel, airport | .49 | | | | .48 | | |
| Housing for the elderly | .59 | | | | | | |
| Manufacturing, food processing | | .21 | | | 1.69 | | |
| Manufacturing apparel | | .29 | | | | | |
| Manufacturing, tools | | .37 | | $.23 | | | |
| Medical clinic | | | | | | | |
| Nursing home | 1.12 | | | | .41 | | |
| Office Building | | .17 | | | .41 | .19 | .07 |
| Radio-TV studio | .64 | | | | 1.05 | | .46 |
| Restaurant | | .29 | | | | | |
| Retail Store | | | | | | | |
| School, elementary | | .19 | | | | | .19 |
| School, junior high | | .53 | | | .35 | | .37 |
| *School, senior high | .45 | | .29 | | .49 | .25 | .26 |
| Supermarket | | .22 | | | .43 | .29 | |
| *Telephone exchange | | | | | 4.25 | .14 | |
| Theater | | .44 | | | | | |
| Town Hall | | | | | | | .19 |
| *U.S. Post Office | .43 | | | .07 | .48 | | |
| Warehouse, grocery | .27 | | | | | | |

*Includes cost of primary feeder and transformer. Cont'd. on next page.

# ELECTRICAL  A9.0-110  Estimating Procedure

**General:** Variations in the following square foot costs are due to the type of structural systems of the buildings, geographical location, local electrical codes, designer's preference for specific materials and equipment, and the owner's particular requirements.

**Figure 9.0-117 Cost per S.F. for Total Electric Systems for Various Building Types (cont.)**

| Type Construction | Basic Description | Total Floor Area in Square Feet | Total Cost per Square Foot for Total Electric Systems |
|---|---|---|---|
| Apartment building, luxury high rise | All electric, 18 floors, 86 1 B.R., 34 2 B.R. | 115,000 | $ 6.09 |
| Apartment building, low rise | All electric, 2 floors, 44 units, 1 & 2 B.R. | 40,200 | 4.11 |
| Auditorium | All electric, 1200 person capacity | 28,000 | 12.32 |
| Bank, branch office | All electric, 1 floor | 2,700 | 14.39 |
| Bank, main office | All electric, 8 floors | 54,900 | 9.58 |
| Church | All electric, incl. Sunday school | 17,700 | 6.04 |
| *College, science building | All electric, 3-1/2 floors, 47 rooms | 27,500 | 11.20 |
| *College, library | All electric | 33,500 | 6.21 |
| *College, physical education center | All electric | 22,000 | 7.16 |
| Department store | Gas heat, 1 floor | 85,800 | 5.56 |
| *Dormitory, college | All electric, 125 rooms | 63,000 | 6.92 |
| Drive-in donut shop | Gas heat, incl. parking area lighting | 1,500 | 14.13 |
| Garage, commercial | All electric | 52,300 | 2.28 |
| *Hospital, general | Steam heat, 4 story garage, 300 beds | 540,000 | 16.16 |
| *Hospital, pediatric | Steam heat, 6 stories | 278,000 | 25.71 |
| Hotel, airport | All electric, 625 guest rooms | 536,000 | 9.76 |
| Housing for the elderly | All electric, 7 floors, 100 1 B.R. units | 67,000 | 5.93 |
| Manufacturing, food processing | Electric heat, 1 floor | 9,600 | 11.03 |
| Manufacturing, apparel | Electric heat, 1 floor | 28,000 | 5.29 |
| Manufacturing, tools | Electric heat, 2 floors | 42,000 | 9.99 |
| Medical clinic | Electric heat, 2 floors | 22,700 | 5.85 |
| Nursing home | Gas heat, 3 floors, 60 beds | 21,000 | 9.25 |
| Office building | All electric, 15 floors | 311,200 | 9.77 |
| Radio-TV studio | Electric heat, 3 floors | 54,000 | 12.00 |
| Restaurant | All electric | 2,900 | 14.14 |
| Retail store | All electric | 3,000 | 4.48 |
| School, elementary | All electric, 1 floor | 39,500 | 9.52 |
| School, junior high | All electric, 1 floor | 49,500 | 8.67 |
| *School, senior high | All electric, 1 floor | 158,300 | 9.24 |
| Supermarket | Gas heat | 30,600 | 8.14 |
| *Telephone exchange | Gas heat, 300 KW emergency generator | 24,800 | 10.77 |
| Theater | Electric heat, twin cinema | 14,000 | 9.68 |
| Town Hall | All electric | 20,000 | 7.72 |
| *U.S. Post Office | All electric | 495,000 | 10.83 |
| Warehouse, grocery | All electric | 96,400 | 4.41 |

*Includes cost of primary feeder and transformer.

# SERVICE & DISTRIB. A9.1-110 H.V. Shielded Conductor

| System Components | QUANTITY | UNIT | COST PER L.F. MAT. | INST. | TOTAL |
|---|---|---|---|---|---|
| SYSTEM 9.1-110-0200 | | | | | |
| HIGH VOLTAGE CABLE, NEUTRAL AND CONDUIT INCLUDED, COPPER #2, 5 KV | | | | | |
| Cable, copper, CLP shield, 5 KV, #2, no connections | .030 | C.L.F. | 4.68 | 4.95 | 9.63 |
| Wire 600 volt, type THW, copper, stranded, #4 | .010 | C.L.F. | .44 | .63 | 1.07 |
| Rigid galv steel conduit to 15'H, 2"diam, w/term, ftng, suppt & scaffold | 1.000 | L.F. | 4.68 | 7.35 | 12.03 |
| TOTAL | | | 9.80 | 12.93 | 22.73 |

| 9.1-110 | High Voltage Shielded Conductors | COST PER L.F. MAT. | INST. | TOTAL |
|---|---|---|---|---|
| 0200 | High voltage cable, neutral & conduit included, copper #2, 5 KV | 9.80 | 12.95 | 22.75 |
| 0240 | Copper #1, 5 KV | 10.55 | 13.05 | 23.60 |
| 0280 | 15 KV | 16.95 | 18.95 | 35.90 |
| 0320 | Copper 1/0, 5 KV | 11.35 | 13.30 | 24.65 |
| 0360 | 15 KV | 18.35 | 19.20 | 37.55 |
| 0400 | 25 KV | 21.50 | 19.50 | 41 |
| 0440 | 35 KV | 25 | 21.50 | 46.50 |
| 0480 | Copper 2/0, 5 KV | 16 | 15.80 | 31.80 |
| 0520 | 15 KV | 19.60 | 19.60 | 39.20 |
| 0560 | 25 KV | 25 | 21.50 | 46.50 |
| 0600 | 35 KV | 29 | 23.50 | 52.50 |
| 0640 | Copper 4/0, 5 KV | 21 | 20.50 | 41.50 |
| 0680 | 15 KV | 25.50 | 22.50 | 48 |
| 0720 | 25 KV | 28.50 | 23 | 51.50 |
| 0760 | 35 KV | 32.50 | 25 | 57.50 |
| 0800 | Copper 250 MCM, 5 KV | 22.50 | 21 | 43.50 |
| 0840 | 15 KV | 26 | 23 | 49 |
| 0880 | 25 KV | 34.50 | 25 | 59.50 |
| 0920 | 35 KV | 52.50 | 31 | 83.50 |
| 0960 | Copper 350 MCM, 5 KV | 27 | 22.50 | 49.50 |
| 1000 | 15 KV | 33.50 | 26 | 59.50 |
| 1040 | 25 KV | 38 | 26.50 | 64.50 |
| 1080 | 35 KV | 57 | 32.50 | 89.50 |
| 1120 | Copper 500 MCM, 5 KV | 34.50 | 25 | 59.50 |
| 1160 | 15 KV | 55 | 32 | 87 |
| 1200 | 25 KV | 59.50 | 33 | 92.50 |
| 1240 | 35 KV | 62 | 33.50 | 95.50 |

# SERVICE & DISTRIB.   A9.1-210   Electric Service

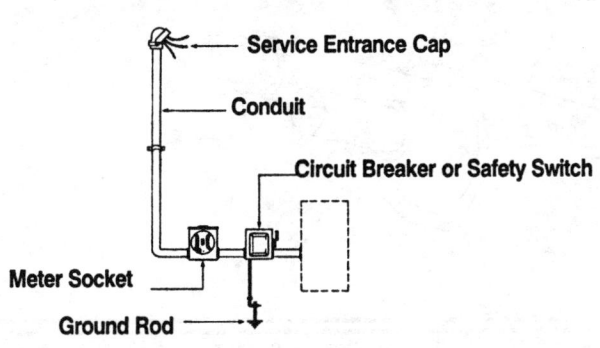

## System Components

| System Components | QUANTITY | UNIT | MAT. | INST. | TOTAL |
|---|---|---|---|---|---|
| **SYSTEM 9.1-210-0200** | | | | | |
| **SERVICE INSTALLATION, INCLUDES BREAKERS, METERING, 20' CONDUIT & WIRE** | | | | | |
| **3 PHASE, 4 WIRE, 60 AMPS** | | | | | |
| Circuit breaker, enclosed (NEMA 1), 600 volt, 3 pole, 60 amp | 1.000 | Ea. | 263 | 118 | 381 |
| Meter socket, single position, 4 terminal, 100 amp | 1.000 | Ea. | 32 | 103 | 135 |
| Rigid galvanized steel conduit, 3/4", including fittings | 20.000 | L.F. | 34 | 82.60 | 116.60 |
| Wire, 600V type XHHW, copper stranded #6 | .900 | C.L.F. | 27.45 | 45.90 | 73.35 |
| Service entrance cap 3/4" diameter | 1.000 | Ea. | 6.55 | 25.50 | 32.05 |
| Conduit LB fitting with cover, 3/4" diameter | 1.000 | Ea. | 7.65 | 25.50 | 33.15 |
| Ground rod, copper clad, 8' long, 3/4" diameter | 1.000 | Ea. | 23.50 | 62.50 | 86 |
| Ground rod clamp, bronze, 3/4" diameter | 1.000 | Ea. | 4.40 | 10.35 | 14.75 |
| Ground wire, bare armored, #6-1 conductor | .200 | C.L.F. | 17.20 | 36.80 | 54 |
| TOTAL | | | 415.75 | 510.15 | 925.90 |

| 9.1-210 | Electric Service, 3 Phase - 4 Wire | MAT. | INST. | TOTAL |
|---|---|---|---|---|
| 0200 | Service installation, includes breakers, metering, 20' conduit & wire | | | |
| 0220 | 3 phase, 4 wire, 120/208 volts, 60 amp | 415 | 510 | 925 |
| 0240 | 100 amps | 530 | 615 | 1,145 |
| 0280 | 200 amps | 820 | 945 | 1,765 |
| 0320 | 400 amps | 1,800 | 1,725 | 3,525 |
| 0360 | 600 amps | 3,475 | 2,350 | 5,825 |
| 0400 | 800 amps | 4,325 | 2,825 | 7,150 |
| 0440 | 1000 amps | 5,550 | 3,250 | 8,800 |
| 0480 | 1200 amps | 7,225 | 3,325 | 10,550 |
| 0520 | 1600 amps | 12,800 | 4,775 | 17,575 |
| 0560 | 2000 amps | 14,200 | 5,425 | 19,625 |
| 0570 | Add 25% for 277/480 volt | | | |
| 0610 | 1 phase, 3 wire, 120/240 volts, 100 amps | 278 | 555 | 833 |
| 0620 | 200 amps | 590 | 900 | 1,490 |

# SERVICE & DISTRIB. A9.1-310 Electrical Feeder

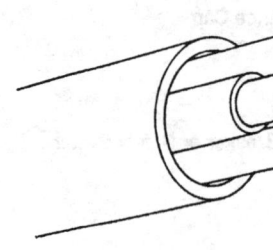

| System Components | QUANTITY | UNIT | COST PER L.F. | | |
|---|---|---|---|---|---|
| | | | MAT. | INST. | TOTAL |
| SYSTEM 9.1-310-0200 | | | | | |
| FEEDERS, INCLUDING STEEL CONDUIT & WIRE, 60 AMPERES | | | | | |
| Rigid galvanized steel conduit, 3/4", including fittings | 1.000 | L.F. | 1.70 | 4.13 | 5.83 |
| Wire 600 volt, type XHHW copper stranded #6 | .040 | C.L.F. | 1.22 | 2.04 | 3.26 |
| TOTAL | | | 2.92 | 6.17 | 9.09 |

| 9.1-310 | Feeder Installation | COST PER L.F. | | |
|---|---|---|---|---|
| | | MAT. | INST. | TOTAL |
| 0200 | Feeder installation, including conduit and wire, 60 amperes | 2.92 | 6.15 | 9.07 |
| 0240 | 100 amperes | 5.05 | 8.15 | 13.20 |
| 0280 | 200 amperes | 11.10 | 12.65 | 23.75 |
| 0320 | 400 amperes | 22 | 25.50 | 47.50 |
| 0360 | 600 amperes | 46.50 | 41 | 87.50 |
| 0400 | 800 amperes | 60.50 | 49 | 109.50 |
| 0440 | 1000 amperes | 77.50 | 63 | 140.50 |
| 0480 | 1200 amperes | 88 | 64.50 | 152.50 |
| 0520 | 1600 amperes | 121 | 98.50 | 219.50 |
| 0560 | 2000 amperes | 155 | 126 | 281 |

# SERVICE & DISTRIB. A9.1-410 Switchgear

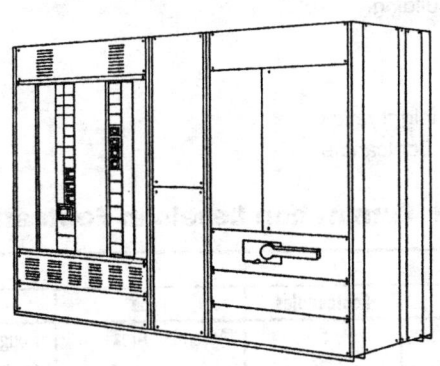

| System Components | QUANTITY | UNIT | COST EACH MAT. | COST EACH INST. | COST EACH TOTAL |
|---|---|---|---|---|---|
| **SYSTEM 9.1-410-0240** | | | | | |
| **SWITCHGEAR INSTALLATION, INCL SWBD, PANELS & CIRC BREAKERS, 600 AMPS** | | | | | |
| Panelboard, NQOD 225A 4W 120/208V main CB, w/20A bkrs 42 circ | 1.000 | Ea. | 1,525 | 1,175 | 2,700 |
| Switchboard, alum. bus bars, 120/208V, 4 wire, 600V | 1.000 | Ea. | 2,450 | 660 | 3,110 |
| Distribution sect., alum. bus bar, 120/208 or 277/480 V, 4 wire, 600A | 1.000 | Ea. | 1,675 | 660 | 2,335 |
| Feeder section circuit breakers, KA frame, 70 to 225 amp | 3.000 | Ea. | 2,130 | 309 | 2,439 |
| TOTAL | | | 7,780 | 2,804 | 10,584 |

| 9.1-410 | Switchgear | COST EACH MAT. | COST EACH INST. | COST EACH TOTAL |
|---|---|---|---|---|
| 0200 | Switchgear inst., incl. swbd., panels & circ bkr, 400 amps, 120/208volt | 3,425 | 2,075 | 5,500 |
| 0240 | 600 amperes | 7,775 | 2,800 | 10,575 |
| 0280 | 800 amperes | 9,700 | 4,000 | 13,700 |
| 0320 | 1200 amperes | 12,000 | 6,150 | 18,150 |
| 0360 | 1600 amperes | 16,400 | 8,625 | 25,025 |
| 0400 | 2000 amperes | 20,500 | 11,000 | 31,500 |
| 0410 | Add 20% for 277/480 volt | | | |

**9 ELECTRICAL**

# LIGHTING & POWER — A9.2-200 — General

**General:** The cost of the lighting portion of the electrical costs is dependent upon:
1. The footcandle requirement of the proposed building.
2. The type of fixtures required.
3. The ceiling heights of the building.
4. Reflectance value of ceilings, walls and floors.
5. Fixture efficiencies and spacing vs. mounting height ratios.

**Footcandle Requirements:** See Table 9.2-204 for Footcandle and Watts per S.F. determination.

### Table 9.2-201 I.E.S. Recommended Illumination Levels in Footcandles

| Commercial Buildings | | | Industrial Buildings | | |
|---|---|---|---|---|---|
| Type | Description | Footcandles | Type | Description | Footcandles |
| Bank | Lobby | 50 | Assembly Areas | Rough bench & machine work | 50 |
|  | Customer Areas | 70 |  | Medium bench & machine work | 100 |
|  | Teller Stations | 150 |  | Fine bench & machine work | 500 |
|  | Accounting Areas | 150 | Inspection Areas | Ordinary | 50 |
| Offices | Routine Work | 100 |  | Difficult | 100 |
|  | Accounting | 150 |  | Highly Difficult | 200 |
|  | Drafting | 200 | Material Handling | Loading | 20 |
|  | Corridors, Halls, Washrooms | 30 |  | Stock Picking | 30 |
| Schools | Reading or Writing | 70 |  | Packing, Wrapping | 50 |
|  | Drafting, Labs, Shops | 100 | Stairways | Service Areas | 20 |
|  | Libraries | 70 | Washrooms | Service Areas | 20 |
|  | Auditoriums, Assembly | 15 | Storage Areas | Inactive | 5 |
|  | Auditoriums, Exhibition | 30 |  | Active, Rough, Bulky | 10 |
| Stores | Circulation Areas | 30 |  | Active, Medium | 20 |
|  | Stock Rooms | 30 |  | Active, Fine | 50 |
|  | Merchandise Areas, Service | 100 | Garages | Active Traffic Areas | 20 |
|  | Self-Service Areas | 200 |  | Service & Repair | 100 |

# LIGHTING & POWER — A9.2-200 — General

**Table 9.2-202  General Lighting Loads by Occupancies**

| Type of Occupancy | Unit Load per S.F. (Watts) |
|---|---|
| Armories and Auditoriums | 1 |
| Banks | 5 |
| Barber Shops and Beauty Parlors | 3 |
| Churches | 1 |
| Clubs | 2 |
| Court Rooms | 2 |
| *Dwelling Units | 3 |
| Garages — Commercial (storage) | ½ |
| Hospitals | 2 |
| *Hotels and Motels, including apartment houses without provisions for cooking by tenants | 2 |
| Industrial Commercial (Loft) Buildings | 2 |
| Lodge Rooms | 1½ |
| Office Buildings | 5 |
| Restaurants | 2 |
| Schools | 3 |
| Stores | 3 |
| Warehouses (storage) | ¼ |
| *In any of the above occupancies except one-family dwellings and individual dwelling units of multi-family dwellings: | |
| Assembly Halls and Auditoriums | 1 |
| Halls, Corridors, Closets | ½ |
| Storage Spaces | ¼ |

**Table 9.2-203  Lighting Limit (Connected Load) for Listed Occupancies: New Building Proposed Energy Conservation Guideline**

| Type of Use | Maximum Watts per S.F. |
|---|---|
| **Interior** | 3.00 |
| Category A: Classrooms, office areas, automotive mechanical areas, museums, conference rooms, drafting rooms, clerical areas, laboratories, merchandising areas, kitchens, examining rooms, book stacks, athletic facilities. | |
| Category B: Auditoriums, waiting areas, spectator areas, restrooms, dining areas, transportation terminals, working corridors in prisons and hospitals, book storage areas, active inventory storage, hospital bedrooms, hotel and motel bedrooms, enclosed shopping mall concourse areas, stairways. | 1.00 |
| Category C: Corridors, lobbies, elevators, inactive storage areas. | 0.50 |
| Category D: Indoor parking. | 0.25 |
| **Exterior** | |
| Category E: Building perimeter: wall-wash, facade, canopy. | 5.00 (per linear foot) |
| Category F: Outdoor parking. | 0.10 |

# LIGHTING & POWER    A9.2-200    General

## Table 9.2-204   Procedure for Calculating Footcandles and Watts Per Square Foot

1. Initial footcandles = No. of fixtures x lamps per fixture x lumens per lamp x coefficient of utilization ÷ square feet
2. Maintained footcandles = initial footcandles x maintenance factor
3. Watts per square foot = No. of fixtures x lamps x (lamp watts + ballast watts) ÷ square feet

**Example:** To find footcandles and watts per S.F. for an office 20' x 20' with 11 fluorescent fixtures each having 4–40 watt C.W. lamps.

Based on good reflectance and clean conditions:
Lumens per lamp = 40 watt cool white at 3150 lumens per lamp (Table R166-120)
Coefficient of utilization = .42 (varies from .62 for light colored areas to .27 for dark)
Maintenance factor = .75 (varies from .80 for clean areas with good maintenance to .50 for poor)
Ballast loss = 8 watts per lamp. (Varies with manufacturer. See manufacturers' catalog.)

1. Initial footcandles:

$$\frac{11 \times 4 \times 3150 \times .42}{400} = \frac{58,212}{400} = 145 \text{ footcandles}$$

2. Maintained footcandles:

   145 x .75 = 109 footcandles

3. Watts per S.F.

$$\frac{11 \times 4 (40 + 8)}{400} = \frac{2,112}{400} = 5.3 \text{ watts per S.F.}$$

## Table 9.2-205   Approximate Watts Per Square Foot for Popular Fixture Types

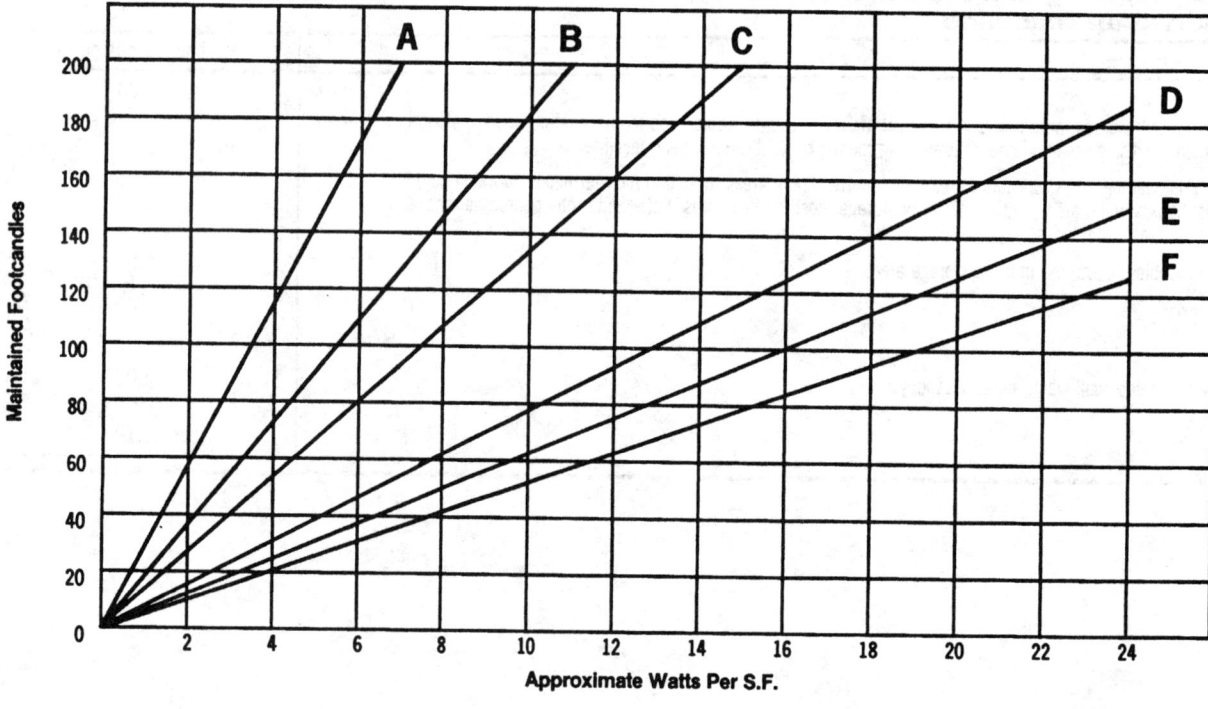

Due to the many variables involved, use for preliminary estimating only:

A. Fluorescent – industrial System A9.2-212
B. Fluorescent – lens unit System A9.2-212 Fixture types B & C
C. Fluorescent – louvered unit
D. Incandescent – open reflector System A9.2-222, Type D
E. Incandescent – lens unit System A9.2-222, Type A
F. Incandescent – down light System A9.2-222, Type B

# LIGHTING & POWER  A9.2-212  Fluorescent Fixture (by Type)

A. Strip Fixture

B. Surface Mounted

C. Recessed

D. Pendent Mounted

**Design Assumptions:**
1. A 100 footcandle average maintained level of illumination.
2. Ceiling heights range from 9' to 11'.
3. Average reflectance values are assumed for ceilings, walls and floors.
4. Cool white (CW) fluorescent lamps with 3150 lumens for 40 watt lamps and 6300 lumens for 8' slimline lamps.
5. Four 40 watt lamps per 4' fixture and two 8' lamps per 8' fixture.
6. Average fixture efficiency values and spacing to mounting height ratios.
7. Installation labor is average U.S. rate as of January 1.

| System Components | QUANTITY | UNIT | COST PER S.F. MAT. | INST. | TOTAL |
|---|---|---|---|---|---|
| SYSTEM 9.2-212-0520 FLUORESCENT FIXTURES MOUNTED 9'-11" ABOVE FLOOR, 100 FC TYPE A, 8 FIXTURES PER 400 S.F. | | | | | |
| Steel intermediate conduit, (IMC) 1/2" diam | .404 | L.F. | .45 | 1.34 | 1.79 |
| Wire, 600V, type THWN-THHN, copper, solid, #12 | .008 | C.L.F. | .05 | .24 | .29 |
| Fluorescent strip fixture 8' long, surface mounted, two 75W SL | .020 | Ea. | 1.17 | 1.07 | 2.24 |
| Steel outlet box 4" concrete | .020 | Ea. | .12 | .33 | .45 |
| Steel outlet box plate with stud, 4" concrete | .020 | Ea. | .05 | .08 | .13 |
| TOTAL | | | 1.84 | 3.06 | 4.90 |

| 9.2-212 | Fluorescent Fixtures (by Type) | MAT. | INST. | TOTAL |
|---|---|---|---|---|
| 0520 | Fluorescent fixtures, type A, 8 fixtures per 400 S.F. | 1.84 | 3.06 | 4.90 |
| 0560 | 11 fixtures per 600 S.F. | 1.73 | 2.96 | 4.69 |
| 0600 | 17 fixtures per 1000 S.F. | 1.66 | 2.92 | 4.58 |
| 0640 | 23 fixtures per 1600 S.F. | 1.49 | 2.77 | 4.26 |
| 0680 | 28 fixtures per 2000 S.F. | 1.49 | 2.77 | 4.26 |
| 0720 | 41 fixtures per 3000 S.F. | 1.44 | 2.76 | 4.20 |
| 0800 | 53 fixtures per 4000 S.F. | 1.42 | 2.70 | 4.12 |
| 0840 | 64 fixtures per 5000 S.F. | 1.42 | 2.70 | 4.12 |
| 0880 | Type B, 11 fixtures per 400 S.F. | 3.72 | 4.48 | 8.20 |
| 0920 | 15 fixtures per 600 S.F. | 3.41 | 4.29 | 7.70 |
| 0960 | 24 fixtures per 1000 S.F. | 3.33 | 4.28 | 7.61 |
| 1000 | 35 fixtures per 1600 S.F. | 3.10 | 4.08 | 7.18 |
| 1040 | 42 fixtures per 2000 S.F. | 3.03 | 4.10 | 7.13 |
| 1080 | 61 fixtures per 3000 S.F. | 3.06 | 3.94 | 7 |
| 1160 | 80 fixtures per 4000 S.F. | 2.93 | 4.04 | 6.97 |
| 1200 | 98 fixtures per 5000 S.F. | 2.92 | 4.01 | 6.93 |
| 1240 | Type C, 11 fixtures per 400 S.F. | 3.03 | 4.72 | 7.75 |
| 1280 | 14 fixtures per 600 S.F. | 2.66 | 4.40 | 7.06 |
| 1320 | 23 fixtures per 1000 S.F. | 2.65 | 4.37 | 7.02 |
| 1360 | 34 fixtures per 1600 S.F. | 2.53 | 4.33 | 6.86 |
| 1400 | 43 fixtures per 2000 S.F. | 2.56 | 4.28 | 6.84 |
| 1440 | 63 fixtures per 3000 S.F. | 2.49 | 4.23 | 6.72 |
| 1520 | 81 fixtures per 4000 S.F. | 2.42 | 4.17 | 6.59 |
| 1560 | 101 fixtures per 5000 S.F. | 2.42 | 4.17 | 6.59 |
| 1600 | Type D, 8 fixtures per 400 S.F. | 2.94 | 3.65 | 6.59 |
| 1640 | 12 fixtures per 600 S.F. | 2.94 | 3.64 | 6.58 |
| 1680 | 19 fixtures per 1000 S.F. | 2.82 | 3.55 | 6.37 |
| 1720 | 27 fixtures per 1600 S.F. | 2.61 | 3.46 | 6.07 |
| 1760 | 34 fixtures per 2000 S.F. | 2.60 | 3.42 | 6.02 |
| 1800 | 48 fixtures per 3000 S.F. | 2.49 | 3.32 | 5.81 |
| 1880 | 64 fixtures per 4000 S.F. | 2.49 | 3.32 | 5.81 |
| 1920 | 79 fixtures per 5000 S.F. | 2.49 | 3.32 | 5.81 |

9 ELECTRICAL

# LIGHTING & POWER   A9.2-213   Fluorescent Fixt. (by Wattage)

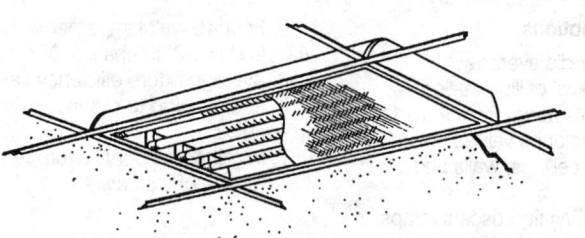

Type C. Recessed, mounted on grid ceiling suspension system, 2' x 4', four 40 watt lamps, acrylic prismatic diffusers.

5.3 watts per S.F. for 100 footcandles.
3 watts per S.F. for 57 footcandles.

| System Components | QUANTITY | UNIT | COST PER S.F. MAT. | INST. | TOTAL |
|---|---|---|---|---|---|
| **SYSTEM 9.2-213-0200** <br> **FLUORESCENT FIXTURES RECESS MOUNTED IN CEILING** <br> **1 WATT PER S.F., 20 FC, 5 FIXTURES PER 1000 S.F.** | | | | | |
| Steel intermediate conduit, (IMC) 1/2" diam | .128 | L.F. | .14 | .42 | .56 |
| Wire, 600 volt, type THW, copper, solid, #12 | .003 | C.L.F. | .02 | .09 | .11 |
| Fluorescent fixture, recessed, 2'x4', four 40W, w/lens, for grid ceiling | .005 | Ea. | .38 | .35 | .73 |
| Steel outlet box 4" square | .005 | Ea. | .03 | .08 | .11 |
| Fixture whip, Greenfield w/#12 THHN wire | .005 | Ea. | .01 | .02 | .03 |
| TOTAL | | | .58 | .96 | 1.54 |

| 9.2-213 | Fluorescent Fixtures (by Wattage) | COST PER S.F. MAT. | INST. | TOTAL |
|---|---|---|---|---|
| 0190 | Fluorescent fixtures recess mounted in ceiling | | | |
| 0200 | 1 watt per S.F., 20 FC, 5 fixtures per 1000 S.F. | .58 | .96 | 1.54 |
| 0240 | 2 watts per S.F., 40 FC, 10 fixtures per 1000 S.F. | 1.16 | 1.92 | 3.08 |
| 0280 | 3 watts per S.F., 60 FC, 15 fixtures per 1000 S.F | 1.75 | 2.88 | 4.63 |
| 0320 | 4 watts per S.F., 80 FC, 20 fixtures per 1000 S.F. | 2.31 | 3.81 | 6.12 |
| 0400 | 5 watts per S.F., 100 FC, 25 fixtures per 1000 S.F. | 2.89 | 4.78 | 7.67 |

# LIGHTING & POWER — A9.2-222 — Incandes. Fixture (by Type)

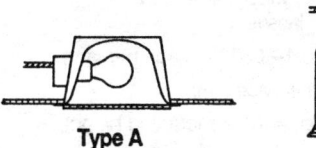
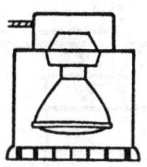

**Type A.** Recessed wide distribution reflector with flat glass lens 150 W.
 Maximum spacing = 1.2 x mounting height.
 13 watts per S.F. for 100 footcandles.

**Type B.** Recessed reflector down light with baffles 150 W.
 Maximum spacing = 0.8 x mounting height.
 18 watts per S.F. for 100 footcandles.

**Type C.** Recessed PAR–38 flood lamp with concentric louver 150 W.
 Maximum spacing = 0.5 x mounting height.
 19 watts per S.F. for 100 footcandles.

**Type D.** Recessed R–40 flood lamp with reflector skirt.
 Maximum spacing = 0.7 x mounting height.
 15 watts per S.F. for 100 footcandles.

| System Components | QUANTITY | UNIT | MAT. | INST. | TOTAL |
|---|---|---|---|---|---|
| SYSTEM 9.2-222-0400 | | | | | |
| INCANDESCENT FIXTURE RECESS MOUNTED, 100 FC | | | | | |
| TYPE A, 34 FIXTURES PER 400 S.F. | | | | | |
| Steel intermediate conduit, (IMC) 1/2" diam | 1.060 | L.F. | 1.18 | 3.51 | 4.69 |
| Wire, 600V, type THWN-THHN, copper, solid, #12 | .033 | C.L.F. | .22 | .99 | 1.21 |
| Steel outlet box 4" square | .085 | Ea. | .51 | 1.41 | 1.92 |
| Fixture whip, Greenfield w/#12 THHN wire | .085 | Ea. | .22 | .35 | .57 |
| Incandescent fixture, recessed, w/lens, prewired, square trim, 200W | .085 | Ea. | 3.83 | 4.21 | 8.04 |
| TOTAL | | | 5.96 | 10.47 | 16.43 |

| 9.2-222 | Incandescent Fixture (by Type) | MAT. | INST. | TOTAL |
|---|---|---|---|---|
| 0380 | Incandescent fixture recess mounted, 100 FC | | | |
| 0400 | Type A, 34 fixtures per 400 S.F. | 5.95 | 10.45 | 16.40 |
| 0440 | 49 fixtures per 600 S.F. | 5.80 | 10.30 | 16.10 |
| 0480 | 63 fixtures per 800 S.F. | 5.70 | 10.20 | 15.90 |
| 0520 | 90 fixtures per 1200 S.F. | 5.50 | 9.95 | 15.45 |
| 0560 | 116 fixtures per 1600 S.F. | 5.40 | 9.90 | 15.30 |
| 0600 | 143 fixtures per 2000 S.F. | 5.35 | 9.85 | 15.20 |
| 0640 | Type B, 47 fixtures per 400 S.F. | 9.85 | 13.25 | 23.10 |
| 0680 | 66 fixtures per 600 S.F. | 9.40 | 12.90 | 22.30 |
| 0720 | 88 fixtures per 800 S.F. | 9.40 | 12.90 | 22.30 |
| 0760 | 127 fixtures per 1200 S.F. | 9.15 | 12.80 | 21.95 |
| 0800 | 160 fixtures per 1600 S.F. | 8.95 | 12.70 | 21.65 |
| 0840 | 206 fixtures per 2000 S.F. | 8.95 | 12.60 | 21.55 |
| 0880 | Type C, 51 fixtures per 400 S.F. | 10.40 | 13.80 | 24.20 |
| 0920 | 74 fixtures per 600 S.F. | 10.10 | 13.60 | 23.70 |
| 0960 | 97 fixtures per 800 S.F. | 10 | 13.50 | 23.50 |
| 1000 | 142 fixtures per 1200 S.F. | 9.80 | 13.35 | 23.15 |
| 1040 | 186 fixtures per 1600 S.F. | 9.65 | 13.25 | 22.90 |
| 1080 | 230 fixtures per 2000 S.F. | 9.60 | 13.25 | 22.85 |
| 1120 | Type D, 39 fixtures per 400 S.F. | 8.25 | 10.90 | 19.15 |
| 1160 | 57 fixtures per 600 S.F. | 8.05 | 10.70 | 18.75 |
| 1200 | 75 fixtures per 800 S.F. | 8 | 10.75 | 18.75 |
| 1240 | 109 fixtures per 1200 S.F. | 7.85 | 10.60 | 18.45 |
| 1280 | 143 fixtures per 1600 S.F. | 7.70 | 10.50 | 18.20 |
| 1320 | 176 fixtures per 2000 S.F. | 7.60 | 10.45 | 18.05 |

# LIGHTING & POWER    A9.2-223    Incandes. Fixt. (by Wattage)

Type A. Recessed, wide distribution reflector with flat glass lens.
150 watt inside frost – 2500 lumens per lamp.
PS – 25 extended service lamp.
Maximum spacing = 1.2 x mounting height.
13 watts per S.F. for 100 footcandles.

| System Components | QUANTITY | UNIT | COST PER S.F. MAT. | COST PER S.F. INST. | COST PER S.F. TOTAL |
|---|---|---|---|---|---|
| SYSTEM 9.2-223-0200 | | | | | |
| INCANDESCENT FIXTURE RECESS MOUNTED, TYPE A | | | | | |
| 1 WATT PER S.F., 8 FC, 6 FIXT PER 1000 S.F. | | | | | |
| Steel intermediate conduit, (IMC) 1/2" diam | .091 | L.F. | .10 | .30 | .40 |
| Wire, 600V, type THWN-THHN, copper, solid, #12 | .002 | C.L.F. | .01 | .06 | .07 |
| Incandescent fixture, recessed, w/lens, prewired, square trim, 200W | .006 | Ea. | .27 | .30 | .57 |
| Steel outlet box 4" square | .006 | Ea. | .04 | .10 | .14 |
| Fixture whip, Greenfield w/#12 THHN wire | .006 | Ea. | .02 | .02 | .04 |
| TOTAL | | | .44 | .78 | 1.22 |

| 9.2-223 | Incandescent Fixture (by Wattage) | COST PER S.F. MAT. | COST PER S.F. INST. | COST PER S.F. TOTAL |
|---|---|---|---|---|
| 0190 | Incandescent fixture recess mounted, type A | | | |
| 0200 | 1 watt per S.F., 8 FC, 6 fixtures per 1000 S.F. | .44 | .78 | 1.22 |
| 0240 | 2 watt per S.F., 16 FC, 12 fixtures per 1000 S.F. | .87 | 1.56 | 2.43 |
| 0280 | 3 watt per S.F., 24 FC, 18 fixtures, per 1000 S.F. | 1.30 | 2.31 | 3.61 |
| 0320 | 4 watt per S.F., 32 FC, 24 fixtures per 1000 S.F. | 1.74 | 3.10 | 4.84 |
| 0400 | 5 watt per S.F., 40 FC, 30 fixtures per 1000 S.F. | 2.18 | 3.89 | 6.07 |

# LIGHTING & POWER    A9.2-232    H.I.D. Fixture (by Type)

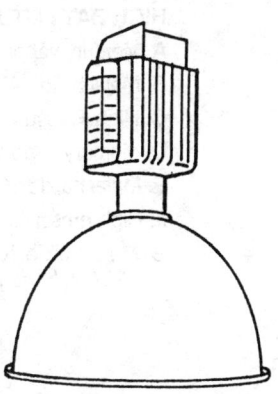

**HIGH BAY FIXTURES**

A. Mercury vapor 400 watt
B. Metal halide 400 watt
C. High Pressure sodium 400 watt
D. Mercury vapor 1000 watt
E. Metal halide 1000 watt
F. High pressure sodium 1000 watt
G. Metal halide 1000 watt 125,000 lumen lamp

| System Components | QUANTITY | UNIT | COST PER S.F. | | |
|---|---|---|---|---|---|
| | | | MAT. | INST. | TOTAL |
| SYSTEM 9.2-232-0520 HIGH INTENSITY DISCHARGE FIXTURE, 8'-10' ABOVE WORK PLANE, 100 FC TYPE A, 12 FIXTURES PER 900 S.F. | | | | | |
| Steel intermediate conduit, (IMC) 1/2" diam | .620 | L.F. | .69 | 2.05 | 2.74 |
| Wire, 600V, type THWN-THHN, copper, solid, #10 | .012 | C.L.F. | .13 | .40 | .53 |
| Steel outlet box 4" concrete | .013 | Ea. | .08 | .22 | .30 |
| Steel outlet box plate with stud 4" concrete | .013 | Ea. | .03 | .05 | .08 |
| Mercury vapor, hi bay, aluminum reflector, 400W DX lamp | .013 | Ea. | 3.72 | 1.87 | 5.59 |
| TOTAL | | | 4.65 | 4.59 | 9.24 |

| 9.2-232 | H.I.D. Fixture, High Bay (by Type) | COST PER S.F. | | |
|---|---|---|---|---|
| | | MAT. | INST. | TOTAL |
| 0500 | High intensity discharge fixture, 8'-10' above work plane, 100 FC | | | |
| 0520 | Type A, 12 fixtures per 900 S.F. | 4.65 | 4.59 | 9.24 |
| 0560 | 24 fixtures per 1800 S.F. | 4.37 | 4.50 | 8.87 |
| 0600 | 36 fixtures per 3000 S.F. | 4.35 | 4.43 | 8.78 |
| 0640 | 44 fixtures per 4000 S.F. | 4.09 | 4.33 | 8.42 |
| 0680 | 54 fixtures per 5000 S.F. | 4.09 | 4.33 | 8.42 |
| 0720 | 86 fixtures per 8000 S.F. | 4.09 | 4.33 | 8.42 |
| 0760 | 103 fixtures per 10000 S.F. | 3.79 | 4.17 | 7.96 |
| 0800 | 165 fixtures per 16000 S.F. | 3.79 | 4.17 | 7.96 |
| 0840 | 329 fixtures per 32000 S.F. | 3.79 | 4.17 | 7.96 |
| 0880 | Type B, 8 fixtures per 900 S.F. | 3.61 | 3.31 | 6.92 |
| 0920 | 15 fixtures per 1800 S.F. | 3.29 | 3.16 | 6.45 |
| 0960 | 24 fixtures per 3000 S.F. | 3.29 | 3.16 | 6.45 |
| 1000 | 31 fixtures per 4000 S.F. | 3.29 | 3.17 | 6.46 |
| 1040 | 38 fixtures per 5000 S.F. | 3.29 | 3.17 | 6.46 |
| 1080 | 60 fixtures per 8000 S.F. | 3.29 | 3.17 | 6.46 |
| 1120 | 72 fixtures per 10000 S.F. | 2.94 | 2.95 | 5.89 |
| 1160 | 115 fixtures per 16000 S.F. | 2.94 | 2.95 | 5.89 |
| 1200 | 230 fixtures per 32000 S.F. | 2.94 | 2.95 | 5.89 |
| 1240 | Type C, 4 fixtures per 900 S.F. | 2.51 | 2.03 | 4.54 |
| 1280 | 8 fixtures per 1800 S.F. | 2.51 | 2.03 | 4.54 |
| 1320 | 13 fixtures per 3000 S.F. | 2.51 | 2.03 | 4.54 |
| 1360 | 17 fixtures per 4000 S.F. | 2.51 | 2.03 | 4.54 |
| 1400 | 21 fixtures per 5000 S.F. | 2.44 | 1.86 | 4.30 |
| 1440 | 33 fixtures per 8000 S.F. | 2.43 | 1.83 | 4.26 |
| 1480 | 40 fixtures per 10000 S.F. | 2.40 | 1.73 | 4.13 |
| 1520 | 63 fixtures per 16000 S.F. | 2.40 | 1.73 | 4.13 |
| 1560 | 126 fixtures per 32000 S.F. | 2.40 | 1.73 | 4.13 |

**9 ELECTRICAL**

# LIGHTING & POWER — A9.2-233 — H.I.D. Fixture (by Wattage)

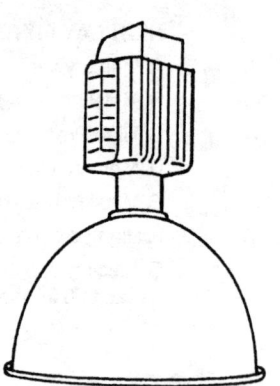

**HIGH BAY FIXTURES**

A. Mercury vapor 400 watt
B. Metal halide 400 watt
C. High Pressure sodium 400 watt
D. Mercury vapor 1000 watt
E. Metal halide 1000 watt
F. High pressure sodium 1000 watt
G. Metal halide 1000 watt 125,000 lumen lamp

| System Components | QUANTITY | UNIT | COST PER S.F. MAT. | COST PER S.F. INST. | COST PER S.F. TOTAL |
|---|---|---|---|---|---|
| SYSTEM 9.2-233-0200 HIGH INTENSITY DISCHARGE FIXTURE, 8'-10' ABOVE WORK PLANE 1 WATT/S.F., TYPE A, 18 FC, 2 FIXTURES/1000 S.F. | | | | | |
| Steel intermediate conduit, (IMC) 1/2" diam | .120 | L.F. | .16 | .46 | .62 |
| Wire, 600V, type THWN-THHN, copper, solid, #10 | .002 | C.L.F. | .02 | .07 | .09 |
| Mercury vapor, hi bay, aluminum reflector, 400W DX lamp | .002 | Ea. | .57 | .29 | .86 |
| Steel outlet box 4" concrete | .002 | Ea. | .01 | .03 | .04 |
| Steel outlet box plate with stud, 4" concrete | .002 | Ea. | .01 | .01 | .02 |
| TOTAL | | | .77 | .86 | 1.63 |

## 9.2-233  H.I.D. Fixture, High Bay (by Wattage)

| | | MAT. | INST. | TOTAL |
|---|---|---|---|---|
| 0190 | High intensity discharge fixture, 8'-10' above work plane | | | |
| 0200 | 1 watt/S.F., type A, 18 FC, 2 fixtures/1000 S.F. | .77 | .86 | 1.63 |
| 0240 | Type B, 29 FC, 2 fixtures/1000 S.F. | .80 | .73 | 1.53 |
| 0280 | Type C, 54 FC, 2 fixtures/1000 S.F. | 1.10 | .55 | 1.65 |
| 0360 | 2 watt/S.F., type A, 36 FC, 4 fixtures/1000 S.F. [R166-105] | 1.51 | 1.70 | 3.21 |
| 0400 | Type B, 59 FC, 4 fixtures/1000 S.F. | 1.58 | 1.42 | 3 |
| 0440 | Type C, 108 FC, 4 fixtures/1000 S.F. | 2.19 | 1.09 | 3.28 |
| 0520 | 3 watt/S.F., type A, 60 FC, 7 fixtures/1000 S.F. | 2.55 | 2.61 | 5.16 |
| 0560 | Type B, 103 FC, 7 fixtures/1000 S.F. | 2.70 | 2.25 | 4.95 |
| 0600 | Type C, 189 FC, 6 fixtures/1000 S.F. | 3.67 | 1.39 | 5.06 |
| 0680 | 4 watt/S.F., type A, 77 FC, 9 fixtures/1000 S.F. | 3.28 | 3.41 | 6.69 |
| 0720 | Type B, 133 FC, 9 fixtures/1000 S.F. | 3.49 | 2.95 | 6.44 |
| 0760 | Type C, 243 FC, 9 fixtures/1000 S.F. | 4.92 | 2.40 | 7.32 |
| 0840 | 5 watt/S.F., type A, 95 FC, 11 fixtures/1000 S.F. | 4.05 | 4.20 | 8.25 |
| 0880 | Type B, 162 FC, 11 fixtures/1000 S.F. | 4.30 | 3.65 | 7.95 |
| 0920 | Type C, 297 FC, 11 fixtures/1000 S.F. | 6.05 | 2.96 | 9.01 |

# LIGHTING & POWER — A9.2-234 — H.I.D. Fixture (by Type)

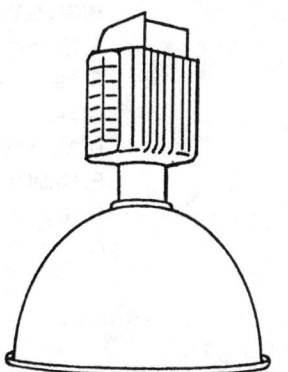

**HIGH BAY FIXTURES**

A. Mercury vapor 400 watt
B. Metal halide 400 watt
C. High Pressure sodium 400 watt
D. Mercury vapor 1000 watt
E. Metal halide 1000 watt
F. High pressure sodium 1000 watt
G. Metal halide 1000 watt 125,000 lumen lamp

| System Components | QUANTITY | UNIT | COST PER S.F. MAT. | INST. | TOTAL |
|---|---|---|---|---|---|
| SYSTEM 9.2-234-0520 | | | | | |
| HIGH INTENSITY DISCHARGE FIXTURE, 16' ABOVE WORK PLANE, 100 FC | | | | | |
| TYPE D, 5 FIXTURES PER 900 S.F. | | | | | |
| Steel intermediate conduit, (IMC) 1/2" diam | .570 | L.F. | .63 | 1.89 | 2.52 |
| Wire, 600V, type THWN-THHN, copper, solid, #10 | .017 | C.L.F. | .18 | .56 | .74 |
| Steel outlet box 4" concrete | .006 | Ea. | .04 | .10 | .14 |
| Steel outlet box plate with stud, 4" concrete | .006 | Ea. | .02 | .02 | .04 |
| Mercury vapor, hi bay, aluminum reflector, 1000W DX lamp | .006 | Ea. | 2.91 | .99 | 3.90 |
| TOTAL | | | 3.78 | 3.56 | 7.34 |

| 9.2-234 | H.I.D. Fixture, High Bay (by Type) | MAT. | INST. | TOTAL |
|---|---|---|---|---|
| 0510 | High intensity discharge fixture, 16' above work plane, 100 FC | | | |
| 0520 | Type D, 5 fixtures per 900 S.F. | 3.78 | 3.56 | 7.34 |
| 0560 | 9 fixtures per 1800 S.F. | 3.37 | 3.64 | 7.01 |
| 0600 | 13 fixtures per 3000 S.F. | 2.93 | 3.62 | 6.55 |
| 0640 | 17 fixtures per 4000 S.F. | 2.93 | 3.62 | 6.55 |
| 0680 | 21 fixtures per 5000 S.F. | 2.93 | 3.62 | 6.55 |
| 0720 | 33 fixtures per 8000 S.F. | 2.90 | 3.56 | 6.46 |
| 0760 | 39 fixtures per 10,000 S.F. | 2.90 | 3.56 | 6.46 |
| 0800 | 61 fixtures per 16,000 S.F. | 2.87 | 3.46 | 6.33 |
| 1240 | Type C, 5 fixtures per 900 S.F. | 3.46 | 2.07 | 5.53 |
| 1280 | 9 fixtures per 1800 S.F. | 3.03 | 2.17 | 5.20 |
| 1320 | 15 fixtures per 3000 S.F. | 3.03 | 2.17 | 5.20 |
| 1360 | 18 fixtures per 4000 S.F. | 2.95 | 1.94 | 4.89 |
| 1400 | 22 fixtures per 5000 S.F. | 2.95 | 1.94 | 4.89 |
| 1440 | 36 fixtures per 8000 S.F. | 2.95 | 1.94 | 4.89 |
| 1480 | 42 fixtures per 10,000 S.F. | 2.51 | 2.02 | 4.53 |
| 1520 | 65 fixtures per 16,000 S.F. | 2.51 | 2.02 | 4.53 |
| 1600 | Type G, 4 fixtures per 900 S.F. | 3.28 | 3.30 | 6.58 |
| 1640 | 6 fixtures per 1800 S.F. | 2.67 | 3.08 | 5.75 |
| 1720 | 9 fixtures per 4000 S.F. | 2.09 | 2.99 | 5.08 |
| 1760 | 11 fixtures per 5000 S.F. | 2.09 | 2.99 | 5.08 |
| 1840 | 21 fixtures per 10,000 S.F. | 1.99 | 2.69 | 4.68 |
| 1880 | 33 fixtures per 16,000 S.F. | 1.99 | 2.69 | 4.68 |

**9 ELECTRICAL**

# LIGHTING & POWER — A9.2-235 — H.I.D. Fixture (by Wattage)

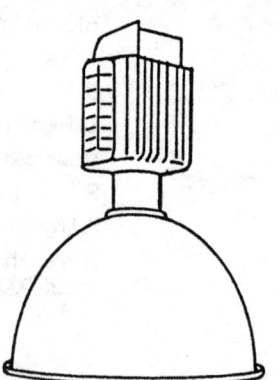

**HIGH BAY FIXTURES**

A. Mercury vapor 400 watt
B. Metal halide 400 watt
C. High Pressure sodium 400 watt
D. Mercury vapor 1000 watt
E. Metal halide 1000 watt
F. High pressure sodium 1000 watt
G. Metal halide 1000 watt 125,000 lumen lamp

| System Components | QUANTITY | UNIT | COST PER S.F. MAT. | INST. | TOTAL |
|---|---|---|---|---|---|
| SYSTEM 9.2-235-0200 HIGH INTENSITY DISCHARGE FIXTURE, 16' ABOVE WORK PLANE 1 WATT/S.F., TYPE D, 23 FC, 1 FIXTURE/1000 S.F. | | | | | |
| Steel intermediate conduit, (IMC) 1/2" diam | .140 | L.F. | .16 | .46 | .62 |
| Wire, 600V, type THWN-THHN, copper, solid, #10 | .004 | C.L.F. | .04 | .13 | .17 |
| Mercury vapor, hi bay, aluminum reflector, 1000W DX lamp | .001 | Ea. | .49 | .17 | .66 |
| Steel outlet box 4" concrete | .001 | Ea. | .01 | .02 | .03 |
| Steel outlet box plate with stud, 4" concrete | .001 | Ea. | | | |
| TOTAL | | | .70 | .78 | 1.48 |

| 9.2-235 | H.I.D. Fixture, High Bay (by Wattage) | | COST PER S.F. MAT. | INST. | TOTAL |
|---|---|---|---|---|---|
| 0190 | High intensity discharge fixture, 16' above work plane | | | | |
| 0200 | 1 watt/S.F., type D, 23 FC, 1 fixture/1000 S.F. | | .70 | .78 | 1.48 |
| 0240 | Type E, 42 FC, 1 fixture/1000 S.F. | R166 -105 | .82 | .82 | 1.64 |
| 0280 | Type G, 52 FC, 1 fixture/1000 S.F. | | .82 | .82 | 1.64 |
| 0320 | Type C, 54 FC, 2 fixture/1000 S.F. | | 1.22 | .91 | 2.13 |
| 0400 | 2 watt/S.F., type D, 45 FC, 2 fixture/1000 S.F. | | 1.39 | 1.56 | 2.95 |
| 0440 | Type E, 84 FC, 2 fixture/1000 S.F. | | 1.66 | 1.66 | 3.32 |
| 0480 | Type G, 105 FC, 2 fixture/1000 S.F. | | 1.66 | 1.66 | 3.32 |
| 0520 | Type C, 108 FC, 4 fixture/1000 S.F. | | 2.43 | 1.84 | 4.27 |
| 0600 | 3 watt/S.F., type D, 68 FC, 3 fixture/1000 S.F. | | 2.08 | 2.31 | 4.39 |
| 0640 | Type E, 126 FC, 3 fixture/1000 S.F. | | 2.47 | 2.48 | 4.95 |
| 0680 | Type G, 157 FC, 3 fixture/1000 S.F. | | 2.47 | 2.48 | 4.95 |
| 0720 | Type C, 162 FC, 6 fixture/1000 S.F. | | 3.68 | 2.73 | 6.41 |
| 0800 | 4 watt/ S.F., type D, 91 FC, 4 fixture/1000 S.F. | | 2.94 | 3.67 | 6.61 |
| 0840 | Type E, 168 FC, 4 fixture/1000 S.F. | | 3.29 | 3.33 | 6.62 |
| 0880 | Type G, 210 FC, 4 fixture/1000 S.F. | | 3.29 | 3.33 | 6.62 |
| 0920 | Type C, 243 FC, 9 fixture/1000 S.F. | | 5.40 | 3.82 | 9.22 |
| 1000 | 5 watt/S.F., type D, 113 FC, 5 fixture/1000 S.F. | | 3.46 | 3.88 | 7.34 |
| 1040 | Type E, 210 FC, 5 fixture/1000 S.F. | | 4.11 | 4.14 | 8.25 |
| 1080 | Type G, 262 FC, 5 fixture/1000 S.F. | | 4.11 | 4.14 | 8.25 |
| 1120 | Type C, 297 FC, 11 fixture/1000 S.F. | | 6.65 | 4.73 | 11.38 |

# LIGHTING & POWER — A9.2-236 — H.I.D. Fixture (by Type)

**HIGH BAY FIXTURES**

A. Mercury vapor 400 watt
B. Metal halide 400 watt
C. High Pressure sodium 400 watt
D. Mercury vapor 1000 watt
E. Metal halide 1000 watt
F. High pressure sodium 1000 watt
G. Metal halide 1000 watt 125,000 lumen lamp

| System Components | QUANTITY | UNIT | COST PER S.F. MAT. | INST. | TOTAL |
|---|---|---|---|---|---|
| SYSTEM 9.2-236-0520 | | | | | |
| HIGH INTENSITY DISCHARGE FIXTURE, 20' ABOVE WORK PLANE, 100 FC | | | | | |
| TYPE D, 6 FIXTURES PER 900 S.F. | | | | | |
| Steel intermediate conduit, (IMC) 1/2" diam | .860 | L.F. | .95 | 2.85 | 3.80 |
| Wire, 600V, type THWN-THHN, copper, solid, #10. | .003 | C.L.F. | .28 | .86 | 1.14 |
| Steel outlet box 4" concrete | .008 | Ea. | .04 | .12 | .16 |
| Steel outlet box plate with stud, 4" concrete | .008 | Ea. | .02 | .03 | .05 |
| Mercury vapor, hi bay, aluminum reflector, 1000W DX lamp | .008 | Ea. | 3.40 | 1.16 | 4.56 |
| TOTAL | | | 4.69 | 5.02 | 9.71 |

| 9.2-236 | H.I.D. Fixture, High Bay (by Type) | MAT. | INST. | TOTAL |
|---|---|---|---|---|
| 0510 | High intensity discharge fixture 20' above work plane, 100 FC | | | |
| 0520 | Type D, 6 fixtures per 900 S.F. | 4.69 | 5 | 9.69 |
| 0560 | 10 fixtures per 1800 S.F. | 4.20 | 4.82 | 9.02 |
| 0600 | 15 fixtures per 3000 S.F. | 3.73 | 4.70 | 8.43 |
| 0640 | 18 fixtures per 4000 S.F. | 3.73 | 4.70 | 8.43 |
| 0680 | 22 fixtures per 5000 S.F. | 3.26 | 4.62 | 7.88 |
| 0720 | 35 fixtures per 8000 S.F. | 3.26 | 4.62 | 7.88 |
| 0760 | 40 fixtures per 10000 S.F. | 3.26 | 4.62 | 7.88 |
| 0800 | 63 fixtures per 16000 S.F. | 3.25 | 4.59 | 7.84 |
| 0840 | 123 fixtures per 32000 S.F. | 3.25 | 4.59 | 7.84 |
| 1240 | Type C, 6 fixtures per 900 S.F. | 4.11 | 2.68 | 6.79 |
| 1280 | 10 fixtures per 1800 S.F. | 3.60 | 2.50 | 6.10 |
| 1320 | 16 fixtures per 3000 S.F. | 3.10 | 2.41 | 5.51 |
| 1360 | 20 fixtures per 4000 S.F. | 3.10 | 2.41 | 5.51 |
| 1400 | 24 fixtures per 5000 S.F. | 3.10 | 2.41 | 5.51 |
| 1440 | 38 fixtures per 8000 S.F. | 3.07 | 2.31 | 5.38 |
| 1520 | 68 fixtures per 16000 S.F. | 2.68 | 2.55 | 5.23 |
| 1560 | 132 fixtures per 32000 S.F. | 2.68 | 2.55 | 5.23 |
| 1600 | Type G, 4 fixtures per 900 S.F. | 3.25 | 3.23 | 6.48 |
| 1640 | 6 fixtures per 1800 S.F. | 2.66 | 3.07 | 5.73 |
| 1680 | 7 fixtures per 3000 S.F. | 2.63 | 2.97 | 5.60 |
| 1720 | 10 fixtures per 4000 S.F. | 2.62 | 2.94 | 5.56 |
| 1760 | 11 fixtures per 5000 S.F. | 2.14 | 3.14 | 5.28 |
| 1800 | 18 fixtures per 8000 S.F. | 2.14 | 3.14 | 5.28 |
| 1840 | 22 fixtures per 10000 S.F. | 2.14 | 3.14 | 5.28 |
| 1880 | 34 fixtures per 16000 S.F. | 2.11 | 3.05 | 5.16 |
| 1920 | 66 fixtures per 32000 S.F. | 2.02 | 2.78 | 4.80 |

# LIGHTING & POWER — A9.2-237 — H.I.D. Fixture (by Wattage)

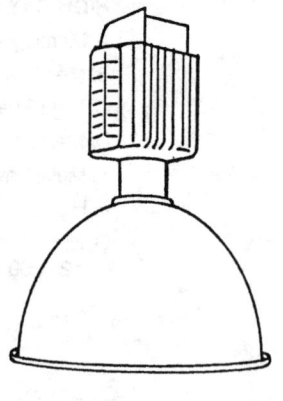

**HIGH BAY FIXTURES**

A. Mercury vapor 400 watt
B. Metal halide 400 watt
C. High Pressure sodium 400 watt
D. Mercury vapor 1000 watt
E. Metal halide 1000 watt
F. High pressure sodium 1000 watt
G. Metal halide 1000 watt 125,000 lumen lamp

| System Components | QUANTITY | UNIT | MAT. | INST. | TOTAL |
|---|---|---|---|---|---|
| **SYSTEM 9.2-237-0200** <br> **HIGH INTENSITY DISCHARGE FIXTURE, 20' ABOVE WORK PLANE** <br> **1 WATT/S.F., TYPE D, 22FC, 1 FIXTURE 1000 S.F.** | | | | | |
| Steel intermediate conduit, (IMC) 1/2" diam | .158 | L.F. | .18 | .52 | .70 |
| Wire, 600V, type THWN-THHN, copper, solid, #10 | .005 | C.L.F. | .05 | .17 | .22 |
| Mercury vapor, hi bay, aluminum reflector, 1000W DX lamp | .001 | Ea. | .49 | .17 | .66 |
| Steel outlet box 4" concrete | .001 | Ea. | .01 | .02 | .03 |
| Steel outlet box plate with stud, 4" concrete | .001 | Ea. | | | |
| TOTAL | | | .73 | .88 | 1.61 |

| 9.2-237 | H.I.D. Fixture, High Bay (by Wattage) | MAT. | INST. | TOTAL |
|---|---|---|---|---|
| 0190 | High intensity discharge fixture, 20' above work plane | | | |
| 0200 | 1 watt/S.F., type D, 22 FC, 1 fixture/1000 S.F. | .73 | .88 | 1.61 |
| 0240 | Type E, 40 FC, 1 fixture/1000 S.F. | .84 | .89 | 1.73 |
| 0280 | Type G, 50 FC, 1 fixture/1000 S.F. | .84 | .89 | 1.73 |
| 0320 | Type C, 52 FC, 2 fixtures/1000 S.F. | 1.26 | 1.02 | 2.28 |
| 0400 | 2 watt/S.F., type D, 43 FC, 2 fixtures/1000 S.F. | 1.45 | 1.75 | 3.20 |
| 0440 | Type E, 81 FC, 2 fixtures/1000 S.F. | 1.69 | 1.76 | 3.45 |
| 0480 | Type G, 101 FC, 2 fixtures/1000 S.F. | 1.69 | 1.76 | 3.45 |
| 0520 | Type C, 104 FC, 4 fixtures/1000 S.F. | 2.50 | 2.02 | 4.52 |
| 0600 | 3 watt/S.F., type D, 65 FC, 3 fixtures/1000 S.F. | 2.17 | 2.59 | 4.76 |
| 0640 | Type E, 121 FC, 3 fixtures/1000 S.F. | 2.52 | 2.65 | 5.17 |
| 0680 | Type G, 151 FC, 3 fixtures/1000 S.F. | 2.52 | 2.65 | 5.17 |
| 0720 | Type C, 155 FC, 6 fixtures/1000 S.F. | 3.77 | 3.01 | 6.78 |
| 0800 | 4 watt/S.F., type D, 87 FC, 4 fixtures/1000 S.F. | 2.88 | 3.47 | 6.35 |
| 0840 | Type E, 161 FC, 4 fixtures/1000 S.F. | 3.36 | 3.53 | 6.89 |
| 0880 | Type G, 202 FC, 4 fixtures/1000 S.F. | 3.36 | 3.53 | 6.89 |
| 0920 | Type C, 233 FC, 9 fixtures/1000 S.F. | 5.50 | 4.17 | 9.67 |
| 1000 | 5 watt/S.F., type D, 108 FC, 5 fixtures/1000 S.F. | 3.61 | 4.33 | 7.94 |
| 1040 | Type E, 202 FC, 5 fixtures/1000 S.F. | 4.20 | 4.41 | 8.61 |
| 1080 | Type G, 252 FC, 5 fixtures/1000 S.F. | 4.20 | 4.41 | 8.61 |
| 1120 | Type C, 285 FC, 11 fixtures/1000 S.F. | 6.80 | 5.20 | 12 |

R166 -105

# LIGHTING & POWER — A9.2-238 — H.I.D. Fixture (by Type)

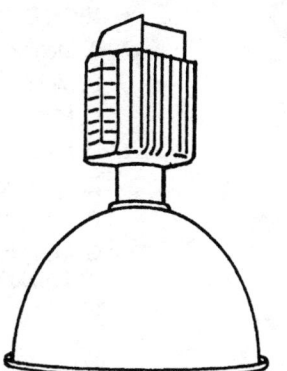

**HIGH BAY FIXTURES**

- A. Mercury vapor 400 watt
- B. Metal halide 400 watt
- C. High Pressure sodium 400 watt
- D. Mercury vapor 1000 watt
- E. Metal halide 1000 watt
- F. High pressure sodium 1000 watt
- G. Metal halide 1000 watt 125,000 lumen lamp

| System Components | QUANTITY | UNIT | COST PER S.F. MAT. | INST. | TOTAL |
|---|---|---|---|---|---|
| **SYSTEM 9.2-238-0520** | | | | | |
| **HIGH INTENSITY DISCHARGE FIXTURE, 30' ABOVE WORK PLANE, 100 FC** | | | | | |
| **TYPE D, 8 FIXTURES PER 900 S.F.** | | | | | |
| Steel intermediate conduit, (IMC) 1/2" diam | 1.150 | L.F. | 1.28 | 3.81 | 5.09 |
| Wire, 600V, type THWN-THHN, copper, solid, #10 | .035 | C.L.F. | .38 | 1.16 | 1.54 |
| Steel outlet box 4" concrete | .009 | Ea. | .05 | .15 | .20 |
| Steel outlet box plate with stud, 4" concrete | .009 | Ea. | .02 | .04 | .06 |
| Mercury vapor, hi bay, aluminum reflector, 1000W DX lamp | .009 | Ea. | 4.37 | 1.49 | 5.86 |
| TOTAL | | | 6.10 | 6.65 | 12.75 |

| 9.2-238 | H.I.D. Fixture, High Bay (by Type) | | COST PER S.F. MAT. | INST. | TOTAL |
|---|---|---|---|---|---|
| 0510 | High intensity discharge fixture, 30' above work plane, 100 FC | | | | |
| 0520 | Type D, 8 fixtures per 900 S.F. | | 6.10 | 6.65 | 12.75 |
| 0560 | 11 fixtures per 1800 S.F. | R166 | 4.65 | 6.15 | 10.80 |
| 0600 | 18 fixtures per 3000 S.F. | -105 | 4.65 | 6.15 | 10.80 |
| 0640 | 21 fixtures per 4000 S.F. | | 4.15 | 5.95 | 10.10 |
| 0680 | 25 fixtures per 5000 S.F. | | 4.15 | 5.95 | 10.10 |
| 0760 | 44 fixtures per 10,000 S.F. | | 3.67 | 5.85 | 9.52 |
| 0800 | 67 fixtures per 16,000 S.F. | | 3.67 | 5.85 | 9.52 |
| 0840 | 132 fixtures per 32000 S.F. | | 3.67 | 5.85 | 9.52 |
| 1240 | Type F, 4 fixtures per 900 S.F. | | 3.84 | 3.26 | 7.10 |
| 1280 | 6 fixtures per 1800 S.F. | | 3.11 | 3.10 | 6.21 |
| 1320 | 8 fixtures per 3000 S.F. | | 3.11 | 3.10 | 6.21 |
| 1360 | 9 fixtures per 4000 S.F. | | 2.37 | 2.95 | 5.32 |
| 1400 | 10 fixtures per 5000 S.F. | | 2.37 | 2.95 | 5.32 |
| 1440 | 17 fixtures per 8000 S.F. | | 2.37 | 2.95 | 5.32 |
| 1480 | 18 fixtures per 10,000 S.F. | | 2.29 | 2.71 | 5 |
| 1520 | 27 fixtures per 16,000 S.F. | | 2.29 | 2.71 | 5 |
| 1560 | 52 fixtures per 32000 S.F. | | 2.28 | 2.68 | 4.96 |
| 1600 | Type G, 4 fixtures per 900 S.F. | | 3.33 | 3.46 | 6.79 |
| 1640 | 6 fixtures per 1800 S.F. | | 2.69 | 3.14 | 5.83 |
| 1680 | 9 fixtures per 3000 S.F. | | 2.65 | 3.04 | 5.69 |
| 1720 | 11 fixtures per 4000 S.F. | | 2.62 | 2.94 | 5.56 |
| 1760 | 13 fixtures per 5000 S.F. | | 2.62 | 2.94 | 5.56 |
| 1800 | 21 fixtures per 8000 S.F. | | 2.62 | 2.94 | 5.56 |
| 1840 | 23 fixtures per 10,000 S.F. | | 2.13 | 3.11 | 5.24 |
| 1880 | 36 fixtures per 16,000 S.F. | | 2.13 | 3.11 | 5.24 |
| 1920 | 70 fixtures per 32,000 S.F. | | 2.13 | 3.11 | 5.24 |

9 ELECTRICAL

# LIGHTING & POWER — A9.2-239 — H.I.D. Fixture (by Wattage)

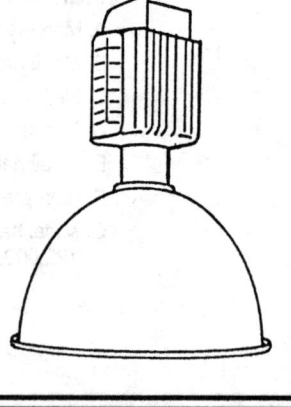

**HIGH BAY FIXTURES**

A. Mercury vapor 400 watt
B. Metal halide 400 watt
C. High Pressure sodium 400 watt
D. Mercury vapor 1000 watt
E. Metal halide 1000 watt
F. High pressure sodium 1000 watt
G. Metal halide 1000 watt 125,000 lumen lamp

| System Components | QUANTITY | UNIT | COST PER S.F. MAT. | INST. | TOTAL |
|---|---|---|---|---|---|
| SYSTEM 9.2-239-0200 HIGH INTENSITY DISCHARGE FIXTURE, 30' ABOVE WORK PLANE 1 WATT/S.F., TYPE D, 23FC, 1 FIXTURE/1000 S.F. | | | | | |
| Steel intermediate conduit, (IMC) 1/2" diam | .186 | L.F. | .21 | .62 | .83 |
| Wire, 600V type THWN-THHN, copper, solid, #10 | .006 | C.L.F. | .06 | .20 | .26 |
| Mercury vapor, hi bay, aluminum reflector, 1000W DX lamp | .001 | Ea. | .49 | .17 | .66 |
| Steel outlet box 4" concrete | .001 | Ea. | .01 | .02 | .03 |
| Steel outlet box plate with stud, 4" concrete | .001 | Ea. | | | |
| TOTAL | | | .77 | 1.01 | 1.78 |

| 9.2-239 | H.I.D. Fixture, High Bay (by Wattage) | | COST PER S.F. MAT. | INST. | TOTAL |
|---|---|---|---|---|---|
| 0190 | High intensity discharge fixture, 30' above work plane | | | | |
| 0200 | 1 watt/S.F., type D, 23 FC, 1 fixture/1000 S.F. | | .77 | 1.01 | 1.78 |
| 0240 | Type E, 37 FC, 1 fixture/1000 S.F. | R166-105 | .89 | 1.04 | 1.93 |
| 0280 | Type G, 45 FC., 1 fixture/1000 S.F. | | .89 | 1.04 | 1.93 |
| 0320 | Type F, 50 FC, 1 fixture/1000 S.F. | | .96 | .81 | 1.77 |
| 0400 | 2 watt/S.F., type D, 40 FC, 2 fixtures/1000 S.F. | | 1.52 | 1.96 | 3.48 |
| 0440 | Type E, 74 FC, 2 fixtures/1000 S.F. | | 1.79 | 2.07 | 3.86 |
| 0480 | Type G, 92 FC, 2 fixtures/1000 S.F. | | 1.79 | 2.07 | 3.86 |
| 0520 | Type F, 100 FC, 2 fixtures/1000 S.F. | | 1.94 | 1.65 | 3.59 |
| 0600 | 3 watt/S.F., type D, 60 FC, 3 fixtures/1000 S.F. | | 2.29 | 2.97 | 5.26 |
| 0640 | Type E, 110 FC, 3 fixtures/1000 S.F. | | 2.69 | 3.14 | 5.83 |
| 0680 | Type G, 138FC, 3 fixtures/1000 S.F. | | 2.69 | 3.14 | 5.83 |
| 0720 | Type F, 150 FC, 3 fixtures/1000 S.F. | | 2.90 | 2.46 | 5.36 |
| 0800 | 4 watt/ S.F., type D, 80 FC, 4 fixtures/1000 S.F. | | 3.04 | 3.94 | 6.98 |
| 0840 | Type E, 148 FC, 4 fixtures/1000 S.F. | | 3.57 | 4.18 | 7.75 |
| 0880 | Type G, 185 FC, 4 fixtures/1000 S.F. | | 3.57 | 4.18 | 7.75 |
| 0920 | Type F, 200 FC, 4 fixtures/1000 S.F. | | 3.86 | 3.30 | 7.16 |
| 1000 | 5 watt/ S.F., type D, 100 FC 5 fixtures/1000 S.F. | | 3.80 | 4.93 | 8.73 |
| 1040 | Type E, 185 FC, 5 fixtures/1000 S.F. | | 4.46 | 5.20 | 9.66 |
| 1080 | Type G, 230 FC, 5 fixtures/1000 S.F. | | 4.46 | 5.20 | 9.66 |
| 1120 | Type F, 250 FC, 5 fixtures/1000 S.F. | | 4.83 | 4.11 | 8.94 |

# LIGHTING & POWER    A9.2-241    H.I.D. Fixture (by Type)

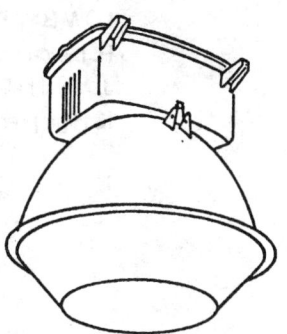

**LOW BAY FIXTURES**
H. Mercury vapor 250 watt
J. Metal halide 250 watt
K. High pressure sodium 150 watt

| System Components | QUANTITY | UNIT | COST PER S.F. MAT. | INST. | TOTAL |
|---|---|---|---|---|---|
| SYSTEM 9.2-241-0520 | | | | | |
| HIGH INTENSITY DISCHARGE FIXTURE, 8'-10' ABOVE WORK PLANE, 50 FC | | | | | |
| TYPE H, 13 FIXTURES PER 900 S.F. | | | | | |
| Steel intermediate conduit, (IMC) 1/2" diam | .960 | L.F. | 1.07 | 3.18 | 4.25 |
| Wire, 600V, type THWN-THHN, copper, solid, #10 | .020 | C.L.F. | .22 | .66 | .88 |
| Steel outlet box 4" concrete | .014 | Ea. | .08 | .23 | .31 |
| Steel outlet box plate with stud, 4" concrete | .014 | Ea. | .04 | .06 | .10 |
| Mercury vapor, lo bay, aluminum reflector, 250W DX lamp | .014 | Ea. | 4.90 | 1.44 | 6.34 |
| TOTAL | | | 6.31 | 5.57 | 11.88 |

| 9.2-241 | H.I.D. Fixture, Low Bay (by Type) | COST PER S.F. MAT. | INST. | TOTAL |
|---|---|---|---|---|
| 0510 | High intensity discharge fixture, 8'-10' above work plane, 50 FC | | | |
| 0520 | Type H, 13 fixtures per 900 S.F. | 6.30 | 5.55 | 11.85 |
| 0560 | 28 fixtures per 1800 S.F. | 6.30 | 5.55 | 11.85 |
| 0600 | 41 fixtures per 3000 S.F. | 6.30 | 5.55 | 11.85 |
| 0640 | 55 fixtures per 4000 S.F. | 6.30 | 5.55 | 11.85 |
| 0680 | 68 fixtures per 5000 S.F. | 6.30 | 5.55 | 11.85 |
| 0760 | 121 fixtures per 10,000 S.F. | 5.60 | 5.35 | 10.95 |
| 0800 | 193 fixtures per 16000 S.F. | 5.60 | 5.35 | 10.95 |
| 0840 | 386 fixtures per 32,000 S.F. | 5.60 | 5.35 | 10.95 |
| 0880 | Type J, 7 fixtures per 900 S.F. | 4.02 | 3.09 | 7.11 |
| 0920 | 13 fixtures per 1800 S.F. | 3.64 | 3.09 | 6.73 |
| 0960 | 21 fixtures per 3000 S.F. | 3.64 | 3.09 | 6.73 |
| 1000 | 28 fixtures per 4000 S.F. | 3.64 | 3.09 | 6.73 |
| 1040 | 35 fixtures per 5000 S.F. | 3.64 | 3.09 | 6.73 |
| 1120 | 62 fixtures per 10,000 S.F. | 3.23 | 2.96 | 6.19 |
| 1160 | 99 fixtures per 16,000 S.F. | 3.23 | 2.96 | 6.19 |
| 1200 | 199 fixtures per 32,000 S.F. | 3.23 | 2.96 | 6.19 |
| 1240 | Type K, 9 fixtures per 900 S.F. | 4.42 | 2.66 | 7.08 |
| 1280 | 16 fixtures per 1800 S.F. | 4.03 | 2.57 | 6.60 |
| 1320 | 26 fixtures per 3000 S.F. | 4.02 | 2.54 | 6.56 |
| 1360 | 31 fixtures per 4000 S.F. | 3.65 | 2.46 | 6.11 |
| 1400 | 39 fixtures per 5000 S.F. | 3.65 | 2.46 | 6.11 |
| 1440 | 62 fixtures per 8000 S.F. | 3.65 | 2.46 | 6.11 |
| 1480 | 78 fixtures per 10,000 S.F. | 3.65 | 2.46 | 6.11 |
| 1520 | 124 fixtures per 16,000 S.F. | 3.63 | 2.40 | 6.03 |
| 1560 | 248 fixtures per 32,000 S.F. | 3.37 | 2.69 | 6.06 |

R166-105

9 ELECTRICAL

# LIGHTING & POWER — A9.2-242 — H.I.D. Fixture (by Wattage)

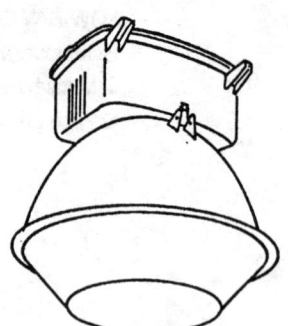

**LOW BAY FIXTURES**
H. Mercury vapor 250 watt
J. Metal halide 250 watt
K. High pressure sodium 150 watt

| System Components | QUANTITY | UNIT | MAT. | INST. | TOTAL |
|---|---|---|---|---|---|
| SYSTEM 9.2-242-0200 HIGH INTENSITY DISCHARGE FIXTURE, 8'-10' ABOVE WORK PLANE 1 WATT/S.F., TYPE H, 19 FC, 4 FIXTURES/1000 S.F. | | | | | |
| Steel intermediate conduit, (IMC) 1/2" diam | .274 | L.F. | .30 | .91 | 1.21 |
| Wire, 600V, type THWN-THHN, copper, solid, #10 | .008 | C.L.F. | .09 | .26 | .35 |
| Mercury vapor, lo bay, aluminum reflector, 250W DX lamp | .004 | Ea. | 1.40 | .41 | 1.81 |
| Steel outlet box 4" concrete | .004 | Ea. | .02 | .07 | .09 |
| Steel outlet box plate with stud, 4" concrete | .004 | Ea. | .01 | .02 | .03 |
| TOTAL | | | 1.82 | 1.67 | 3.49 |

## 9.2-242 H.I.D. Fixture, Low Bay (by Wattage)

| | | MAT. | INST. | TOTAL |
|---|---|---|---|---|
| 0190 | High intensity discharge fixture, 8'-10' above work plane | | | |
| 0200 | 1 watt/S.F., type H, 19 FC, 4 fixtures/1000 S.F. | 1.82 | 1.67 | 3.49 |
| 0240 | Type J, 30 FC, 4 fixtures/1000 S.F.  R166-105 | 2.05 | 1.69 | 3.74 |
| 0280 | Type K, 29 FC, 5 fixtures/1000 S.F. | 2.26 | 1.52 | 3.78 |
| 0360 | 2 watt/S.F. type H, 33 FC, 7 fixtures/1000 S.F. | 3.29 | 3.21 | 6.50 |
| 0400 | Type J, 52 FC, 7 fixtures/1000 S.F. | 3.64 | 3.09 | 6.73 |
| 0440 | Type K, 63 FC, 11 fixtures/1000 S.F. | 4.95 | 3.18 | 8.13 |
| 0520 | 3 watt/S.F., type H, 51 FC, 11 fixtures/1000 S.F. | 5.15 | 4.91 | 10.06 |
| 0560 | Type J, 81 FC, 11 fixtures/1000 S.F. | 5.65 | 4.66 | 10.31 |
| 0600 | Type K, 92 FC, 16 fixtures/1000 S.F. | 7.20 | 4.70 | 11.90 |
| 0680 | 4 watt/S.F., type H, 65 FC, 14 fixtures/1000 S.F. | 6.60 | 6.45 | 13.05 |
| 0720 | Type J, 103 FC, 14 fixtures/1000 S.F. | 7.25 | 6.15 | 13.40 |
| 0760 | Type K, 127 FC, 22 fixtures/1000 S.F. | 9.85 | 6.35 | 16.20 |
| 0840 | 5 watt/S.F., type H, 84 FC, 18 fixtures/1000 S.F. | 8.40 | 8.10 | 16.50 |
| 0880 | Type J, 133 FC, 18 fixtures/1000 S.F. | 9.30 | 7.75 | 17.05 |
| 0920 | Type K, 155 FC, 27 fixtures/1000 S.F. | 12.15 | 7.90 | 20.05 |

# LIGHTING & POWER — A9.2-243 — H.I.D. Fixture (by Type)

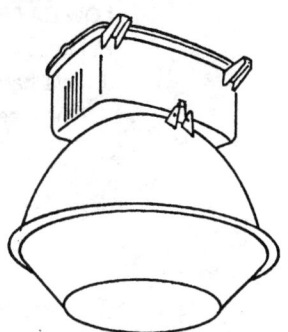

**LOW BAY FIXTURES**
H. Mercury vapor 250 watt
J. Metal halide 250 watt
K. High pressure sodium 150 watt

| System Components | QUANTITY | UNIT | COST PER S.F. MAT. | INST. | TOTAL |
|---|---|---|---|---|---|
| SYSTEM 9.2-243-0520 | | | | | |
| HIGH INTENSITY DISCHARGE FIXTURE, 16' ABOVE WORK PLANE, 50 FC | | | | | |
| TYPE H, 18 FIXTURES PER 900 S.F. | | | | | |
| Steel intermediate conduit, (IMC) 1/2" diam | 1.290 | L.F. | 1.43 | 4.27 | 5.70 |
| Wire, 600V type, THWN-THHN, copper, solid, #10 | .027 | C.L.F. | .29 | .89 | 1.18 |
| Steel outlet box 4" concrete | .020 | Ea. | .12 | .33 | .45 |
| Steel outlet box plate with stud, 4" concrete | .020 | Ea. | .05 | .08 | .13 |
| Mercury vapor lo bay, aluminum reflector, 250W DX lamp | .020 | Ea. | 7 | 2.06 | 9.06 |
| TOTAL | | | 8.89 | 7.63 | 16.52 |

| 9.2-243 | H.I.D. Fixture, Low Bay (by Type) | MAT. | INST. | TOTAL |
|---|---|---|---|---|
| 0510 | High intensity discharge fixture, 16' above work plane, 50 FC | | | |
| 0520 | Type H, 18 fixtures per 900 S.F. | 8.90 | 7.65 | 16.55 |
| 0560 | 32 fixtures per 1800 S.F. | 8.20 | 7.40 | 15.60 |
| 0600 | 46 fixtures per 3000 S.F. | 7.50 | 7.25 | 14.75 |
| 0640 | 62 fixtures per 4000 S.F. | 7.50 | 7.25 | 14.75 |
| 0680 | 68 fixtures per 5000 S.F. | 6.80 | 7 | 13.80 |
| 0760 | 137 fixtures per 10,000 S.F. | 6.80 | 7 | 13.80 |
| 0800 | 218 fixtures per 16,000 S.F. | 6.80 | 7 | 13.80 |
| 0840 | 436 fixtures per 32,000 S.F. | 6.80 | 7 | 13.80 |
| 0880 | Type J, 9 fixtures per 900 S.F. | 4.97 | 3.73 | 8.70 |
| 0920 | 14 fixtures per 1800 S.F. | 4.15 | 3.50 | 7.65 |
| 0960 | 24 fixtures per 3000 S.F. | 4.17 | 3.56 | 7.73 |
| 1000 | 32 fixtures per 4000 S.F. | 4.17 | 3.56 | 7.73 |
| 1040 | 35 fixtures per 5000 S.F. | 3.77 | 3.48 | 7.25 |
| 1080 | 56 fixtures per 8000 S.F. | 3.77 | 3.48 | 7.25 |
| 1120 | 70 fixtures per 10,000 S.F. | 3.77 | 3.49 | 7.26 |
| 1160 | 111 fixtures per 16,000 S.F. | 3.77 | 3.48 | 7.25 |
| 1200 | 222 fixtures per 32,000 S.F. | 3.77 | 3.48 | 7.25 |
| 1240 | Type K, 11 fixtures per 900 S.F. | 5.40 | 3.48 | 8.88 |
| 1280 | 20 fixtures per 1800 S.F. | 4.96 | 3.22 | 8.18 |
| 1320 | 29 fixtures per 3000 S.F. | 4.58 | 3.16 | 7.74 |
| 1360 | 39 fixtures per 4000 S.F. | 4.57 | 3.13 | 7.70 |
| 1400 | 44 fixtures per 5000 S.F. | 4.19 | 3.07 | 7.26 |
| 1440 | 62 fixtures per 8000 S.F. | 4.19 | 3.07 | 7.26 |
| 1480 | 87 fixtures per 10,000 S.F. | 4.19 | 3.07 | 7.26 |
| 1520 | 138 fixtures per 16,000 S.F. | 4.19 | 3.07 | 7.26 |

R166-105

# LIGHTING & POWER  A9.2-244  H.I.D. Fixture (by Wattage)

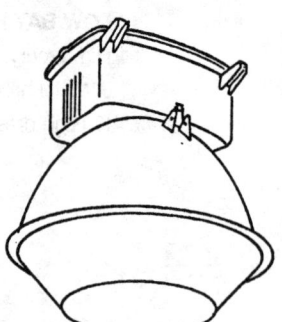

**LOW BAY FIXTURES**
H. Mercury vapor 250 watt
J. Metal halide 250 watt
K. High pressure sodium 150 watt

| System Components | QUANTITY | UNIT | COST PER S.F. MAT. | COST PER S.F. INST. | COST PER S.F. TOTAL |
|---|---|---|---|---|---|
| SYSTEM 9.2-244-0200 | | | | | |
| HIGH INTENSITY DISCHARGE FIXTURE, 16' ABOVE WORK PLANE | | | | | |
| 1 WATT/S.F., TYPE H, 19 FC, 4 FIXTURES/1000 S.F. | | | | | |
| Steel intermediate conduit, (IMC) 1/2" diam | .324 | L.F. | .36 | 1.07 | 1.43 |
| Wire, 600V, type THWN-THHN, copper, solid, #10 | .010 | C.L.F. | .11 | .33 | .44 |
| Mercury vapor, lo bay, aluminum reflector, 250W DX lamp | .004 | Ea. | 1.40 | .41 | 1.81 |
| Steel outlet box 4" concrete | .004 | Ea. | .02 | .07 | .09 |
| Steel outlet box plate with stud, 4" concrete | .004 | Ea. | .01 | .02 | .03 |
| TOTAL | | | 1.90 | 1.90 | 3.80 |

| 9.2-244 | H.I.D. Fixture, Low Bay (by Wattage) | MAT. | INST. | TOTAL |
|---|---|---|---|---|
| 0190 | High intensity discharge fixture, mounted 16' above work plane | | | |
| 0200 | 1 watt/S.F., type H, 19 FC, 4 fixtures/1000 S.F. | 1.90 | 1.90 | 3.80 |
| 0240 | Type J, 28 FC, 4 fixt./1000 S.F. | 2.12 | 1.92 | 4.04 |
| 0280 | Type K, 27 FC, 5 fixt./1000 S.F. | 2.48 | 2.14 | 4.62 |
| 0360 | 2 watts/S.F., type H, 30 FC, 7 fixt/1000 S.F. | 3.45 | 3.67 | 7.12 |
| 0400 | Type J, 48 FC, 7 fixt/1000 S.F. | 3.85 | 3.70 | 7.55 |
| 0440 | Type K, 58 FC, 11 fixt/1000 S.F. | 5.35 | 4.37 | 9.72 |
| 0520 | 3 watts/S.F., type H, 47 FC, 11 fixt/1000 S.F. | 5.35 | 5.55 | 10.90 |
| 0560 | Type J, 75 FC, 11 fixt/1000 S.F. | 5.95 | 5.60 | 11.55 |
| 0600 | Type K, 85 FC, 16 fixt/1000 S.F. | 7.80 | 6.50 | 14.30 |
| 0680 | 4 watts/S.F., type H, 60 FC, 14 fixt/1000 S.F. | 6.90 | 7.35 | 14.25 |
| 0720 | Type J, 95 FC, 14 fixt/1000 S.F. | 7.70 | 7.40 | 15.10 |
| 0760 | Type K, 117 FC, 22 fixt/1000 S.F. | 10.65 | 8.75 | 19.40 |
| 0840 | 5 watts/S.F., type H, 77 FC, 18 fixt/1000 S.F. | 8.90 | 9.50 | 18.40 |
| 0880 | Type J, 122 FC, 18 fixt/1000 S.F. | 9.80 | 9.30 | 19.10 |
| 0920 | Type K, 143 FC, 27 fixt/1000 S.F. | 13.15 | 10.90 | 24.05 |

Note: Row 0240 includes reference R166-105.

# LIGHTING & POWER  A9.2-252  Light Pole

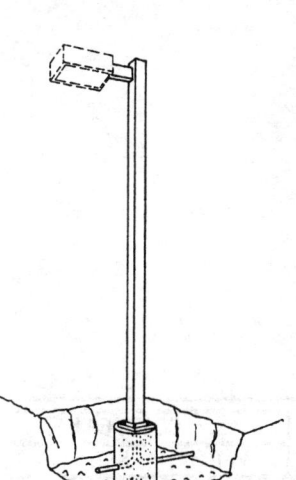

**Table 9.2-252 Procedure for Calculating Floodlights Required for Various Footcandles**
Poles should not be spaced more than 4 times the fixture mounting height for good light distribution. To maintain 1 footcandle over a large area use these watts per square foot:

| | |
|---|---|
| Incandescent | 0.15 |
| Metal Halide | 0.032 |
| Mercury Vapor | 0.05 |
| High Pressure Sodium | 0.024 |

**Estimating Chart**
Select Lamp type.

Determine total square feet.

Chart will show quantity of fixtures to provide 1 footcandle initial, at intersection of lines. Multiply fixture quantity by desired footcandle level.

Chart based on use of wide beam luminaires in an area whose dimensions are large compared to mounting height and is approximate only.

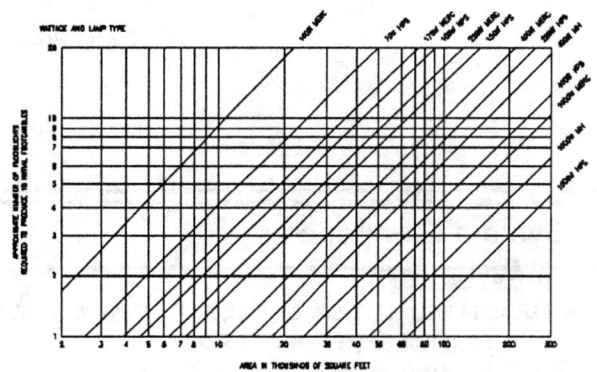

| System Components | QUANTITY | UNIT | COST EACH | | |
|---|---|---|---|---|---|
| | | | MAT. | INST. | TOTAL |
| SYSTEM 9.2-252-0200 | | | | | |
| LIGHT POLES, ALUMINUM, 20' HIGH, 1 ARM BRACKET | | | | | |
| Aluminum light pole, 20', no concrete base | 1.000 | Ea. | 600 | 323.50 | 923.50 |
| Bracket arm for Aluminum light pole | 1.000 | Ea. | 71.50 | 41.50 | 113 |
| Excavation by hand, pits to 6' deep, heavy soil or clay | 2.368 | C.Y. | | 142.08 | 142.08 |
| Footing, concrete incl forms, reinforcing, spread, under 1 C.Y. | .465 | C.Y. | 37.90 | 51.20 | 89.10 |
| Backfill by hand | 1.903 | C.Y. | | 41.87 | 41.87 |
| Compaction vibrating plate | 1.903 | C.Y. | | 6.45 | 6.45 |
| TOTAL | | | 709.40 | 606.60 | 1,316 |

| 9.2-252 | Light Pole (Installed) | COST EACH | | |
|---|---|---|---|---|
| | | MAT. | INST. | TOTAL |
| 0200 | Light pole, aluminum, 20' high, 1 arm bracket | 710 | 610 | 1,320 |
| 0240 | 2 arm brackets | 735 | 610 | 1,345 |
| 0280 | 3 arm brackets | 775 | 630 | 1,405 |
| 0320 | 4 arm brackets | 820 | 630 | 1,450 |
| 0360 | 30' high, 1 arm bracket | 1,325 | 770 | 2,095 |
| 0400 | 2 arm brackets | 1,350 | 770 | 2,120 |
| 0440 | 3 arm brackets | 1,375 | 790 | 2,165 |
| 0480 | 4 arm brackets | 1,425 | 790 | 2,215 |
| 0680 | 40' high, 1 arm bracket | 1,950 | 1,025 | 2,975 |
| 0720 | 2 arm brackets | 1,975 | 1,025 | 3,000 |
| 0760 | 3 arm brackets | 2,025 | 1,050 | 3,075 |
| 0800 | 4 arm brackets | 2,075 | 1,050 | 3,125 |
| 0840 | Steel, 20' high, 1 arm bracket | 960 | 640 | 1,600 |
| 0880 | 2 arm brackets | 1,025 | 640 | 1,665 |
| 0920 | 3 arm brackets | 1,050 | 660 | 1,710 |
| 0960 | 4 arm brackets | 1,100 | 660 | 1,760 |
| 1000 | 30' high, 1 arm bracket | 1,300 | 820 | 2,120 |
| 1040 | 2 arm brackets | 1,350 | 820 | 2,170 |
| 1080 | 3 arm brackets | 1,375 | 840 | 2,215 |
| 1120 | 4 arm brackets | 1,425 | 840 | 2,265 |
| 1320 | 40' high, 1 arm bracket | 1,575 | 1,100 | 2,675 |
| 1360 | 2 arm brackets | 1,650 | 1,100 | 2,750 |
| 1400 | 3 arm brackets | 1,675 | 1,125 | 2,800 |
| 1440 | 4 arm brackets | 1,725 | 1,125 | 2,850 |

# LIGHTING & POWER — A9.2-522 Receptacle (by Wattage)

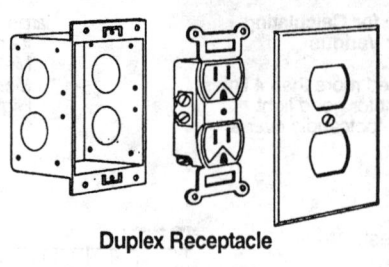

Duplex Receptacle

| System Components | QUANTITY | UNIT | COST PER S.F. MAT. | COST PER S.F. INST. | COST PER S.F. TOTAL |
|---|---|---|---|---|---|
| SYSTEM 9.2-522-0200 | | | | | |
| RECEPTACLES INCL. PLATE, BOX, CONDUIT, WIRE & TRANS. WHEN REQUIRED | | | | | |
| 2.5 PER 1000 S.F., .3 WATTS PER S.F. | | | | | |
| Steel intermediate conduit, (IMC) 1/2" diam | 167.000 | L.F. | .19 | .55 | .74 |
| Wire 600V type THWN-THHN, copper solid #12 | 3.382 | C.L.F. | .02 | .10 | .12 |
| Wiring device, receptacle, duplex, 120V grounded, 15 amp | 2.500 | Ea. | .01 | .02 | .03 |
| Wall plate, 1 gang, brown plastic | 2.500 | Ea. | | .01 | .01 |
| Steel outlet box 4" square | 2.500 | Ea. | | .04 | .04 |
| Steel outlet box 4" plaster rings | 2.500 | Ea. | | .01 | .01 |
| TOTAL | | | .22 | .73 | .95 |

| 9.2-522 | Receptacle (by Wattage) | COST PER S.F. MAT. | COST PER S.F. INST. | COST PER S.F. TOTAL |
|---|---|---|---|---|
| 0190 | Receptacles include plate, box, conduit, wire & transformer when required | | | |
| 0200 | 2.5 per 1000 S.F., .3 watts per S.F. | .22 | .73 | .95 |
| 0240 | With transformer | .25 | .77 | 1.02 |
| 0280 | 4 per 1000 S.F., .5 watts per S.F. | .25 | .86 | 1.11 |
| 0320 | With transformer | .29 | .91 | 1.20 |
| 0360 | 5 per 1000 S.F., .6 watts per S.F. | .29 | 1.01 | 1.30 |
| 0400 | With transformer | .35 | 1.08 | 1.43 |
| 0440 | 8 per 1000 S.F., .9 watts per S.F. | .32 | 1.12 | 1.44 |
| 0480 | With transformer | .40 | 1.22 | 1.62 |
| 0520 | 10 per 1000 S.F., 1.2 watts per S.F. | .34 | 1.22 | 1.56 |
| 0560 | With transformer | .47 | 1.39 | 1.86 |
| 0600 | 16.5 per 1000 S.F., 2.0 watts per S.F. | .40 | 1.52 | 1.92 |
| 0640 | With transformer | .62 | 1.80 | 2.42 |
| 0680 | 20 per 1000 S.F., 2.4 watts per S.F. | .41 | 1.66 | 2.07 |
| 0720 | With transformer | .66 | 1.99 | 2.65 |

# LIGHTING & POWER — A9.2-524 — Receptacles

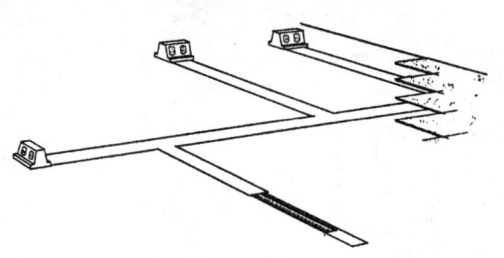

**Underfloor Receptacle System**

**Description:** Table 9.2-524 includes installed costs of raceways and copper wire from panel to and including receptacle.

National Electrical Code prohibits use of undercarpet system in residential, school or hospital buildings. Can only be used with carpet squares.

Low density = (1) Outlet per 259 S.F. of floor area.

High density = (1) Outlet per 127 S.F. of floor area.

| System Components | QUANTITY | UNIT | COST PER S.F. MAT. | COST PER S.F. INST. | COST PER S.F. TOTAL |
|---|---|---|---|---|---|
| **SYSTEM 9.2-524-0200** | | | | | |
| **RECEPTACLE SYSTEMS, UNDERFLOOR DUCT, 5' ON CENTER, LOW DENSITY** | | | | | |
| Underfloor duct 3-1/8" x 7/8" w/insert 24" on center | .190 | L.F. | 1.03 | .90 | 1.93 |
| Vertical elbow for underfloor duct, 3-1/8", included | | | | | |
| Underfloor duct conduit adapter, 2" x 1-1/4", included | | | | | |
| Underfloor duct junction box, single duct, 3-1/8" | .003 | Ea. | .37 | .25 | .62 |
| Underfloor junction box carpet pan | .003 | Ea. | .14 | .01 | .15 |
| Underfloor duct outlet, high tension receptacle | .004 | Ea. | .15 | .17 | .32 |
| Wire 600V TW copper solid #12 | .010 | C.L.F. | .07 | .30 | .37 |
| **TOTAL** | | | 1.76 | 1.63 | 3.39 |

| 9.2-524 | Receptacles | COST PER S.F. MAT. | COST PER S.F. INST. | COST PER S.F. TOTAL |
|---|---|---|---|---|
| 0200 | Receptacle systems, underfloor duct, 5' on center, low density | 1.76 | 1.63 | 3.39 |
| 0240 | High density | 1.97 | 2.09 | 4.06 |
| 0280 | 7' on center, low density | 1.42 | 1.41 | 2.83 |
| 0320 | High density | 1.63 | 1.87 | 3.50 |
| 0400 | Poke thru fittings, low density | .70 | .70 | 1.40 |
| 0440 | High density | 1.43 | 1.38 | 2.81 |
| 0520 | Telepoles, using Romex, low density | .58 | .62 | 1.20 |
| 0560 | High density | 1.15 | 1.24 | 2.39 |
| 0600 | Using EMT, low density | .60 | .78 | 1.38 |
| 0640 | High density | 1.21 | 1.56 | 2.77 |
| 0720 | Conduit system with floor boxes, low density | .62 | .57 | 1.19 |
| 0760 | High density | 1.23 | 1.12 | 2.35 |
| 0840 | Undercarpet power system, 3 conductor with 5 conductor feeder, low density | .83 | .20 | 1.03 |
| 0880 | High density | 1.62 | .40 | 2.02 |

# LIGHTING & POWER  A9.2-525  Receptacles & Wall Switches

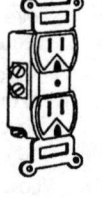
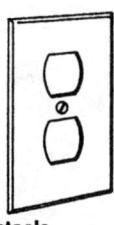
Duplex Receptacle

Wall Switch

| System Components | QUANTITY | UNIT | COST PER S.F. | | |
|---|---|---|---|---|---|
| | | | MAT. | INST. | TOTAL |
| **SYSTEM 9.2-525-0520** <br> **RECEPTACLES AND WALL SWITCHES** <br> **4 RECEPTACLES PER 400 S.F.** | | | | | |
| Steel intermediate conduit, (IMC), 1/2" diam | .220 | L.F. | .24 | .73 | .97 |
| Wire, 600 volt, type THWN-THHN, copper, solid #12 | .005 | C.L.F. | .03 | .15 | .18 |
| Steel outlet box 4" square | .010 | Ea. | .02 | .17 | .19 |
| Steel outlet box, 4" square, plaster rings | .010 | Ea. | .01 | .05 | .06 |
| Receptacle, duplex, 120 volt grounded, 15 amp | .010 | Ea. | .02 | .08 | .10 |
| Wall plate, 1 gang, brown plastic | .010 | Ea. | .01 | .04 | .05 |
| TOTAL | | | .33 | 1.22 | 1.55 |

| 9.2-525 | Receptacles and Wall Switches | COST PER S.F. | | |
|---|---|---|---|---|
| | | MAT. | INST. | TOTAL |
| 0520 | Receptacles and wall switches, 400 S.F., 4 receptacles | .33 | 1.22 | 1.55 |
| 0560 | 6 receptacles | .37 | 1.42 | 1.79 |
| 0600 | 8 receptacles | .41 | 1.65 | 2.06 |
| 0640 | 1 switch | .08 | .27 | .35 |
| 0680 | 600 S.F., 6 receptacles | .33 | 1.22 | 1.55 |
| 0720 | 8 receptacles | .36 | 1.39 | 1.75 |
| 0760 | 10 receptacles | .41 | 1.55 | 1.96 |
| 0800 | 2 switches | .10 | .36 | .46 |
| 0840 | 1000 S.F., 10 receptacles | .33 | 1.22 | 1.55 |
| 0880 | 12 receptacles | .34 | 1.28 | 1.62 |
| 0920 | 14 receptacles | .35 | 1.39 | 1.74 |
| 0960 | 2 switches | .05 | .20 | .25 |
| 1000 | 1600 S.F., 12 receptacles | .30 | 1.08 | 1.38 |
| 1040 | 14 receptacles | .33 | 1.18 | 1.51 |
| 1080 | 16 receptacles | .33 | 1.22 | 1.55 |
| 1120 | 4 switches | .06 | .23 | .29 |
| 1160 | 2000 S.F., 14 receptacles | .31 | 1.12 | 1.43 |
| 1200 | 16 receptacles | .31 | 1.11 | 1.42 |
| 1240 | 18 receptacles | .33 | 1.18 | 1.51 |
| 1280 | 4 switches | .05 | .20 | .25 |
| 1320 | 3000 S.F., 12 receptacles | .24 | .85 | 1.09 |
| 1360 | 18 receptacles | .29 | 1.04 | 1.33 |
| 1400 | 24 receptacles | .31 | 1.11 | 1.42 |
| 1440 | 6 switches | .05 | .20 | .25 |
| 1480 | 3600 S.F., 20 receptacles | .28 | 1.01 | 1.29 |
| 1520 | 24 receptacles | .29 | 1.06 | 1.35 |
| 1560 | 28 receptacles | .30 | 1.09 | 1.39 |
| 1600 | 8 switches | .05 | .23 | .28 |
| 1640 | 4000 S.F., 16 receptacles | .24 | .85 | 1.09 |
| 1680 | 24 receptacles | .29 | 1.04 | 1.33 |

| LIGHTING & POWER | A9.2-525 | Receptacles & Wall Switches | | | |
|---|---|---|---|---|---|
| 9.2-525 | | Receptacles and Wall Switches | COST PER S.F. | | |
| | | | MAT. | INST. | TOTAL |
| 1720 | | 30 receptacles | .30 | 1.08 | 1.38 |
| 1760 | | 8 switches | .05 | .20 | .25 |
| 1800 | | 5000 S.F., 20 receptacles | .24 | .85 | 1.09 |
| 1840 | | 26 receptacles | .28 | 1.01 | 1.29 |
| 1880 | | 30 receptacles | .29 | 1.04 | 1.33 |
| 1920 | | 10 switches | .05 | .20 | .25 |

# LIGHTING & POWER  A9.2-542  Wall Switch by Square Foot

**Description:** Table 9.2-542 includes the cost for switch, plate, box, conduit in slab or EMT exposed and copper wire. Add 20% for exposed conduit.

No power required for switches.

Federal energy guidelines recommend the maximum lighting area controlled per switch shall not exceed 1000 S.F. and that areas over 500 S.F. shall be so controlled that total illumination can be reduced by at least 50%.

| System Components | QUANTITY | UNIT | COST PER S.F. | | |
|---|---|---|---|---|---|
| | | | MAT. | INST. | TOTAL |
| SYSTEM 9.2-542-0200 | | | | | |
| WALL SWITCHES, 1.0 PER 1000 S.F. | | | | | |
| Steel intermediate conduit, (IMC) 1/2" diam | 22.000 | L.F. | 24.42 | 72.82 | 97.24 |
| Wire 600V type THWN-THHN, copper solid #12 | .420 | C.L.F. | 2.81 | 12.60 | 15.41 |
| Toggle switch, single pole, 15 amp | 1.000 | Ea. | 4.02 | 8.25 | 12.27 |
| Wall plate, 1 gang, brown plastic | 1.000 | Ea. | .63 | 4.13 | 4.76 |
| Steel outlet box 4" square | 1.000 | Ea. | 1.69 | 16.55 | 18.24 |
| Steel outlet box 4" plaster rings | 1.000 | Ea. | .99 | 5.15 | 6.14 |
| TOTAL | | | 34.56 | 119.50 | 154.06 |
| COST PER S.F. | | | .03 | .12 | .15 |

| 9.2-542 | Wall Switch by Sq. Ft. | COST PER S.F. | | |
|---|---|---|---|---|
| | | MAT. | INST. | TOTAL |
| 0200 | Wall switches, 1.0 per 1000 S.F. | .03 | .12 | .15 |
| 0240 | 1.2 per 1000 S.F. | .04 | .13 | .17 |
| 0280 | 2.0 per 1000 S.F. | .04 | .19 | .23 |
| 0320 | 2.5 per 1000 S.F. | .06 | .23 | .29 |
| 0360 | 5.0 per 1000 S.F. | .14 | .51 | .65 |
| 0400 | 10.0 per 1000 S.F. | .30 | 1.04 | 1.34 |

# LIGHTING & POWER  A9.2-582  Miscellaneous Power

System 9.2-582 includes all wiring and connections.

| System Components | QUANTITY | UNIT | COST PER S.F. | | |
|---|---|---|---|---|---|
| | | | MAT. | INST. | TOTAL |
| SYSTEM 9.2-582-0200 | | | | | |
| MISCELLANEOUS POWER, TO .5 WATTS | | | | | |
| Steel intermediate conduit, (IMC) 1/2" diam | 15.000 | L.F. | .02 | .05 | .07 |
| Wire 600V type THWN-THHN, copper solid #12 | .325 | C.L.F. | | .01 | .01 |
| TOTAL | | | .02 | .06 | .08 |

| 9.2-582 | Miscellaneous Power | COST PER S.F. | | |
|---|---|---|---|---|
| | | MAT. | INST. | TOTAL |
| 0200 | Miscellaneous power, to .5 watts | .02 | .06 | .08 |
| 0240 | .8 watts | .02 | .08 | .10 |
| 0280 | 1 watt | .03 | .11 | .14 |
| 0320 | 1.2 watts | .04 | .13 | .17 |
| 0360 | 1.5 watts | .04 | .15 | .19 |
| 0400 | 1.8 watts | .06 | .18 | .24 |
| 0440 | 2 watts | .07 | .21 | .28 |
| 0480 | 2.5 watts | .08 | .26 | .34 |
| 0520 | 3 watts | .10 | .31 | .41 |

9 ELECTRICAL

# LIGHTING & POWER  A9.2-610  Central A.C. Power

System 9.2-610 includes all wiring and connections for central air conditioning units.

| System Components | QUANTITY | UNIT | COST PER S.F. MAT. | COST PER S.F. INST. | COST PER S.F. TOTAL |
|---|---|---|---|---|---|
| SYSTEM 9.2-610-0200 | | | | | |
| CENTRAL AIR CONDITIONING POWER, 1 WATT | | | | | |
| Steel intermediate conduit, 1/2" diam. | .030 | L.F. | .03 | .10 | .13 |
| Wire 600V type THWN-THHN, copper solid #12 | .001 | C.L.F. | .01 | .03 | .04 |
| TOTAL | | | .04 | .13 | .17 |

| 9.2-610 | Central A. C. Power (by Wattage) | MAT. | INST. | TOTAL |
|---|---|---|---|---|
| 0200 | Central air conditioning power, 1 watt | .04 | .13 | .17 |
| 0220 | 2 watts | .05 | .15 | .20 |
| 0240 | 3 watts | .06 | .17 | .23 |
| 0280 | 4 watts | .09 | .22 | .31 |
| 0320 | 6 watts | .16 | .31 | .47 |
| 0360 | 8 watts | .20 | .32 | .52 |
| 0400 | 10 watts | .27 | .37 | .64 |

# LIGHTING & POWER — A9.2-710 — Motor Installation

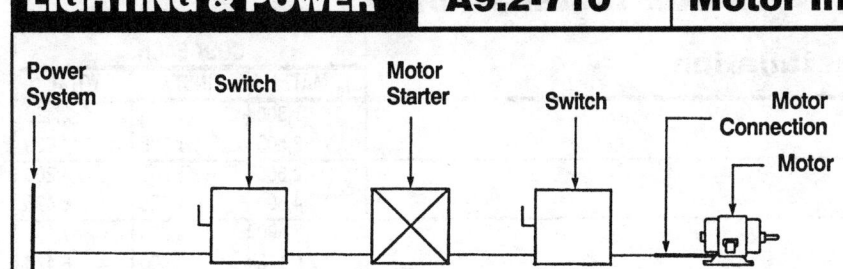

System 9.2-710 installed cost of motor wiring as per Table R160-030 using 50' of rigid conduit and copper wire. **Cost and setting of motor not included.**

| System Components | QUANTITY | UNIT | MAT. | INST. | TOTAL |
|---|---|---|---|---|---|
| **SYSTEM 9.2-710-0200** | | | | | |
| **MOTOR INSTALLATION, SINGLE PHASE, 115V, TO AND INCLUDING 1/3 HP MOTOR SIZE** | | | | | |
| Wire 600V type THWN-THHN, copper solid #12 | 1.250 | C.L.F. | 8.38 | 37.50 | 45.88 |
| Steel intermediate conduit, (IMC) 1/2" diam | 50.000 | L.F. | 55.50 | 165.50 | 221 |
| Magnetic FVNR, 115V, 1/3 HP, size 00 starter | 1.000 | Ea. | 130 | 82.50 | 212.50 |
| Safety switch, fused, heavy duty, 240V 2P 30 amp | 1.000 | Ea. | 66 | 94.50 | 160.50 |
| Safety switch, non fused, heavy duty, 600V, 3 phase, 30 A | 1.000 | Ea. | 71.50 | 103 | 174.50 |
| Flexible metallic conduit, Greenfield 1/2" diam | 1.500 | L.F. | .50 | 2.48 | 2.98 |
| Connectors for flexible metallic conduit Greenfield 1/2" diam | 1.000 | Ea. | 1.05 | 4.13 | 5.18 |
| Coupling for Greenfield to conduit 1/2" diam flexible metalic conduit | 1.000 | Ea. | .76 | 6.60 | 7.36 |
| Fuse cartridge nonrenewable, 250V 30 amp | 1.000 | Ea. | .84 | 6.60 | 7.44 |
| TOTAL | | | 334.53 | 502.81 | 837.34 |

| 9.2-710 | Motor Installation | MAT. | INST. | TOTAL |
|---|---|---|---|---|
| 0200 | Motor installation, single phase, 115V, to and including 1/3 HP motor size | 335 | 505 | 840 |
| 0240 | To and incl. 1 HP motor size | 350 | 505 | 855 |
| 0280 | To and incl. 2 HP motor size | 380 | 535 | 915 |
| 0320 | To and incl. 3 HP motor size | 445 | 545 | 990 |
| 0360 | 230V, to and including 1 HP motor size | 345 | 510 | 855 |
| 0400 | To and incl. 2 HP motor size | 360 | 510 | 870 |
| 0440 | To and incl. 3 HP motor size | 405 | 550 | 955 |
| 0520 | Three phase, 200V, to and including 1-1/2 HP motor size | 380 | 560 | 940 |
| 0560 | To and incl. 3 HP motor size | 410 | 610 | 1,020 |
| 0600 | To and incl. 5 HP motor size | 450 | 680 | 1,130 |
| 0640 | To and incl. 7-1/2 HP motor size | 465 | 695 | 1,160 |
| 0680 | To and incl. 10 HP motor size | 765 | 870 | 1,635 |
| 0720 | To and incl. 15 HP motor size | 1,050 | 970 | 2,020 |
| 0760 | To and incl. 20 HP motor size | 1,275 | 1,125 | 2,400 |
| 0800 | To and incl. 25 HP motor size | 1,300 | 1,125 | 2,425 |
| 0840 | To and incl. 30 HP motor size | 2,125 | 1,325 | 3,450 |
| 0880 | To and incl. 40 HP motor size | 2,550 | 1,550 | 4,100 |
| 0920 | To and incl. 50 HP motor size | 4,600 | 1,800 | 6,400 |
| 0960 | To and incl. 60 HP motor size | 4,700 | 1,925 | 6,625 |
| 1000 | To and incl. 75 HP motor size | 5,950 | 2,200 | 8,150 |
| 1040 | To and incl. 100 HP motor size | 12,600 | 2,575 | 15,175 |
| 1080 | To and incl. 125 HP motor size | 12,900 | 2,850 | 15,750 |
| 1120 | To and incl. 150 HP motor size | 15,200 | 3,325 | 18,525 |
| 1160 | To and incl. 200 HP motor size | 17,100 | 4,050 | 21,150 |
| 1240 | 230V, to and including 1-1/2 HP motor size | 365 | 555 | 920 |
| 1280 | To and incl. 3 HP motor size | 395 | 605 | 1,000 |
| 1320 | To and incl. 5 HP motor size | 435 | 670 | 1,105 |
| 1360 | To and incl. 7-1/2 HP motor size | 435 | 670 | 1,105 |
| 1400 | To and incl. 10 HP motor size | 705 | 820 | 1,525 |
| 1440 | To and incl. 15 HP motor size | 785 | 900 | 1,685 |
| 1480 | To and incl. 20 HP motor size | 1,200 | 1,075 | 2,275 |
| 1520 | To and incl. 25 HP motor size | 1,275 | 1,125 | 2,400 |

# LIGHTING & POWER — A9.2-710 — Motor Installation

## 9.2-710 Motor Installation

| | | COST EACH | | |
|---|---|---|---|---|
| | | MAT. | INST. | TOTAL |
| 1560 | To and incl. 30 HP motor size | 1,300 | 1,125 | 2,425 |
| 1600 | To and incl. 40 HP motor size | 2,500 | 1,525 | 4,025 |
| 1640 | To and incl. 50 HP motor size | 2,600 | 1,600 | 4,200 |
| 1680 | To and incl. 60 HP motor size | 4,600 | 1,825 | 6,425 |
| 1720 | To and incl. 75 HP motor size | 5,400 | 2,050 | 7,450 |
| 1760 | To and incl. 100 HP motor size | 6,125 | 2,300 | 8,425 |
| 1800 | To and incl. 125 HP motor size | 12,900 | 2,675 | 15,575 |
| 1840 | To and incl. 150 HP motor size | 13,700 | 3,025 | 16,725 |
| 1880 | To and incl. 200 HP motor size | 14,700 | 3,350 | 18,050 |
| 1960 | 460V, to and including 2 HP motor size | 445 | 560 | 1,005 |
| 2000 | To and incl. 5 HP motor size | 475 | 605 | 1,080 |
| 2040 | To and incl. 10 HP motor size | 500 | 670 | 1,170 |
| 2080 | To and incl. 15 HP motor size | 695 | 770 | 1,465 |
| 2120 | To and incl. 20 HP motor size | 720 | 825 | 1,545 |
| 2160 | To and incl. 25 HP motor size | 775 | 865 | 1,640 |
| 2200 | To and incl. 30 HP motor size | 1,025 | 935 | 1,960 |
| 2240 | To and incl. 40 HP motor size | 1,275 | 1,000 | 2,275 |
| 2280 | To and incl. 50 HP motor size | 1,400 | 1,125 | 2,525 |
| 2320 | To and incl. 60 HP motor size | 2,200 | 1,300 | 3,500 |
| 2360 | To and incl. 75 HP motor size | 2,500 | 1,450 | 3,950 |
| 2400 | To and incl. 100 HP motor size | 2,700 | 1,600 | 4,300 |
| 2440 | To and incl. 125 HP motor size | 4,725 | 1,825 | 6,550 |
| 2480 | To and incl. 150 HP motor size | 5,675 | 2,050 | 7,725 |
| 2520 | To and incl. 200 HP motor size | 6,500 | 2,300 | 8,800 |
| 2600 | 575V, to and including 2 HP motor size | 445 | 560 | 1,005 |
| 2640 | To and incl. 5 HP motor size | 475 | 605 | 1,080 |
| 2680 | To and incl. 10 HP motor size | 500 | 670 | 1,170 |
| 2720 | To and incl. 20 HP motor size | 695 | 770 | 1,465 |
| 2760 | To and incl. 25 HP motor size | 720 | 825 | 1,545 |
| 2800 | To and incl. 30 HP motor size | 1,025 | 935 | 1,960 |
| 2840 | To and incl. 50 HP motor size | 1,100 | 975 | 2,075 |
| 2880 | To and incl. 60 HP motor size | 2,175 | 1,300 | 3,475 |
| 2920 | To and incl. 75 HP motor size | 2,200 | 1,300 | 3,500 |
| 2960 | To and incl. 100 HP motor size | 2,500 | 1,450 | 3,950 |
| 3000 | To and incl. 125 HP motor size | 4,625 | 1,800 | 6,425 |
| 3040 | To and incl. 150 HP motor size | 4,725 | 1,825 | 6,550 |
| 3080 | To and incl. 200 HP motor size | 5,775 | 2,075 | 7,850 |

# LIGHTING & POWER — A9.2-720 — Motor Feeder

| System Components | QUANTITY | UNIT | COST PER L.F. MAT. | COST PER L.F. INST. | COST PER L.F. TOTAL |
|---|---|---|---|---|---|
| **SYSTEM 9.2-720-0200** | | | | | |
| **MOTOR FEEDER SYSTEMS, SINGLE PHASE, UP TO 115V, 1HP OR 230V, 2HP** | | | | | |
| Steel intermediate conduit, (IMC) 1/2" diam | 1.000 | L.F. | 1.11 | 3.31 | 4.42 |
| Wire 600V type THWN-THHN, copper solid #12 | .020 | C.L.F. | .13 | .60 | .73 |
| TOTAL | | | 1.24 | 3.91 | 5.15 |

| 9.2-720 | Motor Feeder | MAT. | INST. | TOTAL |
|---|---|---|---|---|
| 0200 | Motor feeder systems, single phase, feed up to 115V 1HP or 230V 2 HP | 1.24 | 3.91 | 5.15 |
| 0240 | 115V 2HP, 230V 3HP | 1.33 | 3.97 | 5.30 |
| 0280 | 115V 3HP | 1.53 | 4.14 | 5.67 |
| 0360 | Three phase, feed to 200V 3HP, 230V 5HP, 460V 10HP, 575V 10HP | 1.31 | 4.21 | 5.52 |
| 0440 | 200V 5HP, 230V 7.5HP, 460V 15HP, 575V 20HP | 1.43 | 4.30 | 5.73 |
| 0520 | 200V 10HP, 230V 10HP, 460V 30HP, 575V 30HP | 1.74 | 4.56 | 6.30 |
| 0600 | 200V 15HP, 230V 15HP, 460V 40HP, 575V 50HP | 2.18 | 5.20 | 7.38 |
| 0680 | 200V 20HP, 230V 25HP, 460V 50HP, 575V 60HP | 3.13 | 6.60 | 9.73 |
| 0760 | 200V 25HP, 230V 30HP, 460V 60HP, 575V 75HP | 3.53 | 6.70 | 10.23 |
| 0840 | 200V 30HP | 3.94 | 6.95 | 10.89 |
| 0920 | 230V 40HP, 460V 75HP, 575V 100HP | 5.05 | 7.60 | 12.65 |
| 1000 | 200V 40HP | 5.70 | 8.10 | 13.80 |
| 1080 | 230V 50HP, 460V 100HP, 575V 125HP | 6.75 | 8.90 | 15.65 |
| 1160 | 200V 50HP, 230V 60HP, 460V 125HP, 575V 150HP | 8.10 | 9.45 | 17.55 |
| 1240 | 200V 60HP, 460V 150HP | 9.70 | 11.10 | 20.80 |
| 1320 | 230V 75HP, 575V 200HP | 11.35 | 11.55 | 22.90 |
| 1400 | 200V 75HP | 12.90 | 11.80 | 24.70 |
| 1480 | 230V 100HP, 460V 200HP | 16.05 | 13.75 | 29.80 |
| 1560 | 200V 100HP | 22 | 17.25 | 39.25 |
| 1640 | 230V 125HP | 27.50 | 18.65 | 46.15 |
| 1720 | 200V 125HP, 230V 150HP | 27 | 21.50 | 48.50 |
| 1800 | 200V 150HP | 31 | 23.50 | 54.50 |
| 1880 | 200V 200HP | 44 | 34.50 | 78.50 |
| 1960 | 230V 200HP | 41 | 25.50 | 66.50 |

**9 ELECTRICAL**

# LIGHTING & POWER — A9.2-730 — Magnetic Starter

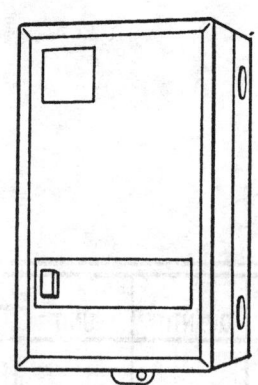

Starters are full voltage, type NEMA 1 for general purpose indoor application with motor overload protection and include mounting and wire connections.

| System Components | QUANTITY | UNIT | MAT. | INST. | TOTAL |
|---|---|---|---|---|---|
| SYSTEM 9.2-730-0200 MAGNETIC STARTER, SIZE 00 TO 1/3 HP, 1 PHASE 115V OR 1 HP 230V | 1.000 | Ea. | 138 | 82.50 | 220.50 |
| TOTAL | | | 138 | 82.50 | 220.50 |

| 9.2-730 | Magnetic Starter | MAT. | INST. | TOTAL |
|---|---|---|---|---|
| 0200 | Magnetic starter, size 00, to 1/3 HP, 1 phase, 115V or 1 HP 230V | 138 | 82.50 | 220.50 |
| 0280 | Size 00, to 1-1/2 HP, 3 phase, 200-230V or 2 HP 460-575V | 136 | 94.50 | 230.50 |
| 0360 | Size 0, to 1 HP, 1 phase, 115V or 2 HP 230V | 153 | 82.50 | 235.50 |
| 0440 | Size 0, to 3 HP, 3 phase, 200-230V or 5 HP 460-575V | 169 | 144 | 313 |
| 0520 | Size 1, to 2 HP, 1 phase, 115V or 3 HP 230V | 176 | 110 | 286 |
| 0600 | Size 1, to 7-1/2 HP, 3 phase, 200-230V or 10 HP 460-575V | 193 | 207 | 400 |
| 0680 | Size 2, to 10 HP, 3 phase, 200V, 15 HP-230V or 25 HP 460-575V | 380 | 300 | 680 |
| 0760 | Size 3, to 25 HP, 3 phase, 200V, 30 HP-230V or 50 HP 460-575V | 635 | 370 | 1,005 |
| 0840 | Size 4, to 40 HP, 3 phase, 200V, 50 HP-230V or 100 HP 460-575V | 1,425 | 550 | 1,975 |
| 0920 | Size 5, to 75 HP, 3 phase, 200V, 100 HP-230V or 200 HP 460-575V | 3,350 | 735 | 4,085 |
| 1000 | Size 6, to 150 HP, 3 phase, 200V, 200 HP-230V or 400 HP 460-575V | 9,450 | 825 | 10,275 |

# LIGHTING & POWER — A9.2-740 — Safety Switches

Safety switches are type NEMA 1 for general purpose indoor application, and include time delay fuses, insulation and wire terminations.

| System Components | QUANTITY | UNIT | MAT. | INST. | TOTAL |
|---|---|---|---|---|---|
| **SYSTEM 9.2-740-0200** | | | | | |
| **SAFETY SWITCH, 30A FUSED, 1 PHASE, 115V OR 230V.** | | | | | |
| Safety switch fused, hvy duty, 240V 2p 30 amp | 1.000 | Ea. | 66 | 94.50 | 160.50 |
| Fuse, dual element time delay 250V, 30 amp | 2.000 | Ea. | 5.14 | 13.20 | 18.34 |
| TOTAL | | | 71.14 | 107.70 | 178.84 |

| 9.2-740 | Safety Switches | MAT. | INST. | TOTAL |
|---|---|---|---|---|
| 0200 | Safety switch, 30A fused, 1 phase, 2HP 115V or 3HP, 230V. | 71 | 108 | 179 |
| 0280 | 3 phase, 5HP, 200V or 7 1/2HP, 230V | 92 | 123 | 215 |
| 0360 | 15HP, 460V or 20HP, 575V | 166 | 128 | 294 |
| 0440 | 60A fused, 3 phase, 15HP 200V or 15HP 230V | 157 | 164 | 321 |
| 0520 | 30HP 460V or 40HP 575V | 206 | 169 | 375 |
| 0600 | 100A fused, 3 phase, 20HP 200V or 25HP 230V | 263 | 199 | 462 |
| 0680 | 50HP 460V or 60HP 575V | 380 | 202 | 582 |
| 0760 | 200A fused, 3 phase, 50HP 200V or 60HP 230V | 465 | 282 | 747 |
| 0840 | 125HP 460V or 150HP 575V | 580 | 287 | 867 |
| 0920 | 400A fused, 3 phase, 100HP 200V or 125HP 230V | 1,075 | 405 | 1,480 |
| 1000 | 250HP 460V or 350HP 575V | 1,450 | 410 | 1,860 |

**9 ELECTRICAL**

# LIGHTING & POWER  A9.2-750  Motor Connections

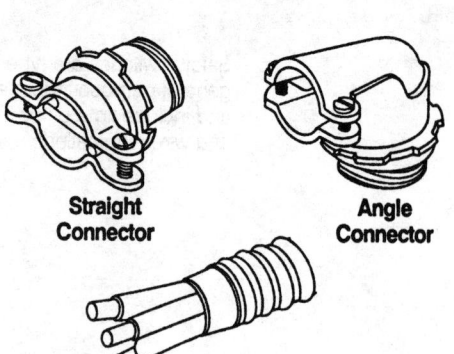

Straight Connector   Angle Connector

Flexible Conduit

Table below includes costs for the flexible conduit. Not included are wire terminations and testing motor for correct rotation.

| System Components | QUANTITY | UNIT | MAT. | INST. | TOTAL |
|---|---|---|---|---|---|
| SYSTEM 9.2-750-0200 | | | | | |
| MOTOR CONNECTIONS, SINGLE PHASE, 115V/230V UP TO 1 HP | | | | | |
| Motor connection, flexible conduit & fittings, 1 HP motor 115V | 1.000 | Ea. | 3.55 | 39.43 | 42.98 |
| TOTAL | | | 3.55 | 39.43 | 42.98 |

| 9.2-750 | Motor Connections | MAT. | INST. | TOTAL |
|---|---|---|---|---|
| 0200 | Motor connections, single phase, 115/230V, up to 1 HP | 3.55 | 39.50 | 43.05 |
| 0240 | Up to 3 HP | 3.37 | 46 | 49.37 |
| 0280 | Three phase, 200/230/460/575V, up to 3 HP | 3.74 | 51 | 54.74 |
| 0320 | Up to 5 HP | 3.74 | 51 | 54.74 |
| 0360 | Up to 7-1/2 HP | 6.05 | 60 | 66.05 |
| 0400 | Up to 10 HP | 7.15 | 79 | 86.15 |
| 0440 | Up to 15 HP | 12.30 | 100 | 112.30 |
| 0480 | Up to 25 HP | 13.30 | 123 | 136.30 |
| 0520 | Up to 50 HP | 37.50 | 150 | 187.50 |
| 0560 | Up to 100 HP | 92.50 | 221 | 313.50 |

# LIGHTING & POWER — A9.2-760 — Motor & Starter

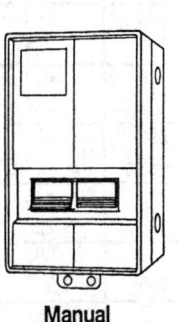
Manual Starter

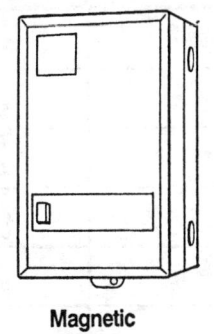
Magnetic Starter

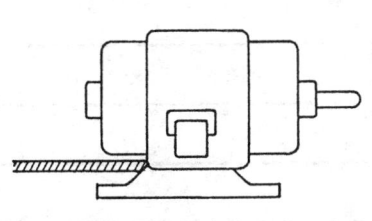
Induction Motor

For 230/460 Volt A.C., 3 phase, 60 cycle ball bearing squirrel cage induction motors, NEMA Class B standard line. Installation included.

No conduit, wire, or terminations included.

| System Components | QUANTITY | UNIT | MAT. | INST. | TOTAL |
|---|---|---|---|---|---|
| SYSTEM 9.2-760-0220 | | | | | |
| MOTOR, DRIPPROOF CLASS B INSULATION, 1.15 SERVICE FACTOR, WITH STARTER | | | | | |
| 1 H.P., 1200 RPM WITH MANUAL STARTER | | | | | |
| Motor, dripproof, class B insul, 1.15 serv fact, 1200 RPM, 1 HP | 1.000 | Ea. | 231 | 73.50 | 304.50 |
| Motor starter, manual, 3 phase, 1 HP motor | 1.000 | Ea. | 121 | 94.50 | 215.50 |
| TOTAL | | | 352 | 168 | 520 |

| 9.2-760 | | Motor & Starter | MAT. | INST. | TOTAL |
|---|---|---|---|---|---|
| 0190 | | Motor, dripproof, class B insulation, 1.15 service factor | | | |
| 0200 | | 1 HP, 1200 RPM, motor only | 231 | 73.50 | 304.50 |
| 0220 | | With manual starter | 350 | 168 | 518 |
| 0240 | | With magnetic starter | 365 | 168 | 533 |
| 0260 | | 1800 RPM, motor only | 171 | 73.50 | 244.50 |
| 0280 | | With manual starter | 292 | 168 | 460 |
| 0300 | | With magnetic starter | 305 | 168 | 473 |
| 0320 | | 2 HP, 1200 RPM, motor only | 270 | 73.50 | 343.50 |
| 0340 | | With manual starter | 390 | 168 | 558 |
| 0360 | | With magnetic starter | 440 | 218 | 658 |
| 0380 | | 1800 RPM, motor only | 220 | 73.50 | 293.50 |
| 0400 | | With manual starter | 340 | 168 | 508 |
| 0420 | | With magnetic starter | 390 | 218 | 608 |
| 0440 | | 3600 RPM, motor only | 226 | 73.50 | 299.50 |
| 0460 | | With manual starter | 345 | 168 | 513 |
| 0480 | | With magnetic starter | 395 | 218 | 613 |
| 0500 | | 3 HP, 1200 RPM, motor only | 335 | 73.50 | 408.50 |
| 0520 | | With manual starter | 455 | 168 | 623 |
| 0540 | | With magnetic starter | 505 | 218 | 723 |
| 0560 | | 1800 RPM, motor only | 231 | 73.50 | 304.50 |
| 0580 | | With manual starter | 350 | 168 | 518 |
| 0600 | | With magnetic starter | 400 | 218 | 618 |
| 0620 | | 3600 RPM, motor only | 253 | 73.50 | 326.50 |
| 0640 | | With manual starter | 375 | 168 | 543 |
| 0660 | | With magnetic starter | 420 | 218 | 638 |
| 0680 | | 5 HP, 1200 RPM, motor only | 445 | 73.50 | 518.50 |
| 0700 | | With manual starter | 585 | 239 | 824 |
| 0720 | | With magnetic starter | 640 | 281 | 921 |
| 0740 | | 1800 RPM, motor only | 264 | 73.50 | 337.50 |
| 0760 | | With manual starter | 400 | 239 | 639 |
| 0780 | | With magnetic starter | 455 | 281 | 736 |
| 0800 | | 3600 RPM, motor only | 286 | 73.50 | 359.50 |

9 ELECTRICAL

# LIGHTING & POWER — A9.2-760 Motor & Starter

## 9.2-760 Motor & Starter

| | | COST EACH | | |
|---|---|---|---|---|
| | | MAT. | INST. | TOTAL |
| 0820 | With manual starter | 425 | 239 | 664 |
| 0840 | With magnetic starter | 480 | 281 | 761 |
| 0860 | 7.5 HP, 1800 RPM, motor only | 375 | 79 | 454 |
| 0880 | With manual starter | 515 | 244 | 759 |
| 0900 | With magnetic starter | 755 | 380 | 1,135 |
| 0920 | 10 HP, 1800 RPM, motor only | 455 | 82.50 | 537.50 |
| 0940 | With manual starter | 595 | 248 | 843 |
| 0960 | With magnetic starter | 835 | 385 | 1,220 |
| 0980 | 15 HP, 1800 RPM, motor only | 590 | 103 | 693 |
| 1000 | With magnetic starter | 970 | 405 | 1,375 |
| 1040 | 20 HP, 1800 RPM, motor only | 730 | 127 | 857 |
| 1060 | With magnetic starter | 1,375 | 495 | 1,870 |
| 1100 | 25 HP, 1800 RPM, motor only | 900 | 132 | 1,032 |
| 1120 | With magnetic starter | 1,525 | 500 | 2,025 |
| 1160 | 30 HP, 1800 RPM, motor only | 1,100 | 138 | 1,238 |
| 1180 | With magnetic starter | 1,725 | 510 | 2,235 |
| 1220 | 40 HP, 1800 RPM, motor only | 1,400 | 165 | 1,565 |
| 1240 | With magnetic starter | 2,825 | 715 | 3,540 |
| 1280 | 50 HP, 1800 RPM, motor only | 1,650 | 207 | 1,857 |
| 1300 | With magnetic starter | 3,075 | 755 | 3,830 |
| 1340 | 60 HP, 1800 RPM, motor only | 2,075 | 236 | 2,311 |
| 1360 | With magnetic starter | 5,425 | 970 | 6,395 |
| 1400 | 75 HP, 1800 RPM, motor only | 2,525 | 276 | 2,801 |
| 1420 | With magnetic starter | 5,875 | 1,000 | 6,875 |
| 1460 | 100 HP, 1800 RPM, motor only | 3,325 | 370 | 3,695 |
| 1480 | With magnetic starter | 6,675 | 1,100 | 7,775 |
| 1520 | 125 HP, 1800 RPM, motor only | 4,025 | 475 | 4,500 |
| 1540 | With magnetic starter | 13,500 | 1,300 | 14,800 |
| 1580 | 150 HP, 1800 RPM, motor only | 6,375 | 550 | 6,925 |
| 1600 | With magnetic starter | 15,800 | 1,375 | 17,175 |
| 1640 | 200 HP, 1800 RPM, motor only | 8,225 | 660 | 8,885 |
| 1660 | With magnetic starter | 17,700 | 1,475 | 19,175 |
| 1680 | Totally encl, class B insul, 1.0 ser. fac., 1HP, 1200RPM, motor only | 248 | 73.50 | 321.50 |
| 1700 | With manual starter | 370 | 168 | 538 |
| 1720 | With magnetic starter | 385 | 168 | 553 |
| 1740 | 1800 RPM, motor only | 193 | 73.50 | 266.50 |
| 1760 | With manual starter | 315 | 168 | 483 |
| 1780 | With magnetic starter | 330 | 168 | 498 |
| 1800 | 2 HP, 1200 RPM, motor only | 320 | 73.50 | 393.50 |
| 1820 | With manual starter | 440 | 168 | 608 |
| 1840 | With magnetic starter | 490 | 218 | 708 |
| 1860 | 1800 RPM, motor only | 226 | 73.50 | 299.50 |
| 1880 | With manual starter | 345 | 168 | 513 |
| 1900 | With magnetic starter | 395 | 218 | 613 |
| 1920 | 3600 RPM, motor only | 242 | 73.50 | 315.50 |
| 1940 | With manual starter | 365 | 168 | 533 |
| 1960 | With magnetic starter | 410 | 218 | 628 |
| 1980 | 3 HP, 1200 RPM, motor only | 390 | 73.50 | 463.50 |
| 2000 | With manual starter | 510 | 168 | 678 |
| 2020 | With magnetic starter | 560 | 218 | 778 |
| 2040 | 1800 RPM, motor only | 264 | 73.50 | 337.50 |
| 2060 | With manual starter | 385 | 168 | 553 |
| 2080 | With magnetic starter | 435 | 218 | 653 |
| 2100 | 3600 RPM, motor only | 275 | 73.50 | 348.50 |
| 2120 | With manual starter | 395 | 168 | 563 |
| 2140 | With magnetic starter | 445 | 218 | 663 |
| 2160 | 5 HP, 1200 RPM, motor only | 565 | 73.50 | 638.50 |
| 2180 | With manual starter | 705 | 239 | 944 |

# LIGHTING & POWER — A9.2-760 Motor & Starter

## 9.2-760 Motor & Starter

| | | COST EACH | | |
|---|---|---|---|---|
| | | MAT. | INST. | TOTAL |
| 2200 | With magnetic starter | 760 | 281 | 1,041 |
| 2220 | 1800 RPM, motor only | 320 | 73.50 | 393.50 |
| 2240 | With manual starter | 460 | 239 | 699 |
| 2260 | With magnetic starter | 515 | 281 | 796 |
| 2280 | 3600 RPM, motor only | 340 | 73.50 | 413.50 |
| 2300 | With manual starter | 480 | 239 | 719 |
| 2320 | With magnetic starter | 535 | 281 | 816 |
| 2340 | 7.5 HP, 1800 RPM, motor only | 390 | 79 | 469 |
| 2360 | With manual starter | 530 | 244 | 774 |
| 2380 | With magnetic starter | 770 | 380 | 1,150 |
| 2400 | 10 HP, 1800 RPM, motor only | 485 | 82.50 | 567.50 |
| 2420 | With manual starter | 625 | 248 | 873 |
| 2440 | With magnetic starter | 865 | 385 | 1,250 |
| 2460 | 15 HP, 1800 RPM, motor only | 730 | 103 | 833 |
| 2480 | With magnetic starter | 1,100 | 405 | 1,505 |
| 2500 | 20 HP, 1800 RPM, motor only | 915 | 127 | 1,042 |
| 2520 | With magnetic starter | 1,550 | 495 | 2,045 |
| 2540 | 25 HP, 1800 RPM, motor only | 1,125 | 132 | 1,257 |
| 2560 | With magnetic starter | 1,750 | 500 | 2,250 |
| 2580 | 30 HP, 1800 RPM, motor only | 1,325 | 138 | 1,463 |
| 2600 | With magnetic starter | 1,950 | 510 | 2,460 |
| 2620 | 40 HP, 1800 RPM, motor only | 1,700 | 165 | 1,865 |
| 2640 | With magnetic starter | 3,125 | 715 | 3,840 |
| 2660 | 50 HP, 1800 RPM, motor only | 2,150 | 207 | 2,357 |
| 2680 | With magnetic starter | 3,575 | 755 | 4,330 |
| 2700 | 60 HP, 1800 RPM, motor only | 2,650 | 236 | 2,886 |
| 2720 | With magnetic starter | 6,000 | 970 | 6,970 |
| 2740 | 75 HP, 1800 RPM, motor only | 2,925 | 276 | 3,201 |
| 2760 | With magnetic starter | 6,275 | 1,000 | 7,275 |
| 2780 | 100 HP, 1800 RPM, motor only | 4,575 | 370 | 4,945 |
| 2800 | With magnetic starter | 7,925 | 1,100 | 9,025 |
| 2820 | 125 HP, 1800 RPM, motor only | 6,425 | 475 | 6,900 |
| 2840 | With magnetic starter | 15,900 | 1,300 | 17,200 |
| 2860 | 150 HP, 1800 RPM, motor only | 7,775 | 550 | 8,325 |
| 2880 | With magnetic starter | 17,200 | 1,375 | 18,575 |
| 2900 | 200 HP, 1800 RPM, motor only | 11,200 | 660 | 11,860 |
| 2920 | With magnetic starter | 20,700 | 1,475 | 22,175 |

9 ELECTRICAL

# SPECIAL | A9.4-100 | Communication & Alarm

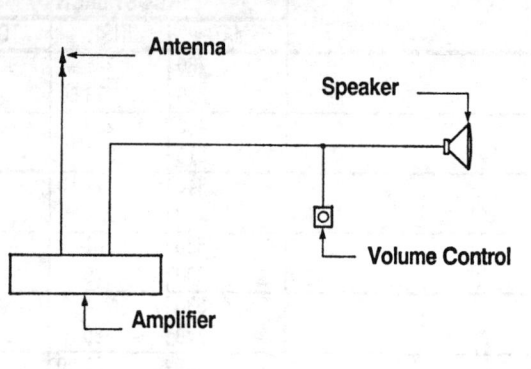

**Sound System** Includes AM–FM antenna, outlets, rigid conduit, and copper wire.
**Fire Detection System** Includes pull stations, signals, smoke and heat detectors, rigid conduit, and copper wire.
**Intercom System** Includes master and remote stations, rigid conduit, and copper wire.
**Master Clock System** Includes clocks, bells, rigid conduit, and copper wire.
**Master TV Antenna** Includes antenna, VHF–UHF reception and distribution, rigid conduit, and copper wire.

| System Components | QUANTITY | UNIT | COST EACH MAT. | COST EACH INST. | COST EACH TOTAL |
|---|---|---|---|---|---|
| SYSTEM 9.4-100-0220 | | | | | |
| SOUND SYSTEM, INCLUDES OUTLETS, BOXES, CONDUIT & WIRE | | | | | |
| Steel intermediate conduit, (IMC) 1/2" diam | 600.000 | L.F. | 666 | 1,986 | 2,652 |
| Wire sound shielded w/drain, #22-2 conductor | 15.500 | C.L.F. | 287.53 | 643.25 | 930.78 |
| Sound system speakers ceiling or wall | 12.000 | Ea. | 882 | 498 | 1,380 |
| Steel intermediate conduit, (IMC) 1/2" diam | 600.000 | L.F. | 666 | 1,986 | 2,652 |
| Sound system volume control | 12.000 | Ea. | 588 | 498 | 1,086 |
| Sound system amplifier, 250 Watts | 1.000 | Ea. | 995 | 330 | 1,325 |
| Sound system antenna, AM FM | 1.000 | Ea. | 135 | 82.50 | 217.50 |
| Sound system monitor panel | 1.000 | Ea. | 239 | 82.50 | 321.50 |
| Sound system cabinet | 1.000 | Ea. | 525 | 330 | 855 |
| Steel outlet box 4" square | 12.000 | Ea. | 20.28 | 198.60 | 218.88 |
| Steel outlet box 4" plaster rings | 12.000 | Ea. | 11.88 | 61.80 | 73.68 |
| TOTAL | | | 5,015.69 | 6,696.65 | 11,712.34 |

| 9.4-100 | Communication & Alarm Systems | MAT. | INST. | TOTAL |
|---|---|---|---|---|
| 0200 | Communication & alarm systems, includes outlets, boxes, conduit & wire | | | |
| 0210 | Sound system, 6 outlets | 3,650 | 4,175 | 7,825 |
| 0220 | 12 outlets | 5,025 | 6,700 | 11,725 |
| 0240 | 30 outlets | 8,675 | 12,700 | 21,375 |
| 0280 | 100 outlets | 26,100 | 42,400 | 68,500 |
| 0320 | Fire detection systems, 12 detectors | 1,875 | 3,475 | 5,350 |
| 0360 | 25 detectors | 3,225 | 5,875 | 9,100 |
| 0400 | 50 detectors | 6,125 | 11,500 | 17,625 |
| 0440 | 100 detectors | 11,000 | 20,800 | 31,800 |
| 0480 | Intercom systems, 6 stations | 2,100 | 2,850 | 4,950 |
| 0520 | 12 stations | 4,225 | 5,700 | 9,925 |
| 0560 | 25 stations | 7,150 | 11,000 | 18,150 |
| 0600 | 50 stations | 13,900 | 20,600 | 34,500 |
| 0640 | 100 stations | 27,300 | 40,300 | 67,600 |
| 0680 | Master clock systems, 6 rooms | 3,350 | 4,675 | 8,025 |
| 0720 | 12 rooms | 4,925 | 7,950 | 12,875 |
| 0760 | 20 rooms | 6,600 | 11,300 | 17,900 |
| 0800 | 30 rooms | 10,500 | 20,800 | 31,300 |
| 0840 | 50 rooms | 16,700 | 35,000 | 51,700 |
| 0880 | 100 rooms | 31,800 | 69,500 | 101,300 |
| 0920 | Master TV antenna systems, 6 outlets | 1,875 | 2,950 | 4,825 |
| 0960 | 12 outlets | 3,525 | 5,500 | 9,025 |
| 1000 | 30 outlets | 6,950 | 12,700 | 19,650 |
| 1040 | 100 outlets | 23,100 | 41,600 | 64,700 |

# SPECIAL  A9.4-150 | Telephone

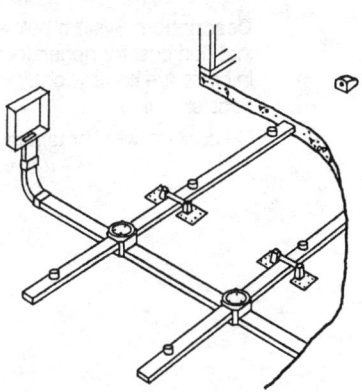

**Description:** System below includes telephone fitting installed. Does not include cable.

When poke thru fittings and telepoles are used for power, they can also be used for telephones at a negligible additional cost.

| System Components | QUANTITY | UNIT | COST PER S.F. MAT. | INST. | TOTAL |
|---|---|---|---|---|---|
| SYSTEM 9.4-150-0200 | | | | | |
| TELEPHONE SYSTEMS, UNDERFLOOR DUCT, 5' ON CENTER, LOW DENSITY | | | | | |
| Underfloor duct 7-1/4" w/insert 2' O.C. 1-3/8" x 7-1/4" super duct | .190 | L.F. | 1.80 | 1.25 | 3.05 |
| Vertical elbow for underfloor superduct, 7-1/4", included | | | | | |
| Under floor duct conduit adapter, 2" x 1-1/4", included | | | | | |
| Underfloor duct junction box, single duct, 7-1/4" x 3 1/8" | .003 | Ea. | .37 | .25 | .62 |
| Underfloor junction box carpet pan | .003 | Ea. | .14 | .01 | .15 |
| Underfloor duct outlet, low tension | .004 | Ea. | .12 | .17 | .29 |
| TOTAL | | | 2.43 | 1.68 | 4.11 |

| 9.4-150 | Telephone Systems | MAT. | INST. | TOTAL |
|---|---|---|---|---|
| 0200 | Telephone systems, underfloor duct, 5' on center, low density | 2.43 | 1.68 | 4.11 |
| 0240 | 5' on center, high density | 2.55 | 1.84 | 4.39 |
| 0280 | 7' on center, low density | 1.97 | 1.41 | 3.38 |
| 0320 | 7' on center, high density | 2.09 | 1.57 | 3.66 |
| 0400 | Poke thru fittings, low density | .66 | .51 | 1.17 |
| 0440 | High density | 1.34 | 1.01 | 2.35 |
| 0520 | Telepoles, low density | .55 | .49 | 1.04 |
| 0560 | High density | 1.10 | .98 | 2.08 |
| 0640 | Conduit system with floor boxes, low density | .66 | .59 | 1.25 |
| 0680 | High density | 1.33 | 1.17 | 2.50 |

# SPECIAL — A9.4-310 Generator (by KW)

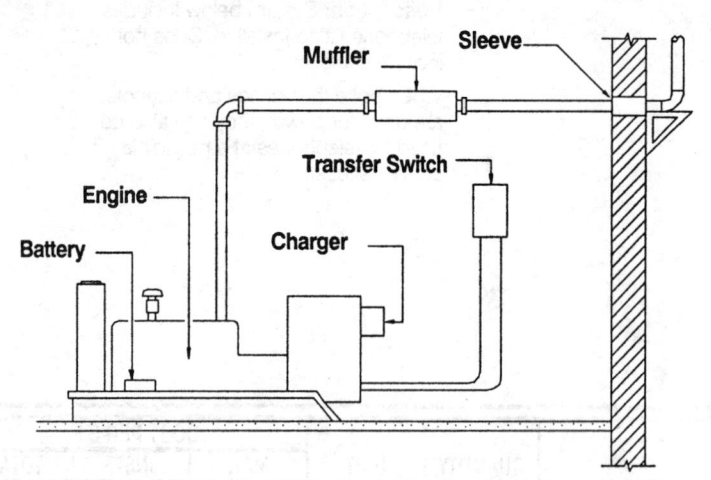

**Description:** System below tabulates the installed cost for generators by KW. Included in costs are battery, charger, muffler, and transfer switch.

No conduit, wire, or terminations included.

| System Components | QUANTITY | UNIT | COST PER KW MAT. | COST PER KW INST. | COST PER KW TOTAL |
|---|---|---|---|---|---|
| SYSTEM 9.4-310-0200 GENERATOR SET, INCL. BATTERY, CHARGER, MUFFLER & TRANSFER SWITCH GAS/GASOLINE OPER., 3 PHASE, 4 WIRE, 277/480V, 7.5 KW | | | | | |
| Generator set, gas, 3 phase, 4 wire, 277/480V, 7.5 KW | .133 | Ea. | 803.33 | 150.27 | 953.60 |
| TOTAL | | | 803.33 | 150.27 | 953.60 |

| 9.4-310 | Generators (by KW) | MAT. | INST. | TOTAL |
|---|---|---|---|---|
| 0190 | Generator sets, include battery, charger, muffler & transfer switch | | | |
| 0200 | Gas/gasoline operated, 3 phase, 4 wire, 277/480 volt, 7.5 KW | 805 | 150 | 955 |
| 0240 | 10 KW | 825 | 131 | 956 |
| 0280 | 15 KW | 650 | 98.50 | 748.50 |
| 0320 | 30 KW | 465 | 57 | 522 |
| 0360 | 70 KW | 330 | 33.50 | 363.50 |
| 0400 | 85 KW | 320 | 33.50 | 353.50 |
| 0440 | 115 KW | 430 | 29 | 459 |
| 0480 | 170 KW | 500 | 22 | 522 |
| 0560 | Diesel engine with fuel tank, 30 KW | 540 | 57 | 597 |
| 0600 | 50 KW | 395 | 44.50 | 439.50 |
| 0640 | 75 KW | 345 | 36 | 381 |
| 0680 | 100 KW | 287 | 30 | 317 |
| 0720 | 125 KW | 245 | 26 | 271 |
| 0760 | 150 KW | 235 | 24 | 259 |
| 0800 | 175 KW | 210 | 21.50 | 231.50 |
| 0840 | 200 KW | 191 | 19.55 | 210.55 |
| 0880 | 250 KW | 167 | 16.30 | 183.30 |
| 0920 | 300 KW | 167 | 14.25 | 181.25 |
| 0960 | 350 KW | 153 | 13.45 | 166.45 |
| 1000 | 400 KW | 165 | 12.30 | 177.30 |
| 1040 | 500 KW | 153 | 10.40 | 163.40 |

# SPECIAL  A9.4-420  Electric Baseboard Radiation

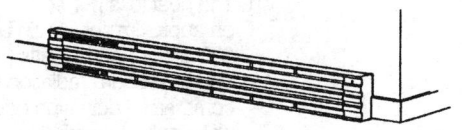

**Low Density and Medium Density Baseboard Radiation**

The costs shown in Table below are based on the following system considerations:

1. The heat loss per square foot is based on approximately 34 BTU/hr. per S.F. of floor or 10 watts per S.F. of floor.
2. Baseboard radiation is based on the low watt density type rated 187 watts per L.F. and the medium density type rated 250 watts per L.F.
3. Thermostat is not included.
4. Wiring costs include branch circuit wiring.

| System Components | QUANTITY | UNIT | COST PER S.F. | | |
|---|---|---|---|---|---|
| | | | MAT. | INST. | TOTAL |
| **SYSTEM 9.4-420-1000** | | | | | |
| **ELECTRIC BASEBOARD RADIATION, LOW DENSITY, 900 S.F., 31 MBH, 9KW** | | | | | |
| Electric baseboard radiator, 5' long 935 watt | .011 | Ea. | .89 | .64 | 1.53 |
| Steel intermediate conduit, (IMC) 1/2" diam | .170 | L.F. | .19 | .56 | .75 |
| Wire 600 volt, type THW, copper, solid, #12 | .005 | C.L.F. | .04 | .15 | .19 |
| TOTAL | | | 1.12 | 1.35 | 2.47 |

| 9.4-420 | Electric Baseboard Radiation | COST PER S.F. | | |
|---|---|---|---|---|
| | | MAT. | INST. | TOTAL |
| 1000 | Electric baseboard radiation, low density, 900 S.F., 31 MBH, 9 KW | 1.12 | 1.35 | 2.47 |
| 1200 | 1500 S.F., 51 MBH, 15 KW | 1.11 | 1.32 | 2.43 |
| 1400 | 2100 S.F., 72 MBH, 21 KW | 1 | 1.18 | 2.18 |
| 1600 | 3000 S.F., 102 MBH, 30 KW | .90 | 1.07 | 1.97 |
| 2000 | Medium density, 900 S.F., 31 MBH, 9 KW | .95 | 1.23 | 2.18 |
| 2200 | 1500 S.F., 51 MBH, 15 KW | .94 | 1.20 | 2.14 |
| 2400 | 2100 S.F., 72 MBH, 21 KW | .91 | 1.12 | 2.03 |
| 2600 | 3000 S.F., 102 MBH, 30 KW | .82 | 1.01 | 1.83 |

**9 ELECTRICAL**

# SPECIAL  A9.4-440  Electric Baseboard Radiation

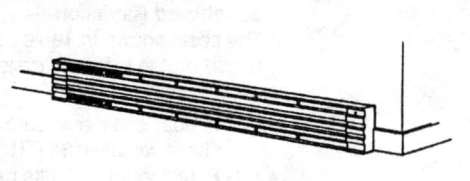

**Commercial Duty Baseboard Radiation**
The costs shown in Table below are based on the following system considerations:

1. The heat loss per square foot is based on approximately 41 BTU/hr. per S.F. of floor or 12 watts per S.F.
2. The baseboard radiation is of the commercial duty type rated 250 watts per L.F. served by 277 volt, single phase power.
3. Thermostat is not included.
4. Wiring costs include branch circuit wiring.

| System Components | QUANTITY | UNIT | COST PER S.F. | | |
|---|---|---|---|---|---|
| | | | MAT. | INST. | TOTAL |
| SYSTEM 9.4-440-1000 ELECTRIC BASEBOARD RADIATION, MEDIUM DENSITY, 1230 S.F., 51 MBH, 15 KW | | | | | |
| Electric baseboard radiator, 5' long | .013 | Ea. | 1.05 | .75 | 1.80 |
| Steel intermediate conduit, (IMC) 1/2" diam | .154 | L.F. | .17 | .51 | .68 |
| Wire 600 volt, type THW, copper, solid, #12 | .004 | C.L.F. | .03 | .12 | .15 |
| TOTAL | | | 1.25 | 1.38 | 2.63 |

| 9.4-440 | Electric Baseboard Radiation | COST PER S.F. | | |
|---|---|---|---|---|
| | | MAT. | INST. | TOTAL |
| 1000 | Electric baseboard radiation, medium density, 1230 SF, 51 MBH, 15 KW | 1.25 | 1.38 | 2.63 |
| 1200 | 2500 S.F. floor area, 106 MBH, 31 KW | 1.16 | 1.30 | 2.46 |
| 1400 | 3700 S.F. floor area, 157 MBH, 46 KW | 1.15 | 1.26 | 2.41 |
| 1600 | 4800 S.F. floor area, 201 MBH, 59 KW | 1.06 | 1.17 | 2.23 |
| 1800 | 11,300 S.F. floor area, 464 MBH, 136 KW | 1.02 | 1.07 | 2.09 |
| 2000 | 30,000 S.F. floor area, 1229 MBH, 360 KW | 1.02 | 1.04 | 2.06 |

# SITE WORK — A12.3-110 — Trenching

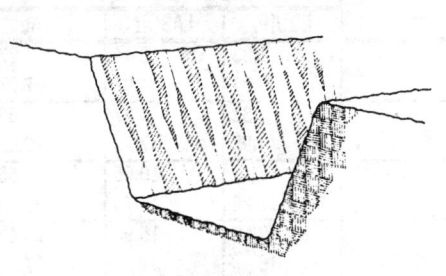

Trenching Systems are shown on a cost per linear foot basis. The systems include: excavation; backfill and removal of spoil; and compaction for various depths and trench bottom widths. The backfill has been reduced to accommodate a pipe of suitable diameter and bedding.

The Expanded System Listing shows Trenching Systems that range from 2' to 12' in width. Depths range from 2' to 24'.

| System Components | QUANTITY | UNIT | COST PER L.F. EQUIP. | LABOR | TOTAL |
|---|---|---|---|---|---|
| SYSTEM 12.3-110-1310 TRENCHING, BACKHOE, 0 TO 1 SLOPE, 2' WIDE, 2' DP, 3/8 C.Y. BUCKET | | | | | |
| Excavation, trench, hyd. backhoe, track mtd., 3/8 C.Y. bucket | .174 | C.Y. | .25 | .63 | .88 |
| Backfill and load spoil, from stockpile | .174 | C.Y. | .11 | .18 | .29 |
| Compaction by rammer tamper, 8" lifts, 4 passes | .014 | C.Y. | .01 | .03 | .04 |
| Remove excess spoil, 6 C.Y. dump truck, 2 mile roundtrip | .160 | C.Y. | .46 | .31 | .77 |
| Total | | | .83 | 1.15 | 1.98 |

| 12.3-110 | Trenching | COST PER L.F. EQUIP. | LABOR | TOTAL |
|---|---|---|---|---|
| 1310 | Trenching, backhoe, 0 to 1 slope, 2' wide, 2' deep, 3/8 C.Y. bucket | .83 | 1.15 | 1.98 |
| 1320 | 3' deep, 3/8 C.Y. bucket | 1.05 | 1.71 | 2.76 |
| 1330 | 4' deep, 3/8 C.Y. bucket | 1.28 | 2.28 | 3.56 |
| 1340 | 6' deep, 3/8 C.Y. bucket | 1.74 | 2.94 | 4.68 |
| 1350 | 8' deep, 1/2 C.Y. bucket | 2.07 | 3.80 | 5.87 |
| 1360 | 10' deep, 1 C.Y. bucket | 3.05 | 4.55 | 7.60 |
| 1400 | 4' wide, 2' deep, 3/8 C.Y. bucket | 1.73 | 2.30 | 4.03 |
| 1410 | 3' deep, 3/8 C.Y. bucket | 2.44 | 3.43 | 5.87 |
| 1420 | 4' deep, 1/2 C.Y. bucket | 2.57 | 3.59 | 6.16 |
| 1430 | 6' deep, 1/2 C.Y. bucket | 3.47 | 5.50 | 8.97 |
| 1440 | 8' deep, 1/2 C.Y. bucket | 5.25 | 7.20 | 12.45 |
| 1450 | 10' deep, 1 C.Y. bucket | 6.30 | 8.95 | 15.25 |
| 1460 | 12' deep, 1 C.Y. bucket | 8 | 11.50 | 19.50 |
| 1470 | 15' deep, 1-1/2 C.Y. bucket | 7.25 | 9.85 | 17.10 |
| 1480 | 18' deep, 2-1/2 C.Y. bucket | 9.75 | 14.15 | 23.90 |
| 1520 | 6' wide, 6' deep, 5/8 C.Y. bucket | 6.40 | 7.35 | 13.75 |
| 1530 | 8' deep, 3/4 C.Y. bucket | 7.90 | 9.25 | 17.15 |
| 1540 | 10' deep, 1 C.Y. bucket | 9.25 | 11.20 | 20.45 |
| 1550 | 12' deep, 1-1/4 C.Y. bucket | 8.50 | 8.75 | 17.25 |
| 1560 | 16' deep, 2 C.Y. bucket | 14 | 10.05 | 24.05 |
| 1570 | 20' deep, 3-1/2 C.Y. bucket | 15.05 | 18.10 | 33.15 |
| 1580 | 24' deep, 3-1/2 C.Y. bucket | 24.50 | 30.50 | 55 |
| 1640 | 8' wide, 12' deep, 1-1/4 C.Y. bucket | 12.55 | 11.85 | 24.40 |
| 1650 | 15' deep, 1-1/2 C.Y. bucket | 14.80 | 14.70 | 29.50 |
| 1660 | 18' deep, 2-1/2 C.Y. bucket | 21.50 | 14.90 | 36.40 |
| 1680 | 24' deep, 3-1/2 C.Y. bucket | 33.50 | 40.50 | 74 |
| 1730 | 10' wide, 20' deep, 3-1/2 C.Y. bucket | 27 | 30.50 | 57.50 |
| 1740 | 24' deep, 3-1/2 C.Y. bucket | 42.50 | 50.50 | 93 |
| 1780 | 12' wide, 20' deep, 3-1/2 C.Y. bucket | 32.50 | 36.50 | 69 |
| 1790 | 25' deep, bucket | 56.50 | 68 | 124.50 |
| 1800 | 1/2 to 1 slope, 2' wide, 2' deep, 3/8 C.Y. bucket | 1.09 | 1.46 | 2.55 |
| 1810 | 3' deep, 3/8 C.Y. bucket | 1.58 | 2.47 | 4.05 |
| 1820 | 4' deep, 3/8 C.Y. bucket | 2.07 | 3.66 | 5.73 |
| 1840 | 6' deep, 3/8 C.Y. bucket | 3.37 | 5.75 | 9.12 |
| 1860 | 8' deep, 1/2 C.Y. bucket | 4.79 | 8.85 | 13.64 |
| 1880 | 10' deep, 1 C.Y. bucket | 8.35 | 12.35 | 20.70 |

For expanded coverage of these items see *Means Site Work & Landscape Cost Data 1994*

# SITE WORK — A12.3-110 Trenching

## 12.3-110 Trenching

| | | COST PER L.F. | | |
|---|---|---|---|---|
| | | EQUIP. | LABOR | TOTAL |
| 2300 | 4' wide, 2' deep, 3/8 C.Y. bucket | 1.83 | 2.44 | 4.27 |
| 2310 | 3' deep, 3/8 C.Y. bucket | 3.01 | 4.02 | 7.03 |
| 2320 | 4' deep, 1/2 C.Y. bucket | 3.32 | 4.37 | 7.69 |
| 2340 | 6' deep, 1/2 C.Y. bucket | 4.95 | 7.70 | 12.65 |
| 2360 | 8' deep, 1/2 C.Y. bucket | 8 | 10.65 | 18.65 |
| 2380 | 10' deep, 1 C.Y. bucket | 11.25 | 15.75 | 27 |
| 2400 | 12' deep, 1 C.Y. bucket | 12.50 | 16.90 | 29.40 |
| 2430 | 15' deep, 1-1/2 C.Y. bucket | 16 | 21 | 37 |
| 2460 | 18' deep, 2-1/2 C.Y. bucket | 28 | 25 | 53 |
| 2840 | 6' wide, 6' deep, 5/8 C.Y. bucket | 7.30 | 8.40 | 15.70 |
| 2860 | 8' deep, 3/4 C.Y. bucket | 10.95 | 12.75 | 23.70 |
| 2880 | 10' deep, 1 C.Y. bucket | 13.95 | 16.80 | 30.75 |
| 2900 | 12' deep, 1-1/4 C.Y. bucket | 13.65 | 14 | 27.65 |
| 2940 | 16' deep, 2 C.Y. bucket | 21.50 | 22.50 | 44 |
| 2980 | 20' deep, 3-1/2 C.Y. bucket | 32.50 | 39 | 71.50 |
| 3020 | 24' deep, 3-1/2 C.Y. bucket | 59 | 73 | 132 |
| 3100 | 8' wide, 12' deep, 1-1/4 C.Y. bucket | 18.25 | 16.90 | 35.15 |
| 3120 | 15' deep, 1-1/2 C.Y. bucket | 23.50 | 23 | 46.50 |
| 3140 | 18' deep, 2-1/2 C.Y. bucket | 37 | 25 | 62 |
| 3180 | 24' deep, 3-1/2 C.Y. bucket | 68 | 81.50 | 149.50 |
| 3270 | 10' wide, 20' deep, 3-1/2 C.Y. bucket | 42 | 48.50 | 90.50 |
| 3280 | 24' deep, 3-1/2 C.Y. bucket | 77.50 | 91.50 | 169 |
| 3370 | 12' wide, 20' deep, 3-1/2 C.Y. bucket | 47.50 | 53.50 | 101 |
| 3380 | 25' deep, 3-1/2 C.Y. bucket | 90.50 | 106 | 196.50 |
| 3500 | 1 to 1 slope, 2' wide, 2' deep, 3/8 C.Y. bucket | 1.28 | 1.70 | 2.98 |
| 3520 | 3' deep, 3/8 C.Y. bucket | 2.01 | 3.05 | 5.06 |
| 3540 | 4' deep, 3/8 C.Y. bucket | 2.69 | 4.66 | 7.35 |
| 3560 | 6' deep, 3/8 C.Y. bucket | 4.54 | 7.55 | 12.09 |
| 3580 | 8' deep, 1/2 C.Y. bucket | 6.75 | 12.05 | 18.80 |
| 3600 | 10' deep, 1 C.Y. bucket | 13.75 | 19.70 | 33.45 |
| 3800 | 4' wide, 2' deep, 3/8 C.Y. bucket | 2.19 | 2.92 | 5.11 |
| 3820 | 3' deep, 3/8 C.Y. bucket | 3.84 | 5.15 | 8.99 |
| 3840 | 4' deep, 1/2 C.Y. bucket | 3.96 | 4.88 | 8.84 |
| 3860 | 6' deep, 1/2 C.Y. bucket | 6.15 | 9.20 | 15.35 |
| 3880 | 8' deep, 1/2 C.Y. bucket | 10.75 | 14.05 | 24.80 |
| 3900 | 10' deep, 1 C.Y. bucket | 14.90 | 20.50 | 35.40 |
| 3920 | 12' deep, 1 C.Y. bucket | 21.50 | 29.50 | 51 |
| 3940 | 15' deep, 1-1/2 C.Y. bucket | 22 | 27.50 | 49.50 |
| 3960 | 18' deep, 2-1/2 C.Y. bucket | 40 | 33 | 73 |
| 4030 | 6' wide, 6' deep, 5/8 C.Y. bucket | 8.85 | 10.25 | 19.10 |
| 4040 | 8' deep, 3/4 C.Y. bucket | 13.70 | 16.55 | 30.25 |
| 4050 | 10' deep, 1 C.Y. bucket | 18.15 | 23 | 41.15 |
| 4060 | 12' deep, 1-1/4 C.Y. bucket | 18.45 | 21 | 39.45 |
| 4070 | 16' deep, 2 C.Y. bucket | 37 | 29.50 | 66.50 |
| 4080 | 20' deep, 3-1/2 C.Y. bucket | 47.50 | 62 | 109.50 |
| 4090 | 24' deep, 3-1/2 C.Y. bucket | 89.50 | 120 | 209.50 |
| 4500 | 8' wide, 12' deep, 1-1/4 C.Y. bucket | 23.50 | 23 | 46.50 |
| 4550 | 15' deep, 1-1/2 C.Y. bucket | 31 | 33 | 64 |
| 4600 | 18' deep, 2-1/2 C.Y. bucket | 51 | 39 | 90 |
| 4650 | 24' deep, 3-1/2 C.Y. bucket | 98 | 128 | 226 |
| 4800 | 10' wide, 20' deep, 3-1/2 C.Y. bucket | 59 | 71 | 130 |
| 4850 | 24' deep, 3-1/2 C.Y. bucket | 106 | 136 | 242 |
| 4950 | 12' wide, 20' deep, 3-1/2 C.Y. bucket | 64 | 75.50 | 139.50 |
| 4980 | 25' deep, 3-1/2 C.Y. bucket | 129 | 165 | 294 |
| 5000 | 1-1/2 to 1 slope, 2' wide, 2' deep, 3/8 C.Y. bucket | 1.49 | 1.98 | 3.47 |
| 5020 | 3' deep, 3/8 C.Y. bucket | 2.45 | 3.58 | 6.03 |
| 5040 | 4' deep, 3/8 C.Y. bucket | 3.26 | 5.45 | 8.71 |
| 5060 | 6' deep, 3/8 C.Y. bucket | 5.55 | 8.80 | 14.35 |

# SITE WORK — A12.3-110 Trenching

| 12.3-110 | Trenching | COST PER L.F. | | |
|---|---|---|---|---|
| | | EQUIP. | LABOR | TOTAL |
| 5080 | 8' deep, 1/2 C.Y. bucket | 8.25 | 14.20 | 22.45 |
| 5100 | 10' deep, 1 C.Y. bucket | 15.10 | 20.50 | 35.60 |
| 5300 | 4' wide, 2' deep, 3/8 C.Y. bucket | 2.07 | 2.74 | 4.81 |
| 5320 | 3' deep, 3/8 C.Y. bucket | 3.74 | 4.98 | 8.72 |
| 5340 | 4' deep, 1/2 C.Y. bucket | 4.69 | 5.70 | 10.39 |
| 5360 | 6' deep, 1/2 C.Y. bucket | 7.20 | 10.40 | 17.60 |
| 5380 | 8' deep, 1/2 C.Y. bucket | 12.80 | 15.90 | 28.70 |
| 5400 | 10' deep, 1 C.Y. bucket | 17.90 | 23 | 40.90 |
| 5420 | 12' deep, 1 C.Y. bucket | 26.50 | 34 | 60.50 |
| 5450 | 15' deep, 1-1/2 C.Y. bucket | 27 | 30.50 | 57.50 |
| 5480 | 18' deep, 2-1/2 C.Y. bucket | 49.50 | 36 | 85.50 |
| 5660 | 6' wide, 6' deep, 5/8 C.Y. bucket | 10.20 | 11.40 | 21.60 |
| 5680 | 8' deep, 3/4 C.Y. bucket | 15.90 | 18.45 | 34.35 |
| 5700 | 10' deep, 1 C.Y. bucket | 21 | 26 | 47 |
| 5720 | 12' deep, 1-1/4 C.Y. bucket | 21.50 | 22 | 43.50 |
| 5760 | 16' deep, 2 C.Y. bucket | 44.50 | 31.50 | 76 |
| 5800 | 20' deep, 3-1/2 C.Y. bucket | 57.50 | 70 | 127.50 |
| 5840 | 24' deep, 3-1/2 C.Y. bucket | 110 | 136 | 246 |
| 6020 | 8' wide, 12' deep, 1-1/4 C.Y. bucket | 27.50 | 25.50 | 53 |
| 6050 | 15' deep, 1-1/2 C.Y. bucket | 36.50 | 36 | 72.50 |
| 6080 | 18' deep, 2-1/2 C.Y. bucket | 60.50 | 41.50 | 102 |
| 6140 | 24' deep, 3-1/2 C.Y. bucket | 119 | 144 | 263 |
| 6300 | 10' wide, 20' deep, 3-1/2 C.Y. bucket | 70 | 79 | 149 |
| 6350 | 24' deep, 3-1/2 C.Y. bucket | 126 | 151 | 277 |
| 6450 | 12' wide, 20' deep, 3-1/2 C.Y. bucket | 76 | 83.50 | 159.50 |
| 6480 | 25' deep, 3-1/2 C.Y. bucket | 153 | 181 | 334 |
| 6600 | 2 to 1 slope, 2' wide, 2' deep, 3/8 C.Y. bucket | 2.11 | 1.81 | 3.92 |
| 6620 | 3' deep, 3/8 C.Y. bucket | 2.80 | 3.95 | 6.75 |
| 6640 | 4' deep, 3/8 C.Y. bucket | 3.70 | 6.05 | 9.75 |
| 6660 | 6' deep, 3/8 C.Y. bucket | 5.90 | 9.45 | 15.35 |
| 6680 | 8' deep, 1/2 C.Y. bucket | 9.35 | 16 | 25.35 |
| 6700 | 10' deep, 1 C.Y. bucket | 17.15 | 23 | 40.15 |
| 6900 | 4' wide, 2' deep, 3/8 C.Y. bucket | 2.06 | 2.73 | 4.79 |
| 6920 | 3' deep, 3/8 C.Y. bucket | 3.84 | 5.15 | 8.99 |
| 6940 | 4' deep, 1/2 C.Y. bucket | 5.15 | 6.05 | 11.20 |
| 6960 | 6' deep, 1/2 C.Y. bucket | 7.95 | 11.30 | 19.25 |
| 6980 | 8' deep, 1/2 C.Y. bucket | 14.15 | 17.45 | 31.60 |
| 7000 | 10' deep, 1 C.Y. bucket | 19.90 | 25.50 | 45.40 |
| 7020 | 12' deep, 1 C.Y. bucket | 29.50 | 38 | 67.50 |
| 7050 | 15' deep, 1-1/2 C.Y. bucket | 30.50 | 34 | 64.50 |
| 7080 | 18' deep, 2-1/2 C.Y. bucket | 56 | 40.50 | 96.50 |
| 7260 | 6' wide, 6' deep, 5/8 C.Y. bucket | 11.15 | 12.15 | 23.30 |
| 7280 | 8' deep, 3/4 C.Y. bucket | 17.40 | 19.90 | 37.30 |
| 7300 | 10' deep, 3/4 C.Y. bucket | 23.50 | 28.50 | 52 |
| 7320 | 12' deep, 1-1/4 C.Y. bucket | 24 | 24.50 | 48.50 |
| 7360 | 16' deep, 2 C.Y. bucket | 49.50 | 35 | 84.50 |
| 7400 | 20' deep, 3-1/2 C.Y. bucket | 64.50 | 78.50 | 143 |
| 7440 | 24' deep, 3-1/2 C.Y. bucket | 124 | 154 | 278 |
| 7620 | 8' wide, 12' deep, 1-1/4 C.Y. bucket | 30.50 | 27.50 | 58 |
| 7650 | 15' deep, 1-1/2 C.Y. bucket | 40.50 | 39.50 | 80 |
| 7680 | 18' deep, 2-1/2 C.Y. bucket | 67.50 | 46 | 113.50 |
| 7740 | 24' deep, 3-1/2 C.Y. bucket | 132 | 160 | 292 |
| 7920 | 10' wide, 20' deep, 3-1/2 C.Y. bucket | 77 | 86.50 | 163.50 |
| 7940 | 24' deep, 3-1/2 C.Y. bucket | 140 | 166 | 306 |

For expanded coverage of these items see *Means Site Work & Landscape Cost Data 1994*

# REFERENCE SECTION

All the reference information is in one section making it easy to find what you need to know . . . and easy to use the book on a daily basis.

In the reference number information that follows, you'll see the background that relates to the "reference numbers" that appeared in the Unit Price Section. You'll find reference tables, explanations and estimating information that support how we arrived at the unit price data. Also included are alternate pricing methods, technical data and estimating procedures along with information on design and economy in construction.

Also in this Reference Section, we've included Crew Listings, a full listing of all the crews, equipment and their costs, Historical Cost Indexes for cost comparisons over time, City Cost Indexes for adjusting costs to the region you are in, and an explanation of all abbreviations used in the book.

## Table of Contents

### Reference Numbers

**R010 Overhead & Misc. Data**
- R010-005 Tips for Accurate Estimating ............... 312
- R010-030 Engineering Fees ......... 312
- R010-040 Builder's Insurance Rates ..................... 312
- R010-060 Workers' Compensation . 313
- R010-070 Contractor's Overhead & Profit .................... 316
- R010-080 Performance Bond ....... 317
- R010-090 Sales Tax by State ....... 317
- R010-100 Unemployment & Social Security Taxes .......... 317
- R010-110 Overtime ................. 318
- R010-710 Unit Gross Area Requirements ............ 318

**R011 Special Project Procedures**
- R011-010 Repair & Remodeling .... 319

**R015 Construction Aids**
- R015-100 Steel Tubular Scaffolding ............... 320

**R016 Material & Equipment**
- R016-410 Contractor Equipment ... 321

**R151 Plumbing**
- R151-110 Hot Water Consumption Rates ..................... 322
- R151-120 Fixture Demands in Gal. per Fixture per Hour ..... 322

**R160 Design and Cost Tables**
- R160-010 Electric Circuit Voltages . 323
- R160-020 KW Value/Cost Determination ........... 325
- R160-021 Ampere Values by KW, Voltage and Phase ....... 326
- R160-025 KVA Value/Cost Determination ........... 327
- R160-026 Multiplier Values for KVA to Amperes ......... 327
- R160-030 HP Value/Cost Determination ........... 328
- R160-031 Ampere Values by H.P., Voltage & Phase ......... 328
- R160-032 Worksheet for Motor Circuits ................. 329
- R160-033 Max. H.P. for Starter Size by Voltage ........... 329

### Reference Numbers (cont.)
- R160-040 NEMA Enclosure Classifications ........... 330
- R160-060 Watts, BTU per Hr., and Ton per S.F. ............. 330
- R160-100 Cable Tray/Sample Estimate ................. 331
- R160-150 Wireway ................. 333
- R160-200 Conduit to 15' High ..... 334
- R160-201 Hangers ................. 334
- R160-205 Maximum Number of Conductors in Conduit .. 335
- R160-210 L.F. Cost of Conduit in Place .................. 335
- R160-215 Metric Equivalent Conduit .................. 335
- R160-221 Conduit Weight Comparisons Empty ..... 336
- R160-222 Conduit Weight Comparisons with Max. Cable Fill ................ 336
- R160-230 Conduit in Concrete Slab ..................... 336
- R160-240 Conduit in Trench ....... 336
- R160-275 Motor Connections ...... 336
- R160-560 Underfloor Duct ......... 337

**R161 Conductors & Grounding**
- R161-100 Cable Cost Comparisons ............. 339
- R161-105 Armored Cable ........... 339
- R161-115 L.F. Cost of Wire in Conduit in Place ......... 339
- R161-120 Maximum Circuit Length ................... 340
- R161-125 Minimum Wire Size/ Amperes per Insulation .. 341
- R161-130 Metric Equivalent Wire .. 342
- R161-135 Size and Weight of Wire by Ampere Load ......... 342
- R161-160 Undercarpet Systems .... 343
- R161-165 Wire ..................... 344
- R161-810 Grounding ............... 344

**R162 Boxes and Wiring Devices**
- R162-110 Outlet Boxes ............. 345
- R162-130 Pull Boxes and Cabinets . 345
- R162-135 Weight of Cast Boxes in Pounds .................. 345
- R162-300 Wiring Devices .......... 345

## Reference Numbers (cont.)

### R163 Starters, Boards & Switches
R163-110  Motor Control Centers .. 348
R163-130  Motor Starters & Controls ................. 349
R163-230  Load Centers and Panels................... 350
R163-260  Switchgear ............... 351
R163-265  Distribution Section ..... 351
R163-270  Feeder Section .......... 352
R163-275  Switchboard Instruments.............. 352
R163-360  Safety Switches .......... 352

### R164 Transformers & Bus Ducts
R164-100  Transformers ............ 353
R164-105  Transformer Weight by KVA..................... 353
R164-210  Aluminum Bus Duct .... 354
R164-215  Size and Weight of Bus Duct by Ampere Load ... 355
R164-335  Uninterruptible Power Supply Systems .......... 356

### R165 Power Systems and Capacitors
R165-110  Automatic Transfer Switches ................. 357
R165-120  Generator Weight by KW.................... 357

### R166 Lighting
R166-105  Cost of High Intensity Discharge Lamps ........ 358
R166-110  Costs for Other than C.W. Lamps ............. 358
R166-120  Lamp Comparison and Floodlight Cost .......... 359

## Reference Numbers (cont.)
R166-130  Interior Lighting Fixtures .................. 360

### R167 Electric Utilities
R167-110  Concrete for Conduit Encasement.............. 361

### R168 Special Systems
R168-130  Heat Trace Systems ..... 362
R168-131  Spiral Wrapped Heat Trace Cable.............. 363

### R169 Power Transmission & Distribution
R169-115  Average Transmission Line Requirements....... 364

### R171 Information
R171-100  Square Foot Project Size Modifier.................. 365
R171-200  Square Foot and Cubic Foot Building Costs...... 366

## Crew Listings  367

## Historical Cost Indexes  387

## City Cost Indexes  388

## Abbreviations  397

# General Requirements | R010 | Overhead and Miscellaneous Data

## R010-005 Tips for Accurate Estimating

1. Use pre-printed or columnar forms for orderly sequence of dimensions and locations and for recording telephone quotations.
2. Use only the front side of each paper or form except for certain pre-printed summary forms.
3. Be consistent in listing dimensions: For example, length x width x height. This helps in rechecking to ensure that, the total length of partitions is appropriate for the building area.
4. Use printed (rather than measured) dimensions where given.
5. Add up multiple printed dimensions for a single entry where possible.
6. Measure all other dimensions carefully.
7. Use each set of dimensions to calculate multiple related quantities.
8. Convert foot and inch measurements to decimal feet when listing. Memorize decimal equivalents to .01 parts of a foot (1/8" equals approximately .01').
9. Do not "round off" quantities until the final summary.
10. Mark drawings with different colors as items are taken off.
11. Keep similar items together, different items separate.
12. Identify location and drawing numbers to aid in future checking for completeness.
13. Measure or list everything on the drawings or mentioned in the specifications.
14. It may be necessary to list items not called for to make the job complete.
15. Be alert for: Notes on plans such as N.T.S. (not to scale); changes in scale throughout the drawings; reduced size drawings; discrepancies between the specifications and the drawings.
16. Develop a consistent pattern of performing an estimate. For example:
    a. Start the quantity takeoff at the lower floor and move to the next higher floor.
    b. Proceed from the main section of the building to the wings.
    c. Proceed from south to north or vice versa, clockwise or counterclockwise.
    d. Take off floor plan quantities first, elevations next, then detail drawings.
17. List all gross dimensions that can be either used again for different quantities, or used as a rough check of other quantities for verification (exterior perimeter, gross floor area, individual floor areas, etc.).
18. Utilize design symmetry or repetition (repetitive floors, repetitive wings, symmetrical design around a center line, similar room layouts, etc.).
    Note: Extreme caution is needed here so as not to omit or duplicate an area.
19. Do not convert units until the final total is obtained. For instance, when estimating concrete work, keep all units to the nearest cubic foot, then summarize and convert to cubic yards.
20. When figuring alternatives, it is best to total all items involved in the basic system, then total all items involved in the alternates. Therefore you work with positive numbers in all cases. When adds and deducts are used, it is often confusing whether to add or subtract a portion of an item; especially on a complicated or involved alternate.

## R010-030 Engineering Fees

Typical **Mechanical and Electrical Engineering Fees** based on the size of the subcontract. These fees are included in Architectural Fees.

| Type of Construction | Subcontract Size | | | | | | | |
|---|---|---|---|---|---|---|---|---|
| | $25,000 | $50,000 | $100,000 | $225,000 | $350,000 | $500,000 | $750,000 | $1,000,000 |
| Simple structures | 6.4% | 5.7% | 4.8% | 4.5% | 4.4% | 4.3% | 4.2% | 4.1% |
| Intermediate structures | 8.0 | 7.3 | 6.5 | 5.6 | 5.1 | 5.0 | 4.9 | 4.8 |
| Complex structures | 12.0 | 9.0 | 9.0 | 8.0 | 7.5 | 7.5 | 7.0 | 7.0 |

For renovations, add 15% to 25% to applicable fee.

## R010-040 Builder's Risk Insurance

Builder's Risk Insurance is insurance on a building during construction. Premiums are paid by the owner or the contractor. Blasting, collapse and underground insurance would raise total insurance costs above those listed. Floater policy for materials delivered to the job runs $.75 to $1.25 per $100 value. Contractor equipment insurance runs $.50 to $1.50 per $100 value. Insurance for miscellaneous tools to $1,000 value runs from $5.50 to $7.50 per $100 value.

Tabulated below are New England Builder's Risk insurance rates in dollars per $100 value for $1,000 deductible. For $25,000 deductible, rates can be reduced 13% to 34%. On contracts over $1,000,000, rates may be lower than those tabulated. Policies are written annually for the total completed value in place. For "all risk" insurance (excluding flood, earthquake and certain other perils) add $.025 to total rates below.

| Coverage | Frame Construction (Class 1) | | Brick Construction (Class 4) | | Fire Resistive (Class 6) | |
|---|---|---|---|---|---|---|
| | Range | Average | Range | Average | Range | Average |
| Fire Insurance | $.300 to $.420 | $.394 | $.132 to $.189 | $.174 | $.052 to $.080 | $.070 |
| Extended Coverage | .115 to .150 | .144 | .080 to .105 | .101 | .081 to .105 | .100 |
| Vandalism | .012 to .016 | .015 | .008 to .011 | .011 | .008 to .011 | .010 |
| Total Annual Rate | $.427 to $.586 | $.553 | $.220 to .305 | $.286 | $.141 to $.196 | $.180 |

# General Requirements — R010 — Overhead and Miscellaneous Data

## R010-060 Workers' Compensation Insurance Rates by Trade

The table below tabulates the national averages for Workers' Compensation insurance rates by trade and type of building. The average "Insurance Rate" is multiplied by the "% of Building Cost" for each trade. This produces the "Workers' Compensation Cost" by % of total labor cost, to be added for each trade by building type to determine the weighted average Workers' Compensation rate for the building types analyzed.

| Trade | Insurance Rate (% Labor Cost) Range | Insurance Rate (% Labor Cost) Average | % of Building Cost Office Bldgs. | % of Building Cost Schools & Apts. | % of Building Cost Mfg. | Workers' Compensation Office Bldgs. | Workers' Compensation Schools & Apts. | Workers' Compensation Mfg. |
|---|---|---|---|---|---|---|---|---|
| Excavation, Grading, etc. | 5.4% to 33.6% | 12.6% | 4.8% | 4.9% | 4.5% | .60% | .62% | .57% |
| Piles & Foundations | 5.9 to 69.1 | 31.5 | 7.1 | 5.2 | 8.7 | 2.24 | 1.64 | 2.74 |
| Concrete | 5.9 to 41.2 | 19.5 | 5.0 | 14.8 | 3.7 | .98 | 2.89 | .72 |
| Masonry | 5.7 to 80.8 | 18.2 | 6.9 | 7.5 | 1.9 | 1.26 | 1.37 | .35 |
| Structural Steel | 5.9 to 132.0 | 42.7 | 10.7 | 3.9 | 17.6 | 4.57 | 1.67 | 7.52 |
| Miscellaneous & Ornamental Metals | 4.5 to 36.2 | 14.1 | 2.8 | 4.0 | 3.6 | .39 | .56 | .51 |
| Carpentry & Millwork | 5.9 to 48.2 | 20.6 | 3.7 | 4.0 | 0.5 | .76 | .82 | .10 |
| Metal or Composition Siding | 5.9 to 50.6 | 18.6 | 2.3 | 0.3 | 4.3 | .43 | .06 | .80 |
| Roofing | 5.9 to 91.3 | 34.2 | 2.3 | 2.6 | 3.1 | .79 | .89 | 1.06 |
| Doors & Hardware | 3.4 to 29.1 | 12.0 | 0.9 | 1.4 | 0.4 | .11 | .17 | .05 |
| Sash & Glazing | 5.9 to 38.9 | 15.4 | 3.5 | 4.0 | 1.0 | .54 | .62 | .15 |
| Lath & Plaster | 5.9 to 37.4 | 16.6 | 3.3 | 6.9 | 0.8 | .55 | 1.15 | .13 |
| Tile, Marble & Floors | 3.7 to 27.8 | 10.4 | 2.6 | 3.0 | 0.5 | .27 | .31 | .05 |
| Acoustical Ceilings | 4.9 to 37.3 | 13.3 | 2.4 | 0.2 | 0.3 | .32 | .03 | .04 |
| Painting | 4.8 to 43.7 | 15.8 | 1.5 | 1.6 | 1.6 | .24 | .25 | .25 |
| Interior Partitions | 5.9 to 48.2 | 20.6 | 3.9 | 4.3 | 4.4 | .80 | .89 | .91 |
| Miscellaneous Items | 2.9 to 169.7 | 20.0 | 5.2 | 3.7 | 9.7 | 1.04 | .74 | 1.94 |
| Elevators | 2.4 to 19.9 | 9.0 | 2.1 | 1.1 | 2.2 | .19 | .10 | .20 |
| Sprinklers | 2.5 to 20.5 | 9.9 | 0.5 | – | 2.0 | .05 | – | .20 |
| Plumbing | 3.1 to 23.7 | 9.6 | 4.9 | 7.2 | 5.2 | .47 | .69 | .50 |
| Heat., Vent., Air Conditioning | 4.8 to 32.2 | 13.2 | 13.5 | 11.0 | 12.9 | 1.78 | 1.45 | 1.70 |
| Electrical | 3.0 to 14.9 | 7.6 | 10.1 | 8.4 | 11.1 | .77 | .64 | .84 |
| Total | 2.4% to 169.7% | – | 100.0% | 100.0% | 100.0% | 19.15% | 17.56% | 21.33% |

Overall Weighted Average 19.35%

## Workers' Compensation Insurance Rates by States

The table below lists the weighted average Workers' Compensation base rate for each state with a factor comparing this with the national average of 19.0%.

| State | Weighted Average | Factor | State | Weighted Average | Factor | State | Weighted Average | Factor |
|---|---|---|---|---|---|---|---|---|
| Alabama | 21.3% | 112 | Kentucky | 17.2% | 91 | North Dakota | 13.6% | 72 |
| Alaska | 18.5 | 97 | Louisiana | 25.1 | 132 | Ohio | 11.1 | 58 |
| Arizona | 20.5 | 108 | Maine | 20.1 | 106 | Oklahoma | 20.9 | 110 |
| Arkansas | 13.6 | 72 | Maryland | 10.9 | 57 | Oregon | 24.9 | 131 |
| California | 17.1 | 90 | Massachusetts | 29.8 | 157 | Pennsylvania | 21.2 | 112 |
| Colorado | 24.4 | 128 | Michigan | 20.8 | 109 | Rhode Island | 17.6 | 93 |
| Connecticut | 28.7 | 151 | Minnesota | 29.0 | 153 | South Carolina | 14.2 | 75 |
| Delaware | 11.3 | 59 | Mississippi | 12.8 | 67 | South Dakota | 13.0 | 68 |
| District of Columbia | 27.2 | 143 | Missouri | 12.1 | 64 | Tennessee | 12.6 | 66 |
| Florida | 30.2 | 159 | Montana | 42.5 | 224 | Texas | 22.8 | 120 |
| Georgia | 19.3 | 102 | Nebraska | 14.7 | 77 | Utah | 11.9 | 63 |
| Hawaii | 16.2 | 85 | Nevada | 17.0 | 89 | Vermont | 13.6 | 72 |
| Idaho | 15.4 | 81 | New Hampshire | 22.0 | 116 | Virginia | 9.9 | 52 |
| Illinois | 27.5 | 145 | New Jersey | 8.6 | 45 | Washington | 13.2 | 69 |
| Indiana | 7.1 | 37 | New Mexico | 24.3 | 128 | West Virginia | 11.4 | 60 |
| Iowa | 13.1 | 69 | New York | 18.0 | 95 | Wisconsin | 16.3 | 86 |
| Kansas | 14.6 | 77 | North Carolina | 8.8 | 46 | Wyoming | 5.9 | 31 |

Weighted Average for U.S. is 17.9% of payroll = 100 %

Rates in the following table are the base or manual costs per $100 of payroll for Workers' Compensation in each state. Rates are usually applied to straight time wages only and not to premium time wages and bonuses.

The weighted average skilled worker rate for 35 trades is 19.0%. For bidding purposes, apply the full value of Workers' Compensation directly to total labor costs, or if labor is 32%, materials 48% and overhead and profit 20% of total cost, carry 32/80 x 19.0% = 7.6% of cost (before overhead and profit) into overhead. Rates vary not only from state to state but also with the experience rating of the contractor.

Rates are the most current available at the time of publication.

# General Requirements — R010 Overhead and Miscellaneous Data

## R010-060 Workers' Compensation Insurance Rates by Trade and State (cont.)

| State | Carpentry – 3 stories or less 5651 | Carpentry – interior cab. work 5437 | Carpentry – general 5403 | Concrete Work – NOC 5213 | Concrete Work – flat (flr., sdwk.) 5221 | Electrical Wiring – inside 5190 | Excavation – earth NOC 6217 | Excavation – rock 6217 | Glaziers 5462 | Insulation Work 5479 | Lathing 5443 | Masonry 5022 | Painting & Decorating 5474 | Pile Driving 6003 | Plastering 5480 | Plumbing 5183 | Roofing 5551 | Sheet Metal Work (HVAC) 5538 | Steel Erection – door & sash 5102 | Steel Erection – inter., ornam. 5102 | Steel Erection – structure 5040 | Steel Erection – NOC 5057 | Tile Work – (interior ceramic) 5348 | Waterproofing 9014 | Wrecking 5701 |
|---|---|---|---|---|---|---|---|---|---|---|---|---|---|---|---|---|---|---|---|---|---|---|---|---|---|
| AL | 27.81 | 15.56 | 26.44 | 16.88 | 10.75 | 8.86 | 15.62 | 15.62 | 16.59 | 22.10 | 15.35 | 16.84 | 17.10 | 63.77 | 16.07 | 12.67 | 37.77 | 21.80 | 14.82 | 14.82 | 39.13 | 41.37 | 14.86 | 6.10 | 39.13 |
| AK | 10.66 | 8.18 | 12.68 | 12.05 | 13.56 | 8.28 | 14.11 | 14.11 | 29.35 | 18.35 | 11.66 | 12.37 | 14.61 | 46.06 | 16.42 | 6.12 | 24.97 | 9.21 | 12.85 | 12.85 | 57.72 | 57.72 | 13.04 | 5.10 | 57.72 |
| AZ | 25.52 | 8.10 | 27.47 | 22.08 | 12.92 | 11.02 | 11.19 | 11.19 | 15.61 | 25.11 | 11.93 | 24.30 | 17.61 | 34.09 | 26.20 | 9.95 | 30.65 | 19.46 | 18.20 | 18.20 | 60.47 | 27.96 | 11.80 | 7.68 | 60.47 |
| AR | 15.01 | 10.40 | 14.82 | 21.37 | 6.55 | 5.55 | 9.85 | 9.85 | 9.85 | 12.81 | 10.52 | 12.41 | 12.12 | 22.41 | 11.94 | 6.35 | 17.87 | 11.62 | 9.85 | 9.85 | 37.54 | 31.54 | 5.59 | 7.43 | 37.54 |
| CA | 28.28 | 9.07 | 28.28 | 13.18 | 13.18 | 9.93 | 7.88 | 7.88 | 16.37 | 23.34 | 10.90 | 14.55 | 19.45 | 21.18 | 18.12 | 11.59 | 39.79 | 15.33 | 13.55 | 13.55 | 23.93 | 21.91 | 7.74 | 19.45 | 21.91 |
| CO | 32.22 | 13.54 | 20.95 | 20.96 | 15.13 | 9.20 | 15.99 | 15.99 | 15.98 | 21.31 | 14.68 | 31.06 | 21.85 | 41.53 | 37.40 | 14.50 | 59.10 | 12.54 | 11.83 | 11.83 | 73.46 | 43.49 | 15.04 | 12.26 | 73.46 |
| CT | 31.15 | 22.77 | 35.93 | 28.11 | 16.99 | 10.82 | 16.62 | 16.62 | 29.89 | 34.20 | 37.28 | 37.65 | 17.59 | 26.10 | 21.65 | 20.20 | 47.11 | 20.45 | 22.10 | 22.10 | 71.11 | 67.41 | 24.88 | 6.18 | 71.11 |
| DE | 13.83 | 13.83 | 11.56 | 9.28 | 6.29 | 5.82 | 8.54 | 8.54 | 11.18 | 11.56 | 10.51 | 9.85 | 13.41 | 11.64 | 10.51 | 5.41 | 22.89 | 10.29 | 10.21 | 10.21 | 26.69 | 10.21 | 7.54 | 9.85 | 25.69 |
| DC | 15.53 | 11.62 | 20.66 | 35.10 | 10.64 | 13.46 | 22.35 | 22.35 | 24.78 | 24.22 | 14.89 | 31.06 | 12.00 | 65.69 | 18.54 | 20.90 | 34.54 | 14.55 | 36.18 | 36.18 | 58.30 | 70.82 | 27.84 | 6.88 | 58.30 |
| FL | 35.38 | 23.91 | 38.15 | 39.71 | 17.79 | 14.06 | 17.64 | 17.64 | 27.81 | 36.02 | 28.09 | 30.45 | 34.39 | 65.93 | 35.37 | 15.74 | 48.53 | 24.33 | 25.09 | 25.09 | 44.41 | 50.55 | 13.37 | 10.71 | 44.41 |
| GA | 22.45 | 11.60 | 25.91 | 17.09 | 13.59 | 8.50 | 25.84 | 25.84 | 15.93 | 13.85 | 20.93 | 16.63 | 15.45 | 39.89 | 15.11 | 8.05 | 35.56 | 13.78 | 9.93 | 9.93 | 26.03 | 47.70 | 10.64 | 10.44 | 26.03 |
| HI | 11.66 | 9.32 | 39.81 | 13.93 | 9.03 | 8.89 | 10.81 | 10.81 | 14.80 | 20.18 | 9.51 | 17.35 | 7.68 | 28.43 | 19.16 | 5.36 | 40.64 | 8.32 | 14.10 | 14.10 | 27.94 | 26.82 | 7.72 | 10.50 | 27.94 |
| ID | 15.39 | 9.43 | 18.61 | 19.33 | 7.43 | 7.22 | 11.22 | 11.22 | 13.85 | 23.16 | 9.71 | 16.78 | 18.41 | 23.34 | 13.28 | 8.04 | 34.45 | 12.42 | 10.49 | 10.49 | 31.50 | 23.35 | 8.19 | 10.28 | 31.50 |
| IL | 27.04 | 13.47 | 22.12 | 34.47 | 14.25 | 10.26 | 11.91 | 11.91 | 38.89 | 26.67 | 12.12 | 23.45 | 16.41 | 43.32 | 18.65 | 15.65 | 41.23 | 18.72 | 23.07 | 23.07 | 85.50 | 102.58 | 13.82 | 7.96 | 85.50 |
| IN | 9.82 | 3.38 | 8.21 | 7.62 | 3.85 | 3.00 | 5.36 | 5.36 | 6.59 | 8.76 | 4.93 | 6.03 | 4.79 | 11.84 | 6.06 | 3.14 | 17.60 | 5.01 | 4.47 | 4.47 | 14.44 | 15.26 | 5.10 | 4.66 | 14.44 |
| IA | 9.50 | 7.13 | 16.03 | 16.11 | 6.54 | 5.94 | 6.28 | 6.28 | 12.51 | 13.45 | 7.43 | 16.85 | 11.74 | 21.21 | 9.49 | 8.20 | 24.37 | 9.72 | 16.04 | 16.04 | 30.97 | 28.88 | 6.56 | 6.13 | 22.77 |
| KS | 17.46 | 8.87 | 12.85 | 21.16 | 11.43 | 5.84 | 7.51 | 7.51 | 9.85 | 18.06 | 12.06 | 15.59 | 9.95 | 23.80 | 17.26 | 7.78 | 36.07 | 10.63 | 9.19 | 9.19 | 23.52 | 35.99 | 7.81 | 8.28 | 23.52 |
| KY | 16.93 | 13.73 | 20.53 | 19.03 | 10.35 | 9.01 | 11.26 | 11.26 | 13.70 | 15.58 | 13.27 | 21.92 | 21.28 | 33.15 | 13.19 | 11.05 | 25.26 | 16.71 | 11.79 | 11.79 | 41.08 | 29.55 | 10.52 | 8.34 | 41.80 |
| LA | 29.63 | 22.95 | 26.01 | 20.86 | 14.80 | 10.48 | 24.73 | 24.73 | 23.88 | 20.82 | 14.00 | 21.27 | 27.63 | 54.39 | 21.42 | 13.78 | 49.11 | 21.35 | 15.51 | 15.51 | 66.41 | 36.94 | 12.82 | 10.26 | 66.41 |
| ME | 13.43 | 10.42 | 43.59 | 24.29 | 11.12 | 10.02 | 14.75 | 14.75 | 13.35 | 15.39 | 14.03 | 17.26 | 16.07 | 31.44 | 17.95 | 11.12 | 32.07 | 17.70 | 15.08 | 15.08 | 37.84 | 61.81 | 11.66 | 9.37 | 37.84 |
| MD | 10.55 | 5.95 | 10.55 | 11.35 | 5.05 | 5.15 | 9.25 | 9.25 | 13.20 | 13.05 | 6.45 | 11.35 | 6.75 | 27.45 | 6.65 | 5.55 | 22.80 | 7.00 | 9.15 | 9.15 | 26.80 | 18.50 | 6.35 | 3.50 | 26.80 |
| MA | 17.71 | 16.63 | 41.21 | 41.22 | 21.27 | 8.55 | 11.91 | 11.91 | 24.91 | 23.37 | 21.51 | 30.70 | 18.40 | 37.39 | 17.54 | 11.57 | 91.29 | 19.31 | 23.09 | 23.09 | 99.35 | 69.22 | 18.73 | 9.63 | 89.77 |
| MI | 16.69 | 13.75 | 17.77 | 30.96 | 15.28 | 7.05 | 17.03 | 17.03 | 14.35 | 20.56 | 11.12 | 24.56 | 18.50 | 33.91 | 17.70 | 9.95 | 43.33 | 12.19 | 13.04 | 13.04 | 44.59 | 66.23 | 8.22 | 9.03 | 44.59 |
| MN | 29.10 | 29.10 | 45.07 | 32.05 | 22.31 | 8.53 | 19.09 | 19.09 | 19.69 | 28.08 | 18.13 | 23.77 | 21.21 | 42.42 | 18.13 | 13.89 | 65.68 | 13.47 | 14.62 | 14.62 | 100.74 | 61.66 | 20.21 | 9.95 | 100.74 |
| MS | 20.90 | 6.85 | 14.19 | 15.74 | 7.63 | 6.89 | 10.30 | 10.30 | 12.94 | 8.68 | 10.00 | 9.81 | 12.48 | 32.55 | 12.95 | 7.27 | 14.88 | 12.69 | 12.41 | 12.41 | 18.89 | 17.68 | 10.71 | 5.64 | 18.89 |
| MO | 16.20 | 6.45 | 9.86 | 12.43 | 9.54 | 5.65 | 8.41 | 8.41 | 7.75 | 13.70 | 9.75 | 12.41 | 10.31 | 20.08 | 13.69 | 5.76 | 22.12 | 9.05 | 10.38 | 10.38 | 32.88 | 21.91 | 6.34 | 4.90 | 32.88 |
| MT | 40.73 | 24.28 | 48.23 | 38.25 | 29.36 | 14.91 | 33.62 | 33.62 | 29.77 | 30.79 | 29.84 | 80.80 | 43.70 | 69.09 | 35.67 | 23.65 | 82.57 | 19.63 | 28.03 | 28.03 | 132.01 | 84.62 | 17.89 | 13.85 | 132.01 |
| NE | 10.42 | 11.02 | 12.88 | 17.63 | 11.48 | 5.15 | 11.45 | 11.45 | 11.63 | 20.49 | 10.13 | 13.00 | 12.95 | 23.09 | 14.05 | 6.84 | 32.58 | 13.23 | 13.16 | 13.16 | 27.03 | 33.72 | 6.62 | 6.96 | 27.03 |
| NV | 16.50 | 16.50 | 16.50 | 12.32 | 12.32 | 9.30 | 11.14 | 11.14 | 12.72 | 18.19 | 17.92 | 13.14 | 29.41 | 10.82 | 17.92 | 11.30 | 29.91 | 32.15 | 13.40 | 13.40 | 29.41 | 29.41 | 9.67 | 10.82 | 29.41 |
| NH | 22.33 | 13.20 | 27.91 | 25.25 | 14.23 | 7.51 | 16.31 | 16.31 | 16.49 | 23.49 | 15.87 | 17.52 | 16.14 | 46.91 | 20.48 | 9.60 | 58.35 | 15.89 | 15.30 | 15.30 | 57.01 | 30.34 | 12.57 | 9.99 | 57.01 |
| NJ | 8.04 | 6.31 | 8.04 | 7.57 | 5.81 | 3.40 | 6.61 | 6.61 | 6.74 | 8.29 | 7.40 | 8.16 | 8.78 | 13.28 | 7.40 | 3.95 | 18.69 | 4.77 | 11.06 | 11.06 | 22.46 | 11.54 | 3.89 | 4.14 | 25.87 |
| NM | 21.16 | 16.25 | 24.36 | 33.73 | 17.42 | 7.81 | 14.10 | 14.10 | 20.30 | 28.66 | 15.93 | 32.28 | 18.23 | 60.31 | 29.01 | 12.27 | 47.24 | 13.33 | 20.92 | 20.92 | 42.42 | 43.76 | 15.16 | 10.50 | 42.42 |
| NY | 15.02 | 7.55 | 15.25 | 15.83 | 17.05 | 8.34 | 12.36 | 12.36 | 18.25 | 15.35 | 16.48 | 20.08 | 11.08 | 31.41 | 12.08 | 12.64 | 35.75 | 20.22 | 15.99 | 15.99 | 43.47 | 37.99 | 11.34 | 7.55 | 25.82 |
| NC | 10.35 | 6.14 | 11.56 | 8.39 | 4.88 | 7.09 | 8.56 | 8.56 | 6.97 | 8.97 | 5.97 | 5.66 | 7.28 | 14.40 | 14.23 | 5.90 | 14.84 | 7.54 | 7.93 | 7.93 | 17.34 | 11.00 | 3.67 | 3.74 | 17.34 |
| ND | 11.72 | 11.72 | 11.72 | 13.77 | 13.77 | 4.95 | 9.12 | 9.12 | 9.34 | 10.35 | 10.06 | 11.06 | 12.97 | 27.61 | 10.06 | 7.12 | 23.06 | 7.12 | 11.72 | 11.72 | 27.61 | 27.61 | 8.68 | 23.06 | 27.61 |
| OH | 9.83 | 9.83 | 9.83 | 10.71 | 10.71 | 4.20 | 10.71 | 10.71 | 14.16 | 11.26 | 11.26 | 13.03 | 14.16 | 10.71 | 11.26 | 5.80 | 19.81 | 17.97 | 10.71 | 10.71 | 10.71 | 10.71 | 5.89 | 10.71 | 10.71 |
| OK | 25.73 | 12.32 | 20.37 | 15.83 | 12.50 | 7.29 | 19.04 | 19.04 | 13.32 | 17.70 | 13.10 | 16.52 | 16.82 | 39.44 | 17.99 | 8.82 | 41.55 | 12.25 | 11.57 | 11.57 | 75.54 | 50.86 | 11.24 | 9.11 | 75.54 |
| OR | 50.64 | 13.33 | 28.45 | 28.96 | 16.08 | 8.39 | 17.96 | 17.96 | 15.62 | 27.14 | 17.12 | 21.70 | 32.80 | 39.38 | 21.66 | 12.04 | 41.81 | 14.07 | 13.38 | 13.38 | 60.55 | 54.05 | 14.31 | 13.60 | 60.55 |
| PA | 15.80 | 18.80 | 19.85 | 28.18 | 11.84 | 7.80 | 12.74 | 12.74 | 15.69 | 19.85 | 18.94 | 18.96 | 22.05 | 32.12 | 18.94 | 11.57 | 43.30 | 12.58 | 24.71 | 24.71 | 59.05 | 24.71 | 11.83 | 18.96 | 81.34 |
| RI | 15.52 | 7.13 | 12.32 | 14.83 | 16.49 | 6.22 | 12.89 | 12.89 | 18.05 | 15.23 | 11.26 | 14.94 | 17.87 | 30.71 | 15.05 | 4.69 | 31.27 | 6.80 | 10.13 | 10.13 | 78.01 | 40.30 | 9.28 | 8.00 | 78.01 |
| SC | 19.09 | 10.31 | 25.02 | 15.30 | 8.48 | 8.37 | 9.70 | 9.70 | 15.93 | 10.37 | 9.10 | 9.40 | 9.92 | 22.00 | 16.81 | 7.24 | 27.15 | 12.42 | 10.03 | 10.03 | 24.28 | 37.11 | 6.55 | 4.93 | 24.28 |
| SD | 12.63 | 7.94 | 16.50 | 12.32 | 8.96 | 5.33 | 8.36 | 8.36 | 9.95 | 19.66 | 9.61 | 11.73 | 10.21 | 25.35 | 14.07 | 10.24 | 27.71 | 8.72 | 9.91 | 9.91 | 26.49 | 23.34 | 6.83 | 6.01 | 26.49 |
| TN | 17.88 | 6.11 | 13.62 | 12.44 | 8.46 | 5.80 | 9.34 | 9.34 | 9.72 | 14.23 | 7.58 | 10.29 | 10.32 | 26.16 | 12.01 | 7.18 | 23.01 | 10.89 | 10.25 | 10.25 | 31.65 | 23.53 | 5.08 | 5.28 | 34.65 |
| TX | 28.29 | 18.95 | 28.29 | 25.59 | 19.49 | 11.60 | 18.16 | 18.16 | 14.17 | 25.84 | 13.47 | 23.12 | 18.29 | 43.91 | 20.99 | 12.88 | 47.24 | 22.92 | 14.29 | 14.29 | 50.47 | 31.01 | 9.94 | 11.38 | 54.81 |
| UT | 11.17 | 11.17 | 11.17 | 17.68 | 7.99 | 7.05 | 6.38 | 6.38 | 9.55 | 10.95 | 12.32 | 13.75 | 15.29 | 17.24 | 10.60 | 6.41 | 26.27 | 6.30 | 8.99 | 8.99 | 23.51 | 23.51 | 6.06 | 5.83 | 26.53 |
| VT | 9.90 | 7.30 | 16.27 | 25.99 | 8.98 | 4.52 | 8.49 | 8.49 | 10.81 | 14.03 | 9.84 | 12.60 | 7.81 | 25.34 | 13.09 | 7.48 | 15.92 | 11.03 | 11.57 | 11.57 | 35.30 | 32.77 | 7.40 | 7.00 | 35.30 |
| VA | 9.27 | 6.34 | 10.01 | 11.27 | 5.69 | 4.84 | 6.91 | 6.91 | 6.55 | 13.97 | 6.35 | 8.07 | 8.37 | 18.70 | 8.51 | 5.72 | 24.03 | 9.00 | 7.53 | 7.53 | 20.86 | 20.88 | 6.45 | 3.26 | 20.86 |
| WA | 14.42 | 14.42 | 14.42 | 11.21 | 9.83 | 4.00 | 9.15 | 9.15 | 17.44 | 13.39 | 16.20 | 13.92 | 11.74 | 18.72 | 17.30 | 5.63 | 15.89 | 5.89 | 12.89 | 12.89 | 22.81 | 22.81 | 8.23 | 12.45 | 18.64 |
| WV | 12.95 | 12.95 | 12.95 | 15.65 | 15.65 | 5.01 | 9.14 | 9.14 | 6.36 | 6.36 | 15.65 | 12.02 | 15.15 | 8.95 | 15.15 | 5.85 | 12.04 | 6.36 | 14.98 | 14.98 | 13.27 | 14.98 | 12.02 | 4.13 | 13.27 |
| WI | 14.24 | 8.74 | 18.85 | 15.27 | 11.20 | 6.13 | 7.59 | 7.59 | 14.80 | 20.04 | 11.23 | 15.27 | 12.63 | 39.18 | 13.95 | 7.63 | 37.42 | 9.10 | 15.50 | 15.50 | 36.84 | 34.27 | 8.92 | 6.48 | 36.84 |
| WY | 5.86 | 5.86 | 5.86 | 5.86 | 5.86 | 5.86 | 5.86 | 5.86 | 5.86 | 5.86 | 5.86 | 5.86 | 5.86 | 5.86 | 5.86 | 5.86 | 5.86 | 5.86 | 5.86 | 5.86 | 5.86 | 5.86 | 5.86 | 5.86 | 5.86 |
| AVG. | 18.61 | 11.97 | 20.58 | 19.53 | 12.00 | 7.62 | 12.57 | 12.57 | 15.37 | 18.09 | 13.32 | 18.22 | 15.82 | 31.45 | 16.56 | 9.57 | 34.18 | 13.21 | 14.06 | 14.06 | 42.65 | 36.23 | 10.44 | 8.71 | 42.54 |

# General Requirements — R010 Overhead and Miscellaneous Data

**R010-060 Workers' Compensation (cont.) (Canada in Canadian dollars)**

| Province | | Alberta | British Columbia | Manitoba | Ontario | New Brunswick | Newfndld. & Labrador | Northwest Territories | Nova Scotia | Prince Edward Island | Quebec | Saskatchewan | Yukon |
|---|---|---|---|---|---|---|---|---|---|---|---|---|---|
| Carpentry—3 stories or less | Rate | 6.91 | 3.43 | 9.41 | 7.99 | 4.25 | 6.15 | 10.25 | 5.14 | 6.18 | 11.05 | 6.00 | 2.00 |
| | Code | 25401 | 60412 | 40102 | 723 | 403 | 403 | 4-41 | 4013 | 401 | 40010 | B12-02 | 4-042 |
| Carpentry—interior cab. work | Rate | 3.07 | 3.43 | 9.41 | 7.99 | 4.25 | 6.15 | 10.25 | 5.14 | 6.18 | 11.05 | 5.00 | 2.00 |
| | Code | 42133 | 60412 | 40102 | 723 | 403 | 403 | 4-41 | 4013 | 401 | 40010 | B11-25 | 4-042 |
| CARPENTRY—general | Rate | 6.91 | 3.43 | 9.41 | 7.99 | 4.25 | 6.15 | 10.25 | 5.14 | 6.18 | 11.05 | 6.00 | 2.00 |
| | Code | 25401 | 60412 | 40102 | 723 | 403 | 403 | 4-41 | 4013 | 401 | 40010 | B12-02 | 4-042 |
| CONCRETE WORK—NOC | Rate | 7.65 | 6.14 | 11.32 | 11.83 | 4.25 | 6.15 | 10.25 | 5.14 | 6.18 | 15.36 | 9.50 | 2.50 |
| | Code | 42104 | 70604 | 40110 | 745 | 403 | 403 | 4-41 | 4222 | 401 | 40080 | B14-04 | 2-032 |
| CONCRETE WORK—flat (flr. sidewalk) | Rate | 7.65 | 6.14 | 11.32 | 11.83 | 4.25 | 6.15 | 10.25 | 5.14 | 6.18 | 15.36 | 9.50 | 2.50 |
| | Code | 42104 | 70604 | 40110 | 745 | 403 | 403 | 4-41 | 4222 | 401 | 40080 | B14-04 | 2-032 |
| ELECTRICAL Wiring—inside | Rate | 2.89 | 3.36 | 4.91 | 5.61 | 4.25 | 3.56 | 5.00 | 2.14 | 3.50 | 6.96 | 5.00 | 2.00 |
| | Code | 42124 | 71100 | 40203 | 704 | 403 | 400 | 4-46 | 4261 | 402 | 40150 | B11-05 | 4-041 |
| EXCAVATION—earth NOC | Rate | 4.86 | 3.70 | 8.51 | 6.29 | 4.25 | 6.15 | 5.25 | 4.70 | 6.18 | 10.37 | 6.60 | 2.50 |
| | Code | 40604 | 72607 | 40706 | 711 | 403 | 403 | 4-43 | 4214 | 401 | 40021 | R11-06 | 2-016 |
| EXCAVATION—rock | Rate | 4.86 | 3.70 | 8.51 | 6.29 | 4.25 | 6.15 | 5.25 | 4.70 | 6.18 | 10.37 | 6.60 | 2.50 |
| | Code | 40604 | 72607 | 40706 | 711 | 403 | 403 | 4-43 | 4214 | 401 | 40020 | R11-06 | 2-016 |
| GLAZIERS | Rate | 3.75 | 2.20 | 8.51 | 5.95 | 4.25 | 3.36 | 10.25 | 5.14 | 3.50 | 9.62 | 8.25 | 2.00 |
| | Code | 42121 | 60236 | 40109 | 751 | 403 | 402 | 4-41 | 4233 | 402 | 40110 | B13-04 | 4-042 |
| INSULATION WORK | Rate | 7.54 | 5.20 | 9.41 | 5.95 | 4.25 | 3.36 | 10.25 | 5.14 | 6.18 | 12.60 | 6.00 | 2.50 |
| | Code | 42184 | 70504 | 40102 | 751 | 403 | 402 | 4-41 | 4234 | 401 | 40170 | B12-07 | 2-035 |
| LATHING | Rate | 7.68 | 5.20 | 9.41 | 7.99 | 4.25 | 3.36 | 10.25 | 5.14 | 3.50 | 12.60 | 8.25 | 2.50 |
| | Code | 42135 | 70500 | 40102 | 723 | 403 | 402 | 4-41 | 4271 | 402 | 40170 | B13-02 | 2-036 |
| MASONRY | Rate | 7.65 | 6.14 | 9.41 | 5.95 | 4.25 | 6.15 | 10.25 | 5.14 | 6.18 | 15.36 | 12.00 | 2.50 |
| | Code | 42102 | 70602 | 40102 | 741 | 403 | 403 | 4-41 | 4231 | 401 | 40080 | B15-01 | 2-032 |
| PAINTING & DECORATING | Rate | 5.54 | 5.20 | 8.51 | 5.95 | 4.25 | 3.36 | 10.50 | 5.14 | 3.50 | 12.60 | 6.00 | 2.50 |
| | Code | 42111 | 70501 | 40105 | 719 | 403 | 402 | 4-49 | 4275 | 402 | 40170 | B12-01 | 2-036 |
| PILE DRIVING | Rate | 7.71 | 18.66 | 8.51 | 11.18 | 4.25 | 7.12 | 5.25 | 5.07 | 6.18 | 10.36 | 6.00 | 2.50 |
| | Code | 42159 | 72502 | 40706 | 732 | 403 | 404 | 4-43 | 4221 | 401 | 40020 | B12-10 | 2-030 |
| PLASTERING | Rate | 7.68 | 5.20 | 11.32 | 5.95 | 4.25 | 3.36 | 10.25 | 5.14 | 3.50 | 12.60 | 8.25 | 2.50 |
| | Code | 42135 | 70502 | 40108 | 719 | 403 | 402 | 4-41 | 4271 | 402 | 40170 | B13-02 | 2-036 |
| PLUMBING | Rate | 3.50 | 3.99 | 4.91 | 5.61 | 4.25 | 4.86 | 5.00 | 3.28 | 3.50 | 8.78 | 5.00 | 2.00 |
| | Code | 42122 | 70712 | 40204 | 707 | 403 | 401 | 4-46 | 4241 | 402 | 40130 | B11-01 | 4-039 |
| ROOFING | Rate | 12.26 | 6.14 | 11.55 | 5.95 | 4.25 | 6.15 | 10.25 | 5.14 | 6.18 | 17.46 | 12.00 | 2.50 |
| | Code | 42118 | 70600 | 40403 | 728 | 403 | 403 | 4-41 | 4235 | 401 | 40120 | B15-02 | 2-031 |
| SHEET METAL WORK (HVAC) | Rate | 4.77 | 3.99 | 10.72 | 5.61 | 4.25 | 4.86 | 5.00 | 5.14 | 3.50 | 8.78 | 5.00 | 2.00 |
| | Code | 42117 | 70714 | 40402 | 707 | 403 | 401 | 4-46 | 4236 | 402 | 40130 | B11-07 | 4-040 |
| STEEL ERECTION—door & sash | Rate | 5.33 | 18.66 | 8.51 | 12.95 | 4.25 | 7.12 | 10.25 | 5.14 | 6.18 | 22.06 | 12.00 | 2.50 |
| | Code | 30100 | 72509 | 40502 | 748 | 403 | 404 | 4-41 | 4223 | 401 | 40100 | B15-03 | 2-012 |
| STEEL ERECTION—inter., ornam. | Rate | 5.33 | 18.66 | 8.51 | 12.95 | 4.25 | 6.15 | 10.25 | 5.14 | 6.18 | 22.06 | 12.00 | 2.50 |
| | Code | 30100 | 72509 | 40502 | 748 | 403 | 403 | 4-41 | 4223 | 401 | 40100 | B15-03 | 2-012 |
| STEEL ERECTION—structure | Rate | 12.98 | 18.66 | 8.51 | 12.95 | 4.25 | 7.12 | 9.50 | 9.88 | 6.18 | 22.06 | 12.00 | 2.50 |
| | Code | 42106 | 72509 | 40502 | 748 | 403 | 404 | 4-44 | 4227 | 401 | 40100 | B15-04 | 2-012 |
| STEEL ERECTION—NOC | Rate | 12.98 | 18.66 | 8.51 | 12.95 | 4.25 | 7.12 | 10.25 | 9.88 | 6.18 | 22.06 | 12.00 | 2.50 |
| | Code | 42106 | 72509 | 40502 | 748 | 403 | 404 | 4-41 | 4227 | 401 | 40100 | B15-03 | 2-012 |
| TILE WORK—inter. (ceramic) | Rate | 4.46 | 5.20 | 4.91 | 5.95 | 4.25 | 3.36 | 10.50 | 5.14 | 3.50 | 12.60 | 8.25 | 2.50 |
| | Code | 42113 | 70506 | 40103 | 719 | 403 | 402 | 4-49 | 4276 | 402 | 40170 | B13-01 | 2-034 |
| WATERPROOFING | Rate | 7.94 | 2.20 | 9.41 | 7.99 | 4.25 | 6.15 | 10.25 | 5.14 | 3.50 | 17.46 | 5.00 | 2.50 |
| | Code | 42139 | 60237 | 40102 | 723 | 403 | 403 | 4-41 | 4239 | 402 | 40120 | B11-17 | 2-030 |
| WRECKING | Rate | 12.86 | 6.14 | 11.34 | 12.95 | 4.25 | 6.15 | 5.25 | 5.14 | 6.18 | 27.74 | 9.50 | 2.50 |
| | Code | 42108 | 70600 | 40106 | 748 | 403 | 403 | 4-43 | 4211 | 401 | 40050 | B14-07 | 2-030 |

REFERENCE NUMBERS

# General Requirements — R010 Overhead and Miscellaneous Data

## R010-070 Contractor's Overhead & Profit

Below are the **average** installing contractor's percentage mark-ups applied to base labor rates to arrive at typical billing rates.

**Column A:** Labor rates are based on union wages averaged for 30 major U.S. cities. Base rates including fringe benefits are listed hourly and daily. These figures are the sum of the wage rate and employer-paid fringe benefits such as vacation pay, employer-paid health and welfare costs, pension costs, plus appropriate training and industry advancement funds costs.

**Column B:** Workers' Compensation rates are the national average of state rates established for each trade.

**Column C:** Column C lists average fixed overhead figures for all trades. Included are Federal and State Unemployment costs set at 7.3%; Social Security Taxes (FICA) set at 7.65%; Builder's Risk Insurance costs set at 0.34%; and Public Liability costs set at 1.55%. All the percentages except those for Social Security Taxes vary from state to state as well as from company to company.

**Columns D and E:** Percentages in Columns D and E are based on the presumption that the installing contractor has annual billing of $500,000 and up. Overhead percentages may increase with smaller annual billing. The overhead percentages for any given contractor may vary greatly and depend on a number of factors, such as the contractor's annual volume, engineering and logistical support costs, and staff requirements. The figures for overhead and profit will also vary depending on the type of job, the job location, and the prevailing economic conditions. All factors should be examined very carefully for each job.

**Column F:** Column F lists the total of Columns B, C, D, and E.

**Column G:** Column G is Column A (hourly base labor rate) multiplied by the percentage in Column F (O&P percentage).

**Column H:** Column H is the total of Column A (hourly base labor rate) plus Column G (Total O&P).

**Column I:** Column I is Column H multiplied by eight hours.

| | | A | | B | C | D | E | F | G | H | I |
|---|---|---|---|---|---|---|---|---|---|---|---|
| | | Base Rate Incl. Fringes | | Workers' Comp. Ins. | Average Fixed Overhead | Overhead | Profit | Total Overhead & Profit | | Rate with O & P | |
| Abbr. | Trade | Hourly | Daily | | | | | % | Amount | Hourly | Daily |
| Skwk | Skilled Workers Average (35 trades) | $24.65 | $197.20 | 19.0% | 16.8% | 13.0% | 10.0% | 58.8% | $14.50 | $39.15 | $313.20 |
| | Helpers Average (5 trades) | 18.60 | 148.80 | 20.0 | | 11.0 | | 57.8 | 10.75 | 29.35 | 234.80 |
| | Foreman Average, Inside ($.50 over trade) | 25.15 | 201.20 | 19.0 | | 13.0 | | 58.8 | 14.75 | 39.90 | 319.20 |
| | Foreman Average, Outside ($2.00 over trade) | 26.65 | 213.20 | 19.0 | | 13.0 | | 58.8 | 15.65 | 42.30 | 338.40 |
| Clab | Common Building Laborers | 19.00 | 152.00 | 20.6 | | 11.0 | | 58.4 | 11.10 | 30.10 | 240.80 |
| Asbe | Asbestos Workers | 26.90 | 215.20 | 18.1 | | 16.0 | | 60.9 | 16.40 | 43.30 | 346.40 |
| Boil | Boilermakers | 28.05 | 224.40 | 11.3 | | 16.0 | | 54.1 | 15.20 | 43.25 | 346.00 |
| Bric | Bricklayers | 24.55 | 196.40 | 18.2 | | 11.0 | | 56.0 | 13.75 | 38.30 | 306.40 |
| Brhe | Bricklayer Helpers | 19.50 | 156.00 | 18.2 | | 11.0 | | 56.0 | 10.90 | 30.40 | 243.20 |
| Carp | Carpenters | 23.80 | 190.40 | 20.6 | | 11.0 | | 58.4 | 13.90 | 37.70 | 301.60 |
| Cefi | Cement Finishers | 23.25 | 186.00 | 12.0 | | 11.0 | | 49.8 | 11.60 | 34.85 | 278.80 |
| Elec | Electricians | 27.50 | 220.00 | 7.6 | | 16.0 | | 50.4 | 13.85 | 41.35 | 330.80 |
| Elev | Elevator Constructors | 28.15 | 225.20 | 9.0 | | 16.0 | | 51.8 | 14.60 | 42.75 | 342.00 |
| Eqhv | Equipment Operators, Crane or Shovel | 25.40 | 203.20 | 12.6 | | 14.0 | | 53.4 | 13.55 | 38.95 | 311.60 |
| Eqmd | Equipment Operators, Medium Equipment | 24.35 | 194.80 | 12.6 | | 14.0 | | 53.4 | 13.00 | 37.35 | 298.80 |
| Eqlt | Equipment Operators, Light Equipment | 23.40 | 187.20 | 12.6 | | 14.0 | | 53.4 | 12.50 | 35.90 | 287.20 |
| Eqol | Equipment Operators, Oilers | 20.75 | 166.00 | 12.6 | | 14.0 | | 53.4 | 11.10 | 31.85 | 254.80 |
| Eqmm | Equipment Operators, Master Mechanics | 25.95 | 207.60 | 12.6 | | 14.0 | | 53.4 | 13.85 | 39.80 | 318.40 |
| Glaz | Glaziers | 23.80 | 190.40 | 15.4 | | 11.0 | | 53.2 | 12.65 | 36.45 | 291.60 |
| Lath | Lathers | 23.70 | 189.60 | 13.3 | | 11.0 | | 51.1 | 12.10 | 35.80 | 286.40 |
| Marb | Marble Setters | 24.65 | 197.20 | 18.2 | | 11.0 | | 56.0 | 13.80 | 38.45 | 307.60 |
| Mill | Millwrights | 25.10 | 200.80 | 12.6 | | 11.0 | | 50.4 | 12.65 | 37.75 | 302.00 |
| Mstz | Mosaic and Terrazzo Workers | 24.20 | 193.60 | 10.4 | | 11.0 | | 48.2 | 11.65 | 35.85 | 286.80 |
| Pord | Painters, Ordinary | 22.20 | 177.60 | 15.8 | | 11.0 | | 53.6 | 11.90 | 34.10 | 272.80 |
| Psst | Painters, Structural Steel | 23.10 | 184.80 | 60.9 | | 11.0 | | 98.7 | 22.80 | 45.90 | 367.20 |
| Pape | Paper Hangers | 22.40 | 179.20 | 15.8 | | 11.0 | | 53.6 | 12.00 | 34.40 | 275.20 |
| Pile | Pile Drivers | 23.95 | 191.60 | 31.5 | | 16.0 | | 74.3 | 17.80 | 41.75 | 334.00 |
| Plas | Plasterers | 23.30 | 186.40 | 16.6 | | 11.0 | | 54.4 | 12.70 | 36.00 | 288.00 |
| Plah | Plasterer Helpers | 19.75 | 158.00 | 16.6 | | 11.0 | | 54.4 | 10.75 | 30.50 | 244.00 |
| Plum | Plumbers | 28.30 | 226.40 | 9.6 | | 16.0 | | 52.4 | 14.85 | 43.15 | 345.20 |
| Rodm | Rodmen (Reinforcing) | 26.40 | 211.20 | 36.2 | | 14.0 | | 77.0 | 20.35 | 46.75 | 374.00 |
| Rofc | Roofers, Composition | 21.55 | 172.40 | 34.2 | | 11.0 | | 72.0 | 15.50 | 37.05 | 296.40 |
| Rots | Roofers, Tile and Slate | 21.60 | 172.80 | 34.2 | | 11.0 | | 72.0 | 15.55 | 37.15 | 297.20 |
| Rohe | Roofer Helpers (Composition) | 15.35 | 122.80 | 34.2 | | 11.0 | | 72.0 | 11.05 | 26.40 | 211.20 |
| Shee | Sheet Metal Workers | 27.35 | 218.80 | 13.2 | | 16.0 | | 56.0 | 15.30 | 42.65 | 341.20 |
| Spri | Sprinkler Installers | 30.35 | 242.80 | 9.9 | | 16.0 | | 52.7 | 16.00 | 46.35 | 370.80 |
| Stpi | Steamfitters or Pipefitters | 28.30 | 226.40 | 9.6 | | 16.0 | | 52.4 | 14.85 | 43.15 | 345.20 |
| Ston | Stone Masons | 24.70 | 197.60 | 18.2 | | 11.0 | | 56.0 | 13.85 | 38.55 | 308.40 |
| Sswk | Structural Steel Workers | 26.50 | 212.00 | 42.7 | | 14.0 | | 83.5 | 22.15 | 48.65 | 389.20 |
| Tilf | Tile Layers (Floor) | 24.00 | 192.00 | 10.4 | | 11.0 | | 48.2 | 11.55 | 35.55 | 284.40 |
| Tilh | Tile Layer Helpers | 19.25 | 154.00 | 10.4 | | 11.0 | | 48.2 | 9.30 | 28.55 | 228.40 |
| Trlt | Truck Drivers, Light | 19.40 | 155.20 | 16.3 | | 11.0 | | 54.1 | 10.50 | 29.90 | 239.20 |
| Trhv | Truck Drivers, Heavy | 19.70 | 157.60 | 16.3 | | 11.0 | | 54.1 | 10.65 | 30.35 | 242.80 |
| Sswl | Welders, Structural Steel | 26.50 | 212.00 | 42.7 | | 14.0 | | 83.5 | 22.15 | 48.65 | 389.20 |
| Wrck | *Wrecking | 19.00 | 152.00 | 42.5 | ▼ | 11.0 | ▼ | 80.3 | 15.25 | 34.25 | 274.00 |

*Not included in Averages.

# General Requirements | R010 | Overhead and Miscellaneous Data

## R010-080  Performance Bond

This table shows the cost of a Performance Bond for a construction job scheduled to be completed in 12 months. Add 1% of the premium cost per month for jobs requiring more than 12 months to complete. The rates are "standard" rates offered to contractors that the bonding company considers financially sound and capable of doing the work. Preferred rates are offered by some bonding companies based upon financial strength of the contractor. Actual rates vary from contractor to contractor and from bonding company to bonding company. Contractors should prequalify through a bonding agency before submitting a bid on a contract that requires a bond.

| Contract Amount | Building Construction Class B Projects | Highways & Bridges Class A New Construction | Highways & Bridges Class A-1 Highway Resurfacing |
|---|---|---|---|
| First $ 100,000 bid | $25.00 per M | $15.00 per M | $9.40 per M |
| Next 400,000 bid | $ 2,500 plus $15.00 per M | $ 1,500 plus $10.00 per M | $ 940 plus $7.20 per M |
| Next 2,000,000 bid | 8,500 plus 10.00 per M | 5,500 plus 7.00 per M | 3,820 plus 5.00 per M |
| Next 2,500,000 bid | 28,500 plus 7.50 per M | 19,500 plus 5.50 per M | 15,820 plus 4.50 per M |
| Next 2,500,000 bid | 47,250 plus 7.00 per M | 33,250 plus 5.00 per M | 28,320 plus 4.50 per M |
| Over 7,500,000 bid | 64,750 plus 6.00 per M | 45,750 plus 4.50 per M | 39,570 plus 4.00 per M |

## R010-090  Sales Tax by State

State sales tax on materials is tabulated below (5 states have no sales tax). Many states allow local jurisdictions, such as a county or city, to levy additional sales tax.

Some projects may be sales tax exempt, particularly those constructed with public funds.

| State | Tax (%) | State | Tax (%) | State | Tax (%) | State | Tax (%) |
|---|---|---|---|---|---|---|---|
| Alabama | 4 | Illinois | 6.25 | Montana | 0 | Rhode Island | 7 |
| Alaska | 0 | Indiana | 5 | Nebraska | 5 | South Carolina | 5 |
| Arizona | 5.5 | Iowa | 5 | Nevada | 6.75 | South Dakota | 4 |
| Arkansas | 4.5 | Kansas | 4.9 | New Hampshire | 0 | Tennessee | 6 |
| California | 7.25 | Kentucky | 6 | New Jersey | 6 | Texas | 6.25 |
| Colorado | 3 | Louisiana | 4 | New Mexico | 5 | Utah | 5 |
| Connecticut | 6 | Maine | 6 | New York | 4 | Vermont | 5 |
| Delaware | 0 | Maryland | 5 | North Carolina | 4 | Virginia | 4.5 |
| District of Columbia | 6 | Massachusetts | 5 | North Dakota | 5 | Washington | 6.5 |
| Florida | 6 | Michigan | 4.6 | Ohio | 5 | West Virginia | 6 |
| Georgia | 4 | Minnesota | 6.5 | Oklahoma | 4.5 | Wisconsin | 5 |
| Hawaii | 4 | Mississippi | 7 | Oregon | 0 | Wyoming | 3 |
| Idaho | 5 | Missouri | 4.225 | Pennsylvania | 6 | Average | 4.69% |

## R010-100  Unemployment Taxes and Social Security Taxes

Mass. State Unemployment tax ranges from 2.2% to 8.1% plus an experience rating assessment the following year, on the first $7,000 of wages. Federal Unemployment tax is 6.5% of the first $7,000 of wages. This is reduced by a credit for payment to the state. The minimum Federal Unemployment tax is .8% after all credits.

Combined rates in Mass. thus vary from 3.0% to 8.9% of the first $7,000 of wages. Combined average U.S. rate is about 7.3% of the first $7,000. Contractors with permanent workers will pay less since the average annual wages for skilled workers is $24.65 x 2,000 hours or about $49,300 per year. The average combined rate for U.S. would thus be 7.3% x $7,000 ÷ $49,300 = 1.0% of total wages for permanent employees.

Rates vary not only from state to state but also with the experience rating of the contractor.

Social Security (FICA) for 1994 is estimated at time of publication to be 7.65% of wages up to $57,600.

# General Requirements | R010 | Overhead and Miscellaneous Data

## R010-110 Overtime

One way to improve the completion date of a project or eliminate negative float from a schedule is to compress activity duration times. This can be achieved by increasing the crew size or working overtime with the proposed crew.

To determine the costs of working overtime to compress activity duration times, consider the following examples. Below is an overtime efficiency and cost chart based on a five, six, or seven day week with an eight through twelve hour day. Payroll percentage increases for time and one half and double time are shown for the various working days.

| Days per Week | Hours per Day | Production Efficiency | | | | | Payroll Cost Factors | |
|---|---|---|---|---|---|---|---|---|
| | | 1 Week | 2 Weeks | 3 Weeks | 4 Weeks | Average 4 Weeks | @ 1-1/2 Times | @ 2 Times |
| 5 | 8 | 100% | 100% | 100% | 100% | 100 % | 100 % | 100 % |
| | 9 | 100 | 100 | 95 | 90 | 96.25 | 105.6 | 111.1 |
| | 10 | 100 | 95 | 90 | 85 | 91.25 | 110.0 | 120.0 |
| | 11 | 95 | 90 | 75 | 65 | 81.25 | 113.6 | 127.3 |
| | 12 | 90 | 85 | 70 | 60 | 76.25 | 116.7 | 133.3 |
| 6 | 8 | 100 | 100 | 95 | 90 | 96.25 | 108.3 | 116.7 |
| | 9 | 100 | 95 | 90 | 85 | 92.50 | 113.0 | 125.9 |
| | 10 | 95 | 90 | 85 | 80 | 87.50 | 116.7 | 133.3 |
| | 11 | 95 | 85 | 70 | 65 | 78.75 | 119.7 | 139.4 |
| | 12 | 90 | 80 | 65 | 60 | 73.75 | 122.2 | 144.4 |
| 7 | 8 | 100 | 95 | 85 | 75 | 88.75 | 114.3 | 128.6 |
| | 9 | 95 | 90 | 80 | 70 | 83.75 | 118.3 | 136.5 |
| | 10 | 90 | 85 | 75 | 65 | 78.75 | 121.4 | 142.9 |
| | 11 | 85 | 80 | 65 | 60 | 72.50 | 124.0 | 148.1 |
| | 12 | 85 | 75 | 60 | 55 | 68.75 | 126.2 | 152.4 |

## R010-710 Unit Gross Area Requirements

| Building Type | Unit | Gross Area in S.F. | | |
|---|---|---|---|---|
| | | 1/4 | Median | 3/4 |
| Apartments | Unit | 660 | 860 | 1,100 |
| Auditorium & Play Theaters | Seat | 18 | 25 | 38 |
| Bowling Alleys | Lane | | 940 | |
| Churches & Synagogues | Seat | 20 | 28 | 39 |
| Dormitories | Bed | 200 | 230 | 275 |
| Fraternity & Sorority Houses | Bed | 220 | 315 | 370 |
| Garages, Parking | Car | 325 | 355 | 385 |
| Hospitals | Bed | 685 | 850 | 1,075 |
| Hotels | Rental Unit | 475 | 600 | 710 |
| Housing for the elderly | Unit | 515 | 635 | 755 |
| Housing, Public | Unit | 700 | 875 | 1,030 |
| Ice Skating Rinks | Total | 27,000 | 30,000 | 36,000 |
| Motels | Rental Unit | 360 | 465 | 620 |
| Nursing Homes | Bed | 290 | 350 | 450 |
| Restaurants | Seat | 23 | 29 | 39 |
| Schools, Elementary | Pupil | 65 | 77 | 90 |
| Junior High & Middle | | 85 | 110 | 129 |
| Senior High | | 102 | 130 | 145 |
| Vocational | | 110 | 135 | 195 |
| Shooting Ranges | Point | | 450 | |
| Theaters & Movies | Seat | | 15 | |

# General Requirements — R011 Special Project Procedures

## R011-010 Repair and Remodeling

Cost figures in MEANS ELECTRICAL COST DATA are based on new construction utilizing the most cost-effective combination of labor, equipment and material with the work scheduled in proper sequence to allow the various trades to accomplish their work in an efficient manner.

The costs for repair and remodeling work must be modified due to the following factors that may be present in any given repair and remodeling project.

1. Equipment usage curtailment due to the physical limitations of the project, with only hand-operated equipment being used.
2. Increased requirement for shoring and bracing to hold up the building while structural changes are being made and to allow for temporary storage of construction materials on above-grade floors.
3. Material handling becomes more costly due to having to move within the confines of an enclosed building. For multi-story construction, low capacity elevators and stairwells may be the only access to the upper floors.
4. Large amount of cutting and patching and attempting to match the existing construction is required. It is often more economical to remove entire walls rather than create many new door and window openings. This sort of trade-off has to be carefully analyzed.
5. Cost of protection of completed work is increased since the usual sequence of construction usually cannot be accomplished.
6. Economies of scale usually associated with new construction may not be present. If small quantities of components must be custom fabricated due to job requirements, unit costs will naturally increase. Also, if only small work areas are available at a given time, job scheduling between trades becomes difficult and subcontractor quotations may reflect the excessive start-up and shut-down phases of the job.
7. Work may have to be done on other than normal shifts and may have to be done around an existing production facility which has to stay in production during the course of the repair and remodeling.
8. Dust and noise protection of adjoining non-construction areas can involve substantial special protection and alter usual construction methods.
9. Job may be delayed due to unexpected conditions discovered during demolition or removal. These delays ultimately increase construction costs.
10. Piping and ductwork runs may not be as simple as for new construction. Wiring may have to be snaked through walls and floors.
11. Matching "existing construction" may be impossible because materials may no longer be manufactured. Substitutions may be expensive.
12. Weather protection of existing structure requires additional temporary structures to protect building at openings.
13. On small projects, because of local conditions, it may be necessary to pay a tradesman for a minimum of four hours for a task that is completed in one hour.

All of the above areas can contribute to increased costs for a repair and remodeling project. Each of the above factors should be considered in the planning, bidding and construction stage in order to minimize the increased costs associated with repair and remodeling jobs.

# General Requirements — R015 Construction Aids

## R015-100 Steel Tubular Scaffolding

On new construction, tubular scaffolding is efficient up to 60' high or five stories. Above this it is usually better to use a hung scaffolding if construction permits.

In repairing or cleaning the front of an existing building the cost of tubular scaffolding per S.F. of building front increases as the height increases above the first tier. The first tier cost is relatively high due to leveling and alignment. Swing scaffolding operations may interfere with tenants. In this case the tubular is more practical at all heights.

The minimum efficient crew for erection is three men. For heights over 50', a four-man crew is more efficient. Use two or more on top and two at the bottom for handing up or hoisting. Four men can erect and dismantle about nine frames per hour up to five stories. From five to eight stories they will average six frames per hour. With 7' horizontal spacing this will run about 300 S.F. and 200 S.F. of wall surface, respectively. Time for placing planks must be added to the above. On heights above 50', five planks can be placed per man-hour.

The cost per 1,000 S.F. of building front in the table below was developed by pricing the materials required for a typical tubular scaffolding system eleven frames long and two frames high. Planks were figured five wide for standing plus two wide for materials.

Frames are 2', 4' and 5' wide and usually spaced 7' O.C. horizontally. Sidewalk frames are 6' wide. Rental rates will be lower for jobs over three months duration.

For jobs under twenty-five frames, figure rental at $6.00 per frame. For jobs over one hundred frames, rental can go as low as $2.65 per frame. These figures do not include accessories which are listed separately below. Large quantities for long periods can reduce rental rates by 20%.

| Item | Unit | Purchase, Each Regular | Purchase, Each Heavy Duty | Monthly Rent, Each Regular | Monthly Rent, Each Heavy Duty | Per 1,000 S.F. of Building Front No. of Frames | Per 1,000 S.F. of Building Front Rental per Mo. |
|---|---|---|---|---|---|---|---|
| 5' Wide Frames, 3' High | Ea. | $ 55.00 | – | $ 3.75 | $ 3.75 | – | – |
| *5'-0" High | | 70.00 | – | 3.75 | 3.75 | – | – |
| *6'-4" High | | 85.00 | – | 3.75 | 3.75 | 24 | $ 90.00 |
| 2' & 4' Wide, 5' High | | – | $ 75.00 | 3.75 | 3.75 | – | – |
| 6'-0" High | | – | 85.00 | 3.75 | 3.75 | – | – |
| 6' Wide Frame, 7'-6" High (Canopy Frames) | | 130.00 | 155.00 | – | 7.00 | – | – |
| Outrigger Bracket, 20" | | 20.00 | – | 3.00 | – | – | – |
| Guardrail Post | | 15.00 | – | 1.10 | – | 12 | 13.20 |
| Guardrail, 7' section | | 7.00 | – | .80 | – | 11 | 8.80 |
| Cross Braces | | 15.00 | 17.00 | .75 | .75 | 44 | 33.00 |
| Screw Jacks & Plates | | 20.00 | 30.00 | 2.00 | 2.50 | 24 | 60.00 |
| 8" Casters | | 50.00 | – | 6.00 | – | – | – |
| 16' Plank, 2" x 10" | | 22.00 | – | 5.10 | – | 35 | 178.50 |
| 8' Plank, 2" x 10" | | 11.00 | – | 3.75 | – | 7 | 26.25 |
| 1' to 6' Extension Tube | | – | 70.00 | – | 2.50 | – | – |
| Shoring Stringers, steel, 10' to 12' long | L.F. | – | 7.00 | – | .40 | – | – |
| Aluminum, 12' to 16' long | | – | 16.00 | – | .60 | – | – |
| Aluminum joists with nailers, 10' to 22' long | | – | 12.50 | – | .50 | – | – |
| 16' Powered Swing Staging (with accessories) | Ea. | – | – | 650.00 | – | – | – |
| | | | | | | Total | $409.75 |
| | | | | | | 2 Use/Mo. | $204.88 |

*Most commonly used

Scaffolding is often used as falsework over 15' high during construction of cast-in-place concrete beams and slabs. Two ft. wide scaffolding is generally used for heavy beam construction. The span between frames depends upon the load to be carried with a maximum span of 5'.

Heavy duty scaffolding with a capacity of 10,000#/leg can be spaced up to 10' O.C. depending upon form support design and loading.

Scaffolding used as horizontal shoring requires less than half the material required with conventional shoring.

On new construction, erection is done by carpenters.

Rolling towers supporting horizontal shores can reduce labor and speed the job. For maintenance work, catwalks with spans up to 70' can be supported by the rolling towers.

# General Requirements — R016 Material & Equipment

## R016-410 Contractor Equipment

**Rental Rates** shown in the front of the book pertain to late model high quality machines in excellent working condition, rented from equipment dealers. Rental rates from contractors may be substantially lower than the rental rates from equipment dealers depending upon economic conditions. For older, less productive machines, reduce rates by a maximum of 15%. Any overtime must be added to the base rates. For shift work, rates are lower. Usual rule of thumb is 150% of one shift rate for two shifts; 200% for three shifts.

For periods of less than one week, operated equipment is usually more economical to rent than renting bare equipment and hiring an operator.

Equipment moving and mobilization costs must be added to rental rates where applicable. A large crane, for instance, may take two days to erect and two days to dismantle.

Rental rates vary throughout the country with larger cities generally having lower rates. Lease plans for new equipment are available for periods in excess of six months with a percentage of payments applying toward purchase.

Monthly rental rates vary from 2% to 5% of the cost of the equipment depending on the anticipated life of the equipment and its wearing parts. Weekly rates are about 1/3 the monthly rates and daily rental rates about 1/3 the weekly rate.

The hourly operating costs for each piece of equipment include costs to the user such as fuel, oil, lubrication, normal expendables for the equipment, and a percentage of mechanic's wages chargeable to maintenance. The hourly operating costs listed do not include the operator's wages.

The daily cost for equipment used in the standard crews is figured by dividing the weekly rate by five, then adding eight times the hourly operating cost to give the total daily equipment cost, not including the operator. This figure is in the right hand column of Division 016 under Crew Equip. Cost.

**Pile Driving** rates shown for pile hammer and extractor do not include leads, crane, boiler or compressor. Vibratory pile driving requires an added field specialist during set-up and pile driving operation for the electric model. The hydraulic model requires a field specialist for set-up only. Up to 125 reuses of sheet piling are possible using vibratory drivers. For normal conditions, crane capacity for hammer type and size are as follows.

| Crane Capacity | Hammer Type and Size | | |
|---|---|---|---|
| | Air or Steam | Diesel | Vibratory |
| 25 ton | to 8,750 ft.-lb. | to 32,000 ft.-lb. | 70 H.P. |
| 40 ton | 15,000 ft.-lb. | | 170 H.P. |
| 60 ton | 25,000 ft.-lb. | | 300 H.P. |
| 100 ton | | 112,000 ft.-lb. | |

**Cranes** should be specified for the job by size, building and site characteristics, availability, performance characteristics, and duration of time required.

**Backhoes & Shovels** rent for about the same as equivalent size cranes but maintenance and operating expense is higher. Crane operators rate must be adjusted for high boom heights. Average adjustments: for 150' boom add $.55 per hour; over 185', add $1.05 per hour; over 210', add $1.30 per hour; over 250', add $2.00 per hour and over 295', add $2.80 per hour.

## Tower Cranes

| Capacity In Kip-Feet | Typical Jib Length in Feet | Speed at Maximum Reach and Load | Purchase Price (New) | | Monthly Rental, to 6 mo. | |
|---|---|---|---|---|---|---|
| | | | Crane & 80' Mast | Mast Sections | Crane & 80' Mast | Mast Sections |
| 725 | 100 | 350 FPM | $209,100 | $520 /L.F. | $ 6,500 | $14.70 /L.F. |
| 900 | 100 | 500 | 251,100 | 610 | 6,010 | 15.90 |
| *1100 | 130 | 1000 | 343,500 | 700 | 8,730 | 20.10 |
| 1450 | 150 | 1000 | 478,700 | 960 | 12,520 | 23.80 |
| 2150 | 200 | 1000 | 603,800 | 1,190 | 15,740 | 28.00 |
| 3000 | 200 | 1000 | 847,800 | 1,270 | 20,600 | 33.10 |

*Most widely used.

**Tower Cranes** of the climbing or static type have jibs from 50' to 200' and capacities at maximum reach range from 4,000 to 14,000 pounds. Lifting capacities increase up to maximum load as the hook radius decreases.

Typical rental rates, based on purchase price are about 2% to 3% per month.

Erection and dismantling runs between $12,600 and $74,500. Climbing operation takes three men three hours per 20' climb. Crane dead time is about five hours per 40' climb. If crane is bolted to side of the building add cost of ties and extra mast sections. Mast sections cost $518 to $1,245 per vertical foot or can be rented at 2% to 3% of purchase price per month. Contractors using climbers claim savings of $1.50 per C.Y. of concrete placed, plus $.12 per S.F. of formwork. Climbing cranes have from 80' to 180' of mast while static cranes have 80' to 800' of mast.

**Truck Cranes** can be converted to tower cranes by using tower attachments. Mast heights over 400' have been used. See Division 016-460 for rental rates of high boom cranes.

A single 100' high material **Hoist and Tower** can be erected and dismantled for about $13,900; a double 100' high hoist and tower for about $20,400. Erection costs for additional heights are $95 and $115 per vertical foot respectively up to 150' and $95 to $155 per vertical foot over 150' high. A 40' high portable Buck hoist costs about $4,930 to erect and dismantle. Additional heights run $75 per vertical foot to 80' and $105 per vertical foot for the next 100'. Most material hoists do not meet local code requirements for carrying personnel.

A 150' high **Personnel Hoist** requires about 500 to 800 man-hours to erect and dismantle with costs ranging from $12,200 to $26,800. Budget erection cost is $135 per vertical foot for all trades. Local code requirements or labor scarcity requiring overtime can add up to 50% to any of the above erection costs.

**Earthmoving Equipment:** The selection of earthmoving equipment depends upon the type and quantity of material, moisture content, haul distance, haul road, time available, and equipment available. Short haul cut and fill operations may require dozers only, while another operation may require excavators, a fleet of trucks, and spreading and compaction equipment. Stockpiled material and granular material are easily excavated with front end loaders. Scrapers are most economically used with hauls between 300' and 1-1/2 miles if adequate haul roads can be maintained. Shovels are often used for blasted rock and any material where a vertical face of 8' or more can be excavated. Special conditions may dictate the use of draglines, clamshells, or backhoes. Spreading and compaction equipment must be matched to the soil characteristics, the compaction required and the rate the fill is being supplied.

# Mechanical  R151 | Plumbing

## R151-110 Hot Water Consumption Rates

| Type of Building | Size Factor | Maximum Hourly Demand | Average Day Demand |
|---|---|---|---|
| Apartment Dwellings | No. of Apartments: | | |
| | Up to 20 | 12.0 Gal. per apt. | 42.0 Gal. per apt. |
| | 21 to 50 | 10.0 Gal. per apt. | 40.0 Gal. per apt. |
| | 51 to 75 | 8.5 Gal. per apt. | 38.0 Gal. per apt. |
| | 76 to 100 | 7.0 Gal. per apt. | 37.0 Gal. per apt. |
| | 101 to 200 | 6.0 Gal. per apt. | 36.0 Gal. per apt. |
| | 201 up | 5.0 Gal. per apt. | 35.0 Gal. per apt. |
| Dormitories | Men | 3.8 Gal. per man | 13.1 Gal. per man |
| | Women | 5.0 Gal. per woman | 12.3 Gal. per woman |
| Hospitals | Per bed | 23.0 Gal. per patient | 90.0 Gal. per patient |
| Hotels | Single room with bath | 17.0 Gal. per unit | 50.0 Gal. per unit |
| | Double room with bath | 27.0 Gal. per unit | 80.0 Gal. per unit |
| Motels | No. of units: | | |
| | Up to 20 | 6.0 Gal. per unit | 20.0 Gal. per unit |
| | 21 to 100 | 5.0 Gal. per unit | 14.0 Gal. per unit |
| | 101 Up | 4.0 Gal. per unit | 10.0 Gal. per unit |
| Nursing Homes | | 4.5 Gal. per bed | 18.4 Gal. per bed |
| Office buildings | | 0.4 Gal. per person | 1.0 Gal. per person |
| Restaurants | Full meal type | 1.5 Gal./max. meals/hr. | 2.4 Gal. per meal |
| | Drive-in snack type | 0.7 Gal./max. meals/hr. | 0.7 Gal. per meal |
| Schools | Elementary | 0.6 Gal. per student | 0.6 Gal. per student |
| | Secondary & High | 1.0 Gal. per student | 1.8 Gal. per student |

For evaluation purposes, recovery rate and storage capacity are inversely proportional. Water heaters should be sized so that the maximum hourly demand anticipated can be met in addition to allowance for the heat loss from the pipes and storage tank.

## R151-120 Fixture Demands in Gallons Per Fixture Per Hour

Table below is based on 140°F final temperature except for dishwashers in public places (*) where 180°F water is mandatory.

| Fixture | Apartment House | Club | Gym | Hospital | Hotel | Indust. Plant | Office | Private Home | School |
|---|---|---|---|---|---|---|---|---|---|
| Bathtubs | 20 | 20 | 30 | 20 | 20 | | | 20 | |
| Dishwashers, automatic | 15 | 50-150* | | 50-150* | 50-200* | 20-100* | | 15 | 20-100* |
| Kitchen sink | 10 | 20 | | 20 | 30 | 20 | 20 | 10 | 20 |
| Laundry, stationary tubs | 20 | 28 | | 28 | 28 | | | 20 | |
| Laundry, automatic wash | 75 | 75 | | 100 | 150 | | | 75 | |
| Private lavatory | 2 | 2 | 2 | 2 | 2 | 2 | 2 | 2 | 2 |
| Public lavatory | 4 | 6 | 8 | 6 | 8 | 12 | 6 | | 15 |
| Showers | 30 | 150 | 225 | 75 | 75 | 225 | 30 | 30 | 225 |
| Service sink | 20 | 20 | | 20 | 30 | 20 | 20 | 15 | 20 |
| Demand factor | 0.30 | 0.30 | 0.40 | 0.25 | 0.25 | 0.40 | 0.30 | 0.30 | 0.40 |
| Storage capacity factor | 1.25 | 0.90 | 1.00 | 0.60 | 0.80 | 1.00 | 2.00 | 0.70 | 1.00 |

To obtain the probable maximum demand multiply the total demands for the fixtures (gal./fixture/hour) by the demand factor. The heater should have a heating capacity in gallons per hour equal to this maximum. The storage tank should have a capacity in gallons equal to the probable maximum demand multiplied by the storage capacity factor.

# Electrical — R160 Design and Cost Tables

## R160-010  Electric Circuit Voltages

**General:** The following method provides the user with a simple non-technical means of obtaining comparative costs of wiring circuits. The circuits considered serve the electrical loads of motors, electric heating, lighting and transformers, for example, that require low voltage 60 Hertz alternating current.

The method used here is suitable only for obtaining estimated costs. It is **not** intended to be used as a substitute for electrical engineering design applications.

Conduit and wire circuits can represent from twenty to thirty percent of the total building electrical cost. By following the described steps and using the tables the user can translate the various types of electric circuits into estimated costs.

**Wire Size:** Wire size is a function of the electric load which is usually listed in one of the following units:

1. Amperes (A)
2. Watts (W)
3. Kilowatts (KW)
4. Volt amperes (VA)
5. Kilovolt amperes (KVA)
6. Horsepower (HP)

These units of electric load must be converted to amperes in order to obtain the size of wire necessary to carry the load. To convert electric load units to amperes one must have an understanding of the voltage classification of the power source and the voltage characteristics of the electrical equipment or load to be energized. The seven A.C. circuits commonly used are illustrated in Figures R160-011 thru R160-017 showing the transformer load voltage and the point of use voltage at the point on the circuit where the load is connected. The difference between the source and point of use voltages is attributed to the circuit voltage drop and is considered to be approximately 4%.

**Motor Voltages:** Motor voltages are listed by their point of use voltage and not the power source voltage.

For example: 460 volts instead of 480 volts
200 instead of 208 volts
115 volts instead of 120 volts

**Lighting and Heating Voltages:** Lighting and heating equipment voltages are listed by the power source voltage and not the point of wire voltage.

For example: 480, 277, 120 volt lighting
480 volt heating or air conditioning unit
208 volt heating unit

**Transformer Voltages:** Transformer primary (input) and secondary (output) voltages are listed by the power source voltage.

For example: Single phase 10 KVA
Primary 240/480 volts
Secondary 120/140 volts

In this case, the primary voltage may be 240 volts with a 120 volts secondary or may be 480 volts with either a 120V or a 240V secondary.

For example: Three phase 10 KVA
Primary 480 volts
Secondary 208Y/120 volts

In this case the transformer is suitable for connection to a circuit with a 3 phase 3 wire or 3 phase 4 wire circuit with a 480 voltage. This application will provide a secondary circuit of 3 phase 4 wire with 208 volts between phase wires and 120 volts between any phase wire and the neutral (white) wire.

## R160-011

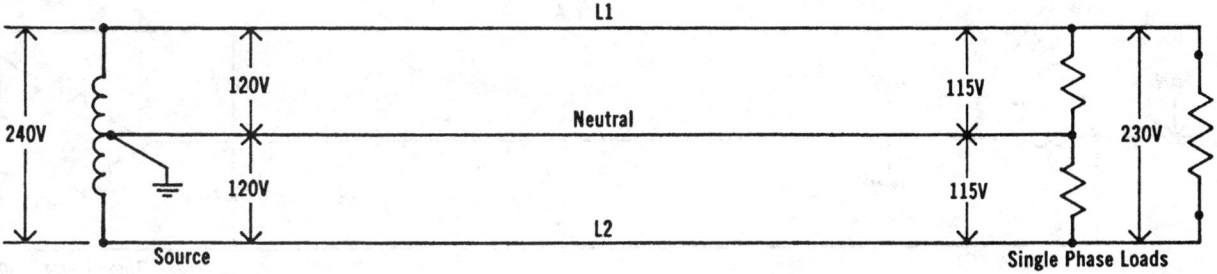

3 Wire, 1 Phase, 120/240 Volt System

## R160-012

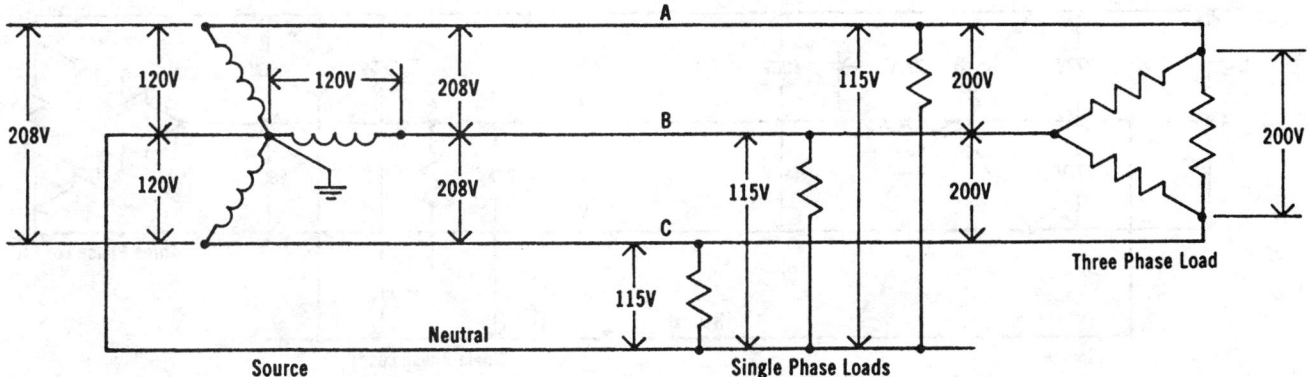

4 wire, 3 Phase, 208Y/120 Volt System

# Electrical — R160 Design and Cost Tables

## R160-013 Electric Circuit Voltages (cont.)

3 Wire, 3 Phase 240 Volt System

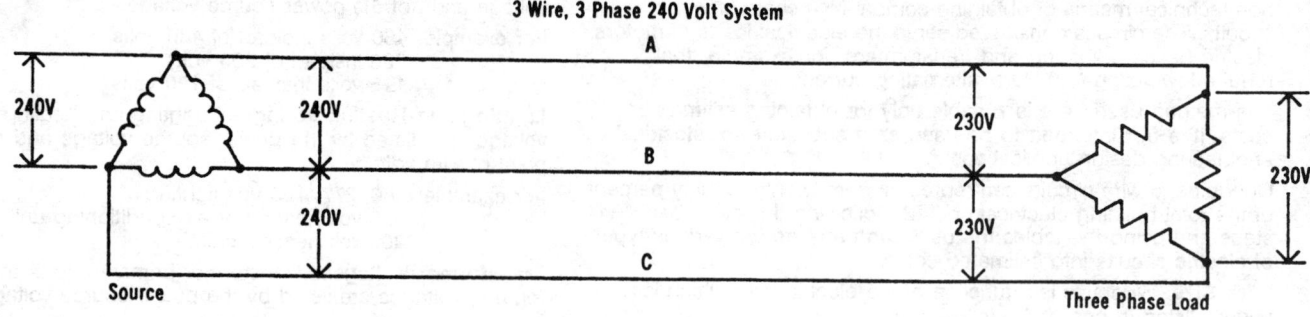

## R160-014

4 Wire, 3 Phase, 240/120 Volt System

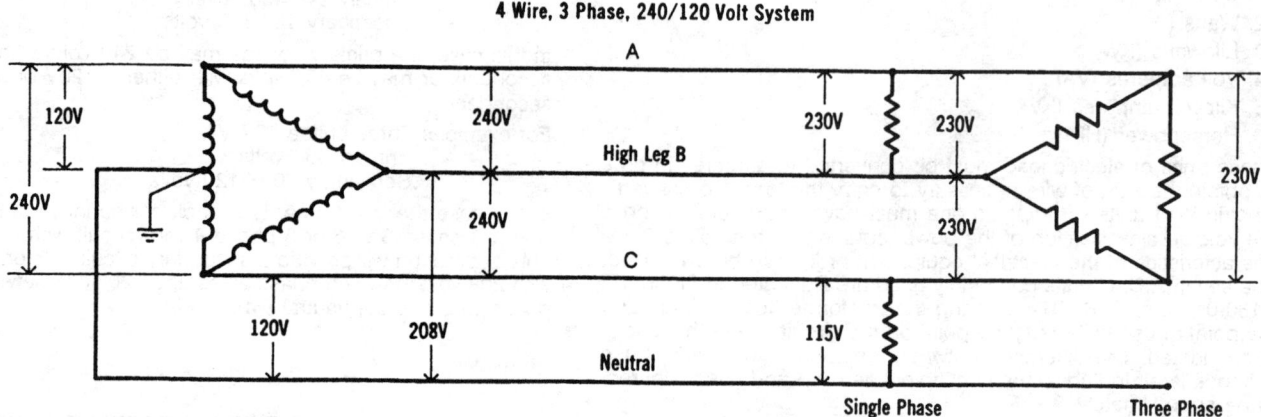

## R160-015

3 Wire, 3 Phase 480 Volt System

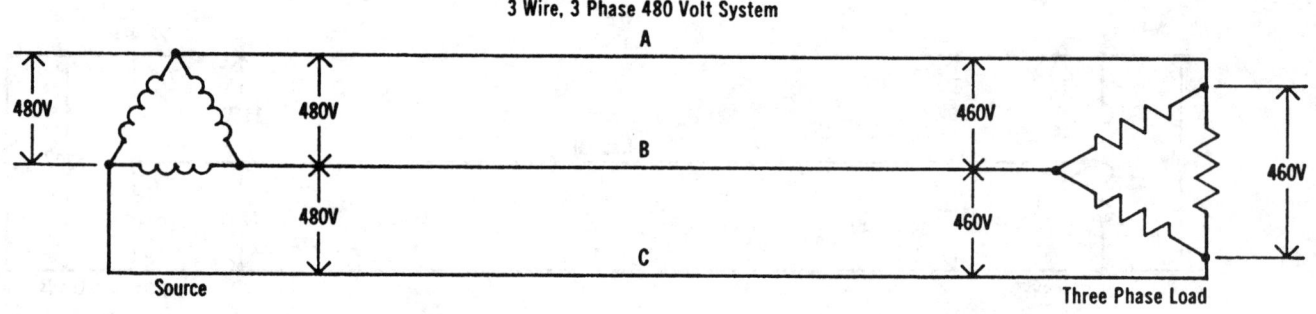

## R160-016

4 Wire, 3 Phase, 480Y/277 Volt System

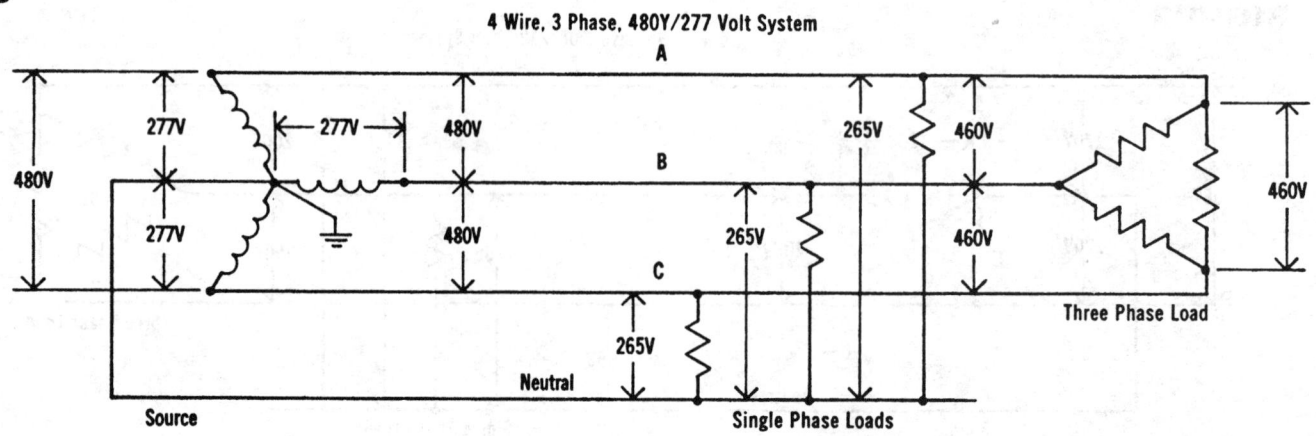

# Electrical — R160 Design and Cost Tables

## R160-017 Electric Circuit Voltages (cont.)

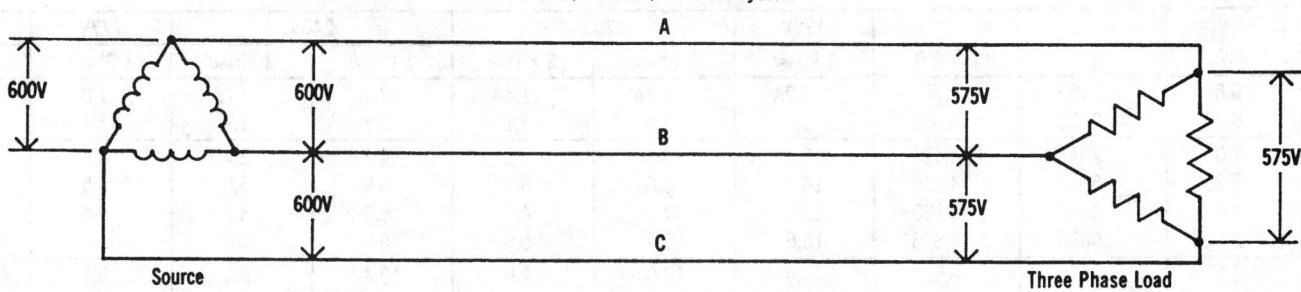

3 Wire, 3 Phase, 600 Volt System

## R160-020 KW Value/Cost Determination

**General:** Lighting and electric heating loads are expressed in watts and kilowatts.

**Cost Determination:**

The proper ampere values can be obtained as follows:

1. Convert watts to kilowatts (watts 1000 ÷ kilowatts)
2. Determine voltage rating of equipment.
3. Determine whether equipment is single phase or three phase.
4. Refer to Table R160-021 to find ampere value from KW, Ton and Btu/hr. values.
5. Determine type of wire insulation — TW, THW, THWN.
6. Determine if wire is copper or aluminum.
7. Refer to Table R161-125 to obtain copper or aluminum wire size from ampere values.
8. Next refer to Table R160-205 for the proper conduit size to accommodate the number and size of wires in each particular case.
9. Next refer to Table R160-210 for the per linear foot cost of the conduit.
10. Next refer to Table R161-115 for the per linear foot cost of the wire. Multiply cost of wire per LF x number of wires in the circuits to obtain total wire cost per LF.
11. Add values obtained in Step 9 and 10 for total cost per linear foot for conduit and wire x length of circuit = Total Cost.

**Notes:**

1. 1 Phase refers to single phase, 2 wire circuits.
2. 3 Phase refers to three phase, 3 wire circuits.
3. For circuits which operate continuously for 3 hours or more, multiply the ampere values by 1.25 for a given KW requirement.
4. For KW ratings not listed, add ampere values.

   For example: Find the ampere value of 9 KW at 208 volt, single phase.

   | | | |
   |---|---|---|
   | 4 KW | = | 19.2A |
   | 5 KW | = | 24.0A |
   | 9 KW | = | 43.2A |

5. "Length of Circuit" refers to the one way distance of the run, not to the total sum of wire lengths.

# Electrical | R160 | Design and Cost Tables

**R160-021 Ampere Values as Determined by KW Requirements, BTU/HR or Ton, Voltage and Phase Values**

| KW | Ton | BTU/HR | Ampere Values | | | | | | |
|---|---|---|---|---|---|---|---|---|---|
| | | | 120V | 208V | | 240V | | 277V | 480V |
| | | | 1 Phase | 1 Phase | 3 Phase | 1 Phase | 3 Phase | 1 Phase | 3 Phase |
| 0.5 | .1422 | 1,707 | 4.2A | 2.4A | 1.4A | 2.1A | 1.2A | 1.8A | 0.6A |
| 0.75 | .2133 | 2,560 | 6.2 | 3.6 | 2.1 | 3.1 | 1.9 | 2.7 | .9 |
| 1.0 | .2844 | 3,413 | 8.3 | 4.9 | 2.8 | 4.2 | 2.4 | 3.6 | 1.2 |
| 1.25 | .3555 | 4,266 | 10.4 | 6.0 | 3.5 | 5.2 | 3.0 | 4.5 | 1.5 |
| 1.5 | .4266 | 5,120 | 12.5 | 7.2 | 4.2 | 6.3 | 3.1 | 5.4 | 1.8 |
| 2.0 | .5688 | 6,826 | 16.6 | 9.7 | 5.6 | 8.3 | 4.8 | 7.2 | 2.4 |
| 2.5 | .7110 | 8,533 | 20.8 | 12.0 | 7.0 | 10.4 | 6.1 | 9.1 | 3.1 |
| 3.0 | .8532 | 10,239 | 25.0 | 14.4 | 8.4 | 12.5 | 7.2 | 10.8 | 3.6 |
| 4.0 | 1.1376 | 13,652 | 33.4 | 19.2 | 11.1 | 16.7 | 9.6 | 14.4 | 4.8 |
| 5.0 | 1.4220 | 17,065 | 41.6 | 24.0 | 13.9 | 20.8 | 12.1 | 18.1 | 6.1 |
| 7.5 | 2.1331 | 25,598 | 62.4 | 36.0 | 20.8 | 31.2 | 18.8 | 27.0 | 9.0 |
| 10.0 | 2.8441 | 34,130 | 83.2 | 48.0 | 27.7 | 41.6 | 24.0 | 36.5 | 12.0 |
| 12.5 | 3.5552 | 42,663 | 104.2 | 60.1 | 35.0 | 52.1 | 30.0 | 45.1 | 15.0 |
| 15.0 | 4.2662 | 51,195 | 124.8 | 72.0 | 41.6 | 62.4 | 37.6 | 54.0 | 18.0 |
| 20.0 | 5.6883 | 68,260 | 166.4 | 96.0 | 55.4 | 83.2 | 48.0 | 73.0 | 24.0 |
| 25.0 | 7.1104 | 85,325 | 208.4 | 120.2 | 70.0 | 104.2 | 60.0 | 90.2 | 30.0 |
| 30.0 | 8.5325 | 102,390 | | 144.0 | 83.2 | 124.8 | 75.2 | 108.0 | 36.0 |
| 35.0 | 9.9545 | 119,455 | | 168.0 | 97.1 | 145.6 | 87.3 | 126.0 | 42.1 |
| 40.0 | 11.3766 | 136,520 | | 192.0 | 110.8 | 166.4 | 96.0 | 146.0 | 48.0 |
| 45.0 | 12.7987 | 153,585 | | | 124.8 | 187.5 | 112.8 | 162.0 | 54.0 |
| 50.0 | 14.2208 | 170,650 | | | 140.0 | 208.4 | 120.0 | 180.4 | 60.0 |
| 60.0 | 17.0650 | 204,780 | | | 166.4 | | 150.4 | 216.0 | 72.0 |
| 70.0 | 19.9091 | 238,910 | | | 194.2 | | 174.6 | | 84.2 |
| 80.0 | 22.7533 | 273,040 | | | 221.6 | | 192.0 | | 96.0 |
| 90.0 | 25.5975 | 307,170 | | | | | 225.6 | | 108.0 |
| 100.0 | 28.4416 | 341,300 | | | | | | | 120.0 |

# Electrical — R160 Design and Cost Tables

## R160-025 KVA Value/Cost Determination

**General:** Control transformers are listed in VA. Step-down and power transformers are listed in KVA.

**Cost Determination:**

1. Convert VA to KVA. Volt amperes (VA) ÷ 1000 = Kilovolt amperes (KVA).
2. Determine voltage rating of equipment.
3. Determine whether equipment is single phase or three phase.
4. Refer to Table R160-026 to find ampere value from KVA value.
5. Determine type of wire insulation — TW, THW, THWN.
6. Determine if wire is copper or aluminum.
7. Refer to Table R161-125 to obtain copper or aluminum wire size from ampere values.
8. Next refer to Table R160-205 for the proper conduit size to accommodate the number and size of wires in each particular case.
9. Next refer to Table R160-210 for the per linear foot cost of the conduit.
10. Next refer to Table R161-115 for the per linear foot cost of the wire. Multiply cost of wire per L.F. x number of wires in the circuits to obtain total wire cost.
11. Add values obtained in Step 9 and 10 for total cost per linear foot for conduit and wire x length of circuit = Total Cost.

**Example:** A transformer rated 10 KVA 480 volts primary, 240 volts secondary, 3 phase has the capacity to furnish the following:

1. Primary amperes = 10 KVA x 1.20 = 12 amperes (from Table R160-026)
2. Secondary amperes = 10 KVA x 2.40 = 24 amperes (from Table R160-026)

**Note:** Transformers can deliver generally 125% of their rated KVA. For instance, a 10 KVA rated transformer can safely deliver 12.5 KVA.

## R160-026 Multiplier Values for KVA to Amperes Determined by Voltage and Phase Values

| Volts | Multiplier for Circuits | |
|---|---|---|
| | 2 Wire, 1 Phase | 3 Wire, 3 Phase |
| 115 | 8.70 | |
| 120 | 8.30 | |
| 230 | 4.30 | 2.51 |
| 240 | 4.16 | 2.40 |
| 200 | 5.00 | 2.89 |
| 208 | 4.80 | 2.77 |
| 265 | 3.77 | 2.18 |
| 277 | 3.60 | 2.08 |
| 460 | 2.17 | 1.26 |
| 480 | 2.08 | 1.20 |
| 575 | 1.74 | 1.00 |
| 600 | 1.66 | 0.96 |

# Electrical — R160 Design and Cost Tables

## R160-030 HP Value/Cost Determination

**General:** Motors can be powered by any of the seven systems shown in Figure R160-011 thru Figure R160-017 provided the motor voltage characteristics are compatible with the power system characteristics.

**Cost Determination:**

**Motor Amperes** for the various size H.P. and voltage are listed in Table R160-031. To find the amperes, locate the required H.P. rating and locate the amperes under the appropriate circuit characteristics.

For example:

A. 100 H.P., 3 phase, 460 volt motor = 124 amperes (Table R160-031)
B. 10 H.P., 3 phase, 200 volt motor = 32.2 amperes (Table R160-031)

**Motor Wire Size:** After the amperes are found in Table R160-031 the amperes must be increased 25% to compensate for power losses. Next refer to Table R161-125. Find the appropriate insulation column for copper or aluminum wire to determine the proper wire size.

For example:

A. 100 H.P., 3 phase, 460 volt motor has an ampere value of 124 amperes from Table R160-031
B. 124A x 1.25 = 155 amperes
C. Refer to Table R161-125 for THW or THWN wire insulations to find the proper wire size. For a 155 ampere load using copper wire a size 2/0 wire is needed.
D. For the 3 phase motor three wires of 2/0 size are required.

**Conduit Size:** To obtain the proper conduit size for the wires and type of insulation used, refer to Table R160-205

For example: For the 100 H.P., 460V, 3 phase motor, it was determined that three 2/0 wires are required. Assuming THWN insulated copper wire, use Table R160-205 to determine that three 2/0 wires require 1-1/2" conduit.

**Material Cost** of the conduit and wire system depends on:

1. Wire size required
2. Copper or aluminum wire
3. Wire insulation type selected
4. Steel or plastic conduit
5. Type of conduit raceway selected.

**Labor Cost** of the conduit and wire system depends on:

1. Type and size of conduit
2. Type and size of wires installed
3. Location and height of installation in building or depth of trench
4. Support system for conduit.

## R160-031 Ampere Values Determined by Horsepower, Voltage and Phase Values

| H.P. | Amperes | | | | | |
|---|---|---|---|---|---|---|
| | Single Phase | | Three Phase | | | |
| | 115V | 230V | 200 V | 230V | 460V | 575V |
| 1/6 | 4.4A | 2.2A | | | | |
| 1/4 | 5.8 | 2.9 | | | | |
| 1/3 | 7.2 | 3.6 | | | | |
| 1/2 | 9.8 | 4.9 | 2.3A | 2.0A | 1.0A | 0.8A |
| 3/4 | 13.8 | 6.9 | 3.2 | 2.8 | 1.4 | 1.1 |
| 1 | 16 | 8 | 4.1 | 3.6 | 1.8 | 1.4 |
| 1-1/2 | 20 | 10 | 6.0 | 5.2 | 2.6 | 2.1 |
| 2 | 24 | 12 | 7.8 | 6.8 | 3.4 | 2.7 |
| 3 | 34 | 17 | 11.0 | 9.6 | 4.8 | 3.9 |
| 5 | | | 17.5 | 15.2 | 7.6 | 6.1 |
| 7-1/2 | | | 25.3 | 22 | 11 | 9 |
| 10 | | | 32.2 | 28 | 14 | 11 |
| 15 | | | 48.3 | 42 | 21 | 17 |
| 20 | | | 62.1 | 54 | 27 | 22 |
| 25 | | | 78.2 | 68 | 34 | 27 |
| 30 | | | 92.0 | 80 | 40 | 32 |
| 40 | | | 119.6 | 104 | 52 | 41 |
| 50 | | | 149.5 | 130 | 65 | 52 |
| 60 | | | 177 | 154 | 77 | 62 |
| 75 | | | 221 | 192 | 96 | 77 |
| 100 | | | 285 | 248 | 124 | 99 |
| 125 | | | 359 | 312 | 156 | 125 |
| 150 | | | 414 | 360 | 180 | 144 |
| 200 | | | 552 | 480 | 240 | 192 |

# Electrical — R160 Design and Cost Tables

## R160-030 Cost Determination (cont.)

**Magnetic starters, switches, and motor connection:**

To complete the cost picture from H.P. to Costs additional items must be added to the cost of the conduit and wire system to arrive at a total cost.

1. Table A9.2-730 Magnetic Starters Installed Cost lists the various size starters for single phase and three phase motors.
2. Table A9.2-740 Heavy Duty Safety Switches Installed Cost lists safety switches required at the beginning of a motor circuit and also one required in the vicinity of the motor location.
3. Table A9.2-750 Motor Connection lists the various costs for single and three phase motors.

**Worksheet to obtain total motor wiring costs:**

It is assumed that the motors or motor driven equipment are furnished and installed under other sections for this estimate and the following work is done under this section:

1. Conduit
2. Wire (add 10% for additional wire beyond conduit ends for connections to switches, boxes, starters, etc.)
3. Starters
4. Safety switches
5. Motor connections

### Figure R160-032

| Worksheet for Motor Circuits | | | | | |
|---|---|---|---|---|---|
| Item | Type | Size | Quantity | Cost Unit | Cost Total |
| Wire | | | | | |
| Conduit | | | | | |
| Switch | | | | | |
| Starter | | | | | |
| Switch | | | | | |
| Motor Connection | | | | | |
| Other | | | | | |
| Total Cost | | | | | |

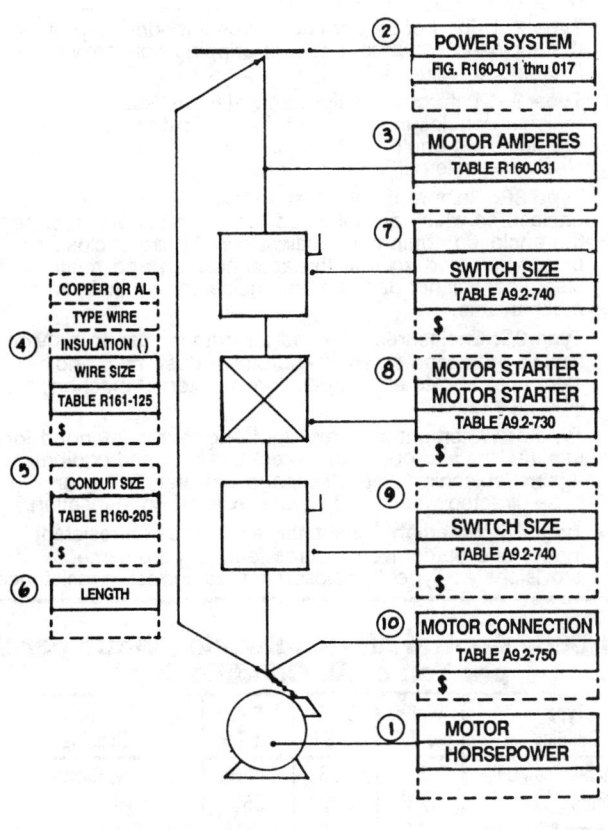

### R160-033 Maximum Horsepower for Starter Size by Voltage

| Starter Size | Maximum HP (3φ) | | | |
|---|---|---|---|---|
| | 208V | 240V | 480V | 600V |
| 00 | 1½ | 1½ | 2 | 2 |
| 0 | 3 | 3 | 5 | 5 |
| 1 | 7½ | 7½ | 10 | 10 |
| 2 | 10 | 15 | 25 | 25 |
| 3 | 25 | 30 | 50 | 50 |
| 4 | 40 | 50 | 100 | 100 |
| 5 | | 100 | 200 | 200 |
| 6 | | 200 | 300 | 300 |
| 7 | | 300 | 600 | 600 |
| 8 | | 450 | 900 | 900 |
| 8L | | 700 | 1500 | 1500 |

# Electrical — R160 Design and Cost Tables

## R160-040  Standard Electrical Enclosure Types

### NEMA Enclosures

Electrical enclosures serve two basic purposes; they protect people from accidental contact with enclosed electrical devices and connections, and they protect the enclosed devices and connections from specified external conditions. The National Electrical Manufacturers Association (NEMA) has established the following standards. Because these descriptions are not intended to be complete representations of NEMA listings, consultation of NEMA literature is advised for detailed information.

The following definitions and descriptions pertain to NONHAZARDOUS locations.

NEMA Type 1: General purpose enclosures intended for use indoors, primarily to prevent accidental contact of personnel with the enclosed equipment in areas that do not involve unusual conditions.

NEMA Type 2: Dripproof indoor enclosures intended to protect the enclosed equipment against dripping noncorrosive liquids and falling dirt.

NEMA Type 3: Dustproof, raintight and sleet-resistant (ice-resistant) enclosures intended for use outdoors to protect the enclosed equipment against wind-blown dust, rain, sleet, and external ice formation.

NEMA Type 3R: Rainproof and sleet-resistant (ice-resistant) enclosures which are intended for use outdoors to protect the enclosed equipment against rain. These enclosures are constructed so that the accumulation and melting of sleet (ice) will not damage the enclosure and its internal mechanisms.

NEMA Type 3S: Enclosures intended for outdoor use to provide limited protection against wind-blown dust, rain, and sleet (ice) and to allow operation of external mechanisms when ice-laden.

NEMA Type 4: Watertight and dust-tight enclosures intended for use indoors and out — to protect the enclosed equipment against splashing water, seepage of water, falling or hose-directed water, and severe external condensation.

NEMA Type 4X: Watertight, dust-tight, and corrosion-resistant indoor and outdoor enclosures featuring the same provisions as Type 4 enclosures, plus corrosion resistance.

NEMA Type 5: Indoor enclosures intended primarily to provide limited protection against dust and falling dirt.

NEMA Type 6: Enclosures intended for indoor and outdoor use — primarily to provide limited protection against the entry of water during occasional temporary submersion at a limited depth.

NEMA Type 6R: Enclosures intended for indoor and outdoor use — primarily to provide limited protection against the entry of water during prolonged submersion at a limited depth.

NEMA Type 11: Enclosures intended for indoor use — primarily to provide, by means of oil immersion, limited protection to enclosed equipment against the corrosive effects of liquids and gases.

NEMA Type 12: Dust-tight and driptight indoor enclosures intended for use indoors in industrial locations to protect the enclosed equipment against fibers, flyings, lint, dust, and dirt, as well as light splashing, seepage, dripping, and external condensation of noncorrosive liquids.

NEMA Type 13: Oil-tight and dust-tight indoor enclosures intended primarily to house pilot devices, such as limit switches, foot switches, push buttons, selector switches, and pilot lights, and to protect these devices against lint and dust, seepage, external condensation, and sprayed water, oil, and noncorrosive coolant.

The following definitions and descriptions pertain to HAZARDOUS, or CLASSIFIED, locations:

NEMA Type 7: Enclosures intended to use in indoor locations classified as Class 1, Groups A, B, C, or D, as defined in the National Electrical Code.

NEMA Type 9: Enclosures intended for use in indoor locations classified as Class 2, Groups E, F, or G, as defined in the National Electrical Code.

## R161-060  Central Air Conditioning Watts per S.F., BTU's per Hour per S.F. of Floor Area and S.F. per Ton of Air Conditioning

| Type Building | Watts per S.F. | BTUH per S.F. | S.F. per Ton | Type Building | Watts per S.F. | BTUH per S.F. | S.F. per Ton | Type Building | Watts per S.F. | BTUH per S.F. | S.F. per Ton |
|---|---|---|---|---|---|---|---|---|---|---|---|
| Apartments, Individual | 3 | 26 | 450 | Dormitory, Rooms | 4.5 | 40 | 300 | Libraries | 5.7 | 50 | 240 |
| Corridors | 2.5 | 22 | 550 | Corridors | 3.4 | 30 | 400 | Low Rise Office, Ext. | 4.3 | 38 | 320 |
| Auditoriums & Theaters | 3.3 | 40 | 300/18* | Dress Shops | 4.9 | 43 | 280 | Interior | 3.8 | 33 | 360 |
| Banks | 5.7 | 50 | 240 | Drug Stores | 9 | 80 | 150 | Medical Centers | 3.2 | 28 | 425 |
| Barber Shops | 5.5 | 48 | 250 | Factories | 4.5 | 40 | 300 | Motels | 3.2 | 28 | 425 |
| Bars & Taverns | 15 | 133 | 90 | High Rise Off.-Ext. Rms. | 5.2 | 46 | 263 | Office (small suite) | 4.9 | 43 | 280 |
| Beauty Parlors | 7.6 | 66 | 180 | Interior Rooms | 4.2 | 37 | 325 | Post Office, Int. Office | 4.9 | 42 | 285 |
| Bowling Alleys | 7.8 | 68 | 175 | Hospitals, Core | 4.9 | 43 | 280 | Central Area | 5.3 | 46 | 260 |
| Churches | 3.3 | 36 | 330/20* | Perimeter | 5.3 | 46 | 260 | Residences | 2.3 | 20 | 600 |
| Cocktail Lounges | 7.8 | 68 | 175 | Hotels, Guest Rooms | 5 | 44 | 275 | Restaurants | 6.8 | 60 | 200 |
| Computer Rooms | 16 | 141 | 85 | Public Spaces | 6.2 | 55 | 220 | Schools & Colleges | 5.3 | 46 | 260 |
| Dental Offices | 6 | 52 | 230 | Corridors | 3.4 | 30 | 400 | Shoe Stores | 6.2 | 55 | 220 |
| Dept. Stores, Basement | 4 | 34 | 350 | Industrial Plants, Offices | 4.3 | 38 | 320 | Shop'g. Ctrs., Sup. Mkts. | 4 | 34 | 350 |
| Main Floor | 4.5 | 40 | 300 | General Offices | 4 | 34 | 350 | Retail Stores | 5.5 | 48 | 250 |
| Upper Floor | 3.4 | 30 | 400 | Plant Areas | 4.5 | 40 | 300 | Specialty Shops | 6.8 | 60 | 200 |

*Persons per ton

12,000 BTUH = 1 ton of air conditioning

# Electrical — R160 | Design and Cost Tables

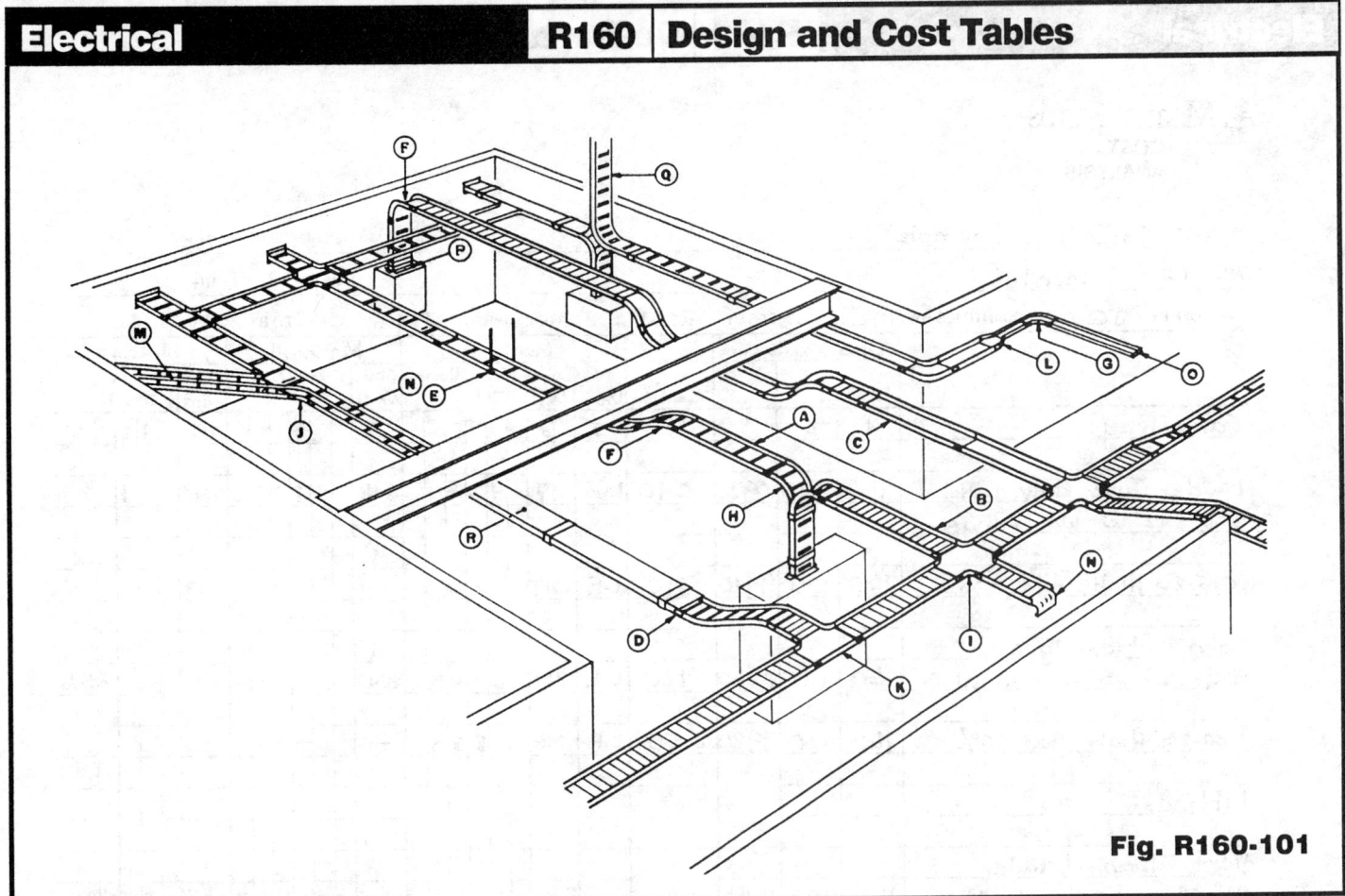

Fig. R160-101

## R160-100  Cable Tray

**Cable Tray** - When taking off cable tray it is important to identify separately the different types and sizes involved in the system being estimated. (Fig. R160-101)

- A. — Ladder Type, galvanized or aluminum
- B. — Trough Type, galvanized or aluminum
- C. — Solid Bottom, galvanized or aluminum

The unit of measure is calculated in linear feet; do not deduct from this footage any length occupied by fittings, this will be the only allowance for scrap. Be sure to include all vertical drops to panels, switch gear, etc.

**Hangers** — Included in the linear footage of cable tray is

- D. — 1 — Pair of connector plates per 12 L.F.
- E. — 1 — Pair clamp type hangers and 4' of 3/8" threaded rod per 12 L.F.

Not included are structural supports, which must be priced in addition to the hangers. (Fig. R160-102)

**Fittings** — Identify separately the different types of fittings

1.) Ladder Type, galvanized or aluminum
2.) Trough Type, galvanized or aluminum
3.) Solid Bottom Type, galvanized or aluminum

The configuration, radius and rung spacing must also be listed. The unit of measure is "Ea." (Fig. R160-102)

- F. — Elbow, vertical Ea.
- G. — Elbow, horizontal Ea.
- H. — Tee, vertical Ea.
- I. — Cross, horizontal Ea.
- J. — Wye, horizontal Ea.
- K. — Tee, horizontal Ea.
- L. — Reducing fitting Ea.

Depending on the use of the system other examples of units which must be included are:

- M. — Divider strip L.F.
- N. — Drop-outs Ea.
- O. — End caps Ea.
- P. — Panel connectors Ea.

Wire and cable are not included and should be taken off separately, see Division 161.

**Job Conditions** — Unit prices are based on a new installation to a work plane of 15' using rolling staging.

Add to labor for elevated installations (Fig. R160-102)

| | |
|---|---|
| 15' to 20' High | 10% |
| 20' to 25' High | 20% |
| 25' to 30' High | 25% |
| 30' to 35' High | 30% |
| 35' to 40' High | 35% |
| Over 40' High | 40% |

Add these percentages for L.F. totals but not to fittings. Add percentages to only those quantities that fall in the different elevations, in other words, if the total quantity of cable tray is 200' but only 75' is above 15' then the 10% is added to the 75' only.

Linear foot costs do not include penetrations through walls and floors which must be added to the estimate. This section appears in Division 168.

### Cable Tray Covers

**Covers** — Cable tray covers are taken off in the same manner as the tray itself, making distinctions as to the type of cover. (Fig. R160-101)

- Q. — Vented, galvanized or aluminum
- R. — Solid, galvanized or aluminum

Cover configurations are taken off separately noting type, specific radius and widths.

**Note:** Care should be taken to identify from plans and specifications exactly what is being covered. In many systems only vertical fittings are covered to retain wire and cable.

# Electrical — R160 Design and Cost Tables

**Means Forms — COST ANALYSIS**

PROJECT: Cable Tray (Sample)  
ARCHITECT: S. Monty  
TAKE OFF BY: JC  QUANTITIES BY: JC  PRICES BY: RSM  EXTENSIONS BY: JM  CHECKED BY: SM  
SHEET NO. 1 of 1  ESTIMATE NO. 005  DATE 7/31/94

| | Source / Dimensions | | | Quantity | Unit | Man-Hours | | Materials | | Labor | |
|---|---|---|---|---|---|---|---|---|---|---|---|
| | | | | | | Labor Unit | Man-Hour Total | Cost Unit | Bare Total | Cost Unit | Bare Total |
| | 1 | 2 | 3 | 4 | 5 | 6 | 7 | 8 | 9 | 10 | 11 |
| **Cable Tray:** | | | | | | | | | | | |
| Ladder Type, Galv. S.H., 4"D x 12"W - w/9" rungs | 160 | 105 | 0930 | 240 | L.F. | .17 | 40.80 | 6.40 | 1536 | 4.68 | 1123 |
| @ 15-20' High, Add 10% | 160 | 130 | 9910 | 110 | L.F. | .017 | 1.87 | — | — | .47 | 52 |
| Solid Bottom Type Galv. S.H., 3"D x 18"W | 160 | 110 | 0260 | 120 | L.F. | .229 | 27.48 | 8.45 | 1014 | 6.30 | 756 |
| @ 20-25' High, Add 20% | 160 | 130 | 9920 | 55 | L.F. | .046 | 2.53 | — | — | 1.26 | 69 |
| **Fittings:** | | | | | | | | | | | |
| Vert. Elbow - Ladder 90°, 9"rung 24"Rad., 12"W | 160 | 105 | 1590 | 8 | Ea. | 2.222 | 17.78 | 51.00 | 408 | 61.00 | 488 |
| Horiz. Elbow - Ladder 90°, 9"rung 24"Rad., 12"W | 160 | 105 | 1140 | 4 | Ea. | 2.222 | 8.89 | 44.00 | 176 | 61.00 | 244 |
| Dropout 12"W | 160 | 105 | 2540 | 4 | Ea. | .615 | 2.46 | 5.15 | 21 | 16.90 | 68 |
| Vert. Elbow - Solid Bottom 24" Rad., 18"W | 160 | 110 | 0700 | 4 | Ea. | 3.2 | 12.80 | 83.00 | 332 | 88.00 | 352 |
| Horiz. Elbow - Solid Bottom 24" Rad., 18"W | 160 | 110 | 0450 | 2 | Ea. | 3.2 | 6.40 | 79.00 | 158 | 88.00 | 176 |
| Dropout 18"W | 160 | 110 | 1610 | 2 | Ea. | .727 | 1.45 | 12.40 | 25 | 20.00 | 40 |
| Total Before O + P | | | | | | | 122.46 | | 3670 | | 3368 |
| Total Contractors Cost (Before O + P) | | | | | | | | | | | 7038 |

**Fig. R160-102**

# Electrical | R160 | Design and Cost Tables

## R160-150 Wireway

When "taking off" Wireway, list by size and type.

**Example:**
1. Screw cover, unflanged + size
2. Screw cover, flanged + size
3. Hinged cover, flanged + size
4. Hinged cover, unflanged + size

Each 10' length on Wireway contains:
1. 10' of cover either screw or hinged type
2. (1) Coupling or flange gasket
3. (1) Wall type mount

All fittings must be priced separately.

Substitution of hanger types is done the same as described in R160-200, "HANGERS", keeping in mind that the wireway model is based on 10' sections instead of a 100' conduit run.

Man-hours for wireway include:
1. Unloading by hand
2. Hauling by hand up to 100' from loading dock
3. Measuring and marking
4. Mounting wall bracket using (2) anchor type lead fasteners
5. Installing wireway on brackets, to 15' high (For higher elevations use factors in R160-200)

**Job Conditions:** Productivity is based on new construction, to a height of 15' using rolling staging in an unobstructed area.

Material staging area is assumed to be within 100' of work being performed. For other heights see R160-205.

# Electrical — R160 Design and Cost Tables

## R160-200 Conduit To 15' High

List conduit by quantity, size, and type. Do not deduct for lengths occupied by fittings, since this will be allowance for scrap.
Example:

- A. Aluminum — size
- B. Rigid Galvanized — size
- C. Steel Intermediate (IMC) — size
- D. Rigid Steel, plastic coated 20 Mil — size
- E. Rigid Steel, plastic coated 40 Mil — size
- F. Electric Metallic Tubing (EMT) — size
- G. PVC Schedule 40 — size

Types (A) thru (E) listed above contain the following per 100 L.F.:

1. (11) Threaded couplings
2. (11) Beam type hangers
3. ( 2) Factory sweeps
4. ( 2) Fiber bushings
5. ( 4) Locknuts
6. ( 2) Field threaded pipe terminations
7. ( 2) Removal of concentric knockouts

Type (F) contains per 100 L.F.

1. (11) Set screw couplings
2. (11) Beam clamps
3. ( 2) Field bends on 1/2" and 3/4" diameter
4. ( 2) Factory sweeps for 1" and above
5. ( 2) Set screw steel connectors
6. ( 2) Removal of concentric knockouts

Type (G) contains per 100 L.F.

1. (11) Field cemented couplings
2. (34) Beam clamps
3. ( 2) Factory sweeps
4. ( 2) Adapters
5. ( 2) Locknuts
6. ( 2) Removal of concentric knockouts

Man-hours for all conduit to 15' include:

1. Unloading by hand
2. Hauling by hand to an area up to 200' from loading dock
3. Set up of rolling staging
4. Installation of conduit and fittings, as described in Conduit models (A) thru (G)

Not included in the material and labor are:

1. Staging rental or purchase
2. Structural Modifications
3. Wire
4. Junction boxes
5. Fittings in excess of those described in conduit models (A) thru (G)
6. Painting of conduit

### Fittings

Only those fittings listed above are included in the linear foot totals, although they should be listed separately from conduit lengths, without prices, to insure proper quantities for material procurement.

If the fittings required exceed the quantities included in the model conduit runs, then material and labor costs must be added to the difference. If actual needs per 100 L.F. of conduit are: (2) sweeps, (4) LB's and (1) field bend.

Then, in this case (4) LB's and (1) field bend must be priced additionally.

## R160-201 Hangers

It is sometimes desirable to substitute an alternate style of hanger if the support being used is not the type described in the conduit models.

Example: The 3/4" RGS conduit assumes that supports are beam type as defined on line 160-320-7960. The bare costs are:

| 160- | | M | + L | = T | |
|---|---|---|---|---|---|
| 320-7960 | | $1.85 | $6.90 | $8.75 | Jay Clamp |

To substitute an alternate support, such as hang-on style with a 12" threaded rod and a concrete expansion shield, first add that assembly's component costs:

| 160- | | M | + L | = T |
|---|---|---|---|---|
| 320-7830 | Hanger & Rod | 1.30 | 1.52 | 2.82 |
| 050- | | | | |
| 520-0200 | 1/4" Expansion Shield | .65 | 2.12 | 2.77 |
| 515-0200 | 3/8" Drilled Hole | .10 | 3.02 | 3.12 |
| 515-1000 | For Ceiling Inst. | — | 1.21 | 1.21 |
| Totals | | 2.05 | 7.87 | 9.92 |

The difference in cost between the two types of supports is:

| Hang-On | Jay Clamp | Increase/Each |
|---|---|---|
| $9.92 | $8.75 | $1.17 |

Since the model assumes 11 supports per 100 L.F., the total increase would be:

11 x $1.17 = $12.87 per CLF; or $.13 per L.F.

Another approach to hanger configurations would be to start with the conduit only as per section 160-210 and add all the supports and any other items as separate lines. This procedure is most useful if the project involves racking many runs of conduit on a single hanger, for instance a trapeze type hanger.

Example: Five (5) 2" RGS conduits, 50 L.F. each, are to be run on trapeze hangers from one pull box to another. The run includes one 90° bend.

First, list the hanger's components to create an assembly cost for each 2' wide trapeze.

| 160- | | Q | | M | + L | = T |
|---|---|---|---|---|---|---|
| 320-3900 | Channel | 2 | L.F. | 5.50 | 6.28 | 11.78 |
| 320-4250 | 3/8" Spr. Nuts | 2 | Ea. | 1.62 | 4.40 | 6.02 |
| 320-3300 | 3/8" Washers | 2 | Ea. | .14 | — | .14 |
| 320-3050 | 3/8" Nuts | 2 | Ea. | .19 | — | .19 |
| 320-2600 | 3/8" Rod | 2 | L.F. | 1.54 | 2.20 | 3.74 |
| 050- | | | | | | |
| 520-0400 | 3/8" Shields | 2 | Ea. | 2.16 | 4.48 | 6.64 |
| 515-0300 | 1/2" Hole | 4 | In. | .48 | 15.24 | 15.72 |
| Trapeze Hgr. Totals | | | | 11.63 | 32.60 | 44.23 |

Next, list the components for the 50 ft. run, noting that 6 supports will be required.

| 160- | | Q | | M | + L | = T |
|---|---|---|---|---|---|---|
| 210-0600 | 2" RGS | 250 | L.F. | 885.00 | 845.00 | 1730.00 |
| 205-2130 | 2" Elbows | 5 | Ea. | 72.00 | 91.75 | 163.75 |
| 250-1000 | 2" Locknuts | 20 | Ea. | 20.60 | — | 20.60 |
| 250-1250 | 2" Bushings | 10 | Ea. | 12.00 | 146.50 | 158.50 |
| Assembly | 2" Trap. HGR | 6 | Ea. | 69.78 | 195.60 | 265.38 |
| Total Installation | | | | 1059.38 | 1278.85 | $2338.23 |

**Job Conditions:** Productivities are based on new construction to 15' high, using scaffolding in an unobstructed area. Material storage is assumed to be within 100' of work being performed.

Add to labor for elevated installations:

| 15' to 20' High 10% | 30' to 35' High 30% |
|---|---|
| 20' to 25' High 20% | 35' to 40' High 35% |
| 25' to 30' High 25% | Over 40' High 40% |

Add these percentages to the L.F. labor cost, but not to fittings. Add these percentages only to quantities exceeding the different height levels, not the total conduit quantities.

Linear foot price for labor does not include penetrations in walls or floors, and must be added to the estimate. This section appears in Section 160-260.

# Electrical — R160 Design and Cost Tables

## R160-205 Conductors in Conduit

Table below lists maximum number of conductors for various sized conduit using THW, TW or THWN insulations.

| Copper Wire Size | 1/2" TW | 1/2" THW | 1/2" THWN | 3/4" TW | 3/4" THW | 3/4" THWN | 1" TW | 1" THW | 1" THWN | 1-1/4" TW | 1-1/4" THW | 1-1/4" THWN | 1-1/2" TW | 1-1/2" THW | 1-1/2" THWN | 2" TW | 2" THW | 2" THWN | 2-1/2" TW | 2-1/2" THW | 2-1/2" THWN | 3" THW | 3" THWN | 3-1/2" THW | 3-1/2" THWN | 4" THW | 4" THWN |
|---|---|---|---|---|---|---|---|---|---|---|---|---|---|---|---|---|---|---|---|---|---|---|---|---|---|---|---|
| #14 | 9 | 6 | 13 | 15 | 10 | 24 | 25 | 16 | 39 | 44 | 29 | 69 | 60 | 40 | 94 | 99 | 65 | 154 | 142 | 93 | | 143 | | 192 | | | |
| #12 | 7 | 4 | 10 | 12 | 8 | 18 | 19 | 13 | 29 | 35 | 24 | 51 | 47 | 32 | 70 | 78 | 53 | 114 | 111 | 76 | 164 | 117 | | 157 | | | |
| #10 | 5 | 4 | 6 | 9 | 6 | 11 | 15 | 11 | 18 | 26 | 19 | 32 | 36 | 26 | 44 | 60 | 43 | 73 | 85 | 61 | 104 | 95 | 160 | 127 | | 163 | |
| #8 | 2 | 1 | 3 | 4 | 3 | 5 | 7 | 5 | 9 | 12 | 10 | 16 | 17 | 13 | 22 | 28 | 22 | 36 | 40 | 32 | 51 | 49 | 79 | 66 | 106 | 85 | 136 |
| #6 | | 1 | 1 | | 2 | 4 | | 4 | 6 | | 7 | 11 | | 10 | 15 | | 16 | 26 | | 23 | 37 | 36 | 57 | 48 | 76 | 62 | 98 |
| #4 | | 1 | 1 | | 1 | 2 | | 3 | 4 | | 5 | 7 | | 7 | 9 | | 12 | 16 | | 17 | 22 | 27 | 35 | 36 | 47 | 47 | 60 |
| #3 | | 1 | 1 | | 1 | 1 | | 2 | 3 | | 4 | 6 | | 6 | 8 | | 10 | 13 | | 15 | 19 | 23 | 29 | 31 | 39 | 40 | 51 |
| #2 | | 1 | 1 | | 1 | 1 | | 2 | 3 | | 4 | 5 | | 5 | 7 | | 9 | 11 | | 13 | 16 | 20 | 25 | 27 | 33 | 34 | 43 |
| #1 | | | | | 1 | 1 | | 1 | 1 | | 3 | 3 | | 4 | 5 | | 6 | 8 | | 9 | 12 | 14 | 18 | 19 | 25 | 25 | 32 |
| 1/0 | | | | | 1 | 1 | | 1 | 1 | | 2 | 3 | | 3 | 4 | | 5 | 7 | | 8 | 10 | 12 | 15 | 16 | 21 | 21 | 27 |
| 2/0 | | | | | 1 | 1 | | 1 | 1 | | 1 | 2 | | 3 | 3 | | 5 | 6 | | 7 | 8 | 10 | 13 | 14 | 17 | 18 | 22 |
| 3/0 | | | | | 1 | 1 | | 1 | 1 | | 1 | 1 | | 2 | 3 | | 4 | 5 | | 6 | 7 | 9 | 11 | 12 | 14 | 15 | 18 |
| 4/0 | | | | | | 1 | | 1 | 1 | | 1 | 1 | | 1 | 2 | | 3 | 4 | | 5 | 6 | 7 | 9 | 10 | 12 | 13 | 15 |
| 250 MCM | | | | | | | | 1 | 1 | | 1 | 1 | | 1 | 1 | | 2 | 3 | | 4 | 4 | 6 | 7 | 8 | 10 | 10 | 12 |
| 300 | | | | | | | | 1 | 1 | | 1 | 1 | | 1 | 1 | | 2 | 3 | | 3 | 4 | 5 | 6 | 7 | 8 | 9 | 11 |
| 350 | | | | | | | | | 1 | | 1 | 1 | | 1 | 1 | | 1 | 2 | | 3 | 3 | 4 | 5 | 6 | 7 | 8 | 9 |
| 400 | | | | | | | | | | | 1 | 1 | | 1 | 1 | | 1 | 1 | | 2 | 3 | 4 | 5 | 5 | 6 | 7 | 8 |
| 500 | | | | | | | | | | | 1 | 1 | | 1 | 1 | | 1 | 1 | | 1 | 2 | 3 | 4 | 4 | 5 | 6 | 7 |
| 600 | | | | | | | | | | | | 1 | | 1 | 1 | | 1 | 1 | | 1 | 1 | 3 | 3 | 4 | 4 | 5 | 5 |
| 700 | | | | | | | | | | | | | | 1 | 1 | | 1 | 1 | | 1 | 1 | 2 | 3 | 3 | 4 | 4 | 5 |
| 750 | | | | | | | | | | | | | | 1 | 1 | | 1 | 1 | | 1 | 1 | 2 | 2 | 3 | 3 | 4 | 4 |

## R160-210 Lineal Foot Cost In Place for Various Size and Type of Conduit (Incl. O & P)

| Type Conduit | 1/2" | 3/4" | 1" | 1-1/4" | 1-1/2" | 2" | 2-1/2" | 3" | 3-1/2" | 4" |
|---|---|---|---|---|---|---|---|---|---|---|
| Rigid Steel | $5.05 | $5.85 | $7.40 | $8.40 | $9.50 | $12.05 | $17.25 | $23.50 | $28.00 | $31.50 |
| Intermediate (IMC) | 4.42 | 5.00 | 6.55 | 7.40 | 8.40 | 10.20 | 14.40 | 19.25 | 23.50 | 26.50 |
| Aluminum | 4.36 | 5.10 | 6.10 | 7.25 | 8.20 | 9.75 | 13.40 | 16.40 | 19.45 | 23.00 |
| EMT | 2.37 | 3.13 | 3.75 | 4.59 | 5.20 | 6.15 | 10.00 | 12.25 | 15.00 | 17.20 |

The above table assumes a 15' maximum mounting height and includes all fittings, terminations and supports, based on 100' runs.

## R160-215 Metric Equivalent, Conduit

| U.S. vs. European Conduit – Approximate Equivalents ||||
|---|---|---|---|
| United States || European ||
| Trade Size | Inside Diameter Inch/MM | Trade Size | Inside Diameter MM |
| 1/2 | .622/15.8 | 11 | 16.4 |
| 3/4 | .824/20.9 | 16 | 19.9 |
| 1 | 1.049/26.6 | 21 | 25.5 |
| 1 1/4 | 1.380/35.0 | 29 | 34.2 |
| 1 1/2 | 1.610/40.9 | 36 | 44.0 |
| 2 | 2.067/52.5 | 42 | 51.0 |
| 2 1/2 | 2.469/62.7 | | |
| 3 | 3.068/77.9 | | |
| 3 1/2 | 3.548/90.12 | | |
| 4 | 4.026/102.3 | | |
| 5 | 5.047/128.2 | | |
| 6 | 6.065/154.1 | | |

# Electrical | R160 | Design and Cost Tables

## R160-221 Conduit Weight Comparisons (Lbs. per 100 ft.) Empty

| Type | 1/2" | 3/4" | 1" | 1-1/4" | 1-1/2" | 2" | 2-1/2" | 3" | 3-1/2" | 4" | 5" | 6" |
|---|---|---|---|---|---|---|---|---|---|---|---|---|
| Rigid Aluminum | 28 | 37 | 55 | 72 | 89 | 119 | 188 | 246 | 296 | 350 | 479 | 630 |
| Rigid Steel | 79 | 105 | 153 | 201 | 249 | 332 | 527 | 683 | 831 | 972 | 1314 | 1745 |
| Intermediate Steel (IMC) | 60 | 82 | 116 | 150 | 182 | 242 | 401 | 493 | 573 | 638 | | |
| Electrical Metallic Tubing (EMT) | 29 | 45 | 65 | 96 | 111 | 141 | 215 | 260 | 365 | 390 | | |
| Polyvinyl Chloride, Schedule 40 | 16 | 22 | 32 | 43 | 52 | 69 | 109 | 142 | 170 | 202 | 271 | 350 |
| Polyvinyl Chloride Encased Burial | | | | | | 38 | | 67 | 88 | 105 | 149 | 202 |
| Fibre Duct Encased Burial | | | | | | 127 | | 164 | 180 | 206 | 400 | 511 |
| Fibre Duct Direct Burial | | | | | | 150 | | 251 | 300 | 354 | | |
| Transite Encased Burial | | | | | | 160 | | 240 | 290 | 330 | 450 | 550 |
| Transite Direct Burial | | | | | | 220 | | 310 | | 400 | 540 | 640 |

## R160-222 Conduit Weight Comparisons (Lbs. per 100 ft.) with Maximum Cable Fill*

| Type | 1/2" | 3/4" | 1" | 1-1/4" | 1-1/2" | 2" | 2-1/2" | 3" | 3-1/2" | 4" | 5" | 6" |
|---|---|---|---|---|---|---|---|---|---|---|---|---|
| Rigid Galvanized Steel (RGS) | 104 | 140 | 235 | 358 | 455 | 721 | 1022 | 1451 | 1749 | 2148 | 3083 | 4343 |
| Intermediate Steel (IMC) | 84 | 113 | 186 | 293 | 379 | 611 | 883 | 1263 | 1501 | 1830 | | |
| Electrical Metallic Tubing (EMT) | 54 | 116 | 183 | 296 | 368 | 445 | 641 | 930 | 1215 | 1540 | | |

*Conduit & Heaviest Conductor Combination

## R160-230 Conduit In Concrete Slab

List conduit by quantity, size and type.

**Example:**
- A. Rigid galvanized steel + size
- B. P.V.C. + size

Rigid galvanized steel (A) contains per 100 L.F.:
1. (20) Ties to slab reinforcing
2. (11) Threaded steel couplings
3. (2) Factory sweeps
4. (2) Field threaded conduit terminations
5. (2) Fiber bushings + locknuts
6. (2) Removal of concentric knockouts

P.V.C. (B) contains per 100 L.F.:
1. (20) Ties to slab reinforcing
2. (11) Field cemented couplings
3. (2) Factory sweeps
4. (2) Adapters
5. (2) Removal of concentric knockouts

## R160-240 Conduit In Trench

Conduit in trench is galvanized steel and contains per 100 L.F.:
1. (11) Threaded couplings
2. (2) Factory sweeps
3. (2) Fiber bushings + (4) locknuts
4. (2) Field threaded conduit terminations
5. (2) Removal of concentric knockouts

**Note:**

Conduit in sections 160-230 and 160-240 do not include:
1. Floor cutting
2. Excavation or backfill
3. Grouting or patching

Conduit fittings in excess of those listed in the above Conduit models must be added. (Refer to R160-200 and R160-100 for Procedure example.)

## R160-275 Motor Connections

Motor connections should be listed by size and type of motor. Included in the material and labor cost is:
1. (2) Flex connectors
2. 18" of flexible metallic wireway
3. Wire identification and termination
4. Test for rotation
5. (2) or (3) Conductors

Price does not include:
1. Mounting of motor
2. Disconnect Switch
3. Motor Starter
4. Controls
5. Conduit or wire ahead of flex

**Note:** When "Taking off" Motor connections, it is advisable to list connections on the same quantity sheet as Motors, Motor Starters and controls.

# Electrical — R160 Design and Cost Tables

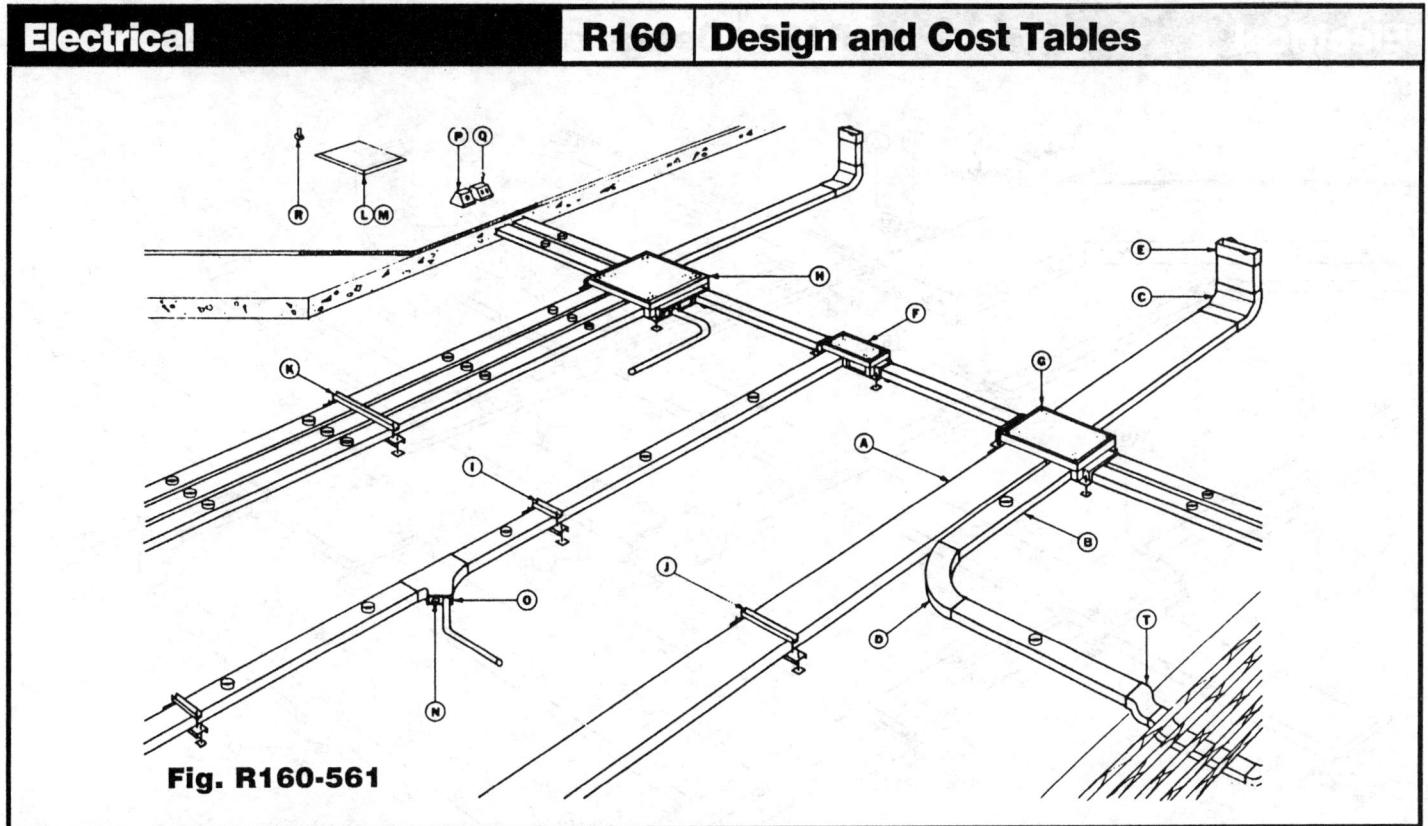

**Fig. R160-561**

## R160-560 Underfloor Duct

When pricing Underfloor Duct it is important to identify and list each component, since costs vary significantly from one type of fitting to another. Do not deduct boxes or fittings from linear foot totals; this will be your allowance for scrap.

The first step is to identify the system as either:

FIG. R160-561 Single Level
FIG. R160-562 Dual Level

### Single Level System

Include on your "takeoff sheet" the following unit price items, making sure to distinguish between Standard and Super duct:

A. Feeder duct (blank) in L.F.
B. Distribution duct (Inserts 2' on center) in L.F.
C. Elbows (Vertical) Ea.
D. Elbows (Horizontal) Ea.
E. Cabinet connector Ea.
F. Single duct junction box Ea.
G. Double duct junction box Ea.
H. Triple duct junction box Ea.
I. Support, single cell Ea.
J. Support, double cell Ea.
K. Support, triple cell Ea.
L. Carpet pan Ea.
M. Terrazzo pan Ea.
N. Insert to conduit adapter Ea.
O. Conduit adapter Ea.
P. Low tension outlet Ea.
Q. High tension outlet Ea.
R. Galvanized nipple Ea.
S. Wire per C.L.F.
T. Offset (Duct type) Ea.

**Dual Level System + Labor see next page**

(continued)

# Electrical  R160  Design and Cost Tables

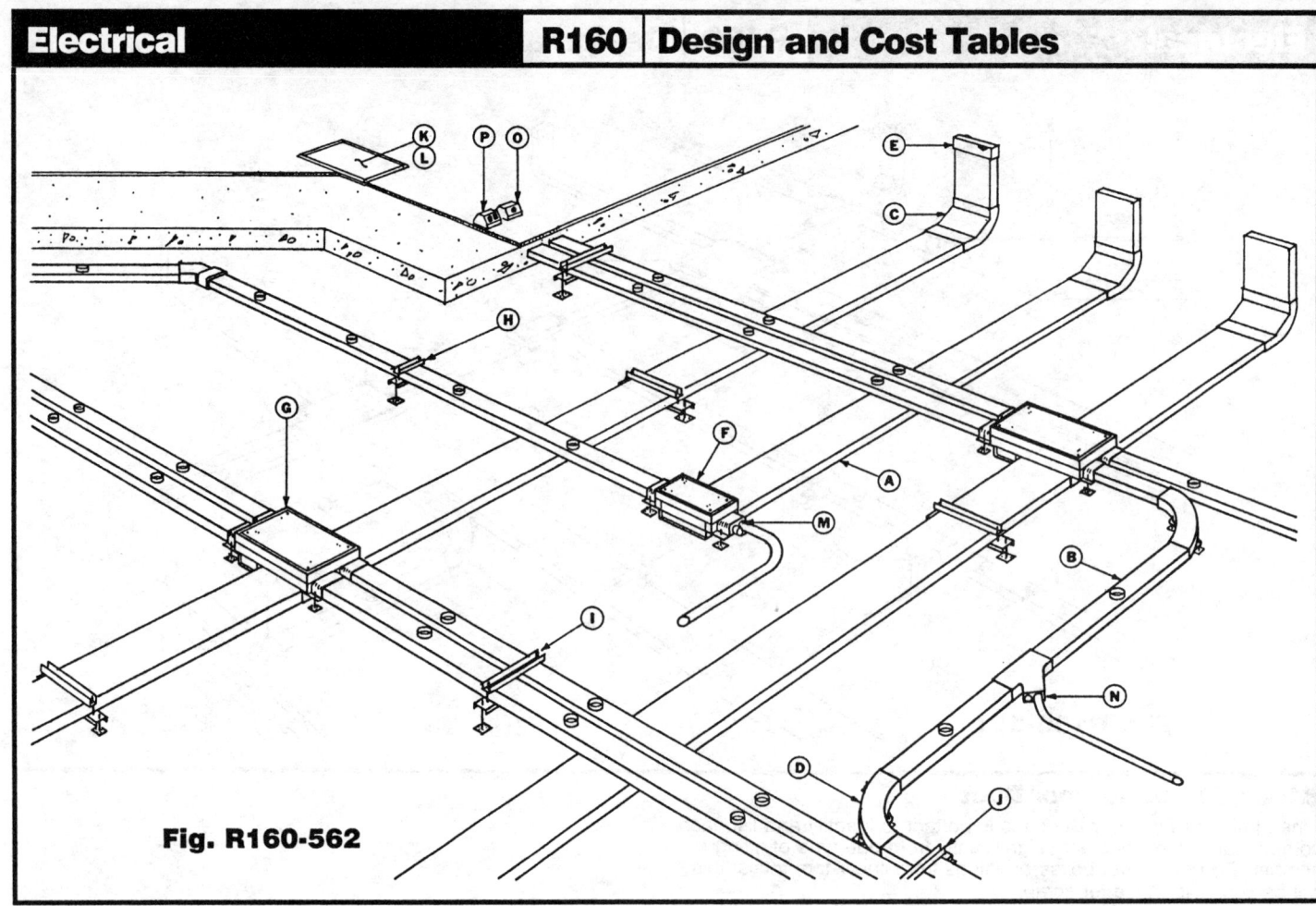

**Fig. R160-562**

### R160-560 Underfloor Duct (cont.)
#### Dual Level

Include the following when "taking off" Dual Level systems:
Distinguish between Standard and Super duct.

- A. Feeder duct (blank) in L.F.
- B. Distribution duct (Inserts 2' on center) in L.F.
- C. Elbows (Vertical) Ea.
- D. Elbows (Horizontal) Ea.
- E. Cabinet connector Ea.
- F. Single duct, 2 level, junction box Ea.
- G. Double duct, 2 level, junction box Ea.
- H. Support, single cell Ea.
- I. Support, double cell Ea.
- J. Support, triple cell Ea.
- K. Carpet pan Ea.
- L. Terrazzo pan Ea.
- M. Insert to conduit adapter Ea.
- N. Conduit adapter Ea.
- O. Low tension outlet Ea.
- P. High tension outlet Ea.
- Q. Wire per C.L.F.

**Note:** Make sure to include risers in linear foot totals. High tension outlets include box, receptacle, covers and related mounting hardware.

Man-hours for both Single and Dual Level systems include:
1. Unloading and uncrating
2. Hauling up to 200' from loading dock
3. Measuring and marking
4. Setting raceway and fittings in slab or on grade
5. Leveling raceway and fittings

Man-hours do not include:
1. Floor cutting
2. Excavation or backfill
3. Concrete pour
4. Grouting or patching
5. Wire or wire pulls
6. Additional outlets after concrete is poured
7. Piping to or from Underfloor Duct

**Note:** Installation is based on installing up to 150' of duct. If quantities exceed this, deduct the following percentages:

1. 150' to 250' - 10%
2. 250' to 350' - 15%
3. 350' to 500' - 20%
4. over 500' - 25%

Deduct these percentages from labor only.
Deduct these percentages from straight sections only.
Do not deduct from fittings or junction boxes.

**Job Conditions:** Productivity is based on new construction.
Underfloor duct to be installed on first three floors.
Material staging area within 100' of work being performed.
Area unobstructed and duct not subject to physical damage.

# Electrical | R161 | Conductors and Grounding

## R161-100 Cable Cost Comparisons

Table below lists material prices per C.L.F. for copper conductor cables. Aluminum wiring generally requires larger conductor sizes than copper wiring and is subject to very close tolerance in torque tightening of connections. Size of conduit must allow for the increased size of the aluminum conductors.

| 600V Wire Capacity | | | Cost of Single Conductor, per C.L.F., Material Only, Copper Wire | | | | |
|---|---|---|---|---|---|---|---|
| Aluminum THW | Copper THW | Size | THW | THWN/THHN | Bare Copper | 5KV CLP Shielded | 15KV CLP Shielded |
|  | 15 amp | #14 | $ 4.70* | $ 4.25* | $ 4.10* | – | – |
|  | 20 | #12 | 6.50* | 6.10* | 5.95* | – | – |
|  | 30 | #10 | 9.90* | 9.80* | 9.50* | – | – |
| 40 amp | 45 | #8 | 19.10 | 18.90 | 17.65* | – | – |
| 50 | 65 | #6 | 25.50 | 25.50 | 24.00* | – | – |
| 65 | 85 | #4 | 39.50 | 41.00 | 37.00* | $118.00 | – |
| 90 | 115 | #2 | 61.50 | 68.00 | 59.00 | 142.00 | – |
| 100 | 130 | #1 | 83.00 | 90.00 | 77.00 | 157.00 | $186.00 |
| 120 | 150 | 1/0 | 95.00 | 110.00 | 91.00 | 181.00 | 230.00 |
| 135 | 175 | 2/0 | 115.00 | 129.00 | 110.00 | 220.00 | 260.00 |
| 155 | 200 | 3/0 | 145.00 | 160.00 | 138.00 | – | – |
| 180 | 230 | 4/0 | 185.00 | 195.00 | 176.00 | 295.00 | 345.00 |
| 205 | 255 | 250 MCM | 220.00 | 230.00 | 200.00 | 325.00 | 360.00 |
| 230 | 285 | 300 | 270.00 | 275.00 | 255.00 | – | – |
| 250 | 310 | 350 | 300.00 | 310.00 | 280.00 | 445.00 | 485.00 |
|  |  | 400 | 360.00 | 370.00 | 345.00 | – | – |
| 310 | 380 | 500 | 420.00 | 435.00 | 395.00 | 565.00 | 605.00 |
|  |  | 600 | 575.00 | – | 465.00 | – | – |
|  |  | 750 | 705.00 | – | 585.00 | – | – |
|  |  | 1,000 | 1075.00 | – | 870.00 | – | – |

*Solid conductor wire

## R161-105 Armored Cable

**Armored Cable** — Quantities are taken off in the same manner as wire.

**Bx Type Cable** — Productivities are based on an average run of 50' before terminating at a box fixture etc. Each 50' section includes field preparation of (2) ends with hacksaw, identification and tagging of wire. Set up is open coil type without reels attaching cable to snake and pulling across a suspended ceiling or open face wood or steel studding, price does not include drilling of studs.

**Cable In Tray** — Productivities are based on an average run of 100 L.F. with set up of pulling equipment for (2) 90° bends, attaching cable to pull-in means, identification and tagging of wires, set up of reels. Wire termination to breakers equipment etc., are not included.

**Job Conditions** — Productivities are based on new construction to a height of 15' using rolling staging in an unobstructed area. Material staging is assumed to be within 100' of work being performed.

## R161-115 C.L.F. Cost for 600 Volt Insulated Wire Installed in Conduit Per Conductor (Incl. O & P)

| | Installed Cost per C.L.F. | | | | Installed Cost per C.L.F. | | |
|---|---|---|---|---|---|---|---|
| | Copper | | Aluminum | | Copper | | Aluminum |
| Wire Size | THW | THWN/THHN | THW | Wire Size | THW | THWN/THHN | THW |
| #14 | $ 30.50* | $ 30.00* | – | 1/0 | $205.00 | $221.00 | $126.00 |
| #12 | 37.00* | 36.50* | – | 2/0 | 241.00 | 256.00 | 143.00 |
| #10 | 44.00* | 44.00* | – | 3/0 | 292.00 | 310.00 | 164.00 |
| #8 | 62.50 | 62.50 | $ 49.00 | 4/0 | 355.00 | 365.00 | 178.00 |
| #6 | 79.00 | 79.00 | 56.50 | 250 MCM | 405.00 | 420.00 | 199.00 |
| #4 | 106.00 | 108.00 | 69.50 | 300 | 470.00 | 480.00 | 239.00 |
| #2 | 141.00 | 149.00 | 88.00 | 350 | 515.00 | 525.00 | 252.00 |
| #1 | 174.00 | 182.00 | 111.00 | 500 | 665.00 | 685.00 | 320.00 |

*Solid Conductor Wire

# Electrical — R161 Conductors and Grounding

**R161-120 Maximum Circuit Length (approximate) for Various Power Requirements Assuming THW, Copper Wire @ 75° C, Based Upon a 4% Voltage Drop**

**Maximum Circuit Length:** Table R161-120 indicates typical maximum installed length a circuit can have and still maintain an adequate voltage level at the point of use. The circuit length is similar to the conduit length.

If the circuit length for an ampere load and a copper wire size exceeds the length obtained from Table R161-120, use the next largest wire size to compensate voltage drop.

**Example:** A 130 ampere load at 480 volts, 3 phase, 3 wire with No. 1 wire can be run a maximum of 555 L.F. and provide satisfactory operation. If the same load is to be wired at the end of a 625 L.F. circuit, then a larger wire must be used.

| Amperes | Wire Size | Maximum Circuit Length in Feet | | | | |
|---|---|---|---|---|---|---|
| | | 2 Wire, 1 Phase | | 3 Wire, 3 Phase | | |
| | | 120V | 240V | 240V | 480V | 600V |
| 15 | 14* | 50 | 105 | 120 | 240 | 300 |
| | 14 | 50 | 100 | 120 | 235 | 295 |
| 20 | 12* | 60 | 125 | 145 | 290 | 360 |
| | 12 | 60 | 120 | 140 | 280 | 350 |
| 30 | 10* | 65 | 130 | 155 | 305 | 380 |
| | 10 | 65 | 130 | 150 | 300 | 375 |
| 50 | 8 | 60 | 125 | 145 | 285 | 355 |
| 65 | 6 | 75 | 150 | 175 | 345 | 435 |
| 85 | 4 | 90 | 185 | 210 | 425 | 530 |
| 115 | 2 | 110 | 215 | 250 | 500 | 620 |
| 130 | 1 | 120 | 240 | 275 | 555 | 690 |
| 150 | 1/0 | 130 | 260 | 305 | 605 | 760 |
| 175 | 2/0 | 140 | 285 | 330 | 655 | 820 |
| 200 | 3/0 | 155 | 315 | 360 | 725 | 904 |
| 230 | 4/0 | 170 | 345 | 395 | 795 | 990 |
| 255 | 250 | 185 | 365 | 420 | 845 | 1055 |
| 285 | 300 | 195 | 395 | 455 | 910 | 1140 |
| 310 | 350 | 210 | 420 | 485 | 975 | 1220 |
| 380 | 500 | 245 | 490 | 565 | 1130 | 1415 |

*Solid Conductor

Note: The circuit length is the one-way distance between the origin and the load.

# Electrical — R161 Conductors and Grounding

## R161-125 Minimum Copper and Aluminum Wire Size Allowed for Various Types of Insulation

### Minimum Wire Sizes

| Amperes | Copper THW THWN or XHHW | Copper THHN XHHW * | Aluminum THW XHHW | Aluminum THHN XHHW * | Amperes | Copper THW THWN or XHHW | Copper THHN XHHW * | Aluminum THW XHHW | Aluminum THHN XHHW * |
|---|---|---|---|---|---|---|---|---|---|
| 15A | #14 | #14 | #12 | #12 | 195 |  | 2/0 |  |  |
| 20 | #12 | #12 |  |  | 200 | 3/0 |  |  |  |
| 25 |  |  | #10 | #10 | 205 |  |  | 250MCM | 4/0 |
| 30 | #10 | #10 |  |  | 225 |  | 3/0 |  |  |
| 40 |  |  | #8 |  | 230 | 4/0 |  | 300MCM | 250MCM |
| 45 |  |  |  | #8 | 250 |  |  | 350MCM |  |
| 50 | #8 |  | #6 |  | 255 | 250MCM |  |  | 300MCM |
| 55 |  | #8 |  |  | 260 |  | 4/0 |  |  |
| 60 |  |  |  | #6 | 270 |  |  | 400MCM |  |
| 65 | #6 |  | #4 |  | 280 |  |  |  | 350MCM |
| 75 |  | #6 | #3 | #4 | 285 | 300MCM |  |  |  |
| 85 | #4 |  |  | #3 | 290 |  | 250MCM |  |  |
| 90 |  |  | #2 |  | 305 |  |  |  | 400MCM |
| 95 |  | #4 |  |  | 310 | 350MCM |  | 500MCM |  |
| 100 | #3 |  | #1 | #2 | 320 |  | 300MCM |  |  |
| 110 |  | #3 |  |  | 335 | 400MCM |  |  |  |
| 115 | #2 |  |  | #1 | 340 |  |  | 600MCM |  |
| 120 |  |  | 1/0 |  | 350 |  | 350MCM |  | 500MCM |
| 130 | #1 | #2 |  |  | 375 |  |  | 700MCM |  |
| 135 |  |  | 2/0 | 1/0 | 380 | 500MCM | 400MCM |  |  |
| 150 | 1/0 | #1 |  | 2/0 | 385 |  |  | 750MCM | 600MCM |
| 155 |  |  | 3/0 |  | 420 |  |  |  | 700MCM |
| 170 |  | 1/0 |  |  | 430 | 600MCM |  |  |  |
| 175 | 2/0 |  |  | 3/0 | 435 |  | 500MCM |  | 750MCM |
| 180 |  |  | 4/0 |  | 475 |  | 600MCM |  |  |

*Dry Locations Only

**Notes:**

1. Size #14 to 4/0 is in AWG units (American Wire Gauge).
2. Size 250 to 750 is in MCM units (Thousand Circular Mils).
3. Use next higher ampere value if exact value is not listed in table.
4. For loads that operate continuously increase ampere value by 25% to obtain proper wire size.
5. Refer to Table R161-120 for the maximum circuit length for the various size wires.
6. Table R161-125 has been written for estimating purpose only, based on ambient temperature of 30° C (86° F); for ambient temperature other than 30° C (86° F), ampacity correction factors will be applied.

# Electrical — R161 Conductors and Grounding

## R161-130 Metric Equivalent, Wire

| U.S. vs. European Wire – Approximate Equivalents | | | |
|---|---|---|---|
| United States | | European | |
| Size AWG or MCM | Area Cir. Mils.(CM) MM² | Size MM² | Area Cir. Mils. |
| 18 | 1620/.82 | .75 | 1480 |
| 16 | 2580/1.30 | 1.0 | 1974 |
| 14 | 4110/2.08 | 1.5 | 2961 |
| 12 | 6530/3.30 | 2.5 | 4935 |
| 10 | 10,380/5.25 | 4 | 7896 |
| 8 | 16,510/8.36 | 6 | 11,844 |
| 6 | 26,240/13.29 | 10 | 19,740 |
| 4 | 41,740/21.14 | 16 | 31,584 |
| 3 | 52,620/26.65 | 25 | 49,350 |
| 2 | 66,360/33.61 | – | – |
| 1 | 83,690/42.39 | 35 | 69,090 |
| 1/0 | 105,600/53.49 | 50 | 98,700 |
| 2/0 | 133,100/67.42 | – | – |
| 3/0 | 167,800/85.00 | 70 | 138,180 |
| 4/0 | 211,600/107.19 | 95 | 187,530 |
| 250 | 250,000/126.64 | 120 | 236,880 |
| 300 | 300,000/151.97 | 150 | 296,100 |
| 350 | 350,000/177.30 | – | – |
| 400 | 400,000/202.63 | 185 | 365,190 |
| 500 | 500,000/253.29 | 240 | 473,760 |
| 600 | 600,000/303.95 | 300 | 592,200 |
| 700 | 700,000/354.60 | – | – |
| 750 | 750,000/379.93 | – | – |

## R161-135 Size Required and Weight (Lbs./1000 L.F.) of Aluminum and Copper THW Wire by Ampere Load

| Amperes | Copper Size | Aluminum Size | Copper Weight | Aluminum Weight |
|---|---|---|---|---|
| 15 | 14 | 12 | 24 | 11 |
| 20 | 12 | 10 | 33 | 17 |
| 30 | 10 | 8 | 48 | 39 |
| 45 | 8 | 6 | 77 | 52 |
| 65 | 6 | 4 | 112 | 72 |
| 85 | 4 | 2 | 167 | 101 |
| 100 | 3 | 1 | 205 | 136 |
| 115 | 2 | 1/0 | 252 | 162 |
| 130 | 1 | 2/0 | 324 | 194 |
| 150 | 1/0 | 3/0 | 397 | 233 |
| 175 | 2/0 | 4/0 | 491 | 282 |
| 200 | 3/0 | 250 | 608 | 347 |
| 230 | 4/0 | 300 | 753 | 403 |
| 255 | 250 | 400 | 899 | 512 |
| 285 | 300 | 500 | 1068 | 620 |
| 310 | 350 | 500 | 1233 | 620 |
| 335 | 400 | 600 | 1396 | 772 |
| 380 | 500 | 750 | 1732 | 951 |

# Electrical — R161 Conductors and Grounding

## R161-160 Undercarpet Systems

**Takeoff Procedure for Power Systems:** List components for each fitting type, tap, splice, and bend on your quantity takeoff sheet. Each component must be priced separately. Start at the power supply transition fittings and survey each circuit for the components needed. List the quantities of each component under a specific circuit number. Use the floor plan layout scale to get cable footage.

Reading across the list, combine the totals of each component in each circuit and list the total quantity in the last column. Calculate approximately 5% for scrap for items such as cable, top shield, tape, and spray adhesive. Also provide for final variations that may occur on-site.

Suggested guidelines are:

1. Equal amounts of cable and top shield should be priced.
2. For each roll of cable, price a set of cable splices.
3. For every 1 ft. of cable, price 2-1/2 ft. of hold-down tape.
4. For every 3 rolls of hold-down tape, price 1 can of spray adhesive.

Adjust final figures wherever possible to accommodate standard packaging of the product. This information is available from the distributor.

Each transition fitting requires:

1. 1 base
2. 1 cover
3. 1 transition block

Each floor fitting requires:

1. 1 frame/base kit
2. 1 transition block
3. 2 covers (duplex/blank)

Each tap requires:

1. 1 tap connector for each conductor
2. 1 pair insulating patches
3. 2 top shield connectors

Each splice requires:

1. 1 splice connector for each conductor
2. 1 pair insulating patches
3. 3 top shield connectors

Each cable bend requires:

1. 2 top shield connectors

Each cable dead end (outside of transition block) requires:

1. 1 pair insulating patches

Labor does not include:

1. Patching or leveling uneven floors.
2. Filling in holes or removing projections from concrete slabs.
3. Sealing porous floors.
4. Sweeping and vacuuming floors.
5. Removal of existing carpeting.
6. Carpet square cut-outs.
7. Installation of carpet squares.

**Takeoff Procedures for Telephone Systems:** After reviewing floor plans identify each transition. Number or letter each cable run from that fitting.

Start at the transition fitting and survey each circuit for the components needed. List the cable type, terminations, cable length, and floor fitting type under the specific circuit number. Use the floor plan layout scale to get the cable footage. Add some extra length (next higher increment of 5 feet) to preconnectorized cable.

Transition fittings require:

1. 1 base plate
2. 1 cover
3. 1 transition block

Floor fittings require:

1. 1 frame/base kit
2. 2 covers
3. Modular jacks

Reading across the list, combine the list of components in each circuit and list the total quantity in the last column. Calculate the necessary scrap factors for such items as tape, bottom shield and spray adhesive. Also provide for final variations that may occur on-site.

Adjust final figures whenever possible to accommodate standard packaging. Check that items such as transition fittings, floor boxes, and floor fittings that are to utilize both power and telephone have been priced as combination fittings, so as to avoid duplication.

Make sure to include marking of floors and drilling of fasteners if fittings specified are not the adhesive type.

Labor does not include:

1. Conduit or raceways before transition of floor boxes
2. Telephone cable before transition boxes
3. Terminations before transition boxes
4. Floor preparation as described in power section

Be sure to include all cable folds when pricing labor.

**Takeoff Procedure for Data Systems:** Start at the transition fittings and take off quantities in the same manner as the telephone system, keeping in mind that data cable does not require top or bottom shields.

The data cable is simply cross-taped on the cable run to the floor fitting.

Data cable can be purchased in either bulk form in which case coaxial connector material and labor must be priced, or in preconnectorized cut lengths.

Data cable cannot be folded and must be notched at 1 inch intervals. A count of all turns must be added to the labor portion of the estimate. (Note: Some manufacturers have prenotched cable.)

Notching required:

1. 90 degree turn requires 8 notches per side.
2. 180 degree turn requires 16 notches per side.

Floor boxes, transition boxes, and fittings are the same as described in the power and telephone procedures.

Since undercarpet systems require special hand tools, be sure to include this cost in proportion to number of crews involved in the installation.

**Job Conditions:** Productivity is based on new construction in an unobstructed area. Staging area is assumed to be within 200' of work being performed.

# Electrical — R161 Conductors and Grounding

## R161-165 Wire

Wire quantities are taken off by either measuring each cable run or by extending the conduit and raceway quantities times the number of conductors in the raceway. Ten percent should be added for waste and tie-ins. Keep in mind that the unit of measure of wire is C.L.F. not L.F. as in raceways so the formula would read:

$$\frac{\text{(L.F. Raceway} \times \text{No. of Conductors)} \times 1.10}{100} = \text{C.L.F.}$$

Price per C.L.F. of wire includes:
1. Set up wire coils or spools on racks
2. Attaching wire to pull in means
3. Measuring and cutting wire
4. Pulling wire into a raceway
5. Identifying and tagging

Price does not include:
1. Connections to breakers, panelboards or equipment
2. Splices

**Job Conditions:** Productivity is based on new construction to a height of 15' using rolling staging in an unobstructed area. Material staging is assumed to be within 100' of work being performed.

**Economy of Scale:** If more than three wires at a time are being pulled, deduct the following percentages from the labor of that grouping:

| | |
|---|---|
| 4-5 wires | 25% |
| 6-10 wires | 30% |
| 11-15 wires | 35% |
| over 15 | 40% |

If a wire pull is less than 100' in length and is interrupted several times by boxes, lighting outlets, etc., it may be necessary to add the following lengths to each wire being pulled:

| | |
|---|---|
| Junction box to junction box | 2 L.F. |
| Lighting panel to junction box | 6 L.F. |
| Distribution panel to sub panel | 8 L.F. |
| Switchboard to distribution panel | 12 L.F. |
| Switchboard to motor control center | 20 L.F. |
| Switchboard to cable tray | 40 L.F. |

**Measure of Drops and Riser:** It is important when taking off wire quantities to include the wire for drops to electrical equipment. If heights of electrical equipment are not clearly stated, use the following guide:

| | Bottom A.F.F. | Top A.F.F. | Inside Cabinet |
|---|---|---|---|
| Safety switch to 100A | 5' | 6' | 2' |
| Safety switch 400 to 600A | 4' | 6' | 3' |
| 100A panel 12 to 30 circuit | 4' | 6' | 3' |
| 42 circuit panel | 3' | 6' | 4' |
| Switch box | 3' | 3'6" | 1' |
| Switchgear | 0' | 8' | 8' |
| Motor control centers | 0' | 8' | 8' |
| Transformers - wall mount | 4' | 8' | 2' |
| Transformers - floor mount | 0' | 12' | 4' |

## R161-810 Grounding

**Grounding** — When taking off grounding systems, identify separately the type and size of wire.

**Example:**
- Bare copper & size
- Bare aluminum & size
- Insulated copper & size
- Insulated aluminum & size

Count the number of ground rods and their size.

**Example:**
1. 8' grounding rod — 5/8" dia. 20 Ea.
2. 10' grounding rod — 5/8" dia. 12 Ea.
3. 15' grounding rod — 3/4" dia. 4 Ea.

Count the number of connections; the size of the largest wire will determine the productivity.

**Example:**
Braze a #2 wire to a #4/0 cable
The 4/0 cable will determine the M.H. and cost to be used.

Include individual connections to:
1. Ground rods
2. Building steel
3. Equipment
4. Raceways

Price does not include:
1. Excavation
2. Backfill
3. Sleeves or raceways used to protect grounding wires
4. Wall penetrations
5. Floor cutting
6. Core drilling

**Job Conditions:** Productivity is based on a ground floor area, using cable reels in an unobstructed area. Material staging area assumed to be within 100' of work being performed.

# Electrical — R162 Boxes and Wiring Devices

## R162-110 Outlet Boxes

Outlet boxes should be included on the same takeoff sheet as branch piping or devices to better explain what is included in each circuit.

Each unit price in this section is a stand alone item and contains no other component unless specified. For example, to estimate a duplex outlet, components that must be added are:

1. 4" square box
2. 4" plaster ring
3. Duplex receptacle from Div. 162-320
4. Device cover

The method of mounting outlet boxes is (2) plastic shield fasteners.

Outlet boxes plastic, man-hours include:

1. Marking box location on wood studding
2. Mounting box

**Economy of Scale** – For large concentrations of plastic boxes in the same area deduct the following percentages from man-hour totals:

| | | | |
|---|---|---|---|
| 1 | to | 10 | 0% |
| 11 | to | 25 | 20% |
| 26 | to | 50 | 25% |
| 51 | to | 100 | 30% |
| over | | 100 | 35% |

**Note:** It is important to understand that these percentages are not used on the total job quantities, but only areas where concentrations exceed the levels specified.

## R162-130 Pull Boxes and Cabinets

List cabinets and pull boxes by NEMA type and size.

| Example: | TYPE | SIZE |
|---|---|---|
| | NEMA 1 | 6"W x 6"H x 4"D |
| | NEMA 3R | 6"W x 6"H x 4"D |

Man-hours for wall mount (indoor or outdoor) installations include:

1. Unloading and uncrating
2. Handling of enclosures up to 200' from loading dock using a dolly or pipe rollers
3. Measuring and marking
4. Drilling (4) anchor type lead fasteners using a hammer drill
5. Mounting and leveling boxes

**Note:** A plywood backboard is not included.

Man-hours for ceiling mounting include:

1. Unloading and uncrating
2. Handling boxes up to 100' from loading dock
3. Measuring and marking
4. Drilling (4) anchor type lead fasteners using a hammer drill
5. Installing and leveling boxes to a height of 15' using rolling staging

Man-hours for free standing cabinets include:

1. Unloading and uncrating
2. Handling of cabinets up to 200' from loading dock using a dolly or pipe rollers
3. Marking of floor
4. Drilling (4) anchor type lead fasteners using a hammer drill
5. Leveling and shimming

Man-hours for telephone cabinets include:

1. Unloading and uncrating
2. Handling cabinets up to 200' using a dolly or pipe rollers
3. Measuring and marking
4. Mounting and leveling, using (4) lead anchor type fasteners

## R162-135 Weight Comparisons of Common Size Cast Boxes in Lbs.

| Size NEMA 4 or 9 | Cast Iron | Cast Aluminum | Size NEMA 7 | Cast Iron | Cast Aluminum |
|---|---|---|---|---|---|
| 6" x 6" x 6" | 17 | 7 | 6" x 6" x 6" | 40 | 15 |
| 8" x 6" x 6" | 21 | 8 | 8" x 6" x 6" | 50 | 19 |
| 10" x 6" x 6" | 23 | 9 | 10" x 6" x 6" | 55 | 21 |
| 12" x 12" x 6" | 52 | 20 | 12" x 6" x 6" | 100 | 37 |
| 16" x 16" x 6" | 97 | 36 | 16" x 16" x 6" | 140 | 52 |
| 20" x 20" x 6" | 133 | 50 | 20" x 20" x 6" | 180 | 67 |
| 24" x 18" x 8" | 149 | 56 | 24" x 18" x 8" | 250 | 93 |
| 24" x 24" x 10" | 238 | 88 | 24" x 24" x 10" | 358 | 133 |
| 30" x 24" x 12" | 324 | 120 | 30" x 24" x 10" | 475 | 176 |
| 36" x 36" x 12" | 500 | 185 | 30" x 24" x 12" | 510 | 189 |

## R162-300 Wiring Devices

Wiring devices should be priced on a separate takeoff form which includes boxes, covers, conduit and wire.

Man-hours for devices include:

1. Stripping of wire
2. Attaching wire to device using terminators on the device itself, lugs, set screws etc.
3. Mounting of device in box

Man-hours do not include:

1. Conduit
2. Wire
3. Boxes
4. Plates

**Economy of Scale** – for large concentrations of devices in the same area deduct the following percentages from man-hours:

| | | | |
|---|---|---|---|
| 1 | to | 10 | 0% |
| 11 | to | 25 | 20% |
| 26 | to | 50 | 25% |
| 51 | to | 100 | 30% |
| over | | 100 | 35% |

# Electrical  R162 Boxes and Wiring Devices

## R162-300 Wiring Devices (cont.)

| NEMA No. | 15 R | 20 R | 30 R | 50 R | 60 R |
|---|---|---|---|---|---|
| **1** 125V 2 Pole, 2 Wire | ○ | | | | |
| **2** 250V 2 Pole, 2 Wire | | ○ | ○ | | |
| **5** 125V 2 Pole, 3 Wire | ○ | ○ | ○ | ○ | |
| **6** 250V 2 Pole, 3 Wire | ○ | ○ | ○ | ○ | |
| **7** 277V, AC 2 Pole, 3 Wire | ○ | ○ | ○ | ○ | |
| **10** 125/250V 3 Pole, 3 Wire | | ○ | ○ | ○ | |
| **11** 3 Phase 250V 3 Pole, 3 Wire | ○ | ○ | ○ | ○ | |
| **14** 125/250V 3 Pole, 4 Wire | ○ | ○ | ○ | ○ | ○ |
| **15** 3 Phase 250V 3 Pole, 4 Wire | ○ | ○ | ○ | ○ | ○ |
| **18** 3 Phase 208Y/120V 4 Pole, 4 Wire | ○ | ○ | ○ | ○ | ○ |

# Electrical | R162 | Boxes and Wiring Devices

**R162-300  Wiring Devices (cont.)**

| NEMA No. | 15 R | 20 R | 30 R | NEMA No. | 15 R | 20 R | 30 R |
|---|---|---|---|---|---|---|---|
| L 1<br>125V<br>2 Pole, 2 Wire | ◯ | | | L 13<br>3 Phase<br>600V<br>3 Pole, 3 Wire | | | ◯ |
| L 2<br>250V<br>2 Pole, 2 Wire | | ◯ 15A | | L 14<br>125/250V<br>3 Pole, 4 Wire | | ◯ | ◯ |
| L 5<br>125 V<br>2 Pole, 3 Wire | ◯ | ◯ | ◯ | L 15<br>3 Phase<br>250 V<br>3 Pole, 4 Wire | | ◯ | ◯ |
| L 6<br>250 V<br>2 Pole, 3 Wire | ◯ | ◯ | ◯ | L 16<br>3 Phase<br>480V<br>3 Pole, 4 Wire | | ◯ | ◯ |
| L 7<br>227 V, AC<br>2 Pole, 3 Wire | ◯ | ◯ | ◯ | L 17<br>3 Phase<br>600 V<br>3 Pole, 4 Wire | | | ◯ |
| L 8<br>480 V<br>2 Pole, 3 Wire | | ◯ | ◯ | L 18<br>3 Phase<br>208Y/120V<br>4 Pole, 4 Wire | | ◯ | ◯ |
| L 9<br>600 V<br>2 Pole, 3 Wire | | ◯ | ◯ | L 19<br>3 Phase<br>480Y/277V<br>4 Pole, 4 Wire | | ◯ | ◯ |
| L 10<br>125/250V<br>3 Pole, 3 Wire | | ◯ | ◯ | L 20<br>3 Phase<br>600Y/347V<br>4 Pole, 4 Wire | | ◯ | ◯ |
| L 11<br>3 Phase<br>250 V<br>3 Pole, 3 Wire | | ◯ | ◯ | L 21<br>3 Phase<br>208Y/120V<br>4 Pole, 5 Wire | | ◯ | ◯ |
| L 12<br>3 Phase<br>480 V<br>3 Pole, 3 Wire | | ◯ | ◯ | L 22<br>3 Phase<br>480Y/277V<br>4 Pole, 5 Wire | | ◯ | ◯ |
| | | | | L 23<br>3 Phase<br>600Y/347V<br>4 Pole, 5 Wire | | ◯ | ◯ |

# Electrical — R163 Motors, Starters, Boards & Switches

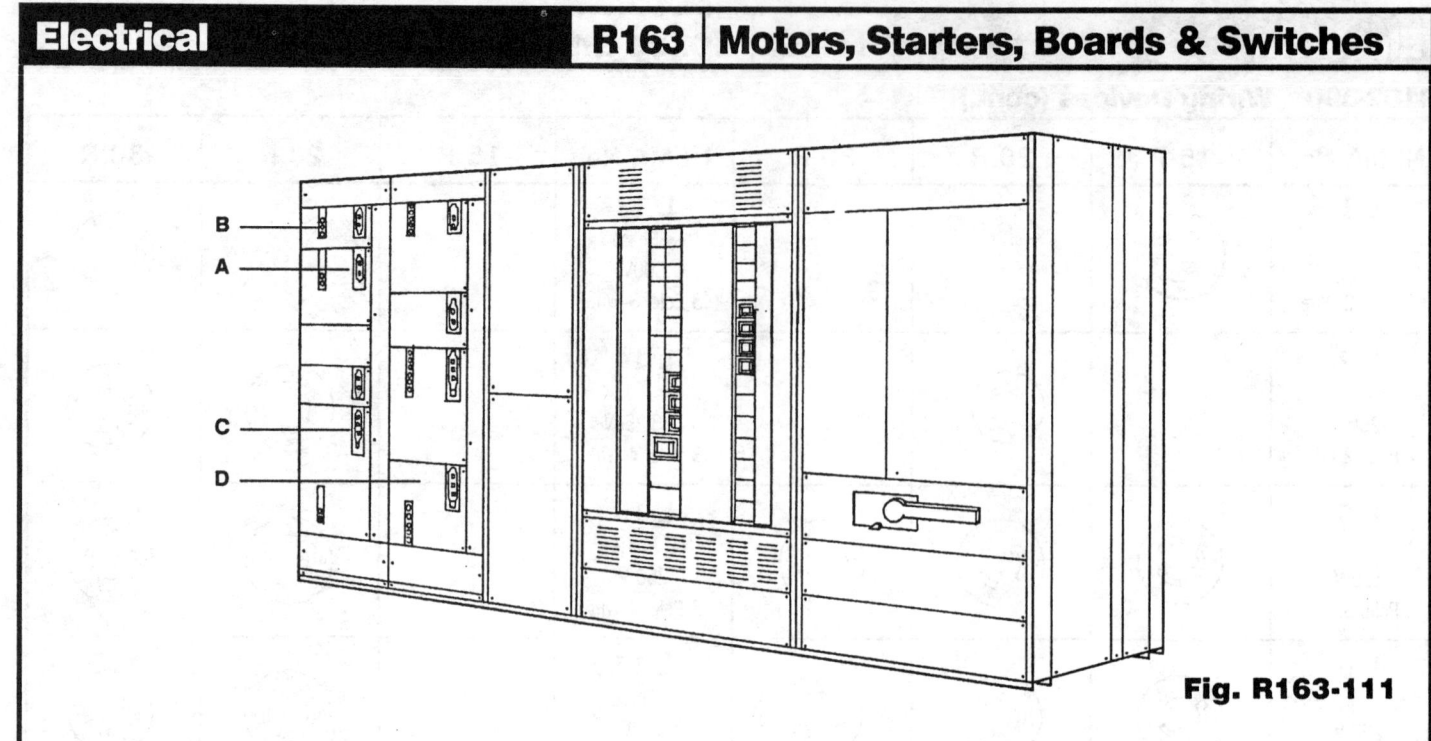

Fig. R163-111

## R163-110 Motor Control Centers

When taking off Motor Control Centers, list the size, type and height of structures.

**Example:**
1. 300A, 22,000 RMS, 72" high
2. 300A, back to back, 72" high

Next take off individual starters; the number of structures can also be determined by adding the height in inches of starters divided by the height of the structure, and list on the same quantity sheet as the structures. Identify starters by Type, Horsepower rating, Size and Height in inches.

**Example:**
A. Class I, Type B, FVNR starter, 25 H.P., 18" high.
   Add to the list with Starters, factory installed controls.

**Example:**
B. Pilot lights
C. Push buttons
D. Auxiliary contacts

Identify starters and structures as either copper or aluminum and by the NEMA type of enclosure.

When pricing starters and structures, be sure to add or deduct adjustments, using lines 163-110-1100 thru 163-110-1900 in the unit price section.

Included in the cost of Motor Control Structures are:
1. Uncrating
2. Hauling to location within 100' of loading dock
3. Setting structures
4. Leveling
5. Aligning
6. Bolting together structure frames
7. Bolting horizontal bus bars

Man-hours do not include:
1. Equipment pad
2. Steel channels embedded or grouted in concrete
3. Pull boxes
4. Special knockouts
5. Main switchboard section
6. Transition section
7. Instrumentation
8. External control wiring
9. Conduit or wire

Material for Starters includes:
1. Circuit breaker or fused disconnect
2. Magnetic motor starter
3. Control transformer
4. Control fuse and fuse block

Man-hours for Starters include:
1. Handling
2. Installing starter within structure
3. Internal wiring connections
4. Lacing within enclosure
5. Testing
6. Phasing

**Job Conditions:** Productivity is based on new construction. Motor control location assumed to be on first floor in an unobstructed area. Material staging area within 100' of final location.

**Note:** Additional man-hours must be added if M.C.C. is to be installed on other than the first floor, or if rigging is required.

# Electrical — R163 | Motors, Starters, Boards and Switches

## R163-130 Motor Starters and Controls

Motor starters should be listed on the same "Quantity Sheet" as Motors and Motor Connections. Identify each starter by:

1. Size
2. Voltage
3. Type

**Example:**

- A. FVNR, 480V, 2HP, Size 00
- B. FVNR, 480V, 5HP, Size 0, Combination type
- C. FVR, 480V, Size 2

The NEMA type of enclosure should also be identified.

Included in the labor man-hours are:

1. Unloading, uncrating and handling of starters up to 200' from loading area
2. Measuring and marking
3. Drilling (4) anchor type lead fasteners, using a hammer drill
4. Mounting and leveling starter
5. Connecting wire or cable to line and load sides of starter (when already lugged)
6. Installation of (3) thermal type heaters
7. Testing

The following is not included unless specified in the unit price description.

1. Control transformer
2. Controls, either factory or field installed
3. Conduit and wire to or from starter
4. Plywood backboard
5. Cable terminations

The following material and labor has been included for Combination type starters:

1. Unloading, uncrating and handling of starter up to 200' of loading dock
2. Measuring and marking
3. Drilling (4) anchor type lead fasteners using a hammer drill
4. Mounting and leveling
5. Connecting prepared cable conductors
6. Installation of (3) dual element cartridge type fuses
7. Installation of (3) thermal type heaters
8. Test for rotation

### MOTOR CONTROLS

When pricing motor controls make sure you consider the type of control system being utilized. If the controls are factory installed and located in the enclosure itself, then you would add to your starter price the items 163-130-5200 thru 163-130-5800 in the unit cost file. If control voltage is different from line voltage, add the material and labor cost of a control transformer.

For external control of starters include the following items:

1. Raceways
2. Wire & terminations
3. Control enclosures
4. Fittings
5. Push button stations
6. Indicators

**Job Conditions:** Productivity is based on new construction to a height of 10'.

Material staging area is assumed to be within 100' of work being performed.

# Electrical | R163 Motors, Starters, Boards & Switches

## R163-230 Load Centers and Panelboards

When pricing Load Centers list panels by size and type. List Breakers in a separate column of the "Quantity Sheet," and define by phase and ampere rating.

Material and Labor prices include breakers; for example: A 100 Amp. 3-wire, 120/240V, 18 circuit panel w/main breaker as described in 163-230-3900 in the unit cost file contains 18 single pole 20A breakers.

If you do not choose to include a full panel of single pole breakers, use the following method to adjust material and labor costs.

**Example:** In an 18 circuit panel only 16 single pole breakers are required.

- 18 breakers included
- 16 breakers needed
- 2 breakers need to be adjusted

In order to adjust the (2) single pole breakers not required, go to the unit price section of this book which in this example is 163-530, and price the unit cost of a 20A single pole breaker.

**Example:**

163-250-2000 1 pole breaker = $ 7.35 for material
$18.35 for labor
$25.70 total material and labor

Take the material price of the breaker and multiply by .50.

$7.35 x .50 = $3.68

Take the labor price and multiply by .60.

$18.35 x .60 = $11.01

The adjustment per breaker will be $3.68 for material and $11.01 for labor.

Take the adjusted material and labor costs and multiply by the number of breakers not required, in this case (2).

**Example:**

$ 3.68 x 2 = $ 7.36 Material
$11.01 x 2 = $22.02 Labor
$29.38 To be deducted from cost of panel

The adjusted material and labor cost of the panel will be:

| Material | Labor | Total | |
|---|---|---|---|
| $243.00 | $275.00 | $518.00 | |
| - 7.36 | - 22.02 | - 29.38 | |
| $235.64 | $252.98 | $488.62 | Adjusted Load Center |

Man-hours for Load Center installation includes:

1. Unloading, uncrating, and handling enclosures 200' from unloading area.
2. Measuring and marking
3. Drilling (4) lead anchor type fasteners using a hammer drill
4. Mounting and leveling panel to a height of 6'
5. Preparation and termination of feeder cable to lugs or main breaker
6. Branch circuit identification
7. Lacing using tie wraps
8. Testing and load balancing
9. Marking panel directory

Not included in the material and labor are:

1. Modifications to enclosure
2. Structural supports
3. Additional lugs
4. Plywood backboards
5. Painting or lettering

**Note:** Knockouts are included in the price of terminating pipe runs and need not be added to the Load Center costs.

**Job Conditions:** Productivity is based on new construction to a height of 6', in an unobstructed area. Material staging area is assumed to be within 100' of work being performed.

# Electrical — R163 Motors, Starters, Boards & Switches

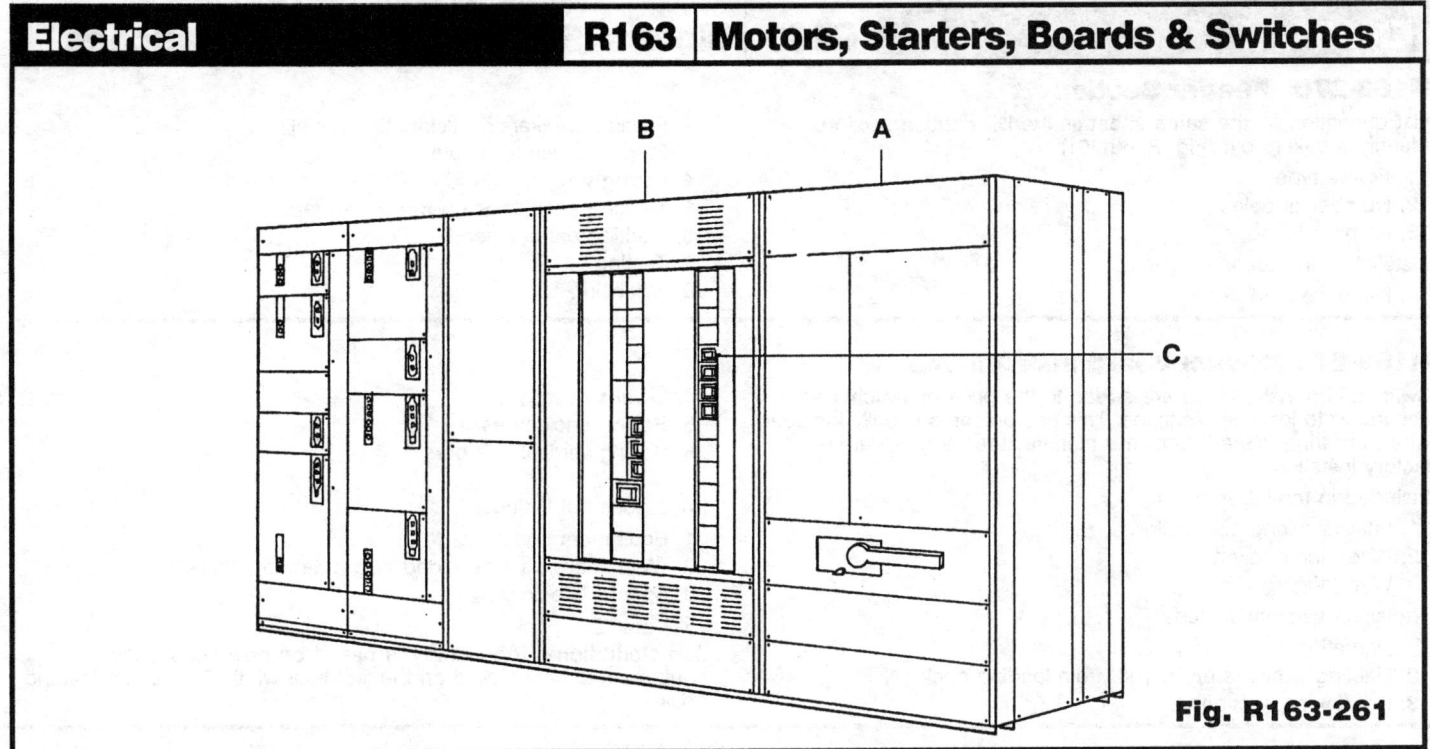

Fig. R163-261

## R163-260 Switchgear

It is recommended that "Switchgear" or those items contained in the following sections be quoted from equipment manufacturers as a package price.

    163-260 Switchboards (Service Disc.)
    163-262 Switchboard (In-plant Dist.)
    163-264 Distribution sections
    163-266 Feeder sections
    163-268 Switchboard instruments

Included in these sections are the most common types and sizes of factory assembled equipment.

The recommended procedure for low voltage switchgear would be to price (Fig. R163-261) (A) Main Switchboard Div. 163-260 or 262.

**Identify by:**
1. Voltage
2. Amperage
3. Type

**Example:**
1. 120/208V, 4-wire, 600A, nonfused
2. 277/480V, 4-wire, 600A, nonfused
3. 120/208V, 4-wire, 400A w/fused switch & CT compartment
4. 277/480V, 4-wire, 400A, w/fused switch & CT compartment
5. 120/208V, 4-wire, 800A, w/pressure switch & CT compartment
6. 277/480V, 4-wire, 800A, w/molded CB & CT compartment

Included in the labor costs for Switchboards are:
1. Uncrating
2. Hauling to 200' of loading dock
3. Setting equipment
4. Leveling and shimming
5. Anchoring
6. Cable identification
7. Testing of equipment

Not included in the Switchboard price is:
1. Rigging
2. Equipment pads
3. Steel channels embedded or grouted in concrete
4. Special knockouts
5. Transition or Auxiliary sections
6. Instrumentation
7. External control
8. Conduit and wire
9. Conductor terminations

## R163-265 Distribution Section

After "Taking off" the Switchboard section, include on the same "Quantity sheet" the Distribution section; identify by:
1. Voltage
2. Ampere rating
3. Type

**Example:**
(Fig. R163-261) (B) Distribution Section

Included in the labor costs of the Distribution section is:
1. Uncrating
2. Hauling to 200' of loading dock
3. Setting of distribution panel
4. Leveling & shimming
5. Anchoring of equipment to pad or floor
6. Bolting of horizontal bus bars between
7. Testing of equipment

Not included in the Distribution section is:
1. Breakers (C)
2. Equipment pads
3. Steel channels embedded or grouted in concrete
4. Pull boxes
5. Special knockouts
6. Transition section
7. Conduit or wire

# Electrical | R163 Motors, Starters, Boards & Switches

## R163-270 Feeder Section

List quantities on the same sheet as the Distribution section.
Identify breakers by: (Fig. R163-261)

1. Frame type
2. Number of poles
3. Ampere rating

Installation includes:

1. Handling
2. Placing breakers in distribution panel
3. Preparing wire or cable
4. Lacing wire
5. Marking each phase with colored tape
6. Marking panel legend
7. Testing
8. Balancing

## R163-275 Switchboard Instruments

Switchboard instruments are added to the price of switchboards according to job specifications. This equipment is usually included when ordering "Gear" from the manufacturer and will arrive factory installed.

Included in the labor cost is:

1. Internal wiring connections
2. Wire identification
3. Wire tagging

Transition sections include:

1. Uncrating
2. Hauling sections up to 100' from loading dock
3. Positioning sections
4. Leveling sections
5. Bolting enclosures
6. Bolting vertical bus bars

Price does not include:

1. Equipment pads
2. Steel channels embedded or grouted in concrete
3. Special knockouts
4. Rigging

**Job Conditions:** Productivity is based on new construction, equipment to be installed on the first floor within 200' of the loading dock.

## R163-360 Safety Switches

List each Safety Switch by type, ampere rating, voltage, single or three phase, fused or nonfused.

**Example:**

A. General duty, 240V, 3-pole, fused
B. Heavy Duty, 600V, 3-pole, nonfused
C. Heavy Duty, 240V, 2-pole, fused
D. Heavy Duty, 600V, 3-pole, fused

Also include NEMA enclosure type and identify as:

1. Indoor
2. Weatherproof
3. Explosionproof

Installation of Safety Switches includes:

1. Unloading and uncrating
2. Handling disconnects up to 200' from loading dock
3. Measuring and marking location
4. Drilling (4) anchor type lead fasteners, using a hammer drill
5. Mounting and leveling Safety Switch
6. Installing (3) fuses
7. Phasing and tagging line and load wires

Price does not include:

1. Modifications to enclosure
2. Plywood backboard
3. Conduit or wire
4. Fuses
5. Termination of wires

**Job Conditions:** Productivities are based on new construction to an installed height of 6' above finished floor.

Material staging area is assumed to be within 100' of work in progress.

# Electrical | R164 | Transformers and Bus Ducts

## R164-100 Oil Filled Transformers

Transformers in this section include:
1. Rigging (as required)
2. Rental of crane and operator
3. Setting of oil filled transformer
4. (4) Anchor bolts, nuts and washers in concrete pad

Price does not include:
1. Primary and secondary terminations
2. Transformer pad
3. Equipment grounding
4. Cable
5. Conduit locknuts or bushings

**DRY TYPE TRANSFORMERS R164-120**
**BUCK-BOOST TRANSFORMERS R164-110**
**ISOLATING TRANSFORMERS R164-310**

Transformers in these sections include:
1. Unloading and uncrating
2. Hauling transformer to within 200' of loading dock
3. Setting in place
4. Wall mounting hardware
5. Testing

Price does not include:
1. Structural supports
2. Suspension systems
3. Welding or fabrication
4. Primary & secondary terminations

Add the following percentages to the labor for ceiling mounted transformers:

    10' to 15' = + 15%
    15' to 25' = + 30%
    Over 25' = + 35%

**Job Conditions:** Productivities are based on new construction. Installation is assumed to be on the first floor, in an obstructed area to a height of 10'. Material staging area is within 100' of final transformer location.

## R164-105 Transformer Weight (Lbs.) by KVA

| Oil Filled 3 Phase 5/15 KV To 480/277 | | | |
|---|---|---|---|
| KVA | Lbs. | KVA | Lbs. |
| 150 | 1800 | 1000 | 6200 |
| 300 | 2900 | 1500 | 8400 |
| 500 | 4700 | 2000 | 9700 |
| 750 | 5300 | 3000 | 15000 |

| Dry 240/480 To 120/240 Volt | | | |
|---|---|---|---|
| 1 Phase | | 3 Phase | |
| KVA | Lbs. | KVA | Lbs. |
| 1 | 23 | 3 | 90 |
| 2 | 36 | 6 | 135 |
| 3 | 59 | 9 | 170 |
| 5 | 73 | 15 | 220 |
| 7.5 | 131 | 30 | 310 |
| 10 | 149 | 45 | 400 |
| 15 | 205 | 75 | 600 |
| 25 | 255 | 112.5 | 950 |
| 37.5 | 295 | 150 | 1140 |
| 50 | 340 | 225 | 1575 |
| 75 | 550 | 300 | 1870 |
| 100 | 670 | 500 | 2850 |
| 167 | 900 | 750 | 4300 |

# Electrical | R164 | Transformers and Bus Ducts

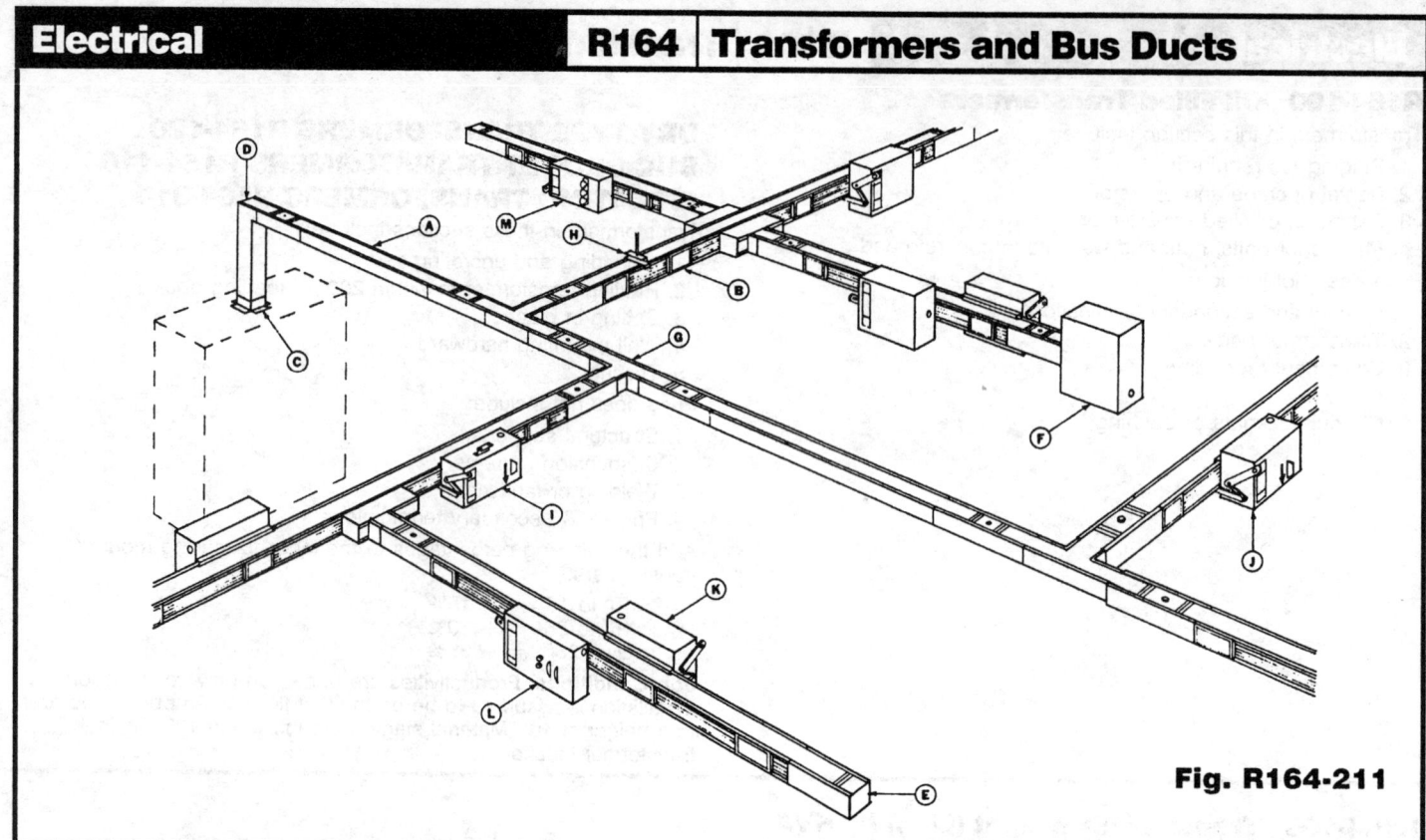

Fig. R164-211

## R164-210  Aluminum Bus Duct

When taking off bus duct identify the system as either:
1. Aluminum (164-210)
2. Copper (164-220 and 164-230)

List straight lengths by type and size (Fig. R164-211)
  A. Plug-in — 800AMP
  B. Feeder — 800AMP

Do not measure thru fittings as you would on conduit, since there is no such thing as allowance for scrap in bus duct systems.

If upon taking off linear foot quantities of bus duct you find your quantities are not divisible by 10 ft., then the remainder must be priced as a special item and quoted from the manufacturer. Do not use the linear foot cost of material for these items, but you can use the total cost for L.F. labor.

Example:                          Quantity
   800A Feeder Bus (Alum.)         52 ft.
   52 ÷ 10                 =       5 — 10 ft. sections
                                   1 — 2 ft. section

From line 164-210-0400
Material = 50 x $85.00 = $4,250.00 + price of 2 ft. section
Labor    = 52 x $15.70 = $  816.40

Identify fittings by type and ampere rating
Example: (Fig. R164-211)
C. Switchboard stub 800 AMP
D. Elbows 800AMP
E. End box 800AMP
F. Cable tap box 800AMP
G. Tee Fittings 800AMP
H. Hangers

Plug-in Units - List separately plug-in units and identify by type and ampere rating (Fig. R164-211)
I. Plug-in switches 600 Volt 3 phase 60 AMP
J. Plug-in molded case C.B. 60 AMP
K. Combination starter FVNR NEMA 1
L. Combination contactor & fused switch NEMA 1
M. Combination fusible switch & lighting control 60 AMP

Man-hours for feeder and plug-in sections include:
1. Unloading and uncrating
2. Hauling up to 200 ft. from loading dock
3. Measuring and marking
4. Set up of rolling staging
5. Installing hangers
6. Hanging and bolting sections
7. Aligning and leveling
8. Testing

Man-hours do not include:
1. Modifications to existing structure for hanger supports
2. Threaded rod in excess of 2 ft.
3. Welding
4. Penetrations thru walls
5. Staging rental

Deduct the following percentages from labor only:
   150 ft. to 250 ft. — 10%
   251 ft. to 350 ft. — 15%
   351 ft. to 500 ft. — 20%
   Over 500 ft. — 25%

Deduct percentage only if runs are contained in the same area.

Example — If the job entails running 100 ft. in 5 different locations do not deduct 20%, but if the duct is being run in 1 area and the quantity is 500 ft. then you would deduct 20%.

Deduct only from straight lengths, not fittings or plug-in units.

# Electrical — R164 Transformers and Bus Ducts

## R164-210 Aluminum Bus Duct (cont.)

Add to labor for elevated installations:

| | |
|---|---|
| 15 ft. to 20 ft. high | 10% |
| 21 ft. to 25 ft. high | 20% |
| 26 ft. to 30 ft. high | 30% |
| 31 ft. to 35 ft. high | 40% |
| 36 ft. to 40 ft. high | 50% |
| Over 40 ft. high | 60% |

Bus Duct Fittings:

Man-hours for fittings include:
1. Unloading and uncrating
2. Hauling up to 200 ft. from loading dock
3. Installing, fitting, and bolting all ends to in place sections

Plug-in units include:
1. Unloading and uncrating
2. Hauling up to 200 ft. from loading dock
3. Installing plug-in into in place duct
4. Set up of rolling staging
5. Connection load wire to lugs
6. Marking wire
7. Checking phase rotation

Man-hours for plug-ins do not include:
1. Conduit runs from plug-in
2. Wire from plug-in
3. Conduit termination

Economy of Scale - For large concentrations of plug-in units in the same area deduct the following percentages:

| | | | |
|---|---|---|---|
| 11 | to | 25 | 15% |
| 26 | to | 50 | 20% |
| 51 | to | 75 | 25% |
| 76 | to | 100 | 30% |
| 100 | and | over | 35% |

**Job Conditions:** Productivities are based on new construction, in an unobstructed first floor area to a height of 15 ft.; using rolling staging.

Material staging area is within 100 ft. of work being performed.
Add to the duct fittings and hangers:
  Plug-in switches (Fused)
  Plug-in breakers
  Combination starters
  Combination contactors
  Combination fusible switch and lighting control

Man-hours for duct and fittings include:
1. Unloading and uncrating
2. Hauling up to 200 ft. from loading dock
3. Measuring and marking
4. Installing duct runs
5. Leveling
6. Sound testing

Man-hours for plug-ins include:
1. Unloading and uncrating
2. Hauling up to 200 ft. from loading dock
3. Installing plug-ins
4. Preparing wire
5. Wire connections and marking

## R164-215 Weight (Lbs./L.F.) of 4 Pole Aluminum and Copper Bus Duct by Ampere Load

| Amperes | Aluminum Feeder | Copper Feeder | Aluminum Plug-In | Copper Plug-In |
|---|---|---|---|---|
| 225 | | | 7 | 7 |
| 400 | | | 8 | 13 |
| 600 | 10 | 10 | 11 | 14 |
| 800 | 10 | 19 | 13 | 18 |
| 1000 | 11 | 19 | 16 | 22 |
| 1350 | 14 | 24 | 20 | 30 |
| 1600 | 17 | 26 | 25 | 39 |
| 2000 | 19 | 30 | 29 | 46 |
| 2500 | 27 | 43 | 36 | 56 |
| 3000 | 30 | 48 | 42 | 73 |
| 4000 | 39 | 67 | | |
| 5000 | | 78 | | |

# Electrical | R164 | Transformers and Bus Ducts

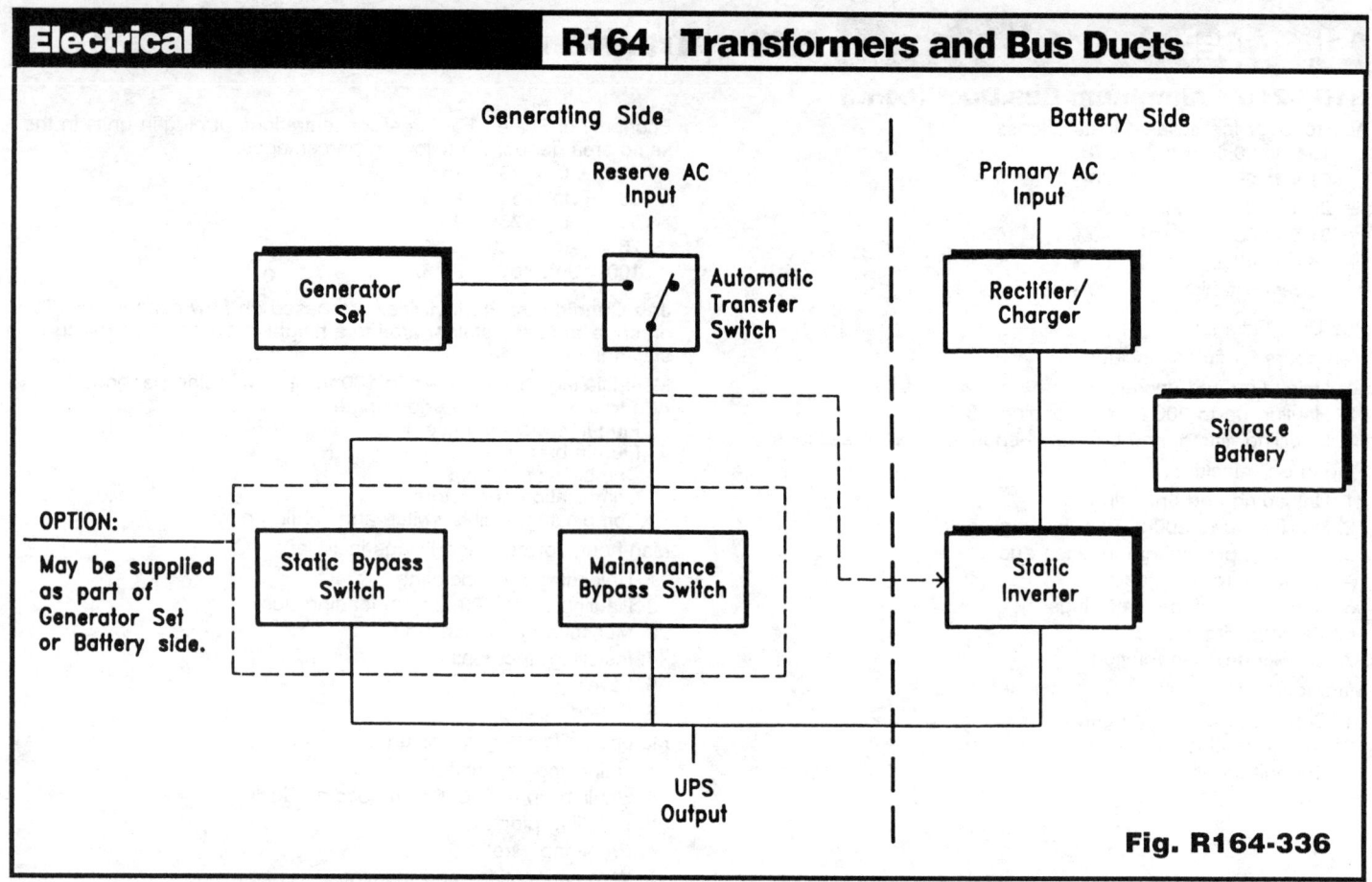

Fig. R164-336

## R164-335 Uninterruptible Power Supply Systems

**General:** Uninterruptible Power Supply (UPS) Systems are used to provide power for legally required standby systems. They are also designed to protect computers and provide optional additional coverage for any or all loads in a facility. Figure R164-336 shows a typical configuration for a UPS System with generator set.

**Cost Determination:**

It is recommended that UPS System material costs be obtained from equipment manufacturers as a package. Installation costs should be obtained from a vendor or contractor.

The recommended procedure for pricing UPS Systems would be to identify:

1. Frequency — by Hertz (Hz.)
   For example: 50, 60, and 400/415 Hz.
2. Apparent power and real power
   For example: 200 KVA/170 KW
3. Input/Output voltage
   For example: 120V, 208V or 240V
4. Phase — either single or three-phase
5. Options and accessories — For extended run time more batteries would be required. Other accessories include battery cabinets, battery racks, remote control panel, power distribution unit (PDU), and warranty enhancement plans.

**Note:**

1. Larger systems can be configured by paralleling two or more standard small size single modules.
   For example: two 15 KVA modules, combined together and configured to 30 KVA.
2. Maximum input current during battery recharge is typically 15% higher than normal current.
3. UPS Systems weights vary depending on options purchased and power rating in KVA.

# Electrical — R165 Power Systems and Capacitors

## R165-110 Automatic Transfer Switches

When taking off Automatic transfer switches identify by voltage, amperage and number of poles.

**Example:** Automatic transfer switch, 480V, 3 phase, 30A, NEMA 1 enclosure

Man-hours for transfer switches include:

1. Unloading, uncrating and handling switches up to 200' from loading dock
2. Measuring and marking
3. Drilling (4) lead type anchors, using a hammer drill
4. Mounting and leveling
5. Circuit identification
6. Testing and load balancing

Man-hours do not include:

1. Modifications in enclosure
2. Structural supports
3. Additional lugs
4. Plywood backboard
5. Painting or lettering
6. Conduit runs to or from transfer switch
7. Wire
8. Termination of wires

## R165-120 Generator Weight (Lbs.) by KW

| 3 Phase 4 Wire /480 Volt | | | |
|---|---|---|---|
| Gas | | Diesel | |
| KW | Lbs. | KW | Lbs. |
| 7.5 | 600 | 30 | 1800 |
| 10 | 630 | 50 | 2230 |
| 15 | 960 | 75 | 2250 |
| 30 | 1500 | 100 | 3840 |
| 65 | 2350 | 125 | 4030 |
| 85 | 2570 | 150 | 5500 |
| 115 | 4310 | 175 | 5650 |
| 170 | 6530 | 200 | 5930 |
| | | 250 | 6320 |
| | | 300 | 7840 |
| | | 350 | 8220 |
| | | 400 | 10750 |
| | | 500 | 11900 |

# Electrical — R166 Lighting

## R166-105  Comparison - Cost of Operation of High Intensity Discharge Lamps

| Lamp Type | Wattage | Life (Hours) | 1 Circuit Wattage | Average Initial Lumens | 2 L.L.D. | 3 Mean Lumens | 4 One Year (4000 Hr.) Cost of Operation |
|---|---|---|---|---|---|---|---|
| M.V. | 100 DX | 24,000 | 125 | 4,000 | 61% | 2,440 | $ 37.50 |
| L.P.S. | SOX-35 | 18,000 | 65 | 4,800 | 100% | 4,800 | 19.50 |
| H.P.S. | LU-70 | 12,000 | 84 | 5,800 | 90% | 5,220 | 25.20 |
| M.H. | No Equivalent | | | | | | |
| M.V. | 175 DX | 24,000 | 210 | 8,500 | 66% | 5,676 | 63.00 |
| M.V. | 250 DX | 24,000 | 295 | 13,000 | 66% | 7,986 | 88.50 |
| L.P.S. | SOX-55 | 18,000 | 82 | 8,000 | 100% | 8,000 | 24.60 |
| H.P.S. | LU-100 | 12,000 | 120 | 9,500 | 90% | 8,550 | 36.00 |
| M.H. | No Equivalent | | | | | | |
| M.V. | 400 DX | 24,000 | 465 | 24,000 | 64% | 14,400 | 139.50 |
| L.P.S. | SOX-90 | 18,000 | 141 | 13,500 | 100% | 13,500 | 42.30 |
| H.P.S. | LU-150 | 16,000 | 188 | 16,000 | 90% | 14,400 | 56.40 |
| M.H. | MH-175 | 7,500 | 210 | 14,000 | 73% | 10,200 | 63.00 |
| M.V. | No Equivalent | | | | | | |
| L.P.S. | SOX-135 | 18,000 | 147 | 22,500 | 100% | 22,500 | 44.10 |
| H.P.S. | LU-250 | 20,000 | 310 | 25,500 | 92% | 23,205 | 93.00 |
| M.H. | MH-250 | 7,500 | 295 | 20,500 | 78% | 16,000 | 88.50 |
| M.V. | 1000 DX | 24,000 | 1,085 | 63,000 | 61% | 37,820 | 325.50 |
| L.P.S. | SOX-180 | 18,000 | 248 | 33,000 | 100% | 33,000 | 74.40 |
| H.P.S. | LU-400 | 20,000 | 480 | 50,000 | 90% | 45,000 | 144.00 |
| M.H. | MH-400 | 15,000 | 465 | 34,000 | 72% | 24,600 | 139.50 |
| H.P.S. | LU-1000 | 15,000 | 1,100 | 140,000 | 91% | 127,400 | 330.00 |

1. Includes ballast losses and average lamp watts
2. Lamp lumen depreciation (% of initial light output at 70% rated life)
3. Lamp lumen output at 70% rated life (L.L.D. x initial)
4. Based on average cost of $.075 per K.W. Hr.

    M.V. = Mercury Vapor
    L.P.S. = Low pressure sodium
    H.P.S. = High pressure sodium
    M.H. = Metal halide

## R166-110  For Other than Regular Cool White (CW) Lamps

| | Multiply Material Costs as Follows: | | | | |
|---|---|---|---|---|---|
| Regular Lamps | Cool white deluxe (CWX) | x 1.35 | Energy Saving Lamps | Cool white (CW/ES) | x 1.35 |
| | Warm white deluxe (WWX) | x 1.35 | | Cool white deluxe (CWX/ES) | x 1.65 |
| | Warm white (WW) | x 1.30 | | Warm white (WW/ES) | x 1.55 |
| | Natural (N) | x 2.05 | | Warm white deluxe (WWX/ES) | x 1.65 |

# Electrical — R166 Lighting

**R166-120  Lamp Comparison Chart with Enclosed Floodlight, Ballast, & Lamp for Pole Mounting**

| Type | Watts | Initial Lumens | Lumens per Watt | Lumens @ 40% Life | Life (Hours) | Floodlight Installed Cost (ea.) |
|---|---|---|---|---|---|---|
| Incandescent | 150 | 2,880 | 19 | 85 | 750 | — |
|  | 300 | 6,360 | 21 | 84 | 750 | $169.00 |
|  | 500 | 10,850 | 22 | 80 | 1,000 | 218.00 |
|  | 1,000 | 23,740 | 24 | 80 | 1,000 | 256.00 |
|  | 1,500 | 34,400 | 23 | 80 | 1,000 | 270.00 |
| Tungsten Halogen | 500 | 10,950 | 22 | 97 | 2,000 | For comparison purposes only |
|  | 1,500 | 35,800 | 24 | 97 | 2,000 |  |
| Fluorescent Cool White | 40 | 3,150 | 79 | 88 | 20,000 |  |
|  | 110 | 9,200 | 84 | 87 | 12,000 |  |
|  | 215 | 16,000 | 74 | 81 | 12,000 |  |
| Deluxe Mercury | 250 | 12,100 | 48 | 86 | 24,000 | 450.00 |
|  | 400 | 22,500 | 56 | 85 | 24,000 | 500.00 |
|  | 1,000 | 63,000 | 63 | 75 | 24,000 | 705.00 |
| Metal Halide | 175 | 14,000 | 80 | 77 | 7,500 | 455.00 |
|  | 400 | 34,000 | 85 | 75 | 15,000 | 580.00 |
|  | 1,000 | 100,000 | 100 | 83 | 10,000 | 790.00 |
|  | 1,500 | 155,000 | 103 | 92 | 1,500 | 845.00 |
| High Pressure Sodium | 70 | 5,800 | 83 | 90 | 20,000 | 410.00 |
|  | 100 | 9,500 | 95 | 90 | 20,000 | 450.00 |
|  | 150 | 16,000 | 107 | 90 | 24,000 | 460.00 |
|  | 400 | 50,000 | 125 | 90 | 24,000 | 605.00 |
|  | 1,000 | 140,000 | 140 | 90 | 24,000 | 970.00 |
| Low Pressure Sodium | 55 | 4,600 | 131 | 98 | 18,000 | 630.00 |
|  | 90 | 12,750 | 142 | 98 | 18,000 | 725.00 |
|  | 180 | 33,000 | 183 | 98 | 18,000 | 880.00 |

Color: High Pressure Sodium — Slightly Yellow
Low Pressure Sodium — Yellow
Mercury Vapor — Green-Blue
Metal Halide — Blue White

Note: Pole not included.

# Electrical — R166 Lighting

**R166-130  Interior Lighting Fixtures**

When taking off interior lighting fixtures, it is advisable to set up your quantity work sheet to conform to the lighting schedule as it appears on the print. Include the alpha-numeric code plus the symbol on your work sheet.

Take off a particular section or floor of the building and count each type of fixture before going on to another type. It would also be advantageous to include on the same work sheet the pipe, wire, fittings and circuit number associated with each type of lighting fixture. This will help you identify the costs associated with any particular lighting system and in turn make material purchases more specific as to when and how much to order under the classification of lighting.

By taking off lighting first you can get a complete "WALK THRU" of the job. This will become helpful when doing other phases of the project.

Materials for a recessed fixture include:

1. Fixture
2. Lamps
3. 6' of jack chain
4. (2) S hooks
5. (2) Wire nuts

Labor for interior recessed fixtures include:

1. Unloading by hand
2. Hauling by hand to an area up to 200' from loading dock
3. Uncrating
4. Layout
5. Installing fixture
6. Attaching jack chain & S hooks
7. Connecting circuit power
8. Reassembling fixture
9. Installing lamps
10. Testing

Material for surface mounted fixtures includes:

1. Fixture
2. Lamps
3. Either (4) lead type anchors, (4) toggle bolts, or (4) ceiling grid clips
4. (2) Wire nuts

Material for pendent mounted fixtures includes:

1. Fixture
2. Lamps
3. (2) Wire nuts

4. Rigid pendents as required by type of fixtures
5. Canopies as required by type of fixture

Labor hours include the following for both surface and pendent fixtures:

1. Unloading by hand
2. Hauling by hand to an area up to 200' from loading dock
3. Uncrating
4. Layout and marking
5. Drilling (4) holes for either lead anchors or toggle bolts using a hammer drill
6. Installing fixture
7. Leveling fixture
8. Connecting circuit power
9. Installing lamps
10. Testing

Labor for surface or pendent fixtures does not include:

1. Conduit
2. Boxes or covers
3. Connectors
4. Fixture whips
5. Special support
6. Switching
7. Wire

**Economy of Scale:** For large concentrations of lighting fixtures in the same area deduct the following percentages from labor:

| | | | |
|---|---|---|---|
| 25 to | 50 | fixtures | 15% |
| 51 to | 75 | fixtures | 20% |
| 76 to | 100 | fixtures | 25% |
| 101 and over | | | 30% |

**Job Conditions:** Productivity is based on new construction in a unobstructed first floor location, using rolling staging to 15' high.

Material staging is assumed to be within 100' of work being performed.

Add the following percentages to labor for elevated installations:

| | | | |
|---|---|---|---|
| 5' to | 20' | high | 10% |
| 21' to | 25' | high | 20% |
| 26' to | 30' | high | 30% |
| 31' to | 35' | high | 40% |
| 36' to | 40' | high | 50% |
| 41' and over | | | 60% |

# Electrical — R167 Electric Utilities

## R167-110 Concrete for Conduit Encasement

Table below lists C.Y. of concrete for 100 L.F. of trench. Conduits separation center to center should meet 7.5" (N.E.C.).

| Number of Conduits | 1 | 2 | 3 | 4 | 6 | 8 | 9 | Number of Conduits |
|---|---|---|---|---|---|---|---|---|
| Trench Dimension | 11.5" x 11.5" | 11.5" x 19" | 11.5" x 27" | 19" x 19" | 19" x 27" | 19" x 38" | 27" x 27" | Trench Dimension |
| Conduit Diameter 2.0" | 3.29 | 5.39 | 7.64 | 8.83 | 12.51 | 17.66 | 17.72 | Conduit Diameter 2.0" |
| 2.5" | 3.23 | 5.29 | 7.49 | 8.62 | 12.19 | 17.23 | 17.25 | 2.5" |
| 3.0" | 3.15 | 5.13 | 7.24 | 8.29 | 11.71 | 16.59 | 16.52 | 3.0" |
| 3.5" | 3.08 | 4.97 | 7.02 | 7.99 | 11.26 | 15.98 | 15.84 | 3.5" |
| 4.0" | 2.99 | 4.80 | 6.76 | 7.65 | 10.74 | 15.30 | 15.07 | 4.0" |
| 5.0" | 2.78 | 4.37 | 6.11 | 6.78 | 9.44 | 13.57 | 13.12 | 5.0" |
| 6.0" | 2.52 | 3.84 | 5.33 | 5.74 | 7.87 | 11.48 | 10.77 | 6.0" |

# Electrical — R168 Special Systems

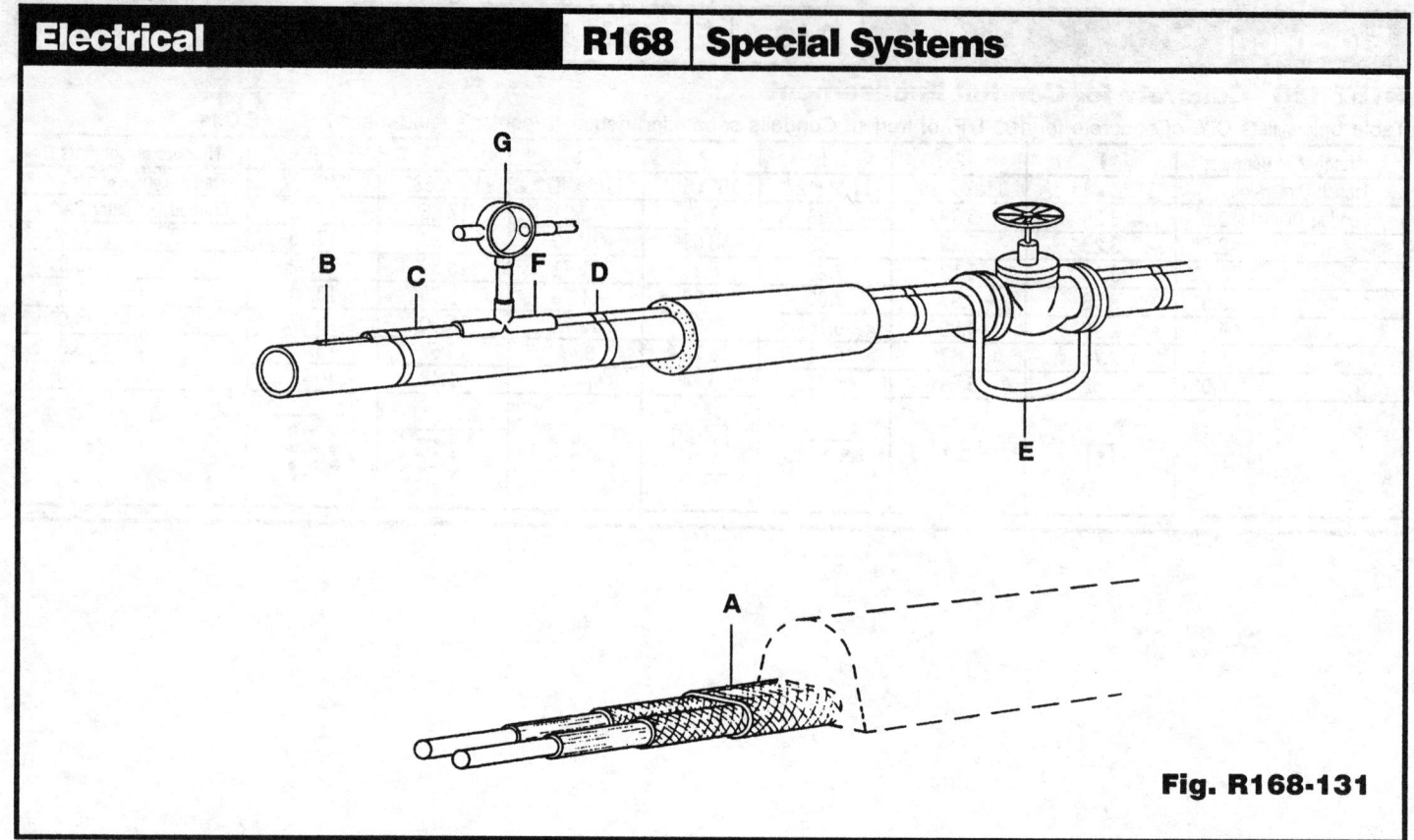

**Fig. R168-131**

## R168-130 Heat Trace Systems

Before you can determine the cost of a HEAT TRACE installation the method of attachment must be established. There are (4) common methods:

1. Cable is simply attached to the pipe with polyester tape every 12'.
2. Cable is attached with a continuous cover of 2" wide aluminum tape.
3. Cable is attached with factory extruded heat transfer cement and covered with metallic raceway with clips every 10'.
4. Cable is attached between layers of pipe insulation using either clips or polyester tape.

In all of the above methods each component of the system must be priced individually.

**Example:** Components for method 3 must include:
- A. Heat trace cable by voltage and watts per linear foot.
- B. Heat transfer cement, 1 gallon per 60 linear feet of cover.
- C. Metallic raceway by size and type.
- D. Raceway clips by size of pipe.

When taking off linear foot lengths of cable add the following for each valve in the system. (E)

| SCREWED OR WELDED VALVE: | | | FLANGED VALVE: | | | BUTTERFLY VALVES: | | |
|---|---|---|---|---|---|---|---|---|
| 1/2" | = | 6" | 1/2" | = | 1' -0" | 1/2" | = | 0' |
| 3/4" | = | 9" | 3/4" | = | 1' -6" | 3/4" | = | 0' |
| 1" | = | 1' -0" | 1" | = | 2' -0" | 1" | = | 1' -0" |
| 1-1/2" | = | 1' -6" | 1-1/2" | = | 2' -6" | 1-1/2" | = | 1' -6" |
| 2" | = | 2' | 2" | = | 2' -6" | 2" | = | 2' -0" |
| 2-1/2" | = | 2' -6" | 2-1/2" | = | 3' -0" | 2-1/2" | = | 2' -6" |
| 3" | = | 2' -6" | 3" | = | 3' -6" | 3" | = | 2' -6" |
| 4" | = | 4' -0" | 4" | = | 4' -0" | 4" | = | 3' -0" |
| 6" | = | 7' -0" | 6" | = | 8' -0" | 6" | = | 3' -6" |
| 8" | = | 9' -6" | 8" | = | 11' -0" | 8" | = | 4' -0" |
| 10" | = | 12' -6" | 10" | = | 14' -0" | 10" | = | 4' -0" |
| 12" | = | 15' -0" | 12" | = | 16' -6" | 12" | = | 5' -0" |
| 14" | = | 18' -0" | 14" | = | 19' -6" | 14" | = | 5' -6" |
| 16" | = | 21' -6" | 16" | = | 23' -0" | 16" | = | 6' -0" |
| 18" | = | 25' -6" | 18" | = | 27' -0" | 18" | = | 6' -6" |
| 20" | = | 28' -6" | 20" | = | 30' -0" | 20" | = | 7' -0" |
| 24" | = | 34' -0" | 24" | = | 36' -0" | 24" | = | 8' -0" |
| 30" | = | 40' -0" | 30" | = | 42' -0" | 30" | = | 10' -0" |

# Electrical — R168 Special Systems

## R168-130 Heat Trace Systems (cont.)

Add the following quantities of heat transfer cement to linear foot totals for each valve:

| Nominal Valve Size | Gallons of Cement per Valve |
|---|---|
| 1/2" | 0.14 |
| 3/4" | 0.21 |
| 1" | 0.29 |
| 1-1/2" | 0.36 |
| 2" | 0.43 |
| 2-1/2" | 0.70 |
| 3" | 0.71 |
| 4" | 1.00 |
| 6" | 1.43 |
| 8" | 1.48 |
| 10" | 1.50 |
| 12" | 1.60 |
| 14" | 1.75 |
| 16" | 2.00 |
| 18" | 2.25 |
| 20" | 2.50 |
| 24" | 3.00 |
| 30" | 3.75 |

The following must be added to the list of components to accurately price HEAT TRACE systems:

1. Expediter fitting and clamp fasteners (F)
2. Junction box and nipple connected to expediter fitting (G)
3. Field installed terminal blocks within junction box
4. Ground lugs
5. Piping from power source to expediter fitting
6. Controls
7. Thermostats
8. Branch wiring
9. Cable splices
10. End of cable terminations
11. Branch piping fittings and boxes

Deduct the following percentages from labor if cable lengths in the same area exceed:

- 150' to 250'  10%    351' to 500'  20%
- 251' to 350'  15%    Over 500'  25%

Add the following percentages to labor for elevated installations:

- 15' to 20' high  10%   31' to 35' high  40%
- 21' to 25' high  20%   36' to 40' high  50%
- 26' to 30' high  30%   Over 40' high  60%

## R168-131 Spiral-Wrapped Heat Trace Cable (Pitch Table)

In order to increase the amount of heat, occasionally heat trace cable is wrapped in a spiral fashion around a pipe; increasing the number of feet of heater cable per linear foot of pipe.

Engineers first determine the heat loss per foot of pipe (based on the insulating material, its thickness, and the temperature differential across it). A ratio is then calculated by the formula:

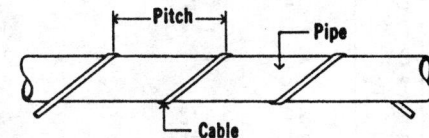

$$\text{Feet of Heat Trace per Foot of Pipe} = \frac{\text{Watts/Foot of Heat Loss}}{\text{Watts/Foot of the Cable}}$$

The linear distance between wraps (pitch) is then taken from a chart or table. Generally, the pitch is listed on a drawing leaving the estimator to calculate the total length of heat tape required. An approximation may be taken from this table.

| | Feet of Heat Trace Per Foot of Pipe | | | | | | | | | | | | | | | |
|---|---|---|---|---|---|---|---|---|---|---|---|---|---|---|---|---|
| | Nominal Pipe Size in Inches | | | | | | | | | | | | | | | |
| Pitch In Inches | 1 | 1¼ | 1½ | 2 | 2½ | 3 | 4 | 6 | 8 | 10 | 12 | 14 | 16 | 18 | 20 | 24 |
| 3.5 | 1.80 | | | | | | | | | | | | | | | |
| 4 | 1.65 | | | | | | | | | | | | | | | |
| 5 | 1.46 | 1.60 | 1.80 | | | | | | | | | | | | | |
| 6 | 1.34 | 1.45 | 1.55 | 1.75 | | | | | | | | | | | | |
| 7 | 1.25 | 1.35 | 1.43 | 1.57 | 1.75 | | | | | | | | | | | |
| 8 | 1.20 | 1.28 | 1.34 | 1.45 | 1.60 | 1.80 | | | | | | | | | | |
| 9 | 1.16 | 1.23 | 1.28 | 1.37 | 1.51 | 1.68 | | | | | | | | | | |
| 10 | 1.13 | 1.19 | 1.24 | 1.32 | 1.44 | 1.57 | 1.82 | | | | | | | | | |
| 15 | 1.06 | 1.08 | 1.10 | 1.15 | 1.21 | 1.29 | 1.42 | 1.78 | | | | | | | | |
| 20 | 1.04 | 1.05 | 1.06 | 1.08 | 1.13 | 1.17 | 1.25 | 1.49 | 1.73 | | | | | | | |
| 25 | | 1.04 | 1.04 | 1.06 | 1.08 | 1.11 | 1.17 | 1.33 | 1.51 | 1.72 | | | | | | |
| 30 | | | | 1.04 | 1.05 | 1.07 | 1.12 | 1.24 | 1.37 | 1.54 | 1.70 | 1.80 | | | | |
| 35 | | | | | 1.04 | 1.06 | 1.09 | 1.17 | 1.28 | 1.42 | 1.54 | 1.64 | 1.78 | | | |
| 40 | | | | | | 1.05 | 1.07 | 1.14 | 1.22 | 1.33 | 1.44 | 1.52 | 1.64 | 1.75 | | |
| 50 | | | | | | | 1.05 | 1.09 | 1.15 | 1.22 | 1.29 | 1.35 | 1.44 | 1.53 | 1.64 | 1.83 |
| 60 | | | | | | | | 1.06 | 1.11 | 1.16 | 1.21 | 1.25 | 1.31 | 1.39 | 1.46 | 1.62 |
| 70 | | | | | | | | 1.05 | 1.08 | 1.12 | 1.17 | 1.19 | 1.24 | 1.30 | 1.35 | 1.47 |
| 80 | | | | | | | | | 1.06 | 1.09 | 1.13 | 1.15 | 1.19 | 1.24 | 1.28 | 1.38 |
| 90 | | | | | | | | | 1.04 | 1.06 | 1.10 | 1.13 | 1.16 | 1.19 | 1.23 | 1.32 |
| 100 | | | | | | | | | | 1.05 | 1.08 | 1.10 | 1.13 | 1.15 | 1.19 | 1.23 |

Note: Common practice would normally limit the lower end of the table to 5% of additional heat and above 80% an engineer would likely opt for two (2) parallel cables.

# Electrical — R169 Power Transmission and Distribution

## R169-115 Average Transmission Line Material Requirements (Per Mile)

| Terrain: | | Flat | | | | Rolling | | | | Mountain | | | |
|---|---|---|---|---|---|---|---|---|---|---|---|---|---|
| Item | | 69KV | 161KV | 161KV | 500KV | 69KV | 161KV | 161KV | 500KV | 69KV | 161KV | 161KV | 500KV |
| Pole Type | Unit | Wood | Wood | Steel | Steel | Wood | Wood | Steel | Steel | Wood | Wood | Steel | Steel |
| **Conductor: 397,500 – Cir. Mil., 26/7 – ACSR** | | | | | | | | | | | | | |
| Structures | Ea. | 12[1] | | | | 9[2] | | | | 7[2] | | | |
| Poles | Ea. | 12 | | | | 18 | | | | 14 | | | |
| Crossarms | Ea. | 24[3] | | | | 9[4] | | | | 7[4] | | | |
| Conductor | Ft. | 15,990 | | | | 15,990 | | | | 15,990 | | | |
| Insulators[5] | Ea. | 180 | | | | 135 | | | | 105 | | | |
| Ground Wire | Ft. | 5,330 | | | | 10,660 | | | | 10,660 | | | |
| **Conductor: 636,000 – Cir. Mil., 26/7 – ACSR** | | | | | | | | | | | | | |
| Structures | Ea. | 13[1] | 11[6] | | | 10[2] | 9[2] | 6[9] | | 8[2] | 8[2] | 6[9] | |
| Excavation | C.Y. | – | – | | | – | – | 120 | | – | – | 120 | |
| Concrete | C.Y. | – | – | | | – | – | 10 | | – | – | 10 | |
| Steel Towers | Tons | – | – | | | – | – | 32 | | – | – | 32 | |
| Poles | Ea. | 13 | 11 | | | 20 | 18 | – | | 16 | 16 | – | |
| Crossarms | Ea. | 26[3] | 33[7] | | | 10[4] | 9[8] | – | | 8[4] | 8[8] | – | |
| Conductor | Ft. | 15,990 | 15,990 | | | 15,990 | 15,990 | 15,990 | | 15,990 | 15,990 | 15,990 | |
| Insulators[5] | Ea. | 195 | 165 | | | 150 | 297 | 297 | | 120 | 264 | 297 | |
| Ground Wire | Ft. | 5330 | 5330 | | | 10,660 | 10,660 | 10,660 | | 10,660 | 10,660 | 10,660 | |
| **Conductor: 954,000 – Cir. Mil., 45/7 – ACSR** | | | | | | | | | | | | | |
| Structures | Ea. | 14[1] | 12[6] | | 4[11] | 10[2] | 9[2] | 6[9] | 4[11] | 8[2] | 8[2] | 6[9] | 4[13] |
| Excavation | C.Y. | – | – | | 200 | – | – | 125 | 214 | – | – | 125 | 233 |
| Concrete | C.Y. | – | – | | 20 | – | – | 10 | 21 | – | – | 10 | 21 |
| Steel Towers | Tons | – | – | | 57 | – | – | 33 | 57 | – | – | 33 | 63 |
| Poles | Ea. | 14 | 12 | | – | 20 | 18 | – | | 16 | 16 | – | – |
| Crossarms | Ea. | 28[10] | 36[7] | | – | 10[4] | 9[8] | – | | 8[4] | 8[8] | – | – |
| Conductor | Ft. | 15,990 | 15,990 | | 47,970[12] | 15,990 | 15,990 | 15,990 | 47,970[12] | 15,990 | 15,990 | 15,990 | 47,970[12] |
| Insulators[5] | Ea. | 210 | 180 | | 288 | 150 | 297 | 297 | 288 | 120 | 264 | 297 | 576 |
| Ground Wire | Ft. | 5330 | 5330 | | 10,660 | 10,660 | 10,660 | 10,660 | 10,660 | 10,660 | 10,660 | 10,660 | 10,660 |
| **Conductor: 1,351,500 – Cir. Mil., 45/7 – ACSR** | | | | | | | | | | | | | |
| Structures | Ea. | | | | 8[14] | | | | 8[14] | | | | |
| Excavation | C.Y. | | | | 220 | | | | 220 | | | | |
| Concrete | C.Y. | | | | 28 | | | | 28 | | | | |
| Steel Towers | Ton | | | | 46 | | | | 46 | | | | |
| Conductor | Ft. | | | | 31,680[15] | | | | 31,680[15] | | | | |
| Insulators | Ea. | | | | 528 | | | | 528 | | | | |
| Ground Wire | Ft. | | | | 10,660 | | | | 10,660 | | | | |

1. Single pole two-arm suspension type construction
2. Two-pole wood H-frame construction
3. 4¾" x 5¾" x 8' and 4¾" x 5¾" x 10' wood crossarm
4. 6" x 8" x 26'-0" wood crossarm
5. 5¾" x 10" disc insulator
6. Single pole construction with 3 fiberglass crossarms (5 fog-type insulators per phase)
7. 7'-0" fiberglass crossarms
8. 6" x 10" x 35'-0" wood crossarm
9. Laced steel tower, single circuit construction
10. 5" x 7" x 8' and 5" x 7" x 10' wood crossarm
11. Laced steel tower, single circuit 500-KV construction
12. Bundled conductor (3 sub-conductors per phase)
13. Laced steel tower, single circuit restrained phases (500-KV)
14. Laced steel tower, double circuit construction
15. Both sides of double circuit strung

**Note:** To allow for sagging, a mile (5280 Ft.) of transmission line uses 5330 Ft. of conductor per wire (called a wire mile).

# S.F. & C.F. Costs — R171 Information

## R171-100 Square Foot Project Size Modifier

One factor that affects the S.F. cost of a particular building is the size. In general, for buildings built to the same specifications in the same locality, the larger building will have the lower S.F. Cost. This is due mainly to the decreasing contribution of the exterior walls plus the economy of scale usually achievable in larger buildings. The Area Conversion Scale shown below will give a factor to convert costs for the typical size building to an adjusted cost for the particular project.

The Square Foot Base Size lists the median costs, most typical project size in our accumulated data and the range in size of the projects.

The Size Factor for your project is determined by dividing your project area in S.F. by the typical project size for the particular Building Type. With this factor, enter the Area Conversion Scale at the appropriate Size Factor and determine the appropriate cost multiplier for your building size.

**Example:** Determine the cost per S.F. for a 100,000 S.F. Mid-rise apartment building.

$$\frac{\text{Proposed building area} = 100{,}000 \text{ S.F.}}{\text{Typical size from below} = 50{,}000 \text{ S.F.}} = 2.00$$

Enter Area Conversion scale at 2.0, intersect curve, read horizontally the appropriate cost multiplier of .94. Size adjusted cost becomes .94 x $59.95 = $56.35 based on national average costs.

Note: For Size Factors less than .50, the Cost Multiplier is 1.1
For Size Factors greater than 3.5, the Cost Multiplier is .90

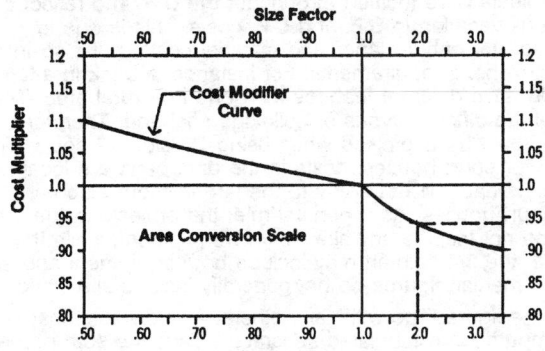

### Square Foot Base Size

| Building Type | Median Cost per S.F. | Typical Size Gross S.F. | Typical Range Gross S.F. | Building Type | Median Cost per S.F. | Typical Size Gross S.F. | Typical Range Gross S.F. |
|---|---|---|---|---|---|---|---|
| Apartments, Low Rise | $ 47.55 | 21,000 | 9700 - 37,200 | Jails | $139.00 | 13,700 | 7,500 - 28,000 |
| Apartments, Mid Rise | 59.95 | 50,000 | 32,000 - 100,000 | Libraries | 85.15 | 12,000 | 7,000 - 31,000 |
| Apartments, High Rise | 69.15 | 310,000 | 100,000 - 650,000 | Medical Clinics | 82.05 | 7,200 | 4,200 - 15,700 |
| Auditoriums | 80.80 | 25,000 | 7,600 - 39,000 | Medical Offices | 77.40 | 6,000 | 4,000 - 15,000 |
| Auto Sales | 49.40 | 20,000 | 10,800 - 28,600 | Motels | 58.80 | 27,000 | 15,800 - 51,000 |
| Banks | 108.00 | 4,200 | 2,500 - 7,500 | Nursing Homes | 81.95 | 23,000 | 15,000 - 37,000 |
| Churches | 72.25 | 9,000 | 5,300 - 13,200 | Offices, Low Rise | 64.10 | 8,600 | 4,700 - 19,000 |
| Clubs, Country | 71.90 | 6,500 | 4,500 - 15,000 | Offices, Mid Rise | 69.90 | 52,000 | 31,300 - 83,100 |
| Clubs, Social | 69.90 | 10,000 | 6,000 - 13,500 | Offices, High Rise | 86.00 | 260,000 | 151,000 - 468,000 |
| Clubs, YMCA | 74.40 | 28,300 | 12,800 - 39,400 | Police Stations | 108.00 | 10,500 | 4,000 - 19,000 |
| Colleges (Class) | 96.95 | 50,000 | 23,500 - 98,500 | Post Offices | 81.35 | 12,400 | 6,800 - 30,000 |
| Colleges (Science Lab) | 124.00 | 45,600 | 16,600 - 80,000 | Power Plants | 608.00 | 7,500 | 1,000 - 20,000 |
| College (Student Union) | 104.00 | 33,400 | 16,000 - 85,000 | Religious Education | 62.20 | 9,000 | 6,000 - 12,000 |
| Community Center | 75.95 | 9,400 | 5,300 - 16,700 | Research | 110.00 | 19,000 | 6,300 - 45,000 |
| Court Houses | 101.00 | 32,400 | 17,800 - 106,000 | Restaurants | 96.80 | 4,400 | 2,800 - 6,000 |
| Dept. Stores | 44.65 | 90,000 | 44,000 - 122,000 | Retail Stores | 47.15 | 7,200 | 4,000 - 17,600 |
| Dormitories, Low Rise | 71.95 | 24,500 | 13,400 - 40,000 | Schools, Elementary | 69.50 | 41,000 | 24,500 - 55,000 |
| Dormitories, Mid Rise | 92.85 | 55,600 | 36,100 - 90,000 | Schools, Jr. High | 71.20 | 92,000 | 52,000 - 119,000 |
| Factories | 43.05 | 26,400 | 12,900 - 50,000 | Schools, Sr. High | 71.05 | 101,000 | 50,500 - 175,000 |
| Fire Stations | 77.20 | 5,800 | 4,000 - 8,700 | Schools, Vocational | 68.35 | 37,000 | 20,500 - 82,000 |
| Fraternity Houses | 65.95 | 12,500 | 8,200 - 14,800 | Sports Arenas | 55.25 | 15,000 | 5,000 - 40,000 |
| Funeral Homes | 69.40 | 7,800 | 4,500 - 11,000 | Supermarkets | 46.95 | 20,000 | 12,000 - 30,000 |
| Garages, Commercial | 53.45 | 9,300 | 5,000 - 13,600 | Swimming Pools | 87.60 | 13,000 | 7,800 - 22,000 |
| Garages, Municipal | 62.45 | 8,300 | 4,500 - 12,600 | Telephone Exchange | 128.00 | 4,500 | 1,200 - 10,600 |
| Garages, Parking | 26.10 | 163,000 | 76,400 - 225,300 | Terminals, Bus | 62.90 | 11,400 | 6,300 - 16,500 |
| Gymnasiums | 67.55 | 19,200 | 11,600 - 41,000 | Theaters | 70.80 | 10,500 | 8,800 - 17,500 |
| Hospitals | 130.00 | 55,000 | 27,200 - 125,000 | Town Halls | 77.65 | 10,800 | 4,800 - 23,400 |
| House (Elderly) | 66.10 | 37,000 | 21,000 - 66,000 | Warehouses | 31.40 | 25,000 | 8,000 - 72,000 |
| Housing (Public) | 59.05 | 36,000 | 14,400 - 74,400 | Warehouse & Office | 35.90 | 25,000 | 8,000 - 72,000 |
| Ice Rinks | 68.35 | 29,000 | 27,200 - 33,600 | | | | |

# S.F. & C.F. Costs — R171 Information

## R171-200 Square Foot and Cubic Foot Building Costs

The cost figures in division 171 were derived from more than 10,000 projects contained in the Means Data Bank of Construction Costs, and include the contractor's overhead and profit, but do not include architectural fees or land costs. The figures have been adjusted to January 1, 1994. New projects are added to our files each year, and projects over ten years old are discarded. For this reason, certain costs may not show a uniform annual progression. In no case are all subdivisions of a project listed.

These projects were located throughout the U.S. and reflect a tremendous variation in S.F. and C.F. costs. This is due to differences, not only in labor and material costs, but also in individual owner's requirements. For instance, a bank in a large city would have different features than one in a rural area. This is true of all the different types of buildings analyzed. Therefore, caution should be exercised when using Division 17 costs. For example, for court houses, costs in the data bank are local court house costs and will not apply to the larger, more elaborate federal court houses. As a general rule, the projects in the 1/4 column do not include any site work or equipment, while the projects in the 3/4 column may include both equipment and site work. The median figures do not generally include site work.

None of the figures "go with" any others. All individual cost items were computed and tabulated separately. Thus the sum of the median figures for Plumbing, HVAC and Electrical will not normally total up to the total Mechanical and Electrical costs arrived at by separate analysis and tabulation of the projects.

Each building was analyzed as to total and component costs and percentages. The figures were arranged in ascending order with the results tabulated as shown. The 1/4 column shows that 25% of the projects had lower costs, 75% higher. The 3/4 column shows that 75% of the projects had lower costs, 25% had higher. The median column shows that 50% of the projects had lower costs, 50% had higher.

There are two times when square foot costs are useful. The first is in the conceptual stage when no details are available. Then square foot costs make a useful starting point. The second is after the bids are in and the costs can be worked back into their appropriate units for information purposes. As soon as details become available in the project design, the square foot approach should be discontinued and the project priced as to its particular components. When more precision is required or for estimating the replacement cost of specific buildings, the "Means Square Foot Costs 1994" should be used.

In using the figures in division 171, it is recommended that the median column be used for preliminary figures if no additional information is available. The median figures, when multiplied by the total city construction cost index figures (see City Cost Indexes) and then multiplied by the project size modifier on the preceding page, should present a fairly accurate base figure, which would then have to be adjusted in view of the estimator's experience, local economic conditions, code requirements and the owner's particular requirements. There is no need to factor the percentage figures as these should remain constant from city to city. All tabulations mentioning air conditioning had at least partial air conditioning.

The editors of this book would greatly appreciate receiving cost figures on one or more of your recent projects which would then be included in the averages for next year. All cost figures received will be kept confidential except that they will be averaged with other similar projects to arrive at S.F. and C.F. cost figures for next year's book. See the last page of the book for details and the discount available for submitting one or more of your projects.

# CREWS

| Crew No. | Bare Costs | | Incl. Subs O & P | | Cost Per Man-Hour | |
|---|---|---|---|---|---|---|
| **Crew A-1** | Hr. | Daily | Hr. | Daily | Bare Costs | Incl. O&P |
| 1 Building Laborer | $19.00 | $152.00 | $30.10 | $240.80 | $19.00 | $30.10 |
| 1 Gas Eng. Power Tool | | 58.40 | | 64.25 | 7.30 | 8.03 |
| 8 M.H., Daily Totals | | $210.40 | | $305.05 | $26.30 | $38.13 |
| **Crew A-1A** | Hr. | Daily | Hr. | Daily | Bare Costs | Incl. O&P |
| 1 Laborer | $19.00 | $152.00 | $30.10 | $240.80 | $19.00 | $30.10 |
| 1 Power Equipment | | 32.60 | | 35.85 | 4.08 | 4.48 |
| 8 M.H., Daily Totals | | $184.60 | | $276.65 | $23.08 | $34.58 |
| **Crew A-2** | Hr. | Daily | Hr. | Daily | Bare Costs | Incl. O&P |
| 2 Laborers | $19.00 | $304.00 | $30.10 | $481.60 | $19.13 | $30.03 |
| 1 Truck Driver (light) | 19.40 | 155.20 | 29.90 | 239.20 | | |
| 1 Light Truck, 1.5 Ton | | 158.20 | | 174.00 | 6.59 | 7.25 |
| 24 M.H., Daily Totals | | $617.40 | | $894.80 | $25.72 | $37.28 |
| **Crew A-2A** | Hr. | Daily | Hr. | Daily | Bare Costs | Incl. O&P |
| 2 Laborers | $19.00 | $304.00 | $30.10 | $481.60 | $19.13 | $30.03 |
| 1 Truck Driver (light) | 19.40 | 155.20 | 29.90 | 239.20 | | |
| 1 Light Truck, 1.5 ton | | 158.20 | | 174.00 | | |
| 1 Concrete Saw | | 101.40 | | 111.55 | 10.82 | 11.90 |
| 24 M.H., Daily Totals | | $718.80 | | $1006.35 | $29.95 | $41.93 |
| **Crew A-3** | Hr. | Daily | Hr. | Daily | Bare Costs | Incl. O&P |
| 1 Truck Driver (heavy) | $19.70 | $157.60 | $30.35 | $242.80 | $19.70 | $30.35 |
| 1 Dump Truck, 12 Ton | | 325.00 | | 357.50 | 40.63 | 44.69 |
| 8 M.H., Daily Totals | | $482.60 | | $600.30 | $60.33 | $75.04 |
| **Crew A-4** | Hr. | Daily | Hr. | Daily | Bare Costs | Incl. O&P |
| 2 Carpenters | $23.80 | $380.80 | $37.70 | $603.20 | $23.27 | $36.50 |
| 1 Painter, Ordinary | 22.20 | 177.60 | 34.10 | 272.80 | | |
| 24 M.H., Daily Totals | | $558.40 | | $876.00 | $23.27 | $36.50 |
| **Crew A-5** | Hr. | Daily | Hr. | Daily | Bare Costs | Incl. O&P |
| 2 Laborers | $19.00 | $304.00 | $30.10 | $481.60 | $19.04 | $30.08 |
| .25 Truck Driver (light) | 19.40 | 38.80 | 29.90 | 59.80 | | |
| .25 Light Truck, 1.5 Ton | | 39.55 | | 43.50 | 2.20 | 2.42 |
| 18 M.H., Daily Totals | | $382.35 | | $584.90 | $21.24 | $32.50 |
| **Crew A-6** | Hr. | Daily | Hr. | Daily | Bare Costs | Incl. O&P |
| 1 Chief Of Party | $23.40 | $187.20 | $35.90 | $287.20 | $22.08 | $33.88 |
| 1 Instrument Man | 20.75 | 166.00 | 31.85 | 254.80 | | |
| 16 M.H., Daily Totals | | $353.20 | | $542.00 | $22.08 | $33.88 |
| **Crew A-7** | Hr. | Daily | Hr. | Daily | Bare Costs | Incl. O&P |
| 1 Chief Of Party | $23.40 | $187.20 | $35.90 | $287.20 | $20.92 | $32.37 |
| 1 Instrument Man | 20.75 | 166.00 | 31.85 | 254.80 | | |
| 1 Rodman/Chainman | 18.60 | 148.80 | 29.35 | 234.80 | | |
| 24 M.H., Daily Totals | | $502.00 | | $776.80 | $20.92 | $32.37 |
| **Crew A-8** | Hr. | Daily | Hr. | Daily | Bare Costs | Incl. O&P |
| 1 Chief Of Party | $23.40 | $187.20 | $35.90 | $287.20 | $20.34 | $31.61 |
| 1 Instrument Man | 20.75 | 166.00 | 31.85 | 254.80 | | |
| 2 Rodmen/Chainmen | 18.60 | 297.60 | 29.35 | 469.60 | | |
| 32 M.H., Daily Totals | | $650.80 | | $1011.60 | $20.34 | $31.61 |

| Crew No. | Bare Costs | | Incl. Subs O & P | | Cost Per Man-Hour | |
|---|---|---|---|---|---|---|
| **Crew A-9** | Hr. | Daily | Hr. | Daily | Bare Costs | Incl. O&P |
| 1 Asbestos Foreman | $27.40 | $219.20 | $44.10 | $352.80 | $26.96 | $43.40 |
| 7 Asbestos Workers | 26.90 | 1506.40 | 43.30 | 2424.80 | | |
| 4 Airless Sprayers | | 113.60 | | 124.95 | | |
| 3 HEPA Vacs., 16 Gal. | | 97.80 | | 107.60 | 3.30 | 3.63 |
| 64 M.H., Daily Totals | | $1937.00 | | $3010.15 | $30.26 | $47.03 |
| **Crew A-10** | Hr. | Daily | Hr. | Daily | Bare Costs | Incl. O&P |
| 1 Asbestos Foreman | $27.40 | $219.20 | $44.10 | $352.80 | $26.96 | $43.40 |
| 7 Asbestos Workers | 26.90 | 1506.40 | 43.30 | 2424.80 | | |
| 2 HEPA Vacs., 16 Gal. | | 65.20 | | 71.70 | 1.02 | 1.12 |
| 64 M.H., Daily Totals | | $1790.80 | | $2849.30 | $27.98 | $44.52 |
| **Crew A-11** | Hr. | Daily | Hr. | Daily | Bare Costs | Incl. O&P |
| 1 Asbestos Foreman | $27.40 | $219.20 | $44.10 | $352.80 | $26.96 | $43.40 |
| 7 Asbestos Workers | 26.90 | 1506.40 | 43.30 | 2424.80 | | |
| 4 Airless Sprayers | | 113.60 | | 124.95 | | |
| 2 HEPA Vacs., 16 Gal. | | 65.20 | | 71.70 | | |
| 2 Chipping Hammers | | 19.60 | | 21.55 | 3.10 | 3.41 |
| 64 M.H., Daily Totals | | $1924.00 | | $2995.80 | $30.06 | $46.81 |
| **Crew A-12** | Hr. | Daily | Hr. | Daily | Bare Costs | Incl. O&P |
| 1 Asbestos Foreman | $27.40 | $219.20 | $44.10 | $352.80 | $26.96 | $43.40 |
| 7 Asbestos Workers | 26.90 | 1506.40 | 43.30 | 2424.80 | | |
| 4 Airless Sprayers | | 113.60 | | 124.95 | | |
| 2 HEPA Vacs., 16 Gal. | | 65.20 | | 71.70 | | |
| 1 Large Prod. Vac. Loader | | 480.00 | | 528.00 | 10.29 | 11.32 |
| 64 M.H., Daily Totals | | $2384.40 | | $3502.25 | $37.25 | $54.72 |
| **Crew A-13** | Hr. | Daily | Hr. | Daily | Bare Costs | Incl. O&P |
| 1 Equip. Oper. (light) | $23.40 | $187.20 | $35.90 | $287.20 | $23.40 | $35.90 |
| 1 Large Prod. Vac. Loader | | 480.00 | | 528.00 | 60.00 | 66.00 |
| 8 M.H., Daily Totals | | $667.20 | | $815.20 | $83.40 | $101.90 |
| **Crew B-1** | Hr. | Daily | Hr. | Daily | Bare Costs | Incl. O&P |
| 1 Labor Foreman (outside) | $21.00 | $168.00 | $33.25 | $266.00 | $19.67 | $31.15 |
| 2 Laborers | 19.00 | 304.00 | 30.10 | 481.60 | | |
| 24 M.H., Daily Totals | | $472.00 | | $747.60 | $19.67 | $31.15 |
| **Crew B-2** | Hr. | Daily | Hr. | Daily | Bare Costs | Incl. O&P |
| 1 Labor Foreman (outside) | $21.00 | $168.00 | $33.25 | $266.00 | $19.40 | $30.73 |
| 4 Laborers | 19.00 | 608.00 | 30.10 | 963.20 | | |
| 40 M.H., Daily Totals | | $776.00 | | $1229.20 | $19.40 | $30.73 |
| **Crew B-3** | Hr. | Daily | Hr. | Daily | Bare Costs | Incl. O&P |
| 1 Labor Foreman (outside) | $21.00 | $168.00 | $33.25 | $266.00 | $20.46 | $31.92 |
| 2 Laborers | 19.00 | 304.00 | 30.10 | 481.60 | | |
| 1 Equip. Oper. (med.) | 24.35 | 194.80 | 37.35 | 298.80 | | |
| 2 Truck Drivers (heavy) | 19.70 | 315.20 | 30.35 | 485.60 | | |
| 1 F.E. Loader, T.M., 2.5 C.Y. | | 784.60 | | 863.05 | | |
| 2 Dump Trucks, 16 Ton | | 797.20 | | 876.90 | 32.95 | 36.25 |
| 48 M.H., Daily Totals | | $2563.80 | | $3271.95 | $53.41 | $68.17 |
| **Crew B-4** | Hr. | Daily | Hr. | Daily | Bare Costs | Incl. O&P |
| 1 Labor Foreman (outside) | $21.00 | $168.00 | $33.25 | $266.00 | $19.45 | $30.67 |
| 4 Laborers | 19.00 | 608.00 | 30.10 | 963.20 | | |
| 1 Truck Driver (heavy) | 19.70 | 157.60 | 30.35 | 242.80 | | |
| 1 Tractor, 4 x 2, 195 H.P. | | 293.20 | | 322.50 | | |
| 1 Platform Trailer | | 140.80 | | 154.90 | 9.04 | 9.95 |
| 48 M.H., Daily Totals | | $1367.60 | | $1949.40 | $28.49 | $40.62 |

# CREWS

| Crew B-5 | Hr. | Daily | Hr. | Daily | Bare Costs | Incl. O&P |
|---|---|---|---|---|---|---|
| 1 Labor Foreman (outside) | $21.00 | $168.00 | $33.25 | $266.00 | $21.46 | $33.52 |
| 4 Laborers | 19.00 | 608.00 | 30.10 | 963.20 | | |
| 2 Equip. Oper. (med.) | 24.35 | 389.60 | 37.35 | 597.60 | | |
| 1 Mechanic | 25.95 | 207.60 | 39.80 | 318.40 | | |
| 1 Air Compr., 250 C.F.M. | | 105.40 | | 115.95 | | |
| 2 Air Tools & Accessories | | 29.60 | | 32.55 | | |
| 2-50 Ft. Air Hoses, 1.5" Dia. | | 12.80 | | 14.10 | | |
| 1 F.E. Loader, T.M., 2.5 C.Y. | | 784.60 | | 863.05 | 14.57 | 16.03 |
| 64 M.H., Daily Totals | | $2305.60 | | $3170.85 | $36.03 | $49.55 |

| Crew B-6 | Hr. | Daily | Hr. | Daily | Bare Costs | Incl. O&P |
|---|---|---|---|---|---|---|
| 2 Laborers | $19.00 | $304.00 | $30.10 | $481.60 | $20.47 | $32.03 |
| 1 Equip. Oper. (light) | 23.40 | 187.20 | 35.90 | 287.20 | | |
| 1 Backhoe Loader, 48 H.P. | | 199.60 | | 219.55 | 8.32 | 9.15 |
| 24 M.H., Daily Totals | | $690.80 | | $988.35 | $28.79 | $41.18 |

| Crew B-7 | Hr. | Daily | Hr. | Daily | Bare Costs | Incl. O&P |
|---|---|---|---|---|---|---|
| 1 Labor Foreman (outside) | $21.00 | $168.00 | $33.25 | $266.00 | $20.23 | $31.83 |
| 4 Laborers | 19.00 | 608.00 | 30.10 | 963.20 | | |
| 1 Equip. Oper. (med.) | 24.35 | 194.80 | 37.35 | 298.80 | | |
| 1 Chipping Machine | | 193.80 | | 213.20 | | |
| 1 F.E. Loader, T.M., 2.5 C.Y. | | 784.60 | | 863.05 | | |
| 2 Chain Saws | | 92.80 | | 102.10 | 22.32 | 24.55 |
| 48 M.H., Daily Totals | | $2042.00 | | $2706.35 | $42.55 | $56.38 |

| Crew B-7A | Hr. | Daily | Hr. | Daily | Bare Costs | Incl. O&P |
|---|---|---|---|---|---|---|
| 2 Laborers | $19.00 | $304.00 | $30.10 | $481.60 | $20.47 | $32.03 |
| 1 Equip. Oper. (light) | 23.40 | 187.20 | 35.90 | 287.20 | | |
| 1 Rake w/Tractor | | 203.60 | | 223.95 | | |
| 2 Chain Saws | | 44.40 | | 48.85 | 10.33 | 11.37 |
| 24 M.H., Daily Totals | | $739.20 | | $1041.60 | $30.80 | $43.40 |

| Crew B-8 | Hr. | Daily | Hr. | Daily | Bare Costs | Incl. O&P |
|---|---|---|---|---|---|---|
| 1 Labor Foreman (outside) | $21.00 | $168.00 | $33.25 | $266.00 | $20.98 | $32.59 |
| 2 Laborers | 19.00 | 304.00 | 30.10 | 481.60 | | |
| 2 Equip. Oper. (med.) | 24.35 | 389.60 | 37.35 | 597.60 | | |
| 1 Equip. Oper. Oiler | 20.75 | 166.00 | 31.85 | 254.80 | | |
| 2 Truck Drivers (heavy) | 19.70 | 315.20 | 30.35 | 485.60 | | |
| 1 Hyd. Crane, 25 Ton | | 491.80 | | 541.00 | | |
| 1 F.E. Loader, T.M., 2.5 C.Y. | | 784.60 | | 863.05 | | |
| 2 Dump Trucks, 16 Ton | | 797.20 | | 876.90 | 32.40 | 35.64 |
| 64 M.H., Daily Totals | | $3416.40 | | $4366.55 | $53.38 | $68.23 |

| Crew B-9 | Hr. | Daily | Hr. | Daily | Bare Costs | Incl. O&P |
|---|---|---|---|---|---|---|
| 1 Labor Foreman (outside) | $21.00 | $168.00 | $33.25 | $266.00 | $19.40 | $30.73 |
| 4 Laborers | 19.00 | 608.00 | 30.10 | 963.20 | | |
| 1 Air Compr., 250 C.F.M. | | 105.40 | | 115.95 | | |
| 2 Air Tools & Accessories | | 29.60 | | 32.55 | | |
| 2-50 Ft. Air Hoses, 1.5" Dia. | | 12.80 | | 14.10 | 3.70 | 4.06 |
| 40 M.H., Daily Totals | | $923.80 | | $1391.80 | $23.10 | $34.79 |

| Crew B-10 | Hr. | Daily | Hr. | Daily | Bare Costs | Incl. O&P |
|---|---|---|---|---|---|---|
| 1 Equip. Oper. (med.) | $24.35 | $194.80 | $37.35 | $298.80 | $22.57 | $34.93 |
| .5 Laborer | 19.00 | 76.00 | 30.10 | 120.40 | | |
| 12 M.H., Daily Totals | | $270.80 | | $419.20 | $22.57 | $34.93 |

| Crew B-10A | Hr. | Daily | Hr. | Daily | Bare Costs | Incl. O&P |
|---|---|---|---|---|---|---|
| 1 Equip. Oper. (med.) | $24.35 | $194.80 | $37.35 | $298.80 | $22.57 | $34.93 |
| .5 Laborer | 19.00 | 76.00 | 30.10 | 120.40 | | |
| 1 Roll. Compact., 2K Lbs. | | 81.60 | | 89.75 | 6.80 | 7.48 |
| 12 M.H., Daily Totals | | $352.40 | | $508.95 | $29.37 | $42.41 |

| Crew B-10B | Hr. | Daily | Hr. | Daily | Bare Costs | Incl. O&P |
|---|---|---|---|---|---|---|
| 1 Equip. Oper. (med.) | $24.35 | $194.80 | $37.35 | $298.80 | $22.57 | $34.93 |
| .5 Laborer | 19.00 | 76.00 | 30.10 | 120.40 | | |
| 1 Dozer, 200 H.P. | | 819.60 | | 901.55 | 68.30 | 75.13 |
| 12 M.H., Daily Totals | | $1090.40 | | $1320.75 | $90.87 | $110.06 |

| Crew B-10C | Hr. | Daily | Hr. | Daily | Bare Costs | Incl. O&P |
|---|---|---|---|---|---|---|
| 1 Equip. Oper. (med.) | $24.35 | $194.80 | $37.35 | $298.80 | $22.57 | $34.93 |
| .5 Laborer | 19.00 | 76.00 | 30.10 | 120.40 | | |
| 1 Dozer, 200 H.P. | | 819.60 | | 901.55 | | |
| 1 Vibratory Roller, Towed | | 98.80 | | 108.70 | 76.53 | 84.19 |
| 12 M.H., Daily Totals | | $1189.20 | | $1429.45 | $99.10 | $119.12 |

| Crew B-10D | Hr. | Daily | Hr. | Daily | Bare Costs | Incl. O&P |
|---|---|---|---|---|---|---|
| 1 Equip. Oper. (med.) | $24.35 | $194.80 | $37.35 | $298.80 | $22.57 | $34.93 |
| .5 Laborer | 19.00 | 76.00 | 30.10 | 120.40 | | |
| 1 Dozer, 200 H.P | | 819.60 | | 901.55 | | |
| 1 Sheepsft. Roller, Towed | | 110.60 | | 121.65 | 77.52 | 85.27 |
| 12 M.H., Daily Totals | | $1201.00 | | $1442.40 | $100.09 | $120.20 |

| Crew B-10E | Hr. | Daily | Hr. | Daily | Bare Costs | Incl. O&P |
|---|---|---|---|---|---|---|
| 1 Equip. Oper. (med.) | $24.35 | $194.80 | $37.35 | $298.80 | $22.57 | $34.93 |
| .5 Laborer | 19.00 | 76.00 | 30.10 | 120.40 | | |
| 1 Tandem Roller, 5 Ton | | 135.40 | | 148.95 | 11.28 | 12.41 |
| 12 M.H., Daily Totals | | $406.20 | | $568.15 | $33.85 | $47.34 |

| Crew B-10F | Hr. | Daily | Hr. | Daily | Bare Costs | Incl. O&P |
|---|---|---|---|---|---|---|
| 1 Equip. Oper. (med.) | $24.35 | $194.80 | $37.35 | $298.80 | $22.57 | $34.93 |
| .5 Laborer | 19.00 | 76.00 | 30.10 | 120.40 | | |
| 1 Tandem Roller, 10 Ton | | 220.80 | | 242.90 | 18.40 | 20.24 |
| 12 M.H., Daily Totals | | $491.60 | | $662.10 | $40.97 | $55.17 |

| Crew B-10G | Hr. | Daily | Hr. | Daily | Bare Costs | Incl. O&P |
|---|---|---|---|---|---|---|
| 1 Equip. Oper. (med.) | $24.35 | $194.80 | $37.35 | $298.80 | $22.57 | $34.93 |
| .5 Laborer | 19.00 | 76.00 | 30.10 | 120.40 | | |
| 1 Sheepsft. Roll., 130 H.P. | | 526.20 | | 578.80 | 43.85 | 48.24 |
| 12 M.H., Daily Totals | | $797.00 | | $998.00 | $66.42 | $83.17 |

| Crew B-10H | Hr. | Daily | Hr. | Daily | Bare Costs | Incl. O&P |
|---|---|---|---|---|---|---|
| 1 Equip. Oper. (med.) | $24.35 | $194.80 | $37.35 | $298.80 | $22.57 | $34.93 |
| .5 Laborer | 19.00 | 76.00 | 30.10 | 120.40 | | |
| 1 Diaphr. Water Pump, 2" | | 20.00 | | 22.00 | | |
| 1-20 Ft. Suction Hose, 2" | | 4.40 | | 4.85 | | |
| 2-50 Ft. Disch. Hoses, 2" | | 6.80 | | 7.50 | 2.60 | 2.86 |
| 12 M.H., Daily Totals | | $302.00 | | $453.55 | $25.17 | $37.79 |

| Crew B-10I | Hr. | Daily | Hr. | Daily | Bare Costs | Incl. O&P |
|---|---|---|---|---|---|---|
| 1 Equip. Oper. (med.) | $24.35 | $194.80 | $37.35 | $298.80 | $22.57 | $34.93 |
| .5 Laborer | 19.00 | 76.00 | 30.10 | 120.40 | | |
| 1 Diaphr. Water Pump, 4" | | 55.40 | | 60.95 | | |
| 1-20 Ft. Suction Hose, 4" | | 11.40 | | 12.55 | | |
| 2-50 Ft. Disch. Hoses, 4" | | 12.80 | | 14.10 | 6.63 | 7.30 |
| 12 M.H., Daily Totals | | $350.40 | | $506.80 | $29.20 | $42.23 |

| Crew B-10J | Hr. | Daily | Hr. | Daily | Bare Costs | Incl. O&P |
|---|---|---|---|---|---|---|
| 1 Equip. Oper. (med.) | $24.35 | $194.80 | $37.35 | $298.80 | $22.57 | $34.93 |
| .5 Laborer | 19.00 | 76.00 | 30.10 | 120.40 | | |
| 1 Centr. Water Pump, 3" | | 30.80 | | 33.90 | | |
| 1-20 Ft. Suction Hose, 3" | | 7.40 | | 8.15 | | |
| 2-50 Ft. Disch. Hoses, 3" | | 8.80 | | 9.70 | 3.92 | 4.31 |
| 12 M.H., Daily Totals | | $317.80 | | $470.95 | $26.49 | $39.24 |

# CREWS

| Crew No. | Bare Costs | | Incl. Subs O & P | | Cost Per Man-Hour | |
|---|---|---|---|---|---|---|
| **Crew B-10K** | Hr. | Daily | Hr. | Daily | Bare Costs | Incl. O&P |
| 1 Equip. Oper. (med.) | $24.35 | $194.80 | $37.35 | $298.80 | $22.57 | $34.93 |
| .5 Laborer | 19.00 | 76.00 | 30.10 | 120.40 | | |
| 1 Centr. Water Pump, 6" | | 156.20 | | 171.80 | | |
| 1-20 Ft. Suction Hose, 6" | | 19.40 | | 21.35 | | |
| 2-50 Ft. Disch. Hoses, 6" | | 30.80 | | 33.90 | 17.20 | 18.92 |
| 12 M.H., Daily Totals | | $477.20 | | $646.25 | $39.77 | $53.85 |
| **Crew B-10L** | Hr. | Daily | Hr. | Daily | Bare Costs | Incl. O&P |
| 1 Equip. Oper. (med.) | $24.35 | $194.80 | $37.35 | $298.80 | $22.57 | $34.93 |
| .5 Laborer | 19.00 | 76.00 | 30.10 | 120.40 | | |
| 1 Dozer, 75 H.P. | | 271.60 | | 298.75 | 22.63 | 24.90 |
| 12 M.H., Daily Totals | | $542.40 | | $717.95 | $45.20 | $59.83 |
| **Crew B-10M** | Hr. | Daily | Hr. | Daily | Bare Costs | Incl. O&P |
| 1 Equip. Oper. (med.) | $24.35 | $194.80 | $37.35 | $298.80 | $22.57 | $34.93 |
| .5 Laborer | 19.00 | 76.00 | 30.10 | 120.40 | | |
| 1 Dozer, 300 H.P. | | 995.60 | | 1095.15 | 82.97 | 91.26 |
| 12 M.H., Daily Totals | | $1266.40 | | $1514.35 | $105.54 | $126.19 |
| **Crew B-10N** | Hr. | Daily | Hr. | Daily | Bare Costs | Incl. O&P |
| 1 Equip. Oper. (med.) | $24.35 | $194.80 | $37.35 | $298.80 | $22.57 | $34.93 |
| .5 Laborer | 19.00 | 76.00 | 30.10 | 120.40 | | |
| 1 F.E. Loader, T.M., 1.5 C.Y | | 349.20 | | 384.10 | 29.10 | 32.01 |
| 12 M.H., Daily Totals | | $620.00 | | $803.30 | $51.67 | $66.94 |
| **Crew B-10O** | Hr. | Daily | Hr. | Daily | Bare Costs | Incl. O&P |
| 1 Equip. Oper. (med.) | $24.35 | $194.80 | $37.35 | $298.80 | $22.57 | $34.93 |
| .5 Laborer | 19.00 | 76.00 | 30.10 | 120.40 | | |
| 1 F.E. Loader, T.M., 2.25 C.Y. | | 472.40 | | 519.65 | 39.37 | 43.30 |
| 12 M.H., Daily Totals | | $743.20 | | $938.85 | $61.94 | $78.23 |
| **Crew B-10P** | Hr. | Daily | Hr. | Daily | Bare Costs | Incl. O&P |
| 1 Equip. Oper. (med.) | $24.35 | $194.80 | $37.35 | $298.80 | $22.57 | $34.93 |
| .5 Laborer | 19.00 | 76.00 | 30.10 | 120.40 | | |
| 1 F.E. Loader, T.M., 2.5 C.Y. | | 784.60 | | 863.05 | 65.38 | 71.92 |
| 12 M.H., Daily Totals | | $1055.40 | | $1282.25 | $87.95 | $106.85 |
| **Crew B-10Q** | Hr. | Daily | Hr. | Daily | Bare Costs | Incl. O&P |
| 1 Equip. Oper. (med.) | $24.35 | $194.80 | $37.35 | $298.80 | $22.57 | $34.93 |
| .5 Laborer | 19.00 | 76.00 | 30.10 | 120.40 | | |
| 1 F.E. Loader, T.M., 5 C.Y. | | 1090.00 | | 1199.00 | 90.83 | 99.92 |
| 12 M.H., Daily Totals | | $1360.80 | | $1618.20 | $113.40 | $134.85 |
| **Crew B-10R** | Hr. | Daily | Hr. | Daily | Bare Costs | Incl. O&P |
| 1 Equip. Oper. (med.) | $24.35 | $194.80 | $37.35 | $298.80 | $22.57 | $34.93 |
| .5 Laborer | 19.00 | 76.00 | 30.10 | 120.40 | | |
| 1 F.E. Loader, W.M., 1 C.Y. | | 223.60 | | 245.95 | 18.63 | 20.50 |
| 12 M.H., Daily Totals | | $494.40 | | $665.15 | $41.20 | $55.43 |
| **Crew B-10S** | Hr. | Daily | Hr. | Daily | Bare Costs | Incl. O&P |
| 1 Equip. Oper. (med.) | $24.35 | $194.80 | $37.35 | $298.80 | $22.57 | $34.93 |
| .5 Laborer | 19.00 | 76.00 | 30.10 | 120.40 | | |
| 1 F.E. Loader, W.M., 1.5 C.Y. | | 317.80 | | 349.60 | 26.48 | 29.13 |
| 12 M.H., Daily Totals | | $588.60 | | $768.80 | $49.05 | $64.06 |
| **Crew B-10T** | Hr. | Daily | Hr. | Daily | Bare Costs | Incl. O&P |
| 1 Equip. Oper. (med.) | $24.35 | $194.80 | $37.35 | $298.80 | $22.57 | $34.93 |
| .5 Laborer | 19.00 | 76.00 | 30.10 | 120.40 | | |
| 1 F.E. Loader, W.M., 2.5 C.Y. | | 435.80 | | 479.40 | 36.32 | 39.95 |
| 12 M.H., Daily Totals | | $706.60 | | $898.60 | $58.89 | $74.88 |
| **Crew B-10U** | Hr. | Daily | Hr. | Daily | Bare Costs | Incl. O&P |
| 1 Equip. Oper. (med.) | $24.35 | $194.80 | $37.35 | $298.80 | $22.57 | $34.93 |
| .5 Laborer | 19.00 | 76.00 | 30.10 | 120.40 | | |
| 1 F.E. Loader, W.M., 5.5 C.Y. | | 913.60 | | 1004.95 | 76.13 | 83.75 |
| 12 M.H., Daily Totals | | $1184.40 | | $1424.15 | $98.70 | $118.68 |
| **Crew B-10V** | Hr. | Daily | Hr. | Daily | Bare Costs | Incl. O&P |
| 1 Equip. Oper. (med.) | $24.35 | $194.80 | $37.35 | $298.80 | $22.57 | $34.93 |
| .5 Laborer | 19.00 | 76.00 | 30.10 | 120.40 | | |
| 1 Dozer, 700 H.P. | | 2761.00 | | 3037.10 | 230.08 | 253.09 |
| 12 M.H., Daily Totals | | $3031.80 | | $3456.30 | $252.65 | $288.02 |
| **Crew B-10W** | Hr. | Daily | Hr. | Daily | Bare Costs | Incl. O&P |
| 1 Equip. Oper. (med.) | $24.35 | $194.80 | $37.35 | $298.80 | $22.57 | $34.93 |
| .5 Laborer | 19.00 | 76.00 | 30.10 | 120.40 | | |
| 1 Dozer, 105 H.P. | | 403.40 | | 443.75 | 33.62 | 36.98 |
| 12 M.H., Daily Totals | | $674.20 | | $862.95 | $56.19 | $71.91 |
| **Crew B-10X** | Hr. | Daily | Hr. | Daily | Bare Costs | Incl. O&P |
| 1 Equip. Oper. (med.) | $24.35 | $194.80 | $37.35 | $298.80 | $22.57 | $34.93 |
| .5 Laborer | 19.00 | 76.00 | 30.10 | 120.40 | | |
| 1 Dozer, 410 H.P. | | 1257.00 | | 1382.70 | 104.75 | 115.23 |
| 12 M.H., Daily Totals | | $1527.80 | | $1801.90 | $127.32 | $150.16 |
| **Crew B-10Y** | Hr. | Daily | Hr. | Daily | Bare Costs | Incl. O&P |
| 1 Equip. Oper. (med.) | $24.35 | $194.80 | $37.35 | $298.80 | $22.57 | $34.93 |
| .5 Laborer | 19.00 | 76.00 | 30.10 | 120.40 | | |
| 1 Vibratory Drum Roller | | 325.00 | | 357.50 | 27.08 | 29.79 |
| 12 M.H., Daily Totals | | $595.80 | | $776.70 | $49.65 | $64.72 |
| **Crew B-11** | Hr. | Daily | Hr. | Daily | Bare Costs | Incl. O&P |
| 1 Equipment Oper. (med.) | $24.35 | $194.80 | $37.35 | $298.80 | $21.68 | $33.72 |
| 1 Laborer | 19.00 | 152.00 | 30.10 | 240.80 | | |
| 16 M.H., Daily Totals | | $346.80 | | $539.60 | $21.68 | $33.72 |
| **Crew B-11A** | Hr. | Daily | Hr. | Daily | Bare Costs | Incl. O&P |
| 1 Equipment Oper. (med.) | $24.35 | $194.80 | $37.35 | $298.80 | $21.68 | $33.72 |
| 1 Laborer | 19.00 | 152.00 | 30.10 | 240.80 | | |
| 1 Dozer, 200 H.P. | | 819.60 | | 901.55 | 51.23 | 56.35 |
| 16 M.H., Daily Totals | | $1166.40 | | $1441.15 | $72.91 | $90.07 |
| **Crew B-11B** | Hr. | Daily | Hr. | Daily | Bare Costs | Incl. O&P |
| 1 Equipment Oper. (med.) | $24.35 | $194.80 | $37.35 | $298.80 | $21.68 | $33.72 |
| 1 Laborer | 19.00 | 152.00 | 30.10 | 240.80 | | |
| 1 Dozer, 200 H.P. | | 819.60 | | 901.55 | | |
| 1 Air Powered Tamper | | 13.80 | | 15.20 | | |
| 1 Air Compr. 365 C.F.M. | | 182.80 | | 201.10 | | |
| 2-50 Ft. Air Hoses, 1.5" Dia. | | 12.80 | | 14.10 | 64.31 | 70.74 |
| 16 M.H., Daily Totals | | $1375.80 | | $1671.55 | $85.99 | $104.46 |
| **Crew B-11C** | Hr. | Daily | Hr. | Daily | Bare Costs | Incl. O&P |
| 1 Equipment Oper. (med.) | $24.35 | $194.80 | $37.35 | $298.80 | $21.68 | $33.72 |
| 1 Laborer | 19.00 | 152.00 | 30.10 | 240.80 | | |
| 1 Backhoe Loader, 48 H.P. | | 199.60 | | 219.55 | 12.48 | 13.72 |
| 16 M.H., Daily Totals | | $546.40 | | $759.15 | $34.16 | $47.44 |
| **Crew B-11K** | Hr. | Daily | Hr. | Daily | Bare Costs | Incl. O&P |
| 1 Equipment Oper. (med.) | $24.35 | $194.80 | $37.35 | $298.80 | $21.68 | $33.72 |
| 1 Laborer | 19.00 | 152.00 | 30.10 | 240.80 | | |
| 1 Trencher, 8' D., 16" W. | | 460.20 | | 506.20 | 28.76 | 31.64 |
| 16 M.H., Daily Totals | | $807.00 | | $1045.80 | $50.44 | $65.36 |

# CREWS

| Crew No. | Bare Costs | | Incl. Subs O & P | | Cost Per Man-Hour | |
|---|---|---|---|---|---|---|
| **Crew B-11L** | Hr. | Daily | Hr. | Daily | Bare Costs | Incl. O&P |
| 1 Equipment Oper. (med.) | $24.35 | $194.80 | $37.35 | $298.80 | $21.68 | $33.72 |
| 1 Laborer | 19.00 | 152.00 | 30.10 | 240.80 | | |
| 1 Grader, 30,000 Lbs. | | 516.80 | | 568.50 | 32.30 | 35.53 |
| 16 M.H., Daily Totals | | $863.60 | | $1108.10 | $53.98 | $69.25 |
| **Crew B-11M** | Hr. | Daily | Hr. | Daily | Bare Costs | Incl. O&P |
| 1 Equipment Oper. (med.) | $24.35 | $194.80 | $37.35 | $298.80 | $21.68 | $33.72 |
| 1 Laborer | 19.00 | 152.00 | 30.10 | 240.80 | | |
| 1 Backhoe Loader, 80 H.P. | | 273.60 | | 300.95 | 17.10 | 18.81 |
| 16 M.H., Daily Totals | | $620.40 | | $840.55 | $38.78 | $52.53 |
| **Crew B-12** | Hr. | Daily | Hr. | Daily | Bare Costs | Incl. O&P |
| 1 Equip. Oper. (crane) | $25.40 | $203.20 | $38.95 | $311.60 | $23.08 | $35.40 |
| 1 Equip. Oper. Oiler | 20.75 | 166.00 | 31.85 | 254.80 | | |
| 16 M.H., Daily Totals | | $369.20 | | $566.40 | $23.08 | $35.40 |
| **Crew B-12A** | Hr. | Daily | Hr. | Daily | Bare Costs | Incl. O&P |
| 1 Equip. Oper. (crane) | $25.40 | $203.20 | $38.95 | $311.60 | $23.08 | $35.40 |
| 1 Equip. Oper. Oiler | 20.75 | 166.00 | 31.85 | 254.80 | | |
| 1 Hyd. Excavator, 1 C.Y. | | 528.60 | | 581.45 | 33.04 | 36.34 |
| 16 M.H., Daily Totals | | $897.80 | | $1147.85 | $56.12 | $71.74 |
| **Crew B-12B** | Hr. | Daily | Hr. | Daily | Bare Costs | Incl. O&P |
| 1 Equip. Oper. (crane) | $25.40 | $203.20 | $38.95 | $311.60 | $23.08 | $35.40 |
| 1 Equip. Oper. Oiler | 20.75 | 166.00 | 31.85 | 254.80 | | |
| 1 Hyd. Excavator, 1.5 C.Y. | | 681.40 | | 749.55 | 42.59 | 46.85 |
| 16 M.H., Daily Totals | | $1050.60 | | $1315.95 | $65.67 | $82.25 |
| **Crew B-12C** | Hr. | Daily | Hr. | Daily | Bare Costs | Incl. O&P |
| 1 Equip. Oper. (crane) | $25.40 | $203.20 | $38.95 | $311.60 | $23.08 | $35.40 |
| 1 Equip. Oper. Oiler | 20.75 | 166.00 | 31.85 | 254.80 | | |
| 1 Hyd. Excavator, 2 C.Y. | | 935.00 | | 1028.50 | 58.44 | 64.28 |
| 16 M.H., Daily Totals | | $1304.20 | | $1594.90 | $81.52 | $99.68 |
| **Crew B-12D** | Hr. | Daily | Hr. | Daily | Bare Costs | Incl. O&P |
| 1 Equip. Oper. (crane) | $25.40 | $203.20 | $38.95 | $311.60 | $23.08 | $35.40 |
| 1 Equip. Oper. Oiler | 20.75 | 166.00 | 31.85 | 254.80 | | |
| 1 Hyd. Excavator, 3.5 C.Y. | | 2097.00 | | 2306.70 | 131.06 | 144.17 |
| 16 M.H., Daily Totals | | $2466.20 | | $2873.10 | $154.14 | $179.57 |
| **Crew B-12E** | Hr. | Daily | Hr. | Daily | Bare Costs | Incl. O&P |
| 1 Equip. Oper. (crane) | $25.40 | $203.20 | $38.95 | $311.60 | $23.08 | $35.40 |
| 1 Equip. Oper. Oiler | 20.75 | 166.00 | 31.85 | 254.80 | | |
| 1 Hyd. Excavator, .5 C.Y. | | 318.60 | | 350.45 | 19.91 | 21.90 |
| 16 M.H., Daily Totals | | $687.80 | | $916.85 | $42.99 | $57.30 |
| **Crew B-12F** | Hr. | Daily | Hr. | Daily | Bare Costs | Incl. O&P |
| 1 Equip. Oper. (crane) | $25.40 | $203.20 | $38.95 | $311.60 | $23.08 | $35.40 |
| 1 Equip. Oper. Oiler | 20.75 | 166.00 | 31.85 | 254.80 | | |
| 1 Hyd. Excavator, .75 C.Y. | | 432.00 | | 475.20 | 27.00 | 29.70 |
| 16 M.H., Daily Totals | | $801.20 | | $1041.60 | $50.08 | $65.10 |
| **Crew B-12G** | Hr. | Daily | Hr. | Daily | Bare Costs | Incl. O&P |
| 1 Equip. Oper. (crane) | $25.40 | $203.20 | $38.95 | $311.60 | $23.08 | $35.40 |
| 1 Equip. Oper. Oiler | 20.75 | 166.00 | 31.85 | 254.80 | | |
| 1 Power Shovel, .5 C.Y. | | 409.40 | | 450.35 | | |
| 1 Clamshell Bucket, .5 C.Y | | 41.60 | | 45.75 | 28.19 | 31.01 |
| 16 M.H., Daily Totals | | $820.20 | | $1062.50 | $51.27 | $66.41 |
| **Crew B-12H** | Hr. | Daily | Hr. | Daily | Bare Costs | Incl. O&P |
| 1 Equip. Oper. (crane) | $25.40 | $203.20 | $38.95 | $311.60 | $23.08 | $35.40 |
| 1 Equip. Oper. Oiler | 20.75 | 166.00 | 31.85 | 254.80 | | |
| 1 Power Shovel, 1 C.Y. | | 472.00 | | 519.20 | | |
| 1 Clamshell Bucket, 1 C.Y. | | 61.40 | | 67.55 | 33.34 | 36.67 |
| 16 M.H., Daily Totals | | $902.60 | | $1153.15 | $56.42 | $72.07 |
| **Crew B-12I** | Hr. | Daily | Hr. | Daily | Bare Costs | Incl. O&P |
| 1 Equip. Oper. (crane) | $25.40 | $203.20 | $38.95 | $311.60 | $23.08 | $35.40 |
| 1 Equip. Oper. Oiler | 20.75 | 166.00 | 31.85 | 254.80 | | |
| 1 Power Shovel, .75 C.Y. | | 436.20 | | 479.80 | | |
| 1 Dragline Bucket, .75 C.Y. | | 31.00 | | 34.10 | 29.20 | 32.12 |
| 16 M.H., Daily Totals | | $836.40 | | $1080.30 | $52.28 | $67.52 |
| **Crew B-12J** | Hr. | Daily | Hr. | Daily | Bare Costs | Incl. O&P |
| 1 Equip. Oper. (crane) | $25.40 | $203.20 | $38.95 | $311.60 | $23.08 | $35.40 |
| 1 Equip. Oper. Oiler | 20.75 | 166.00 | 31.85 | 254.80 | | |
| 1 Gradall, 3 Ton, .5 C.Y. | | 604.40 | | 664.85 | 37.78 | 41.55 |
| 16 M.H., Daily Totals | | $973.60 | | $1231.25 | $60.86 | $76.95 |
| **Crew B-12K** | Hr. | Daily | Hr. | Daily | Bare Costs | Incl. O&P |
| 1 Equip. Oper. (crane) | $25.40 | $203.20 | $38.95 | $311.60 | $23.08 | $35.40 |
| 1 Equip. Oper. Oiler | 20.75 | 166.00 | 31.85 | 254.80 | | |
| 1 Gradall, 3 Ton, 1 C.Y. | | 832.40 | | 915.65 | 52.03 | 57.23 |
| 16 M.H., Daily Totals | | $1201.60 | | $1482.05 | $75.11 | $92.63 |
| **Crew B-12L** | Hr. | Daily | Hr. | Daily | Bare Costs | Incl. O&P |
| 1 Equip. Oper. (crane) | $25.40 | $203.20 | $38.95 | $311.60 | $23.08 | $35.40 |
| 1 Equip. Oper. Oiler | 20.75 | 166.00 | 31.85 | 254.80 | | |
| 1 Power Shovel, .5 C.Y. | | 409.40 | | 450.35 | | |
| 1 F.E. Attachment, .5 C.Y. | | 49.20 | | 54.10 | 28.66 | 31.53 |
| 16 M.H., Daily Totals | | $827.80 | | $1070.85 | $51.74 | $66.93 |
| **Crew B-12M** | Hr. | Daily | Hr. | Daily | Bare Costs | Incl. O&P |
| 1 Equip. Oper. (crane) | $25.40 | $203.20 | $38.95 | $311.60 | $23.08 | $35.40 |
| 1 Equip. Oper. Oiler | 20.75 | 166.00 | 31.85 | 254.80 | | |
| 1 Power Shovel, .75 C.Y | | 436.20 | | 479.80 | | |
| 1 F.E. Attachment, .75 C.Y. | | 93.40 | | 102.75 | 33.10 | 36.41 |
| 16 M.H., Daily Totals | | $898.80 | | $1148.95 | $56.18 | $71.81 |
| **Crew B-12N** | Hr. | Daily | Hr. | Daily | Bare Costs | Incl. O&P |
| 1 Equip. Oper. (crane) | $25.40 | $203.20 | $38.95 | $311.60 | $23.08 | $35.40 |
| 1 Equip. Oper. Oiler | 20.75 | 166.00 | 31.85 | 254.80 | | |
| 1 Power Shovel, 1 C.Y. | | 472.00 | | 519.20 | | |
| 1 F.E. Attachment, 1 C.Y. | | 130.40 | | 143.45 | 37.65 | 41.42 |
| 16 M.H., Daily Totals | | $971.60 | | $1229.05 | $60.73 | $76.82 |
| **Crew B-12O** | Hr. | Daily | Hr. | Daily | Bare Costs | Incl. O&P |
| 1 Equip. Oper. (crane) | $25.40 | $203.20 | $38.95 | $311.60 | $23.08 | $35.40 |
| 1 Equip. Oper. Oiler | 20.75 | 166.00 | 31.85 | 254.80 | | |
| 1 Power Shovel, 1.5 C.Y. | | 712.80 | | 784.10 | | |
| 1 F.E. Attachment, 1.5 C.Y. | | 147.60 | | 162.35 | 53.78 | 59.15 |
| 16 M.H., Daily Totals | | $1229.60 | | $1512.85 | $76.86 | $94.55 |
| **Crew B-12P** | Hr. | Daily | Hr. | Daily | Bare Costs | Incl. O&P |
| 1 Equip. Oper. (crane) | $25.40 | $203.20 | $38.95 | $311.60 | $23.08 | $35.40 |
| 1 Equip. Oper. Oiler | 20.75 | 166.00 | 31.85 | 254.80 | | |
| 1 Crawler Crane, 40 Ton | | 712.80 | | 784.10 | | |
| 1 Dragline Bucket, 1.5 C.Y. | | 44.60 | | 49.05 | 47.34 | 52.07 |
| 16 M.H., Daily Totals | | $1126.60 | | $1399.55 | $70.42 | $87.47 |

# CREWS

| Crew No. | | Bare Costs | | Incl. Subs O & P | | Cost Per Man-Hour | |
|---|---|---|---|---|---|---|---|
| **Crew B-12Q** | Hr. | Daily | Hr. | Daily | Bare Costs | Incl. O&P |
| 1 Equip. Oper. (crane) | $25.40 | $203.20 | $38.95 | $311.60 | $23.08 | $35.40 |
| 1 Equip. Oper. Oiler | 20.75 | 166.00 | 31.85 | 254.80 | | |
| 1 Hyd. Excavator, 5/8 C.Y. | | 378.40 | | 416.25 | 23.65 | 26.02 |
| 16 M.H., Daily Totals | | $747.60 | | $982.65 | $46.73 | $61.42 |
| **Crew B-12R** | Hr. | Daily | Hr. | Daily | Bare Costs | Incl. O&P |
| 1 Equip. Oper. (crane) | $25.40 | $203.20 | $38.95 | $311.60 | $23.08 | $35.40 |
| 1 Equip. Oper. Oiler | 20.75 | 166.00 | 31.85 | 254.80 | | |
| 1 Hyd. Excavator, 1.5 C.Y. | | 681.40 | | 749.55 | 42.59 | 46.85 |
| 16 M.H., Daily Totals | | $1050.60 | | $1315.95 | $65.67 | $82.25 |
| **Crew B-12S** | Hr. | Daily | Hr. | Daily | Bare Costs | Incl. O&P |
| 1 Equip. Oper. (crane) | $25.40 | $203.20 | $38.95 | $311.60 | $23.08 | $35.40 |
| 1 Equip. Oper. Oiler | 20.75 | 166.00 | 31.85 | 254.80 | | |
| 1 Hyd. Excavator, 2.5 C.Y. | | 1669.00 | | 1835.90 | 104.31 | 114.74 |
| 16 M.H., Daily Totals | | $2038.20 | | $2402.30 | $127.39 | $150.14 |
| **Crew B-12T** | Hr. | Daily | Hr. | Daily | Bare Costs | Incl. O&P |
| 1 Equip. Oper. (crane) | $25.40 | $203.20 | $38.95 | $311.60 | $23.08 | $35.40 |
| 1 Equip. Oper. Oiler | 20.75 | 166.00 | 31.85 | 254.80 | | |
| 1 Crawler Crane, 75 Ton | | 800.40 | | 880.45 | | |
| 1 F.E. Attachment, 3 C.Y. | | 272.40 | | 299.65 | 67.05 | 73.76 |
| 16 M.H., Daily Totals | | $1442.00 | | $1746.50 | $90.13 | $109.16 |
| **Crew B-12V** | Hr. | Daily | Hr. | Daily | Bare Costs | Incl. O&P |
| 1 Equip. Oper. (crane) | $25.40 | $203.20 | $38.95 | $311.60 | $23.08 | $35.40 |
| 1 Equip. Oper. Oiler | 20.75 | 166.00 | 31.85 | 254.80 | | |
| 1 Crawler Crane, 75 Ton | | 800.40 | | 880.45 | | |
| 1 Dragline Bucket, 3 C.Y. | | 80.20 | | 88.20 | 55.04 | 60.54 |
| 16 M.H., Daily Totals | | $1249.80 | | $1535.05 | $78.12 | $95.94 |
| **Crew B-13** | Hr. | Daily | Hr. | Daily | Bare Costs | Incl. O&P |
| 1 Labor Foreman (outside) | $21.00 | $168.00 | $33.25 | $266.00 | $20.45 | $32.06 |
| 4 Laborers | 19.00 | 608.00 | 30.10 | 963.20 | | |
| 1 Equip. Oper. (crane) | 25.40 | 203.20 | 38.95 | 311.60 | | |
| 1 Equip. Oper. Oiler | 20.75 | 166.00 | 31.85 | 254.80 | | |
| 1 Hyd. Crane, 25 Ton | | 491.80 | | 541.00 | 8.78 | 9.66 |
| 56 M.H., Daily Totals | | $1637.00 | | $2336.60 | $29.23 | $41.72 |
| **Crew B-14** | Hr. | Daily | Hr. | Daily | Bare Costs | Incl. O&P |
| 1 Labor Foreman (outside) | $21.00 | $168.00 | $33.25 | $266.00 | $20.07 | $31.59 |
| 4 Laborers | 19.00 | 608.00 | 30.10 | 963.20 | | |
| 1 Equip. Oper. (light) | 23.40 | 187.20 | 35.90 | 287.20 | | |
| 1 Backhoe Loader, 48 H.P. | | 199.60 | | 219.55 | 4.16 | 4.57 |
| 48 M.H., Daily Totals | | $1162.80 | | $1735.95 | $24.23 | $36.16 |
| **Crew B-15** | Hr. | Daily | Hr. | Daily | Bare Costs | Incl. O&P |
| 1 Equipment Oper. (med) | $24.35 | $194.80 | $37.35 | $298.80 | $20.93 | $32.31 |
| .5 Laborer | 19.00 | 76.00 | 30.10 | 120.40 | | |
| 2 Truck Drivers (heavy) | 19.70 | 315.20 | 30.35 | 485.60 | | |
| 2 Dump Trucks, 16 Ton | | 797.20 | | 876.90 | | |
| 1 Dozer, 200 H.P. | | 819.60 | | 901.55 | 57.74 | 63.52 |
| 28 M.H., Daily Totals | | $2202.80 | | $2683.25 | $78.67 | $95.83 |
| **Crew B-16** | Hr. | Daily | Hr. | Daily | Bare Costs | Incl. O&P |
| 1 Labor Foreman (outside) | $21.00 | $168.00 | $33.25 | $266.00 | $19.68 | $30.95 |
| 2 Laborers | 19.00 | 304.00 | 30.10 | 481.60 | | |
| 1 Truck Driver (heavy) | 19.70 | 157.60 | 30.35 | 242.80 | | |
| 1 Dump Truck, 16 Ton | | 398.60 | | 438.45 | 12.46 | 13.70 |
| 32 M.H., Daily Totals | | $1028.20 | | $1428.85 | $32.14 | $44.65 |

| Crew No. | | Bare Costs | | Incl. Subs O & P | | Cost Per Man-Hour | |
|---|---|---|---|---|---|---|---|
| **Crew B-17** | Hr. | Daily | Hr. | Daily | Bare Costs | Incl. O&P |
| 2 Laborers | $19.00 | $304.00 | $30.10 | $481.60 | $20.27 | $31.61 |
| 1 Equip. Oper. (light) | 23.40 | 187.20 | 35.90 | 287.20 | | |
| 1 Truck Driver (heavy) | 19.70 | 157.60 | 30.35 | 242.80 | | |
| 1 Backhoe Loader, 48 H.P. | | 199.60 | | 219.55 | | |
| 1 Dump Truck, 12 Ton | | 325.00 | | 357.50 | 16.39 | 18.03 |
| 32 M.H., Daily Totals | | $1173.40 | | $1588.65 | $36.66 | $49.64 |
| **Crew B-18** | Hr. | Daily | Hr. | Daily | Bare Costs | Incl. O&P |
| 1 Labor Foreman (outside) | $21.00 | $168.00 | $33.25 | $266.00 | $19.67 | $31.15 |
| 2 Laborers | 19.00 | 304.00 | 30.10 | 481.60 | | |
| 1 Vibrating Compactor | | 45.60 | | 50.15 | 1.90 | 2.09 |
| 24 M.H., Daily Totals | | $517.60 | | $797.75 | $21.57 | $33.24 |
| **Crew B-19** | Hr. | Daily | Hr. | Daily | Bare Costs | Incl. O&P |
| 1 Pile Driver Foreman | $25.95 | $207.60 | $45.25 | $362.00 | $24.16 | $40.25 |
| 4 Pile Drivers | 23.95 | 766.40 | 41.75 | 1336.00 | | |
| 2 Equip. Oper. (crane) | 25.40 | 406.40 | 38.95 | 623.20 | | |
| 1 Equip. Oper. Oiler | 20.75 | 166.00 | 31.85 | 254.80 | | |
| 1 Crane, 40 Ton & Access. | | 712.80 | | 784.10 | | |
| 60 L.F. Leads, 15K Ft. Lbs. | | 60.00 | | 66.00 | | |
| 1 Hammer, 15K Ft. Lbs. | | 282.20 | | 310.40 | | |
| 1 Air Compr., 600 C.F.M. | | 265.00 | | 291.50 | | |
| 2-50 Ft. Air Hoses, 3" Dia. | | 29.60 | | 32.55 | 21.09 | 23.20 |
| 64 M.H., Daily Totals | | $2896.00 | | $4060.55 | $45.25 | $63.45 |
| **Crew B-20** | Hr. | Daily | Hr. | Daily | Bare Costs | Incl. O&P |
| 1 Labor Foreman (out) | $21.00 | $168.00 | $33.25 | $266.00 | $21.55 | $34.17 |
| 1 Skilled Worker | 24.65 | 197.20 | 39.15 | 313.20 | | |
| 1 Laborer | 19.00 | 152.00 | 30.10 | 240.80 | | |
| 24 M.H., Daily Totals | | $517.20 | | $820.00 | $21.55 | $34.17 |
| **Crew B-21** | Hr. | Daily | Hr. | Daily | Bare Costs | Incl. O&P |
| 1 Labor Foreman (out) | $21.00 | $168.00 | $33.25 | $266.00 | $22.10 | $34.85 |
| 1 Skilled Worker | 24.65 | 197.20 | 39.15 | 313.20 | | |
| 1 Laborer | 19.00 | 152.00 | 30.10 | 240.80 | | |
| .5 Equip. Oper. (crane) | 25.40 | 101.60 | 38.95 | 155.80 | | |
| .5 S.P. Crane, 5 Ton | | 103.60 | | 113.95 | 3.70 | 4.07 |
| 28 M.H., Daily Totals | | $722.40 | | $1089.75 | $25.80 | $38.92 |
| **Crew B-22** | Hr. | Daily | Hr. | Daily | Bare Costs | Incl. O&P |
| 1 Labor Foreman (out) | $21.00 | $168.00 | $33.25 | $266.00 | $22.32 | $35.12 |
| 1 Skilled Worker | 24.65 | 197.20 | 39.15 | 313.20 | | |
| 1 Laborer | 19.00 | 152.00 | 30.10 | 240.80 | | |
| .75 Equip. Oper. (crane) | 25.40 | 152.40 | 38.95 | 233.70 | | |
| .75 S.P. Crane, 5 Ton | | 155.40 | | 170.95 | 5.18 | 5.70 |
| 30 M.H., Daily Totals | | $825.00 | | $1224.65 | $27.50 | $40.82 |
| **Crew B-23** | Hr. | Daily | Hr. | Daily | Bare Costs | Incl. O&P |
| 1 Labor Foreman (outside) | $21.00 | $168.00 | $33.25 | $266.00 | $19.40 | $30.73 |
| 4 Laborers | 19.00 | 608.00 | 30.10 | 963.20 | | |
| 1 Drill Rig | | 428.60 | | 471.45 | | |
| 1 Light Truck, 3 Ton | | 160.60 | | 176.65 | 14.73 | 16.20 |
| 40 M.H., Daily Totals | | $1365.20 | | $1877.30 | $34.13 | $46.93 |
| **Crew B-24** | Hr. | Daily | Hr. | Daily | Bare Costs | Incl. O&P |
| 1 Cement Finisher | $23.25 | $186.00 | $34.85 | $278.80 | $22.02 | $34.22 |
| 1 Laborer | 19.00 | 152.00 | 30.10 | 240.80 | | |
| 1 Carpenter | 23.80 | 190.40 | 37.70 | 301.60 | | |
| 24 M.H., Daily Totals | | $528.40 | | $821.20 | $22.02 | $34.22 |

# CREWS

| Crew No. | Bare Costs | | Incl. Subs O & P | | Cost Per Man-Hour | |
|---|---|---|---|---|---|---|
| **Crew B-25** | Hr. | Daily | Hr. | Daily | Bare Costs | Incl. O&P |
| 1 Labor Foreman | $21.00 | $168.00 | $33.25 | $266.00 | $20.64 | $32.36 |
| 7 Laborers | 19.00 | 1064.00 | 30.10 | 1685.60 | | |
| 3 Equip. Oper. (med.) | 24.35 | 584.40 | 37.35 | 896.40 | | |
| 1 Asphalt Paver, 130 H.P | | 1175.00 | | 1292.50 | | |
| 1 Tandem Roller, 10 Ton | | 220.80 | | 242.90 | | |
| 1 Roller, Pneumatic Wheel | | 217.40 | | 239.15 | 18.33 | 20.17 |
| 88 M.H., Daily Totals | | $3429.60 | | $4622.55 | $38.97 | $52.53 |
| **Crew B-25B** | Hr. | Daily | Hr. | Daily | Bare Costs | Incl. O&P |
| 1 Labor Foreman | $21.00 | $168.00 | $33.25 | $266.00 | $20.95 | $32.78 |
| 7 Laborers | 19.00 | 1064.00 | 30.10 | 1685.60 | | |
| 4 Equip. Oper. (medium) | 24.35 | 779.20 | 37.35 | 1195.20 | | |
| 1 Asphalt Paver, 130 H.P. | | 1175.00 | | 1292.50 | | |
| 2 Rollers, Steel Wheel | | 441.60 | | 485.75 | | |
| 1 Roller, Pneumatic Wheel | | 217.40 | | 239.15 | 19.10 | 21.01 |
| 96 M.H., Daily Totals | | $3845.20 | | $5164.20 | $40.05 | $53.79 |
| **Crew B-26** | Hr. | Daily | Hr. | Daily | Bare Costs | Incl. O&P |
| 1 Labor Foreman (outside) | $21.00 | $168.00 | $33.25 | $266.00 | $21.21 | $33.65 |
| 6 Laborers | 19.00 | 912.00 | 30.10 | 1444.80 | | |
| 2 Equip. Oper. (med.) | 24.35 | 389.60 | 37.35 | 597.60 | | |
| 1 Rodman (reinf.) | 26.40 | 211.20 | 46.75 | 374.00 | | |
| 1 Cement Finisher | 23.25 | 186.00 | 34.85 | 278.80 | | |
| 1 Grader, 30,000 Lbs. | | 516.80 | | 568.50 | | |
| 1 Paving Mach. & Equip. | | 1270.00 | | 1397.00 | 20.30 | 22.34 |
| 88 M.H., Daily Totals | | $3653.60 | | $4926.70 | $41.51 | $55.99 |
| **Crew B-27** | Hr. | Daily | Hr. | Daily | Bare Costs | Incl. O&P |
| 1 Labor Foreman (outside) | $21.00 | $168.00 | $33.25 | $266.00 | $19.50 | $30.89 |
| 3 Laborers | 19.00 | 456.00 | 30.10 | 722.40 | | |
| 1 Berm Machine | | 63.40 | | 69.75 | 1.98 | 2.18 |
| 32 M.H., Daily Totals | | $687.40 | | $1058.15 | $21.48 | $33.07 |
| **Crew B-28** | Hr. | Daily | Hr. | Daily | Bare Costs | Incl. O&P |
| 2 Carpenters | $23.80 | $380.80 | $37.70 | $603.20 | $22.20 | $35.17 |
| 1 Laborer | 19.00 | 152.00 | 30.10 | 240.80 | | |
| 24 M.H., Daily Totals | | $532.80 | | $844.00 | $22.20 | $35.17 |
| **Crew B-29** | Hr. | Daily | Hr. | Daily | Bare Costs | Incl. O&P |
| 1 Labor Foreman (outside) | $21.00 | $168.00 | $33.25 | $266.00 | $20.45 | $32.06 |
| 4 Laborers | 19.00 | 608.00 | 30.10 | 963.20 | | |
| 1 Equip. Oper. (crane) | 25.40 | 203.20 | 38.95 | 311.60 | | |
| 1 Equip. Oper. Oiler | 20.75 | 166.00 | 31.85 | 254.80 | | |
| 1 Gradall, 3 Ton, 1/2 C.Y. | | 604.40 | | 664.85 | 10.79 | 11.87 |
| 56 M.H., Daily Totals | | $1749.60 | | $2460.45 | $31.24 | $43.93 |
| **Crew B-30** | Hr. | Daily | Hr. | Daily | Bare Costs | Incl. O&P |
| 1 Equip. Oper. (med.) | $24.35 | $194.80 | $37.35 | $298.80 | $21.25 | $32.68 |
| 2 Truck Drivers (heavy) | 19.70 | 315.20 | 30.35 | 485.60 | | |
| 1 Hyd. Excavator, 1.5 C.Y. | | 681.40 | | 749.55 | | |
| 2 Dump Trucks, 16 Ton | | 797.20 | | 876.90 | 61.61 | 67.77 |
| 24 M.H., Daily Totals | | $1988.60 | | $2410.85 | $82.86 | $100.45 |
| **Crew B-31** | Hr. | Daily | Hr. | Daily | Bare Costs | Incl. O&P |
| 1 Labor Foreman (outside) | $21.00 | $168.00 | $33.25 | $266.00 | $20.36 | $32.25 |
| 3 Laborers | 19.00 | 456.00 | 30.10 | 722.40 | | |
| 1 Carpenter | 23.80 | 190.40 | 37.70 | 301.60 | | |
| 1 Air Compr., 250 C.F.M. | | 105.40 | | 115.95 | | |
| 1 Sheeting Driver | | 9.80 | | 10.80 | | |
| 2-50 Ft. Air Hoses, 1.5" Dia. | | 12.80 | | 14.10 | 3.20 | 3.52 |
| 40 M.H., Daily Totals | | $942.40 | | $1430.85 | $23.56 | $35.77 |

| Crew No. | Bare Costs | | Incl. Subs O & P | | Cost Per Man-Hour | |
|---|---|---|---|---|---|---|
| **Crew B-32** | Hr. | Daily | Hr. | Daily | Bare Costs | Incl. O&P |
| 1 Laborer | $19.00 | $152.00 | $30.10 | $240.80 | $23.01 | $35.54 |
| 3 Equip. Oper. (med.) | 24.35 | 584.40 | 37.35 | 896.40 | | |
| 1 Grader, 30,000 Lbs. | | 516.80 | | 568.50 | | |
| 1 Tandem Roller, 10 Ton | | 220.80 | | 242.90 | | |
| 1 Dozer, 200 H.P. | | 819.60 | | 901.55 | 48.66 | 53.53 |
| 32 M.H., Daily Totals | | $2293.60 | | $2850.15 | $71.67 | $89.07 |
| **Crew B-32A** | Hr. | Daily | Hr. | Daily | Bare Costs | Incl. O&P |
| 1 Laborer | $19.00 | $152.00 | $30.10 | $240.80 | $22.57 | $34.93 |
| 2 Equip. Oper. (medium) | 24.35 | 389.60 | 37.35 | 597.60 | | |
| 1 Grader, 30,000 Lbs. | | 516.80 | | 568.50 | | |
| 1 Roller, Vibratory, 29,000 Lbs. | | 376.20 | | 413.80 | 37.21 | 40.93 |
| 24 M.H., Daily Totals | | $1434.60 | | $1820.70 | $59.78 | $75.86 |
| **Crew B-32B** | Hr. | Daily | Hr. | Daily | Bare Costs | Incl. O&P |
| 1 Laborer | $19.00 | $152.00 | $30.10 | $240.80 | $22.57 | $34.93 |
| 2 Equip. Oper. (medium) | 24.35 | 389.60 | 37.35 | 597.60 | | |
| 1 Dozer, 200 H.P. | | 819.60 | | 901.55 | | |
| 1 Roller, Vibratory, 29,000 Lbs. | | 376.20 | | 413.80 | 49.83 | 54.81 |
| 24 M.H., Daily Totals | | $1737.40 | | $2153.75 | $72.40 | $89.74 |
| **Crew B-32C** | Hr. | Daily | Hr. | Daily | Bare Costs | Incl. O&P |
| 1 Labor Foreman | $21.00 | $168.00 | $33.25 | $266.00 | $22.01 | $34.25 |
| 2 Laborers | 19.00 | 304.00 | 30.10 | 481.60 | | |
| 3 Equip. Oper. (medium) | 24.35 | 584.40 | 37.35 | 896.40 | | |
| 1 Grader, 30,000 Lbs. | | 516.80 | | 568.50 | | |
| 1 Roller, Steel Wheel | | 220.80 | | 242.90 | | |
| 1 Dozer, 200 H.P. | | 819.60 | | 901.55 | 32.44 | 35.69 |
| 48 M.H., Daily Totals | | $2613.60 | | $3356.95 | $54.45 | $69.94 |
| **Crew B-33** | Hr. | Daily | Hr. | Daily | Bare Costs | Incl. O&P |
| 1 Equip. Oper. (med.) | $24.35 | $194.80 | $37.35 | $298.80 | $22.82 | $35.28 |
| .5 Laborer | 19.00 | 76.00 | 30.10 | 120.40 | | |
| .25 Equip. Oper. (med.) | 24.35 | 48.70 | 37.35 | 74.70 | | |
| 14 M.H., Daily Totals | | $319.50 | | $493.90 | $22.82 | $35.28 |
| **Crew B-33A** | Hr. | Daily | Hr. | Daily | Bare Costs | Incl. O&P |
| 1 Equip. Oper. (med.) | $24.35 | $194.80 | $37.35 | $298.80 | $22.82 | $35.28 |
| .5 Laborer | 19.00 | 76.00 | 30.10 | 120.40 | | |
| .25 Equip. Oper. (med.) | 24.35 | 48.70 | 37.35 | 74.70 | | |
| 1 Scraper, Towed, 7 C.Y. | | 67.60 | | 74.35 | | |
| 1 Dozer, 300 H.P. | | 995.60 | | 1095.15 | | |
| .25 Dozer, 300 H.P. | | 248.90 | | 273.80 | 93.72 | 103.09 |
| 14 M.H., Daily Totals | | $1631.60 | | $1937.20 | $116.54 | $138.37 |
| **Crew B-33B** | Hr. | Daily | Hr. | Daily | Bare Costs | Incl. O&P |
| 1 Equip. Oper. (med.) | $24.35 | $194.80 | $37.35 | $298.80 | $22.82 | $35.28 |
| .5 Laborer | 19.00 | 76.00 | 30.10 | 120.40 | | |
| .25 Equip. Oper. (med.) | 24.35 | 48.70 | 37.35 | 74.70 | | |
| 1 Scraper, Towed, 10 C.Y. | | 185.00 | | 203.50 | | |
| 1 Dozer, 300 H.P. | | 995.60 | | 1095.15 | | |
| .25 Dozer, 300 H.P. | | 248.90 | | 273.80 | 102.11 | 112.32 |
| 14 M.H., Daily Totals | | $1749.00 | | $2066.35 | $124.93 | $147.60 |

# CREWS

| Crew No. | Bare Costs | | Incl. Subs O & P | | Cost Per Man-Hour | |
|---|---|---|---|---|---|---|
| **Crew B-33C** | Hr. | Daily | Hr. | Daily | Bare Costs | Incl. O&P |
| 1 Equip. Oper. (med.) | $24.35 | $194.80 | $37.35 | $298.80 | $22.82 | $35.28 |
| .5 Laborer | 19.00 | 76.00 | 30.10 | 120.40 | | |
| .25 Equip. Oper. (med.) | 24.35 | 48.70 | 37.35 | 74.70 | | |
| 1 Scraper, Towed, 12 C.Y. | | 185.00 | | 203.50 | | |
| 1 Dozer, 300 H.P. | | 995.60 | | 1095.15 | | |
| .25 Dozer, 300 H.P. | | 248.90 | | 273.80 | 102.11 | 112.32 |
| 14 M.H., Daily Totals | | $1749.00 | | $2066.35 | $124.93 | $147.60 |
| **Crew B-33D** | Hr. | Daily | Hr. | Daily | Bare Costs | Incl. O&P |
| 1 Equip. Oper. (med.) | $24.35 | $194.80 | $37.35 | $298.80 | $22.82 | $35.28 |
| .5 Laborer | 19.00 | 76.00 | 30.10 | 120.40 | | |
| .25 Equip. Oper. (med.) | 24.35 | 48.70 | 37.35 | 74.70 | | |
| 1 S.P. Scraper, 14 C.Y. | | 1501.00 | | 1651.10 | | |
| .25 Dozer, 300 H.P. | | 248.90 | | 273.80 | 124.99 | 137.49 |
| 14 M.H., Daily Totals | | $2069.40 | | $2418.80 | $147.81 | $172.77 |
| **Crew B-33E** | Hr. | Daily | Hr. | Daily | Bare Costs | Incl. O&P |
| 1 Equip. Oper. (med.) | $24.35 | $194.80 | $37.35 | $298.80 | $22.82 | $35.28 |
| .5 Laborer | 19.00 | 76.00 | 30.10 | 120.40 | | |
| .25 Equip. Oper. (med.) | 24.35 | 48.70 | 37.35 | 74.70 | | |
| 1 S.P. Scraper, 24 C.Y. | | 1795.00 | | 1974.50 | | |
| .25 Dozer, 300 H.P. | | 248.90 | | 273.80 | 145.99 | 160.59 |
| 14 M.H., Daily Totals | | $2363.40 | | $2742.20 | $168.81 | $195.87 |
| **Crew B-33F** | Hr. | Daily | Hr. | Daily | Bare Costs | Incl. O&P |
| 1 Equip. Oper. (med.) | $24.35 | $194.80 | $37.35 | $298.80 | $22.82 | $35.28 |
| .5 Laborer | 19.00 | 76.00 | 30.10 | 120.40 | | |
| .25 Equip. Oper. (med.) | 24.35 | 48.70 | 37.35 | 74.70 | | |
| 1 Elev. Scraper, 11 C.Y. | | 625.00 | | 687.50 | | |
| .25 Dozer, 300 H.P. | | 248.90 | | 273.80 | 62.42 | 68.66 |
| 14 M.H., Daily Totals | | $1193.40 | | $1455.20 | $85.24 | $103.94 |
| **Crew B-33G** | Hr. | Daily | Hr. | Daily | Bare Costs | Incl. O&P |
| 1 Equip. Oper. (med.) | $24.35 | $194.80 | $37.35 | $298.80 | $22.82 | $35.28 |
| .5 Laborer | 19.00 | 76.00 | 30.10 | 120.40 | | |
| .25 Equip. Oper. (med.) | 24.35 | 48.70 | 37.35 | 74.70 | | |
| 1 Elev. Scraper, 20 C.Y. | | 910.60 | | 1001.65 | | |
| .25 Dozer, 300 H.P. | | 248.90 | | 273.80 | 82.82 | 91.10 |
| 14 M.H., Daily Totals | | $1479.00 | | $1769.35 | $105.64 | $126.38 |
| **Crew B-34** | Hr. | Daily | Hr. | Daily | Bare Costs | Incl. O&P |
| 1 Truck Driver (heavy) | $19.70 | $157.60 | $30.35 | $242.80 | $19.70 | $30.35 |
| 8 M.H., Daily Totals | | $157.60 | | $242.80 | $19.70 | $30.35 |
| **Crew B-34A** | Hr. | Daily | Hr. | Daily | Bare Costs | Incl. O&P |
| 1 Truck Driver (heavy) | $19.70 | $157.60 | $30.35 | $242.80 | $19.70 | $30.35 |
| 1 Dump Truck, 12 Ton | | 325.00 | | 357.50 | 40.63 | 44.69 |
| 8 M.H., Daily Totals | | $482.60 | | $600.30 | $60.33 | $75.04 |
| **Crew B-34B** | Hr. | Daily | Hr. | Daily | Bare Costs | Incl. O&P |
| 1 Truck Driver (heavy) | $19.70 | $157.60 | $30.35 | $242.80 | $19.70 | $30.35 |
| 1 Dump Truck, 16 Ton | | 398.60 | | 438.45 | 49.83 | 54.81 |
| 8 M.H., Daily Totals | | $556.20 | | $681.25 | $69.53 | $85.16 |
| **Crew B-34C** | Hr. | Daily | Hr. | Daily | Bare Costs | Incl. O&P |
| 1 Truck Driver (heavy) | $19.70 | $157.60 | $30.35 | $242.80 | $19.70 | $30.35 |
| 1 Truck Tractor, 40 Ton | | 376.00 | | 413.60 | | |
| 1 Dump Trailer, 16.5 C.Y. | | 117.60 | | 129.35 | 61.70 | 67.87 |
| 8 M.H., Daily Totals | | $651.20 | | $785.75 | $81.40 | $98.22 |

| Crew No. | Bare Costs | | Incl. Subs O & P | | Cost Per Man-Hour | |
|---|---|---|---|---|---|---|
| **Crew B-34D** | Hr. | Daily | Hr. | Daily | Bare Costs | Incl. O&P |
| 1 Truck Driver (heavy) | $19.70 | $157.60 | $30.35 | $242.80 | $19.70 | $30.35 |
| 1 Truck Tractor, 40 Ton | | 376.00 | | 413.60 | | |
| 1 Dump Trailer, 20 C.Y. | | 118.60 | | 130.45 | 61.83 | 68.01 |
| 8 M.H., Daily Totals | | $652.20 | | $786.85 | $81.53 | $98.36 |
| **Crew B-34E** | Hr. | Daily | Hr. | Daily | Bare Costs | Incl. O&P |
| 1 Truck Driver (heavy) | $19.70 | $157.60 | $30.35 | $242.80 | $19.70 | $30.35 |
| 1 Truck, Off Hwy., 25 Ton | | 596.40 | | 656.05 | 74.55 | 82.01 |
| 8 M.H., Daily Totals | | $754.00 | | $898.85 | $94.25 | $112.36 |
| **Crew B-34F** | Hr. | Daily | Hr. | Daily | Bare Costs | Incl. O&P |
| 1 Truck Driver (heavy) | $19.70 | $157.60 | $30.35 | $242.80 | $19.70 | $30.35 |
| 1 Truck, Off Hwy., 22 C.Y. | | 932.00 | | 1025.20 | 116.50 | 128.15 |
| 8 M.H., Daily Totals | | $1089.60 | | $1268.00 | $136.20 | $158.50 |
| **Crew B-34G** | Hr. | Daily | Hr. | Daily | Bare Costs | Incl. O&P |
| 1 Truck Driver (heavy) | $19.70 | $157.60 | $30.35 | $242.80 | $19.70 | $30.35 |
| 1 Truck, Off Hwy., 34 C.Y. | | 1245.00 | | 1369.50 | 155.63 | 171.19 |
| 8 M.H., Daily Totals | | $1402.60 | | $1612.30 | $175.33 | $201.54 |
| **Crew B-34H** | Hr. | Daily | Hr. | Daily | Bare Costs | Incl. O&P |
| 1 Truck Driver (heavy) | $19.70 | $157.60 | $30.35 | $242.80 | $19.70 | $30.35 |
| 1 Truck, Off Hwy., 42 C.Y. | | 1486.00 | | 1634.60 | 185.75 | 204.33 |
| 8 M.H., Daily Totals | | $1643.60 | | $1877.40 | $205.45 | $234.68 |
| **Crew B-34J** | Hr. | Daily | Hr. | Daily | Bare Costs | Incl. O&P |
| 1 Truck Driver (heavy) | $19.70 | $157.60 | $30.35 | $242.80 | $19.70 | $30.35 |
| 1 Truck, Off Hwy., 60 C.Y. | | 2015.00 | | 2216.50 | 251.88 | 277.06 |
| 8 M.H., Daily Totals | | $2172.60 | | $2459.30 | $271.58 | $307.41 |
| **Crew B-34K** | Hr. | Daily | Hr. | Daily | Bare Costs | Incl. O&P |
| 1 Truck Driver (heavy) | $19.70 | $157.60 | $30.35 | $242.80 | $19.70 | $30.35 |
| 1 Truck Tractor, 240 H.P. | | 476.00 | | 523.60 | | |
| 1 Low Bed Trailer | | 281.40 | | 309.55 | 94.68 | 104.14 |
| 8 M.H., Daily Totals | | $915.00 | | $1075.95 | $114.38 | $134.49 |
| **Crew B-35** | Hr. | Daily | Hr. | Daily | Bare Costs | Incl. O&P |
| 1 Laborer Foreman (out) | $21.00 | $168.00 | $33.25 | $266.00 | $23.18 | $36.08 |
| 1 Skilled Worker | 24.65 | 197.20 | 39.15 | 313.20 | | |
| 1 Welder (plumber) | 28.30 | 226.40 | 43.15 | 345.20 | | |
| 1 Laborer | 19.00 | 152.00 | 30.10 | 240.80 | | |
| 1 Equip. Oper. (crane) | 25.40 | 203.20 | 38.95 | 311.60 | | |
| 1 Equip. Oper. Oiler | 20.75 | 166.00 | 31.85 | 254.80 | | |
| 1 Electric Welding Mach. | | 51.20 | | 56.30 | | |
| 1 Hyd. Excavator, .75 C.Y. | | 432.00 | | 475.20 | 10.07 | 11.07 |
| 48 M.H., Daily Totals | | $1596.00 | | $2263.10 | $33.25 | $47.15 |
| **Crew B-36** | Hr. | Daily | Hr. | Daily | Bare Costs | Incl. O&P |
| 1 Labor Foreman (outside) | $21.00 | $168.00 | $33.25 | $266.00 | $21.54 | $33.63 |
| 2 Laborers | 19.00 | 304.00 | 30.10 | 481.60 | | |
| 2 Equip. Oper. (med.) | 24.35 | 389.60 | 37.35 | 597.60 | | |
| 1 Dozer, 200 H.P. | | 819.60 | | 901.55 | | |
| 1 Aggregate Spreader | | 63.40 | | 69.75 | | |
| 1 Tandem Roller, 10 Ton | | 220.80 | | 242.90 | 27.60 | 30.35 |
| 40 M.H., Daily Totals | | $1965.40 | | $2559.40 | $49.14 | $63.98 |

# CREWS

| Crew No. | Bare Costs | | Incl. Subs O & P | | Cost Per Man-Hour | |
|---|---|---|---|---|---|---|
| **Crew B-36A** | Hr. | Daily | Hr. | Daily | Bare Costs | Incl. O&P |
| 1 Labor Foreman | $21.00 | $168.00 | $33.25 | $266.00 | $22.34 | $34.69 |
| 2 Laborers | 19.00 | 304.00 | 30.10 | 481.60 | | |
| 4 Equip. Oper. (medium) | 24.35 | 779.20 | 37.35 | 1195.20 | | |
| 1 Dozer, 200 H.P. | | 819.60 | | 901.55 | | |
| 1 Aggregate Spreader | | 63.40 | | 69.75 | | |
| 1 Roller, Steel Wheel | | 220.80 | | 242.90 | | |
| 1 Roller, Pneumatic Wheel | | 217.40 | | 239.15 | 23.59 | 25.95 |
| 56 M.H., Daily Totals | | $2572.40 | | $3396.15 | $45.93 | $60.64 |
| **Crew B-37** | Hr. | Daily | Hr. | Daily | Bare Costs | Incl. O&P |
| 1 Labor Foreman (outside) | $21.00 | $168.00 | $33.25 | $266.00 | $20.07 | $31.59 |
| 4 Laborers | 19.00 | 608.00 | 30.10 | 963.20 | | |
| 1 Equip. Oper. (light) | 23.40 | 187.20 | 35.90 | 287.20 | | |
| 1 Tandem Roller, 5 Ton | | 135.40 | | 148.95 | 2.82 | 3.10 |
| 48 M.H., Daily Totals | | $1098.60 | | $1665.35 | $22.89 | $34.69 |
| **Crew B-38** | Hr. | Daily | Hr. | Daily | Bare Costs | Incl. O&P |
| 1 Labor Foreman (outside) | $21.00 | $168.00 | $33.25 | $266.00 | $21.35 | $33.34 |
| 2 Laborers | 19.00 | 304.00 | 30.10 | 481.60 | | |
| 1 Equip. Oper. (light) | 23.40 | 187.20 | 35.90 | 287.20 | | |
| 1 Equip. Oper. (medium) | 24.35 | 194.80 | 37.35 | 298.80 | | |
| 1 Backhoe Loader, 48 H.P. | | 199.60 | | 219.55 | | |
| 1 Demol. Hammer, (1000 lb) | | 363.00 | | 399.30 | | |
| 1 F.E. Loader (170 H.P.) | | 632.00 | | 695.20 | | |
| 1 Pavt. Rem. Bucket | | 41.20 | | 45.30 | 30.90 | 33.98 |
| 40 M.H., Daily Totals | | $2089.80 | | $2692.95 | $52.25 | $67.32 |
| **Crew B-39** | Hr. | Daily | Hr. | Daily | Bare Costs | Incl. O&P |
| 1 Labor Foreman (outside) | $21.00 | $168.00 | $33.25 | $266.00 | $20.07 | $31.59 |
| 4 Laborers | 19.00 | 608.00 | 30.10 | 963.20 | | |
| 1 Equipment Oper. (light) | 23.40 | 187.20 | 35.90 | 287.20 | | |
| 1 Air Compr., 250 C.F.M. | | 105.40 | | 115.95 | | |
| 2 Air Tools & Accessories | | 29.60 | | 32.55 | | |
| 2-50 Ft. Air Hoses, 1.5" Dia. | | 12.80 | | 14.10 | 3.08 | 3.39 |
| 48 M.H., Daily Totals | | $1111.00 | | $1679.00 | $23.15 | $34.98 |
| **Crew B-40** | Hr. | Daily | Hr. | Daily | Bare Costs | Incl. O&P |
| 1 Pile Driver Foreman | $25.95 | $207.60 | $45.25 | $362.00 | $24.16 | $40.25 |
| 4 Pile Drivers | 23.95 | 766.40 | 41.75 | 1336.00 | | |
| 2 Equip. Oper. (crane) | 25.40 | 406.40 | 38.95 | 623.20 | | |
| 1 Equip. Oper. Oiler | 20.75 | 166.00 | 31.85 | 254.80 | | |
| 1 Crane, 40 Ton | | 712.80 | | 784.10 | | |
| 1 Vibratory Hammer & Gen. | | 1149.00 | | 1263.90 | 29.09 | 32.00 |
| 64 M.H., Daily Totals | | $3408.20 | | $4624.00 | $53.25 | $72.25 |
| **Crew B-41** | Hr. | Daily | Hr. | Daily | Bare Costs | Incl. O&P |
| 1 Labor Foreman (outside) | $21.00 | $168.00 | $33.25 | $266.00 | $19.73 | $31.15 |
| 4 Laborers | 19.00 | 608.00 | 30.10 | 963.20 | | |
| .25 Equip. Oper. (crane) | 25.40 | 50.80 | 38.95 | 77.90 | | |
| .25 Equip. Oper. Oiler | 20.75 | 41.50 | 31.85 | 63.70 | | |
| .25 Crawler Crane, 40 Ton | | 178.20 | | 196.00 | 4.05 | 4.46 |
| 44 M.H., Daily Totals | | $1046.50 | | $1566.80 | $23.78 | $35.61 |

| Crew No. | Bare Costs | | Incl. Subs O & P | | Cost Per Man-Hour | |
|---|---|---|---|---|---|---|
| **Crew B-42** | Hr. | Daily | Hr. | Daily | Bare Costs | Incl. O&P |
| 1 Labor Foreman (outside) | $21.00 | $168.00 | $33.25 | $266.00 | $21.21 | $34.14 |
| 4 Laborers | 19.00 | 608.00 | 30.10 | 963.20 | | |
| 1 Equip. Oper. (crane) | 25.40 | 203.20 | 38.95 | 311.60 | | |
| 1 Equip. Oper. Oiler | 20.75 | 166.00 | 31.85 | 254.80 | | |
| 1 Welder | 26.50 | 212.00 | 48.65 | 389.20 | | |
| 1 Hyd. Crane, 25 Ton | | 491.80 | | 541.00 | | |
| 1 Gas Welding Machine | | 75.60 | | 83.15 | | |
| 1 Horz. Boring Csg. Mch. | | 458.40 | | 504.25 | 16.03 | 17.63 |
| 64 M.H., Daily Totals | | $2383.00 | | $3313.20 | $37.24 | $51.77 |
| **Crew B-43** | Hr. | Daily | Hr. | Daily | Bare Costs | Incl. O&P |
| 1 Labor Foreman (outside) | $21.00 | $168.00 | $33.25 | $266.00 | $20.69 | $32.39 |
| 3 Laborers | 19.00 | 456.00 | 30.10 | 722.40 | | |
| 1 Equip. Oper. (crane) | 25.40 | 203.20 | 38.95 | 311.60 | | |
| 1 Equip. Oper. Oiler | 20.75 | 166.00 | 31.85 | 254.80 | | |
| 1 Drill Rig & Augers | | 1611.00 | | 1772.10 | 33.56 | 36.92 |
| 48 M.H., Daily Totals | | $2604.20 | | $3326.90 | $54.25 | $69.31 |
| **Crew B-44** | Hr. | Daily | Hr. | Daily | Bare Costs | Incl. O&P |
| 1 Pile Driver Foreman | $25.95 | $207.60 | $45.25 | $362.00 | $23.94 | $40.03 |
| 4 Pile Drivers | 23.95 | 766.40 | 41.75 | 1336.00 | | |
| 2 Equip. Oper. (crane) | 25.40 | 406.40 | 38.95 | 623.20 | | |
| 1 Laborer | 19.00 | 152.00 | 30.10 | 240.80 | | |
| 1 Crane, 40 Ton, & Access. | | 712.80 | | 784.10 | | |
| 45 L.F. Leads, 15K Ft. Lbs. | | 45.00 | | 49.50 | 11.84 | 13.02 |
| 64 M.H., Daily Totals | | $2290.20 | | $3395.60 | $35.78 | $53.05 |
| **Crew B-45** | Hr. | Daily | Hr. | Daily | Bare Costs | Incl. O&P |
| 1 Equip. Oper. (med.) | $24.35 | $194.80 | $37.35 | $298.80 | $22.03 | $33.85 |
| 1 Truck Driver (heavy) | 19.70 | 157.60 | 30.35 | 242.80 | | |
| 1 Dist. Tank Truck, 3K Gal. | | 334.00 | | 367.40 | | |
| 1 Tractor, 4 x 2, 250 H.P. | | 338.20 | | 372.00 | 42.01 | 46.21 |
| 16 M.H., Daily Totals | | $1024.60 | | $1281.00 | $64.04 | $80.06 |
| **Crew B-46** | Hr. | Daily | Hr. | Daily | Bare Costs | Incl. O&P |
| 1 Pile Driver Foreman | $25.95 | $207.60 | $45.25 | $362.00 | $21.81 | $36.51 |
| 2 Pile Drivers | 23.95 | 383.20 | 41.75 | 668.00 | | |
| 3 Laborers | 19.00 | 456.00 | 30.10 | 722.40 | | |
| 1 Chain Saw, 36" Long | | 46.40 | | 51.05 | .97 | 1.06 |
| 48 M.H., Daily Totals | | $1093.20 | | $1803.45 | $22.78 | $37.57 |
| **Crew B-47** | Hr. | Daily | Hr. | Daily | Bare Costs | Incl. O&P |
| 1 Blast Foreman | $21.00 | $168.00 | $33.25 | $266.00 | $21.13 | $33.08 |
| 1 Driller | 19.00 | 152.00 | 30.10 | 240.80 | | |
| 1 Equip. Oper. (light) | 23.40 | 187.20 | 35.90 | 287.20 | | |
| 1 Crawler Type Drill, 4" | | 249.80 | | 274.80 | | |
| 1 Air Compr., 600 C.F.M. | | 265.00 | | 291.50 | | |
| 2-50 Ft. Air Hoses, 3" Dia. | | 29.60 | | 32.55 | 22.68 | 24.95 |
| 24 M.H., Daily Totals | | $1051.60 | | $1392.85 | $43.81 | $58.03 |
| **Crew B-47A** | Hr. | Daily | Hr. | Daily | Bare Costs | Incl. O&P |
| 1 Drilling Foreman | $21.00 | $168.00 | $33.25 | $266.00 | $22.38 | $34.68 |
| 1 Equip. Oper. (heavy) | 25.40 | 203.20 | 38.95 | 311.60 | | |
| 1 Oiler | 20.75 | 166.00 | 31.85 | 254.80 | | |
| 1 Quarry Drill | | 433.60 | | 476.95 | 18.07 | 19.87 |
| 24 M.H., Daily Totals | | $970.80 | | $1309.35 | $40.45 | $54.55 |

# CREWS

| Crew B-48 | Hr. | Daily | Hr. | Daily | Bare Costs | Incl. O&P |
|---|---|---|---|---|---|---|
| 1 Labor Foreman (outside) | $21.00 | $168.00 | $33.25 | $266.00 | $21.08 | $32.89 |
| 3 Laborers | 19.00 | 456.00 | 30.10 | 722.40 | | |
| 1 Equip. Oper. (crane) | 25.40 | 203.20 | 38.95 | 311.60 | | |
| 1 Equip. Oper. Oiler | 20.75 | 166.00 | 31.85 | 254.80 | | |
| 1 Equip. Oper. (light) | 23.40 | 187.20 | 35.90 | 287.20 | | |
| 1 Centr. Water Pump, 6" | | 156.20 | | 171.80 | | |
| 1-20 Ft. Suction Hose, 6" | | 19.40 | | 21.35 | | |
| 1-50 Ft. Disch. Hose, 6" | | 15.40 | | 16.95 | | |
| 1 Drill Rig & Augers | | 1611.00 | | 1772.10 | 32.18 | 35.40 |
| 56 M.H., Daily Totals | | $2982.40 | | $3824.20 | $53.26 | $68.29 |

| Crew B-49 | Hr. | Daily | Hr. | Daily | Bare Costs | Incl. O&P |
|---|---|---|---|---|---|---|
| 1 Labor Foreman (outside) | $21.00 | $168.00 | $33.25 | $266.00 | $21.96 | $34.96 |
| 3 Laborers | 19.00 | 456.00 | 30.10 | 722.40 | | |
| 2 Equip. Oper. (crane) | 25.40 | 406.40 | 38.95 | 623.20 | | |
| 2 Equip. Oper. Oilers | 20.75 | 332.00 | 31.85 | 509.60 | | |
| 1 Equip. Oper. (light) | 23.40 | 187.20 | 35.90 | 287.20 | | |
| 2 Pile Drivers | 23.95 | 383.20 | 41.75 | 668.00 | | |
| 1 Hyd. Crane, 25 Ton | | 491.80 | | 541.00 | | |
| 1 Centr. Water Pump, 6" | | 156.20 | | 171.80 | | |
| 1-20 Ft. Suction Hose, 6" | | 19.40 | | 21.35 | | |
| 1-50 Ft. Disch. Hose, 6" | | 15.40 | | 16.95 | | |
| 1 Drill Rig & Augers | | 1611.00 | | 1772.10 | 26.07 | 28.67 |
| 88 M.H., Daily Totals | | $4226.60 | | $5599.60 | $48.03 | $63.63 |

| Crew B-50 | Hr. | Daily | Hr. | Daily | Bare Costs | Incl. O&P |
|---|---|---|---|---|---|---|
| 2 Pile Driver Foremen | $25.95 | $415.20 | $45.25 | $724.00 | $23.15 | $38.65 |
| 6 Pile Drivers | 23.95 | 1149.60 | 41.75 | 2004.00 | | |
| 2 Equip. Oper. (crane) | 25.40 | 406.40 | 38.95 | 623.20 | | |
| 1 Equip. Oper. Oiler | 20.75 | 166.00 | 31.85 | 254.80 | | |
| 3 Laborers | 19.00 | 456.00 | 30.10 | 722.40 | | |
| 1 Crane, 40 Ton | | 712.80 | | 784.10 | | |
| 60 L.F. Leads, 15K Ft. Lbs. | | 60.00 | | 66.00 | | |
| 1 Hammer, 15K Ft. Lbs. | | 282.20 | | 310.40 | | |
| 1 Air Compr., 600 C.F.M. | | 265.00 | | 291.50 | | |
| 2-50 Ft. Air Hoses, 3" Dia. | | 29.60 | | 32.55 | | |
| 1 Chain Saw, 36" Long | | 46.40 | | 51.05 | 12.46 | 13.71 |
| 112 M.H., Daily Totals | | $3989.20 | | $5864.00 | $35.61 | $52.36 |

| Crew B-51 | Hr. | Daily | Hr. | Daily | Bare Costs | Incl. O&P |
|---|---|---|---|---|---|---|
| 1 Labor Foreman (outside) | $21.00 | $168.00 | $33.25 | $266.00 | $19.40 | $30.59 |
| 4 Laborers | 19.00 | 608.00 | 30.10 | 963.20 | | |
| 1 Truck Driver (light) | 19.40 | 155.20 | 29.90 | 239.20 | | |
| 1 Light Truck, 1.5 Ton | | 158.20 | | 174.00 | 3.30 | 3.63 |
| 48 M.H., Daily Totals | | $1089.40 | | $1642.40 | $22.70 | $34.22 |

| Crew B-52 | Hr. | Daily | Hr. | Daily | Bare Costs | Incl. O&P |
|---|---|---|---|---|---|---|
| 1 Carpenter Foreman | $25.80 | $206.40 | $40.85 | $326.80 | $22.18 | $35.11 |
| 1 Carpenter | 23.80 | 190.40 | 37.70 | 301.60 | | |
| 3 Laborers | 19.00 | 456.00 | 30.10 | 722.40 | | |
| 1 Cement Finisher | 23.25 | 186.00 | 34.85 | 278.80 | | |
| .5 Rodman (reinf.) | 26.40 | 105.60 | 46.75 | 187.00 | | |
| .5 Equip. Oper. (med.) | 24.35 | 97.40 | 37.35 | 149.40 | | |
| .5 F.E. Ldr., T.M., 2.5 C.Y. | | 392.30 | | 431.55 | 7.01 | 7.71 |
| 56 M.H., Daily Totals | | $1634.10 | | $2397.55 | $29.19 | $42.82 |

| Crew B-53 | Hr. | Daily | Hr. | Daily | Bare Costs | Incl. O&P |
|---|---|---|---|---|---|---|
| 1 Equip. Oper. (light) | $23.40 | $187.20 | $35.90 | $287.20 | $23.40 | $35.90 |
| 1 Trencher, Chain, 12 H.P. | | 81.40 | | 89.55 | 10.18 | 11.19 |
| 8 M.H., Daily Totals | | $268.60 | | $376.75 | $33.58 | $47.09 |

| Crew B-54 | Hr. | Daily | Hr. | Daily | Bare Costs | Incl. O&P |
|---|---|---|---|---|---|---|
| 1 Equip. Oper. (light) | $23.40 | $187.20 | $35.90 | $287.20 | $23.40 | $35.90 |
| 1 Trencher, Chain, 40 H.P. | | 187.20 | | 205.90 | 23.40 | 25.74 |
| 8 M.H., Daily Totals | | $374.40 | | $493.10 | $46.80 | $61.64 |

| Crew B-55 | Hr. | Daily | Hr. | Daily | Bare Costs | Incl. O&P |
|---|---|---|---|---|---|---|
| 2 Laborers | $19.00 | $304.00 | $30.10 | $481.60 | $19.13 | $30.03 |
| 1 Truck Driver (light) | 19.40 | 155.20 | 29.90 | 239.20 | | |
| 1 Flatbed Truck w/Auger | | 428.60 | | 471.45 | | |
| 1 Truck, 3 Ton | | 160.60 | | 176.65 | 24.55 | 27.01 |
| 24 M.H., Daily Totals | | $1048.40 | | $1368.90 | $43.68 | $57.04 |

| Crew B-56 | Hr. | Daily | Hr. | Daily | Bare Costs | Incl. O&P |
|---|---|---|---|---|---|---|
| 1 Laborer | $19.00 | $152.00 | $30.10 | $240.80 | $21.20 | $33.00 |
| 1 Equip. Oper. (light) | 23.40 | 187.20 | 35.90 | 287.20 | | |
| 1 Crawler Type Drill, 4" | | 249.80 | | 274.80 | | |
| 1 Air Compr., 600 C.F.M. | | 265.00 | | 291.50 | | |
| 1-50 Ft. Air Hose, 3" Dia. | | 14.80 | | 16.30 | 33.10 | 36.41 |
| 16 M.H., Daily Totals | | $868.80 | | $1110.60 | $54.30 | $69.41 |

| Crew B-57 | Hr. | Daily | Hr. | Daily | Bare Costs | Incl. O&P |
|---|---|---|---|---|---|---|
| 1 Labor Foreman (outside) | $21.00 | $168.00 | $33.25 | $266.00 | $21.43 | $33.36 |
| 2 Laborers | 19.00 | 304.00 | 30.10 | 481.60 | | |
| 1 Equip. Oper. (crane) | 25.40 | 203.20 | 38.95 | 311.60 | | |
| 1 Equip. Oper. (light) | 23.40 | 187.20 | 35.90 | 287.20 | | |
| 1 Equip. Oper. Oiler | 20.75 | 166.00 | 31.85 | 254.80 | | |
| 1 Power Shovel, 1 C.Y. | | 472.00 | | 519.20 | | |
| 1 Clamshell Bucket, 1 C.Y. | | 61.40 | | 67.55 | | |
| 1 Centr. Water Pump, 6" | | 156.20 | | 171.80 | | |
| 1-20 Ft. Suction Hose, 6" | | 19.40 | | 21.35 | | |
| 20-50 Ft. Disch. Hoses, 6" | | 308.00 | | 338.80 | 21.19 | 23.31 |
| 48 M.H., Daily Totals | | $2045.40 | | $2719.90 | $42.62 | $56.67 |

| Crew B-58 | Hr. | Daily | Hr. | Daily | Bare Costs | Incl. O&P |
|---|---|---|---|---|---|---|
| 2 Laborers | $19.00 | $304.00 | $30.10 | $481.60 | $20.47 | $32.03 |
| 1 Equip. Oper. (light) | 23.40 | 187.20 | 35.90 | 287.20 | | |
| 1 Backhoe Loader, 48 H.P. | | 199.60 | | 219.55 | | |
| 1 Small Helicopter | | 3276.00 | | 3603.60 | 144.82 | 159.30 |
| 24 M.H., Daily Totals | | $3966.80 | | $4591.95 | $165.29 | $191.33 |

| Crew B-59 | Hr. | Daily | Hr. | Daily | Bare Costs | Incl. O&P |
|---|---|---|---|---|---|---|
| 1 Truck Driver (heavy) | $19.70 | $157.60 | $30.35 | $242.80 | $19.70 | $30.35 |
| 1 Truck, 30 Ton | | 293.20 | | 322.50 | | |
| 1 Water tank, 5000 Gal. | | 200.00 | | 220.00 | 61.65 | 67.82 |
| 8 M.H., Daily Totals | | $650.80 | | $785.30 | $81.35 | $98.17 |

| Crew B-60 | Hr. | Daily | Hr. | Daily | Bare Costs | Incl. O&P |
|---|---|---|---|---|---|---|
| 1 Labor Foreman (outside) | $21.00 | $168.00 | $33.25 | $266.00 | $21.71 | $33.72 |
| 2 Laborers | 19.00 | 304.00 | 30.10 | 481.60 | | |
| 1 Equip. Oper. (crane) | 25.40 | 203.20 | 38.95 | 311.60 | | |
| 2 Equip. Oper. (light) | 23.40 | 374.40 | 35.90 | 574.40 | | |
| 1 Equip. Oper. Oiler | 20.75 | 166.00 | 31.85 | 254.80 | | |
| 1 Crawler Crane, 40 Ton | | 712.80 | | 784.10 | | |
| 45 L.F. Leads, 15K Ft. Lbs. | | 45.00 | | 49.50 | | |
| 1 Backhoe Loader, 48 H.P. | | 199.60 | | 219.55 | 17.10 | 18.81 |
| 56 M.H., Daily Totals | | $2173.00 | | $2941.55 | $38.81 | $52.53 |

# CREWS

| Crew No. | Bare Costs | | Incl. Subs O & P | | Cost Per Man-Hour | |
|---|---|---|---|---|---|---|
| **Crew B-61** | Hr. | Daily | Hr. | Daily | Bare Costs | Incl. O&P |
| 1 Labor Foreman (outside) | $21.00 | $168.00 | $33.25 | $266.00 | $20.28 | $31.89 |
| 3 Laborers | 19.00 | 456.00 | 30.10 | 722.40 | | |
| 1 Equip. Oper. (light) | 23.40 | 187.20 | 35.90 | 287.20 | | |
| 1 Cement Mixer, 2 C.Y. | | 249.40 | | 274.35 | | |
| 1 Air Compr., 160 C.F.M. | | 92.80 | | 102.10 | 8.56 | 9.41 |
| 40 M.H., Daily Totals | | $1153.40 | | $1652.05 | $28.84 | $41.30 |
| **Crew B-62** | Hr. | Daily | Hr. | Daily | Bare Costs | Incl. O&P |
| 2 Laborers | $19.00 | $304.00 | $30.10 | $481.60 | $20.47 | $32.03 |
| 1 Equip. Oper. (light) | 23.40 | 187.20 | 35.90 | 287.20 | | |
| 1 Loader, Skid Steer | | 96.00 | | 105.60 | 4.00 | 4.40 |
| 24 M.H., Daily Totals | | $587.20 | | $874.40 | $24.47 | $36.43 |
| **Crew B-63** | Hr. | Daily | Hr. | Daily | Bare Costs | Incl. O&P |
| 4 Laborers | $19.00 | $608.00 | $30.10 | $963.20 | $19.88 | $31.26 |
| 1 Equip. Oper. (light) | 23.40 | 187.20 | 35.90 | 287.20 | | |
| 1 Loader, Skid Steer | | 96.00 | | 105.60 | 2.40 | 2.64 |
| 40 M.H., Daily Totals | | $891.20 | | $1356.00 | $22.28 | $33.90 |
| **Crew B-64** | Hr. | Daily | Hr. | Daily | Bare Costs | Incl. O&P |
| 1 Laborer | $19.00 | $152.00 | $30.10 | $240.80 | $19.20 | $30.00 |
| 1 Truck Driver (light) | 19.40 | 155.20 | 29.90 | 239.20 | | |
| 1 Power Mulcher (small) | | 96.40 | | 106.05 | | |
| 1 Light Truck, 1.5 Ton | | 158.20 | | 174.00 | 15.91 | 17.50 |
| 16 M.H., Daily Totals | | $561.80 | | $760.05 | $35.11 | $47.50 |
| **Crew B-65** | Hr. | Daily | Hr. | Daily | Bare Costs | Incl. O&P |
| 1 Laborer | $19.00 | $152.00 | $30.10 | $240.80 | $19.20 | $30.00 |
| 1 Truck Driver (light) | 19.40 | 155.20 | 29.90 | 239.20 | | |
| 1 Power Mulcher (large) | | 249.60 | | 274.55 | | |
| 1 Light Truck, 1.5 Ton | | 158.20 | | 174.00 | 25.49 | 28.04 |
| 16 M.H., Daily Totals | | $715.00 | | $928.55 | $44.69 | $58.04 |
| **Crew B-66** | Hr. | Daily | Hr. | Daily | Bare Costs | Incl. O&P |
| 1 Equip. Oper. (light) | $23.40 | $187.20 | $35.90 | $287.20 | $23.40 | $35.90 |
| 1 Backhoe Ldr. w/Attchmt. | | 182.40 | | 200.65 | 22.80 | 25.08 |
| 8 M.H., Daily Totals | | $369.60 | | $487.85 | $46.20 | $60.98 |
| **Crew B-67** | Hr. | Daily | Hr. | Daily | Bare Costs | Incl. O&P |
| 1 Millwright | $25.10 | $200.80 | $37.75 | $302.00 | $24.25 | $36.83 |
| 1 Equip. Oper. (light) | 23.40 | 187.20 | 35.90 | 287.20 | | |
| 1 Forklift | | 174.40 | | 191.85 | 10.90 | 11.99 |
| 16 M.H., Daily Totals | | $562.40 | | $781.05 | $35.15 | $48.82 |
| **Crew B-68** | Hr. | Daily | Hr. | Daily | Bare Costs | Incl. O&P |
| 2 Millwrights | $25.10 | $401.60 | $37.75 | $604.00 | $24.53 | $37.13 |
| 1 Equip. Oper. (light) | 23.40 | 187.20 | 35.90 | 287.20 | | |
| 1 Forklift | | 174.40 | | 191.85 | 7.27 | 7.99 |
| 24 M.H., Daily Totals | | $763.20 | | $1083.05 | $31.80 | $45.12 |
| **Crew B-69** | Hr. | Daily | Hr. | Daily | Bare Costs | Incl. O&P |
| 1 Labor Foreman (outside) | $21.00 | $168.00 | $33.25 | $266.00 | $20.69 | $32.39 |
| 3 Laborers | 19.00 | 456.00 | 30.10 | 722.40 | | |
| 1 Equip Oper. (crane) | 25.40 | 203.20 | 38.95 | 311.60 | | |
| 1 Equip Oper. Oiler | 20.75 | 166.00 | 31.85 | 254.80 | | |
| 1 Truck Crane, 80 Ton | | 988.60 | | 1087.45 | 20.60 | 22.66 |
| 48 M.H., Daily Totals | | $1981.80 | | $2642.25 | $41.29 | $55.05 |
| **Crew B-69A** | Hr. | Daily | Hr. | Daily | Bare Costs | Incl. O&P |
| 1 Labor Foreman | $21.00 | $168.00 | $33.25 | $266.00 | $20.93 | $32.63 |
| 3 Laborers | 19.00 | 456.00 | 30.10 | 722.40 | | |
| 1 Equip. Oper. (medium) | 24.35 | 194.80 | 37.35 | 298.80 | | |
| 1 Concrete Finisher | 23.25 | 186.00 | 34.85 | 278.80 | | |
| 1 Curb Paver | | 426.60 | | 469.25 | 8.89 | 9.78 |
| 48 M.H., Daily Totals | | $1431.40 | | $2035.25 | $29.82 | $42.41 |
| **Crew B-69B** | Hr. | Daily | Hr. | Daily | Bare Costs | Incl. O&P |
| 1 Labor Foreman | $21.00 | $168.00 | $33.25 | $266.00 | $20.93 | $32.63 |
| 3 Laborers | 19.00 | 456.00 | 30.10 | 722.40 | | |
| 1 Equip. Oper. (medium) | 24.35 | 194.80 | 37.35 | 298.80 | | |
| 1 Cement Finisher | 23.25 | 186.00 | 34.85 | 278.80 | | |
| 1 Curb/Gutter Paver | | 930.00 | | 1023.00 | 19.38 | 21.31 |
| 48 M.H., Daily Totals | | $1934.80 | | $2589.00 | $40.31 | $53.94 |
| **Crew B-70** | Hr. | Daily | Hr. | Daily | Bare Costs | Incl. O&P |
| 1 Labor Foreman (outside) | $21.00 | $168.00 | $33.25 | $266.00 | $21.58 | $33.66 |
| 3 Laborers | 19.00 | 456.00 | 30.10 | 722.40 | | |
| 3 Equip. Oper. (med.) | 24.35 | 584.40 | 37.35 | 896.40 | | |
| 1 Motor Grader, 30,000 Lb. | | 516.80 | | 568.50 | | |
| 1 Grader Attach., Ripper | | 55.40 | | 60.95 | | |
| 1 Road Sweeper, S.P. | | 181.60 | | 199.75 | | |
| 1 F.E. Loader, 1-3/4 C.Y. | | 317.80 | | 349.60 | 19.14 | 21.05 |
| 56 M.H., Daily Totals | | $2280.00 | | $3063.60 | $40.72 | $54.71 |
| **Crew B-71** | Hr. | Daily | Hr. | Daily | Bare Costs | Incl. O&P |
| 1 Labor Foreman (outside) | $21.00 | $168.00 | $33.25 | $266.00 | $21.58 | $33.66 |
| 3 Laborers | 19.00 | 456.00 | 30.10 | 722.40 | | |
| 3 Equip. Oper. (med.) | 24.35 | 584.40 | 37.35 | 896.40 | | |
| 1 Pvmt. Profiler, 450 H.P. | | 3747.00 | | 4121.70 | | |
| 1 Road Sweeper, S.P. | | 181.60 | | 199.75 | | |
| 1 F.E. Loader, 1-3/4 C.Y. | | 317.80 | | 349.60 | 75.83 | 83.41 |
| 56 M.H., Daily Totals | | $5454.80 | | $6555.85 | $97.41 | $117.07 |
| **Crew B-72** | Hr. | Daily | Hr. | Daily | Bare Costs | Incl. O&P |
| 1 Labor Foreman (outside) | $21.00 | $168.00 | $33.25 | $266.00 | $21.93 | $34.12 |
| 3 Laborers | 19.00 | 456.00 | 30.10 | 722.40 | | |
| 4 Equip. Oper. (med.) | 24.35 | 779.20 | 37.35 | 1195.20 | | |
| 1 Pvmt. Profiler, 450 H.P. | | 3747.00 | | 4121.70 | | |
| 1 Hammermill, 250 H.P. | | 1017.00 | | 1118.70 | | |
| 1 Windrow Loader | | 1013.00 | | 1114.30 | | |
| 1 Mix Paver 165 H.P. | | 1332.00 | | 1465.20 | | |
| 1 Roller, Pneu. Tire, 12 T. | | 217.40 | | 239.15 | 114.48 | 125.92 |
| 64 M.H., Daily Totals | | $8729.60 | | $10242.65 | $136.41 | $160.04 |
| **Crew B-73** | Hr. | Daily | Hr. | Daily | Bare Costs | Incl. O&P |
| 1 Labor Foreman (outside) | $21.00 | $168.00 | $33.25 | $266.00 | $22.59 | $35.03 |
| 2 Laborers | 19.00 | 304.00 | 30.10 | 481.60 | | |
| 5 Equip. Oper. (med.) | 24.35 | 974.00 | 37.35 | 1494.00 | | |
| 1 Road Mixer, 310 H.P. | | 946.40 | | 1041.05 | | |
| 1 Roller, Tandem, 12 Ton | | 220.80 | | 242.90 | | |
| 1 Hammermill, 250 H.P. | | 1017.00 | | 1118.70 | | |
| 1 Motor Grader, 30,000 Lb. | | 516.80 | | 568.50 | | |
| .5 F.E. Loader, 1-3/4 C.Y. | | 158.90 | | 174.80 | | |
| .5 Truck, 30 Ton | | 146.60 | | 161.25 | | |
| .5 Water Tank 5000 Gal. | | 100.00 | | 110.00 | 48.54 | 53.39 |
| 64 M.H., Daily Totals | | $4552.50 | | $5658.80 | $71.13 | $88.42 |

# CREWS

| Crew B-74 | Hr. | Daily | Hr. | Daily | Bare Costs | Incl. O&P |
|---|---|---|---|---|---|---|
| 1 Labor Foreman (outside) | $21.00 | $168.00 | $33.25 | $266.00 | $22.10 | $34.18 |
| 1 Laborer | 19.00 | 152.00 | 30.10 | 240.80 | | |
| 4 Equip. Oper. (med.) | 24.35 | 779.20 | 37.35 | 1195.20 | | |
| 2 Truck Drivers (heavy) | 19.70 | 315.20 | 30.35 | 485.60 | | |
| 1 Motor Grader, 30,000 Lb. | | 516.80 | | 568.50 | | |
| 1 Grader Attach., Ripper | | 55.40 | | 60.95 | | |
| 2 Stabilizers, 310 H.P. | | 1303.60 | | 1433.95 | | |
| 1 Flatbed Truck, 3 Ton | | 160.60 | | 176.65 | | |
| 1 Chem. Spreader, Towed | | 97.20 | | 106.90 | | |
| 1 Vibr. Roller, 29,000 Lb. | | 376.20 | | 413.80 | | |
| 1 Water Tank 5000 Gal. | | 200.00 | | 220.00 | | |
| 1 Truck, 30 Ton | | 293.20 | | 322.50 | 46.92 | 51.61 |
| 64 M.H., Daily Totals | | $4417.40 | | $5490.85 | $69.02 | $85.79 |

| Crew B-75 | Hr. | Daily | Hr. | Daily | Bare Costs | Incl. O&P |
|---|---|---|---|---|---|---|
| 1 Labor Foreman (outside) | $21.00 | $168.00 | $33.25 | $266.00 | $22.44 | $34.73 |
| 1 Laborer | 19.00 | 152.00 | 30.10 | 240.80 | | |
| 4 Equip. Oper. (med.) | 24.35 | 779.20 | 37.35 | 1195.20 | | |
| 1 Truck Driver (heavy) | 19.70 | 157.60 | 30.35 | 242.80 | | |
| 1 Motor Grader, 30,000 Lb. | | 516.80 | | 568.50 | | |
| 1 Grader Attach., Ripper | | 55.40 | | 60.95 | | |
| 2 Stabilizers, 310 H.P. | | 1303.60 | | 1433.95 | | |
| 1 Dist. Truck, 3000 Gal. | | 334.00 | | 367.40 | | |
| 1 Vibr. Roller, 29,000 Lb. | | 376.20 | | 413.80 | 46.18 | 50.80 |
| 56 M.H., Daily Totals | | $3842.80 | | $4789.40 | $68.62 | $85.53 |

| Crew B-76 | Hr. | Daily | Hr. | Daily | Bare Costs | Incl. O&P |
|---|---|---|---|---|---|---|
| 1 Dock Builder Foreman | $25.95 | $207.60 | $45.25 | $362.00 | $24.14 | $40.42 |
| 5 Dock Builders | 23.95 | 958.00 | 41.75 | 1670.00 | | |
| 2 Equip. Oper. (crane) | 25.40 | 406.40 | 38.95 | 623.20 | | |
| 1 Equip. Oper. Oiler | 20.75 | 166.00 | 31.85 | 254.80 | | |
| 1 Crawler Crane, 50 Ton | | 824.00 | | 906.40 | | |
| 1 Barge, 400 Ton | | 416.60 | | 458.25 | | |
| 1 Hammer, 15K. Ft. Lbs. | | 282.20 | | 310.40 | | |
| 60 L.F. Leads, 15K. Ft. Lbs. | | 60.00 | | 66.00 | | |
| 1 Air Compr., 600 C.F.M. | | 265.00 | | 291.50 | | |
| 2-50 Ft. Air Hoses, 3" Dia. | | 29.60 | | 32.55 | 26.08 | 28.68 |
| 72 M.H., Daily Totals | | $3615.40 | | $4975.10 | $50.22 | $69.10 |

| Crew B-77 | Hr. | Daily | Hr. | Daily | Bare Costs | Incl. O&P |
|---|---|---|---|---|---|---|
| 1 Labor Foreman | $21.00 | $168.00 | $33.25 | $266.00 | $19.48 | $30.69 |
| 3 Laborers | 19.00 | 456.00 | 30.10 | 722.40 | | |
| 1 Truck Driver (light) | 19.40 | 155.20 | 29.90 | 239.20 | | |
| 1 Crack Cleaner, 25 H.P. | | 76.40 | | 84.05 | | |
| 1 Crack Filler, Trailer Mtd. | | 137.40 | | 151.15 | | |
| 1 Flatbed Truck, 3 Ton | | 160.60 | | 176.65 | 9.36 | 10.30 |
| 40 M.H., Daily Totals | | $1153.60 | | $1639.45 | $28.84 | $40.99 |

| Crew B-78 | Hr. | Daily | Hr. | Daily | Bare Costs | Incl. O&P |
|---|---|---|---|---|---|---|
| 1 Labor Foreman | $21.00 | $168.00 | $33.25 | $266.00 | $19.40 | $30.59 |
| 4 Laborers | 19.00 | 608.00 | 30.10 | 963.20 | | |
| 1 Truck Driver (light) | 19.40 | 155.20 | 29.90 | 239.20 | | |
| 1 Paint Striper, S.P. | | 194.80 | | 214.30 | | |
| 1 Flatbed Truck, 3 Ton | | 160.60 | | 176.65 | | |
| 1 Pickup Truck, 3/4 Ton | | 117.20 | | 128.90 | 9.85 | 10.83 |
| 48 M.H., Daily Totals | | $1403.80 | | $1988.25 | $29.25 | $41.42 |

| Crew B-79 | Hr. | Daily | Hr. | Daily | Bare Costs | Incl. O&P |
|---|---|---|---|---|---|---|
| 1 Labor Foreman | $21.00 | $168.00 | $33.25 | $266.00 | $19.48 | $30.69 |
| 3 Laborers | 19.00 | 456.00 | 30.10 | 722.40 | | |
| 1 Truck Driver (light) | 19.40 | 155.20 | 29.90 | 239.20 | | |
| 1 Thermo. Striper, T.M. | | 224.60 | | 247.05 | | |
| 1 Flatbed Truck, 3 Ton | | 160.60 | | 176.65 | | |
| 2 Pickup Trucks, 3/4 Ton | | 234.40 | | 257.85 | 15.49 | 17.04 |
| 40 M.H., Daily Totals | | $1398.80 | | $1909.15 | $34.97 | $47.73 |

| Crew B-80 | Hr. | Daily | Hr. | Daily | Bare Costs | Incl. O&P |
|---|---|---|---|---|---|---|
| 1 Labor Foreman | $21.00 | $168.00 | $33.25 | $266.00 | $20.70 | $32.29 |
| 1 Laborer | 19.00 | 152.00 | 30.10 | 240.80 | | |
| 1 Truck Driver (light) | 19.40 | 155.20 | 29.90 | 239.20 | | |
| 1 Equip. Oper. (light) | 23.40 | 187.20 | 35.90 | 287.20 | | |
| 1 Flatbed Truck, 3 Ton | | 160.60 | | 176.65 | | |
| 1 Post Driver, T.M. | | 278.00 | | 305.80 | 13.71 | 15.08 |
| 32 M.H., Daily Totals | | $1101.00 | | $1515.65 | $34.41 | $47.37 |

| Crew B-81 | Hr. | Daily | Hr. | Daily | Bare Costs | Incl. O&P |
|---|---|---|---|---|---|---|
| 1 Laborer | $19.00 | $152.00 | $30.10 | $240.80 | $21.02 | $32.60 |
| 1 Equip. Oper. (med.) | 24.35 | 194.80 | 37.35 | 298.80 | | |
| 1 Truck Driver (heavy) | 19.70 | 157.60 | 30.35 | 242.80 | | |
| 1 Hydromulcher, T.M. | | 260.80 | | 286.90 | | |
| 1 Tractor Truck, 4x2 | | 293.20 | | 322.50 | 23.08 | 25.39 |
| 24 M.H., Daily Totals | | $1058.40 | | $1391.80 | $44.10 | $57.99 |

| Crew B-82 | Hr. | Daily | Hr. | Daily | Bare Costs | Incl. O&P |
|---|---|---|---|---|---|---|
| 1 Laborer | $19.00 | $152.00 | $30.10 | $240.80 | $21.20 | $33.00 |
| 1 Equip. Oper. (light) | 23.40 | 187.20 | 35.90 | 287.20 | | |
| 1 Horiz. Borer, 6 H.P. | | 41.20 | | 45.30 | 2.58 | 2.83 |
| 16 M.H., Daily Totals | | $380.40 | | $573.30 | $23.78 | $35.83 |

| Crew B-83 | Hr. | Daily | Hr. | Daily | Bare Costs | Incl. O&P |
|---|---|---|---|---|---|---|
| 1 Tugboat Captain | $24.35 | $194.80 | $37.35 | $298.80 | $21.68 | $33.72 |
| 1 Tugboat Hand | 19.00 | 152.00 | 30.10 | 240.80 | | |
| 1 Tugboat, 250 H.P. | | 496.40 | | 546.05 | 31.03 | 34.13 |
| 16 M.H., Daily Totals | | $843.20 | | $1085.65 | $52.71 | $67.85 |

| Crew B-84 | Hr. | Daily | Hr. | Daily | Bare Costs | Incl. O&P |
|---|---|---|---|---|---|---|
| 1 Equip. Oper. (med.) | $24.35 | $194.80 | $37.35 | $298.80 | $24.35 | $37.35 |
| 1 Rotary Mower/Tractor | | 208.60 | | 229.45 | 26.08 | 28.68 |
| 8 M.H., Daily Totals | | $403.40 | | $528.25 | $50.43 | $66.03 |

| Crew B-85 | Hr. | Daily | Hr. | Daily | Bare Costs | Incl. O&P |
|---|---|---|---|---|---|---|
| 3 Laborers | $19.00 | $456.00 | $30.10 | $722.40 | $20.21 | $31.60 |
| 1 Equip. Oper. (med.) | 24.35 | 194.80 | 37.35 | 298.80 | | |
| 1 Truck Driver (heavy) | 19.70 | 157.60 | 30.35 | 242.80 | | |
| 1 Aerial Lift Truck | | 558.00 | | 613.80 | | |
| 1 Brush Chipper, 130 H.P. | | 193.80 | | 213.20 | | |
| 1 Pruning Saw, Rotary | | 19.00 | | 20.90 | 19.27 | 21.20 |
| 40 M.H., Daily Totals | | $1579.20 | | $2111.90 | $39.48 | $52.80 |

| Crew B-86 | Hr. | Daily | Hr. | Daily | Bare Costs | Incl. O&P |
|---|---|---|---|---|---|---|
| 1 Equip. Oper. (med.) | $24.35 | $194.80 | $37.35 | $298.80 | $24.35 | $37.35 |
| 1 Stump Chipper, S.P. | | 158.80 | | 174.70 | 19.85 | 21.84 |
| 8 M.H., Daily Totals | | $353.60 | | $473.50 | $44.20 | $59.19 |

| Crew B-86A | Hr. | Daily | Hr. | Daily | Bare Costs | Incl. O&P |
|---|---|---|---|---|---|---|
| 1 Equip. Oper. (medium) | $24.35 | $194.80 | $37.35 | $298.80 | $24.35 | $37.35 |
| 1 Grader, 30,000 Lbs. | | 516.80 | | 568.50 | 64.60 | 71.06 |
| 8 M.H., Daily Totals | | $711.60 | | $867.30 | $88.95 | $108.41 |

# CREWS

| Crew No. | Bare Costs | | Incl. Subs O & P | | Cost Per Man-Hour | |
|---|---|---|---|---|---|---|
| **Crew B-86B** | Hr. | Daily | Hr. | Daily | Bare Costs | Incl. O&P |
| 1 Equip. Oper. (medium) | $24.35 | $194.80 | $37.35 | $298.80 | $24.35 | $37.35 |
| 1 Dozer, 200 H.P. | | 819.60 | | 901.55 | 102.45 | 112.70 |
| 8 M.H., Daily Totals | | $1014.40 | | $1200.35 | $126.80 | $150.05 |
| **Crew B-87** | Hr. | Daily | Hr. | Daily | Bare Costs | Incl. O&P |
| 1 Laborer | $19.00 | $152.00 | $30.10 | $240.80 | $23.28 | $35.90 |
| 4 Equip. Oper. (med.) | 24.35 | 779.20 | 37.35 | 1195.20 | | |
| 2 Feller Bunchers, 50 H.P. | | 681.60 | | 749.75 | | |
| 1 Log Chipper, 22" Tree | | 1971.00 | | 2168.10 | | |
| 1 Dozer, 105 H.P. | | 271.60 | | 298.75 | | |
| 1 Chainsaw, Gas, 36" Long | | 46.40 | | 51.05 | 74.27 | 81.69 |
| 40 M.H., Daily Totals | | $3901.80 | | $4703.65 | $97.55 | $117.59 |
| **Crew B-88** | Hr. | Daily | Hr. | Daily | Bare Costs | Incl. O&P |
| 1 Laborer | $19.00 | $152.00 | $30.10 | $240.80 | $23.59 | $36.31 |
| 6 Equip. Oper. (med.) | 24.35 | 1168.80 | 37.35 | 1792.80 | | |
| 2 Feller Bunchers, 50 H.P. | | 681.60 | | 749.75 | | |
| 1 Log Chipper, 22" Tree | | 1971.00 | | 2168.10 | | |
| 2 Log Skidders, 50 H.P. | | 697.60 | | 767.35 | | |
| 1 Dozer, 105 H.P. | | 271.60 | | 298.75 | | |
| 1 Chainsaw, Gas, 36" Long | | 46.40 | | 51.05 | 65.50 | 72.05 |
| 56 M.H., Daily Totals | | $4989.00 | | $6068.60 | $89.09 | $108.36 |
| **Crew B-89** | Hr. | Daily | Hr. | Daily | Bare Costs | Incl. O&P |
| 1 Equip. Oper. (light) | $23.40 | $187.20 | $35.90 | $287.20 | $21.40 | $32.90 |
| 1 Truck Driver (light) | 19.40 | 155.20 | 29.90 | 239.20 | | |
| 1 Truck, Stake Body, 3 Ton | | 160.60 | | 176.65 | | |
| 1 Concrete Saw | | 101.40 | | 111.55 | | |
| 1 Water Tank, 65 Gal. | | 7.00 | | 7.70 | 16.81 | 18.49 |
| 16 M.H., Daily Totals | | $611.40 | | $822.30 | $38.21 | $51.39 |
| **Crew B-89A** | Hr. | Daily | Hr. | Daily | Bare Costs | Incl. O&P |
| 1 Skilled Worker | $24.65 | $197.20 | $39.15 | $313.20 | $21.83 | $34.63 |
| 1 Laborer | 19.00 | 152.00 | 30.10 | 240.80 | | |
| 1 Core Drill (large) | | 53.20 | | 58.50 | 3.33 | 3.66 |
| 16 M.H., Daily Totals | | $402.40 | | $612.50 | $25.16 | $38.29 |
| **Crew B-90** | Hr. | Daily | Hr. | Daily | Bare Costs | Incl. O&P |
| 1 Labor Foreman (outside) | $21.00 | $168.00 | $33.25 | $266.00 | $20.52 | $32.01 |
| 3 Laborers | 19.00 | 456.00 | 30.10 | 722.40 | | |
| 2 Equip. Oper. (light) | 23.40 | 374.40 | 35.90 | 574.40 | | |
| 2 Truck Drivers (heavy) | 19.70 | 315.20 | 30.35 | 485.60 | | |
| 1 Road Mixer, 310 H.P. | | 946.40 | | 1041.05 | | |
| 1 Dist. Truck, 2000 Gal. | | 305.80 | | 336.40 | 19.57 | 21.52 |
| 64 M.H., Daily Totals | | $2565.80 | | $3425.85 | $40.09 | $53.53 |
| **Crew B-90A** | Hr. | Daily | Hr. | Daily | Bare Costs | Incl. O&P |
| 1 Labor Foreman | $21.00 | $168.00 | $33.25 | $266.00 | $22.34 | $34.69 |
| 2 Laborers | 19.00 | 304.00 | 30.10 | 481.60 | | |
| 4 Equip. Oper. (medium) | 24.35 | 779.20 | 37.35 | 1195.20 | | |
| 2 Graders, 30,000 Lbs. | | 1033.60 | | 1136.95 | | |
| 1 Roller, Steel Wheel | | 220.80 | | 242.90 | | |
| 1 Roller, Pneumatic Wheel | | 217.40 | | 239.15 | 26.28 | 28.91 |
| 56 M.H., Daily Totals | | $2723.00 | | $3561.80 | $48.62 | $63.60 |

| Crew No. | Bare Costs | | Incl. Subs O & P | | Cost Per Man-Hour | |
|---|---|---|---|---|---|---|
| **Crew B-90B** | Hr. | Daily | Hr. | Daily | Bare Costs | Incl. O&P |
| 1 Labor Foreman | $21.00 | $168.00 | $33.25 | $266.00 | $22.01 | $34.25 |
| 2 Laborers | 19.00 | 304.00 | 30.10 | 481.60 | | |
| 3 Equip. Oper. (medium) | 24.35 | 584.40 | 37.35 | 896.40 | | |
| 1 Roller, Steel Wheel | | 220.80 | | 242.90 | | |
| 1 Roller, Pneumatic Wheel | | 217.40 | | 239.15 | | |
| 1 Road Mixer, 310 H.P. | | 946.40 | | 1041.05 | 28.85 | 31.73 |
| 48 M.H., Daily Totals | | $2441.00 | | $3167.10 | $50.86 | $65.98 |
| **Crew B-91** | Hr. | Daily | Hr. | Daily | Bare Costs | Incl. O&P |
| 1 Labor Foreman (outside) | $21.00 | $168.00 | $33.25 | $266.00 | $22.01 | $34.15 |
| 2 Laborers | 19.00 | 304.00 | 30.10 | 481.60 | | |
| 4 Equip. Oper. (med.) | 24.35 | 779.20 | 37.35 | 1195.20 | | |
| 1 Truck Driver (heavy) | 19.70 | 157.60 | 30.35 | 242.80 | | |
| 1 Dist. Truck, 3000 Gal. | | 334.00 | | 367.40 | | |
| 1 Aggreg. Spreader, S.P. | | 608.80 | | 669.70 | | |
| 1 Roller, Pneu. Tire, 12 Ton | | 217.40 | | 239.15 | | |
| 1 Roller, Steel, 10 Ton | | 220.80 | | 242.90 | 21.58 | 23.74 |
| 64 M.H., Daily Totals | | $2789.80 | | $3704.75 | $43.59 | $57.89 |
| **Crew B-92** | Hr. | Daily | Hr. | Daily | Bare Costs | Incl. O&P |
| 1 Labor Foreman (outside) | $21.00 | $168.00 | $33.25 | $266.00 | $19.50 | $30.89 |
| 3 Laborers | 19.00 | 456.00 | 30.10 | 722.40 | | |
| 1 Crack Cleaner, 25 H.P. | | 76.40 | | 84.05 | | |
| 1 Air Compressor | | 69.60 | | 76.55 | | |
| 1 Tar Kettle, T.M. | | 18.20 | | 20.00 | | |
| 1 Flatbed Truck, 3 Ton | | 160.60 | | 176.65 | 10.15 | 11.17 |
| 32 M.H., Daily Totals | | $948.80 | | $1345.65 | $29.65 | $42.06 |
| **Crew B-93** | Hr. | Daily | Hr. | Daily | Bare Costs | Incl. O&P |
| 1 Equip. Oper. (med.) | $24.35 | $194.80 | $37.35 | $298.80 | $24.35 | $37.35 |
| 1 Feller Buncher, 50 H.P. | | 340.80 | | 374.90 | 42.60 | 46.86 |
| 8 M.H., Daily Totals | | $535.60 | | $673.70 | $66.95 | $84.21 |
| **Crew B-94** | Hr. | Daily | Hr. | Daily | Bare Costs | Incl. O&P |
| 1 Laborer | $19.00 | $152.00 | $30.10 | $240.80 | $19.00 | $30.10 |
| 8 M.H., Daily Totals | | $152.00 | | $240.80 | $19.00 | $30.10 |
| **Crew B-94A** | Hr. | Daily | Hr. | Daily | Bare Costs | Incl. O&P |
| 1 Laborer | $19.00 | $152.00 | $30.10 | $240.80 | $19.00 | $30.10 |
| 1 Diaph. Water Pump, 2" | | 20.00 | | 22.00 | | |
| 1-20 Ft. Suction Hose, 2" | | 4.40 | | 4.85 | | |
| 2-50 Ft. Disch. Hoses, 2" | | 6.80 | | 7.50 | 3.90 | 4.29 |
| 8 M.H., Daily Totals | | $183.20 | | $275.15 | $22.90 | $34.39 |
| **Crew B-94B** | Hr. | Daily | Hr. | Daily | Bare Costs | Incl. O&P |
| 1 Laborer | $19.00 | $152.00 | $30.10 | $240.80 | $19.00 | $30.10 |
| 1 Diaph. Water Pump, 4" | | 55.40 | | 60.95 | | |
| 1-20 Ft. Suction Hose, 4" | | 11.40 | | 12.55 | | |
| 2-50 Ft. Disch. Hoses, 4" | | 12.80 | | 14.10 | 9.95 | 10.95 |
| 8 M.H., Daily Totals | | $231.60 | | $328.40 | $28.95 | $41.05 |
| **Crew B-94C** | Hr. | Daily | Hr. | Daily | Bare Costs | Incl. O&P |
| 1 Laborer | $19.00 | $152.00 | $30.10 | $240.80 | $19.00 | $30.10 |
| 1 Centr. Water Pump, 3" | | 30.80 | | 33.90 | | |
| 1-20 Ft. Suction Hose, 3" | | 7.40 | | 8.15 | | |
| 2-50 Ft. Disch. Hoses, 3" | | 8.80 | | 9.70 | 5.88 | 6.46 |
| 8 M.H., Daily Totals | | $199.00 | | $292.55 | $24.88 | $36.56 |

# CREWS

| Crew No. | Bare Costs | | Incl.<br>Subs O & P | | Cost<br>Per Man-Hour | |
|---|---|---|---|---|---|---|
| **Crew B-94D** | Hr. | Daily | Hr. | Daily | Bare Costs | Incl. O&P |
| 1 Laborer | $19.00 | $152.00 | $30.10 | $240.80 | $19.00 | $30.10 |
| 1 Centr. Water Pump, 6" | | 156.20 | | 171.80 | | |
| 1-20 Ft. Suction Hose, 6" | | 19.40 | | 21.35 | | |
| 2-50 Ft. Disch. Hoses, 6" | | 30.80 | | 33.90 | 25.80 | 28.38 |
| 8 M.H., Daily Totals | | $358.40 | | $467.85 | $44.80 | $58.48 |
| **Crew B-95** | Hr. | Daily | Hr. | Daily | Bare Costs | Incl. O&P |
| 1 Equip. Oper. (crane) | $25.40 | $203.20 | $38.95 | $311.60 | $22.20 | $34.53 |
| 1 Laborer | 19.00 | 152.00 | 30.10 | 240.80 | | |
| 16 M.H., Daily Totals | | $355.20 | | $552.40 | $22.20 | $34.53 |
| **Crew B-95A** | Hr. | Daily | Hr. | Daily | Bare Costs | Incl. O&P |
| 1 Equip. Oper. (crane) | $25.40 | $203.20 | $38.95 | $311.60 | $22.20 | $34.53 |
| 1 Laborer | 19.00 | 152.00 | 30.10 | 240.80 | | |
| 1 Hyd. Excavator, 5/8 C.Y. | | 378.40 | | 416.25 | 23.65 | 26.02 |
| 16 M.H., Daily Totals | | $733.60 | | $968.65 | $45.85 | $60.55 |
| **Crew B-95B** | Hr. | Daily | Hr. | Daily | Bare Costs | Incl. O&P |
| 1 Equip. Oper. (crane) | $25.40 | $203.20 | $38.95 | $311.60 | $22.20 | $34.53 |
| 1 Laborer | 19.00 | 152.00 | 30.10 | 240.80 | | |
| 1 Hyd. Excavator, 1.5 C.Y. | | 681.40 | | 749.55 | 42.59 | 46.85 |
| 16 M.H., Daily Totals | | $1036.60 | | $1301.95 | $64.79 | $81.38 |
| **Crew B-95C** | Hr. | Daily | Hr. | Daily | Bare Costs | Incl. O&P |
| 1 Equip. Oper. (crane) | $25.40 | $203.20 | $38.95 | $311.60 | $22.20 | $34.53 |
| 1 Laborer | 19.00 | 152.00 | 30.10 | 240.80 | | |
| 1 Hyd. Excavator, 2.5 C.Y. | | 1669.00 | | 1835.90 | 104.31 | 114.74 |
| 16 M.H., Daily Totals | | $2024.20 | | $2388.30 | $126.51 | $149.27 |
| **Crew C-1** | Hr. | Daily | Hr. | Daily | Bare Costs | Incl. O&P |
| 3 Carpenters | $23.80 | $571.20 | $37.70 | $904.80 | $22.60 | $35.80 |
| 1 Laborer | 19.00 | 152.00 | 30.10 | 240.80 | | |
| 3 Power Tools | | 27.60 | | 30.35 | .86 | .95 |
| 32 M.H., Daily Totals | | $750.80 | | $1175.95 | $23.46 | $36.75 |
| **Crew C-1A** | Hr. | Daily | Hr. | Daily | Bare Costs | Incl. O&P |
| 1 Carpenter | $23.80 | $190.40 | $37.70 | $301.60 | $23.80 | $37.70 |
| 1 Circular Saw, 7" | | 9.20 | | 10.10 | 1.15 | 1.27 |
| 8 M.H., Daily Totals | | $199.60 | | $311.70 | $24.95 | $38.97 |
| **Crew C-2** | Hr. | Daily | Hr. | Daily | Bare Costs | Incl. O&P |
| 1 Carpenter Foreman (out) | $25.80 | $206.40 | $40.85 | $326.80 | $23.33 | $36.96 |
| 4 Carpenters | 23.80 | 761.60 | 37.70 | 1206.40 | | |
| 1 Laborer | 19.00 | 152.00 | 30.10 | 240.80 | | |
| 4 Power Tools | | 36.80 | | 40.50 | .77 | .84 |
| 48 M.H., Daily Totals | | $1156.80 | | $1814.50 | $24.10 | $37.80 |
| **Crew C-3** | Hr. | Daily | Hr. | Daily | Bare Costs | Incl. O&P |
| 1 Rodman Foreman | $28.40 | $227.20 | $50.25 | $402.00 | $24.42 | $41.67 |
| 4 Rodmen (reinf.) | 26.40 | 844.80 | 46.75 | 1496.00 | | |
| 1 Equip. Oper. (light) | 23.40 | 187.20 | 35.90 | 287.20 | | |
| 2 Laborers | 19.00 | 304.00 | 30.10 | 481.60 | | |
| 3 Stressing Equipment | | 36.60 | | 40.25 | | |
| .5 Grouting Equipment | | 124.70 | | 137.15 | 2.52 | 2.77 |
| 64 M.H., Daily Totals | | $1724.50 | | $2844.20 | $26.94 | $44.44 |

| Crew No. | Bare Costs | | Incl.<br>Subs O & P | | Cost<br>Per Man-Hour | |
|---|---|---|---|---|---|---|
| **Crew C-4** | Hr. | Daily | Hr. | Daily | Bare Costs | Incl. O&P |
| 1 Rodman Foreman | $28.40 | $227.20 | $50.25 | $402.00 | $26.90 | $47.63 |
| 3 Rodmen (reinf.) | 26.40 | 633.60 | 46.75 | 1122.00 | | |
| 3 Stressing Equipment | | 36.60 | | 40.25 | 1.14 | 1.26 |
| 32 M.H., Daily Totals | | $897.40 | | $1564.25 | $28.04 | $48.89 |
| **Crew C-5** | Hr. | Daily | Hr. | Daily | Bare Costs | Incl. O&P |
| 1 Rodman Foreman | $28.40 | $227.20 | $50.25 | $402.00 | $25.74 | $44.01 |
| 4 Rodmen (reinf.) | 26.40 | 844.80 | 46.75 | 1496.00 | | |
| 1 Equip. Oper. (crane) | 25.40 | 203.20 | 38.95 | 311.60 | | |
| 1 Equip. Oper. Oiler | 20.75 | 166.00 | 31.85 | 254.80 | | |
| 1 Hyd. Crane, 25 Ton | | 491.80 | | 541.00 | 8.78 | 9.66 |
| 56 M.H., Daily Totals | | $1933.00 | | $3005.40 | $34.52 | $53.67 |
| **Crew C-6** | Hr. | Daily | Hr. | Daily | Bare Costs | Incl. O&P |
| 1 Labor Foreman (outside) | $21.00 | $168.00 | $33.25 | $266.00 | $20.04 | $31.42 |
| 4 Laborers | 19.00 | 608.00 | 30.10 | 963.20 | | |
| 1 Cement Finisher | 23.25 | 186.00 | 34.85 | 278.80 | | |
| 2 Gas Engine Vibrators | | 67.60 | | 74.35 | 1.41 | 1.55 |
| 48 M.H., Daily Totals | | $1029.60 | | $1582.35 | $21.45 | $32.97 |
| **Crew C-7** | Hr. | Daily | Hr. | Daily | Bare Costs | Incl. O&P |
| 1 Labor Foreman (outside) | $21.00 | $168.00 | $33.25 | $266.00 | $20.45 | $31.99 |
| 5 Laborers | 19.00 | 760.00 | 30.10 | 1204.00 | | |
| 1 Cement Finisher | 23.25 | 186.00 | 34.85 | 278.80 | | |
| 1 Equip. Oper. (med.) | 24.35 | 194.80 | 37.35 | 298.80 | | |
| 2 Gas Engine Vibrators | | 67.60 | | 74.35 | | |
| 1 Concrete Bucket, 1 C.Y. | | 19.20 | | 21.10 | | |
| 1 Hyd. Crane, 55 Ton | | 729.40 | | 802.35 | 12.75 | 14.03 |
| 64 M.H., Daily Totals | | $2125.00 | | $2945.40 | $33.20 | $46.02 |
| **Crew C-8** | Hr. | Daily | Hr. | Daily | Bare Costs | Incl. O&P |
| 1 Labor Foreman (outside) | $21.00 | $168.00 | $33.25 | $266.00 | $21.26 | $32.94 |
| 3 Laborers | 19.00 | 456.00 | 30.10 | 722.40 | | |
| 2 Cement Finishers | 23.25 | 372.00 | 34.85 | 557.60 | | |
| 1 Equip. Oper. (med.) | 24.35 | 194.80 | 37.35 | 298.80 | | |
| 1 Concrete Pump (small) | | 556.00 | | 611.60 | 9.93 | 10.92 |
| 56 M.H., Daily Totals | | $1746.80 | | $2456.40 | $31.19 | $43.86 |
| **Crew C-8A** | Hr. | Daily | Hr. | Daily | Bare Costs | Incl. O&P |
| 1 Labor Foreman (outside) | $21.00 | $168.00 | $33.25 | $266.00 | $20.75 | $32.21 |
| 3 Laborers | 19.00 | 456.00 | 30.10 | 722.40 | | |
| 2 Cement Finishers | 23.25 | 372.00 | 34.85 | 557.60 | | |
| 48 M.H., Daily Totals | | $996.00 | | $1546.00 | $20.75 | $32.21 |
| **Crew C-9** | Hr. | Daily | Hr. | Daily | Bare Costs | Incl. O&P |
| 1 Cement Finisher | $23.25 | $186.00 | $34.85 | $278.80 | $23.25 | $34.85 |
| 1 Gas Finishing Mach. | | 38.60 | | 42.45 | 4.83 | 5.31 |
| 8 M.H., Daily Totals | | $224.60 | | $321.25 | $28.08 | $40.16 |
| **Crew C-10** | Hr. | Daily | Hr. | Daily | Bare Costs | Incl. O&P |
| 1 Laborer | $19.00 | $152.00 | $30.10 | $240.80 | $21.83 | $33.27 |
| 2 Cement Finishers | 23.25 | 372.00 | 34.85 | 557.60 | | |
| 2 Gas Finishing Mach. | | 77.20 | | 84.90 | 3.22 | 3.54 |
| 24 M.H., Daily Totals | | $601.20 | | $883.30 | $25.05 | $36.81 |

# CREWS

| Crew No. | Bare Costs | | Incl. Subs O & P | | Cost Per Man-Hour | |
|---|---|---|---|---|---|---|
| **Crew C-11** | **Hr.** | **Daily** | **Hr.** | **Daily** | **Bare Costs** | **Incl. O&P** |
| 1 Struc. Steel Foreman | $28.50 | $228.00 | $52.30 | $418.40 | $25.96 | $46.11 |
| 6 Struc. Steel Workers | 26.50 | 1272.00 | 48.65 | 2335.20 | | |
| 1 Equip. Oper. (crane) | 25.40 | 203.20 | 38.95 | 311.60 | | |
| 1 Equip. Oper. Oiler | 20.75 | 166.00 | 31.85 | 254.80 | | |
| 1 Truck Crane, 150 Ton | | 1482.00 | | 1630.20 | 20.58 | 22.64 |
| 72 M.H., Daily Totals | | $3351.20 | | $4950.20 | $46.54 | $68.75 |
| **Crew C-12** | **Hr.** | **Daily** | **Hr.** | **Daily** | **Bare Costs** | **Incl. O&P** |
| 1 Carpenter Foreman (out) | $25.80 | $206.40 | $40.85 | $326.80 | $23.60 | $37.17 |
| 3 Carpenters | 23.80 | 571.20 | 37.70 | 904.80 | | |
| 1 Laborer | 19.00 | 152.00 | 30.10 | 240.80 | | |
| 1 Equip. Oper. (crane) | 25.40 | 203.20 | 38.95 | 311.60 | | |
| 1 Hyd. Crane, 12 Ton | | 406.00 | | 446.60 | 8.46 | 9.30 |
| 48 M.H., Daily Totals | | $1538.80 | | $2230.60 | $32.06 | $46.47 |
| **Crew C-13** | **Hr.** | **Daily** | **Hr.** | **Daily** | **Bare Costs** | **Incl. O&P** |
| 1 Struc. Steel Worker | $26.50 | $212.00 | $48.65 | $389.20 | $25.60 | $45.00 |
| 1 Welder | 26.50 | 212.00 | 48.65 | 389.20 | | |
| 1 Carpenter | 23.80 | 190.40 | 37.70 | 301.60 | | |
| 1 Gas Welding Machine | | 75.60 | | 83.15 | 3.15 | 3.47 |
| 24 M.H., Daily Totals | | $690.00 | | $1163.15 | $28.75 | $48.47 |
| **Crew C-14** | **Hr.** | **Daily** | **Hr.** | **Daily** | **Bare Costs** | **Incl. O&P** |
| 1 Carpenter Foreman (out) | $25.80 | $206.40 | $40.85 | $326.80 | $23.28 | $37.63 |
| 5 Carpenters | 23.80 | 952.00 | 37.70 | 1508.00 | | |
| 4 Laborers | 19.00 | 608.00 | 30.10 | 963.20 | | |
| 4 Rodmen (reinf.) | 26.40 | 844.80 | 46.75 | 1496.00 | | |
| 2 Cement Finishers | 23.25 | 372.00 | 34.85 | 557.60 | | |
| 1 Equip. Oper. (crane) | 25.40 | 203.20 | 38.95 | 311.60 | | |
| 1 Equip. Oper. Oiler | 20.75 | 166.00 | 31.85 | 254.80 | | |
| 1 Crane, 80 Ton, & Tools | | 988.60 | | 1087.45 | | |
| 3 Power Tools | | 27.60 | | 30.35 | | |
| 2 Gas Finishing Mach. | | 77.20 | | 84.90 | 7.59 | 8.35 |
| 144 M.H., Daily Totals | | $4445.80 | | $6620.70 | $30.87 | $45.98 |
| **Crew C-15** | **Hr.** | **Daily** | **Hr.** | **Daily** | **Bare Costs** | **Incl. O&P** |
| 1 Carpenter Foreman (out) | $25.80 | $206.40 | $40.85 | $326.80 | $22.59 | $35.89 |
| 2 Carpenters | 23.80 | 380.80 | 37.70 | 603.20 | | |
| 3 Laborers | 19.00 | 456.00 | 30.10 | 722.40 | | |
| 2 Cement Finishers | 23.25 | 372.00 | 34.85 | 557.60 | | |
| 1 Rodman (reinf.) | 26.40 | 211.20 | 46.75 | 374.00 | | |
| 2 Power Tools | | 18.40 | | 20.25 | | |
| 1 Gas Finishing Mach. | | 38.60 | | 42.45 | .79 | .87 |
| 72 M.H., Daily Totals | | $1683.40 | | $2646.70 | $23.38 | $36.76 |
| **Crew C-16** | **Hr.** | **Daily** | **Hr.** | **Daily** | **Bare Costs** | **Incl. O&P** |
| 1 Labor Foreman (outside) | $21.00 | $168.00 | $33.25 | $266.00 | $22.41 | $36.01 |
| 3 Laborers | 19.00 | 456.00 | 30.10 | 722.40 | | |
| 2 Cement Finishers | 23.25 | 372.00 | 34.85 | 557.60 | | |
| 1 Equip. Oper. (med.) | 24.35 | 194.80 | 37.35 | 298.80 | | |
| 2 Rodmen (reinf.) | 26.40 | 422.40 | 46.75 | 748.00 | | |
| 1 Concrete Pump (small) | | 556.00 | | 611.60 | 7.72 | 8.49 |
| 72 M.H., Daily Totals | | $2169.20 | | $3204.40 | $30.13 | $44.50 |
| **Crew C-17** | **Hr.** | **Daily** | **Hr.** | **Daily** | **Bare Costs** | **Incl. O&P** |
| 2 Skilled Worker Foremen | $26.65 | $426.40 | $42.30 | $676.80 | $25.05 | $39.78 |
| 8 Skilled Workers | 24.65 | 1577.60 | 39.15 | 2505.60 | | |
| 80 M.H., Daily Totals | | $2004.00 | | $3182.40 | $25.05 | $39.78 |

| Crew No. | Bare Costs | | Incl. Subs O & P | | Cost Per Man-Hour | |
|---|---|---|---|---|---|---|
| **Crew C-17A** | **Hr.** | **Daily** | **Hr.** | **Daily** | **Bare Costs** | **Incl. O&P** |
| 2 Skilled Worker Foremen | $26.65 | $426.40 | $42.30 | $676.80 | $25.05 | $39.77 |
| 8 Skilled Workers | 24.65 | 1577.60 | 39.15 | 2505.60 | | |
| .125 Equip. Oper. (crane) | 25.40 | 25.40 | 38.95 | 38.95 | | |
| .125 Crane, 80 Ton, & Tools | | 123.58 | | 135.95 | | |
| .125 Hand Held Power Tools | | 1.15 | | 1.25 | | |
| .125 Walk Behind Power Tools | | 4.83 | | 5.30 | 1.60 | 1.76 |
| 81 M.H., Daily Totals | | $2158.96 | | $3363.85 | $26.65 | $41.53 |
| **Crew C-17B** | **Hr.** | **Daily** | **Hr.** | **Daily** | **Bare Costs** | **Incl. O&P** |
| 2 Skilled Worker Foremen | $26.65 | $426.40 | $42.30 | $676.80 | $25.06 | $39.76 |
| 8 Skilled Workers | 24.65 | 1577.60 | 39.15 | 2505.60 | | |
| .25 Equip. Oper. (crane) | 25.40 | 50.80 | 38.95 | 77.90 | | |
| .25 Crane, 80 Ton, & Tools | | 247.15 | | 271.85 | | |
| .25 Hand Held Power Tools | | 2.30 | | 2.55 | | |
| .25 Walk Behind Power Tools | | 9.65 | | 10.60 | 3.16 | 3.48 |
| 82 M.H., Daily Totals | | $2313.90 | | $3545.30 | $28.22 | $43.24 |
| **Crew C-17C** | **Hr.** | **Daily** | **Hr.** | **Daily** | **Bare Costs** | **Incl. O&P** |
| 2 Skilled Worker Foremen | $26.65 | $426.40 | $42.30 | $676.80 | $25.06 | $39.75 |
| 8 Skilled Workers | 24.65 | 1577.60 | 39.15 | 2505.60 | | |
| .375 Equip. Oper. (crane) | 25.40 | 76.20 | 38.95 | 116.85 | | |
| .375 Crane, 80 Ton & Tools | | 370.73 | | 407.80 | | |
| .375 Hand Held Power Tools | | 3.45 | | 3.80 | | |
| .375 Walk Behind Power Tools | | 14.48 | | 15.90 | 4.68 | 5.15 |
| 83 M.H., Daily Totals | | $2468.86 | | $3726.75 | $29.74 | $44.90 |
| **Crew C-17D** | **Hr.** | **Daily** | **Hr.** | **Daily** | **Bare Costs** | **Incl. O&P** |
| 2 Skilled Worker Foremen | $26.65 | $426.40 | $42.30 | $676.80 | $25.07 | $39.74 |
| 8 Skilled Workers | 24.65 | 1577.60 | 39.15 | 2505.60 | | |
| .5 Equip. Oper. (crane) | 25.40 | 101.60 | 38.95 | 155.80 | | |
| .5 Crane, 80 Ton & Tools | | 494.30 | | 543.75 | | |
| .5 Hand Held Power Tools | | 4.60 | | 5.05 | | |
| .5 Walk Behind Power Tools | | 19.30 | | 21.25 | 6.17 | 6.79 |
| 84 M.H., Daily Totals | | $2623.80 | | $3908.25 | $31.24 | $46.53 |
| **Crew C-17E** | **Hr.** | **Daily** | **Hr.** | **Daily** | **Bare Costs** | **Incl. O&P** |
| 2 Skilled Worker Foremen | $26.65 | $426.40 | $42.30 | $676.80 | $25.05 | $39.78 |
| 8 Skilled Workers | 24.65 | 1577.60 | 39.15 | 2505.60 | | |
| 1 Hyd. Jack with Rods | | 58.40 | | 64.25 | .73 | .80 |
| 80 M.H., Daily Totals | | $2062.40 | | $3246.65 | $25.78 | $40.58 |
| **Crew C-18** | **Hr.** | **Daily** | **Hr.** | **Daily** | **Bare Costs** | **Incl. O&P** |
| .125 Labor Foreman (out) | $21.00 | $21.00 | $33.25 | $33.25 | $19.22 | $30.45 |
| 1 Laborer | 19.00 | 152.00 | 30.10 | 240.80 | | |
| 1 Concrete Cart, 10 C.F. | | 48.80 | | 53.70 | 5.42 | 5.96 |
| 9 M.H., Daily Totals | | $221.80 | | $327.75 | $24.64 | $36.41 |
| **Crew C-19** | **Hr.** | **Daily** | **Hr.** | **Daily** | **Bare Costs** | **Incl. O&P** |
| .125 Labor Foreman (out) | $21.00 | $21.00 | $33.25 | $33.25 | $19.22 | $30.45 |
| 1 Laborer | 19.00 | 152.00 | 30.10 | 240.80 | | |
| 1 Concrete Cart, 18 C.F. | | 84.80 | | 93.30 | 9.42 | 10.36 |
| 9 M.H., Daily Totals | | $257.80 | | $367.35 | $28.64 | $40.81 |
| **Crew C-20** | **Hr.** | **Daily** | **Hr.** | **Daily** | **Bare Costs** | **Incl. O&P** |
| 1 Labor Foreman (outside) | $21.00 | $168.00 | $33.25 | $266.00 | $20.45 | $31.99 |
| 5 Laborers | 19.00 | 760.00 | 30.10 | 1204.00 | | |
| 1 Cement Finisher | 23.25 | 186.00 | 34.85 | 278.80 | | |
| 1 Equip. Oper. (med.) | 24.35 | 194.80 | 37.35 | 298.80 | | |
| 2 Gas Engine Vibrators | | 67.60 | | 74.35 | | |
| 1 Concrete Pump (small) | | 556.00 | | 611.60 | 9.74 | 10.72 |
| 64 M.H., Daily Totals | | $1932.40 | | $2733.55 | $30.19 | $42.71 |

# CREWS

| Crew No. | Bare Costs | | Incl. Subs O & P | | Cost Per Man-Hour | |
|---|---|---|---|---|---|---|
| **Crew C-21** | Hr. | Daily | Hr. | Daily | Bare Costs | Incl. O&P |
| 1 Labor Foreman (outside) | $21.00 | $168.00 | $33.25 | $266.00 | $20.45 | $31.99 |
| 5 Laborers | 19.00 | 760.00 | 30.10 | 1204.00 | | |
| 1 Cement Finisher | 23.25 | 186.00 | 34.85 | 278.80 | | |
| 1 Equip. Oper. (med.) | 24.35 | 194.80 | 37.35 | 298.80 | | |
| 2 Gas Engine Vibrators | | 67.60 | | 74.35 | | |
| 1 Concrete Conveyer | | 162.80 | | 179.10 | 3.60 | 3.96 |
| 64 M.H., Daily Totals | | $1539.20 | | $2301.05 | $24.05 | $35.95 |
| **Crew C-22** | Hr. | Daily | Hr. | Daily | Bare Costs | Incl. O&P |
| 1 Rodman Foreman | $28.40 | $227.20 | $50.25 | $402.00 | $26.62 | $46.88 |
| 4 Rodmen (reinf.) | 26.40 | 844.80 | 46.75 | 1496.00 | | |
| .125 Equip. Oper. (crane) | 25.40 | 25.40 | 38.95 | 38.95 | | |
| .125 Equip. Oper. Oiler | 20.75 | 20.75 | 31.85 | 31.85 | | |
| .125 Hyd. Crane, 25 Ton | | 61.48 | | 67.60 | 1.46 | 1.61 |
| 42 M.H., Daily Totals | | $1179.63 | | $2036.40 | $28.08 | $48.49 |
| **Crew C-23** | Hr. | Daily | Hr. | Daily | Bare Costs | Incl. O&P |
| 2 Skilled Worker Foremen | $26.65 | $426.40 | $42.30 | $676.80 | $24.73 | $39.03 |
| 6 Skilled Workers | 24.65 | 1183.20 | 39.15 | 1879.20 | | |
| 1 Equip. Oper. (crane) | 25.40 | 203.20 | 38.95 | 311.60 | | |
| 1 Equip. Oper. Oiler | 20.75 | 166.00 | 31.85 | 254.80 | | |
| 1 Crane, 90 Ton | | 969.40 | | 1066.35 | 12.12 | 13.33 |
| 80 M.H., Daily Totals | | $2948.20 | | $4188.75 | $36.85 | $52.36 |
| **Crew C-24** | Hr. | Daily | Hr. | Daily | Bare Costs | Incl. O&P |
| 2 Skilled Worker Foremen | $26.65 | $426.40 | $42.30 | $676.80 | $24.73 | $39.03 |
| 6 Skilled Workers | 24.65 | 1183.20 | 39.15 | 1879.20 | | |
| 1 Equip. Oper. (crane) | 25.40 | 203.20 | 38.95 | 311.60 | | |
| 1 Equip. Oper. Oiler | 20.75 | 166.00 | 31.85 | 254.80 | | |
| 1 Truck Crane, 150 Ton | | 1482.00 | | 1630.20 | 18.53 | 20.38 |
| 80 M.H., Daily Totals | | $3460.80 | | $4752.60 | $43.26 | $59.41 |
| **Crew C-25** | Hr. | Daily | Hr. | Daily | Bare Costs | Incl. O&P |
| 2 Rodmen (reinf.) | $26.40 | $422.40 | $46.75 | $748.00 | $20.88 | $36.58 |
| 2 Rodmen Helpers | 15.35 | 245.60 | 26.40 | 422.40 | | |
| 32 M.H., Daily Totals | | $668.00 | | $1170.40 | $20.88 | $36.58 |
| **Crew D-1** | Hr. | Daily | Hr. | Daily | Bare Costs | Incl. O&P |
| 1 Bricklayer | $24.55 | $196.40 | $38.30 | $306.40 | $22.02 | $34.35 |
| 1 Bricklayer Helper | 19.50 | 156.00 | 30.40 | 243.20 | | |
| 16 M.H., Daily Totals | | $352.40 | | $549.60 | $22.02 | $34.35 |
| **Crew D-2** | Hr. | Daily | Hr. | Daily | Bare Costs | Incl. O&P |
| 3 Bricklayers | $24.55 | $589.20 | $38.30 | $919.20 | $22.65 | $35.37 |
| 2 Bricklayer Helpers | 19.50 | 312.00 | 30.40 | 486.40 | | |
| .5 Carpenter | 23.80 | 95.20 | 37.70 | 150.80 | | |
| 44 M.H., Daily Totals | | $996.40 | | $1556.40 | $22.65 | $35.37 |
| **Crew D-3** | Hr. | Daily | Hr. | Daily | Bare Costs | Incl. O&P |
| 3 Bricklayers | $24.55 | $589.20 | $38.30 | $919.20 | $22.59 | $35.26 |
| 2 Bricklayer Helpers | 19.50 | 312.00 | 30.40 | 486.40 | | |
| .25 Carpenter | 23.80 | 47.60 | 37.70 | 75.40 | | |
| 42 M.H., Daily Totals | | $948.80 | | $1481.00 | $22.59 | $35.26 |
| **Crew D-4** | Hr. | Daily | Hr. | Daily | Bare Costs | Incl. O&P |
| 1 Bricklayer | $24.55 | $196.40 | $38.30 | $306.40 | $21.74 | $33.75 |
| 2 Bricklayer Helpers | 19.50 | 312.00 | 30.40 | 486.40 | | |
| 1 Equip. Oper. (light) | 23.40 | 187.20 | 35.90 | 287.20 | | |
| 1 Grout Pump | | 105.40 | | 115.95 | | |
| 1 Hoses & Hopper | | 25.20 | | 27.70 | | |
| 1 Accessories | | 10.40 | | 11.45 | 4.41 | 4.85 |
| 32 M.H., Daily Totals | | $836.60 | | $1235.10 | $26.15 | $38.60 |
| **Crew D-5** | Hr. | Daily | Hr. | Daily | Bare Costs | Incl. O&P |
| 1 Bricklayer | $24.55 | $196.40 | $38.30 | $306.40 | $24.55 | $38.30 |
| 1 Power Tool | | 38.20 | | 42.00 | 4.78 | 5.25 |
| 8 M.H., Daily Totals | | $234.60 | | $348.40 | $29.33 | $43.55 |
| **Crew D-6** | Hr. | Daily | Hr. | Daily | Bare Costs | Incl. O&P |
| 3 Bricklayers | $24.55 | $589.20 | $38.30 | $919.20 | $22.10 | $34.48 |
| 3 Bricklayer Helpers | 19.50 | 468.00 | 30.40 | 729.60 | | |
| .25 Carpenter | 23.80 | 47.60 | 37.70 | 75.40 | | |
| 50 M.H., Daily Totals | | $1104.80 | | $1724.20 | $22.10 | $34.48 |
| **Crew D-7** | Hr. | Daily | Hr. | Daily | Bare Costs | Incl. O&P |
| 1 Tile Layer | $24.00 | $192.00 | $35.55 | $284.40 | $21.63 | $32.05 |
| 1 Tile Layer Helper | 19.25 | 154.00 | 28.55 | 228.40 | | |
| 16 M.H., Daily Totals | | $346.00 | | $512.80 | $21.63 | $32.05 |
| **Crew D-8** | Hr. | Daily | Hr. | Daily | Bare Costs | Incl. O&P |
| 3 Bricklayers | $24.55 | $589.20 | $38.30 | $919.20 | $22.53 | $35.14 |
| 2 Bricklayer Helpers | 19.50 | 312.00 | 30.40 | 486.40 | | |
| 40 M.H., Daily Totals | | $901.20 | | $1405.60 | $22.53 | $35.14 |
| **Crew D-9** | Hr. | Daily | Hr. | Daily | Bare Costs | Incl. O&P |
| 3 Bricklayers | $24.55 | $589.20 | $38.30 | $919.20 | $22.03 | $34.35 |
| 3 Bricklayer Helpers | 19.50 | 468.00 | 30.40 | 729.60 | | |
| 48 M.H., Daily Totals | | $1057.20 | | $1648.80 | $22.03 | $34.35 |
| **Crew D-10** | Hr. | Daily | Hr. | Daily | Bare Costs | Incl. O&P |
| 1 Bricklayer Foreman | $26.55 | $212.40 | $41.40 | $331.20 | $23.10 | $35.89 |
| 1 Bricklayer | 24.55 | 196.40 | 38.30 | 306.40 | | |
| 2 Bricklayer Helpers | 19.50 | 312.00 | 30.40 | 486.40 | | |
| 1 Equip. Oper. (crane) | 25.40 | 203.20 | 38.95 | 311.60 | | |
| 1 Truck Crane, 12.5 Ton | | 453.20 | | 498.50 | 11.33 | 12.46 |
| 40 M.H., Daily Totals | | $1377.20 | | $1934.10 | $34.43 | $48.35 |
| **Crew D-11** | Hr. | Daily | Hr. | Daily | Bare Costs | Incl. O&P |
| 1 Bricklayer Foreman | $26.55 | $212.40 | $41.40 | $331.20 | $23.53 | $36.70 |
| 1 Bricklayer | 24.55 | 196.40 | 38.30 | 306.40 | | |
| 1 Bricklayer Helper | 19.50 | 156.00 | 30.40 | 243.20 | | |
| 24 M.H., Daily Totals | | $564.80 | | $880.80 | $23.53 | $36.70 |
| **Crew D-12** | Hr. | Daily | Hr. | Daily | Bare Costs | Incl. O&P |
| 1 Bricklayer Foreman | $26.55 | $212.40 | $41.40 | $331.20 | $22.52 | $35.13 |
| 1 Bricklayer | 24.55 | 196.40 | 38.30 | 306.40 | | |
| 2 Bricklayer Helpers | 19.50 | 312.00 | 30.40 | 486.40 | | |
| 32 M.H., Daily Totals | | $720.80 | | $1124.00 | $22.52 | $35.13 |

# CREWS

| Crew No. | Bare Costs | | Incl. Subs O & P | | Cost Per Man-Hour | |
|---|---|---|---|---|---|---|
| **Crew D-13** | Hr. | Daily | Hr. | Daily | Bare Costs | Incl. O&P |
| 1 Bricklayer Foreman | $26.55 | $212.40 | $41.40 | $331.20 | $23.22 | $36.19 |
| 1 Bricklayer | 24.55 | 196.40 | 38.30 | 306.40 | | |
| 2 Bricklayer Helpers | 19.50 | 312.00 | 30.40 | 486.40 | | |
| 1 Carpenter | 23.80 | 190.40 | 37.70 | 301.60 | | |
| 1 Equip. Oper. (crane) | 25.40 | 203.20 | 38.95 | 311.60 | | |
| 1 Truck Crane, 12.5 Ton | | 453.20 | | 498.50 | 9.44 | 10.39 |
| 48 M.H., Daily Totals | | $1567.60 | | $2235.70 | $32.66 | $46.58 |
| **Crew E-1** | Hr. | Daily | Hr. | Daily | Bare Costs | Incl. O&P |
| 1 Welder Foreman | $28.50 | $228.00 | $52.30 | $418.40 | $26.13 | $45.62 |
| 1 Welder | 26.50 | 212.00 | 48.65 | 389.20 | | |
| 1 Equip. Oper. (light) | 23.40 | 187.20 | 35.90 | 287.20 | | |
| 1 Gas Welding Machine | | 75.60 | | 83.15 | 3.15 | 3.47 |
| 24 M.H., Daily Totals | | $702.80 | | $1177.95 | $29.28 | $49.09 |
| **Crew E-2** | Hr. | Daily | Hr. | Daily | Bare Costs | Incl. O&P |
| 1 Struc. Steel Foreman | $28.50 | $228.00 | $52.30 | $418.40 | $25.81 | $45.39 |
| 4 Struc. Steel Workers | 26.50 | 848.00 | 48.65 | 1556.80 | | |
| 1 Equip. Oper. (crane) | 25.40 | 203.20 | 38.95 | 311.60 | | |
| 1 Equip. Oper. Oiler | 20.75 | 166.00 | 31.85 | 254.80 | | |
| 1 Crane, 90 Ton | | 969.40 | | 1066.35 | 17.31 | 19.04 |
| 56 M.H., Daily Totals | | $2414.60 | | $3607.95 | $43.12 | $64.43 |
| **Crew E-3** | Hr. | Daily | Hr. | Daily | Bare Costs | Incl. O&P |
| 1 Struc. Steel Foreman | $28.50 | $228.00 | $52.30 | $418.40 | $27.17 | $49.87 |
| 1 Struc. Steel Worker | 26.50 | 212.00 | 48.65 | 389.20 | | |
| 1 Welder | 26.50 | 212.00 | 48.65 | 389.20 | | |
| 1 Gas Welding Machine | | 75.60 | | 83.15 | | |
| 1 Torch, Gas & Air | | 68.00 | | 74.80 | 5.98 | 6.58 |
| 24 M.H., Daily Totals | | $795.60 | | $1354.75 | $33.15 | $56.45 |
| **Crew E-4** | Hr. | Daily | Hr. | Daily | Bare Costs | Incl. O&P |
| 1 Struc. Steel Foreman | $28.50 | $228.00 | $52.30 | $418.40 | $27.00 | $49.56 |
| 3 Struc. Steel Workers | 26.50 | 636.00 | 48.65 | 1167.60 | | |
| 1 Gas Welding Machine | | 75.60 | | 83.15 | 2.36 | 2.60 |
| 32 M.H., Daily Totals | | $939.60 | | $1669.15 | $29.36 | $52.16 |
| **Crew E-5** | Hr. | Daily | Hr. | Daily | Bare Costs | Incl. O&P |
| 2 Struc. Steel Foremen | $28.50 | $456.00 | $52.30 | $836.80 | $26.22 | $46.73 |
| 5 Struc. Steel Workers | 26.50 | 1060.00 | 48.65 | 1946.00 | | |
| 1 Equip. Oper. (crane) | 25.40 | 203.20 | 38.95 | 311.60 | | |
| 1 Welder | 26.50 | 212.00 | 48.65 | 389.20 | | |
| 1 Equip. Oper. Oiler | 20.75 | 166.00 | 31.85 | 254.80 | | |
| 1 Crane, 90 Ton | | 969.40 | | 1066.35 | | |
| 1 Gas Welding Machine | | 75.60 | | 83.15 | | |
| 1 Torch, Gas & Air | | 68.00 | | 74.80 | 13.91 | 15.30 |
| 80 M.H., Daily Totals | | $3210.20 | | $4962.70 | $40.13 | $62.03 |
| **Crew E-6** | Hr. | Daily | Hr. | Daily | Bare Costs | Incl. O&P |
| 3 Struc. Steel Foremen | $28.50 | $684.00 | $52.30 | $1255.20 | $26.25 | $46.88 |
| 9 Struc. Steel Workers | 26.50 | 1908.00 | 48.65 | 3502.80 | | |
| 1 Equip. Oper. (crane) | 25.40 | 203.20 | 38.95 | 311.60 | | |
| 1 Welder | 26.50 | 212.00 | 48.65 | 389.20 | | |
| 1 Equip. Oper. Oiler | 20.75 | 166.00 | 31.85 | 254.80 | | |
| 1 Equip. Oper. (light) | 23.40 | 187.20 | 35.90 | 287.20 | | |
| 1 Crane, 90 Ton | | 969.40 | | 1066.35 | | |
| 1 Gas Welding Machine | | 75.60 | | 83.15 | | |
| 1 Torch, Gas & Air | | 68.00 | | 74.80 | | |
| 1 Air Compr., 160 C.F.M. | | 92.80 | | 102.10 | | |
| 2 Impact Wrenches | | 53.60 | | 58.95 | 9.84 | 10.82 |
| 128 M.H., Daily Totals | | $4619.80 | | $7386.15 | $36.09 | $57.70 |
| **Crew E-7** | Hr. | Daily | Hr. | Daily | Bare Costs | Incl. O&P |
| 1 Struc. Steel Foreman | $28.50 | $228.00 | $52.30 | $418.40 | $26.22 | $46.73 |
| 4 Struc. Steel Workers | 26.50 | 848.00 | 48.65 | 1556.80 | | |
| 1 Equip. Oper. (crane) | 25.40 | 203.20 | 38.95 | 311.60 | | |
| 1 Equip. Oper. Oiler | 20.75 | 166.00 | 31.85 | 254.80 | | |
| 1 Welder Foreman | 28.50 | 228.00 | 52.30 | 418.40 | | |
| 2 Welders | 26.50 | 424.00 | 48.65 | 778.40 | | |
| 1 Crane, 90 Ton | | 969.40 | | 1066.35 | | |
| 2 Gas Welding Machines | | 151.20 | | 166.30 | 14.01 | 15.41 |
| 80 M.H., Daily Totals | | $3217.80 | | $4971.05 | $40.23 | $62.14 |
| **Crew E-8** | Hr. | Daily | Hr. | Daily | Bare Costs | Incl. O&P |
| 1 Struc. Steel Foreman | $28.50 | $228.00 | $52.30 | $418.40 | $26.04 | $46.19 |
| 4 Struc. Steel Workers | 26.50 | 848.00 | 48.65 | 1556.80 | | |
| 1 Welder Foreman | 28.50 | 228.00 | 52.30 | 418.40 | | |
| 4 Welders | 26.50 | 848.00 | 48.65 | 1556.80 | | |
| 1 Equip. Oper. (crane) | 25.40 | 203.20 | 38.95 | 311.60 | | |
| 1 Equip. Oper. Oiler | 20.75 | 166.00 | 31.85 | 254.80 | | |
| 1 Equip. Oper. (light) | 23.40 | 187.20 | 35.90 | 287.20 | | |
| 1 Crane, 90 Ton | | 969.40 | | 1066.35 | | |
| 4 Gas Welding Machines | | 302.40 | | 332.65 | 12.23 | 13.45 |
| 104 M.H., Daily Totals | | $3980.20 | | $6203.00 | $38.27 | $59.64 |
| **Crew E-9** | Hr. | Daily | Hr. | Daily | Bare Costs | Incl. O&P |
| 2 Struc. Steel Foremen | $28.50 | $456.00 | $52.30 | $836.80 | $26.25 | $46.88 |
| 5 Struc. Steel Workers | 26.50 | 1060.00 | 48.65 | 1946.00 | | |
| 1 Welder Foreman | 28.50 | 228.00 | 52.30 | 418.40 | | |
| 5 Welders | 26.50 | 1060.00 | 48.65 | 1946.00 | | |
| 1 Equip. Oper. (crane) | 25.40 | 203.20 | 38.95 | 311.60 | | |
| 1 Equip. Oper. Oiler | 20.75 | 166.00 | 31.85 | 254.80 | | |
| 1 Equip. Oper. (light) | 23.40 | 187.20 | 35.90 | 287.20 | | |
| 1 Crane, 90 Ton | | 969.40 | | 1066.35 | | |
| 5 Gas Welding Machines | | 378.00 | | 415.80 | | |
| 1 Torch, Gas & Air | | 68.00 | | 74.80 | 11.06 | 12.16 |
| 128 M.H., Daily Totals | | $4775.80 | | $7557.75 | $37.31 | $59.04 |
| **Crew E-10** | Hr. | Daily | Hr. | Daily | Bare Costs | Incl. O&P |
| 1 Welder Foreman | $28.50 | $228.00 | $52.30 | $418.40 | $27.50 | $50.48 |
| 1 Welder | 26.50 | 212.00 | 48.65 | 389.20 | | |
| 4 Gas Welding Machines | | 302.40 | | 332.65 | | |
| 1 Truck, 3 Ton | | 160.60 | | 176.65 | 28.94 | 31.83 |
| 16 M.H., Daily Totals | | $903.00 | | $1316.90 | $56.44 | $82.31 |
| **Crew E-11** | Hr. | Daily | Hr. | Daily | Bare Costs | Incl. O&P |
| 2 Painters, Struc. Steel | $23.10 | $369.60 | $45.90 | $734.40 | $22.15 | $39.45 |
| 1 Building Laborer | 19.00 | 152.00 | 30.10 | 240.80 | | |
| 1 Equip. Oper. (light) | 23.40 | 187.20 | 35.90 | 287.20 | | |
| 1 Air Compressor 250 C.F.M. | | 105.40 | | 115.95 | | |
| 1 Sand Blaster | | 25.20 | | 27.70 | | |
| 1 Sand Blasting Accessories | | 10.40 | | 11.45 | 4.41 | 4.85 |
| 32 M.H., Daily Totals | | $849.80 | | $1417.50 | $26.56 | $44.30 |
| **Crew E-12** | Hr. | Daily | Hr. | Daily | Bare Costs | Incl. O&P |
| 1 Welder Foreman | $28.50 | $228.00 | $52.30 | $418.40 | $25.95 | $44.10 |
| 1 Equip. Oper. (light) | 23.40 | 187.20 | 35.90 | 287.20 | | |
| 1 Gas Welding Machine | | 75.60 | | 83.15 | 4.73 | 5.20 |
| 16 M.H., Daily Totals | | $490.80 | | $788.75 | $30.68 | $49.30 |

# CREWS

| Crew No. | Bare Costs | | Incl. Subs O & P | | Cost Per Man-Hour | |
|---|---|---|---|---|---|---|
| **Crew E-13** | Hr. | Daily | Hr. | Daily | Bare Costs | Incl. O&P |
| 1 Welder Foreman | $28.50 | $228.00 | $52.30 | $418.40 | $26.80 | $46.83 |
| .5 Equip. Oper. (light) | 23.40 | 93.60 | 35.90 | 143.60 | | |
| 1 Gas Welding Machine | | 75.60 | | 83.15 | 6.30 | 6.93 |
| 12 M.H., Daily Totals | | $397.20 | | $645.15 | $33.10 | $53.76 |
| **Crew E-14** | Hr. | Daily | Hr. | Daily | Bare Costs | Incl. O&P |
| 1 Welder Foreman | $28.50 | $228.00 | $52.30 | $418.40 | $28.50 | $52.30 |
| 1 Gas Welding Machine | | 75.60 | | 83.15 | 9.45 | 10.40 |
| 8 M.H., Daily Totals | | $303.60 | | $501.55 | $37.95 | $62.70 |
| **Crew E-15** | Hr. | Daily | Hr. | Daily | Bare Costs | Incl. O&P |
| 2 Painters, Struc. Steel | $23.10 | $369.60 | $45.90 | $734.40 | $23.10 | $45.90 |
| 1 Paint Sprayer, 17 C.F.M. | | 28.40 | | 31.25 | 1.78 | 1.95 |
| 16 M.H., Daily Totals | | $398.00 | | $765.65 | $24.88 | $47.85 |
| **Crew E-16** | Hr. | Daily | Hr. | Daily | Bare Costs | Incl. O&P |
| 1 Welder Foreman | $28.50 | $228.00 | $52.30 | $418.40 | $27.50 | $50.48 |
| 1 Welder | 26.50 | 212.00 | 48.65 | 389.20 | | |
| 1 Gas Welding Machine | | 75.60 | | 83.15 | 4.73 | 5.20 |
| 16 M.H., Daily Totals | | $515.60 | | $890.75 | $32.23 | $55.68 |
| **Crew F-1** | Hr. | Daily | Hr. | Daily | Bare Costs | Incl. O&P |
| 1 Carpenter | $23.80 | $190.40 | $37.70 | $301.60 | $23.80 | $37.70 |
| 1 Power Tools | | 9.20 | | 10.10 | 1.15 | 1.27 |
| 8 M.H., Daily Totals | | $199.60 | | $311.70 | $24.95 | $38.97 |
| **Crew F-2** | Hr. | Daily | Hr. | Daily | Bare Costs | Incl. O&P |
| 2 Carpenters | $23.80 | $380.80 | $37.70 | $603.20 | $23.80 | $37.70 |
| 2 Power Tools | | 18.40 | | 20.25 | 1.15 | 1.27 |
| 16 M.H., Daily Totals | | $399.20 | | $623.45 | $24.95 | $38.97 |
| **Crew F-3** | Hr. | Daily | Hr. | Daily | Bare Costs | Incl. O&P |
| 4 Carpenters | $23.80 | $761.60 | $37.70 | $1206.40 | $24.12 | $37.95 |
| 1 Equip. Oper. (crane) | 25.40 | 203.20 | 38.95 | 311.60 | | |
| 1 Hyd. Crane, 12 Ton | | 406.00 | | 446.60 | | |
| 2 Power Tools | | 18.40 | | 20.25 | 10.61 | 11.67 |
| 40 M.H., Daily Totals | | $1389.20 | | $1984.85 | $34.73 | $49.62 |
| **Crew F-4** | Hr. | Daily | Hr. | Daily | Bare Costs | Incl. O&P |
| 4 Carpenters | $23.80 | $761.60 | $37.70 | $1206.40 | $23.56 | $36.93 |
| 1 Equip. Oper. (crane) | 25.40 | 203.20 | 38.95 | 311.60 | | |
| 1 Equip. Oper. Oiler | 20.75 | 166.00 | 31.85 | 254.80 | | |
| 1 Hyd. Crane, 55 Ton | | 729.40 | | 802.35 | | |
| 2 Power Tools | | 18.40 | | 20.25 | 15.58 | 17.14 |
| 48 M.H., Daily Totals | | $1878.60 | | $2595.40 | $39.14 | $54.07 |
| **Crew F-5** | Hr. | Daily | Hr. | Daily | Bare Costs | Incl. O&P |
| 1 Carpenter Foreman | $25.80 | $206.40 | $40.85 | $326.80 | $24.30 | $38.49 |
| 3 Carpenters | 23.80 | 571.20 | 37.70 | 904.80 | | |
| 2 Power Tools | | 18.40 | | 20.25 | .58 | .63 |
| 32 M.H., Daily Totals | | $796.00 | | $1251.85 | $24.88 | $39.12 |
| **Crew F-6** | Hr. | Daily | Hr. | Daily | Bare Costs | Incl. O&P |
| 2 Carpenters | $23.80 | $380.80 | $37.70 | $603.20 | $22.20 | $34.91 |
| 2 Building Laborers | 19.00 | 304.00 | 30.10 | 481.60 | | |
| 1 Equip. Oper. (crane) | 25.40 | 203.20 | 38.95 | 311.60 | | |
| 1 Hyd. Crane, 12 Ton | | 406.00 | | 446.60 | | |
| 2 Power Tools | | 18.40 | | 20.25 | 10.61 | 11.67 |
| 40 M.H., Daily Totals | | $1312.40 | | $1863.25 | $32.81 | $46.58 |

| Crew No. | Bare Costs | | Incl. Subs O & P | | Cost Per Man-Hour | |
|---|---|---|---|---|---|---|
| **Crew F-7** | Hr. | Daily | Hr. | Daily | Bare Costs | Incl. O&P |
| 2 Carpenters | $23.80 | $380.80 | $37.70 | $603.20 | $21.40 | $33.90 |
| 2 Building Laborers | 19.00 | 304.00 | 30.10 | 481.60 | | |
| 2 Power Tools | | 18.40 | | 20.25 | .58 | .63 |
| 32 M.H., Daily Totals | | $703.20 | | $1105.05 | $21.98 | $34.53 |
| **Crew G-1** | Hr. | Daily | Hr. | Daily | Bare Costs | Incl. O&P |
| 1 Roofer Foreman | $23.55 | $188.40 | $40.50 | $324.00 | $20.06 | $34.50 |
| 4 Roofers, Composition | 21.55 | 689.60 | 37.05 | 1185.60 | | |
| 2 Roofer Helpers | 15.35 | 245.60 | 26.40 | 422.40 | | |
| 1 Application Equipment | | 152.20 | | 167.40 | 2.72 | 2.99 |
| 56 M.H., Daily Totals | | $1275.80 | | $2099.40 | $22.78 | $37.49 |
| **Crew G-2** | Hr. | Daily | Hr. | Daily | Bare Costs | Incl. O&P |
| 1 Plasterer | $23.30 | $186.40 | $36.00 | $288.00 | $20.68 | $32.20 |
| 1 Plasterer Helper | 19.75 | 158.00 | 30.50 | 244.00 | | |
| 1 Building Laborer | 19.00 | 152.00 | 30.10 | 240.80 | | |
| 1 Grouting Equipment | | 249.40 | | 274.35 | 10.39 | 11.43 |
| 24 M.H., Daily Totals | | $745.80 | | $1047.15 | $31.07 | $43.63 |
| **Crew G-3** | Hr. | Daily | Hr. | Daily | Bare Costs | Incl. O&P |
| 2 Sheet Metal Workers | $27.35 | $437.60 | $42.65 | $682.40 | $23.18 | $36.38 |
| 2 Building Laborers | 19.00 | 304.00 | 30.10 | 481.60 | | |
| 3 Power Tools | | 27.60 | | 30.35 | .86 | .95 |
| 32 M.H., Daily Totals | | $769.20 | | $1194.35 | $24.04 | $37.33 |
| **Crew G-4** | Hr. | Daily | Hr. | Daily | Bare Costs | Incl. O&P |
| 1 Labor Foreman (outside) | $21.00 | $168.00 | $33.25 | $266.00 | $19.67 | $31.15 |
| 2 Building Laborers | 19.00 | 304.00 | 30.10 | 481.60 | | |
| 1 Light Truck, 1.5 Ton | | 158.20 | | 174.00 | | |
| 1 Air Compr., 160 C.F.M. | | 92.80 | | 102.10 | 10.46 | 11.50 |
| 24 M.H., Daily Totals | | $723.00 | | $1023.70 | $30.13 | $42.65 |
| **Crew G-5** | Hr. | Daily | Hr. | Daily | Bare Costs | Incl. O&P |
| 1 Roofer Foreman | $23.55 | $188.40 | $40.50 | $324.00 | $19.47 | $33.48 |
| 2 Roofers, Composition | 21.55 | 344.80 | 37.05 | 592.80 | | |
| 2 Roofer Helpers | 15.35 | 245.60 | 26.40 | 422.40 | | |
| 1 Application Equipment | | 152.20 | | 167.40 | 3.81 | 4.19 |
| 40 M.H., Daily Totals | | $931.00 | | $1506.60 | $23.28 | $37.67 |
| **Crew H-1** | Hr. | Daily | Hr. | Daily | Bare Costs | Incl. O&P |
| 2 Glaziers | $23.80 | $380.80 | $36.45 | $583.20 | $25.15 | $42.55 |
| 2 Struc. Steel Workers | 26.50 | 424.00 | 48.65 | 778.40 | | |
| 32 M.H., Daily Totals | | $804.80 | | $1361.60 | $25.15 | $42.55 |
| **Crew H-2** | Hr. | Daily | Hr. | Daily | Bare Costs | Incl. O&P |
| 2 Glaziers | $23.80 | $380.80 | $36.45 | $583.20 | $22.20 | $34.33 |
| 1 Building Laborer | 19.00 | 152.00 | 30.10 | 240.80 | | |
| 24 M.H., Daily Totals | | $532.80 | | $824.00 | $22.20 | $34.33 |
| **Crew H-3** | Hr. | Daily | Hr. | Daily | Bare Costs | Incl. O&P |
| 1 Glazier | $23.80 | $190.40 | $36.45 | $291.60 | $21.20 | $32.90 |
| 1 Helper | 18.60 | 148.80 | 29.35 | 234.80 | | |
| 16 M.H., Daily Totals | | $339.20 | | $526.40 | $21.20 | $32.90 |
| **Crew J-1** | Hr. | Daily | Hr. | Daily | Bare Costs | Incl. O&P |
| 3 Plasterers | $23.30 | $559.20 | $36.00 | $864.00 | $21.88 | $33.80 |
| 2 Plasterer Helpers | 19.75 | 316.00 | 30.50 | 488.00 | | |
| 1 Mixing Machine, 6 C.F. | | 38.00 | | 41.80 | .95 | 1.05 |
| 40 M.H., Daily Totals | | $913.20 | | $1393.80 | $22.83 | $34.85 |

# CREWS

| Crew No. | Bare Costs Hr. | Bare Costs Daily | Incl. Subs O & P Hr. | Incl. Subs O & P Daily | Cost Per Man-Hour Bare Costs | Cost Per Man-Hour Incl. O&P |
|---|---|---|---|---|---|---|
| **Crew J-2** | | | | | | |
| 3 Plasterers | $23.30 | $559.20 | $36.00 | $864.00 | $22.18 | $34.13 |
| 2 Plasterer Helpers | 19.75 | 316.00 | 30.50 | 488.00 | | |
| 1 Lather | 23.70 | 189.60 | 35.80 | 286.40 | | |
| 1 Mixing Machine, 6 C.F. | | 38.00 | | 41.80 | .79 | .87 |
| 48 M.H., Daily Totals | | $1102.80 | | $1680.20 | $22.97 | $35.00 |
| **Crew J-3** | | | | | | |
| 1 Terrazzo Worker | $24.20 | $193.60 | $35.85 | $286.80 | $22.03 | $32.63 |
| 1 Terrazzo Helper | 19.85 | 158.80 | 29.40 | 235.20 | | |
| 1 Terrazzo Grinder, Electric | | 38.60 | | 42.45 | | |
| 1 Terrazzo Mixer | | 54.00 | | 59.40 | 5.79 | 6.37 |
| 16 M.H., Daily Totals | | $445.00 | | $623.85 | $27.82 | $39.00 |
| **Crew J-4** | | | | | | |
| 1 Tile Layer | $24.00 | $192.00 | $35.55 | $284.40 | $21.63 | $32.05 |
| 1 Tile Layer Helper | 19.25 | 154.00 | 28.55 | 228.40 | | |
| 16 M.H., Daily Totals | | $346.00 | | $512.80 | $21.63 | $32.05 |
| **Crew K-1** | | | | | | |
| 1 Carpenter | $23.80 | $190.40 | $37.70 | $301.60 | $21.60 | $33.80 |
| 1 Truck Driver (light) | 19.40 | 155.20 | 29.90 | 239.20 | | |
| 1 Truck w/Power Equip. | | 160.60 | | 176.65 | 10.04 | 11.04 |
| 16 M.H., Daily Totals | | $506.20 | | $717.45 | $31.64 | $44.84 |
| **Crew K-2** | | | | | | |
| 1 Struc. Steel Foreman | $28.50 | $228.00 | $52.30 | $418.40 | $24.80 | $43.62 |
| 1 Struc. Steel Worker | 26.50 | 212.00 | 48.65 | 389.20 | | |
| 1 Truck Driver (light) | 19.40 | 155.20 | 29.90 | 239.20 | | |
| 1 Truck w/Power Equip. | | 160.60 | | 176.65 | 6.69 | 7.36 |
| 24 M.H., Daily Totals | | $755.80 | | $1223.45 | $31.49 | $50.98 |
| **Crew L-1** | | | | | | |
| 1 Electrician | $27.50 | $220.00 | $41.35 | $330.80 | $27.90 | $42.25 |
| 1 Plumber | 28.30 | 226.40 | 43.15 | 345.20 | | |
| 16 M.H., Daily Totals | | $446.40 | | $676.00 | $27.90 | $42.25 |
| **Crew L-2** | | | | | | |
| 1 Carpenter | $23.80 | $190.40 | $37.70 | $301.60 | $21.20 | $33.53 |
| 1 Carpenter Helper | 18.60 | 148.80 | 29.35 | 234.80 | | |
| 16 M.H., Daily Totals | | $339.20 | | $536.40 | $21.20 | $33.53 |
| **Crew L-3** | | | | | | |
| 1 Carpenter | $23.80 | $190.40 | $37.70 | $301.60 | $25.61 | $39.85 |
| .5 Electrician | 27.50 | 110.00 | 41.35 | 165.40 | | |
| .5 Sheet Metal Worker | 27.35 | 109.40 | 42.65 | 170.60 | | |
| 16 M.H., Daily Totals | | $409.80 | | $637.60 | $25.61 | $39.85 |
| **Crew L-4** | | | | | | |
| 2 Skilled Workers | $24.65 | $394.40 | $39.15 | $626.40 | $22.63 | $35.88 |
| 1 Helper | 18.60 | 148.80 | 29.35 | 234.80 | | |
| 24 M.H., Daily Totals | | $543.20 | | $861.20 | $22.63 | $35.88 |
| **Crew L-5** | | | | | | |
| 1 Struc. Steel Foreman | $28.50 | $228.00 | $52.30 | $418.40 | $26.63 | $47.79 |
| 5 Struc. Steel Workers | 26.50 | 1060.00 | 48.65 | 1946.00 | | |
| 1 Equip. Oper. (crane) | 25.40 | 203.20 | 38.95 | 311.60 | | |
| 1 Hyd. Crane, 25 Ton | | 491.80 | | 541.00 | 8.78 | 9.66 |
| 56 M.H., Daily Totals | | $1983.00 | | $3217.00 | $35.41 | $57.45 |
| **Crew L-6** | | | | | | |
| 1 Plumber | $28.30 | $226.40 | $43.15 | $345.20 | $28.03 | $42.55 |
| .5 Electrician | 27.50 | 110.00 | 41.35 | 165.40 | | |
| 12 M.H., Daily Totals | | $336.40 | | $510.60 | $28.03 | $42.55 |
| **Crew L-7** | | | | | | |
| 2 Carpenters | $23.80 | $380.80 | $37.70 | $603.20 | $22.96 | $36.05 |
| 1 Building Laborer | 19.00 | 152.00 | 30.10 | 240.80 | | |
| .5 Electrician | 27.50 | 110.00 | 41.35 | 165.40 | | |
| 28 M.H., Daily Totals | | $642.80 | | $1009.40 | $22.96 | $36.05 |
| **Crew L-8** | | | | | | |
| 2 Carpenters | $23.80 | $380.80 | $37.70 | $603.20 | $24.70 | $38.79 |
| .5 Plumber | 28.30 | 113.20 | 43.15 | 172.60 | | |
| 20 M.H., Daily Totals | | $494.00 | | $775.80 | $24.70 | $38.79 |
| **Crew L-9** | | | | | | |
| 1 Labor Foreman (inside) | $19.50 | $156.00 | $30.90 | $247.20 | $21.72 | $35.65 |
| 2 Building Laborers | 19.00 | 304.00 | 30.10 | 481.60 | | |
| 1 Struc. Steel Worker | 26.50 | 212.00 | 48.65 | 389.20 | | |
| .5 Electrician | 27.50 | 110.00 | 41.35 | 165.40 | | |
| 36 M.H., Daily Totals | | $782.00 | | $1283.40 | $21.72 | $35.65 |
| **Crew M-1** | | | | | | |
| 3 Elevator Constructors | $28.15 | $675.60 | $42.75 | $1026.00 | $26.74 | $40.60 |
| 1 Elevator Apprentice | 22.50 | 180.00 | 34.15 | 273.20 | | |
| 5 Hand Tools | | 80.00 | | 88.00 | 2.50 | 2.75 |
| 32 M.H., Daily Totals | | $935.60 | | $1387.20 | $29.24 | $43.35 |
| **Crew M-2** | | | | | | |
| 2 Millwrights | $25.10 | $401.60 | $37.75 | $604.00 | $25.10 | $37.75 |
| 2 Power Tools | | 18.40 | | 20.25 | 1.15 | 1.27 |
| 16 M.H., Daily Totals | | $420.00 | | $624.25 | $26.25 | $39.02 |
| **Crew Q-1** | | | | | | |
| 1 Plumber | $28.30 | $226.40 | $43.15 | $345.20 | $25.48 | $38.83 |
| 1 Plumber Apprentice | 22.65 | 181.20 | 34.50 | 276.00 | | |
| 16 M.H., Daily Totals | | $407.60 | | $621.20 | $25.48 | $38.83 |
| **Crew Q-2** | | | | | | |
| 2 Plumbers | $28.30 | $452.80 | $43.15 | $690.40 | $26.42 | $40.27 |
| 1 Plumber Apprentice | 22.65 | 181.20 | 34.50 | 276.00 | | |
| 24 M.H., Daily Totals | | $634.00 | | $966.40 | $26.42 | $40.27 |
| **Crew Q-3** | | | | | | |
| 1 Plumber Foreman (ins) | $28.80 | $230.40 | $43.90 | $351.20 | $27.01 | $41.18 |
| 2 Plumbers | 28.30 | 452.80 | 43.15 | 690.40 | | |
| 1 Plumber Apprentice | 22.65 | 181.20 | 34.50 | 276.00 | | |
| 32 M.H., Daily Totals | | $864.40 | | $1317.60 | $27.01 | $41.18 |
| **Crew Q-4** | | | | | | |
| 1 Plumber Foreman (ins) | $28.80 | $230.40 | $43.90 | $351.20 | $27.01 | $41.18 |
| 1 Plumber | 28.30 | 226.40 | 43.15 | 345.20 | | |
| 1 Welder (plumber) | 28.30 | 226.40 | 43.15 | 345.20 | | |
| 1 Plumber Apprentice | 22.65 | 181.20 | 34.50 | 276.00 | | |
| 1 Electric Welding Mach. | | 51.20 | | 56.30 | 1.60 | 1.76 |
| 32 M.H., Daily Totals | | $915.60 | | $1373.90 | $28.61 | $42.94 |

# CREWS

| Crew No. | Bare Costs | | Incl. Subs O & P | | Cost Per Man-Hour | |
|---|---|---|---|---|---|---|
| | Hr. | Daily | Hr. | Daily | Bare Costs | Incl. O&P |
| **Crew Q-5** | | | | | | |
| 1 Steamfitter | $28.30 | $226.40 | $43.15 | $345.20 | $25.48 | $38.83 |
| 1 Steamfitter Apprentice | 22.65 | 181.20 | 34.50 | 276.00 | | |
| 16 M.H., Daily Totals | | $407.60 | | $621.20 | $25.48 | $38.83 |
| **Crew Q-6** | Hr. | Daily | Hr. | Daily | Bare Costs | Incl. O&P |
| 2 Steamfitters | $28.30 | $452.80 | $43.15 | $690.40 | $26.42 | $40.27 |
| 1 Steamfitter Apprentice | 22.65 | 181.20 | 34.50 | 276.00 | | |
| 24 M.H., Daily Totals | | $634.00 | | $966.40 | $26.42 | $40.27 |
| **Crew Q-7** | Hr. | Daily | Hr. | Daily | Bare Costs | Incl. O&P |
| 1 Steamfitter Foreman (ins) | $28.80 | $230.40 | $43.90 | $351.20 | $27.01 | $41.18 |
| 2 Steamfitters | 28.30 | 452.80 | 43.15 | 690.40 | | |
| 1 Steamfitter Apprentice | 22.65 | 181.20 | 34.50 | 276.00 | | |
| 32 M.H., Daily Totals | | $864.40 | | $1317.60 | $27.01 | $41.18 |
| **Crew Q-8** | Hr. | Daily | Hr. | Daily | Bare Costs | Incl. O&P |
| 1 Steamfitter Foreman (ins) | $28.80 | $230.40 | $43.90 | $351.20 | $27.01 | $41.18 |
| 1 Steamfitter | 28.30 | 226.40 | 43.15 | 345.20 | | |
| 1 Welder (steamfitter) | 28.30 | 226.40 | 43.15 | 345.20 | | |
| 1 Steamfitter Apprentice | 22.65 | 181.20 | 34.50 | 276.00 | | |
| 1 Electric Welding Mach. | | 51.20 | | 56.30 | 1.60 | 1.76 |
| 32 M.H., Daily Totals | | $915.60 | | $1373.90 | $28.61 | $42.94 |
| **Crew Q-9** | Hr. | Daily | Hr. | Daily | Bare Costs | Incl. O&P |
| 1 Sheet Metal Worker | $27.35 | $218.80 | $42.65 | $341.20 | $24.63 | $38.40 |
| 1 Sheet Metal Apprentice | 21.90 | 175.20 | 34.15 | 273.20 | | |
| 16 M.H., Daily Totals | | $394.00 | | $614.40 | $24.63 | $38.40 |
| **Crew Q-10** | Hr. | Daily | Hr. | Daily | Bare Costs | Incl. O&P |
| 2 Sheet Metal Workers | $27.35 | $437.60 | $42.65 | $682.40 | $25.53 | $39.82 |
| 1 Sheet Metal Apprentice | 21.90 | 175.20 | 34.15 | 273.20 | | |
| 24 M.H., Daily Totals | | $612.80 | | $955.60 | $25.53 | $39.82 |
| **Crew Q-11** | Hr. | Daily | Hr. | Daily | Bare Costs | Incl. O&P |
| 1 Sheet Metal Foreman (ins) | $27.85 | $222.80 | $43.45 | $347.60 | $26.11 | $40.73 |
| 2 Sheet Metal Workers | 27.35 | 437.60 | 42.65 | 682.40 | | |
| 1 Sheet Metal Apprentice | 21.90 | 175.20 | 34.15 | 273.20 | | |
| 32 M.H., Daily Totals | | $835.60 | | $1303.20 | $26.11 | $40.73 |
| **Crew Q-12** | Hr. | Daily | Hr. | Daily | Bare Costs | Incl. O&P |
| 1 Sprinkler Installer | $30.35 | $242.80 | $46.35 | $370.80 | $27.33 | $41.72 |
| 1 Sprinkler Apprentice | 24.30 | 194.40 | 37.10 | 296.80 | | |
| 16 M.H., Daily Totals | | $437.20 | | $667.60 | $27.33 | $41.72 |
| **Crew Q-13** | Hr. | Daily | Hr. | Daily | Bare Costs | Incl. O&P |
| 1 Sprinkler Foreman (ins) | $30.85 | $246.80 | $47.10 | $376.80 | $28.96 | $44.22 |
| 2 Sprinkler Installers | 30.35 | 485.60 | 46.35 | 741.60 | | |
| 1 Sprinkler Apprentice | 24.30 | 194.40 | 37.10 | 296.80 | | |
| 32 M.H., Daily Totals | | $926.80 | | $1415.20 | $28.96 | $44.22 |
| **Crew Q-14** | Hr. | Daily | Hr. | Daily | Bare Costs | Incl. O&P |
| 1 Asbestos Worker | $26.90 | $215.20 | $43.30 | $346.40 | $24.20 | $38.95 |
| 1 Asbestos Apprentice | 21.50 | 172.00 | 34.60 | 276.80 | | |
| 16 M.H., Daily Totals | | $387.20 | | $623.20 | $24.20 | $38.95 |
| **Crew Q-15** | Hr. | Daily | Hr. | Daily | Bare Costs | Incl. O&P |
| 1 Plumber | $28.30 | $226.40 | $43.15 | $345.20 | $25.48 | $38.83 |
| 1 Plumber Apprentice | 22.65 | 181.20 | 34.50 | 276.00 | | |
| 1 Electric Welding Mach. | | 51.20 | | 56.30 | 3.20 | 3.52 |
| 16 M.H., Daily Totals | | $458.80 | | $677.50 | $28.68 | $42.35 |
| **Crew Q-16** | Hr. | Daily | Hr. | Daily | Bare Costs | Incl. O&P |
| 2 Plumbers | $28.30 | $452.80 | $43.15 | $690.40 | $26.42 | $40.27 |
| 1 Plumber Apprentice | 22.65 | 181.20 | 34.50 | 276.00 | | |
| 1 Electric Welding Mach. | | 51.20 | | 56.30 | 2.13 | 2.35 |
| 24 M.H., Daily Totals | | $685.20 | | $1022.70 | $28.55 | $42.62 |
| **Crew Q-17** | Hr. | Daily | Hr. | Daily | Bare Costs | Incl. O&P |
| 1 Steamfitter | $28.30 | $226.40 | $43.15 | $345.20 | $25.48 | $38.83 |
| 1 Steamfitter Apprentice | 22.65 | 181.20 | 34.50 | 276.00 | | |
| 1 Electric Welding Mach. | | 51.20 | | 56.30 | 3.20 | 3.52 |
| 16 M.H., Daily Totals | | $458.80 | | $677.50 | $28.68 | $42.35 |
| **Crew Q-18** | Hr. | Daily | Hr. | Daily | Bare Costs | Incl. O&P |
| 2 Steamfitters | $28.30 | $452.80 | $43.15 | $690.40 | $26.42 | $40.27 |
| 1 Steamfitter Apprentice | 22.65 | 181.20 | 34.50 | 276.00 | | |
| 1 Electric Welding Mach. | | 51.20 | | 56.30 | 2.13 | 2.35 |
| 24 M.H., Daily Totals | | $685.20 | | $1022.70 | $28.55 | $42.62 |
| **Crew Q-19** | Hr. | Daily | Hr. | Daily | Bare Costs | Incl. O&P |
| 1 Steamfitter | $28.30 | $226.40 | $43.15 | $345.20 | $26.15 | $39.67 |
| 1 Steamfitter Apprentice | 22.65 | 181.20 | 34.50 | 276.00 | | |
| 1 Electrician | 27.50 | 220.00 | 41.35 | 330.80 | | |
| 24 M.H., Daily Totals | | $627.60 | | $952.00 | $26.15 | $39.67 |
| **Crew Q-20** | Hr. | Daily | Hr. | Daily | Bare Costs | Incl. O&P |
| 1 Sheet Metal Worker | $27.35 | $218.80 | $42.65 | $341.20 | $25.20 | $38.99 |
| 1 Sheet Metal Apprentice | 21.90 | 175.20 | 34.15 | 273.20 | | |
| .5 Electrician | 27.50 | 110.00 | 41.35 | 165.40 | | |
| 20 M.H., Daily Totals | | $504.00 | | $779.80 | $25.20 | $38.99 |
| **Crew Q-21** | Hr. | Daily | Hr. | Daily | Bare Costs | Incl. O&P |
| 2 Steamfitters | $28.30 | $452.80 | $43.15 | $690.40 | $26.69 | $40.54 |
| 1 Steamfitter Apprentice | 22.65 | 181.20 | 34.50 | 276.00 | | |
| 1 Electrician | 27.50 | 220.00 | 41.35 | 330.80 | | |
| 32 M.H., Daily Totals | | $854.00 | | $1297.20 | $26.69 | $40.54 |
| **Crew Q-22** | Hr. | Daily | Hr. | Daily | Bare Costs | Incl. O&P |
| 1 Plumber | $28.30 | $226.40 | $43.15 | $345.20 | $25.48 | $38.83 |
| 1 Plumber Apprentice | 22.65 | 181.20 | 34.50 | 276.00 | | |
| 1 Truck Crane, 12 Ton | | 406.00 | | 446.60 | 25.38 | 27.91 |
| 16 M.H., Daily Totals | | $813.60 | | $1067.80 | $50.86 | $66.74 |
| **Crew R-1** | Hr. | Daily | Hr. | Daily | Bare Costs | Incl. O&P |
| 1 Electrician Foreman | $28.00 | $224.00 | $42.10 | $336.80 | $24.62 | $37.47 |
| 3 Electricians | 27.50 | 660.00 | 41.35 | 992.40 | | |
| 2 Helpers | 18.60 | 297.60 | 29.35 | 469.60 | | |
| 48 M.H., Daily Totals | | $1181.60 | | $1798.80 | $24.62 | $37.47 |
| **Crew R-2** | Hr. | Daily | Hr. | Daily | Bare Costs | Incl. O&P |
| 1 Electrician Foreman | $28.00 | $224.00 | $42.10 | $336.80 | $24.73 | $37.69 |
| 3 Electricians | 27.50 | 660.00 | 41.35 | 992.40 | | |
| 2 Helpers | 18.60 | 297.60 | 29.35 | 469.60 | | |
| 1 Equip. Oper. (crane) | 25.40 | 203.20 | 38.95 | 311.60 | | |
| 1 S.P. Crane, 5 Ton | | 207.20 | | 227.90 | 3.70 | 4.07 |
| 56 M.H., Daily Totals | | $1592.00 | | $2338.30 | $28.43 | $41.76 |

# CREWS

| Crew No. | Bare Costs | | Incl. Subs O & P | | Cost Per Man-Hour | |
|---|---|---|---|---|---|---|
| **Crew R-3** | Hr. | Daily | Hr. | Daily | Bare Costs | Incl. O&P |
| 1 Electrician Foreman | $28.00 | $224.00 | $42.10 | $336.80 | $27.28 | $41.17 |
| 1 Electrician | 27.50 | 220.00 | 41.35 | 330.80 | | |
| .5 Equip. Oper. (crane) | 25.40 | 101.60 | 38.95 | 155.80 | | |
| .5 S.P. Crane, 5 Ton | | 103.60 | | 113.95 | 5.18 | 5.70 |
| 20 M.H., Daily Totals | | $649.20 | | $937.35 | $32.46 | $46.87 |
| **Crew R-4** | Hr. | Daily | Hr. | Daily | Bare Costs | Incl. O&P |
| 1 Struc. Steel Foreman | $28.50 | $228.00 | $52.30 | $418.40 | $27.10 | $47.92 |
| 3 Struc. Steel Workers | 26.50 | 636.00 | 48.65 | 1167.60 | | |
| 1 Electrician | 27.50 | 220.00 | 41.35 | 330.80 | | |
| 1 Gas Welding Machine | | 75.60 | | 83.15 | 1.89 | 2.08 |
| 40 M.H., Daily Totals | | $1159.60 | | $1999.95 | $28.99 | $50.00 |
| **Crew R-5** | Hr. | Daily | Hr. | Daily | Bare Costs | Incl. O&P |
| 1 Electrician Foreman | $28.00 | $224.00 | $42.10 | $336.80 | $24.31 | $37.05 |
| 4 Electrician Lineman | 27.50 | 880.00 | 41.35 | 1323.20 | | |
| 2 Electrician Operators | 27.50 | 440.00 | 41.35 | 661.60 | | |
| 4 Electrician Groundmen | 18.60 | 595.20 | 29.35 | 939.20 | | |
| 1 Crew Truck | | 174.60 | | 192.05 | | |
| 1 Tool Van | | 316.80 | | 348.50 | | |
| 1 Pick-up Truck | | 117.20 | | 128.90 | | |
| .2 Crane, 55 Ton | | 145.88 | | 160.45 | | |
| .2 Crane, 12 Ton | | 81.20 | | 89.30 | | |
| .2 Auger, Truck Mtd. | | 322.20 | | 354.40 | | |
| 1 Tractor w/Winch | | 273.60 | | 300.95 | 16.27 | 17.89 |
| 88 M.H., Daily Totals | | $3570.68 | | $4835.35 | $40.58 | $54.94 |
| **Crew R-6** | Hr. | Daily | Hr. | Daily | Bare Costs | Incl. O&P |
| 1 Electrician Foreman | $28.00 | $224.00 | $42.10 | $336.80 | $24.31 | $37.05 |
| 4 Electrician Linemen | 27.50 | 880.00 | 41.35 | 1323.20 | | |
| 2 Electrician Operators | 27.50 | 440.00 | 41.35 | 661.60 | | |
| 4 Electrician Groundmen | 18.60 | 595.20 | 29.35 | 939.20 | | |
| 1 Crew Truck | | 174.60 | | 192.05 | | |
| 1 Tool Van | | 316.80 | | 348.50 | | |
| 1 Pick-up Truck | | 117.20 | | 128.90 | | |
| .2 Crane, 55 Ton | | 145.88 | | 160.45 | | |
| .2 Crane, 12 Ton | | 81.20 | | 89.30 | | |
| .2 Auger, Truck Mtd. | | 322.20 | | 354.40 | | |
| 1 Tractor w/Winch | | 273.60 | | 300.95 | | |
| 3 Cable Trailers | | 403.80 | | 444.20 | | |
| .5 Tensioning Rig | | 131.20 | | 144.30 | | |
| .5 Cable Pulling Rig | | 784.00 | | 862.40 | 31.26 | 34.38 |
| 88 M.H., Daily Totals | | $4889.68 | | $6286.25 | $55.57 | $71.43 |
| **Crew R-7** | Hr. | Daily | Hr. | Daily | Bare Costs | Incl. O&P |
| 1 Electrician Foreman | $28.00 | $224.00 | $42.10 | $336.80 | $20.17 | $31.48 |
| 5 Electrician Groundmen | 18.60 | 744.00 | 29.35 | 1174.00 | | |
| 1 Crew Truck | | 174.60 | | 192.05 | 3.64 | 4.00 |
| 48 M.H., Daily Totals | | $1142.60 | | $1702.85 | $23.81 | $35.48 |
| **Crew R-8** | Hr. | Daily | Hr. | Daily | Bare Costs | Incl. O&P |
| 1 Electrician Foreman | $28.00 | $224.00 | $42.10 | $336.80 | $24.62 | $37.47 |
| 3 Electrician Linemen | 27.50 | 660.00 | 41.35 | 992.40 | | |
| 2 Electrician Groundmen | 18.60 | 297.60 | 29.35 | 469.60 | | |
| 1 Pick-up Truck | | 117.20 | | 128.90 | | |
| 1 Crew Truck | | 174.60 | | 192.05 | 6.08 | 6.69 |
| 48 M.H., Daily Totals | | $1473.40 | | $2119.75 | $30.70 | $44.16 |

| Crew No. | Bare Costs | | Incl. Subs O & P | | Cost Per Man-Hour | |
|---|---|---|---|---|---|---|
| **Crew R-9** | Hr. | Daily | Hr. | Daily | Bare Costs | Incl. O&P |
| 1 Electrician Foreman | $28.00 | $224.00 | $42.10 | $336.80 | $23.11 | $35.44 |
| 1 Electrician Lineman | 27.50 | 220.00 | 41.35 | 330.80 | | |
| 2 Electrician Operators | 27.50 | 440.00 | 41.35 | 661.60 | | |
| 4 Electrician Groundmen | 18.60 | 595.20 | 29.35 | 939.20 | | |
| 1 Pick-up Truck | | 117.20 | | 128.90 | | |
| 1 Crew Truck | | 174.60 | | 192.05 | 4.56 | 5.02 |
| 64 M.H., Daily Totals | | $1771.00 | | $2589.35 | $27.67 | $40.46 |
| **Crew R-10** | Hr. | Daily | Hr. | Daily | Bare Costs | Incl. O&P |
| 1 Electrician Foreman | $28.00 | $224.00 | $42.10 | $336.80 | $26.10 | $39.47 |
| 4 Electrician Linemen | 27.50 | 880.00 | 41.35 | 1323.20 | | |
| 1 Electrician Groundman | 18.60 | 148.80 | 29.35 | 234.80 | | |
| 1 Crew Truck | | 174.60 | | 192.05 | | |
| 3 Tram Cars | | 476.40 | | 524.05 | 13.56 | 14.92 |
| 48 M.H., Daily Totals | | $1903.80 | | $2610.90 | $39.66 | $54.39 |
| **Crew R-11** | Hr. | Daily | Hr. | Daily | Bare Costs | Incl. O&P |
| 1 Electrician Foreman | $28.00 | $224.00 | $42.10 | $336.80 | $25.09 | $38.14 |
| 4 Electricians | 27.50 | 880.00 | 41.35 | 1323.20 | | |
| 1 Helper | 18.60 | 148.80 | 29.35 | 234.80 | | |
| 1 Common Laborer | 19.00 | 152.00 | 30.10 | 240.80 | | |
| 1 Crew Truck | | 174.60 | | 192.05 | | |
| 1 Crane, 12 Ton | | 406.00 | | 446.60 | 10.37 | 11.40 |
| 56 M.H., Daily Totals | | $1985.40 | | $2774.25 | $35.46 | $49.54 |
| **Crew R-12** | Hr. | Daily | Hr. | Daily | Bare Costs | Incl. O&P |
| 1 Carpenter Foreman | $24.30 | $194.40 | $38.50 | $308.00 | $22.40 | $35.97 |
| 4 Carpenters | 23.80 | 761.60 | 37.70 | 1206.40 | | |
| 4 Common Laborers | 19.00 | 608.00 | 30.10 | 963.20 | | |
| 1 Equip. Oper. (med.) | 24.35 | 194.80 | 37.35 | 298.80 | | |
| 1 Steel Worker | 26.50 | 212.00 | 48.65 | 389.20 | | |
| 1 Dozer, 200 H.P. | | 819.60 | | 901.55 | | |
| 1 Pick-up Truck | | 117.20 | | 128.90 | 10.65 | 11.71 |
| 88 M.H., Daily Totals | | $2907.60 | | $4196.05 | $33.05 | $47.68 |

# Historical and City Cost Indexes

## Historical Cost Indexes

The table below lists both the Means City Cost Index based on Jan. 1, 1993 = 100 as well as the computed value of an index based on Jan. 1, 1994 costs. Since the Jan. 1, 1994 figure is estimated, space is left to write in the actual index figures as they become available through either the quarterly "Means Construction Cost Indexes" or as printed in the "Engineering News-Record." To compute the actual index based on Jan. 1, 1994 = 100, divide the Quarterly City Cost Index for a particular year by the actual Jan. 1, 1994 Quarterly City Cost Index. Space has been left to advance the index figures as the year progresses.

| Year | Quarterly City Cost Index Jan. 1, 1993 = 100 | | Current Index Based on Jan. 1, 1994 = 100 | | Year | Quarterly City Cost Index Jan. 1, 1993 = 100 | Current Index Based on Jan. 1, 1994 = 100 | | Year | Quarterly City Cost Index Jan. 1, 1993 = 100 | Current Index Based on Jan. 1, 1994 = 100 | |
|---|---|---|---|---|---|---|---|---|---|---|---|---|
| | Est. | Actual | Est. | Actual | | Actual | Est. | Actual | | Actual | Est. | Actual |
| Oct 1994 | | | | | July 1979 | 57.8 | 56.3 | | July 1961 | 19.8 | 19.3 | |
| July 1994 | | | | | 1978 | 53.5 | 52.1 | | 1960 | 19.7 | 19.2 | |
| April 1994 | | | | | 1977 | 49.5 | 48.2 | | 1959 | 19.3 | 18.8 | |
| Jan 1994 | 102.6 | | 100.0 | 100.0 | 1976 | 46.9 | 45.7 | | 1958 | 18.8 | 18.3 | |
| July 1993 | | 101.7 | 99.1 | | 1975 | 44.8 | 43.7 | | 1957 | 18.4 | 17.9 | |
| 1992 | | 99.4 | 96.9 | | 1974 | 41.4 | 40.4 | | 1956 | 17.6 | 17.2 | |
| 1991 | | 96.8 | 94.4 | | 1973 | 37.7 | 36.7 | | 1955 | 16.6 | 16.2 | |
| 1990 | | 94.3 | 91.9 | | 1972 | 34.8 | 33.9 | | 1954 | 16.0 | 15.6 | |
| 1989 | | 92.1 | 89.8 | | 1971 | 32.1 | 31.3 | | 1953 | 15.8 | 15.4 | |
| 1988 | | 89.9 | 87.6 | | 1970 | 28.7 | 28.0 | | 1952 | 15.4 | 15.0 | |
| 1987 | | 87.7 | 85.5 | | 1969 | 26.9 | 26.2 | | 1951 | 15.0 | 14.6 | |
| 1986 | | 84.2 | 82.1 | | 1968 | 24.9 | 24.3 | | 1950 | 13.7 | 13.4 | |
| 1985 | | 82.6 | 80.5 | | 1967 | 23.5 | 22.9 | | 1949 | 13.3 | 13.0 | |
| 1984 | | 82.0 | 79.9 | | 1966 | 22.7 | 22.1 | | 1948 | 13.3 | 13.0 | |
| 1983 | | 80.2 | 78.1 | | 1965 | 21.7 | 21.2 | | 1947 | 12.1 | 11.8 | |
| 1982 | | 76.1 | 74.2 | | 1964 | 21.2 | 20.7 | | 1946 | 10.1 | 9.8 | |
| 1981 | | 70.0 | 68.2 | | 1963 | 20.7 | 20.2 | | 1945 | 8.8 | 8.6 | |
| 1980 | | 62.9 | 61.3 | | 1962 | 20.2 | 19.7 | | 1944 | 8.4 | 8.2 | |

## City Costs Indexes

Tabulated on the following pages are average construction cost indexes for 162 major U.S. and Canadian cities. Index figures for both material and installation are based on the 30 major city average of 100 and represent the cost relationship as of July 1, 1993. The index for each division is computed from representative material and labor quantities for that division. The weighted average for each city is a weighted total of the components listed above it, but does not include relative productivity between trades or cities.

The material index for the weighted average includes about 66 basic construction materials with appropriate quantities of each material to represent typical "average" building construction projects.

The installation index for the weighted average includes the contribution of about 21 construction trades with their representative man-days in proportion to the material items installed. Also included in the installation costs are the representative equipment costs for those items requiring equipment.

Since each division of the book contains many different items, any particular item multiplied by the particular city index may give incorrect results. However, when all the book costs for a particular division are summarized and then factored, the result should be very close to the actual costs for that particular division for that city.

If a project has a preponderance of materials from any particular division (say structural steel), then the weighted average index should be adjusted in proportion to the value of the factor for that division.

**Note:** For listing of the 30 major cities see reference number R033-060

## Adjustments to Costs

**Time Adjustment using the Historical Cost Indexes:**

$$\frac{\text{Index for Year A}}{\text{Index for Year B}} \times \text{Cost in Year B} = \text{Cost in Year A}$$

**Location Adjustment using the City Cost Indexes:**

$$\frac{\text{Index for City A}}{\text{Index for City B}} \times \text{Cost in City B} = \text{Cost in City A}$$

**Adjustment from the National Average:**

$$\text{National Average Cost} \times \frac{\text{Index for City A}}{100} = \text{Cost in City A}$$

**Note:** The City Cost Indexes for Canada can be used to convert U.S. National averages to local costs in Canadian dollars.

# CITY COST INDEXES

| DIVISION | | ALABAMA ||||||||||| ALASKA ||| ARIZONA |||
|---|---|---|---|---|---|---|---|---|---|---|---|---|---|---|---|---|---|---|
| | | BIRMINGHAM ||| HUNTSVILLE ||| MOBILE ||| MONTGOMERY ||| ANCHORAGE ||| PHOENIX |||
| | | MAT. | INST. | TOTAL | MAT. | INST. | TOTAL | MAT. | INST. | TOTAL | MAT. | INST. | TOTAL | MAT. | INST. | TOTAL | MAT. | INST. | TOTAL |
| 2 | SITE WORK | 87.6 | 92.9 | 91.7 | 87.6 | 93.2 | 91.9 | 97.7 | 87.4 | 89.8 | 98.4 | 86.9 | 89.6 | 122.8 | 142.3 | 137.8 | 72.1 | 99.8 | 93.4 |
| 031 | CONCRETE FORMWORK | 101.4 | 68.4 | 73.4 | 100.5 | 65.8 | 71.1 | 100.5 | 70.2 | 74.8 | 97.7 | 62.6 | 67.9 | 123.0 | 127.7 | 127.0 | 99.6 | 84.2 | 86.6 |
| 032 | CONCRETE REINFORCEMENT | 87.9 | 72.9 | 79.4 | 87.9 | 68.7 | 77.1 | 90.8 | 67.4 | 77.6 | 90.8 | 72.2 | 80.3 | 145.9 | 159.7 | 153.7 | 97.4 | 78.6 | 86.8 |
| 033 | CAST IN PLACE CONCRETE | 79.4 | 65.6 | 73.4 | 79.4 | 66.5 | 73.8 | 77.4 | 69.1 | 73.8 | 77.4 | 61.4 | 70.5 | 181.4 | 121.5 | 155.6 | 92.5 | 86.2 | 89.8 |
| 3 | CONCRETE | 80.1 | 70.0 | 75.0 | 80.0 | 68.5 | 74.2 | 79.4 | 71.0 | 75.2 | 79.2 | 65.9 | 72.5 | 157.4 | 130.6 | 143.9 | 99.6 | 83.4 | 91.5 |
| 4 | MASONRY | 75.4 | 66.1 | 69.6 | 75.4 | 60.6 | 66.3 | 75.4 | 67.0 | 70.2 | 75.4 | 46.4 | 57.5 | 164.9 | 131.6 | 144.3 | 79.9 | 82.5 | 81.5 |
| 5 | METALS | 96.9 | 95.0 | 96.2 | 96.8 | 94.3 | 95.8 | 95.7 | 93.7 | 94.9 | 95.9 | 93.5 | 95.0 | 131.3 | 122.7 | 128.0 | 96.7 | 77.7 | 89.4 |
| 6 | WOOD & PLASTICS | 98.4 | 69.5 | 83.8 | 97.3 | 65.8 | 81.4 | 97.3 | 71.8 | 84.4 | 93.7 | 65.5 | 79.6 | 117.7 | 125.8 | 121.8 | 102.8 | 83.7 | 93.1 |
| 7 | THERMAL & MOISTURE PROTECTION | 95.1 | 63.9 | 80.6 | 95.1 | 62.4 | 79.9 | 95.1 | 65.1 | 81.2 | 95.1 | 57.3 | 77.5 | 201.0 | 121.3 | 163.9 | 112.8 | 85.7 | 100.2 |
| 8 | DOORS & WINDOWS | 96.0 | 68.9 | 89.5 | 96.0 | 63.7 | 88.3 | 96.0 | 68.6 | 89.5 | 96.0 | 65.9 | 88.8 | 128.7 | 131.4 | 129.4 | 103.3 | 83.5 | 98.6 |
| 092 | LATH, PLASTER & GYPSUM BOARD | 103.1 | 69.1 | 79.7 | 103.1 | 65.3 | 77.1 | 103.1 | 71.5 | 81.4 | 103.1 | 65.3 | 77.1 | 142.6 | 126.3 | 131.6 | 94.2 | 83.1 | 86.6 |
| 095 | ACOUSTICAL TREATMENT & WOOD FLOORING | 99.2 | 69.1 | 79.7 | 99.2 | 65.3 | 77.3 | 99.2 | 71.5 | 81.3 | 99.2 | 65.3 | 77.3 | 157.8 | 126.6 | 137.6 | 94.8 | 83.1 | 87.2 |
| 096 | FLOORING & CARPET | 96.7 | 69.1 | 90.2 | 96.7 | 59.7 | 88.0 | 104.8 | 74.9 | 97.8 | 104.8 | 38.7 | 89.3 | 141.3 | 134.7 | 139.8 | 85.8 | 85.5 | 85.7 |
| 099 | PAINTING & WALL COVERINGS | 86.2 | 64.3 | 73.7 | 86.2 | 63.0 | 72.9 | 86.2 | 73.0 | 78.6 | 86.2 | 71.7 | 77.9 | 130.1 | 127.9 | 128.8 | 97.8 | 75.6 | 85.1 |
| 9 | FINISHES | 97.3 | 68.3 | 82.5 | 97.3 | 64.2 | 80.5 | 101.2 | 71.7 | 86.1 | 101.2 | 59.0 | 79.7 | 157.9 | 128.9 | 143.1 | 85.7 | 83.6 | 84.6 |
| 10-14 | TOTAL DIV. 10-14 | 100.0 | 77.1 | 95.0 | 100.0 | 76.9 | 95.0 | 100.0 | 76.8 | 94.9 | 100.0 | 73.8 | 94.3 | 100.0 | 123.3 | 105.1 | 100.0 | 88.0 | 97.4 |
| 15 | MECHANICAL | 90.6 | 64.1 | 79.3 | 90.6 | 64.9 | 79.6 | 97.6 | 66.3 | 84.3 | 97.6 | 58.5 | 80.9 | 111.0 | 120.4 | 115.0 | 99.9 | 83.3 | 92.8 |
| 16 | ELECTRICAL | 95.7 | 64.7 | 75.3 | 95.7 | 72.4 | 80.4 | 95.8 | 68.0 | 77.5 | 95.8 | 55.0 | 69.0 | 155.7 | 133.7 | 141.3 | 110.3 | 71.8 | 85.0 |
| 1-16 | WEIGHTED AVERAGE | 92.0 | 72.1 | 82.5 | 92.0 | 72.0 | 82.4 | 94.1 | 73.0 | 84.0 | 94.1 | 64.8 | 80.0 | 135.2 | 129.1 | 132.2 | 97.7 | 82.8 | 90.5 |

| DIVISION | | ARIZONA ||| ARKANSAS |||||| CALIFORNIA |||||||||
|---|---|---|---|---|---|---|---|---|---|---|---|---|---|---|---|---|---|---|
| | | TUCSON ||| FORT SMITH ||| LITTLE ROCK ||| ANAHEIM ||| BAKERSFIELD ||| FRESNO |||
| | | MAT. | INST. | TOTAL | MAT. | INST. | TOTAL | MAT. | INST. | TOTAL | MAT. | INST. | TOTAL | MAT. | INST. | TOTAL | MAT. | INST. | TOTAL |
| 2 | SITE WORK | 72.5 | 99.8 | 93.5 | 76.7 | 83.6 | 82.0 | 76.7 | 83.6 | 82.0 | 85.8 | 113.3 | 106.9 | 92.9 | 112.5 | 107.9 | 92.9 | 112.5 | 108.0 |
| 031 | CONCRETE FORMWORK | 100.6 | 84.0 | 86.5 | 96.6 | 56.8 | 62.9 | 93.7 | 62.6 | 67.3 | 98.7 | 129.1 | 124.5 | 90.2 | 128.0 | 122.3 | 98.5 | 125.1 | 121.0 |
| 032 | CONCRETE REINFORCEMENT | 96.4 | 78.6 | 86.3 | 97.9 | 65.0 | 79.3 | 97.9 | 62.5 | 77.9 | 110.9 | 113.8 | 112.5 | 110.4 | 113.1 | 111.9 | 110.9 | 113.3 | 112.2 |
| 033 | CAST IN PLACE CONCRETE | 94.4 | 86.1 | 90.8 | 83.1 | 59.0 | 72.8 | 83.1 | 59.1 | 72.8 | 98.6 | 126.7 | 110.7 | 93.9 | 125.1 | 107.3 | 93.9 | 120.8 | 105.4 |
| 3 | CONCRETE | 100.4 | 83.3 | 91.8 | 81.7 | 60.2 | 70.9 | 81.5 | 62.2 | 71.8 | 122.5 | 124.2 | 123.3 | 119.6 | 123.0 | 121.3 | 120.3 | 120.3 | 120.3 |
| 4 | MASONRY | 80.0 | 82.5 | 81.6 | 93.1 | 62.0 | 73.9 | 92.5 | 62.0 | 73.7 | 90.2 | 136.6 | 118.6 | 114.8 | 125.2 | 121.3 | 116.0 | 124.7 | 121.4 |
| 5 | METALS | 97.2 | 77.6 | 89.7 | 99.9 | 76.8 | 91.1 | 99.9 | 76.1 | 90.8 | 113.6 | 104.3 | 110.0 | 106.1 | 102.1 | 104.6 | 108.7 | 103.4 | 106.7 |
| 6 | WOOD & PLASTICS | 103.8 | 83.7 | 93.6 | 94.5 | 57.2 | 75.6 | 90.6 | 64.8 | 77.5 | 95.5 | 126.9 | 111.4 | 84.4 | 127.1 | 106.0 | 97.0 | 123.3 | 110.3 |
| 7 | THERMAL & MOISTURE PROTECTION | 114.0 | 82.7 | 99.4 | 90.0 | 60.3 | 76.2 | 88.8 | 61.1 | 75.9 | 123.8 | 128.2 | 125.9 | 106.0 | 114.1 | 109.8 | 105.5 | 117.3 | 111.0 |
| 8 | DOORS & WINDOWS | 102.0 | 83.5 | 97.6 | 97.6 | 57.8 | 88.1 | 97.6 | 61.7 | 89.0 | 107.2 | 122.0 | 110.8 | 105.9 | 118.3 | 108.8 | 105.8 | 117.0 | 108.5 |
| 092 | LATH, PLASTER & GYPSUM BOARD | 94.6 | 83.1 | 86.7 | 92.7 | 56.9 | 68.1 | 92.7 | 64.7 | 73.4 | 100.2 | 127.9 | 119.2 | 100.2 | 127.9 | 119.2 | 99.5 | 124.0 | 116.3 |
| 095 | ACOUSTICAL TREATMENT & WOOD FLOORING | 96.4 | 83.1 | 87.8 | 97.4 | 56.9 | 71.2 | 97.4 | 64.7 | 76.2 | 146.8 | 127.9 | 134.6 | 146.8 | 127.9 | 134.6 | 146.8 | 124.0 | 132.1 |
| 096 | FLOORING & CARPET | 85.0 | 75.5 | 82.8 | 122.6 | 68.5 | 109.9 | 122.6 | 68.5 | 109.9 | 138.5 | 129.2 | 136.4 | 134.3 | 87.0 | 123.2 | 134.3 | 101.3 | 126.5 |
| 099 | PAINTING & WALL COVERINGS | 95.6 | 74.4 | 83.4 | 100.4 | 44.7 | 68.4 | 100.4 | 61.7 | 78.2 | 124.3 | 126.1 | 125.3 | 126.8 | 123.7 | 125.0 | 126.8 | 105.5 | 114.6 |
| 9 | FINISHES | 85.6 | 81.4 | 83.5 | 104.6 | 57.6 | 80.7 | 104.5 | 63.9 | 83.8 | 129.7 | 128.9 | 129.3 | 131.8 | 120.9 | 126.3 | 131.7 | 118.0 | 124.7 |
| 10-14 | TOTAL DIV. 10-14 | 100.0 | 88.0 | 97.4 | 100.0 | 68.5 | 93.1 | 100.0 | 69.5 | 93.3 | 100.0 | 124.0 | 105.2 | 100.0 | 124.3 | 105.3 | 100.0 | 142.9 | 109.4 |
| 15 | MECHANICAL | 99.8 | 80.5 | 91.6 | 100.0 | 52.9 | 79.9 | 100.2 | 60.3 | 83.2 | 100.2 | 126.9 | 111.6 | 100.2 | 108.0 | 103.5 | 100.2 | 122.8 | 109.9 |
| 16 | ELECTRICAL | 110.9 | 76.9 | 88.6 | 96.5 | 67.4 | 77.4 | 96.5 | 69.9 | 79.0 | 89.6 | 117.1 | 107.6 | 86.7 | 110.0 | 102.0 | 88.7 | 106.2 | 100.2 |
| 1-16 | WEIGHTED AVERAGE | 97.8 | 82.7 | 90.5 | 96.3 | 63.9 | 80.8 | 96.2 | 67.0 | 82.2 | 107.5 | 122.3 | 114.6 | 106.9 | 114.6 | 110.6 | 107.7 | 116.6 | 111.9 |

| DIVISION | | CALIFORNIA ||||||||||||||||||
|---|---|---|---|---|---|---|---|---|---|---|---|---|---|---|---|---|---|---|
| | | LOS ANGELES ||| OXNARD ||| RIVERSIDE ||| SACRAMENTO ||| SAN DIEGO ||| SAN FRANCISCO |||
| | | MAT. | INST. | TOTAL | MAT. | INST. | TOTAL | MAT. | INST. | TOTAL | MAT. | INST. | TOTAL | MAT. | INST. | TOTAL | MAT. | INST. | TOTAL |
| 2 | SITE WORK | 84.6 | 113.7 | 106.9 | 93.7 | 110.0 | 106.3 | 85.7 | 113.3 | 106.9 | 91.8 | 111.8 | 107.2 | 85.7 | 108.7 | 103.4 | 130.2 | 105.5 | 111.2 |
| 031 | CONCRETE FORMWORK | 101.0 | 128.9 | 124.6 | 96.2 | 129.2 | 124.2 | 99.9 | 129.0 | 124.6 | 97.4 | 125.2 | 121.0 | 99.9 | 122.3 | 118.9 | 98.5 | 143.3 | 136.6 |
| 032 | CONCRETE REINFORCEMENT | 113.5 | 113.8 | 113.7 | 110.4 | 113.3 | 112.0 | 109.4 | 113.4 | 111.7 | 110.9 | 113.4 | 112.3 | 109.9 | 113.0 | 111.6 | 124.9 | 114.8 | 119.2 |
| 033 | CAST IN PLACE CONCRETE | 94.7 | 123.2 | 107.0 | 100.8 | 125.7 | 111.5 | 98.6 | 126.7 | 110.7 | 102.1 | 120.9 | 110.2 | 98.5 | 118.1 | 107.0 | 117.9 | 125.7 | 121.2 |
| 3 | CONCRETE | 121.2 | 122.7 | 122.0 | 123.3 | 123.7 | 123.5 | 122.4 | 124.0 | 123.2 | 124.0 | 120.4 | 122.2 | 122.4 | 118.1 | 120.3 | 133.4 | 130.5 | 131.9 |
| 4 | MASONRY | 115.4 | 136.0 | 128.1 | 120.6 | 124.9 | 123.3 | 90.7 | 127.4 | 113.4 | 122.0 | 124.7 | 123.7 | 91.3 | 121.7 | 110.1 | 160.9 | 146.7 | 152.1 |
| 5 | METALS | 103.9 | 101.9 | 103.1 | 106.1 | 103.2 | 105.0 | 113.6 | 103.6 | 109.8 | 108.7 | 104.0 | 106.9 | 113.6 | 102.7 | 109.4 | 119.7 | 112.7 | 117.0 |
| 6 | WOOD & PLASTICS | 91.1 | 126.5 | 109.0 | 93.5 | 127.1 | 110.5 | 95.5 | 126.9 | 111.4 | 97.0 | 123.0 | 110.2 | 95.5 | 118.6 | 107.2 | 100.8 | 143.1 | 122.2 |
| 7 | THERMAL & MOISTURE PROTECTION | 110.9 | 128.1 | 118.9 | 111.4 | 124.4 | 117.5 | 123.3 | 125.4 | 124.3 | 111.7 | 123.2 | 117.0 | 123.3 | 117.2 | 120.5 | 108.0 | 143.3 | 124.4 |
| 8 | DOORS & WINDOWS | 104.7 | 121.8 | 108.8 | 104.4 | 122.1 | 108.6 | 107.2 | 122.0 | 110.8 | 105.4 | 117.4 | 108.3 | 107.3 | 117.4 | 109.7 | 99.2 | 132.7 | 107.3 |
| 092 | LATH, PLASTER & GYPSUM BOARD | 100.7 | 127.9 | 119.4 | 100.2 | 127.9 | 119.2 | 100.2 | 127.9 | 119.2 | 99.5 | 123.7 | 116.1 | 100.7 | 119.2 | 113.4 | 104.8 | 144.2 | 131.9 |
| 095 | ACOUSTICAL TREATMENT & WOOD FLOORING | 148.4 | 127.9 | 135.1 | 146.8 | 127.9 | 134.6 | 146.8 | 127.9 | 134.6 | 146.8 | 123.7 | 131.8 | 148.4 | 119.2 | 129.5 | 148.4 | 144.2 | 145.7 |
| 096 | FLOORING & CARPET | 128.1 | 129.9 | 128.5 | 134.3 | 129.9 | 133.2 | 138.5 | 129.9 | 136.4 | 134.3 | 122.8 | 131.6 | 134.9 | 128.0 | 133.3 | 130.6 | 129.1 | 130.3 |
| 099 | PAINTING & WALL COVERINGS | 126.8 | 126.8 | 126.8 | 126.8 | 118.0 | 121.7 | 124.3 | 126.1 | 125.3 | 126.8 | 119.5 | 122.6 | 124.3 | 133.3 | 129.4 | 129.1 | 149.1 | 140.6 |
| 9 | FINISHES | 125.7 | 128.7 | 127.2 | 131.6 | 128.1 | 129.8 | 129.5 | 128.9 | 129.2 | 131.5 | 123.8 | 127.6 | 128.5 | 124.6 | 126.5 | 132.9 | 141.5 | 137.3 |
| 10-14 | TOTAL DIV. 10-14 | 100.0 | 122.8 | 105.0 | 100.0 | 124.4 | 105.3 | 100.0 | 124.0 | 105.2 | 100.0 | 142.8 | 109.4 | 100.0 | 122.8 | 105.0 | 100.0 | 147.3 | 110.3 |
| 15 | MECHANICAL | 100.1 | 126.8 | 111.5 | 100.2 | 126.9 | 111.6 | 100.2 | 126.9 | 111.6 | 100.2 | 121.0 | 109.1 | 100.2 | 127.7 | 111.9 | 100.2 | 177.6 | 133.2 |
| 16 | ELECTRICAL | 107.6 | 126.9 | 120.3 | 93.7 | 119.2 | 110.5 | 89.6 | 110.1 | 103.0 | 94.0 | 96.9 | 95.9 | 89.6 | 91.8 | 91.0 | 101.8 | 163.6 | 142.4 |
| 1-16 | WEIGHTED AVERAGE | 107.6 | 123.4 | 115.2 | 108.3 | 120.9 | 114.3 | 107.5 | 120.2 | 113.6 | 108.9 | 115.6 | 112.1 | 107.5 | 114.4 | 110.8 | 114.8 | 144.4 | 129.0 |

# CITY COST INDEXES

| DIVISION | | CALIFORNIA ||||||||| COLORADO |||||| CONNECTICUT |||
|---|---|---|---|---|---|---|---|---|---|---|---|---|---|---|---|---|---|---|---|
| | | SANTA BARBARA ||| STOCKTON ||| VALLEJO ||| COLORADO SPRINGS ||| DENVER ||| BRIDGEPORT |||
| | | MAT. | INST. | TOTAL | MAT. | INST. | TOTAL | MAT. | INST. | TOTAL | MAT. | INST. | TOTAL | MAT. | INST. | TOTAL | MAT. | INST. | TOTAL |
| 2 | SITE WORK | 92.9 | 112.5 | 108.0 | 92.0 | 111.8 | 107.2 | 85.7 | 111.9 | 105.9 | 135.0 | 98.1 | 106.6 | 135.1 | 101.9 | 109.5 | 116.1 | 106.2 | 108.5 |
| 031 | CONCRETE FORMWORK | 99.0 | 128.7 | 124.2 | 90.6 | 125.4 | 120.1 | 99.9 | 140.5 | 134.3 | 92.8 | 76.0 | 78.5 | 103.9 | 79.9 | 83.5 | 94.8 | 100.7 | 99.8 |
| 032 | CONCRETE REINFORCEMENT | 110.4 | 113.4 | 112.1 | 110.9 | 113.3 | 112.2 | 109.4 | 113.7 | 111.9 | 99.1 | 86.2 | 91.8 | 98.6 | 86.2 | 91.6 | 127.2 | 146.2 | 137.9 |
| 033 | CAST IN PLACE CONCRETE | 93.9 | 125.4 | 107.4 | 102.1 | 120.9 | 110.2 | 98.6 | 122.3 | 108.8 | 102.8 | 83.9 | 94.6 | 102.7 | 83.1 | 94.3 | 118.6 | 117.9 | 118.3 |
| 3 | CONCRETE | 120.2 | 123.4 | 121.8 | 123.5 | 120.5 | 122.0 | 122.4 | 127.6 | 125.0 | 102.1 | 81.2 | 91.6 | 107.1 | 82.6 | 94.8 | 122.2 | 114.5 | 118.3 |
| 4 | MASONRY | 114.9 | 128.2 | 123.1 | 119.8 | 123.1 | 121.8 | 90.7 | 130.1 | 115.0 | 94.7 | 79.5 | 85.3 | 95.2 | 79.3 | 85.4 | 110.3 | 123.2 | 118.3 |
| 5 | METALS | 106.1 | 103.0 | 104.9 | 108.2 | 103.8 | 106.5 | 113.6 | 105.2 | 110.4 | 101.1 | 91.5 | 97.4 | 102.9 | 91.3 | 98.5 | 109.3 | 109.9 | 109.5 |
| 6 | WOOD & PLASTICS | 93.5 | 127.1 | 110.5 | 88.8 | 123.3 | 106.3 | 95.5 | 142.7 | 119.4 | 90.2 | 75.4 | 82.7 | 102.4 | 80.4 | 91.3 | 101.9 | 93.5 | 97.7 |
| 7 | THERMAL & MOISTURE PROTECTION | 106.9 | 112.1 | 109.3 | 111.5 | 116.7 | 113.9 | 123.3 | 126.2 | 124.7 | 104.9 | 83.0 | 94.7 | 104.7 | 83.7 | 94.9 | 98.3 | 121.4 | 109.1 |
| 8 | DOORS & WINDOWS | 105.9 | 122.1 | 109.8 | 104.9 | 117.5 | 108.0 | 107.2 | 132.5 | 113.3 | 96.9 | 82.3 | 93.4 | 96.2 | 83.7 | 93.2 | 103.1 | 109.8 | 104.7 |
| 092 | LATH, PLASTER & GYPSUM BOARD | 100.2 | 127.9 | 119.2 | 101.7 | 124.0 | 117.0 | 100.2 | 144.2 | 130.4 | 83.6 | 74.2 | 77.2 | 97.5 | 79.8 | 85.3 | 114.2 | 92.0 | 99.0 |
| 095 | ACOUSTICAL TREATMENT & WOOD FLOORING | 146.8 | 127.9 | 134.6 | 146.8 | 124.0 | 132.1 | 146.8 | 144.2 | 145.1 | 96.4 | 74.2 | 82.1 | 94.8 | 79.8 | 85.1 | 100.9 | 92.0 | 95.2 |
| 096 | FLOORING & CARPET | 134.3 | 117.6 | 130.4 | 134.3 | 108.8 | 128.3 | 138.5 | 129.1 | 136.3 | 104.5 | 75.2 | 97.6 | 105.4 | 98.5 | 103.8 | 94.0 | 118.3 | 99.7 |
| 099 | PAINTING & WALL COVERINGS | 126.8 | 118.0 | 121.7 | 126.8 | 109.7 | 117.0 | 124.3 | 119.5 | 121.5 | 119.2 | 74.6 | 93.6 | 119.2 | 89.3 | 102.1 | 96.8 | 114.0 | 106.7 |
| 9 | FINISHES | 131.8 | 125.9 | 128.8 | 131.8 | 120.1 | 125.9 | 129.5 | 137.4 | 133.5 | 95.1 | 75.0 | 84.9 | 96.5 | 84.3 | 90.3 | 99.2 | 103.8 | 101.5 |
| 10-14 | TOTAL DIV. 10-14 | 100.0 | 124.4 | 105.3 | 100.0 | 143.0 | 109.4 | 100.0 | 145.2 | 109.9 | 100.0 | 85.0 | 96.7 | 100.0 | 85.0 | 96.7 | 100.0 | 117.2 | 103.8 |
| 15 | MECHANICAL | 100.2 | 126.9 | 111.6 | 100.2 | 134.9 | 115.0 | 100.2 | 135.0 | 115.0 | 99.8 | 78.8 | 90.9 | 99.8 | 81.0 | 91.8 | 99.3 | 109.4 | 103.6 |
| 16 | ELECTRICAL | 86.7 | 114.5 | 105.0 | 97.6 | 112.1 | 107.1 | 89.6 | 119.3 | 109.1 | 101.2 | 75.9 | 84.6 | 102.3 | 82.2 | 89.1 | 98.8 | 114.7 | 109.2 |
| 1-16 | WEIGHTED AVERAGE | 107.1 | 120.0 | 113.3 | 108.9 | 119.9 | 114.2 | 107.5 | 126.1 | 116.4 | 100.4 | 81.8 | 91.5 | 101.5 | 85.0 | 93.6 | 105.0 | 111.6 | 108.2 |

| DIVISION | | CONNECTICUT ||||||||||| D.C. ||| DELAWARE |||
|---|---|---|---|---|---|---|---|---|---|---|---|---|---|---|---|---|---|---|---|
| | | HARTFORD ||| NEW HAVEN ||| STAMFORD ||| WATERBURY ||| WASHINGTON ||| WILMINGTON |||
| | | MAT. | INST. | TOTAL | MAT. | INST. | TOTAL | MAT. | INST. | TOTAL | MAT. | INST. | TOTAL | MAT. | INST. | TOTAL | MAT. | INST. | TOTAL |
| 2 | SITE WORK | 116.6 | 106.2 | 108.6 | 114.8 | 107.1 | 108.9 | 116.1 | 106.2 | 108.5 | 116.8 | 106.1 | 108.6 | 102.3 | 94.9 | 96.6 | 118.3 | 110.8 | 112.6 |
| 031 | CONCRETE FORMWORK | 94.8 | 98.1 | 97.6 | 94.8 | 106.3 | 104.5 | 94.8 | 106.9 | 105.0 | 94.8 | 105.9 | 104.2 | 98.6 | 82.0 | 84.5 | 102.8 | 98.4 | 99.0 |
| 032 | CONCRETE REINFORCEMENT | 127.2 | 146.2 | 137.9 | 127.2 | 146.2 | 137.9 | 127.2 | 146.9 | 138.3 | 127.2 | 146.1 | 137.9 | 97.0 | 101.4 | 99.5 | 95.5 | 90.0 | 92.4 |
| 033 | CAST IN PLACE CONCRETE | 117.0 | 117.8 | 117.4 | 112.9 | 120.6 | 116.2 | 118.6 | 108.3 | 114.2 | 124.3 | 117.6 | 121.4 | 106.1 | 85.2 | 97.1 | 96.1 | 96.9 | 96.4 |
| 3 | CONCRETE | 121.5 | 113.4 | 117.4 | 119.6 | 117.8 | 118.7 | 122.2 | 113.9 | 118.0 | 124.9 | 116.6 | 120.7 | 104.2 | 88.2 | 96.2 | 103.9 | 97.8 | 100.9 |
| 4 | MASONRY | 109.1 | 123.2 | 117.8 | 108.8 | 123.2 | 117.7 | 109.2 | 136.6 | 126.1 | 109.6 | 123.2 | 118.0 | 101.9 | 84.0 | 90.8 | 96.8 | 94.9 | 95.6 |
| 5 | METALS | 109.3 | 109.7 | 109.5 | 109.3 | 109.5 | 109.4 | 109.3 | 111.0 | 110.0 | 109.3 | 109.2 | 109.3 | 96.0 | 112.6 | 102.3 | 93.9 | 119.5 | 103.7 |
| 6 | WOOD & PLASTICS | 101.9 | 90.3 | 96.0 | 101.9 | 101.6 | 101.8 | 101.9 | 101.6 | 101.8 | 101.9 | 101.6 | 101.8 | 93.6 | 81.8 | 87.6 | 103.9 | 98.1 | 103.7 |
| 7 | THERMAL & MOISTURE PROTECTION | 98.3 | 114.1 | 105.6 | 98.3 | 120.5 | 108.7 | 98.3 | 124.1 | 110.3 | 98.3 | 120.1 | 108.5 | 92.0 | 87.5 | 89.9 | 98.3 | 105.7 | 101.8 |
| 8 | DOORS & WINDOWS | 103.1 | 107.7 | 104.2 | 103.1 | 114.2 | 105.8 | 103.1 | 114.2 | 105.8 | 103.1 | 114.2 | 105.8 | 100.5 | 87.7 | 97.5 | 105.2 | 101.8 | 104.4 |
| 092 | LATH, PLASTER & GYPSUM BOARD | 114.2 | 88.6 | 96.6 | 114.2 | 100.4 | 104.7 | 114.2 | 100.4 | 104.7 | 114.2 | 100.4 | 104.7 | 86.5 | 80.7 | 82.5 | 108.2 | 97.5 | 100.9 |
| 095 | ACOUSTICAL TREATMENT & WOOD FLOORING | 100.9 | 88.6 | 93.0 | 100.9 | 100.4 | 100.6 | 100.9 | 100.4 | 100.6 | 100.9 | 100.4 | 100.6 | 89.4 | 80.7 | 83.8 | 90.8 | 97.5 | 95.1 |
| 096 | FLOORING & CARPET | 94.0 | 118.3 | 99.7 | 94.0 | 118.3 | 99.7 | 94.0 | 139.1 | 104.6 | 94.0 | 118.3 | 99.7 | 80.3 | 112.9 | 88.0 | 74.2 | 101.8 | 80.7 |
| 099 | PAINTING & WALL COVERINGS | 96.8 | 114.9 | 107.2 | 96.8 | 93.3 | 94.8 | 96.8 | 114.0 | 106.7 | 96.8 | 74.1 | 83.7 | 92.8 | 94.0 | 93.5 | 81.1 | 98.3 | 91.0 |
| 9 | FINISHES | 99.3 | 102.0 | 100.7 | 99.2 | 106.1 | 102.7 | 99.2 | 112.8 | 106.1 | 99.2 | 103.9 | 101.6 | 87.6 | 88.9 | 88.3 | 88.8 | 99.6 | 93.9 |
| 10-14 | TOTAL DIV. 10-14 | 100.0 | 116.8 | 103.7 | 100.0 | 118.2 | 104.0 | 100.0 | 118.4 | 104.0 | 100.0 | 118.1 | 104.0 | 100.0 | 91.5 | 98.1 | 100.0 | 109.6 | 102.1 |
| 15 | MECHANICAL | 99.3 | 113.5 | 105.4 | 99.3 | 105.1 | 101.8 | 99.3 | 109.4 | 103.6 | 99.3 | 100.7 | 109.9 | 99.9 | 90.2 | 95.8 | 100.0 | 99.2 | 99.7 |
| 16 | ELECTRICAL | 98.8 | 110.7 | 106.7 | 98.8 | 83.6 | 88.8 | 98.8 | 120.1 | 113.3 | 98.8 | 70.1 | 80.0 | 95.9 | 98.5 | 97.6 | 109.4 | 101.1 | 104.0 |
| 1-16 | WEIGHTED AVERAGE | 104.9 | 111.1 | 107.8 | 104.5 | 106.8 | 105.6 | 104.9 | 115.4 | 110.0 | 105.3 | 103.2 | 104.3 | 98.2 | 92.9 | 95.7 | 100.2 | 102.5 | 101.3 |

| DIVISION | | FLORIDA ||||||||||||||| GEORGIA |||
|---|---|---|---|---|---|---|---|---|---|---|---|---|---|---|---|---|---|---|---|
| | | FORT LAUDERDALE ||| JACKSONVILLE ||| MIAMI ||| ORLANDO ||| TAMPA ||| ATLANTA |||
| | | MAT. | INST. | TOTAL | MAT. | INST. | TOTAL | MAT. | INST. | TOTAL | MAT. | INST. | TOTAL | MAT. | INST. | TOTAL | MAT. | INST. | TOTAL |
| 2 | SITE WORK | 106.7 | 74.5 | 81.9 | 120.3 | 88.4 | 95.7 | 106.2 | 74.3 | 81.7 | 120.9 | 87.5 | 95.2 | 122.0 | 87.4 | 95.4 | 108.5 | 93.6 | 97.0 |
| 031 | CONCRETE FORMWORK | 97.5 | 69.1 | 73.4 | 100.7 | 73.2 | 77.3 | 97.6 | 69.0 | 73.3 | 100.7 | 75.6 | 79.4 | 100.7 | 69.0 | 73.8 | 99.4 | 73.4 | 77.3 |
| 032 | CONCRETE REINFORCEMENT | 90.8 | 80.3 | 84.9 | 90.8 | 72.7 | 80.6 | 90.8 | 80.2 | 84.8 | 90.8 | 78.4 | 83.8 | 90.8 | 82.2 | 85.9 | 93.1 | 82.6 | 87.1 |
| 033 | CAST IN PLACE CONCRETE | 84.3 | 79.4 | 82.2 | 77.6 | 67.3 | 73.1 | 81.6 | 77.8 | 79.9 | 82.3 | 77.4 | 80.2 | 91.7 | 73.4 | 83.8 | 92.0 | 73.5 | 84.0 |
| 3 | CONCRETE | 82.5 | 76.6 | 79.5 | 79.6 | 72.6 | 76.1 | 81.2 | 75.9 | 78.6 | 81.9 | 78.2 | 80.0 | 86.2 | 74.7 | 80.4 | 86.8 | 75.3 | 81.0 |
| 4 | MASONRY | 77.0 | 74.8 | 75.6 | 76.6 | 66.7 | 70.5 | 76.8 | 72.9 | 74.4 | 77.0 | 76.0 | 76.4 | 77.6 | 71.2 | 73.7 | 93.5 | 67.7 | 77.6 |
| 5 | METALS | 96.8 | 100.3 | 98.1 | 97.9 | 94.8 | 96.7 | 96.8 | 99.6 | 97.8 | 106.3 | 97.0 | 102.7 | 100.7 | 98.4 | 99.8 | 89.7 | 78.4 | 85.4 |
| 6 | WOOD & PLASTICS | 91.9 | 69.6 | 80.6 | 98.1 | 74.8 | 86.3 | 91.9 | 69.6 | 80.6 | 98.1 | 75.8 | 86.8 | 98.1 | 69.6 | 83.7 | 101.1 | 75.7 | 88.2 |
| 7 | THERMAL & MOISTURE PROTECTION | 95.0 | 77.3 | 86.8 | 95.3 | 75.3 | 86.0 | 95.0 | 78.1 | 87.2 | 95.3 | 75.9 | 86.3 | 95.3 | 67.4 | 82.3 | 93.9 | 72.7 | 84.1 |
| 8 | DOORS & WINDOWS | 96.0 | 70.1 | 89.8 | 98.3 | 70.1 | 91.6 | 96.0 | 70.9 | 90.0 | 98.3 | 71.8 | 92.0 | 98.3 | 65.4 | 90.5 | 94.4 | 72.8 | 89.2 |
| 092 | LATH, PLASTER & GYPSUM BOARD | 102.3 | 69.2 | 79.6 | 103.1 | 74.6 | 83.5 | 102.3 | 69.2 | 79.6 | 103.1 | 75.7 | 84.3 | 103.1 | 69.2 | 79.8 | 107.6 | 75.5 | 85.5 |
| 095 | ACOUSTICAL TREATMENT & WOOD FLOORING | 99.2 | 69.2 | 79.8 | 99.2 | 74.6 | 83.3 | 99.2 | 69.2 | 79.8 | 99.2 | 75.7 | 84.0 | 99.2 | 69.2 | 79.8 | 92.1 | 75.5 | 81.4 |
| 096 | FLOORING & CARPET | 110.3 | 84.7 | 104.3 | 110.3 | 66.5 | 100.0 | 110.3 | 81.8 | 103.6 | 110.3 | 74.5 | 101.9 | 110.3 | 73.7 | 101.7 | 85.4 | 77.5 | 83.5 |
| 099 | PAINTING & WALL COVERINGS | 98.0 | 73.5 | 83.9 | 101.3 | 70.8 | 83.8 | 98.0 | 73.5 | 83.9 | 101.3 | 81.3 | 89.8 | 101.3 | 68.5 | 82.5 | 99.6 | 76.4 | 86.3 |
| 9 | FINISHES | 103.9 | 71.8 | 87.6 | 105.9 | 71.6 | 88.4 | 103.9 | 71.2 | 87.2 | 105.9 | 76.1 | 90.7 | 105.9 | 69.7 | 87.4 | 88.7 | 74.6 | 81.5 |
| 10-14 | TOTAL DIV. 10-14 | 100.0 | 81.8 | 96.0 | 100.0 | 77.0 | 95.0 | 100.0 | 81.8 | 96.0 | 100.0 | 82.3 | 96.1 | 100.0 | 78.4 | 95.3 | 100.0 | 76.3 | 94.8 |
| 15 | MECHANICAL | 97.6 | 75.8 | 88.3 | 97.6 | 69.1 | 85.5 | 97.6 | 76.2 | 88.5 | 97.6 | 74.2 | 87.6 | 97.6 | 73.9 | 87.5 | 100.0 | 73.7 | 88.8 |
| 16 | ELECTRICAL | 95.8 | 80.8 | 85.9 | 95.8 | 68.5 | 77.9 | 95.8 | 79.1 | 84.8 | 95.8 | 66.9 | 76.8 | 95.8 | 72.3 | 80.4 | 89.6 | 82.0 | 84.6 |
| 1-16 | WEIGHTED AVERAGE | 95.2 | 78.2 | 87.0 | 95.9 | 74.4 | 85.6 | 95.0 | 77.6 | 86.7 | 97.4 | 77.6 | 87.9 | 97.2 | 76.2 | 87.2 | 94.0 | 77.3 | 86.0 |

COST INDEXES

389

# CITY COST INDEXES

| DIVISION | | GEORGIA ||| ||| ||| HAWAII ||| IDAHO ||| ILLINOIS |||
|---|---|---|---|---|---|---|---|---|---|---|---|---|---|---|---|---|---|---|
| | | COLUMBUS ||| MACON ||| SAVANNAH ||| HONOLULU ||| BOISE ||| CHICAGO |||
| | | MAT. | INST. | TOTAL | MAT. | INST. | TOTAL | MAT. | INST. | TOTAL | MAT. | INST. | TOTAL | MAT. | INST. | TOTAL | MAT. | INST. | TOTAL |
| 2 | SITE WORK | 106.7 | 75.8 | 83.0 | 108.9 | 93.8 | 97.3 | 107.1 | 75.9 | 83.1 | 113.6 | 112.5 | 112.7 | 89.8 | 101.7 | 99.0 | 85.6 | 92.3 | 90.7 |
| 031 | CONCRETE FORMWORK | 100.5 | 53.7 | 60.8 | 99.4 | 60.5 | 66.4 | 100.6 | 64.2 | 69.8 | 99.6 | 155.5 | 147.1 | 98.9 | 90.3 | 91.6 | 109.6 | 118.6 | 117.2 |
| 032 | CONCRETE REINFORCEMENT | 90.8 | 81.4 | 85.5 | 93.1 | 81.7 | 86.6 | 90.8 | 65.5 | 76.5 | 110.4 | 122.7 | 117.4 | 98.0 | 68.6 | 81.4 | 91.4 | 209.2 | 158.0 |
| 033 | CAST IN PLACE CONCRETE | 84.2 | 51.9 | 70.3 | 94.0 | 55.9 | 77.6 | 81.7 | 59.1 | 72.0 | 177.4 | 121.2 | 153.2 | 96.8 | 91.9 | 94.7 | 99.7 | 123.7 | 110.0 |
| 3 | CONCRETE | 82.6 | 60.4 | 71.4 | 87.4 | 64.7 | 76.0 | 81.5 | 64.5 | 72.9 | 159.4 | 135.3 | 147.3 | 102.8 | 86.6 | 94.6 | 95.0 | 136.0 | 115.6 |
| 4 | MASONRY | 78.7 | 42.1 | 56.1 | 93.7 | 50.1 | 66.8 | 78.5 | 61.2 | 67.8 | 136.5 | 127.1 | 130.7 | 126.8 | 86.2 | 101.7 | 94.8 | 118.8 | 109.6 |
| 5 | METALS | 96.8 | 94.2 | 95.8 | 89.7 | 95.0 | 91.7 | 96.8 | 89.9 | 94.2 | 118.6 | 106.9 | 114.1 | 112.6 | 79.6 | 100.0 | 97.4 | 127.3 | 108.8 |
| 6 | WOOD & PLASTICS | 97.3 | 54.9 | 75.8 | 101.1 | 61.6 | 81.1 | 97.4 | 65.2 | 81.1 | 97.7 | 163.0 | 130.7 | 97.1 | 90.0 | 93.5 | 101.8 | 116.1 | 109.1 |
| 7 | THERMAL & MOISTURE PROTECTION | 95.0 | 58.0 | 77.8 | 93.9 | 64.4 | 80.2 | 95.0 | 62.2 | 79.7 | 111.5 | 130.1 | 120.2 | 98.1 | 85.1 | 92.1 | 106.5 | 119.4 | 112.5 |
| 8 | DOORS & WINDOWS | 96.0 | 57.8 | 86.9 | 94.2 | 62.6 | 86.6 | 96.0 | 59.1 | 87.2 | 104.4 | 145.0 | 114.1 | 96.6 | 78.6 | 92.3 | 109.7 | 133.3 | 115.4 |
| 092 | LATH, PLASTER & GYPSUM BOARD | 103.1 | 54.0 | 69.4 | 107.6 | 60.9 | 75.5 | 103.1 | 64.7 | 76.7 | 100.2 | 165.0 | 144.7 | 90.9 | 89.3 | 89.8 | 97.1 | 116.2 | 110.2 |
| 095 | ACOUSTICAL TREATMENT & WOOD FLOORING | 99.2 | 54.0 | 70.0 | 92.1 | 60.9 | 71.9 | 99.2 | 64.7 | 76.9 | 146.8 | 165.0 | 158.6 | 96.4 | 89.3 | 91.8 | 76.8 | 116.2 | 102.3 |
| 096 | FLOORING & CARPET | 110.3 | 43.6 | 94.6 | 85.6 | 50.5 | 77.4 | 110.3 | 64.5 | 99.5 | 134.3 | 117.7 | 130.4 | 92.6 | 80.4 | 89.7 | 75.8 | 118.9 | 85.9 |
| 099 | PAINTING & WALL COVERINGS | 98.0 | 51.2 | 71.2 | 99.6 | 62.5 | 78.4 | 98.0 | 63.4 | 78.2 | 126.8 | 139.6 | 134.1 | 106.7 | 65.0 | 82.8 | 64.7 | 123.1 | 98.2 |
| 9 | FINISHES | 103.9 | 50.9 | 76.9 | 88.7 | 58.5 | 73.3 | 104.0 | 64.4 | 83.8 | 132.5 | 148.6 | 140.7 | 89.5 | 86.2 | 87.8 | 80.0 | 118.0 | 99.4 |
| 10-14 | TOTAL DIV. 10-14 | 100.0 | 70.3 | 93.5 | 100.0 | 73.0 | 94.1 | 100.0 | 74.7 | 94.5 | 100.0 | 131.4 | 106.9 | 100.0 | 87.5 | 97.3 | 100.0 | 122.9 | 105.0 |
| 15 | MECHANICAL | 97.6 | 49.7 | 77.2 | 100.0 | 56.0 | 81.2 | 97.6 | 59.6 | 81.4 | 100.1 | 120.7 | 108.9 | 92.2 | 88.3 | 90.5 | 100.1 | 116.3 | 107.0 |
| 16 | ELECTRICAL | 91.1 | 52.5 | 65.8 | 89.3 | 64.2 | 72.8 | 91.1 | 68.7 | 76.4 | 105.3 | 124.4 | 117.9 | 87.0 | 67.5 | 74.2 | 105.2 | 121.8 | 116.1 |
| 1-16 | WEIGHTED AVERAGE | 95.0 | 59.0 | 77.7 | 94.1 | 66.8 | 81.0 | 94.9 | 67.5 | 81.7 | 116.8 | 127.0 | 121.7 | 98.8 | 84.3 | 91.8 | 98.0 | 119.7 | 108.4 |

| DIVISION | | ILLINOIS ||| ||| ||| INDIANA ||| ||| |||
|---|---|---|---|---|---|---|---|---|---|---|---|---|---|---|---|---|---|---|
| | | PEORIA ||| ROCKFORD ||| SPRINGFIELD ||| EVANSVILLE ||| FORT WAYNE ||| GARY |||
| | | MAT. | INST. | TOTAL | MAT. | INST. | TOTAL | MAT. | INST. | TOTAL | MAT. | INST. | TOTAL | MAT. | INST. | TOTAL | MAT. | INST. | TOTAL |
| 2 | SITE WORK | 92.2 | 96.1 | 95.2 | 92.2 | 96.3 | 95.3 | 92.2 | 96.5 | 95.5 | 81.5 | 134.1 | 122.0 | 73.9 | 98.4 | 92.7 | 73.6 | 99.3 | 93.3 |
| 031 | CONCRETE FORMWORK | 107.1 | 93.4 | 95.5 | 107.1 | 104.1 | 104.6 | 106.9 | 89.6 | 92.2 | 93.7 | 83.8 | 85.3 | 84.9 | 80.3 | 81.0 | 87.3 | 96.1 | 94.8 |
| 032 | CONCRETE REINFORCEMENT | 89.0 | 150.2 | 123.6 | 89.0 | 168.8 | 134.1 | 89.0 | 147.2 | 121.9 | 102.2 | 81.6 | 90.5 | 103.3 | 77.4 | 88.6 | 103.3 | 88.1 | 94.7 |
| 033 | CAST IN PLACE CONCRETE | 92.2 | 103.1 | 96.9 | 92.2 | 109.9 | 99.8 | 94.0 | 93.9 | 94.0 | 97.1 | 90.8 | 94.4 | 114.1 | 77.0 | 98.1 | 106.5 | 99.8 | 103.7 |
| 3 | CONCRETE | 87.1 | 107.8 | 97.5 | 87.1 | 118.3 | 102.8 | 87.9 | 102.4 | 95.2 | 102.0 | 85.8 | 93.8 | 100.0 | 79.1 | 89.5 | 96.6 | 96.0 | 96.3 |
| 4 | MASONRY | 102.3 | 100.1 | 100.9 | 82.1 | 107.3 | 97.6 | 68.9 | 90.1 | 82.0 | 94.6 | 83.9 | 88.0 | 92.9 | 84.1 | 87.5 | 95.8 | 97.7 | 97.0 |
| 5 | METALS | 97.1 | 118.1 | 105.1 | 97.1 | 124.6 | 107.6 | 97.1 | 115.0 | 103.9 | 95.6 | 84.4 | 91.3 | 100.1 | 86.3 | 94.8 | 100.1 | 92.6 | 97.3 |
| 6 | WOOD & PLASTICS | 105.7 | 88.5 | 97.0 | 105.7 | 100.8 | 103.2 | 105.5 | 87.1 | 96.2 | 95.6 | 83.2 | 89.3 | 97.6 | 79.9 | 88.6 | 99.0 | 96.0 | 97.5 |
| 7 | THERMAL & MOISTURE PROTECTION | 99.3 | 99.8 | 99.6 | 99.5 | 104.9 | 102.1 | 99.5 | 94.5 | 97.1 | 100.8 | 86.4 | 94.1 | 97.0 | 83.1 | 90.6 | 97.8 | 98.1 | 97.9 |
| 8 | DOORS & WINDOWS | 100.8 | 100.1 | 100.6 | 100.8 | 108.4 | 102.5 | 100.8 | 94.3 | 99.2 | 98.5 | 80.6 | 94.2 | 100.8 | 74.7 | 94.6 | 100.8 | 87.8 | 97.7 |
| 092 | LATH, PLASTER & GYPSUM BOARD | 94.2 | 87.6 | 89.7 | 94.2 | 100.4 | 98.4 | 94.2 | 86.2 | 88.7 | 114.0 | 81.2 | 91.5 | 106.1 | 79.9 | 88.1 | 107.6 | 96.5 | 100.0 |
| 095 | ACOUSTICAL TREATMENT & WOOD FLOORING | 76.8 | 87.6 | 83.8 | 76.8 | 100.4 | 92.0 | 76.8 | 86.2 | 82.9 | 98.0 | 81.2 | 87.1 | 88.0 | 79.9 | 82.8 | 88.0 | 96.5 | 93.5 |
| 096 | FLOORING & CARPET | 93.8 | 94.5 | 94.0 | 93.8 | 92.6 | 93.5 | 93.8 | 87.6 | 92.3 | 98.9 | 83.7 | 95.3 | 98.6 | 90.8 | 96.8 | 98.6 | 103.2 | 99.7 |
| 099 | PAINTING & WALL COVERINGS | 74.8 | 95.9 | 86.9 | 74.8 | 93.5 | 85.5 | 74.8 | 87.0 | 81.8 | 99.0 | 85.7 | 91.4 | 93.1 | 77.8 | 84.3 | 93.1 | 90.4 | 91.6 |
| 9 | FINISHES | 86.0 | 92.6 | 89.4 | 86.0 | 99.9 | 93.1 | 86.0 | 88.3 | 87.2 | 98.5 | 83.9 | 91.1 | 95.3 | 82.1 | 88.6 | 95.7 | 97.0 | 96.4 |
| 10-14 | TOTAL DIV. 10-14 | 100.0 | 99.8 | 100.0 | 100.0 | 110.7 | 102.3 | 100.0 | 96.5 | 99.2 | 100.0 | 92.2 | 98.3 | 100.0 | 92.4 | 98.3 | 100.0 | 101.2 | 100.3 |
| 15 | MECHANICAL | 100.3 | 96.6 | 98.7 | 100.3 | 94.6 | 97.9 | 100.2 | 89.8 | 95.7 | 100.0 | 82.9 | 92.7 | 99.7 | 81.6 | 92.0 | 99.8 | 90.7 | 96.0 |
| 16 | ELECTRICAL | 106.2 | 91.5 | 96.5 | 106.2 | 86.0 | 92.9 | 106.2 | 83.4 | 91.3 | 93.9 | 84.9 | 88.0 | 83.4 | 88.4 | 86.7 | 90.4 | 97.9 | 95.3 |
| 1-16 | WEIGHTED AVERAGE | 97.1 | 99.3 | 98.2 | 96.1 | 102.4 | 99.1 | 95.4 | 93.8 | 94.6 | 97.9 | 85.9 | 91.9 | 97.0 | 84.9 | 91.2 | 97.4 | 95.5 | 96.5 |

| DIVISION | | INDIANA ||| ||| ||| IOWA ||| ||| KANSAS |||
|---|---|---|---|---|---|---|---|---|---|---|---|---|---|---|---|---|---|---|
| | | INDIANAPOLIS ||| SOUTH BEND ||| TERRE HAUTE ||| DAVENPORT ||| DES MOINES ||| TOPEKA |||
| | | MAT. | INST. | TOTAL | MAT. | INST. | TOTAL | MAT. | INST. | TOTAL | MAT. | INST. | TOTAL | MAT. | INST. | TOTAL | MAT. | INST. | TOTAL |
| 2 | SITE WORK | 73.3 | 98.5 | 92.7 | 73.5 | 98.5 | 92.7 | 81.5 | 134.2 | 122.0 | 77.1 | 98.0 | 93.2 | 70.3 | 97.2 | 91.0 | 90.8 | 93.5 | 92.9 |
| 031 | CONCRETE FORMWORK | 87.4 | 86.6 | 86.7 | 89.0 | 81.2 | 82.4 | 93.7 | 83.8 | 85.3 | 107.1 | 80.3 | 84.3 | 108.7 | 76.4 | 81.3 | 103.5 | 61.4 | 67.8 |
| 032 | CONCRETE REINFORCEMENT | 102.6 | 83.4 | 91.7 | 103.3 | 74.2 | 86.8 | 102.2 | 79.4 | 89.3 | 93.0 | 81.0 | 86.2 | 93.0 | 70.3 | 80.1 | 89.0 | 88.4 | 88.6 |
| 033 | CAST IN PLACE CONCRETE | 99.0 | 85.4 | 93.2 | 105.1 | 85.9 | 96.9 | 97.1 | 94.1 | 95.8 | 102.3 | 83.9 | 94.4 | 103.6 | 79.0 | 93.0 | 94.0 | 69.5 | 83.4 |
| 3 | CONCRETE | 97.3 | 84.7 | 91.0 | 92.0 | 83.2 | 87.5 | 102.0 | 86.5 | 94.2 | 91.8 | 82.2 | 87.0 | 92.6 | 76.8 | 84.6 | 87.7 | 71.0 | 79.3 |
| 4 | MASONRY | 102.2 | 84.5 | 91.3 | 90.0 | 80.4 | 84.1 | 94.6 | 83.3 | 87.6 | 93.4 | 77.5 | 83.6 | 96.8 | 82.3 | 87.9 | 99.6 | 68.9 | 80.7 |
| 5 | METALS | 100.1 | 71.9 | 89.3 | 100.1 | 101.2 | 100.5 | 95.6 | 82.6 | 90.6 | 91.8 | 88.8 | 90.6 | 91.8 | 83.7 | 88.7 | 97.1 | 97.8 | 97.3 |
| 6 | WOOD & PLASTICS | 98.2 | 87.3 | 92.7 | 100.8 | 81.9 | 91.2 | 95.6 | 84.2 | 89.8 | 108.7 | 80.3 | 94.3 | 110.7 | 75.0 | 92.6 | 101.2 | 59.3 | 80.0 |
| 7 | THERMAL & MOISTURE PROTECTION | 96.5 | 86.8 | 92.0 | 97.4 | 85.3 | 91.8 | 100.8 | 83.8 | 92.9 | 96.9 | 80.5 | 89.3 | 97.3 | 79.7 | 89.1 | 98.8 | 74.1 | 87.3 |
| 8 | DOORS & WINDOWS | 105.7 | 85.0 | 100.8 | 95.0 | 74.1 | 90.0 | 98.5 | 80.8 | 94.3 | 104.6 | 80.2 | 98.7 | 104.6 | 73.1 | 97.0 | 100.8 | 66.2 | 92.5 |
| 092 | LATH, PLASTER & GYPSUM BOARD | 107.5 | 87.6 | 93.8 | 112.7 | 82.0 | 91.6 | 114.0 | 82.2 | 92.2 | 100.4 | 79.7 | 86.2 | 100.4 | 74.2 | 82.4 | 94.2 | 57.5 | 69.0 |
| 095 | ACOUSTICAL TREATMENT & WOOD FLOORING | 86.4 | 87.6 | 87.2 | 88.0 | 82.0 | 84.1 | 98.0 | 82.2 | 87.8 | 106.4 | 79.7 | 89.1 | 106.4 | 74.2 | 85.6 | 76.8 | 57.5 | 64.3 |
| 096 | FLOORING & CARPET | 98.4 | 99.4 | 98.6 | 98.6 | 70.0 | 91.9 | 98.9 | 89.6 | 96.7 | 122.5 | 68.2 | 109.8 | 122.5 | 59.9 | 107.8 | 93.8 | 67.0 | 87.5 |
| 099 | PAINTING & WALL COVERINGS | 93.1 | 86.7 | 89.4 | 93.1 | 73.3 | 81.7 | 99.0 | 86.3 | 91.7 | 120.6 | 85.1 | 100.2 | 120.6 | 79.5 | 97.0 | 74.8 | 71.5 | 72.9 |
| 9 | FINISHES | 95.7 | 89.3 | 92.4 | 96.2 | 78.3 | 87.1 | 98.5 | 85.4 | 91.8 | 109.7 | 78.4 | 93.7 | 108.9 | 73.3 | 90.8 | 85.9 | 62.4 | 73.9 |
| 10-14 | TOTAL DIV. 10-14 | 100.0 | 87.3 | 97.2 | 100.0 | 83.6 | 96.4 | 100.0 | 91.8 | 98.2 | 100.0 | 83.6 | 96.4 | 100.0 | 83.5 | 96.4 | 100.0 | 83.8 | 96.5 |
| 15 | MECHANICAL | 99.8 | 85.5 | 93.7 | 99.7 | 75.3 | 89.3 | 100.0 | 79.8 | 91.4 | 99.9 | 76.6 | 90.0 | 99.9 | 83.6 | 92.9 | 100.3 | 72.1 | 88.3 |
| 16 | ELECTRICAL | 101.4 | 92.9 | 95.8 | 94.0 | 86.1 | 88.8 | 93.9 | 87.5 | 89.7 | 92.7 | 78.6 | 83.4 | 92.7 | 84.0 | 87.0 | 106.2 | 78.1 | 87.7 |
| 1-16 | WEIGHTED AVERAGE | 99.2 | 87.1 | 93.4 | 96.2 | 84.3 | 90.5 | 97.9 | 89.3 | 93.8 | 97.8 | 81.8 | 90.1 | 97.8 | 82.2 | 90.3 | 96.9 | 76.1 | 86.9 |

# CITY COST INDEXES

## Table 1

| | | KANSAS | | | KENTUCKY | | | | | | LOUISIANA | | | | | | | |
| | | WICHITA | | | LEXINGTON | | | LOUISVILLE | | | BATON ROUGE | | | NEW ORLEANS | | | SHREVEPORT | | |
| DIVISION | | MAT. | INST. | TOTAL | MAT. | INST. | TOTAL | MAT. | INST. | TOTAL | MAT. | INST. | TOTAL | MAT. | INST. | TOTAL | MAT. | INST. | TOTAL |
|---|---|---|---|---|---|---|---|---|---|---|---|---|---|---|---|---|---|---|---|
| 2 | SITE WORK | 91.6 | 96.0 | 95.0 | 74.3 | 105.6 | 98.4 | 64.9 | 102.8 | 94.1 | 99.6 | 89.9 | 92.2 | 99.5 | 90.1 | 92.3 | 104.2 | 84.6 | 89.1 |
| 031 | CONCRETE FORMWORK | 101.0 | 61.7 | 67.7 | 93.3 | 70.8 | 74.2 | 91.4 | 75.2 | 77.7 | 99.0 | 67.3 | 72.1 | 98.0 | 76.3 | 79.6 | 98.7 | 62.9 | 68.4 |
| 032 | CONCRETE REINFORCEMENT | 89.0 | 92.6 | 91.0 | 102.2 | 84.8 | 92.4 | 102.2 | 85.1 | 92.5 | 97.1 | 68.3 | 80.8 | 97.1 | 70.7 | 82.2 | 97.9 | 67.4 | 80.7 |
| 033 | CAST IN PLACE CONCRETE | 84.6 | 69.0 | 77.9 | 97.1 | 81.6 | 90.4 | 83.4 | 77.2 | 80.7 | 92.2 | 66.6 | 81.2 | 95.7 | 70.2 | 84.7 | 92.2 | 66.1 | 81.0 |
| 3 | CONCRETE | 83.1 | 71.7 | 77.3 | 93.0 | 77.7 | 85.3 | 86.5 | 78.1 | 82.3 | 89.5 | 68.1 | 78.7 | 91.0 | 73.7 | 82.3 | 86.1 | 65.8 | 75.9 |
| 4 | MASONRY | 90.9 | 61.8 | 73.0 | 94.0 | 65.7 | 76.5 | 93.6 | 75.8 | 82.6 | 104.5 | 73.3 | 85.3 | 104.7 | 68.8 | 82.6 | 93.8 | 57.3 | 71.3 |
| 5 | METALS | 97.1 | 98.1 | 97.5 | 96.9 | 86.4 | 92.8 | 96.9 | 85.1 | 92.4 | 98.8 | 81.2 | 92.1 | 98.8 | 82.4 | 92.6 | 95.6 | 79.9 | 89.6 |
| 6 | WOOD & PLASTICS | 98.0 | 62.4 | 80.0 | 95.6 | 71.1 | 83.2 | 97.6 | 75.0 | 86.2 | 102.8 | 68.3 | 85.3 | 95.5 | 78.8 | 87.1 | 96.9 | 65.0 | 80.7 |
| 7 | THERMAL & MOISTURE PROTECTION | 99.5 | 67.3 | 84.5 | 101.0 | 72.5 | 87.7 | 90.8 | 78.7 | 85.2 | 93.5 | 73.0 | 84.0 | 94.2 | 73.8 | 84.7 | 90.1 | 64.3 | 78.1 |
| 8 | DOORS & WINDOWS | 100.8 | 67.7 | 92.8 | 98.5 | 73.0 | 92.4 | 98.5 | 75.6 | 93.0 | 101.3 | 68.6 | 93.5 | 99.9 | 80.6 | 95.3 | 97.6 | 67.1 | 90.3 |
| 092 | LATH, PLASTER & GYPSUM BOARD | 94.2 | 60.6 | 71.1 | 114.0 | 68.6 | 82.8 | 114.0 | 74.2 | 86.7 | 94.5 | 68.3 | 76.5 | 93.0 | 79.2 | 83.5 | 92.7 | 64.9 | 73.6 |
| 095 | ACOUSTICAL TREATMENT & WOOD FLOORING | 76.8 | 60.6 | 66.3 | 98.0 | 68.6 | 79.0 | 98.0 | 74.2 | 82.6 | 86.4 | 68.3 | 74.7 | 86.4 | 79.2 | 81.7 | 97.4 | 64.9 | 76.4 |
| 096 | FLOORING & CARPET | 93.8 | 72.1 | 88.7 | 99.7 | 59.8 | 90.4 | 98.1 | 70.4 | 91.6 | 113.6 | 83.3 | 106.5 | 114.1 | 62.8 | 102.0 | 122.6 | 63.1 | 108.7 |
| 099 | PAINTING & WALL COVERINGS | 74.8 | 66.5 | 70.0 | 99.0 | 63.6 | 78.7 | 99.0 | 67.5 | 80.9 | 95.3 | 67.2 | 79.2 | 97.4 | 71.9 | 82.8 | 100.4 | 58.6 | 76.5 |
| 9 | FINISHES | 86.0 | 63.7 | 74.6 | 98.8 | 67.5 | 82.8 | 98.0 | 73.1 | 85.3 | 102.3 | 70.4 | 86.0 | 102.5 | 73.4 | 87.7 | 105.5 | 62.3 | 83.5 |
| 10-14 | TOTAL DIV. 10-14 | 100.0 | 75.8 | 94.7 | 100.0 | 87.6 | 97.3 | 100.0 | 85.6 | 96.9 | 100.0 | 72.0 | 93.9 | 100.0 | 76.8 | 94.9 | 100.0 | 77.5 | 95.1 |
| 15 | MECHANICAL | 100.2 | 69.3 | 87.0 | 100.1 | 66.5 | 85.8 | 100.0 | 80.1 | 91.5 | 99.9 | 62.4 | 83.9 | 99.9 | 71.7 | 87.9 | 100.0 | 61.5 | 83.6 |
| 16 | ELECTRICAL | 106.2 | 74.7 | 85.5 | 94.3 | 73.1 | 80.4 | 95.5 | 86.6 | 89.6 | 94.6 | 74.5 | 81.4 | 93.0 | 75.1 | 81.3 | 96.5 | 73.8 | 81.6 |
| 1-16 | WEIGHTED AVERAGE | 95.9 | 74.6 | 85.7 | 96.9 | 76.0 | 86.9 | 95.5 | 82.3 | 89.2 | 98.6 | 72.6 | 86.1 | 98.5 | 76.0 | 87.7 | 97.2 | 68.6 | 83.5 |

## Table 2

| | | MAINE | | | | | | MARYLAND | | | MASSACHUSETTS | | | | | | | | |
| | | LEWISTON | | | PORTLAND | | | BALTIMORE | | | BOSTON | | | LAWRENCE | | | LOWELL | | |
| DIVISION | | MAT. | INST. | TOTAL | MAT. | INST. | TOTAL | MAT. | INST. | TOTAL | MAT. | INST. | TOTAL | MAT. | INST. | TOTAL | MAT. | INST. | TOTAL |
|---|---|---|---|---|---|---|---|---|---|---|---|---|---|---|---|---|---|---|---|
| 2 | SITE WORK | 93.1 | 105.0 | 102.3 | 93.1 | 105.0 | 102.3 | 95.5 | 87.4 | 89.3 | 103.4 | 107.4 | 106.5 | 101.5 | 107.8 | 106.3 | 101.2 | 107.7 | 106.2 |
| 031 | CONCRETE FORMWORK | 93.5 | 91.3 | 91.7 | 93.5 | 91.3 | 91.7 | 98.9 | 80.7 | 83.5 | 99.3 | 149.7 | 142.1 | 99.2 | 130.2 | 125.5 | 95.5 | 137.4 | 131.0 |
| 032 | CONCRETE REINFORCEMENT | 127.2 | 116.8 | 121.3 | 127.2 | 116.8 | 121.3 | 107.9 | 87.6 | 96.4 | 125.7 | 149.1 | 139.0 | 127.2 | 127.2 | 127.2 | 127.2 | 134.7 | 131.4 |
| 033 | CAST IN PLACE CONCRETE | 97.2 | 80.0 | 89.8 | 97.2 | 80.0 | 89.8 | 122.8 | 83.6 | 106.0 | 125.2 | 145.4 | 133.9 | 122.3 | 145.0 | 132.1 | 112.0 | 145.0 | 126.2 |
| 3 | CONCRETE | 112.1 | 91.3 | 101.7 | 112.1 | 91.3 | 101.7 | 113.5 | 84.5 | 98.9 | 129.1 | 146.4 | 137.8 | 127.3 | 133.7 | 130.5 | 116.2 | 137.8 | 127.1 |
| 4 | MASONRY | 104.3 | 68.5 | 82.2 | 104.3 | 68.5 | 82.2 | 95.3 | 82.8 | 87.5 | 127.0 | 150.8 | 141.7 | 121.1 | 143.9 | 135.2 | 105.5 | 148.3 | 131.9 |
| 5 | METALS | 109.3 | 86.6 | 100.6 | 109.3 | 86.6 | 100.6 | 96.2 | 104.6 | 99.4 | 109.3 | 125.0 | 115.3 | 109.3 | 115.6 | 111.7 | 109.3 | 112.6 | 110.6 |
| 6 | WOOD & PLASTICS | 100.7 | 94.0 | 97.3 | 100.7 | 94.0 | 97.3 | 90.9 | 81.5 | 86.1 | 105.4 | 151.4 | 128.7 | 104.6 | 126.1 | 115.4 | 103.1 | 135.9 | 119.7 |
| 7 | THERMAL & MOISTURE PROTECTION | 98.3 | 70.0 | 85.1 | 98.3 | 70.0 | 85.1 | 91.7 | 84.1 | 88.1 | 98.9 | 150.8 | 123.0 | 98.6 | 144.2 | 119.8 | 98.4 | 143.2 | 119.2 |
| 8 | DOORS & WINDOWS | 103.1 | 85.1 | 98.8 | 103.1 | 85.1 | 98.8 | 91.3 | 88.8 | 90.7 | 99.1 | 152.3 | 111.8 | 99.0 | 131.2 | 106.7 | 103.1 | 136.6 | 111.1 |
| 092 | LATH, PLASTER & GYPSUM BOARD | 114.9 | 92.5 | 99.5 | 114.9 | 92.5 | 99.5 | 87.3 | 81.8 | 83.5 | 114.9 | 152.3 | 140.6 | 114.9 | 125.7 | 122.3 | 114.9 | 135.9 | 129.3 |
| 095 | ACOUSTICAL TREATMENT & WOOD FLOORING | 100.9 | 92.5 | 95.5 | 100.9 | 92.5 | 95.5 | 89.4 | 81.8 | 84.5 | 100.9 | 152.3 | 134.2 | 100.9 | 125.7 | 116.9 | 100.9 | 135.9 | 123.5 |
| 096 | FLOORING & CARPET | 94.0 | 61.3 | 86.3 | 94.0 | 61.3 | 86.3 | 82.1 | 88.1 | 83.5 | 93.6 | 147.7 | 106.4 | 94.0 | 147.7 | 106.6 | 94.0 | 147.7 | 106.6 |
| 099 | PAINTING & WALL COVERINGS | 96.8 | 47.4 | 68.5 | 96.8 | 47.4 | 68.5 | 97.8 | 80.7 | 88.0 | 97.6 | 151.8 | 128.7 | 96.9 | 133.2 | 117.7 | 96.8 | 133.2 | 117.7 |
| 9 | FINISHES | 97.9 | 81.1 | 89.3 | 97.9 | 81.1 | 89.3 | 84.2 | 81.9 | 83.0 | 97.6 | 150.2 | 124.4 | 97.7 | 133.5 | 115.9 | 97.7 | 139.2 | 118.8 |
| 10-14 | TOTAL DIV. 10-14 | 100.0 | 92.2 | 98.3 | 100.0 | 92.2 | 98.3 | 100.0 | 84.0 | 96.5 | 100.0 | 134.8 | 107.6 | 100.0 | 132.4 | 107.1 | 100.0 | 133.7 | 107.4 |
| 15 | MECHANICAL | 98.7 | 84.0 | 92.4 | 98.7 | 84.0 | 92.4 | 99.9 | 84.2 | 93.2 | 99.9 | 130.1 | 112.8 | 99.9 | 116.3 | 106.9 | 99.3 | 116.3 | 106.5 |
| 16 | ELECTRICAL | 98.8 | 65.9 | 77.2 | 98.8 | 65.9 | 77.2 | 89.5 | 98.0 | 95.1 | 98.8 | 137.2 | 124.0 | 98.8 | 112.3 | 107.7 | 98.8 | 112.3 | 107.6 |
| 1-16 | WEIGHTED AVERAGE | 102.5 | 82.6 | 92.9 | 102.5 | 82.6 | 92.9 | 96.8 | 88.5 | 92.8 | 105.9 | 136.8 | 120.7 | 105.3 | 123.5 | 114.1 | 103.4 | 125.2 | 113.9 |

## Table 3

| | | MASSACHUSETTS | | | | | | MICHIGAN | | | | | | | | | | | |
| | | SPRINGFIELD | | | WORCESTER | | | ANN ARBOR | | | DETROIT | | | FLINT | | | GRAND RAPIDS | | |
| DIVISION | | MAT. | INST. | TOTAL | MAT. | INST. | TOTAL | MAT. | INST. | TOTAL | MAT. | INST. | TOTAL | MAT. | INST. | TOTAL | MAT. | INST. | TOTAL |
|---|---|---|---|---|---|---|---|---|---|---|---|---|---|---|---|---|---|---|---|
| 2 | SITE WORK | 101.2 | 107.1 | 105.7 | 101.2 | 107.6 | 106.1 | 88.8 | 90.8 | 90.3 | 112.8 | 90.3 | 95.5 | 71.2 | 90.5 | 86.0 | 80.4 | 91.5 | 88.9 |
| 031 | CONCRETE FORMWORK | 95.5 | 124.2 | 119.8 | 95.5 | 128.6 | 123.6 | 92.8 | 115.2 | 111.8 | 95.1 | 118.1 | 114.7 | 94.2 | 112.2 | 109.5 | 96.7 | 81.7 | 84.0 |
| 032 | CONCRETE REINFORCEMENT | 127.2 | 131.6 | 129.7 | 127.2 | 140.1 | 134.5 | 103.3 | 144.7 | 126.7 | 102.6 | 144.9 | 126.5 | 103.3 | 144.2 | 126.4 | 102.2 | 101.0 | 101.5 |
| 033 | CAST IN PLACE CONCRETE | 112.0 | 115.3 | 113.4 | 112.0 | 118.8 | 114.9 | 99.0 | 126.7 | 110.9 | 110.6 | 125.1 | 116.8 | 99.0 | 106.1 | 102.1 | 99.3 | 102.9 | 100.8 |
| 3 | CONCRETE | 116.2 | 121.3 | 118.7 | 116.2 | 126.0 | 121.1 | 87.0 | 124.7 | 106.0 | 92.5 | 123.6 | 108.1 | 87.1 | 116.1 | 101.7 | 94.3 | 92.0 | 93.1 |
| 4 | MASONRY | 105.5 | 120.8 | 114.9 | 105.5 | 148.3 | 131.9 | 113.7 | 116.0 | 115.1 | 112.4 | 121.5 | 118.0 | 113.7 | 100.6 | 105.6 | 99.9 | 71.4 | 82.3 |
| 5 | METALS | 109.3 | 110.5 | 109.8 | 109.3 | 116.4 | 112.0 | 97.5 | 124.6 | 107.9 | 97.5 | 98.6 | 97.9 | 97.5 | 123.6 | 107.5 | 96.9 | 86.2 | 92.8 |
| 6 | WOOD & PLASTICS | 103.1 | 123.5 | 113.4 | 103.1 | 126.1 | 114.7 | 91.6 | 115.9 | 103.9 | 94.3 | 117.9 | 106.3 | 91.6 | 115.9 | 103.9 | 97.4 | 79.5 | 88.4 |
| 7 | THERMAL & MOISTURE PROTECTION | 98.4 | 123.3 | 109.9 | 98.4 | 136.9 | 116.3 | 95.4 | 111.3 | 102.8 | 93.4 | 121.2 | 106.3 | 94.2 | 101.0 | 97.4 | 96.2 | 75.7 | 86.6 |
| 8 | DOORS & WINDOWS | 103.1 | 122.3 | 107.7 | 103.1 | 136.1 | 111.0 | 93.4 | 107.4 | 96.8 | 93.0 | 115.0 | 98.3 | 93.4 | 111.7 | 97.8 | 92.6 | 74.7 | 88.3 |
| 092 | LATH, PLASTER & GYPSUM BOARD | 114.9 | 123.0 | 120.5 | 114.9 | 125.7 | 122.3 | 115.8 | 113.9 | 114.5 | 115.8 | 116.0 | 115.9 | 115.8 | 113.9 | 114.5 | 114.0 | 71.6 | 84.9 |
| 095 | ACOUSTICAL TREATMENT & WOOD FLOORING | 100.9 | 123.0 | 115.2 | 100.9 | 125.7 | 116.9 | 96.4 | 113.9 | 107.7 | 96.4 | 116.0 | 109.1 | 96.4 | 113.9 | 107.7 | 98.0 | 71.6 | 80.9 |
| 096 | FLOORING & CARPET | 94.0 | 112.0 | 98.2 | 94.0 | 126.2 | 101.5 | 92.0 | 117.1 | 97.9 | 92.3 | 112.0 | 96.9 | 92.3 | 96.3 | 93.2 | 98.4 | 59.1 | 89.2 |
| 099 | PAINTING & WALL COVERINGS | 96.8 | 105.3 | 101.6 | 96.8 | 105.5 | 101.8 | 95.3 | 104.1 | 100.4 | 97.5 | 117.0 | 108.7 | 95.3 | 81.3 | 87.3 | 99.0 | 61.8 | 77.7 |
| 9 | FINISHES | 97.7 | 120.1 | 109.1 | 97.7 | 125.8 | 112.0 | 99.3 | 114.6 | 107.2 | 100.7 | 116.7 | 108.9 | 98.7 | 106.3 | 102.6 | 98.3 | 74.4 | 86.1 |
| 10-14 | TOTAL DIV. 10-14 | 100.0 | 121.8 | 104.8 | 100.0 | 124.3 | 105.3 | 100.0 | 113.9 | 103.0 | 100.0 | 115.1 | 103.3 | 100.0 | 110.4 | 102.3 | 100.0 | 108.9 | 101.9 |
| 15 | MECHANICAL | 99.3 | 109.1 | 103.5 | 99.3 | 101.2 | 100.1 | 99.9 | 98.5 | 99.3 | 99.9 | 111.2 | 104.7 | 99.9 | 96.7 | 98.6 | 99.9 | 76.8 | 90.0 |
| 16 | ELECTRICAL | 98.8 | 103.9 | 102.2 | 98.8 | 98.4 | 98.6 | 93.4 | 94.5 | 94.1 | 93.4 | 115.1 | 107.6 | 93.4 | 96.9 | 95.7 | 94.3 | 54.5 | 68.2 |
| 1-16 | WEIGHTED AVERAGE | 103.4 | 113.6 | 108.3 | 103.4 | 116.8 | 109.8 | 96.9 | 107.8 | 102.1 | 98.2 | 112.4 | 105.0 | 96.3 | 104.0 | 100.0 | 96.6 | 77.4 | 87.4 |

# CITY COST INDEXES

| | | MICHIGAN ||||||| MINNESOTA |||||| MISSISSIPPI |||
|---|---|---|---|---|---|---|---|---|---|---|---|---|---|---|---|---|---|---|---|
| | DIVISION | KALAMAZOO ||| LANSING ||| SAGINAW ||| DULUTH ||| MINNEAPOLIS ||| JACKSON |||
| | | MAT. | INST. | TOTAL | MAT. | INST. | TOTAL | MAT. | INST. | TOTAL | MAT. | INST. | TOTAL | MAT. | INST. | TOTAL | MAT. | INST. | TOTAL |
| 2 | SITE WORK | 80.8 | 91.5 | 89.0 | 96.9 | 89.9 | 91.5 | 75.3 | 90.2 | 86.8 | 79.7 | 104.3 | 98.6 | 80.0 | 105.2 | 99.4 | 108.6 | 87.2 | 92.2 |
| 031 | CONCRETE FORMWORK | 95.1 | 97.1 | 96.8 | 96.0 | 92.0 | 92.6 | 92.9 | 110.3 | 107.7 | 98.3 | 106.7 | 105.4 | 98.3 | 133.3 | 128.0 | 97.9 | 54.5 | 61.0 |
| 032 | CONCRETE REINFORCEMENT | 102.2 | 101.4 | 101.7 | 103.3 | 143.7 | 126.2 | 103.3 | 143.6 | 126.1 | 98.8 | 109.1 | 104.6 | 98.9 | 132.7 | 118.1 | 90.8 | 57.9 | 72.2 |
| 033 | CAST IN PLACE CONCRETE | 99.3 | 105.8 | 102.1 | 96.6 | 95.9 | 96.3 | 97.5 | 103.9 | 100.3 | 114.0 | 103.4 | 109.4 | 114.4 | 114.3 | 114.4 | 93.5 | 55.4 | 77.1 |
| 3 | CONCRETE | 94.2 | 99.7 | 96.9 | 86.1 | 103.7 | 95.0 | 86.3 | 114.4 | 100.4 | 97.3 | 106.2 | 101.8 | 98.8 | 126.0 | 112.5 | 86.8 | 57.6 | 72.1 |
| 4 | MASONRY | 99.9 | 76.5 | 85.5 | 113.5 | 86.2 | 96.7 | 113.6 | 89.2 | 98.6 | 112.9 | 97.3 | 103.3 | 113.3 | 126.0 | 121.1 | 79.9 | 49.0 | 60.8 |
| 5 | METALS | 96.9 | 87.3 | 93.2 | 97.5 | 122.2 | 107.0 | 97.5 | 122.3 | 107.0 | 99.6 | 110.2 | 103.7 | 99.6 | 122.9 | 108.5 | 96.8 | 88.3 | 93.5 |
| 6 | WOOD & PLASTICS | 95.6 | 98.8 | 97.3 | 95.4 | 94.7 | 95.0 | 91.6 | 115.9 | 103.9 | 99.9 | 109.4 | 104.7 | 99.9 | 134.0 | 117.2 | 95.4 | 56.1 | 75.5 |
| 7 | THERMAL & MOISTURE PROTECTION | 96.1 | 84.7 | 90.8 | 94.3 | 85.6 | 90.3 | 94.2 | 97.0 | 95.5 | 98.6 | 101.2 | 99.9 | 98.9 | 128.9 | 112.8 | 95.1 | 54.6 | 76.3 |
| 8 | DOORS & WINDOWS | 92.6 | 86.6 | 91.2 | 93.4 | 97.0 | 94.3 | 93.4 | 104.8 | 96.1 | 99.2 | 108.4 | 101.4 | 100.2 | 136.2 | 108.8 | 96.0 | 55.7 | 86.4 |
| 092 | LATH, PLASTER & GYPSUM BOARD | 114.0 | 91.7 | 98.7 | 115.8 | 91.9 | 99.4 | 115.8 | 113.9 | 114.5 | 89.6 | 110.5 | 104.0 | 89.6 | 136.0 | 121.5 | 105.3 | 55.2 | 70.9 |
| 095 | ACOUSTICAL TREATMENT & WOOD FLOORING | 98.0 | 91.7 | 93.9 | 96.4 | 91.9 | 93.5 | 96.4 | 113.9 | 107.7 | 74.3 | 110.5 | 97.7 | 74.3 | 136.0 | 114.2 | 99.2 | 55.2 | 70.8 |
| 096 | FLOORING & CARPET | 98.4 | 68.6 | 91.4 | 92.3 | 82.9 | 90.1 | 92.3 | 77.6 | 88.8 | 119.2 | 88.6 | 112.0 | 116.5 | 105.8 | 114.0 | 110.3 | 56.1 | 97.6 |
| 099 | PAINTING & WALL COVERINGS | 99.0 | 72.4 | 83.7 | 95.3 | 93.5 | 94.3 | 95.3 | 85.4 | 89.6 | 110.4 | 99.4 | 104.1 | 120.4 | 121.0 | 120.7 | 98.0 | 48.5 | 69.6 |
| 9 | FINISHES | 98.3 | 88.9 | 93.5 | 100.1 | 90.1 | 95.0 | 99.3 | 101.9 | 100.6 | 100.7 | 103.0 | 101.8 | 100.5 | 127.4 | 114.2 | 104.2 | 54.2 | 78.7 |
| 10-14 | TOTAL DIV. 10-14 | 100.0 | 114.3 | 103.1 | 100.0 | 105.5 | 101.2 | 100.0 | 109.1 | 102.0 | 100.0 | 100.7 | 100.2 | 100.0 | 111.2 | 102.4 | 100.0 | 72.8 | 94.1 |
| 15 | MECHANICAL | 100.0 | 90.0 | 95.8 | 99.9 | 75.7 | 89.6 | 99.9 | 89.6 | 95.5 | 99.7 | 94.8 | 97.6 | 99.7 | 115.4 | 106.4 | 97.7 | 49.8 | 77.3 |
| 16 | ELECTRICAL | 94.3 | 73.7 | 80.8 | 93.4 | 89.8 | 91.0 | 92.9 | 95.8 | 94.8 | 95.7 | 80.9 | 86.0 | 95.7 | 111.7 | 106.2 | 95.8 | 56.9 | 70.3 |
| 1-16 | WEIGHTED AVERAGE | 96.7 | 87.5 | 92.3 | 97.1 | 92.3 | 94.8 | 96.3 | 100.0 | 98.1 | 99.3 | 98.7 | 99.0 | 99.6 | 119.6 | 109.2 | 96.0 | 60.9 | 79.2 |

| | | MISSOURI |||||| MONTANA |||||| NEBRASKA ||||||
|---|---|---|---|---|---|---|---|---|---|---|---|---|---|---|---|---|---|---|---|
| | DIVISION | KANSAS CITY ||| ST. LOUIS ||| BILLINGS ||| GREAT FALLS ||| LINCOLN ||| OMAHA |||
| | | MAT. | INST. | TOTAL | MAT. | INST. | TOTAL | MAT. | INST. | TOTAL | MAT. | INST. | TOTAL | MAT. | INST. | TOTAL | MAT. | INST. | TOTAL |
| 2 | SITE WORK | 87.7 | 92.3 | 91.2 | 104.9 | 97.3 | 99.1 | 85.5 | 98.4 | 95.4 | 85.2 | 98.5 | 95.5 | 91.6 | 93.2 | 92.8 | 78.2 | 91.7 | 88.6 |
| 031 | CONCRETE FORMWORK | 106.0 | 84.8 | 88.0 | 107.6 | 100.9 | 101.9 | 99.5 | 84.4 | 86.7 | 107.1 | 88.9 | 91.7 | 108.9 | 54.5 | 62.7 | 105.1 | 73.1 | 77.9 |
| 032 | CONCRETE REINFORCEMENT | 91.5 | 78.5 | 84.1 | 85.0 | 90.0 | 87.8 | 93.1 | 107.9 | 101.5 | 93.0 | 108.4 | 101.7 | 89.0 | 69.2 | 77.8 | 93.0 | 70.1 | 80.0 |
| 033 | CAST IN PLACE CONCRETE | 85.2 | 91.7 | 88.0 | 88.1 | 107.4 | 96.4 | 125.6 | 81.2 | 106.5 | 127.0 | 81.0 | 107.2 | 103.4 | 71.9 | 89.8 | 103.6 | 74.2 | 91.0 |
| 3 | CONCRETE | 86.0 | 87.2 | 86.6 | 79.9 | 102.8 | 91.4 | 102.1 | 88.7 | 95.4 | 103.4 | 90.6 | 96.9 | 92.5 | 65.3 | 78.8 | 92.3 | 73.4 | 82.8 |
| 4 | MASONRY | 102.9 | 86.1 | 92.5 | 91.2 | 104.2 | 99.2 | 121.9 | 103.0 | 110.2 | 113.7 | 117.4 | 115.9 | 92.0 | 54.1 | 68.6 | 103.0 | 70.2 | 82.8 |
| 5 | METALS | 98.6 | 101.3 | 99.6 | 95.3 | 121.1 | 105.2 | 101.0 | 110.9 | 104.8 | 100.3 | 111.5 | 104.6 | 97.1 | 89.5 | 94.2 | 98.4 | 78.9 | 91.0 |
| 6 | WOOD & PLASTICS | 105.6 | 83.5 | 94.5 | 111.9 | 99.5 | 105.6 | 97.9 | 82.0 | 89.9 | 108.7 | 85.7 | 97.1 | 107.7 | 50.7 | 78.9 | 106.1 | 74.6 | 90.2 |
| 7 | THERMAL & MOISTURE PROTECTION | 98.0 | 88.4 | 93.5 | 94.5 | 98.7 | 96.5 | 97.5 | 89.3 | 93.7 | 97.8 | 94.2 | 96.1 | 99.6 | 60.8 | 81.5 | 97.1 | 72.6 | 85.7 |
| 8 | DOORS & WINDOWS | 99.5 | 84.8 | 96.0 | 92.5 | 101.6 | 94.7 | 104.3 | 91.2 | 101.2 | 104.6 | 93.3 | 101.9 | 100.0 | 57.5 | 89.8 | 104.6 | 70.4 | 96.4 |
| 092 | LATH, PLASTER & GYPSUM BOARD | 89.8 | 82.5 | 84.8 | 97.1 | 99.0 | 98.4 | 100.4 | 81.8 | 87.7 | 100.4 | 85.7 | 90.3 | 94.2 | 48.5 | 62.8 | 100.4 | 74.2 | 82.4 |
| 095 | ACOUSTICAL TREATMENT & WOOD FLOORING | 78.4 | 82.5 | 81.1 | 76.8 | 99.0 | 91.2 | 106.4 | 81.8 | 90.5 | 106.4 | 85.7 | 93.0 | 76.8 | 48.5 | 58.5 | 106.4 | 74.2 | 85.6 |
| 096 | FLOORING & CARPET | 84.5 | 93.7 | 86.7 | 106.6 | 98.8 | 104.8 | 120.7 | 69.0 | 108.6 | 120.7 | 82.1 | 111.7 | 93.8 | 51.0 | 83.8 | 120.7 | 61.3 | 106.8 |
| 099 | PAINTING & WALL COVERINGS | 82.6 | 88.0 | 85.7 | 82.6 | 76.6 | 79.2 | 115.4 | 84.7 | 97.8 | 115.4 | 83.4 | 97.3 | 74.8 | 60.0 | 66.3 | 115.4 | 71.9 | 90.5 |
| 9 | FINISHES | 85.0 | 86.7 | 85.8 | 88.9 | 97.6 | 93.3 | 108.8 | 80.4 | 94.3 | 108.8 | 86.4 | 97.4 | 86.4 | 53.5 | 69.6 | 108.6 | 70.8 | 89.3 |
| 10-14 | TOTAL DIV. 10-14 | 100.0 | 92.1 | 98.3 | 100.0 | 101.4 | 100.3 | 100.0 | 87.7 | 97.3 | 100.0 | 90.1 | 97.8 | 100.0 | 77.7 | 95.1 | 100.0 | 78.6 | 95.3 |
| 15 | MECHANICAL | 100.1 | 87.8 | 94.9 | 100.2 | 104.5 | 102.0 | 99.9 | 92.6 | 96.8 | 99.9 | 86.2 | 94.1 | 100.3 | 53.9 | 80.5 | 99.9 | 74.2 | 89.0 |
| 16 | ELECTRICAL | 110.4 | 94.3 | 99.8 | 102.1 | 110.2 | 107.4 | 91.5 | 86.3 | 88.1 | 91.5 | 79.5 | 83.6 | 106.2 | 64.4 | 78.8 | 92.7 | 81.0 | 85.0 |
| 1-16 | WEIGHTED AVERAGE | 97.1 | 90.2 | 93.8 | 94.7 | 104.8 | 99.5 | 101.8 | 92.5 | 97.3 | 101.6 | 92.9 | 97.4 | 97.2 | 65.4 | 81.9 | 99.2 | 76.6 | 88.4 |

| | | NEVADA |||||| NEW HAMPSHIRE |||||| NEW JERSEY ||||||
|---|---|---|---|---|---|---|---|---|---|---|---|---|---|---|---|---|---|---|---|
| | DIVISION | LAS VEGAS ||| RENO ||| MANCHESTER ||| NASHUA ||| JERSEY CITY ||| NEWARK |||
| | | MAT. | INST. | TOTAL | MAT. | INST. | TOTAL | MAT. | INST. | TOTAL | MAT. | INST. | TOTAL | MAT. | INST. | TOTAL | MAT. | INST. | TOTAL |
| 2 | SITE WORK | 65.8 | 102.7 | 94.1 | 65.7 | 102.3 | 93.8 | 102.4 | 103.5 | 103.3 | 103.0 | 103.5 | 103.4 | 105.8 | 105.8 | 105.8 | 120.5 | 106.7 | 109.9 |
| 031 | CONCRETE FORMWORK | 94.9 | 105.7 | 104.1 | 99.1 | 97.0 | 97.3 | 95.5 | 81.9 | 84.0 | 95.5 | 81.9 | 84.0 | 95.5 | 118.5 | 115.0 | 94.4 | 117.8 | 114.3 |
| 032 | CONCRETE REINFORCEMENT | 97.9 | 117.2 | 108.8 | 97.9 | 116.8 | 108.6 | 127.2 | 83.7 | 102.6 | 127.2 | 83.7 | 102.6 | 127.2 | 117.6 | 121.7 | 127.2 | 117.5 | 121.7 |
| 033 | CAST IN PLACE CONCRETE | 108.2 | 103.4 | 106.2 | 112.3 | 97.9 | 106.1 | 112.9 | 95.7 | 105.5 | 112.9 | 95.7 | 105.5 | 96.2 | 122.3 | 107.4 | 101.1 | 101.3 | 101.2 |
| 3 | CONCRETE | 107.8 | 106.6 | 107.2 | 110.0 | 100.8 | 105.4 | 119.6 | 87.0 | 103.2 | 119.6 | 87.0 | 103.2 | 111.8 | 118.3 | 115.1 | 114.0 | 110.9 | 112.4 |
| 4 | MASONRY | 115.3 | 102.7 | 107.5 | 115.6 | 91.8 | 100.9 | 105.5 | 86.3 | 93.7 | 105.5 | 86.3 | 93.7 | 98.6 | 117.2 | 110.1 | 102.4 | 116.1 | 110.9 |
| 5 | METALS | 103.3 | 102.4 | 103.0 | 102.9 | 100.8 | 102.1 | 109.3 | 86.0 | 100.4 | 109.3 | 86.0 | 100.4 | 109.3 | 100.2 | 105.8 | 109.3 | 103.0 | 106.9 |
| 6 | WOOD & PLASTICS | 91.2 | 104.2 | 97.8 | 96.9 | 95.3 | 96.1 | 103.1 | 80.4 | 91.6 | 103.1 | 80.4 | 91.6 | 103.1 | 119.7 | 111.5 | 105.0 | 119.8 | 112.5 |
| 7 | THERMAL & MOISTURE PROTECTION | 106.0 | 104.6 | 105.4 | 106.1 | 96.8 | 101.8 | 98.4 | 104.3 | 101.1 | 98.4 | 104.3 | 101.1 | 98.0 | 110.6 | 103.9 | 98.7 | 109.4 | 103.7 |
| 8 | DOORS & WINDOWS | 96.6 | 108.0 | 99.3 | 96.6 | 102.0 | 97.9 | 103.1 | 84.1 | 98.6 | 103.1 | 84.1 | 98.6 | 103.1 | 123.3 | 108.0 | 107.3 | 123.3 | 111.1 |
| 092 | LATH, PLASTER & GYPSUM BOARD | 89.5 | 104.0 | 99.5 | 90.9 | 94.8 | 93.6 | 114.9 | 78.4 | 89.9 | 114.9 | 78.4 | 89.9 | 114.9 | 119.1 | 117.8 | 114.9 | 119.2 | 117.8 |
| 095 | ACOUSTICAL TREATMENT & WOOD FLOORING | 96.4 | 104.0 | 101.3 | 96.4 | 94.8 | 95.4 | 100.9 | 78.4 | 86.4 | 100.9 | 78.4 | 86.4 | 100.9 | 119.1 | 112.7 | 100.9 | 119.2 | 112.7 |
| 096 | FLOORING & CARPET | 93.9 | 102.9 | 96.0 | 93.9 | 92.0 | 93.4 | 94.0 | 92.0 | 93.5 | 94.0 | 92.0 | 93.5 | 94.0 | 125.2 | 101.3 | 94.0 | 125.2 | 101.3 |
| 099 | PAINTING & WALL COVERINGS | 106.7 | 127.7 | 118.7 | 106.7 | 103.4 | 104.8 | 96.8 | 74.3 | 83.9 | 96.8 | 74.3 | 83.9 | 96.8 | 121.3 | 110.9 | 96.7 | 121.3 | 110.8 |
| 9 | FINISHES | 88.8 | 107.2 | 98.2 | 88.9 | 95.8 | 92.4 | 98.0 | 82.2 | 90.0 | 98.0 | 82.2 | 90.0 | 98.3 | 120.5 | 109.6 | 98.7 | 120.3 | 109.7 |
| 10-14 | TOTAL DIV. 10-14 | 100.0 | 114.3 | 103.1 | 100.0 | 134.1 | 107.5 | 100.0 | 112.5 | 102.7 | 100.0 | 112.5 | 102.7 | 100.0 | 112.0 | 102.6 | 100.0 | 111.5 | 102.5 |
| 15 | MECHANICAL | 97.2 | 103.3 | 99.8 | 97.2 | 98.1 | 97.6 | 99.3 | 86.5 | 93.8 | 99.3 | 86.5 | 93.8 | 96.4 | 110.4 | 102.4 | 96.3 | 112.6 | 103.3 |
| 16 | ELECTRICAL | 100.9 | 114.4 | 109.8 | 99.6 | 100.7 | 100.3 | 98.8 | 67.3 | 78.1 | 98.8 | 67.3 | 78.1 | 98.8 | 123.0 | 114.7 | 98.8 | 106.5 | 103.9 |
| 1-16 | WEIGHTED AVERAGE | 99.2 | 106.3 | 102.6 | 99.4 | 99.6 | 99.5 | 103.9 | 85.6 | 95.1 | 103.9 | 85.6 | 95.1 | 102.0 | 114.6 | 108.1 | 103.5 | 111.5 | 107.3 |

# CITY COST INDEXES

| DIVISION | | NEW JERSEY | | | | | | NEW MEXICO | | | NEW YORK | | | | | | | | |
|---|---|---|---|---|---|---|---|---|---|---|---|---|---|---|---|---|---|---|---|
| | | PATERSON | | | TRENTON | | | ALBUQUERQUE | | | ALBANY | | | BINGHAMTON | | | BUFFALO | | |
| | | MAT. | INST. | TOTAL | MAT. | INST. | TOTAL | MAT. | INST. | TOTAL | MAT. | INST. | TOTAL | MAT. | INST. | TOTAL | MAT. | INST. | TOTAL |
| 2 | SITE WORK | 122.2 | 106.6 | 110.2 | 105.2 | 105.3 | 105.3 | 89.1 | 109.8 | 105.0 | 71.0 | 112.2 | 102.7 | 99.8 | 93.2 | 94.7 | 99.2 | 93.5 | 94.8 |
| 031 | CONCRETE FORMWORK | 94.4 | 116.8 | 113.4 | 95.5 | 114.6 | 111.7 | 96.5 | 73.2 | 76.7 | 100.7 | 94.4 | 95.3 | 106.0 | 81.4 | 85.1 | 106.4 | 117.6 | 115.9 |
| 032 | CONCRETE REINFORCEMENT | 127.2 | 117.7 | 121.8 | 127.2 | 105.9 | 115.1 | 98.6 | 71.3 | 83.2 | 96.6 | 100.9 | 99.0 | 95.6 | 82.8 | 88.4 | 95.8 | 103.5 | 100.1 |
| 033 | CAST IN PLACE CONCRETE | 123.2 | 103.4 | 114.7 | 96.2 | 97.3 | 96.7 | 97.5 | 79.0 | 89.6 | 89.9 | 101.4 | 94.9 | 113.0 | 91.3 | 103.6 | 113.0 | 120.6 | 116.3 |
| 3 | CONCRETE | 124.4 | 111.2 | 117.8 | 111.8 | 105.7 | 108.7 | 103.0 | 75.8 | 89.3 | 104.4 | 99.5 | 101.9 | 105.5 | 88.0 | 96.7 | 105.5 | 114.9 | 110.3 |
| 4 | MASONRY | 104.0 | 116.8 | 111.9 | 98.7 | 103.9 | 101.9 | 99.1 | 71.4 | 82.0 | 92.4 | 97.4 | 95.5 | 109.9 | 91.0 | 98.3 | 109.9 | 115.9 | 113.6 |
| 5 | METALS | 109.3 | 103.2 | 107.0 | 109.3 | 94.9 | 103.8 | 105.3 | 87.9 | 98.6 | 100.2 | 119.3 | 107.5 | 95.2 | 125.5 | 106.8 | 95.3 | 95.9 | 95.5 |
| 6 | WOOD & PLASTICS | 105.0 | 119.8 | 112.5 | 103.1 | 119.7 | 111.5 | 97.1 | 74.5 | 85.7 | 106.0 | 93.1 | 99.5 | 116.1 | 76.8 | 96.2 | 115.4 | 119.5 | 117.5 |
| 7 | THERMAL & MOISTURE PROTECTION | 98.7 | 107.5 | 102.8 | 98.0 | 106.9 | 102.2 | 105.5 | 76.9 | 92.2 | 90.3 | 97.6 | 93.7 | 99.6 | 87.5 | 94.0 | 98.5 | 108.3 | 103.1 |
| 8 | DOORS & WINDOWS | 107.3 | 118.6 | 110.0 | 103.1 | 117.3 | 106.5 | 96.6 | 69.6 | 90.1 | 98.4 | 92.2 | 97.0 | 93.2 | 76.0 | 89.1 | 93.1 | 109.6 | 97.1 |
| 092 | LATH, PLASTER & GYPSUM BOARD | 114.9 | 119.2 | 117.8 | 114.9 | 119.2 | 117.8 | 90.9 | 72.9 | 78.5 | 108.2 | 92.4 | 97.3 | 113.0 | 75.1 | 87.0 | 105.8 | 119.3 | 115.1 |
| 095 | ACOUSTICAL TREATMENT & WOOD FLOORING | 100.9 | 119.2 | 112.7 | 100.9 | 119.2 | 112.7 | 96.4 | 72.9 | 81.2 | 90.8 | 92.4 | 91.8 | 90.8 | 75.1 | 80.6 | 87.6 | 119.3 | 108.1 |
| 096 | FLOORING & CARPET | 94.0 | 131.0 | 102.7 | 94.0 | 117.3 | 99.5 | 93.9 | 81.3 | 90.9 | 81.4 | 90.3 | 83.5 | 90.7 | 87.2 | 89.9 | 94.0 | 112.9 | 98.4 |
| 099 | PAINTING & WALL COVERINGS | 96.7 | 121.3 | 110.8 | 96.8 | 121.3 | 110.9 | 106.7 | 73.3 | 87.5 | 79.0 | 86.1 | 83.1 | 79.2 | 79.2 | 79.2 | 82.1 | 111.2 | 98.8 |
| 9 | FINISHES | 98.5 | 120.8 | 109.9 | 98.3 | 116.7 | 107.7 | 89.7 | 74.8 | 82.1 | 93.9 | 92.3 | 93.1 | 93.6 | 81.7 | 87.5 | 93.5 | 117.0 | 105.5 |
| 10-14 | TOTAL DIV. 10-14 | 100.0 | 110.4 | 102.3 | 100.0 | 114.1 | 103.1 | 100.0 | 81.2 | 95.9 | 100.0 | 98.4 | 99.7 | 100.0 | 98.8 | 99.7 | 100.0 | 110.2 | 102.2 |
| 15 | MECHANICAL | 96.4 | 106.8 | 100.8 | 96.3 | 102.3 | 98.8 | 97.3 | 79.7 | 89.8 | 100.0 | 92.5 | 96.8 | 100.3 | 81.7 | 92.4 | 100.0 | 96.8 | 98.7 |
| 16 | ELECTRICAL | 98.8 | 113.4 | 108.4 | 98.8 | 125.4 | 116.3 | 93.2 | 78.0 | 83.2 | 109.8 | 96.8 | 101.2 | 109.4 | 89.6 | 96.4 | 103.9 | 98.7 | 100.5 |
| 1-16 | WEIGHTED AVERAGE | 104.8 | 111.4 | 108.0 | 102.0 | 109.2 | 105.5 | 98.2 | 80.9 | 89.9 | 99.0 | 99.4 | 99.2 | 100.0 | 90.3 | 95.4 | 100.0 | 104.7 | 102.0 |

| DIVISION | | NEW YORK | | | | | | | | | | | | | | | NORTH CAROLINA | | |
|---|---|---|---|---|---|---|---|---|---|---|---|---|---|---|---|---|---|---|---|
| | | NEW YORK | | | ROCHESTER | | | SYRACUSE | | | UTICA | | | YONKERS | | | CHARLOTTE | | |
| | | MAT. | INST. | TOTAL | MAT. | INST. | TOTAL | MAT. | INST. | TOTAL | MAT. | INST. | TOTAL | MAT. | INST. | TOTAL | MAT. | INST. | TOTAL |
| 2 | SITE WORK | 142.5 | 136.9 | 138.2 | 73.1 | 111.8 | 102.9 | 98.4 | 112.2 | 109.0 | 73.2 | 111.1 | 102.4 | 142.4 | 134.6 | 136.4 | 101.0 | 74.9 | 80.9 |
| 031 | CONCRETE FORMWORK | 109.5 | 159.6 | 152.0 | 104.5 | 103.0 | 103.2 | 105.5 | 90.8 | 93.0 | 106.7 | 69.0 | 74.7 | 109.5 | 142.7 | 137.6 | 101.7 | 52.7 | 60.1 |
| 032 | CONCRETE REINFORCEMENT | 102.3 | 174.7 | 143.3 | 96.6 | 97.9 | 97.4 | 96.6 | 92.4 | 94.2 | 96.6 | 81.2 | 87.9 | 99.6 | 124.7 | 113.8 | 97.0 | 48.4 | 69.5 |
| 033 | CAST IN PLACE CONCRETE | 137.7 | 153.2 | 144.4 | 98.8 | 109.6 | 103.4 | 105.8 | 99.2 | 102.9 | 98.7 | 90.4 | 95.1 | 137.7 | 134.5 | 136.3 | 99.8 | 55.3 | 80.7 |
| 3 | CONCRETE | 138.1 | 158.8 | 148.5 | 108.8 | 105.5 | 107.1 | 110.2 | 95.6 | 102.9 | 109.0 | 81.0 | 94.9 | 137.7 | 136.3 | 137.0 | 101.0 | 55.2 | 78.0 |
| 4 | MASONRY | 120.5 | 158.8 | 144.1 | 95.0 | 102.6 | 99.7 | 99.4 | 94.0 | 96.0 | 93.7 | 82.0 | 86.4 | 120.3 | 147.6 | 137.1 | 93.9 | 40.7 | 61.1 |
| 5 | METALS | 120.6 | 141.7 | 128.7 | 100.2 | 118.4 | 107.2 | 100.2 | 115.9 | 106.2 | 100.2 | 111.3 | 104.4 | 120.6 | 136.8 | 126.8 | 96.1 | 87.6 | 92.8 |
| 6 | WOOD & PLASTICS | 115.3 | 160.4 | 138.1 | 111.3 | 104.9 | 108.1 | 113.7 | 89.2 | 101.3 | 113.7 | 65.6 | 89.4 | 116.0 | 142.0 | 129.1 | 98.5 | 54.2 | 76.1 |
| 7 | THERMAL & MOISTURE PROTECTION | 106.9 | 151.1 | 127.5 | 90.3 | 105.5 | 97.4 | 98.6 | 97.8 | 98.2 | 90.5 | 89.8 | 90.1 | 107.7 | 141.8 | 123.6 | 92.3 | 47.6 | 71.5 |
| 8 | DOORS & WINDOWS | 95.3 | 163.8 | 111.7 | 98.5 | 101.1 | 99.1 | 96.8 | 87.6 | 94.6 | 98.4 | 69.3 | 91.5 | 95.4 | 153.4 | 109.3 | 96.0 | 51.3 | 85.3 |
| 092 | LATH, PLASTER & GYPSUM BOARD | 108.6 | 162.3 | 145.5 | 108.2 | 104.6 | 105.7 | 108.2 | 88.3 | 94.6 | 108.2 | 63.9 | 77.8 | 108.2 | 143.3 | 132.3 | 87.3 | 52.4 | 63.3 |
| 095 | ACOUSTICAL TREATMENT & WOOD FLOORING | 92.3 | 162.3 | 137.6 | 90.8 | 104.6 | 99.7 | 90.8 | 88.3 | 89.2 | 90.8 | 63.9 | 73.4 | 90.8 | 143.3 | 124.7 | 89.4 | 52.4 | 65.4 |
| 096 | FLOORING & CARPET | 95.6 | 156.0 | 109.7 | 81.6 | 108.1 | 87.8 | 83.8 | 87.1 | 84.6 | 81.4 | 87.2 | 82.7 | 91.3 | 129.5 | 100.2 | 82.8 | 37.9 | 72.2 |
| 099 | PAINTING & WALL COVERINGS | 101.5 | 146.9 | 127.5 | 79.0 | 109.3 | 96.4 | 84.1 | 86.9 | 85.7 | 79.0 | 86.9 | 83.5 | 98.5 | 133.1 | 118.4 | 100.8 | 53.1 | 73.4 |
| 9 | FINISHES | 111.4 | 157.3 | 134.8 | 93.9 | 105.0 | 99.6 | 95.7 | 89.1 | 92.3 | 93.9 | 73.2 | 83.3 | 109.4 | 139.0 | 124.5 | 87.2 | 49.7 | 68.1 |
| 10-14 | TOTAL DIV. 10-14 | 100.0 | 143.3 | 109.4 | 100.0 | 103.6 | 100.8 | 100.0 | 95.4 | 99.0 | 100.0 | 90.0 | 97.8 | 100.0 | 139.6 | 108.7 | 100.0 | 72.5 | 94.0 |
| 15 | MECHANICAL | 100.1 | 166.5 | 128.4 | 100.0 | 94.7 | 97.8 | 100.0 | 92.4 | 96.8 | 100.0 | 81.3 | 92.0 | 100.3 | 136.1 | 115.6 | 99.9 | 60.4 | 83.1 |
| 16 | ELECTRICAL | 124.4 | 147.8 | 139.8 | 109.8 | 96.3 | 101.0 | 109.8 | 91.8 | 98.0 | 109.8 | 87.7 | 95.3 | 121.6 | 132.7 | 128.9 | 92.6 | 53.0 | 66.6 |
| 1-16 | WEIGHTED AVERAGE | 112.8 | 154.0 | 132.6 | 99.8 | 103.3 | 101.5 | 101.2 | 96.8 | 99.1 | 99.8 | 87.1 | 93.7 | 112.4 | 137.9 | 124.7 | 96.6 | 58.9 | 78.5 |

| DIVISION | | NORTH CAROLINA | | | | | | OHIO | | | | | | | | | | | |
|---|---|---|---|---|---|---|---|---|---|---|---|---|---|---|---|---|---|---|---|
| | | GREENSBORO | | | RALEIGH | | | AKRON | | | CANTON | | | CINCINNATI | | | CLEVELAND | | |
| | | MAT. | INST. | TOTAL | MAT. | INST. | TOTAL | MAT. | INST. | TOTAL | MAT. | INST. | TOTAL | MAT. | INST. | TOTAL | MAT. | INST. | TOTAL |
| 2 | SITE WORK | 101.3 | 85.1 | 88.8 | 101.0 | 85.1 | 88.8 | 105.0 | 112.4 | 110.7 | 105.0 | 111.8 | 110.2 | 67.8 | 120.0 | 107.9 | 105.0 | 113.1 | 111.2 |
| 031 | CONCRETE FORMWORK | 94.9 | 52.9 | 59.2 | 98.2 | 52.8 | 59.7 | 105.8 | 101.6 | 102.2 | 105.8 | 86.6 | 89.6 | 95.3 | 89.4 | 90.3 | 105.8 | 107.0 | 106.8 |
| 032 | CONCRETE REINFORCEMENT | 97.0 | 50.1 | 70.5 | 97.0 | 50.1 | 70.5 | 102.9 | 93.5 | 97.6 | 102.9 | 78.7 | 89.2 | 98.3 | 79.4 | 87.7 | 103.4 | 93.6 | 97.9 |
| 033 | CAST IN PLACE CONCRETE | 102.1 | 55.4 | 82.0 | 99.9 | 55.4 | 80.7 | 104.2 | 109.8 | 106.6 | 104.2 | 107.8 | 105.7 | 87.4 | 90.2 | 88.6 | 104.2 | 117.3 | 109.8 |
| 3 | CONCRETE | 101.5 | 55.6 | 78.4 | 100.8 | 55.5 | 78.0 | 97.4 | 101.6 | 99.5 | 97.4 | 91.7 | 94.5 | 87.1 | 88.1 | 87.6 | 97.4 | 106.6 | 102.1 |
| 4 | MASONRY | 85.9 | 40.7 | 58.0 | 85.7 | 40.7 | 58.0 | 94.2 | 100.3 | 98.0 | 95.1 | 94.1 | 94.5 | 77.3 | 93.0 | 87.0 | 99.6 | 109.7 | 105.9 |
| 5 | METALS | 96.1 | 88.4 | 93.1 | 96.1 | 88.3 | 93.1 | 94.2 | 81.0 | 89.2 | 94.2 | 74.6 | 86.7 | 93.3 | 89.1 | 91.7 | 94.2 | 82.1 | 89.6 |
| 6 | WOOD & PLASTICS | 89.9 | 54.2 | 71.8 | 94.0 | 54.2 | 73.9 | 100.6 | 102.2 | 101.4 | 100.6 | 85.1 | 92.8 | 99.4 | 88.0 | 93.6 | 100.2 | 104.9 | 102.5 |
| 7 | THERMAL & MOISTURE PROTECTION | 92.5 | 48.9 | 72.2 | 92.6 | 48.1 | 71.9 | 123.4 | 101.7 | 113.3 | 123.2 | 97.5 | 111.3 | 95.6 | 91.9 | 93.9 | 121.0 | 108.4 | 115.2 |
| 8 | DOORS & WINDOWS | 96.0 | 52.3 | 85.5 | 96.0 | 52.3 | 85.5 | 108.5 | 99.7 | 106.4 | 102.7 | 78.9 | 97.0 | 99.9 | 83.6 | 96.0 | 96.9 | 102.9 | 98.4 |
| 092 | LATH, PLASTER & GYPSUM BOARD | 87.3 | 52.4 | 63.3 | 87.3 | 52.4 | 63.3 | 114.0 | 100.1 | 105.1 | 114.0 | 83.3 | 92.9 | 105.3 | 88.1 | 93.5 | 113.6 | 103.7 | 106.8 |
| 095 | ACOUSTICAL TREATMENT & WOOD FLOORING | 89.4 | 52.4 | 65.4 | 89.4 | 52.4 | 65.4 | 98.0 | 101.0 | 99.9 | 98.0 | 83.3 | 88.5 | 101.1 | 88.1 | 92.7 | 96.4 | 103.7 | 101.2 |
| 096 | FLOORING & CARPET | 82.8 | 37.9 | 72.2 | 82.8 | 37.9 | 72.2 | 127.6 | 104.1 | 122.1 | 127.6 | 79.7 | 116.4 | 75.6 | 94.9 | 80.1 | 127.1 | 104.4 | 121.8 |
| 099 | PAINTING & WALL COVERINGS | 100.8 | 53.1 | 73.4 | 100.8 | 53.1 | 73.4 | 113.7 | 118.7 | 116.6 | 113.7 | 88.6 | 99.3 | 95.3 | 92.9 | 94.0 | 113.7 | 116.7 | 115.5 |
| 9 | FINISHES | 87.4 | 49.7 | 68.2 | 87.4 | 49.7 | 68.2 | 110.5 | 104.2 | 107.3 | 110.5 | 85.1 | 97.6 | 90.2 | 90.9 | 90.6 | 110.0 | 107.5 | 108.8 |
| 10-14 | TOTAL DIV. 10-14 | 100.0 | 72.5 | 94.0 | 100.0 | 72.5 | 94.0 | 100.0 | 100.8 | 100.2 | 100.0 | 97.3 | 99.4 | 100.0 | 88.6 | 97.5 | 100.0 | 106.3 | 101.4 |
| 15 | MECHANICAL | 99.8 | 60.5 | 83.0 | 99.9 | 60.5 | 83.1 | 100.2 | 98.4 | 99.4 | 100.2 | 83.2 | 93.0 | 100.4 | 90.6 | 96.2 | 100.2 | 106.7 | 103.0 |
| 16 | ELECTRICAL | 92.6 | 56.4 | 68.8 | 92.6 | 56.4 | 68.8 | 98.5 | 91.2 | 93.7 | 98.5 | 93.5 | 95.2 | 90.7 | 84.4 | 86.5 | 98.4 | 102.8 | 101.3 |
| 1-16 | WEIGHTED AVERAGE | 96.1 | 60.8 | 79.1 | 96.1 | 60.7 | 79.1 | 101.4 | 98.6 | 100.1 | 100.8 | 90.0 | 95.6 | 93.5 | 92.1 | 92.8 | 100.3 | 104.7 | 102.4 |

# CITY COST INDEXES

| | | OHIO | | | | | | | | | | | | | | | | OKLAHOMA | | |
|---|---|---|---|---|---|---|---|---|---|---|---|---|---|---|---|---|---|---|---|---|
| DIVISION | | COLUMBUS | | | DAYTON | | | LORAIN | | | TOLEDO | | | YOUNGSTOWN | | | OKLAHOMA CITY | | |
| | | MAT. | INST. | TOTAL | MAT. | INST. | TOTAL | MAT. | INST. | TOTAL | MAT. | INST. | TOTAL | MAT. | INST. | TOTAL | MAT. | INST. | TOTAL |
| 2 | SITE WORK | 75.3 | 103.4 | 96.9 | 66.7 | 119.2 | 107.0 | 105.0 | 111.8 | 110.2 | 75.0 | 103.6 | 97.0 | 105.0 | 112.4 | 110.7 | 106.6 | 87.9 | 92.2 |
| 031 | CONCRETE FORMWORK | 100.3 | 87.2 | 89.2 | 95.4 | 86.9 | 88.2 | 105.8 | 86.3 | 89.3 | 100.3 | 98.5 | 98.8 | 105.8 | 90.8 | 93.1 | 98.5 | 62.6 | 68.1 |
| 032 | CONCRETE REINFORCEMENT | 103.6 | 78.1 | 89.1 | 98.3 | 79.0 | 87.4 | 102.9 | 93.0 | 97.3 | 103.6 | 86.7 | 94.0 | 102.9 | 83.4 | 91.9 | 97.9 | 74.0 | 84.4 |
| 033 | CAST IN PLACE CONCRETE | 98.5 | 93.1 | 96.2 | 73.2 | 90.1 | 80.5 | 104.2 | 92.5 | 99.1 | 98.5 | 102.8 | 100.4 | 104.2 | 104.3 | 104.2 | 93.4 | 61.7 | 79.8 |
| 3 | CONCRETE | 94.4 | 86.9 | 90.6 | 80.5 | 86.2 | 83.3 | 97.4 | 89.0 | 93.1 | 94.4 | 97.3 | 95.8 | 97.4 | 93.2 | 95.3 | 86.7 | 64.0 | 75.3 |
| 4 | MASONRY | 87.5 | 92.6 | 90.6 | 76.3 | 92.4 | 86.2 | 91.1 | 88.0 | 89.2 | 88.6 | 95.7 | 93.0 | 95.1 | 94.6 | 94.8 | 93.8 | 65.0 | 76.1 |
| 5 | METALS | 99.7 | 76.7 | 90.9 | 94.0 | 77.9 | 87.9 | 94.2 | 80.1 | 88.8 | 99.7 | 86.3 | 94.6 | 94.2 | 76.6 | 87.5 | 99.9 | 61.4 | 85.1 |
| 6 | WOOD & PLASTICS | 98.1 | 86.6 | 92.3 | 101.2 | 86.6 | 93.8 | 100.6 | 85.1 | 92.8 | 98.1 | 100.6 | 99.4 | 100.6 | 89.3 | 94.9 | 96.9 | 63.4 | 79.9 |
| 7 | THERMAL & MOISTURE PROTECTION | 109.0 | 92.6 | 101.4 | 97.7 | 88.6 | 93.5 | 123.1 | 94.7 | 109.9 | 111.4 | 99.5 | 105.9 | 123.2 | 95.3 | 110.2 | 90.0 | 66.3 | 79.0 |
| 8 | DOORS & WINDOWS | 101.5 | 82.3 | 96.9 | 100.2 | 80.2 | 95.4 | 102.7 | 92.2 | 100.2 | 101.5 | 94.4 | 99.8 | 102.7 | 88.0 | 99.2 | 97.6 | 66.5 | 90.2 |
| 092 | LATH, PLASTER & GYPSUM BOARD | 109.7 | 85.8 | 93.2 | 105.3 | 86.6 | 92.4 | 114.0 | 83.3 | 93.0 | 109.7 | 100.2 | 103.1 | 114.0 | 87.6 | 95.9 | 92.7 | 63.5 | 72.6 |
| 095 | ACOUSTICAL TREATMENT & WOOD FLOORING | 106.6 | 85.8 | 93.1 | 101.1 | 86.6 | 91.7 | 98.0 | 83.3 | 88.5 | 104.8 | 100.2 | 101.8 | 98.0 | 87.6 | 91.3 | 97.4 | 63.5 | 75.5 |
| 096 | FLOORING & CARPET | 95.8 | 86.2 | 93.6 | 77.7 | 81.4 | 78.6 | 127.6 | 91.0 | 119.0 | 95.1 | 82.3 | 92.1 | 127.6 | 89.8 | 118.7 | 122.6 | 71.7 | 110.7 |
| 099 | PAINTING & WALL COVERINGS | 99.0 | 95.9 | 97.2 | 95.3 | 91.2 | 93.0 | 113.7 | 116.7 | 115.5 | 99.0 | 84.9 | 90.9 | 113.7 | 97.7 | 104.6 | 100.4 | 69.4 | 82.7 |
| 9 | FINISHES | 93.2 | 87.8 | 90.5 | 91.0 | 86.4 | 88.7 | 110.5 | 90.2 | 100.1 | 92.6 | 94.0 | 93.3 | 110.5 | 91.1 | 100.6 | 105.9 | 64.9 | 85.0 |
| 10-14 | TOTAL DIV. 10-14 | 100.0 | 91.0 | 98.0 | 100.0 | 87.4 | 97.2 | 100.0 | 98.5 | 99.7 | 100.0 | 99.1 | 99.8 | 100.0 | 98.7 | 99.7 | 100.0 | 70.2 | 93.5 |
| 15 | MECHANICAL | 99.8 | 88.8 | 95.1 | 100.5 | 82.6 | 92.9 | 100.2 | 75.9 | 89.8 | 99.8 | 96.8 | 98.6 | 100.2 | 88.5 | 95.2 | 99.9 | 67.2 | 85.9 |
| 16 | ELECTRICAL | 108.1 | 84.3 | 92.5 | 90.6 | 83.2 | 85.8 | 98.5 | 77.3 | 84.6 | 109.6 | 96.1 | 100.8 | 98.5 | 93.5 | 95.2 | 96.5 | 68.8 | 78.3 |
| 1-16 | WEIGHTED AVERAGE | 98.2 | 88.3 | 93.5 | 93.0 | 88.2 | 90.6 | 100.6 | 86.6 | 93.9 | 98.4 | 96.1 | 97.3 | 100.8 | 92.6 | 96.9 | 98.0 | 68.1 | 83.6 |

| | | OKLAHOMA | | | OREGON | | | | | | PENNSYLVANIA | | | | | | | | |
|---|---|---|---|---|---|---|---|---|---|---|---|---|---|---|---|---|---|---|---|
| DIVISION | | TULSA | | | EUGENE | | | PORTLAND | | | ALLENTOWN | | | ERIE | | | HARRISBURG | | |
| | | MAT. | INST. | TOTAL | MAT. | INST. | TOTAL | MAT. | INST. | TOTAL | MAT. | INST. | TOTAL | MAT. | INST. | TOTAL | MAT. | INST. | TOTAL |
| 2 | SITE WORK | 104.1 | 84.9 | 89.4 | 93.7 | 111.1 | 107.1 | 93.1 | 111.1 | 106.9 | 98.4 | 111.9 | 108.7 | 98.1 | 110.7 | 107.8 | 85.4 | 110.3 | 104.6 |
| 031 | CONCRETE FORMWORK | 96.6 | 64.1 | 69.0 | 96.2 | 116.0 | 113.0 | 97.5 | 116.3 | 113.5 | 105.5 | 105.0 | 105.1 | 103.6 | 91.2 | 93.1 | 93.7 | 84.7 | 86.1 |
| 032 | CONCRETE REINFORCEMENT | 97.9 | 73.8 | 84.3 | 110.4 | 122.9 | 117.5 | 108.4 | 123.2 | 116.8 | 96.6 | 114.6 | 106.8 | 95.6 | 72.4 | 82.5 | 96.6 | 91.6 | 93.8 |
| 033 | CAST IN PLACE CONCRETE | 90.1 | 62.5 | 78.2 | 100.8 | 110.6 | 105.0 | 102.1 | 110.8 | 105.8 | 105.8 | 102.0 | 104.1 | 104.3 | 90.4 | 98.3 | 92.0 | 90.1 | 91.2 |
| 3 | CONCRETE | 85.0 | 66.2 | 75.5 | 123.3 | 114.5 | 118.9 | 123.7 | 114.8 | 119.2 | 108.8 | 107.4 | 108.1 | 96.5 | 89.2 | 92.8 | 101.2 | 90.0 | 95.6 |
| 4 | MASONRY | 93.1 | 61.3 | 73.4 | 120.6 | 114.9 | 117.1 | 122.7 | 119.2 | 120.6 | 99.4 | 99.8 | 99.6 | 92.5 | 91.5 | 91.9 | 98.4 | 84.5 | 89.8 |
| 5 | METALS | 99.9 | 79.5 | 92.1 | 95.2 | 103.6 | 98.5 | 95.1 | 104.3 | 98.6 | 100.2 | 133.6 | 113.0 | 91.1 | 112.2 | 99.2 | 100.2 | 122.0 | 108.6 |
| 6 | WOOD & PLASTICS | 94.5 | 65.4 | 79.7 | 93.6 | 116.3 | 105.0 | 95.6 | 116.3 | 106.1 | 113.7 | 106.8 | 110.2 | 109.1 | 92.9 | 100.9 | 104.0 | 84.7 | 94.2 |
| 7 | THERMAL & MOISTURE PROTECTION | 90.0 | 65.9 | 78.8 | 110.9 | 105.4 | 108.3 | 110.9 | 111.0 | 111.0 | 98.6 | 110.9 | 104.3 | 98.5 | 92.0 | 95.5 | 97.1 | 92.2 | 94.8 |
| 8 | DOORS & WINDOWS | 97.6 | 66.9 | 90.3 | 99.4 | 113.6 | 102.8 | 99.4 | 113.6 | 102.8 | 96.8 | 108.4 | 99.5 | 91.6 | 88.1 | 90.8 | 96.8 | 90.3 | 95.2 |
| 092 | LATH, PLASTER & GYPSUM BOARD | 92.7 | 65.3 | 73.9 | 100.2 | 116.7 | 111.5 | 99.5 | 116.7 | 111.3 | 108.2 | 106.5 | 107.0 | 98.5 | 92.2 | 94.2 | 108.2 | 83.6 | 91.3 |
| 095 | ACOUSTICAL TREATMENT & WOOD FLOORING | 97.4 | 65.3 | 76.6 | 146.8 | 116.7 | 127.3 | 146.8 | 116.7 | 127.3 | 90.8 | 106.5 | 100.9 | 90.8 | 92.2 | 91.7 | 90.8 | 83.6 | 86.1 |
| 096 | FLOORING & CARPET | 122.6 | 74.6 | 111.4 | 132.4 | 112.5 | 127.7 | 132.4 | 108.7 | 126.9 | 83.8 | 99.6 | 87.5 | 84.0 | 83.2 | 83.8 | 84.1 | 88.8 | 85.2 |
| 099 | PAINTING & WALL COVERINGS | 100.4 | 69.2 | 82.5 | 133.4 | 91.2 | 109.2 | 133.4 | 91.2 | 109.2 | 84.1 | 92.6 | 89.0 | 86.3 | 74.4 | 79.4 | 84.1 | 78.6 | 80.9 |
| 9 | FINISHES | 105.5 | 66.6 | 85.7 | 131.5 | 113.1 | 122.1 | 131.3 | 112.3 | 121.6 | 95.7 | 102.8 | 99.3 | 95.3 | 88.2 | 91.7 | 94.6 | 84.5 | 89.5 |
| 10-14 | TOTAL DIV. 10-14 | 100.0 | 71.2 | 93.7 | 100.0 | 113.1 | 102.9 | 100.0 | 113.2 | 102.9 | 100.0 | 102.6 | 100.6 | 100.0 | 95.3 | 99.0 | 100.0 | 94.1 | 98.7 |
| 15 | MECHANICAL | 100.0 | 74.0 | 88.9 | 100.2 | 96.7 | 98.7 | 100.2 | 103.3 | 101.5 | 100.1 | 100.7 | 100.3 | 99.8 | 88.1 | 94.8 | 100.0 | 89.0 | 95.3 |
| 16 | ELECTRICAL | 96.5 | 66.5 | 76.8 | 97.6 | 94.8 | 95.7 | 97.9 | 105.0 | 102.6 | 109.8 | 90.5 | 97.1 | 96.2 | 83.5 | 87.9 | 109.2 | 80.7 | 90.5 |
| 1-16 | WEIGHTED AVERAGE | 97.6 | 70.6 | 84.6 | 106.5 | 106.1 | 106.3 | 106.6 | 109.6 | 108.0 | 101.1 | 105.0 | 103.0 | 96.1 | 92.8 | 94.5 | 99.4 | 92.3 | 96.0 |

| | | PENNSYLVANIA | | | | | | | | | | | | RHODE ISLAND | | | SOUTH CAROLINA | | |
|---|---|---|---|---|---|---|---|---|---|---|---|---|---|---|---|---|---|---|---|
| DIVISION | | PHILADELPHIA | | | PITTSBURGH | | | READING | | | SCRANTON | | | PROVIDENCE | | | CHARLESTON | | |
| | | MAT. | INST. | TOTAL | MAT. | INST. | TOTAL | MAT. | INST. | TOTAL | MAT. | INST. | TOTAL | MAT. | INST. | TOTAL | MAT. | INST. | TOTAL |
| 2 | SITE WORK | 117.1 | 93.7 | 99.1 | 97.8 | 112.1 | 108.8 | 117.8 | 110.3 | 112.0 | 98.4 | 111.8 | 108.7 | 95.7 | 106.0 | 103.6 | 88.3 | 84.1 | 85.0 |
| 031 | CONCRETE FORMWORK | 106.4 | 123.2 | 120.7 | 103.6 | 99.6 | 100.2 | 106.1 | 87.9 | 90.7 | 105.5 | 90.2 | 92.5 | 99.1 | 110.8 | 109.0 | 94.9 | 51.2 | 57.8 |
| 032 | CONCRETE REINFORCEMENT | 97.2 | 109.5 | 104.1 | 96.8 | 97.7 | 97.3 | 95.5 | 96.8 | 96.3 | 96.6 | 94.7 | 95.6 | 127.2 | 118.7 | 122.4 | 97.0 | 51.7 | 71.4 |
| 033 | CAST IN PLACE CONCRETE | 96.1 | 120.7 | 106.7 | 104.3 | 100.2 | 102.6 | 96.1 | 93.0 | 94.8 | 105.8 | 93.6 | 100.5 | 97.1 | 118.2 | 106.2 | 76.6 | 62.0 | 70.3 |
| 3 | CONCRETE | 104.4 | 119.6 | 112.1 | 96.6 | 101.2 | 98.9 | 104.2 | 93.4 | 98.8 | 108.8 | 94.1 | 101.4 | 115.5 | 114.4 | 114.9 | 89.7 | 57.3 | 73.4 |
| 4 | MASONRY | 89.0 | 121.1 | 108.8 | 92.5 | 99.2 | 96.7 | 92.8 | 86.6 | 89.0 | 99.4 | 95.6 | 97.0 | 114.2 | 117.3 | 116.1 | 92.2 | 44.0 | 62.4 |
| 5 | METALS | 93.9 | 118.2 | 103.2 | 91.1 | 126.9 | 104.8 | 93.9 | 124.7 | 105.7 | 100.2 | 122.3 | 108.7 | 109.3 | 110.2 | 109.7 | 96.1 | 86.1 | 92.2 |
| 6 | WOOD & PLASTICS | 113.5 | 123.5 | 118.6 | 108.7 | 99.5 | 104.0 | 113.5 | 86.9 | 100.0 | 113.7 | 87.9 | 100.7 | 104.5 | 108.9 | 106.7 | 89.9 | 51.3 | 70.4 |
| 7 | THERMAL & MOISTURE PROTECTION | 98.8 | 125.4 | 111.2 | 98.6 | 101.2 | 99.8 | 98.4 | 103.6 | 100.9 | 98.6 | 93.1 | 96.0 | 98.5 | 109.4 | 103.6 | 92.1 | 52.7 | 73.8 |
| 8 | DOORS & WINDOWS | 105.2 | 126.7 | 110.3 | 91.6 | 106.6 | 95.2 | 105.2 | 92.1 | 102.0 | 96.8 | 89.3 | 95.0 | 99.0 | 119.2 | 103.9 | 96.0 | 49.0 | 84.7 |
| 092 | LATH, PLASTER & GYPSUM BOARD | 96.2 | 123.9 | 115.2 | 96.2 | 99.0 | 98.1 | 108.2 | 85.9 | 92.9 | 108.2 | 87.0 | 93.6 | 114.9 | 108.0 | 110.1 | 87.3 | 49.4 | 61.3 |
| 095 | ACOUSTICAL TREATMENT & WOOD FLOORING | 87.6 | 123.9 | 111.1 | 87.6 | 99.0 | 95.0 | 90.8 | 85.9 | 87.6 | 90.8 | 87.0 | 88.3 | 100.9 | 108.0 | 105.5 | 89.4 | 49.4 | 63.5 |
| 096 | FLOORING & CARPET | 75.9 | 122.2 | 86.8 | 87.3 | 104.1 | 91.2 | 74.2 | 83.9 | 76.5 | 83.8 | 89.8 | 85.2 | 94.0 | 124.9 | 101.2 | 82.8 | 44.3 | 73.8 |
| 099 | PAINTING & WALL COVERINGS | 83.3 | 124.8 | 107.1 | 79.7 | 113.0 | 98.8 | 81.1 | 92.9 | 87.9 | 84.1 | 89.0 | 86.9 | 96.9 | 124.9 | 113.0 | 100.8 | 54.4 | 74.2 |
| 9 | FINISHES | 87.6 | 123.4 | 105.8 | 95.0 | 101.7 | 98.4 | 88.8 | 86.9 | 87.8 | 95.7 | 89.6 | 92.6 | 97.7 | 115.1 | 106.6 | 87.5 | 49.9 | 68.3 |
| 10-14 | TOTAL DIV. 10-14 | 100.0 | 122.8 | 105.0 | 100.0 | 100.3 | 100.1 | 100.0 | 98.1 | 99.6 | 100.0 | 100.4 | 100.1 | 100.0 | 114.8 | 103.2 | 100.0 | 70.7 | 93.6 |
| 15 | MECHANICAL | 99.8 | 120.1 | 108.5 | 99.8 | 99.5 | 99.7 | 100.0 | 98.0 | 99.2 | 100.1 | 93.5 | 97.2 | 99.8 | 107.0 | 102.9 | 99.9 | 61.8 | 83.7 |
| 16 | ELECTRICAL | 106.0 | 128.9 | 121.0 | 97.5 | 98.1 | 97.9 | 109.4 | 91.6 | 97.7 | 109.8 | 90.7 | 97.3 | 98.8 | 112.3 | 107.7 | 92.6 | 49.0 | 64.0 |
| 1-16 | WEIGHTED AVERAGE | 99.4 | 119.6 | 109.1 | 96.2 | 104.0 | 99.9 | 100.0 | 97.5 | 98.8 | 101.1 | 97.4 | 99.3 | 103.3 | 111.7 | 107.4 | 94.7 | 59.9 | 78.0 |

# CITY COST INDEXES

| | DIVISION | SOUTH CAROLINA COLUMBIA | | | SOUTH DAKOTA SIOUX FALLS | | | TENNESSEE CHATTANOOGA | | | TENNESSEE KNOXVILLE | | | TENNESSEE MEMPHIS | | | TENNESSEE NASHVILLE | | |
|---|---|---|---|---|---|---|---|---|---|---|---|---|---|---|---|---|---|---|---|
| | | MAT. | INST. | TOTAL | MAT. | INST. | TOTAL | MAT. | INST. | TOTAL | MAT. | INST. | TOTAL | MAT. | INST. | TOTAL | MAT. | INST. | TOTAL |
| 2 | SITE WORK | 88.3 | 84.1 | 85.0 | 73.6 | 95.7 | 90.6 | 107.4 | 98.1 | 100.3 | 92.8 | 86.8 | 88.2 | 107.0 | 98.1 | 100.2 | 92.3 | 87.3 | 88.5 |
| 031 | CONCRETE FORMWORK | 100.7 | 54.2 | 61.3 | 96.5 | 52.6 | 59.3 | 101.1 | 63.4 | 69.2 | 100.0 | 66.0 | 71.2 | 101.1 | 65.7 | 71.1 | 100.8 | 66.1 | 71.4 |
| 032 | CONCRETE REINFORCEMENT | 97.0 | 51.6 | 71.4 | 93.0 | 55.2 | 71.6 | 91.2 | 61.3 | 74.3 | 91.2 | 61.5 | 74.4 | 91.5 | 62.0 | 74.8 | 90.4 | 63.6 | 75.2 |
| 033 | CAST IN PLACE CONCRETE | 76.6 | 57.3 | 68.3 | 95.9 | 65.6 | 82.9 | 89.3 | 62.3 | 77.7 | 71.3 | 63.7 | 68.0 | 89.3 | 68.7 | 80.4 | 71.3 | 64.1 | 68.2 |
| 3 | CONCRETE | 90.1 | 57.0 | 73.4 | 88.0 | 58.9 | 73.4 | 84.8 | 64.6 | 74.6 | 76.6 | 66.2 | 71.4 | 85.1 | 68.0 | 76.5 | 76.9 | 66.9 | 71.8 |
| 4 | MASONRY | 92.2 | 44.0 | 62.4 | 101.4 | 59.3 | 75.4 | 77.3 | 61.5 | 67.6 | 59.7 | 61.2 | 60.7 | 77.4 | 66.1 | 70.4 | 59.7 | 64.3 | 62.5 |
| 5 | METALS | 96.1 | 85.9 | 92.2 | 110.6 | 73.6 | 96.4 | 95.8 | 91.8 | 94.3 | 96.7 | 91.4 | 94.7 | 95.8 | 93.3 | 94.9 | 96.7 | 94.1 | 95.7 |
| 6 | WOOD & PLASTICS | 97.2 | 55.8 | 76.3 | 95.2 | 50.6 | 72.6 | 97.6 | 65.1 | 81.1 | 91.5 | 69.1 | 80.2 | 97.6 | 67.2 | 82.2 | 93.3 | 67.1 | 80.0 |
| 7 | THERMAL & MOISTURE PROTECTION | 92.3 | 53.1 | 74.1 | 97.0 | 61.3 | 80.4 | 99.8 | 62.9 | 82.6 | 92.3 | 63.1 | 78.8 | 99.7 | 66.7 | 84.3 | 91.8 | 64.9 | 79.3 |
| 8 | DOORS & WINDOWS | 96.0 | 51.5 | 85.3 | 104.6 | 49.7 | 91.4 | 99.6 | 62.4 | 90.7 | 92.0 | 66.7 | 86.0 | 99.7 | 67.1 | 91.9 | 92.2 | 66.7 | 86.1 |
| 092 | LATH, PLASTER & GYPSUM BOARD | 87.3 | 54.0 | 64.4 | 102.6 | 49.3 | 66.0 | 101.2 | 64.5 | 76.0 | 102.6 | 68.7 | 79.3 | 100.7 | 66.6 | 77.4 | 102.6 | 66.6 | 77.9 |
| 095 | ACOUSTICAL TREATMENT & WOOD FLOORING | 89.4 | 54.0 | 66.5 | 110.7 | 49.3 | 71.0 | 104.4 | 64.5 | 78.6 | 97.6 | 68.7 | 78.9 | 102.9 | 66.8 | 79.5 | 97.6 | 66.6 | 77.6 |
| 096 | FLOORING & CARPET | 82.8 | 43.9 | 73.7 | 120.7 | 61.9 | 106.9 | 92.3 | 69.4 | 86.9 | 91.4 | 71.3 | 86.7 | 91.0 | 61.4 | 84.1 | 91.2 | 69.1 | 86.0 |
| 099 | PAINTING & WALL COVERINGS | 100.8 | 54.4 | 74.2 | 115.4 | 47.8 | 76.6 | 89.2 | 59.0 | 71.9 | 86.5 | 75.5 | 80.2 | 87.8 | 71.8 | 78.6 | 86.5 | 64.6 | 73.9 |
| 9 | FINISHES | 87.5 | 52.4 | 69.6 | 109.5 | 53.5 | 80.9 | 99.4 | 64.2 | 81.5 | 99.9 | 68.4 | 83.9 | 98.2 | 65.4 | 81.5 | 99.7 | 66.6 | 82.9 |
| 10-14 | TOTAL DIV. 10-14 | 100.0 | 71.3 | 93.7 | 100.0 | 66.1 | 92.6 | 100.0 | 72.5 | 94.0 | 100.0 | 70.3 | 93.5 | 100.0 | 73.6 | 94.2 | 100.0 | 73.9 | 94.3 |
| 15 | MECHANICAL | 99.8 | 52.0 | 79.4 | 99.8 | 50.8 | 78.9 | 100.1 | 61.9 | 83.8 | 100.0 | 65.6 | 85.4 | 100.1 | 70.6 | 87.5 | 100.0 | 63.3 | 84.4 |
| 16 | ELECTRICAL | 92.6 | 51.7 | 65.7 | 92.7 | 58.1 | 70.0 | 103.7 | 79.6 | 87.9 | 100.8 | 64.6 | 77.1 | 102.1 | 80.1 | 87.7 | 99.1 | 66.6 | 77.8 |
| 1-16 | WEIGHTED AVERAGE | 94.8 | 58.9 | 77.6 | 100.1 | 61.6 | 81.6 | 96.8 | 72.3 | 85.0 | 93.2 | 70.2 | 82.1 | 96.5 | 75.5 | 86.5 | 93.0 | 70.7 | 82.3 |

| | DIVISION | TEXAS AMARILLO | | | TEXAS AUSTIN | | | TEXAS BEAUMONT | | | TEXAS CORPUS CHRISTI | | | TEXAS DALLAS | | | TEXAS EL PASO | | |
|---|---|---|---|---|---|---|---|---|---|---|---|---|---|---|---|---|---|---|---|
| | | MAT. | INST. | TOTAL | MAT. | INST. | TOTAL | MAT. | INST. | TOTAL | MAT. | INST. | TOTAL | MAT. | INST. | TOTAL | MAT. | INST. | TOTAL |
| 2 | SITE WORK | 103.2 | 85.7 | 89.7 | 98.2 | 85.4 | 88.4 | 104.1 | 86.1 | 90.2 | 136.7 | 80.3 | 93.4 | 137.3 | 77.6 | 91.4 | 104.4 | 85.1 | 89.6 |
| 031 | CONCRETE FORMWORK | 97.1 | 67.8 | 72.3 | 94.6 | 73.2 | 76.4 | 96.6 | 83.9 | 85.8 | 97.8 | 60.3 | 66.0 | 98.8 | 69.9 | 74.2 | 94.4 | 51.2 | 57.7 |
| 032 | CONCRETE REINFORCEMENT | 97.9 | 59.1 | 76.0 | 98.8 | 67.4 | 81.0 | 97.9 | 74.8 | 84.9 | 96.9 | 57.1 | 74.4 | 96.8 | 66.1 | 79.4 | 97.9 | 64.4 | 79.0 |
| 033 | CAST IN PLACE CONCRETE | 92.2 | 67.2 | 81.4 | 76.3 | 69.4 | 73.3 | 90.1 | 77.8 | 84.8 | 97.5 | 63.6 | 82.9 | 104.1 | 73.6 | 90.9 | 92.2 | 55.7 | 76.5 |
| 3 | CONCRETE | 86.0 | 66.7 | 76.3 | 75.5 | 71.4 | 73.4 | 85.0 | 80.3 | 82.6 | 87.4 | 63.1 | 75.2 | 91.0 | 72.4 | 81.6 | 85.8 | 56.5 | 71.1 |
| 4 | MASONRY | 95.7 | 61.6 | 74.7 | 99.9 | 69.6 | 81.2 | 93.6 | 83.7 | 87.5 | 88.4 | 58.9 | 70.2 | 85.3 | 67.0 | 74.0 | 95.7 | 58.8 | 72.9 |
| 5 | METALS | 99.9 | 75.8 | 90.6 | 102.1 | 79.9 | 93.6 | 99.9 | 84.9 | 94.2 | 101.4 | 92.7 | 98.0 | 98.9 | 97.6 | 98.4 | 99.9 | 76.1 | 90.8 |
| 6 | WOOD & PLASTICS | 94.4 | 70.4 | 82.2 | 90.0 | 76.6 | 83.2 | 94.5 | 87.5 | 90.9 | 97.2 | 62.0 | 79.4 | 98.4 | 71.4 | 84.8 | 90.9 | 47.0 | 68.7 |
| 7 | THERMAL & MOISTURE PROTECTION | 90.0 | 63.5 | 77.7 | 85.8 | 70.9 | 78.9 | 90.2 | 79.0 | 85.0 | 87.9 | 65.1 | 77.3 | 90.2 | 73.5 | 82.5 | 89.9 | 61.2 | 76.5 |
| 8 | DOORS & WINDOWS | 92.4 | 64.5 | 85.7 | 97.6 | 73.4 | 91.8 | 97.6 | 81.8 | 93.8 | 105.4 | 59.3 | 94.3 | 105.2 | 70.3 | 96.8 | 92.4 | 52.6 | 82.8 |
| 092 | LATH, PLASTER & GYPSUM BOARD | 92.7 | 70.5 | 77.4 | 92.7 | 76.9 | 81.8 | 92.7 | 88.2 | 89.6 | 94.4 | 61.7 | 71.9 | 95.3 | 71.4 | 78.9 | 92.7 | 46.3 | 60.8 |
| 095 | ACOUSTICAL TREATMENT & WOOD FLOORING | 97.4 | 70.5 | 80.0 | 97.4 | 76.9 | 84.2 | 97.4 | 88.2 | 91.4 | 103.7 | 61.7 | 76.5 | 106.8 | 71.4 | 83.9 | 97.4 | 46.3 | 64.3 |
| 096 | FLOORING & CARPET | 122.6 | 62.6 | 108.6 | 102.2 | 63.0 | 93.1 | 122.6 | 90.1 | 115.0 | 115.3 | 57.0 | 101.6 | 112.6 | 69.8 | 102.6 | 122.6 | 51.9 | 106.0 |
| 099 | PAINTING & WALL COVERINGS | 99.2 | 53.3 | 72.9 | 96.1 | 56.2 | 73.2 | 100.4 | 78.8 | 88.0 | 111.2 | 58.6 | 81.0 | 111.2 | 75.7 | 90.9 | 99.2 | 44.0 | 67.5 |
| 9 | FINISHES | 105.4 | 65.4 | 85.0 | 98.2 | 69.6 | 83.6 | 105.5 | 85.2 | 95.1 | 105.2 | 59.4 | 81.9 | 101.6 | 70.5 | 85.7 | 105.4 | 49.6 | 76.9 |
| 10-14 | TOTAL DIV. 10-14 | 100.0 | 69.0 | 93.2 | 100.0 | 72.0 | 93.9 | 100.0 | 78.7 | 95.4 | 100.0 | 72.6 | 94.0 | 100.0 | 74.8 | 94.5 | 100.0 | 68.5 | 93.1 |
| 15 | MECHANICAL | 100.0 | 65.3 | 85.2 | 100.0 | 70.5 | 87.4 | 100.0 | 73.3 | 88.6 | 100.0 | 53.5 | 80.2 | 100.0 | 70.2 | 87.3 | 100.0 | 58.5 | 82.3 |
| 16 | ELECTRICAL | 96.5 | 65.3 | 76.0 | 99.2 | 68.0 | 78.7 | 96.5 | 81.2 | 86.5 | 95.7 | 57.5 | 70.6 | 96.4 | 77.8 | 84.2 | 96.5 | 59.0 | 71.8 |
| 1-16 | WEIGHTED AVERAGE | 97.2 | 68.3 | 83.3 | 96.2 | 72.7 | 84.9 | 97.6 | 81.1 | 89.7 | 99.6 | 64.2 | 82.6 | 99.2 | 75.0 | 87.6 | 97.2 | 61.6 | 80.1 |

| | DIVISION | TEXAS FORT WORTH | | | TEXAS HOUSTON | | | TEXAS LUBBOCK | | | TEXAS SAN ANTONIO | | | UTAH SALT LAKE CITY | | | VERMONT BURLINGTON | | |
|---|---|---|---|---|---|---|---|---|---|---|---|---|---|---|---|---|---|---|---|
| | | MAT. | INST. | TOTAL | MAT. | INST. | TOTAL | MAT. | INST. | TOTAL | MAT. | INST. | TOTAL | MAT. | INST. | TOTAL | MAT. | INST. | TOTAL |
| 2 | SITE WORK | 103.5 | 84.7 | 89.0 | 135.1 | 83.2 | 95.2 | 135.8 | 82.6 | 94.9 | 97.9 | 85.3 | 88.2 | 87.8 | 97.7 | 95.4 | 95.1 | 103.3 | 101.4 |
| 031 | CONCRETE FORMWORK | 97.7 | 69.5 | 73.8 | 84.9 | 81.2 | 81.7 | 96.8 | 65.5 | 70.3 | 85.7 | 68.2 | 70.8 | 101.3 | 63.3 | 68.9 | 95.5 | 68.1 | 72.2 |
| 032 | CONCRETE REINFORCEMENT | 97.9 | 66.1 | 79.9 | 100.6 | 69.8 | 83.2 | 97.1 | 62.1 | 77.3 | 98.8 | 63.9 | 79.1 | 96.3 | 73.0 | 83.1 | 127.2 | 73.2 | 96.6 |
| 033 | CAST IN PLACE CONCRETE | 90.1 | 67.1 | 80.2 | 90.9 | 78.8 | 85.7 | 90.9 | 67.1 | 80.7 | 73.4 | 70.9 | 72.3 | 88.9 | 76.4 | 83.5 | 116.2 | 71.9 | 97.1 |
| 3 | CONCRETE | 85.1 | 68.7 | 76.9 | 83.4 | 79.8 | 81.6 | 83.9 | 67.5 | 75.7 | 77.9 | 69.1 | 73.4 | 99.0 | 70.3 | 84.6 | 121.1 | 70.5 | 95.7 |
| 4 | MASONRY | 93.6 | 66.9 | 77.1 | 87.4 | 79.0 | 82.2 | 93.8 | 56.8 | 71.0 | 100.2 | 65.1 | 78.5 | 115.9 | 72.6 | 89.2 | 93.9 | 57.7 | 71.5 |
| 5 | METALS | 99.9 | 79.2 | 91.9 | 103.9 | 100.5 | 102.6 | 103.9 | 95.1 | 100.5 | 102.1 | 77.7 | 92.9 | 103.3 | 80.9 | 94.7 | 109.3 | 74.7 | 96.1 |
| 6 | WOOD & PLASTICS | 98.3 | 71.3 | 84.6 | 79.7 | 83.2 | 81.5 | 95.9 | 68.7 | 82.1 | 78.1 | 69.6 | 73.8 | 91.9 | 60.0 | 75.8 | 103.1 | 68.0 | 85.3 |
| 7 | THERMAL & MOISTURE PROTECTION | 90.7 | 71.1 | 81.5 | 83.7 | 79.6 | 81.8 | 84.4 | 68.3 | 76.9 | 84.5 | 69.2 | 77.6 | 105.9 | 75.9 | 91.9 | 97.8 | 66.7 | 83.3 |
| 8 | DOORS & WINDOWS | 88.9 | 70.2 | 84.5 | 106.2 | 79.5 | 99.8 | 105.5 | 65.1 | 95.9 | 98.2 | 66.7 | 90.7 | 91.3 | 63.4 | 84.6 | 103.1 | 63.3 | 93.6 |
| 092 | LATH, PLASTER & GYPSUM BOARD | 92.7 | 71.4 | 78.1 | 89.4 | 83.6 | 85.4 | 93.1 | 68.5 | 76.2 | 89.0 | 69.7 | 75.7 | 90.9 | 58.3 | 68.5 | 114.9 | 65.6 | 81.0 |
| 095 | ACOUSTICAL TREATMENT & WOOD FLOORING | 97.4 | 71.4 | 80.6 | 99.0 | 83.6 | 89.0 | 99.0 | 68.5 | 79.3 | 97.4 | 69.7 | 79.5 | 96.4 | 58.3 | 71.8 | 100.9 | 65.6 | 78.1 |
| 096 | FLOORING & CARPET | 159.7 | 69.8 | 138.6 | 111.6 | 69.5 | 101.7 | 114.8 | 59.2 | 101.8 | 98.6 | 66.6 | 91.1 | 93.9 | 63.8 | 86.8 | 94.0 | 53.9 | 84.6 |
| 099 | PAINTING & WALL COVERINGS | 100.4 | 83.3 | 90.6 | 111.0 | 77.0 | 91.5 | 111.2 | 52.4 | 77.5 | 96.1 | 55.5 | 72.8 | 106.7 | 72.0 | 86.8 | 96.8 | 56.0 | 73.4 |
| 9 | FINISHES | 118.3 | 71.2 | 94.3 | 105.5 | 78.7 | 91.9 | 107.1 | 63.0 | 84.6 | 96.5 | 66.3 | 81.1 | 90.1 | 63.0 | 76.3 | 97.1 | 63.9 | 80.1 |
| 10-14 | TOTAL DIV. 10-14 | 100.0 | 74.3 | 94.4 | 100.0 | 79.4 | 95.5 | 100.0 | 72.8 | 94.1 | 100.0 | 72.4 | 94.0 | 100.0 | 79.9 | 95.6 | 100.0 | 77.1 | 95.0 |
| 15 | MECHANICAL | 100.0 | 67.9 | 86.3 | 99.9 | 77.7 | 90.4 | 99.9 | 59.9 | 82.8 | 99.9 | 77.0 | 90.2 | 97.2 | 75.8 | 88.1 | 99.3 | 72.0 | 87.7 |
| 16 | ELECTRICAL | 96.5 | 71.1 | 79.8 | 95.5 | 83.7 | 87.8 | 94.9 | 66.7 | 76.4 | 99.9 | 71.2 | 80.8 | 100.5 | 80.4 | 87.3 | 98.8 | 58.1 | 72.1 |
| 1-16 | WEIGHTED AVERAGE | 98.0 | 72.0 | 85.5 | 99.1 | 82.1 | 91.0 | 99.8 | 68.6 | 84.8 | 96.2 | 72.8 | 85.0 | 98.3 | 76.2 | 87.7 | 103.1 | 70.3 | 87.4 |

# CITY COST INDEXES

| DIVISION | | VIRGINIA | | | | | | | | | | WASHINGTON | | | | | |
|---|---|---|---|---|---|---|---|---|---|---|---|---|---|---|---|---|---|
| | | NEWPORT NEWS | | | NORFOLK | | | RICHMOND | | | ROANOKE | | | SEATTLE | | | SPOKANE |
| | | MAT. | INST. | TOTAL | MAT. | INST. | TOTAL | MAT. | INST. | TOTAL | MAT. | INST. | TOTAL | MAT. | INST. | TOTAL | MAT. | INST. | TOTAL |
| 2 | SITE WORK | 104.6 | 86.5 | 90.7 | 103.3 | 86.3 | 90.2 | 105.1 | 86.8 | 91.0 | 101.3 | 83.8 | 87.9 | 89.9 | 126.1 | 117.8 | 92.6 | 94.8 | 94.3 |
| 031 | CONCRETE FORMWORK | 94.9 | 60.9 | 66.1 | 100.4 | 60.9 | 66.9 | 96.1 | 61.2 | 66.5 | 94.9 | 50.1 | 56.9 | 89.0 | 102.2 | 100.2 | 113.8 | 91.5 | 94.8 |
| 032 | CONCRETE REINFORCEMENT | 97.0 | 65.7 | 79.3 | 97.0 | 65.7 | 79.3 | 97.0 | 63.9 | 78.3 | 97.0 | 63.6 | 78.1 | 100.2 | 99.5 | 99.8 | 105.7 | 98.9 | 101.9 |
| 033 | CAST IN PLACE CONCRETE | 102.2 | 64.6 | 86.0 | 102.2 | 64.6 | 86.0 | 106.1 | 62.9 | 87.5 | 102.0 | 56.6 | 82.5 | 93.4 | 109.2 | 100.2 | 107.5 | 93.1 | 101.3 |
| 3 | CONCRETE | 101.6 | 65.0 | 83.2 | 102.0 | 65.0 | 83.4 | 103.5 | 64.2 | 83.7 | 101.5 | 57.1 | 79.2 | 117.9 | 103.4 | 110.6 | 116.9 | 93.2 | 105.0 |
| 4 | MASONRY | 95.0 | 55.7 | 70.7 | 100.1 | 55.7 | 72.7 | 89.6 | 60.4 | 71.6 | 94.0 | 47.9 | 65.5 | 142.7 | 104.0 | 118.8 | 118.8 | 94.4 | 103.8 |
| 5 | METALS | 96.1 | 92.7 | 94.8 | 96.1 | 92.7 | 94.8 | 96.1 | 92.6 | 94.7 | 96.1 | 89.6 | 93.6 | 100.8 | 90.0 | 96.6 | 97.7 | 90.7 | 95.1 |
| 6 | WOOD & PLASTICS | 89.9 | 63.8 | 76.7 | 96.8 | 63.8 | 80.1 | 91.4 | 63.9 | 77.5 | 89.9 | 50.5 | 69.9 | 93.2 | 100.7 | 97.0 | 107.8 | 90.1 | 98.9 |
| 7 | THERMAL & MOISTURE PROTECTION | 92.1 | 55.7 | 75.1 | 92.4 | 55.7 | 75.3 | 92.0 | 55.1 | 74.8 | 92.1 | 52.5 | 73.7 | 108.3 | 97.9 | 103.5 | 172.0 | 87.6 | 132.7 |
| 8 | DOORS & WINDOWS | 96.0 | 60.9 | 87.6 | 96.0 | 60.9 | 87.6 | 96.0 | 59.0 | 87.1 | 96.0 | 51.6 | 85.3 | 109.4 | 99.4 | 107.0 | 119.1 | 89.8 | 112.1 |
| 092 | LATH, PLASTER & GYPSUM BOARD | 87.3 | 61.3 | 69.4 | 87.3 | 61.3 | 69.4 | 87.3 | 61.3 | 69.5 | 87.3 | 48.5 | 60.6 | 97.7 | 100.0 | 99.3 | 138.9 | 89.6 | 105.0 |
| 095 | ACOUSTICAL TREATMENT & WOOD FLOORING | 89.4 | 61.3 | 71.2 | 89.4 | 61.3 | 71.2 | 89.4 | 61.3 | 71.3 | 89.4 | 48.5 | 62.9 | 146.6 | 100.0 | 116.5 | 145.1 | 89.6 | 109.2 |
| 096 | FLOORING & CARPET | 82.8 | 54.3 | 76.1 | 82.8 | 54.3 | 76.1 | 82.8 | 75.0 | 80.9 | 82.8 | 48.7 | 74.8 | 123.6 | 100.0 | 118.1 | 131.3 | 85.2 | 120.5 |
| 099 | PAINTING & WALL COVERINGS | 100.8 | 58.8 | 76.7 | 100.8 | 58.8 | 76.7 | 100.8 | 48.6 | 70.8 | 100.8 | 45.9 | 69.3 | 124.1 | 95.3 | 107.6 | 130.1 | 83.4 | 103.3 |
| 9 | FINISHES | 87.4 | 59.7 | 73.3 | 87.4 | 59.7 | 73.3 | 87.3 | 62.9 | 74.9 | 87.2 | 49.1 | 67.8 | 133.6 | 100.7 | 116.9 | 149.5 | 89.1 | 118.7 |
| 10-14 | TOTAL DIV. 10-14 | 100.0 | 76.5 | 94.9 | 100.0 | 76.5 | 94.9 | 100.0 | 75.5 | 94.7 | 100.0 | 71.6 | 93.8 | 100.0 | 105.7 | 101.2 | 100.0 | 97.6 | 99.5 |
| 15 | MECHANICAL | 99.9 | 58.6 | 82.3 | 99.8 | 58.3 | 82.1 | 99.9 | 66.0 | 85.4 | 99.9 | 57.3 | 81.7 | 99.9 | 111.5 | 104.9 | 101.8 | 95.3 | 99.0 |
| 16 | ELECTRICAL | 92.6 | 63.6 | 73.6 | 92.6 | 63.6 | 73.6 | 92.6 | 71.5 | 78.7 | 92.6 | 51.6 | 65.7 | 99.5 | 101.2 | 100.6 | 88.7 | 83.9 | 85.5 |
| 1-16 | WEIGHTED AVERAGE | 96.7 | 66.7 | 82.3 | 97.1 | 66.6 | 82.5 | 96.7 | 70.0 | 83.9 | 96.6 | 60.1 | 79.1 | 109.1 | 105.1 | 107.2 | 111.8 | 91.4 | 102.0 |

| DIVISION | | WASHINGTON | | | WEST VIRGINIA | | | | | | WISCONSIN | | | | | | WYOMING |
|---|---|---|---|---|---|---|---|---|---|---|---|---|---|---|---|---|---|
| | | TACOMA | | | CHARLESTON | | | HUNTINGTON | | | MADISON | | | MILWAUKEE | | | CHEYENNE |
| | | MAT. | INST. | TOTAL | MAT. | INST. | TOTAL | MAT. | INST. | TOTAL | MAT. | INST. | TOTAL | MAT. | INST. | TOTAL | MAT. | INST. | TOTAL |
| 2 | SITE WORK | 89.9 | 126.0 | 117.6 | 99.7 | 86.7 | 89.7 | 101.3 | 86.9 | 90.3 | 74.2 | 101.1 | 94.9 | 74.6 | 90.7 | 87.0 | 90.0 | 99.4 | 97.2 |
| 031 | CONCRETE FORMWORK | 89.0 | 101.8 | 99.8 | 102.8 | 87.8 | 90.1 | 94.9 | 90.4 | 91.1 | 107.1 | 82.2 | 86.0 | 111.3 | 100.0 | 101.7 | 99.2 | 59.2 | 65.3 |
| 032 | CONCRETE REINFORCEMENT | 100.2 | 99.3 | 99.7 | 97.0 | 74.7 | 84.4 | 97.0 | 80.0 | 87.4 | 87.3 | 78.8 | 82.5 | 87.3 | 102.0 | 95.6 | 98.4 | 53.1 | 72.7 |
| 033 | CAST IN PLACE CONCRETE | 93.4 | 109.0 | 100.1 | 99.8 | 87.9 | 94.7 | 102.0 | 95.8 | 99.3 | 93.0 | 86.2 | 90.1 | 91.2 | 97.7 | 94.0 | 100.5 | 68.2 | 86.6 |
| 3 | CONCRETE | 117.9 | 103.0 | 110.4 | 101.1 | 86.6 | 93.8 | 101.5 | 91.5 | 96.5 | 86.7 | 83.3 | 85.0 | 86.5 | 98.5 | 92.5 | 104.6 | 61.9 | 83.1 |
| 4 | MASONRY | 142.7 | 101.0 | 117.0 | 93.5 | 84.8 | 88.1 | 94.0 | 86.0 | 89.1 | 89.2 | 83.0 | 85.4 | 89.1 | 102.7 | 97.5 | 92.7 | 54.2 | 68.9 |
| 5 | METALS | 100.8 | 89.3 | 96.4 | 96.1 | 101.5 | 98.2 | 96.1 | 103.6 | 98.9 | 98.4 | 85.2 | 93.4 | 98.4 | 83.7 | 92.8 | 105.1 | 69.9 | 91.6 |
| 6 | WOOD & PLASTICS | 92.1 | 100.7 | 96.4 | 100.2 | 88.8 | 94.4 | 89.9 | 91.5 | 90.7 | 113.5 | 83.2 | 98.1 | 118.4 | 98.6 | 108.4 | 97.5 | 58.8 | 77.9 |
| 7 | THERMAL & MOISTURE PROTECTION | 107.7 | 95.0 | 101.8 | 92.5 | 84.7 | 88.9 | 92.1 | 88.0 | 90.2 | 96.4 | 80.4 | 88.9 | 95.2 | 98.4 | 96.7 | 105.9 | 63.7 | 86.3 |
| 8 | DOORS & WINDOWS | 109.8 | 99.4 | 107.3 | 97.1 | 80.3 | 93.1 | 96.0 | 83.0 | 92.9 | 109.2 | 78.6 | 101.9 | 109.0 | 97.2 | 106.3 | 96.1 | 58.3 | 87.1 |
| 092 | LATH, PLASTER & GYPSUM BOARD | 97.3 | 100.0 | 99.2 | 87.3 | 88.2 | 87.9 | 87.3 | 91.0 | 89.8 | 105.7 | 83.1 | 90.1 | 105.7 | 99.0 | 101.1 | 90.9 | 57.1 | 67.7 |
| 095 | ACOUSTICAL TREATMENT & WOOD FLOORING | 145.1 | 100.0 | 115.9 | 89.4 | 88.2 | 88.6 | 89.4 | 91.0 | 90.4 | 107.9 | 83.1 | 91.9 | 107.9 | 99.0 | 102.1 | 96.4 | 57.1 | 71.0 |
| 096 | FLOORING & CARPET | 124.3 | 76.7 | 113.2 | 82.8 | 92.0 | 84.9 | 82.8 | 92.5 | 85.0 | 102.3 | 70.6 | 94.9 | 105.5 | 94.6 | 103.0 | 93.9 | 57.7 | 85.4 |
| 099 | PAINTING & WALL COVERINGS | 124.1 | 95.3 | 107.6 | 100.8 | 77.3 | 87.3 | 100.8 | 78.5 | 88.0 | 102.2 | 78.9 | 88.8 | 105.1 | 97.0 | 100.4 | 106.7 | 78.6 | 90.6 |
| 9 | FINISHES | 133.5 | 95.8 | 114.3 | 87.3 | 87.8 | 87.5 | 87.2 | 89.8 | 88.6 | 101.9 | 79.7 | 90.6 | 103.3 | 98.8 | 101.0 | 89.8 | 60.7 | 75.0 |
| 10-14 | TOTAL DIV. 10-14 | 100.0 | 105.6 | 101.2 | 100.0 | 97.8 | 99.5 | 100.0 | 88.3 | 97.4 | 100.0 | 85.9 | 96.9 | 100.0 | 98.3 | 99.6 | 100.0 | 79.2 | 95.5 |
| 15 | MECHANICAL | 99.9 | 109.2 | 103.9 | 99.8 | 80.9 | 91.7 | 99.9 | 82.8 | 92.6 | 99.9 | 83.5 | 92.9 | 99.9 | 93.6 | 97.2 | 97.2 | 58.7 | 80.8 |
| 16 | ELECTRICAL | 99.5 | 93.9 | 95.8 | 92.6 | 86.0 | 88.3 | 92.6 | 88.7 | 90.0 | 90.8 | 80.5 | 84.1 | 92.3 | 101.4 | 98.3 | 99.5 | 66.5 | 77.8 |
| 1-16 | WEIGHTED AVERAGE | 109.1 | 102.4 | 105.9 | 96.7 | 86.8 | 91.9 | 96.6 | 88.8 | 92.8 | 97.4 | 84.2 | 91.1 | 97.7 | 96.2 | 97.0 | 98.5 | 66.1 | 82.9 |

| DIVISION | | CANADA | | | | | | | | | | | | | | | |
|---|---|---|---|---|---|---|---|---|---|---|---|---|---|---|---|---|---|
| | | EDMONTON, ALBERTA | | | MONTREAL, QUEBEC | | | QUEBEC, QUEBEC | | | TORONTO, ONTARIO | | | VANCOUVER, B C | | | WINNIPEG, MANITOBA |
| | | MAT. | INST. | TOTAL | MAT. | INST. | TOTAL | MAT. | INST. | TOTAL | MAT. | INST. | TOTAL | MAT. | INST. | TOTAL | MAT. | INST. | TOTAL |
| 2 | SITE WORK | 102.7 | 100.7 | 101.1 | 88.5 | 100.6 | 97.8 | 88.5 | 100.6 | 97.8 | 110.8 | 100.8 | 103.2 | 96.8 | 101.5 | 100.4 | 106.8 | 99.4 | 101.1 |
| 031 | CONCRETE FORMWORK | 112.8 | 99.9 | 101.8 | 126.0 | 102.6 | 106.1 | 126.0 | 102.7 | 106.2 | 116.9 | 124.2 | 123.1 | 107.0 | 108.1 | 107.9 | 115.8 | 93.3 | 96.7 |
| 032 | CONCRETE REINFORCEMENT | 161.1 | 81.2 | 115.9 | 147.8 | 93.2 | 116.9 | 147.8 | 93.2 | 116.9 | 174.4 | 95.8 | 130.0 | 161.1 | 105.5 | 129.7 | 161.1 | 73.1 | 111.3 |
| 033 | CAST IN PLACE CONCRETE | 139.5 | 95.7 | 120.7 | 129.1 | 108.4 | 120.2 | 129.1 | 108.5 | 120.2 | 166.7 | 121.6 | 147.3 | 121.3 | 111.9 | 117.3 | 150.2 | 91.1 | 124.7 |
| 3 | CONCRETE | 133.9 | 95.0 | 114.3 | 128.3 | 102.8 | 115.5 | 128.3 | 102.8 | 115.5 | 148.7 | 117.5 | 133.0 | 131.9 | 108.7 | 120.2 | 132.2 | 89.1 | 110.5 |
| 4 | MASONRY | 146.0 | 98.1 | 116.4 | 143.5 | 106.0 | 120.3 | 143.5 | 106.0 | 120.3 | 149.6 | 126.0 | 135.0 | 144.7 | 115.6 | 126.8 | 146.8 | 90.5 | 112.0 |
| 5 | METALS | 101.0 | 93.7 | 98.2 | 101.0 | 97.4 | 99.6 | 101.0 | 97.5 | 99.7 | 101.0 | 107.0 | 103.3 | 101.0 | 102.6 | 101.6 | 101.0 | 92.3 | 97.7 |
| 6 | WOOD & PLASTICS | 113.0 | 99.6 | 106.2 | 134.6 | 102.6 | 118.4 | 134.6 | 102.6 | 118.4 | 120.0 | 124.5 | 122.3 | 103.9 | 105.9 | 104.9 | 117.5 | 94.6 | 105.9 |
| 7 | THERMAL & MOISTURE PROTECTION | 103.6 | 96.5 | 100.3 | 104.0 | 105.0 | 104.4 | 104.0 | 105.0 | 104.4 | 103.7 | 114.2 | 108.6 | 103.5 | 106.7 | 105.0 | 103.7 | 91.9 | 98.2 |
| 8 | DOORS & WINDOWS | 90.4 | 92.8 | 91.0 | 90.4 | 89.7 | 90.2 | 90.4 | 95.5 | 91.6 | 89.7 | 119.6 | 96.8 | 90.4 | 103.2 | 93.5 | 90.4 | 85.8 | 89.3 |
| 092 | LATH, PLASTER & GYPSUM BOARD | 146.9 | 99.6 | 114.3 | 216.6 | 102.7 | 138.4 | 216.6 | 102.7 | 138.4 | 162.9 | 125.3 | 137.1 | 154.5 | 106.1 | 121.3 | 144.7 | 94.4 | 110.2 |
| 095 | ACOUSTICAL TREATMENT & WOOD FLOORING | 106.2 | 99.6 | 101.9 | 106.2 | 102.7 | 104.0 | 106.2 | 102.7 | 104.0 | 106.2 | 125.3 | 118.6 | 106.2 | 106.1 | 106.2 | 99.4 | 98.6 |
| 096 | FLOORING & CARPET | 132.6 | 94.4 | 123.6 | 132.6 | 114.0 | 128.2 | 132.6 | 114.0 | 128.2 | 132.6 | 118.2 | 129.2 | 132.6 | 105.9 | 126.3 | 132.6 | 87.5 | 122.0 |
| 099 | PAINTING & WALL COVERINGS | 110.6 | 95.4 | 101.9 | 110.6 | 109.1 | 109.8 | 110.6 | 109.1 | 109.8 | 110.6 | 126.9 | 119.9 | 110.6 | 109.6 | 110.0 | 110.6 | 79.9 | 93.0 |
| 9 | FINISHES | 120.1 | 98.9 | 109.3 | 126.6 | 105.8 | 116.0 | 126.6 | 105.8 | 116.0 | 121.5 | 124.2 | 122.8 | 120.9 | 107.7 | 114.2 | 119.9 | 91.0 | 105.2 |
| 10-14 | TOTAL DIV. 10-14 | 100.0 | 102.6 | 100.6 | 100.0 | 106.7 | 101.5 | 100.0 | 106.7 | 101.5 | 100.0 | 104.7 | 101.0 | 100.0 | 106.2 | 101.3 | 100.0 | 90.9 | 98.0 |
| 15 | MECHANICAL | 101.2 | 90.1 | 96.5 | 101.3 | 99.2 | 100.4 | 101.3 | 99.2 | 100.4 | 101.1 | 119.7 | 109.0 | 101.2 | 109.9 | 104.9 | 101.2 | 94.9 | 98.5 |
| 16 | ELECTRICAL | 131.6 | 100.7 | 111.3 | 131.6 | 101.5 | 111.9 | 131.6 | 101.5 | 111.9 | 131.6 | 122.7 | 125.8 | 131.6 | 99.6 | 110.6 | 131.6 | 101.3 | 111.7 |
| 1-16 | WEIGHTED AVERAGE | 110.8 | 96.4 | 103.9 | 110.6 | 101.4 | 106.2 | 110.6 | 101.7 | 106.3 | 113.2 | 117.4 | 115.2 | 110.3 | 106.3 | 108.4 | 110.8 | 94.0 | 102.7 |

# ABBREVIATIONS

| | | | | | |
|---|---|---|---|---|---|
| A | Area Square Feet; Ampere | BX | Interlocked Armored Cable | Db. | Decibel |
| ABS | Acrylonitrile Butadiene Stryrene; Asbestos Bonded Steel | c | Conductivity | Dbl. | Double |
| | | C | Hundred; Centigrade | DC | Direct Current |
| A.C. | Alternating Current; Air-Conditioning; Asbestos Cement; Plywood Grade A & C | C/C | Center to Center | Demob. | Demobilization |
| | | Cab. | Cabinet | d.f.u. | Drainage Fixture Units |
| | | Cair. | Air Tool Laborer | D.H. | Double Hung |
| | | Calc | Calculated | DHW | Domestic Hot Water |
| A.C.I. | American Concrete Institute | Cap. | Capacity | Diag. | Diagonal |
| AD | Plywood, Grade A & D | Carp. | Carpenter | Diam. | Diameter |
| Addit. | Additional | C.B. | Circuit Breaker | Distrib. | Distribution |
| Adj. | Adjustable | C.C.A. | Chromate Copper Arsenate | Dk. | Deck |
| af | Audio-frequency | C.C.F. | Hundred Cubic Feet | D.L. | Dead Load; Diesel |
| A.G.A. | American Gas Association | cd | Candela | Do. | Ditto |
| Agg. | Aggregate | cd/sf | Candela per Square Foot | Dp. | Depth |
| A.H. | Ampere Hours | CD | Grade of Plywood Face & Back | D.P.S.T. | Double Pole, Single Throw |
| A hr. | Ampere-hour | CDX | Plywood, Grade C & D, exterior glue | Dr. | Driver |
| A.H.U. | Air Handling Unit | Cefi. | Cement Finisher | Drink. | Drinking |
| A.I.A. | American Institute of Architects | Cem. | Cement | D.S. | Double Strength |
| AIC | Ampere Interrupting Capacity | CF | Hundred Feet | D.S.A. | Double Strength A Grade |
| Allow. | Allowance | C.F. | Cubic Feet | D.S.B. | Double Strength B Grade |
| alt. | Altitude | CFM | Cubic Feet per Minute | Dty. | Duty |
| Alum. | Aluminum | c.g. | Center of Gravity | DWV | Drain Waste Vent |
| a.m. | Ante Meridiem | CHW | Chilled Water; Commercial Hot Water | DX | Deluxe White, Direct Expansion |
| Amp. | Ampere | | | dyn | Dyne |
| Anod. | Anodized | C.I. | Cast Iron | e | Eccentricity |
| Approx. | Approximate | C.I.P. | Cast in Place | E | Equipment Only; East |
| Apt. | Apartment | Circ. | Circuit | Ea. | Each |
| Asb. | Asbestos | C.L. | Carload Lot | E.B. | Encased Burial |
| A.S.B.C. | American Standard Building Code | Clab. | Common Laborer | Econ. | Economy |
| Asbe. | Asbestos Worker | C.L.F. | Hundred Linear Feet | EDP | Electronic Data Processing |
| A.S.H.R.A.E. | American Society of Heating, Refrig. & AC Engineers | CLF | Current Limiting Fuse | EIFS | Exterior Insulation Finish System |
| | | CLP | Cross Linked Polyethylene | E.D.R. | Equiv. Direct Radiation |
| A.S.M.E. | American Society of Mechanical Engineers | cm | Centimeter | Eq. | Equation |
| | | CMP | Corr. Metal Pipe | Elec. | Electrician; Electrical |
| A.S.T.M. | American Society for Testing and Materials | C.M.U. | Concrete Masonry Unit | Elev. | Elevator; Elevating |
| | | Col. | Column | EMT | Electrical Metallic Conduit; Thin Wall Conduit |
| Attchmt. | Attachment | $CO_2$ | Carbon Dioxide | | |
| Avg. | Average | Comb. | Combination | Eng. | Engine |
| A.W.G. | American Wire Gauge | Compr. | Compressor | EPDM | Ethylene Propylene Diene Monomer |
| Bbl. | Barrel | Conc. | Concrete | EPS | Expanded Polystyrene |
| B. & B. | Grade B and Better; Balled & Burlapped | Cont. | Continuous; Continued | Eqhv. | Equip. Oper., Heavy |
| | | Corr. | Corrugated | Eqlt. | Equip. Oper., Light |
| B. & S. | Bell and Spigot | Cos | Cosine | Eqmd. | Equip. Oper., Medium |
| B. & W. | Black and White | Cot | Cotangent | Eqmm. | Equip. Oper., Master Mechanic |
| b.c.c. | Body-centered Cubic | Cov. | Cover | Eqol. | Equip. Oper., Oilers |
| B.C.Y. | Bank Cubic Yards | CPA | Control Point Adjustment | Equip. | Equipment |
| BE | Bevel End | Cplg. | Coupling | ERW | Electric Resistance Welded |
| B.F. | Board Feet | C.P.M. | Critical Path Method | Est. | Estimated |
| Bg. cem. | Bag of Cement | CPVC | Chlorinated Polyvinyl Chloride | esu | Electrostatic Units |
| BHP | Boiler Horsepower; Brake Horsepower | C.Pr. | Hundred Pair | E.W. | Each Way |
| | | CRC | Cold Rolled Channel | EWT | Entering Water Temperature |
| B.I. | Black Iron | Creos. | Creosote | Excav. | Excavation |
| Bit.; Bitum. | Bituminous | Crpt. | Carpet & Linoleum Layer | Exp. | Expansion, Exposure |
| Bk. | Backed | CRT | Cathode-ray Tube | Ext. | Exterior |
| Bkrs. | Breakers | CS | Carbon Steel | Extru. | Extrusion |
| Bldg. | Building | Csc | Cosecant | f. | Fiber stress |
| Blk. | Block | C.S.F. | Hundred Square Feet | F | Fahrenheit; Female; Fill |
| Bm. | Beam | CSI | Construction Specifications Institute | Fab. | Fabricated |
| Boil. | Boilermaker | C.T. | Current Transformer | FBGS | Fiberglass |
| B.P.M. | Blows per Minute | CTS | Copper Tube Size | F.C. | Footcandles |
| BR | Bedroom | Cu | Cubic | f.c.c. | Face-centered Cubic |
| Brg. | Bearing | Cu. Ft. | Cubic Foot | f'c. | Compressive Stress in Concrete; Extreme Compressive Stress |
| Brhe. | Bricklayer Helper | cw | Continuous Wave | | |
| Bric. | Bricklayer | C.W. | Cool White; Cold Water | F.E. | Front End |
| Brk. | Brick | Cwt. | 100 Pounds | FEP | Fluorinated Ethylene Propylene (Teflon) |
| Brng. | Bearing | C.W.X. | Cool White Deluxe | F.G. | Flat Grain |
| Brs. | Brass | C.Y. | Cubic Yard (27 cubic feet) | F.H.A. | Federal Housing Administration |
| Brz. | Bronze | C.Y./Hr. | Cubic Yard per Hour | Fig. | Figure |
| Bsn. | Basin | Cyl. | Cylinder | Fin. | Finished |
| Btr. | Better | d | Penny (nail size) | Fxt. | Fixture |
| BTU | British Thermal Unit | D | Deep; Depth; Discharge | Fl. Oz. | Fluid Ounces |
| BTUH | BTU per Hour | Dis.;Disch. | Discharge | Flr. | Floor |

# ABBREVIATIONS

| | | | | | |
|---|---|---|---|---|---|
| F.M. | Frequency Modulation; Factory Mutual | Int. | Interior | Mag. Str. | Magnetic Starter |
| Fmg. | Framing | Inst. | Installation | Maint. | Maintenance |
| Fndtn. | Foundation | Insul. | Insulation | Marb. | Marble Setter |
| Fori. | Foreman, Inside | I.P. | Iron Pipe | Mat; Mat'l. | Material |
| Foro. | Foreman, Outside | I.P.S. | Iron Pipe Size | Max. | Maximum |
| Fount. | Fountain | I.P.T. | Iron Pipe Threaded | MBF | Thousand Board Feet |
| FPM | Feet per Minute | I.W | Indirect Waste | MBH | Thousand BTU's per hr. |
| FPT | Female Pipe Thread | J | Joule | MC | Metal Clad Cable |
| Fr. | Frame | J.I.C. | Joint Industrial Council | M.C.F. | Thousand Cubic Feet |
| F.R. | Fire Rating | K | Thousand; Thousand Pounds; Heavy Wall Copper Tubing | M.C.F.M. | Thousand Cubic Feet per Minute |
| FRK | Foil Reinforced Kraft | K.A.H. | Thousand Amp. Hours | M.C.M. | Thousand Circular Mils |
| FRP | Fiberglass Reinforced Plastic | KCMIL | Thousand Circular Mils | M.C.P. | Motor Circuit Protector |
| FS | Forged Steel | KD | Knock Down | MD | Medium Duty |
| FSC | Cast Body; Cast Switch Box | K.D.A.T. | Kiln Dried After Treatment | M.D.O. | Medium Density Overlaid |
| Ft. | Foot; Feet | kg | Kilogram | Med. | Medium |
| Ftng. | Fitting | kG | Kilogauss | MF | Thousand Feet |
| Ftg. | Footing | kgf | Kilogram Force | M.F.B.M. | Thousand Feet Board Measure |
| Ft. Lb. | Foot Pound | kHz | Kilohertz | Mfg. | Manufacturing |
| Furn. | Furniture | Kip. | 1000 Pounds | Mfrs. | Manufacturers |
| FVNR | Full Voltage Non-Reversing | KJ | Kiljoule | mg | Milligram |
| FXM | Female by Male | K.L. | Effective Length Factor | MGD | Million Gallons per Day |
| Fy. | Minimum Yield Stress of Steel | K.L.F. | Kips per Linear Foot | MGPH | Thousand Gallons per Hour |
| g | Gram | Km | Kilometer | MH, M.H. | Manhole; Metal Halide; Man-Hour |
| G | Gauss | K.S.F. | Kips per Square Foot | MHz | Megahertz |
| Ga. | Gauge | K.S.I. | Kips per Square Inch | Mi. | Mile |
| Gal. | Gallon | K.V. | Kilovolt | MI | Malleable Iron; Mineral Insulated |
| Gal./Min. | Gallon per Minute | K.V.A. | Kilovolt Ampere | mm | Millimeter |
| Galv. | Galvanized | K.V.A.R. | Kilovar (Reactance) | Mill. | Millwright |
| Gen. | General | KW | Kilowatt | Min., min. | Minimum, minute |
| G.F.I. | Ground Fault Interrupter | KWh | Kilowatt-hour | Misc. | Miscellaneous |
| Glaz. | Glazier | L | Labor Only; Length; Long; Medium Wall Copper Tubing | ml | Milliliter |
| GPD | Gallons per Day | | | M.L.F. | Thousand Linear Feet |
| GPH | Gallons per Hour | Lab. | Labor | Mo. | Month |
| GPM | Gallons per Minute | lat | Latitude | Mobil. | Mobilization |
| GR | Grade | Lath. | Lather | Mog. | Mogul Base |
| Gran. | Granular | Lav. | Lavatory | MPH | Miles per Hour |
| Grnd. | Ground | lb.; # | Pound | MPT | Male Pipe Thread |
| H | High; High Strength Bar Joist; Henry | L.B. | Load Bearing; L Conduit Body | MRT | Mile Round Trip |
| H.C. | High Capacity | L. & E. | Labor & Equipment | ms | Millisecond |
| H.D. | Heavy Duty; High Density | lb./hr. | Pounds per Hour | M.S.F. | Thousand Square Feet |
| H.D.O. | High Density Overlaid | lb./L.F. | Pounds per Linear Foot | Mstz. | Mosaic & Terrazzo Worker |
| Hdr. | Header | lbf/sq.in. | Pound-force per Square Inch | M.S.Y. | Thousand Square Yards |
| Hdwe. | Hardware | L.C.L. | Less than Carload Lot | Mtd. | Mounted |
| Help. | Helpers Average | Ld. | Load | Mthe. | Mosaic & Terrazzo Helper |
| HEPA | High Efficiency Particulate Air Filter | LE | Lead Equivalent | Mtng. | Mounting |
| Hg | Mercury | L.F. | Linear Foot | Mult. | Multi; Multiply |
| HIC | High Interrupting Capacity | Lg. | Long; Length; Large | M.V.A. | Million Volt Amperes |
| H.O. | High Output | L & H | Light and Heat | M.V.A.R. | Million Volt Amperes Reactance |
| Horiz. | Horizontal | L.H. | Long Span High Strength Bar Joist | MV | Megavolt |
| H.P. | Horsepower; High Pressure | L.J. | Long Span Standard Strength Bar Joist | MW | Megawatt |
| H.P.F. | High Power Factor | L.L. | Live Load | MXM | Male by Male |
| Hr. | Hour | L.L.D. | Lamp Lumen Depreciation | MYD | Thousand Yards |
| Hrs./Day | Hours per Day | lm | Lumen | N | Natural; North |
| HSC | High Short Circuit | lm/sf | Lumen per Square Foot | nA | Nanoampere |
| Ht. | Height | lm/W | Lumen per Watt | NA | Not Available; Not Applicable |
| Htg. | Heating | L.O.A. | Length Over All | N.B.C. | National Building Code |
| Htrs. | Heaters | log | Logarithm | NC | Normally Closed |
| HVAC | Heating, Ventilation & Air-Conditioning | L.P. | Liquefied Petroleum; Low Pressure | N.E.M.A. | National Electrical Manufacturers Assoc. |
| Hvy. | Heavy | L.P.F. | Low Power Factor | NEHB | Bolted Circuit Breaker to 600V. |
| HW | Hot Water | LR | Long Radius | N.L.B. | Non-Load-Bearing |
| Hyd.;Hydr. | Hydraulic | L.S. | Lump Sum | MN | Non-Metallic Cable |
| Hz. | Hertz (cycles) | Lt. | Light | nm | Nanometer |
| I. | Moment of Inertia | Lt. Ga. | Light Gauge | No. | Number |
| I.C. | Interrupting Capacity | L.T.L. | Less than Truckload Lot | NO | Normally Open |
| ID | Inside Diameter | Lt. Wt. | Lightweight | N.O.C. | Not Otherwise Classified |
| I.D. | Inside Dimension; Identification | LV. | Low Voltage | Nose. | Nosing |
| I.F. | Inside Frosted | M | Thousand; Material; Male; Light Wall Copper Tubing | N.P.T. | National Pipe Thread |
| I.M.C. | Intermediate Metal Conduit | | | NQOD | Combination Plug-on/Bolt on Circuit Breaker to 240V. |
| In. | Inch | m/hr; M.H. | Man-hour | N.R.C. | Noise Reduction Coefficient |
| Incan. | Incandescent | mA | Milliampere | N.R.S. | Non Rising Stem |
| Incl. | Included; Including | Mach. | Machine | ns | Nanosecond |

# ABBREVIATIONS

| | | | | | |
|---|---|---|---|---|---|
| nW | Nanowatt | Resi. | Residential | t. | Thickness |
| OB | Opposing Blade | Rgh. | Rough | T | Temperature; Ton |
| OC | On Center | R.H.W. | Rubber, Heat & Water Resistant; | Tan | Tangent |
| OD | Outside Diameter | | Residential Hot Water | T.C. | Terra Cotta |
| O.D. | Outside Dimension | rms | Root Mean Square | T & C | Threaded and Coupled |
| ODS | Overhead Distribution System | Rnd. | Round | T.D. | Temperature Difference |
| O & P | Overhead and Profit | Rodm. | Rodman | T.E.M. | Transmission Electron Microscopy |
| Oper. | Operator | Rofc. | Roofer, Composition | TFE | Tetrafluoroethylene (Teflon) |
| Opng. | Opening | Rofp. | Roofer, Precast | T. & G. | Tongue & Groove; |
| Orna. | Ornamental | Rohe. | Roofer Helpers (Composition) | | Tar & Gravel |
| OSB | Oriented Strand Board | Rots. | Roofer, Tile & Slate | Th.; Thk. | Thick |
| O. S. & Y. | Outside Screw and Yoke | R.O.W. | Right of Way | Thn. | Thin |
| Ovhd. | Overhead | RPM | Revolutions per Minute | Thrded | Threaded |
| OWG | Oil, Water or Gas | R.R. | Direct Burial Feeder Conduit | Tilf. | Tile Layer, Floor |
| Oz. | Ounce | R.S. | Rapid Start | Tilh. | Tile Layer, Helper |
| P. | Pole; Applied Load; Projection | Rsr | Riser | THW. | Insulated Strand Wire |
| p. | Page | RT | Round Trip | THWN; THHN | Nylon Jacketed Wire |
| Pape. | Paperhanger | S. | Suction; Single Entrance; South | T.L. | Truckload |
| P.A.P.R. | Powered Air Purifying Respirator | Scaf. | Scaffold | Tot. | Total |
| PAR | Weatherproof Reflector | Sch.; Sched. | Schedule | T.S. | Trigger Start |
| Pc. | Piece | S.C.R. | Modular Brick | Tr. | Trade |
| P.C. | Portland Cement; Power Connector | S.D. | Sound Deadening | Transf. | Transformer |
| P.C.F. | Pounds per Cubic Foot | S.D.R. | Standard Dimension Ratio | Trhv. | Truck Driver, Heavy |
| P.C.M. | Phase Contract Microscopy | S.E. | Surfaced Edge | Trlr | Trailer |
| P.E. | Professional Engineer; | Sel. | Select | Trlt. | Truck Driver, Light |
| | Porcelain Enamel; | S.E.R., S.E.U. | Service Entrance Cable | TV | Television |
| | Polyethylene; Plain End | S.F. | Square Foot | T.W. | Thermoplastic Water Resistant Wire |
| Perf. | Perforated | S.F.C.A. | Square Foot Contact Area | UCI | Uniform Construction Index |
| Ph. | Phase | S.F.G. | Square Foot of Ground | UF | Underground Feeder |
| P.I. | Pressure Injected | S.F. Hor. | Square Foot Horizontal | U.H.F. | Ultra High Frequency |
| Pile. | Pile Driver | S.F.R. | Square Feet of Radiation | U.L. | Underwriters Laboratory |
| Pkg. | Package | S.F. Shlf. | Square Foot of Shelf | Unfin. | Unfinished |
| Pl. | Plate | S4S | Surface 4 Sides | URD | Underground Residential Distribution |
| Plah. | Plasterer Helper | Shee. | Sheet Metal Worker | V | Volt |
| Plas. | Plasterer | Sin. | Sine | V.A. | Volt Amperes |
| Pluh. | Plumbers Helper | Skwk. | Skilled Worker | V.C.T. | Vinyl Composition Tile |
| Plum. | Plumber | SL | Saran Lined | VAV | Variable Air Volume |
| Ply. | Plywood | S.L. | Slimline | VC | Veneer Core |
| p.m. | Post Meridiem | Sldr. | Solder | Vent. | Ventilation |
| Pord. | Painter, Ordinary | S.N. | Solid Neutral | Vert. | Vertical |
| pp | Pages | S.P. | Static Pressure; Single Pole; | V.F. | Vinyl Faced |
| PP; PPL | Polypropylene | | Self-Propelled | V.G. | Vertical Grain |
| P.P.M. | Parts per Million | Spri. | Sprinkler Installer | V.H.F. | Very High Frequency |
| Pr. | Pair | Sq. | Square; 100 Square Feet | VHO | Very High Output |
| Prefab. | Prefabricated | S.P.D.T. | Single Pole, Double Throw | Vib. | Vibrating |
| Prefin. | Prefinished | SPF | Spruce Pine Fir | V.L.F. | Vertical Linear Foot |
| Prop. | Propelled | S.P.S.T. | Single Pole, Single Throw | Vol. | Volume |
| PSF; psf | Pounds per Square Foot | SPT | Standard Pipe Thread | W | Wire; Watt; Wide; West |
| PSI; psi | Pounds per Square Inch | Sq. Hd. | Square Head | w/ | With |
| PSIG | Pounds per Square Inch Gauge | Sq. In. | Square Inch | W.C. | Water Column; Water Closet |
| PSP | Plastic Sewer Pipe | S.S. | Single Strength; Stainless Steel | W.F. | Wide Flange |
| Pspr. | Painter, Spray | S.S.B. | Single Strength B Grade | W.G. | Water Gauge |
| Psst. | Painter, Structural Steel | Sswk. | Structural Steel Worker | Wldg. | Welding |
| P.T. | Potential Transformer | Sswl. | Structural Steel Welder | W. Mile | Wire Mile |
| P. & T. | Pressure & Temperature | St.;Stl. | Steel | W.R. | Water Resistant |
| Ptd. | Painted | S.T.C. | Sound Transmission Coefficient | Wrck. | Wrecker |
| Ptns. | Partitions | Std. | Standard | W.S.P. | Water, Steam, Petroleum |
| Pu | Ultimate Load | STP | Standard Temperature & Pressure | WT., Wt. | Weight |
| PVC | Polyvinyl Chloride | Stpi. | Steamfitter, Pipefitter | WWF | Welded Wire Fabric |
| Pvmt. | Pavement | Str. | Strength; Starter; Straight | XFMR | Transformer |
| Pwr. | Power | Strd. | Stranded | XHD | Extra Heavy Duty |
| Q | Quantity Heat Flow | Struct. | Structural | XHHW; XLPE | Cross-Linked Polyethylene Wire Insulation |
| Quan.;Qty. | Quantity | Sty. | Story | Y | Wye |
| Q.C. | Quick Coupling | Subj. | Subject | yd | Yard |
| r | Radius of Gyration | Subs. | Subcontractors | yr | Year |
| R | Resistance | Surf. | Surface | Δ | Delta |
| R.C.P. | Reinforced Concrete Pipe | Sw. | Switch | % | Percent |
| Rect. | Rectangle | Swbd. | Switchboard | ~ | Approximately |
| Reg. | Regular | S.Y. | Square Yard | ⌀ | Phase |
| Reinf. | Reinforced | Syn. | Synthetic | @ | At |
| Req'd. | Required | S.Y.P. | Southern Yellow Pine | # | Pound; Number |
| Res. | Resistant | Sys. | System | < | Less Than |
| | | | | > | Greater Than |

# INDEX


## A

Abandon catch basin ................ 15
Accent light ........................ 211
  light connector ................... 212
  light tranformer .................. 212
Access floor ........................ 28
  road and parking area .............. 7
Accessories bathroom ................ 29
Accessory formwork .................. 22
Acoustical ceiling .................. 33
Adapter compression equipment ..... 127
  conduit ........................... 80
  connector ........................ 143
  EMT ............................... 80
  greenfield ........................ 80
Adhesive ............................ 27
Aerial lift .......................... 9
Aggregate spreader ................... 9
Air circuit breaker ................ 236
  compressor ......................... 9
  compressor control system ......... 50
  conditioner receptacle ........... 230
  conditioner wiring ............... 233
  conditioning fan .................. 44
  conditioning ventilating .. 44, 46, 47, 49
  handling fan ...................... 44
  handling troffer ................. 208
  hose .............................. 10
  supply pneumatic control .......... 50
  tool ............................... 9
Air-conditioning power central ..... 292
Airfoil fan centrifugal ............. 45
Alarm and communication system .... 302
  burglar .......................... 221
  exit control ..................... 221
  fire ............................. 221
  residential ...................... 232
  sprinkler ........................ 221
  standpipe ........................ 221
Aluminum bare wire ................. 129
  bus-duct ............... 181-186, 354
  cable ....................... 114, 115
  cable connector .................. 124
  cable tray .......... 54, 59, 61, 63, 65
  conduit ........................... 77
  handrail .......................... 28
  light pole ....................... 285
  low lamp bus-duct ................ 186
  nail .............................. 27
  rivet ............................. 26
  service entrance cable ........... 117
  shielded cable ................... 118
  wire ............................. 122
  wire compression adapter ......... 127
Ammeter ............................ 172
Anchor bolt ......................... 26
  expansion ......................... 25
  hollow wall ....................... 25
  machine ........................... 26
  nailing ........................... 25
  pole ............................. 233
  screw ............................. 25
  tower ............................ 234
  wall .............................. 24
Angle plug ......................... 141
Antenna system ..................... 228
  wire TV .......................... 119
Apartment call system .............. 227
  intercom door .................... 227
  S.F. & C.F. ...................... 238
Appliance ........................... 31
  plumbing ...................... 39, 40
  repair ............................ 13
  residential ............... 30, 31, 232
  water ............................. 39
Approach ramp ....................... 28
Arena sport S.F. & C.F. ............ 245
Armored cable .............. 113, 114, 339
  cable connector .................. 125
Arrestor lightning ............ 226, 237
  lightning substation ............. 166
Asbestos disposal ................... 18
  removal ........................... 18
Athletic equipment .................. 32
Attic ventilation fan ............... 46
Auditorium S.F. & C.F. ............. 238
Auger ................................ 9
Automatic circuit closing .......... 161
  fire suppression .................. 40
  gate .............................. 30
  timed thermostat .................. 47
  transfer switch .............. 202, 357
  wall switches .................... 216
Automotive sales S.F. & C.F. ....... 238
Autopsy equipment ................... 33
Axial flow fan ...................... 44

## B

Backfill ............................ 19
  trench ............................ 19
Backhoe rental ....................... 9
  trenching ........................ 307
Baler ............................... 30
Ballast fixture ..................... 211
  high intensity discharge ......... 206
  replacement ...................... 206
Bank S.F. & C.F. ................... 238
Bare floor conduit ................. 212
Bar-hanger outlet-box .............. 131
Barricade ............................ 7
Barrier parking ..................... 30
  X-ray ............................. 35
Barriers and enclosures .............. 7
Base transformer ................... 206
Baseball scoreboard ................. 32
Baseboard heat electric ............ 222
Basic meter device ................. 160
Basketball scoreboard ............... 32
Bath steam .......................... 34
Bathroom accessories ................ 29
  exhaust fan ....................... 46
  heater & fan ...................... 46
Battery inverter ................... 201
  light ............................ 204
  substation ....................... 237
Beam clamp channel ................. 107
  clamp conduit .................... 108
Bedding pipe ........................ 20
Bell system ........................ 222
  transformer door ................. 222
Bend EMT field ...................... 79
Bender duct ........................ 218
Block manhole ....................... 21
Blower .............................. 44
Board .............................. 156
  control ........................... 29
Boiler .............................. 40
  control system .................... 50
  electric .................. 40, 41, 254
  electric steam .................... 40
  gas fired ......................... 41
  general ........................... 40
  hot water ......................... 41
  hot-water electric ............... 254
  steam electric ................... 253
Bollard light ...................... 205
Bolt ................................ 24
  anchor ............................ 26
  expansion ......................... 25
  toggle ............................ 25
  wedge ............................. 26
Bolted switch pressure ............. 168
Bolt-on circuit-breaker ............ 164
Bond performance ................ 5, 317
Boom lift ............................ 9
Boost transformer buck ............. 177
Booster fan ......................... 44
Border light ........................ 29
Box ................................ 131
  conduit ........................... 96
  connector EMT ..................... 80
  electrical ....................... 133
  explosionproof ................... 133
  junction ......................... 137
  low-voltage relay ................ 138
  outlet ........................... 131
  outlet cover ..................... 132
  outlet steel ..................... 131
  pull ............................. 132
  terminal wire .................... 137
  termination ...................... 227
Boxes & wiring device .. 105-108, 131-135, 139, 140
Bracing ............................. 26
Bracket pipe ........................ 37
Branch circuit fusible switch ...... 170
  circuit-breaker .................. 171
  circuit-breaker HIC .............. 170
  meter device ..................... 161
Brass screw ......................... 27
Brazed connection .................. 129
Break glass station ................ 222
Breaker circuit .................... 156
  low-voltage substation ........... 166
  motor operated switchboard ....... 169
Breather conduit explosionproof ..... 97
Brick catch basin ................... 21
Broiler ............................. 31
Buck boost transformer ............. 177
Bucket crane ......................... 9
Builder's risk insurance ........... 312
Building demolition ................. 15
  directory ........................ 227
  permit ............................. 6
  portable ........................... 8
  temporary .......................... 8
Bulb incandescent .................. 215
Bulldozer ........................... 19
Burglar alarm ...................... 221
  alarm indicating panel ........... 221
Burial cable direct ................ 117
Bus bar aluminum ................... 170
  duct ............................. 355
  substation ....................... 236
  terminal S.F. & C.F. ............. 245
Bus-duct ...................... 181, 182
  aluminum ..................... 181-186
  aluminum low lamp ................ 186
  cable tap box .......... 181, 186, 188
  circuit-breaker .............. 186, 190
  circuit-breaker low amp .......... 187
  copper ............ 188-190, 194-195
  copper lighting .................. 187
  copper low amp ................... 187
  end closure ...................... 197
  feed low amp ..................... 187
  feeder ........ 181, 184, 186, 190, 192
  fitting .. 182-183, 185-186, 188, 191-193, 196-198
  ground bus ....................... 190
  ground neutralizer ............... 196
  hanger ........................... 198
  lighting ......................... 187
  plug ............................. 194
  plug & capacitor ................. 195
  plug & contactor ................. 195
  plug & starter ................... 195
  plug circuit-breaker ............. 195
  plug in ............ 184, 187-190, 192
  plug in low amp .................. 186
  plug low amp ..................... 187
  reducer ............... 182, 191, 194
  roof flange ...................... 196
  service head ..................... 197
  switch ........................... 189
  switch & control ................. 190
  switch low amp ................... 186
  switchboard stub ................. 181
  tap box ............... 186, 188, 194
  tap box circuit-breaker .......... 187
  transformer ...................... 190
  wall flange ................. 182, 196
  weather stop ..................... 196
Bushing conduit ..................... 91
Busway ............................. 181
  cleaning tool .................... 199
  connection switchboard ........... 169
  feedrail ......................... 198
  trolley .......................... 198
Button enclosure oiltight push ..... 135
  enclosure sloping front push ..... 135
Buzzer system ...................... 227
BX cable ........................... 113

## C

Cabinet convector heater ........... 225
  current transformer .............. 134
  electrical ....................... 132
  electrical floormount ............ 134
  electrical hinged ................ 133
  fuse ............................. 158
  hotel ............................. 29
  medicine .......................... 29
  oil tight ........................ 136
  pedestal ......................... 135
  strip ............................ 227
  telephone wiring ................. 134
  transformer ...................... 134
  unit heater ................. 225, 226
Cable .............................. 339
  aluminum .................... 114, 115
  aluminum shielded ................ 118
  armored ..................... 113, 114
  BX ............................... 113
  cable tray ............. 113, 114, 119
  channel aluminum .................. 68
  channel fitting .................... 68
  channel hanger .................... 68
  channel vented .................... 68
  clamp ............................. 58
  coaxial .......................... 120
  connector armored ................ 125
  connector nonmetallic ............ 124
  connector split bolt ............. 126
  control .......................... 115
  copper ........................... 115
  copper shielded .................. 118
  crimp termination ................ 126
  electric ............... 113-115, 122
  fiber optic ...................... 115
  flat ............................. 121
  grip ............................. 120
  H.C.F. ........................... 115
  heating .......................... 222
  high voltage in conduit .......... 262
  in conduit support ................ 94
  lug substation ................... 166
  MC ............................... 115
  mineral insulated ........... 116, 117
  pulling ........................... 11
  PVC jacket .................. 114, 115
  sheathed nonmetallic ............. 117
  sheathed romex ................... 117
  shielded ......................... 118
  splice high-voltage .............. 128
  tap box bus-duct ........ 181, 186, 188
  tensioning ........................ 11
  termination ...................... 125
  termination high-voltage ......... 127
  termination indoor ............... 127
  termination mineral insulated .... 116
  termination outdoor .............. 127
  termination padmount ............. 127
  trailer ........................... 11
  tray ......................... 50, 331
  tray alum cover ................ 71-73
  tray aluminum ....... 54, 59, 61, 63, 65
  tray divider .................. 73, 74
  tray fitting ................ 51, 53-67
  tray galv cover ............ 68, 69, 71
  tray galvanized steel ...... 50, 59, 63
  tray ladder type ........... 50, 51, 54
  tray solid bottom ................. 59
  tray trough type .................. 63
  tray vented ....................... 63
  tray wall bracket ................. 58
  undercarpet system ............... 120
  underground feeder ............... 117
  wire THWN ........................ 115
Cable-tray substation .............. 236
Cadweld wire to grounding .......... 129
Call system apartment .............. 227
  system emergency ................. 227
  system nurse ..................... 226
Camera TV closed circuit ........... 228
Cap service entrance ............... 118
Capacitor ..................... 202, 203
  indoor ........................... 203
  static ........................... 236
  station .......................... 235
  synchronous ...................... 235
  transmission ..................... 235
Carbon dioxide extinguisher ......... 40
Card station ........................ 30
Carpet computer room ................ 28
  lighting ......................... 211
Cartridge fuse ..................... 157
Cast boxes ......................... 345
  in place concrete ................. 23
  iron manhole cover ................ 22
  iron pull box .................... 133
Catch basin ......................... 21
  basin frame and cover ............. 22
  basin masonry ..................... 21
  basin removal ..................... 15
Catwalk .............................. 7
Caulking ............................ 28
  sealant ........................... 28
Ceiling drill ....................... 24
  fan ............................... 44
  heater ............................ 31
  integrated ........................ 33
  luminous ......................... 214
  radiant ........................... 33
  suspended ......................... 33
Cement duct ........................ 218
  PVC conduit ....................... 83
Center meter ....................... 159
Centrifugal airfoil fan ............. 45
  fan ........................... 44, 45
  pump .............................. 10
Chain hoist ......................... 12
  link fence ......................... 7


INDEX

# INDEX

saw ............................. 11
trencher ......................... 9
Chandelier ...................... 211
Chan-I-wire system .............. 105
Channel aluminum cable ........... 68
  beam clamp .................. 107
  concrete insert ............. 106
  conduit ..................... 108
  fitting ..................... 106
  hanger cable ................. 68
  junction box ................ 106
  plastic coated .............. 108
  steel ....................... 106
  strap for conduit ........... 107
  strap for EMT ............... 107
  support ..................... 107
  vented cable ................. 68
  w/conduit clip .............. 107
Chase formwork ................... 22
Chemical toilet .................. 11
Chime door ...................... 222
Church S.F. & C.F. .............. 239
Cinema equipment ................. 29
C.I.P. concrete .................. 23
Circline fixture ................ 215
Circuit breaker air ............. 236
  closing automatic ........... 161
  closing manual .............. 161
  length ...................... 340
Circuit-breaker ................. 156
  bolt-on ..................... 164
  bus-duct ............... 186, 190
  bus-duct plug .......... 195, 196
  bus-duct tap box ............ 187
  CLF ......................... 189
  control-center .............. 149
  disconnect .................. 156
  explosionproof .............. 157
  feeder section .............. 170
  gas ......................... 236
  HIC ......................... 164
  HIC branch .................. 170
  light-contactor ............. 148
  load center ................. 165
  low amp bus-duct ............ 187
  motor operated .............. 165
  motor-starter .......... 144-146, 148
  oil ......................... 236
  panel ....................... 165
  panelboard .................. 163
  plug-in ..................... 164
  power ....................... 236
  shunt trip .................. 165
  switch ...................... 165
  transmission ................ 236
  vacuum ...................... 236
Circular saw ..................... 11
City hall S.F. & C.F. ........... 245
Clamp cable ...................... 58
  ground rod .................. 128
  pipe ......................... 37
  riser ........................ 37
  water pipe ground ........... 129
Clamshell bucket .................. 9
Clean room ....................... 34
Cleaning tool busway ............ 199
Clearance pole .................. 235
CLF circuit-breaker ............. 189
Climbing crane ................... 11
  jack ......................... 12
Clinic S.F. & C.F. .............. 242
Clip channel w/conduit .......... 107
Clock ........................... 220
  & bell system ............... 221
  system ...................... 220
  timer ....................... 232
Club country S.F. & C.F. ........ 239
  S.F. & C.F. ................. 239
Coaxial cable ................... 120
  connector ................... 120
Coffee urn ....................... 31
Coin station ..................... 30
College S.F. & C.F. ............. 239
Color wheel ...................... 29
Combination device .............. 229
Commercial electric radiation .. 306
  electric service ............ 263
  heater electric ............. 223
  water heater ............ 39, 251
Common nail ...................... 27
Communication component .......... 13
  system ...................... 227
Community center S.F. & C.F. ... 239
Compaction soil .................. 19

Compactor earth ................... 9
Compensation workers' ............. 4
Component control .............. 47-49
  sound system ................ 227
Compression equipment adapter .. 127
  fitting ...................... 82
Compressor air .................... 9
  tank mounted ................. 50
Computer connector .............. 143
  floor ........................ 28
  grade voltage regulator ..... 199
  plug ........................ 143
  power cond transformer ...... 201
  receptacle .................. 143
  regulator transformer ....... 201
  room carpet .................. 28
  transformer ................. 200
Concrete cast in place ........... 23
  catch basin .................. 21
  C.I.P. ....................... 23
  core ......................... 14
  cutting ...................... 15
  drill ................. 14, 15, 99
  finish ....................... 23
  formwork ..................... 22
  foundation ................... 23
  hand hole ................... 216
  hole cutting ................ 100
  hole drilling ................ 99
  insert ...................... 107
  insert channel .............. 106
  insert hanger ................ 37
  manhole ................. 21, 216
  patching ..................... 23
  ready mix .................... 23
  removal ...................... 15
  structural ................... 23
  utility vault ................ 21
Conductor ....................... 113
  & grounding ... 113, 114, 116-119, 122
                 -127, 129, 130
  high voltage shielded ....... 262
  line ................... 234, 235
  overhead .................... 234
  sagging ................ 234, 235
  substation .................. 236
  underbuilt .................. 235
  wire ........................ 122
Conductors ...................... 335
Conduit .................. 77, 334-336
  & fitting flexible .......... 103
  aluminum ..................... 77
  bare floor .................. 212
  beam clamp .................. 108
  body ......................... 97
  box .......................... 96
  bushing ...................... 91
  channel ..................... 108
  connector ................... 102
  coupling explosionproof ...... 95
  electrical ............... 77, 83
  encasement .................. 361
  fitting .... 77, 78, 91-93, 95, 97, 98, 101, 102
  fitting fire stop ............ 94
  flexible coupling ............ 95
  flexible metallic ........... 101
  greenfield .................. 101
  hanger ........... 98, 105, 107-109
  high installation ............ 83
  hub .......................... 98
  in slab ...................... 90
  in slab PVC .................. 90
  in trench electrical ......... 90
  in trench steel .............. 91
  intermediate fitting ......... 78
  intermediate steel ........... 78
  nipple .................... 84-90
  plastic coated ............... 78
  PVC .......................... 82
  PVC fitting .............. 82, 83
  raceway ...................... 77
  rigid expansion coupling ..... 93
  rigid in slab ................ 90
  rigid steel ........... 77, 78, 84
  riser clamp ................. 105
  sealing fitting .............. 98
  sealtite .................... 102
  steel fitting ................ 79
  substation .................. 236
  support ............. 81, 105, 106
  w/coupling ................... 84
  weight ...................... 336
Connection brazed ............... 129

motor ........................... 103
temporary ....................... 220
wire weld ....................... 129
Connector accent light .......... 212
  adapter ..................... 143
  coaxial ..................... 120
  computer .................... 143
  conduit ..................... 102
  locking ..................... 142
  nonmetallic cable ........... 124
  screw-on .................... 125
  sealtite .................... 102
  split bolt cable ............ 126
  stud ......................... 26
  wire ........................ 125
  wiring ...................... 142
Constant voltage transformer .... 201
Construction aids ................. 7
  cost index ................... 4
  management fee ............... 4
  photography .................. 6
  temporary .................... 6
Contactor & fusible switch ...... 190
  control switchboard ......... 169
  lighting ............... 172, 173
Contingencies ..................... 4
Contract closeout ................ 13
Contractor equipment .......... 9, 321
  overhead ..................... 4
  pump ........................ 10
Control & motor starter .... 150, 154
  basic section motor ......... 150
  board ........................ 29
  bus-duct lighting ........... 190
  cable ....................... 115
  center motor ........... 144-148
  component ................. 47-49
  enclosure ................... 136
  hand-off-automatic .......... 173
  install ...................... 13
  main rating motor ........... 150
  pilot light motor ........... 150
  replace ...................... 13
  station ..................... 173
  station stop-start .......... 173
  switch ...................... 173
  system .................... 48, 49
  system air compressor ........ 50
  system boiler ................ 50
  system cooling ............... 49
  system split system .......... 49
  system VAV box ............... 50
  system ventilator ............ 49
  wire low-voltage ............ 139
  wire weatherproof ........... 139
Control-center auxiliary contact 144
  circuit-breaker ............. 149
  component .............. 144-148
  fusible switch .............. 149
  pilot light ................. 144
  push button ................. 144
Controller time system .......... 220
Controls DDC .................. 48, 49
Convector cabinet heater ........ 225
  heater electric ............. 225
Cooking range .................... 31
Cooler beverage .................. 31
Cooling control system ........... 49
Copper bus-duct ..... 188-190, 194, 195
  cable ................... 113-115
  ground wire ................. 128
  lighting bus-duct ........... 187
  low amp bus-duct ............ 187
  shielded cable .............. 118
  wire ........................ 122
Cord replace ..................... 13
Core drill .................. 14, 15
Corrosion resistant enclosure ... 136
  resistant fan ................ 45
Corrosion-resistant receptacle .. 141
Cost mark-up ...................... 5
Country club S.F. & C.F. ........ 239
Coupling EMT ..................... 80
  expansion rigid conduit ...... 93
Courthouse S.F. & C.F. .......... 240
Cover cable tray alum ......... 71-73
  cable tray galv ...... 68, 69, 71
  manhole ...................... 22
  outlet box .................. 132
  plate receptacle ............ 141
  stair tread ................... 6
Crane ............................ 11
  bucket ........................ 9
  climbing ..................... 11

crawler ......................... 11
hydraulic ....................... 12
material handling ............... 11
tower ........................... 11
Crematory ....................... 30
Crew ............................. 4
Crimp termination cable ......... 126
Critical care isolating panel ... 179
CT & PT compartment switchboard . 169
  substation .................. 236
Cubic foot building cost ........ 238
Current limiting fuse ........... 157
  transformer ............ 172, 236
  transformer cabinet ......... 134
Cutting concrete ................. 15

## D

DDC controls ................. 48, 49
Deck roof ........................ 28
Decorator device ................ 229
  switch ...................... 229
Deep therapy room ................ 35
Dehumidifier ..................... 31
Demolition ....................... 14
  building ..................... 15
  electric .................. 15-18
  selective .................... 15
  site ......................... 15
Department store S.F. & C.F. ... 240
Derrick .......................... 12
  guyed ........................ 12
  stiffleg ..................... 12
Detection system ................ 221
Detector infra-red .............. 221
  motion ...................... 221
  smoke ....................... 222
  temperature rise ............ 222
  ultrasonic motion ........... 221
Device & box wiring .... 105-108, 132-135,
                     139, 140
  branch meter ................ 161
  combination ................. 229
  decorator ................... 229
  GFI ......................... 230
  load management ............. 176
  motor control center ........ 150
  receptacle .................. 230
  residential ................. 228
  wiring ................. 138, 139
Dewater .......................... 18
  pumping ...................... 18
Diaphragm pump ................... 10
Diesel generator ................ 203
Dimensionaire ceiling ............ 33
Dimmer switch ............. 139, 229
Direct burial cable ............. 117
Directory building .............. 227
Discharge hose ................... 10
Disconnect & motor-starter ..... 155
  circuit-breaker ............. 156
  safety switch ............... 175
  switch ...................... 236
Dishwasher ....................... 31
Disk insulator .................. 234
Dispenser hot water .............. 38
Dispersion nozzle ................ 40
Disposal asbestos ................ 18
  garbage ...................... 31
Distiller water .................. 33
Distribution power .............. 235
  section ..................... 351
  section electric ............ 170
Ditching ......................... 19
Divider cable tray .......... 73, 74
Doctor register ................. 221
Dog house switchboard ........... 169
Domestic hot-water .............. 250
Door apartment intercom ......... 227
  bell residential ............ 231
  bell system ................. 222
  buzzer system ............... 227
  chime ....................... 222
  fire ........................ 222
  frame lead lined ............. 35
  opener remote ............... 227
  release ..................... 227
  release speaker ............. 227
  switch burglar alarm ........ 221
Dormitory S.F. & C.F. ........... 240
Dozer ............................ 19
Drain conduit explosionproof .... 97
Drainage site .................... 21
Drill ceiling .................... 24

INDEX


concrete 14, 15, 99
core 14, 15
drywall 24
plaster 24
wall 24
Dripproof motor 176
motor and starter 299-301
Drive pin 26
Driver sheeting 10
stud 26
Driveway removal 15
Dry transformer 178
wall leaded 35
Drycleaner 30
Dryer receptacle 231
Drywall drill 24
nail 27
Duct 109
bender 218
cement 218
electric 109, 188
electrical underfloor 111
fibre 218
fitting fibre 218, 219
fitting trench 110, 111
fitting underfloor 111, 112
grille 28
heater electric 42, 43
plastic wiring 112
steel trench 110, 111
trench 109
underground 217
utility 217, 218
weatherproof feeder 184, 186, 190
Duct-bus 181
Dump charge 15
truck 9, 20
Duplex receptacle 139
receptacle 286

E

Earth compactor 9
vibrator 19
Earthwork 19, 20
equipment 19
Education religious S.F. & C.F. 244
Educational TV studio 228
Elderly housing S.F. & C.F. 241
Elecric circuit voltages 323
Electric ballast 211
baseboard heater 222
boiler 40, 41
boiler 253
cabinet heater 225
cable 113-115, 122
capacitor 203
convector heater 225
demolition 15-18
duct 109, 188
duct heater 42, 43
feeder 188
fixture 204, 206-208, 215, 216
fixture hanger 207
furnace 43
generator 10
generator set 202
heat 222
heater 31
heating 41
hot air heater 224
incinerator 30
infra-red heater 44
lamp 214
metallic tubing 79, 83
meter 172
motor 176, 177
panelboard 162
pool heater 42
receptacle 140
relay 173
service 156
switch 138, 174, 176
unit heater 222, 224
utility 217, 219
water heater 39
wire 122-124
Electrical box 133
cabinet 132
conduit 77, 83
conduit greenfield 101
duct underfloor 112
fee 4
field bend 79

floormount cabinet 134
installation drilling 99
knockout 100
laboratory 32
maintenance 13
nonmetallic tubing 102
outlet-box 131
pole 217
site work 216
tubing 77
Electronic rack enclosure 135
Electroytic grounding 130
Elementary school S.F. & C.F. 244
Elevated conduit 83
Elevator construction 12
fee 4
Emergency call system 227
light test 13
lighting 204
Employer liability 5
EMT 79
adapter 80
box connector 80
coupling 80
fitting 79, 80, 82
spacer 81
support 81, 105
Enclosed motor 177
Enclosure corrosion resistant 136
electronic rack 135
fiberglass 136
oil tight 136
panel 135
polyester 136, 137
pushbutton 137
Energy saving lighting devices 216
Engineering fee 4
fees 312
ENT 102
Entrance cable service 117
weather cap 94
Epoxy grout 23
Equipment 9, 29, 30
athletic 32
cinema 29
earthwork 19
formwork 23
foundation 23
general 5
insurance 4
laundry 30
medical 33
rental 9, 11, 321
stage 29
substation 235
Ericson conduit coupling 93
Estimate electrical heating 222
Estimating 312
Excavation 19-21
hand 19
machine 19
trench 19, 20, 307-309
Exhaust granular fan 45
hood 31
Exhauster industrial 45
roof 46
Exit control alarm 221
light 204
Expansion anchor 25
bolt 25
coupling rigid conduit 93
fitting 81
shield 25
Explosionproof box 133
breather conduit 97
circuit-breaker 157
conduit box 96
conduit coupling 95
conduit fitting 95
drain conduit 97
fixture 210
fixture incandescent 210
lighting 210
plug 139
receptacle 139
reducer conduit 96
safety switch 175
sealing conduit 97
sealing hub conduit 97
toggle switch 139
Exterior lighting 204
lighting fixture 204
Extinguisher fire 40
Extra work 5

F

Facilities maintenance 13
Factor 4
Factory S.F. & C.F. 240
Fan 44
air conditioning 44
air handling 44
attic ventilation 46
axial flow 44
bathroom exhaust 46
booster 44
ceiling 44
centrifugal 44, 45
corrosion resistant 45
exhaust granular 45
house ventilation 47
in-line 44
kitchen exhaust 46
low sound 44
paddle 232
propeller exhaust 45
residential 232
roof 46
utility set 45, 46
vane-axial 44
ventilation 232
ventilator 44
wall exhaust 47
wiring 232
Fastener 27
steel 26
timber 27
wood 27
Fee engineering 4
Feed low amp bus-duct 187
Feeder bus-duct . 181, 184, 186, 190, 192
cable underground 117
duct weatherproof 184, 186, 190
electric 188
in conduit w/neutral 264
section 170-172
section branch circuit 170
section circuit-breaker 170
section frame 170
section fusible switch 171
Feedrail busway 198
cleaning tool 199
Fence chain link 7
plywood 7
temporary 7
wire 7
Fiber optic cable 115
optic connector 115
optic finger splice 115
optic jumper 115
optic patch panel 115
optic pigtail 115
Fiberglass enclosure 136
light pole 205
panel 7
wireway 138
Fibre duct 218
Field bend electrical 79
bend EMT 79
office 8
office expense 4
Fill 19
Filtration equipment 36
Final cleaning 13
Finish concrete 23
floor 23
nail 27
Fire alarm 221
alarm wire 119
call pullbox 222
door 222
extinguisher 40
extinguishing 252
extinguishing system 40
horn 222
signal bell 222
station S.F. & C.F. 240
stop fitting 94
suppression automatic 40
system 40
Fitting bus-duct .. 182, 183, 185, 186, 188, 191 -193, 196-198
cable channel 68
cable tray 51, 53-67
compression 82
conduit .. 77, 78, 91-93, 95, 97, 98, 101, 102
conduit intermediate 78

conduit PVC 82, 83
conduit steel 79
EMT 79, 80, 82
expansion 81
fibre duct 218, 219
greenfield 101
poke-thru 132
PVC duct 217
sealtite 102
special 120
underfloor duct 111, 112
underground duct 217
wireway 75, 76, 138
Fixture ballast 211
clean 13
electric 207, 208
explosionproof 210
explosionproof mercuryvapor 210
exterior mercury vapor 204
fluorescent 207, 208, 216
fluorescent installed 269
hanger 207
incandescent 209
incandescent vaportight 210
interior light 207-210, 212, 213
lantern 216
lighting 204
mercury vapor 208, 212, 213
metal halide 209
metal halide explosionproof 210
mirror light 211
plumbing 38
residential 215, 231
sodium high pressure 204, 210
type/SF HID ... 273, 275, 277, 279, 281, 283
type/SF incandescent 271
vandalproof 211
vaporproof 213
watt/SF hd 276
watt/SF HID ... 274, 278, 280, 282, 284
watt/SF incandescent 272
whip 207
wire 119
Flatbed truck 9
Flexible conduit & fitting 103
coupling conduit 95
metallic conduit 101
Floater equipment 4
Floodlight 10
pole mounted 204
Floor access 28
cleaning 13
finish 23
nail 27
patching concrete 23
pedestal 28
stand kit 136
Fluorescent fixture 207, 208, 216
lamp 214
light by wattage 270
Fluoroscopy room 35
Fm200 fire extinguisher 40
fire suppression 252
Folder laundry 30
Food mixer 32
service equipment 31
warmer 31
Football scoreboard 32
Footing tower 234
Formwork accessory 22
chase 22
concrete 22
equipment 23
sleeve 22
structural 22
Foundation concrete 23
equipment 23
mat 23
pole 233
tower 234
Framing metal 26
Fraternal club S.F. & C.F. 239
Fraternity house S.F. & C.F. 240
Freestanding enclosure 136
indirect lighting 214
Full spectrum fixture 215
Funeral home S.F. & C.F. 241
Furnace cutoff switch 139
electric 43
hot air 43
Fuse box 265
cabinet 158
cartridge 157


INDEX

402

INDEX


current limiting ... 157
duel element ... 157
high capacity ... 157
motor control center ... 148
plug ... 158
substation ... 237
transmission ... 237
Fused safety switch ... 297
Fusible switch branch circuit ... 170
switch control-center ... 149
switch feeder section ... 171

G

Gang operated switch ... 236
Garage S.F. & C.F. ... 241
Garbage disposal ... 31
Gas circuit-breaker ... 236
generator ... 203
Gasoline generator ... 203
Gate automatic ... 30
General equipment ... 5
Generator construction ... 10
diesel ... 203
diesel ... 304
emergency ... 202
gas ... 203
gasoline ... 203
gas-operated ... 304
set ... 203
steam ... 33, 41
test ... 14
weight ... 357
GFI receptacle ... 230
Glass break alarm ... 221
lead ... 35
lined water heater ... 31
Glassware washer ... 32
Gradall ... 9
Grading ... 20
Grating sewer ... 22
Greenfield adapter ... 80
conduit ... 101
fitting ... 101
Grille duct ... 28
Grip cable ... 120
strain relief ... 120
Ground bus ... 183
bus to bus-duct ... 190
clamp water pipe ... 129
fault indicating receptacle ... 139
fault protection ... 172
insulated wire ... 129
neutralizer bus-duct ... 196
rod ... 128, 130
rod clamp ... 128
rod wire ... 130
wire ... 128
wire overhead ... 235
Ground-fault protector switchboard ... 169
Grounding ... 128
& conductor ... 113, 114, 116-119, 122 -124, 126, 127, 129, 130
electroytic ... 130
substation ... 236
switch ... 236
transformer ... 235
wire brazed ... 129
Grout epoxy ... 23
Guard lamp ... 215
Guardrail temporary ... 7
Guyed derrick ... 12
tower ... 37
Gymnasium S.F. & C.F. ... 241
Gypsum board leaded ... 35
lath nail ... 27

H

Hand excavation ... 19, 21
hole ... 21
hole concrete ... 216
Handling extra labor ... 176, 180
waste ... 30
Hand-off-automatic control ... 173
Handrail aluminum ... 28
Hanger & support pipe ... 37, 38
bus-duct ... 198
conduit ... 98, 105, 107-109
EMT ... 105
fixture ... 207
plastic coated ... 108
rod pipe ... 38
rod threaded ... 106
trough ... 68
U-bolt pipe ... 38
Hauling truck ... 20
Hazardous waste handling ... 30
H.C.F. CABLE ... 115
Heat electric ... 222
electric baseboard ... 222
pump residential ... 233
radiant ... 33, 222
temporary ... 6
trace system ... 223
Heater & fan bathroom ... 46
cabinet convector ... 225
ceiling mount unit ... 225
contractor ... 10
electric ... 31
electric commercial ... 223
electric hot air ... 224
electric residential ... 222
electric wall ... 222
infra-red ... 44
infra-red quartz ... 224
raceway ... 223
sauna ... 34
swimming pool ... 42
vertical discharge ... 224
wall mounted ... 225
water ... 31, 39
Heating ... 40-42
cable ... 222
control transformer ... 224
electric baseboard ... 306
estimate electrical ... 222
hot air ... 44
hydronic ... 40, 41
hydronic electric ... 254
industrial ... 40
panel radiant ... 224
Hex nut ... 24
High bay lighting ... 209
installation conduit ... 83
intensity discharge ... 358
intensity discharge ballast ... 206
intensity discharge lamp ... 215
intensity discharge lighting ... 205, 209, 210, 212 , 214
intensity fixture ... 276
output lamp ... 207
pressure fixture sodium ... 209, 212, 213
pressure sodium lighting ... 209, 212
school S.F. & C.F. ... 244, 245
voltage transmission ... 235
Historical Cost Index ... 4
Hockey scoreboard ... 32
Hoist and tower ... 12
contractor ... 12
lift equipment ... 11
personnel ... 12
Hole cutting electrical ... 100
drilling ... 24
drilling electrical ... 99
Hollow wall anchor ... 25
Hood range ... 31
Hook-up electric service ... 263
Horn fire ... 222
Hose air ... 10
discharge ... 10
suction ... 10
water ... 10
Hospital kitchen equipment ... 32
power ... 179
S.F. & C.F. ... 241
Hot air furnace ... 43
air heater electric ... 224
air heating ... 44
water boiler ... 41
water dispenser ... 38
water heating ... 41
Hotel cabinet ... 29
Hot-water commercial ... 251
system ... 250, 251
House telephone ... 227
ventilation fan ... 47
Housing for the elderly S.F. & C.F. ... 241
instrument ... 137
public S.F. & C.F. ... 242
S.F. & C.F. ... 241
HP value/cost determination ... 328, 329
Hub conduit ... 98
Humidifier ... 31
Hydraulic crane ... 12
jack ... 12
Hydronic heating ... 40, 41

I

Ice skating rink S.F. & C.F. ... 242
Impact wrench ... 10
Incandescent bulb ... 215
explosionproof fixture ... 210
exterior lamp ... 215
fixture ... 209, 216
interior lamp ... 215
Incinerator electric ... 30
Index construction cost ... 4
Indicating panel burglar alarm ... 221
Indicator light ... 173
Indirect lighting ... 214
Industrial address system ... 227
exhauster ... 45
heating ... 40
lighting ... 208
Infra-red broiler ... 31
detector ... 221
heater ... 44
quartz heater ... 224
In-line fan ... 44
Insert hanger concrete ... 37
Instrument enclosure ... 136
housing ... 137
switchboard ... 172
transformer ... 236
Insulator disk ... 234
line ... 234, 235
substation ... 236
transmission ... 234, 235
Insurance ... 4, 312
builder risk ... 4
equipment ... 4
public liability ... 4
Integrated ceiling ... 33
Intercom ... 227
Interior light fixture ... 207-210, 212-214
lighting ... 213
Intermediate conduit ... 78
Interval timer ... 229
Intrusion system ... 221
Invert manhole ... 22
Inverter battery ... 201
Ironer laundry ... 30
Isolating panel ... 179
transformer ... 179
Isolation transformer ... 200

J

Jack coaxial ... 120
hydraulic ... 12
Jail S.F. & C.F. ... 242
Job condition ... 5
Joint sealer ... 28
Jumper transmission ... 234, 235
Junction box ... 137
box channel ... 106
Junction-box underfloor duct ... 111

K

Kettle ... 32
Key station ... 30
Kitchen equipment ... 31
equipment fee ... 4
exhaust fan ... 46
Knockout electrical ... 100
KVA value/cost determination ... 327
KW value/cost determination ... 325

L

Lab grade voltage regulator ... 200
Labor index ... 5
restricted situation ... 176, 180
Laboratory equipment ... 32
research S.F. & C.F. ... 244
Ladder ... 10
rolling ... 7
type cable tray ... 50
Lag screw ... 25, 26
Laminated lead ... 35
Lamp ... 359
fluorescent ... 214
guard ... 215
high intensity discharge ... 215
high output ... 207
incandescent ... 205
incandescent exterior ... 215
incandescent interior ... 215
mercury vapor ... 215
metal halide ... 215
post ... 205
quartz line ... 215
replace ... 13
slimline ... 215
sodium high pressure ... 215
sodium low pressure ... 215
tungston halogen ... 215
Lampholder ... 140
Lamphouse ... 29
Lamps ... 358
Landscape light ... 206
Lantern fixture ... 216
luminaire walkway ... 206
Laser ... 10
Laundry equipment ... 30
LB conduit body ... 97
Lead glass ... 35
gypsum board ... 35
lined door frame ... 35
plastic ... 35
screw anchor ... 25
sheets ... 35
shielding ... 35
Liability employer ... 5
Library S.F. & C.F. ... 242
Lift aerial ... 9
Light accent ... 211
bollard ... 205
border ... 29
exit ... 204
fixture interior ... 207-210, 212-214
fixture troffer ... 208
fixture vaporproof ... 213
indicator ... 173
nurse call ... 227
pilot ... 140
pole ... 205, 217
pole aluminum ... 205
pole fiberglass ... 205
pole steel ... 205
pole wood ... 205
post ... 216
relamp ... 13
safety ... 211
strobe ... 29
switch ... 290
temporary ... 6
tower ... 10
track ... 216
underwater ... 36
Light-contactor circuit-breaker ... 148
Lighting ... 208, 209, 212, 214-216
bus-duct ... 187
carpet ... 211
ceiling ... 33
contactor ... 172, 173
control bus-duct ... 190
emergency ... 204
equipment maintenance ... 13
explosionproof ... 210
exterior ... 204
fixture ... 204
fixture exterior ... 204
high intensity discharge . 205, 209, 210, 212 , 214
high pressure sodium ... 209
incandescent ... 209
indirect ... 214
industrial ... 208
interior ... 213
mercury vapor ... 208
metal halide ... 209, 213
outdoor ... 10
outlet ... 231
picture ... 211
residential ... 231
roadway ... 205
stage ... 29
stair ... 212
strip ... 208
surgical ... 33
track ... 216
Lightning arrestor ... 226, 237
arrestor substation ... 166
protection ... 226
suppressor ... 228
Line conductor ... 234, 235
insulator ... 234, 235
pole ... 233
pole transmission ... 233
spacer ... 234
tower ... 234


INDEX

INDEX


tower special .......... 234
transmission .......... 235
Load center circuit-breaker .......... 165
center indoor .......... 158, 159
center plug-in breaker .......... 158
center rainproof .......... 158, 159
centers .......... 350
interrupt switch substation .......... 166
management switch .......... 176
Loadcenter residential .......... 228
Locking receptacle .......... 231
receptacle electric .......... 140
Low-voltage receptacle .......... 138
silicon rectifier .......... 138
switching .......... 138
switchplate .......... 138
transformer .......... 138
wiring .......... 139
Lug switchboard .......... 167
terminal .......... 125
Luminaire ceiling .......... 33
walkway .......... 206
Luminous ceiling .......... 214

## M

Machine anchor .......... 26
excavation .......... 19
screw .......... 26
welding .......... 11
Magnetic motor starter .......... 150
starter .......... 296
starter & motor .......... 299-301
Mail box call system .......... 227
Maintenance .......... 13
electrical .......... 13
Management fee construction .......... 4
Manhole .......... 21
concrete .......... 216
cover .......... 22
electric service .......... 216
invert .......... 22
raise .......... 22
removal .......... 15
step .......... 22
substation .......... 236
Manual circuit closing .......... 161
starter & motor .......... 299-301
transfer switch .......... 202
Mark-up cost .......... 5
Masonry catch basin .......... 21
manhole .......... 21
nail .......... 27
saw .......... 11
Master clock system .......... 221
Mat foundation .......... 23
Material hoist .......... 12
index .......... 5
MC cable .......... 115
MCC test .......... 13
Mechanical fee .......... 4
Medical clinic S.F. & C.F. .......... 242
equipment .......... 33
office S.F. & C.F. .......... 242
Medicine cabinet .......... 29
Melting snow .......... 222
Mercury vapor exterior fixture .......... 204
vapor fixture .......... 208, 213
vapor fixture vaportight .......... 210
vapor lamp .......... 215
vapor light .......... 213
vapor lighting .......... 212
Metal framing .......... 26
halide explosionproof fixture .......... 210
halide fixture .......... 209
halide lamp .......... 215
halide lighting .......... 209, 213
Meter center .......... 159
center rainproof .......... 160
device basic .......... 160
device branch .......... 161
electric .......... 172
socket .......... 159
socket 5jaw .......... 161
Microphone .......... 227
wire .......... 119
Microwave detector .......... 221
oven .......... 31
Middle school S.F. & C.F. .......... 244
Mineral insulated cable .......... 116, 117
Mirror light fixture .......... 211
Miscellaneous power .......... 291
Mixer food .......... 32
Modification to cost .......... 5
Modifier switchboard .......... 169
Modular flexible wirnig system .......... 207
Monitor voltage .......... 199
Motel S.F. & C.F. .......... 243
Motion detector .......... 221
Motor .......... 176
actuated valve .......... 48
added labor .......... 176
and starter .......... 299
bearing oil .......... 14
connection .......... 103, 298, 336
control basic section .......... 150
control center .......... 144-148, 348
control center device .......... 150
control center fuse .......... 148
control incoming line .......... 149
control main rating .......... 150
control pilot light .......... 150
controlled valve .......... 48
dripproof .......... 176
electric .......... 176, 177
enclosed .......... 177
feeder .......... 295
generator .......... 10
installation .......... 293
operated circuit-breaker .......... 165
starter .......... 144-148, 150-156
starter & control .......... 150, 154
starter & disconnect .......... 155
starter enclosed & heated .......... 150
starter magnetic .......... 150
starter safety switch .......... 175
starter w/circuit protector .......... 150
starter w/fused switch .......... 150
starter w/pushbutton .......... 151
starters and controls .......... 349
test .......... 14
Motor-control-center structure .......... 144
Motors .......... 348
Motor-starter circuit-breaker .......... 144-146, 148
Mounting board plywood .......... 28
Movie equipment .......... 29
S.F. & C.F. .......... 245
Multi-channel rack enclosure .......... 115

## N

Nail .......... 27
lead head .......... 35
NEMA enclosures .......... 330
Nipple conduit .......... 84-90
plastic coated conduit .......... 88, 89
Non-automatic transfer swith .......... 202
Nozzle dispersion .......... 40
Nurse call light .......... 227
call system .......... 226
speaker station .......... 227
Nursing home S.F. & C.F. .......... 243
Nut hex .......... 24

## O

Occupancy sensors .......... 216
Off highway truck .......... 9
Office field .......... 8
floor .......... 28
medical S.F. & C.F. .......... 242
S.F. & C.F. .......... 243, 246
trailer .......... 8
Oil circuit-breaker .......... 236
filled transformer .......... 180
heater temporary .......... 10
tight cabinet .......... 136
tight enclosure .......... 136
water heater .......... 39
Omitted work .......... 5
Operated switch gang .......... 236
Operating cost equipment .......... 9
room isolating panel .......... 179
room power & lighting .......... 179
Outdoor lighting .......... 10
Outlet box .......... 131
box cover .......... 132
box plastic .......... 132
box steel .......... 131
boxes .......... 345
lighting .......... 231
Outlet-box bar-hanger .......... 131
Oven microwave .......... 31
Overhaul .......... 20
Overhead .......... 4
& profit .......... 5, 316
conductor .......... 234
contractor .......... 4
distribution system .......... 104
ground wire .......... 235
Overtime .......... 5, 318
Oxygen lance cutting .......... 18

## P

Packaging waste .......... 18
Paddle blade air circulator .......... 45
fan .......... 232
Padmount cable termination .......... 127
Panel critical care isolating .......... 179
enclosure .......... 135
fiberglass .......... 7
fire .......... 222
isolating .......... 179
operating room isolating .......... 179
radiant heat .......... 224
Panelboard electric .......... 162
spacer .......... 166
w/circuit-breaker .......... 162-164
w/lug only .......... 163
Parking barrier .......... 30
control equipment .......... 30
equipment .......... 30
garage S.F. & C.F. .......... 241
Patching concrete .......... 23
Patient nurse call .......... 226
Pedestal cabinet .......... 135
floor .......... 28
Pendent indirect lighting .......... 214
Penetration test .......... 14
Performance bond .......... 5, 317
Permit building .......... 6
Personnel hoist .......... 12
Photoelectric control .......... 216
Photography .......... 6
construction .......... 6
time lapse .......... 6
Pickup truck .......... 11
Picture lighting .......... 211
Pigtail .......... 207
Pile driving .......... 321
Pilot light .......... 140
light control-center .......... 144
light enclosure .......... 137
Pipe .......... 21
& fittings .......... 37, 38
bedding .......... 20
bedding trench .......... 21
hanger & support .......... 37, 38
hanger U-bolt .......... 38
strap .......... 98
support .......... 26, 37
Piping excavation .......... 307
Pit sump .......... 19
Plant power S.F. & C.F. .......... 244
screening .......... 9
Plaster drill .......... 24
Plastic coated conduit .......... 78
coated conduit nipple .......... 88, 89
coating touch-up .......... 98
lead .......... 35
outlet box .......... 132
roof ventilator .......... 45
Plate wall switch .......... 140
Platform trailer .......... 11
Plating zinc .......... 27
Plug & capacitor bus-duct .......... 195
& contactor bus-duct .......... 195
& starter bus-duct .......... 195
angle .......... 141
bus-duct .......... 194
coaxial .......... 120
computer .......... 143
explosionproof .......... 139
fuse .......... 158
in bus-duct .......... 181, 187-190, 192
in circuit-breaker .......... 164, 189
in low amp bus-duct .......... 186
in switch .......... 189
locking .......... 142
low amp bus-duct .......... 187
wiring device .......... 141
Plugmold raceway .......... 104
Plumbing appliance .......... 39, 40
fixture .......... 38
laboratory .......... 32
Plywood fence .......... 7
mounting board .......... 28
sheathing .......... 28
sidewalk .......... 8
Pneumatic control system .......... 49
Poke-thru fitting .......... 132
Pole aluminum light .......... 205
anchor .......... 233
clearance .......... 235
cross arm .......... 217, 233
electrical .......... 217
fiberglass light .......... 205
foundation .......... 233
light .......... 205
steel light .......... 205
tele-power .......... 104
transmission .......... 233
utility .......... 205, 217
wood light .......... 205
Police connect panel .......... 221
station S.F. & C.F. .......... 243
Polyester enclosure .......... 136, 137
Polyurethane caulking .......... 28
Pool heater electric .......... 42
swimming .......... 36
swimming S.F. & C.F. .......... 245
Portable air compressor .......... 9
building .......... 8
heater .......... 10
indirect lighting .......... 214
Post lamp .......... 205
light .......... 216
office S.F. & C.F. .......... 243
Potential transformer .......... 236
transformer fused .......... 169
Pothead substation .......... 166
Power circuit-breaker .......... 236
conditioner transformer .......... 201
distribution .......... 235
hospital .......... 179
plant S.F. & C.F. .......... 244
supply uninterruptible .......... 201
system .......... 202
system & capacitor .......... 202, 203
system undercarpet .......... 120
temporary .......... 6, 219
transformer .......... 235
transmission and distribution .......... 233
transmission tower .......... 234
wiring .......... 156
Precast catch basin .......... 21
manhole .......... 21
Pressure sodium lighting high .......... 212
switch switchboard .......... 167, 168
Prison S.F. & C.F. .......... 242
Process air handling fan .......... 44
Project overhead .......... 5
sign .......... 8
size modifier .......... 365
Propeller exhaust fan .......... 45
Protection radiation .......... 35
winter .......... 7
Protective device .......... 235
PT substation .......... 236
Public address system .......... 227
housing S.F. & C.F. .......... 242
Pull box .......... 132
box explosionproof .......... 133
section switchboard .......... 169
Pump contractor .......... 19
diaphragm .......... 10
rental .......... 10
submersible .......... 10
trash .......... 11
water .......... 10
Pumping .......... 19
dewater .......... 18
Push button control-center .......... 144
button enclosure oiltight .......... 135
button enclosure sloping front .......... 135
Pushbutton enclosure .......... 137
Push-button switch .......... 173
Putlog .......... 7
PVC conduit .......... 82
conduit cement .......... 83
conduit fitting .......... 82, 83
conduit in slab .......... 90
duct fitting .......... 217
underground duct .......... 217

## Q

Quartz heater .......... 224
line lamp .......... 215

## R

Raceway .. 50-56, 58-96, 98-102, 104, 110-112, 120
cable-tray .......... 51


INDEX

404

INDEX


  conduit 77
  for heater cable 223
  plugmold 104
  wiremold 103
  wireway 75, 76
Rack enclosure electronic 135
Radiant ceiling 33
  heat 33, 222
  heating panel 224
Radiation electric 305
  electric baseboard 306
  protection 35
Radiator thermostat control system 50
Radio frequency shielding 36
  tower 37
Railing temporary 7
Rainproof meter center 160
Raise manhole 22
  manhole frame 22
Raised floor 28
Ramp approach 28
  temporary 8
Range cooking 31
  hood 31
  receptacle 140, 231
Reactor substation 237
Ready mix concrete 23, 319
Receptacle air conditioner 231
  computer 143
  corrosion-resistant 141
  cover plate 141
  device 230
  dryer 231
  duplex 139
  electric 140
  electric locking 140
  explosionproof 139
  GFI 230
  ground fault indicating 139
  locking 231
  low-voltage 138
  range 140, 231
  telephone 231
  television 231
  weatherproof 230
Recorder videotape 228
Rectifier low-voltage silicon 138
Reducer bus-duct 182, 191, 194
  conduit explosionproof 96
Register doctor 221
  in-out 221
Regulator automatic voltage 199
  voltage 199, 200, 236
Relamp light 13
Relay box low-voltage 138
  electric 173
  frame low-voltage 139
Release door 227
Religious education S.F. & C.F. 244
Remote power pack 216
Removal asbestos 18
  catch basin 15
  concrete 15
  driveway 15
  sidewalk 15
Rental equipment 9, 11
  equipment rate 7, 9
  generator 10
Research laboratory S.F. & C.F. 244
Residential alarm 232
  appliance 30, 31, 232
  device 228
  door bell 231
  electric radiation 305
  fan 232
  fixture 215, 231
  heat pump 233
  heater electric 222
  lighting 231
  loadcenter 228
  service 228
  smoke detector 232
  switch 228
  ventilation 46
  washer 30
  water heater 39, 233
  water-heater 250
  wiring 228, 232
Resistor substation 237
Restaurant S.F. & C.F. 244
Restricted situation labor 176, 180
Retail store S.F. & C.F. 244
Rigid conduit in-trench 91
  in slab conduit 90
  steel conduit 78, 84
Riser clamp 37
  clamp conduit 105
Rivet 26
Road temporary 7
Roadway lighting 205
Rod ground 128, 130
  pipe hanger 38
  threaded hanger 106
Roller compaction 19
  sheepsfoot 19
Rolling ladder 7
  tower 7
Romex copper 117
Roof exhauster 46
  sheathing 28
  ventilator plastic 45
Room clean 34
Rough carpentry 28

S

Safety equipment laboratory 32
  light 211
  switch 174, 175, 297, 348
  switch disconnect 175
  switch explosionproof 175
  switch motor starter 175
Sagging conductor 234, 235
Salamander 11
Sales tax 6, 317
Sauna 34
Saw 11
  chain 11
  circular 11
  masonry 11
Scaffold specialties 7
  steel tubular 7
Scaffolding 320
  tubular 7
School elementary S.F. & C.F. 244
  equipment 32
  T.V. 228
Scoreboard baseball 32
Screening plant 9
Screw anchor 25
  brass 27
  lag 25, 26
  machine 26
  sheet metal 27
  steel 27
  wood 27
Screw-on connector 125
Seal thru-wall 94
Sealant caulking 28
Sealer joint 28
Sealing conduit explosionproof 97
  fitting conduit 98
  hub conduit explosionproof 97
Sealtite conduit 102
  connector 102
  fitting 102
Sectionalizing switch 235
Selective demolition 15
Self propelled crane 12
Self-supporting tower 37
Service electric 156
  entrance cable aluminum 117
  entrance cap 94, 118
  entrance electric 263
  head bus-duct 197
  residential 228
Sewage and drainage 21
  system 21
Sewer grating 22
Sheathed nonmetallic cable 117
Sheathing 28
  plywood 28
  roof 28
Sheepsfoot roller 19
Sheet metal screw 27
Sheeting driver 10
Sheets lead 35
Shield expansion 25
  undercarpet 121
Shielded aluminum cable 118, 119
  cable 118
  copper cable 118
  sound wire 119
Shielding lead 35
  radio frequency 36
Shift work 5
Shredder compactor 30
Shunt trip circuit-breaker 165
  trip switchboard 169
Sidewalk removal 15
  temporary 8
Sign 8
  project 8
Signal bell fire 222
Single pole disconnect switch 236
Siren 221
Site demolition 15
  drainage 21
  preparation 18
  removal 15
  work electrical 216
Skating rink S.F. & C.F. 242
Slab on grade 23
Sleeve formwork 22
Sliding mirror 29
Slimline fluorescent tube 215
Small tools 6
Smoke detector 222
Snow melting 222
Social club S.F. & C.F. 239
Socket meter 159
  meter 5jaw 161
Sodium high pressure fixture 209, 210, 212, 213
  high pressure lamp 215
  low pressure fixture 204
  low pressure lamp 215
Soil compaction 19
  compactor 9
  tamping 19
Sorority house S.F. & C.F. 240
Sound movie 29
  system 302
  system component 227
  wire shielded 119
Space heater rental 10
Spacer EMT 81
  line 234
  panelboard 166
  transmission 234
Speaker door release 227
  movie 29
  sound system 227
  station nurse 227
Special electrical system 220
  systems 221, 222, 224, 225, 227, 228
  wires & fittings 119
Specialties scaffold 7
Splice high-voltage cable 128
Split bus switchboard 169
  system control system 49
Sport arena S.F. & C.F. 245
Spotlight 29
Spotter 20
Sprinkler alarm 221
Square foot building cost 238
  foot building costs 366
Stage equipment 29
  lighting 29
Staging swing 7
Stainless steel bolt 24
Stair lighting 212
  temporary protection 6
Stamp time 221
Stand kit floor 136
Standpipe alarm 221
Starter 144
  and motor 299-301
  board & switch 144-146, 148, 150-157, 159, 163-168, 170-175, 177
  motor 144-148, 150-156
  replace 13
  w/pushbutton motor 151
Static capacitor 236
Station capacitor 235
  control 173
Steam bath 34
  boiler electric 40
  boiler system 253
  generator 41
  heat 41
  jacketed kettle 32
Steamer 32
Steel bolt 24
  conduit in slab 90
  conduit in trench 91
  conduit intermediate 78
  conduit rigid 77
  cutting 18
  fastener 26
  light pole 285
  screw 27
  tower 37
  underground duct 217
Step manhole 22
Stiffleg derrick 12
Stop-start control station 173
Storage building S.F. & C.F. 246
  van 8
Store retail S.F. & C.F. 244
  S.F. & C.F. 240
Strain relief grip 120
Stranded wire 122
Strap channel w/conduit 107
  channel w/EMT 107
  support rigid conduit 105
Streetlight 205
Strip cabinet 227
  footing 23
  lighting 208
Strobe light 29
Structural concrete 23
Structure motor-control-center 144
Stub switchboard 189
Stud connector 26
  driver 26
Subcontractor O & P 5
Submersible pump 10
Submittal 6
Substation 166
  battery 237
  breaker low-voltage 166
  bus 236
  cable lug 166
  cable-tray 236
  conductor 236
  conduit 236
  CT 236
  equipment 235
  fuse 237
  grounding 236
  insulator 236
  lightning arrestor 166
  load interrupt switch 166
  low-voltage component 166
  manhole 236
  pothead 166
  PT 236
  reactor 237
  resistor 237
  temperature alarm 166
  transformer 166, 235, 237
  transmission 235
Suction hose 10
Sump pit 19
Supermarket S.F. & C.F. 245
Support cable in conduit 94
  channel 107
  conduit 81, 105, 106
  EMT 105
  pipe 26, 37
  rigid conduit strap 105
Suppressor lightning 228
  transformer 200
Surgical lighting 33
Surveillance system TV 228
Suspended ceiling 33
Swimming pool 36
  pool heater 42
  pool S.F. & C.F. 245
Swing staging 7
Switch 172
  box 131
  box plastic 132
  bus-duct 189
  circuit-breaker 165
  control 173
  decorator 229
  dimmer 139, 229
  disconnect 236
  electric 138, 174, 176
  furnace cutoff 139
  fusible 149
  fusible & starter 190
  gear 351
  general duty 174
  grounding 236
  heavy duty 174
  load management 176
  low amp bus-duct 186
  plate wall 140
  pressure bolted 168
  push-button 173
  residential 228
  safety 174, 175
  sectionalizing 235


INDEX

INDEX


single pole disconnect ........... 236
switchboard ..................... 168
time ............................. 176
toggle .......................... 139
transfer accessory ............... 202
transmission ................ 235, 236
wall installed .................... 290
Switchboard breaker motor operated .. 169
busway connection ............... 169
contactor control ................. 169
CT & PT compartment ............ 169
dog house ....................... 169
electric ......................... 173
ground-fault protector ............ 169
instrument ................. 172, 352
lug ............................. 167
main circuit-breaker .............. 168
modifier ......................... 169
pressure switch ............. 167, 168
pull section ...................... 169
shunt trip ........................ 169
split bus ......................... 169
stub ............................ 189
stub bus-duct .................... 181
switch fusible .................... 168
transition section ................. 169
w/bus bar ....................... 167
w/CT compartment ............... 167
Switchgear ....................... 265
Switching low-voltage ............. 138
Switchplate low-voltage ............ 138
Synchronous capacitor ............. 235
System antenna ................... 228
baseboard electric ................ 305
baseboard heat commercial ........ 306
boiler hot-water .................. 254
boiler steam ..................... 253
buzzer .......................... 227
cable in conduit w/neutral .......... 262
chan-l-wire ...................... 105
clock ........................... 220
communication and alarm ......... 302
control ...................... 48, 49
electric boiler .................... 254
electric feeder ................... 264
electric service ................... 263
fin-tube heating .................. 253
fire ............................. 40
fire detection .................... 302
fluorescent fixture ................ 269
fluorescent watt/SF ............... 270
FM200 fire suppression ........... 252
heat trace ....................... 223
heating hydronic ............. 253, 254
high bay HID fixture ........... 273-280
high intensity fixture ........... 273-284
incandescent fixture .............. 272
incandescent fixture/SF ........... 271
intercom ........................ 302
light pole ........................ 285
low bay HID fixture ............ 281-284
master clock ..................... 302
master T.V. antenna .............. 302
mercury vapor fixture ......... 274, 275
overhead distribution ............. 104
power .......................... 202
receptacle ................... 287, 288
receptacle watt/SF ............... 286
sewage .......................... 21
sitework trenching ................ 307
special electrical ................. 220
switch wall ...................... 288
telephone underfloor .............. 303
toggleswitch ..................... 288
T.V. surveillance ................. 228
UHF ............................ 228
undercarpet data processing ....... 121
undercarpet power ................ 120
undercarpet telephone ............ 121
underfloor duct .................. 287
VAV box control .................. 50
VHF ............................ 228
wall outlet ....................... 286
wall switch ...................... 290

T

Tamper ............................ 10
Tamping soil ...................... 19
Tap box bus-duct .......... 186, 188, 194
box electrical ................... 181
Tarpaulin ........................... 7
Tax ............................... 6
sales ............................ 6
unemployment .................... 6
Taxes ............................ 317
Telephone exchange S.F. & C.F. ..... 245
house .......................... 227
manhole ........................ 216
pole ............................ 217
receptacle ....................... 231
undercarpet ..................... 121
wire ............................ 119
wiring cabinet ................... 134
Tele-power pole ................... 104
Television equipment .............. 228
receptacle ....................... 231
Temperature rise detector .......... 222
Temporary building ................. 8
connection ...................... 220
construction ...................... 6
facility ........................... 7
guardrail ......................... 7
heat ............................. 6
oil heater ........................ 10
power .......................... 219
toilet ............................ 11
utility ............................ 6
Terminal lug ...................... 125
S.F. & C.F. ...................... 245
wire box ........................ 137
Termination box ................... 227
cable ........................... 125
high-voltage cable ............... 127
mineral insulated cable ........... 116
Theater and stage equipment ........ 29
S.F. & C.F. ...................... 245
Thermostat ........................ 47
automatic timed ................... 47
contactor combination ............ 223
control system radiator ............ 50
integral ......................... 223
wire ...................... 119, 233
Thru-wall seal ..................... 94
THW wire ........................ 342
Ticket dispenser ................... 30
Tile ceiling ........................ 33
Timber fastener .................... 27
Time lapse photography .............. 6
stamp .......................... 221
switch .......................... 176
system controller ................. 220
Timer clock ....................... 232
interval ......................... 229
switch ventilator ................... 47
Toaster ........................... 32
Toggle bolt ........................ 25
switch .......................... 139
switch explosionproof ............. 139
Toilet chemical .................... 11
temporary ........................ 11
trailer ........................... 11
Tool air ........................... 9
van ............................. 11
Tools small ......................... 6
Torch cutting ...................... 18
Tour station watchman ............. 221
Tower anchor ..................... 234
crane ...................... 11, 321
footing ......................... 234
foundation ...................... 234
hoist ............................ 12
light ............................ 10
line ............................ 234
radio ............................ 37
rolling ............................ 7
transmission ..................... 234
Town hall S.F. & C.F. .............. 245
Track light ....................... 216
lighting ......................... 216
Tractor ........................... 19
truck ............................ 11
Traffic detector .................... 30
Trailer office ....................... 8
platform ......................... 11
toilet ............................ 11
truck ........................ 9, 11
Tram car .......................... 11
Tranformer accent light ............ 212
Transceiver ....................... 115
Transfer switch accessory .......... 202
switch automatic ................. 202
switch manual ................... 202
swith non-automatic .............. 202
Transformer ............. 177, 180, 235
& bus-duct 177-179, 181, 182, 184-191, 193 -199
added labor ..................... 180
base ............................ 206
bus-duct ........................ 190
cabinet ......................... 134
computer ....................... 200
constant voltage ................. 201
current ..................... 172, 236
door bell ........................ 222
dry type ................... 178, 179
fused potential ................... 172
grounding ....................... 235
heating control ................... 224
high-voltage ..................... 179
instrument ...................... 236
isolating ........................ 179
isolation ........................ 200
low-voltage ...................... 138
maintenance ...................... 14
oil filled ........................ 180
potential ........................ 236
power .......................... 235
power conditioner ................ 201
silicon filled ..................... 180
substation ............... 166, 235, 237
suppressor ...................... 200
transmission ..................... 235
UPS ............................ 201
weight .......................... 353
Transient voltage suppressor ........ 200
Transit ............................ 11
Transition section switchboard ...... 169
Transmission capacitor ............. 235
circuit-breaker ................... 236
fuse ............................ 237
insulator ................... 234, 235
jumper ..................... 234, 235
line ........................ 235, 364
line pole ........................ 233
pole ............................ 233
spacer .......................... 234
substation ....................... 235
switch ..................... 235, 236
tower ........................... 234
transformer ...................... 235
Trash pump ........................ 11
Tray cable ......................... 50
galvanized steel cable ......... 59, 63
ladder type cable .............. 51, 54
solid bottom cable ................ 59
trough type cable ................. 63
wall bracket cable ................ 58
Trench backfill ..................... 19
duct ............................ 109
duct fitting ................. 110, 111
duct steel .................. 110, 111
excavation ..................... 19-21
Trencher ........................... 9
chain ............................ 9
Trenching ............... 18, 308, 309
Troffer air handling ............... 208
light fixture ..................... 208
Trolley busway .................... 198
Trough hanger ..................... 68
Truck dump ........................ 9
flatbed ........................... 9
hauling ......................... 20
mounted crane .................... 11
off highway ....................... 9
pickup ........................... 11
rental ............................ 9
tractor .......................... 11
trailer ....................... 9, 11
vacuum ......................... 11
Trucking .......................... 20
Tubing electric metallic ......... 79, 83
electrical ........................ 77
Tubular scaffolding .................. 7
Tungston halogen lamp ............. 215
TV antenna wire .................. 119
closed circuit .................... 228
closed circuit camera ............. 228

U

U-bolt pipe hanger ................. 38
UHF system ...................... 228
Ultrasonic motion detector ......... 221
Underbuilt circuit .................. 235
conductor ....................... 235
Undercarpet power system ......... 120
shield .......................... 121
telephone system ................ 121
Underdrain ........................ 21
Underfloor duct ................... 337
duct electrical ................... 111
duct fitting ................. 111, 112
duct for telephone ............... 303
duct junction-box ................ 111
Underground duct ................. 217
duct fitting ...................... 217
Underwater light ................... 36
Unemployment tax ................... 6
Uninterruptable power supply ....... 201
Uninterruptible power supply ....... 201
Unit gross area requirements ........ 318
heater cabinet .............. 225, 226
heater electric .............. 222, 224
Utility duct ................... 217, 218
electric .................... 217, 219
excavation ...................... 307
pole ....................... 205, 217
pole ............................ 285
set fan ...................... 45, 46
sitework ........................ 216
temporary ........................ 6
trench ........................... 19
vault ............................ 21

V

Vacuum circuit-breaker ............. 236
truck ............................ 11
Valve motor actuated ............... 48
motor controlled .................. 48
Van storage ........................ 8
Vandalproof fixture ................ 211
Vane-axial fan ..................... 44
Vapor lighting mercury ............. 212
Vaporproof light fixture ............ 213
Vaportight fixture incandescent ...... 210
mercury vapor fixture ............. 210
Vault utility ....................... 21
Ventilating air conditioning . 44, 46, 47, 49
Ventilation fan .................... 232
residential ....................... 46
Ventilator control system ............ 49
fan ............................. 44
timer switch ...................... 47
VHF system ...................... 228
Vibrator earth ..................... 19
plate ............................ 19
Vibratory equipment ................. 9
Videotape recorder ................ 228
Vocational school S.F. & C.F. ....... 245
Voltage monitor ................... 199
regulator ............... 199, 200, 236
regulator computer grade ......... 200
regulator lab grade ............... 200
regulator std grade ............... 200
Voltmeter ........................ 172

W

Walkway luminaire ................ 206
Wall anchor .................... 24, 25
drill ............................. 24
exhaust fan ....................... 47
flange bus-duct .................. 182
heater ........................... 31
heater electric ................... 222
patching concrete ................. 23
sheathing ........................ 28
switch installed/SF ............... 288
switch plate ..................... 140
Warehouse S.F. & C.F. ............. 246
Warm air system ................... 42
Washer commercial ................. 30
residential .................... 30, 31
Waste handling equipment ........... 30
packaging ........................ 18
Watchman tour station ............. 221
Water appliance .................... 39
dispenser hot ..................... 38
distiller .......................... 33
heater ...................... 31, 233
heater commercial ................ 39
heater electric .................... 39
heater oil ........................ 39
heating hot ....................... 41
hose ............................ 10
pipe ground clamp ................ 129
pump ............................ 10
pumping ......................... 19
Water-heater electric ........... 250, 251
Water-tight enclosure .............. 136
Watt meter ....................... 172
Wattage central air-conditioning ..... 292
Weather cap entrance ............... 94
Weatherproof bus-duct ...... 184, 186, 190


INDEX

# INDEX

    control wire .................... 139
    receptacle ..................... 230
Wedge bolt ......................... 26
Welding machine ................... 11
Wheel color ........................ 29
Wheelbarrow ....................... 11
Whip fixture ...................... 207
Winch truck ....................... 11
Winter protection .................. 7
Wire ................ 339, 341, 342, 344
    aluminum ..................... 122
    aluminum bare ................ 129
    connector ..................... 125
    copper ........................ 122
    copper ground ................ 128
    electric .................... 122-124
    fence ........................... 7
    fire alarm .................... 119
    fixture ....................... 119
    ground ........................ 128
    ground insulated .............. 129
    ground rod .................... 130
    in conduit feeder ............. 295
    in conduit watts/SF ........... 291
    low-voltage control ........... 139
    telephone ..................... 119
    thermostat .................... 233
    THW ........................... 122
    THW-MTW copper ............... 123
    THWN-THHN ..................... 122
    to grounding cadweld .......... 129
    trough ........................ 136
    T.V. antenna .................. 119
    XHHW aluminum ................ 123
    XHHW copper .................. 123
    XLPE-use aluminum ............ 124
    XLPE-use copper .............. 124
Wiremold raceway .................. 103
Wireway ........................... 333
    fiberglass .................... 138
    fitting .................. 75, 76, 138
    raceway ..................... 75, 76
Wiring air conditioner ............ 233
    connector ..................... 142
    device ............... 133, 138, 139
    device & box ... 105-108, 132-135, 139, 140
    device plug ................... 141
    devices ................... 345-347
    duct plastic .................. 112
    fan ........................... 232
    low-voltage ................... 139
    power ......................... 156
    residential ............... 228, 232
Wood fastener ...................... 27
    pole .......................... 217
    screw .......................... 27
Work extra .......................... 5
Workers' compensation .......... 4, 313
Wrench impact ...................... 10

## X

X-ray barrier ...................... 35
    protection ..................... 35
    system ........................ 179

## Y

YMCA club S.F. & C.F. ............. 239

## Z

Zinc plating ....................... 27

# Means Project Cost Report
## SAVE! $20.00 Discount per product for each report you submit.
*DISCOUNT PRODUCTS AVAILABLE — FOR U.S. CUSTOMERS ONLY — STRICTLY CONFIDENTIAL*

By filling out and returning the Project Description, you can receive a discount of $20.00 off any one of the Means products advertised in the following pages. The cost information required includes all items marked (✔) except those where no costs occurred. The sum of all major items should equal the Total Project Cost.

### Project Description (No remodeling projects, please.)

- ✔ Type Building _____
- ✔ Location _____
-    Capacity _____
- ✔ Frame _____
- ✔ Exterior _____
- ✔ Basement: full ☐ partial ☐ none ☐ crawl ☐
- ✔ Height in Stories _____
- ✔ Total Floor Area _____
-    Ground Floor Area _____
- ✔ Volume in C.F. _____

-   % Air Conditioned _____ Tons _____
-   Comments _____
-   Owner _____
-   Architect _____
-   General Contractor _____
- ✔ Bid Date _____
-   Typical Bay Size _____
- ✔ Labor Force: _____ % Union _____ % Non-Union
- ✔ Project Description (Circle one number in each line)
  1. Economy    2. Average    3. Custom    4. Luxury
  1. Square    2. Rectangular    3. Irregular    4. Very Irregular

| | | ✔ Total Project Cost | | $ |
|---|---|---|---|---|
| A | | ✔ General Conditions | | $ |
| B | | ✔ Site Work | | $ |
| BS | | Site Clearing & Improvement | | |
| BE | | Excavation | ( | C.Y.) |
| BF | | Caissons & Piling | ( | L.F.) |
| BU | | Site Utilities | | |
| BP | | Roads & Walks Exterior Paving | ( | S.Y.) |
| C | | ✔ Concrete | | $ |
| C | | Cast in Place | ( | C.Y.) |
| CP | | Precast | ( | S.F.) |
| D | | ✔ Masonry | | $ |
| DB | | Brick | ( | M) |
| DC | | Block | ( | M) |
| DT | | Tile | ( | S.F.) |
| DS | | Stone | ( | S.F.) |
| E | | ✔ Metals | | $ |
| ES | | Structural Steel | ( | Tons) |
| EM | | Misc. & Ornamental Metals | | |
| F | | ✔ Wood & Plastics | | $ |
| FR | | Rough Carpentry | ( | MBF) |
| FF | | Finish Carpentry | | |
| FM | | Architectural Millwork | | |
| G | | ✔ Thermal & Moisture Protection | | $ |
| GW | | Waterproofing-Dampproofing | ( | S.F.) |
| GN | | Insulation | ( | S.F.) |
| GR | | Roofing & Flashing | ( | S.F.) |
| GM | | Metal Siding/Curtain Wall | ( | S.F.) |
| H | | ✔ Doors and Windows | | $ |
| HD | | Doors | ( | Ea.) |
| HW | | Windows | ( | S.F.) |
| HH | | Finish Hardware | | |
| HG | | Glass & Glazing | ( | S.F.) |
| HS | | Storefronts | ( | S.F.) |

| J | ✔ Finishes | | $ |
|---|---|---|---|
| JL | Lath & Plaster | ( S.Y.) | |
| JD | Drywall | ( S.F.) | |
| JM | Tile & Marble | ( S.F.) | |
| JT | Terrazzo | ( S.F.) | |
| JA | Acoustical Treatment | ( S.F.) | |
| JC | Carpet | ( S.Y.) | |
| JF | Hard Surface Flooring | ( S.F.) | |
| JP | Painting & Wall Covering | ( S.F.) | |
| K | ✔ Specialties | | $ |
| KB | Bathroom Partitions & Access. | ( S.F.) | |
| KF | Other Partitions | ( S.F.) | |
| KL | Lockers | ( Ea.) | |
| L | ✔ Equipment | | $ |
| LK | Kitchen | | |
| LS | School | | |
| LO | Other | | |
| M | ✔ Furnishings | | $ |
| MW | Window Treatment | | |
| MS | Seating | ( Ea.) | |
| N | ✔ Special Construction | | $ |
| NA | Acoustical | ( S.F.) | |
| NB | Prefab. Bldgs. | ( S.F.) | |
| NO | Other | | |
| P | ✔ Conveying Systems | | $ |
| PE | Elevators | ( Ea.) | |
| PS | Escalators | ( Ea.) | |
| PM | Material Handling | | |
| Q | ✔ Mechanical | | $ |
| QP | Plumbing (No. of fixtures | ) | |
| QS | Fire Protection (Sprinklers) | | |
| QF | Fire Protection (Hose Standpipes) | | |
| QB | Heating, Ventilating & A.C. | | |
| QH | Heating & Ventilating (BTU Output | ) | |
| QA | Air Conditioning | ( Tons) | |
| R | ✔ Electrical | | $ |
| RL | Lighting | ( S.F.) | |
| RP | Power Service | | |
| RD | Power Distribution | | |
| RA | Alarms | | |
| RG | Special Systems | | |
| S | ✔ Mech./Elec. Combined | | $ |

Product Name _____

Product Number _____

Your Name _____

Title _____

Company _____

☐ Company
☐ Home    Street Address _____

City, State, Zip _____

☐ Please send _____ forms.

R.S. Means Company, Inc., Square Foot Costs Department,
100 Construction Plaza, P.O. Box 800, Kingston, MA 02364-9988

Please specify the Means product you wish to receive. Complete the address information as requested and return this form with your check (product cost less $20.00) to address at left.

# R.S. Means Company, Inc... a tradition of excellence in Construction Cost Information and Services since 1942.

## Table of Contents
Annual Cost Guides, Page 2
Reference Books, Page 6
Seminars, Page 11
Electronic Data, Page 13
Training & Consulting, Page 15
Order Form, Page 16

## Book Selection Guide

The following table provides definitive information on the content of each cost data publication. The number of lines of data provided in each unit price or assemblies division, as well as the number of reference tables and crews is listed for each book. The presence of other elements such as an historical cost index, city cost indexes, square foot models or cross-referenced index is also indicated. You can use the table to help select the Means' book that has the quantity and type of information you most need in your work.

| Unit Cost Divisions | Building Construction Costs | Mechanical | Electrical | Repair & Remodel. | Square Foot | Site Work Landsc. | Assemblies | Interior | Concrete Masonry | Open Shop | Heavy Construc. | Resi-dential | Light Commercial | Facil. Construc. | Plumbing | Western Construction Costs |
|---|---|---|---|---|---|---|---|---|---|---|---|---|---|---|---|---|
| 1 | 935 | 500 | 495 | 480 | | 910 | | 400 | 930 | 920 | 1005 | 310 | 490 | 1395 | 570 | 920 |
| 2 | 3030 | 1195 | 415 | 1685 | | 4800 | | 1035 | 1475 | 2950 | 4680 | 1050 | 1130 | 4540 | 1270 | 3020 |
| 3 | 1485 | 60 | 50 | 575 | | 1260 | | 180 | 1885 | 1460 | 1365 | 250 | 195 | 1320 | 35 | 1465 |
| 4 | 860 | 30 | | 530 | | 785 | | 630 | 1200 | 850 | 690 | 315 | 400 | 1110 | | 850 |
| 5 | 1070 | 145 | 155 | 405 | | 580 | | 375 | 505 | 1020 | 900 | 260 | 275 | 1100 | 65 | 1035 |
| 6 | 1090 | 75 | 60 | 1105 | | 390 | | 1145 | 265 | 1065 | 485 | 1240 | 1205 | 1205 | 50 | 1515 |
| 7 | 1400 | 60 | 10 | 1255 | | 500 | | 540 | 460 | 1395 | 395 | 755 | 990 | 1395 | 70 | 1400 |
| 8 | 1735 | 60 | | 1620 | | 315 | | 1680 | 715 | 1740 | 10 | 905 | 1035 | 1810 | | 1735 |
| 9 | 1205 | | | 945 | | 200 | | 1300 | 310 | 1190 | 120 | 885 | 960 | 1375 | | 1195 |
| 10 | 935 | 55 | 30 | 500 | | 180 | | 750 | 200 | 935 | | 235 | 430 | 905 | 200 | 935 |
| 11 | 870 | 255 | 195 | 230 | | 45 | | 695 | 30 | 875 | 15 | 105 | 115 | 860 | 220 | 870 |
| 12 | 330 | | | 85 | | 225 | | 1635 | 30 | 325 | | 95 | 90 | 1640 | | 330 |
| 13 | 705 | 350 | 190 | 140 | | 390 | | 235 | 105 | 695 | 200 | 95 | 110 | 775 | 140 | 765 |
| 14 | 165 | 45 | | 60 | | 35 | | 150 | | 160 | 45 | 10 | 20 | 195 | 15 | 160 |
| 15 | 2625 | 12780 | 695 | 2015 | | 1900 | | 1440 | 80 | 2570 | 2140 | 850 | 1535 | 12550 | 9910 | 2580 |
| 16 | 1560 | 760 | 10340 | 1070 | | 1050 | | 1240 | 60 | 1520 | 990 | 735 | 1270 | 9975 | 705 | 1505 |
| 17 | 460 | 370 | 370 | | | | | | | 460 | | | | 460 | 370 | 460 |
| Totals | 20460 | 16740 | 13005 | 12700 | | 13565 | | 13430 | 8220 | 20130 | 13040 | 8095 | 10250 | 42610 | 13620 | 20740 |

| Assembly Divisions | Building Construction Costs | Mechanical | Electrical | Repair & Remodel. | Square Foot | Site Work Landsc. | Assemblies | Interior | Concrete Masonry | Open Shop | Heavy Construc. | Resi-dential | Light Commercial | Facil. Construc. | Plumbing | Western Construction Costs |
|---|---|---|---|---|---|---|---|---|---|---|---|---|---|---|---|---|
| 1 | | | | 150 | 130 | | 740 | 775 | | 690 | | 755 | 845 | 130 | 90 | |
| 2 | | | | 40 | 35 | 35 | 45 | | | 50 | | | 605 | 30 | | |
| 3 | | | | 365 | 1115 | | 3065 | 165 | | 1250 | | | 1555 | 805 | 175 | |
| 4 | | | | 720 | 1355 | | 3175 | 255 | | 1275 | | | 2055 | 1180 | 25 | |
| 5 | | | | 290 | 235 | | 490 | | | | | | 1085 | 240 | 30 | |
| 6 | | | | 1010 | 855 | | 1310 | 1515 | | 150 | | | 1085 | 750 | 335 | |
| 7 | | | | 40 | 90 | | 190 | 170 | | | | | 720 | 35 | 75 | |
| 8 | | 1330 | 155 | 550 | 1720 | | 2745 | 995 | | | | | 1695 | 1225 | 1115 | 2105 |
| 9 | | | 1345 | 305 | 355 | | 1285 | 305 | | | | | 240 | 365 | 320 | |
| 10 | | | | | | | | | | | | | | | | |
| 11 | | | | 205 | 465 | | 730 | 295 | | | | | 465 | 185 | | |
| 12 | | 500 | 160 | 540 | 85 | 2405 | 695 | 105 | | 710 | | 540 | 85 | 120 | 855 | |
| Totals | | 1830 | 1660 | 4215 | 6440 | 3180 | 14505 | 3805 | | 4125 | | 1295 | 9885 | 5310 | 2470 | 2960 |

| Reference Section | Building Construction Costs | Mechanical | Electrical | Repair & Remodel. | Square Foot | Site Work Landsc. | Assemblies | Interior | Concrete Masonry | Open Shop | Heavy Construc. | Resi-dential | Light Commercial | Facil. Construc. | Plumbing | Western Construction Costs |
|---|---|---|---|---|---|---|---|---|---|---|---|---|---|---|---|---|
| Tables | 156 | 46 | 85 | 70 | 4 | 87 | 223 | 61 | 84 | 156 | 56 | 51 | 74 | 88 | 49 | 158 |
| Models | | | | | 102 | | | | | | | 32 | 43 | | | |
| Crews | 327 | 327 | 327 | 327 | | 327 | | 327 | 327 | 327 | 327 | 327 | 327 | 327 | 327 | 327 |
| City Indexes | yes | yes | yes | yes | yes | yes | yes | yes | yes | yes | yes | yes | yes | yes | yes | yes |
| Historical Cost Indexes | yes | yes | yes | yes | yes | yes | yes | yes | yes | yes | yes | no | yes | yes | yes | yes |
| Index | yes | yes | yes | yes | no | yes | yes | yes | yes | yes | yes | yes | yes | yes | yes | yes |

# Annual Cost Guides

## Means Building Construction Cost Data 1994

*You can now have it your way — choose either the standard softcover edition or the new looseleaf edition.*

The convenience and flexibility of the looseleaf binder increase the usefulness of *Means Building Construction Cost Data 1994* by making it easy to add and remove pages. You can insert your own cost data pages, so everything is in one place. Copying pages is easier also. Whichever edition you prefer, softbound or looseleaf, you'll get *The Change Notice* newsletter at no extra cost.

## Means Building Construction Cost Data 1994

The acknowledged "bible" of the industry, *Means Building Construction Cost Data* offers unchallenged unit price reliability in an easy-to-use arrangement. Whether used for complete, finished estimates or for periodic checks, it supplies more cost facts better and faster than any comparable source. Over 20,000 unit prices for 1994.

Unit cost data is organized to conform to the Construction Specifications Institute (CSI) MASTERFORMAT — the uniform numbering system used by all building professionals.

$76.95 per copy
570 pages, illustrated, available November 1993
Catalog No. 60014

## Means Building Construction Cost Data 1994

**Metric Version**

Between now and December, 1993, all new federal construction projects must use metric documentation. To simplify the conversion for you, we now publish the *Metric Version* of *Means Building Construction Cost Data 1994*. Expertly researched, easy-to-use estimating data is presented in both Imperial and metric measurements covering all construction areas.

Don't miss out on these billion dollar opportunities! Start making the switch to metric today. Get *Means Building Construction Cost Data 1994, Metric Version*.

$98.95 per copy
570 pages, illustrated, available November 1993
Catalog No. 63014

# Annual Cost Guides

## Means Mechanical Cost Data 1994

*•HVAC•Controls*

Total unit and systems price guidance for mechanical construction...materials, parts, fittings, and complete labor cost information. It includes prices for piping, heating, air conditioning, ventilation, and all related construction. In conjunction with *Means Plumbing Cost Data* it provides complete coverage of the mechanical construction trade: unit cost and "system assembly" costs, productivity data for labor cost comparisons, diagrams, notes, explanations. Local cost indexing, easy-to-use subject look-up index, and invaluable references enhance cost information.

$79.95 per copy
Over 460 pages, available November 1993
Catalog No. 60024

## Means Plumbing Cost Data 1994

Comprehensive unit prices and assemblies for plumbing, irrigation systems, commercial and residential fire protection, point-of-use water heaters, and the latest approved materials. This publication and its companion, *Means Mechanical Cost Data*, provide full range cost estimating coverage for all the mechanical trades.

$79.95 per copy
450 pages, illustrated, available November 1993
Catalog No. 60214

## Means Electrical Cost Data 1994

Pricing information for every part of electrical cost planning: unit and systems costs with design tables; engineering guides and illustrated estimating procedures; complete man-hour, materials, and labor costs for better scheduling and procurement; and the latest products and construction methods used in electrical work. Electrical estimating is made faster and more reliable. More than 17,000 unit and systems costs, clear specifications and drawings, reference tables, crew and man-hour format. The detailed reference section provides important information to sharpen estimate accuracy and planning work.

$79.95 per copy
Over 430 pages, illustrated, available November 1993
Catalog No. 60034

## Means Electrical Change Order Cost Data 1994

Addresses the costs and impact of change orders, a major issue in the electrical contracting industry. This book explains and provides pricing for two types of change orders: standard (pre-installation) and remodel (post-installation). It also covers productivity analysis and change order cost justifications. This book is the *only* source for this data. Also provided is useful information for calculating the effects of change orders and dealing with their administration.

$86.95 per copy
Over 440 pages, available November 1993
Catalog No. 60234

## Means Facilities Maintenance & Repair Cost Data 1994

Now available for the first time, this new publication from Means covers costs for maintenance and repair of a wide range of facilities. Costs for general maintenance, planned maintenance and repair work are presented in an easy-to-use format. Guidelines for auditing a facility and developing an annual maintenance plan and budget are included along with numerous reference tables on cost and management.

Information on frequency and productivity of maintenance operations provides a never before available tool for planning and managing facilities maintenance and repair quickly and accurately.

Published in a looseleaf format, with quarterly updates. The result is a complete ongoing system to manage and plan your facility repair and maintenence cost and budget efficiently and effectively.

$199.95 per copy
Over 300 pages, illustrated, available November 1993
Catalog No. 60304

# Annual Cost Guides

## Means Square Foot Costs 1994

Provides construction costs for hundreds of commercial, residential, industrial, and institutional buildings. The costs are coordinated with isometric drawings to speed identification of the desired type of structure. For detailed square foot estimates, Part Two of the manual provides unit cost groupings of installed components covering many types of construction approaches. For architects, engineers, building inspectors, appraisers, owners and facility managers.

$91.95 per copy
Over 440 pages, illustrated, available November 1993
Catalog No. 60054

## Means Assemblies Cost Data 1994

With thousands of building assemblies costs and hundreds of exacting illustrations, this cost tool helps work out estimates with "pre-grouped" component costs. It is ideal for developing cost comparisons, trade-offs, and design ideas without getting bogged down in unit cost estimating details. Features costs for virtually every conceivable building system, energy use and conservation data, design ideas and costs, space-planning data. For facility managers, architects, estimators, contractors, and design/build contractors.

$128.95 per copy
Over 580 pages, illustrated, available November 1993
Catalog No. 60064

## Means Repair & Remodeling Cost Data 1994
### Commercial/Residential

Contractors and owners know how difficult it can be to estimate commercial and residential renovation and remodeling. By using the specialized costs in this manual, it's not necessary to "force fit" prices for new construction into remodeling cost planning. The Means "R & R" book provides comprehensive unit costs, building systems costs, extensive labor data and estimating assistance for every kind of building improvement.

$79.95 per copy
Over 480 pages, illustrated, available November 1993
Catalog No. 60044

## Means Facilities Construction Cost Data 1994

Essential for the maintenance and construction of commercial, industrial, municipal, and institutional properties. Costs are shown for both new and remodeling construction. This book contains costs broken down into materials, labor, equipment, overhead, and profit. Special emphasis is given to the important sections on mechanical, electrical, furnishings, site work, building maintenance, finish work, demolition. More than 40,000 unit costs plus assemblies and reference sections are included. For facility managers, contractors, architects and engineers.

$194.95 per copy
1000 pages, illustrated, available November 1993
Catalog No. 60204

## Means Residential Cost Data 1994

Speeds contractors through residential construction pricing with more than 100 illustrated "complete house" square-foot costs. Alternate assemblies cost selections are located on adjoining pages, so "tailor made" estimates can be developed in minutes. Complete data for detailed unit cost estimates is also provided.

$72.95 per copy
Over 480 pages, illustrated, available November 1993
Catalog No. 60174

## Means Light Commercial Cost Data 1994

Specifically addresses the light commercial market, which is an increasingly specialized niche in the industry. Aids the owner/designer/contractor in preparing all types of estimates, from budgets to detailed bids. Includes new advances in methods and materials. Assemblies section allows user to evaluate alternatives in early stages of design/planning.

$72.95 per copy
Over 550 pages, illustrated, available November 1993
Catalog No. 60184

# Annual Cost Guides

## Means Site Work & Landscape Cost Data 1994

Hard-to-find costs are presented in an easy-to-use format for every type of site work and landscape construction. Costs are organized, described, and laid out for earthwork, utilities, roads and bridges, as well as grading, planting, lawns, trees, irrigation systems, and site improvements. The data is valuable to site work and landscape designers and contractors, builders, suppliers, owners, and maintenance personnel.

$82.95 per copy
500 pages, illustrated, available November 1993
Catalog No. 60284

## Means Concrete & Masonry Cost Data 1994

Cost facts for virtually all concrete/masonry estimating needs, from complicated form work to various sizes and face finishes of brick and block, are provided in detail. The comprehensive unit cost section contains more than 15,000 selected entries. The assemblies cost section is illustrated with isometric drawings. A detailed reference section supplements the cost data. A valuable reference for contractors, engineers, architects, facilities managers.

$74.95 per copy
Over 480 pages, illustrated, available November 1993
Catalog No. 60114

## Means Open Shop Building Construction Cost Data 1994

The open-shop "non-union" version of the comprehensive *Means Building Construction Cost Data*. More than 20,000 reliable unit cost entries based on open shop trade labor rates. Eliminates time-consuming, inefficient searches for these prices. The first book with open shop labor rates and crews. Labor information is itemized by man-hours, crew, hourly/daily output, equipment, overhead and profit. For contractors, owners and facility managers. Includes new research results of open shop rates conducted in conjunction with the ABC.

$76.95 per copy
550 pages, illustrated, available November 1993
Catalog No. 60154

## Means Heavy Construction Cost Data 1994

A comprehensive guide to heavy construction costs. Includes costs for highly specialized projects such as tunnels, dams, highways, airports, and waterways. Information on different labor rates, equipment, and material costs is included. Has unit price costs, systems costs, and numerous reference tables for costs and design. Valuable not only to contractors and civil engineers, but also government agencies and city/town engineers.

$82.95 per copy
400 pages, illustrated, available November 1993
Catalog No. 60164

## Means Building Construction Cost Data 1994
### Western Edition

This *alternate* regional edition of *Means Building Construction Cost Data* provides more precise cost information for the western United States. Labor rates used in this publication are based on union rates from thirteen western states and western Canada. Included are western practices and materials not found in our national edition: tilt-up concrete walls, "glu-lam" structural systems, specialized timber construction, seismic restraints, landscape and irrigation systems.

$87.95 per copy
Over 550 pages, illustrated, available November 1993
Catalog No. 60224

## Means Interior Cost Data 1994

Prices and guidance needed to make accurate interior work estimates. Contains costs on materials, equipment, hardware, custom installations, furnishings, labor costs...every cost factor for new and remodeled commercial and industrial interior construction, plus more than 50 reference tables. For contractors, facility managers, owners.

$79.95 per copy
Over 480 pages, illustrated, available November 1993
Catalog No. 60094

## Means Construction Cost Indexes 1994

Who knows what 1994 holds?
- What materials and labor costs will change unexpectedly? By how much?
- Breakdowns for 209 major cities.
- National averages for 30 key cities.
- Expanded five major city indexes.
- Historical construction cost indexes.

$198.00 per year/$49.50 individual quarters
Catalog No. 60144

## Means Labor Rates for the Construction Industry 1994

**Complete information for estimating labor costs, making comparisons and negotiating**

Wage rates by trade for over 300 cities (United States and Canada), 46 construction trades listed by local union number in each city, historical wage rates included for comparison. Market: contractors, government agencies, estimators, owners, libraries. No similar book is available through the trade.

$174.95 per copy
340 pages, illustrated, available November 1993
Catalog No. 60124

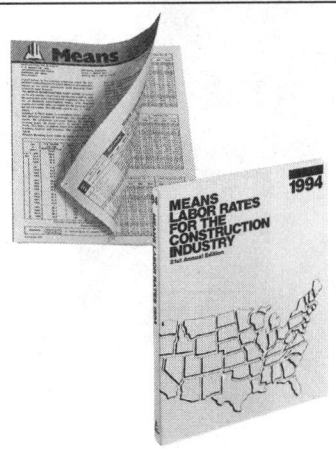

# Reference Books

## Concrete Repair and Maintenance, Illustrated

**By Peter Emmons**

*Hundreds of illustrations show users how to analyze, maintain and repair concrete structures.*

From parking garages to roads and bridges, to structural concrete, this comprehensive book describes the causes, effects and remedies for concrete wear and failure. Also covered is the difficult task of estimating repair and renovation of concrete structures.

For concrete specialists, general contractors, civil and structural engineers, architects and facility managers. Developed by Structural Preservations, Inc., a national concrete services firm with 7 U.S. offices and 200 annual projects.

$54.95 per copy, 320 pages, illustrated, Hardcover
Catalog No. 67146

## Facilities Planning & Relocation

**By David D. Owen**

An A–Z working guide—complete with the checklists, schematic diagrams and questionnaires to ensure the success of every office relocation. Complete with a step-by-step manual, technical reference section, over 50 reproducible forms in hardcopy and on computer diskette.

$99.95 per copy, 2 Volumes,
Text book—384 pages, Forms Binder—137 pages, illustrated, Hardcover, Catalog No. 67301

## Means Unit Price Estimating Methods, 2nd Edition

This new edition of a widely used estimating manual contains an updated, detailed project estimate and a new chapter that reviews available computer estimating programs. Also includes over 45 new reference tables organized by CSI MASTERFORMAT.

$59.95 per copy, 432 pages, illustrated, Hardcover
Catalog No. 67303

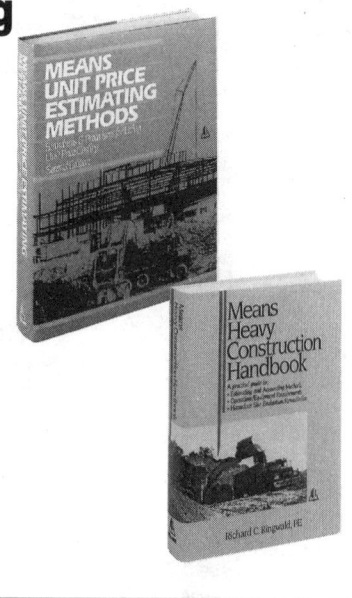

## Means Heavy Construction Handbook

Informed guidance for planning, estimating and performing today's heavy construction projects. Provides expert advice on every aspect of heavy construction work...including hazardous waste remediation and estimating. Designed to assist in planning, estimating, performing, or overseeing the work.

$69.95 per copy, 430 pages, illustrated, Hardcover
Catalog No. 67148

## Managing Construction Purchasing

A comprehensive guide—from the fundamentals of purchasing materials and equipment—to quality assurance and control, expediting, traffic control, contracting and subcontracting. Planning and communication are emphasized for all phases of the purchasing and contracting process. Includes sample contracts and forms and a comprehensive glossary of domestic and international purchasing terms/abbreviations.

$59.95 per copy, 336 pages, illustrated, Hardcover
Catalog No. 67302

## How to Estimate with Metric Units

A companion to *Means Building Construction Cost Data, Metric Version,* as well as a stand-alone reference on how to do quantity takeoffs and estimating in metric units for construction. It presents metric terminology, conversion methods and factors, and special considerations—with applications to various types of construction and materials, organized by MASTERFORMAT division. Timed to coincide with the federal government's requirement to metricate new federal construction projects in January, 1994.

$46.95 per copy, 200 pages, illustrated
Catalog No. 67304

# Reference Books

## Facilities Maintenance Management
By Gregory H. Magee, PE

*How... successful management methods and techniques for all aspects of facilities maintenance*

This comprehensive reference explains and demonstrates successful management techniques for all aspects of maintenance, repair and improvements for buildings, machinery, equipment and grounds. Plus, guidance for selecting and managing both outside services and internal staffs.

$79.95 per copy, 280 pages with illustrations, Hardcover
Catalog No. 67249

## Planning and Managing Interior Projects
By Carol E. Farren

Expert, up-to-date guidance for managing interior installation projects. Includes: project phases; client instructions support, and requirements; space planning design; budgeting, bidding and purchasing, and more.

$69.95 per copy, over 330 pages, illustrated, Hardcover
Catalog No. 67245

## Means Facilities Maintenance Standards

*Unique features of this one-of-a-kind working guide for facilities maintenance*

**Means Facilities Maintenance Standards** is a working encyclopedia that points the way to solutions to every kind of maintenance and repair dilemma.

A man-hours section provides productivity figures for over 180 maintenance tasks. Included are ready-to-use forms, checklists, worksheets and comparisons, as well as analysis of materials systems and remedies for deterioration and wear.

$149.95 per copy, 600 pages, 205 tables, checklists and diagrams, Hardcover
Catalog No. 67246

## Maintenance Management Audit

There is no question that improving maintenance efficiency can produce significant savings. At a time when many companies and institutions are reorganizing or downsizing, this annual audit program is essential for every organization in need of a proper assessment of its maintenance operation. The forms presented in this easy-to-use workbook allow managers to identify and correct problems, enhance productivity, and impact the bottom line.

$64.95 per copy, 100 pages, spiral bound, illustrated, Hardcover
Catalog No. 67299

## The Facilities Manager's Reference

- Management
- Planning
- Building Audits
- Estimating

By Harvey H. Kaiser, PhD,
Senior Vice President for Facilities Administration, Syracuse University

The Facilities Manager's Reference can have a broad impact on the way you view and manage your departments. It breaks the broad field of facilities management into easy-to-group, down-to-earth terms encompassing the key areas of administration, building audits, estimating, and capital planning.

$79.95 per copy, over 250 pages, with prototype forms and line art graphics, Hardcover
Catalog No. 67264

## Roofing:
### Design Criteria, Options, Selection
By R.D. Herbert, III

With the tremendous advances in roofing technology, and hundreds of new materials and systems available, this book is required reading for anyone who designs, installs or maintains roofing systems. It covers all types of roofing, with a focus on the "newest technology" and systems.

*Roofing: Design Criteria, Options, Selection* gives you all the facts you need to intelligently evaluate and select both traditional and "new technology" roofing systems.

$59.95 per copy, 223 pages with illustrations, Hardcover
Catalog No. 67253

## Understanding Building Automation Systems

- Direct Digital Control
- Security/Access Control
- Energy Management
- Life Safety
- Lighting

By Reinhold A. Carlson, PE & Robert Di Giandomenico

The authors, leading authorities on the design and installation of these systems, describe the major building systems in both an overview with estimating and selection criteria, and in system configuration-level detail.

$69.95 per copy, 200 pages, illustrated, Hardcover
Catalog No. 67284

## The New ADA:
### Compliance and Costs
By Deborah S. Kearney, PhD

A unique publication to help owners, facilities managers, and construction professionals meet — and budget for — the requirements of the Americans With Disabilities Act.

The most practical guidance available from a highly acclaimed expert in the field. Over 400 pages with 200 detailed illustrations and coordinated case studies.

$89.95 per copy, 472 pages, illustrated, Hardcover
Catalog No. 67147

# Reference Books

## Quantity Takeoff for Contractors:
### How to Get Accurate Material Counts
**By Paul J. Cook**

Contractors who are new to material takeoffs or want to be sure they are using the best techniques will find helpful information in this book, organized by CSI MASTERFORMAT division.

$35.95 per copy,
over 250 pages, illustrated, Paperback Edition
Catalog No. 67262

## Means Forms for Contractors
### Specifically for general and specialty contractors.

Means' editors have created and collected the most needed forms as requested by their customers—contractors of various sized firms and specialties. This book covers all project phases. Includes sample correspondence and personnel administration.

$74.95 per copy
over 350 pages, three-ring binder, more than 80 forms
Catalog No. 67288

## Superintending for Contractors:
### How to Bring Jobs in On-time, On-Budget
**By Paul J. Cook**

This book examines the complex role of the superintendent/field project manager, and provides guidelines for the efficient organization of this job. Includes administration of contracts, change orders, purchase orders, and more.

$35.95 per copy
over 220 pages, illustrated, Paperback Edition
Catalog No. 67233

## Means Forms for Building Construction Professionals
### Don't waste time trying to compose forms, we've done the job for you!

Forms for all primary construction activities—estimating, designing, project administration, scheduling, appraising. Forms compatible with Means annual cost books and other typical user systems.

$89.95 per copy
over 325 pages, three-ring binder
Catalog No. 67231

## Bidding for Contractors:
### How to Make Bids that Make Money
**By Paul J. Cook**

In this best-selling book, the author shares the benefits of his more than 30 years of experience in construction project management, providing contractors with the tools they need to develop competitive bids.

$35.95 per copy
over 225 pages with graphics, Paperback Edition
Catalog No. 67180

## Construction Paperwork:
### An Efficient Management System
**By J. Edward Grimes**

Contractors, project managers, architects—anyone responsible for using and keeping track of construction documents will be delighted with this guide. Includes sample documents for all project phases—both computer-generated, and filled-in forms.

$72.95 per copy
over 380 pages, 100 illustrations, forms, Hardcover
Catalog No. 67268

## Estimating for Contractors:
### How to Make Estimates that Win Jobs
**By Paul J. Cook**

*Estimating for Contractors* is a reference that will be used over and over, whether to check a specific estimating procedure, or to take a complete course in estimating.

$35.95 per copy
over 225 pages, illustrated, Paperback Edition
Catalog No. 67160

## Basics for Builders: How to Survive and Prosper in Construction

With straight from the shoulder management pointers and detailed checklists, this book, formerly titled *Survival in the Construction Business: Checklists for Success* gives you a BIG assist in organizing, managing, and marketing a construction firm successfully.

$34.95 per copy
320 pages, illustrated, Paperback Edition
Catalog No. 67274

## Business Management for Contractors:
### How to Make Profits in Today's Market
**By Paul J. Cook**

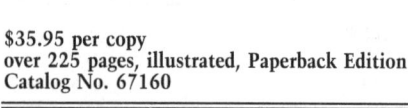

This book focuses on the management of small-to-medium-sized construction companies. It addresses the manager's role in the organization, procuring contracts, and the manager's responsibilities in fulfilling the contract.

$35.95 per copy
over 230 pages, illustrated, Paperback Edition
Catalog No. 67250

## Contractors' Business Handbook
**By Michael S. Milliner**

This handbook is designed for contractors who want to put their business on a firmer financial footing and plan for future growth.
In plain language, the book describes and demonstrates how to use the contractor's most powerful financial management tool—*an efficient financial control system*.

$59.95 per copy
over 300 pages, illustrated, Hardcover
Catalog No. 67255

# Reference Books

## Means Estimating Handbook

The Handbook reflects the tremendous variety of technical data required for estimating... questions relating to sizing, productivity, equipment requirements, codes, design standards, engineering, pressures, stresses, loads, coverages... and hundreds of similar factors.

$99.95 per copy
over 900 pages, Hardcover
Catalog No. 67276

## Means Repair and Remodeling Estimating
### By Edward B. Wetherill

*Means Repair and Remodeling Estimating* focuses on the unique problems of estimating renovations of existing structures. It helps you determine the true costs of remodeling through careful evaluation of architectural details and a site visit.

$64.95 per copy
over 450 pages, illustrated
Catalog No. 67265

## Avoiding & Resolving Construction Claims
### By Barry B. Bramble, Esq. Michael F. D'Onofrio, PE John B. Stetson, IV, RA

As a construction professional, chances are that sooner or later you'll be involved in a claim. It's important to know the cause of disputes, as well as how to analyze responsibility, present a claim and resolve it.

$59.95 per copy
over 240 pages, illustrated,
Catalog No. 67275

## Means Man-Hour Standards for Construction

Here is the working encyclopedia of labor productivity information for construction professionals. The efficient format permits rapid comparisons of labor requirements for thousands of construction functions in CSI MASTERFORMAT.

$149.95 per copy
over 750 pages, Hardcover
Catalog No. 67236

## Means Square Foot Estimating
### By Billy J. Cox and F. William Horsley

*Means Square Foot Estimating* is devoted to helping you accomplish more in less time. It steps you through the entire square foot cost process, pointing out faster, better ways to relate the design to the budget.

$64.95 per copy
over 300 pages, illustrated, Hardcover
Catalog No. 67145

## Insurance Repair: Opportunities, Procedures and Methods
### By Peter J. Crosa, AIC

This book gives you the information you need to evaluate insurance repair, including the benefits and pitfalls—and explains what is required to be a success in this profitable business.

$59.95 per copy
over 200 pages, illustrated
Catalog No. 67267

## Means Scheduling Manual
### Third Edition
### By F. William Horsley

Fast, convenient expertise for keeping your scheduling skills right in step with today's cost-conscious times. Now updated to include computer applications.

$59.95 per copy
200 pages, Spiral-bound
Catalog No. 67291

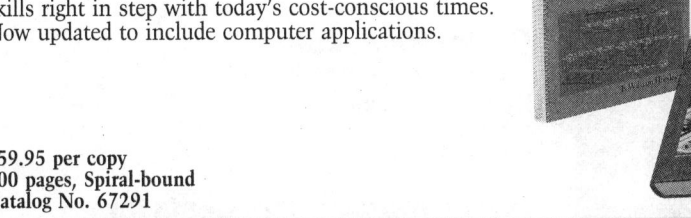
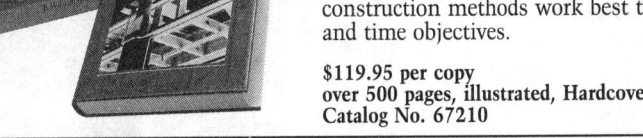

## Means Graphic Construction Standards

*Means Graphic Construction Standards* bridges the gap between rough construction concepts and actual construction methods.
With masterful illustrations of unit assemblies, systems and components, you can see quickly which construction methods work best to meet design, budget and time objectives.

$119.95 per copy
over 500 pages, illustrated, Hardcover
Catalog No. 67210

## From Concept to Bid: Successful Estimating Methods
### By John D. Bledsoe, PhD, PE

A highly practical, all-in-one guide to the tips and practices of the successful estimator. Presents techniques for all types of estimates, *and* advanced topics such as life cycle analysis.

$64.95 per copy
over 300 pages, illustrated
Catalog No. 67287

## The Building Professional's Guide to Contract Documents
### By Waller S. Poage, AIA, CSI, CCS

Latest changes to AIA prototype contracts. Directions for preparing specifications and technical requirements... description writing, proprietary and performance specs, standards.

$59.95 per copy
over 375 pages, illustrated
Catalog No. 67261

# Reference Books

**Mechanical Estimating**
2nd Edition
$59.95 per copy
Catalog No. 67294

**Electrical Estimating**
$59.95 per copy
Catalog No. 67230

**Plumbing Estimating**
$49.95 per copy
Catalog No. 67283

**Legal Reference for Design & Construction**
By Charles R. Heuer, Esq., AIA
$99.95 per copy
Catalog No. 67266

**Fire Protection:**
Design Criteria, Options, Selection
By J. Walter Coon, PE
$69.95 per copy
Catalog No. 67286

**Structural Steel Estimating**
By S. Paul Bunea, PhD
$74.95 per copy
Catalog No. 67241

**Risk Management for Building Professionals**
By Thomas E. Papageorge, RA
$59.95 per copy
Catalog No. 67254

**Project Planning & Control for Construction**
By David R. Pierce, Jr.
$59.95 per copy
Catalog No. 67247

**Bidding and Managing Government Construction**
By Theodore J. Trauner, Jr., PE, PP
$65.95 per copy
Catalog No. 67257

**Landscape Estimating**
2nd Edition
By Sylvia H. Fee
$59.95 per copy
Catalog No. 67295

**Illustrated Construction Dictionary, Unabridged**
$99.95 per copy
Catalog No. 67292

**Understanding Legal Aspects of Design/Build**
By Timothy R. Twomey, Esq., AIA
$74.95 per copy
Catalog No. 67259

**Illustrated Construction Dictionary, Condensed**
$54.95 per copy
Catalog No. 67282

**HVAC Systems Evaluation**
By Harold R. Colen, PE
$69.95 per copy
Catalog No. 67281

**HVAC:**
Design Criteria, Options, Selection
By William H. Rowe, III, AIA, PE
$82.95 per copy
Catalog No. 67251

**Hazardous Material & Hazardous Waste**
By Francis J. Hopcroft, PE, David L. Vitale, M. Ed., & Donald L. Anglehart, Esq.
$89.95 per copy
Catalog No. 67258

**Fundamentals of the Construction Process**
By Kweku K. Bentil, AIC
$65.95 per copy
Catalog No. 67260

**Cost Effective Design/Build Construction**
By Anthony J. Branca, PE
$54.95 per copy
Catalog No. 67242

**Cost Control in Building Design**
By Roger Killingsworth
$59.95 per copy
Catalog No. 67252

**Construction Delays**
By Theodore J. Trauner, Jr., PE, PP
$64.95 per copy
Catalog No. 67278

**Basics for Builders:**
Framing & Rough Carpentry
By Scot Simpson
$21.95 per copy
Catalog No. 67298

**Home Improvement Costs for Interior Projects**
$29.95 per copy
Catalog No. 67296

**Home Improvement Costs for Exterior Projects**
$29.95 per copy
Catalog No. 67297

**Means Interior Estimating**
$59.95 per copy
Catalog No. 67237

# Seminars

## Facility Condition and Assessment Methods

This two-day program concentrates on effective procedures for planning, conducting and documenting the physical condition and functional adequacy of buildings and other facilities. Regular facilities condition inspections are one of the facility department's most important duties. However, gathering reliable data hinges on the methods used to identify and gauge deferred maintenance requirements. This seminar is designed to give the experienced professional detailed steps for conducting facilities inspection programs.
Subjects Include: Introduction to Maintenance Management • Types of Facility Inspection Programs • Implementing an Inspection Program • Ingredients for a Good Inspection Report • Classrooom and Field Inspection Exercises.

## Repair and Remodeling Estimating

Repair and remodeling work is becoming increasingly competitive as more professionals enter the market. Recycling existing buildings can pose difficult estimating problems. Labor costs, energy use concerns, building codes, and the limitations of working with an existing structure place enormous importance on the development of accurate estimates. Using the exclusive techniques associated with Means' widely-acclaimed **Repair & Remodeling Cost Data**, this seminar sorts out and discusses solutions to the problems of building alteration estimating. Attendees will receive two intensive days of eye-opening methods for handling virtually every kind of repair and remodeling situation . . . from demolition and removal to final restoration.

## Mechanical and Electrical Estimating

This seminar is tailored to fit the needs of those seeking to develop or improve their skills and to have a better understanding of how mechanical and electrical estimates are prepared during the conceptual, planning, budgeting and bidding stages. Learn how to avoid costly omissions and overlaps between these two interrelated specialties by preparing complete and thorough cost estimates for both trades. Featured are order of magnitude, assemblies, and unit price estimating. In combination with the use of **Means Mechanical Cost Data**, **Means Plumbing Cost Data** and **Means Electrical Cost Data**, this seminar will ensure more accurate and complete Mechanical/Electrical estimates for both unit price and preliminary estimating procedures.

## Construction Estimating – The Unit Price Approach

This seminar shows how today's advanced estimating techniques and cost information sources can be used to develop more reliable unit price estimates for projects of any size. It demonstrates how to organize data, use plans efficiently, and avoid embarrassing errors by using better methods of checking.
You'll get down-to-earth help and easy-to-apply guidance for:
- making maximum use of construction cost information sources
- organizing estimating procedures in order to save time and reduce mistakes
- sorting out and identifying unusual job requirements to improve estimating accuracy.

## Square Foot Cost Estimating

Learn how to make better preliminary estimates with a limited amount of budget and design information. You will benefit from examples of a wide range of systems estimates with specifications limited to building use requirements, budget, building codes, and type of building. And yet, with minimal information, you will obtain a remarkable degree of accuracy. Workshop sessions will provide you with model square foot estimating problems and other skill-building exercises. The exclusive Means building assemblies square foot cost approach shows how to make very reliable estimates using "bare bones" budget and design information.

## Scheduling and Project Management

This seminar helps you successfully establish project priorities, develop realistic schedules, and apply today's advanced management techniques to your construction projects. Hands-on exercises familiarize participants with network approaches such as Critical Path Method. Special emphasis is placed on cost control, including use of computer-based systems. Through this seminar you'll perfect your scheduling and management skills, ensuring completion of your projects *on time* and *within budget*. Includes hands-on application of **Means Scheduling Manual** and **Means Building Construction Cost Data.**

## The Construction Process – Methods & Materials

This course provides an overview of the basic construction process from the time an idea/need is identified until the final move-in. Participants will learn about the components of construction and how they are assembled to build a project.
Also provided are guidelines for reading the plans and specifications to identify the key elements of a building. Attendees will achieve a thorough understanding of the construction process, from concept through completion, with a practical overview of the methods and materials used in construction. If you are new to the construction industry or just want to know more about the complex process of converting a need for a building project into a reality, this course is for you!

## Avoiding and Resolving Construction Claims

Construction claims are a common and costly problem in the construction industry. This course provides you with insight and practical recommendations for dealing with claims. The hands-on approach focuses on recognizing and responding to problems as they arise, preparing documentation and formal reports, analyzing causation, calculating damages, evaluating responsibility and defending against unmeritorious claims. Special emphasis will be given to determining schedule and cost impact of project delays. You'll perfect your skills in negotiation to resolve disputes in order to avoid the risks of trial or arbitration. In addition, the program provides realistic approaches to minimizing and avoiding the problems which lead to claims. This course is a must for those responsible for the management and administration of construction projects.

## One-Day Seminars

- Metric Estimating
- ADA Compliance and Costs

Call 1-800-448-8182 for more information

# Seminars

## 1994 Means Seminar Schedule

| Location | Dates |
|---|---|
| Atlanta, GA | March 7-11 |
| Las Vegas, NV | March 28-31 |
| Washington, DC | April 11-15 |
| Chicago, IL | April 25-29 |
| Denver, CO | May 9-13 |
| New York, NY | May 16-20 |
| San Francisco, CA | June 13-17 |
| Cleveland, OH | June 20-24 |
| Washington, DC | September 26-30 |
| New Orleans, LA | October 3-7 |
| Boston, MA | October 17-21 |
| San Diego, CA | October 31-November 4 |
| Philadelphia, PA | November 14-18 |
| Orlando, FL | December 5-9 |

## Registration Information

**How to Register** Register by phone today! Means toll-free number for making reservations is: **1-800-448-8182**

**Individual Seminar Registration Fee $845** To register by mail, complete the registration form and return with your full fee (or minimum deposit of $300/person for one 2-day seminar, or minimum deposit of $475/person for two 2-day seminars) to: Seminar Division, R.S. Means Company, Inc., 100 Construction Plaza, P.O. Box 800, Kingston, MA 02364-0800.

**Federal Government Pricing** All federal government employees save 25% off regular seminar price. Other promotional discounts cannot be combined with Federal Government discount.

**Team Discount Program** Two to four seminar registrations: $745 per person—Five or more seminar registrations: $695 per person—Ten or more seminar registrations: Call for pricing.

**Consecutive Seminar Offer** One individual signing up for two separate courses at the same location during the designated time period pays only $1,345. You get the second course for only $500 (**a 40% discount**). Payment must be received at least ten days prior to seminar dates to confirm attendance.

**Refunds** Cancellations will be accepted up to ten days prior to the seminar start. There are no refunds for cancellations postmarked later than ten working days prior to the first day of the seminar. A $150 processing fee will be charged for all cancellations. Written notice or telegram is required for all cancellations. Substitutions can be made at any time before the session starts. No-shows are subject to the full seminar fee.

**AACE Approved Courses** The R.S. Means Construction Estimating and Management Seminars described and offered to you here have each been approved for 14 hours (1.4 CEU) of credit by the American Association of Cost Engineers (AACE, Inc.) Certification Board toward meeting the continuing education requirements for re-certification as a Certified Cost Engineer/Certified Cost Consultant.

**Daily Course Schedule** The first day of each seminar session begins at 8:30 A.M. and ends at 4:30 P.M. The second day is 8:00 A.M.–4:00 P.M. Participants are urged to bring a hand-held calculator since many actual problems will be worked out in each session.

**Continental Breakfast** Your registration includes the cost of a continental breakfast, a morning coffee break, and an afternoon cola break. These informal segments will allow you to discuss topics of mutual interest with other members of the seminar. (You are free to make your own lunch and dinner arrangements).

**Hotel/Transportation Arrangements** R.S. Means has arranged to hold a block of rooms at each hotel hosting a seminar. To take advantage of special group rates when making your reservation be sure to mention that you are attending the Means Seminar. You are of course free to stay at the lodging place of your choice. (**Hotel reservations and transportation arrangements should be made directly by seminar attendees**).

**Important** Class sizes are limited, so please register as soon as possible.

## Registration Form

Please register the following people for the Means Construction Seminars as shown here. Full payment or deposit is enclosed, and we understand that we must make our own hotel reservations if overnight stays are necessary.

☐ Full payment of $ _____ enclosed.

☐ Deposit of $ _____ enclosed.

Balance Due is $ _____
U.S. Funds

Name of Registrant(s)
(To appear on certificate of completion)

Firm Name _____

Address _____

City/State/Zip _____

Telephone Number _____

☐ Charge our registration(s) to:   ☐ MasterCard   ☐ VISA   ☐ American Express

Account No. _____ Exp. Date _____

Cardholder's Signature _____

Seminar Name          City          Dates

Please mail check to: R.S. MEANS COMPANY, INC., 100 Construction Plaza, P.O. Box 800, Kingston, MA 02364-0800 USA

# MeansData™

## CONSTRUCTION COSTS FOR SOFTWARE APPLICATIONS

**A** proven construction cost database is a mandatory part of any estimating software package. R.S. Means, the industry's leader in construction cost databases, now integrates its cost databases with a growing number of construction cost estimating packages. Choose from 19 *Means-Data*™ unit price and assemblies databases.

For more information, call the software provider of your choice listed below, or call 1-800-448-8182, Ext. 888

**TIMBERLINE**
1-800-628-6583

1-800-875-0047

**PRO-MATION**
A FLAGSHIP COMPANY
1-800-521-4562

1-800-285-3929

**THE AMERICAN CONTRACTOR**
1-800-333-8435

Management Computer Controls, Inc.
1-800-225-5622

---

**Estimating Programs that bundle in at least 1 Means Cost Database at no additional cost to buyer.**

**COMPUTERIZED Micro Solutions**
1-800-255-7407

**IMPAQT DataSystems**
1-800-347-8805

**CONSTRUCTIVE COMPUTING**
1-800-456-2113

1-800-657-6312
(Bundled with Abacus)

**WIN*ESTIMATOR*, INC.**
"The Windows Estimating Solution"
1-800-950-2374

**VERTIGRAPH, INC.**
1-800-989-4243

**Pinnacle Technology**
1-800-346-4658

**IQ BENECO**
*JOC/SABER Software*
(801) 565-1122
1-801-565-1122

**SoftCOST, Inc.**
1-800-955-1385

**NOVA**
1-209-434-0609

1-800-946-1880

**Software Shop Systems**
1-800-554-9865 ext 3097
(Bundled with Pulsar)

**CONAC**
THE CONAC GROUP
1-604-273-3463

**HRS SYSTEMS, INC.**
1-404-934-8423

**AEC SYSTEMS**
1-800-659-9001

## NEW FOR 1993
**MeansData CAD Integration**

**SOFTDESK**  **ASG**

1-415-332-2123
Softdesk and ASG have recently joined forces as one company.

---

**New MeansData™ Reseller applications are now being accepted.**

If your organization is interested in offering *MeansData*™ with its software application, please call Ed Damphousse at **1-800-448-8182, Ext. 888,** for more information.

# MeansData™ for Spreadsheets

**H**ere's a clean and simple way to integrate your choice of over 47,000 unit price and 6,000 assembly line items from R.S. Means into your spreadsheet estimate. With *MeansData™ for Spreadsheets*, a few simple commands turn your industry standard spreadsheet into a powerful, yet easy-to-use estimating tool with the construction material, installation, and overhead costs you need built right in.

Easy to install and use, *MeansData™ for Spreadsheets* offers you Means cost items presented in the same way shown in our annual cost guides. In addition, you'll get convenient report and format flexibility plus the ability to integrate your own specialized cost data—instantly.

1. Search the Means cost data files by CSI number or key word.
2. Transfer the item you need into a preformatted estimate form with a keystroke.
3. Then customize and modify Means unit costs and add your own specialized data to generate accurate, reliable cost estimates like never before.

*MeansData™ for Spreadsheets* includes our preformatted estimating form, built-in report capabilities and a FREE customer support hotline.

**NOW AVAILABLE! WINDOWS™ VERSIONS**

*MeansData™ for Spreadsheets* works with the following programs:
Lotus 1-2-3® (ver 2.0–2.4)
Lotus 1-2-3® for Windows™
Quattro Pro™ for Windows™
Excel™ for Windows™

**TRY MEANSDATA™ FOR SPREADSHEETS WITH OUR $9.95 45-DAY TRIAL!**

**Subscribe to Means Construction Cost Service and get one years use of *MeansData™* for Spreadsheets for as little as $175.00!**

**CALL 1-800-448-8182 TO ORDER!**

**One-stop shopping for the latest construction cost estimating software for just $19.95**

# DemoSource™

*DemoSource™: The Evaluation Tool for Estimating Software*, is a new, time-saving way to assess the features, functions, prices and value of the latest construction estimating software programs. *DemoSource™* helps you:

■ Avoid hassles, there's no need to collect demo packages from separate sources ■ Compare programs Head-To-Head at your convenience ■ Review product literature and pricing all at once... you'll get up to speed fast on what program is the best for you ■ See how each software program looks on your computer ■ Be confident that you're making the best software purchasing decision for your company

Each *DemoSource™* box includes separate demo package envelopes containing the following:
A software program demo disk ♦ Product information ♦ Pricing information

If you decide to purchase a software program featured in *DemoSource™*, you'll receive at least one MeansData Construction Cost Database specially enhanced to effectively work within your new software, plus a corresponding *Means Cost Data Book* at no extra cost to you.

$19.95 EACH   CATALOG # 82001 (3 1/2" DISK)   # 82001A (5 1/4" DISK)

# Training/Consulting

## Means On-Site Training

*Discover the cost savings and added benefits of bringing Means proven training programs to your facility...*

### Attendees
Facility, Design, and Construction Professionals who want to improve their estimating, project management, and negotiation skills.

### Content
One or more Means Training Seminars (as described in Means Construction Seminars, 1994).
A two-day course running from 8 AM to 4 PM on two consecutive days.
The intensive training includes conceptual work and practice exercises. On-Site Seminar (OSS) students benefit from discussion and practical work problems that are common to their particular environment.

### Comparison
The On-Site Seminar conducted at the clients' facility will eliminate travel expenses and minimize time away from work.
An On-Site Seminar program is more flexible and responsive to specific client needs and requirements.
OSS students improve their skills and broaden their knowledge. Students return immediate benefits to their work place.

### Class Size
The cost-effective break-even point is 10-12 students; most seminars have from 15 to 25 students; class size is limited to 35 students.
Occasionally, to satisfy their needs or to reduce per-student training cost, clients invite outside personnel with a similar background to attend their Means seminars.

### Scheduling
Consult with Means' professional training advisor to determine the seminar that best suits your needs.
Set your training schedule immediately to assure dates that fit your calendar. Means will make every effort to accommodate your schedule.

### Comprehensive Materials
Each participant receives a comprehensive workbook, Means reference books that are appropriate to the seminar, and a current Means cost book. The materials reinforce program content and serve as a valuable reference for the future.

### Certificates & CEU's
A certificate of completion is awarded by R.S. Means Company, Inc. to those who complete the program. Continuing Education Units (CEU's) are also awarded through the American Association of Cost Engineeres (AACE).

## Means Consulting Services

### Construction Estimating For Reliable Project Costs
For owners, developers, designers... Means can provide both conceptual and detailed project cost estimates... including guidelines for expenses, durations, cash flow projections, resource allocation, change order negotiations—any estimating need.

### Customized Cost Research For Building Tailor-Made Cost Databases
Means engineers and editors can supplement, or create, a computerized construction cost database geared to your particular needs.

### Estimating Performance Audits
Means can provide on-site reviews of client estimating procedures, cost database structure and utilization, and cost inferences. Each objective, unbiased review of key areas of your operation will result in a detailed report for senior management.

### Feasibility Studies For Better Decision-Making
Means engineers review and clarify options for various construction approaches in terms of time, cost, and use. Their unbiased advice enhances decisions on every aspect of the project.

**Contact David Lewek at 1-800-448-8182**

# 1994 Order Form

| Qty. | Book No. | COST ESTIMATING BOOKS | Unit Price | Total |
|---|---|---|---|---|
| | 60064 | Assemblies Cost Data 1994 | $128.95 | |
| | 60014 | Building Construction Cost Data 1994 | 76.95 | |
| | 63014 | Building Const. Cost Data—Metric Ed. 1994 | 98.95 | |
| | 60224 | Building Const. Cost Data—Western Ed. 1994 | 87.95 | |
| | 60114 | Concrete & Masonry Cost Data 1994 | 74.95 | |
| | 60144 | Construction Cost Indexes 1994 | 198.00 | |
| | 60144A | Construction Cost Index—January 1994 | 49.50 | |
| | 60144B | Construction Cost Index—April 1994 | 49.50 | |
| | 60144C | Construction Cost Index—July 1994 | 49.50 | |
| | 60144D | Construction Cost Index—October 1994 | 49.50 | |
| | 60314 | Contractor's Pricing Guide: Framing & Carpentry | 34.95 | |
| | 60334 | Contractor's Pricing Guide: Resid. Detailed Costs | 36.95 | |
| | 60324 | Contractor's Pricing Guide: Resid. S.F. Costs | 39.95 | |
| | 60234 | Electrical Change Order Cost Data 1994 | 86.95 | |
| | 60034 | Electrical Cost Data 1994 | 79.95 | |
| | 60204 | Facilities Construction Cost Data 1994 | 194.95 | |
| | 60304 | Facilities Maintenance & Repair Cost Data 1994 | 199.95 | |
| | 60164 | Heavy Construction Cost Data 1994 | 82.95 | |
| | 60094 | Interior Cost Data 1994 | 79.95 | |
| | 60124 | Labor Rates for the Const. Industry 1994 | 174.95 | |
| | 60184 | Light Commercial Cost Data 1994 | 72.95 | |
| | 60024 | Mechanical Cost Data 1994 | 79.95 | |
| | 60154 | Open Shop Building Const. Cost Data 1994 | 76.95 | |
| | 60214 | Plumbing Cost Data 1994 | 79.95 | |
| | 60044 | Repair and Remodeling Cost Data 1994 | 79.95 | |
| | 60174 | Residential Cost Data 1994 | 72.95 | |
| | 60284 | Site Work & Landscape Cost Data 1994 | 82.95 | |
| | 60054 | Square Foot Costs 1994 | 91.95 | |
| | | **REFERENCE BOOKS** | | |
| | 67275 | Avoiding and Resolving Construction Claims | 59.95 | |
| | 67298 | Basics for Builders: Framing & Rough Carpentry | 21.95 | |
| | 67273 | Basics for Builders: How to Survive and Prosper | 34.95 | |
| | 67257 | Bidding & Managing Government Construction | 65.95 | |
| | 67180 | Bidding for Contractors | 35.95 | |
| | 67261 | Building Profess. Guide to Contract Documents | 59.95 | |
| | 67250 | Business Management for Contractors | 35.95 | |
| | 67146 | Concrete Repair & Maintenance Illustrated | 64.95 | |
| | 67278 | Construction Delays | 64.95 | |
| | 67268 | Construction Paperwork | 72.95 | |
| | 67255 | Contractor's Business Handbook | 59.95 | |
| | 67252 | Cost Control in Building Design | 59.95 | |
| | 67242 | Cost Effective Design/Build Construction | 54.95 | |
| | 67230 | Electrical Estimating | 59.95 | |
| | 67160 | Estimating for Contractors | 35.95 | |
| | 67276 | Estimating Handbook | 99.95 | |
| | 67304 | How to Estimate with Metric Units | 46.95 | |
| | 67300 | European Construction Costs Handbook | 139.95 | |
| | 67249 | Facilities Maintenance Management | 79.95 | |
| | 67246 | Facilities Maintenance Standards | 149.95 | |
| | 67264 | Facilities Manager's Reference | 79.95 | |
| | 67301 | Facilities Planning & Relocation | 99.95 | |
| | 67286 | Fire Protection: Design Criteria, Options, Select. | 69.95 | |
| | 67231 | Forms for Building Construction Professionals | 89.95 | |
| | 67288 | Forms for Contractors | 74.95 | |
| | 67287 | From Concept to Bid: Successful Est. Methods | 64.95 | |
| | 67260 | Fundamentals of the Construction Process | 65.95 | |

| Qty. | Book No. | REFERENCE BOOKS (Cont'd) | Unit Price | Total |
|---|---|---|---|---|
| | 67210 | Graphic Construction Standards | $119.95 | |
| | 67258 | Hazardous Material & Hazardous Waste | 89.95 | |
| | 67148 | Heavy Construction Handbook | 69.95 | |
| | 67296 | Home Improvement Costs — Interior Projects | 29.95 | |
| | 67297 | Home Improvement Costs — Exterior Projects | 29.95 | |
| | 67251 | HVAC: Design Criteria, Options, Selection | 82.95 | |
| | 67281 | HVAC Systems Evaluation | 69.95 | |
| | 67282 | Illustrated Construction Dictionary, Condensed | 54.95 | |
| | 67292 | Illustrated Construction Dictionary, Unabridged | 99.95 | |
| | 67267 | Insurance Repair: Opport., Proced. & Methods | 59.95 | |
| | 67237 | Interior Estimating | 59.95 | |
| | 67295 | Landscape Estimating, 2nd Ed. | 59.95 | |
| | 67266 | Legal Reference for Design & Construction | 99.95 | |
| | 67299 | Maintenance Management Audit | 64.95 | |
| | 67302 | Managing Construction Purchasing | 59.95 | |
| | 67236 | Man-Hour Standards for Construction-2nd Ed. | 149.95 | |
| | 67294 | Mechanical Estimating—2nd Ed. | 59.95 | |
| | 67147 | New ADA: Compliance and Costs | 89.95 | |
| | 67245 | Planning and Managing Interior Projects | 69.95 | |
| | 67283 | Plumbing Estimating | 49.95 | |
| | 67247 | Project Planning and Control for Construction | 59.95 | |
| | 67262 | Quantity Takeoff for Contractors | 35.95 | |
| | 67265 | Repair & Remodeling Estimating | 64.95 | |
| | 67254 | Risk Management for Building Professionals | 59.95 | |
| | 67253 | Roofing: Design Criteria, Options, Selection | 59.95 | |
| | 67291 | Scheduling Manual, 3rd Ed. | 59.95 | |
| | 67145 | Square Foot Estimating | 64.95 | |
| | 67241 | Structural Steel Estimating | 74.95 | |
| | 67233 | Superintending for Contractors | 35.95 | |
| | 67284 | Understanding Building Automation Systems | 69.95 | |
| | 67259 | Understanding the Legal Aspects of Design/Build | 74.95 | |
| | 67303 | Unit Price Estimating, 2nd Ed. | 59.95 | |

*To charge by phone, please call Toll Free 1-800-334-3509 or FAX 1-617-585-7466.*

MA residents add state sales tax

Shipping & Handling**

Total (U.S. Funds)*

**Means®**
Southam Construction Information Network

R.S. Means Company, Inc.
100 Construction Plaza, P.O. Box 800, Kingston, MA 02364-0800

CB94

Prices are subject to change and are for U.S. delivery only. *Canadian customers may call for current prices. **Shipping & handling charges: Add 4.5% for pre-paid orders. Add 9% for credit cards & orders invoiced through Means.

**Send Order To:**

Name (Please Print) _____

Company _____
☐ Company
☐ Home  Address _____

_____

City/State/Zip _____

Phone # _____ P.O. # _____
(Must accompany all orders being billed)